黄土丘陵沟壑区土壤侵蚀与植被关系

焦菊英 等 著

科学出版社

北京

内 容 简 介

在土壤侵蚀非常严峻的环境下，植被的恢复演替有着其特殊性，受土壤侵蚀的制约较为严重，使得土壤侵蚀与植被恢复之间的关系更为密切。只有明确了一个区域土壤侵蚀对植被恢复干扰压力的程度及不同植物抵抗土壤侵蚀所表现的特性与功能大小，才能有效地防治土壤侵蚀。本书在土壤侵蚀更具典型性与代表性的黄土丘陵沟壑区，以不同侵蚀环境下的植被恢复为研究对象，系统分析了土壤侵蚀对种子生产、种子流失与再分布、幼苗萌发与建植、群落组成结构及植被分布格局造成的干扰与胁迫，全面研究了不同植物应对适应土壤侵蚀的繁殖生物学特性、形态解剖学特性、生理生态特性、机械特性及群落生态学特性，在筛选潜在抗侵蚀植物的基础上，阐明了植被恢复过程中抗侵蚀植物的动态变化过程与发展趋势，揭示了植被与土壤侵蚀之间相互作用机理。

本书适合从事土壤侵蚀环境下植被恢复、土壤侵蚀与水土保持研究工作的人员阅读参考。

图书在版编目（CIP）数据

黄土丘陵沟壑区土壤侵蚀与植被关系／焦菊英等著 . —北京：科学出版社，2020.4

ISBN 978-7-03-063580-8

Ⅰ. ①黄… Ⅱ. ①焦… Ⅲ. ①黄土高原–丘陵地–沟壑–植被–生态恢复–关系–土壤侵蚀–研究 Ⅳ. ①Q948.52 ②S157

中国版本图书馆 CIP 数据核字（2019）第 273519 号

责任编辑：李轶冰／责任校对：樊雅琼
责任印制：肖　兴／封面设计：无极书装

科 学 出 版 社 出版

北京东黄城根北街 16 号
邮政编码：100717
http://www.sciencep.com

三河市春园印刷有限公司 印刷

科学出版社发行　各地新华书店经销

*

2020 年 4 月第 一 版　开本：787×1092　1/16
2020 年 4 月第一次印刷　印张：42 1/4
字数：996 000

定价：468.00 元

（如有印装质量问题，我社负责调换）

前　言

　　黄土丘陵沟壑区独特的自然环境与不合理的土地利用，使其成为我国乃至世界上土壤侵蚀与生态系统退化最为严重的地区之一，也成为我国土壤侵蚀防治与生态环境建设的重点与难点区域。植被是生态系统物质循环和能量交换的枢纽，是防止生态退化的物质基础。因此，植被恢复是该区水土流失治理与生态安全的根本途径。

　　土壤侵蚀关联到一系列的土壤环境因子（包括土壤颗粒、有机质、养分、水分、土壤微生物与动物等），且对植被的影响也是全方位的：从种子发育生产到植物生长与植被初始发育，从群落结构到其更新，从先锋群落出现到顶极群落建成，无一不受到土壤侵蚀的影响。可见，土壤侵蚀作为黄土丘陵沟壑区生态系统退化最主要的驱动力，严重影响和干扰着植被的发育演替过程，始于种子的形成发育，且贯穿于植物的整个生长发育过程，干扰着种子的活性、再分布、萌发、定植、群落结构以及植被的空间分布格局，进而影响着植被恢复的进程与方向。因此，在土壤侵蚀非常严峻的环境下，植被的恢复演替有着其特殊性，严重受土壤侵蚀的制约，使得植被恢复与土壤侵蚀之间的关系更为密切。

　　土壤侵蚀是影响植被发育并受植被反作用的一种生态应力，它的长期作用改变了地貌和土壤特性并在一定程度上决定了植被的发育；反过来，地表植被也是减少土壤侵蚀的一个重要因素。在自然植被初始发育、形成与演变发展的过程中，植被与土壤侵蚀是一对贯穿始终且占主导地位的矛盾。当植被（原生或次生）在裸地上开始生长恢复时，土壤侵蚀为矛盾的主要方面，其作用大小随降水情况而呈波浪状，波峰时高时低，常常达到很高；而当植被恢复到当地顶极群落阶段，矛盾的主要方面是植被，这时植被通过各种内在因素，已对土壤侵蚀起到主动的控制作用，土壤侵蚀对植被的危害已降到最低。因此，土壤侵蚀对植被来说，不仅是一种负面影响因子，而且成为植被向前发展演变的驱动力；植被正是在不断地克服土壤侵蚀的过程中，在土壤侵蚀力的推动下，不断地适应进化向前发展。也就是说，土壤侵蚀不只是植被演替的负干扰或灾害，也是植被进化与适应的动力。植被可通过采用不同的繁殖策略、形态与生理补偿等来克服或适应土壤侵蚀对植物所造成的诸如土地贫瘠和干旱、种子产量与活性的降低、土壤种子的携带流失、植物营养繁殖体的机械损伤及沟壑纵横的破碎地形对植被入侵与迁移的阻碍等胁迫压力。因此，不仅要把土壤侵蚀当作一种自然灾害，利用植被手段来控制它，而且还应把土壤侵蚀当作一种自然力即推动植被变化发展的驱动力来研究，深入揭示植被在土壤侵蚀的作用下不断向前演替的生态过程、运行规律与控制机理。

　　但长期以来，关于植被与土壤侵蚀之间的关系研究大多集中在植被防止土壤侵蚀的机理与功效方面；有关土壤侵蚀对植被生长发育与恢复演替的影响及植物抵抗土壤侵蚀的特性与能力的研究在国内外都较少且不系统，主要零散见于地中海干旱区、干旱河谷区、火山喷发区和沙丘区等地区的相关研究中，涉及土壤侵蚀（环境）对种子产量与活性、种子流失、幼苗存活与群落组成的影响，以及种子的抗侵蚀特性、能够在侵蚀条件下生存的植物营养繁殖特性与能够控制沟蚀的植物机械特性等方面。所以，非常有必要对土壤侵蚀环境下植物的生长发育特性与抗蚀对策及植被恢复演替特征与过程进行全面系统的调查、测定与分析，揭示植被与土壤侵蚀之间相互作用关系，以便更有力地指导植被恢复实践并更有效地控制土壤侵蚀的发生。也就是说，只有明确了一个区域土壤侵蚀对植被恢复过程的干扰程度及不同植物抵抗土壤侵蚀所表现出的特性与能力大小，才能提出有效防治土壤侵蚀的对策。为此，本书在土壤侵蚀更具典型性与代表性的黄土丘陵沟壑区，以不同侵蚀环境下的植被恢复为研究对象，系统分析土壤侵蚀对植被发育与恢复演替全过程造成的干扰与胁迫，全面研究不同植物抵抗土壤侵蚀的形态、繁殖、生理和生态等特性，阐明植被恢复过程中抗侵蚀植物的动态变化过程与发展趋势，揭示植被与土壤侵蚀之间相互作用机理，不仅可为黄土丘陵沟壑区植被自然修复与人工重建中物种的合理选择与配置提供科学的理论依据，而且可为土壤侵蚀与植被相互关系理论的完善做出贡献。

关于土壤侵蚀对植被恢复过程的干扰，本书从两个角度研究：一是土壤侵蚀的直接干扰，即土壤侵蚀过程中的种子流失、幼苗破坏及土壤种子库的分布特征；二是由于土壤侵蚀的长期作用而形成的立地环境对种子生产、幼苗建植、群落组成结构和植被空间分布及演替过程的影响。不同侵蚀环境包括三个尺度：①根据不同植被带划分为森林带、森林草原带和草原带 3 种不同侵蚀环境；②结合坡沟不同部位和侵蚀类型划分为阳沟坡、阳梁峁坡、梁峁顶、阴梁峁坡和阴沟坡 5 种不同坡沟侵蚀环境；③细沟、浅沟、鱼鳞坑、植丛间和植丛下等不同坡面侵蚀微环境。植物的抗侵蚀特性，包括植物应对土壤侵蚀环境的繁殖生物学特性、植物适应土壤侵蚀环境胁迫的形态解剖学特性、植物适应土壤侵蚀环境胁迫的生理生态特性、植物抵抗土壤侵蚀力伤害的机械特性以及改善土壤侵蚀环境的群落生态学特性。在筛选抗侵蚀植物的基础上，探讨了抗侵蚀植物的适应能力与群落构建作用、抗侵蚀植物群落改善土壤侵蚀环境的能力和抵抗土壤侵蚀的群落结构特征，阐述了植被与土壤侵蚀的相互作用机理。

本书是对国家自然科学基金重点项目"黄土丘陵区土壤侵蚀对植被恢复过程的干扰与植物的抗侵蚀特性研究"（41030532），以及面上项目"黄土丘陵区退耕地植被恢复与土壤环境的互动效应"（40271074）、"黄土高原退耕地植被恢复对土壤侵蚀环境的响应与模拟"（40571094）、"黄丘区土壤种子库分布格局及植被恢复的土壤侵蚀解释"（40771126）和"黄丘区坡面退耕与淤地坝对坡沟系统侵蚀产沙的阻控机理"（41371280）研究工作的总结，由焦菊英编撰完成。

感谢研究生马祥华、白文娟、张振国、贾燕锋、王宁、李林育、韩鲁艳、杜华栋、张小彦、张世杰、雷东、简金世、马丽梅、王东丽、陈宇、王志杰、苏嫄、寇萌、王巧利、尹秋龙、于卫洁、魏艳红、胡澍、李玉进、严方晨、曹斌挺、徐海燕、陈一先、吴多洋、赵珩钪、梁越、李航、刘姝彤、唐柄哲、张意奉、王楠、邓娜、白雷超、王颢霖、赵春敬、严晰芹、陈同德、宗小天、徐倩、陈玉兰、林红和王湘等（按入学顺序）在不同方面给予的支持与帮助。感谢田均良研究员和邹厚远研究员对本书相关研究工作的支持。感谢安塞水土保持综合试验站对野外研究工作与生活的支持。

同时，本书出版得到黄土高原土壤侵蚀与旱地农业国家实验室基本业务费、中国科学院水土保持研究所"十三五""2+3"项目"复杂环境下土壤侵蚀产沙机理与过程模拟"、西北农林科技大学双一流建设经费、国家重点研发计划项目课题"黄土高原生态修复的土壤侵蚀效应与控制机制"的资助，在此特表感谢。

由于水平有限，疏漏在所难免，敬请不吝赐教，批评指正。

焦菊英

2019 年 6 月 16 日

目　　录

第二篇　土壤侵蚀对植被恢复的影响

第三篇 植物的抗侵蚀特性

第四篇　抗侵蚀植物/群落

第一篇

土壤侵蚀与植被恢复

第1章 土壤侵蚀

本章作者：焦菊英　王志杰　马丽梅

黄土丘陵沟壑区受地质条件和现代侵蚀的影响，地形破碎，沟壑纵横，植被稀疏，人为破坏严重，已成为我国乃至世界上土壤侵蚀与生态系统退化最为严重的地区之一，也是我国生态环境建设的重点与难点区域。黄土丘陵沟壑区明显的特点是千沟万壑和梁峁起伏。梁峁和沟壑构成一个个完整独立的小流域，即一个完整的降雨汇流和侵蚀产沙的沟坡系统。坡面和沟道是此系统中的两个基本地貌单元，具有不同的产流产沙特征。沟谷是径流对地表产生冲刷与搬运形成的线性排水排沙渠道（景可，1986），可将坡面径流和泥沙有效输移到沟道乃至河流（Poesen et al., 2003）。另外，高含沙水流也形成于坡沟系统的峁坡下部和沟坡，并在各级沟道中进一步发展，对黄河下游河道造成危害（许炯心，2004）。一般来说，土壤在外应力（水和风等）作用下产生位移的物质量称土壤侵蚀量；在特定的时段内通过小流域出口某一观测断面的泥沙总量称为流域产沙量；一定时段内通过河流某一断面的泥沙总量称为河流输沙量。侵蚀的空间尺度是坡面至沟道，产沙的空间尺度是小流域，输沙的空间尺度是中大河流；侵蚀主要是破坏和剥蚀，产沙主要是剥蚀和搬运，输沙主要是输移和沉积（王万忠和焦菊英，2018）。从坡面土壤侵蚀量到河流输沙量，中间要经过泥沙滞留、冲刷、再搬运和分选等复杂的输移过程，无论数量还是物理特性都发生了很大变化，它们之间存在一个转换系数，即泥沙输移比（焦菊英等，2008）。

本章从坡面侵蚀、沟谷侵蚀、小流域侵蚀产沙、河流输沙及泥沙输移比入手，分析黄土丘陵沟壑区的侵蚀—产沙—输沙特征。

1.1 坡面土壤侵蚀

坡面是流域地貌系统中的重要组成部分，它是人们从事农业生产的场所，也是径流和泥沙的主要来源地。某些流域的坡耕地土壤流失量可占到全流域总流失量的一半以上（唐克丽等，1984）。坡面上的径流与泥沙如果能全部拦蓄不下沟，则沟谷地径流量与泥沙量会显著减少（曾伯庆，1980）。因此，坡面侵蚀在土壤侵蚀研究与治理中占有重要的地位。由于径流深度和水流方式的变化，坡面不同部位的侵蚀方式与强度也不同。例如，龚时旸和熊贵枢（1980）将坡面土壤侵蚀分为3个区：①梁峁顶部面蚀区，全为耕地，地面坡度一般小于10°，径流较少，以面蚀为主，侵蚀较轻微，侵蚀模数为247t/（km²·a）；②峁梁坡沟蚀区，大多已垦殖，坡度10°~35°，除面蚀外，沟蚀强烈，且多陷穴等潜蚀，土壤侵蚀严重，侵蚀模数为13 800t/（km²·a）；③沟壁冲沟崩塌滑塌区，地形复杂，有35°以上的陡坡和50°~70°的悬崖，还有少量平缓的塌地和台地，集流线上多冲沟，并常常出现崩塌、滑塌和沟头前进，侵蚀作用最为强烈，侵蚀模数为 21 100t/（km²·a）。随着黄土高原生态建设的不断发展，特别是退耕还林（草）工程实施后，坡面侵蚀环境和土壤侵蚀特征与规律已发生根本性的改变，退耕坡面土壤侵蚀基本得到控制；但坡面径流下沟会加剧沟蚀和滑坡的发生。

1.1.1 坡耕地土壤侵蚀

黄土高原的农地以坡耕地为主，坡耕地坡度不同，侵蚀类型发生变化，侵蚀量差别较大。在 0°~5° 的农耕地上，一般发生溅蚀和面蚀；6°~12° 农耕地则以面蚀和细沟侵蚀为主；13°~25° 坡耕地上主要是细沟侵蚀和浅沟侵蚀；25°~35° 陡坡耕地则以浅沟侵蚀为主（孙清芳等，1984）。坡度为 8°、10°、15° 和 20° 坡耕地的土壤侵蚀模数相当于每年流失表土厚度 0.28cm、0.35cm、0.67cm 和 1.06cm（表1-1）；在 25°~40° 的农耕地上，细沟侵蚀模数可达 1.26 万~5.72 万 t/（km²·a）（表1-2），平均 2.7 万 t/（km²·a）。

表1-1 西吉县黄土丘陵区不同地类土壤侵蚀模数 ［单位：t/（km²·a）］

坡度/(°) 地类	坡耕地	退耕反坡梯田整地刺槐林	退耕人工斜茎黄耆草地	水平梯田
8	3 800	15	74	22
10	4 777	18	81	31
15	9 045	35	137	34
20	14 400	40	190	60

资料来源：陈奇伯等，2001

表1-2 杏子河坡耕地基本信息及其侵蚀模数

地点	坡度/(°)	坡形	利用现状	集水面积或距水源距离	侵蚀模数/[万 t/（km²·a）]	观测日期（年.月.日）
五里湾公社	33	凸	糜子	400m²	1.26	1982.8.20
	27.5	直	新垦苜蓿地休闲	800m²	3.02	
	33	凸	新垦苜蓿地休闲	1200m²	1.61	
张渠公社	25~30	微凹凸	荞麦	140m	3.69	1982.8.27
	30~35	凹	糜子		2.90	1982.8.29
	33	直	荞麦		2.44	1982.8.31
杏河公社	35~40	微凹	荞麦	>100m	5.72	1982.8.29
	28~35		谷子	>100m	1.79	
招安公社	30	凸	高粱		1.61	1982.10.8
	30	凹	高粱		2.90	
	30~33	凹	休闲麦茬	33.0m²	3.41	1982.10.31
	25~33	凹		243.0m²	3.27	
	38.5	微凹	休闲		2.05	

资料来源：孙清芳等，1984

将坡耕地修成梯田后,土壤侵蚀会大大减轻,水平梯田的减流减蚀效益在50% ~ 100%(表1-3);且当坡耕地修成水平梯田或退耕还林(草)后,土壤侵蚀已小于允许土壤流失量(表1-1)。同时,在坡耕地实施水土保持耕作法,由于改变了微地形、改良了土壤或增加了地面覆被度,因而能延缓径流发生时间、强化降雨入渗和减少径流,也会减轻土壤侵蚀。例如,在陕西省延安枣园乡上砭沟流域的观测表明,采取水平沟种植、粮草带种植和粮灌草带状种植的径流量分别比普通种植减少29.0%、37.4%和34.8%,冲刷量分别减少76.7%、78.4%和80.5%(表1-4)。

表1-3 大砭沟水平梯田减蚀效益

观测年份	坡耕地			水平梯田			水平梯田较坡地减少百分数/%		
	产流次数	径流模数/[m³/(km²·a)]	侵蚀模数/[t/(km²·a)]	产流次数	径流模数/[m³/(km²·a)]	侵蚀模数/[t/(km²·a)]	产流次数	径流	侵蚀
1959	8	102 015	16 305	0	0	0	100	100	100
1960	2	25 310	785	1	10 320	317	50	59.2	59.6
1961	5	79 220	4 612	0	0	0	100	100	100
1962	0	0	0	0	0	0	—	—	—
1963	3	26 466	1 144	0	0	0	100	100	100
1964	10	73 500	9 142	1	4 962	1 065	90	93	88.4
1965	2	12 510	1 159	0	0	0	100	100	100
1966	5	41 820	5 774	3	9 742	222.4	60	76.7	96.1
合计或平均	35	360 841	38 921	5	25 024	1 604.40	85.7	93.1	95.9

注:依据延安水土保持试验站径流测验资料。

表1-4 坡耕地(23°)不同耕作方法蓄水保土效益

耕作措施	作物种类	试验年份	产流雨量/mm	产流次数	径流量		冲刷量		效益	
					总量/[m³/(km²·a)]	与普通种植比较/%	总量/[t/(km²·a)]	与普通种植比较/%	蓄水/%	拦泥/%
水平沟	黄豆	1988	241.8	6	49 200	74.9	2 228.4	25.5	25.1	74.5
	谷子	1989	79.5	1	200	24.4	0.62	12.2	75.6	87.8
	糜子	1990	237	7	30 732	66.7	1 010	25	33.3	75
	谷子	1991	171.6	6	9 936	31.3	514.2	12.7	68.7	87.3
	平均				22 517	71	938.3	23.3	29	76.7
粮草带	黄豆与草木犀	1988	241.8	6	40 200	61.2	1 842	21	38.8	79
	谷子与红豆草	1989	79.5	2	620	75.6	2.3	45.2	24.4	54.8
	糜子与草木犀	1990	237	7	34 922	75.8	1 400	34.7	24.2	65.3
	谷子与红豆草	1991	171.6	4	3 674	26	245.2	7.3	74	92.7
	平均				19 854	62.6	872.4	21.6	37.4	78.4

续表

耕作措施	作物种类	试验年份	产流雨量/mm	产流次数	径流量		冲刷量		效益	
					总量/[m³/(km²·a)]	与普通种植比较/%	总量/[t/(km²·a)]	与普通种植比较/%	蓄水/%	拦泥/%
粮灌草带	黄豆与柠条锦鸡儿	1988	241.8	5	34 400	52.3	962	11	47.7	89
	谷子与柠条锦鸡儿	1989	79.5	1	220	26.8	1.49	29.3	73.2	70.7
	糜子与柠条锦鸡儿	1990	237	7	36 922	80.1	1710	40.1	19.9	57.7
	谷子与柠条锦鸡儿	1991	171.6	6	11 136	78.8	467.5	12.8	21.2	87.2
	平均				20 669.5	65.2	785.2	19.5	34.8	80.5
普通种植	黄豆	1988	241.8	6	65 720	100	8 753.3	100	—	—
	谷子	1989	79.5	2	820	100	5.09	100	—	—
	糜子	1990	237	7	46 100	100	4 040	100	—	—
	谷子	1991	171.6	6	14 136	100	3 337.5	100	—	—
	平均				31 694	100	4034	100	—	—

资料来源：尹传逊和伊贻亮，1992

　　然而，在特大暴雨下坡耕地与梯田的土壤侵蚀会更为剧烈。例如，在陕北子洲 2017 年 "7·26" 暴雨条件下，坡耕地距离分水岭越远，汇水面积增大，细沟发育也越多，细沟侵蚀强度由峁坡的 3500t/km² 逐渐增加到 37 000t/km²（表 1-5）。细沟主要发生在坡面 "瓦背" 两侧，细沟侵蚀强度高达 15 000~30 000t/km²，严重处可达 110 000t/km²。许多沟坡被开垦种植的破碎坡地，在此次暴雨条件下，受上方坡面来水的影响，细沟侵蚀强烈，甚至发育小切沟（图 1-1，见彩图）。

表 1-5　陕北子洲样地 2017 年 "7·26" 暴雨条件下沟蚀情况

样地基本信息				沟长/cm	沟宽/cm	沟深/cm	沟蚀强度/(t/km²)
样地类型	坡度/(°)	坡位	盖度/%				
黄豆	16	坡下	13	18~200	5~40	0.5~15	2 300~72 000
绿豆	33	峁坡上	10	28~200	4~30	0.3~38	3 500~23 000
黑豆	32	峁坡下	10	40~200	7~34	1~39	25 000~37 000
马铃薯	39	沟底坡脚	15	>300	24~110	5~120	29 700
黑豆 2	39	沟底坡脚	25	24~200	2~35	1~19.6	20 500

　　对于梯田，2017 年 5 月子洲马家沟流域用推土机修建的 "之" 字形梯田群（中间道路将上下两台梯田连接），在 "7·26" 暴雨中连接梯田的路面冲毁情况严重，田坎松软被水冲蚀，部分区段被冲开，梯田路面最长的冲沟达 12m，几乎贯穿整个路面，多数细沟沟长在 150cm 左右，沟宽范围为 3~47cm，沟深范围为 2.5~230cm；道路附近的田面冲蚀严重，最严重的沟宽和深分别可达 160cm 和 327cm（图 1-2，见彩图）。子洲蛇家沟沟头的老式梯田群，由于年久失修，均已成为无埂梯田，田面平均宽 6m，最窄处出现在田面汇水处，宽度仅为 3.2m，且由于汇流于此田面出现细沟，平均长 4.3m，宽 66.9cm，深

图1-1　清水沟流域沟底坡脚发育的小切沟和细沟（焦菊英摄于2017年8月3日、4日）

14.8cm；此外，田面汇水处发生严重垮塌，大部分垮塌土体堆积在田壁下方，田壁断面每10m平均有5.5处不同程度的田壁冲蚀，有些甚至于10m田壁中遭受冲蚀的宽度达5m（图1-3，见彩图）。总之，此次暴雨情况下，新修梯田的田坎未经拍实，松散堆成，田坎将田面雨水汇集后从两阶梯田间道路流入下一台梯田，对田面、田坎和道路均造成了严重破坏；而老式梯田经过多年的耕种，由于缺乏维护，已无田坎，田面在不断的侵蚀中变窄，有些地方侵蚀宽度达1m，洪水较大时在田面上形成漫流，进入下一台梯田，在汇流的弯道处冲毁更为严重。

图1-2　子洲马家沟流域新修"之"字形梯田的田面和路面侵蚀（焦菊英摄于2017年8月4日）

可见，在大暴雨条件下，坡耕地土壤侵蚀依然严重。应继续加强实施陡坡退耕与监管力度，坡度25°以上耕地全部退耕并实施封禁，严禁陡坡开垦种植。对于梯田，要加强田坎的维护，配置蓄排水措施。

1.1.2　林草地土壤侵蚀

林草植被不仅具有从根本上控制土壤侵蚀的作用，而且具有明显的生态环境效应，也

图1-3 子洲蛇家沟流域老式梯田的田壁冲蚀和汇水处梯田垮塌（焦菊英摄于2017年8月6日）

是山川秀美最直接的表现。而林草地控制土壤侵蚀作用的大小与其植被结构、种类、覆盖度、根系、年龄以及枯枝落叶层的有无关系十分密切。

对于森林，尤其是天然林，有比较完整且稳定的群落结构、特殊的森林环境以及相应的森林土壤类型，林冠层、灌木层、草本层和枯枝落叶层具有层层拦截和蓄积滞留与促进降雨入渗的作用，土壤腐殖质层和其他发生层次因有机质的大量积累和根系的活动而具有发达的非毛管孔隙和良好的透水性，这些结构因子的综合交互作用，使天然林具有巨大的涵养水源及防止侵蚀的作用（王晗生和刘国彬，1999）。对子午岭天然林的研究表明（表1-6），任何地形部位的林地，由于林冠、林下枯枝落叶层和密集根系对地面保护和改良土壤的作用，基本不发生侵蚀，或侵蚀很轻微；而林木砍伐后仍保持地表原状的砍伐迹地，由于保持着枯枝落叶层和原状土壤结构，防止土壤侵蚀的作用与林地相同；当林地开垦为农地或裸露休闲，径流与侵蚀模数急剧增加，由数十倍到上万倍以上（唐克丽，1992）。

表1-6 子午岭林区不同地形部位林地及开垦后侵蚀强度

地形	利用方式	观测年份	小区面积/m²	坡度/(°)	径流模数/[m³/(km²·a)]	侵蚀模数/[t/(km²·a)]	观测次数
梁坡	林地	1989~1991	965.8	32	215.26	1.29	22
	开垦农地	1990~1991	114.3	34	32 335.16	9 703.70	22
	开垦裸露	1990~1991	995.2	32	27 479.50	10 324.5	22
谷坡	林地	1989~1991	253.5	37~42	1 418.5	14.41	28
	开垦农地	1990~1991	406.5	38~41	39 109.59	13 179.35	24
	开垦裸露	1990~1991	243.8	37~42	41 123.98	21 774.12	24
梁坡+谷坡	林地	1989~1991	1 664.8	32~38	296.01	0.98	20
	砍伐迹地	1989~1991	2 262.1	34~38	47.91	0.48	17
	开垦裸露	1990~1991	1 409.7	32~38	2 425.84	15 286.94	24

资料来源：唐克丽，1992

对于人工林草地，植被类型不同，土壤侵蚀量也不同，且与其盖度之间具有密切的关系。成林和盖度高的草地，如宜川 28 年生的油松林和山杨林、安塞 6 ~ 17 年生的刺槐和柠条锦鸡儿成林、长武刺槐成林和草地、淳化水平阶刺槐林和水平阶密草地及河曲柠条锦鸡儿林等，水土流失程度很低，土壤侵蚀模数在 50t/（km² · a）以下；幼林和稀疏草地，如安塞 1 ~ 8 年生刺槐林、2 ~ 4 年生柠条锦鸡儿林和 1 ~ 5 年生紫苜蓿草地等，土壤侵蚀模数较大，为 500 ~ 2 000t/（km² · a）（表 1-7）（吴钦孝和杨文治，1998）。据在安塞的观测结果（表 1-8），当林地盖度增加到 60% 时，林地的土壤侵蚀量明显减少；大于 70% 时，土壤侵蚀趋于稳定，土壤侵蚀在 100t/km² 以下（卢宗凡等，1997）。在准旗五分地沟试区的观测表明（表 1-9），在坡度为 7° 沙黄土牧草小区，当牧草的覆盖度接近 40% 时，土壤侵蚀量可在 500t/km² 以下（金争平等，1992）。罗伟祥等（1990）在陕西省永寿县对林草地的观测与分析表明，当盖度超过 35% 时，土壤流失量在允许范围内（<200t/km²）。同时，林下的活地被物层对林地的产流产沙也影响很大。观测研究表明（表 1-10），活地被物在大雨和暴雨中对减少林地土壤侵蚀有明显作用：在林冠郁闭度相同的刺槐林内，活地被物增加 10%，在 134 ~ 136mm 雨量冲刷下土壤侵蚀量减少 23.5%；在 50 ~ 54mm 雨量冲刷下土壤侵蚀量减少 59.8%（卢宗凡等，1997）。另外，林地枯枝落叶层具有截留降水、吸收和阻滞地表径流、抑制土壤蒸发、防止土壤溅蚀及提高表土抗冲能力的作用。若林地去除枯枝落叶层，其径流深度和土壤侵蚀模数较原状林分别大 5.1 倍和 26.5 倍（吴钦孝和杨文治，1998）。

表 1-7 不同植被类型的径流模数与侵蚀模数

植被类型	坡度 /(°)	盖度 /%	年径流模数		年侵蚀模数		资料来源
			/[m³/(hm² · a)]	与耕地比/%	/[t/(km² · a)]	与耕地比/%	
油松人工林	20	70 ~ 80	24.3	11.9	2.0	0.1	宜川站
油松+沙棘林	27	50 ~ 70	43.1	21.0	703.9	73.3	安塞试区
1 ~ 8 年生刺槐林	27	60 ~ 75	61.1	30.2	524.6	54.7	安塞试区
6 ~ 17 年生刺槐林	27	50 ~ 60	18.5	9.1	27.8	2.9	安塞试区
刺槐成林	31 ~ 33	80	40.6	1.2	40.6	1.2	长武试区
水平阶刺槐成林			82.8	8.9	45.2	4.4	淳化试区
1 ~ 8 年刺槐+紫穗槐	27	50 ~ 60	61.7	30.5	534.8	55.7	安塞试区
山杨林	18	75	16.2	30.2	3.9	11.4	宜川站
杨树+沙棘林	27	50 ~ 60	57.1	28.3	833.2	92.1	安塞试区
山杨林	25	70	59.0	6.1	20.7	1.8	河曲试区
2 ~ 6 年生沙棘林	27	60 ~ 90	32.3	15.9	347.4	37.2	安塞试区
2 ~ 4 年生柠条锦鸡儿林	27	20 ~ 50	118.1	58.4	1 922.8	96.1	安塞试区
柠条锦鸡儿成林	27	50 ~ 60	21.8	8.9	3.9	0.4	安塞试区
柠条锦鸡儿林	22	90	18.0	1.8	4.5	0.4	河曲试区
1 ~ 5 年生紫苜蓿	27	60	141.5	79.4	1 892.2	54.3	安塞试区
紫苜蓿	9	60	195.0	34.4	160.0	0.4	准旗试区
紫苜蓿	17	50	198.0	59.2	240.0	10.9	准旗试区
2 ~ 8 年斜茎黄耆	27	50 ~ 90	53.3	29.3	76.8	2.2	安塞试区

续表

植被类型	坡度/(°)	盖度/%	年径流模数		年侵蚀模数		资料来源
			/[m³/(hm²·a)]	与耕地比/%	/[t/(km²·a)]	与耕地比/%	
斜茎黄耆	7	40	193.0	59.0	150.0	11.4	准旗试区
无芒雀麦	7	40	171.0	52.0	140.0	10.6	准旗试区
天然草地	7	40	162.0	49.5	110.0	8.3	准旗试区
天然草地	30~31	85			56.7	1.7	长武试区
水平阶密草地	30	85	88.1	9.5	37.4	3.6	淳化试区

注: 农耕地的坡面状况与对比林草地相同或近似。

资料来源: 吴钦孝和杨文治, 1998

表 1-8　林地侵蚀量与盖度的对应值

盖度/%	81	77	76	75	72	62	47	37	33
侵蚀量/[t/(km²·a)]	7.3	19.3	37.0	57.0	67.6	534.7	1 334.6	2 878.7	3 411.7

资料来源: 卢宗凡, 1997

表 1-9　准旗五分地沟试区不同盖度的沙黄土牧草小区的径流侵蚀量

项目	盖度/%					
	1.9	21.0	39.3	49.0	60.3	76.3
径流深/mm	76.1	54.9	30.8	24.4	20.5	14.8
径流系数/%	39.8	28.7	16.1	12.8	10.7	7.7
年侵蚀量/[t/(km²·a)]	2 030	930	450	360	300	140

注: 1987~1989 年平均值, 坡度为 7°。

资料来源: 金争平等, 1992

表 1-10　活地被物层对林地 (6 个样地) 产流产沙的影响

林分类型	林冠郁闭度/%	活地被物盖度/%	降雨量/mm	平均雨强/(mm/min)	最大时段雨强/(mm/min)	径流量/(m³/hm²)	侵蚀量/(t/km²)
柠条锦鸡儿成林	60~65	30~50	134.0	0.40	1.15	18.3	6.09
柠条锦鸡儿成林	60~65	25~40	134.0	0.40	1.15	22.3	8.51
刺槐林	50~65	35	136.0	0.40	1.15	36.2	27.40
刺槐林	50~65	25	134.0	0.38	1.19	13.7	35.80
刺槐林	50~65	35	54.0	0.08	0.45	0.4	1.13
刺槐林	50~65	25	50.0	0.07	0.20	0.8	2.81

资料来源: 卢宗凡等, 1997

　　在水土流失严重的黄土高原, 林草生长立地条件差, 成活率较低, 生长速度较慢, 如不与鱼鳞坑、水平沟或水平阶等工程措施相结合, 其水土保持作用会受到限制。例如, 在宁夏西吉黄家二岔小流域的研究表明: 当荒山未采取任何措施时, 平均年土壤侵蚀模数为 1640t/(km²·a); 当荒山采取反坡梯田整地造林, 侵蚀模数为 41t/(km²·a), 可减少土壤流失量97.5%；当荒山采用水平阶隔坡种草时，侵蚀模数为63$t/(km^2 \cdot a)$，可减少土壤流失量96%（孙立达等，1992）。根据山西离石王家沟不同整地措施刺槐林径流小区的降雨侵蚀资料，与穴植相比，水平沟种植刺槐林的蓄水和保土效益平均为93.9%和96.5%，鱼鳞坑种植刺槐林的为80.1%和83.7%，水平阶种植刺槐林的为52.0%和73.2%；而当水平沟种植的刺槐林生长到7~8年时，可能由于水平沟的淤满，与穴植相比，为负效益，鱼鳞坑的效益也逐年降低（表1-11）。另外，依据绥德站在辛店沟径流小区的监测结果，通过对不同林草措施与农地在9次暴雨事件下（1994/08/04、1994/08/10、1996/07/14、2001/08/18、2001/09/18、2006/07/31、2006/08/25、2006/08/29和2017/07/26）的产流产沙特征的分析表明，在各次暴雨事件下，农地的单位降雨量径流模数和单位降雨量侵蚀模数比较大，而柠条锦鸡儿（坡地）、油松侧柏混交（反坡梯田）和油松（反坡梯田）的单位降雨量径流模数和单位降雨量侵蚀模数均比较小，其中油松的单位降雨量径流模数和单位降雨量侵蚀模数最小，这说明植被措施加上反坡梯田整地工程措施的减流减沙效果更为明显（表1-12）。另据对2017年子洲"7·26"暴雨侵蚀的野外调查，退耕草地在此次特大暴雨侵蚀中并未出现较严重的土壤侵蚀，没有明显的细沟发生，以鳞片状剥蚀为主；但有些位于沟底坡脚的退耕草地，由于承接了上坡的集中股流，在原来的浅沟部位形成小切沟（图1-4，见彩图）；对于2001年退耕还林刺槐林坡面（株行距平均为3m×3m，冠幅最大达到4m×7m，最小为1m×1m，林木枯梢情况较为严重，林下草本植被植物盖度10%~60%），土壤侵蚀主要以面蚀为主，坡面本来存在的浅沟成为排水道，但冲蚀不严重（图1-5，见彩图）；对于坡面经济林（主要以杏树和枣树为主），由于进行了林下除草，林下草本稀疏，在"7·26"暴雨侵蚀中，坡面上出现明显的细沟侵蚀和一系列跌坎，甚至有切沟发育（图1-6，见彩图）。

表1-11　整地造林措施的减蚀作用

径流小区	年份	穴植情况下		整地措施种植情况下		蓄水效益/%	保土效益/%
		径流深/mm	侵蚀模数/[$t/(km^2 \cdot a)$]	径流深/mm	侵蚀模数/[$t/(km^2 \cdot a)$]		
水平沟（1960~1962年和1965年未产流）	1957	18	3 690.1	1.3	118.9	92.6	96.8
	1958	41.9	904.6	2.6	28.8	93.8	96.8
	1959	42.8	733.2	2	31.1	95.3	95.8
	1963	49.3	270.7	49.1	603.2	0.4	-122.8
	1964	23.4	411	49.1	2 568.6	-109.8	-525
鱼鳞坑	1957	18	3 690.1	4.3	148.4	76.1	96
	1958	41.9	904.6	6.5	118.2	84.5	86.9
	1959	42.8	733.2	8.7	232.4	79.7	68.3
水平阶	1957	18	3 690.1	11.4	1 124.3	36.7	69.5
	1958	41.9	904.6	22.8	170.1	45.6	76.8
	1959	42.8	733.2	11.2		73.8	

注：据山西离石王家沟试验资料。

表1-12 绥德育林沟不同措施径流小区在暴雨事件下的水土流失特征

林草措施	暴雨事件	降雨量/mm	平均雨强/(mm/h)	单位降雨量径流模数/[m³/(km²·mm)]	单位降雨量侵蚀模数/[t/(km²·mm)]	相对于农地的减流效益/%	相对于农地的减沙效益/%
油松侧柏混交（反坡梯田）	1	152.4	19.3	82.7	21.3	42.2	−12.1
	2	61.7	3.5	61.8	0.4	32.9	66.7
	3	62.7	23.1	10.8	1.2	74.7	87.8
	4	109.4	4.0				
	5	65.3	2.5				
	6	59.3	9.6	56.8	2.2	59.0	90.5
	7	62.7	8.4	56.6	3.0	60.1	89.1
	8	57.2	3.2	20.1	1.3	72.6	90.3
	9	106.5		25.4	0.3	84.6	99.5
柠条锦鸡儿（坡地）	1	152.4	19.3	103.7	10.0	27.5	47.4
	2	61.7	3.5	27.3	0.4	70.4	66.7
	3	62.7	23.1	16.9	0	60.4	100.0
	4	109.4	4.0				
	5	65.3	2.5				
	6	59.3	9.6	42.6	1.5	69.2	93.5
	7	62.7	8.4	53.4	1.9	62.4	93.1
	8	57.2	3.2	20.1	1.6	72.6	88.1
	9	106.5		2.8	0	98.3	100.0
油松（反坡梯田）	1	152.4	19.3	32.8	0.6	77.1	96.8
	2	61.7	3.5	4.6	0	95.0	100.0
	3	62.7	23.1	4.7	0	89.0	100.0
	4	109.4	4.0				
	5	65.3	2.5				
	6	59.3	9.6	42.6	3.2	69.2	86.1
	7	62.7	8.4	53.4	7.0	62.4	74.5
	8	57.2	3.2	20.1	1.0	72.6	92.5
	9	106.5		1.9	0	98.9	100.0
荒坡（坡地）	1	152.4	19.3	128.7		10.1	
	2	61.7	3.5	82.4		10.5	
	3	62.7	23.1	41.5		2.8	
	4	109.4	4.0	16.2	6.9	84.3	−16.9
	5	65.3	2.5	1.5	0.2	−7.1	−100.0
	6	59.3	9.6	88.8	17.0	35.9	26.4

林草措施	暴雨事件	降雨量/mm	平均雨强/(mm/h)	单位降雨量径流模数/[m³/(km²·mm)]	单位降雨量侵蚀模数/[t/(km²·mm)]	相对于农地的减流效益/%	相对于农地的减沙效益/%
荒坡（坡地）	7	62.7	8.4	130.8	15.6	7.8	43.1
	8	57.2	3.2	52.4	8.5	28.6	36.6
	9	106.5		3.8	0	97.7	100.0
农地（坡地）	1	152.4	19.3	143.1	19.0		
	2	61.7	3.5	92.1	1.2		
	3	62.7	23.1	42.7	9.8		
	4	109.4	4.0	103.0	5.9		
	5	65.3	2.5	1.4	0.1		
	6	59.3	9.6	138.5	23.1		
	7	62.7	8.4	141.9	27.4		
	8	57.2	3.2	73.4	13.4		
	9	106.5		165.3	55.5		

注：暴雨事件 1 为 1994/08/04；2 为 1994/08/10；3 为 1996/07/14；4 为 2001/08/18；5 为 2001/09/18；6 为 2006/07/31；7 为 2006/08/25；8 为 2006/08/29；9 为 2017/07/26。

图 1-4 子洲马家沟流域沟坡退耕地发育的小切沟（焦菊英摄于 2017 年 8 月 5 日）

目前，随着退耕还林（草）工程的实施与植被的恢复演替，林草地的土壤侵蚀已经非常轻微。在安塞坊塌流域于 2015～2017 年对不同植被类型退耕坡面径流小区的观测表明，在 2015～2017 年的 35 场次降雨条件下，不同植被类型小区的产流量变化为 0～8.280mm，平均值变化为 0.033～0.540mm；裸坡的最大产流量为 11.399mm，平均为 1.494mm。不同植被类型小区的产沙量变化为 0～85.167t/km²，平均值变化为 0.155～3.349t/km²；裸坡的最

图 1-5　子洲马家沟流域刺槐林坡面及汇流痕迹（焦菊英摄于 2017 年 8 月 4 日和 6 日）

图 1-6　子洲马家沟与蛇家沟流域经济林坡面的沟蚀（焦菊英摄于 2017 年 8 月 4 日和 6 日）

大产沙量为 2648.106t/km²，平均为 112.712t/km²。裸坡最大产流量与产沙量出现在 2016 年 6 月 22 日发生的 2.5h 雨量为 28.8mm 的降雨事件，最大 30min 和 60min 雨量分别为 16.6mm 和 27.4mm，在这样的短历时强暴雨事件下，裸坡的产沙量达到中度侵蚀以上。而不同植被小区的产沙量最大值除 2 号和 3 号小区为 85.167t/km² 和 31.747t/km² 外，其他小区变化在 0.790 ~ 23.939t/km²（表 1-13）。可见，目前退耕林草地的产流量与产沙量很小。

表 1-13　安塞坊塌流域不同植被类型坡面 2015 ~ 2017 年 35 场次降雨产流产沙特征

| 小区 | | 产流量/mm | | | 产沙量/（t/km²） | | | 平均含沙量 |
序号	植被类型	平均	最大	最小	平均	最大	最小	/（kg/m³）
1	4 ~ 5 年猪毛蒿群落	0.300	3.761	0.001	0.710	7.318	0.000	2.3
2	9 ~ 10 年长芒草群落	0.362	7.580	0.000	3.349	85.167	0.000	9.3

小区		产流量/mm			产沙量/(t/km²)			平均含沙量
序号	植被类型	平均	最大	最小	平均	最大	最小	/(kg/m³)
3	15 年左右白羊草群落	0.540	8.280	0.000	1.793	31.747	0.000	3.3
4	25 年左右铁杆蒿+长芒草群落	0.376	4.239	0.003	0.397	3.015	0.000	1.1
5	40 年左右铁杆蒿+大针茅群落	0.284	3.780	0.000	1.047	8.488	0.000	3.7
6	40 年左右白刺花群落	0.369	5.284	0.000	1.047	23.939	0.000	2.8
7	40 年左右铁杆蒿+茭蒿群落	0.167	2.374	0.000	0.838	11.143	0.000	5.0
8	20 年左右柠条锦鸡儿林群落	0.067	0.867	0.000	0.162	0.790	0.000	2.4
9	30 年左右刺槐林群落	0.033	0.590	0.000	0.155	2.040	0.000	4.6
10	开垦裸地	1.494	11.399	0.000	112.712	2 648.106	0.010	75.4

虽然人工林草在短中期内可以控制土壤侵蚀并改善环境,但人工植被掠夺性地利用有限的土壤水资源,形成了明显的土壤干层,造成诸如植物生长速率明显减慢、生长周期缩短、群落衰败以至大片死亡、自然更新困难、衰败后的林草地再造林难度加大、局部小气候生境趋于旱化及改变的生境不利于本地物种生长与拓殖等问题,影响着生态系统的可持续发展(Cao et al., 2009;Shangguan, 2007;Wang et al., 2008)。而与人工植被群落相比,自然植被群落更具适应性和稳定性,具有较高的生态功能且代价低,因此植被的自然恢复应受到足够的重视。

1.2 沟谷土壤侵蚀

沟谷是水力侵蚀和重力侵蚀共同作用区。沟坡大多为近于 40°的陡坡,除降雨径流的作用外,还要受梁峁坡汇流的影响,水力侵蚀要大于梁峁坡;同时沟坡的滑塌、崩塌和泻溜等重力侵蚀严重(陈浩等,1993)。黄河中游地区大部分的沟谷地产沙量占流域总沙量的 70%~80%,黄河晋陕峡谷段北部沿岸地区和西峰与洛川等完整塬区大于 85%,西北部黄河支流河源区和汾渭断陷盆地小于 70%("黄河中游侵蚀环境特征和变化趋势"专题组,1996)。

重力侵蚀是沟谷侵蚀的主要类型,在黄土高原不同侵蚀类型区重力侵蚀占流域总侵蚀量的 20%~65%(叶青超,1992;杨吉山等,2014a)。根据黄土高原地区重力侵蚀发生的力学机制、物质组成特点和规模等,可将重力侵蚀分为滑坡、滑塌、崩塌、错落、泻溜和泥流等多种类型(杨吉山等,2011)。朱同新(1989)的研究表明,晋西地区典型沟道小流域重力侵蚀以滑塌、崩塌和泻溜为主,大型与中型滑坡和泥流所占的比例很小,从侵蚀量上看,滑塌和崩塌占 70%左右,泻溜占近 30%。杨吉山等(2014b)在绥德桥沟的观测表明,黄土沟道中发生的重力侵蚀主要是发生在土体浅层的小型重力侵蚀,包括泻溜、小型崩落和小型滑塌等,一般以土体风化为基础,侵蚀速度和规模都受到风化速度和深度的影响，是陡坡表层土体剥蚀的形式之一。刘秉正和吴发启（1993）对淳化泥河沟的调查表明，重力侵蚀以崩塌、滑坡和泻溜为主。小型重力侵蚀一年四季都可能发生，即使在降雨强度比较小和水力侵蚀不是很明显的条件下，仍然能够发生一定数量的重力侵蚀（杨吉山等，2014b）。

不同发育阶段的沟谷其重力侵蚀方式是不同的，重力侵蚀最为严重的是冲沟和干沟，在干沟以滑坡和泻溜侵蚀方式为主，在冲沟则以滑塌与崩塌侵蚀方式为主（表1-14）。在山西王家沟流域进一步的研究（刘林等，2015a）表明，河沟是土壤侵蚀强度最低的沟道，以微度和轻度侵蚀为主；冲沟和切沟则是土壤侵蚀最为严重的沟道，其"V"字形断面会造成大量土壤流失，两者中度以上的土壤侵蚀面积占其沟道总侵蚀面积的比例分别为96.95%和83.23%。通过卫星影像识别和现场调查（刘林等，2015b），在王家沟流域内共发现了948个洞穴口，冲沟、切沟是洞穴形成和发育的主要环境；若将包含1个或1个以上洞穴的沟道定义为洞穴沟，在王家沟流域内共发现洞穴沟道221条，其沟长、切深及面积都明显大于非洞穴沟道，表明洞穴沟道中的土壤侵蚀要比非洞穴沟道大得多。Zhu等（2002）的研究也发现，王家沟流域内洞穴沟道比非洞穴沟道的产沙量多出近57%，产流量比非洞穴沟道多49%。

表 1-14　山西离石王家沟不同沟谷类型的重力侵蚀量

沟谷类型	滑坡		滑塌		崩塌		泻溜	
	面积/(10⁴m²)	比例/%	侵蚀量/t	比例/%	侵蚀量/t	比例/%	面积/(10⁴m²)	比例/%
切沟	0.07	0.4	353	16.7	490	9.9	0.6	2.1
冲沟	7	38.9	1 611	76.3	3 261	65.4	10.9	38.3
干沟	9.95	55.2	114	5.4	1 205	24.1	15.5	54.3
河沟	1.00	5.5	35	1.6	29	0.6	1.5	5.3
合计	18.02	100	2113	100	4 985	100	28.5	100

资料来源：叶青超，1992

在梁峁坡耕地退耕后，耕作土逐渐密实，抗蚀性增强，侵蚀减弱；但入渗率降低，梁峁坡地产流量增加，且恢复年限长的径流系数高，致使流入沟谷的径流量加大，在一定程度上降低了径流含沙量，流水对沟谷的侵蚀力增强，沟谷和沟坡重力侵蚀更加突出（冯明义等，2003；Liu et al., 2012）。依据延河流域由南到北6个典型小流域内2013年7月特大暴雨引起的滑坡调查（表1-15），南部毛堡则流域和尚合年流域共有133处滑坡，滑坡频率分别为10.32处/km²和10.00处/km²；中部陈家圪流域和张家河流域共发生滑坡74处，滑坡频率分别为5.10处/km²和4.55处/km²；而北部高家沟流域和石子湾共发生滑坡53处，滑坡频率分别为2.95处/km²和2.40处/km²，约是南部小流域的1/4，中部小流域的1/2。距离暴雨中心（宝塔区）较近的南部和中部小流域内滑坡量和滑坡侵蚀模数也明显大于北部小流域，南部的毛堡则流域和尚合年流域的滑坡侵蚀模数最大，达7424.99t/km²；中部的张家河流域和陈家圪流域的滑坡侵蚀模数分别为3712.79t/km²和3701.07t/km²；北部的石子湾流域滑坡侵蚀模数最小，为1391.95t/km²，约是南部的1/5和中部的1/3。2013

年7月延河流域暴雨引发的滑坡长度和宽度多在数十米之内，厚度一般在4m以内，滑坡体积较小，为21～17 000m³，小于10万m³，均属于小型滑坡；在调查的6个小流域中，单个滑坡体小于等于1000m³滑坡最多，占总滑坡的78%（表1-16）。最大的滑坡发生在高家沟流域，滑坡体规模为74m×65m×3.6m，坡度为38°，体积为17 000m³，侵蚀量接近20 000t。该处滑坡位于流域内主干道一侧，主干道是人工开挖而成，削坡严重，破坏了原有坡面的应力平衡，造成坡面陡直，原有斜坡稳定性降低。在此次大暴雨条件下，一方面坡体含水量增加，坡体自重增大，且该坡体上部是少量乔木，进一步增加了坡体向下的作用力；另一方面，主干道排水设施严重淤积，不能起到排水作用，导致水流在坡脚附近聚集，坡脚遭到严重冲刷和侵蚀，坡体稳定性降低，故形成了较大规模的滑坡。

表1-15 延河流域2013年典型小流域滑坡数量特征

小流域	毛堡则流域	尚合年流域	张家河流域	陈家圪流域	高家沟流域	石子湾流域
滑坡量/t	69 794.88	26 245.19	39 986.73	18 135.26	53 640.68	14 476.25
调查面积/km²	9.40	3.60	10.77	4.90	9.50	10.40
滑坡数量/处	97	36	49	25	28	25
滑坡频率/(处/km²)	10.32	10.00	4.55	5.10	2.95	2.40
滑坡侵蚀模数/[t/(km²·a)]	7 424.99	7 290.33	3 712.79	3 701.07	5 646.32	1 391.95

表1-16 延河流域2013年典型小流域滑坡规模特征 （单位：处）

单个滑坡体规模/m³	毛堡则流域	尚合年流域	张家河流域	陈家圪流域	高家沟流域	石子湾流域
≤500	40	15	26	12	17	15
500～1 000	36	12	12	8	5	7
1 000～5 000	19	9	9	5	4	3
5 000～10 000	2	0	2	0	1	0
>10 000	0	0	0	0	1	0

随着黄土高原地区植被的恢复，坡面水土流失量减小，沟谷侵蚀将会更加突出，成为主要的泥沙来源地之一（松永光平和甘枝茂，2007）。在2013年7月延安暴雨条件下，滑坡侵蚀占各小流域侵蚀总量的49.0%～88.5%（焦菊英等，2017）。因此，注重退耕坡面径流下沟的影响，加强沟间地雨水蓄排措施，防止沟坡重力侵蚀，控制沟蚀发展，是目前土壤侵蚀研究与防治中值得重视的问题。

1.3 小流域侵蚀产沙

小流域按地貌类型分为沟间地（包括塬面与梁峁坡）和沟谷地（包括沟坡与沟床）。在小流域内，从分水岭至谷底的垂直方向上，按照土壤侵蚀方式和强度可划分为若干个侵蚀地带。黄土丘陵沟壑区与黄土塬沟壑区各侵蚀分带的土壤侵蚀量分别见表1-17和表1-18。

表 1-17　黄土丘陵区代表小流域各侵蚀带的侵蚀量

侵蚀分带		侵蚀量/[t/(km² · a)]	
		陕北子洲团山沟	晋西离石羊道沟
沟间地带	梁峁顶部溅蚀和片蚀亚带	40.9	509.4
	梁峁坡上部片蚀和细沟侵蚀亚带	12 902.9	1 500.4
	梁峁坡中部细沟和浅沟侵蚀亚带	19 894.8	
	梁峁坡下部浅沟侵蚀亚带		9 432.8
	沟头掌状凹坡切沟侵蚀亚带	21 404.3	10 336.3
	平均	20 284.4	6 740.0
沟谷地带	黄土谷坡	17 107.1	26 614.8
	红土谷坡	35 018.5	18 748.9
	沟头		
	平均	34 375.6	27 300.0
全流域平均		23 948.1	20 107.5
观测年份		1963 ~ 1967	1963 ~ 1968

资料来源：孟庆枚，1996

表 1-18　黄土塬区南小河沟流域（十八亩台以上）各侵蚀带侵蚀量

侵蚀带		面积		径流量			侵蚀量		
		总量/km²	占流域比例/%	总量/(m³/a)	单位面积量/[m³/(km² · a)]	占流域比例/%	总量/(t/a)	单位面积量/[t/(km² · a)]	占流域比例/%
谷间地带	塬面溅蚀和片蚀亚带	20.16	65.8	185 600	9 206.35	67.4	16 330	810.0	12.3
	塬坡或梁坡浅沟切沟侵蚀亚带	2.90	9.5	23.780	8 200.0	8.6	1 930	665.5	1.4
	合计	23.06	75.3	209 380	9 079.79	76.0	18 260	791.85	13.7
沟谷地带		7.56	24.7	65 980	8 727.5	24.0	114 900	15 198.4	86.3
全流域		30.62	100.0	8 994.1	8 994.1	100.0	133 200	4 350.1	100.0

注：据西峰水土保持科学试验站资料。

资料来源：陈永宗等，1988

　　从小流域侵蚀产沙的总量来看，大体有这几种情况（表 1-19）：①在黄土塬沟壑区，侵蚀产沙量主要来自沟谷地。据陇东董志塬的南小河沟及晋西残塬沟壑区的唐户沟和西崾沟等流域典型观测，沟谷地产沙量可占总产沙量的 80% 以上。主要因为塬面比较平坦，土层深厚，水分易于入渗，降雨时不易形成地表径流，因此侵蚀较弱；沟谷坡一般较陡，多大于 45°，降雨时不仅易形成地表径流，而且又汇集了沟间地上的来水，加之边坡重力侵蚀活跃，因此侵蚀强烈。尽管黄土塬沟壑区沟间地面积一般大于沟谷地面积（其比值多为 1 ~ 3），然而沟谷地的侵蚀模数往往是沟间地侵蚀模数的 3 ~ 10 倍，因而沟谷地为小流域泥沙的主要源地。②在沟间地与沟谷地大体相等的陕北和晋西典型黄土丘陵沟壑区，沟谷地产沙一般占到产沙总量的 50% ~ 80%，而沟间地产沙占 20% ~ 50%。沟谷地产沙总量之所以超过沟间地产沙总量，是因为这些沟间地与沟谷地面积之比大体是 1∶1，但沟谷地的侵蚀模数一般大于沟间地的侵蚀模数，因而沟谷侵蚀总量大于沟间地侵蚀总量。③在沟间地比例特别大的缓坡丘陵和长坡丘陵地区，沟间地侵蚀总量有可能大于沟谷侵蚀总量。例如，甘肃秦安县属于比较典型的长坡丘陵沟壑地貌，沟谷面积占全县总面积的 19.8%，年均侵蚀模数达 15 000t/km²；沟间地面积占全县总面积的 80.2%，年均侵蚀模数 6924t/km²。尽管沟间地年侵蚀模数小于沟谷地侵蚀模数，但由于沟间地面积较大，且侵蚀也较强，因而沟间地侵蚀总量较大，占全县侵蚀总量的 65.1%，沟谷产沙量仅占 34.9%（齐矗华，1991）。另外，由于沟间地塬面和梁峁坡上的泥沙是受雨滴的打击击溅和本区形成的径流产生的，沟坡上的泥沙还受塬面和梁峁坡径流下沟的影响，因此沟床的泥沙主要受集水区上径流冲刷的作用影响（陈浩，1999）。根据多年次降雨条件下的实测资料，丘陵沟壑区的羊道沟与王茂沟和塬区的南小河沟坡面径流下沟在沟坡上的净产沙增量分别占全坡面产沙量的 54.46% 与 69.35% 和 77.04%，坡面下来的泥沙分别占 20.58% 与 20.35% 和 7.96%；而隔绝坡面来水的沟坡产沙量分别占 24.96% 与 10.29% 和 15.0%（陈浩，1999）。可见，坡面来水来沙在全坡面和流域侵蚀产沙中起决定性的作用，坡面径流下沟对小流域侵蚀产沙的影响很大。

表 1-19　小流域沟间地与沟谷地侵蚀量对比

流域	面积 /km²	沟间地			沟谷地		
		面积 /%	侵蚀模数 /[t/(km²·a)]	侵蚀量 /%	面积 /%	侵蚀模数 /[t/(km²·a)]	侵蚀量 /%
唐家堡河	89.3	85.4	2 026	38.4	14.6	18 974	61.6
唐户沟	2.8	37.4	1 509	5.0	62.6	11 379	95.0
南小河沟	36.3	56.9	810	12.3	43.1	11 169	87.7
西埝沟	6.1	51.0	1 953	15.3	49.0	12 112	84.7
羊道沟	0.2	50.3	8 070	19.6	49.7	33 467	80.4
王家沟	9.1	59.5	10 930	47.1	40.5	18 025	52.9
韭园沟	70.1	56.5	16 000	50.1	43.5	20 700	49.9
团园沟	0.5	45.4	26 300	43.3	54.6	28 500	56.7
团山沟	0.2	74.0	19 600	61.8	26.0	34 500	38.2
秦安县	1 601.1	80.2	6 924	65.1	19.8	15 000	34.9

资料来源：齐矗华，1991

在一个流域内，不同地类的面积与侵蚀强度不同，其对流域产沙的贡献率不同。安塞寺嵴岘与小范家沟流域分别为非治理和治理流域，在两次暴雨中各地类的侵蚀量见表 1-20 和表 1-21。寺嵴岘流域的侵蚀产沙主要来源于沟谷地的土质天然荒坡，其中尤以沟缘线附近的谷坡侵蚀产沙量最为严重，其次是坡耕地，二者面积占流域的 67.96%，侵蚀产沙量占 90.9% ~ 91.6%。小范家沟的沟谷地主要为人工林地（乔灌林）和封育草坡，面积分别占流域的 25.11% 和 17.40%，1989 年 7 月 16 日侵蚀模数分别为 919.2t/（km²·a）和

8957.0t/（km² · a），侵蚀产沙量占流域总量的2.94%和19.84%；沟间地梁峁坡稀疏草灌地1989年7月16日侵蚀模数为12 807.2t/（km² · a），面积占流域面积的45.15%，而侵蚀产沙量占流域总侵蚀产沙量的73.61%。显然治理小范家沟的主要侵蚀产沙来源地与其地貌类型变化的关系不大，而与治理土地利用方式的关系密切。沟谷造林和封育草坡增加地面植被覆盖，不仅使得侵蚀强度大大降低，而且打破了治理前由地形因素控制的侵蚀强度在流域内垂直增强的分带性特征，从而抑制了坡度越陡侵蚀越严重—侵蚀越严重坡度越陡的恶性侵蚀演变发展过程（江忠善等，1996）。在韭园沟各土地利用类型中，单位面积土壤侵蚀量以村庄道路为最大，其次是悬谷陡崖、荒坡和农坡地，其相应的比例为2.2：1.8：1.2：1；而农坡地、荒坡、悬谷陡崖和村庄道路面积占流域总面积的比例分别为66.7%、23.3%、5.56%和4.44%，各土地利用类型的泥沙来自农坡地的占59.3%、荒坡地占25.0%、悬谷陡崖占8.8%、而村庄道路占6.9%（加生荣，1992）。因此，改变土地利用方式，合理利用土地资源，可以减轻小流域的土壤侵蚀。另外，由于坡向的不同，光热条件及受它影响的水分状况的改变，导致植被类型和土壤利用方式一定程度地发生坡向分异，形成不同的自然特征，对土壤侵蚀产生重大影响。陈浩等（2006）对黄土丘陵沟壑区典型小流域王家沟不同坡向的侵蚀差异进行分析研究，结果表明，在黄土丘陵沟壑区坡向地貌侵蚀演化差异明显，总体上阳坡的侵蚀强度大于阴坡，各坡向侵蚀强度依次是南偏西（SW）>东偏南（ES）>南向坡（S）>东向坡（E）>北偏东（NE）>西坡（W）。通过对阴阳坡土壤侵蚀量、沟谷形态和土壤特征进行对比分析，在天水施家沟流域年土壤流失量中，阴坡占38%，阳坡占62%（其中农地占35.1%）；如果考虑林地和草地覆盖度的差别，则阳坡可占流失总量的80%左右（李孝地，1988）。

表1-20　寺崾岘流域各地类的侵蚀量

土地利用		面积 /km²	占总面积/%	1988年8月4日至6日			1989年7月16日		
类别		面积 /km²	占总面积/%	侵蚀模数 /[t/（km² · a）]	侵蚀量 /t	占总量 /%	侵蚀模数 /[t/（km² · a）]	侵蚀量 /t	占总量 /%
农地	坡耕地	1.016	28.18	12 950.9	13 158.1	33.46	29 573.8	30 047.0	30.81
	水平梯田	0.448	12.43	385.9	172.9	0.44	1 213.3	543.6	0.56
	草粮带作	0.117	3.25	8 366.0	978.8	2.49	2 0257.7	2 370.1	2.43
	小计	1.581	44.48	9 051.1	14 309.8	34.39	20 848.0	32 960.7	33.80
林地	经济林	0.057	1.58	1 543.7	88.0	0.22	4 383.0	247.8	0.25
	乔灌林	0.228	6.32	1 356.7	309.3	0.79	4 444.2	1 013.3	1.04
	小计	0.285	8.02	1 394.1	397.3	1.01	4 421.4	1 261.1	1.29
草地	土质荒坡	1.434	39.78	15 930.4	22 844.2	58.09	40 859.5	58 592.5	60.07
	土石质荒坡	0.254	7.08	6 984.3	1 773.9	4.51	18 568.6	4 716.4	4.84
	小计	1.688	47.50	14 584.2	24 617.8	62.60	37 505.3	63 308.9	64.91
全流域		3.554	100	10 910.5	39 324.9	100	27 540.3	97 530.7	100

注：全流域不包括水域和居民地面积0.051km²。

资料来源：江忠善等，1996

表 1-21 小范家沟各地类的侵蚀量

土地利用				1988 年 8 月 4 日至 6 日			1989 年 7 月 16 日		
类别		面积 /km²	占总面积/%	侵蚀模数 /[t/(km²·a)]	侵蚀量 /t	占总量 /%	侵蚀模数 /[t/(km²·a)]	侵蚀量 /t	占总量 /%
农地	坡式梯田	0.003 6	1.98	1 715.3	6.2	0.84	4 260.3	15.3	1.07
林地	经济林	0.017 2	9.47	1 099.0	18.9	2.55	2 107.6	36.3	2.54
	乔灌林	0.045 6	25.11	503.4	22.9	3.09	919.2	41.9	2.94
	小计	0.062 8	34.58	665.6	41.8	5.63	1 245.2	78.2	5.48
草地	封育草坡	0.031 6	17.40	4 906.0	155.0	20.89	8 957.0	283.0	19.84
	稀疏草灌	0.082 0	45.15	6 572.3	538.9	72.64	12 807.2	1 050.0	73.61
	小计	0.113 6	62.55	6 108.2	693.9	93.53	11 735.9	1 333.2	93.45
水域		0.001 6	0.88	0	0	0	0	0	0
全流域		0.181 6	100	4 085.3	741.9	100	7 856.3	1 426.7	100

资料来源：江忠善等，1996

通过小流域综合治理，水土流失得到了明显的控制。由表 1-22 可以看出，通过 10 年综合治理的 11 个示范小流域效益明显，相对于 1986~1990 年治理初期，1991~1995 年的减沙效益变化为 17.3%~85.3%，平均 48.8%；1996~2000 年的减沙效益明显提高，变化为 36.7%~91.5%，平均 69.7%，除了准旗［2500t/(km²·a)］、隰县［2145t/(km²·a)］和安塞［1194t/(km²·a)］试区，其他示范小流域的土壤侵蚀小于黄土高原允许土壤流失量［1000t/(km²·a)］。由表 1-23 也可以看出，治理小流域具有明显抵御暴雨侵蚀的能力。绥德王茂沟和辛店沟在 20 世纪 70 年代以后的 13 次暴雨事件中，单位降雨量径流模数和产沙模数明显小于非治理沟裴家峁沟和桥沟，这与王茂沟沟道川台化和辛店沟的综合治理密切相关。王茂沟 1983 年开始以坝系为主开展水土保持工作，截至 1998 年治理面积为 4.31km²，占流域总面积的 72.22%；辛店沟经过综合治理，合理利用土地，于 1985 年已初步实现了少种高产和农林牧全面发展，到 1998 年已经没有坡耕地，在 2017 年 "7·26" 暴雨中流域洪水侵蚀灾害最轻。裴家峁沟治理程度低，在大多数暴雨事件中单位降雨量径流模数和产沙模数最大，反映了小流域水土流失治理的重要性；同时，在 1999 年退耕还林工程实施后，裴家峁沟单位降雨量径流模数和产沙模数较前期暴雨事件明显降低，在 "7·26" 暴雨中单位降雨量径流模数和产沙模数略高于 2001 年和 2006 年暴雨，但明显低于 20 世纪 90 年代的暴雨条件下的产流产沙量。在 20 世纪 90 年代的 4 次暴雨中，韭园沟相对于裴家峁沟的减流减沙效益更为显著，而在 20 世纪 50 年代减流减沙效益不是很理想，说明韭园沟的水土保持效果随治理度的增加而越来越明显。例如，在 1959 年 8 月 18 日发生的大暴雨中，韭园沟的降雨量达到 152.7mm，韭园沟相对于裴家峁沟的减流效益和减沙效益分别是 25.7% 和 23.3%；而在 2017 年 7 月 26 日，韭园沟的降雨量达到 156.1mm，与 1959 年 8 月 18 日发生的降雨量相似，而韭园沟相对于裴家峁沟的减流效益和减沙效益已经达到了 59.4% 和 74.7%。

表 1-22　黄土高原综合治理示范小流域土壤侵蚀量的变化

区域	流域	面积/km²	治理度/%		侵蚀模数/[t/(km²·a)]		
			a	b	a	b	c
黄土丘陵沟壑区	米脂	5.6	—	69.2	4 905	2 970	638
	安塞	8.3	37.2	54.2	7 197	5 276	1 194
	准旗	7.7	57.2	84.2	5 464	3 022	2 500
	固原	15.1	55.6	74.6	3 859	1 660	927
	西吉	5.7	83.6	96.4	708	256	448
	定西	9.2	56.8	84.8	2 482	714	210
	离石	9.1	60.1	68.7	1 708	251	162
	隰县	10.7	7.2	54.6	—	4 836	2 145
高原沟壑区	长武	8.3	68.2	82.4	1 000	827	504
	淳化	9.2	66.5	78.9	1 627	—	438
	乾县	8.5	56.1	73.6	1 628	1 086	736

注：a, 1986～1990 年平均；b, 1991～1995 年平均；c, 1996～2000 年平均。

表 1-23　绥德 5 个小流域暴雨事件下的产流产沙特征

暴雨事件 (年.月.日)	单位降雨量径流模数 /[m³/(km²·mm)]					单位降雨量产沙模数 /[t/(km²·mm)]				
	韭园沟	王茂沟	裴家峁沟	桥沟	辛店沟	韭园沟	王茂沟	裴家峁沟	桥沟	辛店沟
1956.8.8	435.5					103.5				
1959.8.18	169.1		227.5			104.1		135.7		
1964.7.5	112.0	78.5	227.7			55.8	40.8	157.5		
1977.7.5～6	92.4					13.0				
1977.8.4～5	830.2					743.5				
1988.6.25				102.0	7.2				79.4	0.4
1988.6.25～26		15.0	15.7	8.1			1.5	1.3	1.1	
1988.7.15		44.7	146.1	184.6	86.1		10.3	58.9	82.9	12.8
1994.8.4～6		184.0	725.2	431.4	199.9		22.6	310.6	198.3	36.0
1994.8.8～9			640.0	359.8	164.8			214.8	123.9	35.7
1994.8.4～10	110.2					1.8				
1994.8.10～13	84.5	201.2	319.2	163.8	123.7	4.6	27.8	132.0	56.0	23.5
1995.7.17～20	38.0	7.9	253.6	141.3	167.2	0.7	0.2	112.0	50.2	30.8

续表

暴雨事件 （年.月.日）	单位降雨量径流模数 /[m³/(km²·mm)]					单位降雨量产沙模数 /[t/(km²·mm)]				
	韭园沟	王茂沟	裴家 峁沟	桥沟	辛店沟	韭园沟	王茂沟	裴家 峁沟	桥沟	辛店沟
1996.7.14~17	183.5	27.1	337.0	287.6	64.7	19.4	0.5	152.3	106.2	6.9
1996.7.31~8.2	56.0	48.4	192.1	96.3	69.6	5.6	5.0	69.8	15.9	4.3
2001.8.18~19	7.2	30.3	67.1	31.8	13.8	0.4	5.5	19.0	9.3	1.3
2006.8.29~30	53.8	53.5	143.4	20.1	56.2	16.0	3.9	34.4	2.3	3.6
2017.7.26	117.8	96.2	290.4	121.3	15.4	12.3	33.2	48.5	19.7	0.5

　　然而，在特大暴雨条件下小流域的土壤侵蚀量依然是非常严重的。例如，在 2017 年 "7·26" 暴雨条件下，通过对子洲清水沟和岔巴沟淤地坝拦沙量的调查与反演，坝控小流域侵蚀模数变化为 9715.6~53 920.5t/km²，其中以坡耕地为主的小流域（平均 31 656.6t/km²）大于有梯田的小流域（平均 29 028.9t/km²）和以林草措施为主的小流域（平均 13 468.0t/km²）。最大侵蚀模数出现在坡耕地广泛分布于沟坡的坝控流域，而坝控流域内组合模式主要为林草地，其侵蚀模数在 10 000t/km² 左右。

1.4　河流输沙特征

　　黄河的输沙量主要来自黄河中游头道拐至潼关区间（图 1-7），占不同时段来沙量的 86.5%~94.8%（表 1-24）。头道拐—潼关区间的面积为 26.6 万 km²，分布有 25 条主要一级入黄支流，包括龙门以上的皇甫川、孤山川、窟野河和秃尾河等，以及龙门以下的泾河、北洛河、渭河和汾河；头道拐—潼关区间不仅是黄河泥沙的主要来源区，也是黄河下游河道主要淤积物粗泥沙（粒径大于 0.05mm）的主要来源区，其产粗泥沙量占全河粗泥

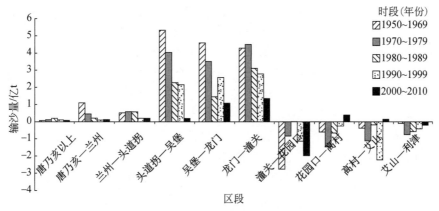

图 1-7　黄河干流各区段不同时段的输沙量变化

沙量的94.6%（姚文艺等，2015）。由表1-25中可以看出，各支流/区间对入黄泥沙的贡献比例随黄土高原水土流失治理阶段的变化发生了明显的改变。例如，窟野河温家川以上由1955～1969年的8.4%减少为2000～2010年的1.8%；干流府谷—头道拐区间未控区成为泥沙的淤积区；干流吴堡—府谷未控区和干流龙门—吴堡未控区分别由1955～1969年的5.8%和3.4%增加到2000～2010年的9.5%和12.1%；泾河张家山以上和北洛河状头以上分别由1955～1969年的20.3%和7.2%增加到2000～2010年的43.6%和11.3%。相对于1955～1969年，头道拐至潼关区间在1970～1979年、1980～1989年、1990～1999年和2000～2010年的年均输沙量分别减少了14.7%、51.6%、46.9%和81.4%。

表1-24　潼关站和潼关至头道拐区间的输沙量（1919～2010年）

时段（年份）	输沙量/亿t		头道拐至潼关区间占潼关站的比例/%
	潼关站	头道拐—潼关	
1919～1929	12.27	11.20	91.3
1930～1939	17.60	16.09	91.4
1940～1949	17.08	15.48	90.6
1950～1959	17.61	16.08	91.3
1960～1969	14.17	12.35	87.2
1970～1979	13.18	12.03	91.3
1980～1989	7.80	6.83	87.6
1990～1999	7.90	7.49	94.8
2000～2010	3.03	2.62	86.5

　　进一步依据头道拐至潼关区间70个水文站控制区数据，分析输沙模数的时空变化特征，具体如图1-8（见彩图）所示。头道拐至潼关区间各水文站控制区输沙模数也均不断减小，轻度以下［<2500t/（km²·a）］的侵蚀面积占比随治理时间推进而增加；强度以上［>5000t/（km²·a）］的侵蚀面积占比随治理时间推进而减少，输沙模数大于15 000t/（km²·a）的区域面积占比不断减少，在1980～1989年时段和2000年以后完全消失；中度侵蚀［2500～5000t/（km²·a）］的侵蚀面积占比随治理时间推进变化不大。以上结果表明，头道拐至潼关区间各水文控制区的水土保持措施在防治水土流失方面的作用明显且随年代变化逐渐增强，头道拐至潼关区间不同水文控制区的径流深和输沙模数不断减小。

　　虽然2000～2010年黄河中游的潼关至头道拐区间平均输沙量仅为2.621亿t，但也存在坝库拦沙、灌溉引沙和河道淤积。对于坝库拦沙，万家寨水利枢纽2000～2010年年均淤积0.374亿m³（0.561亿t）（程立军等，2012）；天桥水利枢纽1977～2007年库区淤积泥沙约0.52亿m³（0.78亿t），年均为0.026亿t[①]；据分析，河龙区间和泾洛渭汾流域

---

① 山西青年报．黄河天桥水电站库区淤积量加剧急待整治．http：//www.chinapower.com.cn［2007-04-17］。

表 1-25　黄河中游头道拐至潼关区间各支流或区域输沙量变化

支流控制区	面积/km²	输沙量/万 t					比例/%				
		1955~1969年	1970~1979年	1980~1989年	1990~1999年	2000~2010年	1955~1969年	1970~1979年	1980~1989年	1990~1999年	2000~2010年
红河放牛沟以上	5 461	2 284.8	1 635.3	716.0	470.3	81.1	1.6	1.4	1.0	0.6	0.3
偏关河偏关以上	1 915	1 818.2	1 265.6	736.7	383.5	98.8	1.3	1.1	1.1	0.5	0.4
皇甫川皇甫以上	3 199	5 835.6	6 253.0	4 282.2	2 550.8	883.8	4.1	5.2	6.3	3.4	3.4
县川河旧县以上	1 562	1 059.3	1 211.8	598.2	639.0	96.9	0.8	1.0	0.9	0.9	0.4
干流府谷—头道拐区间未控区	24 004	7 510.1	2 542.3	3 211.8	-169.9	-3 625.2	5.3	2.1	4.7	-0.2	-13.8
孤山川高石崖以上	1 263	2 565.3	2 969.8	1 278.2	944.0	338.1	1.8	2.5	1.9	1.3	1.3
朱家川下流碛以上	2 881	675.2	781.5	415.1	537.5	140.3	0.5	0.6	0.6	0.7	0.5
岚漪河裴家川以上	2 159	1 676.5	790.8	287.0	481.1	116.7	1.2	0.7	0.4	0.6	0.4
蔚汾河碧村以上	1 476	1 440.5	1 149.4	264.1	478.6	98.0	1.0	1.0	0.4	0.6	0.4
窟野河温家川以上	8 645	11 802.4	13 986.0	6 706.0	6 475.0	472.9	8.4	11.6	9.8	8.6	1.8
秃尾河高家川以上	3 253	2 884.6	2 342.0	998.5	1 285.6	208.3	2.0	1.9	1.5	1.7	0.8
佳芦河申家湾以上	1 121	2 432.8	1 784.3	459.7	692.8	195.4	1.7	1.5	0.7	0.9	0.7
湫水河林家坪以上	1 873	2 960.5	2 290.4	931.4	671.5	352.2	2.1	1.9	1.4	0.9	1.3
干流吴堡—府谷未控区	6 084	8 128.8	1 295.8	1 816.0	6 001.9	2 492.0	5.8	1.1	2.7	8.0	9.5
三川河后大成以上	4 102	3 385.6	1 831.1	964.3	815.5	226.4	2.4	1.5	1.4	1.1	0.9
屈产河裴沟以上	1 023	1 305.9	1 150.1	511.1	681.0	338.9	0.9	1.0	0.7	0.9	1.3
无定河白家川以上	29 662	20 670.5	11 597.0	5 270.0	8 406.0	3 322.1	14.7	9.6	7.7	11.2	12.7
清涧河延川以上	3 468	4 818.7	4 268.8	1 448.2	3 744.7	1 717.4	3.4	3.5	2.1	5.0	6.6

河龙区间

续表

支流控制区		面积/km²	输沙量/万t					比例/%				
			1955~1969年	1970~1979年	1980~1989年	1990~1999年	2000~2010年	1955~1969年	1970~1979年	1980~1989年	1990~1999年	2000~2010年
河龙区间	昕水河大宁以上	3 992	2 731.8	1 864.1	742.1	833.7	307.0	1.9	1.6	1.1	1.1	1.2
	延河甘谷驿以上	5 891	6 275.9	4 682.0	3 192.0	4 285.8	1 595.1	4.4	3.9	4.7	5.7	6.1
	汾川河新市河以上	1 662	314.1	368.4	255.1	207.3	69.5	0.2	0.3	0.4	0.3	0.3
	仕望川大村以上	2 141	360.2	318.3	124.6	55.1	11.9	0.3	0.3	0.2	0.1	0.0
	州川河吉县以上	436	580.6	472.4	80.5	52.4	13.6	0.4	0.4	0.1	0.1	0.1
	干流龙门—吴堡未控区	11 661	4 818.6	8 427.8	1 932.0	6 618.5	3 161.0	3.4	7.0	2.8	8.8	12.1
	小计	128 934	98 336.7	75 278.0	37 221.0	47 141.7	12 712.1	69.7	62.6	54.5	63.0	48.5
渭河咸阳以上		46 827	19 142.0	14 022.0	8 545.0	4 576.9	2 805.2	13.6	11.7	12.5	6.1	10.7
泾河张家山以上		43 216	28 642.7	24 934.0	18 319.0	23 730.0	11 417.3	20.3	20.7	26.8	31.7	43.6
渭河华县至张家山与咸阳区间		16 455	-1 198.0	-539.0	716.0	-666.9	-306.6	-0.8	-0.4	1.0	-0.9	-1.2
北洛河状头以上		25 154	10 124.9	7 949.0	4 771.0	8 888.0	2 969.2	7.2	6.6	7.0	11.9	11.3
汾河河津以上		38 728	4 751.7	1 911.3	450.4	316.1	14.5	3.4	1.6	0.7	0.4	0.1
潼关至河龙华状区间		14 209	-18 758.7	-3 297.3	-1 771.4	-9 114.1	-405.3	-13.3	-2.7	-2.6	-12.2	-13.0
合计		313 523	141 041.3	120 258.0	68 251.0	74 871.7	26 206.4	100.0	100.0	100.0	100.0	100.0

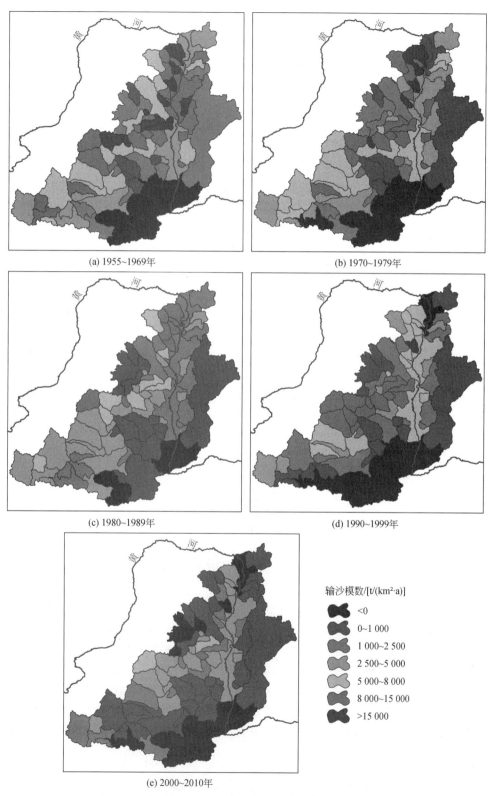

(a) 1955~1969年

(b) 1970~1979年

(c) 1980~1989年

(d) 1990~1999年

(e) 2000~2010年

输沙模数/[t/(km²·a)]

<0

0~1 000

1 000~2 500

2 500~5 000

5 000~8 000

8 000~15 000

>15 000

图 1-8　黄河中游头道拐至潼关区间输沙模数时空变化

1997~2006年淤地坝拦沙年均1.166亿t[①]。可见，中游水库及淤地坝年均拦截泥沙量至少为1.753亿t。对于灌溉引沙而言，1997年以来关中灌区年平均引用水量为13.22亿m³（罗玉丽等，2010），汾河灌区2006~2011年每年平均实际用水1.67亿m³（李明，2011）；依据2000~2010年咸阳、华县、张家山和状头水文站的平均含沙量为0.051t/m³，汾河河津水文站2000~2010年平均含沙量仅为0.00041t/m³，可得头道拐至潼关区间年均灌溉引沙量为0.675亿t。对于河道淤积量，1997~2006年河龙区间和泾洛渭汾流域河道年均淤积量为0.346亿t[①]；黄河禹门口（龙门）至潼关河段（称为"小北干流"），1999~2008年来水来沙进一步减少，使得累积性淤积受到遏制，1999~2008年共冲刷泥沙1.817亿m³（王平等，2010），加上2004年开始小北干流放淤试验，说明2000~2010年在小北干流没有泥沙淤积。因而，可得头道拐至潼关区间年均拦淤泥沙至少2.774亿t，也就是说，头道拐至潼关区间2000~2010年的年均产沙量至少为5.395亿t。再依据治理后中小流域泥沙输移比的计算结果（许炯心和孙季，2004；陈浩等，2001；王志杰等，2013），若以泥沙输移为0.5计算，该区的土壤侵蚀量至少为10.790亿t，即土壤侵蚀模数为3440t/(km²·a)，远大于黄土高原的允许土壤流失量1000t/(km²·a)。可见，研究区土壤侵蚀的防治工作任重而道远。依据对2000~2010年侵蚀产沙强度及其分布情况的分析结果（图1-8），今后黄土高原治理的重点区域为侵蚀产沙强度大于等于2500t/(km²·a)的区域，分布在北洛河的刘家河以上区域、府谷至龙门未控区、皇甫川、孤山川、泾河的雨落坪以上区域、清涧河、屈产河、渭河甘谷以上区域、无定河绥德以上与殿市以上区域和延河的延安以上区域，共6.87万km²（21.9%）；有3.54万km²（11.3%）的侵蚀产沙强度为1000~2500t/(km²·a)的区域仍需要加强治理，分布在延河的甘谷驿—延安区间、无定河的白家川—绥德—丁家沟区间、渭河的魏家堡至林家村与千阳区间、南河川—秦安—甘谷—武山区间、天水及武山以上区域、秃尾河的高家川—高家堡区间、湫水河、窟野河的神木至王道恒塔与新庙区间、泾河的板桥及毛家河以上区域和佳芦河；其余面积为20.9万km²（占66.8%）、侵蚀产沙强度小于1000t/(km²·a)的区域需要预防监督，以防止土壤侵蚀进一步恶化。

1.5 泥沙输移比

泥沙输移比是指流域出口处某一断面实测的输沙量与断面以上流域侵蚀产沙量之比。泥沙输移比是定量表征流域内侵蚀产沙与河道输沙特征的重要指标，它将河流输沙量与流域土壤侵蚀量紧密地联系起来，成为依据河流输沙量计算流域侵蚀量要解决的首要问题（李智广和刘秉正，2006）。龚时旸和熊贵枢（1979）及景可（1989）在黄土丘陵沟壑区的研究都证实黄土地区输沙量与流域产沙量基本一致，泥沙输移比约为1。这一结论在黄土高原使得输沙量代替土壤侵蚀量成为可能，且很多学者直接用输沙量代替土壤侵蚀量，但这是不科学的。由于流域降雨、地形、地貌和土地利用等情况的变化，致使侵蚀产生的

---

① "十一五"国家科技职称计划重点项目第一课题组.2010.黄河流域近期水沙变化情势分析.2010年黄委科学技术委员会会议材料。

泥沙发生了沿路沉积而使得泥沙输移比小于1。许炯心和孙季（2004）研究认为，在天然状况下，无定河流域的泥沙输移比近似等于1，但从20世纪60年代以后在流域中大规模地展开水土保持工作以来，泥沙输移比急剧下降为0.2~0.4。为此，以黄土丘陵沟壑区不同尺度的小流域作为研究对象，分别选取面积小于1km²的小流域（羊道沟、插财主沟、想她沟和团园沟）、面积1~10km²的小流域（王茂庄沟、李家寨沟、蛇家沟、驼耳巷沟和王家沟等）、面积10~100km²的小流域（韭园沟、裴家峁沟、三川口、西庄和杜家沟岔）、面积100~1000km²的单一侵蚀类型水文站控制区（殿市以上、青阳岔以上、李家河以上、曹坪以上、枣园以上、子长以上和志丹以上）以及面积大于1000km²的支流流域（佳芦河、清涧河、延河、大理河和三川河），采用径流小区和单元小流域的侵蚀模数，分别来分析不同尺度的泥沙输移比。表1-26为不同空间尺度代表性小流域的基本情况。

表1-26 不同空间尺度代表性小流域的基本情况

流域类型	<1km²			1~10km²			10~100km²		
	流域名	面积/km²	治理度/%	流域名	面积/km²	治理度/%	流域名	面积/km²	治理度/%
治理	插财主沟	0.193	78.30	王茂庄沟	5.967	30.00	韭园沟	70.1	30.00
	想她沟	0.454	62.14	大砭沟	3.7	38.37	—	—	—
	—	—	—	王家沟	9.1	41.98	—	—	—
未治理	羊道沟	0.206	—	李家寨沟	4.92	—	裴家峁沟	41.2	—
	团园沟	0.491	—	蛇家沟	4.74	—	三川口	21	—
	—	—	—	驼耳巷沟	5.74	—	西庄	49	—
	—	—	—	小砭沟	4.05	—	杜家沟岔	96.1	—

1.5.1 基于小区测验资料计算流域泥沙输移比

1. 面积小于1km²流域的泥沙输移比

治理流域插财主沟（治理度为78.30%）各年的泥沙输移比为0.01~0.53，多年（1963~1968年）平均泥沙输移比为0.41；想她沟（治理度为62.14%）各年的泥沙输移比为0.03~0.85，多年（1959~1961年）平均泥沙输移比为0.50。未治理流域羊道沟各年的泥沙输移比均接近于1，多年（1963~1968年）平均泥沙输移比为0.99；团园沟多年（1958~1961年）平均泥沙输移比为0.99（表1-27）。

表1-27 面积小于1km²流域的泥沙输移比

年份	治理沟 侵蚀量计算值/t 捶财主沟	想她沟	实测输沙量/t 捶财主沟	想她沟	泥沙输移比 捶财主沟	想她沟	未治理沟 侵蚀量计算值/t 羊道沟	团园沟	实测输沙量/t 羊道沟	团园沟	泥沙输移比 羊道沟	团园沟
1958	—	—	—	—	—	—	—	13 930.19	—	17 700.55	—	1.27
1959	—	11 122.97	—	6 737.36	—	0.61	—	12 410.23	—	12 350.00	—	0.99
1960	—	1 006.72	—	32.84	—	0.03	—	1 104.68	—	731.50	—	0.67
1961	—	15 872.13	—	13 488.34	—	0.85	—	23 114.73	—	23 300.00	—	1.00
1963	5 108.03	—	2 706.36	—	0.53	—	6 523.22	—	6 501.71	—	1.00	—
1964	2 107.06	—	527.04	—	0.25	—	2 537.80	—	2 538.70	—	1.00	—
1965	24.24	—	0.31	—	0.01	—	28.06	—	28.06	—	1.00	—
1966	9 645.44	—	4 015.44	—	0.42	—	11 893.87	—	11 925.75	—	1.00	—
1967	3 109.28	—	1 332.03	—	0.43	—	3 828.94	—	3 858.46	—	1.00	—
1968	551.20	—	60.99	—	0.11	—	695.89	—	674.81	—	0.97	—
平均	3 471.11	9 333.94	1 440.36	6 752.85	0.41	0.50	4 306.03	11 783.07	4 254.58	12 127.17	0.99	0.99

注：侵蚀量=各小流域内不同土地利用类型流径小区的侵蚀模数观测数据[t/(km²·a)]×土地利用类型面积（km²）。1962年数据有缺失，故未纳入计算。

2. 面积 1 ~ 10km² 流域的泥沙输移比

治理流域王茂庄沟治理面积占整个流域面积的 30% 左右，流域多年（1960 ~ 1964 年）平均泥沙输移比为 0.37；1960 年最小，仅为 0.01。大砭沟流域治理度为 38.37% 左右，流域多年（1959 ~ 1966 年）平均泥沙输移比为 0.41；而 1960 年虽然年降雨量不大，且全年产生径流的降雨只有 3 次，但均为短历时的强降雨（平均降雨强度为 28.1mm/h，最大雨强达 54.5mm/h），使得流域内侵蚀的泥沙全部输移到沟口，泥沙输移比达 1.00（表 1-28）。未治理流域李家寨沟（1962 ~ 1963 年）和蛇家沟（1963 ~ 1968 年）多年平均泥沙输移比均为 0.86；驼耳巷沟 1964 ~ 1967 年的平均泥沙输移比为 0.86；小砭沟流域 1961 ~ 1967 年平均泥沙输移比为 0.89（表 1-29），1965 年泥沙输移比最小仅为 0.12，而其他年份泥沙输移比都接近于 1。

表 1-28　面积 1 ~ 10km² 治理流域的泥沙输移比

年份	实测输沙量/t		侵蚀量计算值①/t		拦沙量②/t		泥沙输移比	
	王茂庄沟	大砭沟	王茂庄沟	大砭沟	王茂庄沟	大砭沟	王茂庄沟	大砭沟
1959	—	16 228.00	—	5 766.00	—	5 122.00		0.76
1960	235.52	22 133.00	16 883.65	5 474.00	0.00	16 659.00	0.01	1.00
1961	153 292.23	2 218.00	140 925.13	8 423.00	37 132.61	17 926.00	0.86	0.07
1962	4 105.89	—	27 912.98	—	37 132.61	—	0.15	—
1963	19 428.55	10 760.00	53 300.63	7 510.00	31 931.70	24 328.00	0.23	0.39
1964	57 766.53	25 356.00	48 835.21	15 249.00	45 110.60	33 291.00	0.61	0.45
1965	—	670.00	—	12 400.00	—	43 535.00		0.01
1966	—	4 973.00	—	18 943.00	—	53 778.00		0.07
平均	46 965.74	11 763.00	57 571.52	10 538.00		27 255.00	0.37	0.41

注：①侵蚀量=各小流域内不同土地利用类型径流小区的侵蚀模数观测数据 [t/(km²·a)]×土地利用类型面积（km²）。②拦沙量是还原淤地坝的拦沙量。

3. 面积 10 ~ 100km² 流域的泥沙输移比

韭园沟流域治理度在 30% 左右，流域的多年（1960 ~ 1964 年）平均泥沙输移比为 0.62；由于 1964 年为丰水年，泥沙输移比偏大，为 1.00，其他年份泥沙输移比为 0.28 ~ 0.69。未治理流域裴家峁沟多年（1960 ~ 1964 年）平均泥沙输移比为 0.88；1961 年泥沙输移比偏小，其他年份的泥沙输移比接近于 1（表 1-30）；虽然 1961 年的输沙量与侵蚀量较大，且 1961 年内降雨次数多，为丰水年，但由于雨强小，因此可能导致流域内侵蚀的泥沙大部分在途中淤积，从而使泥沙输移比偏小。

表 1-29　面积 1～10km² 未治理流域的泥沙输移比

年份	实测输沙量/t				侵蚀量计算值*/t				泥沙输移比			
	小砭沟	驼耳巷沟	蛇家沟	李家寨沟	小砭沟	驼耳巷沟	蛇家沟	李家寨沟	小砭沟	驼耳巷沟	蛇家沟	李家寨沟
1961	30 626.10	—	—	—	31 631.09	—	—	—	0.97	—	—	—
1962	—	—	—	6 509.16	—	—	—	6 845.34	—	—	—	0.95
1963	19 970.55	—	21 055.08	41 436.24	19 326.99	—	37 211.88	53 905.19	1.00	—	0.57	0.76
1964	101 817.00	91 889.36	121 723.20	—	91 222.89	113 876.18	89 532.93	—	1.00	0.81	1.00	—
1965	846.05	8 213.37	161.16	—	7 236.35	10 266.59	1 170.97	—	0.12	0.80	0.14	—
1966	42 849.00	219 504.49	270 639.78	—	37 798.76	218 453.00	217 120.52	—	1.00	1.00	1.00	—
1967	26 284.50	56 826.00	45 314.40	—	26 351.93	67 525.21	52 947.64	—	1.00	0.84	0.86	—
1968	—	—	112 575.00	—	—	—	114 909.02	—	—	—	0.98	—
平均	37 065.53	94 108.30	95 244.77	23 972.70	35 594.67	106 666.51	85 482.16	30 375.27	0.89	0.86	0.86	0.86

* 侵蚀量 = 各小流域内不同土地利用类型径流小区的侵蚀模数观测数据 [t/(km²·a)] × 土地利用类型面积（km²）。因驼耳巷沟内没有布设径流小区，该流域土壤侵蚀模数采用对比沟蛇家沟流域径流小区侵蚀模数观测数据。

表 1-30　面积 10~100km² 流域的泥沙输移比

年份	治理流域（韭园沟）				未治理流域（裴家峁沟）		
	侵蚀量计算值/t	实测输沙量/t	拦沙量/t	泥沙输移比	侵蚀量计算值*/t	实测输沙量/t	泥沙输移比
1960	192 953	139 990	315 672	0.28	249 476.97	233 274.4	0.94
1961	1 541 729	1 190 298	171 396	0.69	606 288.51	286 834.4	0.47
1962	318 094	98 350	171 396	0.20	209 355.53	147 372.4	0.70
1963	648 820	453 617	173 565	0.55	491 282.17	441 252	0.90
1964	542 269	1 002 430	460 000	1.00	1 007 447.58	1 383 908	1.00
平均	648 773	576 937	205 675	0.62	512 770.15	498 528.24	0.88

*由于裴家峁沟流域内未布设径流小区，裴家峁沟不同土地利用类型侵蚀模数数据用其对比沟韭园沟中未治理部分小区的代替。

1.5.2　基于单元小流域测验资料计算泥沙输移比

1. 面积 1~10km² 流域的泥沙输移比

治理流域王家沟流域的多年（1956~1970 年）平均泥沙输移比为 0.44（表 1-31）。其中，1964 年泥沙输移比最大，为 1.00。未治理流域蛇家沟和驼耳巷沟流域泥沙输移比的计算都是以团山沟为单元小流域的，蛇家沟平均（1960~1969 年）泥沙输移比为 0.85，驼耳巷沟平均（1960~1967 年）泥沙输移比为 0.86。泥沙输移比出现了大于 1 的情况，可能是蛇家沟、驼耳巷沟流域内地形和地貌等情况较团山沟复杂，会出现当年泥沙沿途沉积而来年再冲刷现象严重，使得计算中出现了泥沙输移比大于 1 的情况，但是多年平均情况下泥沙输移比仍然小于 1。

表 1-31　面积 1~10km² 流域的泥沙输移比

年份	王家沟（治理）			蛇家沟（未治理）*	驼耳巷沟（未治理）*
	计算的侵蚀量/t	实测输沙量/t	泥沙输移比	泥沙输移比	泥沙输移比
1956	118 791.19	98 119.84	0.83	—	—
1957	35 597.60	14 036.75	0.39	—	—
1958	216 017.47	59 323.81	0.28	—	—
1959	346 469.04	211 686.93	0.61	—	—
1960	52 005.34	4 628.26	0.09	0.89	0.48
1961	4 134.43	19.11	0.01	0.67	0.50
1962	160 154.60	153 048.35	0.96	0.81	1.07
1963	217 139.69	130 989.04	0.60	0.91	1.20

续表

年份	王家沟（治理）			蛇家沟（未治理）*	驼耳巷沟（未治理）*
	计算的侵蚀量/t	实测输沙量/t	泥沙输移比	泥沙输移比	泥沙输移比
1964	86 074.80	86 072.35	1.00	0.91	0.85
1965	810.65	76.44	0.09	—	0.80
1966	466 719.56	131 259.31	0.28	0.87	0.91
1967	255 773.49	32 232.20	0.13	0.83	1.06
1968	168 793.70	4 219.67	0.02	0.88	—
1969	466 798.11	364 964.60	0.78	0.87	—
1970	148 417.98	67 003.30	0.45	—	—
平均	386 104.51	90 512.00	0.44	0.85	0.86

* 蛇家沟和驼耳巷沟两个小流域泥沙输移比数据引自刘纪根等（2007）的研究结果。

2. 面积 $10 \sim 100 km^2$ 流域的泥沙输移比

以面积小于 $1km^2$ 的团山沟、羊道沟、水旺沟、黑矾沟与团园沟 5 个小流域的平均侵蚀模数和面积 $1 \sim 10km^2$ 未治理沟李家寨沟、蛇家沟、驼耳巷沟与小砭沟 4 个小流域的平均侵蚀模数，分别作为单元小流域的侵蚀模数计算得到三川口、西庄、杜家沟岔与裴家峁沟的泥沙输移比分别为 0.83、0.87、0.90 与 0.87 和 0.82、0.82、0.89 与 0.89。两种尺度单元小流域计算得到的各年份泥沙输移比大小不一，但多年平均泥沙输移比基本一致（表 1-32）。

表 1-32　面积 $10 \sim 100km^2$ 流域的泥沙输移比

年份	利用单元小流域（面积小于 $1km^2$）计算					利用面积 $1 \sim 10km^2$ 小流域的计算				
	未治理				治理	未治理				治理
	三川口	西庄	杜家沟岔	裴家峁沟	韭园沟	三川口	西庄	杜家沟岔	裴家峁沟	韭园沟
1959	—	—	—	—	1.00	—	—	—	—	—
1960	—	—	—	1.00	0.29	—	—	—	—	0.21
1961	—	—	—	0.79	0.36	—	—	—	0.72	0.61
1962	—	—	—	0.43	—	—	—	—	0.56	0.24
1963	0.69	0.68	1.14	0.60	—	1.05	1.03	1.74	0.92	0.62
1964	0.63	0.42	0.41	1.54	—	0.56	0.37	0.36	1.36	0.90
1965	1.56	1.30	0.88	—	—	0.55	1.08	0.79	—	—
1966	0.73	0.97	1.00	—	—	1.00	0.94	0.67	—	—
1967	0.65	0.99	1.11	—	—	0.92	0.68	0.87	—	—
1968	1.00	—	—	—	—	—	—	—	—	—

| 年份 | 利用单元小流域（面积小于1km²）计算 | | | | | 利用面积1～10km²小流域的计算 | | | | |
| | 未治理 | | | | 治理 | 未治理 | | | | 治理 |
	三川口	西庄	杜家沟岔	裴家峁沟	韭园沟	三川口	西庄	杜家沟岔	裴家峁沟	韭园沟
1969	0.52	—	—	*	—	—	—	—	—	—
平均	0.83	0.87	0.90	0.87	0.55	0.82	0.82	0.89	0.89	0.51

利用韭园沟小流域内面积小于1km²的单元小流域想她沟和团园沟的测验资料，以团园沟单元小流域的侵蚀模数作为韭园沟流域未治理部分的侵蚀模数，以想她沟单元小流域的侵蚀模数作为治理部分的侵蚀模数，计算得治理流域韭园沟多年（1959～1961年）平均泥沙输移比为0.55。利用面积1～10km²的治理沟王茂庄沟和大砭沟侵蚀模数作为韭园沟治理部分的侵蚀模数，利用李家寨沟、蛇家沟、小砭沟和驼耳巷沟的平均侵蚀模数作为未治理部分的侵蚀模数，韭园沟流域1960～1964年的平均泥沙输移比为0.51。

3. 面积100～1000km²水文站控制区泥沙输移比

将面积小于1km²单元小流域羊道沟、插财主沟、想她沟和团园沟4个流域的平均侵蚀模数［19 000.1t/（km²·a）］作为单元小流域的侵蚀模数，计算水文站控制区泥沙输移比为0.78～0.96，7个水文站控制区平均泥沙输移比为0.72（表1-33）。

用面积1～10km²的小流域王茂庄沟、大砭沟、蛇家沟、小砭沟和驼耳巷沟5个流域的平均侵蚀模数［13 300.7t/（km²·a）］作为单元流域侵蚀模数，计算水文站控制区的泥沙输移比为0.73～1.00，7个水文站控制区的平均泥沙输移比为0.88；与利用面积小于1km²单元小流域计算结果相比，相对误差变化为-14.1%～11.1%，平均为2.3%。

用面积10～100km²的小流域韭园沟、裴家峁沟、三川口、西庄和杜家沟岔5个流域的平均侵蚀模数［19 390.1t/（km²·a）］作为单元流域的侵蚀模数，计算水文站控制区泥沙输移比为0.67～1.07，7个水文站控制区平均泥沙输移比为0.89；与利用面积小于1km²单元小流域计算结果相比，相对误差变化为-14.1%～24.4%，平均为4.6%。

可见，对于土壤侵蚀类型单一的水文站控制流域，在没有面积小于1km²单元小流域资料的情况下，可以用面积1～10km²小流域和面积10～100km²小流域作为单元小流域来计算泥沙输移比（表1-33）。

4. 面积大于1000km²支流的泥沙输移比

以未治理沟羊道沟和团园沟2个面积小于1km²单元小流域的平均侵蚀模数［22 047.37t/（km²·a）］作为未治理部分的侵蚀模数，以治理沟插财主沟和想她沟2个面积小于1km²单元小流域的平均侵蚀模数［18 681.12t/（km²·a）］作为治理部分的侵蚀模数，计算得出各支流的泥沙输移比为0.48～1.00，5个支流的平均泥沙输移比为0.84（表1-34）。三川河区内因有部分侵蚀模数较小的高原土石山区，而本研究计算中利用单元小流域侵蚀模数作为支流流域的侵蚀模数，使得计算得到的侵蚀量较实际偏大，因此，导致泥沙输移比计算结果偏小。

表1-33　面积100～1000km²流域的泥沙输移比

水文站控制区	控制面积/km²	利用面积小于1km²的单元小流域计算			利用面积1～10km²的小流域计算			利用面积10～100km²的小流域计算		
		输沙模数/[t/(km²·a)]	泥沙输移比	资料年份	输沙模数/[t/(km²·a)]	泥沙输移比	资料年份	输沙模数/[t/(km²·a)]	泥沙输移比	资料年份
殿市以上	327	17 195.53	0.91	1959～1967	12 421.36	0.93	1960～1968	15 706.00	0.81	1957～1969
青阳岔以上	662	16 179.88	0.85	1959～1967	9 709.53	0.73	1960～1968	18 683.42	0.96	1957～1969
李家河以上	807	16 365.66	0.86	1959～1967	12 322.44	0.93	1960～1968	20 670.21	1.07	1957～1969
曹坪以上	187	18 328.17	0.96	1959～1967	13 300.72	1.00	1960～1968	17 393.87	0.90	1957～1969
枣园以上	719	14 761.80	0.78	1959～1967	10194.37	0.77	1960～1968	12 984.59	0.67	1957～1969
子长以上	913	15 467.98	0.81	1959～1967	11 923.87	0.90	1960～1968	19 390.12	1.00	1957～1969
志丹以上	774	15 681.07	0.83	1959～1967	11 704.63	0.88	1960～1968	16 481.60	0.85	1957～1969

表 1-34　面积大于 1000km² 流域的泥沙输移比

项目		佳芦河	清涧河	延河	三川河	大理河
流域面积/km²		1 121	3 468	5 891	4 102	3 893
治理面积/km²		100.14	126.87	304.31	165.98	105.10
未治理面积/km²		1 020.86	3 341.13	5 586.69	3 936.02	2 111.60
用面积小于 1km² 的流域计算	泥沙输移比	1.00	0.92	0.95	0.48	0.97
	资料年份	1959～1967	1959～1967	1959～1967	1959～1967	1959～1967
用面积 1～10km² 的流域计算	泥沙输移比	1.00	0.96	0.97	0.69	0.94
	资料年份	1961～1965	1961～1965	1961～1965	1961～1965	1961～1965
用面积 10～100km² 的流域计算	泥沙输移比	0.98	0.91	0.67	0.66	1.00
	资料年份	1960～1964	1960～1964	1960～1964	1960～1964	1960～1964
用面积 100～1000km² 的水文站控制区计算	泥沙输移比	1.05	0.99	0.80	0.68	1.00
	资料年份	1955～1969	1955～1969	1955～1969	1955～1969	1955～1969

以面积 1～10km² 的治理沟王茂庄沟、大砭沟和王家沟的平均侵蚀模数作为支流流域治理部分的侵蚀模数，以小砭沟、李家寨沟、蛇家沟和驼耳巷沟的平均侵蚀模数作为支流流域未治理部分的侵蚀模数，计算可得各支流泥沙输移比为 0.69～1.00，5 个流域的平均泥沙输移比为 0.91；与利用面积小于 1km² 单元小流域计算结果相比，相对误差变化为 -31%～43.8%。

以面积 10～100km² 的治理沟韭园沟流域的侵蚀模数作为治理部分的侵蚀模数，以面积 10～100km² 未治理沟裴家峁沟的侵蚀模数作为未治理部分的侵蚀模数，计算可得各支流的泥沙输移比为 0.66～1.00，平均为 0.78；与利用面积小于 1km² 单元小流域计算结果相比，相对误差变化为 -29.5%～37.5%。

利用面积 100～1000km² 的单一侵蚀类型水文站控制区殿市以上、青阳岔以上、李家河以上、曹坪以上、枣园以上、子长以上和志丹以上的平均侵蚀模数，计算各支流的泥沙输移比为 0.68～1.05，平均为 0.90；与利用面积小于 1km² 单元小流域计算结果相比，相对误差变化为 -15.7%～41.7%。

可见，对于侵蚀类型不同的支流来说，利用面积 1～10km² 小流域、面积 10～100km² 小流域和面积 100～1000km² 的水文站控制流域作为单元小流域来计算泥沙输移比，误差范围有些偏大（表 1-34）。

总之，对于面积为 10～100km² 的小流域，利用两种方法计算的泥沙输移比结果非常接近，说明在没有小区测验资料时，用单元小流域（面积小于 10km²）计算流域泥沙输移比是可行的；对于土壤侵蚀类型单一的水文站控制流域，在没有面积小于 1km² 单元小流域资料的情况下，可以用面积 1～10km² 小流域和面积 10～100km² 小流域作为单元小流域来计算泥沙输移比；而对于侵蚀类型不同的支流来说，利用面积小于 10km² 小流域、面积小于 100km² 小流域和面积 100～1000km² 的水文站控制流域作为单元小流域，来计算泥沙输移比，误差范围有些偏大。对于面积小于 1km² 单元小流域，在未治理情况下泥沙输移比接近于 1，而在治理情况下（治理度 62%～78%）泥沙输移比为 0.41～0.50；对于面积为 10 ~ 100km² 的小流域，在未治理情况下泥沙输移比为 0.82 ~ 0.90，而在治理情况下（治理度 30% ~ 40%）泥沙输移比为 0.51 ~ 0.62。可见，水土保持措施的实施对于泥沙输移比的减少有明显效果。大量的研究也证明了这一点。例如，无定河流域水土保持措施极大地改变了流域的泥沙收支关系，使泥沙输移比从天然状况下的近似等于 1 急剧下降为 0.2 ~ 0.4（许炯心和孙季，2004）；大理河流域在治理度达到 70% 条件下与治理前相比泥沙输移比减少 50% 左右（陈浩等，2001）；韭园沟经过 50 多年来规模性水土流失治理，泥沙输移比下降到 0.27，且流域内人为沉积汇（淤积）的作用明显大于坡面水土保持措施的效果（马三保，2013）。水土保持措施通过改变流域下垫面特征和流域中泥沙输移比的条件，从而改变产流、侵蚀和产沙过程，并使侵蚀产生的泥沙在流域中沉积，减少侵蚀泥沙和增加沉积量，对泥沙输移比产生影响（许炯心和孙季，2004）。另外，通过各单元小流域不同水文年的泥沙输移比的分析表明，枯水年各流域的泥沙输移比普遍比其他年型小。但在降雨次数多、降雨量大且降雨强度小的丰水年，流域内侵蚀的泥沙也可能在沿途淤积，致使泥沙输移比相对其他年型小。例如，裴家峁沟 1961 年为丰水年，但泥沙输移比为 0.47，小于其他年份。相反，在年降水量不大，但短历时且强降雨集中的水文年型，流域内侵蚀的泥沙则可能全部输移到沟口，泥沙输移比达到 1 甚至大于 1。影响泥沙输移比的因素极其复杂，主要包括流域的地质地貌因素（李秀霞和李天宏，2011；刘纪根等，2007）、水文气候条件（蔡强国等，1998；陈浩，2000；许炯心，2002；刘纪根等，2007）以及流域治理情况（许炯心和孙季，2004；陈浩等，2001）等，因而流域出口的监测结果很难解释整个流域内多重尺度上的土壤侵蚀过程与程度（García-Ruiz et al.，2015；史志华和宋长青，2016），需对不同时空尺度流域的侵蚀产沙与泥沙输移进行综合分析，明确不同时空尺度下的泥沙连通性，刻画流域侵蚀产沙与泥沙输移过程及其时空变异特征（Thompson et al.，2016），为摸清流域内的侵蚀热点区或由于泥沙淤积而造成的潜在危险提供依据。

1.6 小 结

（1）坡耕地的土壤侵蚀程度因坡度的不同而不同。坡耕地土壤流失量随坡度增加的幅度比退耕后不同利用方向土地的都大，且坡耕地退耕还林、还草或修成水平梯田后的土壤侵蚀已小于允许侵蚀范围；在坡耕地退耕之前或规划兴建水平梯田之前，实施包括免（少）耕、留茬、覆盖和等高（沟）种植等水土保持耕作技术，对减少旱作农田的土壤侵蚀也具有重要作用。但在特大暴雨下，坡耕地和梯田的土壤侵蚀依然严重，应继续加强实施陡坡退耕及其监管力度，坡度 25° 以上耕地全部退耕并实施封禁，严禁陡坡开垦种植，并注重梯田田坎的维护。

（2）林草地控制土壤侵蚀作用的大小与其植被结构、种类、覆盖度、根系、年龄以及枯枝落叶层的有无有着十分密切的关系，若与鱼鳞坑、水平沟、水平阶等工程措施相结合，其水土保持作用会得到提升，抵御暴雨侵蚀的能力增强。目前，随着退耕还林（草）工程的实施与植被的恢复演替，林草地的土壤侵蚀已经非常轻微，即使在特大暴雨条件下也具有明显的减蚀效果。据调查，退耕林草地在 2017 年榆林"7·26"特大暴雨侵蚀中并未出现较严重的土壤侵蚀,没有明显的细沟发生,以鳞片状剥蚀为主;但有些位于沟底坡脚的退耕林草地,由于承接了上坡的集中股流,在原来的浅沟部位会形成小切沟。

(3) 沟谷是水力侵蚀和重力侵蚀共同作用区,除降雨径流的作用外,还要受梁峁坡汇流的影响,水力侵蚀要大于梁峁坡,同时沟坡会发生滑坡、滑塌、崩塌、错落、泻溜和泥流等重力侵蚀。重力侵蚀是沟谷侵蚀的主要类型,且小型重力侵蚀(包括泻溜、小型崩落和小型滑塌等)一年四季都有可能发生,在黄土高原不同侵蚀类型区重力侵蚀占流域总侵蚀量的 20% ~65%。不同发育阶段的沟谷其重力侵蚀方式是不同的,重力侵蚀最为严重的是冲沟和干沟,在干沟则以滑坡和泻溜侵蚀方式为主,在冲沟则以滑塌与崩塌侵蚀方式为主;有洞穴的沟道土壤侵蚀要比没有洞穴的沟道大得多,冲沟与切沟是洞穴形成和发育的主要环境。随着植被的恢复,坡面水土流失量减小,沟谷侵蚀将会更加突出,成为主要的泥沙来源地之一。因此,注重退耕坡面径流下沟的影响,加强沟间地雨水蓄排措施,防止沟坡重力侵蚀,控制沟蚀发展,是目前土壤侵蚀研究与防治中值得重视的问题。

(4) 小流域的侵蚀产沙量在黄土塬沟壑区主要来自沟谷;在沟间地与沟谷地大体相等的陕北和晋西典型黄土丘陵沟壑区,沟谷产沙一般占到产沙总量的 50% ~80%,而沟间地产沙占 20% ~50%;在沟间地比例特别大的缓坡丘陵和长坡丘陵地区,沟间地侵蚀总量有可能大于沟谷侵蚀总量。坡面来水来沙在全坡面和流域侵蚀产沙中起决定性的作用,坡面径流下沟对小流域侵蚀产沙的影响很大。在一个流域内,由于面积与侵蚀强度的不同,不同地类对流域产沙的贡献率不同;同时由于坡向的不同,光热条件及受它影响的水分状况的改变,导致植被类型和土壤利用方式一定程度上发生坡向分异,对土壤侵蚀产生重大影响,总体上阳坡的侵蚀强度大于阴坡。通过综合治理的小流域,水土流失已得到了明显的控制。

(5) 黄河输沙量主要来自黄河中游头道拐至潼关区间,占不同时段来沙量的 86.5% ~94.8%。随黄土高原治理时间推进,头道拐至潼关区间各水文站控制区输沙模数均不断减小,轻度以下 [<2500t/(km² · a)] 的侵蚀面积占比增加;强度以上 [>5000t/(km² · a)] 的侵蚀面积占比减少,输沙模数大于 15 000t/(km² · a) 的区域面积占比不断减少,在 2000 年以后完全消失;中度侵蚀 [2500~5000t/(km² · a)] 的侵蚀面积占比则变化不大。经估算,该区的土壤侵蚀量至少有 10.790 亿 t,即土壤侵蚀模数为 3440t/(km² · a),远大于黄土高原的允许土壤流失量 1000t/(km² · a)。黄土高原治理的重点区域为侵蚀产沙强度大于等于 2500t/(km² · a) 的区域,分布在北洛河的刘家河以上区域、府谷至龙门未控区、皇甫川、孤山川、泾河的雨落坪以上区域、清涧河、屈产河、渭河甘谷以上区域、无定河绥德以上与殿市以上区域和延河的延安以上区域,共 6.87 万 km² (21.9%);有 3.54 万 km² (11.3%) 的侵蚀产沙强度为 1000~2500t/(km² · a) 的区域仍需要加强治理,分布在延河的甘谷驿—延安区间、无定河的白家川—绥德—丁家沟区间、渭河的魏家堡至林家村与千阳区间、南河川—秦安—甘谷—武山区间、天水及武山以上区域、秃尾河的高家川—高家堡区间、湫水河、窟野河的神木至王道恒塔与新庙区间、泾河的板桥及毛家河以上区域和佳芦河;其余的 20.9 万 km² (占 66.8%) 的侵蚀产沙强度小于 1000t/(km² · a) 的区域需要预防监督,以防止土壤侵蚀进一步恶化。

(6) 由于流域降雨、地形、地貌和土地利用等情况的变化,致使侵蚀产生的泥沙发生了沿路沉积而使得泥沙输移比小于1。对于面积小于1km²单元小流域，在未治理情况下泥沙输移比接近于1，而在治理情况下（治理度62%～78%）泥沙输移比为0.41～0.50；对于面积为10～100km²的小流域，在未治理情况下泥沙输移比为0.83～0.90，而在治理情况下（治理度30%～40%）泥沙输移比为0.37～0.62。可见，水土保持措施的实施对降低泥沙输移比具有明显效果。同时，枯水年流域的泥沙输移比普遍比其他年型小；但在降雨次数多、降雨量大且降雨强度小的丰水年，流域内侵蚀的泥沙也可能在沿途淤积，致使泥沙输移比相对其他年型小；而在年降水量不大，但短历时且强降雨集中的水文年型，流域内侵蚀的泥沙包括上年淤积的泥沙可能全部输移到沟口，泥沙输移比达到1甚至大于1。

参 考 文 献

蔡强国，王贵平，陈永宗．1998．黄土高原小流域侵蚀产沙过程与模拟．北京：科学出版社：172-187．

陈浩．1999．黄河中游小流域的泥沙来源研究．土壤侵蚀与水土保持学报，5（1）：19-26．

陈浩．2000．黄土丘陵沟壑区流域系统侵蚀与产沙关系．地理学报，55（3）：354-363．

陈浩，等．1993．流域坡面与沟道的侵蚀产沙研究．北京：气象出版社．

陈浩，蔡强国，陈金荣，等．2001．黄土丘陵沟壑区人类活动对流域系统侵蚀、输移和沉积的影响．地理研究，20（1）：68-75．

陈浩，方海燕，蔡强国，等．2006．黄土丘陵沟壑区沟谷侵蚀演化的坡向差异——以晋西王家沟小流域为例．资源科学，28（5）：176-184．

陈奇伯，齐实，孙立达，等．2001．宁南黄土丘陵坡耕地土壤侵蚀对土地生产力影响研究．北京林业大学学报，23（1）：35-37．

陈永宗，景可，蔡强国．1988．黄土高原现代侵蚀与治理．北京：科学出版社．

程立军，刘涛，姚景涛．2012．黄河万家寨水利枢纽淤积形态分析．地下水，34（2）：138-139．

冯明义，Walling D E，张信宝，等．2003．黄土丘陵区小流域侵蚀产沙对坡耕地退耕响应的137Cs法．科学通报，48（13）：1452-1457．

龚时旸，熊贵枢．1979．黄河泥沙来源和地区分布．人民黄河，1（1）：7-17．

龚时旸，熊贵枢．1980．黄河泥沙的来源和输移//中国水利学会．河流泥沙国际学术讨论会论文集．北京：光华出版社：1-6．

"黄河中游侵蚀环境特征和变化趋势"专题组．1996．黄河中游侵蚀环境变化趋势研究．人民黄河，（11）：8-10．

加生荣．1992．黄丘一区径流泥沙来源研究．中国水土保持，（1）：20-23．

江忠善，王志强，刘志．1996．应用地理信息系统评价黄土丘陵小流域土壤侵蚀的研究．水土保持研究，3（2）：84-97．

焦菊英，景可，李林育，等．2008．应用输沙量推演流域侵蚀量的方法探讨．泥沙研究，（4）：1-7．

焦菊英，王志杰，魏艳红，等．2017．延河流域极端暴雨下侵蚀产沙特征野外观测分析．农业工程学报，33（13）：159-167．

金争平，王正文，祁乃．1992．五分地沟试区的水土流失规律与综合治理效益//中国科学院资源环境科学局．黄土高原小流域综合治理与发展．北京：科学技术文献出版社：349-385．

景可．1986．黄土高原沟谷侵蚀研究．地理科学，6（4）：340-347．

景可．1989．黄土高原泥沙输移比的研究//陈永宗．黄河粗泥沙来源及侵蚀产沙机理研究文集．北京：气象出版社：14-26．

李明．2011．汾河灌区可持续发展对策研究．山西水利，（10）：22-23．

李孝地.1988.黄土高原不同坡向土壤侵蚀分析.中国水土保持,(8):52-54.

李秀霞,李天宏.2011.黄河流域泥沙输移比与流域尺度的关系研究.泥沙研究,(2):33-37.

李智广,刘秉正.2006.我国主要江河流域土壤侵蚀量测算.中国水土保持科学,(2):1-6.

刘秉正,吴发启.1993.黄土塬区沟谷侵蚀与发展.西北林学院学报,8(2):7-15.

刘纪根,蔡强国,张平仓.2007.岔巴沟流域泥沙输移比时空分异特征及影响因素.水土保持通报,(5):6-10.

刘林,李金峰,王小平.2015b.黄土高原沟壑丘陵区沟道侵蚀与洞穴侵蚀特征.水土保持通报,35(1):14-19.

刘林,王小平,孙瑞卿.2015a.半干旱黄土丘陵沟壑区沟道侵蚀特征研究.水土保持研究,22(1):38-43.

卢宗凡,梁一民,刘国彬.1997.中国黄土高原生态农业.西安:陕西科学技术出版社.

罗伟祥,白立强,宋西德,等.1990.不同覆盖度林地和草地的径流量与冲刷量.水土保持学报,4(1):30-35.

罗玉丽,黄福贵,张会敏,等.2010.关中灌区引水对渭河入黄径流的影响分析.人民黄河,32(5):19-20,22.

马三保.2013.小流域治理措施对泥沙输移比的影响.人民黄河,35(1):78-80.

孟庆枚.1996.黄土高原水土保持.郑州:黄河水利出版社.

齐矗华.1991.黄土高原侵蚀地貌与水土流失关系研究.西安:陕西人民教育出版社.

史志华,宋长青.2016.土壤水蚀过程研究回顾.水土保持学报,30(5):1-10.

松永光平,甘枝茂.2007.黄土高原重力侵蚀的地质地貌因素分析.水土保持通报,27(1):55-57.

孙立达,孙保平,齐实,等.1992.黄家二岔小流域水土规律及其防护体系//中国科学院资源环境科学局.黄土高原小流域综合治理与发展.北京:科学技术文献出版社:237-290.

孙清芳,王文龙,张平仓,等.1984.杏子河流域的陡坡开垦与土壤侵蚀.水土保持通报,4(5):20-23.

唐克丽.1992.黄河流域的侵蚀与径流泥沙变化.北京:中国科学技术出版社.

唐克丽,席道勤,孙清芳,等.1984.杏子河流域的土壤侵蚀方式及其分布规律.水土保持通报,(5):10-19.

王晗生,刘国彬.1999.植被结构及其防止土壤侵蚀作用分析.干旱区资源与环境,13(2):62-68.

王平,侯素珍,林秀芝.2010.黄河小北干流近期冲淤演变特点.人民黄河,32(10):38-39,41.

王万忠,焦菊英.2018.黄土高原降雨侵蚀产沙与水土保持减沙.北京:科学出版社.

王志杰,马丽梅,焦菊英.2013.黄土丘陵沟壑区不同空间尺度流域泥沙输移比研究.水土保持通报,33(6):1-8.

吴钦孝,杨文治.1998.黄土高原植被建设与持续发展.北京:科学出版社.

许炯心.2002.黄河下游洪水的泥沙输移特征.水科学进展,13(5):563-568.

许炯心.2004.黄土高原丘陵沟壑区坡面–沟道系统中的高含沙水流——地貌因素与重力侵蚀的影响.自然灾害学报,13(1):55-60.

许炯心,孙季.2004.水土保持措施对流域泥沙输移比的影响.水科学进展,15(1):29-34.

杨吉山,姚文艺,马兴平,等.2011.黄土高原重力侵蚀产沙研究进展.人民黄河,33(9):77-79.

杨吉山,郑明国,姚文艺,等.2014a.黄土沟道重力侵蚀地貌因素分析.中国水土保持,(8):42-45.

杨吉山,姚文艺,王玲玲.2014b.黄土沟道重力侵蚀规律及机理研究.人民黄河,36(6):93-96.

杨明义,田均良,刘普灵.1999.应用137Cs研究小流域泥沙来源.土壤侵蚀与水土保持学报,5(3):49-53.

姚文艺, 高亚军, 安催花, 等 . 2015. 百年尺度黄河上中游水沙变化趋势分析 . 水利水电科技进展, 35 (5): 112-120.

叶青超 . 1992. 黄河流域环境演变与水沙运行规律研究 . 济南: 山东科学技术出版社 .

尹传逊, 伊贻亮 . 1992. 坡耕地蓄水保土耕作技术措施的探讨, 水土保持通报, 12 (6): 40-49.

曾伯庆 . 1980. 晋西黄土丘陵沟壑区水土流失规律及治理效益 . 人民黄河, (2): 20-24.

朱同新 . 1989. 黄土地区重力侵蚀发生的内部条件及地貌临界分析//陈永宗 . 黄河粗泥沙来源及侵蚀产沙机理研究文集 . 北京: 气象出版社: 100-110.

Cao S X, Chen L, Yu X X. 2009. Impact of China's Grain for Green Project on the landscape of vulnerable arid and semi-arid agricultural regions: a case study in northern Shaanxi Province. Journal of Applied Ecology, 46: 536-543.

García-Ruiz J M, Beguería S, Nadal-Romero E, et al. 2015. A meta-analysis of soil erosion rates across the world. Geomorphology, 239: 160-173.

Liu Y, Fu B J, Lü Y H, et al. 2012. Hydrological responses and soil erosion potential of abandoned cropland in the Loess Plateau, China. Geomorphology, 138: 404-414.

Poesen J, Nachtergaele J, Verstraeten G. 2003. Gully erosion and environment change: importance and research needs. Catena, 50: 91-133.

Shangguan Z P. 2007. Soil desiccation occurrence an its impact on forest vegetation in the Loess Plateau of China. The International Journal of Sustainable Development and World Ecology, 14: 299-306.

Thompson C J, Fryirs K, Croke J. 2016. The disconnected sediment conveyor belt: patterns of longitudinal and lateral erosion and deposition during a catastrophic flood in the Lockyer Valley, South East Queensland, Australia. River Research and Applications, 32: 540-551.

Wang L, Wang Q J, Wei S P, et al. 2008. Soil desiccation for Loess soils on natural and regrown areas. Forest Ecology and Management, 255: 2467-2477.

Zhu T X, Luk S H, Cai Q G. 2002. Tunnel erosion and sediment production in the hilly loess region, North China. Journal of Hydrology, 257 (1-4): 78-90.

第2章 植被恢复

本章作者：焦菊英　贾燕锋　于卫洁　刘姝彤　邹厚远

　　一个地区原来在该气候和土壤等自然条件下长期生长繁衍的植被，称之为原生植被。原生植被因各种因素而受到破坏后形成的植被，称之为次生植被。有的地区（如黄土高原）由于人类活动频繁（如长期反复垦殖等），次生植被长期反复受到破坏后形成的植被，称为残存次生植被。原生植被是最理想的自然植被，其组成结构合理，种内种间关系协调，植被与环境关系和谐，能够保持健康、稳定与持续发展。原生植被部分受到破坏后，能够较快得到恢复，其性质与原生植被差异不大。当原生植被全部或长期受到破坏，其性质则不仅不同于原生植被，亦与次生植被有别；残存次生植被分布零星，类型缺失，结构简单，许多演替后期建群种不复存在，演替过程受阻，长期停留在早中期阶段，甚或发生演替偏途，与原生演替过程迥然有异。

　　黄土高原地区自20世纪末有计划大规模退耕还林（草）进行植被恢复与生态环境建设，在原来残存次生植被的基础上形成的植被，则称之为恢复植被。原来残存次生植被主要分布于沟坡和沟沿线，在梁峁坡有零星分布，而且在垦殖尤其是在放牧影响下，群落发育极不完善，植被质量低劣；通过10多年恢复起来的植被，不仅在空间上大面积连成一片，且群落发育比较完善，植被质量比较好，土壤条件亦得到一定程度的改良，所以恢复起来的植被已大不同于原来残存次生植被。众所周知，在黄土高原，认为某一地区属于森林草原带植被，另一个地区属于森林地带植被，这指的是潜存植被，而不是真正意义上的完整的次生植被。也就是说，该地区各地局部或零星分布与生长的植被，大部分是森林草原地带的草原植被，仅在个别地方残存有森林草原地带的森林植被，在稍多一些地方还残存有森林草原地带的灌丛植被，经过复原，就构成为森林草原地带植被。因此，通过生态环境建设恢复起来的植被，既与原来的残存次生植被不同，亦与过去历史上完整的次生植被有别，而是过去次生植被的草本和草本半灌木群落阶段，仅是局部地方恢复到了灌木群落阶段，个别地方恢复到了森林群落阶段。在一个气候植被带范围内，植物尤其乔灌木的传播和迁徙空间是有限的，在相当长的时间内植被分布格局还要维持很久，要通过生态修复达到完整的森林草原植被还需要漫长的时间。

　　在黄土高原生态环境建设中，除了主要通过生态修复途径恢复自然植被外，还通过人工营建途径构建人工植被，包括各种生态型人工林、人工灌木林、人工草地以及经济林和果园。人工植被与自然植被彼此之间是紧密联系的，一方面不少用于构建人工植被的乔灌木树种，被种植于自然草类群落中以促进植被的演替；另一方面在人工乔灌林的营建和培育中，通过保护性整地与自然化经营尽可能地保留土著植物以提高人工林的生物多样性。同时，人工植被与自然植被在空间上镶嵌分布，相互联系与依存，关系密切。因此，现今黄土高原的植被，既与原来残存次生植被不同，也与过去历史上的次生植被不同，从整体上看，主要是由次生植被的草本半灌木阶段与林草植被共同组成的一种半自然半人工植被，是人工植被与自然植被的复合体，可称之为恢复植被。

恢复植被主要可分为三种类别。第一种是在退耕地或退牧地上，通过封禁和生态修复手段，逐渐恢复起来且完全由当地土著植被形成的自然植被；有的情况下，依据自然演替法则，人工辅以补种某些后期建群种，以促进演替过程，这样形成的植被，仍然归之为自然植被。第二种是在植被恢复的基础上，人工辅以补种某些外来种（如柠条锦鸡儿和小叶锦鸡儿等），这样形成的植被可称为半自然半人工植被。第三种是在退耕地或退牧地上，通过整地（如鱼鳞坑整地和带状整地等）和封禁的手段，将人工林营建与保留部分原有植被相结合，将人工林培育与林下植被保护相结合进行经营即自然化经营，这样形成的植被则称为半人工半自然植被（如刺槐林、山杏林和山桃林等）。此外，还有一种通过强度整地建立起来的高密度且无地面覆盖的单纯人工植被，因密度过大和耗水量过甚，人工林往往呈现衰退现象，俗称"小老头树林"。在黄土高原的一个流域或一个地区，前述三种恢复植被往往交错存在，组成镶嵌性复合植被体，在不同的尺度上表现出不同的恢复特征，尤以陕北延安市燕沟流域、安塞县南沟和纸坊沟及吴起县经过封禁试验示范而形成的恢复植被最为典型。

本章通过对陕北延安、安塞及吴起的植被调查，结合相关文献分析，探讨不同的尺度上的植被恢复特征。

2.1　坡面尺度植被恢复特征

2.1.1　自然恢复植被特征

1. 物种成分

通过对陕北黄土丘陵沟壑区延安、安塞和吴起 174 个退耕地自然恢复植被样方物种组成的统计分析可知，共有植物 132 种，隶属于 48 个科和 102 个属。其中，以禾本科、菊科、豆科与蔷薇科的属数和物种数较多，依次分别占到总属数和物种数的 13.73% 和 15.91%、12.75% 和 17.42%、10.78% 和 12.88% 与 8.82% 和 9.09%，属于这四科的属和物种分别占到总数的 46.08% 和 55.30%。毛茛科有 5 属 6 物种，分别占 4.90% 和 4.55%；唇形科有 3 属 3 物种，分别占 2.94% 和 2.27%；萝摩科、茜草科、鼠李科、玄参科和紫草科各有 2 属 2 物种，百合科、堇菜科和鸢尾科各有 1 属 2 物种，其他各科均有 1 个物种（表2-1）。可见，陕北丘陵沟壑区的植物一半以上是由禾本科、菊科、豆科和蔷薇科四大科的物种组成。

表 2-1　陕北黄土丘陵沟壑区 174 个退耕样方中植物区系各科的属和物种组成统计

科	属		物种	
	属数	占总属数的比例/%	物种数	占总物种数的比例/%
禾本科	14	13.73	21	15.91
菊科	13	12.75	23	17.42
豆科	11	10.78	17	12.88
蔷薇科	9	8.82	12	9.09
毛茛科	5	4.90	6	4.55
唇形科	3	2.94	3	2.27
萝藦科	2	1.96	2	1.52
茜草科	2	1.96	2	1.52
鼠李科	2	1.96	2	1.52
玄参科	2	1.96	2	1.52
紫草科	2	1.96	2	1.52
百合科	1	0.98	2	1.52
堇菜科	1	0.98	2	1.52
鸢尾科	1	0.98	2	1.52

注：柏科、败酱科、车前科、大戟科、桑科、胡颓子科、桦木科、锦葵科、桔梗科、卷柏科、壳斗科、苦木科、蓝雪科、藜科、列当科、龙胆科、马钱科、牻牛儿苗科、木犀科、木贼科、葡萄科、槭树科、忍冬科、伞形科、莎草科、十字花科、檀香科、旋花科、亚麻科、杨柳科、榆科、远志科、芸香科和紫葳科均只有 1 个物种。

植物属在地理成分上有 13 个分布类型和 11 个分布变型（表 2-2）。其中以北温带成分最多，有 34 属 48 物种，占总属的 33.33% 和总物种数的 36.37%；其次是世界分布，有 17 属 22 物种，占总属的 16.67% 和总物种数的 16.67%；旧世界温带分布，有 13 属（占 12.75%）18 物种（13.64%）；泛热带分布有 8 属（7.84%）10 物种（7.58%）。这 4 种分布成分占总属数的 70.6%，总物种数的 74.3%。属于北温带分布和旧世界温带分布的物种大多数为该区植物群落的优势物种或主要伴生种，如蒿属的猪毛蒿、铁杆蒿和茭蒿，针茅属的长芒草和大针茅，隐子草属的糙隐子草和丛生隐子草，委陵菜属的菊叶委陵菜和二裂委陵菜，菊属的野菊，青兰属的香青兰，蔷薇属的黄刺玫，丁香属的紫丁香，绣线菊属的土庄绣线菊，虎榛子属的虎榛子，沙棘属的沙棘，杨属的山杨等。世界分布和泛热带分布的大部分属种在陕北丘陵沟壑区出现频率较高，但不能形成一定的盖度，在样方内只是零星出现；而孔颖草属的白羊草可形成优势群落，且为森林带阳坡重要的草本群落阶段和森林破坏后的主要次生群落及森林草原带阳坡比较稳定的植物群落。东亚和北美洲间断分布有 2 属，为胡枝子属和槐属，其物种如达乌里胡枝子和刺槐在陕北丘陵沟壑区分布广泛，并为优势物种和建群种。属于温带亚洲分布的锦鸡儿属的柠条锦鸡儿和秦晋锦鸡儿的分布也较为广泛，尤其是柠条锦鸡儿，生长良好，人工柠条锦鸡儿林的盖度可达 50% 以上。其他分布类型的属数在 4 个以下，不能形成一定的盖度。虎榛子属为中国特有属。侧柏属为单种属，中国—日本分布。

表 2-2　陕北黄土丘陵沟壑区 174 个退耕样方中植物区系属的分布区类型统计

分布区类型	属数	占总属数比例/%	物种数	占总物种数比例/%
1 世界分布	17	16.67	22	16.67
2 泛热带分布	8	7.84	10	7.58
4-1 热带亚洲、非洲和大洋洲间断分布	1	0.98	1	0.76
5 热带亚洲至热带大洋洲分布	3	2.94	3	2.27
6 热带亚洲至热带非洲分布	1	0.98	1	0.76
7 热带亚洲（印度–马来西亚）分布	2	1.96	4	3.03
8 北温带分布	22	21.57	35	26.52
8-4 北温带和南温带（全温带）间断分布	9	8.82	9	6.82
8-5 欧亚和南美洲温带间断分布	2	1.96	3	2.27
8-6 地中海区、东亚、新西兰和墨西哥到智利间断分布	1	0.98	1	0.76
9 东亚和北美洲间断分布	2	1.96	3	2.27
10 旧世界温带分布	13	12.75	18	13.64
10-1 地中海区、西亚和东亚间断分布	4	3.92	5	3.79
10-2 地中海区和喜马拉雅间断分布	1	0.98	1	0.76
10-3 欧亚和南非分布	1	0.98	1	0.76
11 温带亚洲分布	3	2.94	4	3.03
12 地中海区、西亚至中亚分布	2	1.96	2	1.52
12-3 地中海区至温带、热带亚洲，大洋洲和南美洲间断分布	2	1.96	2	1.52
13 中亚分布	1	0.98	1	0.76
13-2 中亚至喜马拉雅分布	1	0.98	1	0.76
14 东亚分布	3	2.94	3	2.27
14-1 中国—喜马拉雅分布	1	0.98	1	0.76
14-2 中国—日本分布	1	0.98	1	0.76
15 中国特有	1	0.98	1	0.76

　　在所调查的 132 种植物中，植物生长型、水分生态型和生活型组成结构如表 2-3 所示。植物生长型包括乔木、灌木、半灌木、小灌木、多年生草本、一二年生草本植物和苔藓，其中，多年生草本植物共有 68 种，占总物种的 51.5%；其次是一年生植物，有 22 种，占 16.7%；灌木类占 18.2%，乔木仅占 8.3%，1 种苔藓类物种（中华卷柏）。另外，样地中有大量的生物结皮存在；构成生物结皮的为藓类植物，且以较为耐寒的丛藓科植物为主。植物的水分生态类型有 5 个即强旱生、旱生、旱中生、中生及湿生，其中，中旱生（旱中生）型的物种数最多，有 49 种，占 37.1%；中生型次之，有 46 种，占 34.8%；旱生型有 31 种，占 23.5%；强旱生与湿生型各仅有 3 种，均占 2.3%。可见，属于旱生、旱中生和中生的植物占总物种的 95.4%，这也反映了陕北丘陵沟壑区的土壤水分条件为中生偏

旱，适合于中旱生、中生及旱生植物的生长。按 Raunkiaer 对休眠芽位置的生活型分类，植物的生活型有高位芽植物、地上芽植物、地面芽植物、地下芽植物和一年生植物，其中以地面芽的种类最多，有 55 种，占总物种的 41.7%；一年生植物有 24 种，占 18.2%；高位芽植物有 22 种，占 16.7%；地上芽植物有 20 种，占 15.2%；地下芽植物最少，有 11 种，占 8.3%。可见陕北丘陵沟壑区的植被具有典型的温带地面芽植物气候特征。

表 2-3 陕北黄土丘陵沟壑区 174 个退耕样方中植物的生态学组成结构统计

生长型		数量/种	比例/%	水分生态型	数量/种	比例/%	生活型	数量/种	比例/%
乔木		11	8.3	强旱生	3	2.3	高位芽植物	22	16.7
灌木类	灌木	10	7.6	旱生	31	23.5	地上芽植物	20	15.2
	半灌木	9	6.8	中旱生（旱中生）	49	37.1	地面芽植物	55	41.7
	小灌木	5	3.8	中生	46	34.8	地下芽植物	11	8.3
草本类	一年生	22	16.7	湿生	3	2.3	一年生植物	24	18.2
	二年生	6	4.5						
	多年生	68	51.5						
苔藓类		1	0.8						

2. 物种的频度和盖度

对物种出现频率的分析表明，在 174 个样地中，出现频度大于 25% 的物种有 22 种，占物种总数的 16.7%。而出现频率大于 50% 的只有达乌里胡枝子、阿尔泰狗娃花、长芒草、猪毛蒿、铁杆蒿和糙叶黄耆 6 种；前 5 种的出现频率可大于 70%，其水分生态型均为旱生，这些物种在研究区内广泛分布。在单个样地内出现频率分别大于 50% 和 70% 的物种较多，分别有 82 种和 54 种，这些物种为不同植物群落的优势种和主要伴生种。从物种盖度的分析结果可以看出，在单个样地内盖度可达 25% 以上的物种有 23 种，盖度可达 50% 的有 14 种，分别占物种总数的 17.4% 和 10.6%；在物种出现的各样方中，平均盖度大于 5% 的物种有 26 种，大于 10% 的物种有 19 种，分别占总物种数的 19.7% 和 14.4%（表 2-4）。

表 2-4 陕北黄土丘陵沟壑区 174 个退耕样方中物种的频度和盖度统计

分析内容		物种
频率分析	174 个样地中出现频度大于 25% 的物种	达乌里胡枝子、阿尔泰狗娃花、长芒草、猪毛蒿、铁杆蒿、糙叶黄耆、糙隐子草、赖草、二裂委陵菜、小蓟、黄鹌菜、狗尾草、猪毛菜、茭蒿、白羊草、硬质早熟禾、丛生隐子草、远志、甘草、菊叶委陵菜、香青兰和柳叶鼠李（共 22 种）
	174 个样地中出现频度大于 50% 的物种	达乌里胡枝子、阿尔泰狗娃花、长芒草、猪毛蒿、铁杆蒿和糙叶黄耆（共 6 种）
	174 个样地中出现频度大于 70% 的物种	达乌里胡枝子、阿尔泰狗娃花、长芒草、猪毛蒿和铁杆蒿（共 5 种）

分析内容		物种
频率分析	单个样地内出现频度可以大于50%的物种	达乌里胡枝子、阿尔泰狗娃花、长芒草、猪毛蒿、铁杆蒿、糙叶黄耆、糙隐子草、赖草、二裂委陵菜、甘草、小蓟、黄鹌菜、狗尾草、猪毛菜、茭蒿、苦荬菜、白羊草、早熟禾、丛生隐子草、远志、中华隐子草、尖叶铁扫帚、草木樨状黄耆、大针茅、星毛委陵菜、菊叶委陵菜、鹅观草、狭叶米口袋、北京隐子草、杠柳、野豌豆、鬼针草、野菊、墓头回、草木犀、沙棘、香青兰、银州柴胡、紫丁香、小叶悬钩子、异燕麦、大披针薹草、中华卷柏、酸枣、柳叶鼠李、紫花地丁、飞燕草、虎榛子、辽东栎、侧柏、白草、二色棘豆、蒙古蒿、地锦草、沙珍棘豆、堇菜、蜣牛儿苗、阴行草、抱茎小苦荬、谷子、土庄绣线菊、灌木铁线莲、百里香、风毛菊、亚麻、车前、臭草、水枸子、白刺花、冷蒿、蓝刺头、黄刺玫、野韭、拉拉藤、翻白草、白头翁、杜梨、百蕊草、山桃和糜子（共82种）
	单个样地内出现频度可以大于70%的物种	达乌里胡枝子、阿尔泰狗娃花、长芒草、猪毛蒿、铁杆蒿、糙叶黄耆、糙隐子草、赖草、二裂委陵菜、甘草、小蓟、黄鹌菜、狗尾草、猪毛菜、茭蒿、苦荬菜、白羊草、早熟禾、丛生隐子草、远志、中华隐子草、尖叶铁扫帚、草木樨状黄耆、大针茅、星毛委陵菜、菊叶委陵菜、鹅观草、少花米口袋、北京隐子草、杠柳、野豌豆、鬼针草、野菊、墓头回、草木犀、柠条锦鸡儿、沙棘、香青兰、银州柴胡、紫丁香、小叶悬钩子、异燕麦、大披针薹草、中华卷柏、酸枣、柳叶鼠李、紫花地丁、飞燕草、虎榛子、辽东栎、侧柏、白草、二色棘豆和蒙古蒿（共54种）
盖度分析	单个样地内盖度可以大于25%的物种	达乌里胡枝子、阿尔泰狗娃花、长芒草、猪毛蒿、铁杆蒿、赖草、茭蒿、白羊草、大针茅、紫丁香、白刺花、中华卷柏、黄刺玫、葱皮忍冬、糙隐子草、星毛委陵菜、沙棘、冷蒿、漏芦、秦晋锦鸡儿、山杨、酸枣和辽东栎（共23种）
	单个样地内盖度可以大于50%的物种	达乌里胡枝子、阿尔泰狗娃花、长芒草、猪毛蒿、铁杆蒿、赖草、茭蒿、白羊草、大针茅、紫丁香、白刺花、中华卷柏、黄刺玫和葱皮忍冬（共14种）
	物种出现样地中平均盖度大于5%的物种	猪毛蒿、铁杆蒿、赖草、茭蒿、白羊草、星毛委陵菜、沙棘、紫丁香、冷蒿、白刺花、漏芦、山杨、异燕麦、中华卷柏、黄刺玫、侧柏、酸枣、辽东栎、葱皮忍冬、达乌里胡枝子、长芒草、大针茅、百里香、小叶悬钩子、互叶醉鱼草和三角槭（共26种）
	物种出现样地中平均盖度大于10%的物种	猪毛蒿、铁杆蒿、赖草、茭蒿、白羊草、星毛委陵菜、沙棘、紫丁香、冷蒿、白刺花、漏芦、山杨、异燕麦、中华卷柏、黄刺玫、侧柏、酸枣、辽东栎和葱皮忍冬（共19种）

　　对174个样地所出现植物的科属组成、生长型、生活型与水分生态型的分析结果表明，该区植被具有典型的温带地面芽气候特征，以中旱生、中生和旱生的草本类植物为主，现时的土壤水分条件呈中旱生和中生性，表现为温带地区植物生活型发育特征。高频度且高盖度出现的物种不多，只有达乌里胡枝子、阿尔泰狗娃花、长芒草、猪毛蒿、铁杆蒿、赖草、茭蒿和白羊草具有较高的盖度和频度，为该区的主要优势物种，构成了不同组

合的植物群落；而演替后期的物种如紫丁香、白刺花、黄刺玫、水栒子、侧柏、虎榛子、沙棘和辽东栎等虽可具有较高的盖度，但出现频率很低，不是陕北丘陵沟壑区的主要植被类型。

3. 主要植被类型的恢复特征

由图 2-1 可知，随着群落的演替，植被的盖度和群落物种数量呈整体增长的趋势，并且植被盖度在长芒草+达乌里胡枝子群落（Sb/Ld）阶段已得到显著恢复（$P<0.05$）；在铁杆蒿群落（Agm）和白羊草群落（Bi）阶段又进一步恢复；在 Bi 阶段达到最大值 57%，与 Sb/Ld 阶段差异显著（$P<0.05$）。物种数量虽呈增长趋势，但增速较盖度缓慢，在 Agm 阶段得到显著恢复（$P<0.05$），此时群落平均物种数量最多，为 20；在 Bi 阶段出现轻微下降但变化不显著。地上生物量呈现先减小后增加的趋势；在 Sb/Ld 阶段出现降低现象；此后又迅速得到显著恢复（$P<0.05$），并于 Bi 阶段达到最大值。这可能是由于猪毛蒿群落

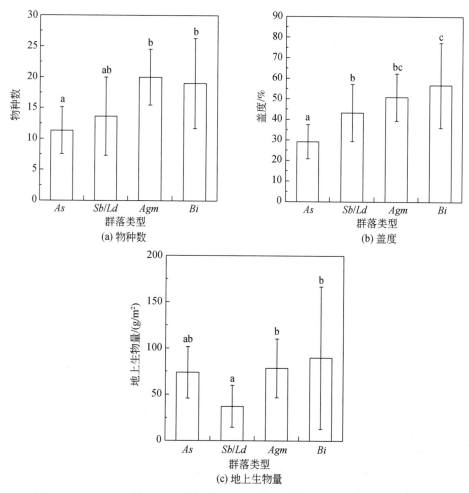

图 2-1　不同演替阶段植物群落生长特征

As 为猪毛蒿群落（样方数 47）；Sb/Ld 为长芒草+达乌里胡枝子群落（样方数 97）；Agm 为铁杆蒿群落（样方数 176）；Bi 为白羊草群落（样方数 61）

（As）多见于退耕初期，此时土壤中残留的有机物质和肥料使得植株生长状况良好；随着群落演替，土壤肥力消耗加快使得地上生物量减小；到了演替后期，生物量增加是由于群落演替的进行，不论是植株数量还是植物种类均有增加，且多年生草本和半灌木等的出现使生物量逐步增加。从以上三个指标可看出，自然植被一直在不断恢复，其中植被盖度恢复速度较快，物种数和生物量增加较慢。

　　自然恢复植被多样性特征（图 2-2）显示，Shannon-Wiener 指数呈现整体增大趋势；并在 Agm 阶段呈现显著恢复（$P<0.05$），并达到最大值 2.28；至 Bi 阶段虽稍有下降但变化不显著。Pielou 指数呈先减小后增大的趋势；在 Bi 阶段达到最高值（0.90），与恢复初期的 As 阶段差异显著（$P<0.05$）；在 Sb/Ld 阶段虽稍有下降但变化不明显，与前一阶段差异不显著；此后便快速增大，在 Agm 阶段后增速减缓，但仍在增大。说明自然恢复的植物群落的演替过程属于良性演替，但恢复进程较慢，在 Agm 和 Bi 阶段生长状况较好。

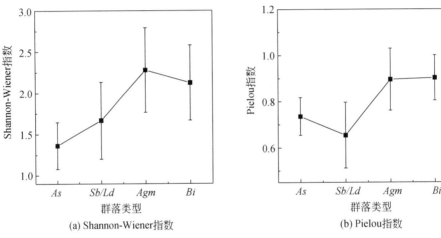

(a) Shannon-Wiener指数　　　　　　　(b) Pielou指数

图 2-2　不同演替阶段植物群落多样性特征

As 为猪毛蒿群落（样方数 47）；Sb/Ld 为长芒草+达乌里胡枝子群落（样方数 97）；Ag 为铁杆蒿群落（样方数 176）；Bi 为白羊草群落（样方数 61）

4. 1999 年退耕撂荒地的植被恢复特征

　　通过对安塞县 1999 年退耕的 30 个撂荒地的植被特征分析可知，阳坡和阴坡撂荒地植被物种数量分别为 22 和 28，且二者存在显著性差异（$P<0.05$）；Shannon-Wiener 指数分别为 1.99 和 2.19，盖度分别为 35% 和 33%，地上生物量分别为 86g/m² 和 75g/m²，以上 3 个指标在阳坡与阴坡间均不存在显著性差异（表 2-5）。通过计算坡面植物群落物种重要值可知，阳坡撂荒地 15 个坡面中，有 9 个坡面为白羊草群落（白羊草的重要值为 25.1% ~ 51.3%），其他 6 个坡面为铁杆蒿（重要值为 22.0% ~ 26.1%）、长芒草（重要值为 23.6%）和达乌里胡枝子（重要值为 14.6% ~ 29.1%）等群落；演替早期主要物种猪毛蒿的重要值在铁杆蒿群落中为 6.2% ~ 8.6%，在达乌里胡枝子群落中为 2.8% ~ 13.9%，在长芒草群落中为 0.6%，在白羊草群落中为 0 ~ 9.3%，且以小于 2.0% 为主。对于 15 个阴坡撂荒地，植被以铁杆蒿群落为主，铁杆蒿重要值在 15 个坡面中为 17.1% ~ 31.9%；

阴坡植物群落的主要物种还有长芒草、达乌里胡枝子、草木樨状黄耆、猪毛蒿、大针茅、早熟禾等;在 15 个坡面植物群落中,长芒草重要值为 2.4% ~ 27.8%,达乌里胡枝子重要值为 2.6% ~ 15.9%,草木樨状黄耆重要值为 0 ~ 18.4%,猪毛蒿重要值为 0 ~ 21.3%,大针茅重要值为 0 ~ 16.9%,早熟禾重要值为 0 ~ 15.0%。

表 2-5　撂荒地植被特征

坡向	物种数	Shannon-Wiener 指数	盖度/%	地上生物量/(g/m²)
阳坡	22±3a	1.99±0.33a	35±10a	86±34a
阴坡	28±4b	2.19±0.32a	33±7a	75±24a

注:同一列中不同的字母表示指标在阳坡与阴坡间在 0.05 水平上存在显著性差异。

2.1.2　人工恢复植被特征

1. 主要人工林群落特征

1)人工刺槐林群落

根据在延安和安塞对人工刺槐林的调查(表 2-6)可以看出,安塞县南沟 40 年刺槐林在坡面密度为 300 ~ 500 株/hm²,在沟谷可达 800 株/hm²;而在纸坊沟封育沟,28 年左右刺槐林的密度可达 2000 ~ 3000 株/hm²,说明沟谷条件和封育条件下有利于刺槐的生长。10 年以下刺槐林下群落为猪毛蒿群落,25 ~ 40 年刺槐林下则为长芒草群落、达乌里胡枝子群落和铁杆蒿群落。刺槐林地的冠幅不大,平均冠幅在 1.3 ~ 5.5m。40 年的平均冠幅为2.6 ~ 3.7m,且有枯稍;而密度大体与其相同的 4 年刺槐林的冠幅为 5.5m,说明 40 年的刺槐林已经退化。密度对刺槐的冠幅有影响,同是 4 年刺槐林,密度为 360 株/hm² 的平均冠幅为 5.5m;而密度为 2000 株/hm² 的平均冠幅仅为 1.5m。在梁峁坡 30 ~ 40 年的刺槐平均高度在 8 ~ 12m,在沟坡可达 14m。40 年刺槐林的冠幅主要为 2 ~ 4.5m,30 年左右的刺槐林冠幅为 2.5 ~ 5m,4 年林冠幅主要为 1 ~ 2m。黄土高原沟壑区的人工刺槐林一般为不整齐林。

2)人工小叶杨林群落

小叶杨的生长空间位置不同,其生长状况表现出较大的差异(表 2-7)。在沟坡,密度较小时(600 株/hm²),小叶杨的平均高度可达 17.3m,平均胸径为 58.7cm,平均冠幅为4.1m;密度较大时(2000 株/hm²),小叶杨的平均高度为 9.2m,平均胸径为 15.8cm,平均冠幅为 3.4m。在梁峁坡,密度很大的情况下,就形成"小老头树",平均高度为 3.1m,平均胸径为 10cm,平均冠幅为 1.8m,为不整齐林。在同一坡面,生长在不同的坡位,其生长也表现出较大的差异。在坡下,小叶杨的平均高度为 8.0m,平均胸径为 17.3cm,平均冠幅为 4.6m,为整齐林,林下群落的盖度为 45%;而在坡中和坡上时,小叶杨的平均高度为 5.3m,平均胸径分别为 10.4cm 和 10.9cm,平均冠幅分别为 2.7m 和 2.5m,为不整齐林,林下群落的盖度分别为 35% 和 20%。可见,在营造小叶杨林时,要考虑密度和部位。小叶杨作为一个隐域树种,其生长受空间立地条件变化的制约很大;在局部立地上,如沟谷和坡面下部,基本上可以正常生长成林,但不宜在坡面大面积栽植。

表 2-6　人工刺槐林的群落特征

地点	恢复年限/a	坡度/(°)	坡向	坡位	密度/(株/hm²)	胸径/cm 范围	胸径/cm 平均	高度/m 范围	高度/m 平均	冠幅/m 范围	冠幅/m 平均	整齐度	林下群落 主要物种	林下群落 物种数	林下群落 盖度/%
安塞县纂南沟	40	25	阳坡	坡下	800	15.3~30.3	21.5	10.5~17.5	14.3	2.0~5.0	3.3	4.6	臭草、长芒草	10	55
	40	23	阴坡	坡上	450	6.5~25.0	16.1	8.0~15.5	11.6	1.0~4.5	3.1	3.9	铁杆蒿、达乌里胡枝子	9	65
	40	26	阴坡	坡上	300	12.8~24.4	17.4	11.5~15.0	12.6	2.3~6.0	3.6	5.9	达乌里胡枝子、长芒草	10	85
	40	8	—	梁顶	500	13.0~22.6	17.5	8.8~16.5	11.5	2.0~6.5	3.7	5.4	铁杆蒿	9	85
	40	17	阳坡	坡中	450	13.6~19.9	16.9	6.7~14.5	11.8	1.5~4.0	2.6	9.2	铁杆蒿	9	80
	8	17	阳坡	坡中	2400	5.0~17.0	7.0	2.5~4.0	2.8	1.0~2.0	1.3	2.2	猪毛蒿、阿尔泰狗娃花	19	30
安塞纸坊沟	25	40	阴坡	沟坡	4500	12.0~32.0	17.9	4.0~12.0	7.0	—	—	2.5	长芒草、丛生隐子草	10	5
	28	25	阴坡	坡下	2900	13.0~53.0	26.0	1.7~18.0	8.2	1.2~4.0	2.4	1.7	长芒草、小叶悬钩子	14	40
	29	35	阴坡	坡中	2100	8.0~42.0	23.3	3.0~15.0	8.2	0.5~3.0	1.6	2.0	铁杆蒿、灌木铁线莲	8	65
延安燕沟	4	26	阳坡	坡中	360	3.0~8.6	6.1	4.4~11.2	7.1	1.0~9.0	5.5	3.5	猪毛蒿	6	30
	4	25	阴坡	坡中	2000	—	—	1.75~6.0	3.0	0.35~3.3	1.5	—	猪毛蒿	9	35
	28	27	阴坡	坡下	—	9.0~17.3	13.6	7.7~13.1	10.8	3.0~6.5	4.4	4.5	铁杆蒿	12	45
	28	26	阴坡	坡中	1200	5.8~16.0	12.1	7.6~11.0	9.3	1.5~5.0	3.0	4.2	铁杆蒿、达乌里胡枝子	14	65

表 2-7 人工小叶杨林的群落特征

项目		安塞纸坊沟	延安燕沟	吴起金佛坪	吴起长城镇		
恢复年限/a		29	45	16	60	60	60
坡度/(°)		15	22	26	20	22	25
坡向		南	北偏东	北	北	北	北
坡位		沟坡	沟坡	梁坡	坡下	坡中	坡上
密度/(株/hm²)		600	2000	4400	1000	1000	1000
胸径/cm	范围	44~83	9.2~20.6	5~23	14.7~22.5	6.5~13.1	7.3~14.3
	平均	58.7	15.8	10	17.3	10.4	10.9
高度/m	范围	15~20	5.6~11.9	1.6~6.2	6.3~10	3.5~6.8	3.2~6.9
	平均	17.3	9.2	3.1	8.0	5.3	5.3
冠幅/m	范围	3~6	1.3~5	0.5~4.5	2.5~7.5	1.5~4.5	1~3
	平均	4.1	3.4	1.8	4.6	2.7	2.5
整齐度		4.4	5.3	2.6	7.0	5.2	5.1
林下群落	主要物种	尖叶铁扫帚	异燕麦、铁杆蒿	铁杆蒿、地衣	砂珍棘豆、达乌里胡枝子	砂珍棘豆、北京隐子草	北京隐子草、达乌里胡枝子
	物种数	18	14	6	10	12	9
	盖度/%	30	50	10	45	35	20

3）人工柠条锦鸡儿林群落

10~30年间的柠条锦鸡儿林地均具有较高的盖度，变化为40%~95%，平均高度为1.05~2.20m，冠幅为0.82~2.01m，密度变化为0.24~0.88株/m²，林下物种以铁杆蒿、长芒草和达乌里胡枝子为主（表2-8）。

表 2-8 人工柠条锦鸡儿林的群落特征

地点	恢复年限/a	坡度/(°)	坡向	坡位	密度/(株/m²)	高度/m	冠幅/m	林下群落		总盖度/%
								主要物种	物种数	
安塞县南沟	30	29	北	坡下	0.60	1.16	0.94	铁杆蒿、长芒草	8	95
	30	23	北	坡上	0.24	1.24	0.96	铁杆蒿、达乌里胡枝子	6	85
安塞西沟	25	25	东	坡中	0.72	1.33	1.20	铁杆蒿、长芒草	6	90
	11	30	东偏南	坡下	0.56	1.55	1.37	猪毛蒿、达乌里胡枝子	3	90
	11	30	东偏南	坡中	1.08	1.32	1.12	猪毛菜、达乌里胡枝子	4	85
	11	30	东偏南	坡上	1.00	1.29	1.19	猪毛菜	5	95
安塞纸坊沟	27	30	西偏南	坡中	0.32	1.40	1.15	铁杆蒿、长芒草	10	50
	29	20	东偏南	坡上	0.64	1.30	1.00	铁杆蒿、长芒草	22	80
	29	7	西偏南	峁顶	0.40	1.29	1.33	铁杆蒿、茭蒿、长芒草	11	85
	29	25	南偏西	沟坡	0.48	1.48	1.08	铁杆蒿、长芒草	16	90

地点	恢复年限/a	坡度/(°)	坡向	坡位	密度/(株/m²)	高度/m	冠幅/m	林下群落 主要物种	物种数	总盖度/%
安塞纸坊沟	29	30	东偏北	梁坡	0.88	1.19	0.82	丛生隐子草、铁杆蒿	11	75
	29	25	东偏南	峁坡	0.80	1.30	1.20	铁杆蒿、长芒草	12	75
延安燕沟	28	18	西偏南	梁坡	0.52	1.05	1.02	铁杆蒿、长芒草	12	80
	28	20	东偏北	梁坡	0.44	1.24	1.01	铁杆蒿、长芒草	18	80
吴起金佛坪	15	25	南	坡中	0.52	2.20	1.96	糙隐子草、长芒草	10	65
吴起湫滩	21	33	南	坡上	0.40	1.93	2.01	白草、长芒草	5	40

4）人工沙棘林群落

根据样地调查资料（表 2-9），沙棘林在建群初期（4a 龄）盖度较小，为 35% ~ 50%，10 年以上的沙棘林盖度均可达到 65% 以上；在沟谷地段生长良好，林地盖度可以达到 90%，平均高度 2.0m，平均冠幅 1.5m，物种数达 14 种。

表 2-9　人工沙棘林的群落特征

地点	恢复年限/a	坡度/(°)	坡向	坡位	个数/株	高度/m	冠幅/m	密度/(株/m²)	林下群落 主要物种	物种数	盖度/%
安塞西沟	13	30	阳坡	坡中	10	1.52	1.42	0.4	鬼针草、猪毛菜	8	65
	14	25	阳坡	坡中	18	1.47	1.24	0.72	猪毛蒿、菊叶委陵菜	5	80
安塞纸坊沟	20	25	阳坡	沟坡	11	2.0	1.5	0.44	铁杆蒿、北京隐子草	14	90
					4（柠条锦鸡儿）	1.9	1.05	0.16			
延安燕沟	26	25	阳坡	坡上	30	1.26	0.92	1.2	铁杆蒿、白羊草	7	85
吴起南沟	4	30	半阴坡	坡中	47	1.73	1.3	1.88	猪毛蒿、赖草	7	35
	4	22	半阳坡	坡下	43	1.78	1.34	1.72	长芒草、猪毛蒿	12	50

5）人工混交林群落

混交林具有乔木层、灌木层、草本层和枯枝落叶层，垂直结构好。在黄土丘陵沟壑区，由于受立地条件的限制，混交林在沟谷生长较好。例如，在安塞纸坊沟的育林沟的沟头沟谷地，30 年的小叶杨、旱柳和沙棘混交林地，小叶杨和柳树的生长状况好，高度分别为 22m 和 14.7m，入侵的其他灌木有牛奶子、毛葡萄、杜梨和黄百刺等，草本植物有 18 种，并拥有 2~3cm 的枯枝落叶层，还有大量蘑菇出现，地面 100% 覆盖；在梁坡冲沟的刺槐和小叶杨混交林，草本层虽有 15 种物种，但草本盖度很小，在 5% 左右；抵抗不了上坡来水的侵蚀力，坡面有明显的沟蚀发生；在峁坡上的刺槐、白刺花和柠条锦鸡儿混交林，刺槐的生长不良，冠副只有 1.2m，并有枯梢，总盖度也较低，为 55%（表 2-10）。

表2-10 人工混交林的群落特征

地点	恢复年限/a	坡度/(°)	坡向	坡位	乔木层 树种	个数/株	高度/m	胸径/m	冠幅/m	灌木层 树种	个数	高度/m	冠幅/m	密度/(株·m²)	草本层 主要物种	物种数	盖度/%
安塞纸坊沟	31	5	西偏南50°	沟谷	小叶杨	3	22	57.7	6	沙棘	9	2.8	1	0.09	小叶悬钩子、野草莓	18	95
					旱柳	5	14.7	35.6	2	牛奶子	2	1.1	0.35	0.02			
										桑叶葡萄	6	2		0.06			
										杜梨	1	0.5		0.01			
										刺槐	3	0.25		0.03			
										黄百刺	2	0.5		0.02			
	30	25	正南	沟谷	旱柳	6	20	85	5.5	沙棘	35	2.5	1.5	0.35	铁杆蒿 长芒草	16	90
	31	30	西偏南20°	梁坡冲沟	小叶杨	3	22	85.7	5.7	山杏	1	2.3	1.2	0.01	芦苇、野菊	15	60
					秋子梨	1	5	116	5	白刺花	1	2.1	1.65	0.01			
					旱柳	1	15	90	6	杠柳	7	0.7	0.3	0.07			
	23	20	南偏东20°	沟坡	刺槐	3	15	50	4	黄刺玫	9	1.6	1.3	0.09	丛生隐子草、蒙古蒿	22	90
										铁杆蒿	8	0.94	0.86	0.08			
										水梅子	1	1	0.5	0.01			
	>30	25	西偏北10°	梁坡	刺槐	14	8.7	20.1	2.3	连翘	46	1.8	1.2	0.46	长芒草、丛生隐子草	6	80
	29	30	西偏北40°	峁坡	刺槐	3	7.5	35	1.2	白刺花	6	1.4	1.3	0.06	铁杆蒿、长芒草	14	55
										柠条锦鸡儿	24	1.1	1.2	0.24			

续表

地点	恢复年限/a	坡度/(°)	坡向	坡位	乔木层 树种	个数/株	高度/m	胸径/m	冠幅/m	灌木层 树种	个数	高度/m	冠幅/m	密度/(株/m²)	草本层 主要物种	物种数	盖度/%
吴起	46	27	东南坡	坡中上	刺槐	5	5.74	29.6	2.4	山杏	5	4.34	5.2	0.05	长芒草、达乌里胡枝子	8	80
										柠条锦鸡儿	20		1.3	0.2			
										灌木铁线莲	6		1.15	0.06			
	21	27	西坡	坡下部	小叶杨	10	8.5	12	4.4	山杏	1	4.1	4.5	0.01	铁杆蒿、赖草	12	85
										柠条锦鸡儿	4	1.7	2	0.04			
										沙棘	34	1.5	1.3	0.34			

2. 不同阶段人工林植被的演变特征

1) 人工刺槐林

如图 2-3 所示，刺槐的树高和胸径均在 0~10 年阶段时最低；在 10~20 年快速增大至 7.8m 和 7.36cm，显著高于 0~10 年阶段（$P<0.05$）；之后随时间推移，树高和胸径均没有明显变化，但胸径整体呈增大趋势，大于 40 年阶段胸径达到最高，为 8.61cm；而树高甚至有略微降低趋势，可能由于刺槐快速生长导致土壤水分降低，使其生长速度减慢，且存在断枝和天然更新等现象，使刺槐林平均树高稍降。刺槐林的密度变化较波动，而郁闭度呈现先增大后减小的趋势。这是由于刺槐生长最初几年存活率较低，因此在 0~10 年阶段最低，之后由于繁殖更新现象，密度逐渐增大；在 20~30 年阶段密度和郁闭度达到最大，分别为 2100 株/hm² 和 0.6；而在 30 年之后由于林分退化，死亡率上升，林分密度和郁闭度均出现降低趋势。因此，刺槐林林分在 20~30 年发育成熟，30 年之后出现老化和退化现象。

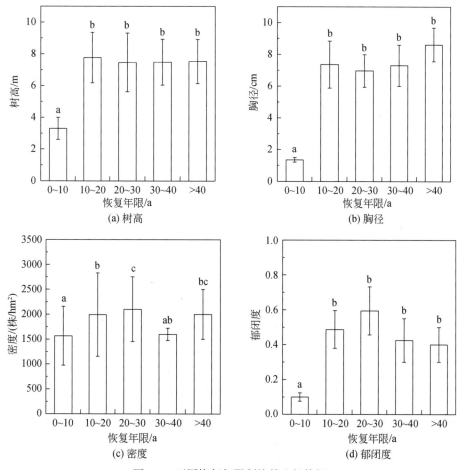

图 2-3　不同恢复年限刺槐林生长特征

柱上的不同小写字母表示在 0.05 水平上存在显著性差异；0~10 年样方 18 个，10~20 年样方 43 个，
20~30 年样方 29 个，30~40 年样方 17 个，>40 年样方 17 个；图 2-4 和图 2-5 相同

对于刺槐林下植被而言（图2-4），植被盖度、群落物种数量和地上生物量均整体呈现先减小后增大的趋势，且均在10~20年阶段达到最低值，植被盖度约14%，物种数量平均为13.6，地上生物量为40.98g/m²；在此阶段后各指标均开始增大。这是由于刺槐幼林（0~10年）的生长消耗土壤水分及养分，且刺槐的郁闭度增加使灌草层可用光照减少，不利于草本群落健康演替。在11~30年，林下植被盖度和物种数量均快速增大，并持续增大至退耕40年；在大于40年阶段达到最大值，其中林下植被盖度达到65%，物种数达到平均20种。这是由于林下植被适应了其生境，此时出现了较多喜阴草本植物的生长，多年生草本植物数量增大，并开始出现灌木或本质藤本的生长。林下植被地上生物量在11~30年快速增大；在30~40年达到最大值，为172.24g/m²；在大于40年阶段再一次呈现降低趋势，这可能是由于经过刺槐的长期生长，土壤水分和肥力持续消耗，使得草本层可利用水肥降低。

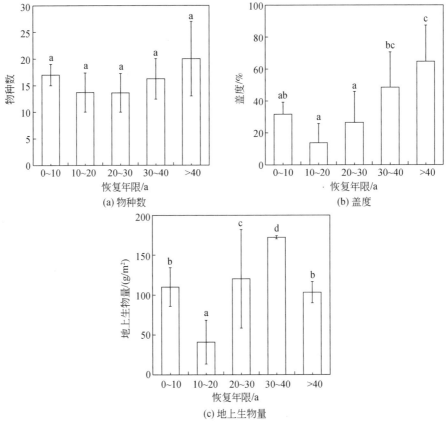

图2-4　不同恢复年限刺槐林下植被生长特征

刺槐林下植被多样性特征（图2-5）表明，Shannon-Wiener 指数呈现先降低后增高的趋势，但各阶段差异均不显著（$P>0.05$）；而 Pielou 指数呈现整体增大趋势，0~10年阶段和10~20年阶段分别与大于40年阶段差异显著（$P<0.05$）。说明在0~10年阶段，人工刺槐的生长加快了土壤水分和养分的消耗，且乔木层的郁闭使得草本层可利用光照减少，导致林下植被物种数减少，生长状况也受其影响，因此在10~20年阶段 Shannon-

Wiener 指数骤减；但在此阶段后，Shannon-Wiener 指数一直呈增大趋势，说明林下植被适应了此生境，生长状况一直不断改善，群落也越来越稳定。Pielou 指数一直呈增大趋势，说明群落各物种数量分布更均匀。

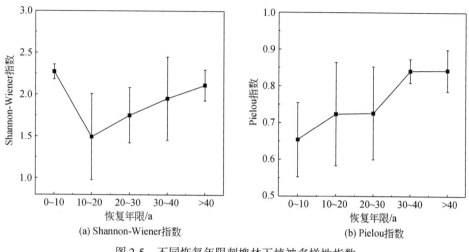

(a) Shannon-Wiener指数

(b) Pielou指数

图 2-5　不同恢复年限刺槐林下植被多样性指数

2）人工柠条锦鸡儿林

人工柠条锦鸡儿林株高随年限增大逐步增大，而林分密度和灌木层盖度均随年限增大先增加后减小（图 2-6）。株高在 10～20 年阶段显著增大（$P<0.05$），而在之后的各阶段虽一直呈现增大趋势，但差异不显著（$P>0.05$）。说明柠条锦鸡儿的生长主要发生在 0～20 年，在此阶段后生长缓慢。柠条锦鸡儿林的灌木层盖度和林分密度均在 20～30 年阶段达到最大值，其中盖度达 44%，密度高达 6029 株/hm²，与 0～10 年和 10～20 年阶段差异均显著（$P<0.05$）；在此阶段之后盖度和密度均呈降低趋势，但差异均不显著（$P>0.05$）。说明柠条锦鸡儿在 20～30 年阶段发育成熟，由于生长和自然更新等原因盖度和密度达到最大；此阶段后出现轻微林分老化，但盖度和密度均无显著变化。

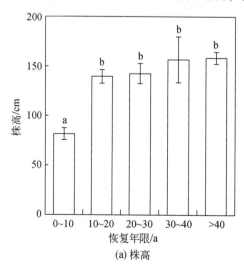

(a) 株高

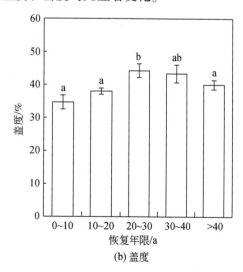

(b) 盖度

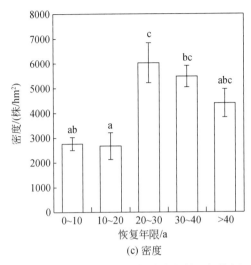

(c) 密度

图 2-6 不同恢复年限柠条锦鸡儿林生长特征

柱上的不同小写字母表示在 0.05 水平上存在显著性差异；0~10 年样方 6 个，10~20 年样方 7 个，

20~30 年样方 11 个，30~40 年样方 8 个，>40 年样方 7 个；图 2-7 和图 2-8 相同

柠条锦鸡儿林地的林下草本物种数随恢复年限的增长呈现先减少后增多的趋势，但各阶段差异均不显著（$P>0.05$）。说明林下植被在柠条锦鸡儿种植初期由于种间竞争导致物种数减少，在 30 年之后由于对生境的适应物种数开始增多，但柠条锦鸡儿生长对林下植被物种数变化的影响较小。林下植被盖度和生物量均呈现先增大后减小的趋势。其中林下植被盖度在 10~20 年阶段达到最大值 88%，在 20~30 年阶段稍有降低，为 81%，此两阶段均显著高于其余恢复阶段（$P<0.05$）；林下植被的地上生物量同样在 10~20 年阶段达到最大值 1026.35g/m^2，但在各恢复阶段差异均不显著（$P>0.05$）。说明柠条锦鸡儿林下植被物种数和地上生物量随年限增长没有显著变化，但草本层盖度先升高后降低；这可能是因为柠条锦鸡儿的种植和生长使林下喜阴草本植物增多，林下植被盖度增大，而在 30 年之后，由于土壤水分和养分的消耗，草本层盖度降低（图 2-7）。

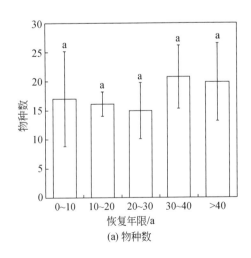

(a) 物种数

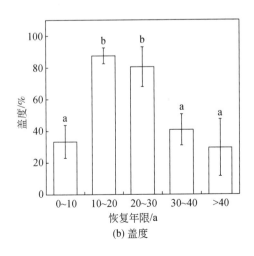

(b) 盖度

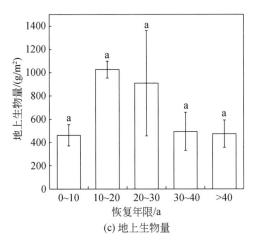

(c) 地上生物量

图 2-7　不同恢复年限柠条锦鸡儿林下植被生长特征

林下植被多样性特征（图 2-8）显示，Shannon-Wiener 指数呈现整体上增大的趋势，但变化不明显，各阶段差异均不显著（$P>0.05$）；但在 30 ~ 40 年阶段达到最大值 1.98，在大于 40 年阶段稍有下降，但在整体上呈增大趋势，与物种数量变化趋势一致。说明柠条锦鸡儿林下植被物种多样性随恢复年限增长而增多，但幅度较小。Pielou 指数呈先降低后增高趋势，在 20 ~ 30 年阶段达到最低值 0.72，在大于 40 年阶段达到最大值 0.94，与其余恢复阶段差异均显著（$P<0.05$）。因此柠条锦鸡儿林下物种均匀度在恢复前期由于林下草本物种数量减少以及自然死亡等原因而降低，但在 30 年后会快速升高；说明随着恢复年限增长，物种分布越来越均匀。总体来看，柠条锦鸡儿林属于良性恢复。

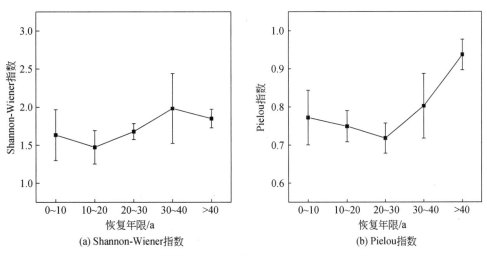

(a) Shannon-Wiener指数　　　　　(b) Pielou指数

图 2-8　不同恢复年限柠条锦鸡儿林下植被多样性指数

3）人工沙棘林

人工沙棘林株高、灌木层盖度和密度均随恢复年限增大呈先增大后减小的趋势（图 2-9）。其中株高在 10 ~ 20 年阶段快速升高，达到 178cm；在 20 ~ 30 年阶段继续增高并达到最高 182cm，与 0 ~ 10 年和大于 30 年阶段差异均显著（$P<0.05$）。沙棘盖度同样在恢复前期一

直不断增大，于 20～30 年阶段达到最高，为 38%；在 30 年后快速下降，达到最低值 20%，与 20～30 年阶段差异显著（$P<0.05$）。这是由于沙棘在种植初期快速生长，株高和盖度均快速增大，但在 30 年后由于林分老化、自然死亡和人为干扰等原因，株高和盖度均急剧减小。沙棘林分密度在 10～20 年阶段达到最大值 5540 株/hm²；在此阶段后逐渐降低，于大于 30 年阶段达到最低值 3033 株/hm²，与 10～20 年阶段的最大值差异显著（$P<0.05$）。这是由于在 0～20 年阶段沙棘生长快速，且存在自然更新现象；但在 20 年之后由于林分老化和人为干扰等原因，植株死亡率升高，密度逐渐减小。说明沙棘生长阶段主要集中在 0～20 年，在 20～30 年阶段发育成熟，此阶段后出现较明显的林分老化。

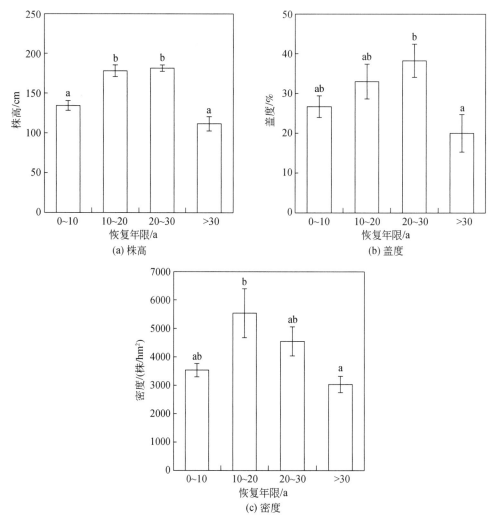

图 2-9　不同退耕年限沙棘林生长特征

柱上的不同小写字母表示在 0.05 水平上存在显著性差异；0～10 年样方 8 个，10～20 年样方 12 个，

20～30 年样方 9 个，>30 年样方 6 个；图 2-10 和图 2-11 相同

沙棘林地的林下草本物种数与柠条锦鸡儿林同样随恢复年限的增长呈现先减少后增多的趋势（图 2-10），但各阶段差异均不显著（$P>0.05$）。说明林下植被在沙棘种植初期由

于种间竞争导致物种数减少，在 20 年之后由于对生境的适应物种数开始增多，但变化均不明显。林下植被盖度和地上生物量均呈现先增大后减小的趋势。其中林下植被盖度在 20 ~ 30 年阶段达到最大值 86%；在 20 ~ 30 年阶段稍有降低，但差异并不显著（$P > 0.05$）。林下植被的地上生物量在沙棘种植初期最低，为 587.26g/m²；10 ~ 20 年阶段达到最大值 1373.53g/m²，与 0 ~ 10 年和大于 30 年阶段差异均显著（$P < 0.05$）；在 20 年后地上生物量逐渐减小。说明沙棘林下植被物种数随年限增长没有显著变化，但草本层盖度和地上生物量均先升高后降低。这可能是因为沙棘的生长使林下喜阴草本植物增多，林下植被盖度增大；而在 30 年之后，由于土壤水分和养分的消耗，草本层盖度和生物量降低。

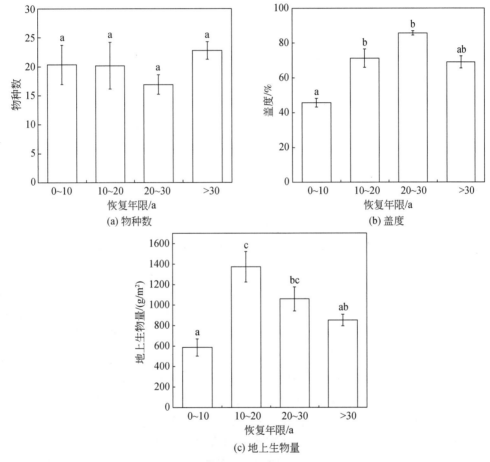

图 2-10　不同恢复年限沙棘林下植被生长特征

沙棘林下植被多样性特征（图 2-11）表明，Shannon-Wiener 指数呈现整体上先增大后降低的趋势，但变化不明显，各阶段差异均不显著（$P > 0.05$）；在 20 ~ 30 年阶段达到最大值 2.38，在大于 30 年阶段有所下降。说明沙棘林下植被物种多样性在 20 ~ 30 年阶段最高，但随退耕年限增长变化不明显。Pielou 指数呈持续上升趋势，在 0 ~ 10 年阶段最低，为 0.56；在 20 年后快速上升，到大于 30 年阶段达到最高值 0.94，与 0 ~ 10 年阶段差异显著（$P < 0.05$）。总体来看，林下植被多样性虽由于沙棘生长导致的种间竞争等多种原因变

化存在波动，但物种均匀度一直在增大；因此，沙棘林下植被在不断恢复，但进程缓慢。

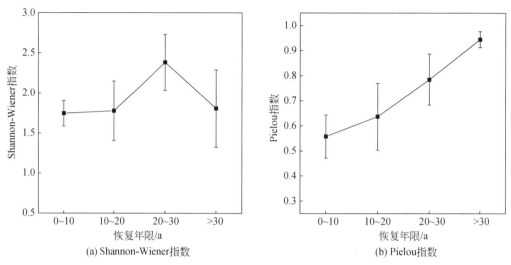

(a) Shannon-Wiener指数　　　　　　　　(b) Pielou指数

图 2-11　不同恢复年限沙棘林下植被多样性指数

3. 1999 年退耕还林恢复特征

1）刺槐林地

阳坡刺槐林地林分郁闭度、密度、刺槐胸径和树高分别为 0.56、1960 株/hm^2、8.2cm 和 7.5m，阴坡刺槐林地林分郁闭度、密度、刺槐胸径和树高分别为 0.36、1907 株/hm^2、7.3cm 和 6.9m。通过对阳坡与阴坡以上指标进行对比，仅郁闭度大小具有显著性差异（表2-11）。刺槐平均胸径和树高均与刺槐林密度呈显著负相关关系（图2-12）。阳坡林下植被的物种数量、Shannon-Wiener 指数、盖度和地上生物量分别为 22、1.46、13% 和 13g/m^2，阴坡以上指标的数值为 26、2.00、28% 和 34g/m^2，并且阳坡以上指标值均显著小于阴坡（$P<0.05$）（表2-11）。通过分析可知，刺槐林林下植被盖度和地上生物量均与刺槐林郁闭度呈显著负相关关系（图2-13）。在 15 个阳坡中，有 7 个坡面林下植被为狗尾草群落，狗尾草的重要值在这 7 个坡面中为 38.2% ~74.3%；其他坡面的植物群落有牻牛儿苗（1 个）、阿尔泰狗娃花（1 个）、长芒草（2 个）、糙隐子草（1 个）、赖草（2 个）和茭蒿（1 个）等群落。在赖草、牻牛儿苗、阿尔泰狗娃花和糙隐子草等群落中，狗尾草通常作为主要伴生种存在，重要值为 13.4% ~20.8%。扁核木、臭椿、杠柳和灌木铁线莲等灌木物种在坡面上偶尔出现，重要值为 0.2% ~2.8%。对于阴坡的林下植被而言，植物群落有长芒草（2 个）、墓头回（2 个）、糙隐子草（3 个）、赖草（3 个）、铁杆蒿（3 个）、蒙古蒿（1 个）和苦苣菜（1 个）等。长芒草在 15 个坡面中均有出现，重要值为 0.2% ~56.9% 且主要分布在 0~10%；铁杆蒿出现在 14 个坡面中，重要值为 0.2% ~31.1%；猪毛蒿、猪毛菜、山苦荬、牻牛儿苗、赖草、抱茎小苦荬、阿尔泰狗娃花和达乌里胡枝子等物种几乎出现在所有坡面上。扁核木、灌木铁线莲、蛇葡萄、小叶悬钩子和互叶醉鱼草等灌木物种在坡面出现较少，重要值为 0.1% ~2.8%。

表 2-11　刺槐林地林分及其林下植被特征

项目	指标	阳坡	阴坡
林分	胸径/cm	8.2±1.7a	7.3±1.5a
	树高/m	7.5±1.5a	6.9±1.0a
林分	密度/(株/hm²)	1960±896a	1907±488a
	郁闭度	0.56±0.06a	0.36±0.05b
林下植被	物种数	22±6a	26±4b
	Shannon-Wiener 指数	1.46±0.53a	2.00±0.45b
	盖度/%	13±11a	28±17b
	地上生物量/(g/m²)	13±10a	34±21b

注：同一行中的不同小写字母表示差异显著（$P<0.05$）。

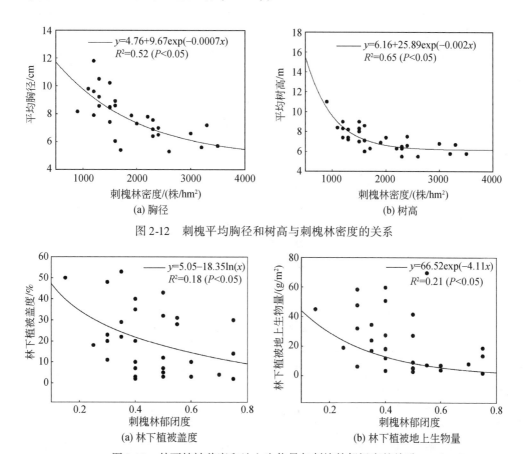

(a) 胸径　　　　　　　　　　(b) 树高

图 2-12　刺槐平均胸径和树高与刺槐林密度的关系

(a) 林下植被盖度　　　　　　(b) 林下植被地上生物量

图 2-13　林下植被盖度和地上生物量与刺槐林郁闭度的关系

2）山杏+刺槐疏林地

1999 年退耕后栽植的山杏+刺槐疏林地 1 和林地 2 的林分密度分别为 2100 株/hm² 和 1200 株/hm²。林分密度较大的林地 1 的林分郁闭度、树高、林下植被 Shannon-Wiener 指数和盖度分别为 0.21、2.0m、2.37 和 30%；林分密度较小的林地 2 的林分郁闭度、树高、林下植被 Shannon-Wiener 指数和盖度分别为 0.12、2.6m、2.53 和 24%。其中，林地 1 和林地 2 间的郁闭度和树高均存在显著差异（*P*<0.05）。林地 1 和林地 2 林下植被物种数量分别为 20 和 29，植物群落分别为白羊草+中华隐子草群落和铁杆蒿群落。如图 2-14 所示，山杏+刺槐疏林地林分郁闭度在退耕后恢复 17 年显著大于退耕后恢复 8 年。林下植被盖度在退耕后恢复 17 年显著小于退耕 8 年；但在退耕后恢复 8～17 年，林下植被盖度呈波动变化（图 2-15）。在退耕后恢复 8～17 年，物种数量和 Shannon-Wiener 指数呈波动变化。在林地 1 中，随退耕后恢复年限增加，物种数量和 Shannon-Wiener 指数均呈先增大再减小的趋势，并且退耕后恢复年限与物种数量和 Shannon-Wiener 指数间均呈显著负相关关系；对于林分密度较小的林地 2 而言，物种数量和 Shannon-Wiener 指数与退耕后恢复年限间并不存在显著相关关系（*r* 为–0.48 和 0.277，*P*>0.05）（图 2-16）。在退耕后恢复 8～17 年，林下植被均由演替前期植物群落发展到演替中后期群落，其中，林地 1 由阿尔泰狗娃花群落发展到白羊草+中华隐子草群落，林地 2 由猪毛蒿群落发展到铁杆蒿群落。物种重要值在年际间存在波动现象，在林地 1 中，阿尔泰狗娃花、茵蒿、达乌里胡枝子、长芒草、白羊草、铁杆蒿和中华隐子草曾依次作为重要值最大的物种出现；在林地 2 中，猪毛蒿、达乌里胡枝子、长芒草和铁杆蒿依次成为重要值最大的物种。

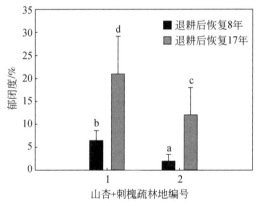

图 2-14 退耕后恢复 8 年与 17 年山杏+刺槐疏林地林分郁闭度

不同的小写字母表示不同样地间郁闭度在 0.05 水平上存在显著性差异

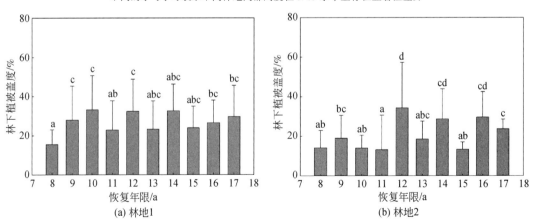

图 2-15 退耕后恢复 8～17 年山杏+刺槐疏林地林下植被盖度

不同的小写字母表示不同年际间林下植被盖度在 0.05 水平上存在显著性差异

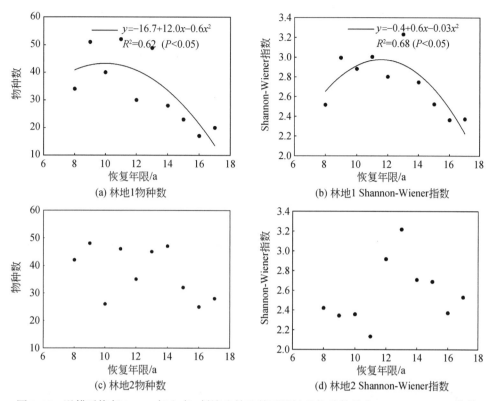

图 2-16 退耕后恢复 8～17 年山杏+刺槐疏林地林下植被的物种数量和 Shannon-Wiener 指数

2.1.3 不同植物群落的恢复力评价

退耕坡面植被与土壤所受到的扰动主要来源于两部分,即退耕前的开垦与长期耕作和退耕后的人工林营造。退耕前,坡面在开垦与长期耕作的扰动下,原生植被彻底破坏,其生产力和调节气候的能力下降,水土保持功能低下;土壤结构破坏和侵蚀严重,土壤作为营养库与雨水涵养库及稳定和缓冲环境变化的功能降低。退耕后,由于人工林的营造,林下植被恢复受限,导致群落稳定性、多样性和生产力等低下,植被水土保持功能较弱;土壤水分过度消耗,土壤干燥化现象普遍存在。针对以上出现的生态环境问题,可归纳为植被恢复演替进程、植被防治土壤侵蚀的能力、土壤结构稳定性、土壤养分供应能力和土壤水分供应能力 5 个方面的内容。因此,可分别从这 5 个方面进行植被与土壤恢复力替代指标的筛选及恢复力评价。通过文献分析,群落演替度、植被盖度、土壤有机质含量、土壤水稳性团聚体含量和深层土壤含水量分别在以上 5 个方面相关文献中使用频率最高;植物群落演替度、植被盖度、土壤有机质含量和土壤水稳性团聚体含量分别与植被和土壤恢复的时间规律呈正反馈效应,而深层土壤含水量与植被和土壤恢复的时间规律呈负反馈效应;这些指标分别与检索到的相关指标间存在显著相关性,可在一定程度上代替其他指标。因此,群落演替度、植被盖度、土壤有机质含量、土壤水稳性团聚体含量和深层土壤含水量可作为植被与土壤恢复力评价的替代指标。通过对 744 个样地相关数据的分析,群落演替度、植被盖度、土壤有机质含量和土壤水稳性团聚体含量随恢复时间的增加均呈不断增大趋势，最小和最大临界值均位于退耕起始状态（坡耕地）与最终稳定状态（天然荒坡）。群落演替度最小和最大临界值分别为 0 和 1.3；植被盖度最小和最大临界值分别为 0 和 78%；土壤有机质含量最小和最大临界值分别为 7.5g/kg 和 23.9g/kg；土壤大于 0.25mm 水稳性团聚体含量最小和最大临界值分别为 24.8% 和 69.6%。土壤水分供应能力在无退化现象的情况下，深层土壤含水量最小临界值为稳定持水量（9.4%），最大临界值为田间持水量（15.7%）；当深层土壤含水量低于稳定持水量时，土壤出现干层，土壤水分供应能力处于退化状态。

植被恢复演替进程或植被防治土壤侵蚀能力的恢复力指数计算公式（Lloret et al.，2011）为

$$RI = V_x / V_{max} \tag{2-1}$$

式中，RI 为恢复力指数；V_x 为植被恢复演替进程或植被防治土壤侵蚀能力的替代指标（演替度或盖度）的测量值；V_{max} 为植被恢复演替进程或植被防治土壤侵蚀能力的恢复力替代指标的最大临界值。RI 的取值范围为 [0，1]，恢复力指数为 1 时，恢复力最大。

选用 Seybold 等（1999）与 De Moraes Sa 等（2014）研究中的计算公式进行土壤恢复力指数计算，计算公式为

$$RI' = (S_x - S_{min}) / (S_{max} - S_{min}) \tag{2-2}$$

式中，RI′为恢复力指数；S_x 为土壤结构稳定性或养分供应能力恢复力替代指标（水稳性团聚体含量或土壤有机质含量）的测量值；S_{min} 为土壤结构稳定性或养分供应能力恢复力替代指标的最小临界值；S_{max} 为土壤结构稳定性或养分供应能力恢复力替代指标的最大临界值，通常为系统在稳定状态的测量值。RI′的取值范围为 [0，1]，恢复力指数为 1 时，恢复力最大。

对于土壤水分供应能力（替代指标为深层土壤含水量）恢复力指数的计算，需要根据实际情况进行分段计算。本书中，研究区土壤含水量一般的取值范围为萎蔫系数到田间持水量，其中，土壤田间持水量为土壤含水量的最大临界值；土壤水分供应能力未出现退化现象的最小临界值为稳定持水量；当土壤含水量小于稳定持水量时，土壤水分供应能力处于退化状态。结合土壤恢复力的计算方法（Seybold et al.，1999；De Moraes Sa et al.，2014），土壤水分供应能力恢复力指数计算公式如下。

$$RI'' = (S_w - S_a) / (S_s - S_a) \qquad S_w > S_a \tag{2-3}$$
$$RI'' = (S_w - S_a) / (S_a - S_c) \qquad S_a \geq S_w > S_c$$

式中，RI″为土壤水分供应能力的恢复力指数；S_w 为土壤水分供应能力替代指标（深层土壤含水量）的测定值；S_s 为田间持水量；S_a 为稳定持水量；S_c 为萎蔫系数。本书中，萎蔫系数为 5%；田间持水量为 15.7%；土壤稳定持水量一般为田间持水量的 60%（张晨成等，2012；王云强，2010），即 9.4%。RI″的取值范围为 [-1，1]，当深层土壤含水量为田间持水量时，RI″为 1，恢复力最大；当深层土壤含水量为稳定持水量时，RI″为 0 时，恢复力最小；当深层土壤含水量为萎蔫系数时，RI″为 -1，土壤水分供应能力处于严重的退化状态。

1. 植被恢复演替进程的恢复力

本书中，所有研究样地植被恢复演替进程的恢复力指数为 0.00 ~ 0.11，在 [0，1]

的取值区间中，恢复力指数均偏小。如图2-17所示，1999年退耕后的撂荒地、刺槐林地和山杏+刺槐疏林地植被恢复演替进程的平均恢复力指数分别为0.06、0.03和0.06，1982年退耕后的刺槐林地和柠条锦鸡儿林地分别为0.06和0.04。其中，1999年退耕后的撂荒地与刺槐林地间存在显著差异，而二者与其他坡面间均不存在显著差异；1999年退耕后的山杏+刺槐疏林地、1982年退耕后的刺槐林地及柠条锦鸡儿林地之间不存在显著差异。

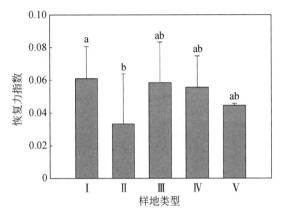

图2-17　不同退耕坡面的植被恢复演替进程恢复力指数

不同的小写字母表示不同样地类型间在0.05水平上存在显著性差异。Ⅰ、Ⅱ和Ⅲ分别代表1999年
退耕后的撂荒地、刺槐林地和山杏+刺槐疏林地，Ⅳ和Ⅴ分别代表1982年退耕后的刺槐林地和柠条锦鸡儿林地

如图2-18所示，随退耕年限增加，退耕后8~17年的山杏+刺槐疏林地、退耕后25~34年的刺槐林地和退耕后25~34年的柠条锦鸡儿林地植被恢复演替进程的恢复力指数均呈波动状态，分别为0.02~0.06、0.01~0.07和0.02~0.08。退耕后8~17年的山杏+刺槐疏林地植被恢复演替进程的恢复力指数与退耕后恢复年限间呈显著正相关关系；退耕后25~34年的刺槐林地和退耕后25~34年的柠条锦鸡儿林地植被恢复演替进程的恢复力指数与其退耕后恢复年限间不存在显著相关关系（$P>0.05$）。

2. 植被防治土壤侵蚀能力的恢复力

如图2-19所示，1999年退耕后的撂荒地、刺槐林地和山杏+刺槐疏林地植被防治土壤侵蚀能力的恢复力指数分别为0.44、0.26和0.36，其中，1999年退耕后的撂荒地与刺槐林地间存在显著的差异，1999年退耕后的山杏+刺槐疏林地与以上坡面均不存在显著差

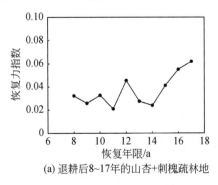

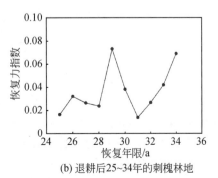

(a) 退耕后8~17年的山杏+刺槐疏林地　　　　　(b) 退耕后25~34年的刺槐林地

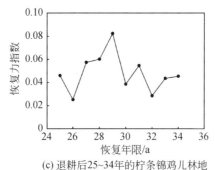

(c) 退耕后25~34年的柠条锦鸡儿林地

图2-18　不同退耕后恢复年限的植被恢复演替进程恢复力指数

异；1982年退耕后的刺槐林地和柠条锦鸡儿林地的植被防治土壤侵蚀能力恢复力指数分别为0.65和0.48，1982年退耕后的刺槐林地恢复力指数显著大于1999年退耕后的刺槐林地与1982年退耕后的柠条锦鸡儿林地。

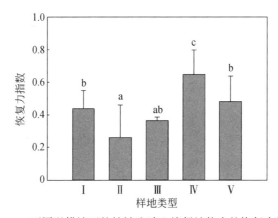

图2-19　不同退耕坡面的植被防治土壤侵蚀能力的恢复力指数

不同的小写字母表示不同样地类型间在0.05水平上存在显著性差异。Ⅰ、Ⅱ和Ⅲ分别代表1999年退耕后的撂荒地、刺槐林地和山杏+刺槐疏林地，Ⅳ和Ⅴ分别代表1982年退耕后的林地刺槐林地和柠条锦鸡儿林地

退耕后8~17年的山杏+刺槐疏林地、退耕后25~34年的刺槐林地与柠条锦鸡儿林地的植被防治土壤侵蚀能力恢复力指数呈明显的波动变化（图2-20）；山杏+刺槐疏林地的植被防治土壤侵蚀能力恢复力指数在8~17年为0.20~0.46，刺槐林地和柠条锦鸡儿林地的植被防治土壤侵蚀能力恢复力指数在25~34年分别为0.20~0.99和0.34~0.72。以上3种类型坡面植被防治土壤侵蚀能力的恢复力指数与退耕后恢复年限间均不存在显著相关关系。

3. 土壤养分供应能力的恢复力

如图2-21所示，1999年退耕后的撂荒地、刺槐林地和山杏+刺槐疏林地的土壤养分供应能力恢复力指数分别为-0.02、0.02和0.01，即土壤养分供应能力依然处于最小临界状态；1982年退耕后的刺槐林地和柠条锦鸡儿林地的土壤养分供应能力恢复力指数分别为0.37和0.40。1999年退耕后的不同植被类型的坡面间不存在显著差异；1982年退耕后的

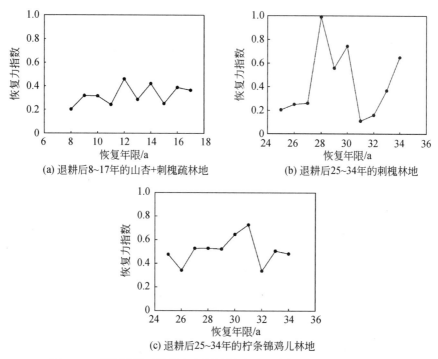

图 2-20 不同退耕后恢复年限的植被防治土壤侵蚀能力恢复力指数

坡面间也不存在显著差异；1999 年退耕后的坡面土壤养分供应能力恢复力指数显著小于 1982 年退耕后的坡面。

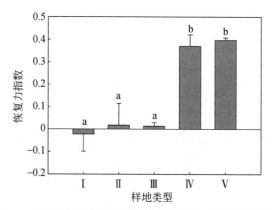

图 2-21 不同退耕坡面的土壤养分供应能力的恢复力指数

不同的小写字母表示不同样地类型间在 0.05 水平上存在显著性差异。Ⅰ、Ⅱ和Ⅲ分别代表 1999 年退耕后的撂荒地、刺槐林地和山杏+刺槐疏林地，Ⅳ和Ⅴ分别代表 1982 年退耕后的刺槐林地和柠条锦鸡儿林地

通过对比退耕后 8 年与退耕后 17 年间的山杏+刺槐疏林地、退耕后 25 年与退耕后 34 年间的刺槐林地与柠条锦鸡儿林地的土壤养分供应能力恢复力指数可知，随着退耕后恢复年限增加，刺槐林地土壤养分供应能力的恢复力指数显著增加，山杏+刺槐疏林地和柠条锦鸡儿林地土壤养分供应能力的恢复力指数无显著变化（图 2-22）。

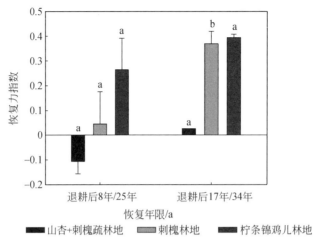

图 2-22 不同退耕年限的土壤养分供应能力恢复力指数
同一色柱上的不同的小写字母表示不同退耕后恢复年限间在 0.05 水平上存在显著性差异

4. 土壤结构稳定性的恢复力

如图 2-23 所示，1999 年退耕后的撂荒地、刺槐林地和山杏+刺槐疏林地及 1982 年退耕后的刺槐林地和柠条锦鸡儿林地的土壤结构稳定性恢复力指数分别为 0.44、0.24 和 0.56 及 0.59 和 0.72。其中，1999 年退耕后的刺槐林地土壤结构稳定性恢复力指数显著小于同年退耕的撂荒地和山杏+刺槐疏林地；1982 年退耕后的刺槐林地显著大于 1999 年退耕后的刺槐林地；1982 年退耕后的刺槐林地与柠条锦鸡儿林地间不存在显著差异。

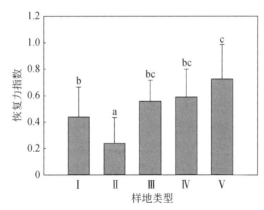

图 2-23 不同退耕坡面的土壤结构稳定性的恢复力指数
不同的小写字母表示不同样地类型间在 0.05 水平上存在显著性差异。Ⅰ、Ⅱ 和 Ⅲ 分别代表 1999 年退耕后的
撂荒地、刺槐林地和山杏+刺槐疏林地，Ⅳ 和 Ⅴ 分别代表 1982 年退耕后的刺槐林地和柠条锦鸡儿林地

退耕后 8 年与退耕后 17 年间山杏+刺槐疏林地的恢复力指数不存在显著差异；退耕后 25 年与退耕后 34 年间刺槐林地和柠条锦鸡儿林地也不存在显著差异（图 2-24）。

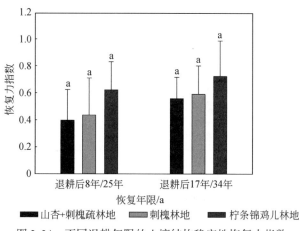

图 2-24　不同退耕年限的土壤结构稳定性恢复力指数

同一色柱上的相同的小写字母表示相同退耕后恢复年限间在 0.05 水平上不存在显著性差异

5. 土壤水分供应能力的恢复力

如图 2-25 所示，1999 年退耕后的撂荒地、刺槐林地和山杏+刺槐疏林地及 1982 年退耕后的刺槐林地和柠条锦鸡儿林地的土壤水分供应能力恢复力指数分别为 0.45、−0.50 和 −0.42 及 −0.89 和 −0.49。1999 年退耕后的撂荒地恢复力指数为正值，未出现退化现象；1999 年退耕后的刺槐林地和山杏+刺槐疏林地与 1982 年退耕后的刺槐林地和柠条锦鸡儿林地的恢复力指数为负值，即土壤水分供应能力处于退化状态。其中，1999 年退耕后的撂荒地的恢复力指数显著大于同年退耕的刺槐林地和山杏+刺槐疏林地，而刺槐林地与山杏+刺槐疏林地间的恢复力指数不存在显著差异。

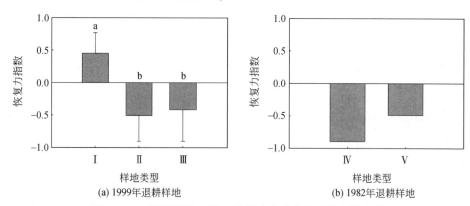

图 2-25　不同退耕坡面的土壤供应水分能力的恢复力指数

不同的小写字母表示不同样地类型间在 0.05 水平上存在显著性差异。Ⅰ、Ⅱ和Ⅲ分别代表 1999 年退耕后的撂荒地、刺槐林地和山杏+刺槐疏林地，Ⅳ和Ⅴ分别代表 1982 年退耕后的刺槐林地和柠条锦鸡儿林地

通过对比山杏+刺槐疏林地在退耕后 8 年与退耕后 17 年时的土壤水分供应能力恢复力指数可知，随着退耕年限增加，恢复力指数显著减小，土壤水分供应能力的退化现象从无发展到有（图 2-26）。刺槐林地与柠条锦鸡儿林地在退耕后 25 年与退耕后 34 年的土壤水分供应能力恢复力指数均为负值，即土壤水分供应能力处于退化状态且未得到恢复。

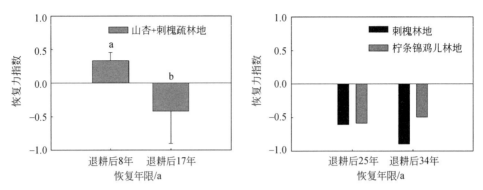

图 2-26　不同退耕后恢复年限的土壤供应水分能力的恢复力指数

同一色柱上的不同的小写字母表示不同退耕后恢复年限间在 0.05 水平上存在显著性差异

6. 植被与土壤恢复力的"短板"

如图 2-27 所示，1999 年退耕后的撂荒地的植被恢复演替进程和土壤养分供应能力的恢复力指数显著小于植被防治土壤侵蚀的能力、土壤结构稳定性和土壤水分供应能力 3 个方面的恢复力指数；1999 年退耕后的刺槐林地和山杏+刺槐疏林地的 5 个方面恢复力指数从小到大依次是土壤水分供应能力、植被恢复演替进程与土壤养分供应能力、植被防治土壤侵蚀的能力与土壤结构稳定性。根据木桶定律，构成植被与土壤恢复力评价的 5 个方面的恢复力优劣不齐，而劣势部分往往决定着植被与土壤整体恢复力的水平，是限制植被与土壤整体恢复力发展的主要因素。结合以上研究结果可知，1999 年退耕后的撂荒地植被与土壤恢复力发展的"短板"为植被恢复演替进程和土壤养分供应能力；1999 年退耕后的刺槐林地和山杏+刺槐疏林地植被与土壤恢复力发展的"短板"为土壤水分供应能力，其次是植被恢复演替进程与土壤养分供应能力。

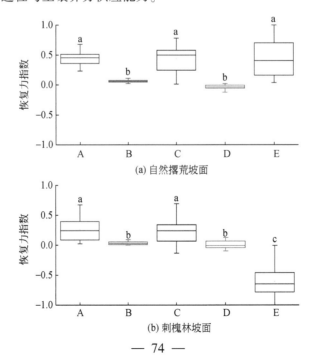

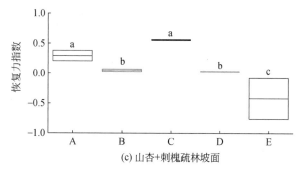

(c) 山杏+刺槐疏林坡面

图2-27 退耕坡面植被与土壤的恢复力指数的对比
不同的小写字母表示不同方面在0.05水平上存在显著性差异。A、B、C、D和E分别表示植被防治土壤侵蚀的能力、植被恢复演替进程、土壤结构稳定性、土壤养分供应能力和土壤水分供应能力

对于1982年退耕后的刺槐林地和柠条锦鸡儿林地而言，植被防治土壤侵蚀的能力、土壤结构稳定性和土壤养分供应能力的恢复力指数取值范围为0.37~0.72；而植被恢复演替进程和土壤水分供应能力的恢复力指数分别为0.04~0.06、-0.89~0.49，分别处于最小临界状态水平和退化水平，明显低于其他方面恢复力指数（图2-28）。因此，1982年退耕后的刺槐林地和柠条锦鸡儿林地植被与土壤恢复力发展的"短板"为土壤水分供应能力和植被恢复演替进程。

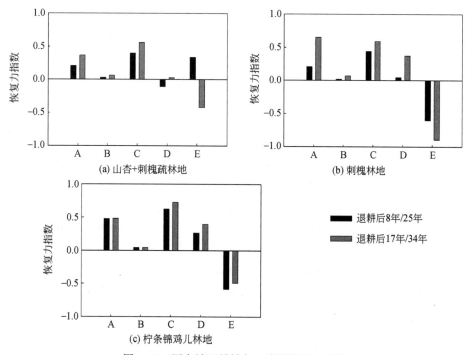

(a) 山杏+刺槐疏林地

(b) 刺槐林地

退耕后8年/25年
退耕后17年/34年

(c) 柠条锦鸡儿林地

图2-28 固定坡面植被与土壤的恢复力指数
A、B、C、D和E分别表示植被防治土壤侵蚀的能力、植被恢复演替进程、土壤结构稳定性、土壤养分供应能力和土壤水分供应能力

通过比较退耕后8年与退耕后17年间山杏+刺槐疏林地和退耕后25年与退耕后34

年间刺槐林地与柠条锦鸡儿林地的恢复力指数可知，随着时间推移，山杏+刺槐疏林地和刺槐林地植被与土壤恢复力发展的"短板"发生改变。例如，山杏+刺槐疏林地的土壤水分供应能力由退耕后 8 年时的非"短板"转变成退耕后 17 年时的"短板"；刺槐林地的土壤养分供应能力由退耕后 25 年时的"短板"转变成为退耕后 34 年时的非"短板"（图 2-28）。

2.1.4 植物群落的稳定性与健康评价

在位于陕北典型黄土丘陵沟壑区的安塞县选择纸坊沟和大南沟 2 个典型小流域，根据不同植被类型在各种立地环境中的分布，结合植被演替规律，兼顾不同群丛在小流域中的数量与面积分布，选择猪毛蒿群落、长芒草与达乌里胡枝子群落、白羊草群落、茭蒿群落、铁杆蒿群落、草木樨状黄耆群落、硬质早熟禾群落、白刺花群落、水枸子群落和杠柳群落共 10 个群落中的 40 个典型样地，于 2009 年 9 月和 2010 年 9 月进行植被及立地环境调查；其中 26 个典型样地在纸坊沟小流域，14 个典型样地位于大南沟小流域，这些典型样地约占流域自然恢复植被总数的三分之一，且基本涵盖了群系分布的主要立地环境。同时，通过对课题组 2003 年和 2005 年调查样地资料的分析，选取初次调查时为猪毛蒿、长芒草、达乌里胡枝子、白羊草、铁杆蒿、茭蒿、白刺花和黄刺玫群落等处于不同演替阶段的样地，共 17 个，于 2010 年再次进行植被调查。在以上植被调查的基础上，采用改进的 M. Godron 稳定性测定方法，以及历史样地重复调查资料对群落稳定性进行评价；采用 CVOR 指数模型法对群落健康状况进行评价。

改进的 M. Godron 稳定性测定方法，是利用种类百分数和累计相对频度绘制散点图，并进行拟合，计算其与直线 $y = 100 - x$ 的交点，将交点值与（20，80）相比较，如果交点坐标在（20，80）附近，或者在（20，80）与（30，70）之间，则认为群落稳定（郑元润，2000）。

任继周等（2000）提出的 CVOR 综合指数，将反映植物–土壤–大气界面过程的基况（condition）指标加入评价系统，用来表示影响草原生态系统结构和功能的大气、土壤和气候因子的综合。在本书中，退耕前流域垦殖指数很高，几乎找不到没有被干扰过的自然生态系统，选择在研究范围内植被恢复最好且演替程度最高的水枸子群落作为参照系统。同时，鉴于参照系统选择对健康评价的影响至关重要，在选择演替程度最高的群落作为参照系统的同时选择自然演替进展顺利的群落作为辅助参照系统，2010 年对 2005 年样地进行再次调查时发现，2005 年处于铁杆蒿群落演替后期已发展成为紫丁香+铁杆蒿群落，其顺利地实现了从多年生草本、半灌木群丛向灌木群丛的转变，发展状况良好，因此，将2010 年调查的紫丁香+铁杆蒿群落作为辅助参照系统。CVOR 综合指数模型的具体表现形式为

$$CVOR = W_C \times C + W_V \times V + W_O \times O + W_R \times R \tag{2-4}$$

$$W_C + W_V + W_O + W_R = 1 \tag{2-5}$$

式中，C 为基况（condition），V 为活力（vigor），O 为组织力（organization），R 为恢复力（resilience）；W_C、W_V、W_O 和 W_R 分别为相应的权重系数；其中，C、V、O 和 R 的计算公式分别为

$$C = \frac{P_x}{P_{ck}} \tag{2-6}$$

$$V = \frac{B_x}{B_{ck}} \tag{2-7}$$

$$O = \frac{1}{3}\left(\frac{C_x}{C_{ck}} + \frac{H'_x}{H'_{ck}} + \frac{H_x}{H_{ck}} \right) \tag{2-8}$$

$$R = \frac{S_x}{S_{ck}} \tag{2-9}$$

$$S_x = \frac{\sum_{i=1}^{n}(L_i I_i) \times V}{P} \tag{2-10}$$

式中，P_x 为调查年的降水量；P_{ck} 为研究区多年平均降水量；C 取值 [0，1]，如果 $C>1$，则取 $C=1$；B_x 为评价对象的地上生物量；B_{ck} 为参照系统的地上生物量；V 取值 [0，1]，如果 $V>1$，则取 $O=1$；C_x、H'_x 和 H_x 分别为评价对象的群落盖度、物种多样性指数和群落高度，C_{ck}、H'_{ck} 和 H_{ck} 分别为参照系统的群落盖度、物种多样性指数和群落高度；O 取值 [0，1]，如果 $O>1$，则取 $O=1$；S_x、S_{ck} 分别为评价对象、参照系统的群落结构恢复能力；L_i 为物种 i 的寿命，I_i 为物种 i 的相对生物量；P 为物种数，$\sum_{i=1}^{n}(L_i I_i) \times F/P$ 表征着群落结构的恢复能力；F 为相对盖度，反映的是生产力的恢复水平；R 取值 [0，1]，如果 $R>1$，则取 $R=1$。

本书取样背景清晰，取 $W_C = W_V = W_O = W_R = 1/4$；健康指数 CVOR 取值 [0，1]，如若 CVOR=1，则草地为最健康状况，若 CVOR=0，则草地处于最不健康的崩溃状态。关于系统健康状况的界定，参照美国农业部自然资源保护局关于草地健康状况等级的划分标准，共划分为健康、亚健康、警戒、不健康和崩溃 5 个等级（表 2-12），对应 5 个健康阈水平（Pellant et al.，2005）。

表 2-12 健康评价状况

健康指数	健康状况
[0，0.2)	崩溃
[0.2，0.4)	不健康
[0.4，0.6)	警戒
[0.6，0.8)	亚健康
[0.8，1]	健康

1. 植物群落的稳定性

1) M. Godron 稳定性测定结果

运用 M. Godron 稳定性测定方法分析不同群落的 40 个典型样地的稳定性，结果发现，大南沟小流域和纸坊沟小流域中猪毛蒿群落的交点坐标分别为（35，65）、（38，62）、（37，63）和（35，65），均在（30，70）之外，与（20，80）这一稳定点相差较远 [图 2-29（a）和图 2-29（d）]；两个流域中长芒草群落的交点坐标分别为（42，58）、（42，58）、（34，

66）和（37，62）［图2-29（b）和图2-29（e）］，基本在（40，60）附近，而与（20，80）稳定点相差甚远；大南沟小流域白羊草群落的交点坐标分别为（45，56）和（46，54），均在（45，55）附近［图2-29（c）］；纸坊沟小流域白羊草群落的交点坐标分别为（36，64）、（35，65）和（36，64），在（35，65）左右［图2-29（f）］；大南沟小流域茭蒿群落的交点坐标为（40，60）［图2-29（g）］；纸坊沟小流域中茭蒿群落的交点坐标分别为（38，62）、（42，59）、（37，63）、（36，63）、（36，64）、（36，64）、（38，62），在（35，65）到（40，60）之间［图2-29（j）］；大南沟小流域铁杆蒿群落的交点坐标分别为（44，56）、（45，54）、（44，56）、（41，59）和（43，57），在（45，55）左右［图2-29（h）］；纸坊沟小流域中铁杆蒿群落的交点坐标分别为（36，64）、（36，64）、（37，64）、（37，63）、（37，63）、（41，59）和（38，63），在（37，63）附近［图2-29（k）］；草木樨状黄耆群落的交点坐标为（47，53）［图2-29（i）］；硬质早熟禾群落的交点坐标为（44，59）［图2-29（l）］。

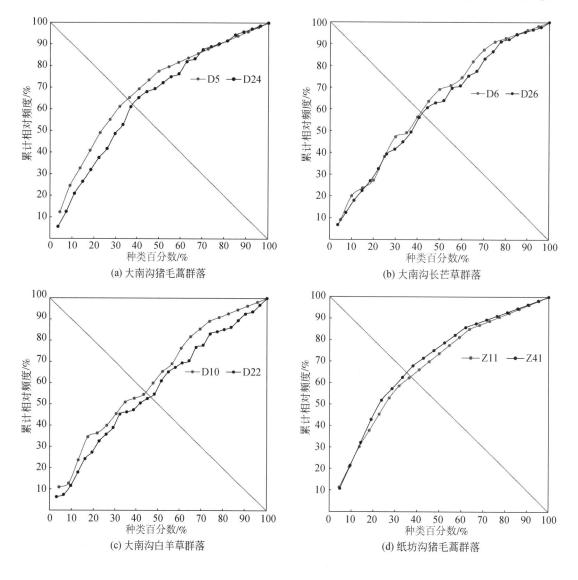

(a) 大南沟猪毛蒿群落 (b) 大南沟长芒草群落
(c) 大南沟白羊草群落 (d) 纸坊沟猪毛蒿群落

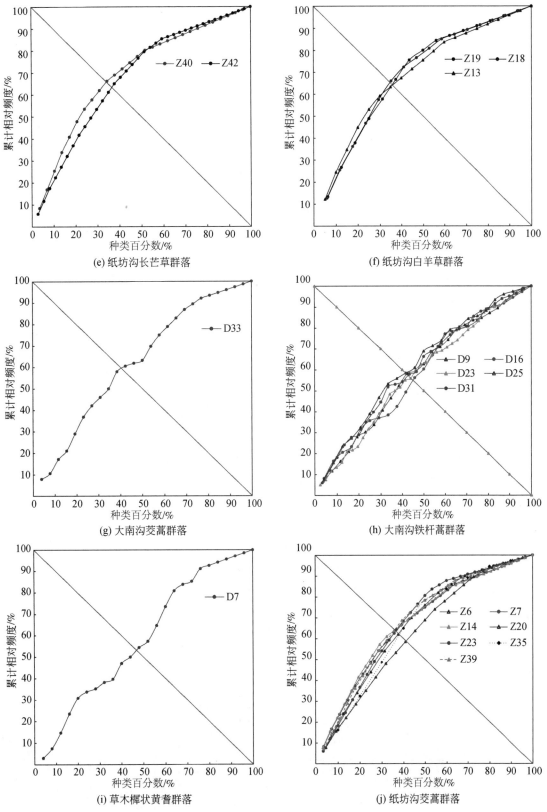

(e) 纸坊沟长芒草群落

(f) 纸坊沟白羊草群落

(g) 大南沟茭蒿群落

(h) 大南沟铁杆蒿群落

(i) 草木樨状黄耆群落

(j) 纸坊沟茭蒿群落

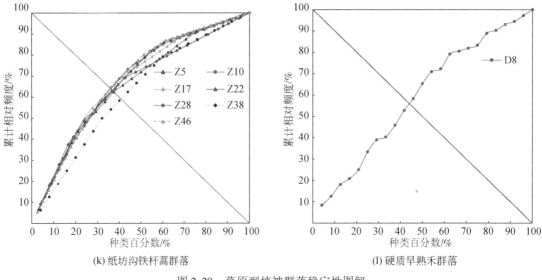

(k) 纸坊沟铁杆蒿群落　　　　　　(l) 硬质早熟禾群落

图 2-29　草原型植被群落稳定性图解

图例为样地号，下同

整体上，自然恢复草原型群落的交点坐标多在（40，60）左右徘徊，没有超过（30，70），均与稳定点（20，80）有一定差距。大南沟小流域和纸坊沟小流域的草原型植被均处于不稳定状态。

通过绘制白刺花群系、水枸子群系和杠柳群落种类百分数与累计相对频度曲线，评价各自然恢复灌丛的稳定性，发现白刺花群落的交点坐标分别为（37，63）和（39，62）［图 2-30（a）］，水枸子群落的交点坐标分别为（40，59）和（40，60）［图 2-30（b）］，杠柳群落的交点坐标为（41，58）［图 2-30（c）］，均与（20，80）稳定点不趋近，也没有超过（30，70）。因此，大南沟小流域和纸坊沟小流域的灌丛亦均处于不稳定状态。

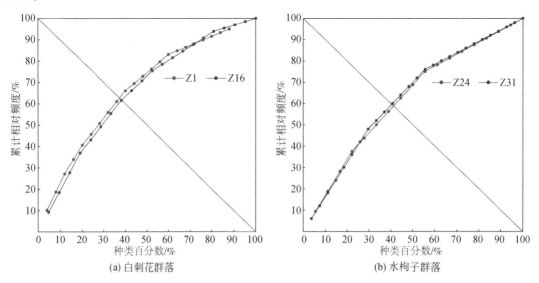

(a) 白刺花群落　　　　　　　　　　(b) 水枸子群落

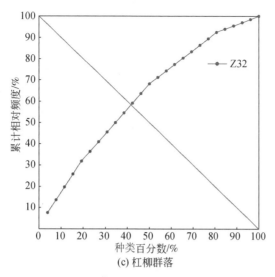

图 2-30　灌丛植被群落稳定性图解

综上发现，大南沟小流域和纸坊沟小流域的所有自然植被稳定性图解的交点坐标均不接近（20，80）这一稳定点，即大南沟小流域和纸坊沟小流域的所有自然植被均处于不稳定状态，这可能是因为这些群落尚处于演替过程中而未达到顶级群落。至于这些处于不同演替阶段的自然恢复植被的稳定性是否存在差别，有待进一步分析。

2）基于样地重复调查的稳定性评价

对永久样地的连续观测是评价群落稳定性最为理想和最常用的方法（Tilman and Downing，1994；Tilman，1996；Tilman et al.，2006）。然而，研究区植被恢复历史虽然较长，但有连续观测资料的却很少。根据所掌握资料的情况，本书拟通过对历史样地的再次调查，分析其群落和物种组成的变化，来评价处于不同演替阶段群落的稳定性。这样一来，貌似忽略了群落内部不同群丛间的差别，但是处于相同演替阶段的植物群落分布于相似的立地环境中；尽管相同的植物群落中不同的群丛在立地环境中的分布有所差异，但其趋势与不同演替阶段群落在立地环境中的分布规律是相似的。例如，演替早期群落多分布于沟间地中上部，茭蒿等演替后期群落多分布于沟谷地；在铁杆蒿群落内部，铁杆蒿+赖草群丛分布于沟间地上部，而铁杆蒿+茭蒿群丛则主要分布在沟谷地。同时，彭少麟等（1998）曾采用类似的方法对鼎湖山厚壳桂群落演替过程的稳定性进行评价。因此，通过对当初处于不同演替阶段的样地的再次调查，并结合样地的历史调查资料来评价群落的稳定性是基本可行的。

根据现有历史样地的调查资料，选取初次调查时为猪毛蒿、长芒草与达乌里胡枝子、白羊草、铁杆蒿与茭蒿、白刺花、黄刺玫群落，处于不同演替阶段的样地，共 17 个，再次进行植被调查（表 2-13）。

表 2-13 2003 年、2005 年和 2010 年调查样地情况

首次调查群落类型	调查年份	样地号	群落类型	群落主要物种（盖度/%）
猪毛蒿	2003	AS09	猪毛蒿	猪毛蒿（25）
	2010	Z49	长芒草	长芒草（8）二裂委陵菜（5）狗尾草（2）猪毛蒿（2）
	2005	Ⅱ-10	猪毛蒿	猪毛蒿（25）
	2010	Z37	猪毛蒿+狗尾草	猪毛蒿（6）狗尾草（11）白羊草（2）长芒草（2）
	2005	Ⅳ-4	猪毛蒿	猪毛蒿（19）白羊草（2）阿尔泰狗娃花（2）
	2010	Z43	长芒草+达乌里胡枝子	长芒草（9）达乌里胡枝子（3）猪毛菜（2）猪毛蒿（2）阿尔泰狗娃花（2）
	2005	Ⅴ-11	猪毛蒿	猪毛蒿（18）铁杆蒿（3）二裂委陵菜（3）
	2010	Z33	铁杆蒿+达乌里胡枝子	铁杆蒿（18）达乌里胡枝子（2）甘草（2）
长芒草与达乌里胡枝子	2003	AS06	长芒草+达乌里胡枝子	长芒草（25）达乌里胡枝子（20）猪毛蒿（5）
	2010	Z52	长芒草+达乌里胡枝子	长芒草（20）达乌里胡枝子（4）铁杆蒿（3）
	2005	Ⅰ-14	长芒草	长芒草（25）阿尔泰狗娃花（4）猪毛蒿（3）铁杆蒿（2）
	2010	Z55	铁杆蒿+长芒草	铁杆蒿（11）长芒草（11）达乌里胡枝子（8）
白羊草	2005	Ⅱ-12	白羊草	白羊草（54）达乌里胡枝子（5）
	2010	Z36	白羊草+铁杆蒿	白羊草（23）铁杆蒿（5）达乌里胡枝子（5）长芒草（4）
	2003	AS04	白羊草	白羊草（50）铁杆蒿（15）茭蒿（5）达乌里胡枝子（5）
	2010	Z51	白羊草	白羊草（36）铁杆蒿（7）长芒草（4）达乌里胡枝子（3）
	2005	Ⅳ-5	白羊草	白羊草（24）长芒草（7）茭蒿（2）
	2010	Z45	白羊草	白羊草（33）达乌里胡枝子（4）茭蒿（2）
铁杆蒿与茭蒿	2003	AS08	铁杆蒿+茭蒿	铁杆蒿（25）茭蒿（5）猪毛蒿（3）二裂委陵菜（3）
	2010	Z50	铁杆蒿+茭蒿	铁杆蒿（25）茭蒿（20）
	2005	Ⅰ-15	铁杆蒿	铁杆蒿（17）长芒草（8）互叶醉鱼草（6）达乌里胡枝子（2）
	2010	Z54	铁杆蒿	铁杆蒿（18）达乌里胡枝子（3）长芒草（1）
	2005	Ⅴ-7	铁杆蒿	铁杆蒿（10）猪毛蒿（5）菊叶委陵菜（3）长芒草（2）茭蒿（1）

续表

首次调查群落类型	调查年份	样地号	群落类型	群落主要物种（盖度/%）
铁杆蒿与茭蒿	2010	Z47	铁杆蒿	铁杆蒿（19）茭蒿（5）长芒草（2）达乌里胡枝子（3）菊叶委陵菜（2）
	2005	V-6	铁杆蒿+茭蒿	铁杆蒿（26）茭蒿（18）长芒草（18）
	2010	Z48	铁杆蒿+茭蒿	铁杆蒿（22）茭蒿（12）达乌里胡枝子（7）长芒草（4）
	2005	I-13	铁杆蒿	铁杆蒿（12）茭蒿（13）紫丁香（4）
	2010	Z53	紫丁香+铁杆蒿+茭蒿	铁杆蒿（12）茭蒿（14）中华隐子草（6）紫丁香（6）
白刺花	2005	III-2	白刺花	白刺花（60）茭蒿（15）铁杆蒿（5）紫丁香（6）
	2010	Z16	白刺花	白刺花（65）茭蒿（24）
黄刺玫	2005	III-12	黄刺玫+水枸子	黄刺玫（25）水枸子（35）秦晋锦鸡儿（5）大披针薹草（6）
	2010	Z24	水枸子+黄刺玫+紫丁香	水枸子（70）黄刺玫（20）紫丁香（11）大披针薹草（15）
	2005	III-22	紫丁香+黄刺玫	紫丁香（50）黄刺玫（15）
	2010	Z31	黄刺玫+水枸子	水枸子（20）黄刺玫（20）

（1）猪毛蒿群落。在2003年调查时的典型猪毛蒿群落，共有猪毛蒿、小蓟、狗尾草、甘草、二裂委陵菜和达乌里胡枝子等8个物种，群落优势种为猪毛蒿，盖度25%，占总盖度的90%；虽有演替后期的达乌里胡枝子入侵，但群落的主要物种为演替早期物种。经过7年的演替，到2010年对该样地再次进行调查时，共发现25个物种，群落由2003年的典型猪毛蒿群落发展为长芒草群落，猪毛蒿、二裂委陵菜和狗尾草等以主要伴生种形式存在。2005年调查时的典型猪毛蒿群落，群落中猪毛蒿为优势种，群落盖度几乎全部由猪毛蒿构成，群落伴生种为狗尾草、拐轴鸦葱、阿尔泰狗娃花、小蓟和苦荬菜，同时也零星有铁杆蒿、达乌里胡枝子和长芒草等出现。2010年再次调查时，狗尾草和猪毛蒿为群落优势种，白羊草和长芒草开始具有一定的盖度，赖草、地锦草、香青兰、小蓟、角蒿和猪毛菜等早期物种仍然存在。处于猪毛蒿演替后期的群落，在2005年调查时，猪毛蒿为群落优势种，群落中主要伴生种有阿尔泰狗娃花、赖草、甘草、小蓟、香青兰、狗尾草、狭叶米口袋和二裂委陵菜等，尽管也有白羊草、铁杆蒿、达乌里胡枝子和长芒草等演替后期物种，但以一二年生物种居多。到2010年调查时，处于猪毛蒿演替中后期的群落已分别演替为长芒草+达乌里胡枝子群落和铁杆蒿+达乌里胡枝子群落，群落优势种为多年生草本和半灌木物种，群落物种数增加，群落伴生种除了甘草、小蓟、狗尾草、二裂委陵菜、香青兰、猪毛蒿、角蒿和狗尾草外，还有白头翁、硬质早熟禾、糙叶黄耆、墓头回、糙隐子草、野豌豆和虎榛子等出现。猪毛蒿群落在两次调查过程中，群落类型和组成结构都发生了很大的变化，演替初期的猪毛蒿群落逐步发展为演替中期的长芒草与达乌里胡枝子群

落，在不同演替阶段植被类型中是变化最大的，也是最不稳定的群落类型。

（2）长芒草与达乌里胡枝子群落。处于长芒草+达乌里胡枝子演替早期的群落，经过7年的变化在2010年调查时仍为长芒草与达乌里胡枝子群落，但群落组成结构发生了变化。2003年调查时，群落优势种为长芒草和达乌里胡枝子，主要伴生种有猪毛蒿、阿尔泰狗娃花、鹤虱、苦荬菜、紫花地丁、亚麻、糙叶黄耆和远志共8种。而到2010年再次调查时，长芒草和达乌里胡枝子虽均为群落优势种，但长芒草的盖度较达乌里胡枝子大，群落物种数增至23个；尽管赖草、狗尾草、阿尔泰狗娃花、猪毛蒿、猪毛菜、香青兰、角蒿和小蓟等演替早期物种仍以伴生种的形式出现在样地中，但2003年调查时的鹤虱和苦荬菜不再出现，且铁杆蒿等演替后期物种已开始入侵并在群落中形成一定的盖度。2005年调查时处于长芒草演替中期的群落，在2010年再次调查时已形成铁杆蒿+长芒草群落，群落盖度和物种数变化不大；2005年调查时群落盖度中只有优势种长芒草具有较大的盖度（25%），而在2010年群落中各物种盖度比较均衡。在物种组成方面，2005年群落的伴生种主要有阿尔泰狗娃花、猪毛蒿、铁杆蒿和菊叶委陵菜，在群落中出现的物种还有达乌里胡枝子、二裂委陵菜、赖草、牻牛儿苗、香青兰、唐松草、硬质早熟禾、二色棘豆和狗尾草等；在2010年调查时，狗尾草、赖草和牻牛儿苗没有出现，而是有糙叶黄耆、地梢瓜、裂叶堇菜、漏芦和野豌豆等出现。两次调查过程中，长芒草与达乌里胡枝子群落类型基本上没有发生变化，但在群落结构组分上发生了很大的变化；优势种开始有半灌木物种铁杆蒿入侵，伴生种由一二年生物种逐步转变为多年生物种；整体上较猪毛蒿群落稳定，但亦属于演替不同阶段群落中变化较大的群落类型。

（3）白羊草群落。在2005年调查时处于白羊草演替前期的群落，经过5年的演替到2010年调查时仍为白羊草群落；但开始有铁杆蒿入侵且具有一定的盖度，白羊草的相对盖度从当年的54%降至23%。在伴生种方面，2005年调查时出现的伴生种主要有达乌里胡枝子、长芒草、赖草、阿尔泰狗娃花、甘草和小蓟等；2010年调查时，小蓟和甘草仍有出现，但优势度明显下降，铁杆蒿、茭蒿、糙隐子草和糙叶黄耆等多年生物种所占比例逐渐上升。处于白羊草演替中期的群落在2003年调查时，群落盖度75%，白羊草优势明显，物种在群落中的优势度排序依次为白羊草、铁杆蒿、达乌里胡枝子、茭蒿和大针茅；到2010年调查时群落依然为白羊草为优势种的群落，主要的伴生种为铁杆蒿、达乌里胡枝子、长芒草和糙隐子草等20余种，白羊草优势度有所下降。在2005年调查时处于白羊草演替后期的群落在2010年调查时仍为白羊草群落，群落盖度增加，物种数增加，同时群落中小灌木杠柳占一定比例，长芒草、达乌里胡枝子、糙隐子草和中华隐子草以伴生种形式出现。总体来讲，白羊草群落的变化不大，第一次调查时为白羊草群落，到2010年再次调查时仍为白羊草群落，不同的是白羊草在群落中的优势度下降而群落的伴生种中多年生物种所占比例增加，和长芒草与达乌里胡枝子群落相比表现出较好的稳定性。

（4）铁杆蒿与茭蒿群落。2003年调查时属于铁杆蒿+茭蒿群落刚刚定植的样地，群落盖度41%，其中铁杆蒿盖度最大为25%，群落中出现的伴生种有茭蒿、糙隐子草、长芒草、阿尔泰狗娃花、达乌里胡枝子、野豌豆、糙叶黄耆、猪毛蒿、二裂委陵菜和桃叶鸦葱；2010年调查时，群落中共有27个物种，群落优势种为铁杆蒿和茭蒿，伴生种主要为达乌里胡枝子、阴行草、糙叶黄耆、中华隐子草、长芒草、大针茅、糙隐子草、硬质早熟禾和菊叶委陵菜等，演替早期的猪毛蒿、小蓟和二裂委陵菜等仅零星出现，群落盖度增至50%，生物结皮盖度超过90%。2005年处于铁杆蒿初期的群落在2010年调查时仍为铁杆蒿群落，但到2010年发展至中期，长芒草和达乌里胡枝子等2005年调查时的优势种到2010年再次调查时，其优势度明显下降；在2005年已处于其发展中期的群落变化不大；2005年调查时处于铁杆蒿演替后期的群落，当时已有灌木物种紫丁香等入侵，在2010年已初步形成灌木物种紫丁香、铁杆蒿和茭蒿共同组成的群落。在两次调查过程中，铁杆蒿群落类型虽然没有发生变化，但其群落内部的物种组成结构及不同物种在群落中的地位逐渐发生变化，但总体而言，属于相对稳定的群落类型。

（5）白刺花群落和黄刺玫群落。白刺花群落在两次调查过程中变化不大，群落优势种白刺花高度没有明显变化，冠幅增大比较明显；主要伴生种有茭蒿、铁杆蒿、紫丁香，变化不大。黄刺玫群落中水枸子的比例明显增加，紫丁香优势度下降；草本层基本没有变化，具有相当的稳定性。

综合比较各个群系从第一次调查到第二次调查期间的变化情况可以发现，首次调查时为猪毛蒿群落早期的样地，物种组成变化最大，群落类型已发生变化，是演替过程中发展最快的群落类型，也是最不稳定的群落类型；以长芒草和达乌里胡枝子为优势种的样地，在演替序列中属于演替中期群落，两次调查过程中群落类型和物种组成结构变化相对较小，稳定性次之；以白羊草、铁杆蒿和茭蒿等演替后期物种为优势种的样地变化不大，群落类型基本没有发生变化，稳定性较好；以灌木物种白刺花和黄刺玫等为优势种的群落变化更小，在群落组成和组成结构上基本没有变化，较其他各群落类型表现出相当的稳定性。

对比同一样地两次调查的物种多样性发现，Margalef 指数、Simpson 指数和 Shannon-Wiener 指数增大，而 Pielou 指数减小（图 2-31），这说明群落的物种多样性在增加，是群落物种丰富度增大的佐证。在群落类型间，猪毛蒿群落的变化较其他各群落类型大（图 2-32），这也说明其他群落较以猪毛蒿为优势种的群落稳定。

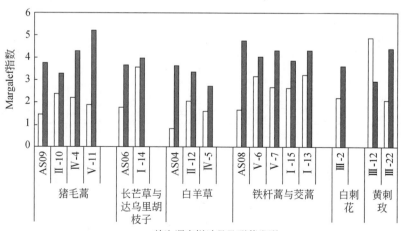

首次调查样地号及群落类型

(a) Margalef指数

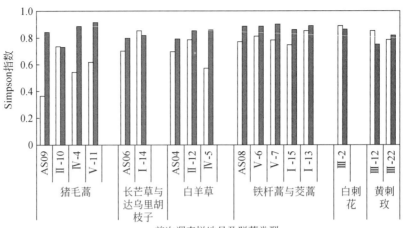

(b) Simpson指数

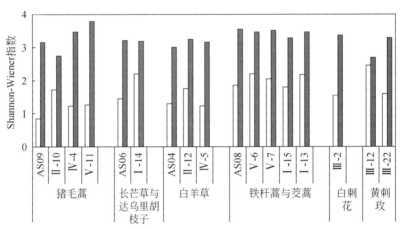

(c) Shannon-Wiener指数

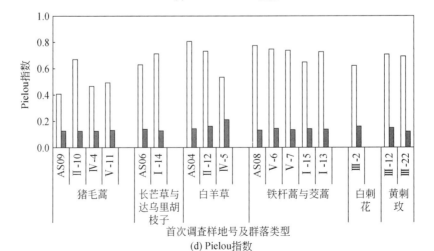

(d) Pielou指数

□ 首次调查　■ 再次调查

图2-31　两次调查的物种多样性

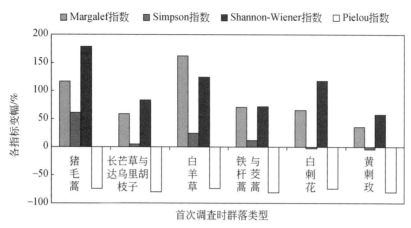

图 2-32　两次调查过程中物种多样性变幅

　　分别以物种多度、盖度和重要值为指标，计算同一样地两次调查数据间的 Bray Curits 指数（图 2-33），分析物种组成之间的差异，发现以盖度和重要值为指标计算的 Bray Curits 指数的变化趋势一致；以物种多度为指标计算的结果虽略有不同，但基本反映了相同的趋势。从第一次调查到第二次调查期间，猪毛蒿群落的 Bray Curits 指数均最小（多在 0.3 左右），表明期间猪毛蒿群落的物种组成变化最大；当植被演替至长芒草与达乌里胡枝子群落后，群落的物种组成变化逐渐变小；而灌木白刺花群落在两次调查过程中，以盖度和重要值表征的 Bray Curits 指数分别为 0.825 和 0.727，群落物种组成变化很小。也就是说植物群落越是演替进行到后期，群落的变化速率越小，演替速率越慢，群落相对而言越稳定。

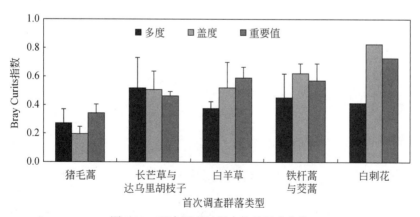

图 2-33　两次调查过程中物种组成变化

3）不同阶段植物群落的稳定性

　　刺槐林各阶段稳定性评价（表 2-14 和图 2-34）中的交点坐标均在（33, 65）左右。与稳定点（20, 80）距离越小说明群落越稳定，因此按稳定性由大到小排序依次为 20 ~ 30 年阶段、30 ~ 40 年阶段、10 ~ 20 年阶段、大于 40 阶段和 0 ~ 10 年阶段。刺槐林在 0 ~ 10 年阶段交点距稳定点距离约为 22.4，最不稳定，因为此时为刺槐栽种初期，存活率较低；20 ~ 30 年阶段距稳定点距离最小，约为 15.5，此阶段刺槐林群落最稳定，因为此时刺槐的生长达到成熟期，密度和郁闭度在此阶段达到最大值，刺槐林下草本在此阶段也相对较为稳定。在 30 年以后刺槐林的稳定性出现降低趋势，但变化不明显，说明刺槐林在 30 年以后出现老化现象，稳定性降低，但变化缓慢。

表 2-14　人工刺槐林群落稳定性分析结果（M. Godron 法）

年限/a	曲线方程	决定系数 R^2	交点坐标	与稳定点距离
0 ~ 10	$y = -1.9279 + 2.31545x - 0.0132x^2$	0.996	(35.9, 64.1)	22.4
10 ~ 20	$y = 9.0729 + 2.1393x - 0.012x^2$	0.978	(33.2, 66.8)	18.6
20 ~ 30	$y = 18.4736 + 2.032x - 0.0128x^2$	0.974	(30.9, 69.1)	15.5
30 ~ 40	$y = 9.8615 + 2.2086x - 0.0137x^2$	0.966	(32.6, 67.4)	17.9
>40	$y = 11.015 + 1.974x - 0.0112x^2$	0.989	(34.4, 65.6)	20.3

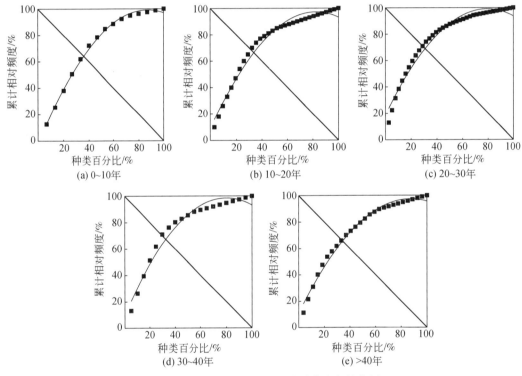

图 2-34　不同恢复年限刺槐林群落稳定性分析

　　柠条锦鸡儿林各阶段稳定性评价（表 2-15 和图 2-35）中的交点坐标集中在点（33，66）附近。按稳定性由大到小排序依次为 20 ~ 30 年阶段、0 ~ 10 年阶段、30 ~ 40 年阶段、10 ~ 20 年阶段和大于 40 年阶段。与刺槐林相同，柠条锦鸡儿林同样也在 20 ~ 30 年阶段达到最稳定状态，在 10 ~ 20 年阶段和大于 40 年阶段较不稳定。这是由于在 10 ~ 20 年阶段，林下植被的物种数由于种间竞争而减少；而在大于 40 年阶段，柠条锦鸡儿林出现轻微老化现象。20 ~ 30 年阶段最稳定，因为此时柠条锦鸡儿发育成熟，盖度和生长密度在此阶段均良好，林下草本在此阶段也生长良好，相对较为稳定。以上说明柠条锦鸡儿林群落在 20 ~ 30 年阶段发育成熟，最为稳定，30 年之后出现林分老化现象。

表 2-15　人工柠条锦鸡儿林群落稳定性分析结果（M. Godron 法）

年限/a	曲线方程	决定系数 R^2	交点坐标	与稳定点距离
0~10	$y=10.0023+2.1295x-0.0127x^2$	0.981	(33.2, 66.8)	18.7
10~20	$y=8.4775+2.0392x-0.0117x^2$	0.988	(34.8, 65.2)	20.9
20~30	$y=12.9052+2.0417x-0.0123x^2$	0.970	(33.1, 66.9)	18.5
30~40	$y=12.5029+2.0154x-0.012x^2$	0.969	(33.5, 66.5)	19.1
>40	$y=10.6498+1.9365x-0.0109x^2$	0.978	(35.0, 65.0)	21.2

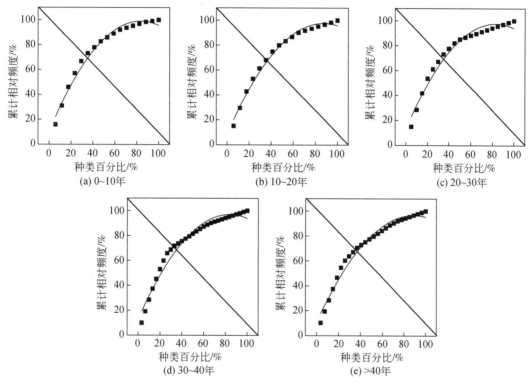

图 2-35　不同恢复年限柠条锦鸡儿林群落稳定性分析

　　沙棘林群落各阶段稳定性评价（表 2-16 和图 2-36）中的交点坐标集中在点（33，67）附近。按稳定性由大到小排序依次为 20~30 年阶段、10~20 年阶段、大于 30 年阶段和 0~10 年阶段。与刺槐林和柠条锦鸡儿林相同，沙棘林群落同样也在 20~30 年阶段达到最稳定状态，在 0~10 年阶段最不稳定。这是因为在 0~10 年为沙棘种植初期，存活率较低，林下草本层也受到沙棘生长的影响。20~30 年阶段距稳定点距离最小，约为 17.5，此阶段沙棘林群落最稳定；因为此时沙棘的生长发育成熟，灌木层和草本层盖度均达到最大值，林下植被的物种多样性同样达到最大值。在 30 年以后沙棘林的稳定性出现降低趋势，但变化不明显。以上说明沙棘林在 20~30 年阶段发育成熟，此阶段群落稳定性最高；之后出现老化现象，稳定性降低，但变化缓慢。

表 2-16　人工沙棘林群落稳定性分析结果（M. Godron 法）

年限/a	曲线方程	决定系数 R^2	交点坐标	与稳定点距离
0～10	$y=10.2796+2.1238x-0.0128x^2$	0.983	(33.3, 66.7)	18.7
10～20	$y=10.4250+2.1611x-0.0132x^2$	0.979	(32.8, 67.2)	18.2
20～30	$y=6.5243+2.3681x-0.0149x^2$	0.981	(32.4, 67.6)	17.5
>30	$y=9.8123+2.1686x-0.0132x^2$	0.987	(33.0, 67.0)	18.4

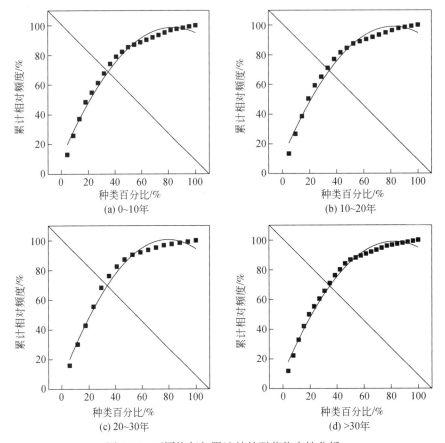

图 2-36　不同恢复年限沙棘林群落稳定性分析

　　自然植被在猪毛蒿群落阶段最不稳定，与稳定点距离约23.2；在铁杆蒿群落和白羊草群落阶段与群落的稳定点最接近，是演替过程中较稳定的群落类型。随着群落的演替，交点距离稳定点（20，80）越来越近，但变化不明显，说明研究区域植物群落随演替进程的推进逐渐变得稳定；在白羊草群落和铁杆蒿群落阶段变得更加稳定，属于健康良性的演替，但恢复进程缓慢（表2-17和图2-37）。

表 2-17　自然恢复植物群落不同演替阶段稳定性分析结果（M. Godron 法）

群落类型	曲线方程	决定系数 R^2	交点坐标	与稳定点距离
猪毛蒿	$y=14.224+1.6108x-0.007x^2$	0.996	(36.4, 63.6)	23.2
长芒草+达乌里胡枝子	$y=3.6849+2.2283x-0.013x^2$	0.992	(34.7, 65.3)	20.8

续表

群落类型	曲线方程	决定系数 R^2	交点坐标	与稳定点距离
铁杆蒿	$y=4.4210+2.3018x-0.014x^2$	0.998	(33.8, 66.2)	19.5
白羊草	$y=9.778+2.0626x-0.0121x^2$	0.986	(34.0, 66.0)	19.9

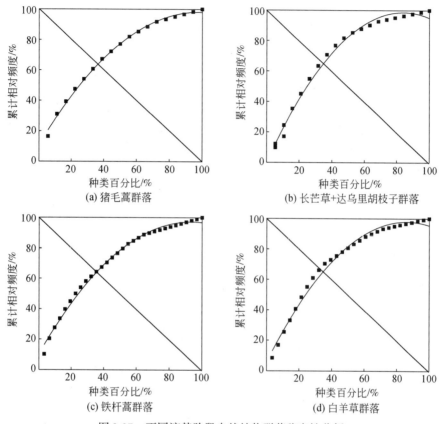

图 2-37 不同演替阶段自然植物群落稳定性分析

2. 自然恢复典型植被健康评价

1）演替度

演替度（degree of succession）是描述植物群落演替程度的一个数量指标，是基于一次性调查数据对植物群落进行演替分析的一个指标，适用于次生恢复演替的研究（张金屯，2004）。在黄土丘陵区，演替度是识别不同自然恢复群落在演替中的位置与状态的良好指标（温仲明等，2009）。对于一个群落或样方，其演替度为

$$D_j = \frac{\sum_{i=1}^{P} (I_i d_i)}{P} V \qquad (2\text{-}11)$$

式中，D_j 为第 j 个群落（样方）的演替度；I_i 为物种 i 的寿命；P 为物种数；V 为植被盖度，如果为100%，则等于1；d_i 为物种 i 的优势度，这里用重要值替代。物种的寿命，通

常依据生活型确定，一年生植物为1，二年生植物为2，地上芽植物、地面芽植物和隐芽植物等于10，大灌木和小乔木为50，中乔木和大乔木为100；顶级群落具有高的演替度值，演替度越大，越接近顶级群落，反之亦然（张金屯，2004）。本书为了更好地区分不同演替阶段植被间的差异，物种寿命取一年生植物为1，二年生植物为2，多年生草本植物为5，半灌木植物为10，小灌木为20，大灌木和小乔木为50，中乔木和大乔木为100。计算各群落的演替度（表2-18），发现猪毛蒿群落各样地的演替度为3.21~11.48，长芒草与达乌里胡枝子群落的平均演替度为15.46，白羊草群落、茭蒿群落和铁杆蒿群落的平均演替度分别为32.56、32.97和22.19，草木樨状黄耆群落的演替度为14.34，硬质早熟禾群落为11.06，所调查的小灌木杠柳群落因样地中猪毛蒿较多，其演替度仅为12.38；相比较而言，灌木群落的演替度均比草本群落高。其中水枸子群落的演替度最大，为213.47，表明其恢复程度最好。

表2-18 自然恢复典型样地演替度

群落类型	演替度（均值±标准差）	演替度范围
猪毛蒿	6.67±3.64	3.21~11.48
长芒草与达乌里胡枝子	15.46±8.41	7.39~27.26
白羊草	32.56±10.27	18.47~44.92
茭蒿	32.97±17.91	18.47~69.18
铁杆蒿	22.19±6.40	14.94~36.83
草木樨状黄耆	14.34	—
硬质早熟禾	11.06	—
白刺花	153.97	132.15~175.80
水枸子	213.47	104.84~322.09
杠柳	12.38	—

2）典型群系的健康评价

分别以演替度最高的水枸子群落和自然恢复顺利的紫丁香+铁杆蒿群落为参照系统，采用CVOR综合指数法，评价自然恢复植被的健康状况（表2-19）发现，以水枸子群落作为参照系统的CVOR指数均比以紫丁香+铁杆蒿群落为参照系统的CVOR指数小；在健康等级的划分上，以水枸子群落作为参照系统的比以紫丁香+铁杆蒿群落为参照系统的健康状况差。具体来讲，猪毛蒿群落在水枸子群落参照系统下的CVOR指数变化为0.36~0.42，草木樨状黄耆群落的CVOR指数为0.39，硬质早熟禾群落的CVOR指数为0.39，长芒草与达乌里胡枝子群落的CVOR指数的取值为0.38~0.46，白羊草群落的CVOR指数为0.41~0.46，茭蒿群落CVOR指数的取值范围为0.42~0.52，铁杆蒿群落的CVOR指数为0.40~0.54，各草原型植物群落的CVOR指数均为0.2~0.6，也就是说大多草原群落处于不健康或警戒状态下；灌木白刺花群落的CVOR指数为0.61，处于亚健康状态。在紫丁香+铁杆蒿群落参照系统下各草原型植被群落的CVOR指数分别为：猪毛蒿群落0.48~0.64，草木樨状黄耆群落0.63，硬质早熟禾群落0.57，长芒草与达乌里胡枝子群落0.57~0.73，白羊草群落0.60~0.72，茭蒿群落0.60~0.81，铁杆蒿群落0.57~0.80，多为0.40~0.80，群落处于警戒或亚健康状态下，同时还有个别位于沟谷地的茭蒿群落和铁杆蒿群落的 CVOR 指数达到 0.8，处于健康状态；在此参照系统下，灌落均处于健康状况。总体上讲，因为参照系统的不同，在各个群落健康状况等级的划分上存在差异；但相同的是在不同的群落间表现出越是演替后期的群落其健康状况越好的趋势，说明植被恢复的过程也是系统健康良性发展的过程。

表 2-19　自然恢复典型群系健康状况

参照系统	群落类型	基况 (C)	活力 (V)	组织力 (O)	恢复力 (R)	CVOR 综合指数	健康状况
水枸子	猪毛蒿	0.93	0.15	0.41	0.00	0.38	不健康
	草木樨状黄耆	0.84	0.20	0.53	0.01	0.39	不健康
	硬质早熟禾	0.84	0.16	0.57	0.00	0.39	不健康
	长芒草与达乌里胡枝子	0.92	0.22	0.54	0.01	0.42	警戒
	白羊草	0.92	0.16	0.62	0.01	0.43	警戒
	茭蒿	0.97	0.21	0.59	0.01	0.45	警戒
	铁杆蒿	0.95	0.22	0.59	0.01	0.44	警戒
	白刺花	0.98	0.36	0.93	0.15	0.61	亚健康
紫丁香+铁杆蒿	猪毛蒿	0.93	0.66	0.60	0.03	0.56	警戒
	草木樨状黄耆	0.84	0.87	0.74	0.07	0.63	亚健康
	硬质早熟禾	0.84	0.82	0.72	0.05	0.57	亚健康
	长芒草与达乌里胡枝子	0.92	0.83	0.69	0.11	0.64	亚健康
	白羊草	0.92	0.71	0.87	0.13	0.66	亚健康
	茭蒿	0.97	0.82	0.77	0.18	0.68	亚健康
	铁杆蒿	0.95	0.82	0.75	0.14	0.67	亚健康
	白刺花	0.98	1.00	1.00	1.00	0.99	健康

2.2　沟坡尺度植被生态序列

植被生态序列是指在空间的一定方向上与生态因子的变化相联系的群落在空间有规律的相互交替，是植物群落对气候、土壤和地形等生态环境综合体长期适应和协同进化的结果，是植物对微地形和小气候的响应，也是植被地带性变化规律在微地形的反映，在某种程度上符合"先期适应法则"，对预测尚未研究地区植被及其恢复具有重要的参考价值（雅罗申科，1960）。在黄土高原丘陵沟壑区，受地质运动和现代侵蚀等因素的影响，地形破碎，生态脆弱，植被恢复任务重且难度大。实践证明，封禁和退耕等自然恢复措施有效改善了区域的生态环境，是该区植被恢复重建的重要途径。但由于该区受特殊气候和环境条件的限制，植被自然恢复是一个缓慢的过程；而合理的人工调节可加快植被自然恢复的进程。在地形异常破碎的黄土丘陵沟壑区，即使其他条件完全相同，地形的差异也可能形成完全不同的植被类型。研究植被的自然分布状况可为促进植被恢复的人工干预调控对策提供参考依据。为此，采用样线法，根据地形特征结合植被变化，沿海拔梯度在坡面上每隔 30～50m 选择 10m 样线，2007 年通过对安塞纸坊沟流域支沟拐沟中南北向的短坡面深沟谷断面（简称深沟谷断面）和长坡面浅沟谷断面（简称长坡面断面）各一个（共 41 个样地）的植被调查，分析了沟坡断面自然植被生态序列及植被特征。

2.2.1 沟坡断面植被生态序列

1. 短坡面深沟谷植被生态序列

阴坡峁顶向下出现的群落依次是，峁顶以猪毛蒿为优势种的群落（C1）；沟间地以铁杆蒿为主要优势种的群落（C2）；沟谷上部沟缘线区分别以蛇葡萄、野菊和铁杆蒿为优势种的群落（C3），沟谷下部分别以刺槐、水蒿、节节草、艾蒿和柳树为优势种的群落（C4）；汇流段以水蒿、艾蒿和野菊共同为优势种的群落（C5）。主沟道植被受修路影响，仅在沟底边坡阴坡一侧残存少量零散分布的野棉花、旋覆花和节节草等，在新修路主要为臭蒿等。阳坡从沟谷底部向上出现的群落依次是，汇流段以芦苇为优势种的群落（C6）；沟谷下部以杠柳、榆树、多花胡枝子、铁杆蒿、茭蒿和白羊草为优势种的群落（C7），沟谷中部以扁核木、铁杆蒿、茭蒿和中华隐子草为优势种的群落（C8），沟谷上部以扁核木、杠柳、多花胡枝子、铁杆蒿和茭蒿为优势种的群落（C9）；沟缘线跌水区以臭椿和多花胡枝子为优势种的群落（C10）；沟间地下部以白刺花和白羊草共同为优势种的群落（C11），沟间地上部以阿尔泰狗娃花为优势种的群落（C12）（图 2-38）。

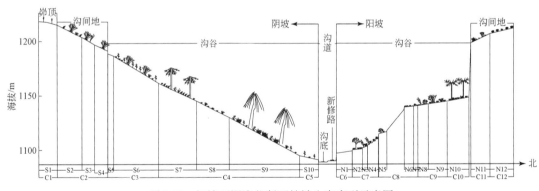

图 2-38　短坡面深沟谷断面植被生态序列示意图

S1～S10 为阴坡 10 个样本，N1～N12 为阳坡 12 个样本

2. 长坡面浅沟谷植被生态序列

阴坡峁顶向下出现的群落依次是，峁顶以猪毛蒿和二裂委陵菜共同为优势种的群落（C13）；沟间地上部分别以猪毛蒿和赖草为优势种的群落（C14），沟间地中部分别以长芒草、尖叶铁扫帚、赖草和长芒草为优势种的群落（C15），沟间地下部分别以铁杆蒿和杠柳为优势种的群落（C16）；沟谷地上部以虎榛子为优势种的群落（C17），沟谷地中下部分别以铁杆蒿、茭蒿、虎榛子、水栒子和柠条锦鸡儿为优势种的群落（C18）。主沟道植被特征与深沟谷序列基本相同。阳坡从沟谷地向上出现的群落依次是，沟谷地以茭蒿和达乌里胡枝子共同为优势种的群落（C19）；沟间地下部分别以杠柳和赖草为优势种的群落（C20），

沟间地中部以阿尔泰狗娃花为主要优势种的群落（C21），沟间地上部以猪毛蒿为优势种的群落（C22）；峁顶以阿尔泰狗娃花、甘草和猪毛蒿共同为优势种的群落（C23）（图2-39）。

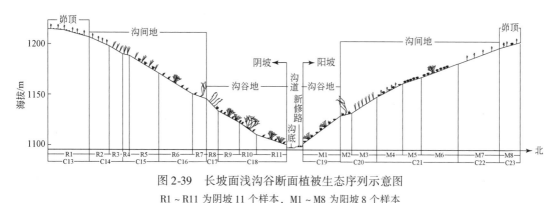

图2-39 长坡面浅沟谷断面植被生态序列示意图

R1~R11为阴坡11个样本，M1~M8为阳坡8个样本

2.2.2 植被生态序列中植物群落分布特征

1. 群落空间分布

植被生态序列中主要为分别以猪毛蒿、阿尔泰狗娃花、铁杆蒿、尖叶铁扫帚、赖草、多花胡枝子、杠柳、虎榛子、扁核木、刺槐、旱柳、水蒿、节节草和芦苇等为优势物种的群落。分析各物种和群落在植被生态序列中的位置发现，以猪毛蒿为主要优势种的群落主要分布在峁顶及其附近的沟间地上部；以阿尔泰狗娃花为主要优势种的群落主要分布在阳坡接近峁顶的中上部；以铁杆蒿为主要优势种的群落在深沟谷序列的阴阳坡均有分布，而在长坡面序列中则只存在于阴坡；以尖叶铁扫帚为主要优势种的群落主要分布在长坡面序列中阴坡坡度较缓而其下坡度又陡增的过渡带；赖草的分布与尖叶铁扫帚相似，但同时在阳坡也有出现；多花胡枝子主要分布在深沟谷序列中的阳坡沟谷；以杠柳为优势种的群落分布在长坡面序列沟间地底部坡度较缓的区域及深沟谷系列的阳坡沟谷；虎榛子主要分布在长坡面序列阴坡沟谷地坡度较陡的区域；以扁核木为优势种的群落主要分布在深沟谷序列阳坡沟谷发展相对稳定的区段；刺槐主要分布在深沟谷序列阴坡沟谷的中上部；柳树分布在深沟谷序列阴坡沟谷的中下部；以水蒿为主要优势种的群落主要分布在林缘水分条件较好的区域；以节节草和芦苇等中湿生和湿生植物种为优势种的群落分布在沟谷有岩层间水渗出的地方。综上所述，植物和群落的分布反映了植物特性对环境特征选择和适应的结果（表2-20）。

表2-20 群落优势种空间分布特征

物种	空间分布		
	峁顶	沟间地	沟谷（地）
猪毛蒿	aS bS bN	bS1 bN2 bN1	
阿尔泰狗娃花	aN	aN1 bN2	

物种	空间分布		
	峁顶	沟间地	沟谷（地）
二裂委陵菜	bS		
甘草	bN		
赖草		bS1 bS2 bN3	
中华隐子草			aN2
长芒草		bS2	
白羊草		aN3	aN1 aN3
达乌里胡枝子		bN2	bN
多花胡枝子			aN3 aN1 aN0
尖叶铁扫帚		aS2 bS2	
茭蒿			aN3 aN2 aN1 bS23 bN
铁杆蒿		aS bS3 bN2	aS0 aN3 aN2 aN1 bS23
野菊			aS0 aS4
蛇葡萄			aS0
艾蒿			aS3 aS4
水蒿			aS3 aS4
节节草			aS3
芦苇			aN4
杠柳		bS3 bN3	aN3 aN1
白刺花		aN3	
扁核木			aN1 aN2
虎榛子			bS1 bS23
水栒子			bS23
柠条锦鸡儿			bS23
榆树			aN3
臭椿			aN0
刺槐			aS3
柳树			aS3

注：a 表示短坡面深沟谷序列；b 表示长坡面浅沟谷序列。S 表示阴坡；N 表示阳坡。0 表示沟缘线区；1 表示上部；2 表示中部；3 表示下部；4 表示汇流。

2. 群落组成结构

植物种群的分布是植物对其生长环境适应和相互作用的结果。整体来看，长坡面序列中，阳坡坡面主要为猪毛蒿、阿尔泰狗娃花、赖草和达乌里胡枝子等草本群落，且结构简单，空间变异小；阴坡较阳坡序列复杂，变异大，从峁顶的猪毛蒿到赖草、铁杆蒿和杠柳再到谷坡的虎榛子等群落变化大，结构复杂，并且在谷坡下部出现大披针薹草和角盘兰等中生或湿中生植物种。

深沟谷序列受沟谷地质和土壤条件的影响明显，空间变异大，结构更为复杂。深沟谷序列阴坡较阳坡坡面长而沟谷短。沟谷上部沟间地峁顶为猪毛蒿群落；其下部沟间地主要为铁杆蒿群落；在沟谷上部沟缘线区尚未形成明显的沟谷，主要为蛇葡萄和野菊+铁杆蒿群落。沟谷下部有明显的流水线形成，主要为刺槐和旱柳乔木群落，植被结构复杂，林下物种丰富；其中在沟谷下部沟谷较窄、有明显泻溜和处于侵蚀发展过程中的区段，土层厚，其主要植物种为水蒿、节节草和艾蒿。深沟谷序列阳坡较阴坡坡面短而沟谷长，坡面只分布着阿尔泰狗娃花和白羊草+白刺花两个植物群落。沟谷植被呈阶段性跌坎状分布，在沟谷的上部和中部尤为明显；在沟谷较窄且深度大于宽度，沟底为土质而基岩尚未侵蚀切出，两侧边坡不稳定且以下切坍塌为主的沟谷区段，主要为铁杆蒿、茭蒿、中华隐子草和白羊草等植被；在沟谷较宽，沟底已下切至基岩，边坡较缓的沟谷区段，扁核木和杠柳等灌木分布较多。

当坡向相同时，沟谷（地）较沟间地有更复杂的植物群落。在长坡面序列中，阳坡沟间地主要为草本群落而在沟谷地则为达乌里胡枝子、茭蒿半灌木群落；阴坡沟间地主要为长芒草、赖草和铁杆蒿等草本或半灌木群落，而沟谷地则主要为铁杆蒿、茭蒿、虎榛子和水枸子等灌木与半灌木群落。在深沟谷序列中，阳坡沟间地亦主要为草本群落，而沟谷地则主要为灌木群落；阴坡沟间地主要为铁杆蒿群落，而沟谷地则为刺槐和旱柳等乔木群落。这种差异在长坡面序列和深沟谷序列间更为突出。在同一坡向基本相似的坡位，阳坡长坡面序列的植被类型为草本，深沟谷序列主要为灌木群落；阴坡长坡面序列是铁杆蒿和虎榛子等草灌群落，而深沟谷序列则为刺槐和旱柳乔木群落。在坡沟系统中，沟谷（地）受沟间地来水来沙的影响，其侵蚀发育强度与程度超过沟间地，丧失耕作价值早，因而退耕早，植被自然生长的时间较长；而沟间地可耕种性较强，退耕时间较晚，其演替时间也就较短；同时，在沟谷地丧失耕作价值后，又因为其承接坡面来水来沙，水分条件较好，水沙所携带的养分和繁殖体又为沟谷植被的发育提供了有利的条件，促成其较快发育与演替。

在坡位相同的情况下，比较阴阳坡相应部位植被发现，阴坡较阳坡植物群落物种多，结构复杂，在演替系列中更趋后。在深沟谷序列中，阳坡沟谷只有沟缘线跌水区有耐旱喜阳乔木植物种臭椿出现，且分布范围较小，而在阴坡沟谷下部则为刺槐和旱柳群落，分布范围广；虽然臭椿为自然繁殖而成，刺槐和旱柳为人工栽培，但阴坡沟谷栽培灌木能够成活并形成群落，而阳坡沟谷则不具备这样的条件，仅在演替时间较长和水分条件较好的区段有扁核木和杠柳等灌木物种出现。在长坡面序列受水分条件影响更为明显，在阴坡和阳坡面坡位基本相同的情况下，阴坡坡面可以出现长芒草和铁杆蒿等植物种并形成群落，而在阳坡坡面主要为阿尔泰狗娃花；阴坡沟谷地有虎榛子和水枸子等灌木植物出现，而在阳坡只达到达乌里胡枝子和茭蒿半灌木阶段。这在同一面坡的不同坡位也有体现，在峁顶多为猪毛蒿群落，由梁峁顶向下土壤水分含量渐高，植物群落亦逐渐向中生和多年生草本或灌木植物种过渡。

2.2.3 植被生态序列中群落组成特征

在物种组成方面，调查中共发现隶属 37 科的 125 个物种。在构成各个群落的植物种中最主要的是菊科（25 种）、豆科（17 种）和禾本科（17 种），此 3 科物种在超过 95% 的群落中均有出现，且除在虎榛子群落外这 3 科物种数之和均超过其总数的 50%；另外调查中出现的其他物种还有蔷薇科（11 种）、毛茛科（5 种）、大戟科（3 种）、杨柳科（3 种）、紫草科（3 种）和藜科（3 种），及百合科、唇形科、堇菜科、萝摩科、牻牛儿苗科、伞形科、鼠李科、玄参科、榆科和远志科各 2 种，败酱科、车前科、桦木科、锦葵科、桔梗科、卷柏科、苦木科、兰科、马钱科、木犀科、木贼科、葡萄科、茜草科、莎草科、旋花科、亚麻科、鸢尾科和紫葳科各 1 种。形成群落的优势种中菊科有 7 种（阿尔泰狗娃花、猪毛蒿、铁杆蒿、茭蒿、艾蒿、水蒿和野菊）、豆科 7 种（甘草、达乌里胡枝子、尖叶铁扫帚、多花胡枝子、柠条锦鸡儿、白刺花和刺槐）、禾本科 5 种（赖草、中华隐子草、长芒草、白羊草和芦苇）与蔷薇科 3 种（二裂委陵菜、扁核木和水栒子），及木贼科（节节草）、葡萄科（蛇葡萄）、萝摩科（杠柳）、桦木科（虎榛子）、杨柳科（旱柳）、苦木科（臭椿）和榆科（榆树）各 1 种。可见，沟坡植被是黄土丘陵沟壑区植物组成的缩影，包含了该区植被的绝大部分。

在物种生活型方面（表 2-21），除多年生草本植物在各植被类型中均出现最多（45.5% ~72.3%）外，一二年生草本物种在峁顶和沟间地各群落中所占的比例（10.7% ~40.9%）仅次于多年草本，灌木和半灌木物种在沟谷各群落中所占的比例仅次于多年草本，乔木分布受人类活动影响差异不明显，苔藓只在阴坡潮湿的地方出现。峁顶和沟间地上部与中部主要为草本植物种，在沟间地的下部与沟谷上部开始有灌木物种出现。在形成群落的优势种中，乔灌优势种出现的比率在沟谷（地）较沟间地高，阴坡较阳坡高。

表 2-21　各群落生活型谱

群落	各生活型物种比例/%						
	一二年草本	多年草本	半灌木	灌木	乔木	藤本	苔藓
C1	30.8	53.9	7.7	—	7.7	—	—
C2	26.1	60.9	6.5	—	4.4	2.2	—
C3	24.3	59.5	8.1	5.4	2.7	—	—
C4	17.9	58.2	7.5	10.5	6.0	—	—
C5	15.0	62.5	7.5	7.5	5.0	—	2.5
C6	6.3	62.5	12.5	12.5	6.3	—	—
C7	16.4	58.2	9.1	9.1	5.5	1.8	—
C8	13.6	61.4	9.1	15.9	—	—	—
C9	12.5	53.1	12.5	15.6	3.1	3.1	—
C10	13.0	47.8	17.4	17.4	4.4	—	—
C11	25.0	68.8	—	6.3	—	—	—
C12	23.5	64.7	5.9	—	5.9	—	—
C13	40.9	45.5	9.1	—	4.6	—	—
C14	27.0	59.5	8.1	—	5.4	—	—
C15	29.2	54.2	12.5	—	4.2	—	—
C16	10.7	67.9	10.7	3.6	7.1	—	—

群落	各生活型物种比例/%						
	一二年草本	多年草本	半灌木	灌木	乔木	藤本	苔藓
C17	—	58.3	8.3	16.7	8.3	—	8.3
C18	4.3	72.3	10.6	10.6	—	—	2.1
C19	7.7	46.2	23.1	23.1	—	—	—
C20	20.0	46.7	13.3	13.3	6.7	—	—
C21	17.9	64.3	10.7	7.1	—	—	—
C22	33.3	57.1	9.5	—	—	—	—
C23	30.0	60.0	10.0	—	—	—	—

构成各群落植物的水分生态型（表 2-22）则主要以旱生和中旱生为主，两者占物种总数的 52.2%~87.5%。旱生植物的比例在阳坡和峁顶各群落中较阴坡高，中旱生植物的比例在阴坡各群落中比阳坡和峁顶各群落高；中生植物在深沟谷序列沟谷各群落中所占比例较高，其他各群落分布比例相差不大。在形成群落的优势种中，旱生植物主要出现在阳坡和沟间地，中生植物主要出现在阴坡和沟谷地，湿生植物只出现在水分条件较好的汇流段。

表 2-22　群落中各水分生态型植物种比例　　　　　　　　　（单位:%）

群落	旱生	中旱生	旱中生	中生	湿中生	湿生
C1	34.6	26.9	7.7	23.1	—	—
C2	26.1	30.4	4.3	37.0	—	—
C3	29.7	35.1	5.4	27.0	—	—
C4	23.9	28.4	7.5	31.3	1.5	—
C5	25.0	35.0	10.0	27.5	—	—
C6	37.5	37.5	—	18.8	—	6.3
C7	23.6	34.5	1.8	30.9	—	1.8
C8	29.5	38.6	2.3	25.0	—	—
C9	25.0	40.6	—	28.1	—	—
C10	39.1	30.4	—	21.7	—	—
C11	37.5	50.0	—	12.5	—	—
C12	29.4	52.9	—	17.6	—	—
C13	36.4	27.3	4.5	27.3	—	—
C14	29.7	37.8	5.4	24.3	—	—
C15	37.5	37.5	—	20.8	—	—
C16	35.7	32.1	—	28.6	—	3.6
C17	25.0	33.3	—	25.0	—	—
C18	27.3	34.1	4.5	25.0	2.3	—
C19	46.2	38.5	—	15.4	—	—
C20	40.0	33.3	6.7	20.0	—	—

群落	旱生	中旱生	旱中生	中生	湿中生	湿生
C21	46.4	32.1	3.6	14.3	—	—
C22	38.1	33.3	4.8	19.0	—	—
C23	35.0	35.0	5.0	20.0	—	—

2.2.4 植被生态序列的多样性变化特征

研究表明（图2-40），在同一序列中阴坡的 Margalef 指数和 Shannon-Wiener 指数都高于相应的阳坡，而 Pielou 指数则低于相应的阳坡；说明阴坡物种丰富，变异小，而阳坡恰恰相反。在同一坡面，整体上深沟谷序列的 Margalef 指数和 Shannon-Wiener 指数高于长坡面序列，而 Pielou 指数则相反；说明沟谷地物种较坡面丰富，分布均匀。一般来说，中等生境条件，演替中期具有较高的多样性，而在最好和最差两个极端多样性较低。植被生态序列中 Margalef 指数最高的出现在阴坡的最下端；可能是因为这里生境条件相对较好，有偏湿生物种的出现，而旱生和中生植物也能生存有关。但是，总体上，阴坡的多样性指数

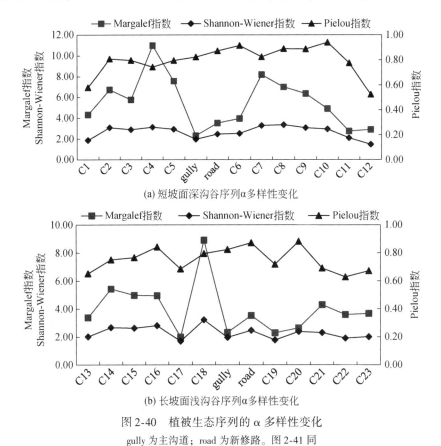

(a) 短坡面深沟谷序列α多样性变化

(b) 长坡面浅沟谷序列α多样性变化

图 2-40　植被生态序列的 α 多样性变化

gully 为主沟道；road 为新修路。图 2-41 同

高于阳坡，沟谷（地）高于沟间地。这似乎和中等生境多样性最高相矛盾，但这恰恰说明，在研究区域即使是相对较好的生境也不是一般意义上的良好生境，而只能达到一般的中等生境水平，足以说明其生态环境比较恶劣。

β 多样性指数是良好的反映群落空间变异的指标。比较发现（图 2-41），同一序列中阳坡相邻两群落间的 β 多样性指数高于阴坡；也就是说在同一序列中，阳坡各群落间的相似性较高，坡面植被变化小，结构简单。同一序列中不同属性数据变化不一致的地方，都是侵蚀或地形变化活跃的地带，如沟缘线区。

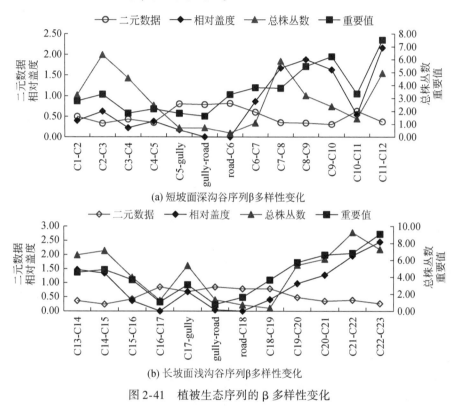

(a) 短坡面深沟谷序列β多样性变化

(b) 长坡面浅沟谷序列β多样性变化

图 2-41 植被生态序列的 β 多样性变化

综上所述，黄土丘陵沟壑区坡沟自然植被生态系列状况，反映了由于地形差异导致的水和热等生态因子的空间差异而造成的植被的分布状况。现代土壤侵蚀是塑造黄土丘陵沟壑区地貌特征的主导营力，而水分条件是影响植被生长的关键因素；不同生活型和水分生态型物种在生态序列中的分布是植被对生境选择和适应的结果，对人工植被恢复能够起到一定的指示作用。

2.3 小流域尺度植被恢复特征

2.3.1 不同植被景观单元的群落特征

2006 年对安塞纸坊沟流域内 75 个不同植被样地田块和 10 条田埂、15 条道路路边及

18 个沟沿线 10m 样线等不同侵蚀部位的植被调查与分析见表 2-23。

表 2-23　不同侵蚀部位的植被特征

利用类型	主要物种	恢复年限/a	物种数	Margalef 指数	Shannon-Wiener 指数	盖度/%
农田	谷子，豆类，玉米等（沟间地）	—	4~7	1.16~1.46	0.86~1.62	30~60
果园	苹果，山楂（沟间地）	—	14	3.75	0.43	30~45
刺槐林	刺槐，铁杆蒿，长芒草，猪毛蒿（沟间地）	15~29	11~25	1.67~4.22	1.39~2.33	30~75
	刺槐，黄刺玫，灌木铁线莲（沟谷坡）	23~25	10~25	1.99~4.1	1.92~2.57	60~90
小叶杨林	小叶杨，旱柳，沙棘（沟底）	31	27	4.22	2.52	95
	小叶杨，尖叶铁扫帚（沟谷坡）	29	19	3.12	1.67	35
柳树林	旱柳，沙棘（沟底）	30	18	3.85	2.22	90
柠条锦鸡儿林	柠条锦鸡儿，铁杆蒿，长芒草（沟间地）	19~31	11~26	1.85~4.61	1.63~2.74	25~90
沙棘林	沙棘（沟谷坡）	20	12	3.13	2.53	90
火炬树林	火炬树（沟谷坡）	21	17	2.84	2.16	60
狗尾草群落	狗尾草，猪毛菜，长芒草（沟间地）	6	14	1.90	0.77	15
猪毛蒿群落	猪毛蒿，阿尔泰狗娃花（沟间地）	5~10	10~14	1.66~2.38	1.23~1.72	10~25
	猪毛蒿，长芒草，铁杆蒿（沟间地）	10~15	10~16	1.63~2.49	1.24~1.75	25~30
	猪毛蒿，达乌里胡枝子，铁杆蒿（沟间地）	5~15	13~19	1.89~3.10	1.26~2.12	25~30
赖草群落	赖草，芦苇，猪毛蒿（沟间地）	8	14	2.20	1.28	30
长芒草群落	长芒草，茭蒿，铁杆蒿（沟间地）	27~29	18	2.81	1.73	60
	长芒草，阿尔泰狗娃花（沟谷坡）	10	22	3.55	2.20	40
达乌里胡枝子群落	达乌里胡枝子，铁杆蒿（沟间地）	10	16	2.37	1.46	40
	达乌里胡枝子，长芒草（沟间地）	11	18	2.82	1.76	30
铁杆蒿群落	铁杆蒿，长芒草，茭蒿（沟间地）	>25	16~31	2.62~5.03	1.80~2.50	35~45
	铁杆蒿，茭蒿，早熟禾（沟间地）	>20	16~20	2.84~3.76	1.95~2.40	30~55
	铁杆蒿，小红菊，野菊（沟谷坡）	20	28	4.46	2.74	40
	铁杆蒿，猪毛蒿（沟间地）	10~20	11~19	2.68~3.34	1.84~2.34	25~35
鹅观草群落	鹅观草，铁杆蒿，野菊（沟间地）	19	28	4.53	2.34	50
茭蒿群落	茭蒿，铁杆蒿，柠条锦鸡儿，长芒草（沟间地）	>20	18~28	2.84~4.71	2.01~2.70	35~70
白羊草群落	白羊草，铁杆蒿，达乌里胡枝子（沟间地）	>15	10~31	1.61~5.31	1.23~2.61	35~70
中华卷柏群落	中华卷柏，铁杆蒿，茭蒿（沟谷坡）	荒坡	14	2.28	2.45	70

续表

利用类型	主要物种	恢复年限/a	物种数	Margalef指数	Shannon-Wiener指数	盖度/%
白刺花群落	白刺花，茵蒿，铁杆蒿（沟谷坡）	>20	9～19	1.60～3.35	1.31～2.45	30～85
紫丁香+黄刺玫群落	紫丁香，黄刺玫，灰栒子（沟谷坡）	荒坡	10～33	2.08～5.01	1.87～2.48	40～70
山杨群落	山杨，小叶悬钩子（沟谷坡）	15	22	3.69	1.93	70
田埂	猪毛蒿，香青兰，狗尾草（梯田）	—	8～21	1.79～3.88	1.70～2.24	10～70
	虎榛子，杠柳，多花胡枝子（坡地）	—	9～16	1.87～3.14	1.74～2.29	20～65
道路	猪毛蒿，狗尾草，蒙古蒿（新维修路）	—	10～24	1.88～5.26	1.56～2.53	25～45
	旱柳，蒙古蒿，车前草，长芒草（未破坏）	—	10～29	2.89～4.87	2.18～2.83	20～60
沟沿线	虎榛子，紫丁香，杠柳，酸枣（中下坡）	—	8～20	1.74～4.20	1.72～2.60	10～80
	狗尾草，白羊草，赖草（沟头附近）	—	10～17	2.03～3.34	1.65～2.24	15～30

对于田块植被来说，沟间地人工植被主要为梯田农田、梯田/坡地苹果园、坡地山楂园、坡地人工刺槐林和坡地人工柠条锦鸡儿林；自然植被由于退耕年限和耕种历史的不同，形成以不同植物为优势种的群落，主要有狗尾草群落、猪毛蒿群落、赖草群落、达乌里胡枝子群落、长芒草群落、铁杆蒿群落、茵蒿群落和白羊草群落等。沟谷地的人工植被有小叶杨、旱柳、刺槐林、柠条锦鸡儿和沙棘林等，以及坝地农田；自然植被主要为铁杆蒿群落、茵蒿群落、白羊草群落、中华卷柏+铁杆蒿群落、白刺花+铁杆蒿群落、山杨+小叶悬钩子群落和紫丁香+黄刺玫群落等。在人工植被中，农田物种丰富度和多样性最低；人工林地较高（特别是沟底和沟坡的人工林），并具有很高的盖度。在自然植被群落中，以狗尾草群落、猪毛蒿群落和赖草群落的物种丰富度和多样性较低，植被盖度只有10%～30%；铁杆蒿群落、白羊草群落较高；而沟坡的铁杆蒿群落、长芒草群落、白羊草群落、白刺花群落和黄刺玫+紫丁香群落则更高。由于沟间和沟谷地地形条件的不同，沟谷地弃耕时间长，基本上已形成演替后期比较稳定的植物群落，且在沟底或沟坡可以形成较好的人工混交林群落；而作为黄土丘陵沟壑区农地主要场所的沟间地，退耕与坡度、距村庄的远近及水土保持政策等因素密切相关，从而形成了不同演替阶段的植物群落，且演替前期的猪毛蒿群落占的比例较大（28%），演替后期的白羊草群落占比仅为8%。

对于田埂植被来说，梯田田埂的主要物种有狗尾草、猪毛蒿、猪毛菜、香青兰、鬼针草、达乌里胡枝子、蒙古蒿和野菊等，物种数为8～21，Margalef指数为1.79～3.88，Shannon-Wiener指数为1.70～2.24，植被盖度为10%～70%；而对于处在沟沿线上的坡地，有灌木植被虎榛子、杠柳、多花胡枝子和互叶醉鱼草等，并伴有猪毛蒿、牤牛儿苗、猪毛菜、鬼针草和香青兰等，物种数为9～16，Margalef指数为1.87～3.14，Shannon-Wiener指数为1.74～2.29，植被盖度为20%～65%。可见，梯田田埂受耕作的影响大，植物以一二年生的草本为主，而坡地田埂保留着该区的优势灌木物种，且物种丰富度、多样性和盖度也相对较高。

对于道路路边植被来说，远离村庄新近维修的流域主干道路边，物种主要为猪毛蒿、狗尾草、蒙古蒿、倒提壶、香青兰、草木犀、人工小侧柏和人工小杨树等，物种数为10~24，Margalef指数为1.88~5.26，Shannon-Wiener指数为1.56~2.53，植被盖度为25%~45%；而距离村庄较近且未破坏的流域主干道路边，物种主要为猪毛蒿、蒙古蒿、达乌里胡枝子、白草、艾蒿、车前草、二裂委陵菜、紫花地丁、灌木铁线莲、长芒草、酸枣以及人工旱柳和刺槐等，物种数为10~29，Margalef指数为2.89~4.87，Shannon-Wiener指数为2.18~2.83，植被盖度为20%~60%。可见未破坏的道路路边植被的物种丰富度、多样性和盖度较大，也高于田埂植被，并伴有车前草等特殊物种。

对于沟沿线植被而言，共发现隶属26科的66个物种，其中豆科、禾本科和菊科物种分别占19.70%、15.15%和13.64%。处在坡度较缓且退耕时间较短农田的沟沿线（沟头附近，占调查样线的16.6%），植被以草本为主，主要有狗尾草、香青兰、鬼针草、赖草、白羊草、糙隐子草和猪毛蒿等；物种数为10~17，Margalef指数为2.03~3.34，Shannon-Wiener指数为1.65~2.24，植被盖度变化为15%~30%。大多数沟沿线（中下坡，占调查样线的83.4%）植被以灌木为主，主要有虎榛子、紫丁香、榆树、扁核木、白刺花、臭椿、酸枣、刺槐、柳叶鼠李和杠柳等，伴随的草本植物有铁杆蒿、野豌豆、长芒草、甘草、草木犀状黄耆、达乌里胡枝子、白羊草、糙隐子草、甘草和猪毛蒿等，具有较高的丰富度和多样性；物种数为8~20，Margalef指数为1.74~4.20，Shannon-Wiener指数为1.72~2.60，植被盖度变化为10%~80%。总的来说，物种中出现最多的是多年生草本，其次依次是一年生草本、灌木、小灌木、乔木、藤本和小乔木，其中灌乔物种多为主要物种且多为当地优势灌木虎榛子、杜梨和酸枣等，指示着研究区植被恢复的方向。调查物种基本包含了陕北黄土高原森林草原带次生演替的各个阶段的主要物种，是研究区次生演替的一个缩影。

2.3.2　典型流域的植被恢复特征

以安塞县马家沟流域、坊塌小流域和纸坊沟小流域三个典型小流域为研究对象，利用高分辨率遥感影像，通过分析林草地时空变化、景观格局变化和林草斑块转移等，研究2004~2015年小流域林草覆盖变化及其植被恢复特征；并利用高精度（0.5m空间分辨率）Pleiades影像，提取NDVI和景观格局指数，分析小流域植被恢复的现状。

1. 林草地时空变化

在2004~2015年，马家沟小流域、坊塌小流域和纸坊沟小流域的农田均大幅度减少，草地稍有减少，林地大幅增加（图2-42、图2-43和图2-44，见彩图）。2004年，农田遍布三个小流域，主要集中在较缓的坡面上和沟道中，且连片大面积分布（存在少量裸地，多为新弃耕农田和休闲农田，因此多伴随农田分布）；而林地仅少量分布在沟谷，占小流域面积的20%左右；草地占流域面积的一半左右，遍布整个流域，为主要的用地类型；另有少量建筑用地存在。2015年时，三个小流域林地面积均大幅增加，且在坡面和沟道中均有增加；大量草地转化为了林地，草地已不再是主要用地类型。马家沟小流域农田降低幅度最大，减少了近 20%；且在 2015 年马家沟有水体类型出现，均集中在淤地坝内，说明淤地坝蓄水效果显著。坊塌和纸坊沟小流域农田减少了 15% 左右，大量农田转化为了草地，也有部分农田转化为林地和裸地，这是由于农田不断退耕，在种植人工林前或自然恢复演替前为裸地，也有部分为开发的油气田。

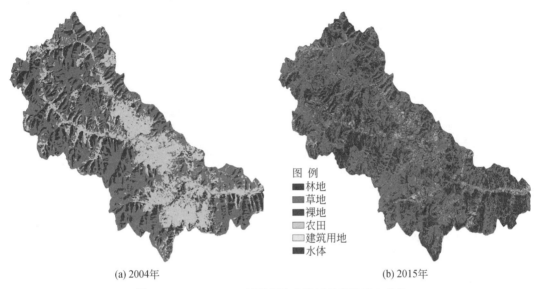

(a) 2004年   (b) 2015年

图 2-42　2004 ~ 2015 年马家沟小流域林草地时空变化

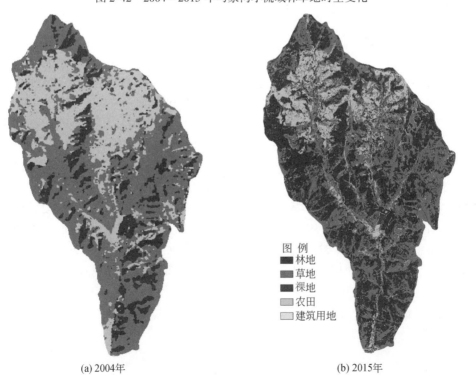

(a) 2004年   (b) 2015年

图 2-43　2004 ~ 2015 年坊塌小流域林草地时空变化

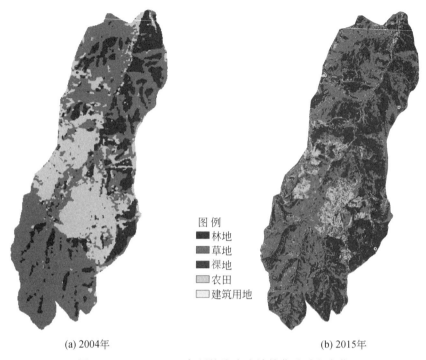

(a) 2004年　　　　　　　　　　　　　　　　(b) 2015年

图 2-44　2004~2015 年纸坊沟小流域林草地时空变化

2. 景观格局动态变化

1) 斑块类型构成特点与变化

在 2004~2015 年，三个小流域各斑块类型中均为林地斑块类型变化最大（表 2-24）。其中坊塌小流域林地景观增长最快，占景观面积的比例由 15.8% 增长至 47.0%，增长了超过两倍，面积由 166.3hm² 增长至 494.0hm²。其次为纸坊沟小流域，其林地占景观面积的比例由 20.7% 增长至 45.1%，面积由 168.2hm² 增长至 367.2hm²；马家沟小流域林地占景观面积的比例由 20.1% 增长至 37.2%，面积由 1493.0hm² 增长至 2760.2hm²。三个小流域的草地景观类型均变化不大。其中马家沟小流域草地景观类型在 2004 年和 2015 年分别占比 47.2% 和 47.4%，基本维持不变；坊塌小流域草地面积从 553.0hm² 降至 361.2hm²，占景观面积的比例从 52.6% 降至 34.3%；纸坊沟小流域草地面积从 422.2hm² 降至 330.3hm²，占景观面积的比例从 51.9% 降至 40.6%。三个小流域农田面积均大量减少。其中马家沟小流域最为显著，农田占景观面积的比例降低了 19.2%，面积减少了 1420.1hm²；坊塌小流域农田面积从 312.8hm² 降至 158.8hm²，占景观面积的比例从 29.7% 降至 15.1%；纸坊沟小流域农田面积从 214.1hm² 降至 85.0hm²，占景观面积的比例从 26.3% 降至 10.4%。

表 2-24 小流域不同斑块类型景观构成

小流域	景观类型	类型面积/hm²		占景观面积比例/%	
		2004 年	2015 年	2004 年	2015 年
马家沟	林地	1493.0	2760.2	20.1	37.2
	草地	3509.9	3519.9	47.2	47.4
	裸地	297.6	415.6	4.0	5.6
	农田	2129.1	709.0	28.7	9.5
坊塌	林地	166.3	494.0	15.8	47.0
	草地	553.0	361.2	52.6	34.3
	裸地	19.6	36.8	1.9	3.5
	农田	312.8	158.8	29.7	15.1
纸坊沟	林地	168.2	367.2	20.7	45.1
	草地	422.2	330.3	51.9	40.6
	裸地	9.5	31.0	1.2	3.8
	农田	214.1	85.0	26.3	10.4

对于裸地，由于农田的不断退耕，且在种植人工林前或自然恢复演替前为裸地，因此三个小流域裸地面积均有所增加，但变化甚小，马家沟小流域、坊塌小流域和纸坊沟小流域裸地占景观面积的比例分别增长 1.6%、1.6% 和 2.6%。

2）斑块水平上的动态变化

小流域在 2004~2015 年的景观斑块类型变化特征明显（图 2-45）。三个小流域各斑块类型的斑块密度（PD）和景观形状指数（LSI）均大幅升高。其中三个小流域农田的斑块密度（PD）在所有斑块类型中上升幅度最大，上升幅度最小的为裸地。这是由于农田的大幅减少打破了农田斑块的聚集，使得农田分布更加破碎，斑块数增多，因而斑块密度增大。马家沟流域林地和草地类型的斑块密度增加幅度相当，而坊塌小流域和纸坊沟小流域均为草地类型斑块密度增加幅度更高；这是由于马家沟小流域草地类型面积基本维持不变，而坊塌和纸坊沟小流域的草地均有所减少，使其斑块数量增多，因此后两者斑块密度增大更多。景观形状指数反映的是斑块形状的复杂程度，同样三个小流域各斑块类型形状的复杂程度均大幅升高。

三个小流域在 2004~2015 年的最大斑块指数（LPI）均表现为林地类型上升，其余斑块类型下降。说明在三个小流域中，林地类型的最大斑块在整个流域景观中所占比例大幅增加。农田类型的最大斑块在整个流域景观中所占比例均大幅减少。三个小流域草地类型的最大斑块指数均有所下降；这是由于林地的增加使得草地分布更加破碎，最大斑块面积减小，因而最大斑块在整个流域景观中所占比例降低。裸地类型的最大斑块指数变化不大。同样，三个小流域的各斑块类型的核心区面积（TCA）均表现为农田大幅下降。除坊塌和纸坊沟小流域的林地斑块核心区面积有所增大外，其余斑块核心区面积均有所下降。

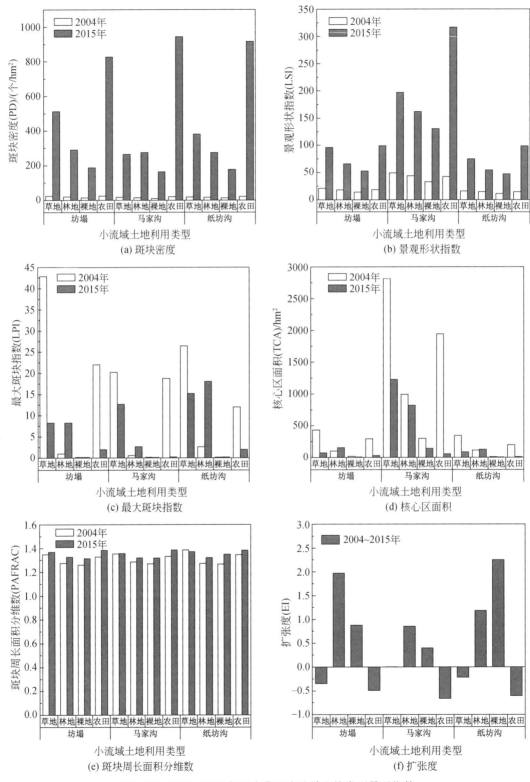

图 2-45　2004~2015 年三个典型小流域斑块类型景观指数

斑块周长面积分维数（PAFRAC）反映了斑块形状的复杂性，受人为干扰程度越大其值越接近 1，受人为干扰程度越小其值越接近 2。从图 2-45（e）中可以看出，在 2004 年，三个小流域各斑块类型的周长面积分维数均已在 1.2 以上；2015 年，除纸坊沟小流域的草地斑块类型周长面积分维数稍有降低外，其余斑块类型周长面积分维数均进一步增加。说明整体看来，各小流域景观斑块受人为干扰程度减小。

扩张度反映了斑块类型扩张强度的变化，当值大于零时表明景观扩张，小于零时代表景观萎缩。在 2004～2015 年整体来看，只有林地和裸地类型斑块呈扩张趋势，且扩张幅度较大；其余各斑块类型均呈现景观萎缩趋势，其中农田类型景观萎缩程度最大。这是由于在退耕还林（草）政策实施后，大量农田退耕，林分快速增加，林地面积快速增大，因此农田扩张度大幅降低，林地扩张度大幅增加；而部分农田退耕后还未进行人工植树种草，自然群落也还未开始演替，使得农田暂时成为裸地，因此裸地的扩张度也有所增加。而大量草地转化为林地使得草地类型也呈现出景观萎缩趋势。

3）景观水平上的动态变化

通过对典型小流域景观指数的计算（图 2-46），2004～2015 年，马家沟小流域和纸坊沟小流域的景观多样性均有所降低；这是由于农地大面积的减少和林地大面积的增加使得小流域呈现以林地和草地为主要景观类型的景观特点，林地和草地的主导使得流域景观多样性降低。而坊塌小流域农田减少面积较少，同时林地增加，草地少量减少，由草地占主导的景观转变为林地、草地和农田等类型共存的景观类型，因此景观多样性稍有增加。马家沟小流域和坊塌小流域的香农均匀度指数（SHEI）在 2004～2015 年均有所下降，纸坊沟小流域的香农均匀度指数大幅增大。这是由于在 2015 年马家沟小流域形成了草地为主导的景观类型，坊塌小流域形成了林地为主导的景观类型；而纸坊沟小流域景观在 2004～2015 年的植被恢复中，林地和草地面积相当，同时也存在少量农田和裸地，因此流域的景观均匀度增大。分离度指数可以反映景观斑块类型的复杂程度，景观斑块类型越复杂，其值越接近于 1。三个小流域在 2004～2015 年分离度指数均有所增大，其中马家沟小流域和坊塌小流域的景观分离度指数更接近于 1，说明这两个小流域景观斑块类型更加多样化，斑块类型也越来越复杂；同样纸坊沟小流域景观斑块复杂性也有所上升，景观生态稳定性提高，但程度不及马家沟和坊塌小流。三个小流域的蔓延度指数在 2004～2015 年均有所增加。这是由于在退耕还林（草）的影响下，人工林快速生长，林地类型急剧扩张，使得以林地为主的斑块类型团聚程度持续增加，林地逐渐成为景观类型的主导，造成林地斑块类型的团聚和延展，因而三个小流域的景观蔓延度指数均呈增加趋势。

3. 林草用地类型转移特征

利用转移矩阵定量分析三个小流域林草用地及农田和裸地类型间的面积变化可以进一步明确景观斑块类型之间的转化关系及植被恢复动态特征。从表 2-25、表 2-26 和表 2-27 可知，2004～2015 年，三个小流域林地类型均大量增加，农田类型大量减少；马家沟草地类型面积基本维持不变，坊塌和纸坊沟小流域草地面积均有所减少。另外，各类型的转出均多转为更高植被覆盖的利用类型，即草地转出多转为林地；农田大多转化为林地和草地，但转为草地更多；而裸地多转化为草地，少量转化为林地。

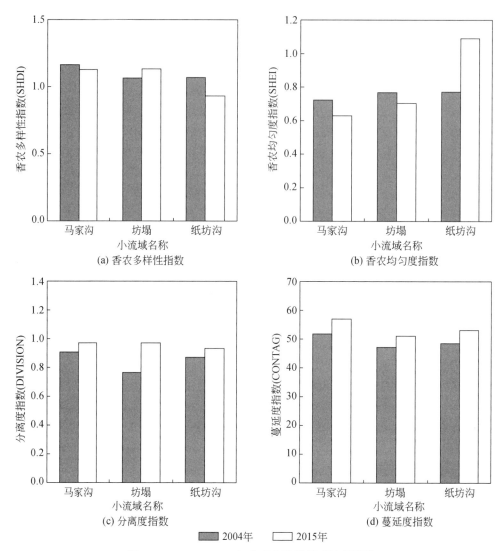

图 2-46 2004~2015 年典型小流域景观格局指数

表 2-25　2004~2015 年典型小流域各利用类型面积转移矩阵　　（单位：hm²）

小流域	土地类型	林地	草地	裸地	农田	其他	转出面积
马家沟	林地	608.2	698.7	48.6	118.9	6.2	872.3
	草地	1395.0	1655.7	148.9	228.3	8.8	1780.9
	裸地	79.7	143.6	32.4	30.2	0.8	254.2
	农田	639.8	992.2	175.4	303.1	8.9	1816.3
	其他	0.1	0.1	0.0	0.0	0.0	0.2
	转入面积	2114.6	1834.5	372.8	377.4	24.6	—

小流域	土地类型	林地	草地	裸地	农田	其他	转出面积
坊塌	林地	90.4	52.0	4.9	17.0	0.3	74.2
	草地	283.5	195.0	11.2	46.0	0.4	341.1
	裸地	5.3	7.6	1.5	3.1	0.0	16.0
	农田	106.4	92.7	17.9	90.0	0.5	217.4
	其他	0.0	0.0	0.0	0.0	0.0	0.0
	转入面积	395.1	152.3	34.0	66.1	1.1	—
纸坊沟	林地	98.3	57.4	2.6	8.0	0.1	68.1
	草地	181.6	190.7	11.4	26.2	0.2	219.5
	裸地	2.4	4.4	0.7	1.4	0.0	8.1
	农田	74.6	71.1	14.5	46.2	0.2	160.4
	其他	0.0	0.0	0.0	0.0	0.0	0.0
	转入面积	258.6	132.9	28.5	35.6	0.5	—

表 2-26　2004～2015 年典型小流域各利用类型转出面积比例　　（单位:%）

小流域	土地类型	林地	草地	裸地	农田	其他
马家沟	林地	—	80.1	5.6	13.6	0.7
	草地	78.3	—	8.4	12.8	0.5
	裸地	31.3	56.5	—	11.9	0.3
	农田	35.2	54.6	9.7	—	0.5
	其他	53.3	40.0	0.0	13.3	—
坊塌	林地	—	70.1	6.7	22.9	0.4
	草地	83.1	—	3.3	13.5	0.1
	裸地	32.9	47.7	—	19.3	0.1
	农田	48.9	42.6	8.2	—	0.2
	其他	0.0	0.0	0.0	0.0	—
纸坊沟	林地	—	84.3	3.8	11.8	0.1
	草地	82.8	—	5.2	11.9	0.1
	裸地	29.4	53.9	—	16.6	0.0
	农田	46.5	44.3	9.0	—	0.1
	其他	0.0	0.0	0.0	0.0	—

表 2-27 2004～2015 年典型小流域各利用类型转入面积比例 （单位:%）

小流域	土地类型	林地	草地	裸地	农田	其他
马家沟	林地	—	66.0	3.8	30.3	0.0
	草地	38.1	—	7.8	54.1	0.0
	裸地	13.0	39.9	—	47.0	0.0
	农田	31.5	60.5	8.0	—	0.0
	其他	25.3	35.5	3.1	36.0	—
坊塌	林地	—	71.8	1.3	26.9	0.0
	草地	34.2	—	5.0	60.8	0.0
	裸地	14.5	32.9	—	52.5	0.0
	农田	25.7	69.7	4.7	—	0.0
	其他	23.0	31.0	1.8	43.4	—
纸坊沟	林地	—	70.2	0.9	28.9	0.0
	草地	43.2	—	3.3	53.5	0.0
	裸地	9.1	40.1	—	50.8	0.0
	农田	22.6	73.6	3.8	—	0.0
	其他	19.6	43.1	0.0	37.3	—

马家沟小流域在 2004～2015 年林地和草地的转入面积分别为 2114.6hm^2 和 1834.5hm^2。其中林地多由草地转入，占总转入面积的 66.0%；其次由农田转入，占总转入面积的 30.3%；另有少量裸地直接转入，占总转入面积的 3.8%。草地转入面积和转出面积相当，因此草地面积基本无变化。其中草地转入部分多来自农田，占总转入面积的 54.1%；其次为林地转入，占总转入面积的 38.1%；另有少量裸地转入，占比 7.8%。另外，农田的转出面积中有 9.7% 转化为了裸地；这是由于新退耕的农田还未开始恢复植被，因此归为了裸地类型。

坊塌小流域在 2004～2015 年林地和草地的转入面积分别为 395.1hm^2 和 152.3hm^2。同样，林地多由草地转入，林地增加面积的 71.8% 来自草地；其次来自农田，占比 26.9%，另有少量裸地直接转入，占总转入面积的 1.3%。草地多由农田转入，占总转入面积的 60.8%；其次为林地转入，占总转入面积的 34.2%；另有少量裸地转入，占比 5.0%。农田转出同马家沟小流域相同，有 8.2% 的面积转化为裸地。

纸坊沟小流域在 2004～2015 年林地和草地的转入面积分别为 258.6hm^2 和 132.9hm^2。林地的转入几乎全部来自于草地和农田，其中 70.2% 来自草地，28.9% 来自于农田；仅有 0.9% 是由裸地直接转化为林地。草地净增加 86.6hm^2，其中超一半面积来自于农田，占比 53.5%；其次为林地转入，占总转入面积的 43.2%；另有少量裸地转入，占比 3.3%。农田的转出面积中有 14.5hm^2 转化为了裸地，占农田总转出面积的 9.0%。

4. 小流域植被恢复现状

图 2-47、图 2-48 和图 2-49 分别为马家沟小流域、坊塌小流域和纸坊沟小流域 2015 年

的 NDVI 空间分布图。其中 NDVI 为 0 ~ 0.05 对应的应是建筑用地和裸地等，对应卫星图和野外调查实际情况显示 NDVI 为 0 ~ 0.05 的区域确属裸地；NDVI 为 0.05 ~ 0.2 的区域多为建筑用地（房屋与农业大棚等）和道路，以及少量已撂荒无植被生长的田地；NDVI 为 0.2 ~ 0.4 的区域多为梯田和农田，NDVI 为 0.4 ~ 0.6 的区域为草地，NDVI 大于 0.6 的区域为林地。从图 2-47 ~ 图 2-49（见彩图）上可以看出，2015 年三个小流域植被覆盖良好，大部分区域为林地草地覆盖。马家沟、坊塌和纸坊沟三个小流域林地（NDVI>0.6）的面积分别为 3693.4hm^2、674.6hm^2 和 490.6hm^2，分别占流域总面积的 49.7%、64.1% 和 60.3%。

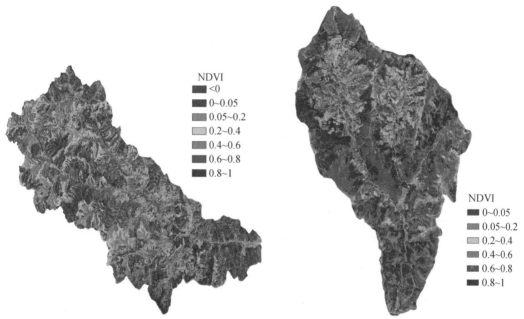

图 2-47　马家沟小流域 2015 年 NDVI 空间分布　　　图 2-48　坊塌小流域 2015 年 NDVI 空间分布

马家沟小流域存在 29.1hm^2 的水体面积，水体均为淤地坝所蓄积。NDVI 为 0 ~ 0.05 的区域仅有 2.9hm^2，占比不足 0.1%；NDVI 为 0.05 ~ 0.2 的区域占比 1.9%；说明在马家沟无植被覆盖区域很少，仅有 146.1hm^2，接近 2.0%。NDVI 为 0.2 ~ 0.4 的区域面积为 1265.8hm^2，占比 17.0%。NDVI 为 0.4 ~ 0.6 的区域面积为 2295.1hm^2，占比 30.9%；NDVI 为 0.6 ~ 0.8 和 0.8 ~ 1 的区域面积分别为 2154.6hm^2 和 1538.9hm^2，占比分别为 29.0% 和 20.7%。

坊塌小流域内无水体面积，无植被覆盖区域很少，仅有 14.0hm^2，占比 1.3%。NDVI 为 0.2 ~ 0.4 的区域面积为 98.7hm^2，占比 9.4%。NDVI 为 0.4 ~ 0.6 的区域面积为 264.5hm^2，占比 25.1%。NDVI 为 0.6 ~ 0.8 和 0.8 ~ 1 的区域面积分别为 431.3hm^2 和 243.3hm^2，占比分别为 41.0% 和 23.1%。

纸坊沟小流域内同样极少有无植被覆盖区域，仅有 12.1hm^2，占比不足 1.5%。NDVI 为 0.2 ~ 0.4 的区域面积为 85.3hm^2，占比 10.5%。NDVI 为 0.4 ~ 0.6 的区域面积为 226.1hm^2，占比 27.8%。NDVI 为 0.6 ~ 0.8 和 0.8 ~ 1 的区域面积分别为 287.2hm^2 和 203.5hm^2，占比分别为 35.3% 和 25.0%。

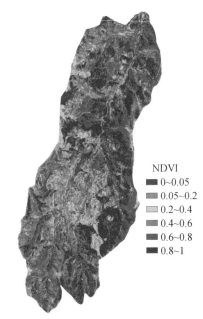

图 2-49　纸坊沟小流域 2015 年 NDVI 空间分布

2.4　区域尺度的植被恢复特征

2.4.1　样区尺度

在黄土高原典型植被带选择 7 个典型样区（神木、绥德、安塞、天水、长武、定西和离石，各样区面积均为 410km²），对 2000~2015 年植被盖度动态演变的分析（表 2-28）表明，神木和绥德样区生长季植被由 2000 年的裸地（<10%）和低盖度（10%~30%）为主（分别占样区总面积 98.4% 和 96.8%），演变为 2015 年的以中盖度（45%~60%）和高盖度（>60%）为主（分别占样区总面积 71.69% 和 70.4%）；2000~2015 年神木和绥德样区裸地面积呈明显下降趋势，中低盖度（30%~45%）、中盖度和高盖度植被面积呈明显增加趋势。安塞样区是退耕还林还草和植被建设工程的重点实施区域，2000~2015 年安塞样区生长季植被低盖度和中低盖度植被面积分别减少了 55% 和 38%，而高度盖植被面积增加了 89%。长武样区 2000~2015 年生长季裸地和低盖度植被面积明显减少，分别减少了 86% 和 69%，而中低盖度、中盖度和高盖度植被面积增加非常明显，分别由 6.25km²、0.06km² 和 0.00km² 增加到 122.10km²、76.51km² 和 118.86km²，分别占总面积 30%、19% 和 27%。天水样区 2000~2015 年生长季裸地面积有小幅增加，而低盖度、中低盖度植被面积呈下降趋势；高盖度植被面积增幅最大，增加了 82.94km²。离石样区 2000~2015 年生长季裸地和低盖度植被面积明显减少，分别减少了 83.7% 和 61.2%，而中低盖度、中盖度和高盖度植被面积呈明显增加趋势；高盖度植被面积增幅最大，增加了 125.89km²。定西样区 2000~

2015 年生长季裸地面积和中盖度植被面积有小幅增加，而低盖度、中低盖度和高盖度植被面积呈下降趋势。

表 2-28 黄土高原典型样区 2000~2015 年不同覆盖度植被面积变化 （单位：km²）

典型样区	年份	不同植被盖度等级的面积				
		裸地（<10%）	低盖度（10%~30%）	中低盖度（30%~45%）	中盖度（45%~60%）	高盖度（>60%）
神木	2000	320.78	82.68	2.50	1.31	2.73
	2005	157.96	231.17	14.52	4.02	2.34
	2010	29.42	235.90	114.63	23.50	6.55
	2015	15.45	31.19	69.44	103.28	190.64
绥德	2000	285.24	111.82	9.35	2.70	0.90
	2005	260.01	139.13	9.35	1.41	0.09
	2010	46.44	184.11	115.84	51.40	12.26
	2015	32.03	89.27	110.36	91.41	86.93
安塞	2000	16.61	91.45	95.16	90.80	116.00
	2005	5.51	15.95	51.18	96.51	240.86
	2010	19.79	33.10	51.87	82.23	222.95
	2015	15.87	40.92	58.81	75.06	219.34
长武	2000	149.01	254.59	6.25	0.06	0.00
	2015	21.33	78.10	122.10	76.51	111.86
天水	2000	35.42	157.85	109.76	68.35	38.63
	2005	50.06	120.75	113.93	79.86	45.41
	2010	40.66	83.80	106.65	101.30	77.59
	2015	60.14	75.87	73.28	79.10	121.57
定西	2000	9.60	131.24	105.88	71.55	91.73
	2005	5.44	175.75	138.45	63.62	26.75
	2010	4.71	59.94	107.06	120.20	118.11
	2015	22.94	116.39	105.03	78.89	86.76
离石	2000	226.54	153.61	25.50	3.67	0.68
	2005	272.97	107.33	26.58	2.84	0.28
	2010	19.27	178.45	152.15	49.59	10.55
	2015	36.77	59.56	88.45	98.62	126.57

2.4.2 典型支流尺度

黄河中游典型支流皇甫川、窟野河、无定河、延河、泾河、北洛河和渭河干流等 1981~2012 年流域生长季植被覆盖度年际变化特征的结果（高健健等，2016）表明，

1981 ~ 2012 年黄河中游各典型支流流域植被覆盖度的年际变化表现为显著上升的趋势。其中，延河流域上升幅度最大，由 30% 增加到 63%；窟野河流域上升幅度最小，由 14% 增加到 32%。低植被覆盖度面积减小，高植被覆盖度面积呈逐渐增加态势。其中，低植被覆盖度（<10%）变化最明显的是无定河流域，面积比例由 17.7% 降低到 3.0%；较低植被覆盖度（10% ~ 30%）变化较为显著的是皇甫川和延河流域，分别由 98.7% 和 61.5% 减小到 35.5% 和 0.2%。高植被覆盖度（≥70%）北洛河流域增加最显著，面积比例由 6.5% 增加到 57.0%；渭河流域次之，面积比例由 5.8% 增加到 44.3%（表 2-29）。

表 2-29 黄土高原典型支流植被覆盖变化特征

典型流域	年份	植被覆盖度 /%	不同覆盖度等级面积比例/%				
			I（<10%）	II（10% ~ 30%）	III（30% ~ 50%）	IV（50% ~ 70%）	V（≥70%）
窟野河	1981	14	0	57.4	31.6	10.6	0.4
	1999	19	0	41.5	39.7	14.2	4.5
	2012	32	0	6.7	27.3	39.4	26.6
无定河	1981	14	17.7	82.3	0	0	0
	1999	18	0.1	1.5	98.4	0	0
	2012	33	3.0	37.8	47.6	11.5	0.1
皇甫川	1981	13	2.3	98.7	0	0	0
	1999	21	0	99.3	0.7	0	0
	2012	32	0.1	35.5	64.3	0	0
延河	1981	30	0	61.5	29.1	9.4	0
	1999	26	0	79.3	20.3	0.4	0
	2012	63	0	0.2	10.5	63.9	25.4
泾河	1981	32	0	28.1	35.7	27.5	8.7
	1999	37	0	7.4	49.8	29.6	13.2
	2012	59	0	1.5	25.5	40.1	32.9
北洛河	1981	45	0	29.5	28.5	35.5	6.5
	1999	50	0	23.0	27.1	26.3	23.6
	2012	74	0	1.0	10.3	31.7	57.0
渭河	1981	42	0	26.9	38.9	28.4	5.8
	1999	52	0	3.2	46.6	34.3	15.9
	2012	69	0.2	0.8	18.8	35.9	44.3

资料来源：高健健等，2016

2.4.3 县域尺度

对陕西省的北部各县（区）1997 年和 2006 年景观指数分析（表 2-30）（王耀宗，2010）表明，两个时期内各个县（区）的多样性指数和均匀度指数均很小，说明区域内各土地利用景观类型比例差别较大。退耕前部分县区的景观类型多以耕地为主，退耕后多以林草地为主，由以前的耕地为主的格局逐渐向林草地为主要景观类型的格局变化；林草地质量和覆盖度进一步提高，分布形成规模。正是由于耕地这种空间布局规则的土地利用景观向林草这种不规则的景观类型转换，大多数县（区）的斑块个数和斑块密度均有所增加，景观类型的空间形状逐渐趋于复杂和不规则；空间形状复杂性增加，增加了生态系统的结构稳定性。

表 2-30　陕北黄土高原县域景观指数

研究区域		1997 年					2006 年				
		斑块个数	斑块密度 /(个/hm²)	平均斑块 形状指数	多样性 指数	均匀度 指数	斑块个数	斑块密度 /(个/hm²)	平均斑块 形状指数	多样性 指数	均匀度 指数
榆林	榆阳区	241 665	34.575	50.557	1.292	0.721	288 980	41.344	51.333	1.362	0.760
	神木县	169 268	22.855	117.881	1.275	0.655	194 503	26.257	137.941	1.138	0.585
	府谷县	48 430	15.236	103.835	0.759	0.438	61 055	19.196	109.104	0.517	0.289
	横山县	66 456	15.993	89.063	1.149	0.641	137 450	33.034	119.063	1.229	0.682
	靖边县	111 051	22.025	88.064	1.207	0.674	153 667	30.474	100.447	1.212	0.676
	定边县	196 118	28.705	141.791	1.131	0.561	196 118	28.705	141.791	1.131	0.561
	绥德县	45 935	25.187	86.585	0.755	0.421	42 516	23.312	121.091	0.767	0.428
	米脂县	18 326	15.894	55.462	0.751	0.42	24 940	21.63	68.662	0.782	0.436
	佳县	40 165	19.462	81.008	0.845	0.472	37 875	18.351	132.924	0.806	0.475
	吴堡县	13 185	30.916	55.244	0.694	0.387	8 470	19.849	57.732	0.686	0.383
	清涧县	31 572	17.039	104.418	0.774	0.432	64 041	34.559	129.424	0.824 4	0.460
	子洲县	26 493	13.35	91.710	0.742	0.414	51 537	26.015	126.730	0.771	0.431
延安	宝塔区	72 322	20.376	57.283	1.111	0.69	100 315	28.263	72.477	1.033	0.642
	延长县	48 820	20.984	88.757	0.968	0.601	57 988	24.922	136.372	0.834	0.518
	延川县	42 552	21.272	117.590	0.87	0.54	79 252	39.619	136.137	0.857	0.478
	子长县	36 447	15.008	100.161	0.807	0.451	82 145	33.825	140.351	0.755	0.422
	安塞县	38 170	12.734	107.371	1.008	0.572	76 492	25.797	123.771	0.853	0.476
	志丹县	68 784	18.44	98.661	1.097	0.682	76 548	20.521	124.367	0.958	0.535
	吴起县	89 121	23.483	148.860	0.94	0.525	91 799	24.188	109.591	0.726	0.451
	甘泉县	60 726	26.666	23.898	0.875	0.479	60 009	26.353	43.814	0.918	0.570
	富县	60 897	14.901	38.549	0.778	0.439	83 254	20.362	76.177	0.719	0.447
	洛川县	30 665	17.021	44.894	1.092	0.798	53 543	29.708	78.529	1.076	0.669
	宜川县	50 048	16.934	78.477	1.063	0.66	61 232	20.718	75.439	0.936	0.523
	黄龙县	23 669	8.606	35.318	0.586	0.348	32 086	11.632	47.606	0.437	0.271
	黄陵县	21 487	9.466	22.751	0.769	0.478	35 875	15.78	32.206	0.631	0.392

资料来源：王耀宗，2010

2.4.4 省级尺度

在黄土高原各省（自治区）中，1981～2012 年生长季植被覆盖度整体好转，表现为低植被覆盖度面积呈减小趋势，高植被覆盖度面积呈逐渐增加态势。其中，低植被覆盖度（<10%）变化最明显的是宁夏，面积比例由 14.8% 降低到 7.8%。高植被覆盖度（≥70%）河南增加最显著，面积比例由 4.8% 增加到 57.8%；陕西和山西次之，分别由 3.4% 和 2.2% 增加到 36.5% 和 37.8%（表2-31）。生长季平均植被覆盖度内蒙古最低，为 18%，河南、山西、青海、陕西、甘肃和宁夏分别为内蒙古的 3.13 倍、2.70 倍、2.68 倍、2.40 倍、1.88 倍和 1.21 倍。其中河南生长季植被覆盖度上升幅度最大，植被覆盖度由 46% 增加到 74%；陕西次之，由 35% 增加到 61%；内蒙古和宁夏生长季植被覆盖度年际间变化不明显，多在 20% 上下波动（图 2-50；高健健等，2016）。

表 2-31 黄土高原各省（自治区）不同植被覆盖度等级面积所占比例

省（自治区）	年份	不同覆盖度等级面积比例/%				
		覆盖度<10%	覆盖度 10%～30%	覆盖度 30%～50%	覆盖度 50%～70%	覆盖度≥70%
陕西	1981	3.4	46.7	25.3	19.5	3.4
	1999	0.1	46.1	17.6	22.5	13.7
	2012	0.4	10.5	25.5	27.1	36.5
山西	1981	0	22.1	53.5	22.2	2.2
	1999	0.1	13.6	52.8	29.4	4.1
	2012	0.2	2.4	23.1	36.4	37.8
甘肃	1981	9.3	59.1	20.1	10.3	1.2
	1999	1.6	40.0	44.2	9.1	5.0
	2012	4.3	21.3	28.2	28.3	17.9
宁夏	1981	14.8	66.8	16.2	2.1	0
	1999	7.0	61.5	28.3	2.9	0.3
	2012	7.8	49.4	22.8	17.2	2.8
内蒙古	1981	20.3	71.1	7.6	0.9	0
	1999	9.2	71.2	17.9	1.6	0.1
	2012	17.9	49.0	25.9	6.6	0.6
青海	1981	0.4	19.1	50.1	30.3	0.1
	1999	0.4	5.9	31.9	57.6	4.2
	2012	5.3	20.9	24.2	25.7	23.9
河南	1981	0	3.1	68.9	23.2	4.8
	1999	0	0.5	49.5	39.4	10.6
	2012	0.2	1.2	5.6	35.2	57.8

资料来源：高健健等，2016

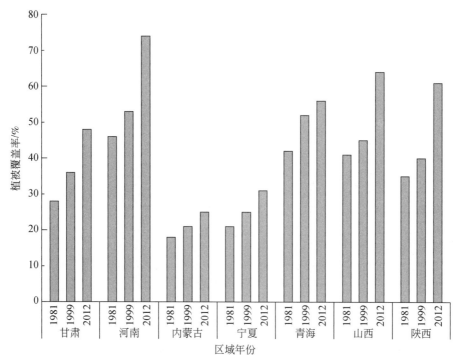

图 2-50 黄土高原植被覆盖时空变化特征

资料来源：高健健等，2016

2.4.5 黄土高原尺度

黄土高原地区（63.5 万 km²）年最大 NDVI 值在 1982 ~ 2005 年变化也呈现稳定趋势，但在 2006 ~ 2014 年植被 NDVI 值呈现较大幅度的上升趋势（张春森等，2016）。在空间分布上，黄土高原 NDVI 格局呈由东南向西北递减的态势；东南部地区 NDVI 值较高，其次是东部，而西北部干旱半干旱地区（荒漠、沙地以及裸岩）NDVI 值较低（张翀等，2012；张含玉等，2016）。在 2000 ~ 2014 年，NDVI 呈现增加和减小趋势的面积比例分别为 88.24% 和 11.76%；其中呈显著上升和极显著上升的面积分别占 14.92% 和 37.00%，而显著下降和极显著下降的面积仅占 0.96% 和 1.08%。NDVI 变化高值区主要分布在黄土丘陵沟壑区和黄土高原沟壑区等地区，这些地区多为旱地，为退耕还林还草实施的主要区域，植被变化较为剧烈；低值区主要集中在土石山区及黄土高原沟壑区的东部和西部的山区，这些地区的植被主要为针叶林和落叶阔叶林，变化相对稳定（表 2-32）（赵安周等，2016）。张含玉等（2016）对 1999 ~ 2013 年不同季节平均 NDVI 的分析表明，黄土高原春夏秋冬四季平均 NDVI 分别为 0.35、0.51、0.46 和 0.19。在开展退耕还林（草）工程后的 10 年内，春季 NDVI 增加面积占黄土高原地区总面积的 77.46%，夏季 NDVI 增加面积占 88.63%，秋季 NDVI 增加面积占 93.76%（焦俏，2016）。

表 2-32 黄土高原各地貌类型区 NDVI 值时间尺度变化

项目	黄土高原（总）	土石山区	河谷平原区	黄土丘陵沟壑区	黄土高原沟壑区	沙地和沙漠区	农灌区
2000 年	0.489 9	0.719 5	0.682 7	0.455 6	0.499 9	0.248 5	0.365 8
2005 年	0.532 6	0.749 8	0.717 3	0.525 9	0.548 9	0.262 5	0.388 1
2010 年	0.570 6	0.737 6	0.732 2	0.569 1	0.593 2	0.298 5	0.444 7
2014 年	0.578 6	0.754 3	0.752 7	0.594 5	0.602 5	0.312	0.460 9
平均值	0.533	0.736 1	0.721 2	0.536 3	0.561 1	0.280 4	0.414 9
标准差	0.026 2	0.010 8	0.025 6	0.052 6	0.040 7	0.025 8	0.039 2
增长率/%	14.11	4.84	10.25	30.49	20.52	25.55	25.30

资料来源：赵安周等，2016

　　黄土高原地区植被年均覆盖度从 2000 年的 19.82% 上升到 2008 年的 24.63%；年最大植被覆盖度和年最小植被覆盖度虽呈上升趋势，但不显著（刘宇和傅伯杰，2013）。在退耕还林（草）生态工程实施之前（1982~1998 年），大部分区域植被 NPP 变化不明显；1999 年后该区植被 NPP 增加趋势显著（史晓亮等，2016）。在 2001~2013 年，植被年均 NPP 整体呈显著增加趋势（$P<0.05$）；其中植被年均 NPP 在 2001 年最低，为 274.0g/(m²·a)；至 2015 年增长至最高，为 378.0g/(m²·a)；平均值为 333.0g/(m²·a)（图 2-51）（周夏飞等，2017）。另外，黄土高原植被 NPP 空间分布差异显著，表现出南高北低的特点，且不同植被类型 NPP 有较大差异，落叶阔叶林 NPP 值最高，年均 NPP 达 513.0g/m²；其次为常绿针叶林、草甸、农田、灌丛和草原（图 2-52）（史晓亮等，2016）。

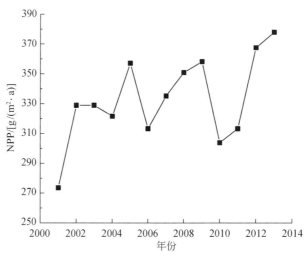

图 2-51 2001~2013 年黄土高原植被年平均 NPP 变化曲线

资料来源：周夏飞等，2017

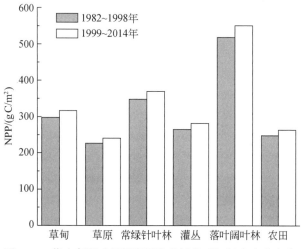

图 2-52　黄土高原时间尺度下各植被类型初级生产力变化

资料来源：史晓亮等，2016

2.5　小　结

（1）在调查的 174 个样方中，共有植物 132 种，隶属于 48 个科和 102 个属；属于禾本科、菊科、豆科和蔷薇科四大科的属和物种分别占总数的 46.08% 和 55.30%；植物属在地理成分上有 13 个分布类型和 11 个分布变型，其中北温带、世界分布、旧世界温带分布和泛热带分布成分占总属数的 70.6%，总物种数的 74.3%。植物生长型以多年生草本植物为主，占总物种的 51.5%；植物的水分生态类型以旱生、旱中生和中生植物为主，占总物种的 95.4%；植物生活型以地面芽的种类最多，占总物种的 41.7%；这反映了陕北丘陵沟壑区的土壤水分条件中生偏旱，适合于中旱生、中生及旱生植物的生长，且植被具有典型的温带地面芽植物气候特征。高频度且高盖度出现的物种不多，只有达乌里胡枝子、阿尔泰狗娃花、长芒草、猪毛蒿、铁杆蒿、赖草、茭蒿和白羊草具有较高的盖度和频度，为该区的主要优势物种，构成了不同组合的植物群落；而演替后期的物种如紫丁香、白刺花、黄刺玫、水栒子、侧柏、虎榛子、沙棘和辽东栎等虽可具有较高的盖度，但出现频率很低。

（2）1999 年退耕后的撂荒地植被和山杏+刺槐疏林地林下植被类型以白羊草和铁杆蒿群落为主，处于群落演替中后期；1999 年退耕后的刺槐林地林下植被以演替前期与中期的狗尾草、长芒草、赖草、墓头回和糙隐子草群落为主，与撂荒地相比，林下植被演替受到限制。与 1999 年退耕后的刺槐林地相比，1982 年退耕后的刺槐林地林下植被盖度得到了显著恢复。退耕后 8～17 年山杏+刺槐疏林地林下植被由演替前期发展到演替中期与后期群落。退耕后 25～34 年刺槐林地林分郁闭度为 0.40～0.67，林下植被由长芒草群落发展到青杞群落，演替方向发生改变。退耕后 25～34 年柠条锦鸡儿林地林分郁闭度为 0.40～0.65，林下植被类型稳定，始终为铁杆蒿群落。

（3）黄土丘陵沟壑区退耕坡面植被与土壤恢复力可从植被恢复演替进程、植被防治土壤侵蚀能力、土壤养分供应能力、土壤结构稳定性和土壤水分供应能力 5 个方面进行评价，群落演替度、植被盖度、土壤有机质含量、土壤水稳性团聚体含量和深层土壤含水量可分别为以上 5 个方面恢复力评价的替代指标。目前，退耕坡面植被恢复演替进程恢复力指数为 0.00 ~ 0.11；植被防治土壤侵蚀能力和土壤结构稳定性恢复力指数分别为 0.26 ~ 0.65 和 0.24 ~ 0.72，与植被恢复演替进程相比，恢复力较强，且部分退耕坡面的以上 2 个方面已接近稳定状态水平。1999 年退耕与 1982 年退耕的坡面土壤养分供应能力恢复力指数分别为 –0.02 ~ 0.02 与 0.37 ~ 0.40；1999 年退耕坡面的恢复力较弱，而 1982 年退耕坡面的恢复力较强但离稳定状态依然还有较长的距离。1999 年退耕后的撂荒地土壤水分供应能力恢复力指数为 0.45，而 1999 年退耕后与 1982 年退耕后的人工林地的土壤水分供应能力恢复力指数为 –0.89 ~ –0.42，人工林地土壤水分供应能力处于退化状态。1999 年退耕后的撂荒地恢复力发展的"短板"为植被恢复演替进程与土壤养分供应能力，刺槐林地和山杏+刺槐疏林地恢复力发展的"短板"为土壤水分供应能力、植被恢复演替进程与土壤养分供应能力；1982 年退耕后的刺槐林地与柠条锦鸡儿林地恢复力发展的"短板"为土壤水分供应能力与植被恢复演替进程。

（4）处于不同植被演替阶段的植被总体表现为演替早期群落发展快，稳定性差，而后期演替速率变小，群落相对稳定。自然恢复植被的盖度在长芒草和达乌里胡枝子群落阶段已得到显著恢复，平均达 40%；在白羊草阶段可达 60%；随着群落演替，物种数量增速缓慢。铁杆蒿群落和白羊草群落的群落稳定性和均匀度较高，已趋于稳定状态。自然恢复植被在以水枸子群落作为参照系统的评价体系中多处于不健康或警戒状态；在以紫丁香+铁杆蒿群落为参照系统的评价体系下多处于警戒状态或亚健康状态，甚至有个别处于沟谷地的茭蒿和铁杆蒿群落达到健康状态；在两种参照系统下，灌丛的健康状况均较草原植被型好，而且在不同的群落间表现出越是演替后期的群落，其健康状况越好，说明植被恢复的过程是系统健康良性发展的过程。人工刺槐林和人工柠条锦鸡儿林均在 20 ~ 30 年阶段发育成熟，人工沙棘林在 20 年左右发育成熟；人工林林下植被物种多样性随年限变化不明显，但物种均匀度随年限增加而上升，三种林分均在 20 ~ 30 年阶段达到群落稳定状态。

（5）在沟坡植被序列中，物种及形成群落的优势种主要为菊科、豆科和禾本科物种；生活型以多年生草本最多；在不同的群落中略有差异，峁顶和沟间地群落以草本为主，沟谷群落以灌木和乔木为主，苔藓只在阴坡潮湿的地方出现。水分生态型中，以旱生和中旱生植物种为主，其中峁顶和阳坡旱生植物比例最高，中生植物在深沟谷序列沟谷地各群落所占比例较其他群落高，湿生植物只出现在汇流段。深沟谷序列阴坡具有较高的物种多样性，指示了植被生态序列中的生境条件较好的区段，β 多样性指数在地形变化活跃的沟缘线区较高，指示了植被生态序列中地形与侵蚀发展活跃的区段。总之，短坡面深沟谷序列植被结构复杂，尤其是沟谷地多以灌乔木物种为优势种，而长坡面浅沟谷序列主要为草本和半灌木植物。同一序列中，阳坡物种较少，结构简单，多为演替早期中生和旱生性物种；相比之下，阴坡物种丰富，多为演替偏后期物种；同一坡面沟谷地较沟间地群落更趋于演替后期。黄土丘陵沟壑区坡沟自然植被生态系列状况，反映了由于地形差异导致的水与热等生态因子的空间差异而造成的植被恢复与分布状况。

（6）在小流域内，由于沟间和沟谷地地形条件的不同，沟谷地弃耕时间长，基本上已形成演替后期比较稳定的植物群落,且在沟底和沟坡可以形成较好的人工混交林群落。而对于沟间地,是黄土丘陵沟壑区农地的主要场所,退耕与坡度、距村庄的远近及水土保持政策等因素密切相关,从而形成了不同演替阶段的植物群落,且演替前期群落比例较大,而演替后期群落的比例较小。梯田田埂受耕作的影响大,植物以一二年生的草本为主;而坡地田埂保留着该区的优势灌木物种,且物种丰富度、多样性和盖度也大于梯田田埂植被。未破坏的老路边植被的物种丰富度、多样性和盖度较大,也相对高于田埂植被。沟沿线的植物基本包含了陕北黄土高原森林草原带次生演替各个阶段的主要植物种,是研究区次生演替的一个缩影;出现最多的物种是多年生草本,其次依次是一年生草本、灌木、小灌木、乔木、藤本和小乔木,其中灌木和乔木物种多为当地优势灌木虎榛子和酸枣等,指示着研究区植被恢复的方向。

(7)对于位于安塞县的典型小流域,在 2004 年农田均连片大面积分布,林地面积少且分布较破碎。到了 2015 年,农田大量减少,林地大量增加且分布更加团聚,林地和草地成为小流域主要的土地类型,分别占比 39.0% 和 45.3%。典型小流域植被恢复现状良好,小流域中 NDVI 较高(>0.6)的区域分布广,面积超过整个小流域的一半;而 NDVI 较低(<0.2)的区域仅不足流域面积的 2%。在安塞样区(410km^2)尺度,NDVI 值在 2000~2015 年显著增大;其中 2000~2005 年为大面积恢复期,2005~2015 年为高覆盖度恢复期。在 2000 年各植被等级面积分布较均匀,之后各时间段植被等级斑块均主要向较高等级的植被覆盖转移,至 2015 年已形成优等植被覆盖(>60%)为主导的状态。以优等植被覆盖为主的斑块类型团聚程度在 2000~2005 年大幅增加;在 2005 年之后,其余植被等级分布均匀,打破了优等植被覆盖斑块类型的团聚,景观分布更加均匀,景观更加多元化,植被恢复态势良好。在区域尺度上,植被覆盖度的年际变化表现为显著上升的趋势,低植被覆盖度面积减小,高植被覆盖度面积呈逐渐增加态势。以前的耕地为主的格局逐渐向林草地为主要景观类型的格局变化,林草地质量和覆盖度进一步提高,分布形成规模;景观类型的空间形状逐渐趋于复杂和不规则,空间形状复杂性增加,增加了生态系统的结构稳定性。

参 考 文 献

高健健,穆兴民,孙文义,2016. 1981~2012 年黄土高原植被覆盖度时空变化特征. 中国水土保持,(7):52-56.

焦俏. 2016. 基于微波遥感反演的黄土高原表层土壤水分变化及其对植被恢复的响应. 杨凌:西北农林科技大学博士学位论文.

刘宇,傅伯杰. 2013. 黄土高原植被覆盖度变化的地形分异及土地利用/覆被变化的影响. 干旱区地理,36(6):1097-1102.

彭少麟,方炜,任海,等. 1998. 鼎湖山厚壳桂群落演替过程的组成和结构动态. 植物生态学报,22(3):245-249.

任继周,南志标,郝敦元. 2000. 草业系统中的界面论. 草业学报,9(1):1-8.

史晓亮,杨志勇,王馨爽,等. 2016. 黄土高原植被净初级生产力的时空变化及其与气候因子的关系. 中国农业气象,(4):445-453.

王耀宗. 2010. 陕北黄土高原退耕还林还草工程生态效益评价. 杨凌:西北农林科技大学硕士学位论文.

王云强 . 2010. 黄土高原地区土壤干层的空间分布与影响因素 . 杨凌：中国科学院水土保持与生态环境研究中心博士学位论文 .

温仲明，焦峰，李静 . 2009. 黄土丘陵区纸坊沟流域植被自然演替阶段的识别与量化分析 . 水土保持研究, 16（5）：40-44.

雅罗申科 П. Д. 1960. 植被学说原理 . 李继侗，祝廷成，李博，等译 . 北京：科学出版社 .

张翀，任志远，李小燕 . 2012. 黄土高原植被对气温和降水的响应 . 中国农业科学, 45（20）：4205-4215.

张晨成，邵明安，王云强 . 2012. 黄土区坡面尺度不同植被类型下土壤干层的空间分布 . 农业工程学报, 28（17）：102-108.

张春森，胡艳，史晓亮 . 2016. 基于 AVHRR 和 MODIS NDVI 数据的黄土高原植被覆盖时空演变分析 . 应用科学学报, 34（6）：702-712.

张含玉，方怒放，史志华 . 2016. 黄土高原植被覆盖时空变化及其对气候因子的响应 . 生态学报, 36（13）：3960-3968.

张金屯 . 2004. 数量生态学 . 北京：科学出版社 .

郑元润 . 2000. 森林群落稳定性研究方法初探 . 林业科学, 36（5）：28-32.

赵安周，刘宪锋，朱秀芳，等 . 2016. 2000～2014 年黄土高原植被覆盖时空变化特征及其归因 . 中国环境科学, 36（5）：1568-1578.

周夏飞，马国霞，曹国志，等 . 2017. 2001～2013 年黄土高原植被净初级生产力时空变化及其归因 . 安徽农业科学, 45（14）：48-53.

De Moraes Sa J C, Tivet F, Lal R, et al. 2014. Long-term tillage systems impacts on soil C dynamics, soil resilience and agronomic productivity of a Brazilian Oxisol. Soil and Tillage Research, 136：38-50.

Lloret F, Keeling E G, Sala A. 2011. Components of tree resilience：effects of successive low-growth episodes in old ponderosa pine forests. Oikos, 120（12）：1909-1920.

Pellant M, Shaver P, Pyke D, et al. 2005. Interpreting indicators of rangeland health . Colorado：Division of Science Integration Branch of Publishing Services.

Seybold C A, Herrick J E, Brejda J J. 1999. Soil resilience：a fundamental component of soil quality. Soil Science, 164：224-234.

Tilman D. 1996. Biodiversity：population versus ecosystem stability. Ecology, 77（2）：350-363.

Tilman D, Downing J A. 1994. Biodiversity and stability in grasslands. Nature, 367（6461）：363-365.

Tilman D, Reich P B, Knops J M H. 2006. Biodiversity and ecosystem stability in a decade-long grassland experiment. Nature, 441（7093）：629-632.

第二篇

土壤侵蚀对植被恢复的影响

第3章　土壤侵蚀对种子生产与再分布的影响

本章作者：焦菊英　王东丽　王　宁　陈　宇　于卫洁

种子在生态系统中具有非常重要的地位，可将退化劣地转变为植被环境；而种苗建植则是受种子的有效性决定的（Alexander et al., 1994；Barberá et al., 2006）。种子的有效性是指单位面积距地面某深度土层中具有活性的植物种子数量；其首先取决于种子的产量与活性，其次是种子初级与次生掠夺，最终为种子在土壤中的有效储量（Jiao et al., 2009）。种子产量是保证种子植物更新的基础，是种子扩散的前提；植物只有具有大的结种量，才能增加其在复杂环境中的存活率。而扩散降落到地表的种子只有进入土壤并保持活力，且在适宜的生存环境条件下萌发，才能成为构成植被自然恢复过程中的有效种子；种子活性是植被恢复的重要保证。因此，种子有效性是植物生命史动态过程研究中不可缺少的重要内容。

土壤侵蚀对种子有效性的影响主要表现在对种子产量与活性、种子流失与迁移及土壤种子库的影响。土壤侵蚀可通过降低土壤养分与水分含量，进而对生活在该区域的植物产生胁迫效应，对种子的正常发育产生影响（不能形成受精胚芽而失去活性），致使土壤侵蚀严重区域的植物种子产量与活性明显低于土壤保护好的区域。例如，在西班牙中东部土壤侵蚀严重的坡面上，*Aegilops geniculata* 的种子产量明显低于土壤侵蚀较轻的坡面（Espigares et al., 2011）；在阿根廷中部森林山区，*Polylepis australis* 种子的活性随着草丛盖度的增加而增加，随着土壤侵蚀造成的岩石暴露面积的增加而减少（Renison et al., 2004）。另外，退化土地上植物的种子质量轻且小（Cierjacks and Hensen, 2004），会对幼苗建植和生长产生消极影响（Jakobsson and Eriksson, 2000；Hendrix et al., 1991）。自然状况下，土壤是陆生植物种子最主要的贮存库。在坡面径流容易发生的地区，坡面径流和泥沙运移会携带土壤表面和土壤中的种子，引起种子的流失；这在很大程度上会改变种子的初始存储状态，造成种子的再分布及土壤种子库物种组成与密度的改变，从而决定着种子的空间定居与植物更新的空间分布格局，进而对植被的恢复演替产生重要作用（Hampe, 2004；张玲等, 2004）。

本章通过对不同侵蚀立地环境下植物种子生产及土壤种子库调查，以及模拟降雨与天然降雨条件下土壤侵蚀过程中种子流失的观测，研究土壤侵蚀及其造成的立地环境对植物种子生产与活性、种子流失与再分布及土壤种子库的影响；并结合对撂荒坡面种子结种量、种子雨、种子流失、种子萌发和土壤种子库的调查，探明种子输入与输出特征及土壤侵蚀对种子有效性的影响，为该区植被恢复生态研究及植被恢复重建提供依据与支撑。

3.1　研　究　方　法

3.1.1　植物单株结种量调查

2011 年 11 月至 2013 年 6 月，在纸坊沟和宋家沟两个小流域选取 3 座典型的梁峁，由每个梁峁的南坡底部到顶部再到北坡底部选择阳沟坡、阳梁峁坡、梁峁顶、阴梁峁坡和阴沟坡 5 种具有不同侵蚀环境代表性的样地，共 15 个样地。基于课题组多年的研究结果，结合样地内植物的分布特征及物种重要值，选取样地内的主要物种，每个物种选取 6～10 株大小不同的植株作为种子生产测定对象，并记录植株的生长情况（高度、盖度和冠幅等），调查持续两年。通过调查植物种子百粒重和单株植株生殖枝数、单株植株/单位生殖枝的花序数/果实数及单位花序/单位果实的种子数等生产构件，来分析种子生产特征及其对土壤侵蚀环境的响应。各生产构件具体测定方法如下。

（1）种子百粒重的测定。每个物种设置 3～6 组重复，每组重复随机选择 100 粒大小不同且完好饱满的种子，采用万分之一天秤进行测定。

（2）单株植株生殖枝的测定。对不同侵蚀环境具有明显生殖分枝的主要物种分别调查（包括长芒草、达乌里胡枝子、铁杆蒿、茭蒿、白羊草和中华隐子草），每个物种选择 6～10 株植株进行生殖枝数的测定，记为 a_i。

（3）单株植株或单位生殖枝的花序数或果实数的测定。对不同侵蚀环境下的主要物种分别调查，对于阿尔泰狗娃花、菊叶委陵菜和墓头回，每个物种选取 3～6 株植株进行花序数的调查；对于长芒草、达乌里胡枝子、铁杆蒿、茭蒿、白羊草和中华隐子草，每株植株选取 3～10 枝生殖枝，进行花序数或果实数的测定；取平均值记为 b_i。

（4）单位花序或单位果实的种子数测定。对不同侵蚀环境下以花序或果实为结实单位的主要物种分别进行调查，其中长芒草、达乌里胡枝子、白羊草、中华隐子草和墓头回的单位果实的种子数为 1 个，而其他物种的单位花序或单位果实的种子数为多个。对于铁杆蒿和茭蒿，对每枝测定生殖枝设置 3 组重复，每组重复从生殖枝的不同部位随机选取 10 个花序测定其种子数，进而计算单个花序中种子数；对于阿尔泰狗娃花、菊叶委陵菜、白刺花和杠柳，从植株的不同部位选取 3～6 个花序或果实，测定单个花序或果实中种子数；将同一植株的所有重复取平均值记为 c_i。

（5）单株结种量的计算。对于铁杆蒿和茭蒿，结种量 $P = a_i \times b_i \times c_i$；对于长芒草、达乌里胡枝子、白羊草和中华隐子草，结种量 $P = a_i \times b_i$；对于阿尔泰狗娃花和菊叶委陵菜，种子产量 $P = b_i \times c_i$；对于墓头回，结种量 $P = b_i$。

3.1.2　植物单位面积种子产量调查及活性鉴定

2008 年 10 月在安塞杏子河的三个小流域（纸坊沟、大路沟和阳砭沟）内，对主要物种铁杆蒿、猪毛蒿、阿尔泰狗娃花、茭蒿、长芒草和白羊草选取不同侵蚀程度的样地（猪毛蒿 7 个，铁杆蒿和茭蒿 10 个，长芒草 5 个，阿尔泰狗娃花和白羊草 3 个），在 5m×5m 样方内的所有植株以标准枝为基准采集植株的部分种子，记录采集地的详细位置和地形因子（坡度、坡向、坡位、海拔等），并依据《土壤侵蚀分类分级标准》（SL 190—2007）及样地的植被长势状况与整地工程等将样地土壤侵蚀程度划分为轻度、中度、强烈、极强烈及剧烈。采集后的植株在室内风干，混合均匀，装入纸袋内以备种子量的估算。对于种子较小的物种，统计样方内植株或标准枝的数量，采取 20 株植株或标准枝，称取单个植株或标准枝种子总重，而后数取 100 粒样品种子称重，与总重相比较来计算整株或标准枝上的种子数量，进而计算样方内单位面积种子产量；对于种子较大的物种，直接统计单个植株或标准枝上种子的数量，进而计算样方内单位面积种子产量。

同时，根据种子的大小（重量）不同，随机选取 100 粒（铁杆蒿、猪毛蒿和茭蒿）或 50 粒（阿尔泰狗娃花、长芒草和白羊草）放入铺有滤纸的直径为 9cm 培养皿中进行萌发，重复 3 次。在人工气候培养箱（RX-380C）内进行，白天（光照时段）取 13h、温度 25℃、光照 8800lx 及湿度 60%；夜晚（黑暗时段）取 11h 和温度 16℃。胚根出现即认为已经萌发，也就是种子具有活性。有种子开始发芽后，每天记数萌发种子数量，并将萌发种子移走；同时，每天加入蒸馏水以保证滤纸湿润。记数直到连续 5d 不出现有发芽种子时为止。其中萌发指标如下。

（1）萌发率（%）＝种子发芽总数/供试种子数×100%；

（2）萌发时滞（d），即萌发开始的时间，就是从萌发试验开始到第 1 粒种子开始萌发所持续的时间；

（3）萌发持续时间（d），是指萌发开始到结束总共持续的时间；

（4）T50 和 T90 分别是达最终发芽数 50% 和 90% 比例的萌发时间，作为种子萌发完成一半及萌发大致结束的两个衡量指标（闫巧玲等，2007）。

3.1.3　种子流失与再分布试验

1. 模拟降雨试验

供试种子包括 60 种植物，分别为阿尔泰狗娃花、白头翁、白羊草、墓头回、长芒草、绳虫实、臭椿、刺槐、葱皮忍冬、达乌里胡枝子、大蓟、大针茅、地黄、地梢瓜、紫丁香、杜梨、鹅观草、风毛菊、甘草、杠柳、狗尾草、灌木铁线莲、鬼针草、虎榛子、黄柏刺、黄刺玫、灰叶黄耆、火炬树、角蒿、魁蓟、白刺花、连翘、牻牛儿苗、蒲公英、茜草、芹叶铁线莲、斜茎黄耆、沙棘、砂珍棘豆、山丹、水栒子、酸枣、唐松草、天门冬、菊叶委陵菜、香青兰、亚麻、野葱、野胡萝卜、野豌豆、益母草、远志、猪毛菜、鹤虱、扁核木、中华隐子草、草木犀、芦苇、山苦荬和侧柏。每场降雨选择 20 个物种的种子进行试验，每个物种放置 10 粒种子，每个土槽上总计放置 200 粒种子。所有的种子均放置在距土槽顶部 70 ~ 150cm 的范围内；种子均按水平线形布设，同一物种的种子布设在同一水平线上，每个水平线上布设 2 ~ 3 个物种，每两条线之间间隔 10cm。坡面为裸坡，降雨强度为 100mm/h，土槽坡度为 20°，降雨历时 30min，每场降雨设置 3 槽次的重复。

同时，设置裸坡、具草被坡面和具草被+蹄印坡面 3 个不同的下垫面处理，其中裸坡为对照。草被选取陕北黄土丘陵沟壑区多年生禾本科植物白羊草，设计草被盖度约为40%；从研究区安塞县采集白羊草整株直接移于槽内，并将土槽坡度调节到对应坡度后（目的是利于草被垂直生长）放置在室外，待其生长 2 个月，达到试验设计要求后开始人工降雨模拟试验。按照该区主要的干扰形式，在试验土槽内设计牛蹄印，牛蹄印采用自制的蹄印模型，按 5 个/m² 在地表进行模拟。选取该区易发生流失的植物种子进行模拟降雨试验，包括阿尔泰狗娃花、达乌里胡枝子、白羊草、杠柳和白刺花等，另外选取黄土丘陵沟壑区的灌木物种水枸子和紫丁香作为供试种子。按照不同的形态特征，较大的种子（杠柳、水枸子、白刺花和紫丁香）每种布设 10 个，较小的种子（达乌里胡枝子、阿尔泰狗娃花和白羊草）每种布设 20 个，每个土槽共布设 100 粒种子。将种子按物种平均分成 2组，采用线性布设的方法，每组均布设两行种子，每行之间间隔 10cm。一组布设在距土槽顶部 100~120cm 范围内（共 50 个），另一组布设在距土槽顶部 130~150cm 范围内（共 50 个）。同一物种的种子布设在同一条水平线上，并对每个物种的布设位置进行记录，以便于量取雨后种子的位移。两组种子采用染色与不染色加以区分。参照黄土高原的典型降雨特征，选定 6 个降雨强度（25mm/h、50mm/h、75mm/h、100mm/h、125mm/h 和150mm/h）进行降雨试验，降雨历时为 30min；对于降雨强度 25mm/h、50mm/h 和 75mm/h，延长降雨历时至 60min；试验坡度均为 20°。根据降雨强度和坡度，结合 3 个不同的下垫面处理，设计不同的试验组合，每个处理设置 2 槽次重复，每场降雨放置 3 个槽子，共计进行降雨 12 场次。

具体的降雨试验过程及样品采集如下。

（1）每场降雨之前，把种子按试验设计布设于土槽内，并对土槽内的种子数量和位置进行记录；并预先进行 6min 的雨强率定，以达到降雨的均匀度和降雨强度要求，保证每场降雨均匀度在 80% 以上。然后将试验土槽放置在降雨区域准备开始试验。

（2）降雨开始后，用秒表计时，并记录产流开始时间；产流以后采取全样收集法采集径流泥沙样品，根据径流量大小每 2~3min 收集一次。

（3）降雨停止后记录径流延续时间，并收集每个土槽的延续径流泥沙样；记录坡面上及集流槽内残留物种的数量，并对每个残留在坡面的种子距降雨开始前的布设位置之间的距离进行测量，已经流失的种子的迁移距离按其摆放的初始位置至土槽集流出水口的距离计算；最后将土槽置于室外避雨区域，放置一周，准备下一场降雨。

（4）测定径流量和产沙量。先测量每一个径流泥沙样的体积和重量。经过数小时静置后，用 0.25mm 孔径的土壤筛过滤每一个径流样，并记录每个时段内径流中种子的数量；然后将含水泥沙样置于烘样盒中，在 105℃ 下于烘箱中烘干；最后称取烘干泥沙重，并计算相应阶段的径流量。

（5）统计种子流失率与迁移率。待泥沙样烘干并称重后，轻轻将泥沙样敲碎，置于0.25mm 的土壤筛中，用细缓的水流对泥沙样进行冲刷，直至土样完全冲刷掉；在土壤筛上剩余的杂质中，查找并记录每个时段泥沙样中种子的数量。种子流失的总量包括径流样、泥沙样和停留在集流槽中所有种子数量的总和。种子的迁移率和流失率的计算公式：

$$种子迁移率 = \frac{发生位移的种子数量（含流失数量）}{种子总数量} \times 100\%$$

$$种子流失率=\frac{种子流失数量}{种子总数量}\times100\%$$

2. 野外径流小区种子流失监测

在陕北安塞纸坊沟小流域选择立地条件和植被特征相似的三个撂荒坡面，来观测坡面的种子随径流泥沙的流失情况。三个撂荒阳坡的退耕年限为7年，位置相邻，植被盖度约为30%，坡度11°~38°，约一半的区域坡度大于30°；坡面上广泛分布着猪毛蒿、长芒草和白羊草等群落。在每个坡面均匀布设9个径流小区，即采用高为20cm的塑料板，将10cm埋入土壤中，建成长2m和宽1m的径流小区。径流小区之间的间隔5~10m，并在径流小区顺坡上方设置"人"字形导流隔板，以防止上方坡面汇流的影响。将0.15mm的纱网袋固定于小区出口处，收集径流泥沙中所携带的种子。在2011年4月至2012年4月，每次侵蚀性降雨过后对纱网袋进行收集并更换，将纱网袋中的种子带回实验室风干且过筛除去枯落物后，依据实验室中已建立的该研究区域的种子标本库鉴定出各物种，并统计各物种种子（种子完整、饱满且无动物啃食痕迹）的数量。对于个别难以鉴定的物种，通过萌发实验待开花后鉴定。

3.1.4 土壤种子库调查

在黄土丘陵沟壑区安塞县的纸坊沟小流域，选择四个典型坡沟汇水侵蚀单元：两个自然恢复单元，即深沟谷短坡面（单元Ⅰ）和浅沟谷长坡面（单元Ⅱ）；两个人工恢复单元，自然沟谷人工柠条锦鸡儿林坡面（单元Ⅲ）和人工刺槐林坡面（单元Ⅳ）。将每个侵蚀单元从分水岭到沟沿线划分为3个侵蚀带（溅蚀面蚀带、细沟侵蚀带及浅沟侵蚀带）；单元Ⅰ、单元Ⅱ和单元Ⅲ沟坡分为2个样带（临近沟沿线的沟坡样带和接近沟底的沟坡样带）；单元Ⅳ无沟坡样地。在每个样带设置3个5m×5m样方。样地基本情况如表3-1所示。

表3-1 样地基本情况

样带号	坡向	坡度/(°)	主要物种	盖度/%	侵蚀类型
Ⅰ-1	阳坡	5	铁杆蒿，阿尔泰狗娃花	40	片蚀
		5	铁杆蒿，长芒草	35	片蚀
		8	长芒草，铁杆蒿	20	片蚀
Ⅰ-2	阳坡	27	茭蒿，猪毛蒿	20	片蚀、细沟
		23	猪毛蒿，茭蒿	25	片蚀、细沟
		25	中华隐子草，达乌里胡枝子	20	片蚀、细沟
Ⅰ-3	阳坡	25	铁杆蒿，猪毛蒿	20	片蚀、细沟、浅沟
		20	白羊草，茭蒿	25	片蚀、细沟、浅沟
		23	赖草	35	片蚀、细沟

样带号	坡向	坡度/(°)	主要物种	盖度/%	侵蚀类型
I-4	阳坡	35	茭蒿，铁杆蒿，白刺花	45	片蚀
		42	白刺花	50	片蚀
		35	茭蒿，白刺花	45	片蚀
I-5	阳坡	45	铁杆蒿	50	片蚀、细沟、重力
		30	铁杆蒿	70	片蚀、细沟
		30	铁杆蒿，茭蒿	40	片蚀、细沟
II-1	半阴	15	猪毛蒿	20	片蚀
		16	猪毛蒿	20	片蚀
		15	猪毛蒿	25	片蚀
II-2	半阴	17	阿尔泰狗娃花，长芒草	12	细沟
		20	猪毛蒿，阿尔泰狗娃花，长芒草	12	细沟
		18	猪毛蒿	10	细沟
II-3	半阴	20	猪毛蒿	15	细沟、浅沟
		28	猪毛蒿，阿尔泰狗娃花	20	细沟、浅沟
		25	猪毛蒿	30	细沟、浅沟
II-4	半阴	28	猪毛蒿	10	片蚀、细沟、浅沟
		22	猪毛蒿	20	细沟、浅沟
		25	猪毛蒿，铁杆蒿	16	细沟、浅沟
II-5	半阴	30	铁杆蒿	70	片蚀
		28	长芒草，中华隐子草	45	片蚀、重力
		40	铁杆蒿	50	片蚀、重力
III-1	阴坡	5	柠条锦鸡儿	20	片蚀
		5	柠条锦鸡儿	40	片蚀
		5	柠条锦鸡儿	45	片蚀
III-2	阴坡	25	柠条锦鸡儿，铁杆蒿	50	片蚀
		23	柠条锦鸡儿，铁杆蒿	65	片蚀
		28	柠条锦鸡儿，铁杆蒿	50	片蚀
III-3	阴坡	22	柠条锦鸡儿，铁杆蒿	50	细沟、浅沟
		25	柠条锦鸡儿，铁杆蒿	75	细沟、浅沟
		20	柠条锦鸡儿，铁杆蒿	65	细沟、浅沟
III-4	阴坡	28	铁杆蒿，野菊	60	细沟、重力
		35	铁杆蒿，杠柳	60	细沟、重力
		30	铁杆蒿，茭蒿	60	细沟、重力

样带号	坡向	坡度/(°)	主要物种	盖度/%	侵蚀类型
Ⅲ-5	阴坡	45	铁杆蒿	50	片蚀、细沟、重力
		45	铁杆蒿	60	片蚀、细沟、重力
		45	铁杆蒿，墓头回，星毛委陵菜	60	片蚀、细沟、重力
Ⅳ-1	阳坡	20	刺槐，长芒草	50	片蚀
		20	刺槐，长芒草	50	片蚀
		20	刺槐，长芒草	50	片蚀
Ⅳ-2	阳坡	40	刺槐，长芒草	60	片蚀
		30	刺槐，长芒草	55	片蚀
		25	刺槐，长芒草	60	片蚀
Ⅳ-3	阳坡	30	刺槐，长芒草	60	片蚀
		25	刺槐，长芒草	50	片蚀
		25	刺槐，长芒草	50	片蚀

注：Ⅰ、Ⅱ、Ⅲ和Ⅳ分别代表四个侵蚀单元；1、2 和 3 分别代表坡面溅蚀面蚀带、细沟侵蚀带及浅沟侵蚀带，4 和 5 分别代表临近沟沿线的沟坡样带和接近沟底的沟坡样带。

在每个样方内，用直径 4.8cm 的土钻分 0～2cm、2～5cm 和 5～10cm 土层进行采样，每个样方采集 20 个土钻样混合后待用。同时，在单元 Ⅰ 和单元 Ⅱ 的淤积微地形（包括坡面的草丛下和鱼鳞坑）及单元 Ⅰ、单元 Ⅱ 和单元 Ⅲ 的沟道淤积处进行采样，采样分 0～5cm 和 5～10cm 两层，在相应侵蚀带同种微地形下采集 20 个土钻样混合备用。土壤种子库取样分别在 2008 年和 2009 年的 4 月、8 月和 10 月进行，采集的土样风干后存放在纸袋中，一年三次采集的土样集中在一次萌发；萌发试验前对土壤样品过 0.15mm 筛去除细土，这样既能浓缩土样以节省萌发试验所用空间，又能改善土壤条件促进萌发。萌发试验分别在 2009 年和 2010 年春季进行；试验布设在黄土高原土壤侵蚀与旱地农业国家重点试验室人工干旱气候模拟大厅的温室内，可以调节光照、温度和湿度。在 20cm×30cm×8cm 的铺有 2cm 厚珍珠岩的塑料盘中进行萌发，土层厚度保持在 0.5cm 左右。定时洒水，使土壤保持适宜的湿度。试验期间温度变化在 15～30℃，平均温度 25℃。试验期间，每天观测并标记出苗，待鉴定后拔除；而对于不能鉴定的幼苗进行移栽，等开花后再鉴定；对于禾本科较难鉴定的物种，详细记录其出苗时子叶的形态特征、叶脉特征和叶表皮毛特征等作为综合指标以鉴定物种。试验期间每月翻土一次以促进种子的萌发；试验共持续 4 个多月，在连续两周无幼苗萌发后结束试验。最后，依据采样面积和每份土样萌发的幼苗数及鉴定物种数，来计算出单位面积的种子库密度和物种丰富度。

3.1.5 撂荒坡面种子输入与输出动态监测

在安塞纸坊沟小流域选择三个典型坡面，每个坡面选择上、中和下 3 个样带，在 2010 年和 2013 年对坡面种子输入与输出进行监测，包括种子产量的测算与种子雨和侵蚀过程中流失种子的收集以及土壤种子库、幼苗和植被调查，具体见表 3-2。

表3-2 撂荒坡面种子输入输出监测内容、时间与数量

监测内容	调查频次	调查期间（年.月）	采样量
种子生产	种子成熟期	2011.04～2012.11	27 个固定样方（2m×2m），每个物种 20 株
种子雨	每月 1 次	2010.11～2013.05	90 个收集器
种子流失	每月 1 次	2011.04～2012.10	27 个径流小区（2m×1m）
土壤种子库	2 次	2011.04；2013.04	9 个样地，每个样地 20 土核，分 0～2cm、2～5cm 和 5～10cm 土层取样
幼苗	每月 1 次	2011.04～2012.10	81 个固定样方（50cm×50cm）
地上植被	2 次	2011.08；2012.08	27 个样方（2m×2m）

3.2 结果与分析

3.2.1 不同侵蚀环境下植物的单株结种量

对于主要物种在坡沟不同侵蚀环境下单株结种量，采用多独立样本非参数检验进行差异性检验，发现只有铁杆蒿（$P=0.615>0.05$）和墓头回（$P=0.169>0.05$）的单株结种量在坡沟不同侵蚀环境间没有显著差异，其他物种的单株结种量在不同侵蚀环境间均存在显著性差异（$P<0.05$）（表3-3）。对于具体的物种而言，长芒草和白羊草单株结种量在阳沟坡环境下最小，中华隐子草的单株结种量在阳沟坡环境下也较小；由于这些禾草具有较强的营养繁殖能力，营养繁殖方式可能在条件恶劣的阳沟坡环境下成功更新的概率更大，故它们选择减少种子生产的策略来适应恶劣的环境，将更多的资源给予有利更新的繁殖方式。白羊草和中华隐子草的单株结种量在梁峁顶环境下最大；由于梁峁顶坡度平缓，土壤侵蚀较弱，立地条件较好，它们将大量的资源供给种子繁殖，增加后代更新与扩散的概率。阿尔泰狗娃花、铁杆蒿、茭蒿和达乌里胡枝子的单株结种量在阳沟坡环境下都最大，这些物种选择大量的种子生产来增加成功繁殖与更新的概率；同时，阿尔泰狗娃花、茭蒿和达乌里胡枝子的单株结种量在梁峁顶环境下也较大。菊叶委陵菜的单株结种量表现为在梁峁顶和阳沟坡下都较大，而且在梁峁顶环境下最大（图3-1）。可见，坡沟不同侵蚀环境下植物种子生产的差异，体现了植物适应不同侵蚀环境的生产策略。下面进一步从种子百粒重和单株植株生殖枝数、单株植株/单位生殖枝的花序数/果实数及单位花序/单位果实的种子数等生产构件，来分析不同侵蚀环境对植物种子生产的影响。

表3-3 主要物种在坡沟不同侵蚀环境间单株结种量的 K-W 检验

物种	卡方统计量	相伴概率
阿尔泰狗娃花	12.986	0.011
长芒草	37.203	0.000
白羊草	12.057	0.002
铁杆蒿	6.434	0.615
茭蒿	21.069	0.000

续表

物种	卡方统计量	相伴概率
达乌里胡枝子	9.871	0.043
菊叶委陵菜	18.727	0.001
中华隐子草	16.252	0.001
墓头回	0.973	0.169

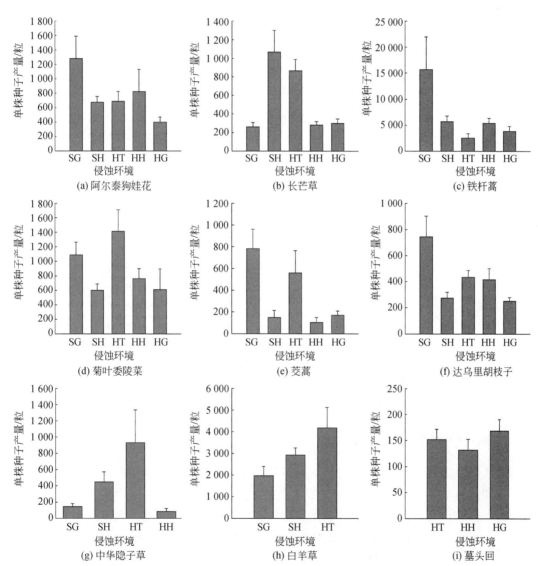

图 3-1 不同侵蚀环境下主要物种单株结种量

SG 为阳沟坡；SH 为阳梁峁坡；HT 为梁峁顶；HH 为阴梁峁坡；HG 为阴沟坡

1. 种子百粒重

在不同侵蚀环境下，主要物种的种子百粒重表现出不同的差异性。阿尔泰狗娃花的种子百粒重在阳沟坡最大，与在阳梁峁坡的之间存在极显著的差异，还显著大于在阴梁峁坡的；长芒草在阴沟坡种子百粒重显著大于其他侵蚀环境的种子百粒重，而且差异性达到极显著水平；达乌里胡枝子的种子百粒重在沟坡环境显著大于在其他环境，而且表现为在阴坡环境大于在阳坡环境；菊叶委陵菜的种子百粒重在阳沟坡环境最小，与在阳梁峁坡的差异性达到极显著水平，且种子百粒重在沟坡环境小于在其他环境下；铁杆蒿的种子百粒重在阳坡环境小于在其他环境，在阳沟坡环境与阴梁峁坡环境下差异显著；茭蒿的种子百粒重在阴沟坡最大，与在其他环境存在极显著差异，且在阳坡环境小于在其他环境；白羊草和中华隐子草种子百粒重在梁峁顶显著大于在阳坡环境（表3-4）。可见，长芒草、铁杆蒿、茭蒿、白羊草、中华隐子草和菊叶委陵菜的种子百粒重均在环境恶劣的阳坡小于条件相对较好的梁峁顶和阴坡；受立地环境条件限制，表现为通过减小种子大小来适应环境条件恶化的策略。而阿尔泰狗娃花的种子百粒重在土壤水分和养分等条件最恶劣的阳沟坡（而且阳坡的光胁迫也较大）均较大；这些物种选择生产相对较大的种子来适应严酷的环境胁迫，这类策略的优势在于大的种子通常能长出大的幼苗，较大的初始幼苗能更好地应对环境胁迫与外界干扰（如竞争、干旱和土壤侵蚀等），具有较高的存活率。

表 3-4　沟坡不同侵蚀环境主要物种的种子百粒重

物种	种子百粒重（平均值±标准误）/g				
	阳沟坡	阳梁峁坡	梁峁顶	阴梁峁坡	阴沟坡
阿尔泰狗娃花	0.044±0.002 Bb	0.035±0.001 Aa	0.040±0.003 ab	0.038±0.001 a	0.039±0.001ab
长芒草	0.087±0.003 A	0.091±0.004 A	0.096±0.001 A	0.078±0.010 A	0.544±0.015 B
达乌里胡枝子	0.183±0.009 B	0.162±0.004 A	0.160±0.004 A	0.160±0.002 A	0.188±0.005 B
菊叶委陵菜	0.030±0.001 Bb	0.037±0.002 Aa	0.033±0.001 ab	0.033±0.001 ab	0.032±0.002 b
铁杆蒿	0.008±0.000 a	0.008±0.001 ab	0.009±0.000 ab	0.009±0.000 b	0.009±0.000 ab
茭蒿	0.006±0.000 Cc	0.006±0.000 Cc	0.008±0.000 Bb	0.007±0.000 BCbc	0.010±0.000 Aa
白羊草	0.041±0.001 B	0.041±0.001 B	0.050±0.000 A		
中华隐子草	0.018±0.001 a	0.017±0.001 Aa	0.023±0.001 Bb		

注：同一行中不同的大写字母表示差异显著性达到 0.01 水平，不同的小写字母表示差异显著性达到 0.05 水平。

2. 种子生产构件

主要物种的生产构件在沟坡不同侵蚀环境下的表现也各不相同。阿尔泰狗娃花的单株花序数和达乌里胡枝子的单位生殖枝的果实数在侵蚀强烈的阳沟坡最大，分别为（33.2±6.2）个和（269.6±42.8）个；而且阿尔泰狗娃花的单位花序的种子数和达乌里胡枝子的生殖枝数均在阳沟坡最多，表现出在条件恶劣的立地环境具有较强的种子生产力，选择加大各生产构件的投入来应对环境胁迫恶化的种子生产策略。菊叶委陵菜单位花序的种子数在阳沟坡、阴沟坡和梁峁顶都较大；但单位植株的花序数在阴沟坡较小，在梁峁顶和阳沟坡却较大；可见菊叶委陵菜在水分条件较好且光照较弱的阴沟坡环境下花序数与单位花序的种子数之间存在均衡，不会对所有生产构件投入资源，选择将资源加注在单位花序的种子量上。铁杆蒿的单株生殖枝数在阴坡环境显著小于在其他侵蚀环境，单位花序的种子数也表现为阴坡低于其他侵蚀环境，单位生殖枝数在阴沟坡环境下也最少，可见铁杆蒿选择加大各生产构件的投入来应对环境胁迫恶化的种子生产策略。茭蒿的单株生殖枝数和单位花序的种子数表现为阴坡低于其他侵蚀环境,特别是单株生殖枝数在梁峁顶上显著大于在其他环境下,而单位生殖枝的花序数在阳沟坡和阴沟坡环境下较大;可见茭蒿在阴坡环境则通过加大单位生殖枝的花序数与减少生殖枝数和单位花序的种子数来均衡种子生产,在阳沟坡表现出加大各生产构件投入来应对阳坡恶劣环境的胁迫。长芒草、白羊草和中华隐子草 3 种多年生禾草的单株生殖数在阳梁峁坡最大,在梁峁顶次之;长芒草单位生殖枝的果实数仍在阳梁峁坡最大,而白羊草和中华隐子草单位生殖枝的果实数在梁峁顶较阳梁峁坡大;禾本科植物在侵蚀较强的阳沟坡选择减少种子生产来适应环境,可能与其具有较强的营养繁殖能力有关,把资源加注到营养繁殖更新方式上 (图 3-2)。

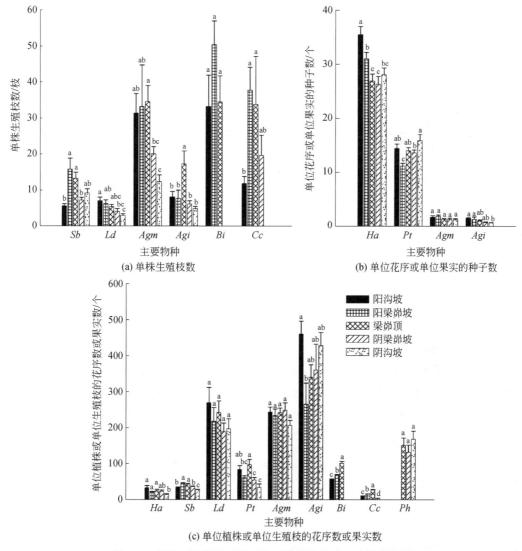

图 3-2 沟坡不同侵蚀环境下主要物种的种子生产构件特征

Ha 为阿尔泰狗娃花;*Sb* 为长芒草;*Ld* 为达乌里胡枝子;*Pt* 为菊叶委陵菜;*Agm* 为铁杆蒿;*Agi* 为茭蒿;*Bi* 为白羊草;
Cc 为中华隐子草;*Ph* 为墓头回。同一物种柱上不同小写字母表示差异显著性达到 0.05 水平

3.2.2　土壤侵蚀对种子生产与活性的影响

1. 种子产量

对于不同的物种来说，不同样地三种蒿类的种子产量较高，阿尔泰狗娃花和白羊草以及长芒草的产量较低。不同样地间单位面积的平均产量为猪毛蒿>茭蒿>铁杆蒿>阿尔泰狗娃花>白羊草>长芒草。对不同侵蚀程度样地，六种植物种子产量通过单因素方差分析与LSD多重比较可知：种子产量与土壤侵蚀程度有密切的关系，即土壤侵蚀越严重的样地，其种子产量越低。对于猪毛蒿，不同样地种子产量的变化范围为（5.13±0.35）~（52.45±2.01）万粒/m²，7个样地间种子产量平均值为16.40万粒/m²；其中样地3的侵蚀程度轻，其种子产量最大，与其他样地之间存在显著的差异（$P<0.05$）；样地7的侵蚀程度强烈，种子产量最低，显著低于样地3、样地5和样地6（$P<0.05$）。对于铁杆蒿，不同样地种子产量的变化范围为（0.09±0.01）~（1.16±0.05）万粒/m²，10个样地种子产量平均值为0.42万粒/m²；其中样地17的侵蚀程度为中度，种子产量最高，与其他样地之间存在显著的差异（$P<0.05$）；样地12的侵蚀程度极强烈，种子产量最低，与除样地16外的其他样地之间存在显著的差异（$P<0.05$）。对于茭蒿，不同样地种子产量的变化范围为（0.01±0.0005）~（4.67±0.07）万粒/m²，10个样地种子产量的均值为0.75万粒/m²；其中样地26的侵蚀程度为轻度，产量最高，与其他样地之间存在显著的差异（$P<0.05$）；样地22的侵蚀程度为极强烈，产量最低，与除样地23和样地18外的其他样地之间均存在显著的差异（$P<0.05$）。不同样地阿尔泰狗娃花种子产量的变化范围为（0.69±0.03）~（1.19±0.10）万粒/m²，3个样地的平均产量为0.91万粒/m²；样地28与样地30的土壤侵蚀程度为轻度，样地29的侵蚀强烈；样地28的种子产量高于样地29，且存在显著差异（$P<0.05$）。不同样地白羊草种子的产量变化范围为（0.04±0.002）~（0.11±0.003）万粒/m²，3个样地的平均产量为0.06万粒/m²，其中样地33的产量最高，样地31的侵蚀程度为中度，较其他两个样地的侵蚀较严重，其种子产量最低，且与样地33存在显著差异（$P<0.05$）。对于长芒草，不同样地种子产量的变化范围为（0.01±0.0001）~（0.05±0.002）万粒/m²，5个样地的平均产量为0.03万粒/m²；样地38的侵蚀程度为轻度，其种子产量最高，与其他样地间存在显著的差异（$P<0.05$）；样地34的侵蚀程度为强烈，其种子产量最低，也与其他样地间存在显著的差异（$P<0.05$）（表3-5）。

表3-5　不同样地的植物单位面积种子产量

植物	样地	坡度/(°)	坡形	坡位	坡向	植被盖度/%	平均高度/cm	土壤侵蚀程度	种子产量（平均值±标准误）/（万粒/m²）
猪毛蒿	1	15	直	沟坡下	北偏西25°	35	58	轻度	8.41±0.30 c
	2	24	凸	坡上	南偏西9°	35	55	中度	9.49±0.78 c
	3	13	直	坡上	西偏南23°	30	65	轻度	52.45±2.01 a

续表

植物	样地	坡度/(°)	坡形	坡位	坡向	植被盖度/%	平均高度/cm	土壤侵蚀程度	种子产量（平均值±标准误）/（万粒/m²）
猪毛蒿	4	30	直	坡下（鱼鳞坑）	西偏南25°	30	73	中度	8.12±0.45 c
	5	23	直	坡中	东偏北20°	33	53	中度	15.09±0.57 b
	6	13	直	坡上	北偏东30°	30	45	强烈	16.09±0.22 b
	7	6	直	坡顶	东偏北15°	20	22	强烈	5.13±0.35 d
铁杆蒿	8	32	直	沟坡上	南偏西25°	30	60	强烈	0.31±0.03 de
	9	25	直	坡下（鱼鳞坑）	南偏西30°	25	50	强烈	0.45±0.02 c
	10	22	凹	坡上	北偏东10°	33	48	中度	0.22±0.02 f
	11	15	直	坡中（鱼鳞坑/水平阶）	西偏北27°	27	70	强烈	0.36±0.04 d
	12	23	直	坡中下	北偏东10°	28	55	极强烈	0.09±0.01 g
	13	23	凹	坡中	东偏北40°	27	41	强烈	0.22±0.03 f
	14	5	直	坡上（鱼鳞坑）	北偏西10°	28	51	中度	0.96±0.03 b
	15	45	直	坡下	东偏北10°	20	50	强烈	0.23±0.02 ef
	16	42	直	坡中	北偏东30°	30	40	强烈	0.16±0.01 fg
	17	22	直	坡上	西偏南40°	35	50	中度	1.16±0.05 a
茭蒿	18	23	凹	坡下	西偏南29°	30	55	中度	0.02±0.002 f
	19	16	直	坡中	北偏西25°	25	45	强烈	0.37±0.05 d
	20	32	凸	坡下	南偏西20°	15	53	强烈	0.31±0.03 d
	21	45	直	沟坡上	南偏东20°	20	45	强烈	0.12±0.02 e
	22	30	直	沟坡上	北偏西20°	30	37	极强烈	0.01±0.0005 f
	23	45	直	坡下	东偏北10°	20	50	强烈	0.01±0.0008 f
	24	45	直	坡中	东偏北20°	29	45	强烈	0.63±0.05 c
	25	30	直	坡中下	北偏东25°	32	34	强烈	0.18±0.01 e
	26	23	直	坡下	北偏东30°	65	80	轻度	4.67±0.07 a
	27	27	直	坡下	西偏南10°	40	49	中度	1.17±0.03 b
阿尔泰狗娃花	28	5	峁顶	坡上	南偏西15°	30	19	轻度	1.19±0.10 a
	29	23	凸	坡中上	南偏西35°	22	25	强烈	0.69±0.03 b
	30	25	直	坡下	南偏东30°	33	30	轻度	0.86±0.08 b
白羊草	31	28	直	坡中	南偏西20°	70	23	中度	0.04±0.002 b
	32	25	直	坡下	南偏西10°	75	55	轻度	0.05±0.006 b
	33	20	峁顶	坡上	西偏北10°	70	60	轻度	0.11±0.003 a
长芒草	34	25	直	坡中	东偏北25°	30	46	强烈	0.01±0.0001 c
	35	4	峁顶	梁峁顶	南偏东21°	45	65	轻度	0.02±0.0007 b
	36	24	直	坡中	正东	60	74	轻度	0.02±0.001 b

植物	样地	坡度/(°)	坡形	坡位	坡向	植被盖度/%	平均高度/cm	土壤侵蚀程度	种子产量（平均值±标准误）/（万粒/m²）
长芒草	37	22°	直	坡中	南偏东10°	25	70	中度	0.03±0.001 b
	38	25	直	坡上	南偏西10°	40	68	轻度	0.05±0.002 a

注：坡位中括号里的鱼鳞坑和水平阶代表在样地里有鱼鳞坑和水平阶；土壤侵蚀程度依据《土壤侵蚀分类分级标准》（SL 190—2007）以及样地的植被长势状况与整地工程等分为轻度、中度、强烈、极强烈和剧烈；不同小写字母表示同一物种在不同样地间的单位面积种子产量的差异显著性达到0.05水平。

2. 种子活性

对六种植物在不同侵蚀程度样地的种子萌发率进行单因素方差分析与 LSD 多重比较，结果如下（表3-6）。

表3-6 六种物种在不同侵蚀程度样地的种子产量及萌发特性

物种	样地	种子产量（平均值±标准误）/（万粒/m²）	萌发时滞/d	萌发率（平均值±标准误）/%	T50/d	T90/d	萌发持续时间/d
猪毛蒿	1	8.41±0.30c	2	87±2a	2	5	9
	2	9.49±0.78c	2	77±4ab	3	16	26
	3	52.45±2.01a	3	85±4a	2	15	17
	4	8.12±0.45c	2	79±8ab	2	8	26
	5	15.09±0.57b	2	82±5ab	2	7	27
	6	16.09±0.22b	2	70±5b	2	3	7
	7	5.13±0.35d	2	68±3b	2	3	8
铁杆蒿	8	0.31±0.03de	2	84±2ab	2	4	13
	9	0.45±0.02c	2	81±6ab	3	16	29
	10	0.22±0.02f	2	88±6a	2	10	26
	11	0.36±0.04d	2	78±1ab	2	6	12
	12	0.09±0.01g	2	73±2b	2	14	23
	13	0.22±0.03f	2	87±1ab	3	11	18
	14	0.96±0.03b	2	91±1a	2	8	19
	15	0.23±0.02ef	2	84±6ab	3	14	28
	16	0.16±0.01fg	2	80±10ab	2	11	16
	17	1.16±0.05a	2	92±3a	2	10	18
茭蒿	18	0.02±0.002f	3	93±2ab	4	7	18
	19	0.37±0.05d	3	97±3a	3	11	17
	20	0.31±0.03d	2	91±4ab	2	7	11
	21	0.12±0.02e	2	93±3ab	3	7	18
	22	0.01±0.0005f	2	84±2c	3	7	11

续表

物种	样地	种子产量（平均值±标准误）/（万粒/m²）	萌发时滞/d	萌发率（平均值±标准误）/%	T50/d	T90/d	萌发持续时间/d
茭蒿	23	0.01±0.0008f	2	95±2ab	3	5	9
	24	0.63±0.05c	2	95±2ab	3	8	15
	25	0.18±0.01e	2	90±3bc	2	8	11
	26	4.67±0.07a	2	98±1a	3	9	15
	27	1.17±0.03b	2	97±2a	3	6	16
阿尔泰狗娃花	28	1.19±0.10a	6	48±7a	10	16	18
	29	0.69±0.03b	8	48±10a	10	22	27
	30	0.86±0.08b	7	73±6a	9	13	25
白羊草	31	0.04±0.002b	2	38±4c	2	7	8
	32	0.05±0.006b	2	51±2b	2	3	8
	33	0.11±0.003a	2	73±0a	2	4	10
长芒草	34	0.01±0.0001c	2	15±1c	4	7	11
	35	0.02±0.0007b	3	18±4ab	3	6	8
	36	0.02±0.001b	3	25±3a	3	6	8
	37	0.03±0.001b	2	17±1b	4	9	12
	38	0.05±0.002a	3	18±3ab	4	7	11

注：方差分析是在同一物种不同样地间进行。相同小写字母表示同物种样地之间无显著差异（$P>0.05$），不同小写字母表示同物种样地间具有显著差异（$P<0.05$）。

对于猪毛蒿，样地 6 和样地 7 的种子萌发率分别与样地 1 和样地 3 之间差异显著（$P<0.05$），而其他样地之间的差异不显著（$P>0.05$）。这与样地所处立地的侵蚀程度有一定的关系。样地 7 的种子萌发率最低，为 68%；这与其处于坡顶、受土壤侵蚀的影响强烈、水分与养分条件较差有关。而样地 1 的种子萌发率最高，为 87%；这与该样地处于阴坡的沟坡下部、水分和养分条件好、植株长势较好、土壤侵蚀程度低有关。样地 6 和样地 7 受土壤侵蚀的影响大，因而其种子萌发率低；样地 1 和样地 3 受土壤的影响程度轻，因而其种子萌发率高。

对于铁杆蒿，样地 12 的种子萌发率与样地 10、样地 14 和样地 17 之间存在显著差异（$P<0.05$），其他样地之间则没有显著的差别（$P>0.05$）。这也与样地所处的立地侵蚀环境有一定的关系。在 10 个样地中，样地 12 的土壤侵蚀极强烈，因而其种子萌发率最低，为 73%。样地 10、样地 14 和样地 17 的土壤侵蚀程度为中度，其种子萌发率较高；由于样地 17 的植被长势较好，其种子萌发率最高，为 92%。

对于茭蒿，样地 22 的种子萌发率与除样地 25 外的其他样地之间均存在显著差别，样地 25 与样地 19、样地 26 和样地 27 之间存在显著差别（$P<0.05$），除此之外的其他样地之间不存在显著差别（$P>0.05$）。样地 26 处于阴坡，土壤侵蚀轻，植被长势好，种子萌发率最高，为 98%。样地 22 土壤侵蚀极剧烈，其种子萌发率最低，为 84%。由表 3-5 和

表 3-6 可知，茭蒿的种子萌发率也与样地的土壤侵蚀程度的关系表现出明显的一致性，即土壤侵蚀程度越轻的样地具有较高的种子萌发率。

对于阿尔泰狗娃花，虽然方差分析表明 3 个样地的种子萌发率无显著差别，但是对 3 个样地的土壤侵蚀与种子萌发率比较可得，土壤侵蚀较轻的样地，其种子萌发率较高。

对于白羊草，3 个样地中，样地 31 的侵蚀程度较大，其种子萌发率最低，为 38%，与其他两个样地存在显著差异（$P<0.05$）。样地 33 与样地 32 侵蚀程度为轻度，种子萌发率大于样地 31。由于样地 33 植被长势好，且处于半阴坡，相对于处于阳坡的样地，更有利于植物的萌发与生长，从而具有更高的种子萌发率，为 73%。

对于长芒草，样地 36 的侵蚀轻、植被盖度高且有很好的长势，从而具有最高的种子萌发率，为 25%，与样地 34 和样地 37 存在显著差异（$P<0.05$）；样地 34 的侵蚀程度为强烈，其种子萌发率最低，仅为 15%。

综上可知，同一物种不同样地之间种子产量和萌发率与土壤侵蚀程度的相关性具有一致性，即种子产量高的样地，其种子萌发率也高。对于不同样地的猪毛蒿，样地 3 的种子产量最高，其种子萌发率达 85%（与最高种子萌发率 87% 无差异性）；样地 7 的种子产量最低，其种子萌发率也是最低，为 68%。对于铁杆蒿，样地 17 的种子产量最高，其种子萌发率最高，为 92%；样地 12 的种子产量最低，其种子萌发率最低，为 73%。对于茭蒿，样地 26 的种子产量最高，种子萌发率最大，为 98%；样地 22 的种子产量最低，种子萌发率最低，为 84%。对于阿尔泰狗娃花，样地 29 的种子产量最低，其种子萌发率也低于侵蚀轻的样地 30。对于白羊草，样地 33 的种子产量最高，其种子萌发率达 73%；样地 31 的种子产量最低，其种子萌发率也是最低，为 38%。对于长芒草，样地 38 的种子产量最高，其种子萌发率较高（与最高样地的萌发率无差异性）；样地 34 的种子产量最低，其种子萌发率最低，为 15%。可见，立地条件的土壤侵蚀程度对种子产量与萌发率有很大的影响：土壤侵蚀越严重，种子的有效性越低。

3.2.3 土壤侵蚀过程中的种子流失与再分布

1. 模拟降雨条件下的种子流失与迁移特征

综合分析人工降雨侵蚀模拟试验结果，发现土壤侵蚀可引起种子在坡面上的流失与再分布，且不同的物种表现不同。这是由种子的形态特征及影响土壤侵蚀的因素共同决定的。降雨强度是种子流失与迁移的主要影响因素，坡度的影响则不明显（表 3-7 和表 3-8）；而种子形态特征决定着种子对水蚀的敏感性从而表现出不同的流失与迁移特征（表 3-9）。即使是在小雨强或者具有草被覆盖条件下，坡面上的种子也极易发生迁移；在小雨强条件下，若降雨历时长，同样可以导致较高的种子流失率；相对于裸坡，草被和草被+蹄印坡面具有较为明显的种子拦截效应，且有随着雨强的增强而增大的趋势，但对于不同的物种其表现不同（表 3-10）。

表 3-7　不同雨强与坡度下的种子流失率　　　　　　　（单位:%）

物种	10°			15°			20°			25°		
	50mm/h	100mm/h	150mm/h	50mm/h	100mm/h	150mm/h	50mm/h	100mm/h	150mm/h	50mm/h	100mm/h	150mm/h
阿尔泰狗娃花	0.0	60.0	100.0	0.0	73.3	100.0	0.0	65.0	100.0	0.0	80.0	100.0
鬼针草	0.0	20.0	45.0	0.0	0.0	60.0	0.0	5.0	24.0	0.0	6.7	25.0
香青兰	0.0	0.0	0.0	0.0	0.0	0.0	0.0	0.0	0.0	0.0	0.0	0.0
灌木铁线莲	0.0	10.0	50.0	0.0	13.3	75.0	0.0	10.0	56.0	0.0	13.3	60.0
达乌里胡枝子	0.0	80.0	100.0	0.0	86.7	100.0	0.0	75.0	100.0	10.0	66.7	100.0
杠柳	0.0	70.0	100.0	0.0	73.3	100.0	0.0	70.0	100.0	0.0	53.3	100.0
野胡萝卜	0.0	40.0	95.0	0.0	60.0	85.0	0.0	25.0	68.0	0.0	26.7	75.0
白羊草	0.0	70.0	100.0	10.0	66.7	100.0	0.0	80.0	96.0	0.0	66.7	90.0
刺槐	0.0	10.0	55.0	0.0	20.0	100.0	0.0	15.0	76.0	0.0	20.0	80.0
茜草	0.0	30.0	65.0	0.0	0.0	75.0	0.0	0.0	64.0	0.0	0.0	60.0
水枸子	0.0	0.0	20.0	0.0	0.0	50.0	0.0	0.0	44.0	0.0	0.0	60.0
墓头回	0.0	30.0	75.0	0.0	33.3	70.0	0.0	20.0	56.0	0.0	33.3	60.0
山杏	0.0	0.0	0.0	0.0	0.0	0.0	0.0	0.0	0.0	0.0	0.0	0.0
白刺花	0.0	60.0	90.0	0.0	73.3	80.0	0.0	25.0	80.0	0.0	60.0	70.0
侧柏	0.0	20.0	90.0	0.0	26.7	70.0	0.0	20.0	84.0	0.0	26.7	85.0
黄刺玫	0.0	0.0	0.0	0.0	0.0	0.0	0.0	0.0	0.0	0.0	0.0	0.0
平均流失率	0.0	31.3	61.6	0.6	32.9	66.6	0.0	25.9	59.3	0.6	28.3	60.3

表 3-8　不同雨强与坡度下的种子位移　　　　　　　（单位：cm）

物种	10°			15°			20°			25°		
	50mm/h	100mm/h	150mm/h	50mm/h	100mm/h	150mm/h	50mm/h	100mm/h	150mm/h	50mm/h	100mm/h	150mm/h
阿尔泰狗娃花	30.6	35.5	134.0	13.1	58.3	134.0	15.9	37.2	134.0	22.1	19.0	134.0
鬼针草	3.5	26.5	48.9	8.0	31.5	40.2	0.0	10.7	49.9	5.0	16.9	28.6
香青兰	0.0	2.0	8.5	0.0	5.8	6.8	0.0	4.0	10.4	0.0	9.1	6.4
灌木铁线莲	4.0	48.9	50.7	6.1	45.9	57.8	7.0	40.3	54.1	5.5	31.2	52.6
达乌里胡枝子	18.0	67.5	129.0	17.7	10.0	129.0	20.5	27.8	129.0	40.7	30.3	129.0
杠柳	14.3	59.0	129.0	5.8	54.5	129.0	4.2	62.5	129.0	18.5	56.3	129.0
野胡萝卜	5.0	41.6	70.0	2.0	41.0	47.5	5.0	36.9	65.1	10.0	50.7	47.5
白羊草	11.8	23.0	129.0	8.8	68.0	129.0	12.6	49.0	7.0	14.8	58.8	20.0
刺槐	3.0	47.7	63.2	5.3	39.4	80.0	3.0	35.8	68.9	5.5	59.2	59.7
茜草	4.0	36.8	58.4	0.0	36.1	32.8	0.0	39.0	65.4	17.5	52.5	20.3
水枸子	0.0	23.6	42.4	0.0	42.2	32.4	0.0	16.7	32.8	0.0	9.5	55.3
墓头回	3.0	34.8	55.0	5.4	43.6	54.3	8.6	33.3	34.4	11.6	26.3	48.3
山杏	0.0	0.0	0.0	0.0	2.0	0.0	0.0	4.0	0.0	0.0	0.0	0.0

物种	10°			15°			20°			25°		
	50mm/h	100mm/h	150mm/h	50mm/h	100mm/h	150mm/h	50mm/h	100mm/h	150mm/h	50mm/h	100mm/h	150mm/h
白刺花	5.0	66.5	80.0	0.0	47.5	40.8	5.8	41.2	75.0	0.0	26.0	20.0
侧柏	0.0	55.0	47.5	8.8	48.3	41.3	4.0	48.2	36.0	0.0	38.3	44.0
黄刺玫	0.0	0.0	0.0	0.0	0.0	0.0	0.0	7.0	0.0	0.0	0.0	0.0
平均位移	6.4	35.5	65.4	5.1	35.9	59.7	5.4	30.8	55.7	9.5	30.3	49.7

表 3-9 种子迁移率、流失率和迁移距离

物种	迁移率/%	流失率/%	迁移距离（平均值±标准误）/cm	物种	迁移率/%	流失率/%	迁移距离（平均值±标准误）/cm
阿尔泰狗娃花	100.00	83.33	120.93±28.10	白刺花	96.67	56.67	105.97±29.40
白头翁	100.00	13.33	43.50±29.13	连翘	100.00	43.33	126.93±27.04
白羊草	100.00	83.33	122.53±30.07	牻牛儿苗	100.00	3.33	19.40±21.21
墓头回	100.00	6.67	67.43±34.17	蒲公英	100.00	13.33	48.33±39.36
长芒草	93.33	3.33	18.79±20.74	茜草	90.00	13.33	71.85±31.57
绳虫实	83.33	50.00	126.68±45.49	芹叶铁线莲	100.00	6.67	42.37±34.75
臭椿	96.67	76.67	137.97±25.78	斜茎黄耆	100.00	86.67	151.70±31.39
刺槐	93.33	30.00	100.14±41.34	沙棘	93.33	3.33	36.64±29.57
葱皮忍冬	100.00	3.33	31.90±24.82	砂珍棘豆	100.00	96.67	137.53±16.45
达乌里胡枝子	93.33	86.67	128.96±17.57	山丹	100.00	66.67	148.53±19.74
大蓟	100.00	33.33	118.63±37.72	水枸子	60.00	3.333	24.00±23.69
大针茅	36.67	0.00	3.18±1.89	酸枣	6.67	0.00	22.50±30.41
地黄	100.00	100.00	106.00±0.00	唐松草	100.00	60.00	133.67±22.19
地梢瓜	100.00	26.67	54.83±41.53	天门冬	100.00	50.00	102.20±39.89
紫丁香	100.00	26.67	77.27±36.95	委陵菜	100.00	100.00	146.00±14.38
杜梨	100.00	23.33	85.40±38.76	香青兰	60.00	6.67	7.00±5.37
鹅观草	100.00	16.67	46.03±38.32	亚麻	86.67	10.00	49.12±50.57
风毛菊	100.00	93.33	120.83±24.09	野葱	100.00	50.00	134.37±34.26
甘草	70.00	16.67	60.33±51.05	野胡萝卜	96.67	53.33	108.93±35.39
杠柳	100.00	86.67	119.80±25.56	野豌豆	86.67	53.33	113.12±47.42
狗尾草	100.00	90.00	157.53±28.74	益母草	100.00	90.00	112.47±29.29
灌木铁线莲	100.00	6.67	53.07±31.75	远志	100.00	50.00	116.97±42.34
鬼针草	100.00	3.33	37.57±26.33	猪毛菜	100.00	100.00	156.00±8.30
虎榛子	93.33	13.33	86.50±34.08	鹤虱	83.33	66.67	102.32±31.58
黄柏刺	93.33	86.67	116.71±22.34	扁核木	10.00	0.00	9.33±5.69
黄刺玫	3.33	0.00	28.00±0.00	中华隐子草	100.00	86.67	117.83±36.24

续表

物种	迁移率/%	流失率/%	迁移距离（平均值±标准误）/cm	物种	迁移率/%	流失率/%	迁移距离（平均值±标准误）/cm
灰叶黄耆	100.00	100.00	144.33±4.79	草木犀	100.00	96.67	141.47±24.33
火炬树	100.00	63.33	107.77±27.85	芦苇	100.00	90.00	119.27±30.07
角蒿	100.00	56.67	120.53±34.87	山苦荬	96.67	16.67	69.69±51.55
魁蓟	100.00	0.00	22.57±10.89	侧柏	90.00	53.33	100.00±37.86

表3-10　不同降雨条件不同处理条件下种子迁移率与流失率

降雨强度/(mm/h)	降雨历时/min	裸地		草被		草被+蹄印	
		迁移率/%	流失率/%	迁移率/%	流失率/%	迁移率/%	流失率/%
25	60	54.5	7.0	64.0	22.5	60.5	18.0
50		99.0	50.5	78.5	31.5	65.5	32.0
75		92.0	26.5	80.0	22.5	82.0	17.0
100	30	95.5	36.0	77.0	33.5	55.5	14.5
125		100.0	73.0	92.5	51.5	85.0	43.0
150		98.5	72.0	59.0	28.5	63.5	29.5

2. 自然条件下撂荒坡面的种子流失特征

在撂荒坡面天然降雨侵蚀引起的种子流失来源于10科20种植物（表3-11）。2011年和2012年的种子流失密度分别为50粒/m²和29粒/m²，不同物种年均种子流失密度变化在0~14粒/m²。坡面上不同位置的径流小区种子流失量年均变化在14~83粒/m²。狗尾草、猪毛蒿、白羊草和长芒草的种子随径流泥沙流失的密度比其他物种的高，分别占总种子流失密度的29.9%、34.8%、8.5%和9.0%。

表3-11　不同物种种子流失的密度及比例

物种	2011年		2012年		合计	
	密度/(粒/m²)	比例/%	密度/(粒/m²)	比例/%	密度/(粒/m²)	比例/%
猪毛蒿	18	35.1	10	34.4	28	34.8
狗尾草	22	42.2	2	8.4	24	29.9
长芒草	2	3.5	5	18.3	7	9.0
白羊草	5	10.1	2	5.6	7	8.5
山苦荬	1	2.2	3	9.1	4	4.7
草木樨状黄耆	1	1.7	2	8.4	3	4.1
抱茎小苦荬	—		3	8.8	3	3.2
铁杆蒿	1	2.3	1	2.1	2	2.2
糙隐子草	<1	<0.1	1	2.5	1	0.9

物种	2011 年		2012 年		合计	
	密度/(粒/m²)	比例/%	密度/(粒/m²)	比例/%	密度/(粒/m²)	比例/%
角蒿	<1	0.7	<1	0.9	1	0.8
阿尔泰狗娃花	<1	0.9	<1	0.6	1	0.8
猪毛菜	<1	0.6	—	—	<1	0.4
达乌里胡枝子	<1	0.4	<1	0.2	<1	0.3
香青兰	<1	0.1	<1	0.3	<1	0.1
远志	—	—	<1	0.2	<1	0.1
糙叶黄耆	—	—	<1	0.1	<1	<0.1
臭蒿	<1	<0.1	<1	0.1	<1	<0.1
菊叶委陵菜	<1	<0.1	—	—	<1	<0.1
铁线莲	—	—	<1	0.1	<1	<0.1
鹅观草	—	—	<1	0.1	<1	<0.1

撂荒坡面种子的总流失密度分别占土壤种子库和种子雨的 0.7% 和 0.8%。在物种水平上，除长芒草、山苦荬、抱茎小苦荬和白羊草种子流失分别占其土壤种子库的 34.0%、9.7%、8.5% 和 6.3% 外，其他物种的种子流失占其土壤种子库均在 5% 以下；同样，除山苦荬、糙叶黄耆和抱茎小苦荬的种子流失量占其种子雨的 90.8%、10.5% 和 7.6% 外，其他物种种子流失占其种子雨的比例均在 3% 以下（表 3-12）。

表 3-12　不同物种种子年均流失量及其占土壤种子库与种子雨的比例

物种	土壤种子库/[粒/(m²·a)]	种子雨/[粒/(m²·a)]	种子流失/[粒/(m²·a)]	种子流失占土壤种子库比例/%	种子流失占种子雨比例/%
阿尔泰狗娃花	29.2	172.8	0.3	1.1	0.2
白羊草	55.3	861.0	3.5	6.3	0.4
抱茎小苦荬	15.4	17.2	1.3	8.5	7.6
糙叶黄耆	1.5	0.2	0.0	1.2	10.5
糙隐子草	13.8	201.6	0.4	2.7	0.2
草木犀	41.4	618.7	1.7	4.0	0.3
臭蒿	726.1	40.6	0.0	0.0	0.0
达乌里胡枝子	23.0	165.3	0.1	0.6	0.1
狗尾草	325.4	821.2	12.2	3.8	1.5
角蒿	9.2	76.8	0.3	3.4	0.4
菊叶委陵菜	13.8	1.8	0.0	0.1	0.5
山苦荬	20.0	2.1	1.9	9.7	90.8
铁杆蒿	181.1	132.3	0.9	0.5	0.7
香青兰	35.3	5.8	0.1	0.2	1.0
长芒草	10.7	627.1	3.7	34.0	0.6

续表

物种	土壤种子库 /[粒/(m²·a)]	种子雨 /[粒/(m²·a)]	种子流失 /[粒/(m²·a)]	种子流失占土壤 种子库比例/%	种子流失占种子 雨比例/%
猪毛菜	32.2	5.8	0.2	0.5	2.9
猪毛蒿	4 241.4	1 253.4	14.2	0.3	1.1
其他	140.0	89.0	0.0	0.0	0.1
合计	5 915.0	5 093.0	40.0	0.7	0.8

3.2.4 土壤侵蚀对土壤种子库空间分布的影响

土壤种子库密度在不同侵蚀环境的坡沟单元、坡面与沟坡差异明显，0~10cm 土层土壤种子库密度变化为 1188~22 560 粒/m²，差异达 20 多倍。由于坡沟单元 I 和单元 II 的坡面为退耕后自然恢复的植被且处于演替过程中，而沟坡为残留植被，坡面的土壤种子库密度要显著高于沟坡；而对于坡沟单元 III，坡面为人工柠条锦鸡儿林，沟坡为残留植被，沟坡样带种子库密度却高于坡面样带。对于坡面而言，从分水岭到沟沿线，同一坡面不同侵蚀程度样带（S1~S3）间相同土壤层次的土壤种子库密度均没有显著差异；说明虽然坡面自分水岭到沟沿线土壤侵蚀程度逐渐加强，而土壤种子库密度却没有显著减少（图 3-3）。

对坡面的裸露处、鱼鳞坑、草丛下和浅沟淤积处等微地形的土壤种子库密度的比较结果显示，在 0~5cm 土层中裸露处种子库平均密度略高于其他微地形，但在 5~10cm 土层淤积地形的种子库密度要显著高于坡面裸露处（表 3-13）。说明有较多的种子随泥沙迁移到淤积区而保存在较深的土层中；证明了侵蚀过程中部分种子随径流泥沙而发生了迁移，影响土壤种子库的次分布。同时，与坡面裸露处对比发现，坡沟单元 I、单元 II 和单元 III 沟坡上 5~10cm 土层种子库密度［（553±74）粒/m²、（936±96）粒/m² 和（600±49）粒/m²］极显著低于沟道淤泥种子库密度［（1044±254）粒/m²、（2537±564）粒/m² 和（2449±358）粒/m²］。可见，坡面与沟坡土壤种子库中的部分种子可随着径流泥沙的迁移在沟道淤泥中淤积。

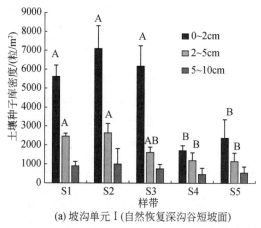

(a) 坡沟单元 I（自然恢复深沟谷短坡面）

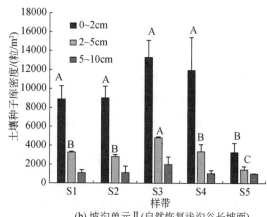

(b) 坡沟单元 II（自然恢复浅沟谷长坡面）

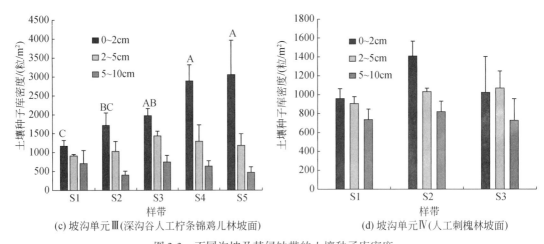

(c) 坡沟单元Ⅲ(深沟谷人工柠条锦鸡儿林坡面)　　(d) 坡沟单元Ⅳ(人工刺槐林坡面)

图 3-3　不同沟坡及其侵蚀带的土壤种子库密度

同一色柱误差线上的不同大写字母表示差异显著性达到 0.01 水平。样带 S1～S3 为梁峁坡，S4～S5 为沟坡

表 3-13　不同微地形土壤种子库密度特征　　（单位：粒/m²）

微地形	沟坡单元Ⅰ（平均值±标准误）		微地形	沟坡单元Ⅱ（平均值±标准误）	
	0～5cm 土层	5～10cm 土层		0～5cm 土层	5～10cm 土层
裸露处	6796±377a	695±76Bc	裸露处	9918±738a	1133±100B
草丛下	6459±916ab	2304±157Ab	浅沟内淤积处	8648±1908ab	2864±344A
鱼鳞坑	4843±1094b	2869±208Aa	鱼鳞坑	6247±717b	2975±365A

注：同列中不同大写字母表示差异显著性达到 0.01 水平，不同小写字母表示差异显著性达到 0.05 水平。

通过对土壤种子库物种组成的分析，在恢复时间较短、植被稀疏和土壤侵蚀较为强烈的样地，土壤种子库中一二年生物种所占比例较大；在恢复较好且植被盖度较大的样地多年生物种占有较大比例。对于坡面不同的微地形，土壤种子库物种丰富度在 0～5cm 土层内无显著差异；而在 5～10cm 土层，草丛下、鱼鳞坑和浅沟跌水处等淤积地形的物种数要显著高于对应坡面的裸露坡面（表 3-14）。土壤种子库的物种相似性系数在淤积地形与植被下之间低而在植被间与淤积地形之间高，也证明了土壤种子库随坡面泥沙再分布的特点（表 3-15）。在自然恢复坡面的分水岭到坡中，种子库物种多样性和均匀度均显著降低；再到坡下部，又有所增加；尤其是在侵蚀单元Ⅰ，由于坡下部坡度降低，有草丛分布，以及沟沿线灌丛的分布，土壤种子库物种多样性和均匀度较坡中有显著的增加（图 3-4）。说明虽然土壤侵蚀没有造成种子库密度及物种丰富度的显著减少，但是侵蚀对土壤种子库的物种多样性还是有一定的影响。在坡面中部由于植被稀疏而土壤侵蚀强度较高，种子库物种多样性和均匀度均显著降低。可见，土壤侵蚀对坡面土壤种子库的再分布有一定的影响。

表 3-14　不同微地形土壤种子库物种数　　（单位：种）

微地形	沟坡单元Ⅰ（平均值±标准误）		微地形	沟坡单元Ⅱ（平均值±标准误）	
	0～5cm	5～10cm		0～5cm	5～10cm
裸露坡面	8.6±0.3a	4.5±0.4b	裸露坡面	8.6±0.3a	4.5±0.2Bb

续表

微地形	沟坡单元 I（平均值±标准误）		微地形	沟坡单元 II（平均值±标准误）	
	0~5cm	5~10cm		0~5cm	5~10cm
草丛下	8.2±0.6a	6.1±0.5a	浅沟淤泥	9.7±0.8a	5.8±0.5ABa
鱼鳞坑	8.2±0.7a	6.3±0.6a	鱼鳞坑	8.3±0.4a	6.4±0.3Aa

注：右下角小写字母表示差异水平在 $P<0.05$，大写字母表示差异水平在 $P<0.01$。

表3-15 不同侵蚀单元各样地不同微地形土壤种子库物种相似性系数

微地形	样地号						
沟坡单元 I	I -1	I -2	I -3	I -4	I -5	I -6	I -7
A-B	0.500	0.600	0.267	0.533	0.421	0.667	—
A-C	0.500	0.800	0.667	0.500	0.400	0.909	0.833
B-C	0.750	0.636	0.429	0.615	0.250	0.571	—
沟坡单元 II	II -1	II -2	II -3	II -4	II -5	II -6	
A-C	0.667	0.625	—	—	—	0.643	
A-G	—	0.500	—	—	—	0.800	
C-G	—	0.625	0.667	0.625	0.316	0.583	

注：A 为淤积微地形；B 为植被下；C 为植被间；G 为沟道。

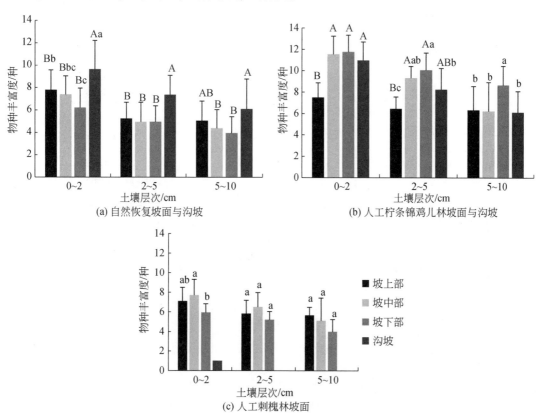

(a) 自然恢复坡面与沟坡

(b) 人工柠条锦鸡儿林坡面与沟坡

(c) 人工刺槐林坡面

图3-4 土壤种子库物种丰富度随坡位变化情况

同一土层误差线上不同大写字母表示差异显著性达到0.01水平，不同小写字母表示差异显著性达到0.05水平

3.2.5 土壤侵蚀对种子有效性的影响

种子的输入输出动态变化决定着土壤种子库的大小及物种组成，决定着为植被恢复和自然更新所能提供模板的复杂程度及潜力大小。土壤种子库的变化主要取决于种子输入和输出的大小及物种组成。其中，种子输入主要是种子雨的输入，它受结种物种结种量及物种传播特性的影响；而种子输出包括降雨侵蚀引起的种子流失、种子在适宜条件下的萌发以及种子的埋藏、腐烂和动物捕食等。对摞荒坡面植物结种量、种子雨、种子流失、种子萌发和土壤种子库的物种组成与密度的调查分析表明，调查初期的土壤种子库密度 4832 粒/m²，加上两年的种子雨输入（10 186 粒/m²），总种子库为 15 018 粒/m²；调查末期的土壤种子库密度为 6997 粒/m²；因而种子总输出量为 8021 粒/m²，占总种子库的 53.4%。其中，通过种子萌发和水蚀引起的种子流失的种子输出量仅分别占总种子库的 6.3% 和 0.6%，由此可得由于动物的捕食、生理死亡和随风流失等原因引起的种子输出量占总种子库的 46.5%（图 3-5）。对于水蚀引起的种子流失量，调查两年期间种子流失总量仅为 82 粒/m²，占种子雨的 0.8%，占调查初期土壤种子库的 1.7%。可见坡面降雨径流引起的种子流失并不大。

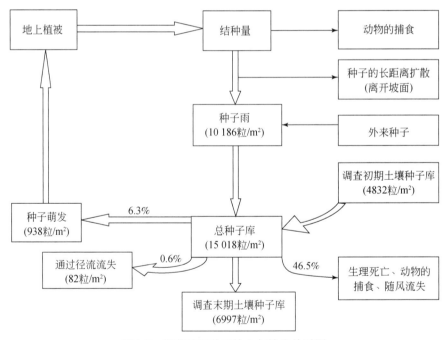

图 3-5 摞荒坡面种子输入与输出关系图

百分比是指各类种子占总种子库的比例。总种子库为调查期间初始土壤种子库密度与种子雨密度的总和

3.3　讨　　论

3.3.1　土壤侵蚀对种子生产的影响

在干旱和半干旱地区，土壤侵蚀是坡面上的一种自然地理过程，通常伴随着土壤养分的流失、土壤持水力的降低及冲淤微地形的形成等，影响着植被的生长发育及更新（Jiao et al.，2009；Poesen，1987）。在黄土高原土壤侵蚀严重、水肥贫瘠且光照强烈的阳坡环境，植被的物种丰富度、盖度与生物量都不及土壤侵蚀较弱的梁峁顶与阴坡环境（杜华栋，2013；寇萌等，2013）。土壤侵蚀对植被的影响始于种子的形成与发育，通过降低土壤水分与养分对种子的正常发育产生胁迫（焦菊英等，2012）。物种为了延续后代，在自然选择和进化的双重压力下，适应地产生了大小不同的种子（武高林等，2006）。在种内，种子大小变异体现了对不同环境条件的响应；有研究发现退化土地上植物的种子小且轻（Renison et al.，2004）。本研究中的长芒草、铁杆蒿、茭蒿、白羊草、中华隐子草和猪毛蒿的种子百粒重均在环境恶劣的阳坡小于条件相对较好的梁峁顶和阴坡，表现为通过减小种子大小来适应恶劣的侵蚀环境；受干扰与胁迫较小的环境中的物种通常具有较大的种子（Hammond and Brown，1995），而大种子所含的营养丰富，营养物质能够支持幼苗更长的时间来达到自养的状态（Thompson，1987）。也有研究表明，种子大小与生境的严酷程度呈正相关关系，同一物种的种子大小与生境的水分梯度具有负相关关系，种子在干旱生境比在水分条件好的生境较大和较重；也有物种的种子随生境光胁迫增强而增大（齐威，2010）。可见，种子大小对生境条件恶化的响应具有种间差异。本研究中的阿尔泰狗娃花和达乌里胡枝子的种子百粒重在土壤水分和养分等条件恶劣的阳沟坡均较大，而且在阳坡的光胁迫下也较大；这些物种选择生产相对较大的种子来适应严酷的环境胁迫，这类策略的优势在于大的种子通常能长出大的幼苗（Jacobsson and Eriksson，2000；Peco et al.，2003；武高林等，2006），较大的初始幼苗能更好地应对环境胁迫与外界干扰（如竞争、干旱和土壤侵蚀等），具有较高的存活率（Westoby et al.，1996；Coomes and Grubb，2003；Wang et al.，2014）。特别是在干旱条件下，幼苗生存的时间与种子大小具有正相关关系（Leishman and Westoby，1994）。

不同物种的生产构件在不同侵蚀环境下表现出的差异，体现了植物生活史策略中种子生产构成因子间存在权衡，以此来响应环境胁迫的变化。本研究中，大部分物种的各生产构件随不同侵蚀环境条件变化而变化。例如，阿尔泰狗娃花和达乌里胡枝子的各生产构件在侵蚀强烈的阳沟坡均大，铁杆蒿的各生产构件在阴坡环境小于在其他侵蚀环境；都表现出在条件恶化的环境具有较强的种子生产力，选择加大各生产构件的投入来应对环境胁迫恶化的种子生产策略。而长芒草、白羊草和中华隐子草3种多年生禾草的单株生殖枝数在阳梁峁坡最大，在梁峁顶次之；长芒草单位生殖枝的果实数仍在阳梁峁坡最大，而白羊草和中华隐子草单位生殖枝的果实数在梁峁顶较阳梁峁坡大；可见禾本科植物在立地条件恶劣的阳沟坡选择减少种子生产来适应环境与其具有较强的营养繁殖能力有关，把资源加注到营养繁殖更新方式上，这一结论已被证实（杜华栋，2013）。

土壤侵蚀作为生态环境的干扰力与驱动力，对植物种子生产产生负面作用的同时也驱动着物种的进化，使有些物种向着更有利于抵抗侵蚀环境的种子生产特征进化与发展。闫巧玲等（2005）认为沙生植物可能依靠大的结种量来适应干旱沙埋的侵袭以维持种群延续，产量大可能是植物适应环境变化与应对干扰的一种策略。本研究的阿尔泰狗娃花、达乌里胡枝子和菊叶委陵菜的单株种子产量在阳沟坡也相对较大，这些物种的种子生产能力也表现为随着立地条件的恶化而增大，体现了种子生产对恶劣侵蚀环境的适应策略。另外，本研究中的有些物种的单株种子产量受坡向影响较大，整体表现为在阳坡和梁峁顶环境下高于阴坡环境，表明坡向引起的光照和温度等条件对种子生产具有一定的影响；不同物种种子生产响应不同环境变化因子的敏感性有所差异，这有待深入研究。

3.3.2 土壤侵蚀对种子流失与再分布的影响

在黄土高原地区，土壤侵蚀主要是由暴雨造成的，70%的强烈侵蚀是由短历时高强度的局地暴雨引起的（王万忠和焦菊英，2018）。在法国东南部和西班牙东北部，最大的径流与土壤流失率也是由罕见的强暴雨造成的（Wainwright，1996；Martínez-Casasnovas et al.，2005）。可见，降雨强度是影响水蚀强度及种子迁移的重要因子。降雨模拟试验也发现在较小降雨强度条件下，降雨历时也是影响种子流失率大小的重要因素。低雨强长历时也可造成高的种子流失率。在雨强为25mm/h、50mm/h和75mm/h的条件下，降雨历时从30min延长至60min，种子流失率明显增加。在低雨强长历时条件下，土壤达到水分饱和状态，土壤和种子的黏结力降低，种子容易被冲刷；而在高雨强（大于100mm/h）条件下，降雨强度大于土壤的入渗速率，高流速的径流快速形成，种子在短时间（30min内）被移动和冲刷。可见，短历时高雨强和长历时低雨强都可引起高的种子流失率，但流失机理不同。更为重要的是，种子流失与降雨强度、坡度、径流量和产沙量的关系都会受到种子形态的干扰。种子流失与种子大小的关系会受到种子附属物（毛、翅或芒）和种子是否具有分泌黏液能力的影响（García-Fayos et al.，2010）。本研究也表明，供试种子的物种组成和数量也会对试验结果产生影响。另外，在试验中，有些种子被冲刷到了样品收集槽而没有流出，这说明如果加大坡长，种子流失率就会随之降低。也有报道认为随着荒坡坡长的增加种子流失是减少的（García-Fayos et al.，1995）。因此，坡长对种子流失的影响也是不能忽视的，种子在坡面是流失了还是再分布是个尺度问题。

在野外实地条件下，土壤种子库多集中在土壤表层，雨滴的击溅和坡面水流可以改变地表种子的位置，甚至造成种子的流失（Seghieri et al.，1997；Aerts et al.，2006）。同时，现有的植被和微地形也会影响径流与风速，进而影响种子的再分布（Cerdá and García-Fayos，1997；Abu-Zreig，2001；Jones and Esler，2004）。本研究结果显示土壤种子库密度在坡面3个侵蚀带（坡上部溅蚀片蚀带、坡中部面蚀与细沟侵蚀带以及坡下部细沟与浅沟侵蚀带）的差异不明显，也就是说土壤种子库密度并没有随土壤侵蚀程度的加强而显著减少。即便是在降雨模拟试验中易流失的物种如达乌里胡枝子、白羊草和阿尔泰狗娃花（Jiao et al.，2011）也没有表现出随坡面侵蚀强度的增加而显著降低的趋势（表3-16）；这可能是因为野外地表粗糙度远高于模拟试验条件，增加了种子的保存率。同时，在自然恢复坡面的鱼鳞坑和草丛下两种淤积地形中具有较高的种子库密度，尤其是在 5~10cm 土层，种子库密度要极显著地高于坡面样地；这也从侧面证明了部分种子随土壤流失而淤积。此外，草丛也能够起到拦截种子的作用。例如，茭蒿草丛下的铁杆蒿和茭蒿种子库密度要远高于其他生境，白羊草草丛下的达乌里胡枝子和白羊草种子库密度也要远高于其他生境。在尼日尔也发现所调查植物株丛中心的土壤种子库平均密度为 9000 粒/m²，而裸露地中心则为 50 粒/m²（Seghieri et al.，1997）；在西班牙中东部的煤田修复坡面，土壤种子库密度变异很大（78~2023 粒/m²），侵蚀最严重坡面的土壤种子库密度最低（Tíscar et al.，2011）；在阿尔卑斯山的滑雪道上，蹄印能有效拦截随径流迁移的种子（Isselin-Nondedeu et al.，2006；Isselin-Nondedeu and Bédécarrats，2007）。多数种子保留在淤积微地形或株丛下，然而这些种子是随径流泥沙淤积的还是初始种子散落的，有待进一步研究。

表 3-16 自然恢复坡面不同生境类型主要物种土壤种子库密度特征 （单位：粒/m²）

生境	猪毛蒿	达乌里胡枝子	阿尔泰狗娃花	铁杆蒿	香青兰	长芒草	茭蒿	白羊草
Ⅰ-1	5 522±209	40±6	46±10	11±2	11±7	84±69	2±2	5±5
Ⅰ-2	7 053±737	52±20	28±3	5±3	12±6	8±2	21±9	5±3
Ⅰ-3	5 114±539	15±6	8±3	3±2	22±17	5±5	5±5	26±19
Ⅰ-3-茭	5 616	74	46	120		18	138	18
Ⅰ-3-白	4 288	120	18	18		9	18	203
Ⅰ-2-鱼	3 168	18	23	14	14		5	5
Ⅰ-3-鱼	4 749	23	23		28	14	14	
Ⅱ-1	7 122±357	40±6	54±16	54±19	40±3	5±3	17±13	3±2
Ⅱ-2	7 138±586	51±5	106±31	58±22	20±2	3±2	14±7	21±13
Ⅱ-3	10 785±688	77±19	154±40	25±13	68±38	2±2	0	2±2
Ⅱ-4	9 747±1 098	75±50	104±40	58±26	104±35	6±2	0	3±3
Ⅱ-1-鱼	4 121	14	23	14	28		5	5
Ⅱ-2-鱼	5 222	69	83		14		5	18
Ⅱ-3-鱼	5 623	14	115	9	69		28	
Ⅱ-4-鱼	5 830	60	46	18	138		28	14

注："Ⅰ-1、Ⅰ-2 和 Ⅰ-3"表示侵蚀单元Ⅰ的样带1、样带2和样带3；"Ⅰ-3-茭"表示侵蚀单元Ⅰ样带3的茭蒿草丛下；"Ⅰ-3-白"表示侵蚀单元Ⅰ样带3的白羊草草丛下；"Ⅰ-2-鱼和Ⅰ-3-鱼"表示侵蚀单元Ⅰ样带2和样带3的鱼鳞坑内；"Ⅱ-1、Ⅱ-2、Ⅱ-3 和Ⅱ-4"表示侵蚀单元Ⅱ的样带1、样带2、样带3和样带4；"Ⅱ-1-鱼、Ⅱ-2-鱼、Ⅱ-3-鱼和Ⅱ-4-鱼"表示侵蚀单元Ⅱ样带1、样带2、样带3和样带4的鱼鳞坑内；表中数据为平均值或平均值±标准误。

另外，一些易流失的种子通过径流和泥沙的搬运，可得到更多扩散到有利环境的机会，从而提高萌发与建植的成功率。因此，水流作用引起的种子流失可能更有利于种子的二次分布，增加其到达更有利于种子萌发与幼苗建植的微环境（株丛和洼地等），在一定程度上有利于种群更新和群落发展。例如，在陕北安塞县坊塌小流域进行野外调查时发现，有两个相邻淤地坝的坝地内生长了高密度的旱柳幼树，而坝地在 2013 年之前一直作为农田耕种玉米,因 2013 年暴雨洪水而导致撂荒。旱柳种子细小,可通过风媒传播较远距离。本研究区淤地坝控制流域内旱柳成树已生长多年,但坝地在 2013 年洪水之前因耕种玉米并无旱柳的幼苗更新现象,2013 年洪水之后耕地撂荒,2015 年发现坝地成片生长旱柳幼树,且均为种子繁殖。因此推测,由于 2013 年 7~9 月安塞出现了 7 次大雨和 3 次暴雨,降雨总量达 735.1mm,造成土壤水分极度饱和,可能并不适宜种子萌发;2014 年同时期出现了 5 次大雨和 1 次暴雨,降雨量相对减少(501.9mm),但仍高于同时期多年平均降雨量,仍然起到了对当年种子的扩散作用和泥沙的淤积作用;而 2015 年相对干旱(年降水量仅 310.2mm),因此经过水分蒸发和入渗,2015 年时土壤水分已降低了很多,达到适宜种子萌发的条件,致使大量旱柳种子的萌发。可见,该淤地坝相邻区域旱柳成树产生的种子通过风媒传播至淤地坝控制流域范围内;再由洪水产生的地表径流进行了种子的二次传播,将整个淤地坝径流集水区内地表与土壤表层中存活的旱柳种子携带至淤地坝体前的坝地上;地表径流被坝体拦截,导致径流携带泥沙最终都淤积在坝地上,对旱柳种子起到了聚集的作用,从而出现了旱柳幼树高密度生长的现象(刘姝彤等,2018)。总而言之,从本研究观察到的现象表明,虽然自然降雨产生的地表径流会造成水土流失,但也会促进植物种子随之传播和扩散,并将种子携带至水分充足、适宜种子萌发和幼苗建成的生境,从而扩大植物种群分布,影响种群更新格局。可见,在干旱与半干旱地区,降雨径流在传播和扩散植物种子的同时携带泥沙淤积于地表,提高了土壤水含量和土壤质量,恰巧为种子提供了充足的水分和肥力,创造了适宜种子萌发的生境,从而对植物种群更新起到了促进作用。因此,干旱与半干旱地区地表径流对种子的二次传播及其对植被更新的影响值得进一步加强研究。

3.3.3 土壤侵蚀对种子有效性的影响

土壤侵蚀在分散、剥蚀和搬运泥沙的同时,还可以通过雨滴击溅和坡面径流将存在于地表的种子移走,造成土壤表面和土壤内部种子的流失。本研究中,虽然土壤种子库中大约 60% 的种子分布在 0~2cm 的土层,且种子雨密度也较大,但坡面降雨径流引起的种子流失并不大。说明撂荒坡面由于水蚀引起的种子流失不会对种子库造成威胁。综合分析模拟降雨种子流失试验结果以及各典型坡面土壤种子库、幼苗库和地上植被特征的调查数据,虽然土壤侵蚀可引起种子在坡面上的流失与再分布,但由于种子流失率高的物种因具有土壤种子库或具有无性繁殖能力而分布广泛,而种子流失率低的物种却稀少分布,可认为水蚀引起的种子流失不是黄土高原植被稀疏的主要原因,而种子生产与有效性、种子萌发与幼苗存活、种间竞争及立地条件影响着植被的恢复演替与空间分布(Jiao et al.,2011)。Wang 等(2013)的研究也表明,植物种子的流失特征与其分布不具有一致性,有些种子流失严重的物种可以成功定居在土壤侵蚀严重的坡面,而一些种子流失小的物种却更适宜生活在缓坡上;能分布在侵蚀坡面的物种可能是由于植物的生态策略或土壤表面的特征所决定的。同样,在半干旱地中海地区,不同坡度与降雨条件下的降雨模拟实验(降雨强度 55mm/h,小区面积为 0.24m^2)研究表明,所有供试物种的平均种子流失率不高,分别为 4%(Cerdà and García-Fayos,1997)、0.4%~7.9%(García-Fayos and Cerdà,

1997）、11%（Cerdà and García-Fayos，2002）和小于 13%（García-Fayos et al.，1995），在任何情况下单个物种的流失率不会超过 25%（García-Fayos and Cerdà，1997）。这些结果也说明了地表径流引起的种子流失不是解释荒坡植被缺乏的关键因素（因为发生高强度长历时的暴雨事件的概率也低），而影响种子萌发和幼苗存活的因子可能起着重要的作用（García-Fayos et al.，1995；Cerdà and García-Fayos，1997）。基于对 0.24 ~ 3m² 的小区尺度上观测的结果的分析，Bochet（2014）认为在坡面尺度上种子迁移到新的位置，地表径流携带的种子没有流失而是在坡面上再分布，沿着坡面从一个位置移动到另一个位置。例如，在埃塞俄比亚恢复林区的模拟降雨实验表明，在 3m×3m 小区内有 21% ~ 61% 的 *Olea europea* 种子迁移到新位置（Aerts et al.，2006）；在模拟降雨强度为 100mm/h 和坡度 20° 的条件下，60 种供试物种的种子在 2m×0.5m 的黄土裸坡小区内均发生了不同程度的位移。可见，种子是流失还是重新分布是个尺度大小的问题；在大尺度上坡面径流对种子的输移还有待进一步研究，特别是在发生沟蚀的情况下（Bochet，2014）。总之，本研究区种子输入相对丰富，总体上种子输入大于种子输出，使得土壤种子库密度增加。在半干旱地中海地区，通过种子雨输入土壤种子库的种子输入量大于水蚀引起的种子输出量，分别是土壤种子库的 21% 和 5.6% ~ 12.6%，因而种子动态是增加的（García-Fayos et al.，1995）。因此可认为土壤侵蚀引起的种子流失对维持土壤种子库是容许的（García-Fayos et al.，1995）。

3.4　小　　结

（1）土壤侵蚀程度对种子产量与活性有很大的影响，土壤侵蚀越严重，种子产量与活性就越低。植物通过改变种子大小和均衡生产构件将有限资源投入于有效产量因子来响应不同侵蚀环境。主要物种响应环境恶化的种子生产策略可归纳为 3 类：①减少各生产构件投入而生产少量小种子的策略，如白羊草、长芒草和中华隐子草；②加大各生产构件投入而生产大量大种子的策略，如阿尔泰狗娃花和达乌里胡枝子；③加大各生产构件投入而生产大量小种子的策略，如铁杆蒿、茭蒿和菊叶委陵菜。

（2）土壤侵蚀可引起种子在坡面上的流失与再分布，且不同的物种表现不同，这是由种子的形态特征及影响土壤侵蚀的因素共同决定的。降雨强度是种子流失与迁移的主要影响因素；但在小雨强条件下，若降雨历时长，同样可以导致较高的种子流失率。种子的形态特征决定着种子对水蚀敏感性，从而表现出不同的流失与迁移特征。坡面上的种子极易发生二次分布，即使是在小雨强或者具有草被覆盖条件下，坡面上的种子也极易发生迁移；相对于裸坡，草被和草被+蹄印坡面具有较为明显的种子拦截效益。

（3）在自然条件下，坡面上不同位置的径流小区种子流失量年均变化在 14 ~ 83 粒/m²，不同物种年均种子流失密度变化在 0 ~ 14 粒/m²。狗尾草、猪毛蒿、白羊草和长芒草的种子随径流泥沙流失的密度比其他物种的高，分别占总种子流失密度的 29.9%、34.8%、8.5% 和 9.0%。撂荒坡面种子的年总流失密度分别占土壤种子库和种子雨的 0.7% 和 0.8%。

（4）土壤侵蚀对坡面土壤种子库的再分布有一定的影响。从分水岭到沟沿线不同侵蚀程度坡面间相同土壤层次的土壤种子库密度均没有显著差异，随着土壤侵蚀程度逐渐加强土壤种子库密度却没有显著减少。

（5）自然撂荒坡面种子输入大于种子输出，土壤种子库的物种数和密度增加。通过水蚀引起的种子流失和种子萌发的种子仅分别占总种子库的 0.6% 和 6.3%，而由于动物的捕食、生理死亡和随风流失等原因引起的种子输出量占总种子库的 46.5%。坡面径流引起的种子流失与迁移对土壤种子库不会造成威胁。

（6）由于土壤侵蚀造成土壤退化，降低了土壤养分，恶化了土壤结构，致使土壤更加干燥，对植物的生长发育造成干扰与胁迫，致使种子产量与活性降低，从而影响种子雨的规模与分布，以及土壤种子库的密度与物种组成。土壤侵蚀造成的土壤水分与养分匮乏是影响种子有效性的主要原因。

参 考 文 献

杜华栋 . 2013. 黄土丘陵沟壑区优势植物对不同侵蚀环境的适应研究 . 杨凌：中国科学院水土保持与生态环境研究中心博士学位论文 .

焦菊英，王宁，杜华栋，等 . 2012. 土壤侵蚀对植被发育演替的干扰与植物的抗侵蚀特性研究进展 . 草业学报，21（5）：311-318.

寇萌，焦菊英，杜华栋，等 . 2013. 黄土丘陵沟壑区不同立地条件草本群落物种多样性与生物量研究 . 西北林学院学报，28（1）：12-18.

刘姝彤，焦菊英，胡澍，等 . 2018. 洪水径流对种子传播及种群更新的影响——以黄土丘陵沟壑区旱柳为例 . 水土保持研究，25（1）：99-103.

齐威 . 2010. 青藏高原东缘种子大小的分布、变异和进化规律研究 . 兰州：兰州大学博士学位论文 .

王万忠，焦菊英 . 2018. 黄土高原降雨侵蚀产沙与水土保持减沙 . 北京：科学出版社 .

武高林，杜国祯，尚占环 . 2006. 种子大小及其命运对植被更新贡献研究进展 . 应用生态学报，17（10）：1969-1972.

闫巧玲，刘志民，李荣平，等 . 2005. 科尔沁沙地 75 种植物结种量种子形态和植物生活型关系研究 . 草业学报，14（4）：21-28.

闫巧玲，刘志民，李雪华，等 . 2007. 埋藏对 65 种半干旱草地植物种子萌发特性的影响 . 应用生态学报，18（4）：777-782.

张玲，李广贺，张旭 . 2004. 土壤种子库研究综述 . 生态学杂志，23（2）：114-120.

Abu-Zreig M. 2001. Factors affecting sediment trapping in vegetated filter strips：simulation study using VFS-MOD. Hydrological Processes，15：1477-1488.

Aerts R，Maes W，November E. 2006. Surface runoff and seed trapping efficiency of shrubs in a regenerating semiarid woodland in northern Ethiopia. Catena，65（1）：61-70.

Alexander R W，Harvey A M，Calvo A，et al. 1994. Natural stabilisation mechanisms on badland slopes：Tabemas，Almeria，Spain//Millington A C，Pye K. Environmental Change in Drylands：Biogeographical and Geomorphological Perspectives. Chichester：John Wiley & Sons：85-111.

Barberá G G，Navarro-Cano J A，Castillo V M. 2006. Seedling recruitment in a semi-arid steppe：the role of microsite and post-dispersal seed predation. Journal of Arid Environments，67（4）：701-714.

Bochet E. 2014. The fate of seeds in the soil：a review of the influence of overland flow on seed removal and its consequences for the vegetation of arid and semiarid patchy ecosystems. Soil Discuss，1（1）：585-621.

Cierjacks A，Hensen I. 2004. Variation of stand structure and regeneration of Mediterranean holm oak along a grazing intensity gradient. Plant Ecology, 173: 215-223.

Coomes D A, Grubb P J. 2003. Colonization, tolerance, competition and seed size variation within functional groups. Trends in Ecology and Evolution, 18 (6): 283-291.

Cerdà A, García-Fayos P. 1997. The influence of slope angle on sediment, water and seed losses on badland landscapes. Geomorphology, 18 (2): 77-90.

Cerdà A, García-Fayos P. 2002. The influence of seed size and shape on their removal by water erosion. Catena, 48 (4): 293-301.

Espigares T, Moreno-de las Heras M, Nicolau J M. 2011. Performance of vegetation in reclaimed slopes affected by soil erosion. Restoration Ecology, 19 (1): 35-44.

García-Fayos P, Bochet E, Cerdà A. 2010. Seed removal susceptibility through soil erosion shapes vegetation composition. Plant Soil, 334 (1-2): 289-297.

García-Fayos P, Recatalá T M, Cerdà A, et al. 1995. Seed population dynamics on badland slopesin southeastern Spain. Journal of Vegetation Science, 6 (5): 691-696.

García-Fayos P, Cerdà A. 1997. Seed losses by surface wash in degraded Mediterranean environments. Catena, 29 (1): 73-83.

Hendrix S D, Nielsen E, Nielsen T, et al. 1991. Are seedlings from small seeds always inferior to seedlings from large seeds? Effect of seed biomass on seedling growth in *Pasti nacasativa* L. New Phytologist, 119 (2): 299-305.

Hampe A. 2004. Extensive hydrochory uncouples spatiotemporal patterns of seedfall and seedling recruitment in a 'bird-dispersed' riparian tree. Journal of Ecology, 92 (5): 797-807.

Hammond D S, Brown V K. 1995. Seed size of woody plants in relation to disturbance, dispersal, soil type in wet neotropical forests. Ecology, 76 (8): 2544-2561.

Isselin-Nondedeu F, Bédécarrats A. 2007. Soil microtopographies shaped by plants and cattle facilitate seed bank formation on alpine ski trails. Ecological Engineering, 30 (3): 278-285.

Isselin-Nondedeu F, Rey F, Bédécarrats A. 2006. Contributions of vegetation cover and cattle hoof prints towards seed runoff control on ski pistes. Ecological Engineering, 27: 193-201.

Jakobsson A, Eriksson O. 2000. A comparative study of seed number, seed size, seedling size and recruitment in grassland plants. Oikos, 88 (3): 494-502.

Jiao J Y, Zou H Y, Jia Y F, et al. 2009. Research progress on the effects of soil erosion on vegetation. Acta Ecologica Sinica, 29: 85-91.

Jiao J Y, Han L Y, Jia Y F, et al. 2011. Can seed removal through soil erosion explain the scarcity of vegetation in the Chinese Loess Plateau? Geomorphology, 132 (1): 35-40.

Jones F E, Esler K J. 2004. Relationship between soil-stored seed banks and degradation in eastern Nama Karoo rangelands (South Africa). Biodiversity and Conservation, 13: 2027-2053.

Leishman M R, Westoby M. 1994. The role of seed size in seedling establishment in dry soil conditions-experimental evidence from semi-arid species. Journal of Ecology, 82 (2): 249-258.

Martínez-Casasnovas J A, Ramos M C, Ribes-Dasi M. 2005. On site effects of concentrated flow erosion in vineyard fields: some economic implications. Catena, 60: 129-146.

Millington A C, Pye K. 1994. Biogeographical and geomorphological perspectives on environmental change in drylands//Environmental Change in Drylands Biogeographical and Geomorphological Perspectives.

Poesen J. 1987. Transport of rock fragments by rill flow-a field study. Catena Supplement, 8: 35-54.

Peco B, Traba J, Levassor C, et al. 2003. Seed size, shape and persistence in dry Mediterraneangrass and scrublands. Seed Science Research, 13 (1): 87-95.

Renison D, Hensen I, Cingolani A M. 2004. Anthropogenic soil degradation affects seed viability in *Polylepis australis* mountain forests of central Argentina. Forest Ecology and Management, 196 (2): 327-333.

Seghieri J, Galle S, Rajot J L, et al. 1997. Relationships between soil moisture and growth of herbaceous plants in a natural vegetation mosaic in Niger. Journal of Arid Environments, 36: 87-102.

Tíscar E, Heras M M, Nicolau J M. 2011. Performance of vegetation in reclaimed slopes affected by soil erosion. Restoration Ecology, 19: 35-44.

Thompson K. 1987. Seed and seed banks. New Phytologists, 106 (S1): 23-34.

Wang D L, Jiao J Y, Lei D, et al. 2013. Effects of seed morphology on seed removal and plant distribution in the Chinese hill-gully Loess Plateau region. Catena, 104: 144-152.

Wang N, Jiao J Y, Lei D, et al. 2014. Effect of rainfall erosion: seedling damage and establishment problems. Land Degradation and Development, 25: 565-572.

Wainwright J. 1996. Infiltration, runoff and erosion characteristics of agricultural land in extreme storm event, SE France. Catena, 26: 27-47.

Westoby M, Leishman M, Jurado E. 1996. Comparative ecology of seed size and dispersal. Philosophy Transport of Royal Society of London Biology, 351 (1345): 1309-1318.

第4章 土壤侵蚀（环境）对幼苗存活与建植的影响

本章作者：焦菊英　王　宁　苏　嫄　胡　澍

　　幼苗存活及其早期生长建植是植物生活史的重要阶段；这一时期植物体较为弱小，抵抗胁迫的能力低，死亡率较高，因此，成为影响植物种群定居和分布最为关键的时期（Wolfgang et al.，2002）。土壤侵蚀不仅造成土壤颗粒、养分与种子的流失，而且加剧了土壤干旱，并由于土壤侵蚀过程中的泥沙搬运与淤积而影响着地表的稳定性和种子的埋藏深度，这些都会影响种子的萌发及幼苗的存活与生长（Chambers et al.，1990；鱼小军等，2006）。大量研究指出，种子萌发期间土壤水分的有效性是幼苗生存的决定性因素（冯燕等，2011；Bochet et al.，2007）。物种的生理特性与地表形态特征严重影响着干扰生境下幼苗的萌发状况（Aerts et al.，2006），幼苗的成功定居取决于种子是否具有快速萌发的能力（Bochet et al.，2009；鲁为华等，2011），而土壤表面的稳定性则限制着幼苗的分布（Chambers and MacMahon，1994）。同时，在严酷生境中，营养繁殖，特别是地下器官的营养繁殖，在植物群落恢复中起着重要作用（Tsuyuzaki and Hase，2005）。在干旱环境中，克隆植物产生新个体的条件较由种子萌发形成新个体的条件宽松，利于其种群拓展（Peltzer，2002）。可见，在植物定居阶段，土壤侵蚀过程不但对种子萌发与幼苗的存活产生影响，而且长期侵蚀形成的立地环境也会影响物种的繁殖策略、物种的竞争选择和植物的定居类型，从而改变植物群落的组成结构与分布格局。

　　在黄土丘陵沟壑区，由于生存条件恶劣，严重的土壤侵蚀造成表层养分流失，特殊的土壤结构、稀疏的植被加上强烈的蒸发，使表层土壤长期处于干燥贫瘠状态，不仅影响着种子的萌发和出苗，还胁迫幼苗的定植与成活，进而制约着植被的发育与演替，影响植被的结构与功能。这也许对解释该区植被盖度低和植被恢复缓慢具有重要意义。本章通过人工模拟降雨侵蚀试验，以及对黄土丘陵沟壑区延河流域的坡面不同微生境、不同坡沟侵蚀单元、坡沟不同部位及滑坡面幼苗的调查与分析，研究不同立地环境下幼苗库特征、幼苗动态变化特征及幼苗的存活与建植特征，以期为黄土丘陵沟壑区植被的恢复演替提供更深层次的生态学解释，为加快该区水土流失治理提供科学依据。

4.1　研　究　方　法

4.1.1　模拟降雨试验

　　在试验土槽的土壤表面撒播种子，从播种、种子萌发至开始进行模拟降雨试验，整个过程在 20 天内完成。选择的幼苗为研究区域常见植物种，按单子叶草本、双子叶草本和灌木种选取白羊草、猪毛蒿和白刺花 3 个物种。模拟降雨采用控制相同降雨量，采用不同降雨历时的方式，控制每场降雨总量为 50mm，土槽坡度为 20°，研究萌发初期的幼苗在相同降雨量不同降雨强度及不同雨型条件下抵抗降雨破坏的能力。

另外，为了研究降雨侵蚀对幼苗萌发建植的影响，在试验土槽表层撒播供试幼苗的种子，然后放置室外，给予一定条件，待其萌发，萌发后 1 周内开始进行模拟降雨试验；从 6 月开始至 10 月初结束，历时 120 天，模拟种子从萌发到幼苗稳定生长的过程。试验设置土槽坡度为 20°，选取 6 个降雨强度（25mm/h、50mm/h、75mm/h、100mm/h、125mm/h 和 150mm/h），并按降雨强度的大小设置降雨历时分别为 60min（25mm/h、50mm/h 与 75mm/h）和 30min（100mm/h、125mm/h 与 150mm/h），降雨周期为 20 天，周期内降雨强度的顺序随机安排。

根据试验处理的设计，每个雨强设置两个重复。每次降雨前记录各个物种出苗数量和生长位置，每个物种选取 10 株代表性植株，用钢卷尺测量并记录其自然生长高度；开始降雨后，收集径流泥沙样，根据径流量的大小每 3～5min 收集一次；降雨结束后再次核对土槽内的幼苗数量，并记录被损坏的幼苗数及其损坏方式和生长位置。通过得到的幼苗被降雨侵蚀破坏的数据，分析不同降雨强度对幼苗的影响、不同生长阶段幼苗受降雨侵蚀影响的程度及幼苗受破坏的方式等，来研究土壤侵蚀对不同生长阶段幼苗产生的影响。

4.1.2 野外调查

1. 幼苗库调查

于 2011 年和 2012 年的 7 月底至 8 月初在延河流域选择了 9 个流域：森林带的尚合年、毛堡则和洞子沟小流域，森林草原带的陈家坬、三王沟和张家河小流域，草原带的周家山、石子湾和高家沟小流域（图 4-1）。坡沟系统作为黄土丘陵沟壑区小流域侵蚀产沙的基本单元，由于长期的侵蚀，其地貌形态、坡度及土壤侵蚀程度存在垂直变化。这种侵蚀垂直分带性影响到环境水、热和养分的分布，从而使植被组成在垂直分布上发生变化。因此，依据黄土丘陵沟壑区坡沟侵蚀类型和植被构成的不同，将研究区坡沟系统划分为 5 种不同土壤侵蚀环境：阳沟坡、阳梁峁坡、梁峁顶、阴梁峁坡和阴沟坡。其中，阳沟坡的坡度大，土壤有机质含量低，土壤侵蚀严重，土壤水分和养分条件差，从而使得物种建植成功率低，植被覆盖度小，土壤抗蚀性能下降。阳梁峁坡的坡度相对较大，土壤侵蚀强度大，地势高，光照强，土壤水分条件差，植被覆盖度较小。梁峁顶坡度小，土壤侵蚀强度小，土壤养分和水分流失率小，但其海拔高，光照强，空气流动速度快，植物地上部分受伤害程度较大。阴梁峁坡土壤水分和养分条件较好，植被盖度高，有效减小了土壤侵蚀强度。阴沟坡的坡度小，植被恢复时间长，同时受沟间地来水与来沙的影响，土壤水分养分条件较好，植被盖度较大，侵蚀强度较弱（表 4-1）。

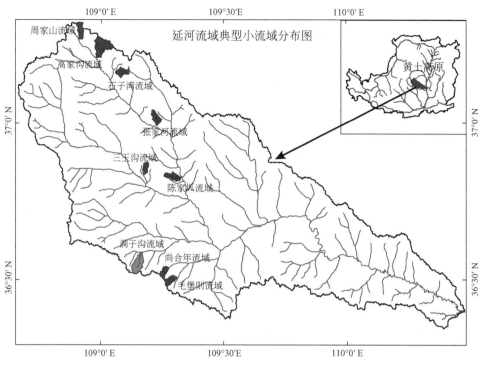

图 4-1 延河流域 9 个小流域的分布

表 4-1 样地基本概况

项目		阳沟坡	阳梁峁坡	梁峁顶	阴梁峁坡	阴沟坡
坡度/(°)		29 ~ 48	21 ~ 35	5 ~ 14	18 ~ 28	8 ~ 25
土壤 (0 ~ 60cm) 含水量/%		9	15	14	18	23
退耕年限/a		(老荒坡)	20	25	40	(老荒坡)
植被盖度/%		20	36	45	42	84
光照强度		强	强	强	中	弱
土壤侵蚀方式		浅沟 重力	鳞片 细沟 浅沟	溅蚀 鳞片	鳞片 细沟	细沟 浅沟
土壤 (0 ~ 20cm) 养分 (平均值 ±标准差)	有机质/(g/kg)	3.15±0.32c	4.36±0.98c	11.35±1.31a	8.61±1.12b	13.42±2.31a
	全氮/(g/kg)	0.24±0.04c	0.38±0.09c	0.77±0.05a	0.42±0.03b	0.80±0.07a
	有效氮/(mg/kg)	16.66±2.12b	19.14±2.34b	42.26±6.32a	46.60±5.45a	50.26±5.69a
	速效磷/(mg/kg)	0.98±0.12c	1.32±0.15c	2.21±0.24a	1.78±0.21b	2.24±0.33a

注: 同一行中不同小写字母表示各样地间差异显著 ($P<0.05$)。

每个小流域选择 3 个具有代表性的自然恢复梁峁，于阳沟坡、阳梁峁坡、梁峁顶、阴梁峁坡和阴沟坡 5 种不同坡沟部位共选择样地 102 个（其中，森林带 26 个，森林草原带 43 个，草原带 33 个）进行幼苗库及地上植被的调查。对于幼苗库调查，每个样地从左到右选 3 个样方，每个样方又分别设置 3 个 50cm×50cm 的小样方进行幼苗库调查（一般设置在地上植被调查样方的附近），详细记录小样方里幼苗物种组成、数量、高度、生长状况及死亡情况等。对于地上植被调查，在每个样地设置 3 个 2m×2m 的样方（共 306 个样方），记录植被的物种组成、多度、盖度、密度和高度等。

2. 不同侵蚀环境下幼苗动态调查

为了进一步了解幼苗的动态变化，在安塞县相邻的纸坊沟和宋家沟小流域选择了 3 座梁峁（纸坊沟 1 座，宋家沟 2 座），每座梁峁坡沟按 5 种不同部位（阳沟坡、阳梁峁坡、梁峁顶、阴梁峁坡和阴沟坡）共选择固定样地 15 个（每种环境 3 个重复）；每个样地设置 3 个 2m×2m 的重复样方（共 45 个），并在样方里按对角线设置 3 个 50cm×50cm 的小样方（共 135 个）。同时，在上述 1 对阴梁峁坡和阳梁峁坡上，按上、中和下 3 坡位布设小样方（50cm×50cm）；每个坡位有 4 个小样方，分别布设在鱼鳞坑、浅沟、植丛下和植丛间，共计 24 个小样方。对上述设置的小样方的幼苗库特征进行逐月跟踪调查。幼苗库跟踪调查于 2012 年 4 月至 11 月的月初进行，每月一次，详细记录幼苗的物种组成、数量、高度、生长状况以及死亡情况等；为了区分不同调查时间幼苗存活与萌发的个数，调查时用不同颜色的竹签对各月幼苗进行标记；并于 2013 年 4 月调查越冬幼苗存活情况。于 2012 年 8 月调查样地的基本情况，包括海拔、坡度、地上植被的盖度和群落类型等。

另外，在安塞纸坊沟流域 4 个侵蚀单元的不同坡位，设置 3 个 1m×1m 的小样方作为幼苗调查样方，于 2010 年 4 月至 10 月对幼苗进行逐月的定位观测（具体调查时间为 4 月 25 日至 26 日、6 月 14 日至 16 日、7 月 22 日至 26 日、8 月 27 日至 31 日、9 月 19 日至 21 日和 10 月 26 日至 28 日）；将每个 1m×1m 的样方分成 100 个 10cm×10cm 小样方，记录小样方内的幼苗、结皮和植被情况。同时，选择一个典型侵蚀坡面，记录侵蚀坡面不同部位细沟内的幼苗情况和细沟外 20cm 范围内的幼苗情况及细沟内成熟植株情况，并量测细沟的长、宽和深，分析侵蚀微地形对幼苗更新的影响。

此外，针对 2013 年特大暴雨引发的浅层黄土滑坡，2014 年在安塞县马家沟、窑子沟、坊塌和县南沟 4 个小流域选取 12 个滑坡，南坡向和北坡向各 6 个。在每个滑坡面上，于 2016 年 3 月 28 日（此后气温持续在 5℃以上，标志着生长季的开始）平行布设 3 个 1m × 1m 的样方。在每个样方内，自 2016 年 4 月至 10 月（生长季结束），每月中旬（4 月 16 日、5 月 17 日、6 月 18 日、7 月 19 日、8 月 19 日、9 月 19 日和 10 月 20 日）用竹签标记植物群落的幼株层中每个新出现的幼苗（每次使用不同颜色的竹签标记），并记录幼苗的名称和数量，同时（除 4 月 16 日外）也记录幼苗的存活数量，并于 2017 年 4 月 22 日（越冬后）和 8 月 23 日（越夏后）分别再记录幼苗的存活数量。

4.2 结果与分析

4.2.1 降雨侵蚀的机械损伤对幼苗存活与建植的影响

1. 降雨侵蚀对幼苗的破坏方式

依据模拟降雨试验，降雨侵蚀过程中对幼苗的伤害主要有三种类型（连根拔起、打倒和冲走），且这三种破坏类型在不同物种上表现出不同的比例。在三种不同的破坏方式中，猪毛蒿幼苗被降雨打倒的幼苗数量比例最大，为 6.03%，被连根拔起的和被冲走的幼苗分别占 3.97% 和 3.82%。白羊草幼苗受破坏的三种方式占的比例为连根拔起 3.28%、打倒 3.84% 和冲走 2.18%，每种破坏方式所占幼苗的比例相差不大。白刺花幼苗遭受破坏的形式主要为被打倒，占 11.87%；该幼苗在降雨过程中冲走的比例是最低的，仅为 0.46%，这可能是由于白刺花属于灌木，其幼苗在生长初期即具有较大的子叶和较粗的茎，故抵抗径流冲刷的能力较猪毛蒿和白羊草幼苗更大一些（图 4-2）。猪毛蒿幼苗流失（指冲走）的比例在供试的三个物种中是最大的，这可能由于猪毛蒿本身在坡面上存在的密度是最大的，且为双子叶植物，幼苗初期子叶很小且茎很细。可见，一二年生草本物种猪毛蒿（种子很小，幼苗小）受侵蚀破坏较严重；其次是多年生禾草白羊草。这两个物种不同破坏方式间的差异不显著。而对于灌木白刺花（其种子较大，幼苗子叶较大），被雨滴击倒的比例远远高于其他破坏方式，同时被冲走的比例最低。

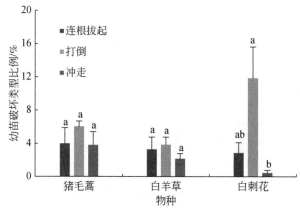

图 4-2 供试物种幼苗不同破坏类型所占比例

误差线上方字母代表同一物种不同破坏类型所占比例间差异的显著性（$P<0.05$）

在供试的三个物种中，白刺花和猪毛蒿都属于直根系，白羊草为须根系。对幼苗根系的观察表明，白刺花的主根较长且明显较粗，侧根与主根相比却明显要细，从整体外观上看主次分明；最长的侧根长度达 30.37cm。猪毛蒿具有明显的纺锤形主根，主根粗壮但长度较短，最粗壮部分的根径达到 2.23mm；从主根上旁生出许多侧根，侧根较细但长度很大，最长的侧根长度达 19.90cm；侧根上生长有许多毛细根。白羊草植株的根系属于须根系（须根系的特点是主根不发达，种子萌发时所产生的主根很早就退化了，然后由茎基部长出丛生须状的根；这些根不是来自老根，而是来自茎的基部，是后来产生的，称为不定根），根系都很长，最长的可达 43.54cm；但根径都很小，最大的为 1.03mm，最细的部分仅为 0.12mm。从图 4-3 中可以看出，三个不同物种的根径大多分布在 0.1～0.5mm 范围内，白刺花的根系在这个范围内占的比例最多，达 82.35%，其次为白羊草 81.53%，猪毛蒿的仅 60.92%；在 0.1～1.0mm 的范围内根系所占的比例分别为白刺花 98.46%，白羊草 94.12% 和猪毛蒿 91.95%。刘国彬等（1996）通过对 12 种牧草根系研究发现，毛根抗拉力随着直径增加而增大，0.1～1.0mm 的毛根通过缠绕和网络土体所表现出来的巨大抗拉能力足以抵抗径流的冲刷力。也就是说，在 0.1～1.0mm 范围内的根系占的比例越大，植株就会产生越大的抗拉能力，从而抵抗降雨侵蚀破坏的能力也越强。由此可以得出供试的三个物种中，抗侵蚀能力的大小表现为白刺花幼苗>白羊草幼苗>猪毛蒿幼苗。从图 4-4 中可以看出三个物种之间根系长度的区别，白刺花和猪毛蒿同属于直根系的物种，各长度范围内根系所占的比例比较接近，但白刺花的主根比猪毛蒿的主根更加明显，导致白刺花比猪毛蒿在较长的根系范围内还有分布，基本上都是植株的主根；白刺花最长的根系分布在 30～40cm 范围内，而猪毛蒿最长的根系仅处于 10～20cm 范围内。根系越长，说明在土壤中扎根的深度或与土壤接触的表面积就越大，产生的固结力也就越大，抗拉能力也就越强。白羊草属于须根系植株，根系直径较小但长度很长，最长的根系分布于 40～50cm 的范围内，占 4.62%；长度在 30～40cm 范围内的和 40cm 以上的根系明显比另外两个物种要多。说明白羊草的根系在土壤中的分布范围更广，与土壤的结合方式也更复杂，同样会产生较强的抗拉能力。

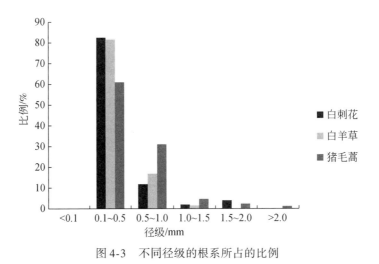

图 4-3　不同径级的根系所占的比例

2. 不同雨型条件下幼苗死亡情况

在不同降雨侵蚀条件下，三种植物幼苗的死亡率差异显著（表 4-2）。猪毛蒿的死亡率为 (8.5±1.4)%~(29.5±6.6)%，平均 (14.2±3.3)%；最大死亡率出现在降雨强度为

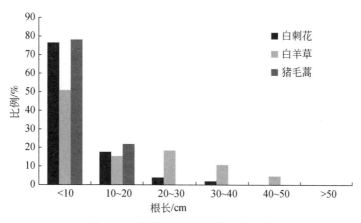

图 4-4　不同长度的根系所占的比例

25mm/h 且历时 120min 时；最小死亡率出现在降雨强度 100mm/h 且历时 30min 时。白羊草幼苗的死亡率最大也出现在降雨强度为 25mm/h 且历时 120min 时，死亡率为（16.7±2.1）%；其次是降雨强度为 150mm/h 且历时 20min 时，为（11.9±3.8）%；其他 4 种降雨条件下为（4.1±1.5）%～（9.0±2.1）%。对于白刺花，死亡率为（5.6±5.6）%～（29.2±7.0）%，平均（14.2±3.4）%；高的死亡率发生在降雨强度为 75mm/h 且历时 40min 时 [（29.2±7.0）%] 和降雨强度为 100mm/h 且历时 30min 时 [（17.2±5.6）%]；最小死亡率出现在降雨强度 25mm/h 且历时 120min 时，为（5.6±5.6）%。

表 4-2　不同降雨侵蚀条件下的幼苗死亡率

降雨强度 /（mm/h）	雨滴动能/[J/（m²·mm）]	降雨历时 /min	径流量 /10⁻³m³	侵蚀量 /（g/m²）	幼苗死亡率（平均值±标准误）/%		
					猪毛蒿	白羊草	白刺花
25	18.54	120	36.72	864.7	29.5±6.6A	16.7±2.1A	5.6±5.6B
50	22.36	60	27.95	279.4	10.0±2.1B	4.8±1.4B	13.3±4.9AB
75	24.95	40	21.72	519.8	9.0±2.5B	4.1±1.5B	29.2±7.0A
100	26.96	30	23.71	822.1	8.5±1.4B	6.5±2.0B	17.2±5.6AB
125	28.64	24	31.69	546.8	12.1±2.2B	9.0±2.1AB	7.7±3.5B
150	30.08	20	25.29	2255.4	15.8±6.0AB	11.9±3.8AB	12.5±9.0B

注：不同大写字母表示不同降雨条件下的差异显著性（$P<0.01$）。

猪毛蒿幼苗和白羊草幼苗死亡率随降雨强度的变化过程具有相似的特征，两者的最大死亡率均出现在 25mm/h 降雨条件下，猪毛蒿幼苗死亡率在 100mm/h 时为最小，白羊草幼苗死亡率在 75mm/h 时为最小；此外，两者的死亡率都随着降雨强度的增加而逐渐增大。通常情况下可以认为，在降雨历时相同的条件下，降雨强度越大，对幼苗产生的破坏力也会越大；而在总降雨量相同的条件下，对幼苗破坏起主要作用的不仅仅是降雨强度，降雨历时也会产生一定的影响，降雨过程中产生的土壤侵蚀是影响幼苗成活率的主要因素。从本试验结果可以看出，当降雨历时达到 120min 时，尽管降雨强度很小，仅为 25mm/h，却产生了较大的累积土壤侵蚀量和系列最大的幼苗死亡率；而后降雨历时改为

60min 时，降雨强度增大至 50mm/h，土壤侵蚀量为所有降雨过程的最低值，死亡率也低于 25mm/h 时。这说明不管降雨强度的大小，当降雨历时足够长时，即使是降雨强度较小，同样能够引起刚萌发幼苗较高的死亡率。这可能是由于刚萌发的幼苗根系很不发达且主要存在于较浅的土层之中，小雨强长历时的降雨更容易使表层土壤水分达到完全饱和状态从而减小幼苗根系与土壤之间的黏结力，使径流更容易将幼苗冲出土壤，引起大量幼苗死亡。当降雨强度增加时，由于土壤产流机制为超渗产流，完全靠径流的牵引能力对幼苗产生破坏，在这种机制下，降雨强度越大径流能量就越大，对幼苗的破坏力也越强。故短历时高雨强和长历时低雨强条件都能对幼苗引起较高的死亡率，但两者的机制却不相同，降雨强度和降雨历时的交互作用对幼苗的影响同样重要。

白刺花幼苗死亡率对不同降雨强度条件的响应特征与另两个物种截然不同。白刺花幼苗的最大死亡率出现在 75mm/h 降雨强度条件下；小于 75mm/h 降雨强度时，死亡率随着降雨强度的增加而增大；大于 75mm/h 降雨强度时，幼苗死亡率随降雨强度的增加呈现出波动状态，但总体呈下降趋势。

3. 不同生长阶段幼苗受降雨侵蚀的破坏情况

根据每场降雨前后对幼苗数量的统计，发现供试的幼苗只在 40 天以内时在降雨前后出现数量上的变化（图 4-5）。当幼苗在初期遭遇第一轮降雨（强度为 25mm/h 且历时 60min）时，白刺花幼苗和白羊草幼苗在降雨前后均没有发生数量上的变化，说明在降雨过程中没有出现幼苗的损失状况；猪毛蒿幼苗在降雨后比降雨前减少了 48 株幼苗，占该物种幼苗总数的 4.45%。当第二轮降雨（强度为 75mm/h 且历时 40min）时，三个物种的幼苗在降雨结束后均发生了不同数量的受损情况，但受到破坏的幼苗数量都不多，分别占到该物种幼苗总数的 6.76%、3.32% 和 1.12%。而在 40 天以后，幼苗在遭受降雨过程时，无论降雨强度的大小，三个物种的幼苗在降雨前后都没有出现数量上的变化。由此可以认为，此时的幼苗已经基本具备了抵抗降雨破坏的能力，后期能否建植成功主要受到其他方面的影响（如水分条件及种内或种间竞争等）；受降雨侵蚀破坏影响程度比较大的主要为

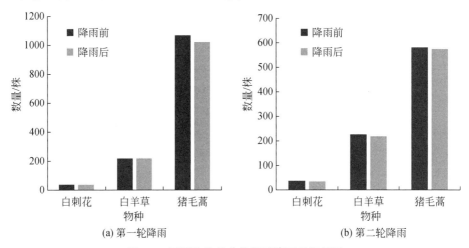

(a) 第一轮降雨　　　　　　　　　(b) 第二轮降雨

图 4-5　不同物种幼苗前期受降雨破坏情况

生长前期阶段的幼苗，幼苗的生长时间越短，越容易遭受降雨侵蚀破坏。

　　三个试验物种的幼苗存活率均随着试验时间的延长而降低。猪毛蒿幼苗存活率降低幅度最大，经过120天的试验，其存活率降到30%以下；其次是白羊草，经过120天的试验其存活率降低到70%左右；而白刺花幼苗存活率较高，试验结束时，其存活率在90%以上（图4-6）。表明随着种子重量的增加，其幼苗具有更高对抗外界不利条件的能力，更能保障幼苗的存活率。总之，白刺花的幼苗密度在整个生长过程中相对稳定，一旦萌发，幼苗的存活率高；白羊草的幼苗密度在40天后降低，100天后（幼苗建植成功后）幼苗密度稳定；猪毛蒿的幼苗密度降低明显，特别是在第20~40天内。白刺花、白羊草和猪毛蒿的建植率分别为（80.1±2.5）%、（67.2±2.2）%和（28.1±2.5）%。

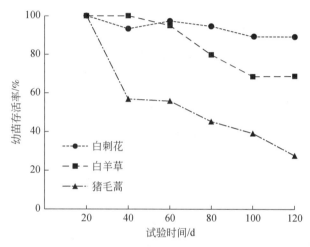

图4-6　试验物种幼苗存活率随时间的变化

4.2.2　坡面不同侵蚀微生境对幼苗存活与建植的影响

1. 坡面微生境下幼苗动态变化特征

　　坡面不同侵蚀微环境之间，幼苗密度不同，整体表现为浅沟>植丛间>鱼鳞坑>裸露地。其中裸露地与浅沟差异极显著（$P=0.004$），与植丛间差异显著（$P=0.032$）；其他侵蚀微环境间无显著差异（$P>0.05$）。不同月份之间，4种侵蚀微环境下的变化趋势存在一定的差异。在浅沟立地环境下，4月初幼苗密度较小（58株/m²）；随后呈增大—减小—增大—减小—增大—减小波动性变化，11月中旬降至最低（22株/m²）；其中最大值出现在7月初，高达160株/m²。其他3种侵蚀微环境动态变化趋势整体上表现为先增大后减小，最小值均出现在11月中旬；最大值在鱼鳞坑出现在9月初（100株/m²），在裸露地出现在7月初（85株/m²），在植丛间出现在5月初（104株/m²）（图4-7）。可见，侵蚀微环境的改变对幼苗密度变化具有一定的影响作用。

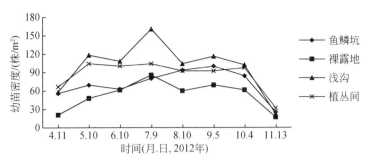

图 4-7　不同侵蚀微环境下幼苗密度动态变化

　　对不同侵蚀微环境下幼苗物种多样性指数、丰富度指数和均匀度指数的动态变化的分析结果（表 4-3）表明，在不同侵蚀微环境下，幼苗物种多样性指数表现为植丛间>浅沟>鱼鳞坑>裸露地，丰富度指数为鱼鳞坑>植丛间>浅沟>裸露地，均匀度指数为浅沟/植丛间/鱼鳞坑>裸露地，但均无显著差异（$P>0.05$）。可见侵蚀微环境对幼苗物种多样性无明显影响。在不同月份之间，4 种不同侵蚀微环境的多样性指数和丰富度指数的变化趋势基本一致，均在年内呈现先增大后减小的变化趋势；最大值出现在 9 月初或 10 月初，最小值出现在 4 月初或 11 月中旬。均匀度指数在鱼鳞坑、浅沟和植丛间的动态变化基本一致，均为 4 月初较小（变化在 0.11～0.13），5 月初迅速增大（变化在 0.31～0.37），之后从 5 月初至 11 月中旬波动性变化且波动性很小（变化在 0.31～0.40），说明从 5 月初开始幼苗在这 3 种侵蚀微环境下分布的均匀程度无明显变化且其分布较为均匀。裸露地均匀度指数在 4 月至 10 月初，变化趋势与其他 3 种侵蚀微环境基本一致；而在 11 月中旬骤然下降（0.12），但高于 4 月初（0.10），说明在裸露地 11 月中旬幼苗分布非常不均匀，大部分呈零星分布。因此，不同侵蚀微环境下幼苗物种多样性动态变化存在差异，但均具有较为明显的变化规律。

表 4-3　不同侵蚀微环境下幼苗物种多样性动态变化

指数	微环境	时间（月·日，2012 年）								均值
		4.11	5.10	6.10	7.9	8.10	9.5	10.4	11.13	
多样性指数	鱼鳞坑	0.51	0.66	0.62	0.68	0.84	0.90	0.81	0.37	0.67a
	裸露地	0.33	0.59	0.53	0.61	0.71	0.76	0.72	0.20	0.56a
	浅沟	0.47	0.55	0.57	0.73	0.77	0.92	0.84	0.56	0.68a
	植丛间	0.54	0.64	0.68	0.77	0.80	0.79	0.86	0.50	0.70a
丰富度指数	鱼鳞坑	1.37	1.83	1.83	1.88	2.59	3.01	2.50	1.47	2.06a
	裸露地	0.89	1.59	1.21	1.41	2.11	2.37	2.08	0.64	1.54a
	浅沟	1.16	1.38	1.22	1.76	1.91	2.86	2.50	1.75	1.82a
	植丛间	1.20	1.65	1.88	1.96	2.34	2.24	2.66	1.50	1.93a

续表

指数	微环境	时间（月.日，2012 年）								均值
		4.11	5.10	6.10	7.9	8.10	9.5	10.4	11.13	
均匀度指数	鱼鳞坑	0.11	0.37	0.36	0.38	0.39	0.39	0.38	0.37	0.34a
	裸露地	0.10	0.38	0.37	0.37	0.38	0.38	0.39	0.12	0.31a
	浅沟	0.12	0.31	0.35	0.37	0.40	0.39	0.38	0.37	0.34a
	植丛间	0.13	0.35	0.36	0.39	0.38	0.39	0.39	0.36	0.34a

注：最后 1 列数据右侧小写字母表示不同侵蚀微环境下的差异显著性（$P<0.05$）。

2. 坡面细沟对幼苗分布的影响

对恢复时间较短的一个阳坡坡面上细沟内外幼苗进行的跟踪调查显示，在不同的调查时间，不同坡位的细沟内和细沟外幼苗密度和物种数均具有极显著的差异（$P<0.01$）（图 4-8）。坡面细沟从坡上部到坡下部随着侵蚀程度的加强，其面积和深度也随着增加，其对幼苗的影响也不相同，尤其是在 7 月幼苗密度和物种数量最低。但是在细沟内幼苗依旧保持较高的密度和物种数，而且在坡面的下部随着细沟面积和深度的增加幼苗的密度和数也有极显著增加（$P<0.01$）。而在细沟外，在 6 月和 7 月调查中，由坡上部到坡下部，其密

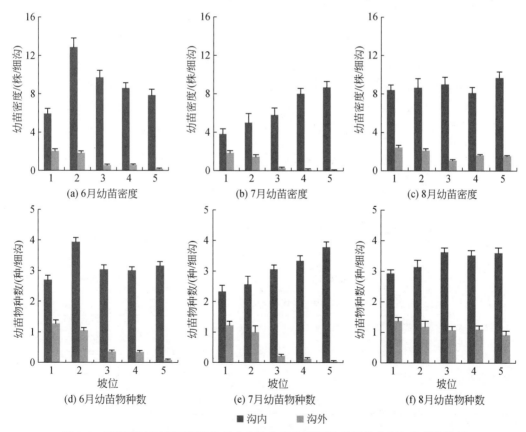

图 4-8 不同调查时间不同坡位单个细沟与细沟周围幼苗平均密度与物种数特征

1～5 分别代表坡上部、坡中上部、坡中部、坡中下部和坡下部

度和物种数均有极显著的降低；在8月条件较好，细沟外幼苗密度和物种数有所增加。调查中细沟的平均长度、宽度和深度分别为 12.4 ~ 25.7cm、28.8 ~ 59.2cm 和 2.1 ~ 11.2cm，平均面积分布为 386 ~ 1552cm^2；而调查细沟外周围 20cm 范围，面积分布为 3276 ~ 4868cm^2。细沟内幼苗平均密度换算成单位面积密度分布在 31.8 ~ 208.3 株/m^2，而细沟外仅为 0.1 ~ 7.2 个/m^2。细沟内幼苗密度与细沟周围幼苗密度相比超出数十倍到数百倍。

在细沟内调查中，共统计幼苗物种 46 种，这些物种中只有 17 种在细沟外有分布（表4-4）。在细沟内，一二年生物种占沟内总物种数的 26.1%，多年生草本占 41.3%，多年生禾草占 13.0%，灌木与半灌木占 17.4%，还有一种乔木物种；而在细沟外，主要物种是一二年生物种，占到沟外物种的 58.8%，多年生草本和半灌木与灌木物种均占 17.6%，多年生禾草占 5.9%。在细沟内外均有较高密度的物种中，猪毛蒿密度在细沟内分布为 6.40 ~ 77.36 株/m^2，细沟外分布为 0.13 ~ 2.36 株/m^2；其次为香青兰，其密度在细沟内和细沟外分别为 0.47 ~ 58.51 株/m^2 和 0.02 ~ 3.04 株/m^2；猪毛菜、地锦草、狗尾草和臭蒿等物种也具有较高的密度。在多年生禾草中，只有长芒草在细沟内外均有分布，而其他物种如白羊草、硬质早熟禾和中华隐子草等仅在细沟内有分布。在多年生草本物种中，狭叶米口袋、山苦荬和菊叶委陵菜 3 个分布广泛的伴生种在细沟内外均有分布，而其他物种只分布在细沟内，如主要物种阿尔泰狗娃花和茭蒿等。在灌木与半灌木物种中，在细沟内外均有分布的物种有达乌里胡枝子、灌木铁线莲和铁杆蒿，而其他的如白刺花、黄柏刺、扁核木和柠条锦鸡儿等在细沟内有少量出现。乔木榆树也只在细沟中有幼苗出现。这一研究结果显示，在恢复时间较短的且侵蚀较为强烈的坡面，细沟外主要少量分布一些演替早期的一二年生物种，而细沟内能提供较好的水分条件，为演替后期的物种提供合适微环境使其得以萌发和生长。通过对细沟内成年草本植物及灌木较大幼苗进行调查，共统计物种 35 种，与细沟内幼苗物种相似性达到 0.79，说明大部分物种能够在细沟内生长并成功繁殖。随着植物成功定居，会起到拦截径流泥沙的作用，进而阻止细沟的继续发展。

表4-4　细沟内与细沟外幼苗组成及密度分布范围　　　（单位：株/m^2）

生长型	物种	细沟内	细沟外	物种	细沟内	细沟外
一二年生草本	猪毛蒿	6.40 ~ 77.36	0.13 ~ 2.36	地肤	0.18 ~ 9.31	0.04 ~ 0.67
	香青兰	0.47 ~ 58.51	0.02 ~ 3.04	臭蒿	0.16 ~ 4.21	0.02 ~ 0.61
	猪毛菜	0.78 ~ 27.93	0.06 ~ 2.20	牻牛儿苗	0.39 ~ 5.17	0.02 ~ 0.27
	紫筒草	0.34 ~ 20.83	0.02 ~ 0.75	角蒿	0.19 ~ 3.06	0.02 ~ 0.09
	地锦草	0.08 ~ 17.19	0.04 ~ 0.47	北点地梅	0.12	—
	狗尾草	0.32 ~ 16.28	0.03 ~ 0.61	风毛菊	0.08	
多年生禾草	长芒草	0.08 ~ 4.71	0.03 ~ 0.09	糙隐子草	0.08 ~ 1.03	—
	中华隐子草	0.08 ~ 2.19	—	白羊草	0.08 ~ 0.48	
	硬质早熟禾	0.08 ~ 1.07		鹅观草	0.17	

续表

生长型	物种	细沟内	细沟外	物种	细沟内	细沟外
多年生草本	狭叶米口袋	0.16 ~ 8.93	0.09 ~0.32	裂叶堇菜	0.13 ~0.47	—
	山苦荬	0.47 ~5.29	0.02 ~0.11	蒲公英	0.51	—
	阿尔泰狗娃花	0.08 ~2.31	—	紫苜蓿	0.25	—
	菊叶委陵菜	0.21 ~2.19	0.05	茜草	0.12 ~0.24	—
	抱茎小苦荬	0.08 ~1.65	—	旋花	0.08 ~0.18	—
	苦苣菜	1.42 ~1.42	—	墓头回	0.13	—
	远志	0.08 ~0.94	—	紫花地丁	0.13	—
	小蓟	0.19 ~0.66	—	甘草	0.12	—
	草木犀	0.11 ~ 0.51	—	唐松草	0.08	—
	茭蒿	0.51 ~0.51	—	—	—	—
半灌木与灌木	达乌里胡枝子	0.32 ~10.86	0.02 ~0.72	白刺花	0.08 ~0.41	—
	灌木铁线莲	0.12 ~1.68	0.04 ~0.32	扁核木	0.18	—
	铁杆蒿	0.17 ~0.93	0.02	柠条锦鸡儿	0.08 ~0.13	—
	黄柏刺	0.48 ~0.48	—	截叶铁扫帚	0.08	—
乔木	榆树	0.08 ~0.21	—	—	—	—

3. 坡面不同坡位幼苗变化特征

四个侵蚀单元（Ⅰ、Ⅱ、Ⅲ和Ⅳ）的坡面上部、中部和下部三个坡位以及沟坡在各调查时段幼苗密度与丰富度变化特征如图 4-9 和图 4-10 所示。由于 4~7 月幼苗密度较低，8~10 月幼苗密度较高，所以在分析幼苗密度随坡位变化时，分别分析这两个时段的变化情况。

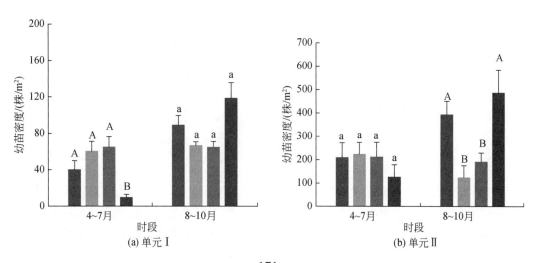

(a) 单元 Ⅰ　　　　　　　　　　　(b) 单元 Ⅱ

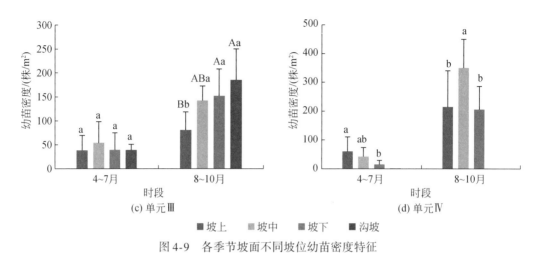

(c) 单元Ⅲ　　　　　　　　　(d) 单元Ⅳ

■坡上　■坡中　■坡下　■沟坡

图4-9　各季节坡面不同坡位幼苗密度特征

误差线上字母表示不同坡位间的密度差异显著性，小写字母表示 P<0.05，大写字母表示 P<0.01

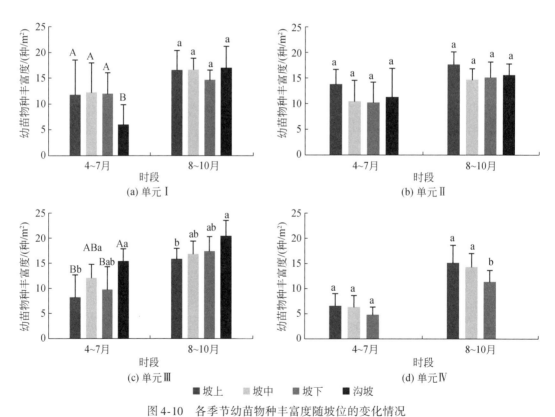

(a) 单元Ⅰ　　　　　　　　　(b) 单元Ⅱ

(c) 单元Ⅲ　　　　　　　　　(d) 单元Ⅳ

■坡上　■坡中　■坡下　■沟坡

图4-10　各季节幼苗物种丰富度随坡位的变化情况

误差线上字母表示不同坡位间的物种丰富度差异的显著性，小写字母表示 P<0.05，大写字母表示 P<0.01

对于自然恢复坡面，单元Ⅰ坡面不同坡位间幼苗密度在两个时段均无显著差异。在 4～7月从坡面上部到坡面下部，幼苗密度逐渐增加，坡上部幼苗平均密度为（40±6）株/m²，到坡下部增加到（65±11）株/m²；8～10月坡上部幼苗密度增加幅度较大，平均密度达到

（89±10）株/m²，要高于坡面中部和下部［平均密度分别为（67±4）株/m²和（65±6）株/m²］。幼苗物种丰富度在坡面上不同坡位间差异也不显著，坡面中部幼苗物种数略多一些，在4~7月为（12.2±2.0）种/m²，8~10月为（16.7±0.8）种/m²。在单元Ⅱ内，在4~7月坡面上幼苗密度在不同坡位间无显著差异，坡面上部、中部和下部幼苗平均密度分别为（210±62）株/m²、（224±37）株/m²和（212±62）株/m²；在8~10月坡上部幼苗密度［（394±57）株/m²］要显著高于坡面中部和下部［（125±12）株/m²和（192±38）株/m²］。幼苗物种丰富度在两个时段内，坡面不同坡位间也无显著差异，坡面上部的幼苗物种丰富度在两个时段均比坡面中部和下部略高。在4~7月坡上部幼苗物种丰富度为（13.8±10）种/m²，坡面中部和下部幼苗物种丰富度分别为（10.5±1.0）种/m²和（10.2±1.4）种/m²；8~10月坡上部幼苗物种丰富度为（17.7±0.9）种/m²，而坡面中部和下部幼苗物种丰富度分布在15种/m²左右。

对于人工林柠条锦鸡儿林坡面（单元Ⅲ），幼苗密度在4~7月不同坡位间差异不显著，在坡中部幼苗密度略高为（54±16）株/m²，坡面上部和下部幼苗平均密度分别为（38±11）株/m²和（39±13）株/m²；在8~10月坡面上不同坡位间幼苗密度出现极显著的差异，坡面由上到下，幼苗密度逐渐增加，坡上部幼苗密度最小，为（81±13）株/m²，显著低于坡中部［（142±11）株/m²］，极显著低于坡下部［（152±20）株/m²］。幼苗物种丰富度4~7月在坡面不同坡位具有显著差异，坡上部幼苗物种丰富度较低［（8.2±1.6）种/m²］，显著低于坡面中部和下部幼苗物种丰富度［（12.1±0.9）种/m²和（9.8±1.6）种/m²］；在8~10月坡面由上到下，幼苗物种丰富度无显著变化，由坡面上部的（15.9±0.7）种/m²增加到坡面下部的（17.4±1.0）种/m²。人工刺槐林坡面（单元Ⅳ）幼苗密度4~7月由上部到下部显著降低，其中坡面上部幼苗密度为（63±17）株/m²，要显著高于坡下部（15±5）株/m²；在8~10月，各坡位幼苗密度均有较大的提高，坡中部的幼苗密度最高，为（328±37）株/m²，要显著高于坡面上部和下部幼苗密度［（234±49）株/m²和（206±28）株/m²］。坡面上部和中部幼苗物种丰富度在两个时段均略高于坡下部；4~7月幼苗物种丰富度在坡面上为（6.8±0.8）~（5.4±0.9）种/m²，8~10月幼苗物种丰富度有所增加，为（14.8±1.2）~（11.7±0.8）种/m²。

对于自然沟坡，单元Ⅰ的沟坡在4~7月幼苗密度极显著低于坡面上的幼苗密度，其平均密度仅为（10±3）株/m²；在8~10月沟坡幼苗密度有比较大的增加，平均密度达到（98±17）株/m²，略高于坡面幼苗密度。幼苗物种丰富度与坡面相比，在4~7月，沟坡的幼苗丰富度均极显著低于坡面，沟坡幼苗丰富度仅为（5.4±0.8）种/m²，而8~10月沟坡幼苗物种丰富度与坡面上无显著差异，平均物种数为（15.2±1.2）种/m²。单元Ⅱ沟坡幼苗密度与坡面相比，在4~7月，沟坡幼苗密度［（115±52）株/m²］略低于坡面；但在8~10月，沟坡幼苗密度［（432±104）株/m²］高于坡面上各个坡位，并且极显著高于坡面中部和下部（$P<0.01$）。幼苗物种丰富度在坡面与沟坡之间均无显著差异，沟坡的幼苗物种丰富度在两个时段分别为（11.3±1.7）种/m²和（14.9±0.8）种/m²。单元Ⅲ内，沟坡幼苗密度在4~7月略低于坡面，平均密度为（33±4）株/m²；而在8~10月沟坡幼苗密度有较大的提高，平均达到（184±15）株/m²，极显著高于坡面上部。幼苗物种丰富度在两个时段均高于坡面上各坡位，在4~7月为（15.0±0.7）种/m²，8~10月为（19.6±

0.8）种/m²。

综合分析幼苗密度在不同坡位间的差异可以看出，自然恢复坡面土壤侵蚀强度较高，8~10月的幼苗密度在坡面上部大于坡面中部和下部（土壤侵蚀可能对幼苗存在一定的机械破坏与淤埋等，使得坡面中部和下部幼苗密度降低）。而人工柠条锦鸡儿林坡面中部和下部幼苗密度在两个时段均要高于坡上部。在刺槐林中，8~10月幼苗密度在坡中部最高（可能人工林对林下小气候的改善有利于幼苗存活）。幼苗的 Margalef 指数和 Shannon-Wiener 指数在坡面不同部位表现出显著的差异，主要是在水分条件较好、土壤侵蚀程度较低的坡面上部较高；而幼苗 Pielou 指数随在不同坡位间的差异较小（表4-5）。总之，虽然各个坡面不同时段幼苗密度在不同坡位间的对比关系表现出不同的变化特征，但并没有表现出随着坡面土壤侵蚀程度的加强而降低的趋势。

表4-5 各侵蚀单元不同坡位的幼苗物种丰富度、多样性和均匀度指数

项目		坡位样带				
		1	2	3	4	5
丰富度指数：Margalef 指数	单元Ⅰ	6.12±0.54 Aa	5.96±0.44 Aa	5.59±0.30 ABa	3.94±0.43 Bb	5.56±0.56 ABa
	单元Ⅱ	5.51±0.30 ABa	4.84±0.35 Bb	4.63±0.41 Bb	4.71±0.39 Bb	6.57±0.66 Aa
	单元Ⅲ	5.88±0.60 Bc	6.49±0.38 ABb	6.16±0.55 ABb	7.89±0.22 Aa	7.27±0.39 ABab
	单元Ⅳ	4.29±0.37a	3.90±0.31a	3.85±0.45a		
多样性指数：Shannon-Wiener 指数	单元Ⅰ	2.77±0.14 Aa	2.73±0.15 Aa	2.70±0.15 Aa	2.00±0.19 Bb	2.45±0.24 ABb
	单元Ⅱ	1.88±0.14a	1.91±0.21a	1.54±0.19a	2.01±0.20a	2.14±0.26a
	单元Ⅲ	2.41±0.21 BCb	2.30±0.13 Cb	2.25±0.12 Cb	3.18±0.08 Aa	2.89±0.11 ABa
	单元Ⅳ	1.89±0.16a	1.70±0.11a	1.80±0.10a		
均匀度指数：Pielou 指数	单元Ⅰ	0.75±0.03a	0.75±0.02a	0.73±0.03a	0.75±0.06a	0.74±0.06a
	单元Ⅱ	0.47±0.03a	0.52±0.05a	0.41±0.05a	0.56±0.05a	0.52±0.06a
	单元Ⅲ	0.71±0.04 ABab	0.61±0.04 Bc	0.63±0.04 ABab	0.76±0.02 Aa	0.72±0.03 ABab
	单元Ⅳ	0.59±0.04a	0.55±0.04a	0.69±0.05a		

注：同一行中字母代表差异显著水平，大写字母表示 $P<0.01$，小写字母表示 $P<0.05$。1、2、3、4 和 5 分别代表坡上部溅蚀与面蚀带、坡中部细沟侵蚀带、坡下部浅沟侵蚀带、临近沟沿线的沟坡样带和接近沟底的沟坡样带。

4. 沟坡滑坡面的幼苗动态及存活特征

依据 2016~2017 年对 2013 年暴雨产生的滑坡面上幼苗和克隆分株的调查，无论在南坡或北坡滑坡面上（滑坡3年后），幼苗和克隆分株在调查期间（表4-6）均持续稳定地出现[图4-11（a）]，但南坡和北坡滑坡面生长季幼株的出现密度分别为（20.3±11.7）株/m² 和（54.0±22.2）株/m²，表明新滑坡面（尤其是南坡滑坡面）上存在较为严重的幼株出现限制问题，而且在调查期间这些幼苗和克隆分株在持续不断地死亡[图4-11（b）和（c）]。因此，上述出现和死亡的模式导致幼苗和克隆分株的数量均没有明显的积累[图4-11（d）]，南坡和北坡滑坡面生长季幼株密度分别为（2.3~15.8）株/m² 和（4.5~40.0）株/m²。因此，定植物种在新滑坡面这种生产力低下且存在土壤侵蚀干扰的环境下

（尤其是南坡滑坡面）表现出缓慢且受限的种群更新过程。

表 4-6 南、北坡滑坡面幼苗和克隆分株更新动态分析（广义线性混合模型）

坡向	更新类型	指标	时间	分布类型	关联函数	固定效应 F 值	固定效应 P 值
北坡滑坡面	幼苗	出现密度	每个调查时段 P1（28/03/2016～16/04/2016）、P2（17/04/2016～17/05/2016）、P3（18/05/2016～18/06/2016）、P4（19/06/2016～19/07/2016）、P5（20/07/2016～19/08/2016）、P6（20/08/2016～19/09/2016）、P7（20/09/2016～20/10/2016）和 P8（21/10/2016～22/04/2017）	正态分布	幂	1.146	0.355
		死亡率	生长季每个时段 P2～P7		幂	0.585	0.711
			生长季 P2～7（17/04/2016～20/10/2016）vs. 冬季 P8		恒等	0.384	0.549
		密度	每个时间点 T1（16/04/2016）、T2（17/05/2016）、T3（18/06/2016）、T4（19/07/2016）、T5（19/08/2016）、T6（19/09/2016）、T7（20/10/2016）和 T8（22/04/2017）		幂	3.338	0.007
	克隆分株	出现密度	P1～P8		恒等	0.415	0.887
		死亡率	P2～P7			0.130	0.984
			P2～7 vs. P8			0.151	0.706
		密度	T1～T8			2.164	0.059
南坡滑坡面	幼苗	出现密度	P1～P8	正态分布	恒等	0.849	0.554
		死亡率	P2～P7			1.826	0.151
			P2～7 vs. P8			0.003	0.956
		密度	T1～T8			0.956	0.476
	克隆分株	出现密度	P1～P8		恒等	0.345	0.928
		死亡率	P2～P7		恒等	0.168	0.972
			P2～7 vs. P8			1.167	0.305
		密度	T1～T8		幂	0.514	0.818

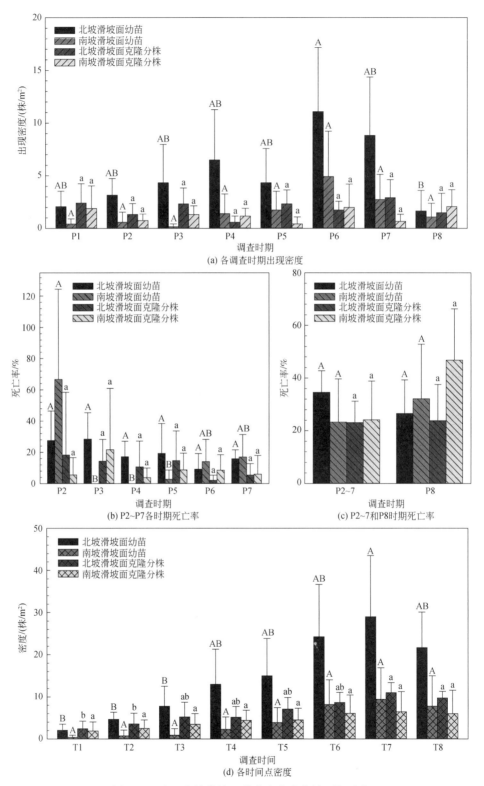

图 4-11　南、北坡滑坡面幼苗和克隆分株更新动态

大写（或小写）字母表示幼苗（或克隆分株）更新在各时段或各时间点的差异显著性（*P*<0.01，*P*<0.05）

4.2.3　坡沟不同部位对幼苗存活与建植的影响

1. 坡沟不同部位的幼苗特征

对延河流域三个植被带坡沟不同侵蚀环境下的幼苗总密度统计（图 4-12）及方差分析结果表明，同一植被带不同的沟坡侵蚀环境下幼苗密度是不同的，但整体上表现为阴沟坡幼苗生长状况良好。森林带幼苗密度在 5 种不同侵蚀环境下表现为梁峁顶>阴沟坡>阴梁峁坡>阳梁峁坡>阳沟坡，最大值与最小值相差 28 株/m²，但均未达到显著水平（$P>0.05$）。森林草原带幼苗密度以阴沟坡最大，与阳梁峁坡和阳沟坡差异显著（$P<0.05$），与梁峁顶和阴梁峁坡无显著差异（$P>0.05$）；最大值与最小值（阳沟坡）相差 106 株/m²。草原带幼苗密度表现为阴沟坡>阳梁峁坡>梁峁顶>阳沟坡>阴梁峁坡；最大值与最小值相差 60 株/m²，而差异不显著（$P>0.05$）。从不同植被带上看，整体上森林带幼苗密度变化为 60～106 株/m²，森林草原带变化为 80～186 株/m²，草原带变化为 148～208 株/m²；其中草原带幼苗密度与森林带差异极显著（$P=0.001$），与森林草原带差异显著（$P=0.014$），而森林带与森林草原带无显著差异（$P=0.163$）。幼苗密度在同一侵蚀环境的不同植被带上也存在一定差异。其中，阳沟坡和阴沟坡表现为草原带>森林草原带>森林带，无显著差异（$P>0.05$）；阳梁峁坡草原带最大，与森林带差异极显著（$P=0.004$），与森林草原带差异显著（$P=0.012$），森林带和森林草原带无显著差异（$P=0.481$）；梁峁顶和阴梁峁坡表现为森林草原带>草原带>森林带，无显著差异（$P>0.05$）。由此可知，不同植被带对幼苗密度影响作用明显且在阳梁峁坡上表现更显著。

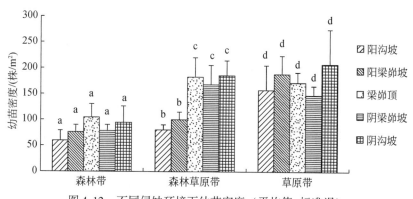

图 4-12　不同侵蚀环境下幼苗密度（平均值±标准误）

误差线上方字母代表同一植被带幼苗密度差异的显著性（$P<0.05$）

不同侵蚀环境下幼苗的主要物种及其密度特征存在差异（表 4-7），具体表现如下。

在森林带，阳沟坡铁杆蒿的平均密度达到 12 株/m²，裂叶堇菜和大披针薹草均为 7 株/m²，其余 17 个物种均小于 5 株/m²。在阳梁峁坡，猪毛蒿、长芒草、铁杆蒿和达乌里胡枝子的平均密度较大，为 16～58 株/m²，灌木物种白刺花也达到 12 株/m²，阿尔泰狗娃花、地锦草、狗尾草、山苦荬、多裂委陵菜、糙叶黄耆和臭蒿为 5～8 株/m²，其余物种均小于

5 株/m²。梁峁顶的幼苗密度相对较小，只有铁杆蒿、紫花地丁、阴行草、猪毛蒿、糙叶黄耆、长芒草、多裂委陵菜、白刺花和山苦荬 9 个物种的幼苗平均密度在 5 株/m² 以上；铁杆蒿最大，也只有 15 株/m²。阴梁峁坡上大披针薹草、野菊和裂叶堇菜平均密度较大，为 10 ~ 13 株/m²；灌木物种紫丁香和墓头回为 7 株/m²，其余物种均小于 5 株/m²。在阴沟坡，墓头回平均密度相对较大，达到 20 株/m²；抱茎小苦荬、臭蒿、裂叶堇菜、大披针薹草和阿尔泰狗娃花为 5 ~ 10 株/m²，达乌里胡枝子、山苦荬和小红菊等其他物种均小于 5 株/m²。

表 4-7 植被带坡沟不同侵蚀环境幼苗主要物种及其所占比例和密度

侵蚀环境	森林带			森林草原带			草原带		
	主要物种	比例/%	密度（平均值±标准误）/（株/m²）	主要物种	比例/%	密度（平均值±标准误）/（株/m²）	主要物种	比例/%	密度（平均值±标准误）/（株/m²）
阳沟坡	铁杆蒿	18.75	12±6.69	铁杆蒿	14.16	15±2.43	百里香	17.17	25±18.46
	裂叶堇菜	11.25	7±1.00	达乌里胡枝子	11.85	11±3.47	野豌豆	14.22	21±20.53
	大披针薹草	11.25	7±1.15	中华隐子草	8.82	9±1.66	达乌里胡枝子	6.45	9±3.66
	远志	6.43	4±1.15	臭蒿	7.64	7±6.05	远志	6.40	9±3.17
	墓头回	5.89	4±1.86	茭蒿	7.58	6±1.67	茭蒿	4.87	7±3.41
	白刺花	5.36	3±2.40	阿尔泰狗娃花	7.13	6±1.58	地锦草	3.88	6±5.70
	阿尔泰狗娃花	4.82	3±1.53	菊叶委陵菜	6.29	5±4.06	铁杆蒿	3.23	5±2.74
	北京隐子草	4.29	3±1.45	远志	4.72	4±1.24	多裂委陵菜	3.18	5±4.67
	紫丁香	4.29	3±2.18	二色棘豆	4.44	3±2.53	糙隐子草	2.57	4±3.78
	阴行草	4.29	3±0.67	白羊草	4.21	3±0.94	蒙古蒿	2.40	4±2.13
	三角械	3.75	2±1.45	糙叶黄耆	2.98	2±0.97	黄鹌菜	2.37	3±3.48
	长芒草	2.68	2±0.88	长芒草	2.58	2±1.24	中华隐子草	2.24	3±1.39
	达乌里胡枝子	2.68	2±1.20	狗尾草	2.53	2±1.16	抱茎小苦荬	2.22	3±3.26
	茭蒿	2.68	2±1.20	猪毛蒿	2.53	2±1.07	墓头回	2.17	3±3.18
	野菊	2.14	1±0.67	葶苈	2.47	2±1.27	猪毛蒿	1.99	3±1.65
	侧柏	1.61	1±0.58	山苦荬	1.80	1±0.73	山苦荬	1.97	3±1.43
	中华隐子草	1.61	1±1.00	糙隐子草	1.46	1±0.87	野菊	1.92	3±2.81
	地梢瓜	1.07	1±0.67	白刺花	1.35	1±0.55	向日葵	1.77	3±2.59
	栾树	1.07	1±0.67	二裂委陵菜	1.01	1±0.80	香青兰	1.66	2±2.44
	亚麻	1.07	1±0.67	蒙古蒿	0.67	1±0.53	二裂委陵菜	1.41	2±1.18

续表

侵蚀环境	森林带			森林草原带			草原带		
	主要物种	比例/%	密度（平均值±标准误）/（株/m²）	主要物种	比例/%	密度（平均值±标准误）/（株/m²）	主要物种	比例/%	密度（平均值±标准误）/（株/m²）
阳梁崩坡	猪毛蒿	28.74	58±49.64	达乌里胡枝子	27.98	27±7.39	龙牙草	21.98	50±49.78
	长芒草	11.89	24±19.22	铁杆蒿	17.20	17±4.68	达乌里胡枝子	11.28	26±9.14
	铁杆蒿	11.56	23±12.17	猪毛蒿	14.33	14±4.73	铁杆蒿	9.76	22±16.55
	达乌里胡枝子	8.09	16±8.01	阿尔泰狗娃花	8.87	9±1.25	猪毛蒿	6.97	16±6.12
	白刺花	5.95	12±8.18	长芒草	3.10	3±0.51	冷蒿	4.66	11±10.36
	阿尔泰狗娃花	3.96	8±2.51	白羊草	2.68	3±0.73	灰叶黄耆	4.44	10±8.79
	地锦草	3.47	7±7.00	糙叶黄耆	2.26	2±0.69	远志	4.39	10±2.61
	狗尾草	3.47	7±7.00	茭蒿	2.10	2±0.97	砂珍棘豆	2.43	6±5.06
	山苦荬	2.81	6±3.71	中华隐子草	2.06	2±1.24	斑种草	2.13	5±4.66
	多裂委陵菜	2.81	6±5.67	蒙古蒿	1.99	2±1.10	阿尔泰狗娃花	2.04	5±1.45
	糙叶黄耆	2.48	5±2.31	山苦荬	1.72	2±0.80	抱茎小苦荬	1.89	4±2.61
	臭蒿	2.31	5±1.45	葶苈	1.61	2±1.27	百里香	1.79	4±2.58
	香青兰	1.82	4±3.67	狗尾草	1.53	1±0.76	葶苈	1.77	4±3.87
	二裂委陵菜	1.65	3±3.33	二色棘豆	1.45	1±0.90	长芒草	1.59	4±2.71
	苦苣菜	1.49	3±3.00	二裂委陵菜	1.07	1±0.58	地锦草	1.57	4±3.56
	糙隐子草	1.32	3±2.18	香青兰	1.03	1±0.60	山苦荬	1.52	3±1.66
	裂叶堇菜	1.16	2±0.67	臭蒿	0.99	1±0.69	狭叶米口袋	1.52	3±1.24
	猪毛菜	1.16	2±2.33	狭叶米口袋	0.96	1±0.63	二裂委陵菜	1.30	3±0.97
	黄刺玫	0.99	2±2.00	地黄	0.84	1±0.47	茭蒿	1.30	3±2.21
	角蒿	0.83	2±1.37	糙隐子草	0.80	1±0.66	糙隐子草	1.28	3±2.03

侵蚀环境	森林带			森林草原带			草原带		
	主要物种	比例/%	密度（平均值±标准误）/(株/m²)	主要物种	比例/%	密度（平均值±标准误）/(株/m²)	主要物种	比例/%	密度（平均值±标准误）/(株/m²)
梁峁顶	铁杆蒿	13.18	15±4.35	猪毛蒿	27.04	49±23.31	猪毛蒿	16.11	27±17.23
	紫花地丁	9.67	11±1.02	狗尾草	9.08	16±7.44	达乌里胡枝子	13.64	22±6.36
	阴行草	9.38	11±7.05	二裂委陵菜	8.19	15±4.25	茵陈蒿	12.91	21±12.19
	猪毛蒿	6.74	8±7.67	菊叶委陵菜	6.43	12±4.51	中华隐子草	5.51	9±8.42
	糙叶黄耆	6.15	7±5.13	阿尔泰狗娃花	5.90	11±3.67	阿尔泰狗娃花	3.35	6±1.27
	长芒草	4.98	6±1.45	糙隐子草	5.69	10±4.24	二裂委陵菜	3.31	5±2.96
	羽裂叶委陵菜	4.98	6±4.25	达乌里胡枝子	5.17	9±2.73	菊叶委陵菜	3.16	5±1.71
	白刺花	4.69	5±2.91	香青兰	4.19	8±4.05	糙隐子草	2.97	5±2.95
	山苦荬	4.39	5±3.00	地锦草	3.75	7±3.44	蒙古蒿	2.97	5±2.23
	茭蒿	3.81	4±2.18	铁杆蒿	3.32	6±2.24	葶苈	2.58	4±3.54
	地锦草	3.52	4±4.00	猪毛菜	2.75	5±3.11	百里香	2.54	4±2.22
	阿尔泰狗娃花	3.22	4±1.86	葶苈	2.16	4±1.92	长芒草	2.39	4±2.71
	达乌里胡枝子	3.22	4±2.19	长芒草	1.84	3±0.80	远志	2.27	4±1.63
	獐牙菜	3.22	4±2.03	牻牛儿苗	1.63	3±2.08	砂珍棘豆	2.16	4±3.26
	糙隐子草	2.34	3±2.67	中华隐子草	1.61	3±2.81	二色棘豆	2.04	3±3.15
	裂叶堇菜	2.34	3±2.18	苦苣菜	1.46	3±1.37	籽蒿	2.04	3±2.82
	亚麻	1.76	2±2.00	山苦荬	1.36	2±0.94	山苦荬	2.04	3±1.67
	远志	1.76	2±2.00	狭叶米口袋	1.09	2±0.98	铁杆蒿	2.00	3±2.72
	黄刺玫	1.46	2±1.67	茵陈蒿	1.01	2±1.16	地锦草	1.97	3±2.18
	菊叶委陵菜	1.17	2±1.33	糙叶黄耆	0.83	1±0.77	猪毛菜	1.97	3±2.04

侵蚀环境	森林带			森林草原带			草原带		
	主要物种	比例/%	密度（平均值±标准误）/（株/m²）	主要物种	比例/%	密度（平均值±标准误）/（株/m²）	主要物种	比例/%	密度（平均值±标准误）/（株/m²）
阴梁峁坡	大披针薹草	15.49	13±2.33	铁杆蒿	14.06	22±4.13	达乌里胡枝子	11.22	16±5.03
	野菊	12.64	10±4.25	猪毛蒿	10.42	16±11.57	铁杆蒿	9.39	13±6.06
	裂叶堇菜	12.23	10±0	紫花地丁	7.49	12±11.31	百里香	7.15	10±5.81
	紫丁香	8.56	7±3.60	百里香	6.27	10±9.43	猪毛蒿	6.83	10±5.93
	墓头回	8.15	7±4.81	达乌里胡枝子	5.28	8±2.94	野菊	5.53	8±6.92
	达乌里胡枝子	4.89	4±4.00	狗尾草	4.62%	7±6.84	阿尔泰狗娃花	4.02	6±1.34
	绣线菊	4.89	4±1.52	阿尔泰狗娃花	4.20	7±1.09	远志	3.13	4±1.93
	獐牙草	4.89	4±1.53	地锦草	4.11	6±3.52	山苦荬	2.76	4±1.62
	三角械	4.48	4±2.33	长芒草	3.76	6±1.92	菊叶委陵菜	2.50	4±1.16
	铁杆蒿	3.26	3±1.76	二裂委陵菜	3.00	5±2.43	香青兰	2.50	4±2.70
阴梁峁坡	水栒子	3.26	3±2.67	野菊	2.77	4±4.09	小红菊	2.40	3±3.41
	阿尔泰狗娃花	2.85	2±2.33	抱茎小苦荬	2.58	4±1.52	抱茎小苦荬	1.98	3±1.19
	山苦荬	2.04	2±1.20	葶苈	2.49	4±2.72	地锦草	1.98	3±1.78
	长芒草	1.63	1±1.33	菊叶委陵菜	2.21	3±3.48	长芒草	1.93	3±1.27
	辽东栎	1.63	1±0.88	山苦荬	2.02	3±1.31	龙牙草	1.88	3±2.17
	多裂委陵菜	1.63	1±1.33	赖草	1.95	3±2.02	鹤虱	1.77	3±2.52
	抱茎小苦荬	1.22	1±1.00	糙隐子草	1.81	3±1.94	银州柴胡	1.77	3±1.35
	六道木	1.22	1±1.00	香青兰	1.71	3±1.17	火绒草	1.56	2±1.11
	远志	1.22	1±1.00	大针茅	1.55	2±1.74	裂叶堇菜	1.56	2±0.80
	茭蒿	0.82	1±0.67	墓头回	1.50	2±1.76	灰叶黄耆	1.41	2±1.12

侵蚀环境	森林带			森林草原带			草原带		
	主要物种	比例/%	密度（平均值±标准误）/（株/m²）	主要物种	比例/%	密度（平均值±标准误）/（株/m²）	主要物种	比例/%	密度（平均值±标准误）/（株/m²）
阴沟坡	墓头回	20.09	20±12.12	铁杆蒿	13.76	23±4.86	野菊	30.77	64±32
	抱茎小苦荬	9.71	10±1.20	野菊	9.59	16±10.32	小红菊	6.54	14±13.16
	臭蒿	7.37	7±7.33	达乌里胡枝子	8.78	14±4.73	达乌里胡枝子	5.98	12±5.79
	裂叶堇菜	6.36	6±2.18	百里香	7.24	12±11.90	铁杆蒿	5.34	11±3.76
阴沟坡	大披针薹草	6.03	6±3.21	阴行草	6.79	11±6.66	远志	2.91	6±2.99
	阿尔泰狗娃花	4.69	5±4.67	抱茎小苦荬	5.91	10±4.75	银州柴胡	2.86	6±4.09
	达乌里胡枝子	4.02	4±3.51	墓头回	5.53	9±4.11	火绒草	2.82	6±2.89
	山苦荬	3.68	4±3.67	火绒草	4.42	7±2.13	猪毛蒿	2.39	5±3.55
	小红菊	3.68	4±3.67	小红菊	3.59	6±5.90	茭蒿	2.35	5±2.54
	铁杆蒿	3.35	3±2.84	长芒草	2.98	5±1.47	冷蒿	2.22	5±4.62
	长芒草	3.01	3±3.00	山苦荬	2.87	5±1.33	阿尔泰狗娃花	2.22	5±1.14
	茜草	2.68	3±1.76	猪毛蒿	2.55	4±1.99	百里香	2.18	5±1.77
	三角槭	2.68	3±2.67	茭蒿	2.40	4±1.48	茵陈蒿	2.18	5±4.42
	地锦草	2.01	2±1.52	阿尔泰狗娃花	2.35	4±0.62	丝石竹	1.79	4±1.65
	拉拉藤	2.01	2±1.15	尖叶铁扫帚	2.23	4±2.65	抱茎小苦荬	1.75	4±2.70
	阴行草	1.67	2±1.67	裂叶堇菜	2.16	4±0.81	葶苈	1.71	4±3.56
	猪毛蒿	1.67	2±1.67	菊叶委陵菜	1.85	3±1.41	山苦荬	1.67	3±1.69
	亚麻	1.34	1±1.33	远志	1.56	3±0.96	蒙古蒿	1.58	3±1.90
	野菊	1.34	1±0.88	地锦草	1.16	2±1.64	野豌豆	1.28	3±1.46
	多裂委陵菜	1.34	1±1.33	蒙古蒿	1.13	2±1.22	长芒草	1.24	3±0.72

在森林草原带，阳沟坡的幼苗平均密度较小，铁杆蒿最大，为 15 株/m²；其次是达乌里胡枝子，为 11 株/m²；中华隐子草、臭蒿、茭蒿、阿尔泰狗娃花、菊叶委陵菜和远志为 4~9 株/m²，其余物种均小于 4 株/m²。在阳梁峁坡，达乌里胡枝子平均密度最高，为 27 株/m²；铁杆蒿、猪毛蒿和阿尔泰狗娃花为 9~17 株/m²，其余物种均小于 4 株/m²。梁峁顶猪毛蒿群落生长旺盛，故猪毛蒿幼苗平均密度高达 49 株/m²；狗尾草、二裂委陵菜、菊叶委陵菜、

阿尔泰狗娃花和糙隐子草为 $10 \sim 16$ 株/m^2，达乌里胡枝子、香青兰、地锦草和铁杆蒿为 $6 \sim 9$ 株/m^2，其余物种均小于 6 株/m^2。在阴梁峁坡，铁杆蒿、猪毛蒿、紫花地丁和百里香的平均密度较大，在 10 株/m^2 以上，其中铁杆蒿 22 株/m^2；达乌里胡枝子、狗尾草、阿尔泰狗娃花、地锦草、长芒草、菊叶委陵菜为 $5 \sim 8$ 株/m^2，其余物种均小于 5 株/m^2。阴沟坡铁杆蒿平均密度最大，为 23 株/m^2；野菊、达乌里胡枝子、百里香、阴行草、抱茎小苦荬和墓头回为 $9 \sim 16$ 株/m^2，其余物种均小于 8 株/m^2。

在草原带，阳沟坡主要是以百里香和野豌豆为主，平均密度分别为 25 株/m^2 和 21 株/m^2；达乌里胡枝子、远志、茭蒿、地锦草、铁杆蒿和多裂委陵菜为 $5 \sim 9$ 株/m^2，其他物种密度均小于 5 株/m^2。阳梁峁坡龙牙草的平均密度高达 50 株/m^2，达乌里胡枝子和铁杆蒿也分别达到 26 株/m^2 和 22 株/m^2，猪毛蒿、冷蒿、灰叶黄耆和远志为 $10 \sim 16$ 株/m^2，其他物种均小于 7 株/m^2。梁峁顶猪毛蒿、达乌里胡枝子和茵陈蒿平均密度较高，为 $21 \sim 27$ 株/m^2；中华隐子草为 9 株/m^2，阿尔泰狗娃花为 6 株/m^2，其余 15 个物种为 $3 \sim 5$ 株/m^2。阴梁峁坡单个物种幼苗平均密度均较小，达乌里胡枝子最大也只有 16 株/m^2；铁杆蒿为 13 株/m^2，百里香、猪毛蒿、野菊和阿尔泰狗娃花为 $6 \sim 10$ 株/m^2，其余物种均小于 5 株/m^2。阴沟坡幼苗平均密度较大，其中野菊为 64 株/m^2，小红菊、达乌里胡枝子和铁杆蒿为 $11 \sim 14$ 株/m^2，其余 16 个物种为 $3 \sim 6$ 株/m^2。

延河流域三个植被带梁峁沟不同侵蚀环境下幼苗主要物种存在差异。森林带阳沟坡的铁杆蒿、裂叶堇菜和大披针薹草，阳梁峁坡的猪毛蒿、长芒草和铁杆蒿，梁峁顶的铁杆蒿、紫花地丁和阴行草，阴梁峁坡的大披针薹草、野菊和裂叶堇菜，以及阴沟坡的墓头回、抱茎小苦荬和臭蒿在 5 种侵蚀环境下所占比例较高，分别为 $11.25\% \sim 18.75\%$，$11.56\% \sim 28.74\%$，$9.38\% \sim 13.18\%$，$12.23\% \sim 15.49\%$，以及 $7.37\% \sim 20.09\%$。森林草原带阳沟坡的铁杆蒿、达乌里胡枝子和中华隐子草，阳梁峁坡达乌里胡枝子、铁杆蒿和猪毛蒿，梁峁顶猪毛蒿、狗尾草和二裂委陵菜，阴梁峁坡铁杆蒿、猪毛蒿和紫花地丁，以及阴沟坡铁杆蒿、野菊和达乌里胡枝子在 5 种侵蚀环境下所占比例较高，分别为 $8.82\% \sim 14.16\%$，$14.33\% \sim 27.98\%$，$8.19\% \sim 27.04\%$，$7.49\% \sim 14.06\%$，以及 $8.78\% \sim 13.76\%$。草原带阳沟坡的百里香、野豌豆和达乌里胡枝子，阳梁峁坡龙牙草、达乌里胡枝子和铁杆蒿，梁峁顶猪毛蒿、达乌里胡枝子和茵陈蒿，阴梁峁坡达乌里胡枝子、铁杆蒿和百里香，以及阴沟坡野菊、小红菊和达乌里胡枝子在 5 种侵蚀环境下所占比例较高，分别为 $6.45\% \sim 17.17\%$，$9.76\% \sim 21.98\%$，$12.91\% \sim 16.11\%$，$7.15\% \sim 11.22\%$，以及 $5.98\% \sim 30.77\%$。可见，侵蚀环境不同，幼苗的主要物种以及其所占该侵蚀环境下幼苗总数的比例也是不同的。

2. 坡沟不同部位的幼苗动态变化特征

对安塞纸坊沟和宋家沟小流域沟坡 5 种不同侵蚀环境下幼苗密度动态变化分析的结果（图 4-13）表明：总体上表现为阴梁峁坡最大，年内平均值高达 78 株/m^2，与阳沟坡（31 株/m^2）、阳梁峁坡（46 株/m^2）和阴沟坡（48 株/m^2）差异极显著（$P<0.01$），而与梁峁顶（74 株/m^2）差异不显著（$P=0.796$）；阳沟坡最小且与其他 4 种侵蚀环境差异显著（$P<0.05$）。不同侵蚀环境下幼苗密度年内动态变化总体上表现为先升后降的趋势。在 4 月初幼苗密度较小，之后逐月增大，7 月初幼苗密度达到最大值（但阴梁峁坡 6 月初幼苗密度

最大），之后又逐月减小，至 11 月中旬幼苗密度又处于低值且低于 4 月初。最大值与最小值相差较大，其中，阳沟坡的相差 31 株/m²，阳梁峁坡的相差 46 株/m²，梁峁顶的相差 73 株/m²，阴梁峁坡的相差 78 株/m²，阴沟坡的相差 58 株/m²；说明不同侵蚀环境下幼苗密度具有明显的动态变化趋势（$P = 0.005$）。

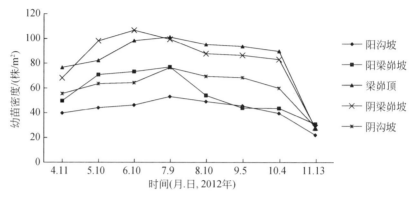

图 4-13　坡沟不同侵蚀环境下幼苗密度动态变化

对主要物种的幼苗密度变化进行分析（表 4-8）可知，不同侵蚀环境下幼苗主要物种及其密度的动态变化均存在差异。

表 4-8　不同坡沟部位幼苗主要物种及其密度动态变化（2012 年 4 月 11 日～11 月 13 日）

坡沟部位	主要物种	幼苗密度/（株/m²）							
		4.11	5.10	6.10	7.9	8.10	9.5	10.4	11.13
阳沟坡	阿尔泰狗娃花	20	30	20	19	11	9	7	5
	菊叶委陵菜	44	49	73	25	47	30	27	16
	猪毛蒿	49	56	11	19	2	13	14	10
	达乌里胡枝子	0	3	4	43	28	19	17	5
	山苦荬	8	8	3	2	9	14	19	7
	铁杆蒿	3	19	8	5	7	8	8	5
	远志	2	2	3	1	12	18	12	4
	长芒草	7	4	1	3	1	2	3	2
	白羊草	0	0	0	0	1	3	3	1
	狭叶米口袋	0	0	0	0	3	4	4	1
阳梁峁坡	阿尔泰狗娃花	31	30	10	12	7	11	8	4
	菊叶委陵菜	47	46	76	32	64	27	33	17
	长芒草	27	25	14	30	14	26	28	21
	阴行草	37	56	46	25	0	0	0	0
	猪毛蒿	41	38	17	10	5	9	14	9
	山苦荬	20	24	10	11	8	16	27	10

续表

坡沟部位	主要物种	幼苗密度/（株/m²）							
		4.11	5.10	6.10	7.9	8.10	9.5	10.4	11.13
阳梁峁坡	铁杆蒿	0	15	20	11	7	7	7	4
	达乌里胡枝子	0	0	2	19	13	10	10	4
	糙叶黄耆	4	4	5	4	5	3	3	3
	白羊草	0	0	0	0	3	9	9	5
梁峁顶	臭蒿	159	175	159	21	19	10	7	2
	猪毛蒿	146	152	37	54	16	40	45	14
	达乌里胡枝子	0	4	11	128	89	65	61	10
	长芒草	38	27	27	16	33	22	21	13
	山苦荬	24	25	15	9	15	18	26	9
	香青兰	1	7	9	4	29	29	22	3
	亚麻	12	12	13	8	18	16	15	9
	铁杆蒿	5	11	12	12	5	12	13	6
	阿尔泰狗娃花	8	7	7	4	5	4	3	2
	菊叶委陵菜	12	6	0	9	0	3	4	3
阴梁峁坡	獐牙菜	80	105	136	49	15	10	9	7
	铁杆蒿	16	23	43	51	43	49	44	29
	山苦荬	26	37	32	13	19	34	47	2
	阴行草	26	51	47	29	0	0	0	0
	达乌里胡枝子	0	5	6	44	39	31	24	1
	长芒草	30	13	18	18	21	16	14	10
	菊叶委陵菜	14	18	24	13	27	11	13	9
	抱茎小苦荬	0	0	3	41	30	28	4	0
	猪毛蒿	21	33	5	6	3	4	3	2
	紫花地丁	0	0	1	3	16	12	11	5
阴沟坡	墓头回	3	6	18	35	52	56	51	13
	长芒草	36	22	46	19	21	15	12	10
	山苦荬	22	31	19	16	21	27	28	7
	野菊	14	26	29	20	1	0	0	0
	铁杆蒿	8	17	17	12	11	6	4	1
	小红菊	0	0	0	0	35	30	29	0
	达乌里胡枝子	0	17	9	12	12	7	6	0
	抱茎小苦荬	0	0	5	12	13	17	5	1
	獐牙菜	15	13	2	9	3	3	4	0
	大披针薹草	6	0	0	5	7	10	9	8

  阳沟坡的主要物种有阿尔泰狗娃花、菊叶委陵菜、猪毛蒿、达乌里胡枝子、山苦荬、铁杆蒿、远志、长芒草、白羊草和狭叶米口袋 10 个物种。阿尔泰狗娃花幼苗密度 4 月 11 日为 20 株/m²，5 月 10 日有一定的增大（30 株/m²），6 月 10 日又降低（20 株/m²），之后一直处于降低趋势，11 月 13 日只有 5 株/m²。菊叶委陵菜幼苗密度 4 月 11 日（44 株/m²）至 6 月 10 日（73 株/m²）不断增大，7 月 9 日突然降低（25 株/m²），8 月 10 日又增大，随后逐渐降低，11 月 13 日为 16 株/m²。猪毛蒿的幼苗密度 4 月 11 日较大（49 株/m²），随后波动性变化；至 8 月 10 日由于降水少、地上植被生长又旺盛，幼苗密度仅为 2 株/m²；9 月 5 日与 10 月 4 日，由于降水逐渐增多，有新的猪毛蒿出苗，致使幼苗密度又有所增大；11 月 13 日，因降水减少，温度降低，幼苗密度又有一定的降低。白羊草和狭叶米口袋 8 月 10 日才出苗且密度较小，分别为 1 株/m² 和 3 株/m²；随后有所增大，11 月 13 日均降低至 1 株/m²。

  阳梁峁坡的主要物种为阿尔泰狗娃花、菊叶委陵菜、长芒草、阴行草、猪毛蒿、山苦荬、铁杆蒿、达乌里胡枝子、糙叶黄耆和白羊草。菊叶委陵菜的密度整体上呈现增大—减小—再增大—再减小的变化趋势，最大值出现在 6 月 10 日（76 株/m²），第二次峰值出现在 8 月 10 日（64 株/m²），最小值出现在 11 月 13 日（17 株/m²）。猪毛蒿从 4 月 11 日（41 株/m²）至 8 月 10 日（5 株/m²）逐渐减小；9 月 5 日和 10 月 4 日，由于降水增多，促进了幼苗的萌发，致使幼苗密度不断增大；11 月 13 日幼苗密度又降至 9 株/m²，与 9 月 5 日持平。阴行草 4 月 11 日幼苗密度也较大（37 株/m²），5 月 10 日增大至 56 株/m²；之后一直减小，至 8 月 10 日幼苗全部死亡且没有新的幼苗出苗。阿尔泰狗娃花从 4 月 11 日的 31 株/m²，一直减小到 6 月 10 日的 10 株/m²；7 月 9 日，因温度有所回升再加上降水也有所增多，密度增大至 12 株/m²；8 月 10 日，因降水少，密度降低至 7 株/m²，9 月 5 日又增大至 11 株/m²；随后一直减少，至 11 月 13 日仅有 4 株/m²。达乌里胡枝子 6 月 10 日才出苗，只有 2 株/m²；7 月 9 日达到最大（19 株/m²），之后一直降低至 11 月 13 日的 4 株/m²。白羊草 8 月 10 日出苗，为 3 株/m²；9 月 5 日和 10 月 4 日有新的幼苗生长，密度增大至 9 株/m²；11 月 13 日，因温度降低且降水减少，幼苗发生了死亡，致使密度又降低至 5 株/m²。

  梁峁顶的主要物种有臭蒿、猪毛蒿、达乌里胡枝子、长芒草、山苦荬、香青兰、亚麻、铁杆蒿、阿尔泰狗娃花和菊叶委陵菜。其中臭蒿、猪毛蒿、长芒草和山苦荬，从 4 月 11 日至 11 月 13 日一直有幼苗存在且幼苗密度较大。臭蒿 4 月 11 日幼苗密度高达 159 株/m²，5 月 10 日增大至 175 株/m²，之后一直减小，至 11 月 13 日仅有 2 株/m²。猪毛蒿 4 月 11 日也较高（146 株/m²），之后呈波动性变化，最大值出现在 5 月 10 日（152 株/m²），最小值出现在 11 月 13 日（14 株/m²）。长芒草和山苦荬幼苗密度年内动态变化特征基本相似，4 月 11 日分别为 38 株/m² 和 24 株/m²，随后逐渐降低至 7 月 9 日的 16 株/m² 和 9 株/m²；之后有一定的增大，长芒草 8 月 10 日为 33 株/m²，山苦荬 10 月 4 日最大（26 株/m²）；随后逐渐降低，至 11 月 13 日最小，分别为 13 株/m² 和 9 株/m²。

  阴梁峁坡的主要物种有獐芽菜、铁杆蒿、山苦荬、阴行草、达乌里胡枝子、长芒草、菊叶委陵菜、抱茎小苦荬、猪毛蒿和紫花地丁。獐牙菜的幼苗密度动态变化特征表现为先逐渐增大后逐渐降低的变化趋势，最大值出现在 6 月 10 日（136 株/m²），最小值出现在

11 月 13 日（7 株/m²）。长芒草幼苗密度从 4 月 11 日（30 株/m²）开始先减小（5 月 10 日 13 株/m²）后逐渐增大（8 月 10 日 21 株/m²）再逐渐减小，至 11 月 13 日最小，为 10 株/m²。山苦荬 4 月 11 日幼苗密度为 26 株/m²，5 月 10 日有一定的增大，随后降低，从 8 月 10 日开始又逐渐增大，11 月 13 日又蓦然降低；最大值出现在 10 月 4 日（47 株/m²），最小值出现在 11 月 13 日（2 株/m²）。阴行草 4 月 11 日至 7 月 9 日呈现先增大后减小变化特征，8 月 10 日之后幼苗全部死亡；5 月 10 日幼苗密度最大，为 51 株/m²。抱茎小苦荬和紫花地丁 6 月 10 日才开始出苗且密度较小，之后均呈现先增大后降低的趋势；抱茎小苦荬至 11 月 13 日已经没有幼苗存活。

阴沟坡的主要物种有墓头回、长芒草、山苦荬、野菊、铁杆蒿、小红菊、达乌里胡枝子、抱茎小苦荬、獐芽菜和大披针薹草。其中墓头回 4 月初较少（3 株/m²），之后不断增大，至 9 月 5 日达到最大（56 株/m²），10 月 4 日之后又有一定的降低但高于 4 月初。长芒草幼苗密度呈先减小后增大再减小再增大再减小的动态变化，其中最大值出现在 6 月 10 日（46 株/m²），最小值出现在 11 月 13 日（10 株/m²）。山苦荬 4 月 11 日密度较小（22 株/m²），5 月 10 日有所增大（31 株/m²），随后又降低；从 7 月 9 日（16 株/m²）开始不断增大，10 月 4 日达到 28 株/m²，11 月 13 日又降低至 7 株/m²。野菊 4 月 11 日幼苗密度为 14 株/m²，之后不断增大至 6 月 10 日达到 29 株/m²；随后又降低，至 8 月 10 日仅为 1 株/m²，之后幼苗全部死亡。小红菊 8 月 10 日才有大量幼苗出苗，密度达到 35 株/m²；之后不断发生死亡，至 11 月 13 日无幼苗存活。抱茎小苦荬 6 月 10 日才有幼苗生长，密度较小（5 株/m²），随后不断增大，至 9 月 5 日为 17 株/m²；10 月 4 日开始又有一定的降低，至 11 月 13 日幼苗密度仅为 1 株/m²。综上可知，不同侵蚀环境下单个物种的幼苗密度变化特征不同且与幼苗总密度的变化特征存在差异；但它们也有一定的共同特性，即整体上表现为 5 ~ 7 月初的幼苗密度较高且最小值大部分出现在 11 月中旬，不同侵蚀环境下幼苗密度和幼苗物种多样性均具有明显的先升后降的动态变化特征。这与降水量及其在年内的分配特点关系密切。据 2012 年安塞的降水资料，雨季 6 ~ 9 月的降水量高达 424.5mm，占到年内总降水量的 82.4%；其中 7 月和 9 月降水量分别为 125.9mm 和 126.9mm。丰富的降水条件促进了幼苗种子的萌发和生长，7 月初幼苗密度最大，9 月初幼苗物种丰富多样；而 4 月初或 11 月中旬不仅降水少而且温度也降低，从而抑制了种子的萌发，致使幼苗数量减少，物种单一。

3. 沟坡不同侵蚀环境下的幼苗存活特征

沟坡不同侵蚀环境下幼苗库中各物种的重要值以及其在各个阶段的存活率存在很大差异（表 4-9），其中每个物种的存活率是指雨季前（4 月至 6 月初）出苗的每个物种的幼苗在各个阶段的存活状况，与下一阶段新萌发幼苗无关。

阳沟坡有铁杆蒿、阿尔泰狗娃花、达乌里胡枝子、猪毛蒿、长芒草、山苦荬和菊叶委陵菜 7 个物种的幼苗在经过雨季、初雪和越冬之后仍有部分幼苗存活。猪毛蒿越冬后的存活率较小，仅有 33.33%。达乌里胡枝子、长芒草和山苦荬这 3 个物种虽存活率较高（66.67% ~ 100.00%），但各自的重要值较小（0.04 ~ 0.06）。而铁杆蒿、阿尔泰狗娃花和菊叶委陵菜越冬后其存活率和重要值均较高，故在该环境下具有较强的存活能力；其越冬后密度分别为 2 株/m²、1 株/m² 和 2 株/m²，高度分别为 3 ~ 8cm、7 ~ 22cm 和 3 ~ 6cm。

表4-9 坡沟不同侵蚀环境下幼苗主要物种密度、重要值及其存活率

侵蚀环境	主要物种	雨季前（4月至6月初）			雨季后（10月初）				初雪后（11月中旬）				越冬后（次年4月底）			
		株数	密度/(株/m²)	重要值 P_i	株数	密度/(株/m²)	重要值 P_i	存活率/%	株数	密度/(株/m²)	重要值 P_i	存活率/%	株数	密度/(株/m²)	重要值 P_i	存活率/%
阳沟坡	铁杆蒿	28	4	0.09	12	2	0.14	42.86	12	2	0.17	100.00	11	2	0.21	91.67
	阿尔泰狗娃花	51	8	0.17	13	2	0.15	25.49	10	1	0.14	76.92	9	1	0.17	90.00
	达乌里胡枝子	14	2	0.05	9	1	0.11	64.29	3	0	0.04	33.33	3	0	0.06	100.00
	猪毛蒿	93	14	0.31	24	4	0.29	25.81	21	3	0.30	87.50	7	1	0.13	33.33
	长芒草	9	1	0.03	5	1	0.06	55.56	3	0	0.04	60.00	3	0	0.06	100.00
	山苦荬	9	1	0.03	3	0	0.04	33.33	3	0	0.04	100.00	2	0	0.04	66.67
	菊叶委陵菜	91	13	0.30	18	3	0.21	19.78	17	3	0.25	94.44	14	2	0.26	82.35
	远志	5	1	0.02												
	糙叶黄耆	2	0	0.01												
阳梁陡坡	铁杆蒿	44	7	0.10	9	1	0.06	20.45	5	1	0.05	55.56	4	1	0.06	80.00
	阿尔泰狗娃花	50	7	0.11	14	2	0.10	28.00	8	1	0.09	57.14	7	1	0.10	87.50
	长芒草	83	12	0.18	45	7	0.31	54.22	31	5	0.33	68.89	20	3	0.29	64.52
	菊叶委陵菜	115	17	0.25	36	5	0.25	31.30	30	4	0.32	83.33	15	2	0.22	50.00
	猪毛蒿	71	11	0.16	24	4	0.17	33.80	10	1	0.11	41.67	8	1	0.12	80.00
	达乌里胡枝子	7	1	0.02	3	0	0.02	42.86	3	0	0.03	100.00	3	0	0.04	100.00
	山苦荬	37	5	0.08	11	2	0.08	29.73	5	1	0.05	45.45	4	1	0.06	80.00
	糙叶黄耆	9	1	0.02	3	0	0.02	33.33								
	阴行草	5	1	0.01												
	瘩芽菜	22	3	0.05												
	糙隐子草	2	0	0.01												
	中华隐子草	7	1	0.02												

续表

侵蚀环境	主要物种	雨季前（4月至6月初）			雨季后（10月初）				初雪后（11月中旬）				越冬后（次年4月底）			
		株数	密度/（株/m²）	重要值 P_i	株数	密度/（株/m²）	重要值 P_i	存活率/%	株数	密度/（株/m²）	重要值 P_i	存活率/%	株数	密度/（株/m²）	重要值 P_i	存活率/%
梁峁顶	铁杆蒿	55	8	0.08	21	3	0.11	38.18	11	2	0.12	52.38	6	1	0.10	54.55
	长芒草	47	7	0.07	29	4	0.16	61.70	15	2	0.17	51.72	13	2	0.21	86.67
	抱茎小苦荬	4	1	0.01	1	0	0.01	25.00	1	0	0.01	100.00	1	0	0.02	100.00
	山苦荬	33	5	0.05	8	1	0.04	24.24	6	1	0.07	75.00	6	1	0.10	100.00
	达乌里胡枝子	18	3	0.03	5	1	0.03	27.78	3	0	0.03	60.00	2	0	0.03	66.67
	猪毛蒿	201	30	0.30	78	12	0.42	38.81	29	4	0.32	37.18	11	2	0.18	37.93
	阿尔泰狗娃花	13	2	0.02	6	1	0.03	46.15	4	1	0.04	66.67	4	1	0.07	100.00
	菊叶委陵菜	15	2	0.02	5	1	0.03	33.33	3	0	0.03	60.00	3	0	0.05	100.00
	香青兰	17	3	0.03	3	0	0.02	17.65	1	0	0.01	33.33	1	0	0.02	100.00
	亚麻	23	3	0.03	12	2	0.06	52.17	11	2	0.12	91.67	11	2	0.18	100.00
	阴行草	2	0	0.00	1	0	0.01	50.00	1	0	0.01	100.00				
	臭蒿	228	34	0.34	14	2	0.08	6.14	4	1	0.04	28.57				
	糙叶黄耆	4	1	0.01	2	0	0.01	50.00								
	糙隐子草	3	0	0.004	1	0	0.01	33.33								
	角蒿	1	0	0.001	1	0	0.01	100.00								
	白羊草	4	1	0.01												
阴梁卯坡	铁杆蒿	131	19	0.30	80	12	0.48	61.07	37	5	0.51	46.25	27	4	0.35	72.97
	长芒草	53	8	0.12	16	2	0.10	30.19	7	1	0.10	43.75	7	1	0.09	100.00
	菊叶委陵菜	37	5	0.08	12	2	0.07	32.43	6	1	0.08	50.00	6	1	0.08	100.00
	阿尔泰狗娃花	19	3	0.04	9	1	0.05	47.37	4	1	0.06	44.44	3	0	0.04	75.00
	猪毛蒿	27	4	0.06	8	1	0.05	29.63	3	0	0.04	37.50	1	0	0.01	33.33

续表

侵蚀环境	主要物种	雨季前（4月至6月初） 株数	密度/（株/m²）	重要值 P_i	雨季后（10月初） 株数	密度/（株/m²）	重要值 P_i	存活率/%	初雪后（11月中旬） 株数	密度/（株/m²）	重要值 P_i	存活率/%	越冬后（次年4月底） 株数	密度/（株/m²）	重要值 P_i	存活率/%
阴梁峁坡	糙叶黄耆	5	1	0.01	1	0	0.01	20.00	1	0	0.01	100.00	1	0	0.01	100.00
	阴行草	80	12	0.18	16	2	0.10	20.00	11	2	0.15	68.75	11	2	0.14	100.00
	山苦荬	55	8	0.13	11	2	0.07	20.00	2	0	0.03	18.18				
	达乌里胡枝子	9	1	0.02	3	0	0.02	33.33								
	蒌头回	5	1	0.01	3	0	0.02	60.00								
	香青兰	7	1	0.02	1	0	0.01	14.29								
	紫花地丁	8	1	0.02	4	1	0.02	50.00								
阴沟坡	铁杆蒿	40	6	0.11	7	1	0.07	17.50	2	0	0.04	28.57	1	0	0.03	50.00
	长芒草	61	9	0.17	15	2	0.16	24.59	12	2	0.27	80.00	12	2	0.35	100.00
	山苦荬	33	5	0.09	6	1	0.06	18.18	3	0	0.07	50.00	2	0	0.06	66.67
	蒌头回	54	8	0.15	26	4	0.27	48.15	9	1	0.20	34.62	8	1	0.29	88.89
	野菊	48	7	0.13	20	3	0.21	41.67	9	1	0.20	45.00	4	1	0.12	44.44
	抱茎小苦荬	43	6	0.12	12	2	0.13	27.91	6	1	0.13	50.00	1	0	0.03	16.67
	阿尔泰狗娃花	3	0	0.01	1	0	0.01	33.33	1	0	0.02	100.00				
	毛三裂蛇葡萄	14	2	0.04	4	1	0.04	28.57	2	0	0.04	50.00				
	阴行草	12	2	0.03	1	0	0.01	8.33								
	猝芽菜	27	4	0.07	4	1	0.04	14.81								
	达乌里胡枝子	18	3	0.05	1	0	0.01	5.56								
	菊叶委陵菜	7	1	0.02												
	糙叶黄耆	3	0	0.01												
	白羊草	2	0	0.01												

阳梁峁坡有铁杆蒿、阿尔泰狗娃花、长芒草、菊叶委陵菜、猪毛蒿、达乌里胡枝子和山苦荬 7 个物种存活至次年越冬后。其中，铁杆蒿、达乌里胡枝子和山苦荬的存活率均在 80.00% 以上，但其重要值较小（0.04 ~ 0.06），幼苗密度为 0 ~ 1 株/m²。阿尔泰狗娃花、长芒草、菊叶委陵菜和猪毛蒿越冬后其存活率均在 50.00% 以上，重要值相对较大（0.10 ~ 0.29），密度分别为 1 株/m²、3 株/m²、2 株/m² 和 1 株/m²，高度分别为 5 ~ 18cm、6 ~ 13cm、2 ~ 5cm 和 4 ~ 6cm。

梁峁顶，越冬后有铁杆蒿、长芒草、抱茎小苦荬、山苦荬、达乌里胡枝子、猪毛蒿、阿尔泰狗娃花、菊叶委陵菜、香青兰和亚麻 10 个物种存活。其中只有猪毛蒿越冬后的存活率小于 50.00%。抱茎小苦荬、达乌里胡枝子、阿尔泰狗娃花、菊叶委陵菜和香青兰的存活率均大于 66.67%，但重要值仅为 0.02 ~ 0.07，且密度为 0 ~ 1 株/m²。铁杆蒿、长芒草、山苦荬和亚麻的存活率均在 54.55% 以上，且重要值为 0.10 ~ 0.21，密度为 1 ~ 2 株/m²，高度分别为 2 ~ 4cm、4 ~ 8cm、2 ~ 3cm 和 30 ~ 55cm。

阴梁峁坡，只有铁杆蒿、长芒草、菊叶委陵菜、阿尔泰狗娃花、猪毛蒿、糙叶黄耆和阴行草经过雨季物种间的激烈竞争与初雪和越冬低温的危害仍然存活下来。其中，越冬后只有猪毛蒿的存活率较小（33.33%），其余物种的均在 70.00% 以上。阿尔泰狗娃花、长芒草、菊叶委陵菜和糙叶黄耆的重要值均小于 0.10。铁杆蒿和阴行草的重要值较大，分别 0.35 和 0.14，故其存活能力较强；越冬后密度分别为 4 株/m² 和 2 株/m²，高度分别为 1.3 ~ 5.5cm 和 7 ~ 25cm。

阴沟坡，越冬后有铁杆蒿、长芒草、山苦荬、墓头回、野菊和抱茎小苦荬 6 个物种的幼苗存活。其中，野菊和抱茎小苦荬越冬后的存活率较小（44.44% 和 16.67%）。铁杆蒿和山苦荬的存活率较高（50.00% 以上），但重要值仅为 0.03 和 0.06。长芒草和墓头回越冬后的存活率为 100.00% 和 88.89%，重要值分别为 0.35 和 0.29，密度分别为 2 株/m² 和 1 株/m²，高度分别为 4 ~ 15cm 和 1.4 ~ 3.7cm，其生存能力相对较强。

总之，研究区的铁杆蒿、长芒草、菊叶委陵菜、阿尔泰狗娃花和达乌里胡枝子等物种，作为研究区演替中后期的主要物种，在土壤侵蚀严重的黄土丘陵沟壑区的存活能力较强，易于成功越冬建植。

4.3 讨　　论

4.3.1 降雨侵蚀过程对幼苗的机械损害

雨型被认为是幼苗损害的决定因素（Chapin and Bliss，1989），并通过坡面物质运移影响幼苗死亡率（Yoshida and Ohsawa，1999；Nagamatsu et al.，2002；Tsuyuzaki and Haruki，2008）；幼苗一般死于被泥沙掩埋，包括全部或部分出土的幼苗（De Luís et al.，2005；Guerrero-Campo et al.，2008）。在侵蚀地区，局地性暴雨决定着径流过程（De Lima and Singh，2002）。有研究表明，坡面物质运移如含泥沙的径流高速流动是影响幼苗死亡率的主要因素之一（De Luís et al.，2005；Guerrero-Campo et al.，2008）。因此，雨型决定了降雨侵蚀对幼苗损害的程度。本研究表明，幼苗损害率随降雨强度和降雨持续时间的增加而增加，短历时高强度降雨和长历时低强度降雨均可造成较高的幼苗伤害。降雨历时和强度对水文过程和土壤侵蚀均有重要影响（Cerdà and García-Fayos，1997）。猪毛蒿和白羊草幼苗损害率与径流和侵蚀量密切相关（Pearson 相关，$P<0.01$）；而白刺花幼苗损害率对雨型的响应不一样，白刺花幼苗在高强度和长历时的降雨条件下会发生损害。白刺花幼苗的损害方式主要是被打倒（11.87%），幼苗被冲走的很少（0.46%）；而猪毛蒿幼苗被冲走的比例是三个物种中最大的。猪毛蒿、白刺花和白羊草幼苗损害率平均分别为13.8%、14.9%和9.3%。不同物种的幼苗在不同降雨条件下表现出不同的损害率和损害方式，这可能是由于物种性状的差异造成的。这里需要指出的是，本试验中的降雨强度高于自然条件下的降雨强度；但与自然降雨相比，模拟降雨的喷嘴所产生的动能较低（Madden et al.，1998）。黄土坡面模拟降雨试验的降雨强度通常在 $30 \sim 200$mm/h 范围内（Pan and Shangguan，2006）。在本研究中，六种雨型条件下的土壤流失量为 $0.28 \sim 2.26$ kg/m^2，但不能反映对幼苗的损害程度；当侵蚀沟发生时幼苗的损害会比较严重。植被覆盖具有截留雨滴、减少径流和土壤侵蚀的能力（Cerdà，1998，1999），因此在降雨过程中植被能减轻对幼苗的损害。本研究仅对裸露坡上的幼苗进行了降雨侵蚀试验，天然植被坡面上的幼苗损害率可能较低。

一般来说，幼苗大小和幼苗成活率与种子大小呈正相关（Jakobsson and Eriksson，2000；Moles and Westoby，2004a）。在本研究中，三个物种（猪毛蒿、白羊草和白刺花）的幼苗大小和形态特征不同，影响了幼苗的损害速率和损害类型。种子最小的猪毛蒿幼苗损害率最高，被冲走的幼苗数量也最多；种子最大且子叶较大的白刺花幼苗平均损害率较低且被打倒的比例最大；白羊草是禾本科植物，种子较大且叶片较细，幼苗损害率相对较低。在幼苗建植试验中，本研究结果与前人的研究结果相似，幼苗成活率与种子大小呈正相关（Moles and Westoby，2004a），但降雨侵蚀导致的幼苗死亡对种子较小的物种影响更大。在开始的 40 天内，幼苗的覆盖度较低，所有幼苗都暴露在降雨侵蚀下；以往研究表明在初期只有当幼苗密度非常高时，幼苗之间竞争才有可能发生（如高于 2000 个/m^2）（Moles and Westoby，2004b）；而在本研究中的幼苗密度小于 1000 株/m^2，因此这个期间不存在幼苗之间的竞争。且猪毛蒿和白羊草的死亡率明显高于没有降雨侵蚀的土壤种子库萌发试验，特别是猪毛蒿，因而在这个期间造成幼苗死亡的主要因素是降雨侵蚀。在第 $40 \sim 60$ 天，幼苗盖度可达40%以上，可减少土壤侵蚀（Cerdà，1998，1999）。在此期间可能由于幼苗之间的竞争，白刺花和白羊草的幼苗死亡率有所增大。总之，白刺花幼苗的建植率高，达81.9%；其次为白羊草，为65.3%；猪毛蒿的建植率最低，为25.6%。幼苗的建植率与三个物种种子的大小密切相关。这与以前的研究一致，即大种子萌发出来的幼苗比小种子萌发出来的幼苗有更高的成活率（Moles and Westoby，2004a；Benard and Toft，2008；Metz et al.，2010）。关于侵蚀环境下幼苗的物理损伤是否是限制植被恢复的主要因素，还有待进一步研究。

4.3.2 不同侵蚀环境对幼苗存活与建植的影响

幼苗萌发与存活是维持植物密度的关键过程（Lauenroth et al.，1994），受制于土壤表层的水分有效性和微环境（Lauenroth et al., 1994; Novoplansky and Goldberg, 2001）。在本研究区，水分有效性波动大且依赖于降水。降雨具有强度大的特点并可能造成严重的土壤侵蚀（Shi and Shao, 2000）。有研究发现，坡面上侵蚀过程对幼苗的伤害不是限制植被更新的关键因素，而土壤水分的有效性才是关键因素（Guàrdia et al., 2000）。有效土壤水分是种子萌发和幼苗存活的必要条件；特别是幼苗更新过程的早期阶段主要依赖于表层土壤的水分，表层土壤水分波动剧烈会对幼苗的萌发和存活产生重要影响。

在坡面上，由于土壤遭受侵蚀，其表面凹凸起伏，从而改变降雨的分布状态，对地面径流起到重新分配和汇集的作用，进而影响土壤水分和幼苗在坡面上的分布。这些地表的凹洼处可以汇集径流和蓄积种子，使种子与水分和养分结合，促进种子萌发及幼苗成活，使得幼苗分布呈现小尺度的聚集状态。已有研究也证明微地形在种子萌发和幼苗存活中具有重要作用（Chambers and MacMahon, 1994; Tsuyuzaki and Haruki, 2008）。植被的冠层能够对其下幼苗起到一定的遮阴的作用（Lloret et al., 2005）；同时，坡面上草丛能够改善土壤入渗和拦截径流，增加其草丛下土壤水分和养分，还能够拦截随径流或风传播的种子，促进种子在草丛下萌发更新。因而在植丛间，虽然周围生长的植物对土壤水分和养分有一定的竞争作用，但这些植物不仅在夏季能使幼苗减少高温和强光照的危害，起到庇荫的作用；在冬天还能抵御严寒，致使生长的幼苗数较多。坡面上的浅沟内，水分条件优于坡面（路保昌等，2009），从而促进了种子的萌发和幼苗生长，故其幼苗数量最多。坡面上由于退耕造林修建的鱼鳞坑，其集水效果表现在 40~60cm 土层上（李萍等，2011），而影响幼苗存活的土壤水分主要在表层，故鱼鳞坑内生长的幼苗较少。对于裸露地，地上植被覆盖较少，光照强烈，地面蒸发大，土壤水分含量降低（周萍等，2008），致使幼苗萌发少且大量死亡，故幼苗密度小且物种单一。地表微地形起伏，能够增加幼苗密度和物种数量，这点在细沟对幼苗影响研究中也得到了证实。在处于退耕演替较早阶段的阳坡坡面，由于坡度较陡和土壤侵蚀严重，使得坡面细沟发育，降雨径流迅速汇流，坡面表层土壤干燥。在细沟内外幼苗调查中发现，细沟内幼苗密度和物种数均远远大于细沟外几倍甚至于几十倍于细沟面积的坡面；细沟内物种不仅有演替早期的一二年生物种，还有演替中后期的主要草本建群物种及灌木与乔木物种，而细沟外幼苗多为演替早期的先锋物种。这进一步说明了细沟不仅能够提供较好的水分条件增加幼苗的萌发和成活，而且能够拦截保留演替后期物种种子，并提供合适的生境促进其萌发与建植。虽然细沟内径流冲刷较强，但是细沟内还是保留了较高的幼苗数量，与细沟内成熟植株的相似性达到70%以上，说明部分幼苗能够在细沟内成功建植。Tsuyuzaki 和 Haruki（2008）对火山喷发堆积物上幼苗更新定居研究发现，微地形对幼苗定居的影响要大于种子的萌发能力，细沟内较好的水分条件是促进种子萌发的主要因素。因此，坡面上有利于水分蓄集的微地形在种子萌发和幼苗存活与更新过程中具有非常重要的生态意义。

幼苗的存活与建植在坡面的不同部位也存在一定的差异。本研究中，自然恢复坡面上猪毛蒿幼苗占有很大的比例；在 8~10 月，雨水较为充分，幼苗大量萌发。但坡面中部和下部的幼苗数量要明显低于坡面上部及沟坡。这可能是由于坡面中部和下部坡度较坡面上部增加，土壤侵蚀强度增加，侵蚀过程对幼苗的伤害程度也随着增加；幼苗中又包含很大比例的猪毛蒿等小种子产生的幼苗，易于受到侵蚀的破坏而大量减少。而沟坡上的幼苗中，演替中后期的物种及灌木物种较多，产生幼苗的种子较大，幼苗的抵抗力增加；再加上沟坡植被盖度较高，对侵蚀具有一定的削弱，因而沟坡上幼苗密度也较高。Cantón 等（2004）对坡面上表层土壤水分的时空变化研究也发现，坡面上部土壤水分要好于坡面中下部，同时灌草丛下面的土壤水分要好于裸露坡面；而土壤水分养分条件较差，植被的物种多样性就会降低（王凯博等，2007）。同时，沟坡要承载坡面的来水来沙（Qiu et al.，2001），水沙携带的养分不仅为沟坡的幼苗发育提供有利条件，而且其携带的土壤表面和土壤中的种子为幼苗萌发提供了充足种源（焦菊英等，2012）。因而，坡沟不同侵蚀环境下幼苗密度和幼苗物种多样性存在差异。

坡度和坡向影响着水热分配及土壤侵蚀强度，进而影响植被的更新和生长；而植被又反过来影响坡面径流及土壤侵蚀过程（Cantón et al.，2004；Bochet et al.，2009）。雨强一定时，坡度越大，坡面承雨量越小，雨水运行速度越大，因此单位时间内的径流量增加；最终结果是随着坡度的增加降雨入渗减少而径流速度增加，土壤侵蚀强度加大（李毅和邵明安，2008）。本研究区地形特点是由梁峁顶向沟沿线坡度逐渐增加，土壤侵蚀程度增强（Zheng et al.，2005）；同时由于地形影响，降雨会在坡面重新分布，表现在坡面不同部位土壤水分条件出现差异，梁峁坡面水分条件要好于沟坡，而接近沟底的沟坡水分条件会好一些（谢云等，2002）。此外，坡度和坡向还影响着太阳辐射强度，继而影响土壤水分蒸发及土壤水分（Cantón et al.，2004；Bochet et al.，2009）。阴坡上土壤水分、土壤养分以及土壤通气性与透水性都相对较好（周萍等，2008；路保昌等，2009），同时因植被盖度较高而侵蚀相对微弱，对种子截留和幼苗萌发有促进作用；而阳坡不仅水分和养分条件差，光照更为强烈，地面蒸发大，土壤水分含量下降（周萍等，2008），造成水分胁迫，导致幼苗萌发少或大量死亡。因此，坡沟不同部位的幼苗存活与建植是存在差异性的。

另外，滑坡对于坡地生态系统是一种严重的干扰形式（Guariguata，1990；Restrepo et al.，2003，2009）。在滑坡内部，相对于堆积体（即被侵蚀堆积下来的那部分土体）和外围坡面，滑坡面（滑坡体与斜坡主体之间的滑动界面）生产力最为低下，而且持续存在土壤侵蚀的现象，如细沟侵蚀甚或再次发生滑坡（Adams and Sidle 1987；Guariguata，1990；Walker and Shiels，2008；Restrepo et al.，2009），因此滑坡面通常被认为是植被恢复与重建的困难立地（Walker et al.，2009）。在本研究中，与宋家沟和纸坊沟小流域内南沟坡和北沟坡生长季幼株的密度（40～53 株/m² 和 55～75 株/m²）（苏嫄，2013）相比，南坡和北坡滑坡面生长季幼株密度较低，分别只有 2.3～15.8 株/m² 和 4.5～40.0 株/m²；定植物种在新滑坡面这种生产力低下且存在土壤侵蚀干扰的环境下（尤其是南坡滑坡面）表现出缓慢且受限的种群更新过程。

4.4 小   结

（1）幼苗的损害率受降雨强度、降雨历时和径流量的影响。三种试验植物（猪毛蒿、白羊草和白刺花）的幼苗平均损害率均不超过 15%；大种子的白刺花幼苗损害方式主要为被打倒，而小种子的猪毛蒿幼苗冲走率最高。在经历 6 次降雨事件共 120 天幼苗建植试验中，白刺花、白羊草和猪毛蒿的建植率分别为（80.1±2.5）%、（67.2±2.2）% 和（28.1±

2.5）%。幼苗损害率、损害方式和幼苗成活率与种子大小有关。

（2）在坡面不同侵蚀微环境下，幼苗密度表现为浅沟>植丛间>鱼鳞坑>裸露地，而幼苗物种多样性指数、丰富度指数和均匀度指数无明显差异。在不同月份间，这些不同侵蚀微环境下的幼苗特征均具有明显动态变化趋势，但存在一定差异。在自然恢复坡面幼苗呈聚集分布，坡面的坑洼和草丛能够增加幼苗成活。细沟内具有较高的幼苗物种丰富度和密度，且能为演替后期物种提供萌发存活生境，一些物种在细沟内能成功建植。

（3）坡面不同侵蚀部位幼苗密度和物种组成在不同调查时间表现出不同的特征；但在侵蚀较为强烈的自然恢复坡面，幼苗密度没有表现出随着土壤侵蚀的加强而显著降低。在幼苗高峰期，坡面中下部幼苗物种数和密度小于坡面上部，说明坡面土壤侵蚀对幼苗有一定的影响。滑坡面（尤其是南坡滑坡面）上存在比较严重的幼苗建植限制问题。

（4）坡沟不同侵蚀环境下幼苗特征差异明显，整体表现为阴梁峁坡或阴沟坡的幼苗生长状况较为良好且物种丰富多样。幼苗密度和幼苗物种多样性随时间均呈现明显的先升后降的动态变化趋势。密度最大值出现在 7 月初，最小值出现在 11 月中旬；幼苗物种多样性指数和丰富度指数最小值在 4 月初，最大值一般在 9 月初；均匀度指数在年内随月份的动态变化不明显。

（5）侵蚀环境不同，生长的主要幼苗物种不同，其存活特征也存在很大差异。阳沟坡的铁杆蒿、阿尔泰狗娃花和菊叶委陵菜，阳梁峁坡的阿尔泰狗娃花、长芒草、菊叶委陵菜和猪毛蒿，梁峁顶的铁杆蒿、长芒草、山苦荬和亚麻，阴梁峁坡的铁杆蒿和阴行草，以及阴沟坡的铁杆蒿、长芒草和墓头回，其幼苗的存活能力强，能够成功越冬。

参 考 文 献

冯燕，王彦荣，胡小文 . 2011. 水分胁迫对两种荒漠灌木幼苗生长与水分利用效率的影响 . 草业学报，20（4）：293-298.

焦菊英，王宁，杜华栋，等 . 2012. 土壤侵蚀对植被发育演替的干扰与植物的抗侵蚀特性研究进展 . 草业学报，21（5）：311-318.

鲁为华，朱进忠，靳瑰丽 . 2011. 小尺度条件下退化绢蒿种群幼苗更新时空格局 . 草业学报，20（5）：272-277.

刘国彬，蒋定生，朱显谟 . 1996. 黄土区草地根系生物力学特性研究 . 土壤侵蚀与水土保持学报，2（3）：97-104.

李毅，邵明安 . 2008. 间歇降雨和多场次降雨条件下黄土坡面土壤水分入渗特性 . 应用生态学报，19（7）：1511-1516.

李萍，朱清科，赵磊磊，等 . 2011. 黄土丘陵沟壑区鱼鳞坑雨季水分状况 . 农业工程学报，27（7）：76-79.

路保昌，薛智德，朱清科，等 . 2009. 干旱阳坡半阳坡微地形土壤水分分布研究 . 水土保持通报，29（1）：1-3.

苏嫄 . 2013. 黄土丘陵沟壑区不同侵蚀环境下幼苗库及幼苗存活特征研究 . 杨凌：西北农林科技大学硕士学位论文 .

王凯博，陈美玲，秦娟 . 2007. 子午岭植被自然演替中植物多样性变化及其与土壤理化性质的关系 . 西北植物学报，27（10）：2089-2096.

谢云，刘宝元，伍永秋 . 2002. 切沟中土壤水分的空间变化特征 . 地球科学进展，17（2）：278-282.

鱼小军，师尚礼，龙瑞军，等 . 2006. 生态条件对种子萌发影响研究进展 . 草业科学，23（10）：44-49.

周萍，刘国彬，侯喜禄. 2008. 黄土丘陵区侵蚀环境不同坡面及坡位土壤理化特征研究. 水土保持学报，22（1）：7-12.

Adams P W, Sidle R C. 1987. Soil conditions in three recent landslides in Southeast Alaska. Forest Ecology and Management, 18：93-102.

Aerts R, Maes W, November E, et al. 2006. Surface runoff and seed trapping efficiency of shrubs in a regenerating semiarid woodland in northern Ethiopia. Catena, 65：61-70.

Benard R B, Toft C A. 2008. Fine-scale spatial heterogeneity and seed size determine early seedling survival in a desert perennial shrub (*Ericameria nauseosa*：Asteraceae). Plant Ecology, 194：195-205.

Bochet E, García-Fayos P, Poesen J. 2009. Topographic thresholds for plant colonization on semi-arid eroded slopes. Earth Surface Processes and Landforms, 34：1758-1771.

Bochet E, García-Fayos P, Alborch B, et al. 2007. Soil water availability effects on seed germination account for species segregation in semiarid roadslopes. Plant and Soil, 295：179-191.

Cantón Y, Barrio G D, Solé-Benet A, et al. 2004. Topographic controls on the spatial distribution of ground cover in the Tabernas badlands of SE Spain. Catena, 55（3）：341-365.

Cantón Y, Solé-Benet A, Domingo F. 2004. Temporal and spatial patterns of soil moisture in semiarid badlands of SE Spain. Journal of Hydrology, 285：199-214.

Cerdà A. 1998. The influence of aspect and vegetation on seasonal changes in erosion underrainfall simulation on a clay soil in Spain. Canadian Journal of Soil Science, 78：321-330.

Cerdà A. 1999. Parent material and vegetation affect soil erosion in eastern Spain. Soil Science Society of America Journal, 63：362-368.

Cerdà A, García-Fayos P. 1997. The influence of slope angle on sediment, water and seed losses on badland landscapes. Geomorphology, 18：77-90.

Chambers J C, MacMahon J A, Brown R W. 1990. Alpine seedling establishment：the influence of disturbance type. Ecology, 71：1323-1341.

Chambers J C, MacMahon J A. 1994. A day in the life of a seed：movements and fates of seeds and their implications for natural and managed systems. Annual Review of Ecology and Systematics, 25：263-292.

Chapin D, Bliss L. 1989. Seedling growth, physiology, and survivorship in a subalpine, volcanic environment. Ecology, 70（5）：1325-1334.

De Luís M, Raventós J, Gonzàlez-Hidalgo J C. 2005. Fire and torrential rainfall：effects on seedling establishment in Mediterranean gorse shrublands. International Journal of Wildland Fire, 14：413-422.

De Lima J L M P, Singh V P. 2002. The influence of the pattern of moving rainstorms on overland flow. Advances in Water Resources, 25：817-828.

García-Fayos P, García-Ventoso B, Cerdà A. 2000. Limitations to plant establishment on eroded slopes in southeastern Spain. Journal of Vegetation Science, 11（1）：77-86.

Guàrdia R, Gallart F, Ninot J M. 2000. Soil seed bank and seedling dynamics in badlands of the Upper Llobregat basin (Pyrenees). Catena, 40（2）：189-202.

Guerrero-Campo J, Palacio S, Montserrat-Martí G. 2008. Plant traits enabling survival in Mediterranean badlands in northeastern Spain suffering from soil erosion. Journal of Vegetation Science, 19：457-464.

Guariguata M R. 1990. Landslide disturbance and forest regeneration in the Upper Luquillo Mountains of Puerto Rico. Journal of Ecology, 78：814-832.

Jakobsson A, Eriksson O. 2000. A comparative study of seed number, seed size, seedling size and recruitment in grassland plants. Oikos, 88：494-502.

Lauenroth W K, Sala O E, Coffin D P, et al. 1994. The importance of soil water in the recruitment of Bouteloua gracilis in the shortgrass steppe. Ecological Applications, 4: 741-749.

Lloret F, Peñuelas J, Estiarte M. 2005. Effects of vegetation canopy and climate on seedling establishment in Mediterranean shrubland. Journal of Vegetation Science, 16: 67-76.

Madden L V, Wilson L L, Ntahimpera N. 1998. Calibration and evaluation of an electronic sensor for rainfall kinetic energy. Phytopathology, 88: 950-959.

Metz J, Liancourt P, Kigel J, et al. 2010. Plant survival in relation to seed size along nvironmental gradients: a long-term study from semi-arid and Mediterranean annual plant communities. Journal of Ecology, 98: 697-704.

Moles A T, Westoby M. 2004a. Seedling survival and seed size: a synthesis of the literature. Journal of Ecology, 92: 372-383.

Moles A T, Westoby M. 2004b. What do seedlings die from and what are the implications for evolution of seed size? Oikos, 106 (1): 193-199.

Nagamatsu D, Seiwa K, Sakai A. 2002. Seedling establishment of deciduous trees in various topographic positions. Journal of Vegetation Science, 13: 35-44.

Novoplansky A, Goldberg D E. 2001. Interactions between neighbour environments and drought resistance. Journal of Arid Environments, 47: 11-32.

Peltzer D A. 2002. Does clonal integration improve competitive ability? A test using aspen (*Populus tremuloides* [Salicaceae]) invasion into prairie. American Journal of Botany, 89 (3): 494-499.

Pan C Z, Shangguan Z P. 2006. Runoff hydraulic characteristics and sediment generation in sloped grassplots under simulated rainfall conditions. Journal of Hydrology, 331: 178-185.

Qiu Y, Fu B J, Wang J. 2001. Spatial variability of soil moisture content and its relation to environmental indices in a semi-arid gully catchment of the Loess Plateau, China. Journal of Arid Environments, 49: 723-750.

Restrepo C, Vitousek P, Neville P. 2003. Landslides significantly alter land cover and the distribution of biomass: an example from the Ninole ridges of Hawai'i. Plant Ecology, 166: 131-143.

Restrepo C, Walker L R, Shiels A B, et al. 2009. Landsliding and its multiscale influence on mountainscapes. BioScience, 59 (8): 685-698.

Shi H, Shao M. 2000. Soil and water loss from the Loess Plateau in China. Journal of Arid Environments, 45: 9-20.

Tsuyuzaki S, Hase A. 2005. Plant community dynamics on the volcano Mount Koma, northern Japan, after the 1996 eruption. Folia Geobotanica, 40: 319-330.

Tsuyuzaki S, Haruki M. 2008. Effects of microtopography and erosion on seedling colonisation and survival in the volcano Usu, northern Japan, after the 1977-78 eruptions. Land Degradation and Development, 19: 233-241.

Wolfgang S, Milberg P, Lamont B B. 2002. Germination requirements and seedling responses to water availability and soil type in four eucalypt species. Acta Oecologica, 23: 23-30.

Walker L R, Shiels A B. 2008. Post-disturbance erosion impacts carbon fluxes and plant succession on recent tropical landslides. Plant and Soil, 313: 205-216.

Walker L R, Velàzquez E, Shiels A B. 2009. Applying lessons from ecological succession to the restoration of landslides. Plant and Soil, 324: 157-168.

Yoshida N, Ohsawa M. 1999. Seedling success of Tsuga sieboldii along a microtopographic gradient in a mixed cool-temperate forest in Japan. Plant Ecology, 140: 89-98.

Zheng F, He X, Gao X, et al. 2005. Effects of erosion patterns on nutrient loss following deforestation on the Loess Plateau of China. Agriculture, Ecosystems and Environment, 108: 85-97.

第5章 不同土壤侵蚀环境下植物群落组成结构特征

本章作者：杜华栋　焦菊英

环境对植物群落的组成、结构、功能、成因和动态分布等都会产生影响（Johnson and Miyanishi，2007）。物种的多样性能够很好地体现植被的空间分布格局以及群落的结构、类型、组织水平、发展阶段、稳定程度和生境差异（Lundholm，2009；Tamme et al.，2010）。在不同立地条件下，由于太阳辐射和降水的空间分布格局不同，形成了不同生境的小气候，对物种的分布格局及群落类型产生影响。环境的长期选择使得不同环境有着不同的物种构成，多数研究发现，植物多样性与立地资源可利用性呈显著正相关（Lundholm and Larson，2003），但也有研究发现资源可利用性的增加并未引起植物群落多样性指数的增加（Reynolds et al.，2007）；环境恶劣的立地条件下一年生植物比例下降而多年生植物比例增加，克隆植物种类数量增多，隐芽和半隐芽植物种类增加（Guerrero-Campo et al.，2008；Giladi et al.，2013；Solbrig，1993）。不同物种在不同群落中有着一定的生态位宽度和重要值，可反映出其在群落中发挥功能的大小。植物为了适应胁迫的生境，在漫长的演化过程中，成功进化出了一系列的生活史策略，如一年生春冬季植物、深根型多年生植物和硬叶植物等。一年生植物由于其高的形态可塑性、高的相对生长速率及大的种子产出率，使其可以迅速地适应干扰生境，而成为土壤侵蚀干扰后的先锋物种；但这些物种一般要求较高的土壤水分和养分（Grime，2001）。在土壤侵蚀加强的条件下，土壤水分和养分条件不断降低，多年生植物相对一年生植物出现频率增大；半灌木植物增多，乔木与灌木的出现频率减少；直根系相对须根系植物增多，而块根植物则完全不出现；具有根芽与营养繁殖能力的物种对侵蚀干扰环境（如沉积物掩埋和连根拔起干扰）有一定的适应能力，从而凭借其独特的生活史特征完成植物个体的更新与繁殖（Guerrero-Campo et al.，2008）。由于土壤侵蚀的干扰、胁迫与选择作用及不同植物的抗侵蚀特性，改变了植物群落的组成结构及物种多样性，从而影响着植物群落的生态服务功能。

本章在分析延河流域森林带、森林草原带和草原带坡沟系统不同侵蚀环境植物群落多样性和组成结构的基础上，综合植物群落中不同物种的重要值、生态位宽度和出现频率，分析物种对不同侵蚀环境的生态适应能力。

5.1 研 究 方 法

5.1.1 样地选择与调查

用于研究植被群落结构和植物分布特征的样地分布在延河流域三个植被带的 9 个小流域（每个植被带 3 个小流域，图 4-1）。分别于 2011 年和 2012 年 7~9 月，对选取流域内梁峁坡断面 5 种不同侵蚀环境下自然恢复的植物群落特征进行调查。每个植被带每种侵蚀环境至少设有 7 个样地重复，每个样地设立 3 个样方重复；样方大小草本为 2m×2m，灌木为 5m×5m，乔木为 10m×10m。共计调查样地 102 个，其中森林带 26 个（阳沟坡 4 个、阳梁峁坡 6 个、梁峁顶 5 个、阴梁峁坡 7 个和阴沟坡 4 个），森林草原带 43 个（阳沟坡 9 个、阳梁峁坡 9 个、梁峁顶 9 个、阴梁峁坡 9 个和阴沟坡 7 个），草原带 33 个（阳沟坡 7 个、阳梁峁坡 5 个、梁峁顶 7 个、阴梁峁坡 7 个和阴沟坡 7 个）。调查每个样方内出现的物种及其数量、冠幅、盖度、高度和样方植被总盖度；并剪取主要物种地上生物量，带回实验室，在 85℃ 下烘干称重。

5.1.2 数据分析

选择以下指标来衡量群落物种多样性（张金屯，2011）。
丰富度指数：Patrick 指数

$$R = S \tag{5-1}$$

Menhinick 指数

$$Me = \frac{S-1}{\ln N} \tag{5-2}$$

Margalef 指数

$$Ma = \frac{\ln S}{\ln N} \tag{5-3}$$

均匀度指数：Alatalo 指数

$$E = \frac{\frac{1}{\sum\limits_{i=1}^{S} p_i} - 1}{\exp(-\sum\limits_{i=1}^{S} p_i \ln p_i) - 1} \tag{5-4}$$

Pielou 指数

$$J_{sw} = \frac{1 - \sum\limits_{i=1}^{S} (p_i)^2}{1 - \frac{1}{S}} \tag{5-5}$$

修正的 Hill 指数

$$H_i = \left(\frac{1}{D} - 1\right)\frac{1}{e^H - 1} \tag{5-6}$$

多样性指数：Shannon-Wiener 指数

$$H = -\sum_{i=1}^{S}(p_i \ln p_i) \tag{5-7}$$

Simpson 指数

$$D = -\ln\left[\sum_{i=1}^{S}(p_i)^2\right] \tag{5-8}$$

Audair 和 Goff 指数

$$AG = 1 - \sqrt{\sum p_i^2} \tag{5-9}$$

式中，S 为各样方物种数；N 为样方物种总个数；p_i 为第 i 个物种数占所在样方全部物种个数的比例。

在对样地物种进行调查与鉴定的基础上，对调查植物的生活型、生长型和水分生态型进行分类。依据 Kleyer 等（2008）的植物特性综述，植物生活型划分为高位芽植物、地上芽植物、半隐芽植物、隐芽植物、一年生植物和藤本植物等；植物生长型划分为一年生草本植物、一二年生草本植物、多年生草本植物、小灌木、半灌木、大灌木、乔木和藤本植物；植物水分生态型分析根据《中国植被》（中国植被编辑委员会，1980）与《陕西植被》（雷明德等，1999）中的描述进行统计。然后，依据式（5-10）计算不同侵蚀环境下不同生活型/生长型/水分生态型植物占群落物种总数比例。

$$GP_S = \frac{N_S}{N} \tag{5-10}$$

式中，GP_S 为生活型/生长型/水分生态型 S 物种占样方物种比例；N_S 为样方内生活型/生长型/水分生态型 S 物种的个数；N 为样方内总物种个数。

物种在群落的特征值按以下公式计算（张金屯，2011）。

物种出现频率

$$F_i = \frac{S_i}{TS} \tag{5-11}$$

物种生态位宽度

$$B_i = -\sum_{j=1}^{r} p_{ij} \ln p_{ij} \tag{5-12}$$

物种重要值

$$IV_{乔灌木} = \frac{相对高度 + 相对盖度 + 相对密度}{3} \tag{5-13}$$

$$IV_{草本} = \frac{相对频度 + 相对盖度 + 相对密度}{3} \tag{5-14}$$

式中，F_i 为物种不同侵蚀环境出现频率；TS 为不同侵蚀环境样方总数；S_i 为物种 i 在不同侵蚀环境样方内出现的次数；B_i 为物种 i 的生态位宽度；p_{ij} 为物种 i 在第 j 个侵蚀环境下的个体数占该种所有个体数的比例。

用隶属函数法［式（5-15）］对物种在样方中出现频率、生态位宽度及重要值进行综合分析，得出各物种在所调查样方中物种特征值的综合隶属函数值，依此分析每个物种在不同侵蚀环境下的重要性和植物适应环境的能力大小；物种特征值的综合隶属函数值越大，则物种在群落中的重要性越大。

$$Xu = \frac{X - X_{min}}{X_{max} - X_{min}} \tag{5-15}$$

式中，Xu 为物种特征值综合隶属函数值；X 为物种出现频率/生态位宽度/重要值；X_{max} 为所测全部物种在样方中出现频率/生态位宽度/重要值的最大值；X_{min} 为所测全部物种在样方中出现频率/生态位宽度/重要值的最小值。

应用典范对应分析（canonical correspondence analysis，CCA）对样地、植物和环境的关系进行分析，其中植物对应数据采用物种在样方中的重要值；共有 162 个物种，但为了 CCA 典范分析图片清晰简单，对偶见种进行了去除，有 117 种植物参与分析。环境因子包括海拔、坡度、坡向、侵蚀环境和土壤含水量共 5 个。得到环境因子数据矩阵，其中坡向赋值方法为 1 代表阳坡，2 代表梁峁顶，3 代表阴坡；侵蚀环境赋值方法为 1 代表阳沟坡，2 代表阳梁峁坡，3 代表梁峁顶，4 代表阴梁峁坡，5 代表阴沟坡；坡度直接用坡度仪测定；海拔采用便携式 GPS 测量值；土壤质量水分含量的测定采用"土钻法"测量值。应用国际标准通用软件 CANOCO 4.5 进行典范对应分析，使用 CANODRAW4.0 绘图。

5.2　结果与分析

5.2.1　物种组成

通过对延河流域森林带、森林草原带和草原带不同侵蚀环境样地的植被调查，发现 163 种植物，隶属于 52 科 100 属。其中，菊科植物最多，有 32 种；其次为豆科、蔷薇科和禾本科，分别为 20 种、18 种和 17 种。乔木有 15 种，主要分布在森林带；灌木有 25 种，主要是分布在森林带林下中层植物和处于森林草原带的阴坡环境中；多年生草本有 69 种，是研究区主要植物生长型；一年生、一二年生和藤本植物共 54 种。不同侵蚀环境下植物群落的物种生态型组成特征如图 5-1 所示。

从植物生长型构成来看，一年生和一二年生植物在森林草原带植物生长型构成中所占比例较大，分别较森林带和草原带提高了 37.4% 和 7.7%，与森林带差异显著（$P<0.05$）而与草原带差异较小（$P>0.05$）。多年生草本在草原带占物种数的 52.1%，在森林草原带为 45.4%，在森林带仅为 33.7%。灌木植物在森林带所占物种比例为 22.4%，较在森林带和草原带分别提高了 124.5% 和 194.3%，且在各植被带差异均达到显著水平（$P<0.05$）。乔木和藤本植物在森林带的比例分别为 9.24% 和 3.53%；而在其他两个植被带此两种生长型物种比例仅为 1% 左右，与森林带差异显著（$P<0.05$）。就不同的梁峁坡侵蚀环境而言，梁峁顶一年生植物比例占物种总数的 45.2%，阳梁峁坡和阳沟坡侵蚀环境下一二年生植物所占物种比例为 30.4%，但两种阳坡侵蚀环境下灌木所占比例较大，为 17% 左

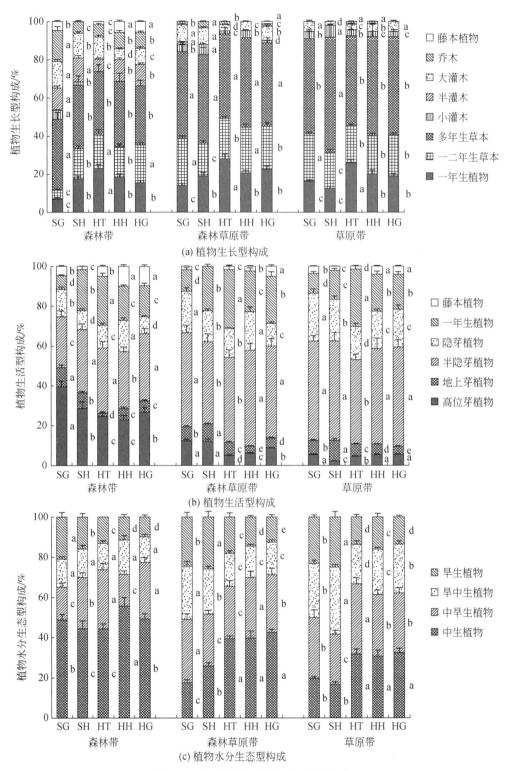

(a) 植物生长型构成

(b) 植物生活型构成

(c) 植物水分生态型构成

图 5-1　不同侵蚀环境下群落物种组成

SG 为阳沟坡；SH 为阳梁峁坡；HT 为梁峁顶；HH 为阴梁峁坡；HG 为阴沟坡。

不同小写字母表示同一植被带不同生态型植物在坡沟系统不同侵蚀环境下差异显著（P<0.05）

右；多年生草本植物在不同侵蚀环境下差异不显著（$P>0.05$）；乔木在阳沟坡环境下的分布占物种比例的6%左右，约为其他侵蚀环境的一倍。

从植物生活型构成可以看出，高位芽植物在森林带占物种比例为28.5%；随着向草原带过渡，乔灌植物减小，高位芽植物占植物组成比例降低，其在森林草原带和草原带比例分别占物种数的8.8%和4.5%。地上芽植物在三个植被带占物种比例变化较小，维持在6.5%左右。隐芽和半隐芽植物在森林草原带和草原带所占比例分别为60.5%和66.7%，而在森林带为41.9%，与其他两个植被带差异显著（$P<0.05$）。就不同坡沟侵蚀环境而言，阳沟坡高位芽植物所占比例较大为19.1%；而其他环境下其所占比例变化不大（$P>0.05$），约为13%。阳沟坡和阳梁峁坡两种侵蚀环境下地上芽植物所占比例约为梁峁顶和阴坡侵蚀环境下的2倍。阳沟坡隐芽和半隐芽植物所占比例较大，约为63.3%，分别较阳梁峁坡、梁峁顶、阴梁峁坡和阴沟坡提高了12.4%、18.2%、6.5%和12.7%；除阳梁峁坡和阴沟坡外，各侵蚀环境差异均较显著（$P<0.05$）。

由植物水分生态类型构成可看出，从森林带向草原带，中生和中旱生植物所占比例由71.5%降低至56.4%，而旱中生和旱生植物所占比例由28.5%增加至43.6%。就不同坡沟侵蚀环境而言，阳坡、梁峁顶和阴坡侵蚀环境下，中生和中旱生植物占物种比例分别为55%、69%和68%，旱中生和旱生植物分别为45%、31%和32%（阳坡环境下旱中生和旱生植物比例增加）。

5.2.2　物种多样性

由表5-1可看出，三个植被带（森林带、森林草原带和草原带）的5种侵蚀环境（阳沟坡、阳梁峁坡、梁峁顶、阴梁峁坡和阴沟坡）中主要植物群落类型构成各不同。森林带群落垂直结构乔木、灌木和草本三个层次明显，中层灌木种类较多，但下层草本植物种类较少；阳坡侵蚀环境下主要乔木为侧柏和栾树，阴坡侵蚀环境下乔木主要为辽东栎和三角槭。森林草原带和草原带植被垂直结构较为简单，由1~2层构成；两个植被带的阳沟坡、阳梁峁坡和梁峁顶侵蚀环境下群落垂直结构仅为一层（除森林草原带的阳沟坡）；阴梁峁坡和阴沟坡虽然由两层构成，但物种群落构成较为单一，主要是人工恢复植被沙棘和柠条锦鸡儿。森林草原带阳沟坡灌木层主要为多分布在阳坡环境下的杠柳和白刺花。

由森林带过渡到草原带，物种多样性指数呈减小趋势；物种丰富度和物种均匀度指数在森林草原带最大。就不同侵蚀环境而言，由阳沟坡、阳梁峁坡、梁峁顶、阴梁峁坡向阴沟坡过渡，物种种类增加，但衡量物种丰富度的 Menhinick 指数和 Margalef 指数呈"V"字形变化，在梁峁顶最小。三个植被带阴梁峁坡物种多样性指数都较其他侵蚀环境大，物种种类较为丰富的阴沟坡物种多样性指数一般较物种数较少的阳沟坡大。衡量群落物种均匀度的 Alatalo 指数和 Pielou 指数表现为阳沟坡>阳梁峁坡>梁峁顶、阴梁峁坡>阴沟坡；但修正的 Hill 指数表明，物种均匀度在阴沟坡较大。

表5-1 不同侵蚀环境下植物群落类型及其物种丰度、多样性和均匀度指数

植被带	侵蚀环境	主要植物群落类型	V	物种丰富度指数			物种多样性指数			物种均匀度指数		
				R	Me	Ma	H	D	AG	E	J_{sw}	H_i
森林带	阳沟坡	侧柏,栾树+六道木,紫丁香,白刺花,黄刺玫+大披针薹草,铁杆蒿	3	19.00	0.5927	3.6294	2.3205	0.8536	0.6230	0.6822	0.9040	0.0231
	阳梁峁坡	白刺花,紫丁香,水枸子,杠柳,黄刺玫+长芒草,达乌里胡枝子,铁杆蒿,茭蒿	2	17.40	0.5728	3.3112	2.1627	0.8162	0.5795	0.6338	0.8677	0.0401
	梁峁顶	黄刺玫,白刺花,紫丁香,杠柳+茭蒿,大披针薹草,铁杆蒿	2	17.64	0.5450	3.1796	2.2852	0.8470	0.6160	0.6850	0.8993	0.0270
	阴沟坡	辽东栎,三角槭+黄刺玫,水枸子,紫丁香,虎榛子,葱皮忍冬+大披针薹草,铁杆蒿,茭蒿	3	19.71	0.5703	3.5829	2.3969	0.8690	0.6406	0.6879	0.9164	0.0164
	阴梁峁坡	荚条槭,辽东栎,三角槭+水枸子,虎榛子,黄刺玫+大披针薹草,铁杆蒿,野菊,薯预	3	20.25	0.5882	3.7357	2.2827	0.8223	0.5858	0.5764	0.8691	0.0317
森林草原带	阳沟坡	白刺花,杠柳+铁杆蒿,白羊草+茭蒿	2	15.30	0.6143	3.2299	2.3192	0.8675	0.6427	0.7753	0.9322	0.0222
	阳梁峁坡	白羊草,铁杆蒿,茭蒿+达乌里胡枝子	1	13.04	0.5556	2.6083	2.1305	0.8340	0.6061	0.7585	0.9137	0.0350
	梁峁顶	铁杆蒿,茭蒿,白羊草+长芒草	1	16.50	0.5192	2.8636	2.1086	0.8102	0.5777	0.6856	0.8660	0.0536
	阴梁峁坡	杠柳,柠条锦鸡儿,沙棘+铁杆蒿,达乌里胡枝子	2	20.18	0.5772	3.6809	2.3636	0.8503	0.6232	0.6688	0.8966	0.0254
	阴沟坡	柠条锦鸡儿,紫丁香,黄刺玫+野菊,大披针薹草	2	23.79	0.5732	4.1065	2.1915	0.7473	0.5416	0.5608	0.7813	0.0318
草原带	阴沟坡	茭蒿,百里香,达乌里胡枝子+铁杆蒿,冷蒿	1	15.10	0.6008	3.1316	2.2579	0.8526	0.6230	0.7380	0.9191	0.0268
	阳梁峁坡	铁杆蒿,达乌里胡枝子,茭蒿,长芒草,百里香	1	16.40	0.5381	2.9744	2.1439	0.8192	0.5855	0.6765	0.8733	0.0433
	梁峁顶	百里香,砂珍棘豆,冷蒿	1	17.67	0.5318	3.1150	2.2027	0.8261	0.5940	0.6775	0.8785	0.0368
	阴梁峁坡	沙棘,柠条锦鸡儿+赖草,铁杆蒿,长芒草,百里香	2	22.67	0.5868	4.0777	2.3939	0.8359	0.6074	0.5993	0.8772	0.0289
	阴沟坡	小叶锦鸡儿,白刺花+铁杆蒿,达乌里胡枝子,沙蒿	2	25.26	0.5751	4.3421	2.3318	0.7914	0.5749	0.5740	0.8251	0.0883

注：V 为群落垂直结构层数；R 为 Patrick 指数；Me 为 Menhinick 指数；Ma 为 Margalef 指数；H 为 Shannon-Wiener 指数；D 为 Simpson 指数；AG 为 Audair 和 Goff 指数；E 为 Alata-lo 指数；J_{sw} 为 Pielou 指数；H_i 为修正的 Hill 指数。

5.2.3 物种的特征值

依据所调查的 163 种植物在不同侵蚀条件下群落中出现的植被带、出现频率、生态位宽度及重要值，采用隶属函数法对上述三种物种群落特征值进行综合分析，得到各物种在样方中的特征值综合隶属函数，分析植物在不同侵蚀环境群落中的重要性（表 5-2）。总体来看，由阳沟坡、阳梁峁坡、梁峁顶、阴梁峁坡到阴沟坡，旱生植物在样方出现的频率呈减小的趋势，中生植物则相反；除仅分布在阴沟坡并在该环境下具有绝对优势物种外（如大披针薹草和野菊），其他各物种的生态位宽度变窄；各物种重要值变小。

从调查物种出现频率看，三个植被带出现频率最高的 5 个物种依次为铁杆蒿（81.3%）、长芒草（75.7%）、达乌里胡枝子（75.4%）、阿尔泰狗娃花（72.4%）和猪毛蒿（55.9%）。在坡沟不同的侵蚀环境下，森林带出现频率较大的物种有阳沟坡的紫丁香、白刺花和铁杆蒿（100%），阳梁峁坡和梁峁顶的铁杆蒿（94.1% 和 100%），阴梁峁坡的大披针薹草和裂叶堇菜（92.9%），以及阴沟坡的黄刺玫（86.7%）；在森林草原带依次为阳沟坡的达乌里胡枝子和铁杆蒿（100%），阳梁峁坡的达乌里胡枝子和阿尔泰狗娃花（100%），梁峁顶的阿尔泰狗娃花和长芒草（92.3%），阴梁峁坡的铁杆蒿和长芒草（96.0%），以及阴沟坡的长芒草和铁杆蒿（100%）；在草原带分别为阳沟坡和阳梁峁坡的达乌里胡枝子和长芒草（100%），梁峁顶和阴梁峁坡的达乌里胡枝子和阿尔泰狗娃花（约 95%），阴沟坡的火绒草和铁杆蒿（100%）。

从各物种生态位宽度看，物种生态位宽度在 0.0012 ~ 0.3466 变化。综合三个植被带不同的侵蚀环境各物种生态位宽度，草原带群落中的百里香和阴坡环境下大披针薹草以其在各自环境群落中的优势地位，使这两个物种在三个植被带的平均生态位宽度位居前两位，排在其后的为在三个植被带广泛分布的达乌里胡枝子和长芒草。而在坡沟不同的侵蚀环境下，森林带平均生态位宽度较大的物种有阳沟坡的紫丁香、阳梁峁坡和梁峁顶的长芒草、阴梁峁坡的大披针薹草及阴沟坡的杜梨；森林草原带为阳沟坡的白羊草、阳梁峁坡的达乌里胡枝子、梁峁顶的猪毛蒿、阴梁峁坡的铁杆蒿及阴沟坡的野菊；草原带有阳沟坡的达乌里胡枝子、阳梁峁坡与梁峁顶和阴梁峁坡的百里香及阴沟坡的龙牙草。

群落中物种的重要值在 0.0009 ~ 0.6471 变化。综合三个植被带不同的侵蚀环境各物种群落中的重要值，最高的五个重要的建群物种依次为沙棘、大披针薹草、杠柳、铁杆蒿和柠条锦鸡儿，而其他建群种在群落中亦有较高的重要值（如辽东栎）。而在坡沟不同的侵蚀环境下，森林带重要值较大的物种有阳沟坡的栾树、阳梁峁坡的三角槭、梁峁顶的铁杆蒿、阴梁峁坡的杠柳及阴沟坡的辽东栎；森林草原带有阳沟坡的白刺花、阳梁峁坡的白羊草、梁峁顶和阴梁峁坡的铁杆蒿及阴沟坡的紫丁香；草原带有阳沟坡和阴沟坡的柠条锦鸡儿、阳梁峁坡的铁杆蒿、峁梁顶的百里香及阴梁峁坡的沙棘。

综合各物种出现频率、生态位宽度和重要值，依据隶属函数法综合分析植物特征值的综合隶属函数值可以看出，物种特征值综合隶属函数值在两种情况下的物种的较大：一是分布范围较窄，只在特定的环境下出现，但其在该环境下生态位宽度和重要值都较大，对植物群落的构建有着重要的作用，如仅出现在森林带阳沟坡的侧柏、不同植被带阴坡的大

表5-2 不同侵蚀环境下物种特征值

物种	OVB	出现频率/%					生态位宽度					重要值					Xu	IEO
	I	SG	SH	HT	HH	HG	SG	SH	HT	HH	HG	SG	SH	HT	HH	HG		
侧柏	I	88.9	—	—	—	—	0.286	—	—	—	—	0.181 4	—	—	—	—	0.435 1	1
大披针薹草	I,II,III	11.8	22.0	36.4	92.9	33.3	0.250 1	0.176 5	0.167 2	0.187 2	0.210 9	0.103 7	0.093 8	0.082 2	0.247 1	0.382 7	0.429 5	2
长芒草	I,II,III	75.0	85.2	91.2	69.3	57.8	0.156 0	0.196 2	0.219 2	0.169 2	0.118 2	0.046 5	0.068 5	0.088 1	0.059 9	0.029 1	0.428 5	3
达乌里胡枝子	I,II,III	77.8	88.2	87.1	66.9	56.9	0.186 5	0.257 2	0.204 7	0.131 1	0.095 4	0.089 2	0.156 3	0.094 5	0.050 5	0.031 4	0.419 2	4
铁杆蒿	I,II,III	95.2	74.9	74.2	78.0	84.4	0.117 6	0.112 7	0.089 1	0.126 7	0.087	0.173 8	0.128 7	0.223 5	0.195 5	0.193 6	0.414 5	5
紫丁香	I,II	56.3	41.7	27.3	85.7	56.7	0.209 8	0.206 2	0.075 9	0.188 9	0.146 4	0.131 3	0.164 6	0.108 5	0.083	0.197 8	0.360 3	6
百里香	III	33.3	26.7	42.9	35.0	54.6	0.272 7	0.358 9	0.261 5	0.160 8	0.144	0.083 6	0.138 8	0.195 7	0.095 0	0.031 7	0.357 5	7
阿尔泰狗娃花	I,II,III	69.7	81.8	92.8	62.9	54.7	0.137 4	0.184 4	0.131 1	0.115 8	0.089 1	0.042 5	0.068 4	0.046 0	0.027 7	0.021 9	0.352 8	8
猪毛蒿	I,II,III	52.1	64.0	74.5	58.2	31.0	0.161 5	0.197 5	0.218 3	0.127 4	0.096	0.041 9	0.074 0	0.074 8	0.024 1	0.023 6	0.348 7	9
黄刺玫	I,II	66.7	82.4	9.1	44.9	86.7	0.119 2	0.138 9	0.125 3	0.110 9	0.106 4	0.113 5	0.180 8	0.142 0	0.085 0	0.160 6	0.341 8	10
龙牙草	III	—	—	—	14.3	40.0	—	—	—	0.204 7	0.260 1	—	—	—	0.073 5	0.059 5	0.320 6	11
虎榛子	I,II	77.8	11.8	—	42.9	40.0	0.128 8	0.208 8	—	0.117	0.098	0.060 5	0.045 0	—	0.164 5	0.076 4	0.318 5	12
杠柳	I,II,III	48.8	28.0	36.9	15.6	12.4	0.175 5	0.173	0.120 8	0.296 5	0.082 3	0.135 2	0.223 5	0.155 7	0.407 3	0.032 6	0.315 4	13
柔树	I	77.8	—	—	—	20.0	0.073 5	—	—	—	0.053 9	0.123 2	—	—	—	0.091 3	0.313 5	14
野菊	I,II,III	44.4	11.8	25.9	32.3	42.1	0.153 6	0.200 6	0.111 2	0.206 6	0.199 8	0.055 5	0.067 2	0.035	0.128 4	0.119 5	0.310 2	15
白刺花	I,II,III	56.0	77.3	45.5	—	16.4	0.145 5	0.173	0.124 6	—	0.107	0.147 5	0.193 0	0.157 3	—	0.092 5	0.309 6	16
柠条锦鸡儿	III	25.3	—	14.3	25.0	43.9	0.227 3	—	0.230 5	0.080 6	0.062 3	0.157 0	—	0.052 6	0.200 4	0.266 1	0.309 3	17
茭蒿	I,II,III	80.7	53.4	25.9	35.0	51.4	0.155 9	0.126 2	0.111 2	0.080 7	0.074 4	0.141 5	0.158 8	0.035 2	0.062 8	0.053 2	0.306 3	18
白羊草	I,II,III	44.3	52.2	46.2	—	4.8	0.155 0	0.150 0	0.123 0	—	0.023	0.104 1	0.107 0	0.105 4	—	0.014 0	0.290 1	19
远志	I,II,III	78.6	57.3	29.0	43.8	61.3	0.153 9	0.128 9	0.116 5	0.091 2	0.090 6	0.041 3	0.024 5	0.023 1	0.023 2	0.018 5	0.288 3	20
芦苇	I,II,III	16.1	20.0	52.4	15.7	14.8	0.081 6	0.176 5	0.107 1	0.074	0.053	0.023 7	0.040 3	0.064 3	0.037 7	0.027 8	0.287 8	21

续表

物种	OVB	出现频率/%					生态位宽度					重要值					Xu	IEO
		SG	SH	HT	HH	HG	SG	SH	HT	HH	HG	SG	SH	HT	HH	HG		
土庄绣线菊	I,II	—	5.9	—	—	33.3	—	0.146 1	—	—	0.295 5	—	0.010 8	—	—	0.088 6	0.285 1	22
糖隐子草	I,II,III	41.4	50.9	81.0	53.9	60.0	0.124 6	0.102 4	0.159 7	0.105 7	0.077 3	0.013 1	0.019 1	0.042 4	0.019 5	0.011 0	0.279 0	23
沙蒿	III	—	—	—	—	25.0	—	—	—	—	0.203 7	—	—	—	—	0.036 3	0.273 3	24
三角械	I	55.6	23.5	9.1	71.4	30.0	0.035 7	0.114 1	0.064 2	0.146 1	0.113 0	0.107 8	0.200 0	0.017 4	0.081 3	0.139 0	0.272 6	25
沙棘	I,II,III	—	9.7	12.3	19.9	25.0	—	0.252 6	0.067 1	0.151 4	0.138 6	—	0.647 1	0.089 2	0.251 9	0.211 3	0.259 7	26
蓍头回	I,II	22.2	—	18.2	57.1	44.7	0.083 1	—	0.114 0	0.187 6	0.175 3	0.012 5	—	0.007 8	0.025 0	0.049 2	0.256 3	27
赖草	I,II,III	18.8	35.2	37.4	42.5	14.8	0.239 9	0.169 3	0.181 1	0.154 5	0.113 3	0.044 1	0.041 1	0.062 5	0.057 5	0.020 7	0.254 6	28
臭蒿	I,II,III	16.7	18.2	11.5	4.0	9.0	0.251 3	0.089 3	0.178 9	0.011 4	0.064 0	0.045 9	0.030 0	0.035 3	0.021 3	0.031 8	0.252 4	29
野合草	II	—	13.3	—	16.0	15.0	—	0.083 1	—	0.293 1	0.265 1	—	0.017 6	—	0.050 7	0.069 1	0.251 7	30
灰枸子	I	33.3	—	9.1	64.3	20.0	0.037 5	—	0.037 4	0.277 2	0.147 5	0.013 9	—	0.020 5	0.272 5	0.048 8	0.247 3	31
大针茅	I,II,III	32.4	31.5	26.6	49.0	64.2	0.109 1	0.085 1	0.081 9	0.164 3	0.107 3	0.040 2	0.058 6	0.065 2	0.091 2	0.045 9	0.245 2	32
二裂委陵菜	I,II,III	14.0	12.9	60.3	44.2	14.6	0.278 1	0.174 9	0.189 2	0.010 2	0.009 8	0.022 7	0.020 2	0.033 4	0.011 2	0.009 7	0.240 4	33
裂叶堇菜	I,II,III	88.9	17.9	32.0	71.1	77.4	0.107 1	0.075 2	0.062 2	0.097 1	0.097 5	0.024 9	0.013 4	0.012 9	0.025 4	0.023 4	0.229 3	34
水枸子	I,II	33.3	26.5	—	64.3	—	0.154 5	0.053 6	—	0.136 2	—	0.054 5	0.083 3	—	0.075 6	—	0.226 7	35
狼尾花	II	—	17.6	—	—	4.8	—	0.099 8	—	—	0.157 5	—	0.222 7	—	—	0.157 1	0.226 5	36
蓍牙菜	I,II	5.3	6.2	10.3	24.6	28.6	0.187 2	0.046 3	0.127 9	0.187 5	0.157 1	0.039 9	0.012 1	0.028 8	0.034 3	0.035 9	0.226 5	37
蒙古蒿	I,II,III	25.6	18.2	23.4	20.4	29.0	0.152 7	0.245 1	0.157 1	0.136 2	0.134 9	0.031 7	0.052 4	0.045 3	0.028 1	0.027 1	0.220 1	38
六道木	I	66.7	11.8	—	42.9	40.0	0.103 6	0.040 2	—	0.084 1	0.111 9	0.077 4	0.004 8	—	0.017 4	0.050 2	0.217 4	39
菊叶委陵菜	I,II,III	25.0	22.9	40.9	42.8	56.1	0.099 4	0.126 7	0.121 3	0.082 9	0.067 6	0.023 7	0.033 3	0.035 2	0.016 7	0.015 6	0.216 7	40
中华卷柏	II	—	—	—	12.0	28.6	—	—	—	0.033 7	0.120 8	—	—	—	0.185 0	0.256 0	0.215 7	41
小叶杨	I	—	—	—	21.4	—	—	—	—	0.093 2	—	—	—	—	0.157 0	—	0.213 1	42

续表

物种	OVB	出现频率/%					生态位宽度					重要值					Xu	IEO
		SG	SH	HT	HH	HG	SG	SH	HT	HH	HG	SG	SH	HT	HH	HG		
辽东栎	I	—	—	—	28.6	33.3	—	—	—	0.099 0	0.071 4	—	—	—	0.168 6	0.506 5	0.208 4	43
黄花蒿	II	—	—	—	—	9.5	—	—	—	—	0.186 4	—	—	—	—	0.041 7	0.204 5	44
柳叶鼠李	I	33.3	64.7	—	—	14.3	0.081 9	0.071 1	—	—	0.026 6	0.022 8	0.027 8	—	—	0.018 5	0.204 3	45
河朔荛花	III	38.1	6.7	—	—	—	0.168 9	0.098 9	—	—	—	0.012 5	0.024 5	0.013 4	—	—	0.201 6	46
中华小苦荬	I,II,III	33.3	42.9	41.8	35.0	39.4	0.106 9	0.096 1	0.106 1	0.079 3	0.067 3	0.019 1	0.015 9	0.014 0	0.011 7	0.013 4	0.199 9	47
早熟禾	I,II,III	9.2	9.9	41.6	72.5	50.6	0.085 0	0.063 2	0.088 0	0.107 4	0.075 2	0.037 4	0.035 7	0.043 5	0.044 0	0.030 2	0.194 3	48
中华隐子草	II	65.1	30.3	16.3	15.9	19.3	0.167 8	0.149 9	0.044 7	0.037 8	0.027 7	0.054 4	0.040 1	0.015 8	0.026 6	0.005 7	0.192 4	49
虎耳草	I,II	—	—	—	5.6	47.5	—	—	—	0.076 7	0.137 2	—	—	—	0.007 3	0.041 3	0.192 2	50
草木樨状黄耆	I,II,III	26.5	38.2	81.0	49.1	39.6	0.103 3	0.072 1	0.048 4	0.053 5	0.035 5	0.037 4	0.033 3	0.032 6	0.024 2	0.027 8	0.191 9	51
野亚麻	I,II	11.1	19.5	33.5	36.3	37.5	0.036 1	0.112 3	0.131 4	0.086 3	0.063 9	0.004 2	0.025 0	0.034 8	0.020 4	0.016 9	0.187 8	52
糙叶黄耆	I,II,III	22.8	44.0	42.8	30.0	30.1	0.113 3	0.104 1	0.139 6	0.095 3	0.062 5	0.018 0	0.014 3	0.020 6	0.011 1	0.006 6	0.186 4	53
紫条械	I	—	5.9	—	—	46.7	—	0.066 2	—	—	0.081 4	—	0.003 2	—	—	0.189 0	0.184 9	54
圆锥石头花	III	4.8	26.7	28.6	66.7	80.0	0.038 6	0.098 4	0.113 2	0.079 6	0.076 0	0.031 7	0.025 9	0.059 2	0.032 5	0.023 6	0.184 3	55
小叶锦鸡儿	III	3.6	—	—	—	10.8	0.185 2	—	—	—	0.058 3	0.050 7	—	—	—	0.119 3	0.183 8	56
草芳	II,III	14.9	13.0	25.4	16.8	9.5	0.175 9	0.147 3	0.139 0	0.095 0	0.101 7	0.024 1	0.019 2	0.030 3	0.026 8	0.007 1	0.180 0	57
互叶醉鱼草	II,III	41.7	—	9.1	—	—	0.043 6	—	0.083 6	—	—	0.042 2	—	0.146 4	—	—	0.176 4	58
小叶悬钩子	I,II	22.2	—	—	50.0	6.7	0.034 6	—	—	0.047 2	0.089 2	0.008 9	—	—	0.012 5	0.025 6	0.171 7	59
野豌豆	I,II	4.8	—	6.5	36.3	39.0	0.177 3	—	0.123 7	0.131 0	0.065 0	0.043 0	—	0.029 6	0.029 9	0.023 4	0.169 6	60
银州柴胡	I,II,III	19.0	—	11.7	22.0	51.8	0.076 9	—	0.115 7	0.068 8	0.090 6	0.053 7	—	0.042 4	0.032 3	0.032 8	0.168 7	61
菱菱草	I	55.6	—	—	—	13.3	0.138 5	—	—	—	0.125 9	0.083 9	—	—	—	0.033 9	0.168 0	62
砂珍棘豆	III	—	26.7	19.0	13.5	10.0	—	0.275 5	0.186 3	0.032 3	0.047 7	—	0.089 2	0.033 2	0.006 1	0.003 5	0.168 0	63

续表

物种	OVB	出现频率/%					生态位宽度					重要值					Xu	IEO
		SG	SH	HT	HH	HG	SG	SH	HT	HH	HG	SG	SH	HT	HH	HG		
火绒草	II,III	—	4.6	4.3	39.8	87.3	—	0.044 3	0.050 2	0.085 0	0.094 0	—	0.009 2	0.009	0.016 6	0.032 1	0.167 8	64
籽蒿	III	14.3	13.3	28.6	14.3	—	0.132 9	0.102 2	0.174 4	0.052 6	—	0.046 1	0.027 6	0.049 1	0.015 7	—	0.166 1	65
臭草	I,II	6.7	5.9	—	14.3	19.7	0.157 3	0.346 6	—	0.040 0	0.071 0	0.034 2	0.054 0	—	0.028 7	0.029 2	0.164 9	66
鹅观草	I,II,III	9.5	—	11.0	24.1	29.6	0.078 2	—	0.129 2	0.105 1	0.059 0	0.034 3	—	0.074 1	0.048 6	0.031 1	0.163 1	67
杜梨	I	33.3	17.6	—	7.1	40.0	0.062 1	0.026 1	—	0.035 7	0.201 5	0.030 7	0.050 6	—	0.010 5	0.088 4	0.163 1	68
佛子茅	I,II	4.8	—	9.5	—	15.0	0.218 0	—	0.214 9	—	0.113 7	0.021 7	—	0.051 8	—	0.026 0	0.161 4	69
黄鹌菜	I,II	28.0	66.7	90.5	16.4	12.4	0.112 8	0.060 1	0.071 6	0.039 0	0.063 4	0.020 7	0.018 1	0.019 8	0.006 7	0.010 4	0.161 3	70
北京隐子草	I,II	23.9	13.4	6.9	10.4	21.7	0.187 2	0.096 9	0.108 2	0.151 1	0.062 5	0.036 3	0.017 8	0.020 7	0.038 6	0.023 8	0.160 6	71
刺槐	II	—	—	16.0	—	4.8	—	—	0.074 2	—	0.067 4	—	—	0.142 6	—	0.012 6	0.159 8	72
披针叶野决明	I,II	—	—	3.8	4.0	—	—	—	0.159 4	0.229 3	—	—	—	0.021 3	0.013 7	—	0.158 1	73
猪毛菜	I,II,III	19.0	26.7	28.4	4.8	13.3	0.079 5	0.089 7	0.079 4	0.090 6	0.039 6	0.010 8	0.019 2	0.026 2	—	0.007 7	0.157 9	74
山苦荬	I,II,III	—	23.5	16.0	16.0	9.0	—	0.100 9	0.108 6	0.122 3	0.128 5	—	0.010 5	0.012	0.027 9	0.016 3	0.157 2	75
葱皮忍冬	I,II	—	5.9	18.2	21.4	40.0	—	0.038 4	0.029 6	0.161 9	0.097 7	—	0.026 7	0.019 5	0.064 8	0.104 3	0.156 6	76
截叶铁扫帚	I,II,III	—	5.9	6.5	—	—	—	0.083 9	0.200 1	—	—	—	0.032 0	0.036 6	—	—	0.155 4	77
狗尾草	I,II	4.2	13.9	25.1	15.1	56.7	0.128 8	0.100 6	0.152 3	0.126 5	0.128 8	0.016 6	0.019 0	0.030 5	0.038 5	0.047 6	0.154 9	78
抱茎小苦荬	I,II,III	9.2	7.4	6.9	36.3	—	0.053 1	0.040 9	0.031 5	0.111 4	—	0.013 3	0.010 3	0.016 6	0.022 5	—	0.154 1	79
地蔷草	I,II	4.8	13.3	16.8	15.7	16.8	0.189 6	0.235 6	0.132 7	0.103 1	0.045 9	0.003 7	0.172	0.023 4	0.013 9	0.030 6	0.151 9	80
扁核木	I,II	22.9	6.5	—	6.8	—	0.118 3	0.062 6	—	0.201 1	—	0.046 4	0.018	—	—	—	0.149 4	81
白头翁	I,II	—	6.5	11.5	7.1	—	—	0.143 3	0.134 3	0.079 4	—	—	0.024 9	0.018	0.043 5	—	0.146 0	82
犁头菜	I,II,III	—	11.8	33.0	7.1	9.5	—	0.079	0.127	—	0.057 4	—	0.007 0	0.022	0.012 0	0.092 8	0.144 1	83
甘草	I,II,III	8.9	14.2	24.4	28.3	9.3	0.093 6	0.067 7	0.079	0.089 4	0.040 8	0.048 6	0.038 5	0.058	0.051 9	0.040 8	0.134 9	84

续表

物种	OVB	出现频率/%					生态位宽度					重要值					Xu	IEO
		SG	SH	HT	HH	HG	SG	SH	HT	HH	HG	SG	SH	HT	HH	HG		
山桃	I,II	66.7	7.8	27.3	50.0	—	0.040 3	0.037 6	0.032 2	0.075 5	—	0.034 3	0.027 9	0.021 7	0.024 6	—	0.134 5	85
苦荬菜	I,II,III	4.2	11.8	18.2	21.9	23.1	0.013 5	0.025	0.032 1	0.015 2	0.012 4	0.010 1	0.011 9	0.008 3	0.011 4	0.018 6	0.134 0	86
多花胡枝子	I,II	33.3	3.2	3.8	28.6	28.1	0.154 5	0.105 2	0.029 1	0.067 8	0.118 4	0.044 8	0.007 1	0.008 7	0.022 5	0.060 3	0.130 9	87
角盘兰	III	—	—	—	4.8	15.0	—	—	—	0.025 4	0.078 5	—	—	—	0.010 2	0.010 6	0.130 3	88
泡沙参	II	—	—	—	7.6	25.2	—	—	—	0.034 4	0.084 6	—	—	—	0.010 7	0.020 4	0.129 0	89
灰叶黄耆	II,III	4.5	20.0	19.0	57.1	30.7	0.053 6	0.034 4	0.115 4	0.060 2	0.037 0	0.026 9	0.015 8	0.033 5	0.021 0	0.018 7	0.126 4	90
蛇葡萄	I,II	11.1	—	—	21.4	24.8	0.046 1	—	—	0.025 6	0.092 1	0.009 4	—	—	0.017 3	0.043 8	0.126 0	91
山药	I	—	—	—	14.3	26.7	—	—	—	0.088 6	0.093 4	—	—	—	0.058 3	0.105 5	0.124 0	92
角蒿	I,II	—	—	18.0	14.4	5.0	—	—	0.012 4	0.023 5	0.045 7	—	—	0.001 5	0.010 2	0.007 8	0.123 2	93
香青兰	I,II,III	4.5	14.7	32.4	19.1	17.4	0.087 8	0.074	0.085 0	0.082 6	0.054 0	0.012 4	0.032 1	0.020 3	0.009 8	0.015 3	0.120 7	94
小蓟	I,II,III	8.9	16.1	24.3	18.4	9.3	0.122 4	0.077 6	0.065 4	0.062 9	0.088 0	0.033 1	0.012 9	0.010 9	0.009 0	0.014 6	0.120 5	95
紫花地丁	I,II	4.2	18.2	27.3	18.6	15.8	0.074 9	0.069 6	0.065 7	0.084 6	0.060 7	0.002 4	0.007	0.007	0.013 8	0.008 6	0.120 4	96
牛奶子	I	—	17.6	—	42.9	20.0	—	0.026 1	—	0.042 6	0.032 2	—	0.037 4	—	0.015 6	0.024 3	0.118 6	97
节节草	I,II	8.3	3.2	—	—	4.8	0.082 7	0.092 2	—	—	0.165 4	0.014 7	0.054 0	—	—	0.009 7	0.118 4	98
大丁草	I,II	—	—	—	23.8	—	—	—	—	0.051 9	—	—	—	—	0.006 6	—	0.116 4	99
翻白草	I	—	—	23.8	14.3	10.0	—	—	0.072 4	0.094 3	0.060 5	—	—	0.024 2	0.018 3	0.008 4	0.116 2	100
鹅绒藤	I,II	—	—	9.1	21.4	6.7	—	—	0.042 4	0.051 4	0.038 9	—	—	0.063 8	0.043 5	0.005 9	0.115 5	101
拐轴鸦葱	I,II	—	—	1.2	4.6	3.7	—	—	0.049 0	0.033 1	0.073 1	—	—	0.012 4	0.016 9	0.010 2	0.113 9	102
地梢瓜	I,II,III	18.6	23.1	4.8	15.1	5.0	0.067 4	0.091 4	0.033 6	0.079	0.073 6	0.027 5	0.015 1	0.008 5	0.016 8	0.006 8	0.112 9	103
梓	I	—	—	—	—	2.6	—	—	—	—	0.123 5	—	—	—	—	0.084 2	0.112 0	104
冷蒿	III	9.5	26.7	19.0	6.8	—	0.061 2	—	0.086 2	0.132 4	—	0.065 8	0.104 4	0.035 8	0.012 4	—	0.111 4	105

续表

物种	OVB	出现频率/%					生态位宽度					重要值					Xu	IEO
		SG	SH	HT	HH	HG	SG	SH	HT	HH	HG	SG	SH	HT	HH	HG		
并头黄芩	I	—	5.9	—	—	23.8	—	0.038 6	—	—	0.097 3	—	0.032 4	—	—	0.029 1	0.111 0	106
唐松草	I,II	—	—	8.4	12.0	14.3	—	—	0.106 1	0.110 8	0.034 5	—	—	0.015 2	0.028 3	0.011 9	0.110 9	107
臭椿	I,II	18.8	3.2	—	—	—	0.064 4	0.033 6	—	—	—	0.038 8	0.003 0	—	—	—	0.110 3	108
苦苣菜	I,II,III	4.5	9.4	11.0	14.9	14.3	0.052 4	0.041 2	0.097 8	0.098	0.221 2	0.037 4	0.010 4	0.014 7	0.014 0	0.070 1	0.108 1	109
细叶鸢尾	I,II,III	24.7	18.3	9.5	23.8	25.0	0.058 1	0.069 1	0.021 0	0.029 3	0.032 1	0.026 8	0.013 0	0.023 9	0.012 0	0.019 0	0.107 7	110
地黄	I,II,III	4.5	16.3	11.5	—	—	0.077 6	0.128 2	0.130 6	—	—	0.009 7	0.024 5	0.006 3	—	—	0.107 3	111
田苣荬菜	I,II,III	—	—	3.8	4.0	10.5	—	—	0.041 2	0.076 3	0.226 6	—	—	0.004 2	0.008 3	0.029 0	0.106 5	112
黄柏刺	I,II	33.3	—	9.1	—	17.1	0.036 2	—	0.037 4	—	0.039 0	—	—	0.010 5	—	0.080 6	0.106 1	113
野葱	I,II,III	6.8	—	—	6.8	27.4	0.001 2	—	—	0.245 6	0.018 2	0.017 3	—	—	0.009 2	0.023 1	0.105 1	114
阴行草	I,II,III	—	5.9	27.3	12.0	23.8	—	0.038 4	0.106 7	0.047 7	0.058 5	—	0.068 4	0.033 2	0.025 2	0.022 9	0.102 0	115
多裂委陵菜	I,II	—	3.2	6.5	10.1	6.6	—	0.079 9	0.075 0	0.043 9	0.039 4	—	0.023 3	0.016 0	0.008 4	0.011 8	0.101 1	116
野棉花	I	—	—	—	7.1	—	—	—	—	0.083 2	—	—	—	—	0.034 2	—	0.100 1	117
苦楝树	I	11.1	—	—	—	—	0.078 2	—	—	—	—	0.012 0	—	—	—	—	0.099 3	118
狭叶米口袋	I,II,III	13.4	31.5	26.8	14.1	9.9	0.081 1	0.058 2	0.066 6	0.045 2	0.044 9	0.014 6	0.014 3	0.009 9	0.005 2	0.008 8	0.099 2	119
灌木铁线莲	I,II,III	22.2	10.6	4.8	4.4	9.8	0.117 0	0.057 2	0.035 3	0.027 5	0.026 8	0.040 0	0.037	0.010 1	0.009 8	0.020 8	0.098 6	120
紫筒草	I,II	4.5	6.5	4.8	7.1	15.0	0.183 6	0.048 4	0.039 0	0.048 5	—	0.024 5	0.010 3	0.002 9	0.005 0	—	0.098 5	121
猪殃殃	I,II	—	5.9	—	7.1	—	—	0.0386	—	0.0272	0.1804	—	0.0055	—	0.0141	0.0275	0.0984	122
陕西山楂	I	—	—	—	—	20.0	—	—	—	—	0.039 2	—	—	—	—	0.014 8	0.095 3	123
大花马齿苋	III	9.5	6.7	9.5	4.8	20.0	0.082 1	0.102 9	0.045 7	0.066 7	0.069 9	0.021 8	0.017 6	0.008 4	0.021 5	0.017 5	0.094 0	124
大蓟	I,II,III	—	—	9.5	—	—	—	—	0.008 4	—	—	—	—	—	—	—	0.093 5	125
野韭	I,II,III	4.2	—	—	—	—	0.095 7	—	—	—	—	0.011 8	—	—	—	—	0.091 4	126

续表

物种	OVB	出现频率/%					生态位宽度					重要值					Xu	IEO
		SG	SH	HT	HH	HG	SG	SH	HT	HH	HG	SG	SH	HT	HH	HG		
斜茎黄耆	I,II	9.5	—	28.6	9.5	—	0.075 3	—	0.033 2	0.031 7	—	0.028 1	—	0.010 4	0.022 2	—	0.090 4	127
毛樱桃	I	—	—	—	—	20.0	—	—	—	—	0.039 2	—	—	—	—	0.002 7	0.089 9	128
茜草	I,II	—	—	9.1	4.8	27.4	—	—	0.049 4	0.030 2	0.038 7	—	—	0.015 8	0.055 9	0.031 9	0.089 3	129
山杏	I,II	—	—	—	28.6	—	—	—	—	0.041 4	—	—	—	—	0.025 2	—	0.088 3	130
荆条	I,II	—	—	—	7.1	—	—	—	—	0.055 9	—	—	—	—	0.050 4	—	0.082 2	131
拉拉藤	I,II	—	—	—	16.3	—	—	—	—	0.036 8	—	—	—	—	0.018 6	—	0.082 0	132
风毛菊	I,II,III	—	4.9	12.2	21.5	21.3	—	0.036 1	0.063 8	0.034 8	0.034 2	—	0.009 4	0.015 1	0.006 7	0.009 9	0.081 6	133
榆树	I	44.4	10.4	9.3	—	—	0.031 1	0.046 1	0.037 0	—	—	0.026 3	0.034 9	0.008 2	—	—	0.081 5	134
野胡萝卜	I,II	—	—	—	7.1	—	—	—	—	0.059 7	—	—	—	—	0.041 0	—	0.081 5	135
桃叶鸦葱	I,II,III	16.7	6.5	7.7	7.6	21.8	0.096 0	0.046 5	0.029 1	0.058 5	0.034 9	0.028 6	0.015 2	0.008 3	0.012 8	0.010 5	0.080 3	136
蓝刺头	I,II,III	—	13.2	15.4	4.0	6.7	—	0.066 1	0.034 5	0.044 0	—	—	0.019 6	0.011 2	0.017 1	—	0.079 2	137
二色棘豆	I,II,III	—	9.7	6.9	9.0	18.6	—	0.090 0	0.048 5	0.041 4	0.080 6	—	0.005 3	0.005 3	0.006 5	0.015 5	0.079 0	138
细弱隐子草	I,II,III	—	—	4.8	—	—	—	—	0.034 1	—	—	—	—	0.022 0	—	—	0.077 7	139
塘牛儿苗	I,II,III	4.8	12.9	18.2	15.5	7.1	0.046 4	0.070 3	0.070 3	0.051 5	0.014 3	0.008 5	0.031 0	0.015 2	0.012 1	0.009 0	0.076 2	140
田旋花	I	—	—	—	21.4	—	—	—	—	0.041 9	—	—	—	—	0.032 2	—	0.075 8	141
天门冬	I,II	7.9	5.9	9.1	7.1	6.7	0.038 5	0.023 6	0.024 3	0.032 4	0.119 0	0.030 5	0.001 8	0.023 1	0.068 8	0.008 6	0.074 2	142
山丹	I,II,III	11.1	—	—	11.9	5.0	0.020 7	—	—	0.059 6	0.047 7	0.005 1	—	—	0.014 5	0.011 7	0.066 4	143
翠雀	I	—	—	—	4.0	—	—	—	—	0.051 8	—	—	—	—	0.044 3	—	0.064 8	144
麦速	I	—	5.9	9.1	—	—	—	0.038 4	0.064 2	—	—	—	0.015 2	0.020 4	—	—	0.064 6	145
灰叶铁线莲	I,II	—	4.9	4.3	20.0	—	—	0.056 5	0.029 4	0.066 2	—	—	0.037 3	0.012 5	0.019 3	—	0.064 6	146
无芒雀麦	III	—	—	4.8	—	—	—	—	0.050 2	—	—	—	—	0.037 1	—	—	0.062 8	147

续表

物种	OVB	出现频率/%					生态位宽度					重要值					Xu	IEO
		SG	SH	HT	HH	HG	SG	SH	HT	HH	HG	SG	SH	HT	HH	HG		
蒲公英	I,II,III	—	5.9	11.4	13.1	6.7	—	0.068 6	0.057 3	0.034 4	0.020 0	—	0.006 6	0.004 5	0.002 4	0.000 9	0.062 5	148
秦晋锦鸡儿	III	—	11.8	—	4.8	—	—	0.066 2	—	0.017 0	—	—	0.023 3	—	0.025 7	—	0.061 4	149
麻花头	I,II,III	—	—	—	9.5	6.7	—	—	—	0.047 5	0.038 8	—	—	—	0.011 9	0.010 3	0.056 3	150
地构叶	III	2.3	—	—	—	—	0.059 4	—	—	—	—	0.024 5	—	—	—	—	0.055 4	151
枸杞	II	—	—	—	8.0	—	—	—	—	0.040 7	—	—	—	—	0.012 7	—	0.054 4	152
透骨草	II	6.8	6.7	—	—	—	0.037 9	0.043 0	—	—	—	0.028 1	0.012 9	—	—	—	0.053 8	153
鬼针草	I,II	—	—	7.7	7.6	7.3	—	—	0.059 5	0.037 3	0.035 6	—	—	0.012 6	0.008 0	0.007 7	0.051 2	154
芹叶铁线莲	I,II,III	—	—	—	4.8	—	—	—	—	0.030 2	—	—	—	—	0.040 5	—	0.046 0	155
泥胡菜	III	—	—	9.5	—	5.0	—	—	0.030 1	—	0.037 2	—	—	0.006 9	—	0.005 4	0.041 3	156
穿龙薯蓣	I	—	—	—	7.1	—	—	—	—	0.028 0	—	—	—	—	0.009 9	—	0.038 5	157
斑种草	I,II,III	—	—	6.7	—	5.0	—	—	0.024 0	—	0.032 0	—	—	0.011 9	—	0.006 1	0.033 8	158
野西瓜苗	I,II	—	—	3.2	—	—	—	—	0.011 4	—	—	—	—	0.002 3	—	—	0.028 4	159
紫苜蓿	I,II	—	—	3.8	—	—	—	—	0.019 7	—	—	—	—	0.020 4	—	—	0.024 2	160
茵陈蒿	I,II,III	—	—	—	—	4.8	—	—	—	—	0.013 1	—	—	—	—	0.006 0	0.014 9	161
车前	I,II,III	—	—	—	—	4.8	—	—	—	—	0.009 9	—	—	—	—	0.009 2	0.013 4	162
鹤虱	I,II,III	—	1.6	—	—	—	—	—	0.002 5	—	—	—	—	0.003 0	—	—	0.003 7	163

注:OVB 为植物出现的植被带。SG 为阴坡沟坡;SH 为阴梁沟坡;HT 为梁峁坡;HH 为阴梁峁顶;HG 为阴沟沟坡。Xu 为物种特征综合隶属函数数值;IEO 为物种种特征值排序;I 为森林带;II 为森林草原带;III 为草原带;—表示该侵蚀环境下未调查到此物种。

披针薹草和在草原带广泛分布的百里香；二是分布范围较广，不同植被带沟坡不同侵蚀环境都有分布，并且有的有着较大的重要值且能形成一定的群落，如长芒草、达乌里胡枝子和铁杆蒿等。从植物生长型分类来看，乔木普遍有着较高的生态位。灌木植物除建群种外，生态位宽度普遍居中。例如，森林带的六道木和森林草原带的黄刺玫等，虽然分布范围较窄，但其在群落构建中有着重要的作用，因此其综合特征值居中。但灌木植物群落中的偶见种和伴生种由于其分布范围窄、在群落中出现概率低且重要值小，因而植物特征值综合隶属函数值较小，其在群落中重要性也较低，对群落稳定性的贡献较小，如车前和鹤虱等。

5.2.4 物种分布特征

图 5-2 显示了样地的 CCA 分析结果。土壤含水量与坡向和坡位呈正相关性（相关系

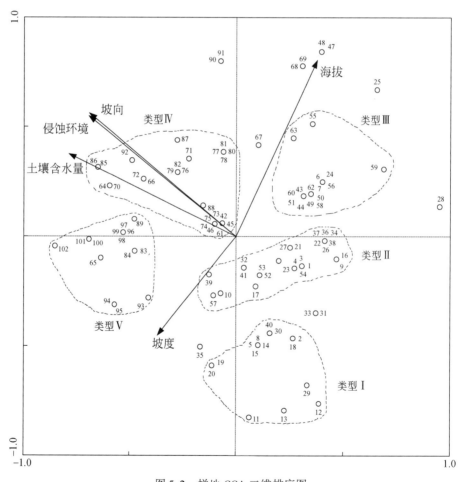

图 5-2 样地 CCA 二维排序图

坡向赋值阳坡为 1；梁峁顶为 2；阴坡为 3。侵蚀环境赋值阳沟坡为 1；阳梁峁坡为 2；梁峁顶为 3；阴梁峁坡为 4；阴沟坡为 5。类型Ⅰ为阳沟坡；类型Ⅱ为阳梁峁坡；类型Ⅲ为梁峁顶，类型Ⅳ为阴梁峁坡；类型Ⅴ为阴沟坡。图中数字表示不同侵蚀环境样地，1~20 为阳沟坡样地；21~40 为阳梁峁坡样地；41~61 为梁峁顶样地；62~84 为阴梁峁坡样地；85~102 为阴沟坡样地

数分别为 0.9073 和 0.8126），土壤含水量与坡度呈负相关（相关系数为–0.3611）。土壤含水量低的阳沟坡样地主要位于图 5-2 中右下角下部类型 I 区域，阳梁峁坡位于右下角上部类型 II 区域，梁峁顶样地主要位于图 5-2 中右上角类型 III 区域，土壤含水量较高的阴梁峁坡样地主要位于图 5-2 中左上角类型 IV 区域，土壤含水量高且坡度较大的阴沟坡样地主要位于图 5-2 中左下角部位类型 V 区域。

图 5-3 是与图 5-2 样地 CCA 排序对应的物种 CCA 排序图，其显示出不同植物与不同侵蚀环境的相关性。可以看出，典型旱生和旱中生植物（如侧柏、扁核木、白刺花、白羊草和黄鹌菜等）都分布在图 5-3 中右侧阳沟坡、阳梁峁坡和梁峁顶位置，该立地环境坡度大、水分与养分条件差且光照强烈，植物群落物种丰富度低但均匀度高，各物种生态位较宽。中旱生植物（如大针茅、沙棘、小叶杨和沙棘等）主要分布在图 5-3 左上角阴梁峁坡位置，该立地条件海拔高、水分与养分条件较好且物种丰富度和均匀度较高，生态位宽度相对于阴沟坡较大。中生植物（如大披针薹草、辽东栎和三角槭等）主要分布在图片左下角阴沟坡所处位置，该侵蚀环境下水分与养分条件好，物种丰富且均匀度较高，但植物种间竞争激烈，生态位宽度较窄。

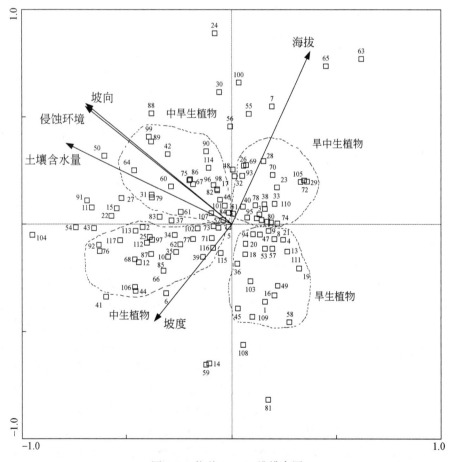

图 5-3　物种 CCA 二维排序图

图中数字代表物种，编号与表 5-2 中特征值排序相同。坡向赋值阳坡为 1；梁峁顶为 2；阴坡为 3。

侵蚀环境赋值阳沟坡为 1；阳梁峁坡为 2；梁峁顶为 3；阴梁峁坡为 4；阴沟坡为 5

5.3 讨 论

5.3.1 不同侵蚀环境下群落物种组成

黄土丘陵沟壑区特殊的地理位置和生态环境，决定了其植被的类型和植被的分布格局。在调查的样方中，菊科、豆科、蔷薇科和禾本科物种数占到物种总数的50%左右，这四大科的植物具有较强的生态适应性能，适应陕北黄土丘陵区干旱少雨和土壤贫瘠的生态环境，普遍反映了半干旱区旱中生的特征；而且在非生物环境较差的阳沟坡，植物群落结构简单，物种单一且数目偏少，科属和种相对集中。Puigdefrábregas（2005）在综述侵蚀退化地植被空间分布时也有相似的结论。黄土丘陵沟壑区自然植被中乔木和灌木数量和种类较少，且主要分布在森林带；森林草原带的阴坡环境下分布的灌木主要为人工恢复的沙棘和柠条锦鸡儿；多年生草本植物常拥有发达的根系，对土壤水分承载力需求较乔灌低（Lambers，2003），对环境适应能力较强，而且对该区土壤侵蚀给植物造成的扰动有较大的耐受力，因此该地区多年生草本植物种类和数量都最多，是研究区主要植物生长型。通过对植物生活型、生长型和水分生态型组成的分析可知，森林带群落结构复杂，乔木和灌木物种较丰富，高位芽植物数量较多；此类植物处在植物演替较高阶段，且在群落中所占生态位宽度较大，可最大限度地利用群落资源，对逆境的忍耐能力较强，群落较为稳定（Giladi et al.，2013）。在森林草原带和草原带，乔木数量锐减，主要为人工恢复的刺槐；由于外来种刺槐林过度耗水，打破了本地区原有植被的演替规律及其与环境条件之间的生态平衡，造成土壤干层的形成，因此刺槐人工林更新不良，其改善环境的功能较弱（侯庆春等，2000）。森林草原带和草原带阳沟坡和阳梁峁坡由于群落层数单一，植物对雨水的截留作用降低，造成强烈的土壤侵蚀导致该立地环境土壤养分和水分条件较差（Cihacek and Swan，1994），种子流失率也较严重（Garcia-Plazaola et al.，1997），限制了种子繁殖植物的萌发与幼苗建植，因此该侵蚀环境下一年生物种数量较少。但该环境下地面芽植物、隐芽植物和半隐芽植物所占比例增大；此类物种更新芽所处位置在地面或以下，其生长环境条件较为稳定，降低了芽在胁迫环境下死亡的危险（Benson et al.，2004），且此类植物多属于克隆植物，其繁殖压力相对较小（Peltzer，2002），此生活型植物适应相对恶劣的环境。因此黄土丘陵沟壑区阳坡植物群落的物种生活型构成使其对不利环境有着较高的耐受性，有利于该立地环境下群落的维持。阳沟坡侵蚀环境下的自然选择作用使得中生和旱生植物所占比例增加，以适应该环境下干旱和强光照条件。在土壤侵蚀程度小的梁峁顶，土壤侵蚀干扰强度较小而有利于种子的定居与萌发，种子产量较大的一年生物种在该立地环境下所占物种比例增大，这与Bochet等（2009）地中海土壤侵蚀区不同立地植被调查结果类似。黄土高原气候的自然选择决定了植被生长型以灌木和草本为主，植物水生生态型以中生和旱生植物为主；随着森林带向草原带过渡，环境承载能力降低，群落生产力降低，植被盖度减小，坡面侵蚀加剧，直至在一些立地环境下形成了裸地面积大于植物覆盖面积，形成干旱和半干旱地区植被特有的点状分布格局（Breshears et al.，2003；

Ludwig et al., 2005）。因此，黄土丘陵沟壑区森林草原带和草原带生态脆弱，一旦植物遭受破坏则难以恢复；在进行人工恢复时应考虑水分承载能力，进行易林则林和易草则草的植被恢复模式。

5.3.2 不同侵蚀环境下群落物种多样性

群落结构是植物群落中植物与植物之间及植物与环境之间相互关系的可见标志，同时也是群落其他特征的基础（庄丽等，2010）。从植被地带性分布规律看，森林带群落垂直结构稍微复杂，有完整的乔木、灌木和草本三个层次结构；在向草原带过渡过程中，森林草原带和草原带植被垂直结构较为简单，由 1~2 层构成，群落物种构成也较为单一。黄土高原的植被类型的分布格局主要取决于水分承载条件（许炯心，2005）。当单位面积上植物数量超过水分承载限度，随着植物生长对水分的需求量增大，部分植株会死亡，使乔木密度减小；经长期自适应调整后，便会自然地趋向于一个合理的群落构型结构。在反映植物群落组成结构特征的指标中，森林带植物群落指数呈现高丰富度低均匀度的组合，成层现象使得群落中各种群之间或种群内部相互竞争和互选，对光照、水分和养分的竞争使林下植被物种数量减小（Hautier et al., 2009）；虽然森林带物种多样性指数较大，但物种丰富度相对于森林带和森林草原带反而呈微减的趋势。物种均匀度在森林草原带达到最大，这是因为森林草原带和草原带气候条件决定了该植被带群落生态承载能力较低，单位面积上植物密度减小，群落层数较少，分配给各植株的养分和光照相对均匀，伴生种和偶见种数量增多，物种数目相对增大；这与 Reynolds 等（2007）在美国密歇根州退化草地的研究结果相同。森林草原带物种丰富度和均匀度增加的另一个可能原因是森林草原带处于森林与草原的交错地带，融合了森林带和草原带两种植被带物种特征（Murcia, 1995）。

某一具体地域范围内的植被分布，既反映了植被的地带性，也会受到非地带性因素的影响，因而实际上出现的植被类型及其分布特征是地带性与非地带性因素共同作用的结果（Fu et al., 2000）。非地带因素包括地形和地表物质组成等，它们决定了水热条件的再分配，因而影响着不同地貌类型区和地貌部位（如沟谷地和梁峁坡等）的植被类型和物种多样性（Beatty, 1984；Chipman and Johnson, 2002）。物种多样性指数是物种丰富度和均匀度的综合指标。本研究发现，在水分、养分和光照条件较恶劣的阳沟坡环境下，植被受到的逆境干扰强度大，群落物种数量较少，但其综合物种多样性指数并未减小，这与一般植物多样性与立地环境水分和养分呈正相关的研究结果（Lundholm and Larson, 2003）相反；但也有研究表明，群落物种丰富度和多样性在中等环境条件下达到最大（Zhu et al., 2013）。据推测，阳沟坡物种丰富度虽然下降，但该侵蚀环境下各物种生态位较宽，物种密度较小，其均匀度较高，使得阳沟坡物种多样性指数并未显著减少。在阴梁峁坡条件下，植物物种种类较多，均匀度适中，因此该侵蚀环境下物种多样性指数都较其他环境大。物种种类较少的阳沟坡与物种丰富度较高的阴沟坡都有着较高的物种多样性指数，而土壤条件较为稳定的梁峁顶物种多样性却较差，这表明物种多样性只能部分地反映群落的稳定性特征。因此，近年来有学者提出以优势物种对环境的适应能力而非物种多样性来评价植物群落稳定性（Sasaki and Lauenroth, 2011）。

5.3.3　物种对不同侵蚀环境的适应性

植被是环境特征的综合反映，特定的植物群落或个体对其生境梯度具有一定的指示性，不同物种具有不同的生态适应特征。植物在不同植被带沟坡不同侵蚀环境下样地内出现频率较高，预示着此物种可以适应不同的生境，有着强的环境适应性（Brown，1984；Rosenzweig，1995）。根据本研究调查结果，可将调查涉及的物种大体分为三类：一是出现频率60%以上的广幅种，如铁杆蒿、阿尔泰狗娃花和达乌里胡枝子等，其在三个植被带沟坡不同的侵蚀环境下均有分布，有很强的生理生态调节能力，适应范围广；二是出现频率为20%~60%的物种，只在一两个植被带出现或只出现在沟坡特定的立地环境下，对生境有较高的选择性，如大针茅、芦苇、黄刺玫和白刺花等；三是出现频率在20%以下的窄幅种，其只能在特定的环境下生长或为偶见种，如泡沙参和拐轴鸭葱等。

生态位宽度是植物种群对环境资源的利用状况的尺度，反映了物种对环境的适应能力；生态位宽度越大，植物利用环境资源的能力越强，对环境的适应能力相应越强，反之亦然（Aarssen，1983；Donohue，2010）。依据生态位宽度可将植物分为三类：①生态位平均宽度在0.15以上的建群种。这些种在创建群落内部独特环境及决定植物群落内部组成方面起着重要的作用，被认为是泛化种，有着较宽的生态位（Ackerly，2003；Whittaker，1972），如本研究中的侧柏、白刺花、杠柳和茭蒿等；其在群落中相对多度，个体生物量较大，生活力较强，对环境有很好的适应性和耐受力。②生态位宽度为0.1~0.15的植物。其对环境资源的利用能力相对较弱，但在决定群落性质和稳定性方面有着重要的作用（Lundholm，2009），如本研究中的芦苇、阿尔泰狗娃花、扁核木、土庄绣线菊和三角槭等；它们在群落中属亚优势种，对群落生物多样性和生态功能的发挥有着重要作用。③生态位在0.1以下的偶见种或伴生种，或分布范围较窄只在特定的环境下出现的物种，如本研究中的野豌豆、车前和冷蒿等；其与优势种伴生存在，或作为演替中的残遗种，在群落中出现的频率较低，对群落生态功能的发挥贡献也有限，但可作为某种生态类型的指示物种存在（Bossuyt，2004）。在植物生长有利的立地环境下虽然水分承载力较大，但由于物种数量和密度的增多，使得该立地环境下物种间生态位重叠增大，物种间竞争作用增强，对资源利用分化，生态位变窄（Silvertown et al.，1999；刘加珍等，2004）；因此阴沟坡侵蚀环境下各物种的生态位宽度减小。

重要值表示一个物种的优势程度，是反映该种群在群落中的相对重要性和对所处群落的适应程度的一个综合指标（Sasaki，2011）。本研究发现，阴沟坡物种数量和密度增大，各物种的生态位变窄，各物种在阴沟坡重要值较阳沟坡有趋于平均趋势，群落中物种的绝对优势地位趋于不明显（Whittaker，1965）。不同水分生态型植物在其适应的环境有较高的生态位，如阳坡的白刺花和阴坡的大披针薹草等。一些广布种虽然在不同立地条件下均有分布，但是在不同群落中的功能和作用却不同，有可能发生优势种转为伴生种的变化（Baer et al.，2004）。例如，铁杆蒿在不同的侵蚀环境下均有较高的重要值；而达乌里胡枝子在阴坡环境下其重要值大大降低，从优势种变为伴生种。

5.4 小　　结

（1）在物种构成方面，研究区内调查的 162 种植物隶属于 52 科 100 属，菊科、豆科、蔷薇科和禾本科的物种占总物种数的 50% 左右。乔木较少，主要分布在森林带；灌木主要分布在森林带及森林草原带的阳沟坡和阴坡环境；多年生草本是研究区主要植物生长型，一年生和一二年生物种主要分布在演替初期的退耕草地；藤本植物数量较少，主要分布在阴沟坡。高位芽植物在森林带占很大比例；随着向草原带过渡，其比例降低，而地上芽植物及隐芽和半隐芽植物所占比例增加。藤本植物在森林带植物生活型构成中占有比例较其他两个植被带高。由森林带向草原带过渡，中生和中旱生植物所占物种比例降低，而旱中生和旱生植物所占物种比例增加。在坡沟不同的侵蚀环境下，阳坡环境隐芽和半隐芽植物所占比例较大，旱中生和旱生植物也主要分布在该环境下；中生植物主要分布在阴沟坡，而梁峁顶一年生植物比例较大。

（2）在延河流域森林带、森林草原带和草原带三个植被带的阳沟坡、阳梁峁坡、梁峁顶、阴梁峁坡和阴沟坡 5 种侵蚀环境下主要植物群落类型构成方面，森林带群落垂直结构乔木、灌木和草本三个层次明显；森林草原带和草原带植被垂直结构较为简单，由 1~2 层灌木或草本构成。从群落物种丰富度看，由森林带过渡到草原带，物种丰富度呈微增的趋势，但物种多样性指数减小，森林草原带物种均匀度最大；而在坡沟不同侵蚀环境下，由侵蚀程度强烈的阳沟坡向侵蚀程度较小的阴沟坡过渡，物种种类增加，物种均匀度减小，物种多样性指数在阴梁峁坡最大。

（3）从阳沟坡至阴沟坡，随着侵蚀程度的减小，旱生植物在样方出现频率呈减小的趋势，中生植物则相反；各物种的生态位宽度变小，物种重要值趋于平均。各物种在较为适宜的环境中生态位宽度和重要值较大，对植物群落的构建有着重要的作用，如阴坡环境下的大披针薹草；而适应性强、分布范围较广并且能形成一定的群落或为群落共优种的植物亦有着较大的综合重要值，如铁杆蒿。从植物生长型分类来看，乔木和灌木植物普遍有着较高的生态位；而草本植物除建群种外，生态位宽度普遍较小；而偶见种和伴生种在群落中重要值极小。用隶属函数法对物种出现频率、生态位宽度及重要值进行综合分析，得出有着广泛分布的旱生和旱中生植物综合值较大，适应能力普遍较高。

参 考 文 献

侯庆春，韩蕊莲，李宏平. 2000. 关于黄土丘陵典型地区植被建设中有关问题的研究 I、土壤水分状况及植被建设区划. 水土保持研究，7（2）：102-110.

雷明德，等. 1999. 陕西植被. 北京：科学出版社.

刘加珍，陈亚宁，张元明. 2004. 塔里木河中游植物种群在四种环境梯度上的生态位特征. 应用生态学报，15（4）：549-555.

许炯心. 2005. 黄土高原植被–降水关系的临界现象及其在植被建设中的意义. 生态学报，25（6）：1233-1239.

张金屯. 2011. 数量生态学. 北京：科学出版社.

中国植被编辑委员会. 1980. 中国植被. 北京：科学出版社.

庄丽，向本春，李卫红. 2010. 新疆干旱、半干旱区植被的生理生态响应和适应策略. 杨凌：西北农林科技大学出版社.

Aarssen L W. 1983. Ecological combining ability and competitive combining ability in plants：toward a general evolutionary theory of coexistence in systems of competition. The American Naturalist, 122：707-731.

Ackerly D D. 2003. Community assembly, niche conservatism, and adaptive evolution in changing environments. International Journal of Plant Sciences, 164（S3）：S165-S184.

Baer S G, Blair J M, Collins S L, et al. 2004. Plant community responses to resource availability and heterogeneity during restoration. Oecologia, 139（4）：617-629.

Benson E J, Hartnett D C, Mann K H. 2004. Belowground bud banks and meristem limitation in tallgrass prairieplant populations. American Journal of Botany, 91：416-421.

Beatty S W. 1984. Influence of microtopography and canopy species on spatial patterns of forest understory plants. Ecology, 65：1406-1419.

Bochet E, García-Fayos P, Poesen J. 2009. Topographic thresholds for plant colonization on semi-arid eroded slopes. Earth Surface Processes and Landforms, 34：1758-1771.

Bossuyt B, Honnay O, Hermy M, 2004. Scale-dependent frequency distributions of plant species in dune slacks：dispersal and niche limitation. Journal of Vegetation Science, 15：323-330.

Breshears D D, Whicker J J, Johansen M P, et al. 2003. Wind and water erosion and transport in semi-arid shrubland, grassland and forest ecosystems：quantifying dominance of horizontal wind-driven transport. Earth Surface Processes and Landforms, 28：1189-1209.

Brown J H. 1984. On the relationship between abundance and distribution of species. The American Naturalist, 124：255-279.

Chipman S J, Johnson E A. 2002. Understory vascular plant species diversity in the mixedwoodboreal forest of western Canada. Ecological Applications, 12：588-601.

Cihacek L J, Swan J B. 1994. Effects of erosion on soil chemical properties in the north central region of the United States. Journal of Soil and Water Conservation, 49：259-265.

Donohue K, de Casas R R, Burghardt L, et al. 2010. Germination, postgermination adaptation, and species ecological ranges. Annual Review of Ecology, Evolution, and Systematics, 41：293-319.

Fu B J, Chen L D, Ma K M, et al. 2000. The relationships between land use and soil conditions in the hilly area of the loess plateau in northern Shaanxi, China. Catena, 39：69-78.

Garcia-Plazaola J I, Faria T, Abadia J, et al. 1997. Seasonal changes in xanthophyll composition and photosynthesis of cork oak (*Quercus suber* L.) leaves under Mediterranean climate. Journal of Experimental Botany, 48：1667-1674.

Giladi I, Segoli M, Ungar E D, et al. 2013. Shrubs and herbaceous seed flow in a semi-arid landscape：dual functioning of shrubs as trap and barrier. Journal of Ecology, 101（1）：97-106.

Grime J P. 2001. Plant Strategies, Vegetation Processes and Ecosystem Properties. Chichester：John Wiley and Sons.

Guerrero-Campo J, Palacio S, Montserrat-Martí G. 2008. Plant traits enabling survival in Mediterranean badlands in northeastern Spain suffering from soil erosion. Journal of Vegetation Science, 19：457-464.

Hautier Y, Niklaus P A, Hector A. 2009. Competition for light causes plant biodiversity loss after eutrophication. Science, 324：636-638.

Johnson E, Miyanishi K. 2007. Plant Disturbance Ecology the Process and the Response. New York：Academic Press.

Kleyer M, Bekker R M, Knevel I C, et al. 2008. The LEDA Traitbase: a database of life-history traits of the Northwest European flora. Journal of Ecology, 96: 1266-1274.

Lambers H. 2003. Dryland salinity: a key environmental issue in southern Australia. Plant Soil, 257: 5-7.

Lundholm J T. 2009. Plant species diversity and environmental heterogeneity: spatial scale and competing hypotheses. Journal of Vegetation Science, 20: 377-391.

Lundholm J T, Larson D W. 2003. Relationships between spatial environmental heterogeneity and plant species diversity on a limestone pavement. Ecography, 26: 715-722.

Ludwig J A, Wilcox B P, Breshears D D, et al. 2005. Vegetation patches and runoff-erosion as interacting eco-hydrological processes in semiarid landscapes. Ecology, 86: 288-297.

Murcia C. 1995. Edge effects in fragmented forests: implications for conservation. Trends in Ecology and Evolution, 10: 58-62.

Peltzer D A. 2002. Does clonal integration improve competitive ability? A test using aspen (*Populus tremuloides*) invasion into prairie. American Journal of Botany, 89: 494-499.

Puigdefábregas J. 2005. The role of vegetation patterns in structuring runoff and sediment fluxes in drylands. Earth Surface Processes and Landforms, 30: 133-147.

Reynolds H L, Mittelbach G G, Darcy-Hall T L, et al. 2007. No effect of varying soil resource heterogeneity on plant species richness in a low fertility grassland. Journal of Ecology, 95 (4): 723-733.

Rosenzweig M. 1995. Species Diversity in Space and Time. Cambridge: Cambridge University Press.

Sasaki T, Lauenroth W K. 2011. Dominant species, rather than diversity, regulates temporal stability of plant communities. Oecologia, 166: 761-768.

Silvertown J, Dodd M E, Gowing D J G, et al. 1999. Hydrologically defined niches reveal a basis for species richness in plant communities. Nature, 400: 61-63.

Solbrig O T. 1993. Plant traits and adaptive strategies: their role in ecosystem function. Biodiversity and Ecosystem Function, 99: 97-116.

Tamme R, Hiiesalu I, Laanisto L, et al. 2010. Environmental heterogeneity, species diversity and co-existence at different spatial scales. Journal of Vegetation Science, 21: 796-801.

Whittaker R H. 1965. Dominance and diversity in land plant communities: numerical relations of species express the importance of competition in community function and evolution. Science, 147: 250-260.

Whittaker R H. 1972. Evolution and measurement of species diversity. Taxon, 21: 213-251.

Zhu J T, Yu J J, Wang P, et al. 2013. Distribution patterns of groundwater-dependent vegetation species diversity and their relationship to groundwater attributes in northwestern China. Ecohydrology, 6: 191-200.

第6章　不同土壤侵蚀环境下植被空间分布格局

本章作者：王志杰　焦菊英

在大尺度上，地带性气候特征是确定植物物种和生活型及植被类型空间分布的主导因素；在小尺度上，地形因素控制了太阳辐射和降雨的空间再分布，导致局部小环境中小气候条件的差异，会对植被的空间格局产生影响。而土壤侵蚀通过直接影响种子传播和干扰植物生长，或间接的通过土壤理化性质的改变而影响种子萌发与幼苗建植，最终决定了植物群落性质与分布（Aerts et al.，2006）。土壤侵蚀结合原有的地形地貌，造成的冲淤变化而形成的微地形及土壤养分和水分条件的空间异质性，是导致植被分布格局特征的主要控制因素（Bochet et al.，2009；隋媛媛等，2011）。在西班牙土壤侵蚀地区的研究发现，控制植物分布的因素并非土壤性质等因素，而是受水分控制的植物克隆和繁殖能力；具有长距离传播与分泌黏液种子特征的植物传播定植能力更强（Bochet et al.，2009）。可见，植被的空间分布格局特征，与土壤侵蚀影响因子的空间分布格局及不同植物的抗侵蚀特性密切相关。

在黄土丘陵沟壑区，受植被、地形、气候和人类活动等多种因素的综合影响，特别是在退耕还林（草）工程实施以来，由于退耕的时间和方式不同，已形成了包括人工植被（人工乔木与灌木林地及人工草地）和自然演替不同阶段的植被共同组成的错综复杂的植被景观。延河流域从南到北植被结构差异明显，地形地貌特征以及生态环境状况均表现出不同的特征。本章在延河流域选取典型小流域，运用植物群落学、群落生态学和景观生态学的原理和研究方法，结合 GIS 空间分析技术，在实地调查勾绘延河流域 9 个小流域植被类型图的基础上，综合各小流域的地形特征，分析现阶段延河流域植物群落的类型及其格局特征。

6.1　研　究　方　法

在延河流域由南到北共选取 9 个典型小流域（森林带的洞子沟小流域、毛堡则小流域和尚合年小流域，森林草原带的陈家坬小流域、三王沟小流域和张家河小流域，以及草原带的周家山小流域、石子湾小流域和高家沟小流域），开展植被空间分布格局的调查与分析。

6.1.1　植被分类依据

《中国植被》（吴征镒，1980）的植被分类系统主要有三个等级，即植被型、群系和群丛。群系是这个分类系统中最重要的中级分类单位,是指建群种或共建种相同的植物群丛的联合;其划分的依据是群落的建群种或共建种相同者,也就是在相似的生态条件下主要层或层片中具有一个或几个相同的建群种的群落的联合。群系的划分与植被型的划分不同,植被型的划分主要考虑植被的外貌特征,群系的划分则考虑了组成特征(吴征镒,1980;宋永昌,2001)。

在黄土丘陵沟壑区,植被类型受自然环境和形成历史等因素的影响,形成了包括自然植被和人工植被两种主要植被类型共同构成的植被景观,尤其是在退耕还林(草)工程实施以后,大量人工林植被建设形成的人工植被群落。因此,在《陕西植被》中,以植物群落学特征为主,结合生境特征,兼顾人类社会经济活动的影响,将陕西植被类型划分为自然植被和人工植被两大类别;其中自然植被的分类依据和《中国植被》的植被分类系统一致,人工植被则根据建群植物的生活型、人工植被的生态地段以及种植树种和布局等特征为依据进行分类(雷明德等,1999)。

本研究根据野外植被类型图斑勾绘的情况,综合中国植被分类系统和陕西植被分类系统的分类依据与原则,将植被类型进行三级分类:第 1 级分为自然植被和人工植被;第 2 级分为人工的乔木和灌木植被,以及自然的乔木和灌木植被、半灌木和草本植被;第 3 级为植物群系。

6.1.2 植被图勾绘

小流域植被图的勾绘以 1:5000 高分辨率遥感影像为基础,于 2011 年和 2012 年分别对 9 个典型小流域土地利用类型进行室内解译,并查阅相关文献了解流域内植物的基本类型与特征。在对乔木、灌木和草本植被类型的图斑边界进行初步确定的基础上,在野外实地采用对坡勾绘的方法对室内解译的植被类型图斑按照植物群系类型进行细化,同时,对各图斑进行样方调查(草本植物群系样方大小为 2m×2m;灌木植物群系样方大小为 5m×5m;乔木植物群系样方大小为 10m×10m),调查指标包括植物群系类型与盖度及物种组成等;并运用手持 GPS 记录各样地的经纬度、海拔与坡向,用坡度仪测量坡度。对野外勾绘的土地利用类型图和植被图在 ArcGIS10.0 软件平台上进行数字化,结合样方调查数据,建立小流域植被类型数据库。共勾绘出植被图斑 8344 个;其中周家山小流域 1639 个,石子湾小流域 482 个,高家沟小流域 1221 个,三王沟小流域 1016 个,陈家圪小流域 2345 个,张家河小流域 240 个,尚合年小流域 709 个,毛堡则小流域 314 个,洞子沟小流域 378 个。

6.1.3 地形特征的提取

收集典型小流域 DEM 数据,在 ArcGIS 10.0 软件平台,提取坡度、坡向和海拔 3 项指标,运用叠加分析与空间分析功能,研究不同植被类型在流域内的空间分布特征。

DEM 计算坡度的方法是利用拟合曲线面法求解坡度(李志林和朱庆,2003)。利用 ArcGIS 空间分析模块的 Slope 功能提取坡度图,并将坡度依据黄土丘陵沟壑区地貌特征按

$0°\sim3°$、$3°\sim5°$、$5°\sim8°$、$8°\sim15°$、$15°\sim25°$、$25°\sim35°$、$35°\sim45°$、$45°\sim60°$ 和 $60°\sim90°$ 共 9 个等级进行分级（陈楠等，2009）。

坡向值在 GIS 的空间分析中的规定：正北方向为 $0°$，按顺时针方向计算，取值范围为 $0°\sim360°$。利用 GIS 空间分析方法提取典型小流域的坡向图，并将坡向按北向（$0°\sim22.5°$ 和 $337.5°\sim360°$）、西北向（$292.5°\sim337.5°$）、西向（$247.5°\sim292.5°$）、西南向（$202.5°\sim247.5°$）、南向（$157.5°\sim202.5°$）、东南向（$112.5°\sim157.5°$）、东向（$67.5°\sim112.5°$）、东北向（$22.5°\sim67.5°$）及 $0°$ 坡向（平坡）划分为 9 个区间。

基于典型小流域 DEM 数据的分析，9 个典型小流域的海拔为 $1000\sim1700$m。本研究以 100m 为步长，利用 ArcGIS10.0 软件的 reclassify 功能，对 DEM 高程值进行分级统计，分为 $1000\sim1100$m、$1100\sim1200$m、$1200\sim1300$m、$1300\sim1400$m、$1400\sim1500$m、$1500\sim1600$m 和 $1600\sim1700$m 共 7 级。

6.1.4　植被盖度的调查与提取

传统的植被盖度提取方法是通过野外实际观测，但该方法对于大面积植被盖度的获取而言较为困难。随着遥感技术的迅速发展，可应用遥感影像计算的植被指数来估算植被盖度。在本研究中，通过野外实地图斑勾绘时进行样方调查获取图斑的盖度，共对 3325 个图斑进行样方调查；而对于未调查盖度的图斑，通过建立野外调查图斑的盖度与 NDVI 计算的植被盖度值之间的对应关系，对 NDVI 计算的植被盖度值进行校正，获得未调查图斑的植被盖度。

6.1.5　植被景观格局指数筛选

为了分析不同侵蚀环境下的植被类型及其空间格局特征，本研究引入景观生态学的空间格局分析方法，选取具有代表性的 7 种景观指数，即斑块数量（NP）、平均斑块面积（MPS）、景观破碎度指数（SPLIT）、散布与并列指数（IJI）、Shannon 多样性指数（SHDI）、Shannon 均匀度指数（SHEI）和蔓延度指数（CONTAG），来分析小流域景观水平上的植被格局特征（McGarigal and Marks，1994）。

6.2　结果与分析

6.2.1　小流域植被类型及分布

依据中国植被分类系统和陕西植被分类系统，结合研究区植被结构特征，延河流域 9 个典型小流域的主要植被类型有 33 个植物群系，包括 6 个人工乔木林群系、2 个人工灌木林群系、4 个自然乔木林群系、6 个自然灌木林群系和 15 个半灌木与草本群系（图 6-1，见彩图）。

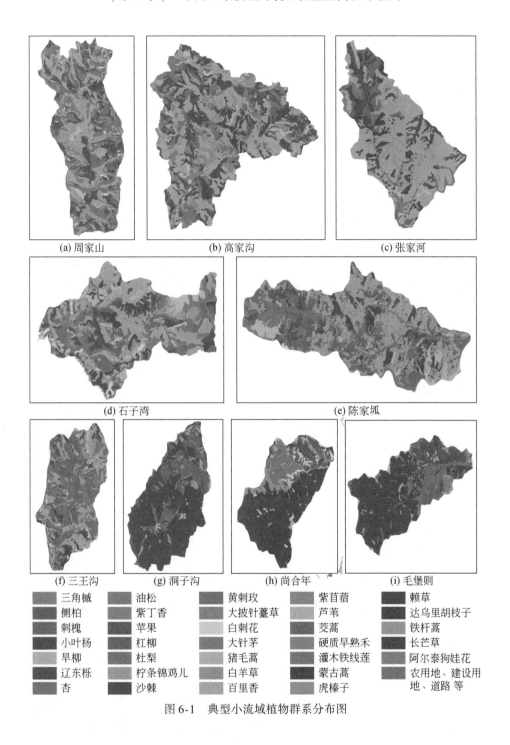

(a) 周家山　　　　　　　(b) 高家沟　　　　　　　(c) 张家河

(d) 石子湾　　　　　　　　　　　(e) 陈家坬

(f) 三王沟　　　　(g) 洞子沟　　　(h) 尚合年　　　(i) 毛堡则

	三角槭		油松		黄刺玫		紫苜蓿		赖草
	侧柏		紫丁香		大披针薹草		芦苇		达乌里胡枝子
	刺槐		苹果		白刺花		茭蒿		铁杆蒿
	小叶杨		杠柳		大针茅		硬质早熟禾		长芒草
	旱柳		杜梨		猪毛蒿		灌木铁线莲		阿尔泰狗娃花
	辽东栎		柠条锦鸡儿		白羊草		蒙古蒿		农用地、建设用
	杏		沙棘		百里香		虎榛子		地、道路 等

图 6-1　典型小流域植物群系分布图

1. 人工乔木和灌木植被

1）刺槐群系

刺槐群系在 9 个小流域均有分布，主要以人工纯林形式存在；在流域内主要分布在梁峁顶及沟坡地，少量存在于沟谷地及农村宅基地周围。周家山和石子湾小流域多为鱼鳞坑造林坡面，生长不良，群系盖度 2%~11%，高度 49~200cm；在其他小流域，盖度为 7%~87%，高度为 140~1300cm。三王沟、尚合年和毛堡则小流域刺槐林下枯落物丰富，枯落物盖度可达 70%~92%。主要伴生种有杠柳、绣线菊、紫丁香、白刺花、互叶醉鱼草、沙棘、阿尔泰狗娃花、长芒草、白羊草、大针茅、铁杆蒿、达乌里胡枝子、茭蒿、臭蒿、猪毛蒿、蒙古蒿、香青兰、火绒草、大披针薹草、二色棘豆、二裂委陵菜、抱茎小苦荬、狗尾草、鬼针草、硬质早熟禾、苦苣菜、草木樨状黄耆、中华隐子草、赖草、甘草、蛇葡萄、野豌豆、野菊、芦苇、冰草和百里香等。

2）小叶杨群系

小叶杨群系主要分布于尚合年、洞子沟、陈家坬、三王沟、周家山和石子湾小流域。该群系在流域内多见于沟坡中下部、农村宅基地周围和河道两侧及未有大量人类活动的坡面，伴生乔木有旱柳、榆树、桑、油松和茶条槭等；群系盖度 10%~80%，高度 210~1700cm。陈家坬小流域林木生长状况好，郁闭度大，林下枯落物丰富；在人为干扰较小的区域，枯落物盖度可达 90% 左右。主要伴生种有铁杆蒿、达乌里胡枝子、大针茅、长芒草、阿尔泰狗娃花、菊叶委陵菜、硬质早熟禾、草木樨状黄耆、抱茎小苦荬、北京隐子草、中华隐子草、糙隐子草、茭蒿、二裂委陵菜、蒙古蒿、猪毛蒿、裂叶堇菜、甘草、大披针薹草、百里香和冰草等。

3）旱柳群系

旱柳群系在三王沟、陈家坬和周家山小流域均有出现，在流域内的分布主要集中在河道两侧和农村宅基地周围；其高度 1600~2400cm，郁闭度 26%~53%。林下受人类活动的干扰较大，草本、枯落物和土壤生物结皮较少，主要伴生种有小叶杨、榆树、桑、铁杆蒿、苦苣菜、茭蒿和长芒草等。

4）油松群系

油松群系仅存在于张家河小流域，为人工苗圃用地，分布在流域内淤地坝所淤积的坝地内；群系盖度 30%~50%，高度 50~200cm。植被结构单一，林下基本无伴生物种出现。

5）杏群系

杏群系分布于洞子沟、三王沟、周家山、石子湾和高家沟小流域。该群系多为流域内退耕还林的人工林植被；群系盖度 6%~53%，建群种高度 170~600cm。主要伴生种有沙棘、白刺花、黄刺玫、苹果、铁杆蒿、茭蒿、硬质早熟禾、长芒草、阿尔泰狗娃花、达乌里胡枝子、猪毛蒿、蒲公英、赖草、苦苣菜、二裂委陵菜、二色棘豆、芦苇、泡泡草、糙隐子草、麻花头、冷蒿和百里香等。

6）苹果群系

苹果群系存在于洞子沟、尚合年、陈家坬和三王沟小流域，多分布在流域内农村宅基地周边坡面上。陈家坬小流域主要为"安塞山地苹果"种植区，植被类型单一；受人类活动的影响，林下植被稀少。该群系盖度 8%~70%，高度 190~840cm。主要伴生种有猪毛蒿、达乌里胡枝子、二色棘豆、中华隐子草和阿尔泰狗娃花等物种。

7）沙棘群系

沙棘群系在周家山、石子湾、高家沟、三王沟、张家河、洞子沟和毛堡则这 7 个小流域均有分布。该群系为退耕时期栽植的灌丛植被,在流域内多分布在阴坡和半阴坡的梁峁坡和梁峁顶,群系结构相对单一。在张家河小流域盖度较小(13%~40%),在其他小流域内的盖度为30%~91%;高度为40~300cm。主要伴生种有长芒草、铁杆蒿、达乌里胡枝子、阿尔泰狗娃花、菊叶委陵菜、香青兰、茭蒿、猪毛蒿、中华隐子草、北京隐子草、糙隐子草、抱茎小苦荬、二裂委陵菜、大针茅、硬质早熟禾、草木樨状黄耆、远志、芦苇、麻花头、甘草、百里香和冷蒿等。

8)柠条锦鸡儿群系

柠条锦鸡儿群系在三王沟、陈家坬、石子湾和周家山这4个小流域有分布,多为退耕时期人工栽植的灌丛植被;主要在沟坡、梁峁坡和梁峁顶零星分布,植被结构单一。群系盖度10%~96%,柠条锦鸡儿高度94~180cm。石子湾小流域柠条锦鸡儿林下枯落物盖度50%左右;周家山小流域的枯落物覆盖较低,为3%~11%。主要伴生物种有杠柳、铁杆蒿、长芒草、阿尔泰狗娃花、达乌里胡枝子、茭蒿、猪毛蒿、硬质早熟禾、菊叶委陵菜、二裂委陵菜、苦苣菜、糙隐子草、墓头回、茜草、百里香和冰草等。

2. 自然乔木和灌木植被

1)辽东栎群系

辽东栎群系在延河流域南部的洞子沟、尚合年和毛堡则小流域内广泛分布,盖度50%~80%;伴生有侧柏和三角槭等乔木物种,林下主要生长有黄刺玫、水枸子、紫丁香、多花胡枝子、中华隐子草和大披针薹草等物种。

2)侧柏群系

侧柏群系分布在洞子沟、毛堡则和尚合年小流域。在毛堡则小流域多以侧柏纯林出现,乔木层郁闭度55%~87%,高度490~970cm;林下枯落物盖度达70%~92%。在洞子沟小流域内分布较广,且多以混交出现。主要伴生物种有土庄绣线菊、铁杆蒿、达乌里胡枝子、茭蒿、白羊草和大披针薹草等。

3)三角槭群系

三角槭群系在尚合年和毛堡则小流域内分布最为广泛,群系盖度32%~75%;林下枯落物盖度达80%左右,枯落物厚3cm左右。在毛堡则小流域林木长势好,乔木层高度2100~2400cm;在尚合年小流域乔木层高度460~840cm。林下伴有紫丁香、刺槐、土庄绣线菊、铁杆蒿、水枸子、裂叶堇菜和大披针薹草等物种。

4)杜梨群系

杜梨群系仅在洞子沟小流域零星分布,多混交出现;群系盖度10%~40%;伴生有土庄绣线菊、铁杆蒿和茭蒿等。

5)白刺花群系

白刺花群系在洞子沟、尚合年、三王沟、陈家坬、周家山和石子湾这6个小流域内有出现,多分布于沟坡坡面;群系盖度20%~64%,高度110~210cm。主要伴生物种有互叶醉鱼草、达乌里胡枝子、长芒草、阿尔泰狗娃花、茭蒿、铁杆蒿、菊叶委陵菜、二色棘豆、糙隐子草、臭蒿、猪毛蒿、香青兰和甘草等。

6）紫丁香群系

紫丁香群系主要分布于尚合年和毛堡则小流域以及石子湾小流域的沟坡和部分峁坡；群系盖度 50%~92%，高度 140~230cm。群系内枯落物盖度可达 70% 以上。主要伴生种有互叶醉鱼草、沙棘、虎榛子、水枸子、大披针薹草、达乌里胡枝子、长芒草、铁杆蒿、茭蒿、火绒草、裂叶堇菜、阿尔泰狗娃花、糙隐子草和百里香等。

7）虎榛子群系

虎榛子群系分布在尚合年和毛堡则小流域的沟坡和峁坡；群系盖度 70% 左右，高度可达 3400cm。伴生物种有紫丁香、土庄绣线菊、互叶醉鱼草、大披针薹草、火绒草、阿尔泰狗娃花、二色棘豆和二裂委陵菜等。

8）杠柳群系

杠柳群系主要分布于洞子沟、尚合年和周家山小流域；群系盖度 10%~50%。主要伴生种有白刺花、互叶醉鱼草、猪毛蒿、铁杆蒿、达乌里胡枝子、甘草和香青兰等。

9）灌木铁线莲群系

灌木铁线莲群系主要存在于三王沟和陈家圪小流域；群系盖度 30%~65%。主要伴生种有铁杆蒿、糙叶黄耆和丛生隐子草等。

10）黄刺玫群系

黄刺玫群系在毛堡则、三王沟和陈家圪小流域有分布，主要分布在阴坡和半阴坡；群系盖度 45%~70%。主要伴生种有水枸子、六道木、虎榛子、紫丁香、土庄绣线菊、铁杆蒿、茭蒿、达乌里胡枝子和大披针薹草等。

3. 半灌木和草本植被

1）铁杆蒿群系

铁杆蒿群系在 9 个小流域均有出现；广泛分布于流域的沟坡与峁坡位置，阴坡和阳坡均有出现；盖度为 8%~75%，高度为 18~68cm。主要伴生种有达乌里胡枝子、阿尔泰狗娃花、大披针薹草、赖草、蒙古蒿、茭蒿、臭蒿、芦苇、菊叶委陵菜、二裂委陵菜、抱茎小苦荬、中华隐子草、糙隐子草、白羊草、甘草、中华卷柏、草木樨状黄耆、硬质早熟禾、猪毛蒿和百里香等。

2）白羊草群系

白羊草群系为 9 个小流域内典型的草本植被类型；群系盖度 10%~75%，高度 14~75cm。在陈家圪小流域枯落物较为丰富，盖度为 26%~37%。主要伴生种有达乌里胡枝子、铁杆蒿、阿尔泰狗娃花、菊叶委陵菜、硬质早熟禾、茭蒿、长芒草、猪毛菜、角蒿、野葱、甘草、二色棘豆、草木樨状黄耆、中华隐子草和糙隐子草等。

3）长芒草群系

长芒草群系在 9 个小流域均有分布；主要分布在流域内梁峁顶和梁峁坡上，在周家山小流域多见于阳坡坡面。群系盖度 11%~70%，高度 17~110cm。主要伴生种有阿尔泰狗娃花、多花胡枝子、达乌里胡枝子、白羊草、铁杆蒿、菊叶委陵菜、硬质早熟禾、草木樨状黄耆、茭蒿、猪毛蒿、二色棘豆、二裂委陵菜、中华隐子草、糙隐子草、野葱、甘草、大披针薹草和冰草等。

4）猪毛蒿群系

猪毛蒿群系在9个小流域均有分布，零星分布于宅基地周边退耕坡地上和梁峁顶退耕地上。群系盖度11%~20%，高度37~72cm。在延河流域南部的3个小流域内植被结构简单，物种单一。主要伴生种有阿尔泰狗娃花、长芒草、铁杆蒿、蒙古蒿、大针茅、硬质早熟禾、甘草、二色棘豆、冰草和百里香等。

5）茭蒿群系

茭蒿群系在除尚合年小流域外的8个小流域内均有分布；多出现于梁峁坡和沟坡，阴阳坡均有分布。群系盖度16%~62%，高度36~62cm。总体上，该群系内土壤生物结皮较好，结皮盖度可达85%左右。主要伴生种有阿尔泰狗娃花、多花胡枝子、白羊草、长芒草、菊叶委陵菜、二裂委陵菜、猪毛蒿、蒙古蒿、抱茎小苦荬、中华隐子草、糙隐子草、硬质早熟禾、草木樨状黄耆、甘草、赖草、芦苇和百里香等。

6）达乌里胡枝子群系

达乌里胡枝子群系主要分布在高家沟、石子湾、周家山、张家河、三王沟、毛堡则和洞子沟小流域内。群系盖度28%~80%，高度12~40cm。长芒草、猪毛蒿和茭蒿多以共优势种形式出现。主要伴生种有铁杆蒿、佛子茅、糙隐子草、硬质早熟禾、糙叶黄耆、大针茅、火绒草、龙牙草、拉拉藤、虎耳草和百里香等。

7）蒙古蒿群系

蒙古蒿群系在高家沟小流域有少量分布。群系盖度25%~85%，高度10~30cm。主要伴生种有糙隐子草、菊叶委陵菜、大针茅、糙叶黄耆和斜茎黄耆等。

8）芦苇群系

芦苇群系主要分布于石子湾、三王沟、张家河、陈家坬和尚合年小流域的半阴坡、梁峁坡或退耕梯田。群系盖度14%~51%，建群种高度35~135cm。主要伴生种有硬质早熟禾、草木樨状黄耆、冰草、猪毛蒿、二色棘豆、阿尔泰狗娃花和达乌里胡枝子等。

9）大针茅群系

大针茅群系出现在高家沟小流域。群系盖度18%~80%，高度30~80cm。主要伴生物种有硬质早熟禾、百里香、铁杆蒿、茭蒿、野菊、火绒草、虎耳草、阿尔泰狗娃花、野豌豆和风毛菊等。

10）硬质早熟禾群系

硬质早熟禾群系在周家山、石子湾、高家沟、三王沟、陈家坬和毛堡则小流域均有出现，主要分布于流域的梁峁顶、梁峁坡和沟坡；在周家山小流域多见于阳坡，坡度相对较缓，枯落物盖度较低（9%~25%）。主要伴生种有铁杆蒿、大针茅、猪毛蒿、达乌里胡枝子、白羊草、长芒草、阿尔泰狗娃花、菊叶委陵菜、二裂委陵菜、二色棘豆、草木樨状黄耆、甘草、中华隐子草、糙隐子草、臭蒿、猪毛蒿、茭蒿、抱茎小苦荬、紫苜蓿、冰草和百里香等。

11）阿尔泰狗娃花群系

阿尔泰狗娃花群系出现在周家山小流域，多分布在梁峁坡。群系盖度15%~50%。主要伴生种有猪毛蒿、达乌里胡枝子和狗尾草等。

12）紫苜蓿群系

紫苜蓿群系主要出现在石子湾和高家沟小流域。该群系为人工草地种植形成的植被类型，零星分布在峁坡退耕地上。群系盖度58%～74%，高度95～110cm。主要伴生种有铁杆蒿、阿尔泰狗娃花、菊叶委陵菜、硬质早熟禾、达乌里胡枝子、长芒草、糙隐子草、草木樨状黄耆和二色棘豆等。

13）赖草群系

赖草群系主要出现在周家山和石子湾小流域，零星分布在流域内部分退耕地。群系盖度20%～35%，建群种高度7～47cm。主要伴生种有阿尔泰狗娃花、达乌里胡枝子、百里香、草木樨状黄耆、茭蒿、铁杆蒿、大针茅、长芒草和二裂委陵菜等。

14）百里香群系

百里香群系在周家山小流域有出现，主要分布在梁峁顶和半阴坡。群系盖度30%～50%。主要伴生种有糙叶黄耆、长芒草、达乌里胡枝子、大针茅、二裂委陵菜、赖草和硬质早熟禾等。

15）大披针薹草群系

大披针薹草分布于毛堡则和尚合年小流域，多见于沟底或阴坡。群系盖度35%～75%。群系结构单一，伴生种稀少；偶见中华隐子草和达乌里胡枝子等物种伴生。

6.2.2 植被的面积分布特征

延河流域南部森林带的三个小流域（洞子沟、尚合年和毛堡则）有23个植物群系。自然乔木和灌木植被以辽东栎群系、侧柏群系、三角槭群系、紫丁香群系和白刺花群系为主；其中辽东栎群系分布最为广泛，占各流域植被面积的56.2%～64.9%。人工乔木和灌木植被以刺槐群系为主（占流域植被面积的7.3%～17.9%），兼有杏群系、苹果群系和沙棘群系等零星分布。自然半灌木和草本植被以铁杆蒿群系、长芒草群系、猪毛蒿群系和茭蒿群系为主，4种群系面积占各流域植被面积的9.7%～15.7%。其他植物群系在三个小流域内均呈零星分布（表6-1）。

表6-1 延河流域南部森林带的三个小流域植物群系面积分布特征

群系	洞子沟		毛堡则		尚合年	
	面积/km²	面积占比/%	面积/km²	面积占比/%	面积/km²	面积占比/%
辽东栎	11.92	64.0	5.17	65.1	4.35	56.2
三角槭	—	—	0.02	0.3	0.85	11.0
侧柏	0.05	0.3	0.97	12.2	0.29	3.7
杜梨	0.06	0.3	—	—	—	—
刺槐	3.32	17.8	0.58	7.3	0.71	9.2
小叶杨	0.01	0.1	—	—	0.05	0.6
杏	0.19	1.0	—	—	—	—
苹果	0.05	0.3	—	—	0.05	0.6

群系	洞子沟		毛堡则		尚合年	
	面积/km²	面积占比/%	面积/km²	面积占比/%	面积/km²	面积占比/%
沙棘	0.02	0.1	0.03	0.4	—	—
杠柳	0.01	0.1	—	—	0.02	0.3
白刺花	0.01	0.1	—	—	0.31	4.0
虎榛子	—	—	0.02	0.3	0.004	0.1
黄刺玫	—	—	0.01	0.1	—	—
紫丁香	—	—	0.2	2.5	0.002	0.0
白羊草	0.03	0.2	0.04	0.5	0.29	3.7
铁杆蒿	0.81	4.3	0.28	3.5	0.16	2.1
长芒草	1.52	8.2	0.15	1.9	0.27	3.5
茭蒿	0.19	1.0	0.07	0.9	—	—
猪毛蒿	0.2	1.1	0.32	4.0	0.32	4.1
达乌里胡枝子	0.24	1.3	0.01	0.1	—	—
硬质早熟禾	—	—	0.00	0.0	—	—
芦苇	—	—	—	—	0.05	0.6
大披针薹草	—	—	0.07	0.9	0.01	0.1

延河流域中部森林草原带的三个小流域（陈家坬、三王沟和张家河）内有植物群系19个。其中以人工刺槐群系和铁杆蒿群系为主要的植被类型，二者占各流域植被面积的50%以上。此外，白羊草群系、长芒草群系和猪毛蒿群系等自然草本植被，以及沙棘群系、柠条锦鸡儿群系和白刺花群系等灌木植被也有较广泛的分布；其他植物群系则在流域内零星分布（表6-2）。

表6-2　延河流域中部森林草原带的三个小流域植物群系面积分布特征

群系	陈家坬		三王沟		张家河	
	面积/km²	面积占比/%	面积/km²	面积占比/%	面积/km²	面积占比/%
白羊草	0.46	4.9	0.18	3.0	1.76	17.8
刺槐	2.8	29.7	2.62	44.0	0.97	9.8
达乌里胡枝子	0.03	0.3	—	—	0.08	0.8
沙棘	0.51	5.4	0.43	7.2	1.21	12.2
杏	—	—	0.05	0.8	—	—
铁杆蒿	3.49	37.0	1.65	27.7	4.44	44.9
小叶杨	0.09	1.0	0.05	0.8	—	—
猪毛蒿	0.38	4.0	0.29	4.9	0.05	0.5

群系	陈家坬		三王沟		张家河	
	面积/km²	面积占比/%	面积/km²	面积占比/%	面积/km²	面积占比/%
长芒草	0.68	7.2	0.27	4.5	1.24	12.6
硬质早熟禾	0.02	0.2	0.04	0.7	—	—
灌木铁线莲	0.01	0.1	0.01	0.2	—	—
黄刺玫	0	0.0	0	0.0	—	—
茭蒿	0.05	0.5	0.12	2.0	0.02	0.2
白刺花	0.02	0.2	0.06	1.0	—	—
旱柳	0.24	2.5	0	0.0	—	—
芦苇	0.01	0.1	0	0.0	0.05	0.5
柠条锦鸡儿	0.26	2.8	0.16	2.7	—	—
苹果	0.39	4.1	0.02	0.3	—	—
油松	—	—	—	—	0.06	0.6

延河流域北部草原带的三个小流域（周家山、高家沟和石子湾）有植物群系23个。其中以铁杆蒿群系为主要优势植被类型，占各流域植被面积的24.1%~36.9%；其次，刺槐群系、沙棘群系、白羊草群系、茭蒿群系、长芒草群系以及猪毛蒿群系也有广泛的分布。上述7种植物群系占各小流域植被面积的70%~90%。另外，白刺花群系、杠柳群系和紫丁香群系也偶有分布。其他植物群系在各流域内均零星分布（表6-3）。

表6-3　延河流域北部草原的三个小流域植物群系面积分布特征

群系	石子湾		高家沟		周家山	
	面积/km²	面积占比/%	面积/km²	面积占比/%	面积/km²	面积占比/%
白羊草	0.81	8.7	0.68	3.0	1.28	14.5
刺槐	1.73	18.6	0.87	3.8	1.21	13.6
达乌里胡枝子	0.12	1.3	2.72	11.8	0.04	0.5
沙棘	0.96	1.2	1.52	6.6	0.37	4.2
杏	0.16	1.7	0.36	1.6	0.10	1.1
铁杆蒿	2.52	27.8	8.51	36.9	2.14	24.1
小叶杨	0.01	0.9	—	—	0.17	1.9
猪毛蒿	0.86	9.2	0.92	4.0	0.26	2.9
长芒草	0.79	8.5	3.52	15.3	1.61	19.0
硬质早熟禾	0.06	0.7	1.11	4.8	0.12	1.4
大针茅	—	—	0.79	3.4	—	—
紫丁香	0.02	0.2	—	—	—	—

群系	石子湾		高家沟		周家山	
	面积/km²	面积占比/%	面积/km²	面积占比/%	面积/km²	面积占比/%
杠柳	—	—	—	—	0.01	0.7
茭蒿	0.55	6.0	0.6	2.6	1.12	12.6
赖草	0.01	0.6	—	—	0.05	0.6
白刺花	0.15	1.7	—	—	0.1	1.2
旱柳	—	—	—	—	0.00	0.1
芦苇	0.04	0.4	—	—	—	—
蒙古蒿	—	—	0.45	2.0	—	—
柠条锦鸡儿	0.45	4.9	—	—	0.03	0.4
阿尔泰狗娃花	—	—	—	—	0.02	0.2
百里香	—	—	0.44	1.9	0.16	1.9
紫苜蓿	0.06	0.6	0.58	2.5	—	—

总体而言,延河流域南部小流域内以自然演替后期的辽东栎群系为主,而中部和北部的小流域内均以铁杆蒿群系为主;人工刺槐、沙棘和柠条锦鸡儿等群系较广泛地分布在各小流域内,其他植物群系在各小流域内面积分布稀少。

6.2.3　植被的盖度特征

依据水利部《土壤侵蚀分类分级标准》(SL 190—2007),将各小流域植被盖度划分为小于30%、30%~45%、45%~60%、60%~75%和大于75%共5个等级,叠加小流域植被类型图,统计分析延河流域9个典型小流域内各植物群系的盖度分布特征。

1. 植物群系盖度分布特征

从延河流域南部森林带的三个小流域内各植物群系在不同盖度等级上的分布特征可以看出(图6-2),小流域内乔木植物群系(如辽东栎、三角槭、侧柏和刺槐等群系)盖度以大于75%盖度等级分布最为广泛,占各植物群系面积的50%以上。灌木植物群系在不同的流域内盖度分布不同,洞子沟小流域内的灌木植物群系(如沙棘、白刺花和杠柳等群系)盖度主要分布在45%~75%等级,约占各植物群系面积的60%以上。毛堡则和尚合年小流域的灌木植物群系盖度主要分布在大于75%的盖度等级,约占各群系面积的50%以上;其次为60%~75%盖度等级,约占各群系面积的20%~50%。草本植物群系的盖度多为45%~75%;其中自然演替中后期的铁杆蒿、白羊草和茭蒿等群系盖度在60%~75%盖度等级的分布比例略高于45%~60%盖度等级,而自然演替中前期的猪毛蒿和达乌里胡枝子等群系的盖度则是45%~60%盖度等级分布比例略高于60%~75%盖度等级。

图6-3显示了延河流域中部森林草原带三个典型小流域各植物群系的盖度分布特征,

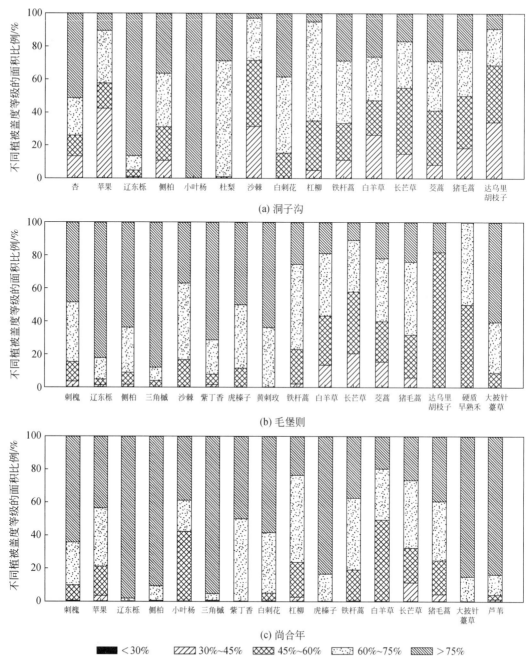

图 6-2　延河流域南部的三个小流域植物群系在不同盖度等级的分布

可以看出，典型小流域的所有草本植物群系（如铁杆蒿、长芒草、白羊草、茭蒿和猪毛蒿等群系）盖度均主要分布在 45%～60%，约占各群系面积的 50% 以上；仅三王沟小流域的猪毛蒿群系盖度主要分布在 30%～45%，占猪毛蒿群系面积的 46.97%；其次，各植物群系在 60%～75% 盖度等级分布比例相对较高，约占各群系面积的 20%～40%。人工刺槐群系的盖度主要集中在 45%～60% 和 60%～75% 两个等级内，二者约占刺槐群系面积的 78%

左右。杏树群系的盖度集中分布在30%~45%等级，约占杏树群系面积的76%。苹果群系在不同的流域内盖度分布不一，在陈家圪小流域内盖度主要分布在45%~75%，占苹果群系面积的78.6%；而在三王沟小流域内盖度较小，盖度主要分布在30%~60%，约占苹果群系面积的98.7%。灌木植物群系（如沙棘、柠条锦鸡儿、白刺花和黄刺玫等群系）盖度集中分布在45%~60%等级，约占各自群系面积的50%左右。总体上，中部的三个小流域内各类植物群系盖度以45%~60%为主，其次为60%~75%。

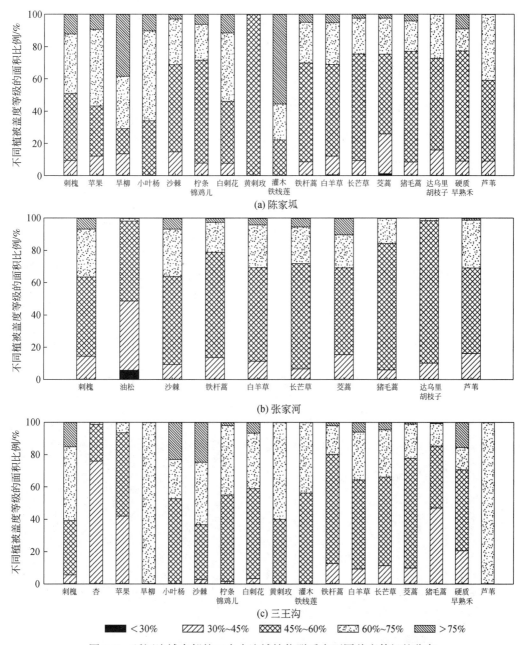

图6-3　延河流域中部的三个小流域植物群系在不同盖度等级的分布

延河流域北部草原带的三个小流域植物群系在不同盖度等级的分布特征总体上表现出与中部小流域植物群系类似的特征，即各植物群系的盖度主要分布在45%~60%等级内，约占各自植物群系面积的50%~80%。但与中部小流域的植物群系相比，北部小流域内植物群系在30%~45%盖度等级的分布面积比例相对较高，约占各自植物群系面积的20%~50%，整体大于60%~75%盖度等级（图6-4）。

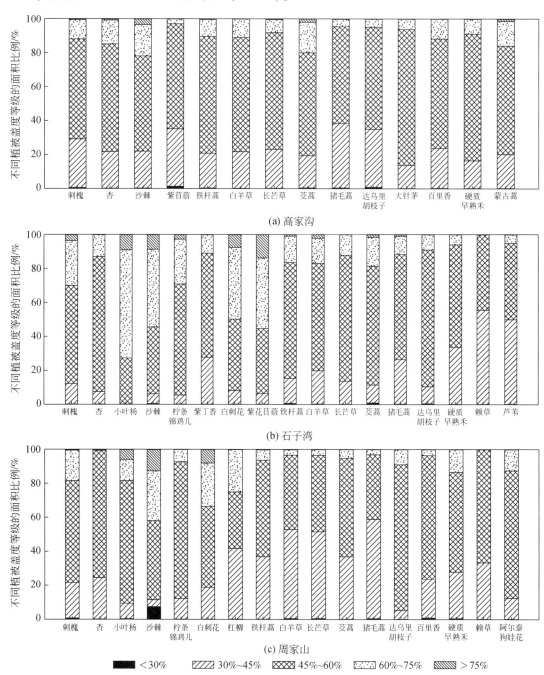

图6-4　延河流域北部的三个小流域植物群系在不同盖度等级的分布

2. 小流域盖度分布特征

延河流域 9 个典型小流域植被盖度由北到南表现出逐渐增大的趋势（图 6-5）。其中，北部的周家山、高家沟和石子湾小流域平均植被盖度分别为 33.3%、35.8% 和 40.3%；中部的陈家圪、张家河和三王沟小流域分别为 38.2%、42.5% 和 38.1%，略高于北部各小流域；而南部的三个小流域均大于 60%，约是其他 6 个小流域的 2 倍。

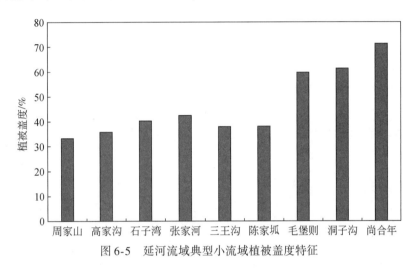

图 6-5　延河流域典型小流域植被盖度特征

延河流域 9 个典型小流域植被盖度在不同等级上的分布表现出不同的特征。北部的三个小流域植物群系植被盖度主要分布在 30%~60%，占流域总面积的 77.7%~91.2%；其中 45%~60% 盖度等级分布最为广泛，占流域面积的 49.4%~63.7%。中部三个小流域植被盖度主要分布在 45%~75%，占流域总面积的 77.8%~83.5%；其中以 45%~60% 盖度等级分布最为广泛，占流域面积的 46.8%~61.1%；60%~75% 盖度等级的面积比例 22.4%~31.0%，与南部和北部的 6 个小流域相比，占有比例较高。南部的三个小流域植被盖度主要分布在大于 75% 的盖度等级，约占流域面积的 60.6%~81.4%（表 6-4）。研究表明，在黄土高原地区，当林草盖度大于 60% 时，就能有效地控制土壤侵蚀（侯喜禄等，1996）；北部、中部和南部的植被盖度大于 60% 的面积分别占各流域面积的 7.9%~21.8%、26.6%~39.6% 和 80.3%~92.9%，也表现出由北到南植被防治土壤侵蚀的有效盖度的面积比例逐渐增加的特征。

表 6-4　延河流域典型小流域不同盖度等级的面积分布特征

小流域	盖度小于 30%		盖度 30%~45%		盖度 45%~60%		盖度 60%~75%		盖度大于 75%	
	面积 /hm²	面积占比 /%	面积 /hm²	面积占比 /%	面积 /hm²	面积占比 /%	面积 /hm²	面积占比 /%	面积 /hm²	面积占比 /%
周家山	1.44	0.9	135.63	41.8	576.00	49.4	327.50	7.0	88.25	0.9
石子湾	0.00	0.5	96.44	16.8	331.44	60.9	219.56	19.4	60.63	2.4
高家沟	1.44	0.5	129.56	26.2	646.19	63.7	236.44	9.1	44.31	0.5

小流域	盖度小于30%		盖度30%~45%		盖度45%~60%		盖度60%~75%		盖度大于75%	
	面积/hm²	面积占比/%	面积/hm²	面积占比/%	面积/hm²	面积占比/%	面积/hm²	面积占比/%	面积/hm²	面积占比/%
陈家坬	9.06	0.1	406.75	12.0	480.13	51.0	67.75	29.0	8.38	7.8
三王沟	5.69	0.0	176.19	13.6	640.06	46.8	203.75	31.0	25.56	8.6
张家河	11.13	0.1	645.44	12.3	1567.69	61.1	224.69	22.4	12.44	4.2
洞子沟	0.81	0.0	146.19	7.1	255.25	12.5	316.19	15.4	1329.13	64.9
毛堡则	0.13	0.0	85.06	9.1	97.94	10.5	183.63	19.7	564.31	60.6
尚合年	0.00	0.0	8.69	1.1	47.69	6.1	90.00	11.5	638.94	81.4

6.2.4　植被的景观格局特征

1. 植被的斑块破碎性特征

从表6-5可以看出，在延河流域北部的三个小流域中，周家山小流域刺槐群系斑块数量（NP）指数最大（283），但平均斑块面积（MPS）指数较小（0.5）；沙棘群系NP指数为70，MPS指数也较小（0.6）；铁杆蒿、白羊草、长芒草和茭蒿群系的NP指数低于刺槐群系（104~137），但MPS指数却明显高于刺槐和沙棘群系（1.1~1.7）；其他植物群系在周家山流域中的NP指数较小，MPS指数介于刺槐、沙棘群系和上述半灌木与草本植物群系之间。整体而言，该流域内主要植物群系的斑块大小特征表现为：人工刺槐和沙棘群系的NP指数较高，但MPS指数较低，呈现出明显的分散和破碎的特征；而自然演替的铁杆蒿、白羊草、长芒草和茭蒿等群系的NP指数高，MPS指数也相对较高，呈现出空间集中化程度高的特征。高家沟和石子湾小流域也表现出相似的特征，这与延河流域北部的自然条件以及生态恢复措施的特征相关。延河流域北部因地形破碎化程度高，人工植被受地形的限制，虽退耕还林的力度较大，但只能在坡度较缓的梁峁坡和沟沿线附近栽植；而自然演替的半灌木与草本植被则在坡面退耕后十余年，形成了以演替中后期草本植物群系为主的植被特征，且逐渐在坡面上扩散，形成空间集中化程度较高的趋势。

延河流域中部的三个小流域内，整体上也表现为人工刺槐和沙棘群系具有较大的NP指数，但相对较低的MPS指数，在流域内分布分散且破碎；而半灌木铁杆蒿群系在所有自然植物群系中具有较高的NP指数，MPS指数也相对于刺槐和沙棘群系高，表现出空间集中化较高的特征。然而，因流域面积的大小和退耕方式的不同，主要植物群系的大小特征略有不同，特别是张家河流域内的白羊草和长芒草群系，虽NP指数较小，但MPS指数却最大（达到17.6和15.6），表现出很高的空间集中化程度；而陈家坬和三王沟流域内长芒草、白羊草、猪毛蒿和茭蒿群系虽具有较高的NP值，但MPS指数均较小，呈现出破碎化程度较高的特征。另外，人工柠条锦鸡儿群系在陈家坬和三王沟流域的斑块数量也相对较高，但破碎化程度较高，MPS指数分别为0.5和0.4。

表6-5 延河流域典型小流域植物群系的斑块数量和平均斑块面积指数

群系	周家山 NP	周家山 MPS	高家沟 NP	高家沟 MPS	石子湾 NP	石子湾 MPS	张家河 NP	张家河 MPS	陈家洼 NP	陈家洼 MPS	三王沟 NP	三王沟 MPS	尚合年 NP	尚合年 MPS	毛堡则 NP	毛堡则 MPS	洞子沟 NP	洞子沟 MPS
刺槐	283	0.5	67	1.3	70	2.5	25	3.9	424	0.7	114	2.3	211	0.3	43	1.4	41	8.2
杏	16	0.6	24	1.5	9	1.8	—	—	—	—	1	4.8	—	—	—	—	1	19.1
苹果	—	—	—	—	—	—	—	—	9	4.3	2	0.9	4	1.3	—	—	3	1.8
旱柳	4	0.1	—	—	—	—	—	—	25	1.0	1	0.3	—	—	—	—	—	—
辽东栎	—	—	—	—	—	—	—	—	—	—	—	—	2	223.7	4	130.7	17	70.6
侧柏	—	—	—	—	—	—	—	—	—	—	—	—	1	28.5	5	19.4	6	0.8
小叶杨	20	1.1	—	—	2	0.4	—	—	18	0.5	7	0.7	11	0.5	—	—	1	0.8
杜梨	—	—	—	—	—	—	—	—	—	—	—	—	—	—	—	—	—	—
三角槭	—	—	—	—	—	—	—	—	—	—	—	—	16	5.3	2	0.8	1	6.2
油松	—	—	—	—	—	—	1	6.3	—	—	—	—	—	—	—	—	—	—
沙棘	70	0.6	112	1.4	41	2.3	72	1.7	335	0.2	106	0.4	—	—	2	1.7	1	2.1
柠条锦鸡儿	11	0.3	—	—	41	1.1	—	—	52	0.5	38	0.4	—	—	—	—	—	—
紫丁香	—	—	—	—	2	1.1	—	—	—	—	—	—	5	0.0	13	1.6	—	—
白刺花	33	0.3	—	—	15	1.0	—	—	2	0.8	14	0.4	46	0.7	—	—	4	0.2
杠柳	4	0.2	—	—	—	—	—	—	—	—	—	—	13	0.2	—	—	2	0.6
虎榛子	—	—	—	—	—	—	—	—	—	—	—	—	3	0.1	6	0.3	—	—
黄刺玫	—	—	—	—	—	—	—	—	1	0.1	1	0.3	—	—	1	1.4	—	—
灌木铁线莲	—	—	—	—	—	—	—	—	4	0.2	3	0.4	—	—	—	—	—	—
紫苜蓿	—	—	15	3.9	2	3.0	—	—	—	—	—	—	—	—	—	—	—	—

续表

群系	周家山		高家沟		石子湾		张家河		陈家孤		三王沟		尚合年		毛堡则		洞子沟	
	NP	MPS	NP	MPS	NP	MPS	NP	MPS	NP	MPS	NP	MPS	NP	MPS	NP	MPS	NP	MPS
铁杆蒿	125	1.7	83	10.3	38	6.6	37	12.1	145	2.4	101	1.6	39	0.4	24	1.2	34	2.4
白羊草	107	1.2	17	4.0	26	3.1	10	17.6	78	0.6	33	0.5	1	29.6	11	0.4	5	0.7
长芒草	137	1.2	63	5.7	22	3.6	8	15.6	88	0.8	31	0.9	38	0.7	16	0.9	62	2.5
麦蒿	104	1.1	7	8.6	12	4.6	1	2.4	13	0.4	22	0.5	—	—	10	0.7	11	1.8
猪毛蒿	78	0.3	37	2.5	43	2.1	1	5.4	35	1.1	35	0.8	68	0.5	52	0.7	7	2.8
达乌里胡枝子	7	0.7	74	3.7	6	1.9	1	8.0	5	0.5	—	—	—	—	2	0.4	4	6.0
大针茅	—	—	27	2.9	—	—	—	—	—	—	—	—	—	—	—	—	—	—
百里香	14	1.2	19	2.3	—	—	—	—	—	—	—	—	—	—	—	—	—	—
硬质早熟禾	24	0.5	40	2.8	6	1.0	—	—	7	0.2	5	0.7	—	—	1	0.2	—	—
蒙古蒿	—	—	11	4.2	—	—	—	—	—	—	—	—	—	—	—	—	—	—
赖草	10	0.5	—	—	1	0.6	—	—	—	—	—	—	—	—	—	—	—	—
阿尔泰狗娃花	5	0.4	—	—	—	—	—	—	—	—	—	—	—	—	—	—	—	—
大披针薹草	—	—	—	—	—	—	—	—	—	—	—	—	4	0.3	10	0.7	—	—
芦苇	—	—	—	—	1	3.6	2	2.5	9	0.1	1	0.3	3	1.5	—	—	—	—

延河流域南部的三个小流域植物群系斑块大小特征与上述 6 个小流域表现出明显的差异：自然乔木辽东栎和侧柏群系的 NP 指数在各流域内均较低，仅有一个或几个斑块分布，但 MPS 指数却出现最大值（最大可达 223.7），表现出极高的空间集中性；而人工刺槐和沙棘群系，以及自然半灌木与草本铁杆蒿、长芒草、白羊草、茭蒿和猪毛蒿群系虽具有相对较高的 NP 指数，但 MPS 指数却相对较低，在流域内具有很高的分散性且破碎化程度较高；其他植物群系在流域内均零星分布，NP 指数较小，MPS 指数也因各自分布位置的不同而略有差异，整体表现为零星的破碎分布。

2. 植被的斑块分布特征

从延河流域 9 个小流域植被类型斑块的散布与并列指数（IJI）（表 6-6）可以看出，北部的植物群系分布均匀性优于中部和南部。北部的三个小流域内，大部分植物群系的 IJI 值介于 60 ~ 80，说明它们在流域内的分布较为均匀；仅旱柳、紫苜蓿、紫丁香、杠柳和赖草等群系因面积稀少，均匀性较低。中部的三个小流域中，仅人工刺槐、沙棘和柠条锦鸡儿群系及自然演替中后期的铁杆蒿、长芒草、白羊草和茭蒿等群系的 IJI 值为 44.7 ~ 73.5，表现出较为均匀的分布特征；其他植物群系在流域内的分布不是十分均匀。南部的三个小流域中，尚合年小流域的人工刺槐群系和自然辽东栎、三角槭、紫丁香与白刺花等群系的 IJI 值 55.9 ~ 82.8，在流域内的分布比较均匀；其他植物群系的 IJI 值均相对较小，在流域内分布不均匀。在毛堡则和洞子沟流域，仅刺槐和辽东栎群系的 IJI 值大于 60，分布相对均匀；其他所有植物群系在流域内的空间分布较不均匀。

表 6-6 延河流域典型小流域植物群系斑块散布与并列指数

流域 群系	周家山	高家沟	石子湾	张家河	陈家坬	三王沟	尚合年	毛堡则	洞子沟
刺槐	75.1	79.1	71.3	70.8	60.1	61.2	82.8	65.8	64.3
杏	72.1	78.5	71.7	—	—	47.5	—	—	25.1
苹果	—	—	—	—	53.2	45.8	45.4	—	47.5
旱柳	54.2	—	—	—	57.0	27.6	—	—	—
辽东栎	—	—	—	—	—	—	79.2	59.0	63.6
侧柏	—	—	—	—	—	—	54.4	71.5	55.3
小叶杨	69.5	—	46.6	—	63.9	47.1	66.9	—	0.0
杜梨	—	—	—	—	—	—	—	—	38.4
三角槭	—	—	—	—	—	—	69.1	36.5	—
油松	—	—	—	51.8	—	—	—	—	—
沙棘	70.6	78.5	70.2	59.4	60.7	63.4	—	31.5	47.2
柠条锦鸡儿	66.7	—	78.7	—	53.2	60.8	—	—	—

流域 群系	周家山	高家沟	石子湾	张家河	陈家圪	三王沟	尚合年	毛堡则	洞子沟
紫丁香	—	—	49.4	—	—	—	55.9	54.1	—
白刺花	77.6	—	72.9	—	40.9	67.0	76.4	—	42.1
杠柳	41.8	—	—	—	—	—	79.7	—	26.6
虎榛子	—	—	—	—	—	—	44.5	29.6	—
黄刺玫	—	—	—	—	0.0	15.4	—	25.0	—
灌木铁线莲	—	—	—	—	43.6	63.6	—	—	—
紫苜蓿	—	67.1	35.9	—	—	—	—	—	—
铁杆蒿	73.7	80.8	73.4	73.5	60.1	60.7	67.4	54.5	53.2
白羊草	70.1	76.4	70.3	46.4	60.4	58.6	53.1	34.0	44.3
长芒草	68.0	75.5	67.6	54.9	63.3	64.6	57.7	48.6	47.7
茭蒿	71.8	72.1	81.3	44.7	66.1	63.8	—	55.4	49.6
猪毛蒿	70.7	81.6	78.6	4.2	65.8	63.3	65.9	51.0	45.3
达乌里胡枝子	65.6	73.0	61.5	12.4	53.7	—	—	8.8	17.0
大针茅	—	70.8	—	—	—	—	—	—	—
百里香	68.2	70.2	—	—	—	—	—	—	—
硬质早熟禾	64.2	72.4	69.3	—	59.7	69.6	—	25.0	—
蒙古蒿	—	67.8	—	—	—	—	—	—	—
赖草	51.9	—	38.3	—	—	—	—	—	—
阿尔泰狗娃花	70.2	—	—	—	—	—	—	—	—
大披针薹草	—	—	—	—	—	—	15.1	46.3	—
芦苇	—	—	36.3	73.9	52.3	23.5	54.8	—	—

3. 小流域植被景观格局特征

从延河流域 9 个小流域景观水平的植被景观格局指数（表6-7）可以看出，北部三个小流域植物群系景观破碎度指数（SPLIT）显著大于南部三个小流域，约是南部三个小流域 SPLIT 指数的 20～50 倍；而蔓延度指数（CONTAG）则是北部各小流域略小于南部三个小流域。说明北部植物群系斑块在流域内的破碎度较高，景观异质性较强；而南部的植物群系则由少数连片集中分布的斑块组成。散布与并列指数（IJI）、Shannon 多样性指数

（SHDI）和 Shannon 均匀度指数（SHEI）均表现为北部大于南部。说明北部的植物群系斑块空间分布较为均衡化，优势主导群系的比例下降；而南部小流域植物群系在流域景观内，表现出与北部小流域相反的格局特征，即呈聚集分布。南部小流域内存在较明显的少数植物群系占主导支配地位的景观特征，且流域植被景观空间异质性较小，而北部小流域内的主导优势植物群系较不明显；这与植物群系在小流域的面积分布特征分析结果基本一致。中部小流域的各项指标均处于中间位置，兼有南部和北部的景观特征。

表 6-7   延河流域 9 个小流域景观水平上的植被格局特征

小流域 景观指数	周家山	高家沟	石子湾	张家河	陈家圪	三王沟	尚合年	毛堡则	洞子沟
SPLIT	166.6	103.9	60.4	20.3	27.6	22.5	3.1	3.3	6.3
CONTAG	52.7	53.5	54.6	59.9	57.7	60.8	66.0	68.5	72.4
IJI	71.0	78.5	73.4	63.8	60.2	60.5	74.4	60.5	57.7
SHDI	2.2	2.2	2.3	1.7	2.0	1.8	1.7	1.6	1.4
SHEI	0.8	0.8	0.8	0.7	0.7	0.6	0.6	0.6	0.5

6.2.5   地形因素对植被分布的影响

叠加典型小流域植被类型图与坡度、坡向和海拔分级图，分析在各小流域广泛分布的 11 种主要植物群系在不同地形环境的分布特征。

坡向方面，人工植被（如刺槐、沙棘和柠条锦鸡儿等群系）受人为活动的干扰，在退耕坡面上广泛栽植，未表现出明显的坡向分异。而自然植被中，白羊草群系和白刺花群系对坡向较为敏感，广布于阳坡和半阳坡坡面；辽东栎群系多分布于半阴坡，在半阳坡偶见分布；紫丁香群系以阴坡和半阴坡分布较多；其他植物群系，如铁杆蒿、长芒草、猪毛蒿和茭蒿群系等，对坡向未表现出明显的分异特征（图 6-6，见彩图）。

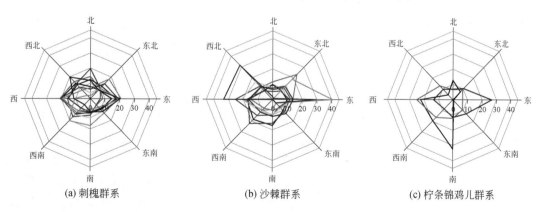

(a) 刺槐群系　　　　　　　(b) 沙棘群系　　　　　　　(c) 柠条锦鸡儿群系

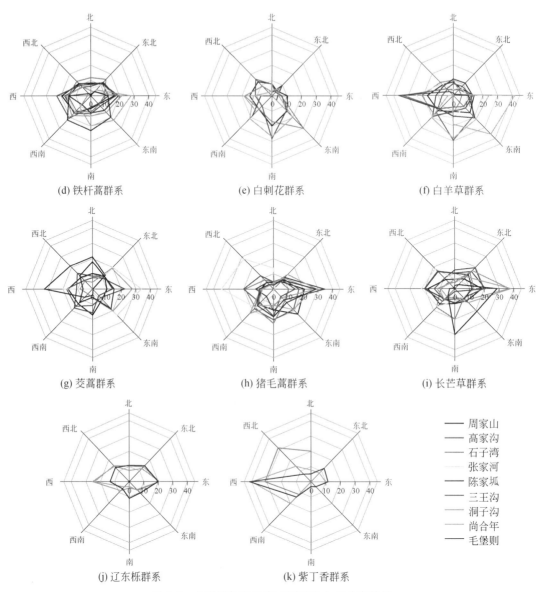

图 6-6　主要植物群系在不同坡向上的分布特征

各图中轴线上数字单位为%

　　坡度方面，11 种植物群系主要分布在 15°～35°的坡面上，这与各个流域的地貌特征一致。但不同植物群系在不同坡度梯度的分布也有差异。人工柠条锦鸡儿、沙棘和刺槐群系在8°～45°的各个坡度梯度内并无明显的规律。这主要是因为人工植被受人为活动的干扰较大，在退耕还林时期，各个流域根据自身的特征，选择的退耕方式不同，由此导致人工植被在坡度梯度上的"随机性"。自然植被中的辽东栎和白刺花群系在大于 25°的沟坡上分布最为广泛，约占各自所在坡面面积的 50% 以上。猪毛蒿和长芒草群系在小于 25°的梁峁坡上分布较为广泛，铁杆蒿、茭蒿和白羊草等演替中后期的植物群系在大于 25°的沟坡上分布较多。而在北部的三个小流域内，受小流域地貌特征的影响，自然演替的半灌木与草本植物群系均在小于25°的坡面分布较多（图6-7）。

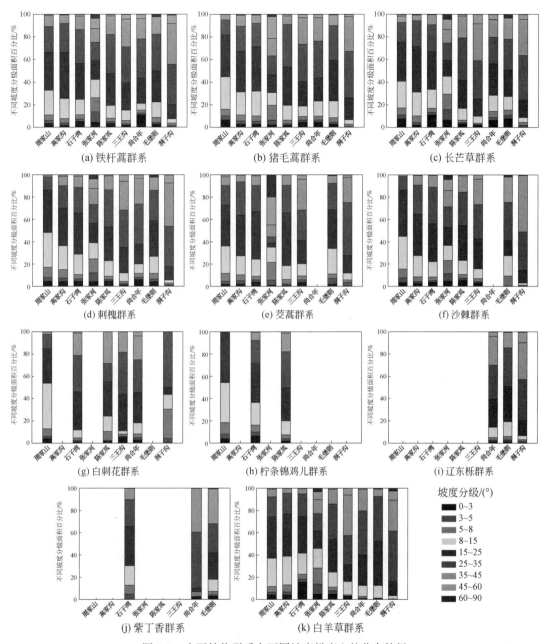

图6-7　主要植物群系在不同坡度梯度上的分布特征

　　海拔方面，由于周家山小流域1400～1600m海拔占整个流域的80%以上，平均海拔高于其他8个小流域，因此，主要植物群系的海拔分布范围在周家山流域略高于其他小流域。除周家山流域外，11种主要植物群系主要分布在海拔1300～1500m，尤以1300～1400m分布最为广泛；这与小流域的海拔分级特征有直接关系。自然演替中后期的白羊草、长芒草、铁杆蒿和茭蒿群系对海拔不敏感，在1200～1500m海拔范围内均有分布；而猪毛蒿和辽东栎群系主要分布在 1300~1400m；自然演替的紫丁香和白刺花群系以及人工刺槐、柠条锦鸡儿和沙棘群系对海拔的反应也不敏感，分布位置与流域的主要海拔分级范围一致（图 6-8，见彩图）。

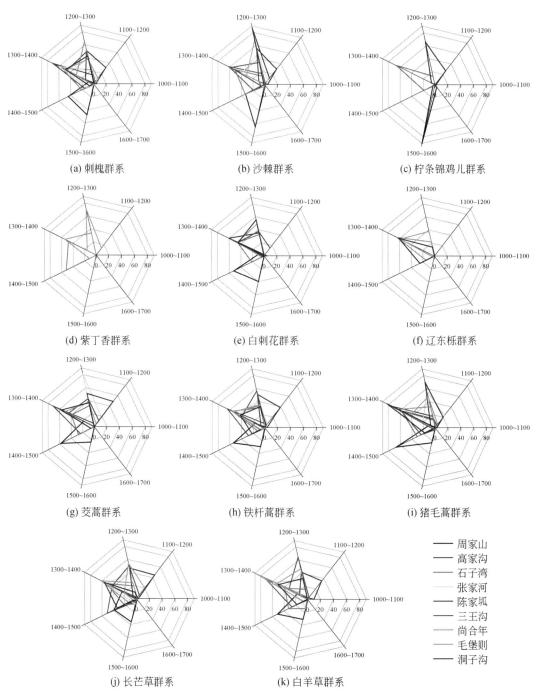

图 6-8　主要植物群系在不同海拔梯度上的分布特征

各图中轴线上数字单位为%；轴线顶数字为海拔范围，单位为 m

6.3 讨 论

6.3.1 不同侵蚀环境下的主要植被类型

环境不仅是形成群落的要素，也是群落存在的条件。一方面，群落的组成、结构、功能、成因、动态和分布等受环境的制约；另一方面，群落也影响着环境，决定着环境的许多特性，并创造着群落的内部环境（宋永昌，2001）。特定环境条件下的植被往往是环境与植物群落长期相互适应的结果。不同的植物群落映射着群落的历史和现时环境状况，携带着群落的环境变化及演替趋势的重要信息（李建东和杨允菲，2003）。不同的演替阶段表现出的不同的植物群落类型，反映了植被恢复的发展趋势和生态环境的质量。在黄土丘陵沟壑区，受气候和人类不合理活动等因素的影响，原有的自然植被基本消失殆尽，现存植被中有大量人工植被及不同时期退耕以后逐渐恢复形成的自然植被。在土壤侵蚀极其严重的典型黄土丘陵沟壑区，自然植被的恢复必然受土壤侵蚀的影响与制约；在这样的环境条件下能够生存下来，并发展形成群落的植物，反映了其与土壤侵蚀严峻的立地条件之间的一种相互适应（Paniagua et al., 1999）。在本研究中，延河流域地处黄土高原中部，植被类型由南到北表现出过渡性特征，植被的群落组成丰富。受该区气候和土壤条件的影响，植被的组成具有明显的地带性分布特征。南部的地带性植被以松栎林型的疏林草原占优势，包括侧柏、辽东栎和三角槭等植物群系。在中部和北部，由于水分条件不足，地带性植被主要以灌木草原为主；一般来说首先占领撂荒地或裸地的先锋草本植物群系可以发展到长芒草、白羊草、茭蒿和铁杆蒿等，并进一步发展为白刺花、紫丁香、虎榛子和沙棘等灌丛，形成该植被带稳定的地带性植被（邹厚远，1986；朱志诚，1982）。另外，由于延河流域处于暖温带湿润向干旱的过渡地带，所以半灌木植物群系（特别是蒿属中的铁杆蒿群系）在中部和北部的自然植被中占较大优势（朱志诚，1982）。从植物群系面积分布看，延河流域南部的三个小流域内植物群系均以演替后期的辽东栎、侧柏和三角槭群系为主，占各小流域植被面积的65%以上；其中，尤以辽东栎群系分布最广。而在中部和北部的6个小流域内，以铁杆蒿为优势种的多年生蒿类演替阶段为主，占各流域植被面积的25%~45%；其次，白羊草和茭蒿群系也有较广的分布，占流域面积的3%~18%。演替早中期的草本植被中，猪毛蒿群系在退耕较晚的坡面上有较广的分布，约占流域植被面积的1%~9%；长芒草群系约占流域植被面积的5%~19%；而其他诸如达乌里胡枝子、阿尔泰狗娃花、硬质早熟禾、臭蒿、百里香和赖草等群系的分布面积稀少，所占面积比例不足流域植被面积的1%。灌木草原演替阶段的白刺花和黄刺玫等群系在流域内分布面积较小，占流域植被面积的1%以内。总体上，延河流域现阶段的自然植被以辽东栎、白羊草、铁杆蒿、长芒草和猪毛蒿等群系为主。上述各植物群系构成了植被自然恢复演替过程中的主要植被群系类型，这与以往关于黄土丘陵区植被演替过程和序列的研究结果基本一致（焦菊英等，2008；张振国等，2013）。另外，延河流域还广泛分布着以刺槐、沙棘和柠条锦鸡儿群系为主要植被类型的人工植被，形成以人工植被和各个演替阶段的自然植被共同构成的植被格局。

6.3.2 主要植被的空间分布

植被的空间分布特征是植被与生态环境之间相互作用和适应的结果。影响植被空间分布的因素众多。在较大尺度上，气候因素决定了植被的地带性分布特征。延河流域自南向北气温和降水量逐渐降低；本研究调查发现的主要植物群系（如辽东栎、铁杆蒿、白羊草、长芒草和茭蒿群系等）与延河流域基本的地带性植物一致，反映出典型的植被地带性分布特征。

植被的空间分布还受地形和土壤条件的影响。地形是为植物群落提供生境多样性的最主要的环境梯度之一，其通过形态的变化控制着非生物资源的分配，并作为一种异质性因素直接影响着植被的立地条件、种子传播及幼苗的建成，进而影响着植物群落的结构、格局及动态（沈泽昊和方精云，2001；张谧等，2005）。坡度和坡向是地形的主要要素（张旭和国庆喜，2007）。周萍等（2009）在对黄土丘陵区草本群落的空间分布分析发现，阴坡的水分、光照、温度和土壤等环境因素好于阳坡，其对应的草本植物群落较阳坡丰富。坡度方面，一般而言，随着坡度的增大土层越薄且水分和土壤养分流失越严重，从而导致植被空间格局的分异（沈泽昊等，2000）。方炫等（2010）对固原上黄试区的研究表明灌丛植被主要分布在8°~15°的坡面，天然草本植被则主要分布在15°~35°较陡的坡面。土壤条件与植被空间分布的关系密切；土壤的性质影响着植被的变化，同时其也因植被的变化而变化。特定演替阶段的植物群落往往对应着与其相应的土壤性质。例如，黄土丘陵区演替早期的猪毛蒿群落的土壤水分和速效磷含量较高，而演替后期的白羊草群落的土壤有机质、速效氮和速效钾的含量较高（焦菊英等，2005）。

退耕演替时间决定了群落恢复阶段以及对应的土壤养分和微生物条件，同时影响着物种迁移到恢复目标地点的概率大小，进而影响地上植物群落组成和空间分布（王宁，2013）。通常，在演替早期的植物群落对于坡度和坡向没有特定的选择性，在各种类型的生境中均有分布，如猪毛蒿、达乌里胡枝子和长芒草群系等。演替到多年生草本阶段以后，随着自然演替的发展，植被类型在不同坡向上出现分异；例如，阴坡和半阴坡多演替发展为虎榛子、紫丁香、黄刺玫和绣线菊等为建群种的灌木群落，阳坡和半阳坡多发展为白羊草、铁杆蒿和白刺花等为优势种的群落（焦菊英等，2008；张振国等，2013）。本书对延河流域9个典型小流域分布面积较广的11种主要植物群系在坡向上的分布特征的研究也表现出与上述研究基本一致的结果：白羊草和白刺花群系对坡向较为敏感，广布于阳坡和半阳坡坡面；长芒草、猪毛蒿和茭蒿等群系对坡向未表现出明显的分异特征。在不同坡度分级范围内，辽东栎和白刺花群系在大于25°的沟坡上分布最为广泛；自然演替中前期的猪毛蒿和长芒草群系在小于25°的梁峁坡上分布较为广泛；铁杆蒿、茭蒿和白羊草等演替中后期的植物群系在大于25°的沟坡上分布较多。这也与贾燕锋（2011）对延河流域纸坊沟和大南沟小流域的自然植被在不同立地环境上的分布特征研究结果基本一致。

综上所述，延河流域植被空间分布，受气候、地形、土壤和退耕时间与方式等不同因素的影响，既表现出典型的地带性特征也在不同的地形空间上具有明显分异；加之退耕还林还草工程时期大量栽植的人工植被，构成了现阶段复杂多样的植被景观特征。

6.4 小 结

（1）依据中国植被分类系统和陕西植被分类系统，延河流域9个典型小流域现阶段的主要植被类型有33个植物群系，包括6个人工乔木林群系、2个人工灌木林群系、4个自然乔木林群系、6个自然灌木林群系和15个半灌木与草本群系。

（2）延河流域南部植被类型以自然乔木和灌木植物群系分布最广，主要为辽东栎、侧柏、三角槭、紫丁香和白刺花等群系；其中以辽东栎群系分布最为广泛，占各小流域植被面积的60%以上。中部植被类型以人工刺槐群系和铁杆蒿群系为主，二者占各流域植被面积的50%以上；白羊草、长芒草和猪毛蒿等草本植物群系以及沙棘、柠条锦鸡儿和白刺花等灌木植物群系在各小流域也分布较广。北部以铁杆蒿群系为主，其次还广泛分布着刺槐、沙棘、白羊草、茭蒿、长芒草和猪毛蒿等群系。

（3）延河流域南部小流域自然乔木植物群系盖度均以大于75%等级为主，灌木植物群系盖度在45%以上；自然演替中后期的铁杆蒿、白羊草和茭蒿等草本植物群系盖度主要以60%~75%等级为主，演替早中期的猪毛蒿和达乌里胡枝子等草本植物群系的盖度以45%~60%等级为主。中部小流域所有草本植物群系和灌木植物群系盖度主要分布在45%~60%等级，人工刺槐群系的盖度主要分布在45%~75%等级。北部的各小流域植物群系盖度主要分布在45%~60%等级；各植物群系在30%~45%盖度等级的分布比例比中部的略高。平均植被盖度表现出由北到南逐渐增大的特征，北部为33%~40%，中部为38%~42%，而南部达到60%以上。

（4）北部小流域的植物群系景观破碎度高，景观异质性强；但植物群系斑块之间的空间分布比较均匀，基本没有占主导优势地位的植物群系。南部小流域的植物群系在小流域内由少数连片集中分布的群系（如辽东栎群系）斑块组成，景观空间异质性小；且植物群系呈聚集状分布，有明显的少数植物群系占主导地位的景观特征。中部小流域的各项景观格局指标均处于中间位置，兼有南部和北部小流域植被的景观特征。

（5）主要植物群系在海拔梯度内主要分布在1300~1500m。坡度方面，人工植被在各坡度梯度上的分布表现出"随机性"特征；自然植被中的辽东栎、白刺花、铁杆蒿、茭蒿和白羊草等群系主要分布在坡度大于25°的沟坡，演替早中期的猪毛蒿和长芒草群系主要分布在坡度小于25°的梁峁坡。坡向方面，白羊草和白刺花群系表现出对阳坡和半阳坡的敏感性，辽东栎群系主要分布在半阴坡（半阳坡也偶见分布），紫丁香群系主要分布在阴坡或半阴坡；其他植物群系未表现出明显的坡向敏感性。

参 考 文 献

陈楠，林宗坚，王钦敏.2009.黄土高原提取坡向的最适宜算法.测绘科学，3（4）：61-63.

方炫，李壁成，白小梅，等.2010.基于GIS的黄土高原小流域植被格局与地形关系研究——以固原上黄试区为例.水土保持研究，（5）：92-95.

侯喜禄，白岗栓，曹清玉.1996.黄土丘陵区森林保持水土效益及其机理的研究.水土保持研究，3（2）：

98-103.

贾燕锋.2011.陕北典型小流域立地—群落—土壤侵蚀量的对应模拟研究.杨凌：中国科学院水土保持与生态环境研究中心博士学位论文.

焦菊英，马祥华，白文娟，等.2005.黄土丘陵沟壑区退耕地植物群落与土壤环境因子的对应分析.土壤学报，42（5）：744-752.

焦菊英，张振国，贾燕锋，等.2008.陕北丘陵沟壑区撂荒地自然恢复植被的组成结构与数量分类.生态学报，28（7）：2981-2997.

雷明德.1999.陕西植被.北京：科学出版社.

李志林，朱庆.2003.数字高程模型.武汉：武汉大学出版社.

沈泽昊，方精云.2001.基于种群分布地形格局的两种水青冈生态位比较研究.植物生态学报，25（4）：392-398.

沈泽昊，张新时，金义兴.2000.地形对亚热带山地景观尺度植被格局影响的梯度分析.植物生态学报，24（4）：430-435.

宋永昌.2001.植被生态学.上海：华东师范大学出版社.

隋媛媛，杜峰，张兴昌.2011.黄土丘陵区撂荒群落土壤速效养分空间变异性研究.草业学报，20（2）：76-84.

王宁.2013.黄土丘陵沟壑区植被自然更新的种源限制因素研究.杨凌：中国科学院水土保持与生态环境研究中心博士学位论文.

邬建国.2001.景观生态学——格局、过程、尺度与等级.北京：高等教育出版社.

吴征镒.1980.中国植被.北京：科学出版社.

张谧，熊高明，陈志刚，等.2005.数字高程模型在群落内物种共存研究中的应用——以神农架米心水青冈–曼青冈群落的地形模型建立为例.植物生态学报，29（2）：197-201.

张旭，国庆喜.2007.地形对天然次生林空间格局的影响.东北林业大学学报，35（1）：68-70.

张振国，邹敏，徐继业.2013.黄土丘陵沟壑区退耕地植物群落结构及物种多样性变化.牡丹江师范学院学报（自然科学版），（2）：22-24.

周萍，刘国彬，侯喜禄.2009.黄土丘陵区不同坡向及坡位草本群落生物量及多样性研究.中国水土保持科学，7（1）：67-73.

朱志诚.1982.陕北森林草原区的植物群落类型——I、疏林草原和灌木草原.中国草原，（2）：1-8.

Aerts R，Maes W，November E，et al. 2006. Surface runoff and seed trapping efficiency of shrubs in a regenerating semiarid woodland in northern Ethiopia. Catena，65：61-70.

Bochet E，García-Fayos P，Poesen J. 2009. Topographic thresholds for plant colonization on semi-arid eroded slopes. Earth Surface Process and Landforms，34（13）：1758-1771.

McGarigal K，Marks B J. 1994. FRAGSTATS：Spatial analysis program for quantifying landscape structure. Reference Manual. Corvallis Oregon：Forest Science Department，Oregon State University.

Paniagua A，Kammerbauer J，Avedillo M，et al. 1999. Relationship of soil characteristics to vegetation successions on a sequence of degraded and rehabilitated soils in Honduras. Agriculture，Ecosystems and Environment，72（3）：215-225.

第7章 不同土壤侵蚀环境下的植物群落演替

本章作者：焦菊英 寇 萌 张振国 贾燕锋

植物群落演替是指一个植物群落取代另一个植物群落的过程，是植物群落动态变化的最重要特征（Guerrero-Campo et al.，2008）。植物群落演替的类型可根据裸地性质划分为原生演替和次生演替。人类活动干扰严重的黄土丘陵沟壑区植被演替基本上属于次生演替。随着植被次生演替的进行，由于群落内各物种间的生存竞争，群落建群种和优势种发生更替，群落结构随演替发展而复杂变化，从而推动植物群落的内因生态演替（邹厚远和程积民，1998）。撂荒地的次生演替一般经历一年生草本到多年生草本，再发展到灌木和乔木的演替阶段；但不同的演替阶段会呈现强度和速率不同的演替轨迹（Munroe et al.，2013），能否恢复到顶级群落取决于当地的气候和土壤条件（Vuichard et al.，2008）。同时，演替过程中群落组成与结构的变化受有效繁殖体（Bekker et al.，1997）、土壤肥力（Marrs，1993）、地上和地下食草动物的活动（Olff and Ritchie，1998）及物种与土壤微生物的相互作用（Bever et al.，1997）等影响，这些相互作用决定着物种在某一演替阶段能否成功竞争到有效资源及其在群落中的作用和角色（Van der Putten et al.，2000）。随着植被逐渐恢复，植物及群落对环境的适应力与改造力处于不断良性互动和有利影响之中，最后达到植物及群落与土壤环境两者相互协调均衡发展（邹厚远和焦菊英，2009，2010）。在演替初期，是植物群落作用下土壤性内因动态演替；后期是由群落内光强度减弱而引起的群落内因动态演替（朱志诚，1993a）。而水热条件影响着植被的演替时间及最终的植被类型（Heras et al.，2008；Lesschen et al.，2008）。

本章以黄土丘陵沟壑区的延安、安塞和吴起不同侵蚀环境下植被调查为依据，结合固定坡面连续调查及固定样地重复调查，通过对不同恢复时间和演替阶段植物群落组成的分析，探明植物群落间的相互关系与演替规律，进而阐明不同土壤侵蚀环境下的植被演替过程、速率与方向，以期为黄土高原的植被恢复重建提供依据。

7.1 研究方法

7.1.1 野外调查

1. 固定坡面连续调查

在纸坊沟小流域选择的四个固定坡面（图7-1，见彩图）（两个自然恢复坡面：深沟谷短坡面与浅沟谷长坡面；两个人工恢复坡面：人工柠条锦鸡儿林与人工刺槐林）自2007 年每年开展植被调查，至 2018 年有 12 年的植被调查数据；利用这 12 年的植被调查数据，基于物种组成变化分析群落的演替过程。

图 7-1　纸坊沟小流域植被调查样地示意图

星号为四个固定坡面；圆点为 40 个固定样地

　　将每个坡面划分为坡上、坡中和坡下 3 个样带，每个样带设置 3 个 5m×5m 的大样方，在每个大样方内设置 3 个 1m×1m 的小样方，对样地内地上植被的物种组成、高度、密度和盖度等进行调查。

2. 固定样地重复调查

　　依据不同时期（2003～2006 年第一次调查，2013 年第二次调查）在纸坊沟小流域 40 个固定样地（图 7-1）（包括不同演替阶段的 23 个自然植被样地和 17 个人工林样地）的植被调查数据，分析自然植被和人工林植被在 10 年左右恢复过程中的动态变化。

在每个样地随机布设样方。乔木样方一般布设 1 个，样方大小 10m×10m，记录样方内乔木盖度、高度、冠幅和株数。灌木和草本样方有 3 个重复，样方大小分别为 5m×5m 和 2m×2m，记录样方内物种组成、高度、盖度和密度等。

3. 空间代替时间调查

黄土丘陵沟壑区的延安、安塞和吴起，是黄土丘陵区典型的植被类型区和地貌气候条件的代表，分属于暖温带亚湿润落叶阔叶林水力和重力侵蚀带、暖温带半干旱森林草原水力侵蚀带及暖温带半干旱风蚀与水蚀侵蚀带的过渡地带（甘枝茂，1990）。2003 年在安塞、延安和吴起[①]对不同恢复方式、不同退耕年限及不同生长发育状况下的植物群落特征与土壤环境特征进行了调查与采样。随机选择流域，共调查样地 116 个，其中在安塞的调查样地有 46 个，分别分布在沿河湾镇纸坊沟流域的峙崾岘村（20 个）、镰刀湾乡郭阳湾流域的王界村（8 个）、延河湾镇县南沟流域的砖窑沟村（8 个）和真武洞镇西沟流域的马家沟村（10 个）；在延安有 32 个样地，分别分布在柳林乡燕沟流域稍园梁村（12 个）、柳林乡燕沟流域赵庄村（8 个）、柳林乡燕沟流域南庄河村（8 个）和高桥乡北宋塔流域北宋塔村（4 个）；在吴起有 38 个样地，分布在吴起街道[②]杨青流域刘区村（7 个）、吴起街道金佛坪村（8 个）、薛盆乡南沟村（8 个）、薛盆乡湫滩村（8 个）、白豹乡吴河流域吴河村（4 个）和长城乡长城村（3 个）。2005 年在安塞纸坊沟流域内，由沟头至沟口，沿流域宽度方向均匀选择了 5 条由一侧分水岭至另一侧分水岭的样线，并随植被沿样线的变化选择样地共 75 个。2006 年选取延安燕沟流域和安塞县南沟流域，分别在阳坡和阴坡按照不同恢复年限选取样地，其中在延安燕沟流域选取 24 个，在安塞县南沟流域选取 18 个。植被群落特征的调查包括植物的种类、盖度、数量、高度和频度等。立地条件的调查包括退耕年限、坡度、坡向、坡位、植物群落、盖度、恢复类型、人类影响方式、经纬度与海拔高度。土壤特征的调查采样包括 0~5m 土层的土壤水分状况（每隔 20cm 取样测定）、0~20cm 土层的土壤容重、生物结皮的厚度与盖度和土壤侵蚀特征，以及 0~20cm 土层有机质、全氮、全磷、有效氮、速效磷、速效钾、水稳性团聚体、微团聚体与机械组成的分析样品。

7.1.2 数据分析

利用 VESPAN Ⅲ FOR WINDOWS NT/95 软件，以物种重要值/盖度作为样地的物种信息，将其分为 6 级（0.1%~4.0%、4.1%~10%、10.1%~25%、25.1%~33%、33.1%~50% 和 50.1%~100%）（Rodwell，1991），即分割水平为 0.1%、4.1%、10.1%、25.1%、33.1% 和 50.1%，各级分割水平的权重依次采用 1、1、2、2、3 和 3（焦菊英等，2005）；对植物群落进行 TWINSPAN（two-way indicator species analysis）分类，划分植被自然恢复过程中的主要群落类型。

本研究中，认为演替速率就是植被物种变化的速率；采用群落间物种的非相似性来计

---

① 2003 年时为吴旗县，2005 年 10 月 19 日正式更名为吴起县。
② 2015 年 5 月撤销吴起镇，设立吴起街道。为保持研究数据和资料可比性，本书均基于最新行政区划进行分析。

算演替速率（Prach et al., 1993）。以样地第一次和第二次调查之间的物种组成的非相似性作为净演替率（Bakker et al., 1996）。演替速率用 Bray-Curtis 距离系数［式（7-1）］来计算，作为群落物种非相似性系数。

$$d_{jk} = \frac{\sum\limits_{i=1}^{n} |x_{ij} - x_{ik}|}{\sum\limits_{i=1}^{n} |x_{ij} + x_{ik}|} \tag{7-1}$$

式中，d_{jk} 为 Bray-Curtis 距离系数；x_i 为物种 i 的重要值；j 和 k 为样地编号。

依据退耕样地植物群落的物种组成信息以及土壤特性和地形条件等土壤侵蚀环境诸因子，利用 CANOCO FOR WINDOWS 4.5 软件，采用典范对应分析（CCA）和偏典范对应分析（PCCA）来分析植物群落与这些因子之间的对应关系，从单因子、分组变量及显著因子三个方面来分析影响退耕地植物群落恢复演替的主要侵蚀环境因子。用于分析的侵蚀环境因子包括 5 组变量：①土壤养分，包括土壤有机质（OM）、全氮（TN）、全磷（TP）、有效氮（AN）、速效磷（AP）和速效钾（AK）；②土壤物理性质，包括大于 0.25mm 水稳性团聚体（>0.25WSA）、大于 0.5mm 水稳性团聚体（>0.5WSA）、小于 0.01mm 物理性黏粒（<0.01Clay）、团聚状况（SOR）、团聚度（SAD）、分散率（SDD）、分散系数（SDC）、结构性颗粒指数（SPI）、平均重量直径（MWD）、结构体破坏率（PDC）和容重（SBD）；③土壤含水量，包括 0~40cm 土层土壤含水量（WC0~40）、40~100cm 土层土壤含水量（WC40~100）、100~200cm 土层土壤含水量（WC100~200）、200~300cm 土层土壤含水量（WC200~300）、300~400cm 土层土壤含水量（WC300~400）、400~500cm 土层土壤含水量（WC400~500）及 200~500cm 土层土壤含水量（WC200~500）；④地形，包括坡度、坡向和坡位，其中坡向和坡位采用虚变量（即坡向分为阳坡、半阳坡、阴坡和半阴坡，坡位分为坡上、坡中和坡下）；⑤退耕年限。用于分析的样地共 157个；其中延安 45 个，安塞 89 个，吴起 23 个。在分析中，利用 "Monte Carlo permutation test" 来检验 CCA 排序轴特征值的显著性，采用的置换次数为 999，并降低了稀少物种的权重；选择显著影响植被变化的主要环境解释因子的显著水平采用 $P<0.05$。

根据不同植被侵蚀带的 TWINSPAN 植物群落分类与 CCA 环境因子分析结果，利用分类树分析（classification tree analysis），来模拟退耕地的植物群落随主要环境因子的变化。CCA 环境因子的分析结果表明，土壤养分是影响黄土丘陵沟壑区植物群落结构与生产力重要的生命因子，土壤水分是黄土丘陵沟壑区植被恢复的限制因子，而其他环境因子则是通过影响土壤水分与养分而影响着植被的变化。因此，选用土壤养分和水分因子来建立不同侵蚀环境下植物群落的环境因子量化模型。根据土壤养分因子间的相互作用与相关性（焦菊英等，2005），采用土壤有机质、全磷和有效钾来反映土壤养分因子；对于土壤水分，由于调查不在同一时期，依据黄土高原降水的土壤水分补给深度与资料的可比性，选择 300~500cm 土层的土壤水分含量来反映土壤水分因子。同时，为了便于不同侵蚀环境间的比较，均采用有机质（OM）、全磷（TP）、速效钾（AK）、300~500cm 土层的土壤水分含量（SW300~500）和退耕年限（Year）为模拟环境因子，采用 WEKA 软件进行分类树分析，分别建立不同侵蚀环境下主要植物群落变化的环境因子量化模型。

7.2 结果与分析

7.2.1 植被演替过程中植物的年际变化

在安塞纸坊沟流域选择的四个固定坡面中，自然植被恢复坡面的不同群落中优势物种主要有猪毛蒿、阿尔泰狗娃花、长芒草、达乌里胡枝子、铁杆蒿和白羊草；人工林坡面的不同群落中优势物种有铁杆蒿、长芒草、野菊、墓头回和阿尔泰狗娃花等，大部分物种属于广幅种。自然植被恢复坡面与人工林恢复坡面的物种组成有明显差异，而且逐年变化的趋势不同（表7-1）。

表 7-1 四个固定坡面主要物种组成变化

样地	年份	主要物种（重要值）
自然恢复坡面 I	2007	阿尔泰狗娃花（21.2），猪毛蒿（10.7），赖草（10.4），铁杆蒿（9.1），茭蒿（8.5），中华隐子草（6.9），达乌里胡枝子（6.8）
	2008	茭蒿（13.7），达乌里胡枝子（12.9），阿尔泰狗娃花（11.1），长芒草（8.1），猪毛蒿（7.6），中华隐子草（7.0），铁杆蒿（6.2）
	2009	茭蒿（14.5），铁杆蒿（12.5），达乌里胡枝子（9.4），猪毛蒿（7.9），阿尔泰狗娃花（6.6），长芒草（5.2），中华隐子草（3.8）
	2010	达乌里胡枝子（16.7），铁杆蒿（12.6），茭蒿（11.3），长芒草（10.3），中华隐子草（10.1），猪毛蒿（6.3），阿尔泰狗娃花（5.4）
	2011	达乌里胡枝子（17.0），茭蒿（9.0），长芒草（8.5），阿尔泰狗娃花（6.2），中华隐子草（6.0），铁杆蒿（5.6）
	2012	长芒草（17.8），中华隐子草（11.2），铁杆蒿（10.3），达乌里胡枝子（8.3），茭蒿（5.6）
	2013	达乌里胡枝子（27.3），中华隐子草（17.3），长芒草（9.3），茭蒿（5.7），铁杆蒿（5.5）
	2014	白羊草（15.4），长芒草（15.3），茭蒿（10.7），达乌里胡枝子（9.1），白刺花（8.1），中华隐子草（5.8），铁杆蒿（4.8）
	2015	铁杆蒿（18.3），长芒草（13.4），白羊草（12.9），达乌里胡枝子（11.3），茭蒿（6.7），中华隐子草（5.9），白刺花（5.5）
	2016	铁杆蒿（26.81），白羊草（22.09），达乌里胡枝子（11.66），中华隐子草（6.29）
	2017	白羊草（24.06），中华隐子草（21.59），长芒草（9.33），达乌里胡枝子（8.52），斜茎黄耆（7.05），铁杆蒿（4.59），白刺花（4.08）
	2018	铁杆蒿（24.71），达乌里胡枝子（13.29），菊叶委陵菜（10.56），长芒草（10.38），白羊草（9.40）
自然恢复坡面 II	2007	猪毛蒿（27.4），阿尔泰狗娃花（15.6），达乌里胡枝子（14.2），蒙古蒿（5.5）
	2008	猪毛蒿（24.7），达乌里胡枝子（13.8），铁杆蒿（12.4），阿尔泰狗娃花（10.1），茭蒿（7.3），长芒草（5.6）

续表

样地	年份	主要物种（重要值）
自然恢复坡面Ⅱ	2009	达乌里胡枝子（16.4），阿尔泰狗娃花（15.3），铁杆蒿（14.8），猪毛蒿（14.7），茭蒿（8.1），长芒草（5.1）
	2010	达乌里胡枝子（17.9），猪毛蒿（15.7），长芒草（13.6），铁杆蒿（12.3），阿尔泰狗娃花（8.9），茭蒿（4.4）
	2011	长芒草（16.5），茭蒿（12.6），铁杆蒿（11.7），阿尔泰狗娃花（9.1），达乌里胡枝子（8.9），猪毛蒿（8.5）
	2012	长芒草（17.1），达乌里胡枝子（9.38），铁杆蒿（8.7），猪毛蒿（8.3），茭蒿（6.6）
	2013	长芒草（24.6），达乌里胡枝子（16.5），铁杆蒿（11.5），阿尔泰狗娃花（7.5），白羊草（6.8），茭蒿（5.0）
	2014	长芒草（28.0），铁杆蒿（19.6），茭蒿（9.8），阿尔泰狗娃花（9.0），猪毛蒿（6.4），白羊草（4.1），达乌里胡枝子（3.8）
	2015	长芒草（22.2），白羊草（11.4），达乌里胡枝子（9.2），铁杆蒿（8.0），茭蒿（6.2）
	2016	铁杆蒿（31.40），菊叶委陵菜（10.46），达乌里胡枝子（9.88），茭蒿（9.47），长芒草（9.08），白羊草（7.73）
	2017	白羊草（18.41），铁杆蒿（16.55），长芒草（15.51），达乌里胡枝子（14.90），菊叶委陵菜（6.53）
	2018	铁杆蒿（20.19），中华隐子草（17.23），白羊草（11.87），达乌里胡枝子（8.09），长芒草（7.54）
柠条锦鸡儿林坡面	2007	铁杆蒿（29.0），墓头回（13.7），野菊（5.0）
	2008	铁杆蒿（21.7），墓头回（14.4），野菊（12.2），长芒草（9.5），猪毛菜（8.0）
	2009	铁杆蒿（28.2），长芒草（17.1），野菊（14.9），墓头回（11.6）
	2010	野菊（21.0），铁杆蒿（17.5），长芒草（9.3），墓头回（6.8）
	2011	铁杆蒿（20.3），野菊（13.5），长芒草（12.9），茭蒿（8.0），墓头回（7.6）
	2012	墓头回（20.1），铁杆蒿（18.5），野菊（12.7），长芒草（9.8），茭蒿（7.0）
	2013	墓头回（26.6），铁杆蒿（26.4），长芒草（9.9），茭蒿（3.1）
	2014	铁杆蒿（25.9），长芒草（24.9），墓头回（21.1），茭蒿（3.2）
	2015	铁杆蒿（24.1），长芒草（11.7），猪毛菜（7.8），墓头回（4.6），茭蒿（3.8）
	2016	铁杆蒿（43.13），墓头回（10.48），纤毛鹅观草（6.47），长芒草（4.34）
	2017	铁杆蒿（26.79），野菊（24.61），墓头回（12.23），山野豌豆（4.08）
	2018	墓头回（22.41），铁杆蒿（21.32），长芒草（6.16）
刺槐林坡面	2008	长芒草（56.5），阿尔泰狗娃花（7.4），猪毛菜（6.6）
	2009	长芒草（56.1），铁杆蒿（10.3）
	2010	长芒草（46.8），阿尔泰狗娃花（9.5），猪毛菜（6.4），茜草（5.5），芦苇（5.3），铁杆蒿（5.1）
	2011	长芒草（52.4），臭蒿（13.4），阿尔泰狗娃花（9.7），芦苇（4.3），铁杆蒿（4.0）

续表

样地	年份	主要物种（重要值）
刺槐林坡面	2012	长芒草（25.9），臭草（9.4），芦苇（8.8），臭蒿（6.5），铁杆蒿（6.5）
	2013	臭草（34.6），长芒草（15.6），铁杆蒿（13.5）
	2014	臭草（39.7），长芒草（19.0），铁杆蒿（4.2）
	2015	臭草（27.4），龙葵（24.7），杠柳（10.6），长芒草（7.9），铁杆蒿（4.5）
	2016	硬质早熟禾（26.00），龙葵（22.72），小叶悬钩子（12.75），长芒草（8.19），裂叶堇菜（6.52）
	2017	龙葵（24.44），长芒草（24.07），臭草（16.33），铁杆蒿（8.73）
	2018	长芒草（21.84），臭草（15.35），墓头回（12.58），益母草（12.37），铁杆蒿（9.74），裂叶堇菜（5.20）

自然恢复坡面 I，在第一次调查时，样地退耕 8 年左右，为阿尔泰狗娃花+猪毛蒿+赖草群落，已经有演替中后期的物种达乌里胡枝子、中华隐子草、铁杆蒿和茭蒿等物种出现，且重要值较高。在此后的 6 次调查中，主要物种为茭蒿、达乌里胡枝子、铁杆蒿、长芒草和中华隐子草等；演替早期物种猪毛蒿和阿尔泰狗娃花等重要值减小，成为群落伴生种。自 2014 年之后的 5 次调查中，演替后期物种白羊草成为优势种，群落主要物种依然是长芒草、铁杆蒿和达乌里胡枝子等；灌木白刺花也开始入侵，且重要值较高。在后面这 11 次调查中，群落演替中后期的物种一直是群落的主要物种，这些物种相互组合出现，形成不同的群落类型；群落演替早期的优势种不会消退，而是作为群落的伴生种存在。植物群落的演变过程为阿尔泰狗娃花+猪毛蒿+赖草群落──→茭蒿+达乌里胡枝子+阿尔泰狗娃花群落──→茭蒿+铁杆蒿+达乌里胡枝子群落──→达乌里胡枝子+铁杆蒿+茭蒿群落──→达乌里胡枝子+茭蒿+长芒草群落──→长芒草+中华隐子草+铁杆蒿群落──→达乌里胡枝子+中华隐子草+长芒草群落──→白羊草+长芒草+茭蒿群落──→铁杆蒿+长芒草+白羊草群落──→铁杆蒿+白羊草+达乌里胡枝子群落──→白羊草+中华隐子草+长芒草群落──→铁杆蒿+达乌里胡枝子+菊叶委陵菜群落。

自然恢复坡面 II，在前两次调查时，样地退耕 8 年左右，群落优势种为猪毛蒿、阿尔泰狗娃花和达乌里胡枝子等；有演替中后期的物种铁杆蒿、茭蒿、蒙古蒿和长芒草等出现，且重要值较高。在此后的 7 次调查中，群落优势种为达乌里胡枝子和长芒草；最后 3 次调查时，白羊草和铁杆蒿成为群落优势种。演替早期的猪毛蒿一直出现在群落中，但重要值减小，作为群落的伴生种存在；阿尔泰狗娃花属于群落的恒有伴生种，在演替初期到演替后期的群落中均有出现。植物群落的演变过程为猪毛蒿+阿尔泰狗娃花+达乌里胡枝子群落──→猪毛蒿+达乌里胡枝子+铁杆蒿群落──→达乌里胡枝子+阿尔泰狗娃花+铁杆蒿群落──→达乌里胡枝子+猪毛蒿+长芒草群落──→长芒草+茭蒿+铁杆蒿群落──→长芒草+达乌里胡枝子+铁杆蒿群落（连续 2 年）──→长芒草+铁杆蒿+茭蒿群落──→长芒草+白羊草+达乌里胡枝子群落──→铁杆蒿+菊叶委陵菜+达乌里胡枝子群落──→白羊草+铁杆蒿+长芒草群落──→铁杆蒿+中华隐子草+白羊草群落。

柠条锦鸡儿林为 1982 年前后栽种。在 12 次调查期间，柠条锦鸡儿林种植年限在 25～35 年，林下优势物种一直为铁杆蒿、墓头回、野菊和长芒草等；虽然物种重要值会有所变化，但变幅并不明显。柠条锦鸡儿林下草本群落的演变过程为铁杆蒿+墓头回+野菊群落

（连续 2 年）──→铁杆蒿+长芒草+野菊群落（连续 3 年）──→墓头回+铁杆蒿+野菊群落──→墓头回+铁杆蒿+长芒草群落──→铁杆蒿+长芒草+墓头回群落──→铁杆蒿+长芒草+猪毛菜群落──→铁杆蒿+墓头回+纤毛鹅观草群落──→铁杆蒿+野菊+墓头回群落──→墓头回+铁杆蒿+长芒草群落。

刺槐林为 1982 年前后栽种，调查期间其种植年限在 25～35 年。在前 5 次调查中，林下植被均为演替早中期的物种，且多为禾本科植物和杂草，包括长芒草、阿尔泰狗娃花、猪毛菜、臭草和臭蒿等。而在其后的 6 次调查中发现，林下草本群落出现退化，主要物种以一年生和禾本科植物为主，包括臭草、龙葵和长芒草等。刺槐林下草本群落的演变过程为长芒草+阿尔泰狗娃花+猪毛菜群落──→长芒草+铁杆蒿群落──→长芒草+阿尔泰狗娃花+猪毛菜群落──→长芒草+臭蒿+阿尔泰狗娃花群落──→长芒草+臭草+芦苇群落──→臭草+长芒草+铁杆蒿群落（连续 2 年）──→臭草+龙葵+杠柳群落──→硬质早熟禾+龙葵+小叶悬钩子群落──→龙葵+长芒草+臭草群落──→长芒草+臭草+墓头回群落。

综上所述，在自然植被恢复过程中，在一年生草本群落后期入侵的多年生草本或半灌木，以两种或数种为优势种相互配置形成不同的多年生草本群落，这些群落能够存在很长时间。在人工林植被恢复中，由于人工林层的存在对林下草本植被产生了不利的影响，草本群落并没有遵循惯常的演替进程甚至出现了退化。

7.2.2 主要群落演替 10 年后的物种变化与轨迹

1. 物种变化

对不同时期（2003～2006 年第一次调查，2013 年第二次调查）40 个固定样地（包括 23 个自然植被样地和 17 个人工林样地）的植被调查数据见表 7-2。

表 7-2 不同恢复方式下群落主要物种组成变化

恢复方式	第一次调查	恢复年限/a	第二次调查	主要物种（重要值）
自然植被恢复	A1	2～6		猪毛蒿（32.4），狗尾草（11.2），阿尔泰狗娃花（5.6）
			A2	达乌里胡枝子（15.6），白羊草（11.0），糙隐子草（10.5），长芒草（8.3），猪毛蒿（6.5），中华隐子草（6.4）
			A6	铁杆蒿（18.9），糙隐子草（14.9），达乌里胡枝子（6.2），阿尔泰狗娃花（6.1），中华隐子草（5.4），猪毛菜（5.1）
	A2	10～30		长芒草（20.2），达乌里胡枝子（19.5），铁杆蒿（8.3），猪毛蒿（4.7），糙隐子草（4.7），白羊草（4.6）
			A2	长芒草（20.4），达乌里胡枝子（13.4），糙隐子草（11.3），猪毛蒿（7.1），阿尔泰狗娃花（6.9），白羊草（4.3）
			A3	白羊草（21.7），茭蒿（14.2），达乌里胡枝子（11.6），铁杆蒿（9.6），长芒草（6.9），白刺花（3.9）
			A4	铁杆蒿（23.4），长芒草（8.9），达乌里胡枝子（7.3），草木樨状黄耆（7.2）

续表

恢复方式	第一次调查	恢复年限/a	第二次调查	主要物种（重要值）
自然植被恢复	A3	10~22		白羊草（36.4），达乌里胡枝子（17.0），长芒草（8.9），铁杆蒿（6.3）
			A3	白羊草（25.5），铁杆蒿（12.5），达乌里胡枝子（10.5），长芒草（5.9）
	A4	10~20		铁杆蒿（26.6），达乌里胡枝子（7.1），长芒草（6.4），茭蒿（4.0），菊叶委陵菜（3.9），猪毛蒿（3.3）
			A3	白羊草（31.8），长芒草（9.4），达乌里胡枝子（8.8），铁杆蒿（8.3），阿尔泰狗娃花（6.7），菊叶委陵菜（5.1）
			A4	铁杆蒿（25.6），长芒草（9.0），达乌里胡枝子（7.7），茭蒿（5.1）
			A7	大披针薹草（19.4），中华卷柏（18.4），长芒草（6.9），达乌里胡枝子（6.2），草木樨状黄耆（5.7），墓头回（5.4）
	A5	20		白刺花（30.5），达乌里胡枝子（7.9），猪毛蒿（7.6），灰叶铁线莲（6.5）
			A5	白刺花（26.1），达乌里胡枝子（22.3），杠柳（5.8），猪毛蒿（5.5）
人工林恢复	B1	2~15		猪毛蒿（36.9），阿尔泰狗娃花（5.9），达乌里胡枝子（5.4），狗尾草（3.9）
			B2	狗尾草（13.5），猪毛蒿（9.2），芦苇（9.2），猪毛菜（7.8），阿尔泰狗娃花（6.1），香青兰（5.0）
			B4	长芒草（26.6），白羊草（17.2），达乌里胡枝子（10.8），糙隐子草（5.9），中华隐子草（5.7），猪毛蒿（5.4）
			B7	长芒草（21.5），糙隐子草（9.9），阿尔泰狗娃花（7.5），猪毛蒿（7.4），达乌里胡枝子（6.1），香青兰（5.5）
			B8	铁杆蒿（17.6），长芒草（9.9），墓头回（6.7），中华隐子草（6.2），达乌里胡枝子（5.6），阿尔泰狗娃花（5.6）
	B2	6		狗尾草（28.2），猪毛菜（18.7）
			B2	狗尾草（20.8），杠柳（16.5），猪毛菜（9.1），阿尔泰狗娃花（7.1）
	B3	3~4		赖草（50.1），猪毛蒿（18.3）
			B7	长芒草（16.6），糙隐子草（10.4），猪毛蒿（6.6）
	B4	14		长芒草（19.6），达乌里胡枝子（15.6），硬质早熟禾（11.6），赖草（11.2），糙隐子草（10.1）
			B7	糙隐子草（14.7），长芒草（8.8），抱茎小苦荬（7.3），香青兰（7.2），阿尔泰狗娃花（6.7）
	B5	12		铁杆蒿（42.9），杠柳（13.9），阿尔泰狗娃花（8.3），达乌里胡枝子（7.2）
			B5	铁杆蒿（37.1），达乌里胡枝子（6.6），山桃（6.4），山苦荬（5.7），草木樨状黄耆（5.1）
	B6	30~40		达乌里胡枝子（21.8），铁杆蒿（16.4），长芒草（14.8），猪毛菜（10.3），阿尔泰狗娃花（5.3）
			B5	铁杆蒿（23.3），达乌里胡枝子（5.6），长芒草（5.6），灌木铁线莲（5.5），大针茅（5.4）

注：A1 为猪毛蒿群落，A2 为达乌里胡枝子+长芒草群落，A3 为白羊草群落，A4 为铁杆蒿群落，A5 为白刺花群落，A6 为铁杆蒿+糙隐子草群落，A7 为大披针薹草+中华卷柏群落；B1 为猪毛蒿群落，B2 为狗尾草+猪毛菜群落，B3 为赖草群落，B4 为达乌里胡枝子+长芒草群落，B5 为铁杆蒿群落，B6 为达乌里胡枝子+长芒草+铁杆蒿群落，B7 为长芒草+糙隐子草群落，B8 为长芒草+铁杆蒿群落。

在自然植被样地中，第一次调查时，包含有 5 种群落类型，优势种包括猪毛蒿、狗尾草、阿尔泰狗娃花、达乌里胡枝子、长芒草、白羊草、糙隐子草、铁杆蒿和茭蒿等。第二次调查时，退耕后恢复早期（2 ~ 6 年）的群落物种组成发生了明显的变化；而中后期群落物种组成差异不明显，仅主要物种的重要值发生了变化。对于自然植被的恢复演替，第一次调查时，猪毛蒿群落（A1）的主要物种是猪毛蒿和多年生禾草长芒草、糙隐子草；经过 10 年左右的恢复，多年生禾草和草本成为主要物种（包括长芒草、糙隐子草、中华隐子草和达乌里胡枝子）；演替后期的物种白羊草和铁杆蒿的盖度增加而猪毛蒿盖度减少。达乌里胡枝子+长芒草群落（A2）的主要物种盖度减少，在阳坡的样地中，白羊草成为优势种；在阴坡的样地中，铁杆蒿成为优势种。白羊草群落（A3）、铁杆蒿群落（A4）和灌木白刺花群落（A5）的物种组成并没有发生变化，只是物种盖度有些微改变。但以白羊草为优势种的群落中已有了灌木白刺花的入侵，虽然灌木盖度很小；以铁杆蒿为优势种的群落有一个在阴沟坡的样地物种组成发生了极大的变化，铁杆蒿减少甚至消失，主要物种变成了湿生物种中华卷柏和大披针薹草（图 7-2）。

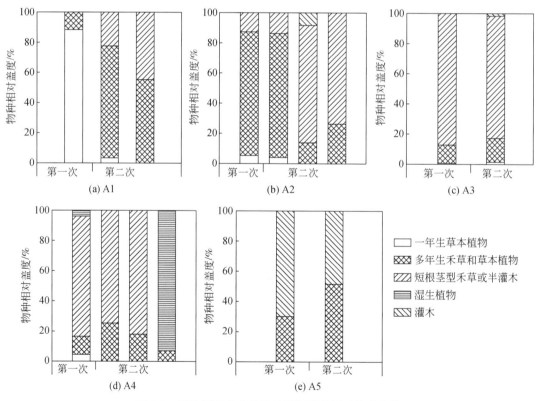

图 7-2 两次调查的自然植被恢复群落相对盖度变化

在人工林样地中，第一次调查时，有 6 种群落类型，优势种主要是猪毛蒿、阿尔泰狗娃花、狗尾草、达乌里胡枝子、猪毛菜、赖草、长芒草和铁杆蒿等。在第二次调查时，由于人工林层的生长影响着林下植被的恢复，林下草本群落物种组成变化差异很大。对于人工林下草本群落而言，一年生草本和杂草（猪毛蒿、狗尾草、猪毛菜和赖草）是演替早期

│ 第7章 │　不同土壤侵蚀环境下的植物群落演替

群落（B1、B2和B3）的主要物种；经过10年左右的恢复，一年生草本盖度下降，多年生禾草（长芒草、中华隐子草和糙隐子草）盖度增加并成为群落主要物种。达乌里胡枝子+长芒草群落（B4）主要物种的盖度变化很小，但是多年生禾草糙隐子草代替多年生草本达乌里胡枝子成为群落优势种。铁杆蒿群落（B5）主要物种的盖度没有变化；而达乌里胡枝子+长芒草+铁杆蒿群落（B6），铁杆蒿的盖度增加并成为群落优势种，同时多年生草本盖度减少，伴有小灌木灌木铁线莲的出现（图7-3）。

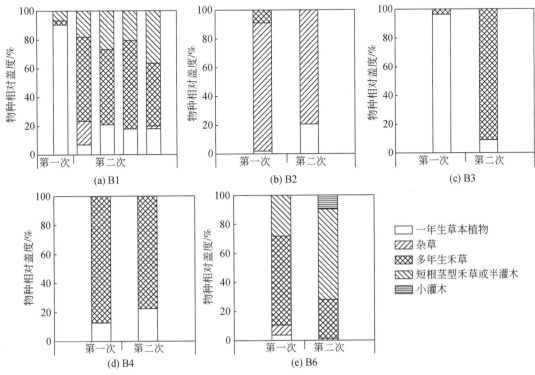

图 7-3　两次调查的人工林下草本群落相对盖度变化

B5 的群落盖度没有发生变化，故图中未列出

2. 演替轨迹

图7-4和7-5分别显示了自然恢复群落和人工林下草本群落的TWINSPAN分类图。自然恢复不同演替阶段共有7种群落类型，人工林下草本群落不同演替阶段共有8种群落类型。DCA排序图分别显示了两次调查的自然恢复群落和人工林下草本群落的变化趋势（图7-6和图7-7，见彩图）。

对于自然植被恢复，第一次调查时采用空间代替时间的方法，演替轨迹为以一年生草本为优势种的群落——以多年生草本为优势种的群落——以短根茎禾草或半灌木为优势种的群落。经过10年左右的恢复，群落演替轨迹基本依然如此：以猪毛蒿（一年生草本）为优势种的群落A1——以达乌里胡枝子和长芒草（多年生草本）为优势种的群落A2——以白羊草（短根茎禾草）为优势种的群落A3（多出现在阳坡）（或以半灌木铁杆蒿为优势种的群落A4）。但有些样地的演替轨迹发生了变化，有一个A1的样地发展成以半灌木

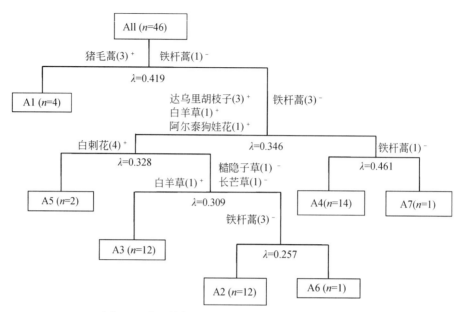

图 7-4　自然恢复群落两次调查的 TWINSPAN 分类

n 为每一类型的样本数。每一分组的特征值（λ）和指示种在图中显示，括号中的数字为物种所处分级水平，"+"为正指示种，"－"为负指示种。A1 为猪毛蒿群落，A2 为达乌里胡枝子+长芒草群落，A3 为白羊草群落，A4 为铁杆蒿群落，A5 为白刺花群落，A6 为铁杆蒿+糙隐子草群落，A7 为大披针薹草+中华卷柏群落

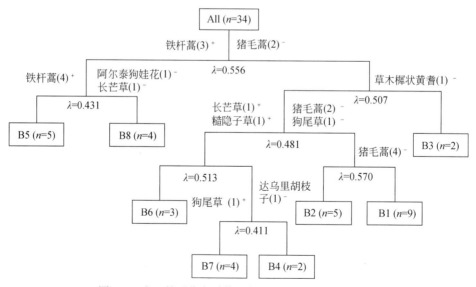

图 7-5　人工林下草本群落两次调查的 TWINSPAN 分类

n 为每一类型的样本数。每一分组的特征值（λ）和指示种在图中显示，括号中的数字为物种所处分级水平，"+"为正指示种，"－"为负指示种。B1 为猪毛蒿群落，B2 为狗尾草+猪毛菜群落，B3 为赖草群落，B4 为达乌里胡枝子+长芒草群落，B5 为铁杆蒿群落，B6 为达乌里胡枝子+长芒草+铁杆蒿群落，B7 为长芒草+糙隐子草群落，B8 为长芒草+铁杆蒿群落

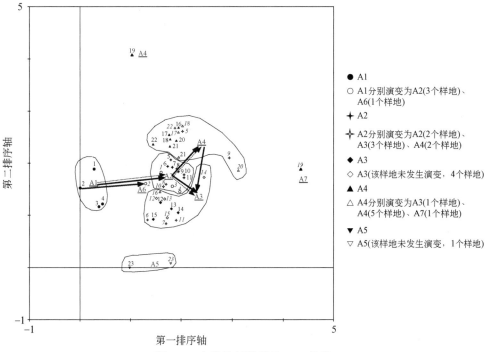

图 7-6 自然恢复群落的 DCA 排序

第一和第二排序轴的特征值分别是 0.667 和 0.416。实心点代表第一次调查，空心点和斜体字代表第二次调查，数字为样地编号。虚线箭头指用空间代时间的方法得到的群落演替轨迹，实线箭头指从第一次调查到第二次调查群落的演替轨迹。A1～A7 的含义同图 7-4

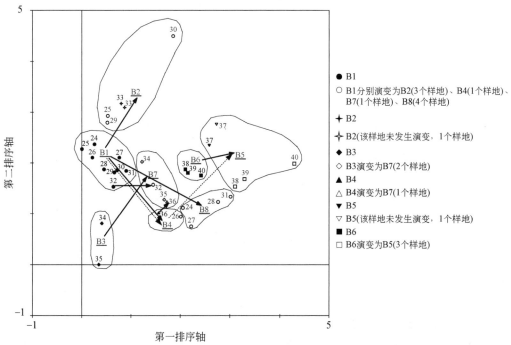

图 7-7 人工林下草本群落的 DCA 排序

第一和第二排序轴的特征值分别是 0.625 和 0.476。实心点代表第一次调查，空心点和斜体字代表第二次调查，数字为样地编号。虚线箭头指用空间代时间的方法得到的群落演替轨迹，实线箭头指从第一次调查到第二次调查群落的演替轨迹。B1～B7 的含义同图 7-5

（铁杆蒿）和多年生禾草（糙隐子草）为优势种的群落 A6；两个 A2 样地、A3 和 A4 群落、灌木（白刺花）群落 A5 经过 10 年左右的恢复并没有发生变化；一个 A4 的样地变为 A3，另一个 A4 的样地变为以湿生植物（大披针薹草与中华卷柏）为优势种的群落 A7（图 7-4 和图 7-6）。

对于人工林下草本植被恢复，由于人工林层的影响，演替早期的以一年生草本（猪毛蒿）为优势种的群落 B1 有不同的演替轨迹：依然是演替早期的以杂草（狗尾草）为优势种的群落 B2；以多年生禾草（长芒草）和草本（达乌里胡枝子）为优势种的群落 B4；以多年生禾草（长芒草和糙隐子草）为优势种的群落 B7；以多年生禾草（长芒草）和半灌木（铁杆蒿）为优势种的群落 B8。经过 10 年左右的恢复演替，第一次调查的 B2 和以半灌木（铁杆蒿）为优势种的群落 B5 没有变化；以根蘖型禾草（赖草）为优势种的群落 B3 和 B4 变成 B7；以半灌木（铁杆蒿）和多年生草本（达乌里胡枝子）为优势种的群落 B6 变为 B5（图 7-5、图 7-7）。

基于不同演替阶段演替速率差异的显著性（图 7-8），可以将群落分为 3 组：第 1 组为 A1 与 B1、B2 和 B3，其演替速率最高，Bray-Curtis 距离系数分别为 0.67 与 0.79，与其他群落差异显著（$P<0.05$）；第 2 组为 B4 和 B6，其演替速率居中，Bray-Curtis 距离系数分别为 0.58 和 0.62；第 3 组为 A2、A3、A4、A5 和 B5，其 Bray-Curtis 距离系数的变化范围为 0.42～0.51，它们的演替速率显著低于其他群落（$P<0.05$）。也就是说，植被恢复早期的群落演替速率很快；随着演替进程，演替速率逐渐减小；当群落演替到后期阶段，群落物种组成变化很小。

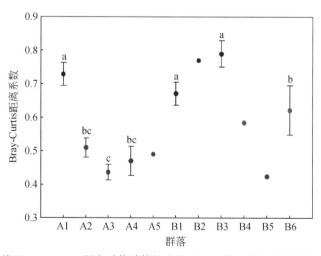

图 7-8　基于 Bray-Curtis 距离系数计算的自然和人工林下草本植被恢复演替速率

7.2.3　不同侵蚀环境下的植被演替

根据样地的调查信息及植被样方的 TWINSPAN 数量分类（图 7-9），分析了延安、安塞和吴起阴坡和阳坡退耕地植被自然恢复演替过程。

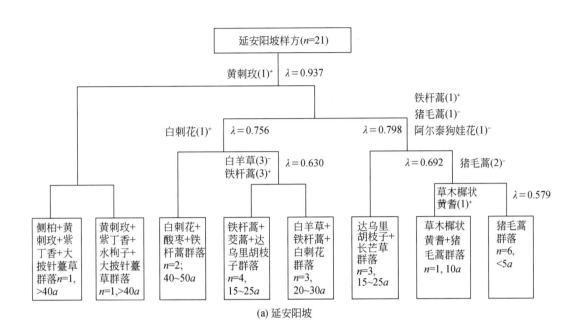

(a) 延安阳坡

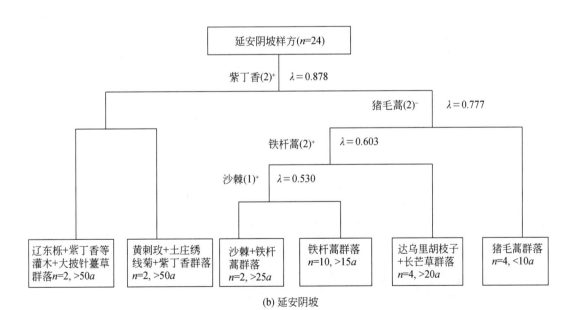

(b) 延安阴坡

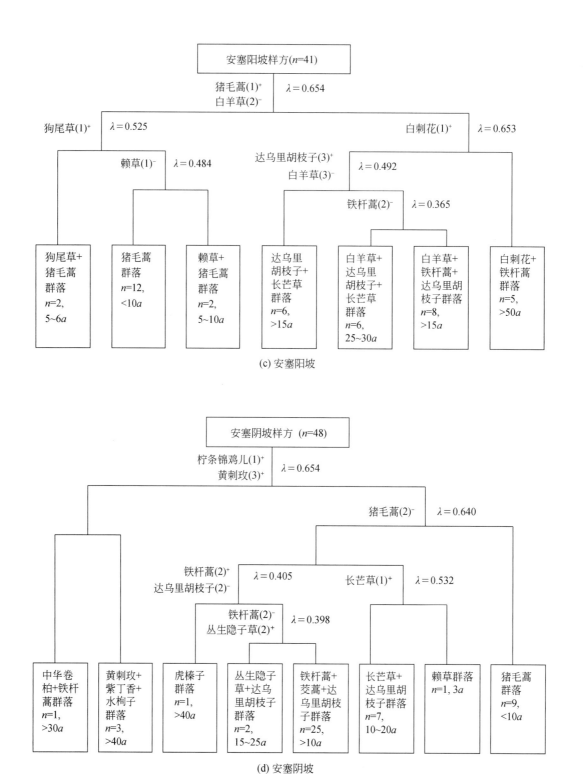

(c) 安塞阳坡

(d) 安塞阴坡

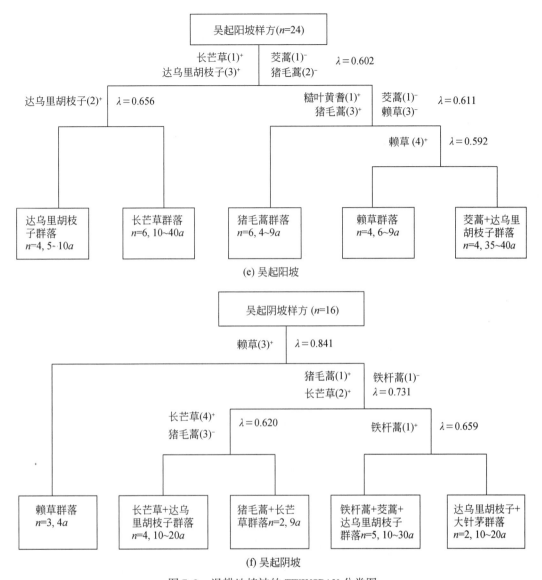

图 7-9 退耕地植被的 TWINSPAN 分类图

λ 为特征值。"+" 为正指示种；"−" 为负指示种。括号内的数字表示分级水平。n 为样地数。a 为退耕年限

1. 森林水力重力侵蚀带的植被演替

根据延安燕沟流域不同立地条件下植被样地的调查资料与分析结果（图 7-9，表 7-3），农地退耕后，阳坡的植被类型主要有猪毛蒿群落（3～5 年）、达乌里胡枝子+长芒草群落（15～25 年）、铁杆蒿+茭蒿+达乌里胡枝子群落（15～25 年）、白羊草+铁杆蒿+白刺花群落（20～30 年）、白刺花+酸枣+铁杆蒿群落（40～50 年）及黄刺玫+紫丁香+水枸子+大披针薹草群落（>40 年）和侧柏+黄刺玫+紫丁香+大披针薹草群落（>40 年）等；在这样的植被恢复过程中，植被盖度由 30% 左右逐渐增加到 85%，物种数变化在 13～31，物种多样性 Shannon-Wiener 指数变化在 0.72～2.24。在阴坡，植被的主要类型有猪毛蒿群落（3～

10 年)、达乌里胡枝子+长芒草群落（>20 年）、铁杆蒿群落（>15 年）、沙棘+铁杆蒿群落（>25 年）、黄刺玫+土庄绣线菊+紫丁香群落（>50 年）和辽东栎+紫丁香等灌木+大披针薹草群落（>50 年）等；植被盖度由 20% 左右逐渐增加到 85%，物种数变化在 7~35，物种多样性 Shannon-Wiener 指数变化在 0.89~3.08。可见，在延安的燕沟流域植被的主要演替轨迹为一年生草本群落阶段——多年生蒿类、多年生禾草与达乌里胡枝子混合形成的多年生草本阶段——灌丛阶段——乔木林阶段。阴坡和阳坡植被恢复在多年生禾草阶段与多年生蒿类演替之间并没有表现出严格的先后顺序，而是形成由长芒草、白羊草、铁杆蒿和达乌里胡枝子等物种组合而成的不同群落类型的过渡阶段，构成了不同微环境下分别以不同物种为优势种的多种植被类型；且阴坡至阳坡植被变化差异不是很明显。但在多年生草本阶段以后，阴坡和阳坡植被演替的方向则发生了改变，阴坡植被可发展为黄刺玫+土庄绣线菊+三角槭+大披针薹草群落或辽东栎+紫丁香等灌木+大披针薹草群落等；阳坡植被则发展为白羊草+铁杆蒿+白刺花群落、白刺花+酸枣+铁杆蒿群落、黄刺玫+紫丁香+水栒子+大披针薹草群落或侧柏+黄刺玫+紫丁香+大披针薹草群落等不同的植被类型。

表 7-3 延安燕沟流域阴坡和阳坡的主要植被类型特征

坡向	退耕年限/a	坡度/(°)	坡位	主要物种（盖度/%）	盖度/%	物种数/个
阴坡	3	20	坡上	猪毛蒿（15），小蓟，苦荬菜，狗尾草	15	7
	10	15	坡上	猪毛蒿（15），阿尔泰狗娃花（5），香青兰（2），二裂委陵菜（2）	25	16
	15	35	坡上	铁杆蒿（20），野葡萄（5），杠柳（4），阿尔泰狗娃花（4），野豌豆（2）	35	29
	17	18	坡中	铁杆蒿（15），墓头回（10），甘草（5），水栒子（1），硬质早熟禾（1），野豌豆（1）	35	27
	20	12	坡中	长芒草（15），达乌里胡枝子（10），紫花地丁（1），丛生隐子草（1），阿尔泰狗娃花（1）	30	16
	25	20	坡下	铁杆蒿（15），菊叶委陵菜（3），达乌里胡枝子（3），甘草（2），草木樨状黄耆（2），长芒草（2）	30	31
	35	35	坡中	沙棘（40），铁杆蒿（20），杠柳（2），榆树（2）	70	20
	35	25	坡中	铁杆蒿（30），草木樨状黄耆（5），甘草（4），长芒草（3），拉拉藤（3），野豌豆（2）	50	35
	55	28	坡中	铁杆蒿（35），黄刺玫（7），杠柳（2），土庄绣线菊（2），长芒草（2）	50	29
	（老荒坡）	35	坡上	黄刺玫（60），土庄绣线菊（5），三角槭（5），柳叶鼠李（3），杏（1），小叶悬钩子，大披针薹草	75	25
	（次生林）	25	坡中	辽东栎（30），土庄绣线菊（10），大披针薹草（10），秦晋锦鸡儿（5），黄刺玫（5），虎榛子（5），紫丁香（5）	85	17

续表

坡向	退耕年限/a	坡度/(°)	坡位	主要物种（盖度/%）	盖度/%	物种数/个
阳坡	3	20	坡上	猪毛蒿（20），赖草（3），糙叶黄耆（1）	25	6
	5	25	坡下	猪毛蒿（15），猪毛菜（15），打碗花（3），甘草（1）	35	18
	10	20	坡下	草木樨状黄耆（10），猪毛蒿（5），白羊草（2），杜梨（2），丛生隐子草（2）	25	24
	16	19	坡中	铁杆蒿（20），茭蒿（10），达乌里胡枝子（5），白刺花（5），柳叶鼠李（4），紫丁香（1）	45	31
	20	25	坡中	达乌里胡枝子（15），长芒草（10），杠柳（10），白刺花（7），互叶醉鱼草（7）	55	20
	30	25	坡上	白羊草（20），白刺花（10），铁杆蒿（8），长芒草（5），达乌里胡枝子（4），大针茅（2）	50	17
	55	35	坡中	白刺花（25），中华隐子草（10），柳叶鼠李（5），铁杆蒿（5），茭蒿（5），酸枣（1）	55	13
	（老荒坡）	30	坡中	紫丁香（25），水栒子（20），黄刺玫（10），虎榛子（10），大披针薹草（10），三角槭（5），辽东栎	85	16
	（老荒坡）	30	坡下	侧柏（35），紫丁香（5），白刺花（5），榆树（3），黄刺玫（3），水栒子（3），大披针薹草（10），铁杆蒿（3）	80	23

2. 森林草原水力侵蚀带的植被演替

依据安塞县延河湾镇南沟流域朱凤台、延河湾镇纸坊沟流域与真武洞镇马家沟的调查数据与分析结果（图 7-9），在植被演替初期，优势种为未能被耕耘消灭的杂草。当耕种停止时，首先形成优势种为猪毛蒿的群落；该演替阶段存留时间决定于后期群落繁殖体的来源和数量，一般为 1~10 年。其次，随着植物群落演替的进行，其他物种开始侵入，其主要侵入种有赖草、长芒草和达乌里胡枝子等；长芒草和达乌里胡枝子为该阶段的优势群落，一般可持续 10~30 年。之后，铁杆蒿和茭蒿等多年生蒿类为优势的群落代替了禾草群落，同时也有白羊草群落的出现。最后是灌木草原阶段，而且植被类型在阴坡和阳坡也出现了明显的变化，阴坡的演替可发展为虎榛子、紫丁香、黄刺玫和土庄绣线菊等为建群种的灌木群落；而阳坡的演替可发展为白羊草、铁杆蒿和白刺花等为优势种的群落。不同植被类型的具体结构特征如表 7-4 和表 7-5 所示。

表 7-4 安塞县南沟流域朱凤台阴坡和阳坡退耕地的植被变化

坡向	退耕年限/a	坡度/(°)	坡位	主要物种（盖度/%）	盖度/%
阴坡	2	8	坡上	猪毛蒿（15），二裂委陵菜（3）	20
	5	25	梁坡	香青兰（10），尖叶铁扫帚（5），达乌里胡枝子（4），猪毛菜（3），硬质早熟禾（2），阿尔泰狗娃花（2）	30

坡向	退耕年限/a	坡度/(°)	坡位	主要物种（盖度/%）	盖度/%
阴坡	10	17	坡中	猪毛蒿（10），丛生隐子草（3），灌木铁线莲（2），芦苇（2），阿尔泰狗娃花（1），甘草（1）	20
	10	12	坡中	铁杆蒿（10），长芒草（5），丛生隐子草（5），达乌里胡枝子（3）	25
	15~16	25	坡中	达乌里胡枝子（10），丛生隐子草（10），白羊草（2），鹅观草（2）	25
	17~18	15	坡上	长芒草（30），铁杆蒿（20），小叶悬钩子（10），大针茅（3）	65
	25~26	21	坡上	铁杆蒿（15），达乌里胡枝子（5），丛生隐子草（5），白羊草（3），大针茅（3），长芒草（2）	35
	30	25	坡中	铁杆蒿（35），小叶悬钩子（15），土庄绣线菊（5），紫丁香（5），野菊（2），尖叶铁扫帚（2）	65
	30	21	坡下	达乌里胡枝子（70），茭蒿（8），长芒草（5），糙隐子草（2），铁杆蒿（2）	90
	40~41	26	坡中	达乌里胡枝子（75），长芒草（5），猪毛菜（3），阿尔泰狗娃花（2）	85
	（老荒坡）	31	坡上	铁杆蒿（15），茭蒿（10），长芒草（3），达乌里胡枝子（2），大披针薹草（2），灰叶黄耆（2）	35
	（老荒坡）	38	坡下	虎榛子（85），紫丁香，土庄绣线菊，铁杆蒿，长芒草，茭蒿，墓头回	85
阳坡	5	26	坡中	狗尾草（7），猪毛蒿（3）	10
	5~6	20	坡中	猪毛蒿（10），丛生隐子草（5）	20
	10	26	坡中	白羊草（10），达乌里胡枝子（5），丛生隐子草（3）	20
	16~17	21	坡中	白羊草（20），达乌里胡枝子（10），长芒草（5），甘草（5），铁杆蒿（3）	45
	20	30	坡中	白羊草（15），达乌里胡枝子（5），丛生隐子草（3），铁杆蒿（2）	25
	25~26	23	坡中	白羊草（20），达乌里胡枝子（5），长芒草（5），铁杆蒿（5），丛生隐子草（5），野豌豆（3）	45
	30	25	坡中	达乌里胡枝子（20），白羊草（8），铁杆蒿（5），长芒草（3），酸枣（3），白刺花	40
	40	8	峁顶	铁杆蒿（75），猪毛菜（5），达乌里胡枝子（2），糙隐子草（2）	85
	40~41	23	坡上	铁杆蒿（30），达乌里胡枝子（10），长芒草（10），猪毛菜（10），阿尔泰狗娃花（5）	65
	40~45	25	坡下	臭草（30），长芒草（15），茭蒿（5），铁杆蒿（3）	60
	（老荒坡）	38	坡上	铁杆蒿（15），白羊草（15），茭蒿（10），糙隐子草（5），白刺花（2）	50
	（老荒坡）	42	坡中	白刺花（25），铁杆蒿（10），茭蒿（5），中华隐子草（5），白羊草（1），酸枣	50

表 7-5 安塞纸坊沟流域阴坡和阳坡退耕地的植被变化

坡向	退耕年限/a	坡度/(°)	坡位	主要物种（盖度/%）	盖度/%
阴坡	3	26	坡中	赖草（20），猪毛蒿（3），达乌里胡枝子（2），草木犀（2）	30
	10	15	坡上	长芒草（25），阿尔泰狗娃花（3），猪毛蒿（3），铁杆蒿（2），委陵菜（1）	35
	10	6	坡上	达乌里胡枝子（35），赖草（5），猪毛蒿（5），糙叶黄耆（3），长芒草（2）	50
	15	9	坡下	长芒草（25），达乌里胡枝子（20），猪毛蒿（5），糙叶黄耆（3），堇菜（1）	55
	16	13	坡下	铁杆蒿（25），茭蒿（5），二裂委陵菜（3），猪毛蒿（3），达乌里胡枝子（1），长芒草（1）	40
	19	28	坡上	长芒草（30），赖草（2），达乌里胡枝子（1），阿尔泰狗娃花（1）	35
	19	20	坡中	茭蒿（20），铁杆蒿（25），长芒草（20），蒙古蒿（4）	70
	20	25	坡下	茭蒿（20），铁杆蒿（5），长芒草（7），达乌里胡枝子（3），白头翁（3）	40
	22	27	坡中	铁杆蒿（20），长芒草（5），达乌里胡枝子（3），阿尔泰狗娃花（1）	30
	25	30	坡中	铁杆蒿（15），长芒草（10），杠柳（2），互叶醉鱼草（5），达乌里胡枝子（2）	35
	40	37	坡下	大针茅（35），铁杆蒿（20），高隐子草（1），阿尔泰狗娃花（1），草木樨状黄耆（1）	60
	（老荒坡）	25	沟坡	铁杆蒿（25），茭蒿（5），长芒草（3），阿尔泰狗娃花（2）	35
	（老荒坡）	22	沟坡	中华卷柏（50），铁杆蒿（5），茭蒿（3），小红菊（2）	60
	（老荒坡）	40	坡下	铁杆蒿（10），茭蒿（15），紫丁香（5），秦晋锦鸡儿（5），白色野菊（5），丛生隐子草（8）	50
	（老荒坡）	20	坡中	黄刺玫（25），灰栒子（25），秦晋锦鸡儿（5），野古草（5），大披针薹草（5），中华卷柏（5），茭蒿（3）	80
	（老荒坡）	35	坡上	紫丁香（50），黄刺玫（15），柠条锦鸡儿（5），小叶悬钩子（3），野菊（1），铁杆蒿（1）	75
阳坡	1	28	坡上	猪毛蒿（15），猪毛菜（3），苦荬菜（1），小蓟（1）	20
	4	10	坡中	猪毛蒿（25），小蓟（1），达乌里胡枝子（1），长芒草（1），委陵菜（1）	30
	8	5	梁顶	赖草（13），芦苇（3），猪毛蒿（7）	25
	10	5	梁顶	猪毛蒿（15），长芒草（2），二裂委陵菜（2），中华隐子草（1）	20
	13	30	坡上	白羊草（55），达乌里胡枝子（5），长芒草（1），赖草（1）	65
	20	30	坡中	白羊草（25），长芒草（7），茭蒿（3）	35
	30	20	坡下	白羊草（50），达乌里胡枝子（3），铁杆蒿（10），大披针薹草（5），蒙古蒿（2）	70
	（老荒坡）	20	坡上	白羊草（30），达乌里胡枝子（5），长芒草（5），铁杆蒿（5），大针茅（3）	45

坡向	退耕年限/a	坡度/(°)	坡位	主要物种（盖度/%）	盖度/%
阳坡	（老荒坡）	35	沟坡	白羊草（40），铁杆蒿（10），茭蒿（3），紫丁香（2）	55
	（老荒坡）	30	沟坡	白刺花（50），茭蒿（10），铁杆蒿（5），白羊草（5），丛生隐子草（5），长芒草（5）	80
	（老荒坡）	25	沟坡	白刺花（60），茭蒿（10），铁杆蒿（5），白羊草（4），丛生隐子草（3），长芒草（3）	85

3. 草原风蚀水力侵蚀带的植被演替

根据吴起不同立地条件下植被样地的调查资料与分析结果（图7-9和表7-6），在退耕的 1～10 年内，退耕地植物群落主要有猪毛蒿群落、赖草+猪毛蒿群落、赖草群落和长芒草群落；退耕地首先侵入的物种或群落主要以一年生草本植物为主，其中以猪毛蒿群落为代表。随着植被的发展，赖草、长芒草、达乌里胡枝子、阿尔泰狗娃花和糙叶黄耆等物种不断侵入，猪毛蒿群落可演变为赖草+猪毛蒿群落、赖草群落或长芒草+达乌里胡枝子群落，这一阶段可持续 5～10 年。随着演替的进行，将会形成长芒草群落、达乌里胡枝子群落、铁杆蒿群落和茭蒿群落等不同的植被类型。在历经 40 年左右的时间后，该区地带性物种如冷蒿、百里香和星毛委陵菜等物种出现；物种数为 10～20，植被盖度可达 50%～70%。该区阴坡至阳坡植被变化不大，但冷蒿多出现在阴坡。由于黄土丘陵沟壑区破碎的地形地貌与以农户小田块的经营方式，该区形成了不同稳定群落的镶嵌景观。例如，在封禁 40 年的吴起街道杨青山流域，由于退耕前的耕作历史不同，即使在同一峁坡，可形成以不同物种为优势种的植被类型；在特殊的微域环境中也会出现相应的植被类型，如坡角洪积地形成佛子茅群落。这表明稳定群落的形成，不仅仅取决于特定区域的气候条件，也与区域内立地环境的空间格局有关。每个局部的立地环境，都会形成与其系统能量流动与物种循环处于平衡的稳定群落，最后形成具有不同植被盖度与生态服务功能的稳定群落镶嵌的植被景观。

表 7-6　吴起退耕地的植被恢复特征

地点	退耕年限/a	坡度/(°)	坡向	坡位	主要物种（盖度/%）	盖度/%	物种数/个
薛岔乡贺沟村	1	0		（梯田）	猪毛蒿（35），赖草（5）	40	6
	3	1		峁顶	赖草（45），猪毛蒿（10），达乌里胡枝子（3）	65	7
铁边城镇三谷窑村	2	5	西南	下部	猪毛蒿（20），阿尔泰狗娃花（5），达乌里胡枝子（2）	30	6
吴起街道杨青山流域	3	11	东南	中上	猪毛蒿（30），长芒草，达乌里胡枝子	30	9
	3	11	东南	中上	赖草（50），猪毛蒿（15）	65	9
铁边城镇田南湾村	3	18	东北	中下	猪毛蒿（40），长芒草（5），达乌里胡枝子（5）	50	10

续表

地点	退耕年限/a	坡度/(°)	坡向	坡位	主要物种（盖度/%）	盖度/%	物种数/个
薛岔乡南沟流域	4	23	西北	上部	赖草（60），猪毛蒿（5），糙叶黄耆	70	13
	4	29	西北	中上	赖草（80），黄鹌菜	80	10
	4	27	西北	下部	赖草（20），猪毛蒿（15）	35	12
	4	29	东南	上部	猪毛蒿（10），长芒草（3），糙叶黄耆	15	12
	4	29	东南	中部	赖草（20），长芒草（15），猪毛蒿	40	13
	4	30	东南	下部	长芒草（20），猪毛蒿（3），达乌里胡枝子	25	12
吴起街道金佛坪村	4	23	西南	上部	赖草（85），茭蒿（3）	90	7
	4	23	西南	中上	猪毛蒿（25），糙叶黄耆（3），阿尔泰狗娃花（1）	30	14
	5	25	东南	坡中	达乌里胡枝子（65），长芒草（10），阿尔泰狗娃花（3）	85	13
铁边城镇田南湾村	5	25	东北	坡上	长芒草（40），赖草（10），达乌里胡枝子（5）	60	8
	5	20	正南	坡上	糙隐子草（25），达乌里胡枝子（25），长芒草（3）	55	7
白豹乡吴河村	6	24	西南	下部	赖草（65），猪毛蒿（5）	75	11
	6	27	西南	中下	阿尔泰狗娃花（35），达乌里胡枝子（20），赖草（15）	70	15
	6	29	西南	中部	长芒草（50），猪毛蒿（5），阿尔泰狗娃花（3）	60	10
薛岔乡湫滩村	9	30	南	上部	赖草（30），猪毛蒿（3），阿尔泰狗娃花（1）	35	8
	9	20	南	上部	猪毛蒿（20）	20	12
	9	28	东北	上部	猪毛蒿（30），阿尔泰狗娃花（2），黄鹌菜（2）	40	13
吴起街道金佛坪村	15	25	南	坡中	糙隐子草（30），长芒草（10），阿尔泰狗娃花（5）	55	16
	15	25	北	坡上	长芒草（35），达乌里胡枝子（5），阿尔泰狗娃花（3）	45	15
薛岔乡贺沟村	20	4		峁顶	长芒草（35），阿尔泰狗娃花（10），猪毛蒿（5）	50	7
	20	20	西北	坡下	茭蒿（20），铁杆蒿（15）	40	9
	20	20	东南	（滑塌地）	茭蒿（30），赖草（40），长芒草（5），大针茅（5）	80	10
薛岔乡湫滩村	21	33	南	坡上	白草（20），长芒草（5），铁杆蒿（3），赖草（3）	35	15
	20	29	东北	坡中	茭蒿（75），铁杆蒿（5），赖草（5）	85	14
吴起街道金佛坪村	38	30	南	中下	茭蒿（45），达乌里胡枝子（10），糙隐子草（3）	60	8

续表

地点	退耕年限 /a	坡度 /(°)	坡向	坡位	主要物种（盖度/%）	盖度 /%	物种数 /个
吴起街道杨青山流域	40	0～5		梁顶	长芒草（45），糙隐子草（5），百里香（3）	60	14
	40	30	西北	坡上	星毛委陵菜（30），长芒草（15），铁杆蒿（15）	70	19
	40	30	西北	坡中	星毛委陵菜（20），铁杆蒿（15），茭蒿（15）	60	15
	40	34	西北	坡下	铁杆蒿（25），大针茅（15），星毛委陵菜（15），冷蒿（5）	65	12
	40	31	东南	坡上	星毛委陵菜（35），赖草（15），达乌里胡枝子（5）	55	18
	40	28	东南	坡上	星毛委陵菜（20），长芒草（20），二裂委陵菜（5）	50	15
	40	37	东南	坡中	茭蒿（40），星毛委陵菜（15），长芒草（5），百里香（3）	70	16
吴起街道榆树沟流域	（多年）			坡下	佛子茅（40），赖草（10），茭蒿（5）	55	6
	（多年）	35	北	坡下	茭蒿（65），铁杆蒿（20），达乌里胡枝子（5）	90	17
	（多年）	25	东北	坡中	铁杆蒿（40），茭蒿（20），达乌里胡枝子（10）	70	14
	（多年）	25	东北	中上	铁杆蒿（20），达乌里胡枝子（5），冷蒿（4）	35	10
铁边城镇田南湾村	（多年）	25	东北	坡中	冷蒿（40），长芒草（35），猪毛蒿（10）	85	8
薛岔乡贺沟村	（多年）	40	西	坡上	茭蒿（30），铁杆蒿（10），达乌里胡枝子（5）	45	8
长城乡杨庄	（多年）	8		坡顶	长芒草（40），糙隐子草（8），百里香（10）	60	8
白豹乡闫岔村	（多年）	20	西北	坡下	茭蒿（30），达乌里胡枝子（3），委陵菜（4）	40	13
白豹乡沟门村	（多年）	25	北	坡中	达乌里胡枝子（10），委陵菜（3），隐子草（2）	15	7
吴起街道走马台村	（多年）	20	东北	坡中	鹅观草（10），铁杆蒿（10），达乌里胡枝子（5），尖叶铁扫帚（5）	40	14

  总之，陕北丘陵沟壑区的植被演替均经历了大体相近的从一年生草本群落阶段到多年生蒿禾类草本群落阶段的过程；主要物种猪毛蒿、赖草、长芒草、达乌里胡枝子、铁杆蒿、茭蒿和白羊草等具有比较高的盖度与频度，依次作为优势种构成了以其他物种为主要伴生种的群落。然而，随着植被的恢复演替，不同植被带和阴坡与阳坡后期的演替方向却发生了明显的差异。这与所处的气候条件有着密切的关系。在以延安为代表的森林带，年平均降水量与气温相对较高，阴坡和阳坡均可发展为灌木和乔木林；阴坡可形成黄刺玫和辽东栎等为优势种的群落，在阳坡可形成白刺花和侧柏等为优势种的群落。在以安塞为代表的森林草原带，年平均降水量与气温较低，阴坡和阳坡只可演替为灌木

群落（在阴坡可形成黄刺玫、紫丁香和虎榛子等为优势种的群落，在阳坡可形成白羊草和白刺花等为优势种的群落），却难以形成乔木林。虽在安塞纸坊沟流域调查中偶见地边有杜梨出现，但具有明显的灌木化特征；而在延安燕沟流域的杜梨则可长成高大的乔木。在以吴起为代表的草原带，年平均降水量与气温相对更低，难以演替到灌木和乔木群落，阴坡和阳坡植被分异不显著；可形成以长芒草、达乌里胡枝子、铁杆蒿和茭蒿等为优势种的草本植被类型，伴随有草原带旱生物种如冷蒿、百里香和星毛委陵菜等的出现。

7.2.4　影响植被恢复演替的主要侵蚀环境因子

1. 单个环境因子对植被变化的影响

依据157个样地的CCA排序分析结果（表7-7），土壤养分各因子对植被变化的解释均达到显著水平；大于0.25mm水稳性团聚体、大于0.5mm水稳性团聚体、团聚状况、分散率、分散系数、结构体破坏率及容重对植被解释量也达到显著水平；2m以下土层的土壤含水量、地形因子中坡度和坡向以及退耕年限对植被变化的解释量均达到极显著水平。

表7-7　单个环境因子对植被变化的解释量与显著性分析

变量	单变量	157个样地（CCA总变量为12.192）		
		解释变量	比例/%	P值
土壤养分	OM	0.358	2.936	0.001
	TN	0.362	2.969	0.001
	TP	0.179	1.468	0.001
	AN	0.359	2.945	0.001
	AP	0.248	2.034	0.001
	AK	0.282	2.313	0.001
土壤物理性质	>0.25WSA	0.135	1.107	0.009
	>0.5WSA	0.139	1.140	0.007
	<0.01Clay	0.089	0.730	0.295
	SOR	0.185	1.517	0.001
	SAD	0.100	0.820	0.127
	SDD	0.123	1.009	0.021
	SDC	0.113	0.927	0.038
	SPI	0.090	0.738	0.277
	MWD	0.100	0.820	0.147
	PDC	0.123	1.009	0.020
	SBD	0.196	1.608	0.001

变量	单变量	157 个样地（CCA 总变量为 12.192）		
		解释变量	比例/%	P 值
土壤水分	WC200~300	0.270	2.215	<u>0.001</u>
	WC300~400	0.221	1.813	<u>0.002</u>
	WC400~500	0.249	2.042	<u>0.001</u>
	WC200~500	0.239	1.960	<u>0.001</u>
	WC300~500	0.244	2.001	<u>0.001</u>
地形	坡度	0.167	1.370	<u>0.002</u>
	坡向	0.433	3.552	<u>0.001</u>
	坡位	0.164	1.345	0.367
退耕年限	Year	0.327	2.682	<u>0.001</u>

注：土壤水分取 200cm 以下土层进行分析，原因是这些样地跨年度取样，以消除降水补充土壤水的影响。各单变量符号的含义见第 7.1.2 节。带下划线的数字表示分析结果达到 $P<0.05$ 显著水平。

2. 不同环境变量对植被变化的影响

采用偏典范对应分析（PCCA），利用变量分离在物种水平上分析了 157 个样本土壤养分、土壤物理性质、退耕年限、土壤水分和地形 5 组变量对退耕地植被变化的解释比例大小，具体结果见表 7-8。各组变量对植被变化解释比例大小顺序为 SW>SP>SN>T>Y，土壤水分解释量为最大。在 PCCA 分析中，土壤养分在分别剔除其他变量后，除退耕年限外，均达到显著水平；这也说明土壤养分与退耕年限的关系密切，相互交互作用大。地形变量与土壤水分变量在剔除其他变量后 P 值基本上小于 0.05；可见，在较大尺度上地形与土壤水分是影响植被变化的首要变量。退耕年限在分别剔除其他变量后 P 值均小于 0.05，说明了植被恢复的时间演替过程。

表 7-8   各组变量对植被变化的解释量与显著性分析

环境变量	可解释惯量	占总惯量的比例	显著性检验 P 值	
			第一轴	所有轴
Y	0.327	2.68	<u>0.001</u>	
SN	0.963	7.90	<u>0.014</u>	<u>0.001</u>
T	0.761	6.24	<u>0.001</u>	<u>0.001</u>
SW	1.451	11.90	<u>0.038</u>	<u>0.004</u>
SP	1.426	11.70	<u>0.003</u>	<u>0.001</u>
SN/Y	0.503	4.13	0.127	0.057
SN/T	0.562	4.61	0.131	<u>0.009</u>
SN/SW	0.642	5.27	<u>0.037</u>	<u>0.001</u>

环境变量	可解释惯量	占总惯量的比例	显著性检验 P 值	
			第一轴	所有轴
SN/SP	0.722	5.92	0.001	0.001
T/SN	0.533	4.37	0.001	0.012
T/Y	0.518	4.25	0.027	0.020
T/SW	0.563	4.62	0.004	0.005
T/SP	0.482	3.95	0.242	0.084
SW/SN	1.254	10.29	0.039	0.008
SW/Y	1.124	9.22	0.042	0.021
SW/T	1.204	9.88	0.051	0.010
SW/SP	1.201	9.85	0.020	0.008
SP/SN	1.041	8.54	0.028	0.017
SP/Y	0.878	7.20	0.051	0.098
SP/T	0.830	6.81	0.125	0.221
SP/SW	0.908	7.45	0.089	0.088
Y/SN	0.122	1.00	0.011	
Y/T	0.166	1.36	0.001	
Y/SW	0.131	1.07	0.003	
Y/SP	0.179	1.47	0.001	

注：SN 代表土壤养分；Y 代表退耕年限；SW 代表土壤水分；T 代表地形；SP 代表土壤物理性质；"/" 表示变量的剔除；"/" 后的因子表示协变量；带下划线的数字表示分析结果达到 $P<0.05$ 显著水平。

对不同组变量中影响植被变化的显著环境因子（$P<0.05$）的分析表明，土壤养分各因子均达到了显著水平，土壤物理性质变量中显著因子为大于 0.25mm 的水稳性团聚体、平均重量直径、结构体破坏率及容重，地形变量中为坡度和坡向。对于土壤水分变量，由于黄土丘陵区土壤水分的补充主要依靠大气降水，而年降水下渗深度一般在 200cm 以上，且降水量南北差异较大，致使 200~300cm 土层可能成为降水补充的临界土壤层，因此 200~300cm 土层的土壤含水量成为植被变化的显著影响因子。

3. 影响植被变化的显著因子分析

由于植被恢复演替是各个环境因子共同作用的结果，同时环境因子之间也在相互作用、相互影响且相互制约着，因此，分析所有因子来筛选影响植被变化的显著因子。在 P 小于 0.05 的显著水平上，有机质、全氮、全磷、速效磷、速效钾、分散率、分散系数、容重、坡度、坡向、200~300cm 土层的土壤含水量及退耕年限是影响物种变化的显著因子。

7.2.5 不同侵蚀环境下植物群落变化模拟

1. 森林水力重力侵蚀带

依据延安的 TWINSPAN 群落分类，植物群落主要为 1——猪毛蒿群落、2——达乌里胡枝子+长芒草群落、3——铁杆蒿+达乌里胡枝子群落、4——白羊草+铁杆蒿+白刺花群落、5——沙棘+铁杆蒿群落、6——白刺花+酸枣+铁杆蒿群落、7——黄刺玫+紫丁香+水栒子等灌木群落、8——侧柏+黄刺玫+紫丁香+大披针薹草群落和9——辽东栎+紫丁香等灌木+大披针薹草群落。分类树分析结果（图 7-10）表明，在退耕 11 年以内的植被演替初期，基本上形成猪毛蒿先锋群落。当植被恢复到 11～35 年，若 300～500cm 土层的土壤水分含量大于 11.74% 时，可发展为铁杆蒿+达乌里胡枝子群落。在植被恢复 11～21 年，300～500cm 土层的土壤水分含量小于等于 11.74%，且土壤有机质含量小于等于 8.714g/kg 时，可出现铁杆蒿+达乌里胡枝子群落；而当土壤有机质含量大于 8.714g/kg 时则可形成达乌里胡枝子+长芒草群落。当植被恢复年限为 21～35 年，300～500cm 土层的土壤水分含量小于等于 11.74%，且全磷含量小于等于 0.572g/kg 时，可出现达乌里胡枝子+长芒草群落；而全磷含量大于 0.572g/kg 时则可形成白羊草+铁杆蒿+白刺花群落。在植被恢复年限为 35～60 年，土壤有机质含量小于等于 16.47g/kg 时，白刺花+酸枣+铁杆蒿群落可形成；而土壤有机质含量大于 16.47g/kg 时则发展为黄刺玫+紫丁香+水栒子等灌木群落和

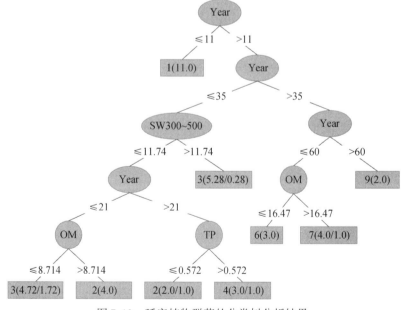

图 7-10　延安植物群落的分类树分析结果

圆形和椭圆形内为环境因子，其中 Year 为退耕年限，SW300～500 为 300～500cm 土层土壤水分含量，OM 为土壤有机质含量，TP 为全磷含量。方框中括号前的 1、2、3、4、5、6、7、8 和 9 分别为 9 个群落，具体见图 7-10 上方正文部分；括号内为分至该群落的样方总数/错误分至本类的样方数。分类正确率为 87.2%。Kappa 系数为 0.8440

侧柏+黄刺玫+紫丁香+大披针薹草群落。植被恢复超过 60 年时，该侵蚀带具有代表性的辽东栎+紫丁香等灌木+大披针薹草群落形成。

2. 森林草原水力侵蚀带

依据安塞的 TWINSPAN 分类，主要植物群落有 1——猪毛蒿+赖草群落、2——达乌里胡枝子+长芒草群落、3——白羊草+铁杆蒿+达乌里胡枝子+长芒草群落、4——白刺花+铁杆蒿群落、5——铁杆蒿+达乌里胡枝子+长芒草群落、6——铁杆蒿+茭蒿群落和 7——黄刺玫+紫丁香+虎榛子群落。分类树分析结果（图 7-11）表明，在退耕 10 年以内的植被演替初期，基本上形成猪毛蒿+赖草群落。在退耕的 10 ~ 15 年，若 300 ~ 500cm 土层的土壤水分含量大于 11.47% 且全磷含量小于等于 0.62g/kg，可发展为达乌里胡枝子+长芒草群落。植被恢复的 10 ~ 40 年，当 300 ~ 500cm 土层的土壤水分含量小于等于 11.47%，在全磷含量小于等于 0.62g/kg，或全磷含量为 0.62 ~ 0.68g/kg、有效钾含量小于等于 95.63mg/kg 和土壤有机质含量小于等于 7.57g/kg 时，可形成达乌里胡枝子+长芒草群落；若全磷含量为 0.62 ~ 0.68g/kg 且有效钾含量大于 95.63mg/kg，可恢复到白羊草+铁杆蒿+达乌里胡枝子+长芒草群落；而在全磷含量为 0.62 ~ 0.68g/kg、有效钾含量小于等于 95.63mg/kg 且土壤有机质含量大于 7.57g/kg 时，可出现铁杆蒿+达乌里胡枝子+长芒草群落。在退耕后的 15 ~ 40 年，300 ~ 500cm 土层的土壤水分含量大于 11.47% 且全磷含量小于等于 0.62g/kg 时可发展为白羊草+铁杆蒿+达乌里胡枝子+长芒草群落。植被恢复到 40 年以后，当全磷含量小于等于 0.68g/kg，在土壤有机质含量小于等于 11.92g/kg 时可出现铁杆蒿+茭蒿群落，而土壤有机质含量大于 11.92g/kg 时则形成白刺花+铁杆蒿群落；当全磷含量大于 0.68g/kg 且 300 ~ 500cm 土层的土壤水分含量小于等于 10.33% 时，黄刺玫+紫

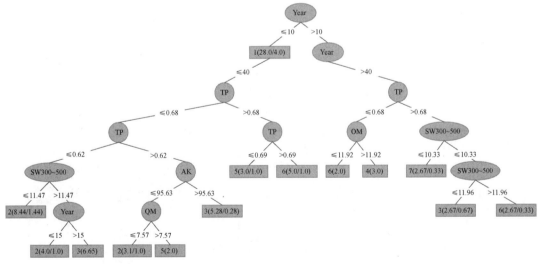

图 7-11　安塞植物群落的分类树分析结果

圆形和椭圆形内为环境因子，其中 Year 为退耕年限，SW300 ~ 500 为 300 ~ 500cm 土层土壤水分含量，OM 为土壤有机质含量，AK 为速效钾含量，TP 为全磷含量。方框中括号前的 1、2、3、4、5、6 和 7 分别为 7 个群落，具体见图 7-11 上方正文部分；括号内为分至该群落的样方总数/错误分至本类的样方数。分类正确率为 85.5%。Kappa 系数为 0.8163

丁香+虎榛子等灌木群落形成；当全磷含量大于 0.68g/kg，在 300～500cm 土层的土壤水分含量大于 11.96% 时发展为铁杆蒿+茭蒿群落，在 300～500cm 土层的土壤水分含量为 10.33%～11.96% 时则为白羊草+铁杆蒿+达乌里胡枝子+长芒草群落。

3. 草原风蚀水力侵蚀带

依据吴起的 TWINSPAN 分类，植被类型主要有 1——猪毛蒿群落、2——赖草+猪毛蒿群落、3——长芒草+达乌里胡枝子+猪毛蒿群落、4——达乌里胡枝子+阿尔泰狗娃花群落、5——茭蒿+达乌里胡枝子群落、6——星毛委陵菜+长芒草+百里香群落、7——星毛委陵菜+蒿类+长芒草群落和 8——铁杆蒿+大针茅+星毛委陵菜+冷蒿群落等。分类树的分析结果如图 7-12 所示。草原风蚀水力侵蚀带退耕 3 年内，当土壤水分含量大于 6.11% 且全磷含量小于等于 0.53g/kg 时，会形成猪毛蒿先锋群落。退耕恢复 3～15 年，当土壤水分含量大于 6.11% 和全磷含量小于等于 0.53g/kg，有效钾含量小于等于 34.55mg/kg 时会出现猪毛蒿群落，而有效钾含量大于 34.55mg/kg 时可出现赖草+猪毛蒿群落；而当土壤水分大于 6.11%，在全磷含量为 0.537～0.556g/kg 时出现猪毛蒿群落，在全磷含量为 0.530～0.537g/kg 时出现长芒草+达乌里胡枝子+猪毛蒿群落，在全磷含量大于 0.556g/kg 时则为赖草+猪毛蒿群落。退耕恢复的 15 年内，当 300～500cm 土层的土壤水分小于等于 6.11% 时，会出现达乌里胡枝子+阿尔泰狗娃花群落。植被恢复到 15 年以后，有效钾含量小于等于 67.27mg/kg 时，植被可恢复到茭蒿+达乌里胡枝子群落；有效钾含量大于

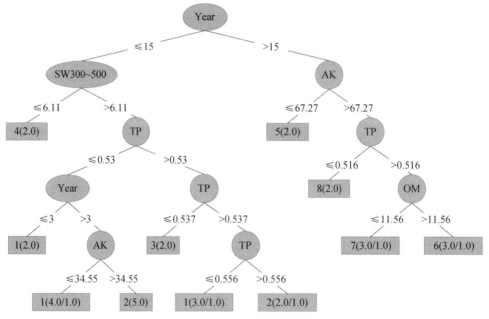

图 7-12 吴起植物群落的分类树分析结果

圆形和椭圆形内为环境因子，其中 Year 为退耕年限，SW300～500 为 300～500cm 土层土壤水分含量，OM 为土壤有机质含量，AK 为速效钾含量，TP 为全磷含量。方框中括号前的 1、2、3、4、5、6、7 和 8 分别为 8 个群落，具体见图 7-12 上方正文部分；括号内为分至该群落的样方总数/错误分至本类的样方数。分类正确率为 83.3%。Kappa 系数为 0.7989

67.27mg/kg 且全磷含量小于等于 0.516g/kg 时可形成铁杆蒿+大针茅+星毛委陵菜+冷蒿群落; 有效钾含量大于 67.27mg/kg 且全磷含量大于 0.516g/kg, 当土壤有机质含量小于等于 11.56g/kg 时可出现星毛委陵菜+蒿类+长芒草群落, 当土壤有机质含量大于 11.56g/kg 时可形成星毛委陵菜+长芒草+百里香群落。

4. 黄土丘陵沟壑区

三个植被侵蚀带的植物群落可归为 8 个: 1——猪毛蒿+赖草群落, 2——达乌里胡枝子+长芒草群落, 3——白羊草+铁杆蒿+达乌里胡枝子+长芒草群落, 4——铁杆蒿+茭蒿+达乌里胡枝子群落, 5——星毛委陵菜+蒿类+长芒草+大针茅+百里香+冷蒿群落, 6——白刺花+沙棘+铁杆蒿群落, 7——黄刺玫+紫丁香+虎榛子+水枸子+侧柏群落, 8——辽东栎+紫丁香等灌木+大披针薹草群落。延安、安塞和吴起分别代表着不同的植被侵蚀带, 有着各自特殊的区域气候特征, 分别用 1、2 和 3 来表征; 同时考虑不同植被侵蚀带的土壤质地特征选用 0~0.01mm 的物理性砂粒 (1~0.01sand) 和小于 0.01mm 的物理性黏粒 (<0.01clay), 模拟黄土丘陵沟壑区的主要植物群落随土壤养分与水分的恢复变化特征。分析结果见分类树图 (图 7-13)。

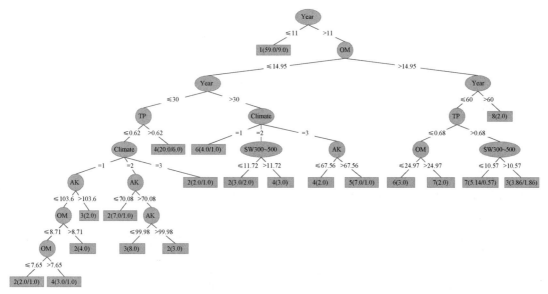

图 7-13 黄土丘陵沟壑区主要植物群落的分类树分析结果

圆形和椭圆形内为环境因子, 其中 Year 为退耕年限, SW300~500 为 300~500cm 土层土壤水分含量, OM 为土壤有机质含量, AK 为速效钾含量, TP 为全磷含量, climate 为区域气候特征。方框中括号前的 1、2、3、4、5、6、7 和 8 分别为 8 个群落, 具体见图 7-13 上方正文部分; 括号内为分至该群落的样方总数/错误分至本类的样方数。分类正确率为 82.8%。Kappa 系数为 0.7781

黄土丘陵沟壑区退耕植被恢复的 11 年以内, 植被主要为猪毛蒿和赖草先锋群落。

在植被恢复的 11~30 年, 在土壤有机质含量小于等于 14.95g/kg 且全磷含量小于等于 0.62g/kg 时, 不同植被侵蚀带的植被变化随土壤养分的变化表现如下: 在以延安为代表的森林水力重力侵蚀带, 当土壤有效钾含量小于等于 103.6mg/kg, 在土壤有机质含量大于 8.71g/kg 时可出现达乌里胡枝子+长芒草群落，而土壤有机质含量为 7.65～8.71g/kg 时可发展为铁杆蒿+茭蒿+达乌里胡枝子群落；当土壤有效钾含量大于 103.6mg/kg 时则形成白羊草+铁杆蒿+达乌里胡枝子+长芒草群落。在以安塞为代表的森林草原水力侵蚀带，当土壤有效钾含量小于等于 70.08mg/kg，可形成达乌里胡枝子+长芒草群落；土壤有效钾含量为 70.08～99.98mg/kg 时可出现白羊草+铁杆蒿+达乌里胡枝子+长芒草群落。在以吴起为代表的草原风蚀水力侵蚀带主要形成达乌里胡枝子+长芒草群落。

在植被恢复的 11～30 年，当土壤有机质含量小于等于 14.95g/kg 且全磷含量大于 0.62g/kg 时，基本上可发展为铁杆蒿+茭蒿+达乌里胡枝子群落。

植被恢复到 30 年以后，在森林侵蚀带可形成白刺花+沙棘+铁杆蒿群落；在森林草原水力侵蚀带主要为达乌里胡枝子+长芒草群落和铁杆蒿+茭蒿+达乌里胡枝子群落（由 300～500cm 土层的土壤水分含量决定，当土壤水分小于等于 11.72% 时为达乌里胡枝子+长芒草群落，反之为铁杆蒿+茭蒿+达乌里胡枝子群落）；在草原风蚀水力侵蚀带，有效钾含量小于等于 67.56mg/kg 时形成铁杆蒿+茭蒿+达乌里胡枝子群落，而有效钾含量大于 67.56mg/kg 时发展为星毛委陵菜+蒿类+长芒草+大针茅+百里香+冷蒿群落。

植被恢复的后期，当全磷含量小于等于 0.68g/kg 且有机质含量为 14.95～24.97g/kg 时可发展为白刺花+沙棘+铁杆蒿群落；当全磷含量小于等于 0.68g/kg 且有机质含量大于 24.97g/kg 时，黄刺玫+紫丁香+虎榛子+水栒子+侧柏群落可形成；当全磷含量大于 0.68g/kg 时，若 300～500cm 土层的土壤水分小于等于 10.57% 也可形成黄刺玫+紫丁香+虎榛子+水栒子+侧柏群落，若 300～500cm 土层的土壤水分大于 10.57% 可出现白羊草+铁杆蒿+达乌里胡枝子+长芒草群落。

植被恢复到 60 年以上，当土壤有机质含量大于 14.95g/kg 时，辽东栎+紫丁香等灌木+大披针薹草群落形成。

综上所述，黄土丘陵沟壑区退耕地在 25～30 年的恢复演替过程中，自然演替的轨迹是先由猪毛蒿为优势种的群落演替到以达乌里胡枝子和长芒草为优势种的群落，然后发展到以白羊草为优势种的群落或以铁杆蒿为优势种的群落；铁杆蒿和白羊草分别为优势种的群落代表着该区分布广泛且相对稳定的后期演替阶段，其植被动态缓慢。而人工林下的植被演替由于受乔木层郁闭度和土壤水分的影响，多以禾本科和旱生植物为优势种。

7.3 讨　　论

7.3.1 植物群落演替过程

植被的自然恢复是一个相当缓慢的过程，不同自然环境下经历着不同的演替阶段（朱志诚，1993a，1993b；陈云明等，2002；邹厚远等，1998，2002；王堃和吕进英，2000；刘更另等，1990）。随着植被群落演替的进行，植物种类在不断地发生更替，并且物种数量的增减总是伴随着阳性先锋植物的衰退和中生性顶级种的发展，呈前期（2～20 年）迅速增加、中期（50～60 年）减少而后期（150 年以上）维持一定水平的发展趋势，且从草本植物群落进入灌丛植物群落的生态过渡区是植物种类增加较快和更替最强烈的区域（温远光，1998；盛才余等，2000；余树全等，2000）。随着演替时间的推移，群落的多样性指数逐渐上升，在群落演替的中后期最大（杜国桢，1991；高贤明等，1997）；同时，与多年生植物及中生和旱中生植物的比例呈较好的正相关增加，一年生植物中生及中旱生植物比例则相反，群落结构随演替的发展而向复杂变化（邹厚远等，1998）。退耕裸地是植物最初的生长环境，这种环境条件选择了以量取胜的 r-策略一年生草本植物（如猪毛蒿）。这些植物产生大量小种子，一方面通过大数量分摊威胁，另一面小种子的拓殖能力强，可以增加其占领适宜生境的概率和范围（王东丽，2014）；通过繁殖大量植株形成密集的纯植丛或群居体，在裸地定居，成为退耕裸地上结构最简单的一年生草本群落，这种群落一般生存 2 年或数年的时间（一般 10 年左右）就会被多年生草本群落取代（邹厚远和焦菊英，2009）。多年生草本植物不能最先占领侵蚀裸地，只能在一年生草本植物群落的基础上逐渐发展起来；而且群落主要物种一般不是单一的，而是常以 2 种或 3 种为优势种相互配置形成不同的群落（不同的物种在群落中占据不同的空间，更能有效利用环境资源，且适应侵蚀环境的能力更强）（邹厚远和焦菊英，2010）。多年生草本群落结构比较复杂，生物多样性较高，与环境的关系比较协调，能够生存很长的时间，甚至能形成永久性草地（邹厚远和焦菊英，2009）。随着草本群落的长期发展，为灌木生长创造了有利条件；这时若有适宜的灌木种侵入，随着时间的推移，即可由多年生草本与半灌木群落发展为灌木群落，通常主要有白刺花（阳坡），黄刺玫和虎榛子（阴坡）等植物分别构成不同灌木群落。

在本研究中，不论是沿时间序列的调查，还是采用以空间代时间的方法调查，植物在自然恢复过程中都是从一年生草本植物到多年生草本植物，再到半灌木与灌木；后一演替阶段的物种会出现在前一阶段，逐渐代替前一阶段的主要物种成为群落的优势种，前一阶段的群落优势种不会消退，而是作为群落的伴生种而存在，这反映了自然恢复群落连续与递进的演替过程（焦菊英等，2005）。在沿时间序列的两次调查中，退耕初期，自然恢复群落的主要物种是猪毛蒿、赖草和阿尔泰狗娃花等。经过 10 年左右的恢复，长芒草和达乌里胡枝子重要值增加，成为群落优势种，且这两种植物一直存在，只是重要值减小；演替中后期物种铁杆蒿和白羊草的重要值逐渐增加，成为群落的优势种。演替中后期的物种要比早期物种生存的时间长很多；随着演替时间的推移，群落演替速率减缓（Matthews and Endress，2010），演替中后期的物种会存在很长时间；它们之间相互组合，构成研究区主要的群落类型，在少数群落中有灌木物种开始入侵。在自然恢复草本群落阶段，群落的演替轨迹可以用不同演替阶段的代表性群落表述：猪毛蒿、赖草群落——→长芒草与达乌里胡枝子群落——→铁杆蒿与白羊草群落；这与许多学者的研究结果（Jiao et al.，2007；Wang，2002；Du et al.，2007）一致。采用空间代时间的方法对植物变化规律的分析表明，植物由一年生草本植物到多年生草本和半灌木再到灌木最后到乔木。通过对不同植物群落所处生境的统计发现，一年生杂草群落如猪毛蒿群落和赖草群落，多年生草本群落如达乌里胡枝子群落、长芒草群落和白羊草群落等，以及半灌木+草本群落如铁杆蒿群落和茭蒿群落等分布广泛，基本不受地形条件的影响；这些群落随着退耕演替时间的推移逐步出现。随着演替时间的推进，适应于不同生境的植物种导致了不同的演替轨迹。地带性灌木和乔木多入侵分布在局部的陡峭沟坡、沟道或沟沿线的群落，分布面积较小；其群落类型也出现了生境分化，例如，黄刺玫、紫丁香、虎榛子和辽东栎等群落一般出现在阴坡生境中，而白刺花和侧柏一般出现在阳坡生境中。但是，这些灌木和乔木群落能够在本书的研究区形成群落；历史资料也表明在植被遭受人为破坏之前，这些物种能够形成分布范围广且生长良好的群落（王守春，1994；朱志诚，1983）。而坡度较缓的梁峁坡由于耕种与退耕的时间差异，分布着不同的多年生草本植物相互配置组成的不同草本群落。

本书研究区的主要植被类型是疏林草原与灌木草原（王守春，1994；朱志诚，1982，1984）。在延河流域南部森林带北缘，群落能演替到乔木阶段；乔木群落的建群种一般有辽东栎、侧柏和三角槭等，森林结构较为完整。在延河流域中部森林草原带，乔木群落很难发展起来，只在局部沟坡或沟道分布有灌木群落。在北部草原带，则很难演替到灌木阶段，基本都是多年生草本群落。这与许多学者在黄土高原的研究结果类似。在森林区，植被恢复的演替序列为先锋群落（猪毛蒿群落）——旱中生多年生蒿类群落（铁杆蒿和茭蒿群落）——中生与旱中生多年生禾草群落（黄背草群落、大油芒群落和白羊草群落）——灌木群落（白刺花灌丛、黄刺玫灌丛和虎榛子灌丛）——先锋乔木林（山杨林和白桦林）——顶极乔木林（辽东栎林——气候顶极群落）（朱志诚，1993a，1993b）。例如，在子午岭地区，植被的恢复演替过程从弃耕地先锋群落开始，经草本与灌木群落到早期森林群落山杨林或白桦林与侧柏林，再到后期森林群落辽东栎林或油松林；山杨林、白桦林和侧柏林为过渡时期，气候性演替顶极群落为辽东栎林，油松林为亚顶极（邹厚远等，2002）。在森林草原区，植被恢复演替序列为先锋群落（猪毛蒿群落和狗尾草群落等）——多年生禾草群落（长芒草群落、大针茅群落和糙隐子草群落等）——多年生蒿类群落（铁杆蒿群落和茭蒿群落等）——疏林草原群落（山杏、大果榆、杜梨和杜松等）；旱中生矮灌木和乔木侵入多年生蒿类群落，它们的盖度一般低于10%；演替过程为植物群落作用下的土壤性内因动态演替，最后终止演替的主导因素为气候（朱志诚和黄可，1993）。典型草原地带的主要植被类型是以长芒草、大针茅、铁杆蒿、茭蒿、冷蒿、百里香和星毛委陵菜等物种组成的草原植被，该地带的水热条件不适宜林木生长（陈云明等，2002），自然恢复演替序列为弃耕地——香茅群落——百里香+杂草——长芒草+百里香——长芒草+铁杆蒿——长芒草+大针茅——白颖薹草+杂草草甸；其演替过程是植物群落的内因生态演替，群落结构随演替发展而复杂变化，群落对环境的改造作用随演替的发展而增大（邹厚远等，1998）。

在本书研究区，退耕裸地除自然恢复外，还种植了人工乔木（刺槐）和灌木（柠条锦鸡儿和沙棘）。刺槐作为群落的建群种，随着时间的推进，从幼龄期到壮年期再到成熟期，大概需要经过30年左右的时间；30年之后，刺槐林逐渐开始衰败（程杰等，2013；Chang et al.，2014），林下植被也由于上层林木的发展而表现出与自然植被恢复不同的演替轨迹，林下植被主要是一年生草本植物和多年生禾草植物；当人工林逐渐衰退后，演替中后期的植物开始成为林下植被的优势种。林下植被的更替并非随演替时间而变，只与上层林木的发展有关；上层林木从幼龄期到成熟期，林木生长旺盛，相对的林下植被生长受限。上层林木的覆盖导致林下光合有效辐射大幅减少，一些喜光性植物（如白羊草和菊叶委陵菜）没有出现，只有一些耐阴性物种（如茅莓、茜草、裂叶堇菜和龙葵）是林下植被的优势种。另外，人工林土壤养分条件的改变有利于杂草（如田旋花和鬼针草）的入侵，这些物种也是林下植被的优势物种。而猪毛蒿、狗尾草和长芒草一直存在于人工林下直至上层林木开始衰退。当上层林木开始衰退之后，其对于林下植被的影响减小，一些演替中后期的植物（如达乌里胡枝子和铁杆蒿）开始作为群落优势种出现；这些优势物种与自然恢复30年左右的物种类似。本研究调查的柠条锦鸡儿林和沙棘林林龄在15～30年，正处于生长期，灌木层覆盖度较高，阳生性的植物没有出现。另外，这一时期灌木林生长相对比较稳定，群落内物种的更替较慢（郭连金等，2007；王琳琳，2010），因此，在灌木林下分布的植物并没有出现更替，只是重要值有所变化。

7.3.2 植被演替的影响因子

植物群落演替与气候条件和土壤状况之间存在着极其密切的关系，是内因与外因长期共同作用的结果，整个群落演替过程是不断建立平衡和打破平衡的过程；群落在空间上既有联系又有区别，在时间上既有连续又有间断（赵丽娅和赵哈林，2000）。植物种群对有限资源的竞争是决定植物群落种类组成多样性及演替动态的主要因子（柳江等，2002）。植被演替初期，很大程度上受土壤环境因素的制约；这些因素不仅影响着植物群落的发生、发育和演替的速度，而且决定着植物群落演替的方向（杨小波等，2000）。不同的研究区域影响植被的主导因素不尽相同。有关黄土高原森林植被的研究表明，在该研究区域降水和大气温度已不是决定群落类型和分布的主导因素，土壤理化性质在这里成为决定森林群落类型和分布的主导因子，其中土壤含水量、全氮和有机质含量具有决定性意义（相辉和岳明，2001）。一些研究已经证明，植被对环境因子的响应导致植物群落的物种组成和多度沿生境梯度发生显著的变化，产生明显的地带性植被模式（Henriques and Hay，1998）。对一个地形开阔与海拔高度差异不大的小区域来说，降水和大气温度没有明显的地域差异，它们不再是决定该区域植物群落分异和演替的主导因素；土壤的盐分、pH、有机质含量、有效磷含量和其他理化特性的异质性往往是决定植物群落组成、结构和分布格局形成的主要因素（Kutiel，1992；Monson et al.，1992；Montana，1990；Chen et al.，2002）。

本研究通过单因子、分组变量及显著因子对植被变化的影响三个方面的分析，得出影响植被恢复的主要因子为土壤养分因子（OM、TN、TP、AP和AK）、土壤物理因子（SAD和SBD）、地形因子（坡度和坡向）、土壤水分因子（WC200～300）及退耕年限。不同的环境因子影响着植物的生物量，进而影响着植物物种的组成和多样性。在土壤养分因子中，土壤氮素是决定植物群落生产量、多样性和入侵的重要因子（Chapin et al.，1983）；磷素在许多土壤类型中是个限制性因子（Wang，2002），决定着群落的生物量与物种组成；钾素也影响着植物的生物产量（Van der Woude et al.，1994）。土壤氮、磷和钾素作为植被生长繁衍的大量生命元素，影响植物的生物量，进而影响植物物种的组成和多样性（Critchley et al.，2002；Chapin et al.，1983；Matthew，2003；Janssens et al.，1998；Kirkham et al.，1996；Oomes et al.，1996；Van der Woude et al.，1994）。而黄土丘陵沟壑区退耕地土壤的氮、磷和钾含量处于低水平，特别是磷素匮乏严重（王国梁，2001），因而土壤养分是影响黄土丘陵沟壑区植物群落结构与生产力重要的生命因子。土壤物理因子在一定程度上表征了样地的土壤侵蚀程度。土壤抗蚀性的大小主要取决于土粒和水的亲和力及土粒间的胶结力（胡建忠和范小玲，1998）。评价土壤抗蚀性能的指标主要为土壤有机质、水稳性团聚体、平均重量直径、团聚度和分散系数等（张振国等，2007）；这些反映土壤侵蚀程度的因子主要受制于植被恢复程度的影响，反过来也在影响着植被的恢复演替。土壤水分对植物的有效性是决定植物的生产力及植物分布的异质性和生活型的一个非常重要的因子，尤其在干旱和半干旱地区（Noy-Meir，1973；Snyman，2002）。由于黄土丘陵沟壑区植物耗水几乎完全依赖土壤供给，而其土壤水分对大部分地区来说完全依靠大气降水补充（王经民等，2000），年降水下渗深度仅在 200cm 以内（孙长忠等，1998），致使 200~300cm 土层可能成为降水补充的临界土壤层，因此 200~300cm 土层的土壤含水量成为区域植被变化的显著影响因子。200cm 以下土层的土壤水一旦耗用，就难以补充（补充需要很长的时间）（张信宝，2003），而人工油松林、天然灌丛和荒坡草地对土壤水分的利用深度都超过了 900~1000cm（王志强等，2002；穆兴民等，2003）。可见，土壤水分是黄土丘陵沟壑区植被恢复的限制因子（郭忠升和邵明安，2003）。地形控制了太阳辐射和降水的空间再分配，并影响土壤的发育过程及其强度，进而直接影响不同地形部位微环境的差异及其对群落的物种组成、结构和动态的作用（沈泽昊和张新时，2004）。在地形因子中，坡度主要影响土壤侵蚀和养分的流失，坡度和土壤养分及其土壤肥力呈负相关；坡向影响土壤的温度，直接影响到土壤有机质的分解和土壤水分含量，许多研究表明土壤水分和土壤养分的含量与坡向具有较大的关系（Famiglietti et al.，1998）。退耕年限不仅是一个反映干扰水平的指标，而且是一个与坡度、土壤有机质和土壤养分有关的综合指标。陡坡地退耕早，不受耕作和放牧干扰的时间较长（唐克丽等，1998），其土壤有机质和土壤养分是随退耕年限而增加的（Jia et al.，2005；Jia et al.，2011；焦菊英等，2005）。除了土壤状况和气候条件是植物群落演替的关键因素，干扰（如放牧、砍伐和放火等）也是影响群落结构和演替的重要因素，不同的干扰程度对生物群落有着不同的作用力（蔡小虎和王全锡，2003；胡建忠等，2003）。

综上所述，黄土丘陵沟壑区干旱少雨的气候特征及土壤干层的出现，加上土壤肥力低，黄土母质缺磷的特点（许明祥和刘国彬，2001），致使土壤水分与养分是该区植被恢复与演替的最重要限制因子。因此，黄土丘陵沟壑区退耕地的植被恢复应遵循植被区划和立地条件，以自然恢复为主；并在土壤环境条件允许的情况下，依据特定的地形条件，结合物种的生活型与水分生态类型，适度种植灌乔林（乡土属种或地带性物种），并进行适当的培肥和引种等人工干预调控，以促进退耕地植被恢复的进程。

7.4 小　结

（1）在自然恢复演替过程中，由一年生草本群落到多年生草本群落阶段，大概经过 5~8 年；多年生草本植物和半灌木物种常以 2 种或数种为优势种相互配置形成不同的群落，这些植物群落通常能够存在很长时间，甚至形成永久性草地。在刺槐林下植被恢复过程中，林下植被由于上层林木的发展而表现出与自然植被恢复不同的演替轨迹，林下出现的植物较少，只有部分一年生杂草和禾本科植物（如猪毛蒿、猪毛菜、狗尾草和长芒草）的存在；当人工林逐渐衰退后，演替中后期的植物（如铁杆蒿和达乌里胡枝子）开始成为林下植被的优势种。在人工灌木林生长相对稳定的时期，林下植物并没有出现更替。

（2）黄土丘陵沟壑区植被演替均经历了大体相近的一年生草本群落阶段到多年生蒿禾类草本群落阶段；主要物种有猪毛蒿、赖草、长芒草、达乌里胡枝子、铁杆蒿、茭蒿和白羊草等，它们依次作为优势种构成了以其他物种为主要伴生种的群落。然而，随着植被的恢复演替，不同植被侵蚀带和阴坡与阳坡后期的演替方向却发生了明显的差异。这与其所处的气候条件有着密切的关系。在以延安为代表的森林水力重力侵蚀带，年平均降水量与气温相对较高，阴坡与阳坡均可发展为灌木和乔木林；阴坡可形成黄刺玫和辽东栎等为优势种的群落，阳坡可形成白刺花和侧柏等为优势种的群落。在以安塞为代表的森林草原水力侵蚀带，年平均降水量与气温较低，阴坡与阳坡只可演替为灌木群落（如阴坡可形成黄刺玫、紫丁香和虎榛子等为优势种的群落，阳坡可形成白羊草和白刺花等为优势种的群落），却难以形成乔木林；虽在安塞纸坊沟流域调查中偶见地边有杜梨出现，但具有明显的灌木化特征。在以吴起为代表的草原风蚀水力带，年平均降水量与气温相对更低，难以演替到灌木和乔木群落，阴坡与阳坡植被分异不显著；可形成长芒草群落、达乌里胡枝子群落、铁杆蒿群落和茭蒿群落等为优势种的草本植被类型，伴随有草原带旱生物种如大针茅、冷蒿、百里香和星毛委陵菜等的出现。

（3）若只用单个因子来分析植被变化，土壤有机质（OM）、全氮（TN）、全磷（TP）、有效氮（AN）、速效磷（AP）、速效钾（AK）、大于 0.5mm 水稳性团聚体（>0.5WSA）、团聚状况（SOR）、分散率（SDD）、结构体破坏率（PDC）、容重（SBD）、0~500cm 土层土壤含水量、坡度、坡向和退耕年限均可显著解释植被的变化；但解释的比例不大，大尺度上变化在 1.0%~3.5%。若以分组变量来分析植被的变化，退耕年限、土壤养分、土壤水分、地形和土壤物理特性 5 组变量均显著影响着植被变化。但在各组变量因子中，不同的因子影响植被变化的程度不同；有机质、全磷、速效磷、土壤水分含量、坡度与坡向、结构性颗粒指数和平均重量直径等在各组变量中对植被的作用相对较大。植被变化是环境诸因子综合作用的结果；由于因子间的相互作用，在 P 小于 0.05 的显著水平上，有机质、全氮、全磷、速效磷、速效钾、团聚度、容重、坡度、坡向、200~300cm 土层的土壤含水量及退耕年限是影响物种变化的显著因子。

（4）黄土丘陵沟壑区的主要植物群落可归为猪毛蒿+赖草群落、达乌里胡枝子+长芒草群落、白羊草+铁杆蒿+达乌里胡枝子+长芒草群落、铁杆蒿+茭蒿+达乌里胡枝子群落、星毛委陵菜+铁杆蒿+长芒草+大针茅+百里香+冷蒿群落、白刺花+沙棘+铁杆蒿群落、黄刺玫+紫丁香+虎榛子+水枸子+侧柏群落和辽东栎+紫丁香等灌木+大披针薹草群落。猪毛蒿+赖草群落是黄土丘陵沟壑区退耕恢复初期的主要先锋群落类型，主要是由恢复年限决定的；在退耕 1~10 年恢复的植被基本上为猪毛蒿群落、赖草群落和猪毛蒿+赖草群落。随着植被的恢复，由于全磷、有效钾、土壤有机质、土壤水分的不同而在不同的侵蚀带发生着复杂的变化。三个植被带均可形成达乌里胡枝子+长芒草群落，而白羊草+铁杆蒿+达乌里胡枝子+长芒草群落和铁杆蒿+茭蒿+达乌里胡枝子群落主要出现在森林带与森林草原带，星毛委陵菜+铁杆蒿+长芒草+大针茅+百里香+冷蒿群落为草原带演替后期的代表群落，灌木群落如白刺花+沙棘+铁杆蒿群落和黄刺玫+紫丁香+虎榛子+水枸子+侧柏群落等只出现在森林带与森林草原带，辽东栎+紫丁香等灌木+大披针薹草群落只在森林带形成；这些群落主要是由区域气候条件来决定的，具有区域性特征。

（5）黄土丘陵沟壑区退耕地在25～30年的恢复演替过程中，自然演替的轨迹是先由猪毛蒿为优势种的群落演替到以达乌里胡枝子和长芒草为优势种的群落，然后发展到以白羊草为优势种的群落或以铁杆蒿为优势种的群落；铁杆蒿和白羊草分别为优势种的群落代表着该区分布广泛且相对稳定的后期演替阶段，其植被动态缓慢。而人工林下的植被演替由于受乔木层郁闭度和土壤水分的影响，多以禾本科和旱生植物为优势种。

参 考 文 献

蔡小虎，王全锡.2003.不同干扰程度对常绿阔叶林迹地群落结构的影响.四川林业科技，24（1）：7-11.

陈云明，梁一民，程积民，等.2002.黄土高原林草植被建设的地带性特征.植物生态学报，26（3）：339-345.

程杰，王吉斌，程积民，等.2013.渭北黄土区人工刺槐林生长与生物量效应.中国水土保持科学，11（4）：72-79.

杜国祯，王刚.1991.亚高山草甸弃耕地演替群落的种多样性及种间相关分析.草业科学，8（4）：53-57.

甘枝茂.1990.黄土高原地貌与土壤侵蚀研究.西安：陕西人民出版社.

高贤明，黄建辉，万师强，等.1997.秦岭太白山弃耕地植物群落演替的生态学研究Ⅱ演替系列的群落多样性特征.生态学报，17（6）：619-625.

郭连金，张文辉，刘国彬.2007.黄土丘陵区沙棘人工林发育过程中物种多样性及种间关联变化.应用生态学报，18（1）：9-15.

郭忠升，邵明安.2003.雨水资源、土壤水资源与土壤水分植被承载力.自然资源学报，18（5）：522-528.

胡建忠，范小玲.1998.黄土高原沙棘人工林地土壤抗蚀性指标探讨.水土保持通报，18（2）：25-30.

胡建忠，朱金兆，周心澄.2003.植被系统受干扰效应分析与建设方略.中国水土保持科学，1（1）：70-73.

焦菊英，马祥华，白文娟，等.2005.黄土丘陵沟壑区退耕地植物群落与土壤环境因子的对应分析.土壤学报，42（5）：744-751.

刘更另，黄新江，冯云峰，等.1990.红壤丘陵自然植被恢复及其对某些土壤条件的影响.中国农业科学，23（3）：60-69.

柳江，洪伟，吴承祯，等.2002.退化红壤区植被恢复过程中灌木层主要种群的生态位特征.植物资源与环境学报，11（2）：11-16.

穆兴民，徐学选，王文龙，等.2003.黄土高原人工林对区域深层土壤水环境的影响.土壤学报，40（2）：210-217.

沈泽昊，张新时.2004.三峡老岭地区森林植被的空间格局分析及其地形解释.植物学报，42（10）：1089-1095.

盛才余，刘伦辉，刘文耀.2000.云南南涧干热退化山地人工植被恢复初期生物量及土壤环境动态.植物生态学报，24（5）：575-580.

孙长忠，黄宝龙，陈海滨，等.1998.黄土高原人工植被与其水分环境相互作用关系研究.北京林业大学学报, 20 (3)：7-14.

唐克丽, 张科利, 雷阿林. 1998. 黄土丘陵区退耕上限坡度的研究论证. 科学通报, 43 (2)：200-203.

王堃, 吕进英. 2000. 退耕地的自然演替与人工恢复. 中国农业资源与区划, 21 (4)：51-55.

王东丽. 2014. 黄土丘陵沟壑区植物种子生活史策略及种子补播恢复研究. 杨凌：西北农林科技大学博士学位论文.

王守春. 1994. 历史时期黄土高原的植被及其变迁. 人民黄河, (2)：9-12.

王国梁, 刘国彬, 许明祥. 2001. 黄土丘陵区纸坊沟流域植被恢复的土壤养分效应. 水土保持学报, 22 (1)：1-5.

王经民, 戴海燕, 韩冰. 2000. 黄土丘陵区土壤水分研究. 农业系统科学与综合研究, 16 (1)：53-56.

王琳琳. 2010. 黄土丘陵区人工柠条锦鸡儿林群落特征及土壤有机碳动态. 杨凌：西北农林科技大学硕士学位论文.

王志强, 刘宝元, 海春兴, 等. 2002. 晋西北黄土丘陵区不同植被类型土壤水分分析. 干旱区资源与环境, 16 (4)：53-58.

温远光. 1998. 大明山不同环境梯度植被的物种多样性研究. 广西农业大学学报, 17 (2)：131-137.

相辉, 岳明. 2001. 陕北黄土高原森林植被数量分类及环境解释. 西北植物学报, 21 (4)：726-731.

许明祥, 刘国彬. 2001. 黄土丘陵区刺槐人工林土壤养分特征及演变. 植物营养学报, 10 (1)：15-20.

杨小波, 吴庆书. 2000. 海南岛热带地区弃荒农田次生植被恢复特点. 植物生态学报, 24 (4)：477-482.

余树全, 李翠环, 姜礼元, 等. 2002. 千岛湖天然次生林群落生态学研究. 浙江林学院学报, 19 (2)：138-142.

张信宝. 2003. 黄土高原植被建设的科学检讨和建议. 中国水土保持, (1)：17.

张振国, 范变娥, 白文娟, 等. 2007. 黄土丘陵沟壑区退耕地植物群落土壤抗蚀性研究. 中国水土保持科学, 5 (1)：7-13.

赵丽娅, 赵哈林. 2000. 我国沙漠化过程中的植被演替研究概述. 中国沙漠, 20 (S1)：7-14.

朱志诚. 1982. 陕北森林草原区的植物群落类型——Ⅰ、疏林草原和灌木草原. 中国草原, (2)：1-8.

朱志诚. 1983. 陕北黄土高原上森林草原的范围. 植物生态学与地植物学丛刊, (2)：1-8.

朱志诚. 1984. 陕北森林草原区的植物群落类型——Ⅱ. 禾草草原和半灌木草原. 中国草原, (1)：13-21.

朱志诚. 1993a. 陕北黄土高原森林区植被恢复演替. 西北林学院学报, 8 (1)：87-94.

朱志诚. 1993b. 陕北黄土高原植被基本特征及其对土壤性质的影响. 植物生态学报, 17 (3)：280-286.

朱志诚, 黄可. 1993. 陕北黄土高原森林草原地带植被恢复演替初步研究. 山西大学学报（自然科学版）, (1)：94-100.

邹厚远, 程积民. 1998. 黄土高原草原植被的自然恢复演替及调节. 水土保持研究, 5 (1)：126-138.

邹厚远, 焦菊英. 2009. 黄土丘陵区生态修复地不同抗侵蚀植物的消长变化过程. 水土保持通报, 29 (4)：235-240.

邹厚远, 焦菊英. 2010. 黄土丘陵沟壑区抗侵蚀植物的初步研究. 中国水土保持科学, 8 (1)：22-27.

邹厚远, 程积民, 周麟. 1998. 黄土高原草原植被的自然恢复演替及调节. 水土保持研究, 5 (1)：126-138.

邹厚远, 刘国彬, 王晗生. 2002. 子午岭林区北部近 50 年植被的变化发展. 西北植物学报, 22 (1)：1-8.

Bakker J P, Olff H, Willems J H, et al. 1996. Why do we need permanent plots in the study of long-term vegetation dynamics? Journal of Vegetation Science, 7：147-156.

Bekker R M, Bakker J P, Thompson K. 1997. Proceedings of the 6th IALE Conference. Aberdeen：International Association of Landscape Ecology.

Bever J D, Westover K M, Antonovics J. 1997. Incorporating the soil community into plant population dynamics: the utility of the feedback approach. The Journal of Ecology, 85: 561-573.

Chen Y F, Song M H, Dong M. 2002. Spatial pattern of the plant community along a sand covered hillslope in Ordos Plateau of China. Acta Phytoecologica Sinica, 26 (4): 501-504.

Chang R Y, Jin T T, Lü Y H, et al. 2014. Soil carbon and nitrogen changes following afforestation of marginal cropland across a precipitation gradient in Loess Plateau of China. PLOS ONE, 9 (1): e85426 (1-12).

Chapin F S, Vitousek P M, Van Cleve K. 1986. The nature of nutrient limitation in plant communities. The American Naturalist, 127 (1): 48-58.

Critchley C N R, Chambers B J, Fowbert J A, et al. 2002. Association between lowland grassland plant communities and soil properties. Biological Conservation, 105: 199-215.

Du F, Shao H B, Shan L, et al. 2007. Secondary succession and its effects on soil moisture and nutrition in abandoned old-fields of hilly region of Loess Plateau, China. Colloids and Surfaces B (Biointerfaces), 58 (2): 278-285.

Famiglietti J S, Rudnicki J W, Rodell M. 1998. Variability in surface moisture content along a hillslope transect: Rattlesnake Hill, Texas. Journal of Hydrology, 210: 259-281.

Guerrero-Campo J, Palacio S, Montserrat-Martí G. 2008. Plant traits enabling survival in Mediterranean badlands in northeastern Spain suffering from soil erosion. Journal of Vegetation Science, 19: 457-464.

Heras M D L, Nicolau J M, Espigares T. 2008. Vegetation succession in reclaimed coal-mining slopes in a Mediterranean-dry environment. Ecological Engineering, 34 (2): 168-178.

Henriques R P B, Hay J D. 1998. The plant communities of a foredune in southeastern Brazil. Canadian Journal of Botany, 76: 1323-1330.

Janssens F, Peeters A, Tallowin J R B, et al. 1998. Relationship between soil chemical factors and grassland diversity. Plant and Soil, 202: 69-78.

Jiao J Y, Tzanopoulos J, Xofis P, et al. 2007. Can the study of natural vegetation succession assist in the control of soil erosion on abandoned croplands on the Loess Plateau, China? Restoration Ecology, 15 (3): 391-399.

Jia G M, Cao J, Wang C, et al. 2005. Microbial biomass and nutrients in soil at the different stages of secondary forest succession in Ziwulin, northwest China. Forest Ecology and Management, 217 (1): 117-125.

Jia Y F, Jiao J Y, Wang N, et al. 2011. Soil thresholds for classification of vegetation types in abandoned cropland on the Loess Plateau, China. Arid Land Research and Management, 25 (2): 150-163.

Kirkham F W, Mountford J O, Wilkins R J. 1996. The effects of nitrogen, potassium and phosphorus addition on the vegetation of a somerset peat moor under cutting management. Journal of Applied Ecology, 33: 1013-1029.

Kutiel P. 1992. Slope aspect on soil and vegetation in a Mediterranean ecosystem. Israel Journal of Botnay, 41: 243-250.

Lesschen J P, Cammeraat L H, Kooijman A M, et al. 2008. Development of spatial heterogeneity in vegetation and soil properties after land abandonment in a semi-arid ecosystem. Journal of Arid Environments, 72 (11): 2082-2092.

Marrs R H. 1993. Soil fertility and nature conservation in Europe: theoretical considerations and practical management solutions. Advances in Ecological Research, 24: 241-300.

Matthews J W, Endress A G. 2010. Rate of succession in restored wetlands and the role of site context. Applied Vegetation Science, 13 (3): 346-355.

Matthew L B. 2003. Effects of increased soil nitrogen on the dominance of alien annual plants in the Mojave Desert. Journal of Applied Ecology, 40: 344-353.

Monson R K, Smith S D, Gehring J L, et al. 1992. Physiological differentiation within an Encelia farinose population along a short topographic gradient in the Sonoran Desert. Functional Ecology, 6: 751-759.

Montana C. 1990. A floristic-structural gradient related to land forms in the southern Chihuahuan Desert. Journal of Vegetation Science, 1 (5): 669-674.

Munroe D K, Berkel D B V, Verburg P H, et al. 2013. Alternative trajectories of land abandonment: causes, consequences and research challenges. Current Opinion in Environmental Sustainability, 5 (5): 471-476.

Noy-Meir I. 1973. Desert ecosystems: environment and producers. Annual Review of Ecology and Systematics, 4: 25-51.

Olff H, Ritchie M E. 1998. Effects of herbivores on grassland plant diversity. Trends in Ecology and Evolution, 13 (7): 261-265.

Oomes M J M, Olff H, Altena H J. 1996. Effects of vegetation management and raising the water table on nutrient dynamics and vegetation change in a wet grassland. Journal of Applied Ecology, 33: 576-588.

Prach K, Pyšek P, Šmilauer P. 1993. On the rate of succession. Oikos, 66 (2): 343-346.

Rodwell, J. S. 1991. British Plant Communities. Volume 1. Cambridge: Cambridge University Press.

Snyman H. A. 2002. Short-term response of rangeland botanical composition and productivity tofertilization (N and P) in a semi-arid climate of South Africa. Journal of Arid Environments, 50: 167-183.

Van der Putten W H, Mortimer S R, Hedlund K, et al. 2000. Plant species diversity as a driver of early succession in abandoned fields: a multi-site approach. Oecologia, 124: 91-99.

Van der Woude B J, Pegtel D M, Bakker J P. 1994. Nutrient limitation after long-term nitrogen fertilizer in cut grasslands. Jannual of Applied Ecology, 31: 405-412.

Vuichard N, Ciais P, Belelli L, et al. 2008. Carbon sequestration due to the abandonment of agriculture in the former USSR since 1990. Global Biogeochemical Cycles, 22 (4): GB4018, doi: 10.1029/2008GB003212.

Wang G H. 2002. Plant traits and soil chemical variables during a secondary vegetation succession in abandoned fields on the Loess Plateau. Chinese Bulletin of Botany, 44 (8): 990-998.

第三篇

植物的抗侵蚀特性

第8章　植物适应土壤侵蚀环境的繁殖生物学特性

本章作者：焦菊英　王东丽　杜华栋　王　宁　胡　澍

植被自然更新是一个复杂的生态学过程，有效的繁殖体（种子和营养繁殖体）及合适的生境是植被自然更新的基础（李小双等，2007）。种子作为有性繁殖的最初载体，是种子植物进行自然更新与植被恢复的基础与关键，在生态系统中占有非常重要的地位（Fenner and Thompson, 2005；Harper, 1977；于顺利等，2007）。种子在干扰环境下成功萌发、出苗、定植并长成植株的过程，对植物种群更新、分布、扩展及群落稳定具有重要的影响（Fone, 1989；Baskin J M and Baskin C C, 1979；Alexander et al., 1994），可将退化劣地转变为植被环境（Alexander et al., 1994），对改善生态环境具有重要意义（García-Fayos et al., 2000；Thornes, 1985；李小双等，2007）。同时，植物的营养繁殖在种群的维持和扩展方面也具有重要的作用（Guerrero-Campo et al., 2008；张荣等，2004）；植物可通过根茎、匍匐茎或分蘖芽等营养繁殖体进行繁殖更新，维持种群的密度并不断扩张（刘志民等，2003a）。大多数多年生植物通常可通过有性和无性繁殖两种方式来完成个体更新，因此植物在克隆生长与有性繁殖间可能存在着权衡关系；这种权衡关系是由环境条件、竞争力度、植物寿命和遗传等因素决定的（张玉芬和张大勇，2006）。植物在长期的自然选择与环境压力下形成各种生活史特征，使物种的适合度最大，具备适应生境的生活史策略（班勇，1995）。植物在一个地区存在的先决条件是能够进行更新和繁殖，而在不同环境条件下植物表现出不同的繁殖对策和繁殖能力（Bochet et al., 2009；Guerrero-Campo et al., 2008）。植物生殖成功策略包括抵抗和忍耐两种：抵抗是通过一定的防御机制使得植物最大可能地减小受到的环境伤害而繁殖成功，即多数有性繁殖植物的策略；忍耐是植物通过不定芽和不定根的产生而繁殖成功，即营养繁殖植物的策略。从两种机制可以看出，忍耐型的营养繁殖植物较抵抗型植物更能适应严重干扰的环境（Latzel, 2008）。土壤侵蚀过程会对植物生长产生胁迫与干扰，土壤侵蚀过程中的机械动力特性直接制约着植被的生长发育和恢复演替（García-Fayos et al., 2000；Guerrero-Campo and Montserrat-Martí, 2000, 2004；Nagamatsu and Miura, 1997）；同时，土壤侵蚀的长期作用改变着地貌格局与土壤特性，导致坡面尺度及微地形尺度下的环境产生异质性，影响种子的生产、扩散、流失、再分布、萌发和出苗，还胁迫幼苗的定植与成活（Guerrero-Campo and Montserrat-Martí, 2000），进而影响植被的结构与功能，制约植被的发育与演替。

本章将通过试验分析不同物种子的流失率大小与萌发特性，研究植物种子抵抗土壤侵蚀的形态与生理学策略；通过野外种子埋藏试验与植冠和土壤种子库调查，探明不同植物的种子库策略；通过观察分析植物的营养繁殖特征，研究不同物种在侵蚀环境下的繁殖与拓展能力；最后综合分析不同植物适应土壤侵蚀环境的繁殖方式、能力与策略。

8.1 研 究 方 法

8.1.1 种子生活史特征

1. 不同形态种子流失模拟降雨试验

依据 101 种植物的种子形态特征，选择其中形态各异且具有代表性的 60 种植物种子，进行种子流失降雨模拟试验。模拟试验采用黄土高原土壤侵蚀与旱地农业国家重点试验室人工模拟降雨大厅的侧喷降雨系统，雨滴降落高度为 16m，降雨均匀度大于 80%（郑粉莉和赵军，2004）。供试土壤采自陕北黄土高原安塞县，土壤类型为黄绵土，质地为粉质壤土。试验土槽规格为 2m×0.5m×0.35m（长×宽×高），槽底均匀打孔，用于保证坡面良好的透水性，坡度的可调节范围为 0°~30°；土槽下端有集流槽，用来收集径流泥沙样。供试种子均布设在距土槽顶部 70~150cm 的范围内，种子均按水平线形布设；同一物种的种子布设在同一水平线上，每个水平线上布设 2~3 个物种，每两条线之间间隔 10cm。设置土槽坡度为 20°，降雨强度为 100mm/h，降雨历时 30min；每场降雨设置 3 槽次的重复。降雨结束后统计流失种子数、迁移种子数和未变动种子数，并测定迁移种子数的迁移距离，进而计算种子流失率、迁移率和迁移距离，分析其与植物各种子形态指标的相关关系。

2. 不同植物种子的萌发特性

2011 年 6 月至 2012 年 11 月，在研究区对所见所有物种的成熟种子进行采集。每个物种待测种子采自至少 10 株（丛）。由于调查时间与样地的限制，本研究只采集了 64 种植物的种子。

萌发特性的测定采用室内萌发实验。每个物种设置 3 个重复；乔灌植物种子由于较大且较少，每个重复 50 粒，而小种子物种每个重复 100 粒。采用直径 9cm 的培养皿和双层滤纸作培养床；萌发前用 100℃热水消毒杀菌，置于人工气候培养箱。依据研究区的多年平均气象观测资料，培养条件设置为白天（光照时段）13h 且温度 25℃，夜晚（黑暗时段）11h 且温度 16℃，光照为 8800lx，湿度为 60%。种子萌发以胚突破种皮且长为种子长度的一半时为标准 [参考《国际种子发芽规程》]；从种子置床起，每 24h 记录一次种子发芽数，记数直到连续 5 天不出现有发芽种子时为止（刘志民等，2004）。萌发特性表征指标见 3.1.2。

对于没有萌发的种子采用 TTC 法进行活力测定，具有活力的种子认为是休眠的种子（刘志民等，2003b）。TTC（2,3,5-三苯基氯化四氮唑）法原理：四唑溶液作为一种无色的指示剂，具有脱氢还原作用，接受有生活力种子的胚细胞内三羧酸代谢途径中释放出来的氢离子，被还原成一种红色的三苯基甲䐩（triphenyl formazam）。依据四唑染成的颜色区分种子（红色的有生活力，无色的死亡）。萌发实验结束后，将未萌发的种子移入新的培养皿中；根据不同种子进行斜切、横切、穿刺或不处理后，浸入 0.5% 的四唑染色溶液，置温度为 32.5℃的恒温黑暗环境 24h 进行染色反应。休眠特性采用休眠率（percentage of dormancy，PD）表征：休眠率=种子休眠总数/供试种子数×100%。

另外，2011 年 11 月至 2012 年 11 月，在纸坊沟和宋家沟两个小流域选取 3 座典型的梁峁，由每个梁峁的南坡底部到顶部再到北坡底部选择阳沟坡、阳梁峁坡、梁峁顶、阴梁峁坡和阴沟坡 5 个具有不同侵蚀环境代表性的样地（共 15 个），采集样地主要物种的种子。从每个样地选取大小不同的植株，从植株上下和内外等不同方位进行种子采集，置于纸袋带回室内进行种子萌发实验与 TTC 活力测定。

种子萌发类型的划分基于萌发率、萌发时滞、萌发时长、T50 和 T90 五个萌发特征值，采用分层聚类的方法（hierarchical cluster analysis）。不同侵蚀环境下主要物种种子休眠与萌发特征的差异性采用单因素方差分析（ANOVA）和最小显著差异法（LSD）比较。由于不同年际间种子休眠与萌发特征差异较大，有些物种两年间的种子休眠率与萌发特征值的方差不齐性，故对其采用多独立样本非参数检验（kruskal-wallis test）进行差异性分析。

3. 植冠种子库

基于已有的研究与野外观测（张小彦等，2010a），在黄土丘陵沟壑区典型小流域纸坊沟和宋家沟选择了 12 种代表性物种进行调查，包括多年生草本菊叶委陵菜，多年生半灌木达乌里胡枝子、铁杆蒿和茭蒿，以及灌木沙棘、白刺花、杠柳、黄刺玫、水枸子、土庄绣线菊、紫丁香及黄柏刺。于调查物种种子成熟期，每个物种选取了 6 个稳定群落作为调查样地。由于植物大小与种子产量相关，不同大小植物的初始宿存量不同，因此每个物种选取大小不同的植株作为研究对象；灌木黄刺玫、水枸子、土庄绣线菊、沙棘、杠柳和黄柏刺各选 3 株作为重复，达乌里胡枝子、铁杆蒿、茭蒿、菊叶委陵菜、白刺花和紫丁香各选 6 株作为重复。于 2011 年 11 月 8 日，对植物种子量进行测定，作为植冠种子库的初始宿存量。由于大部分种子成熟后进行传播，成熟后 1 个月内宿存量会发生较大的变化，因此又于 2011 年 12 月 4 日进行了种子宿存量调查。鉴于植冠种子库可能对降水、温度和湿度等环境因子表现出不同的响应策略，分别于 2012 年春季和夏季（2 月 28 日、4 月 9 日、5 月 10 日和 6 月 8 日）进行了种子宿存量调查。对不同时期采集的宿存种子的萌发与休眠特性进行测定；种子采自群落内非观测植株，采用室内萌发实验与 TTC 法进行测定。每个物种设置 3 个重复；考虑到灌木种子较大且较少，每个重复 50 粒，而小种子物种每个重复 100 粒。由于不同植物物候期各异，种子成熟期差异较大，而且有些种子具有后熟性，特别是初次调查时（2011 年 11 月 8 日）铁杆蒿种子未完全成熟，故选择 2011 年 12 月 4 日和 2012 年 2 月 28 日的种子进行活力测定，研究植冠种子库种子活力变化特征。

4. 土壤种子库

1）种子埋藏实验

由于持久土壤种子库中的种子数量与种子的大小和形状有关（Thompson and Grime，1979），而且植被演替依赖于土壤种子库的种子持久性，为此本研究选取 15 种黄土丘陵沟壑区种子形态各异且演替阶段不同的主要物种，即猪毛蒿、长芒草、达乌里胡枝子、茭蒿、铁杆蒿、白羊草、白刺花、阿尔泰狗娃花、狗尾草、沙棘、紫丁香、杠柳、酸枣、水栒子和黄刺玫。将采集的 15 种主要物种种子置于实验室后熟、风干和净种后，按照不同物种种子的大小分别装入大小和孔径适合的纱袋（Bekker et al., 1998）。每个物种随机选取正常种子 100 粒装入纱袋，每年设置 5 个纱袋重复，分别进行 1 年、2 年、3 年、4 年和 5 年的埋藏试验。在 2010 年 2 月底将种子埋藏于中国科学院安塞县水土保持研究试验站墩山试验田（为阳坡撂荒梯田）。在试验田中选取 5 个 1m×10m 的样带，分别作为种子埋藏第 2 年、第 3 年、第 4 年和第 5 年的样地。每个样带内设置 5 个 1m×1.5m 的样方，每个样方间距为 0.5m；每个样方埋藏 1 个重复，做好标记。

2）土壤种子库调查

具体见第 3 章的 3.1.4 节。

8.1.2 营养繁殖特征

通过野外观察及植物志资料查阅，确定具有营养繁殖能力的物种组成及其营养繁殖方式。

1. 主要物种营养繁殖体芽库与地上分枝调查

为了反映营养繁殖体芽库在生长季末和生长季初的变化特征，选择物种白羊草、铁杆蒿、茭蒿、长芒草、达乌里胡枝子、阿尔泰狗娃花、中华隐子草、硬质早熟禾、赖草和鹅观草，分别在 2010 年 10 月、2011 年 4 月与 10 月和 2012 年 4 月进行调查。每个物种选择 6~10 丛或样方（对于根茎植物如赖草和阿尔泰狗娃花）处于平均生长状态的植株进行挖掘，记录其分蘖芽或根茎芽数量；同时，记录调查植株冠幅或样方的面积。

为了进一步了解不同类型芽库的变化特征，分别在植物生长季末期（2011 年 11 月）、返青期（2012 年 3 月）和开花结实期（2012 年 8 月）进行芽库调查。对于选取的标准植株，首先测量冠幅；然后挖掘整体植株（灌木杠柳和白刺花芽库在地下无分布，直接统计地上部分芽库），分别统计距离地面小于 -10cm、-10~0cm、0cm、0~10cm、大于 10cm 这 5 个层次的芽库特征（Kleyer et al., 2008），并依据 Klimešová 和 Klimeš（2007）芽库类型进行划分。永久性芽库为植物多年生器官上的芽体，如多年生草本枝条上的芽及草本植物地下多年生根茎上的芽、贮藏块根茎、鳞茎和鳞芽等；季节性芽库为植物短命器官上的芽体，包括一年生草本植物的地上部分及多年生草本幼嫩茎芽和地下假一年生器官上的芽。分别统计永久性芽库和季节性芽库的数量。在统计地下芽体数量时，对于游击型植物（猪毛蒿、芦苇、达乌里胡枝子、杠柳和白刺花），其根茎上的芽及少量芽痕通过肉眼即可辨认出来；而对于密丛型禾草及密集型枝系构型植物（茭蒿、铁杆蒿、白羊草和长芒草），大多数芽体位于植株基部，需要对植株基部进行解剖并在解剖镜下计数。

主要营养繁殖物种的地上分枝数量的调查在纸坊沟 4 个典型沟坡单元。分别于 2010 年 6 月、7 月、8 月和 9 月进行。选择坡面上分布较为广泛的物种铁杆蒿、茭蒿、长芒草、白羊草、达乌里胡枝子、阿尔泰狗娃花和中华隐子草等，每个物种选取 10 丛平均生长水平的植株，记录其地上分枝数量，并测量其冠幅。

对主要物种的营养繁殖体芽库和分枝密度换算成单株芽数/分枝数和单位面积冠幅分芽数/枝数进行统计,将植丛视为椭圆进行面积计算。采用方差分析和多重比较,分析主要物种芽库的动态以及主要物种分枝数随季节和土壤侵蚀带的变化情况。植物总芽库数量计算如下。

$$总芽库数量=永久性芽库数量+季节性芽库数量$$

对各物种距离地面小于-10cm、-10 ~ 0cm、0cm、0 ~ 10cm 和大于10cm 这 5 个层次分别统计其永久性芽库密度和季节性芽库密度占总永久性芽库密度和总季节性芽库密度的比例。

$$PBP=\frac{PBD}{TBD_P}$$

$$SBP=\frac{SBD}{TBD_S}$$

式中,PBP 为各层次永久性芽库密度占总永久性芽库密度比例;SBP 为各层次季节性芽库密度占总季节性芽库密度比例;PBD 为各层次永久性芽库密度;SBD 为各层次季节性芽库密度;TBD$_P$ 为总永久性芽库密度;TBD$_S$ 为总季节性芽库密度。

2. 营养繁殖物种的空间分布调查

为了确定研究区营养繁殖物种在不同侵蚀环境中的分布特征,在 2010 年 9 月和 10 月对研究区不同坡度和坡向的植被进行了调查。选择具有较大面积的种群或群落作为调查对象,记录其分布面积与环境条件(坡位、坡度和侵蚀状况)。依据其面积的大小设置 3 ~ 6 个 2m×2m 的样方进行植被调查,记录物种多度、盖度、高度和冠幅等指标。

对于不同土壤侵蚀条件下营养繁殖物种分布的研究,首先计算各物种的重要值,分析不同繁殖类型(种子繁殖和营养繁殖)物种重要值随坡度的变化,以及群落 Margalef 指数、Shannon-Wiener 指数和 Pielou 指数随营养繁殖物种重要值的变化规律,并进行 Pearson 相关分析,确定营养繁殖物种在不同环境中对植物群落物种多样性的影响。其中,

$$重要值=相对频度(\%)+相对多度(\%)+相对盖度(\%)$$

式中,相对频度=某个物种的频度/全部物种的频度×100%;相对多度=某个物种的株数/全部物种的总株数×100%;相对盖度=某个物种的盖度/全部物种的盖度×100%。

3. 幼苗和克隆分株更新权衡调查

2014 年 7 月选取了 30 个由 2013 年 7 月特大暴雨引发的黄土滑坡(滑坡发生在不同海拔和坡向,均为浅层滑坡)。从以上 30 个滑坡中选取 12 个(南坡和北坡向各 6 个),在每个滑坡面上于 2016 年 3 月 28 日(此后气温持续在 5 ℃ 以上,标志着生长季的开始)平行布设 3 个 1m×1m 的样方。在每个样方内,自 2016 年 4 月至 10 月(生长季结束),每月中旬(即 2016 年 4 月 16 日、2016 年 5 月 17 日、2016 年 6 月 18 日、2016 年 7 月 19 日、2016 年 8 月 19 日、2016 年 9 月 19 日和 2016 年 10 月 20 日)用竹签标记植物群落的幼株层中每个新出现的幼苗和克隆分株(每次使用不同颜色的竹签标记),并记录它们的名称和数量,同时(除 2016 年 4 月 16 日外)也记录它们的存活数量。2017 年 4 月 22 日(越冬后)和 8 月 23 日(越夏后)分别再记录它们的存活数量。然后,从生长季内幼苗出现和克隆分株出现的相

对数量，生长季、冬季、翌年春夏季和整个调查期内幼苗死亡和克隆分株死亡的相对程度，以及整个调查期间幼苗密度和克隆分株密度的相对大小三个方面进行分析。

8.1.3　主要物种的生殖分配

在森林草原带的纸坊沟和宋家沟小流域，沟坡 5 种不同的侵蚀环境各有 3 个样地重复，共 15 个样地。对 9 种植物繁殖分配及芽库的研究在单株个体水平上进行；每个样地内选择平均大小的植株 5 株（丛）重复，保证每种侵蚀环境下每个物种有 15 株（丛）重复。

于 2011 年 10 月至 11 月（长芒草、杠柳和白刺花于 2011 年 5 月）植物盛花期进行研究物种生殖分配采样。首先记录选取的标准植株上生殖枝与营养生长枝个数，再测定分株高度（cm）；然后在每株上选 3 个有代表性的生殖枝，分别测定其生殖枝长（cm）、花序长（cm）和花序（花）数量（3 种蒿类、白羊草和长芒草为花序重量，达乌里胡枝子、杠柳和白刺花为单个花数量，芦苇并未调查到生殖枝）等；最后采集生殖枝〔将其分为花序轴、单个花序（花）〕和生长枝标准枝，分类装入纸袋放在 105℃烘箱内烘至恒重，再用万分之一电子天平分别称重得到各部分的干重，分别计算物种生长繁殖投入比（GR）和生殖分配（RA）（操国兴等，2005；李清河等，2012）（由于植物有着庞大的根系和株丛，在挖取过程中极易造成地下部分生物量的遗留而影响统计结果，因此生物量的计算按地上部分生物量进行）。于 2011 年 11 月末（长芒草于同年 5 月）采集单株植物种子，种子采样同样采取标准枝法；每株植物选取有代表性的有性生殖枝条 3 枝，回实验室阴干后分离出种子，计数得出单株植物生产的种子个数，之后用万分之一电子天平称量不同侵蚀环境下各物种的千粒重（白刺花单个种子质量较大，因此称量百粒重），然后计算物种不同侵蚀环境下的生殖输出（RO）（Mathieson and Guo，1992）。各计算公式如下。

$$生长繁殖投入比 GR = \frac{生长枝生物量}{生殖枝生物量}$$

$$生殖分配 RA = \frac{生殖枝重量}{植物地上部分总生物量}$$

$$生殖输出 RO = 单个种子重量 \times 单个植株种子数量$$

8.2　结果与分析

8.2.1　种子生活史策略

1. 植物种子抵抗水蚀的形态特征

60 种植物种子在人工模拟降雨条件下表现出不同的流失特征（表 3-9）。种子流失率分布在 0～100%。其中黄刺玫、酸枣、扁核木、魁蓟和大针茅 5 种植物种子在所有重复中均没有发生流失，其余55种植物种子均发生流失；特别是地黄、灰叶黄耆、菊叶委陵菜和猪毛菜的种子在所有试验中的流失率均为100%，为最易流失的植物种子。另外，没有流失的种子在侵蚀坡面上均发生了不同程度的迁移。60种植物种子的迁移率变化为3.33%~100%，迁移距离分布在3.2~157.5cm；其中，53种植物的种子迁移率达到80%以上，只有3种植物的种子迁移率低于10%。大部分植物的种子迁移距离超过100cm，占到供试物种的55%；17种植物的种子迁移距离小于50cm。

种子流失率、迁移率和迁移距离与种子重量、长、宽、高、体积和形状指数（FI）均具有负相关关系；除了FI与种子流失特征值的关系不显著，其他种子形态指标与种子流失特征值的关系均达到显著性水平（表8-1）。可见，种子流失与种子大小具有显著的负相关关系，即种子越小越容易流失，种子越大越不容易流失。然而，有些形状明显细长或扁平的种子表现为较小或中等的流失与迁移，如鬼针草、唐松草和山丹等。

表8-1　种子形态指标与种子流失特征值的关系

种子流失特征值	种子形态指标					
	重量	长	宽	高	体积	FI
流失率	−0.306*	−0.500**	−0.369**	−0.371**	−0.311*	−0.121
迁移率	−0.836**	−0.464**	−0.732**	−0.788**	−0.799**	−0.144
迁移距离	−0.349**	−0.523**	−0.320*	−0.385**	−0.351**	−0.117

注：显著性水平标注，*表示 $P<0.05$；**表示 $P<0.01$。FI为种子的形状指数，FI=（L+W）/2H（Poesen，1987），其中L、W、H分别为种子的长、宽、高。

此外，附属物和分泌黏液能够抵抗种子流失。有附属物的植物种子流失率均小于无附属物的植物种子流失率；尤其是能够分泌黏液的种子的平均流失率与无附属物的种子的平均流失率间存在极显著性差异（$P<0.01$）（图8-1）。然而，不同附属物类型间种子迁移距离没有显著性差异；种子具毛、具翅、具花柱与花被和具刺类型的平均迁移率反而较种子无附属物的高。具附属物的大部分种子平均迁移距离较无附属物的小（除种子具翅外）；其中能够分泌黏液的种子迁移距离显著小于无附属物的种子。

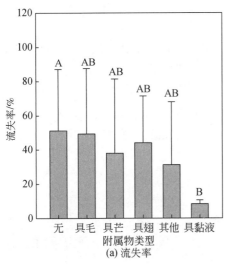 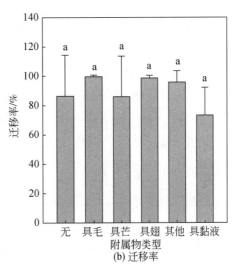

(a) 流失率　(b) 迁移率

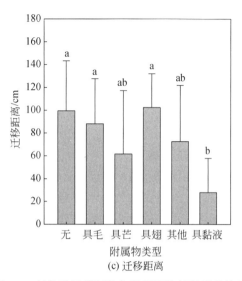

图 8-1　植物种子附属物与种子流失特征值的关系

图中附属物类型中"其他"包括具花柱、花被、刺等附属物。误差线上字母表示不同附属物间差异性，
不同大写字母表示差异极显著（$P<0.01$），不同小写字母表示差异显著（$P<0.05$）

　　结合种子流失特征及其与种子形态的关系，得出黄土丘陵沟壑区植物种子具有以下抵抗土壤侵蚀的形态特征。

　　（1）重量非常大。例如，酸枣种子（357.43mg/粒）、黄刺玫种子（335.13mg/粒）和扁核木种子（151.4mg/粒）在本研究任何重复中都不发生流失与迁移。

　　（2）能够分泌黏液。种子受潮或吸水后在表面形成黏液层，与土壤表面黏附在一起，而不易发生流失与迁移。例如，香青兰和亚麻的种子流失率和迁移距离都较小（流失率分别为6.7%和10.0%，迁移距离分别为7.0cm和49.1cm）。

　　（3）具附属物（除具翅）。大部分附属物可以增加种子与土壤表面的摩擦，进而提高种子的抗侵蚀能力（种子的翅在水流作用下更易漂浮而随径流流失，不具有抗水力侵蚀作用）。

　　（4）形状狭长。FI值很大的种子与土壤表面的摩擦力较大。例如，鬼针草的种子，流失率只有3.33%，迁移距离只有37.6cm。

　　（5）独特形态组合。例如，墓头回近圆球形的种子镶在扁平状翅的一侧，在降雨过程中，二者起到相互制衡的作用：扁平状的翅可以通过改变种子受力方向防止雨滴击溅作用引起的滚动，而近圆球形的种子又可以通过抵消翅所受的浮力而防止径流冲刷作用引起的迁移与流失。又如，灌木铁线莲、芹叶铁线莲和白头翁的种子表面被毛，而且具有宿存花柱，形成形状狭长且表面粗糙的结构，通过增加与土壤表面的摩擦而提高其抗蚀性。

2. 植物种子萌发策略

1）植物种子休眠与萌发特征

64 种植物种子休眠率差异较大，变化在 0～100%（表 8-2）。大部分植物（60.9%）种子休眠率较低，均低于 10%。其中紫花地丁、地黄、菊叶委陵菜、星毛委陵菜、杠柳、糙隐子草、紫菀、魁蓟、蒲公英和灌木铁线莲 10 种植物种子完全不休眠，成熟后只要条件适宜就会迅速启动萌发；而且紫花地丁、地黄和蒲公英的种子从 6 月前后就开始成熟和散布，能保证在雨季抓住有利条件完成萌发。有 13 种植物种子休眠率介于 11.3%～53.0%。其余 12 种植物种子休眠率均大于 80%，其中白花草木犀、达乌里胡枝子、苦马豆、糙叶黄耆、尖叶铁扫帚和白刺花 6 种豆科植物的种子，由于硬实而高度休眠（80%～95.3%）；而酸枣、黄刺玫、水枸子、扁核木、火炬树和虎榛子 6 种乔灌植物的种子也由于硬实，休眠率均为 100%。

表 8-2　64 种植物种子萌发特征与休眠率

物种	休眠率/%	萌发率/%	萌发时滞/d	萌发历时/d	T50/d	T90/d
阿尔泰狗娃花	20.7±3.3	62.7±1.8	4.7±1.2	25.3±1.2	14.7±2.9	22.3±1.3
白花草木犀	80±2.3	15.3±3.5	1±0	11.7±2.6	2±0	11±2.1
白头翁	0.7±0.7	37.7±2.9	12.7±1.2	17±1.5	6.7±0.9	12.3±0.9
白羊草	0.4±0.4	94.8±0.7	0±0	6.6±0.8	2.4±0.4	3.4±0.7
斑种草	17.7±4.7	75.3±7.2	2±0	15.7±3.8	2.7±0.3	7.3±1.2
扁核木	100	0	—	—	—	—
糙叶黄耆	91.7±2.4	3.3±1.4	1.7±0.3	3.3±1.4	1.7±0.3	3.3±1.4
糙隐子草	0±0	98.3±0.3	0±0	3±0	2±0	2.3±0.3
车前	0.7±0.3	74.7±4.9	3±0	8.3±0.7	2.7±0.3	6.3±0.3
臭蒿	14±2	83.3±1.7	1.3±0.3	7.7±0.9	3.3±0.3	5.3±0.9
达乌里胡枝子	84.7±0.3	11.3±1.8	1±0	5±1.7	1.7±0.3	5±1.7
大针茅	2.7±0.7	74.3±5.5	4±0.6	29.3±6.7	7.7±0.7	16.3±3.2
紫花地丁	0±0	91.3±1.4	4.3±0.3	14.±1.8	4.7±0.3	7.3±0.3
地黄	0±0	40±3.0	3±0	6.3±1.3	1.3±0.3	3±0.6
鹅观草	0.3±0.3	97.3±0.9	4±0	11.7±1.4	4.7±0.3	7±1.2
二裂委陵菜	0.7±0.7	39.3±1.2	8.3±0.3	21.7±2.3	7.3±0.3	16.7±2.3
风轮草	1.7±1.2	97.3±0.7	3±0	5.3±0.9	1±0	2±0
风毛菊	9±5.3	59.7±10.6	2±0.6	30.7±1.8	14.3±0.3	25.7±4.3
杠柳	0±0	97.4±0.7	0.2±0.2	12±0.6	8.2±0.2	9.7±0.2
狗尾草	21.6±1.1	53.6±2.0	1.4±0.2	14±0.5	3±0.5	8.8±1.1
灌木铁线莲	0±0	80.8±1.8	12±0.5	18±0.8	5±0.5	11.2±0.3
鬼针草	11.3±7.4	50.3±3.8	6.3±0.3	14.±0.9	7.3±1.2	11.7±0.9
鹤虱	35.3±6.1	40.3±5.8	2±0	9±2	1.7±0.3	4.7±0.3
虎榛子	100	0	—	—	—	—

物种	休眠率/%	萌发率/%	萌发时滞/d	萌发历时/d	T50/d	T90/d
互叶醉鱼草	0.3±0.3	82.3±4.8	4±0	7±0.6	2.7±0.3	5±0.6
黄柏刺	1.3±1.3	90.3±5.5	4±0	13±3	3.7±0.3	8.7±1.3
黄刺玫	100	0	—	—	—	—
中华小苦荬	6.3±2.6	81.7±1.8	4±0	19±1.5	7±0	12.3±0.9
灰叶黄耆	39.7±0.3	35.7±0.7	1.7±0.7	33±4.56	8±2	27.3±3.2
火炬树	100	0	—	—	—	—
尖叶铁扫帚	95.3±2.2	4±2.5	5.7±2.9	6±2.9	1.7±0.7	6±2.9
茭蒿	0.4±0.2	95.6±1.5	2±0	14.8±0.4	6.4±0.5	11.2±0.6
角蒿	0.3±0.3	84.7±0.3	3±0	4.7±0.9	2±0	2±0
菊叶委陵菜	0±0	61.7±4.4	2.3±0.3	23.7±2.7	5±1	16.3±2.2
苦马豆	89.7±0.3	9.7±0.3	5.7±1.3	21±1.2	9±0.6	21±1.2
魁蓟	0±0	53.3±3.8	2±1	8.7±2.7	2±0.6	7.3±1.3
狼尾草	39.3±1.8	50±2.1	1.3±0.3	7.7±0.3	3.7±0.3	7±0.6
白刺花	95.3±1.8	4±2	10.±6.0	2.7±1.7	2±1	2.7±1.7
芦苇	4.3±2.0	88±3.0	0.7±0.3	12.3±0.7	3.7±0.7	10.±1.2
泡沙参	3.7±1.4	93.3±3.2	0±0	19.3±2.3	4.7±0.3	10±0.6
蒲公英	0±0	80.3±2.6	0.7±0.3	12.3±1.8	5±0.65	7.3±0.7
芹叶铁线莲	1±0.6	81.3±9.7	3.7±0.3	21.7±2.4	5.3±0.3	13±0.6
沙棘	0.4±0.2	83.6±1.5	2±0.3	9.4±1.1	3.8±0.2	5.6±0.5
山丹	15.8±1.2	18.3±7.9	9.7±0.9	9.7±0.3	4±0.6	8±0.6
水枸子	100	0	—	—	—	—
酸枣	100	0	—	—	—	—
碎米荠	3.7±1.8	78.7±0.9	2±0	16±0.6	2.3±0.3	10.7±2.0
苣荬菜	0.3±0.3	46.5±8.8	2±0	10.3±2.0	3.3±0.7	6.3±0.7
铁杆蒿	0.8±0.4	85.4±2.0	1±0	10.6±1.2	2.6±0.2	5.2±0.4
土庄绣线菊	0.3±0.3	98.3±0.3	1.7±0.3	10.3±0.3	4.7±0.7	7.3±0.3
星毛委陵菜	0±0	86.3±4.7	4.7±0.3	25.3±0.3	17.3±1.2	24.7±0.3
亚麻	25.7±6.6	35.7±3.5	10.7±0.7	19.3±0.6	4.7±0.7	13±2
野葱	12.7±1.7	79±4.4	6.3±1.8	60.7±3.7	21.3±0.7	48.7±2.7
野胡萝卜	0.7±0.3	74.3±2.3	10±0	11±1	4±0.6	7.3±0.3
野棉花	0.3±0.3	66.7±3.8	2±0	9.7±1.7	4.3±0.3	6.7±0.3
墓头回	6.7±1.8	63±6.3	4±0	17±2.0	7.3±0.2	13.5±1.2

续表

物种	休眠率/%	萌发率/%	萌发时滞/d	萌发历时/d	T50/d	T90/d
益母草	1.7±0.9	77±2.1	2±0	8±0.6	1.7±0.3	4±0.6
阴行草	8.7±1.4	87±0	3±0	29.3±0.3	6±0	28±0
獐牙菜	6.7±1.2	55.2±1.8	1±0.6	22.3±0.3	4.7±0.3	15.3±1.8
长芒草	53±1	42±0.6	8±0.6	22±0.6	13±2.5	19±0.6
中华隐子草	0.7±0.4	92.7±2.6	0.3±0.2	3.8±0.6	2.3±0.2	2.7±0.3
猪毛蒿	0.2±0.2	89.8±2.1	1.4±0.2	6.4±0.8	2.8±0.2	4.4±0.2
紫丁香	22.6±5.6	65±5.2	9.6±0.3	10.2±0.5	4.6±0.2	8.4±0.7
紫菀	0±0	82.7±6.6	0±0	5±1	1.7±0.3	2.7±0.3

64 种植物种子萌发率差异也很大，由 0 变化到 98.3%（表 8-2）。酸枣、黄刺玫、水栒子、扁核木、火炬树和虎榛子 6 种乔灌植物种子由于坚硬的种皮（果皮），具有很强的休眠性，成熟当年在实验条件下没有任何种子萌发。其次，糙叶黄耆、尖叶铁扫帚、达乌里胡枝子、白刺花和苦马豆等豆科种子由于致密的种皮，种子萌发率较低（3.3%～11.3%）。有 14 种植物（21.9%）种子萌发率介于 20%～60%。较多植物（57.8%）的种子萌发率大于 60%，大部分植物表现为较强的萌发力。

2）植物种子的萌发类型及其萌发格局

依据分层聚类分析结果，有些物种单独成为一类，结合其萌发特征（表 8-2），将其划入相似类型，最终将 64 种植物种子的萌发特征划分为以下 9 类（表 8-3）。

表 8-3　不同植物种子萌发类型

萌发类型	物种数	百分比/%	平均萌发/%	平均休眠/%	物种
快速高萌型	19	29.7	89.8±1.4	1.6±0.8	角蒿、沙棘、铁杆蒿、互叶醉鱼草、白羊草、紫花地丁、风轮草、泡沙参、土庄绣线菊、猪毛蒿、鹅观草、蒲公英、杠柳、茭蒿、臭蒿、糙隐子草、中华隐子草、紫菀、黄柏刺
缓慢高萌型	6	9.4	84.2±1.3	3.4±1.5	灌木铁线莲、中华小苦荬、芹叶铁线莲、星毛委陵菜、阴行草、芦苇
快速中间型	7	10.9	73.1±2.0	6.8±3.5	车前、紫丁香、野胡萝卜、野棉花、斑种草、碎米荠、益母草
缓慢中间型	7	10.9	65.1±3.2	8.3±2.6	阿尔泰狗娃花、风毛菊、菊叶委陵菜、獐牙菜、大针茅、野葱、墓头回
快速次低萌型	7	10.9	47.7±2.1	15.4±6.4	地黄、狗尾草、鬼针草、鹤虱、魁蓟、狼尾草、苣荬菜
缓慢次低萌型	5	7.8	38.1±1.2	23.9±10.4	灰叶黄耆、白头翁、二裂委陵菜、长芒草、亚麻
快速低萌型	5	7.8	7.6±2.4	89.4±3.1	糙叶黄耆、尖叶胡枝子、达乌里胡枝子、白刺花、白花草木犀
缓慢低萌型	2	3.1	14±4.3	52.8±36.9	苦马豆、山丹
难萌型	6	9.4	0±0	100±0	酸枣、黄刺玫、水栒子、虎榛子、扁核木、火炬树

（1）快速高萌型。包括 19 种植物，占供试物种的 29.7%，是物种比例最大的一类萌发类型（再次表明强萌发力在该区的主导地位）。这些植物具有萌发率高（80.3%～98.3%）和休眠率低（0～14%）的特点，而且大部分物种具有萌发早（平均萌发时滞为1.9d）、萌发快（萌发历时为 9.3d，T90 为 5.7d）的萌发格局。

（2）缓慢高萌型。包括 6 种植物。这类植物种子仍具有较高的萌发率（80.8%～88%）和较低的休眠率（0～8.7%）。但其萌发格局不同于上述萌发类型，种子启动萌发相对较晚，平均萌发时滞为 4.7d，而且萌发历时很长（12.3～29.3d）；萌发速率也较慢，平均达到萌发总数的 50% 和 90% 的时间分别为 7.4d 和 16.6d。

（3）快速中间型。包括 7 种植物，其中杂草居多。这类植物的萌发率仍较高（65%～78.7%）；大部分物种在 2～3d 内启动萌发，只有紫丁香和野胡萝卜花分别在 9.6d 和 10d 后才开始萌发；但所有物种萌发开始后，就会快速完成萌发（T50 和 T90 分别为 3.2d 和 7.2d）。

（4）缓慢中间型。包括 7 种植物。这类物种的种子萌发率较高（55.3%～79%），种子启动萌发也较早（3.5d）。但其萌发速度非常缓慢，完成萌发总数的 90% 平均需要 22.6d；而且萌发历时太长，其中野葱的萌发历时可达 60.7d。

（5）快速次低萌型。包括 7 种植物。这类植物的种子萌发率明显较低（16%～53.6%），但其具有快速萌发格局，平均 2.6d 后就开始萌发，不到 7d 的时间就可以达到萌发总数的 90%。

（6）缓慢次低萌型。包括 5 种植物。这类植物的种子萌发率均较低（35.7%～42%）；除灰叶黄耆外，其他物种的萌发时滞均较长（8～12.7d）；而且萌发速率较慢，平均需要17.7d 才能完成萌发总数的 90%。

（7）快速低萌型。包括 5 种植物。这类植物均为具有硬实的豆科植物，休眠率非常高。但这类种子只要解除休眠，就会迅速吸胀萌发。

（8）缓慢低萌型。包括 2 种植物。这类植物占供试物种的比重非常小，而且在本研究区出现频度极小，表明这种萌发类型不利于植物在该区定居。

（9）难萌型。包括 6 种乔灌植物。这类植物种子较大且具有坚硬的外壳或硬实，不经处理完全处于休眠状态，很难萌发。

3）不同侵蚀环境下主要物种的种子休眠与萌发特征

不同侵蚀环境下主要物种的种子休眠率表现出不同的差异（图 8-2）。阿尔泰狗娃花、长芒草、菊叶委陵菜和铁杆蒿整体表现为在阳坡种子休眠率较梁峁顶和阴坡环境高，其中阿尔泰狗娃花和长芒草的种子休眠率在不同侵蚀环境下差异显著。达乌里胡枝子种子休眠率则在阴沟坡最大；但整体也表现为在阳坡环境高于在其他环境下，但不具有显著差异性。白羊草种子休眠率在阳沟坡最大，不同侵蚀环境下差异较大。茭蒿种子休眠率在不同侵蚀环境下差异不显著，在阴梁峁坡最大。梁峁顶的中华隐子草种子完全不具有休眠特性（图 8-2 和表 8-4）。总之，除茭蒿外，供试的主要物种种子整体表现为在阳坡环境休眠相对较强，在梁峁顶和阴沟坡休眠弱。

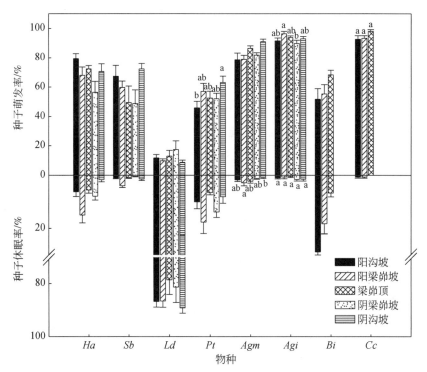

图 8-2 不同侵蚀环境下主要物种种子休眠率与萌发率

Ha 为阿尔泰狗娃花；Sb 为长芒草；Ld 为达乌里胡枝子；Pt 为菊叶委陵菜；Agm 为铁杆蒿；Agi 为茭蒿；
Bi 为白羊草；Cc 为中华隐子草。误差线旁不同小写字母表示差异显著（P<0.05）。未标注物种
采用非参数检验法（K-W 检验）

表 8-4 不同侵蚀环境下植物种子休眠率与萌发特性的 K-W 检验

物种	休眠率		萌发率		萌发时滞		萌发历时	
	卡方统计量	相伴概率	卡方统计量	相伴概率	卡方统计量	相伴概率	卡方统计量	相伴概率
达乌里胡枝子	0.692	0.952	0.355	0.986	4.783	0.310	6.399	0.171
菊叶委陵菜	7.254	0.123						
铁杆蒿			14.156	0.007	10.677	0.030		
茭蒿					9.863	0.043		
白羊草	4.767	0.092	3.531	0.171	3.233	0.199		
阿尔泰狗娃花	19.533	0.001	7.142	0.129				
中华隐子草	1.273	0.529						
长芒草	18.025	0.001	5.675	0.225			5.900	0.207

供试的主要物种在不同侵蚀环境下种子萌发率差异较大。长芒草、菊叶委陵菜和铁杆蒿的种子萌发率均在阴沟坡最高；其中菊叶委陵菜种子萌发率在阴沟坡显著高于在阳沟坡，铁杆蒿种子萌发率在不同侵蚀环境下具有显著性差异。阿尔泰狗娃花的种子萌发率则在阳沟坡最高。白羊草和中华隐子草种子萌发率均在梁峁顶最大，不同侵蚀环境间也没有

显著差异。茭蒿种子萌发率则在阳梁峁坡最大，而且显著大于阴梁峁坡。达乌里胡枝子种子萌发率则在阴梁峁坡最大（图8-2和表8-4）。

不同侵蚀环境下主要物种种子萌发格局也表现出不同的差异。阿尔泰狗娃花、长芒草和菊叶委陵菜种子均在阴沟坡萌发最早，在不同侵蚀环境下其萌发时滞具有不同程度的差异性。其中长芒草和菊叶委陵菜种子萌发时滞在阴沟坡与其他侵蚀环境具有极显著差异性，而且其种子在阴沟坡萌发持续时间均最短；而阿尔泰狗娃花种子在梁峁顶种子萌发持续时间最短，显著短于阳坡环境。达乌里胡枝子种子在阴梁峁坡萌发最晚，而且萌发历时最长。铁杆蒿和茭蒿种子在不同侵蚀环境下萌发时滞差异性显著，均表现为在阴沟坡下萌发最早。茭蒿种子在梁峁顶萌发时间持续最长，显著长于阳坡和阴梁峁坡环境；而不同侵蚀环境下铁杆蒿种子萌发历时没有显著差异。白羊草和中华隐子草种子在梁峁顶萌发较在阳梁峁坡和阴沟坡均晚，且萌发历时最短（图8-3和表8-4）。总体而言，长芒草、菊叶委陵菜、铁杆蒿和茭蒿整体在阳坡较阴坡萌发时滞长，阿尔泰狗娃花、长芒草、菊叶委陵菜和茭蒿整体在沟坡较其他环境萌发时滞短。除达乌里胡枝子和茭蒿外，大部分物种还表现为在阳坡萌发历时长。

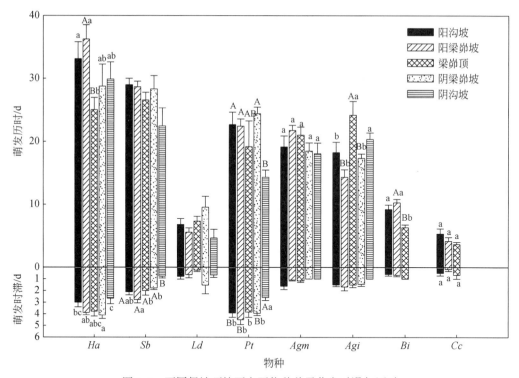

图 8-3　不同侵蚀环境下主要物种种子萌发时滞与历时

Ha 为阿尔泰狗娃花；Sb 为长芒草；Ld 为达乌里胡枝子；Pt 为菊叶委陵菜；Agm 为铁杆蒿；Agi 为茭蒿；Bi 为白羊草；Cc 为中华隐子草。误差线旁不同小写字母表示差异显著（P<0.05），不同大写字母表示差异极显著（P<0.01）

不同主要物种种子萌发速率在不同侵蚀环境下也表现出不同的差异（图8-4）。中华隐子草在不同侵蚀环境下种子萌发速率没有显著差异；相比之下，在阳梁峁坡环境下种子萌发最快（仅用2.5天就完成萌发总数的90%），在阳沟坡环境下萌发最慢。白羊草在不同侵蚀环境下种子萌发速率表现出与中华隐子草一样的规律。茭蒿和铁杆蒿在不同侵蚀环境下种子萌发前期速率差异较小，种子达到萌发总数 50% 的天数最多差 1.9d；后期萌发速率差异较大，梁峁顶的茭蒿种子在 15.2d 时才能达到萌发总数的 90%，阳梁峁坡的铁杆蒿种子则在 15.5d 达到萌发总数的 90%。达乌里胡枝子、菊叶委陵菜和长芒草种子均表现为在阴沟坡环境下种子萌发最快，特别是菊叶委陵菜和长芒草种子的萌发显著快于在其他环境。阿尔泰狗娃花整体表现为在梁峁顶种子萌发速率比在其他环境较快。

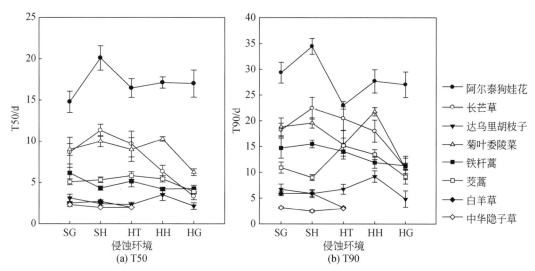

图 8-4　不同侵蚀环境下主要物种种子萌发速率

SG 为阳沟坡；SH 为阳梁峁坡；HT 为梁峁顶；HH 为阴梁峁坡；HG 为阴沟坡

3. 植物植冠种子库策略

1）植冠种子库的宿存特征

供试的 12 种物种种子在植冠上宿存的规模与时间表现出较大的差异（表 8-5）。杠柳种子宿存能力弱，宿存量在当年 12 月初已下降到初始宿存量的 3.8%，宿存时间不超过 4 个月。菊叶委陵菜、沙棘、水枸子和土庄绣线菊种子在植冠上可宿存至翌年 5 月，宿存期可达 7 个月之久；但是宿存量均很低（1~140 粒/株），占初始宿存量的 0.8%~4.7%。其他 7 种植物种子的宿存期可超过 8 个月，宿存量更低（1~45 粒/株）；除了紫丁香和黄刺玫种子的宿存量仍可达到初始宿存量的 1.4% 和 7.7%，其余物种种子的宿存量均低于初始宿存量的 1%。

表 8-5　12 种植物种子宿存量动态

物种	种子宿存量（平均宿存量±标准差）/（粒/株）					
	第 1 次调查（2011.11.08）	第 2 次调查（2011.12.04）	第 3 次调查（2012.02.26）	第 4 次调查（2012.04.09）	第 5 次调查（2012.05.10）	第 6 次调查（2012.06.08）
铁杆蒿	1233±168	993±164	129±19	61±11	9±1	1±0
茭蒿	3478±613	385±65	77±20	21±9	13±7	3±2

物种	种子宿存量（平均宿存量±标准差）/（粒/株）					
	第1次调查 （2011.11.08）	第2次调查 （2011.12.04）	第3次调查 （2012.02.26）	第4次调查 （2012.04.09）	第5次调查 （2012.05.10）	第6次调查 （2012.06.08）
达乌里胡枝子	9377±2583	640±121	327±29	169±93	35±13	9±9
白刺花	5043±1021	2986±677	1097±370	294±48	153±52	32±17
菊叶委陵菜	1947±1019	676±193	173±105	151±98	91±91	0
土庄绣线菊	3015±635	2376±475	124±29	75±22	61±30	0
黄刺玫	147±11	124±10	107±13	83±23	43±16	11±1
水枸子	120±31	34±9	16±5	8±4	1±1	0
杠柳	2692±635	102±46	0	0	0	0
紫丁香	1993±501	689±191	263±51	190±55	72±28	28±17
沙棘	3541±627	1668±604	309±46	216±28	140±24	0
黄柏刺	6647±1461	956±183	577±86	499±77	276±26	45±25

注：表头括号中的数字表示调查的年月日，如"2011.11.08"为2011年11月8日。

本研究中，杠柳不具有植冠种子库。茭蒿、铁杆蒿、达乌里胡枝子、白刺花、黄柏刺、黄刺玫和紫丁香种子的宿存时间均可持续到翌年6月；其中黄刺玫种子的宿存量仍可达到初始宿存量的5%以上，结合野外观测其种子可宿存至翌年10月。此外，菊叶委陵菜、沙棘、水枸子和土庄绣线菊种子在植冠上可宿存至翌年5月，也能够形成中间型植冠种子库；但其中有些植物种子宿存量极小，如水枸子种子宿存量只有1粒/株；在不同年份中其种子能否宿存至翌年5月具有不确定性。

12种植物种子由于脱落机制不同表现出不同的脱落动态（图8-5）。以单株植物种子总产量为基数，8种植物种子脱落集中在成熟后1个月内，高达50%以上的种子在此期间脱落进行扩散；其中杠柳、达乌里胡枝子、茭蒿、黄柏刺和水枸子的种子脱落率高达71.9%~96.2%。铁杆蒿和土庄绣线菊种子脱落集中在第二个调查期内，在翌年2月底脱落率分别达68.8%和74.7%；黄刺玫在翌年5月达到脱落高峰（脱落率为27.6%）；其他9种植物种子均在翌年2月底迎来了第2次脱落高峰，杠柳种子在此期间全部脱落。此后，茭蒿、达乌里胡枝子、白刺花和水枸子种子脱落率随着脱落时间表现为下降趋势；但菊叶委陵菜、黄柏刺、沙棘和紫丁香种子在翌年5月和6月时表现为比4月时种子脱落多。

为了更准确地掌握种子在不同调查期间的脱落规律，以不同调查日的前一次的种子宿存量作为脱落基数，计算不同调查期间的种子脱落百分比；而且由于不同调查期相隔的天数差异也较大，故计算不同调查期间的平均日均脱落百分比，具体见表8-6。通过比较12种植物种子的日平均脱落百分比，发现铁杆蒿随着时间的推移，种子脱落逐渐增强；土庄绣线菊的种子脱落表现出先弱再强再弱再强的波动性；其他物种种子均在成熟后第一个月表现出较强的脱落，随后变弱，随着春季和夏季的到来又逐渐变强的规律，体现了对环境

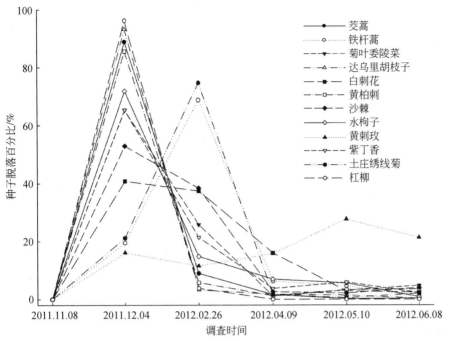

图 8-5　12 种植物种子脱落动态

变化的响应。

表 8-6　12 种植物不同宿存期种子脱落动态

项目	相对脱落百分比/%					日均相对脱落百分比/%				
调查阶段	1	2	3	4	5	1	2	3	4	5
调查阶段天数/d	27	84	43	31	29	27	84	43	31	29
铁杆蒿	19.5	87.0	52.7	85.2	88.9	0.7	1.0	1.2	2.7	3.1
茭蒿	88.9	80.0	72.7	38.1	76.9	3.3	1.0	1.7	1.2	2.7
达乌里胡枝子	93.2	48.9	48.3	79.3	74.3	3.5	0.6	1.1	2.6	2.6
白刺花	40.8	63.3	73.2	48.0	79.1	1.5	0.8	1.7	1.5	2.7
菊叶委陵菜	65.3	74.4	12.7	39.7	100.0	2.4	0.9	0.3	1.3	3.4
土庄绣线菊	21.2	94.8	39.5	18.7	100.0	0.8	1.1	0.9	0.6	3.4
黄刺玫	15.6	13.7	22.4	48.2	74.4	0.6	0.2	0.5	1.6	2.6
水枸子	71.7	52.9	50.0	87.5	100.0	2.7	0.6	1.2	2.8	3.4
杠柳	96.2	100.0	—	—	—	3.6	1.2	—	—	—
紫丁香	65.4	61.8	27.8	62.1	61.1	2.4	0.7	0.6	2.0	2.1
沙棘	52.9	81.5	30.1	35.2	100.0	2.0	1.0	0.7	1.1	3.4
黄柏刺	85.6	39.6	13.5	44.7	83.7	3.2	0.5	0.3	1.4	2.9

注：相对脱落百分比为调查期脱落种子数占脱落前种子基数（即上次调查期宿存的种子数）的百分数；日均相对脱落百分比为总脱落百分比与对应调查期天数之比。

不同植物种子脱落方式表现不同。铁杆蒿在早期主要以瘦果形式脱落，到了翌年春季既传播瘦果又传播花序；同属蒿属植物的茭蒿则以瘦果传播为主；土庄绣线菊和菊叶委陵菜在早期主要以瘦果形式脱落，后期结合花序传播，甚至以整枝生殖枝传播；白刺花早期主要以种子形式脱落，后期结合荚果传播；达乌里胡枝子、黄刺玫、黄柏刺和水枸子则以果实形式脱落。另外，种子脱落与其所处植株的位置与方向也相关。调查发现植冠种子由外向内及由下向上趋于推迟脱落。

2）植冠种子库种子的萌发特征

在不同植冠宿存期，12 种主要物种的种子萌发特征表现出不同的变化（图 8-6），具体如下。

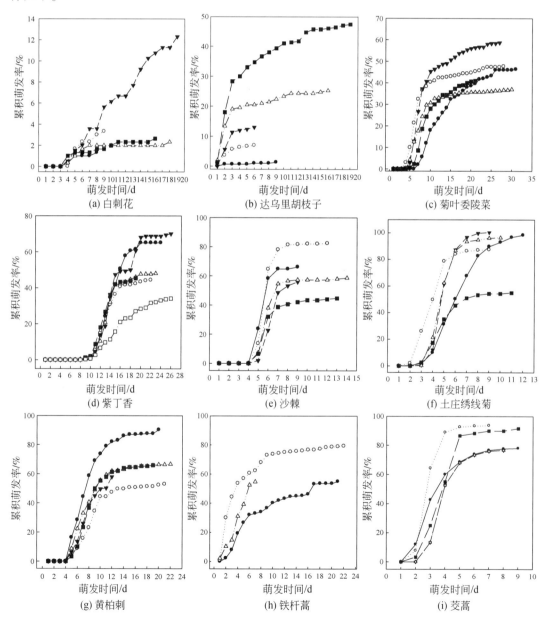

(a) 白刺花 (b) 达乌里胡枝子 (c) 菊叶委陵菜

(d) 紫丁香 (e) 沙棘 (f) 土庄绣线菊

(g) 黄柏刺 (h) 铁杆蒿 (i) 茭蒿

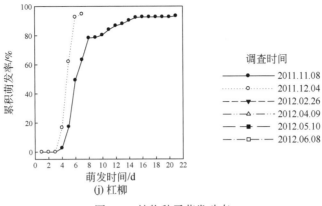

图 8-6　植物种子萌发动态

水栒子和黄刺玫种子在不同的植冠宿存期均未发生萌发。

白刺花和达乌里胡枝子种子，在其刚成熟时种子累积萌发率非常低（均为 1.3%）。达乌里胡枝子的种子萌发能力随着在植冠上宿存时间的增加逐渐增强，种子累积萌发率最高可达到 47.3%；而且种子萌发速率均表现为先期波动性快速萌发，后持续性地缓慢萌发。而白刺花种子累积萌发率表现为在 12 月和翌年 2 月底提高，特别是在翌年 2 月底表现为持续性地缓慢萌发，累积萌发率达到 12.3%；随后在翌年 4 月和 5 月种子又波动在刚成熟时的水平。同时，种子在植冠上的宿存时间对达乌里胡枝子种子萌发时滞没有明显的影响，而白刺花种子在翌年 2 月和 5 月较刚成熟时有所提前。

菊叶委陵菜、紫丁香和土庄绣线菊种子累积萌发率在翌年 2 月底均达到最大值，分别为 58.7%、70.0% 和 100%；随着在植冠上宿存时间的增加，种子累积萌发率反而低于刚成熟时的水平。另外，菊叶委陵菜随着在植冠上宿存时间的增加，其种子萌发时滞均有所缩短；而土庄绣线菊种子表现为萌发时滞延长的特性。

沙棘、茭蒿和铁杆蒿种子累积萌发率在 12 月达到最大值；此后，随着在植冠上宿存时间的增加有不同程度的降低。另外，植冠宿存对沙棘种子萌发时滞没有影响；使茭蒿种子萌发时滞有所推迟，铁杆蒿种子萌发时滞有所缩短。

黄柏刺种子在植冠上宿存后，其种子累积萌发率均有所降低，特别是 12 月下降到最低（53.0%）。另外，植冠宿存时间对其种子萌发时滞没有影响。

杠柳种子在 12 月较刚成熟时更早地启动萌发；但宿存时间对其种子累积萌发率没有影响。

3）植冠种子库种子的活力变化特征

因杠柳种子不能在植冠宿存至翌年春季，水栒子和黄刺玫种子由于种皮木质化难以测定活力，这里对此 3 种均不做比较。其他 9 种植物种子在植冠上宿存至翌年 2 月底时，能够维持活力的种子均能达到测定数的 60% 以上。5 种植物宿存在植冠至翌年 2 月底的种子能够维持活力的百分比较成熟当年均有不同程度的提高（图 8-7）。其中，黄柏刺种子活力百分比提高最小，为 2.7%；而紫丁香种子活力百分比提高最大，为 25.0%；白刺花和土庄绣线菊种子在植冠上宿存一个冬季后，其活力百分比甚至达到 100%。然而，达乌里胡枝子、沙棘、茭蒿和铁杆蒿植冠种子库宿存的具有活力的种子百分比较成熟当年均有所下降；其中达乌里胡枝子种子能够维持活力的百分比下降幅度极小，而且其种子活力百分比始终能维持较高。

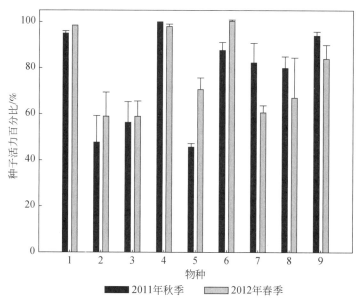

图 8-7　植冠种子库种子活力的变化

物种 1 为白刺花；2 为菊叶委陵菜；3 为黄柏刺；4 为达乌里胡枝子；5 为紫丁香；6 为土庄绣线菊；7 为沙棘；8 为铁杆蒿；9 为茭蒿

4. 土壤种子库策略

1）种子在土壤中的命运与持久性

15 种主要物种种子在埋藏 5 年中，种子命运表现出不同的差异（图 8-8）。

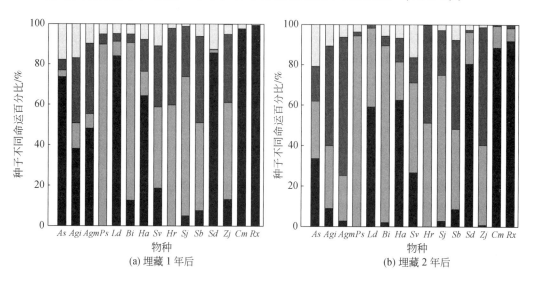

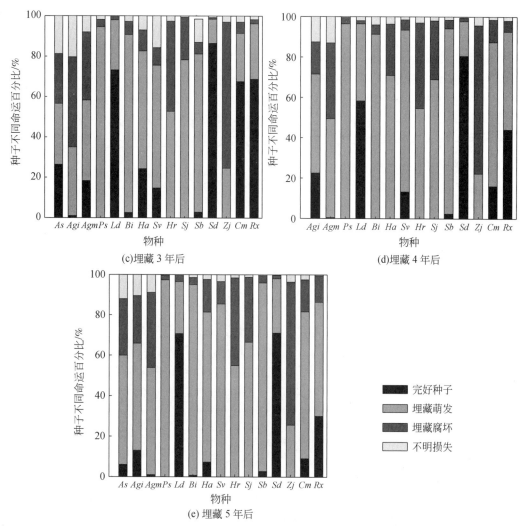

图 8-8 不同植物种子埋藏后的种子命运

As 为猪毛蒿；*Agi* 为茭蒿；*Agm* 为铁杆蒿；*Ps* 为杠柳；*Ld* 为达乌里胡枝子；*Bi* 为白羊草；*Ha* 为阿尔泰狗娃花；
Sv 为狗尾草；*Hr* 为沙棘；*Sj* 为紫丁香；*Sb* 为长芒草；*Sd* 为白刺花；*Zj* 为酸枣；*Cm* 为水枸子；*Rx* 为黄刺玫

杠柳和沙棘种子经过 1 年的埋藏，没有完好种子存活，种子在土壤中的寿命不超过 1
年。萌发是杠柳种子在土壤中的主要损失方式，萌发的种子数占到埋藏基数的 89.8%。萌
发与腐坏是沙棘种子在土壤中的主要损失方式，萌发与腐坏的种子数分别占到埋藏基数的
59.8% 和 38.0%。

紫丁香和酸枣种子在土壤中的保存能力较弱，埋藏 1 年后二者的保存率仅分别为
5.2% 和 13.4%，埋藏 2 年后没有完好种子存活；两种植物种子在土壤中的寿命均不超
过 2 年。大部分紫丁香种子在土壤中萌发，在埋藏 2 年后在土壤中萌发的种子占到埋藏
基数的 72.0%。酸枣种子在土壤中萌发的比例不足 50%；很多种子发生萌动，由于难
以突破坚硬的种壳，腐坏在种壳里，而且随着在土壤里埋藏时间的增加，腐坏的比例逐
年增加。

白羊草和长芒草种子经过在土壤中埋藏后，保存完好的种子显著减少，埋藏 1 年后种子保存率已下降到 12.8% 和 7.8%；而且随着在土壤埋藏时间的增加，完好种子逐渐减少，埋藏 5 年后分别仅为 1% 和 3%。种子损失主要以萌发形式为主，埋藏 5 年后二者在土壤中的萌发率分别达 94.0% 和 93.0%。

狗尾草种子在土壤中埋藏后也表现为保存较少，在土壤中埋藏 4 年内完好种子率始终波动在 13.5%~26.8%，完好种子变化浮动较小；埋藏 5 年后没有完好种子保存。但是由于只收集到一个样本，再结合其在土壤中的完好率变幅较小，其种子在土壤中的寿命肯定超过 4 年，难以确定是否不足 5 年。

猪毛蒿、茭蒿和铁杆蒿种子在土壤中均可保存至 5 年，其寿命均可超过 5 年。其种子在土壤中以腐坏和萌发损失为主（种子小且分泌黏液，极易被微生物侵入而腐坏）；种子在土壤中的命运变异较大，保存率随埋藏时间的延续波动较大。

阿尔泰狗娃花种子在土壤中前 2 年保存较多（64.6% 和 62.8%），从埋藏第 3 年开始种子在土壤中的萌发增加，但埋藏 5 年后完好种子仍为 7.5%；种子在土壤中的寿命可以超过 5 年。

达乌里胡枝子和白刺花种子具有硬实性，在土壤中的损失较小，主要以萌发为主；埋藏 5 年后完好种子仍可达到 71.0% 和 71.3%，具有很强的保存力。

黄刺玫和水枸子种子由于坚硬的外壳导致的硬实，埋藏前 2 年在土壤中的损失很小，完好的种子保存率分别为 92%~99.4% 和 88.7%~97.6%；但随着埋藏年限的增加，种子完好率下降较达乌里胡枝子和白刺花快，埋藏 5 年后种子保存率分别降至 30.2% 和 9.2%。

总之，杠柳和沙棘种子在土壤中埋藏 1 年后没有完好种子保存，它们的种子在土壤中不具有持久性；其他 13 种植物种子在土壤中埋藏不同年限后表现出不同的活力（图 8-9）。大部分植物种子在土壤中埋藏后保存完好的种子活力百分比较高，除了酸枣埋藏 2 年后、铁杆蒿种子埋藏 2 年后和水枸子埋藏 4 年后的种子活力百分比较低，其他均高于 50%。可见，能够在土壤中保存完好的种子通常具有一定的活力，能够发挥土壤种子库的生态功能。

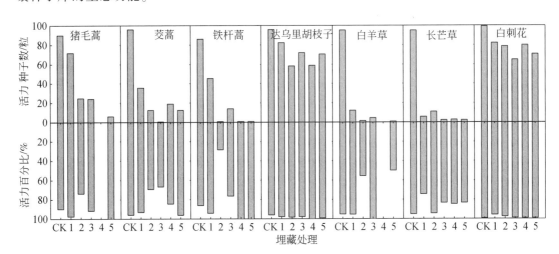

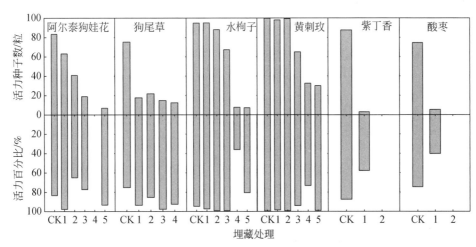

图 8-9　不同植物种子埋藏后的种子活力特征

活力百分比是指活力种子数与完好种子数的比值；对照的活力百分比是指活力种子数与供试 100 粒种子的比值。

CK 为埋藏前；1 为埋藏 1 年后；2 为埋藏 2 年后；3 为埋藏 3 年后；4 为埋藏 4 年后；5 为埋藏 5 年后

基于 Thompson（2000）和 Garwood（1989）的土壤种子库分类系统，依据种子寿命及活力特征将供试的 15 种物种的种子持久性划分为以下四类（表 8-7）：

表 8-7　15 种植物种子持久性类型及特征

种子持久性类型	物种	种子寿命/a
短暂型	杠柳、沙棘	<1
滞后短暂型	酸枣、紫丁香	1≤种子寿命<2
短期持久型	狗尾草	2≤种子寿命<5
长期持久型	猪毛蒿、茭蒿、铁杆蒿、白羊草、阿尔泰狗娃花、长芒草、黄刺玫、达乌里胡枝子、白刺花、水枸子	≥5

第一类为短暂型，包括杠柳和沙棘。二者均具有很强的萌发能力，正常储藏条件下萌发率分别可达 97.4% 和 83.6%，在土壤埋藏过程中萌发率也分别可达 89.8% 和 59.8%。杠柳种子不具有任何休眠能力，是其在土壤中不具有持久性的主要原因。

第二类为滞后短暂型，包括酸枣和紫丁香。二者也因在土壤中具有较强的萌发能力而难以保存；完好种子中活力种子数也极少，埋藏 1 年后平均 100 粒中分别仅有 5.4 粒和 3.0 粒，而且有活力的种子比例也较低；种子易被微生物感染。虽然酸枣种子具有坚硬的种壳而导致生理休眠，限制其成熟后在水分充足的条件下萌发，但种壳经过土壤埋藏易透水，种子吸水膨胀破除休眠发生萌动。观察发现有不到一半的种子未冲破种壳而腐坏至死，一方面可能由于吸水后遭遇干旱；另一方面可能种子质量较差，难以维持冲破种壳所需的能量。

第三类为短期持久型，包括狗尾草。其种子经过在土壤中埋藏，活力种子数均减少较多；但随着埋藏年限的增加，减少较平缓。种子在土壤中埋藏 5 年后，没有完好种子存活，其寿命不超过 5 年。

第四类为长期持久型,包括猪毛蒿、茭蒿、铁杆蒿、白羊草、长芒草、阿尔泰狗娃花、水枸子、黄刺玫、达乌里胡枝子和白刺花。其中猪毛蒿、茭蒿、铁杆蒿和白羊草种子小,在土壤中极易休眠,具有维持持久性的优势;同时,小种子在土壤中的命运变异大,一定数量的种子能够长久维持活力,表现出一定的长期持久性。水枸子、黄刺玫、达乌里胡枝子和白刺花具有坚硬的种壳与种皮,一方面透水性低导致生理休眠;另一方面对内部种胚具有保护作用,使其在土壤中能够长久存活。其中黄刺玫、达乌里胡枝子和白刺花种子埋藏5年后活力种子数占埋藏基数的百分比仍分别可达到30.0%、70.5%和70.7%,具有较强的长期性持久性;而水枸子完好种子在埋藏4年后急骤下降,埋藏5年后活力率降低至7.3%,具有较弱的长期持久性。尽管长芒草和阿尔泰狗娃花种子在土壤中的寿命可达5年以上,但在埋藏4年和5年后活力种子数占埋藏基数的百分比分别仅为2.3%~2.5%和0~7.0%,表现为较弱的长期持久性。

2) 埋藏对种子休眠与萌发特性的影响

由于杠柳和沙棘种子埋藏1年后已没有完好种子保存,故这里只分析埋藏对其他13种植物种子休眠与萌发特性的影响。13种植物种子的休眠率在埋藏前后表现各异(图8-10)。

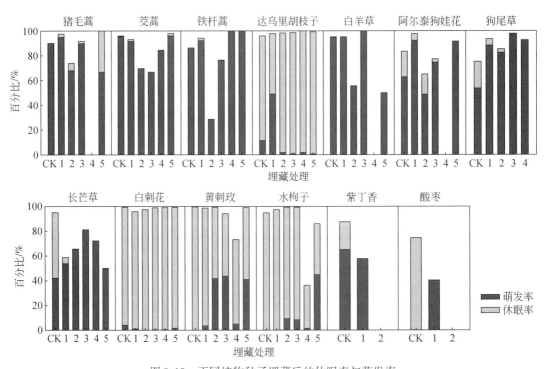

图8-10 不同植物种子埋藏后的休眠率与萌发率

CK 为埋藏前;1 为埋藏1年后;2 为埋藏2年后;3 为埋藏3年后;4 为埋藏4年后;5 为埋藏5年后

白羊草种子在埋藏前休眠种子极少(0.4%);埋藏后均没有休眠种子,种子休眠表现为全部释放。

猪毛蒿、茭蒿和铁杆蒿3种蒿属植物种子生理休眠弱(埋藏前休眠率为0.2%~0.8%)。埋藏促进少量猪毛蒿种子进入深度休眠状态。但是对于茭蒿和铁杆蒿,埋藏1年后休眠种子数都比埋藏前有所增加，但是埋藏 2 年、3 年、4 年和 5 年后几乎没有休眠种子。这可能与埋藏样地被覆状况有关。埋藏 1 年的样地表面没有植被，土壤透光性强于后 4 年埋藏的样地（有植被），种子可能响应强光而进入深度休眠状态。

狗尾草和长芒草种子在土壤埋藏后休眠率下降。狗尾草种子休眠维持不到 3 年，长芒草种子则不到 2 年；表现为埋藏促进二者种子休眠释放。

阿尔泰狗娃花和紫丁香种子在埋藏前休眠率可达到 20.7%~22.6%，埋藏后它们的种子休眠率都有不同程度的下降。其中紫丁香在埋藏 2 年后均完全没有休眠种子，阿尔泰狗娃花种子休眠特性则表现为波动性。

达乌里胡枝子和白刺花 2 种豆科植物种子由于种皮的致密性具有很强的生理休眠性，埋藏前种子休眠率分别为 84.7% 和 95.3%。达乌里胡枝子种子只有在埋藏 1 年后种子休眠释放较多（也可能与其埋藏样地有关，强光可能促使其解除休眠），而其他埋藏年限表现为埋藏促进种子进入休眠。埋藏则促进白刺花种子进入休眠。

酸枣、黄刺玫和水枸子由于种皮（果皮）的木质化，在埋藏前种子完全保持休眠状态。埋藏不同程度地促进了这 3 种物种种子释放休眠，休眠率随着埋藏年限有下降的趋势；尤其是酸枣种子在埋藏 1 年后全部释放休眠。

13 种植物种子埋藏前后萌发率也发生不同程度的改变（图 8-10）。

长芒草和狗尾草种子埋藏前种子萌发率为中等水平（分别为 42.0% 和 53.6%）；埋藏后萌发率有较大的增加，分别可高达 81.2% 和 98.1%。埋藏对其种子萌发有明显的促进作用。

酸枣、黄刺玫和水枸子种子埋藏前完全不萌发，埋藏后萌发率有不同程度的增加。埋藏对其种子萌发具有促进作用。特别是黄刺玫种子，在埋藏 2 年和 3 年后种子萌发率能够达到 42.0% 和 43.8%。

白羊草、猪毛蒿、茭蒿和铁杆蒿种子埋藏前种子萌发率很高（85.4%~95.6%），埋藏后种子萌发率有增加也有降低，表现出波动性。阿尔泰狗娃花种子埋藏前萌发率处于中等水平（62.7%），埋藏后种子萌发率也表现出波动变化。埋藏对这些物种种子萌发没有明显的一致性作用。

达乌里胡枝子和白刺花种子埋藏前种子萌发率均很低。达乌里胡枝子种子只有在埋藏 1 年后萌发率增加较多，其他埋藏年限种子萌发率均表现为低于埋藏前。白刺花种子埋藏后萌发率也低于埋藏前；特别是埋藏第 2 年至第 4 年，种子萌发率均为 0。埋藏对这两种物种种子萌发有抑制作用。

紫丁香种子在土壤中寿命不超过 2 年，种子萌发率随着埋藏时间有下降趋势；埋藏第 2 年，完好种子保存少，且完全没有种子萌发。

埋藏对 13 种植物种子萌发格局产生不同程度的影响，表现在萌发时滞、萌发历时和萌发速率三个方面。

对于萌发时滞来说（图 8-11），猪毛蒿、茭蒿和铁杆蒿种子埋藏前萌发时滞均较短，埋藏后整体表现为萌发时滞延长的趋势。茭蒿和铁杆蒿种子只有在埋藏 2 年后萌发时滞最短，其他埋藏情况下，种子萌发启动均有推迟。特别是茭蒿和铁杆蒿种子埋藏 4 年后萌发时滞均达到 3 天以上；而且铁杆蒿种子随着埋藏年限的增加萌发启动逐年推迟，埋藏 5 年后萌发时滞达到 6 天。白羊草种子埋藏前具有早而快的萌发特点，着床后不足 1 天就开始萌发；埋藏后种子萌发时滞均有所延长，特别是埋藏 5 年后种子萌发时滞最长，延长至 2 天。阿尔泰狗娃花种子埋藏前后萌发时滞整体变化较小，只有在埋藏 1 年后有较大的缩短（也可能受埋藏立地条件影响）。长芒草种子埋藏前萌发时滞较长，埋藏后均有所缩短，埋藏促进其种子启动萌发。紫丁香也表现为埋藏后萌发时滞缩短，种子启动萌发提前。达乌里胡枝子、白刺花、黄刺玫和水枸子种子埋藏前后萌发时滞变异较大；分析原因在于大部分种子处于高度休眠状态，很难启动萌发，萌发时滞较长；有个别种子在土壤埋藏中刚解除休眠被收集回来，在水分充足条件下直接吸水萌发，萌发时滞为 0 天。狗尾草种子埋藏前后萌发时滞没有明显的延长或缩短趋势，埋藏对其萌发时滞也没有明显的影响。

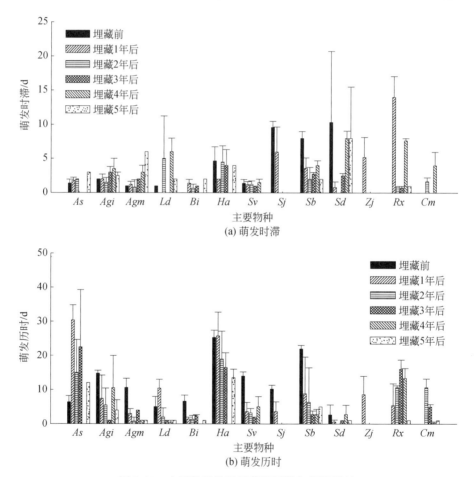

图 8-11 主要物种的种子萌发时滞与萌发历时

As 为猪毛蒿；Agi 为茭蒿；Agm 为铁杆蒿；Ld 为达乌里胡枝子；Bi 为白羊草；Ha 为阿尔泰狗娃花；Sv 为狗尾草；
Sj 为紫丁香；Sb 为长芒草；Sd 为白刺花；Zj 为酸枣；Rx 为黄刺玫；Cm 为水枸子

对于萌发历时来说（图 8-11），大部分物种表现为埋藏后较埋藏前种子萌发历时缩短。白羊草、茭蒿、铁杆蒿、狗尾草和长芒草种子埋藏后均表现为萌发历时不同程度缩短的趋势，尤其白羊草、狗尾草和长芒草表现为缩短程度较大。阿尔泰狗娃花和达乌里胡枝子埋藏后整体表现为萌发历时缩短的规律，只有在埋藏1年后种子萌发历时长于埋藏前，其他埋藏年限均短于埋藏前；而且随着埋藏年限的增加种子萌发历时逐年缩短。对于水栒子，随着在土壤中埋藏年限的增加，其种子萌发历时表现为缩短的趋势。有些物种种子埋藏后萌发历时表现为延长。例如，猪毛蒿种子埋藏前种子萌发历时较短，埋藏后均有不同程度的延长。黄刺玫种子则表现为随着埋藏年限的增加，其萌发历时先延长后缩短；在埋藏3年后种子萌发持续时间最长。而有些物种种子埋藏后萌发历时变化不大；如白刺花种子萌发历时始终保持较短，少数种子如果解除休眠就可以迅速完成萌发。

对于萌发速率来说（表8-8），大部分物种种子埋藏后萌发速率表现为提高的趋势。阿尔泰狗娃花和长芒草种子埋藏前萌发较慢，分别在萌发开始后22.3d和19.0d才能完成萌发种子数的90%；埋藏后萌发速率均有较大幅度的提高，特别是埋藏5年后，长芒草种子在萌发开始后1d就完成萌发种子数的50%，埋藏明显促进二者萌发速率加快。猪毛蒿、铁杆蒿和狗尾草种子埋藏前已具有快速萌发的特点，T90分别为4.4d、5.2d和8.8d；埋藏较小幅度地促进其种子加快萌发，萌发速率有不同程度的提高。水栒子和黄刺玫种子埋藏前不萌发。水栒子埋藏后随着埋藏年限的增加，萌发速率逐年增加，埋藏可促进其快速萌发；黄刺玫种子埋藏后萌发速率不稳定，处于波动状态，受埋藏影响不明显。白刺花种子萌发速率在埋藏前后也表现为波动性较大；速率快时着床后就完成全部萌发，速率慢时开始萌发3.5d后才能达到萌发数的50%，埋藏对其萌发速率影响也不明显。白羊草种子埋藏前萌发速率也较快，平均2.4d就达到T50；埋藏1年和2年后萌发速率有所提高，均在萌发后1d就达到T50；而埋藏3年后种子萌发速率却表现为下降，需2.7d才能达到T50。埋藏对猪毛蒿种子萌发速率具有副作用。猪毛蒿种子埋藏前具有快速萌发的特点；埋藏后种子萌发速率均有所下降，达到萌发总数的90%所需的时间长达13.4～22.4d。

表8-8　主要物种的种子萌发速率

物种	T50/d					
	CK	1	2	3	4	5
猪毛蒿	2.8±0.4	9.8±7.6	5.8±5.8	14.0±18.3		5.0
茭蒿	6.4±1.1	2.0±0.7	2.0±1.4	4.0±1.4	2±1	3.0±2.0
铁杆蒿	2.6±0.5	1.8±0.4	0.4±0.5	3.0±0	1±0	1.0
杠柳	8.2±0.4					
达乌里胡枝子	1.7±0.6	3.8±0.4	0.7±0.6	1.0±0	0.5±0.5	1.0
白羊草	2.4±0.9	1±0	1.0±1.0	2.7±0.6		1.0
阿尔泰狗娃花	14.7±5.0	9.2±1.8	8.8±3.9	10.5±9.9		4.5±0.5
狗尾草	3.0±1.2	1.2±0.4	2.0±0	2.7±0.6	1.5±0.5	
沙棘	3.8±0.4					
紫丁香	4.6±0.5	1.6±1.3	0			
长芒草	13.0±4.4	6.4±7.5	1.3±1.5	4.3±0.5	1.2±0.6	1.0
白刺花	2.0±1.7	0.6±0.5	0	3.5±0.7	0.2±0.2	1.0±0
酸枣	0	3.0±2.5	0			

续表

物种	T50/d					
	CK	1	2	3	4	5
黄刺玫	0	2.8±2.5	1.3±0.6	5.8±2.2	3.3±0.9	1.0±0
水栒子	0	0	2.0±1.0	1.5±0.6	0.3±0.3	1.0±0
猪毛蒿	4.4±0.5	22.4±0.5	13.4±8.6	21.0±26.9		15.0
茭蒿	11.2±1.3	5.2±2.9	4.0±4.2	4.0±1.4	5.5±4.5	5.0±4.0
铁杆蒿	5.2±0.8	1.8±0.4	0.8±1.1	4.0±0	1±0	1.0
杠柳	9.6±0.5					
达乌里胡枝子	5.0±3.0	7.4±1.5	2.0±2.6	1.0±0	0.5±0.5	1.0
白羊草	3.4±1.5	1.2±0.4	1.7±1.5	3.3±0.6		1.0
阿尔泰狗娃花	22.3±2.3	21.0±5.6	16.5±5.7	18.5±8.9		11.0±0
狗尾草	8.8±2.4	1.8±0.4	2.8±1.0	3.0±0	2±0	
沙棘	5.6±1.1					
紫丁香	8.4±1.5	3.6±2.9	0			
长芒草	19.0±1.0	8.2±9.9	4.7±7.2	5.5±1.7	2.81.5	5.0
白刺花	2.7±2.9	0.6±0.5	0	3.5±0.7	2.8±2.8	1.0±0
酸枣	0	7.6±5.7	0			
黄刺玫	0	4.6±5.0	5.3±1.5	12.5±7.0	9.3±2.4	1.0±0
水栒子	0	0	10.3±2.5	5.0±1.4	0.3±0.3	2.0±0

注：CK 为埋藏前；1 为埋藏 1 年后；2 为埋藏 2 年后；3 为埋藏 3 年后；4 为埋藏 4 年后；5 为埋藏 5 年后。

3）土壤种子库的持久性

在 4 个沟坡侵蚀单元的不同生境土壤中，共发现 32 个物种具有持久土壤种子库，25 个物种具有短暂土壤种子库；其余物种由于出现的频度较低或数量较少暂时没有确定其种子库属性。

A. 持久性土壤种子库

一二年生物种中有 14 种具有持久土壤种子库，包括先锋物种猪毛蒿与狗尾草和其他常见的一二年生物种臭蒿、香青兰、地锦草、地肤、画眉草、斑种草、獐芽菜、小藜、北点地梅、附地菜、益母草与蚓果芥。而且先锋物种猪毛蒿还具有相当高的密度，在恢复时间较短的样地其密度在秋季大量种子萌发后及种子雨洒落前仍能达到 5000 粒/m²，在植被恢复较好的沟坡和人工恢复坡面其最小的密度也在 1000 粒/m² 左右。

多年生禾草和其他草本物种中具有持久种子库的物种有 15 种，包括研究区演替过程中的优势物种长芒草、达乌里胡枝子、硬质早熟禾、中华隐子草、白羊草和茭蒿，及伴生物种阿尔泰狗娃花、苦荬菜、菊叶委陵菜、墓头回、裂叶堇菜、远志、抱茎小苦荬、臭草和广序臭草。这些物种的种子库密度虽然相对较低，但是种子密度也能超过 100 粒/m²，有的甚至超过 1000 粒/m²。

灌木与半灌木物种中只发现铁杆蒿、互叶醉鱼草和灌木铁线莲 3 种物种具有持久种子库，种子密度可超过 100 粒/m²。其中铁杆蒿是研究区演替过程中重要的建群物种，分布非常广泛，其平均种子库密度能超过 400 粒/m²。

B. 短暂性土壤种子库

一二年生物种中有 3 种具有短暂土壤种子库，即亚麻、猪毛菜和鬼针草。亚麻在不同生境均有分布，但在人工林坡面和沟道淤泥中种子密度很小，为 2～18 粒/m²；自然沟坡略高（为 55～152 粒/m²），在自然坡面可达 1188 粒/m²。猪毛菜除沟道淤泥外，其他生境均有分布；密度在 2～78 粒/m²。鬼针草在人工刺槐坡面发现有种子库，密度只有 2 粒/m²。

多年生禾草中的北京隐子草、鹅观草和赖草 3 个物种具有短暂土壤种子库，种子密度分别为 5～41 粒/m²、2～14 粒/m² 和 14～28 粒/m²。

多年生草本中有 12 种具有短暂土壤种子库，分别为野菊、草木樨状黄耆、狭叶米口袋、老鹳草、二色棘豆、火绒草、糙叶黄耆、小蓟、斜茎黄耆、野葱、野豌豆和野棉花。草木樨状黄耆和糙叶黄耆最高密度分别为 138 粒/m² 和 83 粒/m²。野菊除自然恢复坡面外，在其他生境均有土壤种子库，密度为 2～69 粒/m²。狭叶米口袋的种子密度为 2～35 粒/m²，二色棘豆为 14～41 粒/m²，小蓟为 14～28 粒/m²。老鹳草、火绒草和斜茎黄耆的最大密度为 14 粒/m²。野葱、野豌豆和野棉花的土壤种子库偶有分布；密度很少，为 2～3 粒/m²。

灌木与半灌木物种中有白刺花、尖叶铁扫帚、扁核木、紫丁香、蛇葡萄和杠柳 6 个物种具有短暂土壤种子库。其中，白刺花在自然恢复坡面、自然沟坡和沟道淤泥中有土壤种子库存在；沟道淤泥中种子密度只有 2 粒/m²；在自然沟坡种子密度为 28～83 粒/m²；自然恢复坡面只有在 10 月土壤中发现，密度为 14 粒/m²。尖叶铁扫帚在自然坡面、自然沟坡和人工柠条锦鸡儿林坡面的春季土壤中发现有种子库，密度分别为 28 粒/m²、14 粒/m² 和 2 粒/m²。扁核木的种子库密度可达 83 粒/m²。紫丁香在自然沟坡的种子库密度为 35～41 粒/m²。蛇葡萄和杠柳的种子库在淤泥中有发现，种子密度分别为 7 粒/m² 和 5 粒/m²。

乔木刺槐也具有短暂土壤种子库。在人工刺槐林坡面不同时期种子库密度为 30～55 粒/m²；在自然坡面、人工柠条锦鸡儿林坡面和自然沟坡也有少量种子库存在。

种子持久性与土壤种子库密切相关，进而制约植被分布特征。例如，猪毛蒿、铁杆蒿、茭蒿、狗尾草、白羊草、阿尔泰狗娃花、达乌里胡枝子和白刺花种子具有持久性，因而具有持久土壤种子库，在黄土丘陵沟壑区具有分布优势；具有短暂性的杠柳、沙棘和紫丁香种子具有短暂性种子库，除杠柳外其他物种分布较为零散；种子具有长期持久性的水栒子和黄刺玫，由于传播媒介的限制而难以形成较广的持久种子库以发挥其更新潜力，因而在研究区零星分布。总之，土壤种子库中包括了黄土丘陵沟壑区退耕演替过程中所有的主要建群物种，且大多数演替过程中的建群种和主要伴生种均具有一定数量的持久种子库，为其成功定居、繁殖和拓展提供了有利的条件。

4）土壤种子库的密度与组成

A. 土壤种子库的物种组成

综合 2008 年与 2009 年土壤种子库鉴定结果，共鉴定 31 科 76 属 91 个物种（另外有几个幼苗死亡没有鉴定出种属）。其中，物种数较多的科是菊科（12 属 16 个物种）、禾本科（13 属 15 个物种）和豆科（10 属 12 个物种），这三科物种占到总物种数的 49%。蔷薇科和毛茛科均为 4 属 5 个物种；紫草科 4 属 4 个物种；藜科 3 属 3 个物种；唇形科、大戟科和伞形科均为 2 属 2 个物种；堇菜科和报春花科均为 1 属 2 个物种；其余的各科均只有单属单物种。就不同功能群而言，一二年生物种 30 种，占总物种数的 33%；多年生草本 35

种，占总物种数的 38%；多年生禾草 11 种，占总物种数的 13%；灌木与半灌木 13 种，占总物种数的 15%；乔木仅 2 种，占总物种数的 2%。不同生境类型和不同采样时间的土壤种子库中不同功能群物种数及其在总物种数和总密度中所占比例如表 8-9 所示。各种生境类型种子库中一二年生和多年生草本物种在物种数量上占有较高的比例。而在密度组成上，一二年生物种一般超过总密度的 50%；尤其是在自然恢复坡面，其密度所占比例高达 80% 以上（其中猪毛蒿占有很大比例）。随着植被类型变化，种子库中一二年生物种在物种数量上没有明显的降低；而密度却有大幅降低，在沟坡和沟道样地中，其密度比例降至 60% 以下。多年生禾草和灌木与半灌木物种在种子库中的物种数量和密度均较低，但是随着植被恢复，其物种数量及在种子库密度中的比例均有所增加。乔木物种在种子库中出现很少，只有人工刺槐林土壤中检测到少量刺槐种子，以及在单元 I 沟坡土壤中检测到几粒榆树种子。

表 8-9　各生境不同采样时间各功能群物种数及其在总物种数和总密度中的比例

生境	时间	一二年生草本			多年生禾草			多年生草本			灌木与半灌木		
		物种数	比例/%		物种数	比例/%		物种数	比例/%		物种数	比例/%	
			占总物种数	占总密度		占总物种数	占总密度		占总物种数	占总密度		占总物种数	占总密度
自然恢复坡面	4 月	18	45	89	4	10	1	14	35	7	4	10	2
	8 月	13	33	84	5	13	3	16	41	11	5	13	2
	10 月	14	42	84	5	15	4	9	37	9	3	9	2
人工柠条锦鸡儿林坡面	4 月	12	35	57	6	18	17	11	32	13	4	12	13
	8 月	10	28	55	7	19	19	15	42	17	3	8	10
	10 月	12	33	68	9	25	9	13	36	14	2	6	9
人工刺槐林坡面	4 月	8	28	71	5	17	11	13	45	12	2	7	4
	8 月	11	41	53	5	19	36	8	30	9	2	7	2
	10 月	11	42	76	5	19	6	8	31	13	1	4	2
自然沟坡	4 月	14	33	56	6	14	17	18	42	17	5	12	10
	8 月	17	35	52	9	19	18	17	35	16	4	8	6
	10 月	26	36	55	9	20	18	15	33	18	5	11	8
沟道淤泥	4 月	18	33	57	9	15	30	32	39	7	7	13	5
	8 月	18	39	52	7	15	34	16	35	10	5	11	4
	10 月	18	41	52	7	16	34	14	32	11	5	11	4

B. 土壤种子库的密度特征

土壤种子库密度随着采样深度的增加显著降低。在自然恢复坡面和自然沟坡，50% 以上的种子分布在表层 0~2cm 土层内；在人工林坡面，土壤种子库总体密度有所下降，土层间的差异也明显降低。具体表现如图 8-12 所示。

在自然恢复坡面，土壤种子库密度在各采样时间均随着采样深度增加而极显著地降低

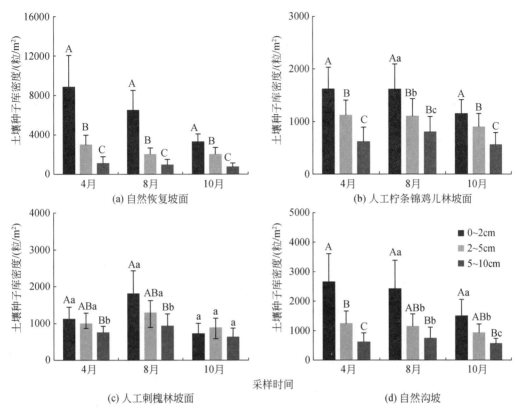

图8-12　不同生境类型土壤种子库密度随采样深度的变化情况

误差线上面的字母表示不同土层间种子密度差异性，大写字母代表极显著差异（$P<0.01$），小写字母代表显著差异（$P<0.05$）

（$P<0.01$）；大部分种子（54%~69%）分布在表层0~2cm土层。其中，4月土壤种子库平均有67%的种子分布在0~2cm土层（4849~15 583 粒/m²），24%的种子分布在2~5cm土层（1285~4946 粒/m²），仅有9%的种子分布在5~10cm土层（332~2846 粒/m²）。8月土壤种子库平均有69%的种子分布在0~2cm土层（3792~10 361 粒/m²），21%的种子分布在2~5cm土层（1114~2777 粒/m²），仅有9%的种子分布在5~10cm土层（332~1437 粒/m²）。10月土壤种子库平均有54%的种子分布在0~2cm土层（1989~4642 粒/m²），34%的种子分布在2~5cm土层（1133~2860 粒/m²），12%的种子分布在5~10cm土层（221~1630 粒/m²）。

在人工柠条锦鸡儿林坡面，4月和10月种子库密度随采样深度增加出现极显著的下降（$P<0.01$），8月种子库密度随采样深度增加出现显著的下降（$P<0.05$）。在4月，48%的种子分布在0~2cm土层中（1050~2238 粒/m²），33%的种子分布在2~5cm土层（815~1589 粒/m²），18%的种子分布在5~10cm土层（332~1160 粒/m²）。在8月，46%的种子分布在0~2cm土层（870~2437 粒/m²），31%的种子分布在2~5cm土层（705~1897 粒/m²），23%的种子分布在5~10cm土层（359~1409 粒/m²）。在10月，44%的种子分布在0~2cm土层（760~1658 粒/m²），34%的种子分布在2~5cm（663~1492 粒/m²），

22% 的种子分布在 5 ~ 10cm 土层（304 ~ 1022 粒/m²）。

在人工刺槐林坡面，土壤种子库密度随深度的变化较其他生境要小一些，4 月和 8 月 0 ~ 2cm 土层种子库密度与 2 ~ 5cm 土层无显著差异，但二者均显著高于 5 ~ 10cm 土层；10 月调查中种子库密度在不同土层间差异不显著。具体表现为，4 月，39% 的种子分布在 0 ~ 2cm 土层中（525 ~ 1547 粒/m²），35% 的种子分布在 2 ~ 5cm 土层（815 ~ 1216 粒/m²），26% 的种子分布在 5 ~ 10cm 土层（553 ~ 1050 粒/m²）。8 月，44% 的种子分布在 0 ~ 2cm 土层（995 ~ 2915 粒/m²），32% 的种子分布在 2 ~ 5cm 土层（456 ~ 1837 粒/m²），24% 的种子分布在 5 ~ 10cm 土层（553 ~ 1603 粒/m²）。10 月，29% 的种子分布在 0 ~ 2cm 土层（373 ~ 1160 粒/m²），38% 的种子分布在 2 ~ 5cm（511 ~ 1492 粒/m²），33% 的种子分布在 5 ~ 10cm 土层（221 ~ 1078 粒/m²）。

在自然沟坡，土壤种子库密度在 4 月随采样深度增加表现出极显著的下降（$P <$ 0.01），在 8 月和 10 月土壤种子库密度同样随深度的增加显著降低。在 4 月采样时平均 59% 的种子分布在 0 ~ 2cm（1368 ~ 4476 粒/m²），28% 的种子分布在 2 ~ 5cm（635 ~ 1934 粒/m²），14% 的种子分布在 5 ~ 10cm 土层（166 ~ 1050 粒/m²）。8 月土壤种子库平均有 56% 的种子分布在 0 ~ 2cm 土层（755 ~ 3827 粒/m²），26% 的种子分布在 2 ~ 5cm 土层（482 ~ 1810 粒/m²），17% 的种子分布在 5 ~ 10cm 土层（138 – 1520 粒/m²）。10 月土壤种子库平均有 50% 的种子分布在 0 ~ 2cm 土层（594 ~ 3095 粒/m²），31% 的种子分布在 2 ~ 5cm 土层（470 ~ 1464 粒/m²），19% 的种子分布在 5 ~ 10cm 土层（249 ~ 884 粒/m²）。

综上所述，该区植被自然恢复过程中的早期物种具有生产大量易于传播的小种子特性，能够形成高密度土壤种子库，以幼苗库优势迅速占领生境。演替较高阶段的主要建群种和伴生种亦能生产大量易于传播的种子，具有一定数量的土壤种子库，能够在适宜条件实现幼苗萌发与建植；并且大多主要物种具有营养繁殖能力，有利于种群的维持并扩展。上述这些物种基本不受种源与扩散限制，能够在退耕后较短时间恢复到典型蒿草群落。而沟坡残存灌乔物种，一般零散分布于地势较低的沟坡，再加上其种子重量较大且产量较小，在缺乏有效传播媒介的情况下，长距离传播受到限制；这些物种在种源和种子扩散上均受到一定的限制，恢复缓慢。

8.2.2　植物营养繁殖体特征

1. 营养繁殖物种的组成

根据野外观测及植物志资料，不同植物功能群内具有营养繁殖能力的物种及其营养繁殖类型如下。

1）多年生禾草物种

供试的 24 种物种均具有营养繁殖能力，通过分蘖形成草丛或通过根茎成片扩展。其中，分蘖型物种有白羊草、长芒草、北京隐子草、中华隐子草、糙隐子草、臭草、鹅观草、丛生隐子草、大针茅、洽草和硬质早熟禾等；根茎物种有赖草、芦苇和冰草等。

2）多年生草本物种

此类具有营养繁殖能力的物种有 40 种，占所有多年生草本物种数的 43%；包括多种营养繁殖类型：根茎、匍匐茎、鳞茎和块根等。具有根茎的物种有 29 种，主要有阿尔泰狗娃花、墓头回、茭蒿、蒙古蒿、牡蒿、冷蒿、沙蒿、茜草、野菊、小红菊、小蓟、旋复花、狼尾花、并头黄芩、糙叶黄耆、甘草和紫菀等；具有匍匐茎的物种有 3 种，分别是虎耳草、蛇莓和匍匐委陵菜；具有块根的物种有 3 种，分别是牛皮消、菊芋和天门冬；具有鳞茎的物种有 3 种，分别是山丹、野葱和野韭；具有球茎的物种有 1 种，为角盘兰；具有块茎的物种有 1 种，为薯蓣。

3）乔木和灌木物种

多数乔木和灌木物种具有萌生能力，其根茎部分的不定芽能萌发产生新的茎干以在原有茎干受到损害时替代原来的茎干，一些萌芽产生的个体也会与原来的茎干共存，这种方式的营养繁殖被定义为萌生。乔木物种中具有较强萌生能力而能够产生独立个体的物种有臭椿、刺槐、山杨、小叶杨等。灌木物种中具有较强的萌生力而能够产生独立个体的物种包括杠柳、虎榛子、荆条、柠条锦鸡儿、沙棘、酸枣、小叶锦鸡儿和紫丁香等。半灌木物种中，铁杆蒿、黑沙蒿和大籽蒿均通过根茎进行营养繁殖，而百里香是通过匍匐茎进行营养繁殖。

2. 主要物种营养繁殖体芽库的动态特征

1）时间变化特征

表 8-10 反映了 7 个常见主要物种的营养繁殖体芽库在 2010～2012 年 4 月和 10 月的变化特征。白羊草芽库在 4 月密度明显较高，单丛芽数达到（249±43）个，单位面积冠幅芽数最高达到（1206±154）个/m²；10 月较低，单丛芽数最低为（38±10）个，单位面积冠幅芽数最低仅为（145±45）个/m²。而其他物种没有明显的规律，表现出不同的波动性。长芒草和中华隐子草单丛芽数不同时期无显著差异，单丛芽数变化范围为（44±6）～（121±26）个。茭蒿和硬质早熟禾在 2011 年 4 月调查时尚无营养繁殖芽萌生。铁杆蒿和鹅观草在 2011 年 4 月调查时也仅有少量的营养繁殖芽萌生，分别为（5±1）个/丛和（3±1）个/丛；在其他几个调查时间，鹅观草的单丛营养繁殖芽数量无显著差异，波动范围为（11±2）～（22±5）个。铁杆蒿和硬质早熟禾单丛营养繁殖芽数在 2011 年 10 月和 2012 年 4 月间也无显著差异，分别为（104±29）～（216±51）个和（74±6）～（69±8）个；而在 2010 年 10 月却显著较低，分别为（27±6）个和（31±7）个。

表 8-10　营养繁殖体芽库不同调查时间变化特征

物种	单丛芽数（平均值±标准误）/个			
	2010 年 10 月	2011 年 4 月	2011 年 10 月	2012 年 4 月
白羊草	147±31 ab	249±43a	38±10 b	195±42a
长芒草	121±26a	44±6a	90±21a	75±31a
鹅观草	22±5A	5±1B	14±3AB	11±2A
茭蒿	109±30a	—	149±40a	90±17a
铁杆蒿	27±6B	3±1 C	104±29A	216±51A

续表

物种	单丛芽数（平均值±标准误）/个			
	2010 年 10 月	2011 年 4 月	2011 年 10 月	2012 年 4 月
硬质早熟禾	31±7 b	—	74±6a	69±8a
中华隐子草	65±11a	85±19a	122±31a	106±14a

物种	单位面积冠幅芽数（平均值±标准误）/（个/m²）			
	2010 年 10 月	2011 年 4 月	2011 年 10 月	2012 年 4 月
白羊草	301±70 Bb	1206±154 Aa	145±45 Bb	625±173 ABb
长芒草	2376±380A	954±111B	1293±363AB	3056±830A
鹅观草	1288±91A	28±6B	864±187A	778±89A
茭蒿	231±42a	—	231±57a	201±33a
铁杆蒿	74±11B	17±5 C	137±34B	411±66A
硬质早熟禾	2341±261B	—	7226±1206A	5522±1228A
中华隐子草	3381±612A	1581±152B	998±126B	2464±175A

注：字母代表不同调查时期差异显著性水平，小写字母表示差异显著（P<0.05），大写字母表示差异极显著（P<0.01）。

单位面积冠幅芽数除白羊草外，均表现为 2011 年 4 月最低，其他时间有较小的波动。密丛型禾草的单位面积冠幅芽数超过 1000 个/m²，最高的硬质早熟禾高达 7000 个/m²。而相对较稀疏的铁杆蒿和茭蒿，单位面积芽数也超过 100 个/m²，最高达到 400 个/m²。此外，根茎型禾草赖草单位面积芽库在 2010 年 10 月较高，能够达到（1716±203）个/m²；2011 年 4 月较低为（148±12）个/m²。阿尔泰狗娃花单位面积芽库也是在 2010 年 10 月较高，能够达到（3381±674）个/m²；2011 年 4 月较低，为（1581±152）个/m²。

2）不同类型芽库季节变化特征

由图 8-13 可以看出，供试各物种永久性芽库数量变化范围为 1～1823 个/株，植物不同生长季均表现为白刺花>杠柳>白羊草>铁杆蒿>长芒草>茭蒿>达乌里胡枝子>芦苇>猪毛蒿，且不同物种间差异显著（P<0.05）；永久性芽库存量最大的白刺花平均为（927.8±164.7）个/株，而存量最小的猪毛蒿仅为（4.7±1.1）个/株。在五种沟坡侵蚀环境下两种灌木平均永久性芽库数量表现为开花结实期>生长末期>返青期，且差异显著（P<0.05）；其余供试物种永久性芽库数量一般表现为返青期>生长末期>开花结实期，并表现出差异显著性（P<0.05）。植物不同生长期阳峁坡的永久性芽库数量都较大，阳峁坡各生长季节平均永久性芽库存量分别较阳沟坡、梁峁顶、阴梁峁坡和阴沟坡增加了 7.8%、18.6%、61.1% 和 260.5%；且除阳沟坡和阳峁坡未达到显著性外（P>0.05）其余侵蚀环境均差异显著（P<0.05）。

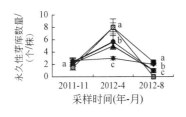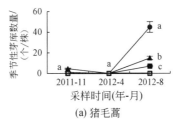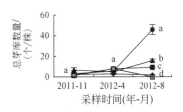

(a) 猪毛蒿

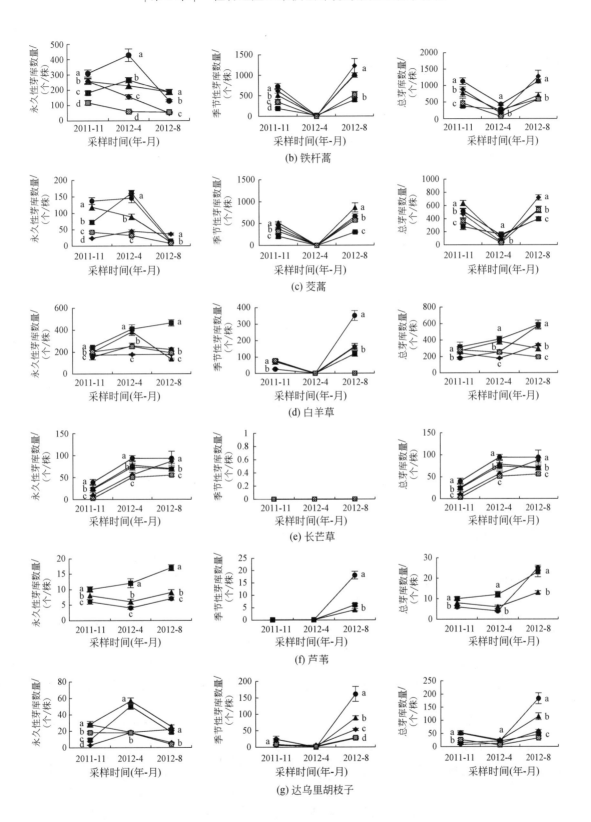

(b) 铁杆蒿

(c) 茭蒿

(d) 白羊草

(e) 长芒草

(f) 芦苇

(g) 达乌里胡枝子

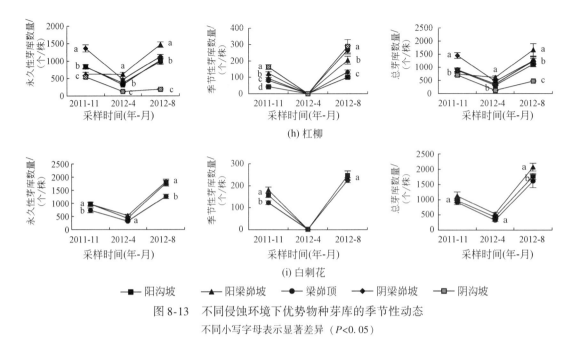

(h) 杠柳

(i) 白刺花

■ 阳沟坡　▲ 阳梁峁坡　● 梁峁顶　◆ 阴梁峁坡　▨ 阴沟坡

图 8-13　不同侵蚀环境下优势物种芽库的季节性动态

不同小写字母表示显著差异 （$P<0.05$）

供试物种季节性芽库变化范围为 2～866 个/株，植物不同生长季节均表现为铁杆蒿>茭蒿>杠柳>白刺花>白羊草>达乌里胡枝子>猪毛蒿>芦苇，且不同物种间差异显著 （$P<0.05$）；季节性芽库存量最大的铁杆蒿平均为 （730.5±121.5） 个/株，而存量最小的芦苇为 （6.3±1.1） 个/株；长芒草无季节性芽库存在，芦苇的季节性芽库仅出现在开花结实期。坡沟系统不同的侵蚀环境下，由于开花结实期植物新生枝条的大量生长，供试物种平均季节性芽库数量表现为开花结实期>生长末期>返青期；且供试植物在返青期季节性芽库存量极少，仅一二年生植物猪毛蒿在该生长季节有极少的芽库存量。不同侵蚀环境下，植物生长末期各物种平均季节性芽库在阳梁峁坡较大 ［（171.8±20.5） 个/株］，分别较阳沟坡、梁峁顶、阴梁峁坡和阴沟坡增加了 415.6%、9.7%、44.1% 和 37.1%；且除阳梁峁坡和梁峁顶未达到显著性外 （$P>0.05$） 其余侵蚀环境均差异显著 （$P<0.05$）。而植物开花结实期梁峁顶季节性芽库较大 ［（293.4±37.5） 个/株］，分别较阳沟坡、阳梁峁坡、阴梁峁坡和阴沟坡增加了 140.4%、42.3%、5.1% 和 82.3%；且除梁峁顶和阴梁峁坡未达到显著性外 （$P>0.05$） 其余侵蚀环境均差异显著 （$P<0.05$）。

供试物种总芽库变化范围为 2～2069 个/株，植物不同生长季节均表现为白刺花>杠柳>铁杆蒿>茭蒿>白羊草>达乌里胡枝子>猪毛蒿>芦苇，且不同物种间差异显著 （$P<0.05$）；物种总芽库存量最大的白刺花平均为 （1056.7±192.5） 个/株，而存量最小的猪毛蒿仅为 （13.3±2.1） 个/株。由第一年生长末期到第二年返青期至开花结实期，整个植物生长季节中除长芒草外，其余供试物种总芽库的季节动态一般表现为 "V" 字形结构；植物返青期由于季节性芽库数量极少，因此植物总芽库数量最少。长芒草由于无季节性芽库存在，其芽库总量变化趋势即为永久性芽库的变化趋势；由于其开花结实物候期较其他供试物种早，生长末期芽库存量最少，返青期和开花结实期总芽库数量稳定；植物生长末

期和开花结实期平均植物芽库总数量差别不大（$P>0.05$）。不同侵蚀环境下各物种平均总芽库数量在阳梁峁坡最大，分别较阳沟坡、梁峁顶、阴梁峁坡和阴沟坡增加了 35.8%、6.3%、53.7% 和 151.6%；且除阳梁峁坡和梁峁顶未达到显著性外（$P>0.05$）其余侵蚀环境均差异显著（$P<0.05$）。

3）不同类型芽库的垂直分布特征

由图 8-14 可以看出，供试草本植物永久性芽库主要分布在距离地面 $-10\sim0$cm 和 0cm，灌木永久性芽库只分布在距离地面超过 10cm 范围而季节性芽库主要分布在植物地上部分。

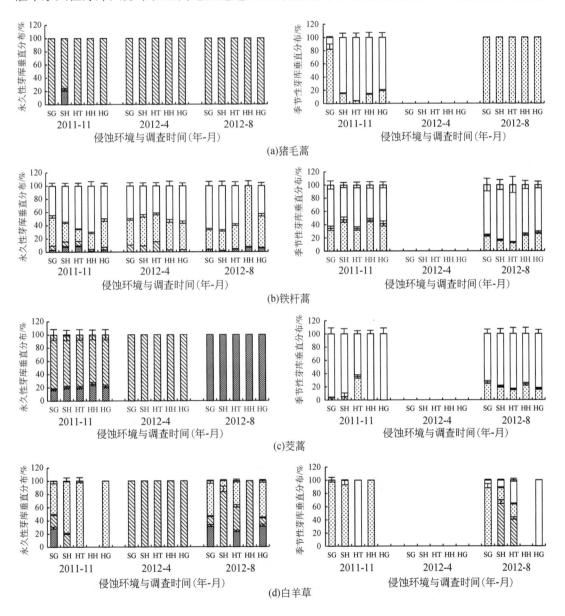

(a)猪毛蒿

(b)铁杆蒿

(c)茭蒿

(d)白羊草

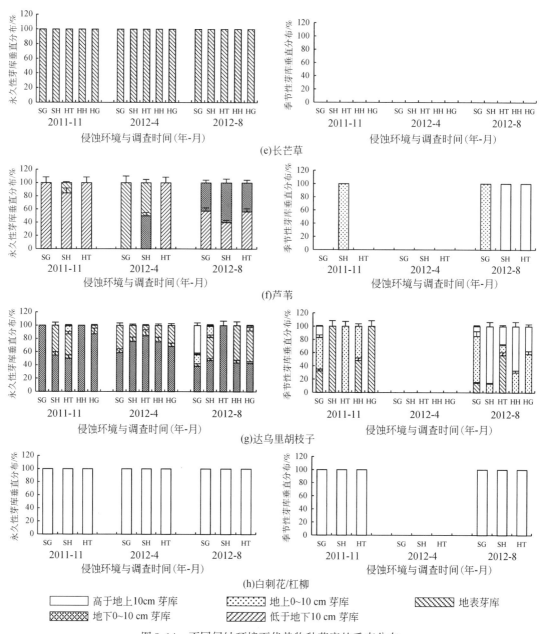

图 8-14 不同侵蚀环境下优势物种芽库的垂直分布

长芒草无季节性芽库；杠柳和白刺花芽库垂直分布图相同，故此两种植物芽库垂直分布
用一组图表示。SG 为阳沟坡；SH 为阳梁峁坡；HT 为梁峁顶；HH 为阴梁峁坡；HG 为阴沟坡

芦苇在距离地面 −10cm 以下土壤空间有永久性芽库存在，且存量较少；其他供试物种在此空间无芽库分布。铁杆蒿、茭蒿和达乌里胡枝子在 −10 ~ 0cm 土壤空间有永久性芽库存在，它们在此空间永久性芽库存量占总永久性芽库比例分别为 4.1%、30.4% 和 73.7%，且在坡沟系统不同侵蚀环境下 3 物种占总永久性芽库比例差异不显著（$P >$ 0.05）；它们此土壤空间无季节性芽库存在。

除两种灌木外，其他供试物种在地面（0cm）均有永久性芽库存在，且植物在返青期此部位永久性芽库所占总永久性芽库比例较大，各物种不同侵蚀环境下平均为 36.6%；供试植物猪毛蒿和长芒草的永久性芽库主要存在于此部位，仅白羊草和达乌里胡枝子在地面部位有少量季节性芽库存在。

在地上 0~10cm 空间，拥有基部分枝构型的植物铁杆蒿、白羊草和达乌里胡枝子有永久性芽库的存在，它们在此空间永久性芽库存量占总永久性芽库比例分别为 20.2%、31.1% 和 3.6%，并且在坡沟系统不同的侵蚀环境下随侵蚀程度的减小有增加的趋势，但差异不显著（$P > 0.05$）；除两种高位芽灌木（白刺花和杠柳）和仅具永久性芽库的长芒草外，供试其余物种在此空间均具有一定比例的季节性芽库存在，各物种不同侵蚀环境下平均占总季节性芽库比例为 11.3%。地面以上空间（>10cm）芽库组成主要为两种灌木及铁杆蒿的永久性芽库和所有供试物种的季节性芽库，尤其两种供试灌木所有的芽库均位于此空间。

3. 主要营养繁殖物种的分枝特征

通过调查自然恢复坡面不同部位不同时间的营养繁殖物种生长状况，如单个植丛分枝数的数量、冠幅以及单位面积冠幅的分枝数等，分析地形和土壤侵蚀造成的资源空间异质性和降雨的时间异质性对营养繁殖物种生长与拓展的影响。

1）主要物种分枝数随坡位变化特征

主要物种的单丛平均枝数和单位面积冠幅平均枝数随坡位的变化特征如表 8-11 和表 8-12 所示。

铁杆蒿在侵蚀单元 I 的整个坡面分布频度较高，单丛平均分枝数在不同坡位间均具有极显著的差异（$P < 0.01$），主要表现为从坡顶到沟坡逐渐降低，坡面上单丛分枝数 [（52±9）~（144±30）枝] 高于沟坡单丛分枝数 [（31±3）~（77±7）枝]。而其单位面积冠幅分枝数没有表现出从坡顶到沟坡逐渐降低的趋势；而且除 6 月外，其他时期不同坡位间单位面积冠幅分枝数没有显著差异，变化在（109±15）~（454±49）枝/m²；6 月，单位面积冠幅分枝数也表现为坡面显著高于沟坡。在侵蚀单元 II，铁杆蒿单丛分枝数在不同坡位间具有显著差异（$P < 0.05$），坡面上部具有较高的分枝数，随坡面向下有降低的趋势，分枝数变化范围为（53±11）~（147±33）枝。其单位面积冠幅平均分枝数在 6 月和 7 月调查时不同坡位间无显著差异；而 8 月和 9 月差异显著，沟坡样地单位面积冠幅分枝数较高，坡面上不同坡位间无一致的变化趋势，分枝数最低为（89±12）枝/m²，最高达到（431±50）枝/m²。

茭蒿同样表现出由坡顶向下单丛枝数逐渐降低的趋势。在侵蚀单元 I 内，7~9 月表现出显著差异，坡面单丛枝数 [（34±4）~（116±26）枝] 显著高于沟坡 [（20±2）~（44±6）枝/丛]。侵蚀单元 II 内，坡面单丛枝数变化范围为（32±3）~（120±11）枝。而单位面积冠幅没有相对统一的变化趋势，波动范围为（101±12）~（358±115）枝/m²。

长芒草在侵蚀单元 I 内，单丛分枝数在不同坡位间具有显著变化，在总体趋势上表现为坡面 [（27±3）~（51±7）枝] 大于沟坡 [（16±3）~（28±3）枝]；在坡面中部长芒草单丛分枝数较低。侵蚀单元 II 内，长芒草单丛分枝数在不同坡位间变化差异不大，也没有一

表 8-11　侵蚀单元 I 主要营养繁殖物种单丛平均分枝数和单位面积冠幅分枝数时空变化特征

物种	样带	单丛枝数/枝				单位面积冠幅分枝数/(枝/m²)			
		6月	7月	8月	9月	6月	7月	8月	9月
铁杆蒿	1	123±27 Aa	102±20 Aa	92±14 A	144±30 Aa	414±36 Aa	220±22	144±12	131±17
	2	91±15 ABab	111±15 Aa	93±15 A	95±20 ABab	454±49 Aa	175±16	200±17	121±14
	3	52±9 Bbc	82±8 Aa	82±7 A	72±8 ABb	346±40 ABab	152±7	185±31	123±29
	4	54±12 Bbc	69±9 ABa	77±7 A	48±5B Cbc	240±32 Bbc	193±15	184±16	135±21
	5	36±5 Bc	46±3 Bb	40±4 B	31±3 Cc	201±19 Bc	167±17	198±15	109±15
茭蒿	1	88±32	76±13 Aa	97±16 Aa	116±26 A	358±115	201±27 Aa	149±10	155±32
	2	74±25	66±8 Aab	64±6 Aab	34±4 B	290±44	149±16 Aab	151±11	101±12
	3	63±8	70±11 Aab	63±7 Abc	39±7 B	239±32	151±12 Aab	180±20	128±19
	4	37±5	43±6 ABcd	44±6 ABcd	30±4 B	254±27	193±32 Aa	125±15	105±10
	5	42±5	38±5 Bd	37±8 Bd	20±2 B	178±19	118±15 Bb	159±15	112±13
长芒草	1	38±2 Aa	45±4 Aa	39±3 A	51±7 Aa	1390±110	820±101	548±37 Bb	640±98
	2	38±5 ABa	36±4 ABab	33±3 AB	27±3 BCb	1083±163	732±115	630±142 ABb	588±83
	3	37±4 ABa	32±2 ABb	38±2 A	37±4 ABab	1303±152	889±122	789±91 ABa	787±95
	4	28±3 Bb	27±4 Bb	26±3 B	26±3 BCbc	1667±223	823±159	871±86 Aa	582±72
	5	21±2 Bb	—	25±4 B	16±3 Cc	954±132		677±169 ABab	548±194
白羊草	1	146±32 Aa	101±26 Aa	98±26 Aa	95±30 Aa	1666±348 Aa	621±93	502±44 Aa	263±38 ABbc
	2	134±89 ABa	59±9 ABa	79±13 Ab	69±13 ABa	1333±299 ABa	504±60	397±42 ABb	355±43 ABab
	3	111±27 Ab	73±12 Aa	98±13 Aa	82±16 Aa	1010±153 ABab	637±88	364±28 Bb	233±22 Bc
	4	58±11 B	26±4 Bb	38±5 B	26±5 BCb	625±148 Bb	833±150	556±95 Aa	439±142 ABab
达乌里胡枝子	1	9.1±0.7	11.2±1.4	9.2±0.7	11.4±1.4 Aa	253±27	114±20 Aa	79±10 ABa	45±6 B
	2	8.2±0.7	9.5±0.8	8.7±0.9	9.4±0.8 ABa	262±37	50±8 Bb	51±7 BCb	47±8 B
	3	8.8±0.9	8.2±0.5	7.6±0.6	6.7±0.6 Bb	201±24	92±17 ABab	42 Cb	36±6 B
	4	8.2±0.8	11.8±1.1	6.8±0.5	10.8±1.5 ABa	244±53	109±23 ABa	120 Aa	119±14 A
	5	6.3±0.8	—	—	6.2±0.9 ABb	212±32			63±8 AB
中华隐子草	1	67±9 ab	102±9 Aa	79±9 ABa	—	3120±361 Aa	1960±255	1033±140 a	—
	2	63±6 ab	62±7 BCb	80±11 ABa	48±10	1898±214 Bb	1464±130	819±75 a	454±83 Bb
	3	49±4 bc	59±9 BCbc	53±4 BCb	55±7	2085±139 Bb	1569±151	756±57 b	933±99 Aa
	4	66±5 a	69±10 ABb	92±9 Aa	71±9	2007±166 Bb	1386±122	1069±80 a	783±87 ABa
	5	42±8 c	35±5 C	31±3 Cc	—	2123±195 Ab	1763±250	892±105 a	—

注:样带1、2、3、4、5分别指坡上部溅蚀-面蚀带,坡中部细沟浅沟侵蚀带,坡下部浅沟侵蚀带,临近沟沿线的沟坡样带,接近沟底的沟坡样带。不同大写字母表示差异显著（P<0.05），不同小写字母表示差异显著（P<0.01）。

表8-12 侵蚀单元Ⅱ主要营养繁殖物种单丛平均分枝数和单位面积冠幅分枝数时空变化特征

物种	样带	单丛枝数/枝				单位面积冠幅分枝数/(枝/m²)			
		6月	7月	8月	9月	6月	7月	8月	9月
铁杆蒿	1	147±33 a	104±15 Aa	137±19 Aa	75±11 ABa	397±48	173±10	194±16 b	96±9 Bbc
	2	101±13 ab	63±8 ABb	100±12 ABab	53±11 Bb	353±39	174±16	254±31 ab	116±17 Bbc
	3	59±7 c	62±7 ABb	80±10 Bb	66±8 ABab	330±38	156±13	195±14 b	89±12 Bc
	4	70±9 bc	98±15 ABa	79±11 Bb	84±8 Aa	328±26	221±25	194±28 b	146±24 Bb
	5	94±18 abc	60±7 Bb	59±5 Bc	68±11 ABab	431±50	168±14	278±22 a	256±38 Aa
茭蒿	1	108±17 A	103±10 Aa	120±11 Aa	106±14 Aa	261±28 ABab	185±21 ABa	188±16	140±15
	2	86±10 A	68±7 ABb	92±9 Aab	66±10 Bb	275±21 ABa	214±22 Aa	238±31	130±17
	3	72±15 AB	55±25 ABbc	65±7 ABbc	52±8B Cb	306±26 Aa	150±17	149±29	115±17
	4	76±14 AB	—	109±23 Aab	63±13 Bb	285±44 ABa	—	238±39	191±45
	5	40±6 B	49±23 Bc	50±10 Bc	32±3 Cc	193±22 Bb	117±35 Bb	197±29	126±14
长芒草	1	32±4 ab	34±3	39±5 a	35±4	1469±145 Aa	819±112 B	689±63	665±109
	2	24±2 b	28±2	29±3 ab	35±5	975±53 Bbc	785±73 B	681±57	543±51
	3	35±3 a	32±3	36±4 a	40±5	1146±117 ABbc	760±73 B	615±46	573±72
	4	23±3 b	23±1	28±2 b	36±6	875±56 Bc	750±117 B	725±80	615±61
	5	24±3 b	31±4	26±3 b	35±4	1279±128 ABab	1397±138 A	922±100	720±92
达乌里胡枝子	1	8.1±0.6	9.6±0.6	10.4±1.1	7.3±1.6 B	221.1±28.0	83.1±17.6	54.2±6.8	51.2±14.0
	2	10.3±0.8	10.3±1.1	9.3±0.8	5.4±0.4 B	213.3±24.1	77.7±11.8	68.3±9.1	33.8±5.0
	3	10.9±1.0	9.7±0.9	9.7±1.2	11.8±1.4 A	153.9±13.4	78.5±12.3	69.8±16.8	33.2±3.7
	4	10.1±1.0	8.6±0.6	7.7±0.5	12.1±1.1 A	195.2±16.7	62.3±9.6	43.5±5.4	43.9±4.1

注:样带1,2,3,4,5分别指坡上部溅蚀-面蚀带、坡中部细沟侵蚀带、坡下部浅沟侵蚀带、临近沟沿线的沟坡样带、接近沟底的沟坡样带。不同小写字母表示差异显著($P <$ 0.05),不同大写字母表示差异极显著($P < 0.01$)。

致的变化趋势，平均分枝数波动范围为（23±1）~（40±5）枝。单位面积冠幅分枝数在不同坡位间无显著差异，同样没有一致的变化趋势，波动范围为（543±51）~（1667±223）枝/m²。

达乌里胡枝子在侵蚀单元Ⅰ内，单株分枝数在不同坡位间只有9月具有显著差异（坡面下部分枝数最低），而其他时期均无显著差异；主要变化趋势是坡面上从坡上部到下部逐渐降低，而沟坡具有较高的分枝数。总体而言单株分枝数变化范围为（6.2±0.9）~（11.8±1.1）枝。侵蚀单元Ⅱ内，不同坡位间单株分枝数无显著差异，也没有随侵蚀带表现出较为一致的变化趋势，单株分枝数为（7.7±0.5）~（10.9±1.0）枝。侵蚀单元Ⅰ内，单位面积冠幅分枝数除6月外，在不同坡位间均具有显著的变化，主要是坡面中部和下部达乌里胡枝子分枝数较低，波动范围为（36±6）~（220±37）枝/m²；其他侵蚀带单位面积冠幅分枝数变化范围为（45±6）~（253±27）枝/m²。侵蚀单元Ⅱ内，单位面积冠幅分枝数均无显著差异，单位面积冠幅分枝数变化范围为（43.2±3.7）~（221.1±28.0）枝/m²。

白羊草在侵蚀单元Ⅰ内分布较多，单丛分枝数在不同坡位间也具有显著的变化，同样表现为坡面 [（69±13）~（146±32）枝] 显著高于沟坡 [（26±4）~（58±11）枝]。单位面积冠幅分枝数只有在7月调查时不同坡位间没有显著差异，其他时期均具有显著变化；除6月外，其余时期沟坡单位面积分枝数均高于坡面，而坡面上不同坡位单位面积冠幅分枝数没有一致的变化趋势。沟坡上单位面积冠幅分枝数为（439±142）~（833±150）枝/m²，坡面上为（233±22）~（1666±348）枝/m²。

中华隐子草在侵蚀单元Ⅰ内分布较多，无论是单丛分枝数还是单位面积分枝数均在不同坡位间具有较大差异。单丛分枝数在坡面上由坡上到坡下逐渐降低，波动范围为（53±4）~（102±9）枝，在沟坡上波动范围为（31±3）~（92±9）枝。单位面积冠幅分枝数同样表现为在坡上部的和沟坡的较高而其他部位的较低，平均分枝数波动范围为（454±83）~（3120±361）枝/m²。

综合分析这些调查结果发现，大部分情况下，物种单丛分枝数在水分条件较好和侵蚀程度较小的坡面上部较大；随着坡位向下、坡度增加及侵蚀加强单丛分枝数逐渐降低，尤其是在阳坡坡面这一变化趋势更加明显。然而，单位面积冠幅分枝数随着坡位变化较小，说明植丛冠幅和分枝数在随坡位由上到下同步地减少。

2）主要物种分枝数随时间变化特征

植物生长受到水热资源的影响；研究区降水具有明显的季节性，所以植物的生长状况也会在不同时间段表现出一些差异。

铁杆蒿在侵蚀单元Ⅰ的同一坡位不同调查时间的变化，从坡顶到坡下表现出不同的变化特征，在坡面上部和中部，单株分枝数随时间变化没有显著差异；在坡面下部和临近沟沿线的沟坡上单株分枝数不同时期出现了显著差异，主要是7月和8月显著增加。在侵蚀单元Ⅱ的同一坡位，不同调查时间单丛分枝数只在坡面中部具有显著差异，其他坡位无显著差异。而单位面积冠幅分枝数在两个单元的各坡位均表现出极显著的差异，6月最高，9月最低；造成单位面积冠幅分枝数显著变化的主要原因是冠幅在8月和9月显著增加。

茭蒿在侵蚀单元Ⅰ内，就同一坡位内不同调查时间的变化情况，单丛枝数在坡面上部和临近沟沿线的沟坡无显著变化；其他坡位变化显著，但没有表现出统一的变化趋势。在侵蚀单元Ⅱ内，同一坡位不同时间单丛分枝数无显著差异。而单位面积冠幅分枝数在各坡位均随时间出现极显著的变化；6月最大，9月最低，7月和8月一般无显著差异。

长芒草、白羊草、达乌里胡枝子和中华隐子草在同一坡位不同时间单丛分枝数变化无显著差异；而单位面积冠幅分枝数具有极显著的差异，6月最高，9月最低。

综合上述研究结果，在6~9月研究区水分条件逐渐改善的时期，大部分情况下单丛分枝数随时间无显著变化，而单位面积冠幅分枝数却随着水分条件的改善显著降低。这些研究结果说明，在坡面上随着侵蚀强度加大和土壤水分降低，植株个体大小受到影响，单丛分枝数和冠幅同步降低。随着时间的变化，营养繁殖分枝不会像幼苗一样在6月和7月高温干燥时期大量死亡，只是生长受到限制，冠幅较小；随着水分和温度条件改善，在8月和9月冠幅增加，单丛分枝数保持稳定。

3）主要物种营养繁殖的分枝能力

由于营养繁殖物种具有较强的分枝能力，在建植成功后能够通过克隆生长不断地扩展。主要物种的分枝能力如下。

（1）具有分蘖能力的多年生禾草。长芒草单丛分枝数为10~80枝，单位面积冠幅分枝数为150~2500枝/m²；中华隐子草单丛分枝数为15~130枝，单位面积冠幅分枝数60~5500枝/m²；糙隐子草单丛分枝数为20~240枝，单位面积冠幅最高达到3400枝/m²；白羊草单丛分枝数为20~200枝，单位面积冠幅为150~2000枝/m²；糙隐子草单丛分枝数为22~55枝，单位面积冠幅分枝数为570~3890枝/m²；硬质早熟禾也具有分蘖能力，单丛分枝数为19~36枝，单位面积冠幅分枝数为361~516枝/m²；鹅观草单丛分枝数为5~14枝，单位面积冠幅分枝数为81~240枝/m²。

（2）根茎型多年生禾草。赖草单位面积枝数为56~164枝/m²，平均为（115±7）枝/m²。芦苇具有根茎繁殖能力也具有匍匐茎，间隔子长度（即相邻分株间距离）较长，多分布在0.2~0.8m，较长的达到3.3m；具有很强的空间扩展能力。

（3）根茎型多年生草本物种和半灌木。铁杆蒿单丛分枝数20~240枝，单位面积冠幅分枝为60~550枝/m²；茭蒿单丛分枝数为15~260枝，单位面积冠幅分枝数为70~400枝/m²。蒙古蒿单位面积分枝数为60~136枝/m²，平均为112枝/m²；阿尔泰狗娃花单位面积分枝数为41~208枝/m²。甘草为根茎繁殖物种，间隔子多分布在0.3~1.0m。

这些物种的营养繁殖分枝数明显高于其种子萌发幼苗数（表8-13）。其中白羊草、铁杆蒿、茭蒿、中华隐子草和野菊幼苗密度均小于10株/m²，甚至一些物种在样地中没有发现幼苗，如赖草和鹅观草。但是这些物种的营养繁殖体芽库（17~3384个/m²）和分枝数（56~3100枝/m²）却具有较高的密度。一些物种幼苗密度较高，如长芒草、达乌里胡枝子和阿尔泰狗娃花，其最高密度能够达到31株/m²；且其芽库密度和分枝数能超过3000个（枝）/m²。硬质早熟禾种子在秋季能够大量萌发，平均密度能够达到316株/m²，但还是远远低于芽库密度（2341~7226个/m²）。这些营养繁殖物种较强的克隆生长能力和较长的寿命，对坡面植被盖度的形成及生态功能的实现均具有重要的作用。

表8-13　主要物种平均土壤种子库密度、幼苗密度、营养繁殖体库密度、
营养繁殖分枝密度分布范围对比

物种	种子库密度/（粒/m²）	幼苗密度/（株/m²）	芽库密度/（个/m²）	分枝密度/（枝/m²）
白羊草	5～31	0～4	145～1206	150～2000
铁杆蒿	32～266	0～10	17～411	60～550
茭蒿	9～82	0～5	201～231	70～400
长芒草	22～38	2～24	954～3056	150～2500
达乌里胡枝子	31～57	1～13	120～475	45～262
中华隐子草	11～138	0～3	998～3384	454～3120
阿尔泰狗娃花	21～85	1～31	1581～3381	41～208
鹅观草	—		28～1288	81～240
硬质早熟禾	10～522	0～316	2341～7226	361～516
赖草	2	—	1716	56～164
野菊	8	0～5		96～568

4. 营养繁殖物种分布特征

通过对不同坡向和坡位的 69 个样地 300 多个样方的调查分析可知，随着坡度的增加，营养繁殖物种在群落中的重要值逐渐增加；而完全依靠种子繁殖的物种重要值逐渐降低，并在部分陡峭的沟坡上消失（图8-15）。在不考虑坡向的情况下，分析坡度对不同繁殖策略物种分布的影响，结果表明，营养繁殖物种重要值与坡度正相关，Pearson 相关系数为 0.559（$P<0.001$）；而依靠种子繁殖物种与坡度负相关，相关系数为 -0.565（$P<0.001$）。

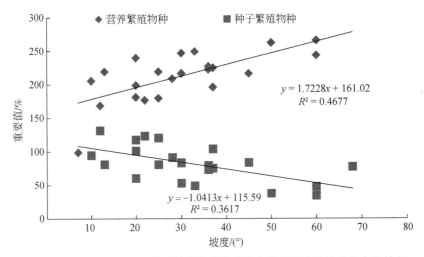

图 8-15　营养繁殖物种和种子繁殖物种在群落中的重要值随坡度的变化特征

而在各个坡向上营养繁殖物种在群落中的重要值均与坡度显著正相关；相关系数在阳坡为 0.627（$P=0.001$），在半阴半阳坡为 0.600（$P=0.007$），在阴坡为 0.608（$P=0.001$）。而依靠种子繁殖物种与坡度显著负相关，在阳坡、半阴半阳坡和阴坡的相关系数分别为 -0.636（$P<0.001$），-0.609（$P=0.006$）和 -0.608（$P=0.001$）。

群落物种多样性随营养繁殖物种重要值变化表现出不同的趋势（图 8-16）。Shannon-Wiener 指数和 Margalef 指数随着营养繁殖物种在群落中相对重要值的增加先增加后降低，而 Pielou 指数随着营养繁殖物种在群落中相对重要值的增加表现出增加的趋势。本研究区地形起伏多变，坡度变化不仅影响土壤侵蚀程度，也影响着资源的分配。依据坡度对土壤侵蚀的影响以及对退耕进程的影响，将坡度分为 3 个范围：0°~25°、25°~35° 和大于

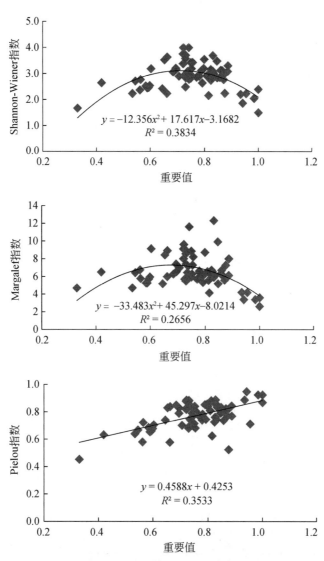

图 8-16 营养繁殖物种重要值与所在群落物种多样性的关系

35°。对这几个坡度范围内群落物种多样性与营养繁殖物种相对重要值的相关分析得出，在 0°~25°范围内，Shannon-Wiener 指数和 Pielou 指数与营养繁殖物种重要值显著相关，Pearson 相关系数分别为 0.462（$P=0.03$）和 0.617（$P=0.002$）；而 Margalef 指数与营养繁殖物种重要值相关性不显著。在 25°~35°范围内依然是 Shannon-Wiener 指数和 Pielou 指数与营养繁殖物种重要值显著相关，Pearson 相关系数分别为 0.601（$P<0.001$）和 0.408（$P=0.018$）。但坡度大于 35°后，Shannon-Wiener 指数和 Margalef 指数与营养繁殖物种重要值显著负相关，相关系数分别为 -0.809（$P<0.001$）和 -0.8444（$P<0.001$）；而与 Pielou 指数相关性不显著。在研究区，坡度能够一定程度地反映其受到干扰的程度和植被恢复阶段。在坡度较小的坡面，正处于退耕恢复演替过程中，营养繁殖物种在演替中期群落中具有重要的作用，能够起到改善环境和增加物种多样性的作用（Bochet et al., 2009）。但是在较陡的坡面，资源受到限制，完全依靠种子繁殖物种减少，表现出营养繁殖物种重要值增加，但是物种多样性降低。

5. 滑坡面幼苗与克隆分枝的更新权衡

无论在南坡或北坡滑坡面上，还是在不同时间尺度的群落水平上，幼苗和克隆分株的出现密度、死亡率和密度均无显著差异（表 8-14），表明在新滑坡面这种生产力低下且存在土壤侵蚀干扰的环境下植物同时采用幼苗和克隆分株更新，兼并了这两种方式的优点可使植物同时短期和长期地适应该环境。

表 8-14　滑坡面植物群落水平上幼苗和克隆分株更新比较分析

指标	坡向	时间	幼苗	克隆分株	模型	分布类型	关联函数	固定效应	
								F 值	p 值
萌发密度/（株/m²）	南坡滑坡面	每个调查时段，即 P1、P2、P3、P4、P5、P6、P7 和 P8	1.6±1.6	1.3±0.7	重复测量的广义线性混合模型（GLMM）	正态分布	恒等	0.052	0.820
		生长季 P1~P7（28/03/2016~20/10/2016）	12.0±8.8	8.3±5.4	GLMM		恒等	0.181	0.680
		整个调查时期 P1~P8（28/03/2016~22/04/2017）	13.1±9.8	10.3±6.4				0.076	0.788
	北坡滑坡面	P1~P8	5.3±3.3	1.9±0.7	重复测量的 GLMM		恒等	0.196	0.659
		P1~P7	40.3±20.5	13.7±3.8	GLMM		对数	2.535	0.142
		P1~P8	42.0±21.8	15.2±3.6				2.367	0.155

指标	坡向	时间	幼苗	克隆分株	模型	分布类型	关联函数	固定效应 F 值	p 值
死亡率/%	南坡滑坡面	生长季每个时段 P2~P7	16.7±25.5	9.1±6.5	重复测量的 GLMM	正态分布	恒等	0.003	0.960
		生长季 P2~P7 (17/04/2016~20/10/2016)	23.3±16.4	24.2±14.7	GLMM			0.002	0.965
		冬季 P8	32.1±20.8	46.7±19.5				0.360	0.562
		整个调查时期 P2~P8 (17/04/2016~22/04/2017)	43.8±23.1	59.0±18.3				0.365	0.559
	北坡滑坡面	P2~P7	19.6±7.3	10.9±6.1	重复测量的 GLMM			0.219	0.641
		P2~P7	34.6±8.2	23.1±8.1	GLMM			1.355	0.271
		P8	26.6±12.7	23.9±13.7				0.029	0.869
		P2~P8	46.6±10.0	37.1±15.7				0.352	0.566
密度/(株/m²)	南坡滑坡面	每个时间点即 T1、T2、T3、T4、T5、T6、T7 和 T8	4.2±3.7	4.4±1.7	重复测量的 GLMM	正态分布	恒等	0.122	0.727
		生长季末 T7	9.4±7.5	6.4±4.8	GLMM		对数	3.170	0.105
		越冬后 T8	7.8±7.2	6.0±5.6				0.040	0.845
	北坡滑坡面	T1~T8	14.7±9.7	6.6±3.0	重复测量的 GLMM		恒等	0.638	0.427
		T7	29.0±14.5	11.0±2.4	GLMM		对数	2.470	0.147
		T8	21.7±8.4	9.8±1.6				0.127	0.729

注：调查时段 P1 为 28/03/2016~16/04/2016，（即 2016 年 3 月 28 日至 2016 年 4 月 16 日，后类同）；P2 为 17/04/2016~17/05/2016；P3 为 18/05/2016~18/06/2016；P4 为 19/06/2016~19/07/2016；P5 为 20/07/2016~19/08/2016；P6 为 20/08/2016~19/09/2016；P7 为 20/09/2016~20/10/2016；P8 为 21/10/2016~22/04/2017。时间点 T1 为 16/04/2016（即 2016 年 4 月 16 日，后类同）；T2 为 17/05/2016；T3 为 18/06/2016；T4 为 19/07/2016；T5 为 19/08/2016；T6 为 19/09/2016；T7 为 20/10/2016；T8 为 22/04/2017。

在物种水平上，苦马豆、抱茎小苦荬和长芒草是南坡滑坡面植物群落幼株层中的优势种（幼株相对密度最大的物种）。抱茎小苦荬仅采用幼苗更新，苦马豆仅采用克隆分株更新；而长芒草（表 8-15）的幼苗和克隆分株在出现密度、死亡率和密度上均无显著差异，表明它同时采用幼苗和克隆分株更新。硬质早熟禾、灰叶黄耆、猪毛蒿、抱茎小苦荬和长芒草是北坡滑坡面植物群落幼株层中的优势种。抱茎小苦荬仅采用幼苗更新；而其他 4 个（表 8-15）物种的幼苗和克隆分株在出现密度、死亡率和密度上均无显著差异，表明它们同时采用幼苗和克隆分株更新。

表 8-15　滑坡面物种水平上幼苗和克隆分株更新比较分析（GLMMs）

坡向	物种	指标	时间	幼苗	克隆分株	分布类型	关联函数	固定效应	
								F 值	p 值
南坡滑坡面	长芒草	萌发密度/(株/m²)	生长季 P1 ~ P7	0.4±0.5	0.3±0.4	正态分布	恒等	0.091	0.769
			整个调查期间 P1 ~ P8	0.6±0.8	0.3±0.4			0.186	0.675
		死亡率/%	冬季 P8	50.0±50.0	0.0±0.0			0.591	0.498
			整个调查期间 P2 ~ P8	50.0±50.0	0.0±0.0			0.591	0.498
		密度/(株/m²)	生长季末 T7	0.4±0.5	0.3±0.4			0.091	0.769
			越冬后 T8	0.3±0.4	0.3±0.4			0.028	0.871
北坡滑坡面	灰叶黄耆	萌发密度/(株/m²)	P1 ~ P7	5.6±7.6	1.0±0.9	正态分布	幂	0.809	0.390
			P1 ~ P8	5.7±7.6	1.1±1.0			0.788	0.395
		死亡率/%	生长季 P2 ~ P7	14.8±14.7	12.5±25.0		恒等	0.008	0.929
			P8	39.4±37.0	25.8±21.1			0.115	0.745
			P2 ~ P8	48.7±35.7	38.3±14.5			0.080	0.786
		密度/(株/m²)	T7	4.3±5.2	0.9±1.0		幂	0.000	1.000
			T8	3.1±3.5	0.8±0.8			1.029	0.334
	硬质早熟禾	萌发密度/(株/m²)	P1 ~ P7	2.6±1.8	2.0±1.6		恒等	0.077	0.787
			P1 ~ P8	2.7±1.8	2.0±1.6			0.100	0.758
		死亡率/%	P2 ~ P7	18.8±22.9	32.3±26.2			0.203	0.663
			P8	25.0±27.4	22.4±21.9			0.007	0.934
			P2 ~ P8	39.5±22.2	44.2±16.4			0.037	0.852
		密度/(株/m²)	T7	1.9±1.1	1.5±1.3			0.081	0.782
			T8	1.7±1.3	1.2±1.1			0.121	0.735
	长芒草	萌发密度/(株/m²)	P1 ~ P7	2.1±1.9	1.0±1.2		恒等	0.306	0.592
			P1 ~ P8	2.3±1.8	1.0±1.2			0.521	0.487
		死亡率/%	P2 ~ P7	17.8±16.8	43.8±42.7		恒等	0.293	0.611
			P8	10.0±22.4	0.0±0.0			0.168	0.696
			P2 ~ P8	16.0±26.1	43.8±42.7		幂	0.152	0.319
		密度/(株/m²)	T7	1.8±1.6	0.6±0.7		幂	0.000	1.000
			T8	1.8±1.1	0.6±0.7		恒等	1.025	0.335
	猪毛蒿	萌发密度/(株/m²)	P1 ~ P8	7.9±13.1	0.2±0.3		恒等	0.477	0.506
		密度/(株/m²)	T8	4.7±7.4	0.2±0.3			0.500	0.496

注：P1、P2、P3、P4、P5、P6、P7 和 P8 及 T1、T2、T3、T4、T5、T6、T7 和 T8 所代表的时间同表 8-14。

8.2.3 生殖分配特征

1. 生殖枝特征

表 8-16 显示了不同侵蚀环境下供试植物生殖枝特征，从中可以得到以下结果。

表 8-16 不同侵蚀环境下优势物种生殖枝主要特征

物种	侵蚀环境	枝系开花率/%	生殖枝长/cm	花序长/cm	单个花序轴重量/g	花序（花）数量/(个/株)	单个花序（花）/g
猪毛蒿	SG	28.8±2.11d	8.26±1.73c	3.01±0.33b	1.54±0.19c	28.23±3.11c	0.0009±0.0001a
	SH	35.2±6.34c	12.56±1.63b	4.26±0.35a	2.99±0.32b	62.34±5.17b	0.0008±0.0001a
	HT	43.6±8.34b	9.62±1.54c	4.37±0.51a	4.07±0.56a	84.22±9.85a	0.0008±0.0001a
	HH	49.5±7.51a	16.11±1.55a	1.89±0.18c	1.29±0.12c	55.15±5.29b	0.0007±0.0001a
	HG	16.2±4.38e	17.15±3.24a	1.87±0.35c	0.90±0.17d	12.18±2.30d	0.0008±0.0001a
铁杆蒿	SG	17.3±3.54d	52.34±5.76c	6.25±0.75c	12.21±1.47d	2013.45±247.65d	0.0011±0.0001a
	SH	27.0±6.53c	80.56±6.69b	16.11±0.29a	72.00±1.32b	9234.58±1000.11b	0.0013±0.0001a
	HT	33.6±4.51a	72.44±8.48b	12.33±0.86b	143.74±10.06a	11452.38±1568.98a	0.0012±0.0001a
	HH	30.1±6.25b	92.16±8.85a	6.21±0.68c	36.32±3.98c	5263.46±505.29c	0.0012±0.0001a
	HG	7.9±1.12e	72.15±13.64b	5.66±0.50c	5.11±0.45e	1011.04±191.09d	0.0011±0.0002a
茵蒿	SG	3.4±0.38c	46.29±3.75c	4.95±0.54b	1.24±0.14c	798.12±87.79d	0.0008±0.0001a
	SH	13.4±1.58a	70.16±5.12b	11.04±0.92a	10.29±0.85a	3652.46±303.15b	0.0009±0.0001a
	HT	10.8±1.14a	82.14±5.75a	10.62±1.24a	12.85±1.50a	6925.55±810.29a	0.0007±0.0001a
	HH	8.5±1.42b	46.12±3.04c	6.01±0.58b	5.06±0.49b	1325.43±127.24c	0.0008±0.0001a
	HG	3.2±0.45c	56.24±10.63c	4.10±0.77b	1.41±0.27c	514.25±97.19d	0.0008±0.0001a
长芒草	SG	16.1±3.48a	25.24±3.03c	15.01±1.80a	0.81±0.07c	54.26±5.97b	0.0002±0.0001a
	SH	15.8±2.75a	32.15±0.59b	19.02±2.06a	2.07±0.15b	142.23±11.81a	0.0005±0.0001a
	HT	16.0±0.93a	26.46±1.85c	17.25±2.22a	3.45±0.24a	112.64±13.18a	0.0004±0.0001a
	HH	8.8±0.28b	25.11±2.75c	10.99±1.06b	2.13±0.14b	51.38±4.93b	0.0005±0.0001a
	HG	3.3±0.13c	38.22±3.40a	9.11±1.99b	0.82±0.15c	43.14±8.15b	0.0005±0.0001a
白羊草	SG	38.1±4.11b	32.14±3.86c	7.91±0.95c	0.90±0.11b	452.34±49.76b	0.0002±0.0001a
	SH	52.9±4.35a	54.27±5.88a	8.13±0.88b	7.57±0.14a	1892.37±157.07a	0.0003±0.0001a
	HT	52.4±6.85a	42.16±5.42b	8.74±1.12b	6.46±0.45a	1536.41±179.76a	0.0003±0.0001a
	HG	16.5±3.14c	36.27±7.94c	9.84±2.15a	0.16±0.01c	120.46±22.77c	0.0003±0.0001a
芦苇	SG	39.6±4.11	30.11±3.70	14.22±1.54	0.11±0.01	120.01±14.76	0.0009±0.0001a
达乌里胡枝子	SG	82.5±6.41a	60.23±6.63a	40.09±4.41a	23.51±2.59b	112.21±13.47b	0.0129±0.0014a
	SH	79.8±8.56a	50.14±4.16b	33.292.76b	47.96±3.98a	183.41±19.86a	0.0152±0.0013a
	HT	82.1±4.62a	26.18±3.06d	10.94±1.28c	28.83±3.37b	201.17±25.86a	0.0161±0.0019a

物种	侵蚀环境	枝系开花率/%	生殖枝长/cm	花序长/cm	单个花序轴重量/g	花序（花）数量/（个/株）	单个花序（花）/g
达乌里胡枝子	HH	70.8±6.31b	29.12±2.80d	8.97±0.86c	8.34±0.80c	98.13±9.42b	0.0145±0.0014a
	HG	55.2±5.23c	32.46±6.13c	12.81±2.42c	2.79±0.53c	38.24±8.37c	0.0135±0.0025a
杠柳	SG	5.3±0.06b	85.64±10.28d	5.60±0.67b	0.31±0.03b	35.62±4.27b	0.01432±0.0018a
	SH	6.6±0.08a	90.52±6.39b	6.70±0.73b	0.57±0.05a	42.12±0.77a	0.01356±0.0015a
	HT	7.7±0.10a	100.57±7.71c	8.70±1.12a	0.33±0.04b	20.14±1.41c	0.01125±0.0015a
	HH	3.2±0.04c	122.32±12.34a	8.90±0.85a	0.32±0.03b	8.54±0.94d	0.01456±0.0014a
	HG	0.6±0.05c	135.47±20.22a	9.20±2.01a	0.56±0.11a	4.11±0.37d	0.01358±0.0026a
白刺花	SG	12.8±0.27a	90.25±8.51a	4.50±0.50c	1.65±0.20c	36.15±4.45b	0.01785±0.0014a
	SH	14.3±0.18a	102.34±17.70a	6.20±0.51b	2.91±0.32b	55.18±5.98a	0.01648±0.0012a
	HT	7.1±0.15b	128.24±13.18a	7.80±0.91a	3.80±0.52a	42.13±5.77b	0.01615±0.0011a

注：不同小写字母表示同一物种该参数在坡沟系统不同侵蚀环境下差异显著（$P<0.05$）。SG 为阳沟坡；SH 为阳梁峁坡；HT 为梁峁顶；HH 为阴梁峁坡；HG 为阴沟坡。

从植物枝系开花率上看，由于植物生殖遗传差异，供试植物中达乌里胡枝子的枝系开花率最高，不同侵蚀环境平均达到76.1%，阳坡和梁峁顶环境下达82%；茭蒿相比其他两种蒿类枝系开花率较小，各侵蚀环境下平均为7.9%。供试物种不同侵蚀环境下枝系开花率平均表现为达乌里胡枝子>白羊草>猪毛蒿>铁杆蒿>长芒草>白刺花>茭蒿>芦苇>杠柳，且都表现出差异显著性（$P<0.05$）。不同的沟坡侵蚀环境下，阳梁峁坡、梁峁顶和阴梁峁坡环境下所研究物种的枝系开花率较高，而阳沟坡和阴沟坡两种沟坡环境较低；供试物种阴沟坡环境下平均枝系开花率最低［（23.1±3.1）%］，较阳沟坡、阳梁峁坡、梁峁顶和阴梁峁坡分别降低了40.3%、47.1%、48.99%和43.2%，且差异均达到显著水平（$P<0.05$）。

供试植物生殖枝长在6.2～146cm变化。两种灌木拥有较大冠幅，其生殖枝长度相应较大；多年生草本中，阴沟坡的铁杆蒿生殖枝长度最长［（92.16±9.44）cm］，不同侵蚀环境下平均达到73.93cm；一年生物种猪毛蒿由于演替退化原因，植物个体较小，相应的生殖枝长度较短。供试物种不同侵蚀环境下生殖枝长平均表现为白刺花>杠柳>铁杆蒿>茭蒿>白羊草>达乌里胡枝子>长芒草>芦苇>猪毛蒿，且都表现出差异显著性（$P<0.05$）。在不同的沟坡侵蚀环境下，阳梁峁坡的生殖枝长度最长［79.8±6.78）cm］，较阳沟坡、梁峁顶、阴梁峁坡和阴沟坡分别增加了33.4%、10.4%、29.0%和19.1%，且差异均达到显著水平（$P<0.05$）。

供试植物花序长度在阳坡环境下较大而在阴坡与梁峁顶环境下较小；其中梁峁顶花序长度最长［13.42±2.76）cm］，较阳沟坡、阳梁峁坡、阴梁峁坡和阴沟坡分别平均提高了16.1%、29.7%、82.8%和74.3%；除阳沟坡和梁峁顶未达到显著性（$P>0.05$）其余侵蚀环境均差异显著（$P<0.05$）。各供试物种中，属于无限花序的达乌里胡枝子的花序长度最大，其在阳沟坡花序长度可达40cm；而退化阶段的猪毛蒿花序长度最短，不同侵蚀环境下其花序平均长度仅有3cm。供试物种不同侵蚀环境下枝系开花率平均表现为达

乌里胡枝子>长芒草>铁杆蒿>芦苇>茵蒿>杠柳>白羊草>白刺花>猪毛蒿，且都表现出差异显著性（$P<0.05$）。

不同侵蚀环境下，供试植物平均花序（花）数量和单个花序轴重量都在梁峁顶达到最大，分别为（2546.8±311.3）个/株和（22.61±3.67）g。梁峁顶花序（花）数量较阳沟坡、阳梁峁坡、阴梁峁坡和阴沟坡分别平均提高了441.5%、39.1%、185.6%和1416.9%，而梁峁顶单个花序轴重量较阳沟坡、阳梁峁坡、阴梁峁坡和阴沟坡分别平均提高了527.9%、33.5%、124.6%和922.6%；且植物平均花序（花）数量和单个花序轴重量不同侵蚀环境下除阳梁峁坡和梁峁顶未达到显著性外（$P>0.05$）其余侵蚀环境均差异显著（$P<0.05$）。各供试物种花序（花）数量差异巨大，在4~11 452个变动，铁杆蒿花序数量最多而杠柳最少；单个花序轴重量也表现为铁杆蒿最大，猪毛蒿的单个花序轴重量最小。供试植物单个花序（花）重量表现出一定的遗传稳定性，在不同侵蚀环境下差异不明显；而各供试物种花序（花）重在0.0002~0.01785g变化，杠柳单个花重量最重而长芒草花序重量最轻。

2. 种子特征

由图8-17看出，除茵蒿在梁峁顶的种子重量显著低于其他4种侵蚀环境（$P<0.05$），同一物种在坡沟系统不同的侵蚀条件下种子重量（千粒重）差异不显著，表现为一定的物种遗传稳定性；但物种间遗传特性决定了植物间种子重量的巨大差异，种子重量较大的白刺花约为重量较小蒿类种子重量的5000多倍。

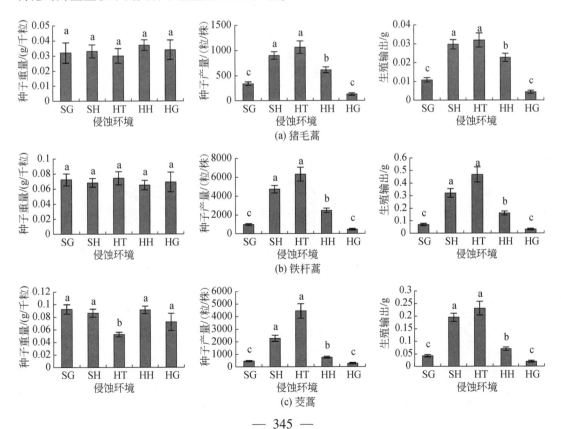

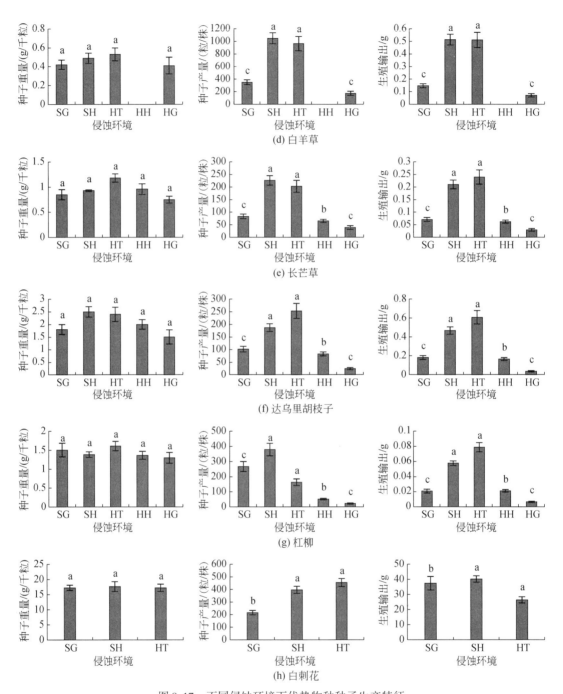

图 8-17　不同侵蚀环境下优势物种子生产特征

不同小写字母表示坡沟系统不同侵蚀环境下差异显著（$P<0.05$）。SG 为阳沟坡；SH 为阳梁峁坡；HT 为梁峁顶；HH 为阴梁峁坡；HG 为阴沟坡

　　不同物种单株植物种子产量差异较大，在 22～6298 粒/株变化。同一物种单株植物种子产量在阳沟坡和阴沟坡两种沟坡环境较低，而在阳梁峁坡、梁峁顶和阴梁峁坡环境下产

量较高；在梁峁顶平均达到最大 [(1686.2±284.7) 粒/株]，较阳沟坡、阳梁峁坡、阴梁峁坡和阴沟坡分别提高了414.4%、37.5%、149.6%和974.2%，且除阳梁峁坡和梁峁顶未达到显著性 ($P>0.05$) 其余侵蚀环境均差异显著 ($P<0.05$)。供试物种不同侵蚀环境下单株植物种子产量平均表现为铁杆蒿>茭蒿>白羊草>猪毛蒿>杠柳>长芒草>达乌里胡枝子>白刺花（芦苇并未观察到种子的存在），且都表现出差异显著性 ($P<0.05$)。猪毛蒿、铁杆蒿、茭蒿、白羊草和杠柳表现出 r 生殖对策，产生量大但质量小的种子；长芒草、达乌里胡枝子和白刺花更趋向于 K 生殖对策，产生量少但质量大的种子。

物种的生殖投入在阳沟坡和阴沟坡两种沟坡环境较低，而在阳梁峁坡、梁峁顶和阴梁峁坡环境下植物生殖投入增加，并在梁峁顶达到最大 [(0.279±0.03) g]；梁峁顶各物种平均生殖投入较阳沟坡、阳梁峁坡、阴梁峁坡和阴沟坡分别提高了102.8%、7.8%、2342.3%和6996.9%，且除阳梁峁坡和梁峁顶未达到显著性 ($P>0.05$) 其余侵蚀环境均差异显著 ($P<0.05$)。不同物种也表现出不同的生殖能量投入，白刺花在产生数量和重量方面相对有性生殖投入较大，其生殖输出最大 [(32.5±4.9) g]；供试物种不同侵蚀环境下单株植物种子产量平均表现为白刺花>达乌里胡枝子>白羊草>铁杆蒿>长芒草>茭蒿>猪毛蒿>杠柳，且都表现出差异显著性 ($P<0.05$)。

3. 构件生物量分配格局

由图8-18可以看出，除达乌里胡枝子外，其他供试植物生长枝数量都大于生殖枝数量，而达乌里胡枝子投入有性生殖的枝数较多。供试物种中，两种灌木和茭蒿以其发达的

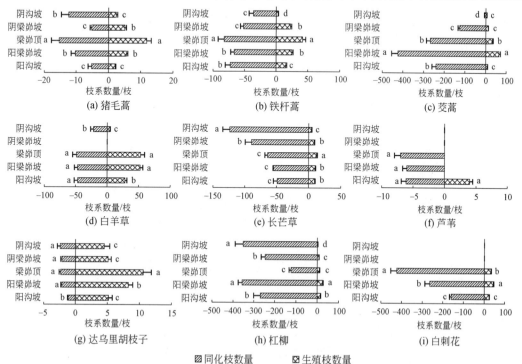

图8-18 不同侵蚀环境下优势物种同化枝与生殖枝数量

不同小写字母表示不同侵蚀环境差异显著 ($P<0.05$)

枝系构型使其同化枝数量远超其他物种，此 3 种物种不同侵蚀环境下平均同化枝数量有 254 枝。而其余物种平均有 38 枝，其中达乌里胡枝子不同侵蚀环境下生长枝数量平均仅有 2 枝；白羊草不同侵蚀环境下生殖枝数量最大（平均 34.5 枝），分别比猪毛蒿、铁杆蒿、茭蒿、长芒草、芦苇、达乌里胡枝子、杠柳和白刺花高出 537.0%、61.2%、40.6%、288.8%、763.1%、412.2%、181.6% 和 3.7%，且除白羊草和白刺花未达到显著性（$P>0.05$）其余物种均差异显著（$P<0.05$）。不同的侵蚀环境下，供试物种平均同化枝数量和生殖枝数量都在阳梁峁坡较大；其中阳梁峁坡同化枝数量较阳沟坡、梁峁顶、阴梁峁坡和阴沟坡增加了 45.1%、18.9%、57.7% 和 72.5%，生殖枝数量增加了 138.0%、15.1%、190.9% 和 715.7%；且不同侵蚀环境下同化枝数量和生殖枝数量除阳梁峁坡和梁峁顶未达到显著性（$P>0.05$）其余侵蚀环境均差异显著（$P<0.05$）。

由图 8-19 可以看出，供试物种同化枝和生殖枝生物量的投入与其数量投入相似，植物投入生长比例较投入生殖大。阴沟坡强烈的种内或种间竞争使得植物生物量积累较少，同化枝和生殖枝生物量积累都较少。同化枝和生殖枝生物量都在阳梁峁坡最大，分别为（1209.2±122.4）g 和（246.5±30.3）g；其中阳梁峁坡生殖枝质量较阳沟坡、梁峁顶、阴梁峁坡和阴沟坡分别提高了 93.2%、194.1%、556.9% 和 2734.4%，而同化枝生物量分别提高了 44.0%、132.1%、738.7% 和 907.6%，且不同侵蚀环境下差异显著（$P<0.05$）。不同物种由于生长型不同，同化枝与生殖枝绝对生物量投入差别巨大；灌木白刺花生殖枝生物量（982.2±145.2）g，而长芒草仅为（1.92±0.3）g。因此有必要从生长与繁殖分配的角度阐明不同侵蚀环境下植物的生殖策略。

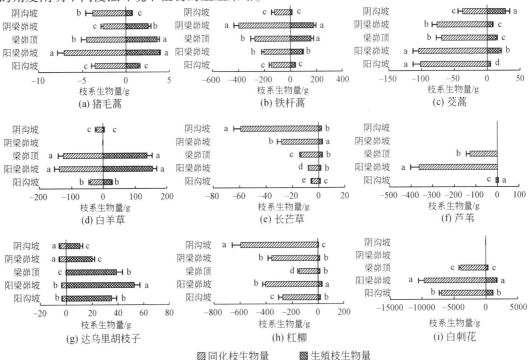

图 8-19　不同侵蚀环境下优势物种同化枝与生殖枝生物量

不同小写字母表示不同侵蚀环境差异显著（$P<0.05$）

由图 8-20 看出，不同侵蚀环境下，阳沟坡和阴沟坡植物生长构件生物量比例大，与之对应的有性生殖构件占总生物量的比例少；而生长和生殖构件生物量在阴梁峁坡、梁峁顶和阴沟坡环境下呈相反的趋势。有性生殖构件占植物总生物量比例在阳梁峁坡达到最大（20.1%），而在阴沟坡有性生殖比例最小（6.8%）。表明在沟坡侵蚀环境下，植物投入有性生殖的比例降低而投入生长的比例较高。

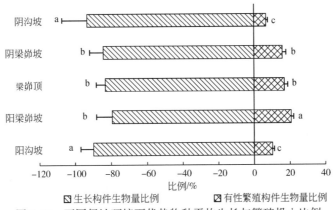

图 8-20   不同侵蚀环境下优势物种平均生长与繁殖投入比例

不同小写字母表示不同侵蚀环境差异显著（$P<0.05$）

图 8-21 显示供试植物在不同侵蚀环境下的生殖分配。其中达乌里胡枝子的生殖分配比例最大 [（5.9±0.7）%]，不同侵蚀环境下平均生殖分配比例分别比猪毛蒿、铁杆蒿、茭蒿、长芒草、白羊草、杠柳和白刺花高出 633.1%、178.6%、157.8%、365.9%、1436.4%、1503.5% 和 2225.5%，且不同物种间差异显著（$P<0.05$）。两种灌木的生殖分配较小，尤其杠柳在阴沟坡只有 0.2%。坡沟系统不同的侵蚀环境下，供试植物梁峁顶平均生殖分配比例较大 [（2.95±0.3）%]，较阳沟坡、阳梁峁坡、阴梁峁坡和阴沟坡分别增加了 157.1%、35.3%、72.8% 和 245.5%，且不同侵蚀环境下差异显著（$P<0.05$）。

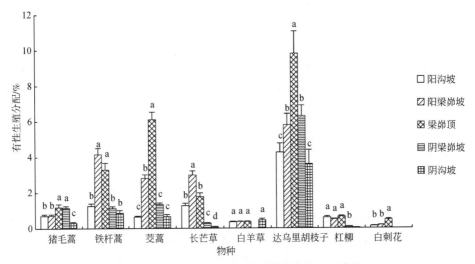

图 8-21   不同侵蚀环境下优势物种有性生殖分配

不同小写字母表示不同侵蚀环境差异显著（$P<0.05$）

8.3 讨　论

8.3.1 抵抗土壤侵蚀的种子生活史策略

在土壤侵蚀坡面，径流与泥沙可以搬运土壤表面及土壤种子库中的种子使之发生二次扩散与分布（Chambers and MacMahon，1994；García-Fayos et al.，2000），并在新环境中萌发、幼苗建植及植株定居，进而制约植被的分布特征。种子形态直接影响着种子的流失特征（Chambers and MacMahon，1994）。本研究结果也发现种子形状在一定程度上对种子流失的影响更大，如长条形的鬼针草种子和扁平的紫丁香种子的流失特征值均很小。种子附属物和分泌黏液对种子流失的作用也不容忽视，例如，长芒草的芒、蒲公英的毛、灌木铁线莲的宿存花柱及香青兰的黏液都制约着种子随径流和泥沙的流失；同时，独特的形态组合可使种子抵抗某种流失方式，进而达到抵抗水蚀的目的。因此，重量非常大、形状狭长、具芒/毛等附属物、分泌黏液及独特的形态组合等成为该区植物种子抵抗水蚀的有利特征，体现了植物适应土壤侵蚀干扰的种子形态策略。近年来较多的研究指出，水流作用引起的种子流失可能更有利于种子的二次分布，增加其到达更有利于种子萌发与幼苗建植的微环境（株丛和洼地等），在一定程度上有利于种群更新和群落发展（Bochet，2014）。Wang 等（2013）通过研究种子形态特征对种子流失及物种分布的影响也表明，种子流失与植被分布不具有一致性，有些种子流失严重的物种可以成功定居在土壤侵蚀严重的坡面，而一些种子流失小的物种却更适宜生活在缓坡上；相应地，其种子抵抗土壤侵蚀的形态特征与植被分布也不具有一致性。一方面在于种子流失特征研究是在人工模拟降雨条件下进行的，而在野外条件下，土壤表面不均匀，如微地貌和植被的存在都对种子的再分布有影响。另一方面种源是植物更新的先决条件，种子萌发与幼苗建植对于植株定居的成败至关重要；一些易流失的小种子通过径流和泥沙的搬运，得到更多扩散到有利环境的机会，提高萌发与建植的成功率，也不失为一种有利的形态策略。

黄土丘陵沟壑区景观破碎，空间异质性大，具有多样的土壤侵蚀环境，其立地条件差异很大；水分条件是该区植被发育更新的主要限制因子，也是限制种子萌发的关键因子（王桔红等，2007），相应地可能也是诱导种子休眠的关键因子。一些豆科植物种子种皮在干旱条件下变厚，可能是对干旱环境的适应（Nooden et al.，1985）；例如，本研究中达乌里胡枝子种子可能由于这一原因，其休眠性在干旱的阳坡环境较其他环境强。同时，白羊草、中华隐子草和茵蒿种子萌发性在土壤水分条件差的阳沟坡较土壤水分条件好的梁峁顶和阳梁峁坡弱，相反休眠性较强；通过增强种子休眠性来响应土壤水分的降低，体现了种子适应干旱胁迫的休眠策略。本研究也发现白羊草、中华隐子草、达乌里胡枝子和茵蒿的种子休眠率在土壤容重最大的阳沟坡最大，而且还表现为随着土壤养分的降低而增强的规律；这4种植物种子休眠表现出随着环境条件的恶化而加强，具有响应环境恶化的休眠变异及进化。另外，白羊草、中华隐子草、铁杆蒿和茵蒿种子在土壤疏松和养分条件越好的环境中，种子萌发率越高；体现了其种子萌发对良好条件的正向响应，在长期相对适宜环境下趋于增强萌发力的变异，更有利于种子利用有利条件完成萌发及更新。种子萌发响应于生境的土壤、植被及干扰程度的变化（Baskin C C and Baskin J M，2003），种子萌发在土壤干旱贫瘠的生境与优越的生境间差别较大（Grime and Curtis，1976）。另外，同一地点同一群落的种子在不同年际间休眠特性表现不同（Beckstead et al.，1996；Townsend，1977）；同一植株的不同部位产生的种子也表现出不同的休眠特性，或者不同时间成熟的种子可能在脱落后表现出不同的休眠特性（宋松泉等，2008）。种子休眠的差异性与多变性体现了植物种子休眠对不同环境条件变化的综合响应；例如，本研究植物种子休眠对单一环境条件的变化没有明显的响应规律，可能为多个环境因子综合影响的结果。

植冠种子库可将种子推迟至合适时期传播，在捕食存在的情况下，对于逃避捕食具有重要的意义（Narita and Wada，1998）；可将一些植物种子的脱落推迟到更利于风力等传播的最佳时期，不仅为其生存寻找新的生境，而且能够避开同种植物在母株周围对资源的竞争；还可将一些植物种子的脱落推迟到雨季，对于应对干旱胁迫与适应水力侵蚀干扰具有重要生态意义。在黄土丘陵沟壑区，有至少 64 种植物具有植冠种子库；但不同物种具有不同的植冠种子库策略，通过不同途径实现其生态功能，最大地提高物种的适合度。有些物种具有较大的植冠种子库规模来应对环境胁迫与干扰。例如，黄刺玫植冠种子库规模在翌年 4 月可达到 56.5%（具有最强的宿存能力），在翌年 6 月仍有 7.5% 的种子可宿存在植冠上，避免冬季扩散至不利生境或被动物取食，保证较多种子在雨季脱落；土壤侵蚀可将其掩埋在土壤里，形成土壤种子库，避免捕食并等待有利时机破除休眠并萌发。茭蒿、铁杆蒿和达乌里胡枝子种子在植冠上宿存时间虽然可以达到 7 个月之久，然而，茭蒿和达乌里胡枝子种子在翌年 2 月底时宿存量均不足初始植冠种子库的 5%，它们的大部分种子在冬季已脱落散布。在调查中观察发现，茭蒿果实较易开裂，而且生殖枝易折断，导致其种子难以在植冠存留；而达乌里胡枝子生殖枝顶部的种子则更容易存留。尽管它们单株宿存量少，但作为黄土丘陵沟壑区的优势种，在该区具有较大的多度与频度（焦菊英等，2008），因而其单位面积植冠种子库密度具有一定的规模；这可以补充土壤种子库中因被捕食或后期被水土流失携带导致的种子缺失，对于其物种更新与种群发展具有重要的生态意义。此外，植物还可通过提高种子活力实现其生态功能。本研究中所有具有植冠种子库的 11 种植物的种子，在植冠宿存至翌年 2 月后，能够维持活力的种子均高于 60%，其中 5 种植物较成熟当年有不同程度的提高；菊叶委陵菜种子活力提高了 25.0%，白刺花和土庄绣线菊种子的活力甚至达到 100%。植冠种子库在干旱区具有适应干旱胁迫的生态功能（Günster，1994；Van Oudtshoorn and Van Rooyen，1999；Lamont and Enright，2000；Narita and Wada，1998）。例如，在干旱与半干旱流动沙后区，萌发后的幼苗还面临着降雨事件的波动，干旱与半干旱地区的长时期无有效降雨是造成大量的幼苗死亡的主要因素；而植冠种子库则可能通过持续性释放种子，进而有效地分摊这种风险，既保证了种子不因风沙干扰而吹失或深埋，又保证了幼苗在稳定环境和优越的水分供给下生长，从而使沙丘植物的补充和定居有更高的成功率（刘志民等，2005；马君玲和刘志民，2005，2008；闫巧玲等，2007）。本研究区属于半干旱季风区，也存在着降雨后的极端干旱事件，面临着干旱胁迫，极端干旱导致大量种子萌发出苗的全军覆没；植冠种子库可以直接补充种子萌发出苗，而且可以通过调节脱落动态与萌发特性来应对其干旱胁迫。同时，12 种主要物种中有 10 种植物的植冠种子库种子至少可以宿存至 6 月，待雨季到来以完成扩散与萌发，分摊极端干旱事件的威胁。植冠种子库往往通过补充土壤种子库发挥繁衍作用（马君玲和刘志民，2005）；在科尔沁沙地沙蓬与乌丹蒿的土壤种子库高峰期与种子传播高峰期同步（Ma et al.，2008）。在黄土丘陵沟壑区撂荒坡面，种子雨的物种组成与土壤种子库的相似性为 0.59（陈宇，2012），表明本研究区种子雨对土壤种子库有一定的补充作用，而植冠种子库宿存的种子是种子雨的主要来源之一；可见植冠种子库宿存的种子对该区土壤种子库具有补充的作用。

持久土壤种子库在干扰频繁和条件恶劣的生境中具有非常重要的作用，能够为干扰后的植被恢复提供繁殖体，并能够在恶劣的环境中抓住有利的时机实现更新（Thompson et al.，1998）。种子持久性及其土壤种子库与植被演替相关（刘旭等，2008）。演替早期的生态系统具有较大的土壤种子库密度（Onaindia and Amezaga，2000）；一年生草本植物迅速侵入并定居，组成了以一年生草本植物为优势种群的群落类型。本研究区裸地首先由种子具有持久性的猪毛蒿侵入，成为演替早期的先锋物种。猪毛蒿种子在研究区撂荒坡的土壤种子库占有很大的比重（74.4%）（王宁等，2009）；其种子在土壤中的持久性使得其在立地受干扰后有充足种源进行更新，而且其较大的土壤种子库密度对其占领立地和开启自然植被恢复具有重要意义。这也是小种子物种在环境胁迫下所选择的一种生活史对策（Peco et al.，2003）。狗尾草土壤种子库大小及其持久性使其在演替初期也占有一定的优势。演替中后期的优势物种，如白羊草、长芒草、达乌里胡枝子和铁杆蒿等在研究区具有一定规模的土壤种子库（王宁等，2009）。这些物种种子在土壤中均具有一定程度的持久性，使其在演替过程中逐渐侵入立地；尽管其土壤种子库密度与分布范围远不及猪毛蒿和狗尾草等演替初期优势种，但结合其种子扩散和萌发快及营养繁殖力强的生活史特征，使其在群落中占有优势地位，更适应研究区的干旱胁迫与侵蚀干扰，从而成为演替中后期的优势物种。随着演替的向前推进，定居植物的种子重量一般具有升高的趋势（Salisbury，1974）。例如，本研究中演替后期的灌木物种水枸子和黄刺玫种子重量大，在研究区零星分布，虽在埋藏试验中表现出很强的持久性，在零星的生境中可形成一定规模的持久种子库，在其生境斑块内具有更新潜力，但这类具有 K 对策的大种子物种的定居通常与植物高度的增长、较慢的生长率和散布媒介的转变（从风和鸟的散布到哺乳动物的散布）相结合的（齐威，2010）。由于受退耕还林（草）工程的影响，目前本研究区坡面以退耕 15 年左右的生态系统为主，多处于演替阶段的早中期，缺乏可以传播这类种子的动物群落。动物对种子的捕食，可以改变种子库结构，有利于植物物种丰富度的提高，对植被结构影响很大（Tabarelli and Peres，2002）。由于缺乏种子扩散的外力媒介，限制了这些演替后期的种子重量较大的物种进入其他斑块形成土壤种子库及发挥其生态功能，进而影响植被的更新潜力。因此，在黄土丘陵沟壑区可以通过人工补播这类种子，促进植被更新及演替。

8.3.2 营养繁殖物种对侵蚀环境的适应性

营养繁殖作为植物更新的主要方式之一，在植被恢复和群落数量动态变化中具有重要作用。已有研究显示，很多的天然草地群落的更新多以营养繁殖为主；在北美高草草原生长季末，99%的地上分枝来源于营养繁殖（Benson and Hartnett，2006）。同时在植被恢复过程中，营养繁殖更新也同样起到重要作用（张荣等，2004）；尤其是在生境恶劣的条件下，营养繁殖更新在植被恢复中的作用更加重要（Bochet et al.，2009；沈有信，2006）。本研究中，主要物种营养繁殖体芽库较对应物种的种子库密度高出数十倍到数百倍，同时芽库密度和分枝数密度较对应物种的幼苗库密度更是高出数百倍甚至数千倍。已有研究显示，在严酷的生境中，营养繁殖芽的成活率要远远高于幼苗（Klimešová and Klimeš，2007）。本研究区，侵蚀与干旱胁迫的生境条件下，数量可观的芽库能够有力地支持植株扩展，形成大量的地上分枝，增加植被盖度，控制土壤侵蚀，并改善冠层下的土壤及微气候条件为其他物种的幼苗更新提供适宜微生境。此外，土壤种子库能否萌发及萌发后幼苗能否成活还面临着外部众多的干扰因素，而营养繁殖分枝数在生长季内没有显著的变化，进一步证明营养繁殖在物种更新、维持和扩展中的重要作用。同时，营养繁殖物种在干旱胁迫的情况下依然能够保证其分枝的存活，在降雨补充土壤水分后便能迅速生长，扩大冠幅，对控制坡面侵蚀同样具有重要的作用。

本研究区强烈的土壤侵蚀，干扰着植物有性繁殖过程。土壤侵蚀对三种常见蒿属植物猪毛蒿、铁杆蒿和茭蒿种子产量和萌发率具有显著的影响（张小彦等，2010b）；而且降雨侵蚀过程中，雨滴击溅与径流冲刷会使土壤表面散布的种子和表层土壤中的种子发生流失与迁移，影响种子的再分布（韩鲁艳，2009）；对于已经萌发的幼苗，降雨过程中的雨滴击溅、径流冲刷和泥沙淤埋等对其造成机械伤害（雷东，2011）；而土壤表层水分匮乏也会对幼苗造成生理胁迫（García-Fayos and Gasque，2006）。所以，在这种生境中，通过种子萌发、建植并完成生活史面临诸多的挑战与威胁。而在自然选择的作用下，在干旱与半干旱气候区的侵蚀环境下，完全依靠种子繁殖的物种如一二年生物种，其频率随着侵蚀强度的增加而逐渐降低（Guerrero-Campo et al.，2008；García-Fayos and Bochet，2009）；而具有营养繁殖能力的物种能够适应强烈的侵蚀环境，在植被群落中具有重要的作用（Guerrero-Campo et al.，2008；董鸣等，2011；沈有信，2006）。在本研究区，一般情况下土壤侵蚀强度随着坡度的增加而增加；营养繁殖物种在群落中的重要值随坡度的增加而逐渐增加，而依靠种子繁殖的物种在群落中的重要值逐渐降低，直至消失；同时在大多数样地中，营养繁殖物种在群落中的重要值都要大于完全依靠种子繁殖物种的重要值。

种子是有性繁殖的潜在种群，芽是营养繁殖的潜在种群（杨允菲和李建东，2003）。Vesk 和 Westoby（2004）认为由于环境生态承力或干扰限制，在以多年生草本植物为主的生态系统中，植被的恢复能力主要依赖于芽库。植物芽库是指所有潜在能进行营养繁殖芽的集合；根据芽数、季节动态、扩散能力和休眠方式的不同，可将芽库分为 3 类：永久芽库（perennial bud bank）、季节芽库（seasonal bud bank）和潜在芽库（potential bud bank）（Klimešová and Klimeš，2007）。永久性芽库为植物多年生器官上的芽体，如多年生草本枝条上的芽、草本植物地下多年生根茎上的芽和贮藏块根茎等；季节性芽库为植物短命器官上的芽体，如一年生草本植物的地上部分、多年生草本幼嫩茎芽和地下假一年生器官上的芽；潜在性芽库为植物受到干扰或其他因素所诱发的由根茎产生的不定芽。不同生态系统中，3 类芽库起着不同功能作用；永久性芽库在植物群落维持和更新中占据着主要作用（Dalgleish and Hartnett，2006；Hartnett et al.，2006），季节性芽库在决定植物枝系构型、植被结构及生产力等方面意义重大（Vesk and Westoby 2003），潜在性芽库在植物适应环境和恢复胁迫方面起作用（Kleyer et al.，2008）。因此，芽库在一定程度上决定了植物枝系构型（Hendrickson and Briske，1997）、繁殖更新和抵抗干扰能力等特征（Bond and Midgley，2001），进而影响着植物种群动态与群落格局（Klimešová and Klimeš，2007b；Latzel et al.，2008）。本研究发现黄土丘陵沟壑区植物大部分是拥有永久性芽库的多年生草本植物。这些物种拥有大的芽库存量，可为该区植物完成枝系更新或物种繁殖提供基础；但不同生活型植物拥有的芽库数量和种类差异较大。一般多年生灌木产生较大量的永久性芽库用来完成植物生长，而其产生的季节性芽库主要用来完成枝条更新。多年生草本植物可产生较大的芽库存量，如铁杆蒿、茭蒿、白羊草和长芒草等；而达乌里胡枝子和一年生植物猪毛蒿芽库数量较少，主要以种子完成植被更新，这与其较大的生殖投入相对应。这种芽库数量和生殖器官的比例协调，体现了植物在有性生殖与克隆繁殖之间的权衡（Reekie and Bazzaz，2005）。同时，芽库在植被繁殖更新时比种子萌发形成新个体要求的环境宽松（Guerrero-Campo et al.，2008），使得该区植物群落对环境的忍耐能力较高，以适应半干旱的气候和土壤侵蚀造成的干扰。

　　植物芽库的季节性变化既是植物生活史策略的反映，也是植物生长发育与环境协调的结果（Klimesová and Klimeša，2007）。本研究发现，供试植物在返青期都有大量永久性芽库的存在，使得植物越冬后环境改善时芽可立即生长，快速完成植被更新。而构成季节性芽库的是植物幼嫩茎上腋芽；植物这部分器官正是植物光合作用最主要且效率最高的部分，因此开花结实期季节性芽库密度增加，有利于植物初级生产力的积累，以供植物开花结实需要。说明植物通过调控芽库的格局渡过严酷的环境而在适宜条件下完成植物生长过程。有研究表明，土壤水分养分的增加可使群落芽库存量增多（Hartnett et al.，2006；Klimeš and Klimešová，1999）。但本研究供试植物中，只有猪毛蒿表现出这种趋势；其他植物在土壤水分和养分较差且扰动大的阳坡侵蚀条件下一般表现为拥有较大存量的永久性芽库。这可使该立地条件下植物能以克隆方式完成定居、生长和繁殖，以较少能量投入和较大存活概率的芽库作为潜在种群完成植被的更新，有利于减小土壤胁迫环境对植物群落生长与生殖的影响。Guerrero-Campo 等（2008）在西班牙研究发现，多年生灌木根系出芽型植物对强的侵蚀环境有较好的适应性。在土壤水分和养分较好的梁峁顶与阴坡环境下物种受到胁迫程度较小，植物投入较大的能量在有性繁殖方式上；因此梁峁顶与阴坡侵蚀环境下植物开花结实期较大的季节性芽库存量为植物新生枝条生长奠定了基础，使植物在生长旺盛期分枝与叶群体数量增多，光合产物积累量增大，有助于植物生殖投入能量增加。

　　不同植物芽库的垂直分布特征也决定了植物对不同侵蚀强度的适应性。芦苇、铁杆蒿、茭蒿和达乌里胡枝子在地下空间有芽库分布，这些芽所处位置的生长环境条件较为稳定，降低了芽在胁迫环境下死亡的危险，加强了这几种植物对环境的适应能力，使其在不同侵蚀环境下都有较大的生态位；同时这些地下芽也保证了研究区植物在受到强烈干扰后（如坡面径流冲刷等）有已存芽体迅速萌发，保障地上植被的更新。黄土丘陵沟壑区坡面最常见的侵蚀类型为雨滴溅蚀、面蚀和细沟侵蚀，它们对土壤表面扰动最大。本书所研究草本植物的更新芽主要分布在土壤表面，因此植物的地面（0cm）部位受到的影响较大，其枝系更新和花芽分化受到干扰；但 Kleyer 等（2008）总结以前研究得出适度的扰动可刺激扰动部位产生新芽或使休眠芽迅速打破休眠成为更新芽。本研究亦表明，供试植物地面永久性芽库比例在侵蚀较为强烈的阳坡增加，为该环境下地上植物枝系干扰后的补充更新提供了条件，保证植物在干扰条件下仍能完成生长与繁殖过程。地上部分芽库的芽主要为叶腋枝芽；该部位芽体主要是植物枝条空间扩张或无性繁殖扩增的芽，其生长分化可有效提高植物枝系密度，主要由灌木的永久性芽库及草本植物季节性芽库构成。

8.3.3　不同侵蚀环境下植物生殖分配特征

植物在进行有性繁殖的过程中，需要在植物个体与组织水平上不断地调整生殖器官和营养器官间的资源分配比例，由此引出了生殖分配的概念；即植物在生长发育过程中，同化产物向生殖器官分配的比例，它控制着植物终生的生殖与生长平衡（Silvertown，1982）。在多变的环境下同一物种的生殖分配对策具有很强可塑性，植物在枝系开花率、同化枝个数与生物量、生殖枝个数与生物量、单枝花数、花序干重、种子产量和生殖输出等生殖构件的数量与质量方面做出调整（Clauss and Aarssen，1994；Guo et al.，2012；Müller et al.，2000；Poorter and Nagel，2000；Weiner，1988，2004）。一般来讲，植物在不利的环境条件下会减小有性生殖投入，枝系开花率、生殖枝长度、花序重量、有性生殖构件生物量比及生殖输出都在降低；相反，植物在光照充足营养丰富的条件下，将更多资源分配到有性生殖器官的发育与生长过程。

植物个体的生殖对策是由遗传决定的，但植物在长期进化过程中逐渐形成了适应环境的资源分配格局（Van Noordwijk and De Jong，1986；Taylor et al.，1990）。植物体是由同化构件和生殖构件构成的，在枝条水平上，同化枝为生殖枝的营养供给提供保障（Obesoa，2004）。本研究表明，随着侵蚀强度的增加，同化枝条比例增加，有效地为植物生殖提供了养分供给；但植物的枝系开花率却在梁峁顶最大，表明植物生活史策略中同化枝和生殖枝之间存在权衡。在干旱和贫瘠的强光照阳坡侵蚀环境下，长期的进化过程使植物在不利环境条件下主动调整生物量分配模式，减小有性生殖投入，增加克隆芽库繁殖，最大效率地利用资源，提高生存适合度和与其他植物竞争的能力（Lloret et al.，1999）；这是植物适应黄土高原侵蚀环境的一种生殖保障。但在水分和养分环境条件相对较好的阴沟坡，植物的枝系开花率降低。推测其原因有两种：一是由于阴沟坡物种较为丰富，植物生态位宽度降低，物种间竞争加强，植物以竞争压力小的克隆繁殖完成植物生活史；二是由于阴沟坡光照条件弱，植物光合同化物不足以维持较高的有性生殖比例。

生殖分配是指植物在生长发育过程中，同化产物向其生殖器官分配的比例，即分配到生殖器官中的有机物重量占整个同化产物的百分比；它控制着植物终生的生殖与生长平衡（Silvertown，1982）。不同环境下，同一物种生殖分配格局具有很强变异性，主要通过有效的形态调节以及适合的生殖投入来适应不同的环境，如减少个体大小和增加生殖来应对长期胁迫（De Jong and Van Noordwijk，1992；Pickering，1994）。黄土高原丘陵沟壑区水分是限制植物生长的重要因子（邹厚远，2000）；阴梁峁坡和梁峁顶的土壤水分和养分因子较阳坡环境好，且该立地环境下光照充足但并未引起像阳沟坡的光照胁迫，物种丰富度和密度适中，地上植被生态位宽度相对较大，物种间竞争压力小，因而植物个体可利用资源量相对较多，植物相应地会将更多的资源分配于生殖。因此，该区供试物种生殖枝长度、花序长度、花序数量、花序重量、有性生殖构件生物量比和生殖输出都在侵蚀强度中等的阴梁峁坡和梁峁顶较大；该立地环境下植物通过有性繁殖完成植物更新，这样既保证了植物遗传上基因的变异性，同时其种子也可长距离传播以扩大种群（Guàrdia et al.，2000）。在侵蚀程度严重的阳沟坡，虽然同化枝的数量较多，但供试植物平均投入生殖枝的生物量并没有增加，即投入到生殖器官的资源所占比例减少。说明在该立地环境下，供给植物营养生长的水分不足，因此分配到生殖生长的水分和无机盐相应就更少，植物优先满足自身生长需要；同化枝对花序以及进一步对籽实部分的能量分配比例将会降低，而将更大比例的能量分配给营养生长上，以利于它们的克隆繁殖生长，来增强自身的竞争力，使其在种内竞争中居于有利地位。同时，植物生长在恶劣环境下，环境胁迫可造成生殖器官脱落，影响生长与繁殖分配（Begon et al.，1996）。综上所述，植物在光照充足营养丰富的条件下（如梁峁顶和阴梁峁坡）能获得更多的营养物质，将更多资源分配给有性生殖器官的发育与生长过程；相反在环境恶劣的阳沟坡立地环境下，植物将更多的资源分配给营养部分（茎和叶），以提高资源的获取能力。这些对策对植物适应恶劣的环境以保存和扩大其种群具有重要的生态学意义。

不同物种表现出不同的植物繁殖策略。例如，猪毛蒿、铁杆蒿、茭蒿、白羊草和杠柳采取 r 生殖对策，产生量大但质量小的种子；长芒草、达乌里胡枝子和白刺花更趋向于 K 生殖对策，产生量少但质量大的种子。种子的大小也意味着植物不同的侵蚀环境适应策略。大的种子有利于植物幼苗度过干旱和营养缺乏的环境，有利于该策略植物的幼苗在较差的立地环境下的建植（Westoby et al.，2002；García-Fayos et al.，2000）。因此。本研究的几种 K 生殖策略植物如长芒草、达乌里胡枝子和白刺花在阳坡环境有较大的优势度；而猪毛蒿、铁杆蒿、茭蒿和白羊草这些 r 生殖策略植物花量较大，同时种子产量也较多以提高生殖成功概率，同时通过降低单个果实花的重量以利于该物种借助风能远距离传播，在该地区形成较大量的种子雨（陈宇，2012）。本研究表明植物的单个花序（花）重和单粒种子重在不同侵蚀条件下差异不明显，表现出一定的遗传保守性，与不同环境下种子重量（Moles et al.，2005）和花大小（Sargent et al.，2007）的变异研究结果相似。达乌里胡枝子的有性生殖投入较大，枝系开花率和生殖输出都较大，种子可以传播到距离母体较远的区域进而定植，使得其占有广阔的地理范围和更加多样化的生境，从而成为黄土高原广幅种之一。

8.4 小　结

（1）供试的 60 种植物种子流失率、迁移率和迁移距离与种子重量均具有显著的负相关关系，即种子越小越容易流失，种子越大越不容易流失；而与种子形状指数具有不显著的负相关关系，但种子形状趋于扁长形的种子具有较弱的流失特性。研究区植物种子抵抗水蚀的形态特征包括重量非常大、形状狭长、具附属物（除具翅外）、分泌黏液及独特的形态组合。然而，其抵抗土壤侵蚀的形态特征并不能决定该区的物种分布与植被格局；而种子易流失的形态特征，可以增加种子散布机会，使其到达有利生境。

（2）研究区植物种子休眠弱和萌发强的物种所占比例较大，此为其适应土壤侵蚀环境的普遍萌发策略。大部分多年生植物种子萌发强而休眠弱，特别是多年生禾草。灌木和半灌木植物种子的休眠与萌发变异较大，旱生和旱中生植物的种子萌发与休眠变异也较大，均表现为通过强休眠避免威胁或通过强萌发提高更新成功率。种子休眠和萌发与种子大小密切相关；种子萌发率随种子重量的增加而降低，种子休眠率则随种子重量的增加而增加。吸湿分泌黏液的种子具有较强的萌发力。植物种子休眠与萌发对不同侵蚀环境的响应各异；但大部分供试物种子在阳坡环境较其他环境休眠强，表现为通过加强休眠响应环境胁迫的策略。

（3）研究区至少有 64 种植物具有植冠种子库；无附属物和花果期在秋季的种子更趋于形成植冠种子库。供试的 12 种主要物种中，杠柳种子在植冠上宿存不超过 4 个月，黄刺玫种子在植冠上宿存可达 8 个月以上，其他物种介于二者之间。大部分供试物种种子脱落对降水量和气温变化具有不同程度的响应；干湿交替与冷热交替是驱动植物植冠种子库种子脱落的主要机制。供试物种种子的萌发特性与活力对植冠宿存的响应各异，各有 5 个物种的种子萌发率与活力在翌年 2 月底表现为不同程度的提高。供试物种表现出不同的植冠种子库策略：或具有较大规模的宿存量，或调控种子萌发特性，或提高种子活力等。

（4）研究区主要物种种子在土壤中的持久性可划分为四类：短暂型，如杠柳和沙棘；滞后短暂型，如紫丁香和酸枣；短期持久型，如白羊草、长芒草、狗尾草和阿尔泰狗娃花；长期持久型，如猪毛蒿、铁杆蒿、茭蒿、达乌里胡枝子、白刺花、水栒子和黄刺玫。种子持久性及其土壤种子库与种子形态、休眠和萌发等密切相关，小种子与种皮致密而坚硬的种子在土壤中更具持久性。土壤种子库具有通过调节种子萌发特性发挥其功能的策略，如促进猪毛蒿种子加强休眠状态来维持种子持久性，或促进休眠较强的水栒子和黄刺玫种子解除休眠以抓住适宜条件萌发。种子持久性与其土壤种子库及物种分布密切相关，种子持久性为短暂型和滞后短暂型的物种具有及时抓住有利条件完成萌发与更新的短暂种子库策略；而具有种子持久性的物种更新潜力大，除水栒子和黄刺玫外，通常分布多而广。

（5）土壤种子库特征随立地条件及地上植被类型发生变化。其平均密度变化在1188～22 560 粒/m²，且主要分布于表层土壤中；虽然种子有随土壤侵蚀而流失迁移的现象，但土壤侵蚀没有造成土壤种子库的显著降低。土壤种子库中共有 91 个物种；退耕地植被恢复演替过程中的主要物种在种子库中分布广泛，并多具有持久土壤种子库，能够为侵蚀干扰环境中的幼苗建植提供保障。

（6）本研究区具有营养繁殖能力的物种包括所有多年生禾草，部分多年生草本物种；而乔木和灌木物种多具有萌生能力。典型坡面主要营养繁殖物种具有较强的营养繁殖能力，其营养繁殖体芽库密度远远大于相应物种的土壤种库和幼苗密度。具有营养繁殖能力的物种更能适应土壤侵蚀环境。无论在何种坡向，随着坡度的增加营养繁殖物种在群落中的重要值都显著的增加；而依靠种子繁殖的物种重要值逐渐降低。营养繁殖物种对于群落物种多样性具有显著的影响。在 0°～25° 和 25°～35° 坡面，Shannon-Wiener 指数和 Pielou 指数与营养繁殖物种重要值显著正相关；而在超过 35° 的坡面，Shannon-Wiener 指数和 Margalef 指数与营养繁殖物种重要值呈显著负相关。

（7）芽库是植物无性繁殖和枝系构型的基础。从植物生长期芽库季节动态上看，供试物种永久性芽库存量在坡沟五种侵蚀环境下一般表现为返青期>生长末期>开花结实期（除两种灌木杠柳和白刺花外），而两种灌木的永久性芽库存量和全部供试物种的季节性芽库存量表现为开花结实期>生长末期>返青期；总芽库存量在植物返青期最少，而植物生长末期和开花结实期植物总芽库存量较大且两个时期差别不大。在芽库季节动态上，植物返青期较大的永久性芽库存量保证了植物迅速更新，开花结实期大量季节性芽库确保了植物光合产物积累。永久性芽库和总芽库存量各供试物种表现为白刺花>杠柳>白羊草>铁杆蒿>长芒草>茭蒿>达乌里胡枝子>猪毛蒿和芦苇；季节性芽库表现为铁杆蒿>茭蒿>杠柳>白刺花>白羊草>达乌里胡枝子>猪毛蒿>芦苇（长芒草无季节性芽库存在）。在植物芽库垂直分布特征方面，-10cm以下土壤空间芽库存量极少，主要是芦苇少量的永久性芽库；供试草本植物永久性芽库主要分布在距离地面-10~0cm和0cm；除两种灌木外，其他供试物种在地面（0cm）均有较大的永久性芽库存量；0~10cm空间芽库主要为多年生草本植物的永久性芽库；地面以上空间（>10cm）芽库组成主要为两种灌木的永久性及季节性芽库和其他供试物种的季节性芽库。

（8）在有性生殖方面，供试物种生殖枝指数（枝系开花率、花序长度、花序重量及生殖枝数量和质量）在阳沟坡和阴沟坡两种沟坡侵蚀环境下较低；而在阳梁峁坡、梁峁顶和阴梁峁坡环境下植物生殖枝指数较高，且此两类侵蚀环境下生殖枝指数差异显著（$P<0.05$）。供试植物单个花序（花）重和单个种子重量表现出一定的遗传稳定性，在坡沟系统不同的侵蚀环境下差异不明显（$P>0.05$）；但单株植物种子产量和生殖投入在阳梁峁坡、梁峁顶和阴梁峁坡环境下较高，在阳沟坡和阴沟坡两种沟坡环境下较低。这说明阳沟坡和阴沟坡植物有性生殖投入低；但该侵蚀环境下隐芽植物比例大，使得其上物种主要以芽库完成地上植被更新。梁峁顶和阳梁峁坡植物有性生殖投入量大，产生大量的种子有利于植物种群的扩大。供试植物中，达乌里胡枝子有性繁殖分配比例大，而两种灌木白刺花与杠柳则相反；生殖输出以白刺花最大，而猪毛蒿最小。

参 考 文 献

班勇. 1995. 植物生活史对策的进化. 生态学杂志, 14（3）: 33-39.

操国兴, 钟章成, 谢德体, 等. 2005. 不同群落中川鄂连蕊茶的生殖分配与个体大小之间关系的探讨. 植物生态学报, 29（3）: 261-266.

陈宇. 2012. 黄土丘陵沟壑区撂荒地种子输入与输出动态变化特征. 杨凌: 西北农林科技大学硕士学位论文.

董鸣等. 2011. 克隆植物生态学. 北京: 科学技术出版社.

韩鲁艳. 2009. 种子随土壤侵蚀流失的人工模拟降雨试验研究. 杨凌: 中国科学院水土保持与生态环境研究中心硕士学位论文.

焦菊英, 张振国, 贾燕锋, 等. 2008. 陕北丘陵沟壑区撂荒地自然恢复植被的组成结构与数量分类. 生态学报, 28（7）: 2981-2997.

雷东. 2011. 土壤侵蚀对种子迁移、流失和幼苗建植的影响. 杨凌: 西北农林科技大学硕士学位论文.

李清河, 辛智鸣, 高婷婷, 等. 2012. 荒漠植物白刺属4个物种的生殖分配比较. 生态学报, 32（16）: 5054-5061.

李小双, 彭明春, 党承林. 2007. 植物自然更新研究进展. 生态学杂志, 26 (12): 2081-2088.

刘旭, 程瑞梅, 肖文发. 2008. 土壤种子库研究进展. 世界林业研究, 21 (1): 27-33.

刘志民, 蒋德明, 高红瑛, 等. 2003a. 植物生活史繁殖对策与干扰关系的研究. 应用生态学报, 14 (3): 418-422.

刘志民, 李雪华, 李荣平, 等. 2003b. 科尔沁沙地 15 种禾本科植物种子萌发特性比较. 应用生态学报, 14 (9): 1416-1420.

刘志民, 李雪华, 李荣平, 等. 2004. 科尔沁沙地 31 种 1 年生植物种子萌发特性比较. 生态学报, 24 (3): 648-653.

刘志民, 蒋德明, 闫巧玲, 等. 2005. 科尔沁草原主要草地植物传播生物学简析. 草业学报, 14 (6): 23-33.

马君玲, 刘志民. 2005. 植冠种子库及其生态意义研究. 生态学杂志, 24 (11): 1329-1333.

马君玲, 刘志民. 2008. 沙丘区植物植冠储藏种子的活力和萌发特征. 应用生态学报, 19 (2): 252-256.

齐威. 2010. 青藏高原东缘种子大小的分布、变异和进化规律研究. 兰州: 兰州大学博士学位论文.

沈有信. 2006. 滇中岩溶山地半湿润常绿阔叶林植物繁殖体与森林更新. 昆明: 中国科学院西双版纳热带植物园博士学位论文.

宋松泉, 程红焱, 姜孝成. 2008. 种子生物学. 北京: 科学出版社.

王桔红, 崔现亮, 陈学林, 等. 2007. 中、旱生植物萌发特性及其与种子大小关系的比较. 植物生态学报, 31 (6): 1037-1045.

王宁, 贾燕锋, 白文娟, 等. 2009. 黄土丘陵沟壑区退耕地土壤种子库特征与季节动态. 草业学报, 18 (3): 43-52.

闫巧玲, 刘志民, 李雪华, 等. 2007. 埋藏对 65 种半干旱草地植物种子萌发特性的影响. 应用生态学报, 18 (4): 777-782.

杨允菲, 李建东. 2003. 松嫩平原不同生境芦苇种群分株的生物量分配与生长分析. 应用生态学报, 14 (1): 30-34.

于顺利, 陈宏伟, 郎南军. 2007. 土壤种子库的分类系统和种子在土壤中的持久性. 生态学报, 27 (5): 2099-2108.

张荣, 陈亚明, 孙国钧, 等. 2004. 繁殖体与微生境在退化草地恢复中的作用. 生态学报, 24 (5): 972-977.

张小彦, 焦菊英, 王宁, 等. 2010a. 陕北黄土丘陵区 6 种植物冠层种子库的初步研究. 武汉植物学研究, 28 (6): 767-771.

张小彦, 焦菊英, 王宁, 等. 2010b. 黄土丘陵沟壑区土壤侵蚀对 3 种蒿属种子有效性的影响. 水土保持研究, 17 (1): 56-61.

张玉芬, 张大勇. 2006. 克隆植物的无性与有性繁殖对策. 植物生态学报, 30 (1): 174-183.

郑粉莉, 赵军. 2004. 人工模拟降雨大厅及模拟降雨设备简介. 水土保持研究, 11 (4): 177-178.

邹厚远. 2000. 陕北黄土高原植被区划及与林草建设的关系. 水土保持研究, 7 (2): 96-100.

Alexander R, Harvey A, Calvo A J, et al. 1994. Natural stabilisation mechanisms on badland slopes: Tabernas, Almeria, Spain//Millington K. Environmental Change in Drylands: Biogeographical and Geomorphological Perspectives. London: Wiley: 85-111.

Baskin C C, Baskin J M. 2003. Seed germination and propagation of Xyris tennesseensis, a federal endangered wetland species. Wetlands, 23 (1): 116-124.

Baskin J M, Baskin C C. 1979. Studies on the autecology and population biology of the weedy monocarpic perennial, Pastinaca sativa. The Journal of Ecology, 67 (2): 601-610.

Beckstead J, Meyer S E, Allen P S. 1996. Bromus tectorum seed germination: between-population and between-year variation. Canadian Journal of Botany, 74 (6): 875-882.

Begon M, Harper J L, Townsend C R. 1996. Ecology: Individuals, Populations, and Communities. London: Blackwell.

Bekker R, Bakker J, Grandin U, et al. 1998. Seed size, shape and vertical distribution in the soil: indicators of seed longevity. Functional Ecology, 12 (5): 834-842.

Benson E J, Hartnett D C. 2006. The role of seed and vegetative reproduction in plant recruitment and demography in tallgrass prairie. Plant Ecology, 187: 163-177.

Bochet E. 2014. The fate of seeds in the soil: a review of the influence of overland flow on seed removal and its consequences for the vegetation of arid and semiarid patchy ecosystems. Soil Discuss, 1: 1-37.

Bochet E, García-Fayos P, Poesen J. 2009. Topographic thresholds for plant colonization on semi-arid eroded slopes. Earth Surface Processes and Landforms, 34: 1758-1771.

Bond W J, Midgley J J. 2001. Ecology of sprouting in woody plants: the persistence niche. Trends in Ecology and Evolution, 16: 45-51.

Chambers J C, MacMahon J A. 1994. A day in the life of a seed: movements and fates of seeds and their implications for natural and managed systems. Annual Review of Ecology and Systematics, 25 (1): 263-292.

Clauss M J, Aarssen L W. 1994. Patterns of reproductive effort in Arabidopsis thaliana: Confounding effects of size and developmental stage. Ecoscience, 1 (2): 153-159.

Dalgleish H J, Hartnett D C. 2006. Below-ground bud banks increase along a precipitation gradient of the North American Great Plains: a test of the meristem limitation hypothesis. New Phytologist, 171: 81-89.

De Jong G D, Van Noordwijk A J V. 1992. Acquisition and Allocation of Resources: Genetic (CO) Variances, Selection, and Life Histories. The American Naturalist, 139 (4): 749-770.

Fenner M, Thompson K. 2005. The ecology of seeds. Cambridge University Press.

Fone A L. 1989. Relationships between components of plant form and seed output in Collinsonia verticillata (Lamiaceae) //Bock J H, Linhart Y B. The Evolutionary Ecology of Plants. Boulder, San Francisco & London: Westview Press: 257-271.

García-Fayos P, Gasque M. 2006. Seed vs. microsite limitation for seedling emergence in the perennial grass Stipa tenacissima L. (Poaceae). Acta Oecologica, 30: 276-282.

García-Fayos P, Bochet E. 2009. Indication of antagonistic interaction between climate change and erosion on plant species richness and soil properties in semiarid Mediterranean ecosystems. Global Change Biology, 15: 306-318.

García-Fayos P, García-Ventoso B, Cerdà A. 2000. Limitations to plant establishment on eroded slopes in southeastern Spain. Journal of Vegetation Science, 11 (1): 77-86.

Garwood N C. 1989. Tropical soil seed banks: a review//Leck M A, Parker V T, Simpson R L. Ecology of Soil Seed Banks. San Diego: Academic Press: 149-209.

Grime J P, Curtis A V. 1976. The interaction of drought and mineral nutrient stress in calcareous grassland. The Journal of Ecology, 64: 975-988.

Günster A. 1994. Seed bank dynamics-longevity, viability and predation of seeds of serotinous plants in the central Namib Desert. Journal of Arid Environments, 28 (3): 195-205.

Guàrdia R, Gallart F, Ninot J M. 2000. Soil seed bank and seedling dynamics in badlands of the Upper llobregat Basin (Pyrenees). Catena, 40: 189-202.

Guerrero-Campo J, Montserrat-Martí G. 2000. Effects of soil erosion on the floristic composition of plant communities on marl in northeast Spain. Journal of Vegetation Science, 11 (3): 329-336.

Guerrero-Campo J, Montserrat-Martí G. 2004. Comparison of floristic changes on vegetation affected by different levels of soil erosion in Miocene clays and Eocene marls from Northeast Spain. Plant Ecology, 173 (1): 83-93.

Guerrero-Campo J, Palacio S, Montserrat-Martí G. 2008. Plant traits enabling survival in Mediterranean badlands in northeastern Spain suffering from soil erosion. Journal of Vegetation Science, 19: 457-464.

Guo H, Weiner J, Mazer S J, et al. 2012. Reproductive allometry in Pedicularis species changes with elevation. Journal of Ecology, 100: 452-458.

Harper J L. 1977. Population Biology of Plants. London: Academic Press.

Hartnett D C, Setshogo M P, Dalgleish H J. 2006. Bud banks of perennial savanna grasses in Botswana. African Journal of Ecology, 44: 256-263.

Hendrickson J R, Briske D D. 1997. Axillary bud banks of two semiarid perennial grasses: occurrence, longevity, and contribution to population persistence. Oecologia, 110: 584-591.

Kleyer M, Bekker R M, Knevel I C, et al. 2008. The LEDA Traitbase: a database of life-history traits of the Northwest European flora. Journal of Ecology, 96: 1266-1274.

Klimeš L, Klimešová J. 1999. Root sprouting in Rumex acetosella under different nutrient levels. Plant Ecology, 141: 33-39.

Klimešová J, Klimeš L. 2007. Bud banks and their role in vegetative regeneration-a literature review and proposal for simple classification and assessment. Perspectives in Plant Ecology, Evolution and Systematics, 8: 115-129.

Latzel V. 2008. Tolerance and resistance of plants to disturbance. České Budéjovice: University of South Bohemia.

Latzel V, Mihulka S, Klimesova J. 2008. Plant traits and regeneration of urban plant communities after disturbance: does the bud bank play any role? Applied Vegetation Science, 11: 387-394.

Lamont B B, Enright N J. 2000. Adaptive advantages of aerial seed banks. Plant Species Biology, 15 (2): 157-166.

Lloret F, Casanovas C, Penuelas J. 1999. Seedling survival of Mediterranean shrubland species in relation to root: shoot ratio, seed size and water and nitrogen use. Functional Ecology, 13: 210-216.

Mathieson A C, Guo Z Y. 1992. Patterns of fucoid reproductive biomass allocation. British Phycological Journal, 27: 271-292.

Ma J L, Liu Z M. 2008. Viability and germination characteristics of canopy-stored seeds of plants in sand dune area. Chinese Journal of Applied Ecology, 19 (2): 252-256.

Moles A T, Ackerly D D, Webb C O, et al. 2005. Factors that shape seed mass evolution. Proceedings of the National Academy of Sciences of the United States of America, 102 (30): 10540-10544.

Müller I, Schmid B, Weiner J. 2000. The effect of nutrient availability on biomass allocation patterns in 27 species of herbaceous plants. Perspectives in Plant Ecology, Evolution and Systematics, 3: 115-127.

Nagamatsu D, Miura O. 1997. Soil disturbance regime in relation to micro-scale landforms and its effects on vegetation structure in a hilly area in Japan. Plant Ecology, 133 (2): 191-200.

Narita K, Wada N. 1998. Ecological significance of the aerial seed pool of a desert lignified annual, *Blepharis sindica* (Acanthaceae). Plant Ecology, 135 (2): 177-184.

Nooden L, Blakley K, Grzybowski J. 1985. Control of seed coat thickness and permeability in soybean a possible adaptation to stress. Plant physiology, 79 (2): 543-545.

Obesoa J R. 2004. A hierarchical perspective in allocation to reproduction from whole plant to fruit and seed level. Perspectives in Plant Ecology, Evolution and Systematics, 6: 217-225.

Onaindia M, Amezaga I. 2000. Seasonal variation in the seed banks of native woodland and coniferous plantations in Northern Spain. Forest Ecology and Management, 126 (2): 163-172.

Peco B, Traba J, Levassor C, et al. 2003. Seed size, shape and persistence in dry Mediterranean grass and scrublands. Seed Science Research, 13 (1): 87-95.

Pickering C M. 1994. Size-dependent reproduction in Australian alpine Ranunculus. Australian Journal of Ecology, 19: 336-344.

Poesen J. 1987. Transport of rock fragments by rill flow-a field study. Catena Supplement, 8: 35-54.

Poorter H, Nagel O. 2000. The role of biomass allocation in the growth response of plants to different levels of light, CO_2, nutrients and water: a quantitative review. Australian Journal of Plant Physiology, 27: 595-607.

Reekie E G, Bazzaz F A. 2005. Reproductive allocation in plants. Burlington: Elsevier Academic Press.

Salisbury E. 1974. Seed size and mass in relation to environment. Proceedings of the Royal Society of London. Series B. Biological Sciences, 186 (1083): 83-88.

Silvertown J W. 1982. Introduction to Plant Population Ecology. London and New York: Longman.

Sargent R D, Goodwillie C, Kalisz S, et al. 2007. Phylogenetic evidence for a flower size and number trade-off. American Journal of Botany, 94: 2059-2062.

Tabarelli M, Peres C A. 2002. Abiotic and vertebrate seed dispersal in the Brazilian Atlantic forest: implications for forest regeneration. Biological Conservation, 106 (2): 165-176.

Taylor D R, Aarssen L W, Loehle C. 1990. On the relationship between r/K selection and environmental carrying capacity: a new habitat templet for plant life history strategies. Oikos, 58: 239-250.

Thornes J. 1985. The ecology of erosion. Geography, 70: 222-235.

Thompson K. 2000. The functional ecology of soil seed banks//Fenner M. Seeds: the Ecology of Regeneration in Plant Communities. New York: CABI.

Thompson K, Grime J. 1979. Seasonal variation in the seed banks of herbaceous species in ten contrasting habitats. Journal of Ecology, 67 (3): 893-921.

Thompson K, Bakker J P, Bekker R M, et al. 1998. Ecological correlates of seed persistence in soil in the northwest European flora. Journal of Ecology, 86: 163-169.

Townsend C. 1977. Germination of polycross seed of cicer milkvetch as affected by year of production. Crop Science, 17 (6): 909-912.

Van Noordwijk A J V, De Jong G D. 1986. Acquisition and allocation of resources: their influence on variation in life history tactics. The American Naturalist, 128 (1): 137-142.

Van Oudtshoorn K V R, Van Rooyen M W. 1999. Dispersal Biology of Desert Plants. Berlin: Springer.

Vesk P A, Westoby M. 2003. Drought damage and recovery-a conceptual model. New Phytologist, 160: 7-14.

Vesk P A, Westoby M. 2004. Funding the bud bank: a review of the costs of buds. Oikos, 106: 200-208.

Wang D L, Jiao J Y, Lei D, et al. 2013. Effects of seed morphology on seed removal and plant distribution in the Chinese hill-gully Loess Plateau region. Catena, 104: 144-152.

Weiner J. 1988. The influence of competition on plant reproduction//Doust J L, Doust L L. Plant Reproductive Ecology: Patterns and Strategies. Oxford: Oxford University Press: 228-245.

Weiner J. 2004. Allocation, plasticity and allometry in plants. Perspectives in Plant Ecology, Evolution and Systematics, 6: 207-215.

Westoby M, Falster D S, Moles A T, et al. 2002. Plant ecological strategies: some leading dimensions of variation between species. Annual Review of Ecology and Systematics, 33: 125-159.

第9章 植物适应土壤侵蚀环境胁迫的形态解剖学特性

本章作者：尹秋龙　焦菊英

不同立地环境下，植物生长所需的水、肥、热及光照等环境因子存在空间异质性，植物演化出各种各样的形态结构来适应不同的环境（陈庆诚等，1961）。例如，在黄土高原，土壤水分是限制植物生长的关键因子（王延平等，2008），这就使得黄土高原的植物演化出多种对干旱胁迫的适应性结构。植物的解剖结构对于了解植物功能具有重要作用，对植物解剖结构的分析是连接基因表达到个体层面的关键步骤（Hacke et al.，2012）。植物解剖结构的变化，可从根、茎和叶三个方面表现出来。根作为植物吸收水分的重要器官，其形态结构对干旱的适应是多方面的（汤章城，1983），根的木质化程度、疏导组织和表皮结构等会影响植物抵御干旱的能力（Nobel，1999）。茎是植物输送水分的重要器官；生长在干旱环境中的植物，茎的表皮常被有角质层（宋玉霞等，1997），皮层与中柱的比例较大（Fahn and Shchori，1968），髓较发达（黄振英等，1997），机械组织发达（Fahn，1982；周智彬和李培军，2002）。叶片是对环境较敏感的可塑性较大的器官，其结构最能体现植物对环境的适应（王勋陵和王静，1989）。为了适应干旱环境，植物叶片表皮角质层增厚，表皮附属物增加（贺金生等，1994）；叶肉栅栏组织发达，海绵组织相对减少，可以提高光合效率和水分利用率（Chartzoulakis et al.，2002）；机械组织发达，可以抵御叶片因失水而造成的影响（Castro-Díez et al.，2000）。植物叶片解剖结构作为叶经济谱的重要指标，对于构建植物叶经济谱以及阐明植物权衡策略均具有重要意义（陈莹婷和许振柱，2014）。

结构是功能的基础，植物结构的变化影响其生理生态功能的改变，因此了解植物形态解剖结构的变化是研究植物生态适应性的基础。目前，对植物解剖结构生态适应性的研究主要集中于水分、光照、温度和盐分等方面（李芳兰和包维楷，2005）。黄土高原植物叶片形态结构变化的研究主要集中在单一物种或植物群落水平上（邓蕾等，2010；龚时慧等，2011），植物解剖仅进行了少物种及小范围的初探（杜华栋，2010；杨超和梁宗锁，2008），有关植物解剖结构的研究集中于田间模拟试验（张盼盼等，2013；赵祥等，2011）和对自然条件下较少立地环境中的少数优势物种（杨超和梁宗锁，2008）的研究，而对在自然条件下多种立地环境中较多物种的综合研究未见报道。

本章选取了可塑性最大的最能体现植物环境适应性的叶片为主要研究对象，对黄土丘陵沟壑区不同立地环境中主要植物叶的解剖结构进行系统研究，明确不同物种叶的解剖结构特征，阐明植物叶解剖结构对不同立地环境的生态适应特性及适应策略，依据叶解剖结构对植物进行分类并对不同植物的环境适应能力进行排序，以期为黄土高原生态恢复及植被建设过程中的物种选择和抗侵蚀植物的筛选提供科学依据。

9.1 研 究 方 法

9.1.1 样品采集与分析

在延河流域的森林带、森林草原带和草原带各选择了两个小流域，即森林带的毛堡则和尚合年小流域、森林草原带的三王沟和陈家圪小流域、草原带的石子湾和周家山小流域（图4-1）。在每个小流域，选择2~3个梁峁坡沟系统，按照阳沟坡、阳梁峁坡、梁峁顶、阴梁峁坡和阴沟坡5种立地环境选择样地，总共选取样地66个。于2012年8月对6个小流域5种坡沟立地环境选取的66个样地中采集的21科47属59种植物叶片进行解剖结构分析，测量了其上下角质层厚度、上下表皮厚度、栅栏组织厚度、海绵组织厚度、叶片厚度、叶肉组织厚度、导管直径、中脉直径（双子叶植物）和维管束直径（单子叶植物），计算了栅栏组织与海绵组织厚度比值（栅海比）、叶紧密度（栅栏组织厚度/叶片厚度）和叶疏松度（海绵组织厚度/叶片厚度）等指标。

采样时，每个样地选取5株长势基本相同且健康的植株，每个植株采集第3和第4片生长良好且无损的叶片。对于较大的叶片，在叶片中部切取0.5cm×0.5cm的小片，注意保留主叶脉。采样结束后将样品立即放入装有FAA固定液的容器中进行固定，并标记好所采集物种及样地信息。将采集的样品带回实验室，经过苯胺番红整体染色、逐级浓度酒精脱水、浸蜡、包埋、切片、黏片、二甲苯脱蜡、固绿酒精复染及加拿大树胶封片等步骤，制作石蜡切片。将制作好的切片用Olympus BX41显微镜进行观察，并采用Axio Scope A1数码显微图像系统进行拍照。照片在Image pro-plus软件支持下，对解剖结构指标进行测量并计算，每个指标在每个切片的不同部位随机测量20次，计算结果为平均值±标准差。

依据以往的研究，选择具有一定代表性且能体现植物生态适应性的指标。由于单子叶植物和双子叶植物叶片解剖结构的差异性，对两种类型的植物选择不同的指标。对于双子叶植物叶片，选取上角质层厚度、上表皮厚度、下角质层厚度、下表皮厚度、上栅栏组织厚度、总栅栏组织厚度、海绵组织厚度、叶片厚度、叶肉组织厚度、中脉直径、导管直径、栅海比、叶紧密度和叶疏松度。其中，角质层和表皮为保护组织，适应干旱环境的植物具有较厚的角质层和表皮；中脉直径和导管直径表征维管组织，较大的中脉直径和导管直径有利于水分的运输；其他指标表征叶肉组织，适应干旱环境的植物一般栅栏组织发达而海绵组织退化，栅海比和叶紧密度较大而叶疏松度较小。而对于单子叶植物叶片，选取了上角质层与下角质层厚度、上表皮与下表皮厚度、叶片厚度、叶肉组织厚度、维管束直径和导管直径。

9.1.2 数据分析

（1）对坡沟不同立地环境、不同物种及不同科植物的解剖结构指标进行单因素方差分析。采用 Duncan 进行多重比较，分析不同尺度立地环境、不同物种及不同科间植物解剖结构的差异性，研究不同环境对植物解剖结构的影响。

（2）采用 Q 型聚类分析对 49 种双子叶植物和 10 种单子叶植物分别进行分类。根据聚类的结果，结合各类中物种具体的解剖结构特征，分析不同类别植物的环境适应策略。

（3）采用隶属函数法对所研究的物种进行综合评价。隶属函数法可以利用多种指标对植物进行综合评价，避免单一指标评价的局限性；隶属函数值越大，植物的抗逆性越强（孙群和胡景江，2006）。针对本研究，考虑到多个结构指标的综合作用，采用隶属函数法来评价植物对不同立地环境的适应能力。

首先，计算各指标在各物种中的隶属函数值，公式为

$$X_u = (X - X_{min}) / (X_{max} - X_{min})$$

若某一指标与抵抗环境胁迫能力为负相关，则采用反隶属函数，公式为

$$X_u = 1 - (X - X_{min}) / (X_{max} - X_{min})$$

式中，X 为参试物种某一解剖指标的测定值；X_{max} 和 X_{min} 分别为所有物种中该指标的最大值和最小值。

然后，对各物种的解剖指标隶属函数值累加后求平均值，得出综合评估指标值（孙彩霞和沈秀瑛，2002；庄丽等，2005），从而综合评价不同物种的环境适应性。

9.2　结果与分析

9.2.1　不同植物叶解剖结构特征

在遗传和外界环境等因素的影响下，不同植物叶的解剖结构有所差异，表现出不同的特征。通过对不同物种、不同科及不同生活型植物叶解剖结构的观察及分析，明确不同植物叶的解剖结构特征。由于双子叶植物与单子叶植物叶的解剖结构有较大的差异，因此对这两类植物分别进行讨论。

1. 双子叶植物叶解剖特征

双子叶植物的叶片由表皮、叶肉和叶脉 3 部分构成。表皮位于叶片最外侧，细胞排列紧密，没有细胞间隙；表皮细胞外壁常覆盖有一层角质层。上下表皮之间为叶肉组织，多数双子叶植物的叶肉组织有栅栏组织和海绵组织的分化。对 49 种双子叶植物叶片的解剖结构进行比较分析（表 9-1），发现其在物种之间具有较大的变异，平均变异系数为 43.28%。

表9-1 双子叶植物解剖结构指标平均值

物种	上角质层厚度/μm	上表皮厚度/μm	上栅栏组织厚度/μm	海绵组织厚度/μm	下表皮厚度/μm	下角质层厚度/μm	叶片厚度/μm	导管直径/μm	中脉直径/μm	叶肉组织厚度/μm	总栅栏组织厚度/μm	栅海比	叶紧密度	叶疏松度
阿尔泰狗娃花	1.98 ±0.70	15.26 ±4.41	69.63 ±19.62	34.01 ±13.51	16.99 ±4.90	2.02 ±0.83	204.21 ±28.28	6.68 ±1.81	242.08 ±30.35	169.46 ±27.60	126.05 ±31.13	4.45 ±2.36	0.62 ±0.09	0.16 ±0.07
白头翁	3.17 ±1.24	28.50 ±8.42	—	145.88 ±38.91	21.51 ±8.05	2.41 ±0.30	283.11 ±73.64	19.27 ±6.76	386.12 ±81.53	238.50 ±68.19	84.89 ±25.57	0.60 ±0.14	0.29 ±0.05	0.50 ±0.05
百里香	1.59 ±0.47	12.96 ±2.94	—	84.02 ±12.45	9.22 ±2.12	1.26 ±0.31	190.96 ±17.97	5.18 ±0.73	244.33 ±16.91	168.49 ±16.01	74.07 ±13.43	0.89 ±0.17	0.39 ±0.06	0.44 ±0.05
蒌头回	1.95 ±0.69	37.76 ±9.10	—	101.57 ±25.40	22.38 ±6.18	1.58 ±0.55	248.69 ±32.48	11.75 ±2.59	429.79 ±95.63	190.13 ±30.41	79.44 ±13.73	0.82 ±0.21	0.32 ±0.04	0.41 ±0.06
抱茎小苦荬	1.78 ±0.50	21.88 ±7.91	—	115.83 ±22.80	17.47 ±5.80	1.50 ±0.57	234.79 ±70.22	9.55 ±3.10	451.80 ±125.28	194.08 ±63.90	90.04 ±30.49	0.76 ±0.16	0.33 ±0.06	0.45 ±0.06
糙叶黄耆	2.25 ±1.49	22.35 ±4.20	—	—	22.37 ±5.26	2.11 ±1.42	210.21 ±51.68	6.39 ±2.92	269.71 ±89.48	162.92 ±46.84	161.56 ±44.04	—	0.76 ±0.05	—
草木樨状黄耆	1.39 ±0.40	12.12 ±2.73	76.08 ±18.02	34.52 ±11.52	12.12 ±2.37	1.38 ±0.39	203.90 ±31.51	6.41 ±1.41	240.87 ±26.92	177.96 ±31.22	137.28 ±27.62	4.39 ±1.62	0.67 ±0.06	0.17 ±0.05
刺槐	1.61 ±0.45	13.92 ±2.78	—	—	13.38 ±2.52	0.99 ±0.24	163.72 ±15.72	16.08 ±5.45	338.46 ±77.31	135.23 ±15.56	128.02 ±15.23	—	0.78 ±0.06	—
达乌里胡枝子	1.63 ±0.49	11.91 ±2.84	—	79.92 ±14.78	10.39 ±2.46	1.36 ±0.37	164.70 ±24.28	8.01 ±1.88	263.90 ±42.01	139.62 ±23.72	58.14 ±12.06	0.74 ±0.14	0.35 ±0.05	0.49 ±0.05
地锦草	1.19 ±0.23	12.41 ±2.60	—	66.53 ±10.56	12.11 ±3.43	1.67 ±0.32	134.61 ±14.22	5.43 ±1.22	171.60 ±11.83	109.65 ±12.12	31.29 ±5.78	0.47 ±0.07	0.24 ±.04	0.51 ±0.04
地梢瓜	1.66 ±0.54	15.67 ±3.51	—	89.01 ±22.76	10.92 ±2.68	1.25 ±0.58	171.98 ±36.31	7.44 ±1.82	257.62 ±31.86	143.55 ±34.60	51.32 ±13.39	0.59 ±0.14	0.30 ±0.05	0.51 ±0.05
紫丁香	1.95 ±0.55	24.78 ±5.21	—	65.30 ±15.53	17.94 ±4.39	2.04 ±0.61	243.38 ±34.00	14.28 ±2.97	498.93 ±136.76	200.21 ±33.84	122.16 ±23.05	1.92 ±0.41	0.50 ±0.05	0.27 ±0.05
杜梨	2.27 ±0.72	19.36 ±3.07	—	72.66 ±5.33	11.46 ±1.23	2.06 ±0.37	178.37 ±5.66	12.35 ±2.97	354.24 ±21.33	143.98 ±7.26	65.57 ±9.06	0.91 ±0.16	0.37 ±0.05	0.41 ±0.03

续表

物种	上角质层厚度/μm	上表皮厚度/μm	上栅栏组织厚度/μm	海绵组织厚度/μm	下表皮厚度/μm	下角质层厚度/μm	叶片厚度/μm	导管直径/μm	中脉直径/μm	叶肉组织厚度/μm	总栅栏组织厚度/μm	栅海比	叶紧密度	叶疏松度
二裂委陵菜	1.55 ±0.51	15.34 ±3.77	—	51.19 ±11.90	10.99 ±2.51	1.24 ±0.39	138.09 ±21.85	5.59 ±3.97	226.67 ±167.09	110.23 ±20.16	52.00 ±11.43	1.05 ±0.27	0.38 ±0.06	0.37 ±0.05
二色棘豆	2.38 ±0.70	25.65 ±1.82	—	—	25.82 ±6.26	2.18 ±0.34	214.32 ±5.91	5.07 ±0.64	271.38 ±15.34	160.17 ±15.06	153.77 ±20.84	—	0.72 ±0.09	—
甘草	1.72 ±0.86	14.46 ±2.38	—	—	10.87 ±2.23	1.37 ±0.39	192.27 ±28.33	9.26 ±2.61	354.06 ±65.46	164.83 ±26.74	160.00 ±26.19	—	0.83 ±0.05	—
杠柳	2.45 ±0.79	19.56 ±4.70	—	101.28 ±23.57	14.09 ±2.85	2.31 ±0.86	202.51 ±43.64	15.35 ±3.73	467.19 ±96.04	166.70 ±41.76	61.81 ±23.33	0.62 ±0.18	0.29 ±0.06	0.48 ±0.06
灌木铁线莲	2.87 ±1.54	23.28 ±6.57	—	98.78 ±25.15	20.29 ±4.79	2.65 ±0.99	246.54 ±56.98	10.74 ±2.29	338.26 ±47.45	201.51 ±53.99	87.74 ±29.69	0.91 ±0.24	0.34 ±0.06	0.40 ±0.07
河朔荛花	2.80 ±1.13	25.64 ±6.16	—	131.35 ±23.81	22.05 ±6.15	1.73 ±0.42	278.75 ±36.74	7.62 ±1.95	426.08 ±64.42	229.82 ±34.66	82.67 ±22.37	0.64 ±0.19	0.30 ±0.05	0.47 ±0.06
虎榛子	1.61 ±0.49	12.79 ±5.31	—	51.15 ±14.70	9.22 ±1.54	1.68 ±0.30	123.34 ±35.37	12.82 ±2.11	425.79 ±167.88	98.01 ±31.67	42.53 ±17.59	0.84 ±0.19	0.33 ±0.05	0.41 ±0.04
黄柏刺	2.90 ±0.42	14.01 ±1.25	—	140.64 ±2.94	13.84 ±2.29	1.76 ±0.34	235.35 ±0.95	10.86 ±0.72	—	204.42 ±2.37	63.98 ±4.03	0.45 ±0.02	0.27 ±0.01	0.60 ±0.01
黄刺玫	2.17 ±3.02	17.48 ±4.80	—	37.72 ±14.94	12.35 ±2.79	1.42 ±0.45	136.25 ±35.47	8.09 ±1.51	221.38 ±37.57	105.51 ±34.00	62.33 ±21.89	1.77 ±0.62	0.45 ±0.08	0.27 ±0.07
灰叶黄耆	1.83 ±0.42	20.47 ±4.50	—	41.26 ±31.45	18.80 ±5.59	1.78 ±0.43	169.65 ±20.70	7.62 ±2.78	224.82 ±25.58	131.92 ±29.59	84.38 ±25.58	1.09 ±0.28	0.51 ±0.18	0.23 ±0.18
火绒草	1.38 ±0.33	16.59 ±4.15	—	66.57 ±15.97	11.35 ±3.32	0.92 ±0.23	133.61 ±21.22	5.62 ±1.41	335.10 ±58.13	104.01 ±15.91	32.86 ±8.19	0.51 ±0.15	0.24 ±0.04	0.50 ±0.09
砂珍棘豆	2.85 ±1.09	23.43 ±6.66	—	—	25.48 ±6.80	2.67 ±1.18	178.73 ±54.26	6.30 ±1.62	247.91 ±61.87	125.08 ±46.36	122.22 ±45.12	—	0.68 ±0.07	—
截叶铁扫帚	1.07 ±0.19	10.02 ±1.81	—	57.19 ±14.29	9.63 ±1.50	1.16 ±0.34	132.86 ±18.54	7.78 ±1.72	224.18 ±26.42	112.18 ±19.24	54.58 ±10.21	1.01 ±0.29	0.41 ±0.07	0.43 ±0.07

续表

物种	上角质层厚度/μm	上表皮厚度/μm	上栅栏组织厚度/μm	海绵组织厚度/μm	下表皮厚度/μm	下角质层厚度/μm	叶片厚度/μm	导管直径/μm	中脉直径/μm	叶肉组织厚度/μm	总栅栏组织厚度/μm	栅海比	叶紧密度	叶疏松度
茭蒿	1.88 ±0.59	11.77 ±2.25	44.34 ±10.73	38.18 ±11.11	9.52 ±1.83	1.27 ±0.51	139.97 ±24.43	6.69 ±1.47	264.23 ±31.64	116.76 ±23.06	70.14 ±16.89	1.93 ±0.58	0.50 ±0.07	0.27 ±0.06
角蒿	1.69 ±0.47	13.68 ±2.53	—	118.18 ±26.90	11.87 ±2.84	1.30 ±0.42	230.32 ±44.52	6.83 ±1.46	277.88 ±39.58	204.26 ±44.88	78.27 ±15.07	0.67 ±0.10	0.34 ±0.03	0.51 ±0.04
菊叶委陵菜	2.12 ±0.59	21.84 ±5.10	—	38.29 ±16.75	12.61 ±2.74	1.54 ±0.63	135.74 ±26.31	8.06 ±1.87	292.72 ±75.24	100.24 ±25.65	53.06 ±12.39	1.50 ±0.46	0.39 ±0.06	0.28 ±0.06
白刺花	3.24 ±1.01	16.13 ±2.63	—	71.42 ±19.36	14.21 ±2.42	2.58 ±0.75	193.90 ±33.76	7.07 ±1.54	264.25 ±38.51	159.93 ±33.91	71.35 ±19.30	1.07 ±0.33	0.37 ±0.06	0.36 ±0.08
辽东栎	1.30 ±0.34	13.37 ±2.39	—	47.47 ±7.44	8.76 ±1.40	—	114.99 ±8.81	21.64 ±2.93	465.18 ±21.39	91.81 ±8.94	43.54 ±3.42	0.94 ±0.19	0.38 ±0.04	0.41 ±0.04
柳叶鼠李	1.91 ±0.34	13.23 ±2.33	—	103.76 ±39.15	11.39 ±1.41	1.36 ±0.29	225.19 ±54.33	8.08 ±1.15	373.26 ±44.32	197.30 ±53.15	86.32 ±20.71	0.89 ±0.25	0.39 ±0.04	0.45 ±0.08
蒙古蒿	1.79 ±0.64	14.48 ±3.08	—	38.36 ±9.96	9.93 ±2.33	0.94 ±0.24	109.74 ±13.67	7.70 ±2.26	322.20 ±64.74	85.24 ±12.11	41.30 ±7.05	1.14 ±0.33	0.38 ±0.06	0.34 ±0.06
柠条锦鸡儿	1.83 ±0.39	13.15 ±2.90	—	—	13.10 ±2.38	1.82 ±0.41	211.95 ±29.52	7.63 ±1.34	275.38 ±24.88	183.45 ±29.18	181.55 ±29.27	—	0.86 ±0.04	—
牛奶子	2.54 ±1.82	14.39 ±4.80	—	94.59 ±21.14	9.13 ±3.08	1.08 ±0.30	210.09 ±31.95	13.72 ±1.83	537.62 ±52.05	182.49 ±36.16	83.98 ±24.48	0.91 ±0.23	0.39 ±0.08	0.46 ±0.07
茜草	2.85 ±1.17	23.69 ±5.40	—	121.81 ±31.29	14.24 ±5.11	2.16 ±0.93	203.07 ±67.40	8.79 ±2.02	343.64 ±48.76	165.67 ±62.10	72.55 ±24.64	0.54 ±0.16	0.35 ±0.18	0.53 ±0.07
三角槭	1.83 ±0.40	16.29 ±3.79	—	71.33 ±19.54	11.55 ±3.14	1.84 ±0.31	171.28 ±31.32	11.70 ±2.38	292.86 ±31.78	142.68 ±28.35	65.48 ±13.56	0.97 ±0.26	0.38 ±0.06	0.41 ±0.06
沙棘	2.20 ±0.96	16.26 ±4.38	—	86.71 ±19.74	11.58 ±4.01	0.65 ±0.05	226.63 ±45.52	11.26 ±2.47	424.52 ±101.35	197.17 ±45.18	101.87 ±27.89	1.20 ±0.33	0.44 ±0.07	0.38 ±0.06

续表

物种	上角质层厚度/μm	上表皮厚度/μm	上栅栏组织厚度/μm	海绵组织厚度/μm	下表皮厚度/μm	下角质层厚度/μm	叶片厚度/μm	导管直径/μm	中脉直径/μm	叶肉组织厚度/μm	总栅栏组织厚度/μm	栅海比	叶紧密度	叶疏松度
水栒子	2.63±0.47	14.76±2.30	—	86.94±17.60	10.18±1.79	2.21±0.47	187.17±25.58	9.75±1.45	328.52±14.13	158.24±24.76	67.72±10.30	0.81±0.14	0.35±0.03	0.41±0.03
铁杆蒿	2.96±1.36	15.74±3.84	—	—	8.94±2.10	1.36±0.43	141.00±30.22	7.43±1.78	420.04±76.92	112.22±28.70	108.59±27.37	—	0.77±0.08	—
香青兰	1.88±0.80	17.56±4.86	—	92.11±19.22	11.62±3.06	1.42±0.38	250.95±36.15	8.41±2.45	263.38±51.05	220.25±36.16	111.99±21.13	1.26±0.33	0.45±0.06	0.38±0.05
小蓟	2.17±0.71	25.11±9.29	—	209.32±51.09	13.08±3.29	1.47±0.42	417.95±87.81	15.45±4.03	864.85±97.29	378.36±90.59	154.34±47.34	0.74±0.13	0.36±0.05	0.50±0.04
土庄绣线菊	1.57±0.33	11.13±2.09	—	26.77±5.25	9.38±2.14	—	81.89±14.41	9.53±1.86	272.17±26.60	60.62±12.30	31.64±7.83	1.20±0.26	0.38±0.06	0.33±0.05
小叶悬钩子	1.30±0.20	13.57±3.78	—	20.21±7.41	8.37±1.78	—	68.94±12.10	13.15±3.59	361.87±74.66	46.87±11.47	22.50±3.81	1.27±0.51	0.33±0.07	0.29±0.07
野豌豆	2.68±0.98	21.81±3.99	—	116.37±22.67	14.93±3.12	1.99±0.52	228.55±27.06	7.24±1.97	299.81±31.90	189.56±25.10	66.57±10.56	0.59±0.15	0.29±0.05	0.50±0.06
野菊	2.50±1.06	18.15±5.76	—	118.51±31.26	16.75±6.31	2.92±1.08	217.82±45.46	6.17±1.95	314.85±52.11	181.18±38.72	52.52±13.86	0.47±0.14	0.24±0.05	0.54±0.08
羽裂叶委陵菜	1.74±0.40	17.03±3.98	—	26.16±16.21	9.03±1.74	—	112.44±31.18	7.75±2.20	273.66±36.35	84.93±29.74	53.93±17.85	2.08±0.75	0.47±0.09	0.22±0.09
互叶醉鱼草	2.13±0.43	10.89±2.19	—	58.82±12.07	7.89±1.80	—	144.79±21.42	10.49±7.68	314.12±68.97	125.51±19.88	55.39±12.29	0.97±0.26	0.39±0.06	0.41±0.06
猪毛蒿	2.90±1.09	10.54±2.18	—	133.12±32.71	—	—	255.91±41.09	5.16±1.36	—	218.84±40.28	45.72±8.83	0.36±0.11	0.18±0.03	0.52±0.09

注：“—”表示物种未有该指标。下同。

首先，双子叶植物不同物种之间叶片厚度变化较大，平均值为185.37μm，有23种植物的叶片厚度超过了200μm。其中，小叶悬钩子的最薄仅为68.94μm；而小蓟的最厚，达到了417.95μm，约为前者的6倍，且小蓟的叶片趋于肉质化。

作为保护组织，表皮厚度有较大的差异。其中，上表皮厚度变化范围为10.02~37.76μm，且多集中于10.00~20.00μm；截叶铁扫帚的最薄而墓头回的最厚。下表皮厚度变化范围为7.89~25.82μm；互叶醉鱼草的最薄而二色棘豆的最厚。绝大多数物种的上表皮厚度大于下表皮厚度。双子叶植物上表皮外侧均有不同程度的角质层分化。上角质层变化范围为1.07~3.24μm，变异系数为26.83%，在所有指标中最小；白刺花的上角质层最厚，截叶铁扫帚的最薄。下表皮角质层，除辽东栎、土庄绣线菊、小叶悬钩子和羽裂叶委陵菜外，其他物种的均有不同程度的分化。其中，野菊的下角质层最厚，为2.92μm；沙棘的下角质层最薄，仅为0.65μm。此外，多数双子叶植物叶片的上表皮和下表皮常分布有表皮毛。

作为维管组织，叶脉具有机械支撑的作用，而叶脉中的导管为运输水分的主要器官。通过对49种双子叶植物叶片中脉的观测，发现双子叶植物叶片中脉直径为171.60~864.85μm，平均值为337.88μm。地锦草叶片的中脉直径最小；而小蓟的最大，约为前者的5倍。导管直径亦有较大差异，平均值为8.66μm。其中百里香、地锦草、二裂委陵菜、二色棘豆、火绒草和猪毛蒿叶片的导管直径较小，为5.00~6.00μm；而辽东栎叶片导管直径最大，达到了21.64μm。双子叶植物叶片多为外韧维管束，并且常具有一些特殊结构。猪毛蒿、茭蒿和阿尔泰狗娃花叶片中较大维管束周围常具有气腔；达乌里胡枝子的维管组织中存在束鞘延伸；甘草、沙棘和刺槐叶片中脉的维管组织中有黏液细胞的分布。此外，通过对地锦草维管束鞘的观察可知地锦草为C_4植物。

作为叶肉组织，大多数双子叶植物叶片有栅栏组织和海绵组织的分化，为异面叶；栅栏组织细胞为长柱形，细胞排列紧密；海绵组织排列疏松，细胞间隙较大。少数双子叶植物（如柠条锦鸡儿、甘草、刺槐、糙叶黄耆、二色棘豆、砂珍棘豆和铁杆蒿）为等面叶，其栅栏组织非常发达，没有海绵组织（其中铁杆蒿的栅栏组织在靠近上表皮的位置较发达，靠近下表皮的相对不发达，为过渡型），为全栅型等面叶。阿尔泰狗娃花、草木樨状黄耆和茭蒿的上表皮和下表皮内侧均有栅栏组织的分化，两层栅栏组织间有较薄的海绵组织，为双栅型等面叶。猪毛蒿的叶片高度线性化，无上下之分，叶片四周均为栅栏组织，中央的海绵组织特化为贮水组织，细胞体积大，排列紧密，为环栅型等面叶。不同物种叶片间海绵组织的变异系数达到了67.81%；除7种无海绵组织的全栅型植物外，小蓟的海绵组织最厚（209.32μm），小叶悬钩子的最薄（20.21μm）。栅栏组织变化范围为22.50~181.55μm，变异系数为47.27%；柠条锦鸡儿叶片的总栅栏组织最厚，其次为糙叶黄耆的（161.56μm），甘草的为160.00μm；小叶悬钩子的总栅栏组织最薄，其次为地锦草的（31.29μm），火绒草的为32.86μm。42种有栅栏组织和海绵组织分化的双子叶植物叶片，栅海比的变异系数高达76.20%；有16种植物的栅海比大于1，其中阿尔泰狗娃花和草木樨状黄耆叶片的栅海比分别为4.45和4.39。叶紧密度最小的为猪毛蒿，仅为0.18，最大的为柠条锦鸡儿，为0.86；有12种植物的叶紧密度大于0.50。叶疏松度为0.16~0.60，且多集中于0.40~0.50；有11种植物的叶疏松度大于0.50。此外，达乌里胡枝子叶片的海绵组织中分布有一层体积较大的黏液细胞；刺槐的叶肉组织在临近下表皮处分布有大量的黏液细胞。

对双子叶植物中所占比例较大的菊科（9 种）、豆科（12）和蔷薇科（8 种）进行比较（表9-2），发现其叶片上角质层厚度、上表皮厚度、下表皮厚度、叶片厚度、叶肉组织厚度、总栅栏组织厚度、叶紧密度和叶疏松度在三科之间差异显著（$P<0.05$）。其中，菊科植物叶片的上角质层厚度、海绵组织厚度、导管直径和中脉直径最大，上表皮厚度最小；豆科植物的下表皮厚度、下角质层厚度、叶片厚度、叶肉组织厚度、总栅栏组织厚度、栅海比和叶紧密度最大，海绵组织厚度和叶疏松度最小；蔷薇科植物的上表皮厚度和叶疏松度最大，上角质层厚度、下表皮厚度、下角质层厚度、叶片厚度、导管直径、中脉直径、叶肉组织厚度、总栅栏组织厚度、栅海比和叶紧密度最小。

表 9-2　不同科植物叶片解剖指标平均值

科别	上角质层厚度 /μm	上表皮厚度 /μm	总栅栏组织 厚度/μm	海绵组织厚度 /μm	下表皮厚度 /μm	下角质层厚度 /μm	叶片厚度 /μm
菊科	2.21±1.07a	16.18±5.77c	86.10±45.73b	50.87±57.29a	12.11±4.91b	1.53±0.74b	175.61±86.88b
豆科	2.11±1.11b	17.05±6.22b	120.20±52.12a	32.10±41.18b	15.99±6.89a	1.91±1.02a	192.80±42.90a
蔷薇科	1.86±0.91c	17.90±5.37a	52.92±16.02c	42.46±18.62a	11.37±2.80c	1.45±0.57b	131.8531.61c

科别	导管直径/μm	叶肉组织 厚度/μm	栅海比	叶紧密度	叶疏松度	中脉直径/μm
菊科	7.85±3.33a	145.35±82.47b	1.86±1.92a	0.51±0.20b	0.26±0.20b	362.16±156.25a
豆科	7.81±3.38ab	157.14±40.57a	1.92±1.91a	0.62±0.20a	0.17±0.21c	275.40±66.97b
蔷薇科	7.55±3.29a	101.15±29.54c	1.37±0.55b	0.40±0.07c	0.31±0.08a	267.51±110.55b

注：同列字母表示差异显著性（$P<0.05$）。

将49种双子叶植物分为草本植物（29 种）和木本植物（20 种）两种生活型，通过比较发现两者的叶片之间只有下表皮厚度差异不显著，其他指标差异均显著（$P<0.05$）（表9-3）。上表皮厚度、下表皮厚度、总栅栏组织厚度、栅海比、叶紧密度为草本植物的大于木本植物的，其他指标为木本植物的大于草本植物的。木本植物叶片具有明显粗大的中脉和导管，中脉中的木质部面积也较大，机械组织与草本植物相比也较发达。

表 9-3　草本植物和木本植物叶片解剖指标平均值

生活型	上角质层厚度 /μm	上表皮厚度 /μm	总栅栏组织 厚度/μm	海绵组织厚度 /μm	下表皮厚度 /μm	下角质层厚度 /μm	叶片厚度 /μm
草本	2.04±1.01b	17.67±6.80a	92.17±48.88a	50.25±47.88b	13.94±6.30a	1.65±0.88b	181.32±63.47b
木本	2.29±1.13a	17.30±6.28b	87.29±43.64b	68.34±43.16a	13.79±5.23a	2.03±0.81a	197.23±60.62a

生活型	导管直径 /μm	叶肉组织厚度 /μm	栅海比	叶紧密度	叶疏松度	中脉直径 /μm
草本	7.65±3.15b	147.68±59.71b	1.57±1.56a	0.51±0.20a	0.27±0.20b	300.31±118.01b
木本	11.52±4.79a	164.43±54.82a	1.04±0.49b	0.45±0.18b	0.33±0.17a	369.85±116.92a

注：同列字母表示差异显著性（$P<0.05$）。

2. 单子叶植物叶解剖特征

单子叶植物的叶片同样由表皮、叶肉和叶脉 3 部分构成。但其叶肉组织没有栅栏组织和海绵组织的分化，为等面叶。10 种单子叶植物叶片解剖结构指标值见表9-4。

表 9-4　单子叶植物解剖结构指标平均值　　　　　　（单位：μm）

物种	上角质层厚度	上表皮厚度	下表皮厚度	下角质层厚度	叶片厚度	导管直径	维管束直径	叶肉组织厚度
白羊草	1.53±0.39	24.41±7.55	13.76±3.01	1.19±0.29	94.60±16.05	19.80±3.91	82.96±17.26	55.01±15.78
北京隐子草	1.72±0.44	4.96±1.11	4.59±1.32	1.49±0.45	91.29±14.95	11.00±2.98	59.08±8.15	77.30±14.80
糙隐子草	1.89±0.50	4.25±1.09	4.39±1.23	1.49±0.39	83.33±14.65	10.43±2.03	55.58±7.84	71.69±13.32
大针茅	1.55±0.42	5.46±1.26	8.07±2.42	2.55±0.91	178.97±54.92	19.80±4.66	96.54±18.70	169.68±56.91
狗尾草	1.64±0.47	23.42±7.28	20.79±4.84	1.59±0.44	114.12±20.77	18.96±4.72	63.19±21.52	63.53±19.51
赖草	1.89±0.65	9.39±2.84	11.27±3.45	2.66±1.14	213.07±70.00	30.85±7.14	138.19±28.62	166.20±61.53
芦苇	1.82±0.53	7.07±2.12	6.28±1.94	1.84±0.52	159.65±37.38	23.60±7.37	102.00±27.36	145.96±35.77
大披针薹草	2.49±0.77	13.99±2.72	9.26±1.67	1.60±0.56	140.94±23.84	14.45±1.74	86.02±15.72	116.41±20.15
长芒草	2.15±0.58	6.23±1.31	8.85±2.09	3.41±1.16	172.85±31.87	13.97±3.13	78.73±12.66	149.62±29.53
中华隐子草	1.72±0.32	5.31±1.35	5.07±1.51	1.34±0.34	104.73±15.61	10.48±2.27	52.74±8.42	89.55±15.35

单子叶植物的叶片厚度为 83.33 ~ 213.07μm；其中，糙隐子草的最薄，赖草的最厚。

作为保护组织，单子叶植物叶片上表皮和下表皮外侧均有不同程度的角质层的分化。上角质层厚度变化范围为 1.53 ~ 2.49μm，平均为 1.91μm；白羊草上角质层最薄，大披针薹草的最厚。下角质层厚度在 1.19 ~ 3.41μm，平均为 2.15μm；白羊草的下角质层最薄，长芒草的最厚。单子叶植物叶片的上表皮和下表皮均由 1 层细胞组成。除赖草外，其他单子叶植物叶片表皮均有表皮毛。上表皮厚度差异较大，变化范围为 4.25 ~ 24.41μm；其中糙隐子草、北京隐子草、中华隐子草和大针茅叶片的上表皮较薄，白羊草和狗尾草的上表皮较厚。单子叶植物叶片的上表皮大多有泡状细胞的分化。长芒草和大针茅叶片的上表皮在两相邻维管束之间形成下陷的气孔窝，窝内分布有气孔，窝底部有泡状细胞；白羊草和狗尾草叶片的上表皮分布有大量的体积较大的泡状细胞；芦苇、赖草、北京隐子草、糙隐子草和中华隐子草叶片在两个相邻的维管束间有泡状细胞；大披针薹草仅在中脉上方分布有少量泡状细胞。下表皮厚度为 4.39 ~ 20.79μm；糙隐子草的下表皮最薄，狗尾草最厚。此外，长芒草和大针茅的下表皮内侧还分布有数层厚壁组织。

作为叶肉组织，单子叶植物叶片没有栅栏组织和海绵组织的分化。其叶肉组织厚度有较大的变化，平均厚度为 107.08μm；白羊草的叶肉组织最薄仅有 55.01μm，大针茅的最厚（169.68μm），其次为赖草的（166.20μm）。其中，大披针薹草叶片的叶肉组织中分布有较大的气腔，气腔与上下表皮间仅隔 1 ~ 2 层叶肉细胞，且与维管组织相间排列。

作为维管组织，单子叶植物叶片的维管束均为外韧维管束，较大的维管束上下两侧与表皮之间分布有厚壁组织；维管束直径为 $52.74 \sim 138.19\mu m$。通过对维管束鞘细胞和相邻叶肉细胞的形态特征的观察，发现白羊草、狗尾草、芦苇、北京隐子草、糙隐子草和中华隐子草叶片的维管束鞘细胞与相邻的叶肉细胞形成"花环结构"，为 C_4 植物；大披针薹草、赖草、大针茅和长芒草的不具有"花环结构"，为 C_3 植物。此外，白羊草叶片的维管束鞘周围分布有较多的厚壁组织，形成束帽。单子叶植物叶片较大的维管束中一般有 $3 \sim 4$ 个明显粗大的导管，呈"V"形排列；白羊草、赖草和大针茅"V"形的下部常具有气道。10 种单子叶植物叶片导管的平均直径均超过了 $10\mu m$，平均为 $16.11\mu m$；导管直径最大的赖草叶片达到了 $30.85\mu m$。

3. 双子叶植物与单子叶植物叶片解剖特征比较

由于双子叶植物和单子叶植物叶片解剖结构的差异性，选取两种类型植物所测指标中共有的 7 种指标进行分析（表9-5）；发现 7 种指标在双子叶植物和单子叶植物之间差异均显著（$P<0.05$）。其中，双子叶植物叶片的上角质层厚度、上表皮厚度、下表皮厚度、叶厚度和叶肉厚度均明显大于单子叶植物。双子叶植物叶片的上表皮厚度和下表皮厚度分别为单子叶植物的 2.14 倍和 1.76 倍，叶片厚度和叶肉厚度均为单子叶植物的 1.42 倍。单子叶植物叶片只有下角质层厚度和导管直径两种指标大于双子叶植物的；单子叶植物叶片导管的平均直径约为双子叶植物的 1.86 倍。

表 9-5　双子叶植物与单子叶植物叶片解剖指标平均值　　　　　（单位：μm）

子叶类型	上角质层厚度	上表皮厚度	下表皮厚度	下角质层厚度	叶片厚度	导管直径	叶肉组织厚度
双子叶植物	2.10±1.04a	17.57±6.67a	13.90±6.04a	1.73±0.87b	185.37±63.13a	8.66±4.03b	151.95±58.95a
单子叶植物	1.91±0.58b	8.22±6.41b	7.91±4.10b	2.15±1.14a	130.78±48.57b	16.10±7.52a	107.08±45.92b

注：同列字母表示差异显著性（$P<0.05$）。

9.2.2　植物叶解剖结构对不同侵蚀环境的适应特征

1. 植物叶解剖结构在植被带间的差异

1）双子叶植物

对三种植被带间双子叶植物叶片解剖特征进行比较（表9-6），发现下角质层厚度、叶片厚度、导管直径、中脉直径、叶肉组织厚度和栅海比在三种植被带间差异均显著（$P<0.05$）。森林带植物叶片的上角质层厚度、下角质层厚度、导管直径、中脉直径和叶疏松度最大；下表皮厚度、叶片厚度、叶肉厚度、总栅栏组织厚度、栅海比和叶紧密度最小。森林草原带植物叶片的上表皮厚度、海绵组织厚度、下表皮厚度、叶片厚度、叶肉厚度和总栅栏组织厚度最大。草原带植物叶片的栅海比和叶紧密度最大；上角质层厚度、上表皮厚度、海绵组织厚度、下角质层厚度、导管直径、中脉直径和叶疏松度最小。栅海比和叶紧密度由森林带到森林草原带再到草原带呈逐渐增大的趋势，叶疏松度却逐渐减小。

总体上，森林草原带植物叶片与叶肉组织相关的指标较大，森林带植物叶片与维管组织相关的指标较大，而草原带植物叶片反映叶片紧实程度的指标较大。

表 9-6　不同植被带双子叶植物叶片解剖指标平均值

植被带	上角质层厚度/μm	上表皮厚度/μm	总栅栏组织厚度/μm	海绵组织厚度/μm	下表皮厚度/μm	下角质层厚度/μm	叶片厚度/μm
森林带	2.22±1.38a	17.84±6.70a	80.32±47.77c	52.81±39.09b	13.49±6.30b	1.93±1.21a	172.90±61.45c
森林草原带	2.17±0.93a	17.99±7.12a	94.92±48.26a	58.22±52.03a	14.29±6.19a	1.78±0.87b	192.76±66.89a
草原带	1.95±0.91b	16.84±5.93b	92.46±45.51b	52.18±45.53b	13.67±5.63b	1.55±0.60c	184.23±57.77b

植被带	导管直径/μm	叶肉组织厚度/μm	栅海比	叶紧密度	叶疏松度	中脉直径/μm
森林带	10.51±4.24a	139.76±54.59c	1.26±1.16c	0.46±0.18b	0.31±0.18a	346.47±119.93a
森林草原带	8.79±4.27b	158.29±62.89a	1.40±1.24b	0.49±0.20a	0.28±0.20b	324.79±134.10b
草原带	7.26±2.85c	151.95±55.23b	1.54±1.61a	0.51±0.20a	0.27±0.20b	283.08±95.59c

注：同列字母表示差异显著性（$P<0.05$）。

对于不同的科，菊科植物叶片的不同解剖指标在三植被带间差异性有所不同，只有上角质层厚度、海绵组织厚度、下角质层厚度和总栅栏组织厚度在三植被带间差异显著（$P<0.05$），而栅海比在三植被带间差异均不显著。分布于中部森林草原带的菊科植物叶片具有最大的上角质层厚度、上表皮厚度、海绵组织厚度、下表皮厚度、下角质层厚度、叶片厚度、导管直径、中脉直径、叶肉组织厚度、总栅栏组织厚度和叶疏松度；而栅海比和叶紧密度最小；栅海比和叶紧密度在草原带最大（表9-7）。豆科植物叶片的上角质层厚度、下角质层厚度、导管直径、栅海比和叶紧密度在三植被带间差异显著（$P<0.05$）。分布于森林带的豆科植物叶片具有最大的上角质层厚度、上表皮厚度、下表皮厚度、下角质层厚度、导管直径、中脉直径和叶疏松度，而叶片厚度、总栅栏组织厚度、栅海比、叶紧密度最小；森林草原带的海绵组织厚度、叶片厚度、叶肉组织厚度最大，其他指标均居中；草原带豆科植物叶片具有较大的栅栏组织厚度、栅海比和叶紧密度，其他指标均较小（表9-8）。蔷薇科植物叶片只有下角质层厚度和导管直径在三植被带间均差异显著（$P<0.05$），总栅栏组织厚度差异均不显著。分布于森林草原带的蔷薇科植物叶片具有最大的上角质层厚度、上表皮厚度、海绵组织厚度、下表皮厚度、叶片厚度、叶肉组织厚度和叶疏松度；森林带蔷薇科植物叶片具有最大的导管直径和中脉直径；而草原带蔷薇科植物叶片除叶紧密度外，其他指标一般较小（表9-9）。总体上，菊科和蔷薇科植物叶片在森林草原带的各解剖结构指标较大；而对于豆科植物叶片，其保护组织和疏导组织在森林带较大，与叶片紧实程度有关的指标在草原带最大，其他指标在森林草原带较大。

表 9-7　不同植被带间菊科植物叶片解剖结构平均值

植被带	上角质层厚度 /μm	上表皮厚度 /μm	总栅栏组织 厚度/μm	海绵组织厚度 /μm	下表皮厚度 /μm	下角质层厚度 /μm	叶片厚度 /μm
森林带	2.02±0.99c	14.64±4.48b	74.62±46.77c	53.57±57.29b	11.00±5.41b	1.34±0.43c	164.63±67.23c
森林草 原带	2.46±1.06a	15.80±6.56a	91.56±47.90a	72.31±67.12a	12.70±4.96a	1.61±0.84a	198.96±94.13a
草原带	2.20±1.19b	15.49±4.61a	82.98±39.50b	44.05±44.81c	11.64±4.34b	1.48±0.64b	173.42±77.13b

植被带	导管直径 /μm	叶肉组织厚度 /μm	栅海比	叶紧密度	叶疏松度	中脉直径 /μm
森林带	6.88±1.86b	132.95±60.87b	1.65±2.50a	0.45±0.24b	0.30±0.24a	332.92±71.40b
森林草 原带	7.80±3.88a	167.14±88.94a	1.54±1.48a	0.44±0.21b	0.32±0.20a	391.23±205.64a
草原带	7.72±2.67a	142.37±74.23a	1.75±2.04a	0.51±0.21a	0.25±0.20b	340.93±102.38ab

注：同列字母表示差异显著性（$P<0.05$）。

表 9-8　不同植被带间豆科植物叶片解剖结构平均值

植被带	上角质层厚度 /μm	上表皮厚度 /μm	总栅栏组织 厚度/μm	海绵组织厚度 /μm	下表皮厚度 /μm	下角质层厚度 /μm	叶片厚度 /μm
森林带	2.58±1.73a	17.97±6.45a	112.83±63.08b	30.87±30.20b	16.86±8.00a	2.27±1.68a	188.99±60.91b
森林草 原带	2.15±0.99b	17.43±6.75a	120.34±51.16a	36.11±46.00a	16.13±7.26a	1.95±0.96b	197.84±39.34a
草原带	1.82±0.76c	16.26±5.40b	125.90±48.10a	29.63±35.57b	15.28±5.87b	1.67±0.62c	192.49±33.74a

植被带	导管直径 /μm	叶肉组织厚度 /μm	栅海比	叶紧密度	叶疏松度	中脉直径 /μm
森林带	9.48±3.69a	159.90±51.70b	0.94±0.32c	0.58±0.20c	0.19±0.22a	286.47±82.82a
森林草 原带	7.95±3.37b	161.50±37.15a	1.68±1.74b	0.61±0.22b	0.17±0.22ab	286.37±64.95a
草原带	6.95±2.92c	158.91±35.53b	2.60±2.22a	0.64±0.19a	0.16±0.20b	260.46±49.19b

注：同列字母表示差异显著性（$P<0.05$）。

表 9-9　不同植被带间蔷薇科植物叶片解剖结构平均值

植被带	上角质层厚度 /μm	上表皮厚度 /μm	总栅栏组织 厚度/μm	海绵组织厚度 /μm	下表皮厚度 /μm	下角质层厚度 /μm	叶片厚度 /μm
森林带	1.98±1.41a	17.61±5.77b	55.34±23.64a	50.34±35.91a	11.56±4.02ab	1.94±0.72a	137.65±56.87ab
森林草 原带	2.06±0.76a	19.56±5.60a	54.17±16.07a	51.53±30.48a	11.98±2.94a	1.59±0.70b	143.50±40.47a
草原带	1.79±0.58b	18.12±5.34b	54.50±12.17a	41.91±12.28b	11.25±2.24b	1.25±0.38c	132.96±16.95b

植被带	导管直径 /μm	叶肉组织厚度 /μm	栅海比	叶紧密度	叶疏松度	中脉直径 /μm
森林带	10.01±3.69a	107.75±51.47ab	1.39±0.73a	0.40±0.10a	0.32±0.10ab	331.02±126.19a
森林草原带	7.04±2.08b	109.65±38.10a	1.25±0.50b	0.37±0.07b	0.33±0.10a	243.21±68.40b
草原带	6.18±2.44c	103.15±18.17b	1.33±0.45ab	0.41±0.08a	0.31±0.09b	223.82±72.73b

注：同列字母表示差异显著性（$P<0.05$）。

选取 10 种在三个植被带广泛分布的物种，对其叶片解剖结构进行对比分析（表9-10）。对于 6 种异面叶植物，一般分布于草原带的植株叶片具有较大的栅海比和叶紧密度，较小的叶疏松度；而叶片厚度、导管直径、中脉直径和叶肉组织厚度一般是分布于森林带和森林草原带植株的较大。其中，草原带的地梢瓜叶片具有最厚的上角质层和下角质层及最大的栅海比和叶紧密度，其他指标均为森林带的最大。二裂委陵菜叶片在草原带的栅海比最大，而上表皮厚度、下表皮厚度、海绵组织厚度、叶片厚度、导管直径、叶肉组织厚度和叶疏松度最小。茭蒿叶片在草原带具有最大的上表皮厚度、下表皮厚度、栅海比和叶紧密度，而其他指标均最小。菊叶委陵菜在草原带具有最厚的上表皮、最大的栅海比和叶紧密度，其他指标均在森林带最大。环栅型的猪毛蒿叶片表现为与异面叶植物叶片相似的特征，其上表皮厚度、栅海比和叶紧密度在草原带较大，而其他指标均较小。双栅型的阿尔泰狗娃花叶片在森林带的上角质层厚度、海绵组织厚度、下角质层厚度和叶疏松度最小，而其他指标均最大。全栅型的糙叶黄耆和铁杆蒿的叶紧密度在三种植被带间差异较小。

2）单子叶植物

对三植被带间单子叶植物叶片解剖结构进行比较（图9-1），发现单子叶植物叶片的上表皮厚度和导管直径在三种植被带间差异显著（$P<0.05$），下角质层厚度、叶片厚度和叶肉厚度在三种植被带间差异不显著。森林带植物叶片上角质层厚度最大，与森林草原带的和草原带的差异显著（$P<0.05$），森林草原带的与草原带的差异不显著；森林带植物叶片下表皮厚度、下角质层厚度、叶片厚度、导管直径和维管束直径最小。森林草原带植物叶片的上表皮厚度、下表皮厚度和下角质层厚度最大，上角质层厚度和叶肉组织厚度最小。草原带植物叶片的叶片厚度、导管直径、维管束直径和叶肉组织厚度最大，上表皮厚度最小。叶片厚度、导管直径和维管束直径由森林带到森林草原带再到草原带呈逐渐增大的趋势。

大披针薹草分布于森林草原带和森林带，并且以森林带为主。该物种叶片的上角质层厚度、下角质层厚度和导管直径在两植被带间差异不显著；在森林带的上表皮和下表皮厚度大于森林草原带的，叶片厚度、维管束直径和叶肉组织厚度为森林草原带的大于森林带的。长芒草在三植被带广泛分布，其叶片上表皮厚度、叶片厚度、导管直径、维管束直径和叶肉厚度均在森林草原带最大，且导管直径和维管束直径在三植被带间差异不显著。隐子草属的 3 种植物（中华隐子草、北京隐子草和糙隐子草）叶片均在森林草原带具有最厚的上表皮和下表皮（表9-11）。

表 9-10　10 种双子叶植物在不同植被带间叶片解剖结构指标平均值

物种	植被带	上角质层厚度/μm	上表皮厚度/μm	上栅栏组织厚度/μm	海绵组织厚度/μm	下表皮厚度/μm	下角质层厚度/μm	叶片厚度/μm	导管直径/μm	中脉直径/μm	叶肉组织厚度/μm	总栅栏组织厚度/μm	栅海比	叶紧密度	叶疏松度
达乌里胡枝子	FZ	2.06±0.54a	12.64±3.18a	—	76.90±23.34b	9.97±2.18a	1.49±0.47a	160.03±38.27a	9.88±1.86a	282.53±48.60a	133.87±37.07b	55.60±17.65b	0.73±0.14ab	0.34±0.04b	0.47±0.06b
	FSZ	1.51±0.38b	11.05±2.55b	—	82.06±13.94a	10.27±2.48a	1.23±0.31b	164.83±23.26a	7.84±1.62b	265.49±44.42ab	140.95±21.98a	56.84±11.74b	0.70±0.15b	0.34±0.05b	0.51±0.05a
	SZ	1.55±0.45b	12.31±2.77a	—	79.17±10.46ab	10.67±2.52a	1.41±0.33a	166.51±16.34a	7.31±1.56c	251.21±31.87b	140.90±16.93a	60.33±8.90a	0.77±0.13a	0.36±0.04a	0.48±0.04b
地梢瓜	FZ	1.61±0.19a	20.12±3.13a	—	119.97±3.61a	14.32±2.16a	0.88±0.13a	227.00±6.20a	9.05±1.44a	276.96±2.91a	191.92±4.57a	65.29±5.28a	0.55±0.04a	0.28±0.02a	0.53±0.02a
	FSZ	1.66±0.43a	16.34±3.91b	—	89.88±13.05b	12.56±2.78b	1.26±0.41b	172.55±26.11b	7.78±1.34b	267.96±37.96a	141.00±25.90b	48.38±16.33b	0.54±0.14a	0.27±0.07a	0.52±0.05a
	SZ	1.67±0.61a	15.18±3.16b	—	87.09±25.11b	10.07±2.17c	1.27±0.64b	170.05±38.84b	7.25±1.94b	247.48±26.60a	143.00±36.94b	51.80±11.83b	0.62±0.13a	0.31±0.04a	0.50±0.06a
二裂委陵菜	FZ	1.53±0.55a	18.15±5.00a	—	75.33±7.02a	15.92±4.16a	1.67±0.56a	168.72±14.92a	16.49±5.51a	553.16±185.44a	134.12±10.98a	46.50±5.30c	0.62±0.09b	0.28±0.03b	0.44±0.04a
	FSZ	1.56±0.49a	15.21±3.29b	—	50.89±9.07b	10.66±1.52b	1.27±0.34b	141.12±20.65b	4.60±1.02b	157.21±15.10b	112.98±18.76b	54.97±10.80a	1.09±0.20a	0.39±0.04a	0.36±0.05b
	SZ	1.54±0.54a	14.96±3.65b	—	47.87±9.83b	10.45±1.80b	1.16±0.37b	131.73±19.18c	4.42±1.13b	161.74±26.13b	105.03±19.24b	51.02±12.03b	1.09±0.27a	0.38±0.06a	0.36±0.05b
火绒草	FZ	1.33±0.20a	16.15±3.43b	—	71.02±16.64a	10.87±3.05b	—	137.53±17.48a	5.59±1.33ab	328.28±55.92a	112.42±16.30a	31.44±5.12b	0.47±0.15b	0.23±0.05b	0.52±0.07a
	FSZ	1.47±0.35a	15.61±2.67b	—	65.79±17.75ab	10.65±2.00b	0.99±0.21a	125.73±14.04b	5.13±1.03b	352.91±60.83a	100.33±15.23b	30.01±7.39b	0.49±0.17b	0.24±0.04b	0.52±0.12a
	SZ	1.36±0.36a	17.73±5.28a	—	63.92±13.11b	12.24±4.12a	0.72±0.14b	137.68±26.57a	6.07±1.60a	326.39±61.14a	100.79±13.76b	36.47±9.45a	0.57±0.11a	0.26±0.04a	0.47±0.05b

续表

物种	植被带	上角质层厚度/μm	上表皮厚度/μm	上栅栏组织厚度/μm	海绵组织厚度/μm	下表皮厚度/μm	下角质层厚度/μm	叶片厚度/μm	导管直径/μm	中脉直径/μm	叶肉组织厚度/μm	总栅栏组织厚度/μm	栅海比	叶紧密度	叶疏松度
茭蒿	FZ	2.22 ±0.39a	11.50 ±2.11b	43.02 ±10.68a	37.75 ±6.50ab	9.22 ±1.56b	1.30 ±0.35a	136.74 ±15.29ab	8.08 ±1.10a	288.75 ±19.34a	112.77 ±14.96ab	67.09 ±14.45ab	1.83 ±0.50a	0.49 ±0.07a	0.28 ±0.06a
	FSZ	1.90 ±0.62b	11.66 ±2.30ab	45.59 ±11.55a	39.46 ±12.76a	9.37 ±1.93b	1.29 ±0.59a	143.47 ±28.20a	6.44 ±1.28b	258.86 ±32.25b	120.78 ±26.22a	72.36 ±18.82a	1.95 ±0.64a	0.50 ±0.08a	0.28 ±0.06a
	SZ	1.41 ±0.36c	12.53 ±2.1a	41.17 ±5.63a	33.69 ±6.87b	10.51 ±1.43a	1.11 ±0.32a	130.11 ±11.09b	6.23 ±1.79b	241.79 ±22.57b	105.81 ±10.5b	65.18 ±7.96b	2.00 ±0.40a	0.50 ±0.05a	0.26 ±0.05a
菊叶委陵菜	FZ	2.42 ±0.44a	21.72 ±3.83a	—	119.02 ±26.40a	18.57 ±4.12a	2.84 ±0.42a	236.37 ±28.78a	10.79 ±1.55a	464.80 ±39.84a	196.64 ±29.88a	67.04 ±6.96a	0.61 ±0.15b	0.29 ±0.05b	0.52 ±0.06a
	FSZ	2.18 ±0.62a	21.58 ±5.65a	—	35.41 ±9.33b	12.34 ±2.61b	1.62 ±0.70b	129.81 ±22.65b	8.03 ±1.65b	266.39 ±44.44b	93.47 ±19.96b	49.86 ±13.13c	1.47 ±0.44a	0.38 ±0.06a	0.27 ±0.05b
	SZ	2.00 ±0.51a	22.32 ±4.11a	—	36.76 ±7.10b	12.62 ±2.31b	1.34 ±0.37b	137.54 ±11.85b	7.90 ±2.03b	277.18 ±41.80b	103.69 ±16.32b	56.81 ±9.24b	1.60 ±0.42a	0.41 ±0.05a	0.27 ±0.04b
猪毛蒿	FZ	2.47 ±0.90b	11.00 ±2.42ab	—	170.68 ±17.56a	—	—	289.81 ±33.32a	6.74 ±1.19a	—	257.24 ±30.49a	46.20 ±7.82a	0.27 ±0.05c	0.16 ±0.03b	0.59 ±0.08a
	FSZ	3.07 ±1.14a	10.25 ±2.09b	—	130.21 ±22.32b	—	—	253.59 ±33.41b	4.84 ±1.04b	—	218.37 ±32.73b	46.75 ±8.48a	0.37 ±0.08b	0.19 ±0.03a	0.51 ±0.06b
	SZ	2.59 ±0.61ab	11.98 ±1.67a	—	86.87 ±32.44c	—	—	212.46 ±46.30c	4.06 ±0.65c	—	170.28 ±37.65c	39.13 ±9.79b	0.49 ±0.17a	0.19 ±0.04a	0.40 ±0.08c
铁杆蒿	FZ	2.28 ±1.35b	15.40 ±3.84a	—	—	9.28 ±2.46a	1.39 ±0.38a	126.47 ±32.80b	6.81 ±1.96c	381.06 ±87.53b	98.11 ±32.82b	96.47 ±31.88b	—	0.76 ±0.09a	—
	FSZ	3.26 ±1.06a	16.15 ±3.56a	—	—	8.74 ±2.01a	1.24 ±0.30b	145.38 ±28.05a	7.38 ±1.55b	464.34 ±58.67a	116.34 ±26.71a	114.13 ±27.58a	—	0.78 ±0.09a	—
	SZ	3.09 ±1.49a	15.55 ±4.09a	—	—	8.94 ±1.90a	1.49 ±0.56a	146.56 ±27.34a	8.00 ±1.75a	419.59 ±57.33ab	117.78 ±24.19a	110.38 ±21.49a	—	0.76 ±0.07a	—

续表

物种	植被带	上角质层厚度/μm	上表皮厚度/μm	上栅栏组织厚度/μm	海绵组织厚度/μm	下表皮厚度/μm	下角质层厚度/μm	叶片厚度/μm	导管直径/μm	中脉直径/μm	叶肉组织厚度/μm	总栅栏组织厚度/μm	栅海比	叶紧密度	叶疏松度
糙叶黄耆	FZ	3.15±2.82a	23.07±5.45a	—	—	23.85±7.37a	3.42±2.85a	231.99±85.24a	9.24±4.46a	322.02±152.89a	181.85±74.76a	177.13±68.70a	—	0.76±0.05a	—
	FSZ	2.16±0.62b	22.29±3.57ab	—	—	22.33±4.50b	1.95±0.54b	211.54±36.86b	6.09±1.41b	262.74±38.23b	163.94±35.06b	163.58±34.33b	—	0.77±0.05a	—
	SZ	1.85±0.51b	21.94±3.8b	—	—	21.44±4.06b	1.72±0.50b	195.04±24.33c	5.09±1.20c	238.03±29.76b	149.87±25.52c	149.89±27.00c	—	0.76±0.05a	—
阿尔泰狗娃花	FZ	1.56±0.33b	21.47±5.47a	96.97±23.76a	22.78±8.91c	24.02±6.94a	1.35±0.73b	240.08±36.58a	8.57±1.98a	266.78±23.45a	191.74±46.54a	168.33±39.47a	7.99±2.45a	0.69±0.07a	0.09±0.03c
	FSZ	2.14±0.79a	14.59±3.52b	66.49±17.90b	37.86±13.26a	16.57±3.99b	2.05±0.85a	201.90±24.39b	6.49±1.74b	237.80±31.34b	168.65±23.79b	121.19±28.14b	3.67±1.59c	0.59±0.09c	0.18±0.07a
	SZ	1.80±0.44b	14.57±4.26b	67.40±13.39b	28.36±11.14b	15.35±3.67b	2.29±0.62b	193.91±19.67b	6.27±1.33b	232.96±25.96b	161.62±19.07b	122.66±22.01b	5.11±2.56b	0.63±0.08b	0.15±0.06b

注:FZ 为森林带;FSZ 为森林草原带;SZ 为草原带。同列字母表示差异显著性($P<0.05$)。

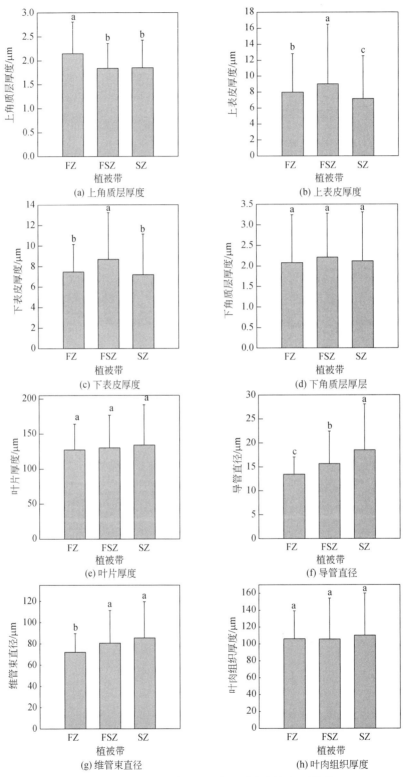

图 9-1　不同植被带单子叶植物叶片解剖指标平均值

FZ 为森林带；FSZ 为森林草原带；SZ 为草原带。字母表示差异显著性（$P<0.05$）

表 9.11　10 种单子叶植物在不同植被带间叶片解剖结构指标平均值

（单位：μm）

物种	植被带	上角质层厚度	上表皮厚度	下表皮厚度	下角质层厚度	叶片厚度	导管直径	维管束直径	叶肉组织厚度
白羊草	SZ	1.59±0.28a	22.36±10.64a	14.23±1.98a	—	97.71±6.32a	14.64±4.14b	70.96±5.68b	65.85±17.45a
	FSZ	1.54±0.40a	22.78±7.58a	13.73±3.08a	1.19±0.29	94.11±17.07a	19.96±4.11a	85.75±18.93a	55.10±16.81b
大针茅	SZ	1.69±0.37a	5.74±0.83a	8.38±2.52a	2.49±0.84a	208.40±30.46a	22.18±2.54a	102.96±13.36a	186.94±32.63a
	FSZ	1.40±0.42b	5.17±1.53b	7.69±2.52a	2.64±1.00a	158.08±59.09b	17.42±5.13b	90.13±21.52a	160.39±65.13a
狗尾草	SZ	1.40±0.45b	23.18±6.54a	20.82±4.28a	1.41±0.21b	121.04±21.63a	21.86±4.01a	86.44±17.07a	78.19±6.98a
	FSZ	1.95±0.29a	23.54±7.74a	20.77±5.31a	2.34±0.29a	109.27±19.22a	17.67±4.62a	55.44±17.37a	59.48±19.97b
赖草	SZ	1.94±0.65a	9.07±2.35a	10.01±2.87b	2.36±0.94b	269.02±37.06a	30.70±7.51a	132.10±25.81a	214.48±25.18a
	FSZ	1.84±0.66a	9.82±3.37a	13.81±3.12a	3.19±1.29a	180.69±64.12b	31.08±6.74a	146.31±31.25a	146.32±61.36b
芦苇	SZ	1.82±0.55ab	7.47±1.79a	6.28±1.99ab	1.97±0.46a	177.31±27.43a	27.00±6.70a	113.57±30.43a	162.79±28.10a
	FSZ	2.03±0.60a	8.23±1.57a	7.23±1.61a	1.77±0.22ab	181.20±10.07a	25.58±4.92a	105.86±16.80a	164.99±9.65a
	FZ	1.73±0.43b	5.92±2.37b	5.90±1.86b	1.55±0.59b	120.42±27.69b	17.56±5.17b	85.29±16.99a	111.35±27.87b
大披针薹草	FSZ	2.83±0.35a	11.12±1.78b	8.17±1.27b	1.39±0.24a	151.68±10.19a	15.05±1.09a	106.76±2.80a	126.93±12.42a
	FZ	2.45±0.80a	14.43±2.58a	9.43±1.66a	1.63±0.59a	139.26±24.94b	14.38±1.81a	83.71±14.83b	114.66±20.70b
长芒草	SZ	2.30±0.59a	6.33±1.13a	8.39±2.23b	3.85±1.41a	170.72±42.63ab	13.14±3.05a	78.21±15.62a	146.13±38.47ab
	FSZ	1.98±0.54b	6.53±1.27a	8.95±2.14ab	3.11±0.86b	177.28±24.21a	14.35±3.43a	81.26±12.17a	154.28±23.62a
	FZ	2.40±0.55a	5.29±1.21b	9.21±1.62a	3.66±1.29a	162.37±28.90b	13.63±1.96a	74.14±9.1a	140.07±28.90b
中华隐子草	SZ	1.72±0.34a	4.97±1.18a	4.42±1.20b	1.23±0.43b	98.63±13.49a	8.82±2.04b	48.40±7.86b	83.78±14.40b
	FSZ	1.72±0.33a	5.48±1.39a	5.51±1.58a	1.37±0.29ab	107.51±16.68a	11.72±1.76a	57.59±7.56a	93.04±15.91a
	FZ	1.65±0.22a	4.83±1.27a	4.24±0.54b	1.53±0.23a	101.68±6.14a	8.96±0.49b	50.95±6.03b	89.72±5.82ab
北京隐子草	SZ	1.41±0.28c	4.49±0.90b	3.77±0.90b	1.17±0.30b	95.89±6.79b	9.73±1.04b	57.02±4.73a	83.41±6.47a
	FSZ	1.68±0.39b	5.38±1.11a	4.99±1.19a	1.65±0.47a	102.47±11.09a	9.09±1.76b	58.26±6.61a	87.20±11.14a
	FZ	1.95±0.47a	4.73±1.04b	4.84±1.54a	1.65±0.41a	74.18±11.03c	13.00±3.52a	58.99±9.92a	63.60±13.01b
糙隐子草	SZ	1.78±0.56	4.17±1.19ab	4.06±1.18b	1.36±0.36b	77.59±13.28b	10.54±2.16a	56.76±7.86a	69.11±14.20b
	FSZ	2.02±0.44a	4.40±1.07a	4.64±1.30a	1.63±0.38a	87.05±14.50a	10.53±1.70a	54.47±6.96a	72.04±11.59b
	FZ	1.83±0.38b	4.03±0.81b	4.63±0.88a	1.53±0.40a	90.16±12.88a	9.99±2.61a	55.83±9.78a	76.60±14.40a

注：FZ 为森林带；FSZ 为森林草原带；SZ 为草原带。同列字母表示差异显著性（P<0.05 水平）。

2. 植物叶解剖结构在坡沟不同立地环境间的差异

1）双子叶植物

在总物种水平上，叶片中脉直径在坡沟不同立地环境间差异均不显著（表9-12）。总体上，阴坡的上表皮厚度、海绵组织厚度、下表皮厚度和叶疏松度大于阳坡的；而叶片厚度、总栅栏组织厚度、栅海比和叶紧密度为阳坡的大于阴坡的。在坡沟5种立地环境中，梁峁顶植物叶片具有最大的叶片厚度、导管直径、中脉直径和叶肉厚度，而上表皮厚度、下表皮厚度、上角质层厚度和下角质层厚度较小。阴沟坡植物叶片具有较大的上角质层和下角质层厚度及上表皮和下表皮厚度；阴梁峁坡植物叶片的海绵组织厚度和叶疏松度较大，叶片厚度、叶肉厚度、总栅栏组织厚度和叶紧密度较小。阳梁峁坡植物叶片的栅栏组织总厚度、栅海比和叶紧密度最大，海绵组织厚度和叶疏松度最小；阳沟坡植物叶片的导管直径和中脉直径最小。

表9-12　坡沟不同立地环境下双子叶植物叶片解剖指标平均值

立地环境	上角质层厚度/μm	上表皮厚度/μm	总栅栏组织厚度/μm	海绵组织厚度/μm	下表皮厚度/μm	下角质层厚度/μm	叶片厚度/μm
阳沟坡	2.12±0.90b	17.32±6.32b	89.96±46.78c	55.41±43.70a	14.14±6.22b	1.75±0.81b	188.49±64.60a
阳梁峁坡	2.15±1.01b	16.72±5.38c	98.20±47.36a	50.27±46.50b	13.43±5.47c	1.70±0.81b	184.95±56.46ab
梁峁顶	1.96±0.83c	16.72±6.01c	94.59±49.37b	55.45±51.39a	13.01±5.23c	1.57±0.59c	189.90±67.43a
阴梁峁坡	2.00±0.87c	18.49±7.84a	84.91±43.29d	58.19±46.21a	14.17±6.12b	1.74±0.83b	181.46±62.02b
阴沟坡	2.36±1.49a	18.63±7.19a	86.69±49.97cd	55.39±47.86a	14.92±6.99a	1.89±1.18a	182.46±64.50b

立地环境	导管直径/μm	叶肉组织厚度/μm	栅海比	叶紧密度	叶疏松度	中脉直径/μm
阳沟坡	8.35±3.37b	155.42±61.60ab	1.48±1.40	0.48±0.18bc	0.28±0.18b	311.85±110.37a
阳梁峁坡	8.42±3.68b	152.67±54.36b	1.55±1.46a	0.53±0.20a	0.26±0.20c	316.14±125.70a
梁峁顶	9.36±5.24a	157.73±49.97a	1.29±1.12c	0.50±0.20b	0.29±0.20b	326.76±144.25a
阴梁峁坡	8.44±3.44b	147.06±56.36c	1.39±1.42bc	0.47±0.19c	0.30±0.19a	317.89±118.92a
阴沟坡	8.68±3.94b	147.17±57.58c	1.38±1.39bc	0.47±0.20c	0.29±0.20b	315.82±101.90a

注：同列字母表示差异显著性（$P<0.05$）。

在双子叶植物中（表9-13），全栅型植物一般在梁峁顶具有最厚的总栅栏组织和叶片，且在森林草原带表现较明显，糙叶黄耆、甘草、铁杆蒿和柠条锦鸡儿等全栅型双子叶植物均表现如此；另外全栅型植物一般在阴沟坡和阴梁峁坡具有较厚的上表皮。对于双栅型植物（阿尔泰狗娃花、草木樨状黄耆和茭蒿），分布于森林带和森林草原带植株叶片的上栅栏组织厚度和总栅栏组织厚度一般在梁峁顶和阳梁峁坡最大；而草原带区域的双栅型植物叶片表现出相反的规律，其上栅栏组织厚度和总栅栏组织厚度在梁峁顶最小。草原带的优势种百里香的叶片，在阴沟坡具有较大的海绵组织、叶肉组织厚度和叶片厚度，而其上表皮厚度、下表皮厚度、总栅栏组织厚度、导管直径和中脉直径在阳梁峁坡最大，上角质层厚度和下角质层厚度在梁峁顶最大。

表9-13 不同双子叶植物在坡沟不同立地环境间叶片解剖结构指标平均值

物种	植被带	立地环境	上角质层厚度/μm	上表皮厚度/μm	上栅栏组织厚度/μm	海绵组织厚度/μm	下表皮厚度/μm	下角质层厚度/μm	叶片厚度/μm	导管直径/μm	中脉直径/μm	叶肉组织厚度/μm	总栅栏组织厚度/μm	栅海比	叶紧密度	叶疏松度
阿尔泰狗娃花	FZ	SH	1.35±0.17	15.51±1.31	127.78±4.29	30.77±10.94	18.60±3.09	0.52±0.09	289.95±3.69	11.46±0.99	290.14±3.78	253.98±6.27	219.79±6.43	7.97±2.69	0.76±0.02	0.11±0.04
		HH	1.82±0.40	25.35±4.76	89.16±7.28	16.19±2.51	21.24±3.88	2.04±0.53	219.44±7.81	8.39±0.57	272.41±4.79	169.25±14.31	154.99±11.68	9.84±2.07	0.71±0.04	0.07±0.01
		HG	1.50±0.20	23.55±3.34	73.98±4.97	21.38±3.15	32.24±3.73	1.58±0.31	210.85±3.98	7.08±1.21	237.79±5.95	151.98±7.92	130.20±7.10	6.18±0.75	0.62±0.03	0.10±0.01
		SG	2.37±1.16	15.70±3.56	68.19±14.88	32.91±12.65	17.90±4.19	2.26±0.79	210.11±21.56	6.74±1.39	235.83±39.91	172.14±19.69	121.18±20.88	4.20±1.63	0.59±0.07	0.16±0.05
	FSZ	SH	2.20±0.78	14.68±2.54	60.54±20.86	40.90±17.31	16.20±3.22	1.92±0.84	190.75±17.64	5.84±1.55	215.76±15.82	156.65±15.80	107.05±25.42	3.33±1.83	0.57±0.13	0.19±0.09
		HT	1.94±0.54	13.45±2.52	71.79±20.49	36.39±6.67	17.74±3.96	1.35±0.40	212.57±36.16	6.99±1.68	258.69±39.67	178.98±37.09	140.39±35.82	3.92±1.21	0.65±0.06	0.17±0.04
		HH	2.01±0.78	15.19±5.82	64.15±10.98	46.36±11.39	17.99±4.93	3.14±0.55	203.99±24.58	6.78±1.91	240.06±32.30	170.79±19.82	120.94±21.50	2.81±1.05	0.55±0.03	0.24±0.05
		HG	2.25±0.42	14.31±2.61	68.74±17.20	32.94±10.77	14.42±3.02	1.74±0.47	198.34±16.97	6.49±1.93	242.95±28.88	168.40±19.05	120.17±23.77	4.10±1.63	0.60±0.10	0.17±0.05
	SZ	SG	1.97±0.71	16.46±7.64	68.51±19.55	21.55±6.39	15.33±3.28	2.96±0.54	190.91±27.02	5.85±1.11	218.89±29.64	158.32±24.32	124.19±24.69	6.59±3.53	0.65±0.05	0.12±0.04
		SH	1.83±0.28	12.98±2.45	70.24±11.76	33.29±11.88	13.72±2.87	1.98±0.29	202.02±10.23	7.16±1.22	252.08±37.17	171.44±11.85	129.16±23.38	4.55±2.14	0.67±0.10	0.16±0.07
		HT	1.87±0.32	15.28±1.88	62.91±8.19	25.17±6.65	15.95±4.27	2.22±0.49	178.97±6.72	5.78±1.64	215.49±0.63	146.42±10.09	112.82±10.28	4.77±1.24	0.63±0.05	0.14±0.03

续表

物种	植被带	立地环境	上角质层厚度/μm	上表皮厚度/μm	上栅栏组织厚度/μm	海绵组织厚度/μm	下表皮厚度/μm	下角质层厚度/μm	叶片厚度/μm	导管直径/μm	中脉直径/μm	叶肉组织厚度/μm	总栅栏组织厚度/μm	栅海比	叶紧密度	叶疏松度
阿尔泰狗娃花	SZ	HH	1.91±0.16	15.62±2.17	74.26±4.50	22.80±3.91	17.88±4.19	2.27±0.57	221.38±7.33	6.54±1.42	256.84±10.05	184.09±9.54	144.49±8.80	6.53±1.37	0.67±0.05	0.10±0.02
		HG	1.32±0.18	12.70±2.01	61.96±13.23	44.70±9.89	14.93±3.12	1.76±0.31	196.75±3.46	6.43±0.92	221.49±0.69	166.04±6.45	105.30±19.53	2.44±0.65	0.53±0.09	0.23±0.05
糙叶黄耆	FZ	SG	2.27±0.25	19.53±1.98	—	—	23.61±2.62	1.86±0.30	172.94±6.59	5.49±0.72	228.46±2.79	126.15±7.45	132.52±5.89	—	0.77±0.05	—
		SH	2.79±0.55	19.54±1.96	—	—	19.25±3.01	3.04±0.52	187.82±23.21	6.12±0.99	222.48±57.19	146.80±17.94	147.11±23.34	—	0.78±0.04	—
		HT	1.79±0.74	23.58±3.92	—	—	22.73±3.56	1.75±0.65	236.67±58.81	10.72±4.79	360.30±165.27	188.71±56.46	182.98±50.91	—	0.77±0.05	—
		HH	2.15±0.49	21.59±3.10	—	—	24.04±3.15	1.73±0.16	166.89±4.90	6.53±1.12	218.50±3.59	119.50±7.60	116.78±4.87	—	0.70±0.02	—
		HG	9.40±2.63	31.99±7.27	—	—	32.80±13.58	9.22±1.10	376.55±82.39	11.82±4.63	554.86±4.27	304.37±67.85	287.57±66.70	—	0.76±0.04	—
	FSZ	SG	2.28±0.42	20.53±2.86	—	—	24.08±6.71	2.02±0.33	220.17±45.00	6.11±1.09	267.13±40.31	172.85±42.23	170.69±40.60	—	0.77±0.05	—
		SH	1.81±0.31	20.90±2.97	—	—	20.18±3.32	1.76±0.57	185.53±19.20	5.36±1.46	245.44±37.44	142.13±19.31	142.97±18.51	—	0.77±0.04	—
		HT	1.68±0.26	21.09±2.35	—	—	21.58±1.84	.	286.59±5.60	7.20±0.88	319.13±1.87	242.25±3.89	238.89±8.33	—	0.83±0.03	—
		HH	2.39±0.83	24.28±3.53	—	—	23.22±3.37	2.15±0.58	223.60±22.83	6.59±1.33	267.51±26.39	171.78±21.15	173.79±20.61	—	0.78±0.03	—
		HG	2.10±0.29	24.54±3.10	—	—	21.73±2.66	1.51±0.31	193.44±9.04	5.92±1.55	223.97±2.21	143.57±9.81	136.14±14.59	—	0.70±0.07	—

续表

物种	植被带	立地环境	上角质层厚度/μm	上表皮厚度/μm	上栅栏组织厚度/μm	海绵组织厚度/μm	下表皮厚度/μm	下角质层厚度/μm	叶片厚度/μm	导管直径/μm	中脉直径/μm	叶肉组织厚度/μm	总栅栏组织厚度/μm	栅海比	叶紧密度	叶疏松度
糙叶黄耆	SZ	SG	1.97 ±0.46	20.23 ±2.82	—	—	20.60 ±4.07	1.75 ±0.56	208.53 ±31.48	5.66 ±1.38	262.09 ±39.88	164.26 ±30.72	172.67 ±35.84	—	0.79 ±0.04	—
		SH	1.67 ±0.39	21.73 ±3.73	—	—	20.94 ±4.20	1.69 ±0.46	193.30 ±17.27	5.22 ±0.91	239.60 ±15.41	150.00 ±20.16	146.55 ±15.87	—	0.76 ±0.04	—
		HT	1.88 ±0.58	21.43 ±2.49	—	—	20.39 ±3.81	1.70 ±0.55	200.55 ±26.41	4.44 ±0.95	233.32 ±41.19	156.37 ±23.80	154.15 ±24.37	—	0.77 ±0.03	—
		HH	1.91 ±0.57	22.11 ±4.12	—	—	22.02 ±2.56	1.88 ±0.45	187.32 ±10.98	5.38 ±1.40	239.76 ±36.50	139.39 ±8.39	139.27 ±8.29	—	0.74 ±0.03	—
		HG	2.02 ±0.63	28.56 ±3.22	—	—	26.16 ±2.81	1.51 ±0.34	174.49 ±20.65	4.75 ±1.08	220.56 ±5.16	123.82 ±27.89	119.67 ±16.99	—	0.68 ±0.03	—
甘草	FZ	SG	0.89 ±0.28	11.69 ±1.76	—	—	9.04 ±0.56		122.90 ±3.30	6.94 ±1.26	241.01 ±3.34	101.28 ±3.64	92.74 ±4.37	—	0.75 ±0.03	—
		HT	3.29 ±3.60	12.61 ±1.80	—	—	10.79 ±2.64		175.75 ±15.22	10.39 ±2.53	324.81 ±44.53	152.00 ±14.85	148.25 ±17.58	—	0.84 ±0.05	—
		HH	1.33 ±0.26	15.71 ±1.66	—	—	10.02 ±1.14		143.40 ±5.82	9.64 ±0.78	297.57 ±4.26	115.47 ±5.31	115.02 ±6.12	—	0.80 ±0.02	—
	FSZ	SG	2.03 ±0.40	13.41 ±1.49	—	—	11.18 ±1.82	1.21 ±0.17	200.53 ±7.88	10.88 ±1.77	401.18 ±34.05	173.29 ±7.25	172.75 ±7.36	—	0.86 ±0.03	—
		SH	1.83 ±0.51	14.71 ±1.73	—	—	11.20 ±1.67	1.82 ±0.28	200.56 ±20.79	9.41 ±2.48	371.19 ±53.20	172.82 ±20.32	165.58 ±17.71	—	0.83 ±0.05	—
		HT	1.65 ±0.43	14.72 ±3.01	—	—	10.49 ±2.60	1.58 ±0.24	197.36 ±26.45	7.98 ±2.01	395.55 ±20.04	169.83 ±24.56	164.76 ±25.58	—	0.83 ±0.05	—

续表

物种	植被带	立地环境	上角质层厚度/μm	上表皮厚度/μm	上栅栏组织厚度/μm	海绵组织厚度/μm	下表皮厚度/μm	下角质层厚度/μm	叶片厚度/μm	导管直径/μm	中脉直径/μm	叶肉组织厚度/μm	总栅栏组织厚度/μm	栅海比	叶紧密度	叶疏松度
甘草	FSZ	HH	1.41±0.37	15.00±2.14	—	—	11.86±2.33	1.28±0.39	190.70±17.83	8.73±1.33	357.38±44.36	162.82±18.14	160.37±17.82	—	0.84±0.07	—
	FSZ	HG	1.74±0.37	15.26±2.53	—	—	11.09±2.05	1.37±0.42	195.98±42.43	12.14±4.36	440.09±136.17	167.03±39.28	160.40±35.35	—	0.82±0.05	—
	SZ	SG	1.93±0.29	13.33±2.16	—	—	8.74±1.22	1.26±0.30	187.78±18.06	10.08±0.89	339.15±9.79	162.52±16.51	159.46±16.81	—	0.85±0.04	—
	SZ	HT	1.32±0.18	14.61±2.17	—	—	11.41±1.15	0.99±0.05	220.54±5.46	7.87±3.30	298.33±36.51	191.64±6.27	167.34±25.14	—	0.86±0.01	—
		HG	2.26±0.36	14.68±1.53	—	—	11.03±1.77	1.70±0.31	212.41±6.61	8.44±1.15	376.73±13.75	182.74±6.97	180.35±9.95	—	0.85±0.06	—
铁杆蒿		SG	2.22±0.81	13.79±2.33	—	—	7.80±2.94	1.70±0.52	99.50±17.31	6.70±0.81	390.66±46.91	73.99±17.21	66.77±8.17	—	.	—
		SH	2.10±0.62	16.10±2.90	—	—	9.92±1.86	1.31±0.17	162.96±13.90	5.40±1.65	427.88±35.58	133.53±16.06	128.97±12.33	—	0.79±0.03	—
	FZ	HT	2.22±0.72	13.86±4.88	—	—	9.31±3.34	1.15±0.33	150.07±21.58	7.12±0.96	329.80±5.20	123.75±29.21	119.54±20.61	—	0.78±0.08	—
		HH	3.57±2.51	13.30±1.73	—	—	8.74±1.17	1.52±0.36	107.00±17.39	5.02±0.89	304.06±37.01	79.87±15.09	67.59±4.46	—	0.74±0.02	—
		HG	1.64±0.34	18.44±3.56	—	—	10.19±2.05	1.31±0.25	119.33±33.24	8.78±1.77	459.77±167.86	87.76±31.13	88.84±31.54	—	0.73±0.13	—
	FSZ	SG	2.96±0.99	16.72±3.40	—	—	8.56±2.01	1.14±0.29	144.78±33.10	7.40±1.72	399.73±65.87	115.60±33.06	110.84±29.55	—	0.76±0.08	—

续表

物种	植被带	立地环境	上角质层厚度/μm	上表皮厚度/μm	上栅栏组织厚度/μm	海绵组织厚度/μm	下表皮厚度/μm	下角质层厚度/μm	叶片厚度/μm	导管直径/μm	中脉直径/μm	叶肉组织厚度/μm	总栅栏组织厚度/μm	栅海比	叶紧密度	叶疏松度
铁杆蒿	FSZ	SH	3.25±1.22	15.88±2.03	—	—	8.11±1.05	1.23±0.21	128.79±11.44	8.28±1.52	493.69±23.33	100.48±11.37	96.00±10.43	—	0.75±0.05	—
		HT	4.07±1.07	19.07±5.32	—	—	10.70±3.63	1.39±0.23	185.27±12.29	8.10±1.29	518.97±40.88	150.04±11.59	153.25±8.35	—	0.83±0.06	—
		HH	3.01±0.95	15.17±3.46	—	—	8.46±1.58	1.09±0.29	141.17±24.13	6.59±0.95	450.84±21.07	114.08±22.77	121.76±29.53	—	0.86±0.11	—
		HG	3.40±0.91	14.90±2.78	—	—	8.65±1.05	1.44±0.30	141.43±18.39	6.56±1.14	448.67±73.76	113.77±18.94	105.77±15.29	—	0.75±0.06	—
		SG	3.16±0.84	15.44±3.13	—	—	9.09±1.34	1.59±0.33	137.80±9.06	7.71±1.08	415.64±27.81	108.79±9.36	101.44±9.63	—	0.74±0.07	—
	SZ	SH	3.71±1.71	14.94±3.50	—	—	9.18±1.71	1.53±0.90	152.29±38.54	8.64±1.75	420.12±1.97	123.47±32.98	118.16±28.00	—	0.76±0.09	—
		HT	1.90±0.62	18.77±5.41	—	—	7.77±1.88	1.34±0.28	148.05±33.05	8.08±1.57	482.02±81.73	118.72±28.31	110.90±24.81	—	0.75±0.05	—
		HH	2.80±0.73	14.65±3.87	—	—	8.65±2.27	1.50±0.35	157.53±19.88	7.86±2.07	444.37±21.26	130.18±16.73	116.57±19.50	—	0.80±0.04	—
		HG	3.79±2.17	14.48±2.93	—	—	9.94±1.70	1.42±0.38	136.22±16.46	7.50±2.27	356.75±36.97	106.92±15.54	100.09±8.42	—	0.74±0.09	—
荽蒿	FZ	SG	1.91±0.23	11.33±1.91	33.34±4.38	37.09±7.56	9.55±1.74	1.12±0.24	121.57±8.15	8.19±1.24	278.89±17.95	97.87±8.29	54.33±6.43	1.52±0.32	0.45±0.06	0.31±0.07
		SH	2.42±0.32	12.47±1.81	52.72±7.41	37.29±4.77	8.62±1.36	1.35±0.35	152.50±5.25	7.65±0.84	277.39±12.51	127.65±5.92	81.14±8.11	2.21±0.38	0.53±0.05	0.24±0.03

续表

物种	植被带	立地环境	上角质层厚度/μm	上表皮厚度/μm	上栅栏组织厚度/μm	海绵组织厚度/μm	下表皮厚度/μm	下角质层厚度/μm	叶片厚度/μm	导管直径/μm	中脉直径/μm	叶肉组织厚度/μm	总栅栏组织厚度/μm	栅海比	叶紧密度	叶疏松度
茭蒿	FZ	HH	2.56 ±0.29	9.89 ±2.20	42.98 ±6.84	39.99 ±7.53	9.74 ±1.31	1.51 ±0.39	135.55 ±2.41	8.91 ±1.01	309.97 ±1.78	112.80 ±3.34	64.53 ±10.14	1.68 ±0.52	0.48 ±0.07	0.29 ±0.05
		SG	2.07 ±0.56	11.90 ±1.56	46.08 ±9.35	36.22 ±8.25	10.14 ±1.67	1.17 ±0.32	144.58 ±10.51	6.82 ±1.21	259.25 ±12.64	119.27 ±10.26	72.01 ±16.47	2.09 ±0.72	0.50 ±0.10	0.25 ±0.07
	FSZ	SH	1.86 ±0.59	12.90 ±2.07	44.88 ±11.32	37.86 ±6.59	8.93 ±1.33	1.39 ±0.63	142.41 ±23.04	6.47 ±1.24	259.41 ±45.74	118.21 ±23.88	74.39 ±18.59	1.99 ±0.48	0.52 ±0.06	0.27 ±0.05
		HT	1.83 ±0.82	10.95 ±2.49	46.62 ±13.15	40.38 ±11.95	9.15 ±2.11	1.36 ±0.23	144.47 ±25.65	5.69 ±1.05	255.24 ±27.23	122.92 ±25.20	74.15 ±19.77	1.94 ±0.64	0.51 ±0.07	0.28 ±0.07
		HH	1.76 ±0.61	10.91 ±2.45	45.20 ±12.46	42.60 ±18.21	9.22 ±2.36	1.31 ±0.84	142.87 ±40.87	6.64 ±1.35	260.27 ±42.76	122.74 ±36.02	69.93 ±20.42	1.81 ±0.67	0.49 ±0.07	0.29 ±0.07
草木樨状黄耆	FSZ	HC	1.43 ±0.18	12.75 ±2.89	67.54 ±13.16	39.29 ±6.14	14.15 ±2.71	1.74 ±0.27	189.87 ±14.69	6.81 ±0.68	239.91 ±5.73	159.86 ±11.16	121.05 ±13.38	3.17 ±0.56	0.65 ±0.06	0.21 ±0.04
		SH	1.38 ±0.26	11.96 ±2.44	67.36 ±14.46	46.00 ±17.84	11.99 ±2.12	1.37 ±0.42	201.57 ±29.39	6.61 ±1.34	232.89 ±32.86	176.06 ±31.51	124.56 ±16.90	3.14 ±1.39	0.63 ±0.06	0.22 ±0.06
		HT	1.05 ±0.23	10.01 ±1.40	94.13 ±9.65	33.53 ±6.08	11.58 ±1.78	—	220.22 ±13.04	8.28 ±1.13	270.74 ±14.57	197.59 ±11.21	161.45 ±17.35	5.03 ±1.34	0.73 ±0.04	0.15 ±0.03
		HH	1.08 ±0.17	10.28 ±2.34	68.74 ±10.77	29.06 ±8.90	11.71 ±2.34	1.26 ±0.35	181.12 ±15.67	7.23 ±1.20	224.06 ±12.05	157.20 ±17.24	120.35 ±13.92	4.52 ±1.44	0.67 ±0.05	0.16 ±0.04
		HC	1.43 ±0.32	11.23 ±3.04	65.94 ±10.16	30.44 ±10.41	10.91 ±1.67	1.17 ±0.28	180.89 ±13.11	7.57 ±1.41	231.04 ±7.68	157.45 ±10.12	119.72 ±10.80	4.52 ±1.94	0.66 ±0.06	0.17 ±0.06
	SZ	SG	1.39 ±0.47	12.99 ±2.07	86.66 ±22.60	33.95 ±8.87	11.67 ±1.82	1.23 ±0.32	222.45 ±31.58	6.00 ±1.27	260.86 ±32.29	195.64 ±31.01	155.98 ±30.73	4.91 ±1.68	0.70 ±0.06	0.15 ±0.04

续表

物种	植被带	立地环境	上角质层厚度/μm	上表皮厚度/μm	上栅栏组织厚度/μm	海绵组织厚度/μm	下表皮厚度/μm	下角质层厚度/μm	叶片厚度/μm	导管直径/μm	中脉直径/μm	叶肉组织厚度/μm	总栅栏组织厚度/μm	栅海比	叶紧密度	叶疏松度
草木樨状黄耆	SZ	SH	1.63±0.34	12.31±2.88	92.89±18.21	35.30±8.52	12.39±2.49	1.49±0.43	241.59±29.81	5.75±1.36	261.23±17.04	215.59±28.84	168.99±25.40	5.06±1.39	0.70±0.04	0.15±0.03
		HT	1.55±0.44	13.96±2.44	67.41±14.17	35.11±10.79	11.84±2.66	1.56±0.48	197.02±33.13	5.75±1.32	247.55±35.06	169.64±32.28	128.93±28.15	3.94±1.22	0.65±0.06	0.18±0.05
		HH	1.41±0.49	13.04±2.52	73.60±12.63	30.38±7.31	12.99±2.29	1.44±0.36	190.18±21.12	6.09±1.21	221.52±16.73	162.26±18.81	128.41±19.42	4.50±1.42	0.67±0.05	0.16±0.04
		HG	1.51±0.35	11.37±2.40	79.25±12.05	32.50±8.74	12.85±2.92	1.52±0.26	208.26±8.69	5.81±1.26	225.02±14.88	182.53±12.84	144.79±15.51	4.92±2.00	0.70±0.06	0.16±0.04
百里香	SZ	SG	1.44±0.56	11.66±2.06	—	73.61±8.29	7.62±1.20	1.29±0.30	175.01±7.75	4.88±0.45	218.16±3.08	154.92±10.52	74.76±8.54	1.02±0.09	0.43±0.06	0.42±0.05
		SH	1.47±0.57	14.15±2.51	—	84.50±10.06	10.31±2.01	1.28±0.29	201.99±9.60	5.48±0.82	257.28±24.69	176.01±11.52	82.17±7.07	0.97±0.12	0.40±0.03	0.42±0.03
		HT	1.85±0.49	13.23±2.04	—	81.64±6.19	9.66±2.07	1.66±0.30	188.05±4.87	4.52±0.32	237.66±0.69	162.07±6.16	67.78±9.21	0.84±0.14	0.36±0.05	0.43±0.03
		HH	1.36±0.19	13.81±3.12	—	81.18±15.59	8.28±1.36	0.95±0.14	174.87±18.56	—	252.41±9.76	156.98±15.72	58.61±15.30	0.72±0.09	0.33±0.07	0.46±0.06
		HG	1.76±0.42	11.84±3.43	—	93.16±10.00	9.37±2.28	1.20±0.21	205.24±13.02	5.16±0.59	248.08±3.17	182.82±9.67	78.58±11.42	0.86±0.20	0.38±0.05	0.47±0.06
杠柳	FZ	SG	2.33±0.50	17.99±2.86	—	70.80±4.64	13.77±2.56	1.92±0.47	160.16±4.52	10.55±1.55	291.76±33.62	125.13±7.68	50.52±4.84	0.73±0.08	0.32±0.03	0.44±0.02
		SH	2.76±0.56	17.50±3.34	—	107.36±12.8	12.36±2.31	2.97±1.19	208.64±28.29	16.40±3.16	511.23±98.43	173.27±24.22	59.32±11.71	0.55±0.09	0.28±0.03	0.52±0.03

续表

物种	植被带	立地环境	上角质层厚度/μm	上表皮厚度/μm	上栅栏组织厚度/μm	海绵组织厚度/μm	下表皮厚度/μm	下角质层厚度/μm	叶片厚度/μm	导管直径/μm	中脉直径/μm	叶肉组织厚度/μm	总栅栏组织厚度/μm	栅海比	叶紧密度	叶疏松度
杠柳	FZ	HT	1.58 ±0.23	20.59 ±2.92	—	79.60 ±18.10	14.74 ±2.06	1.78 ±0.29	180.09 ±14.19	18.91 ±2.72	514.09 ±51.06	143.39 ±12.04	48.14 ±9.92	0.66 ±0.34	0.26 ±0.03	0.45 ±0.12
		HH	—	17.62 ±3.42	—	88.50 ±8.06	14.38 ±3.55	—	181.43 ±9.35	11.77 ±1.17	377.46 ±5.04	151.22 ±10.49	54.67 ±2.64	0.63 ±0.07	0.30 ±0.02	0.49 ±0.03
		HG	2.16 ±0.61	20.94 ±4.12	—	91.56 ±35.78	13.35 ±3.31	—	185.01 ±58.20	16.64 ±5.25	481.56 ±57.37	148.51 ±58.03	52.39 ±26.29	0.61 ±0.13	0.29 ±0.07	0.47 ±0.08
黄刺玫	FZ	SG	—	16.56 ±3.84	—	17.47 ±1.72	16.09 ±2.16	—	92.69 ±4.73	7.96 ±1.77	204.42 ±15.65	63.05 ±7.85	39.76 ±3.72	2.30 ±0.34	0.43 ±0.03	0.19 ±0.02
		SH	—	19.34 ±3.28	—	40.95 ±7.95	13.08 ±3.02	—	163.62 ±6.02	7.56 ±0.68	224.58 ±1.31	131.19 ±6.72	84.04 ±7.53	2.14 ±0.57	0.51 ±0.04	0.25 ±0.04
		HT	1.59 ±0.15	21.10 ±4.27	—	51.62 ±14.39	11.61 ±2.65	1.46 ±0.47	170.86 ±27.58	7.57 ±1.43	268.70 ±8.05	137.80 ±24.02	79.37 ±16.22	1.62 ±0.50	0.46 ±0.05	0.30 ±0.05
		HH	1.59 ±0.32	13.02 ±2.97	—	35.39 ±9.13	11.08 ±1.63	1.24 ±0.27	122.21 ±8.43	9.31 ±1.16	229.44 ±17.81	95.57 ±8.29	55.88 ±8.08	1.70 ±0.55	0.46 ±0.06	0.29 ±0.07
		HG	5.03 ±6.95	18.39 ±1.75	—	30.74 ±2.75	12.70 ±1.81	—	90.68 ±2.19	6.51 ±0.64	161.31 ±1.74	53.64 ±8.21	23.87 ±2.09	0.78 ±0.06	0.26 ±0.03	0.34 ±0.03
紫丁香	FZ	SG	1.69 ±0.43	24.70 ±3.97	—	56.07 ±6.03	17.02 ±3.93	2.53 ±0.45	227.51 ±16.57	14.32 ±1.83	525.95 ±23.97	186.26 ±19.75	121.09 ±14.50	2.17 ±0.27	0.54 ±0.03	0.25 ±0.03
		HT	1.77 ±0.36	16.40 ±3.78	—	86.36 ±5.36	15.96 ±2.27	1.01 ±0.15	254.22 ±2.91	16.89 ±1.76	743.10 ±53.99	222.58 ±10.77	129.93 ±6.82	1.51 ±0.14	0.51 ±0.03	0.34 ±0.02
		HH	1.74 ±0.42	27.08 ±4.58	—	65.34 ±6.72	16.23 ±2.73	2.02 ±0.52	258.83 ±26.02	11.32 ±3.29	353.94 ±73.51	213.51 ±24.86	133.11 ±18.52	2.04 ±0.29	0.52 ±0.03	0.26 ±0.03

续表

物种	植被带	立地环境	上角质层厚度/μm	上表皮厚度/μm	上栅栏组织厚度/μm	海绵组织厚度/μm	下表皮厚度/μm	下角质层厚度/μm	叶片厚度/μm	导管直径/μm	中脉直径/μm	叶肉组织厚度/μm	总栅栏组织厚度/μm	栅海比	叶紧密度	叶疏松度
紫丁香	FZ	HG	2.72±0.48	23.90±3.52	—	53.72±5.27	16.94±3.26	2.33±0.52	198.24±14.25	16.21±2.29	517.42±92.64	153.58±12.05	89.88±11.47	1.68±0.20	0.45±0.04	0.27±0.02
灌木铁线莲	FSZ	SG	2.44±0.98	24.18±7.70	—	95.41±21.43	19.86±5.16	2.47±0.82	233.48±46.05	11.00±2.11	336.08±32.31	188.58±45.01	82.68±27.81	0.90±0.24	0.34±0.07	0.40±0.07
		SH	2.99±0.72	20.48±4.37	—	138.76±12.6	21.18±3.51	3.08±0.31	342.49±32.33	11.97±2.66	341.15±0.46	295.20±30.68	122.18±34.16	0.89±0.27	0.38±0.06	0.41±0.06
互叶醉鱼草	FSZ	HG	1.81±0.47	27.05±5.22	—	87.45±5.73	22.96±5.52	1.95±0.31	275.73±5.93	12.06±1.75	412.12±27.47	224.90±15.65	97.17±20.82	1.10±0.26	0.33±0.07	0.32±0.03
		SG	1.94±0.30	10.71±2.51	—	54.79±8.36	7.61±1.48	—	136.76±16.53	8.53±2.01	293.61±84.89	119.92±14.20	52.92±9.36	0.98±0.17	0.39±0.06	0.40±0.04
		SH	1.95±0.29	12.12±1.61	—	76.47±8.42	9.33±1.87	—	169.65±8.95	8.78±0.94	384.30±32.29	147.03±8.90	58.97±8.61	0.78±0.15	0.35±0.05	0.45±0.06
		HT	2.48±0.44	11.03±2.13	—	60.27±9.31	7.65±1.53	—	146.11±15.08	16.53±16.32	367.95±36.08	125.76±14.85	53.45±10.79	0.91±0.22	0.37±0.06	0.41±0.06
		HG	2.03±0.40	10.63±2.12	—	54.62±5.59	8.98±2.01	—	124.12±6.03	8.42±0.82	260.63±5.52	102.73±7.81	52.00±3.87	0.96±0.10	0.42±0.03	0.44±0.03
柠条锦鸡儿	FSZ	SH	2.07±0.37	13.17±1.80	—	—	13.80±2.55	1.80±0.24	229.92±19.91	7.89±1.72	267.50±32.57	200.56±20.12	200.25±20.27	—	0.87±0.02	—
		HH	—	12.45±2.45	—	—	13.46±2.43	—	172.76±9.37	8.78±1.15	287.38±19.87	147.36±8.97	145.90±6.25	—	0.85±0.02	—
		HG	1.57±0.38	13.58±3.48	—	—	13.07±1.81	1.65±0.50	191.84±24.02	7.62±1.22	269.58±12.14	163.59±20.99	164.36±22.26	—	0.86±0.04	—

续表

物种	植被带	立地环境	上角质层厚度/μm	上表皮厚度/μm	上栅栏组织厚度/μm	海绵组织厚度/μm	下表皮厚度/μm	下角质层厚度/μm	叶片厚度/μm	导管直径/μm	中脉直径/μm	叶肉组织厚度/μm	总栅栏组织厚度/μm	栅海比	叶紧密度	叶疏松度
柠条锦鸡儿	SZ	SG	1.92±0.22	14.07±1.91	—	—	12.91±2.05	1.89±0.47	228.79±7.01	6.82±0.99	288.72±14.81	199.91±8.37	190.45±5.75	—	0.83±0.05	—
		SH	1.54±0.30	13.14±2.56	—	—	11.54±1.57	—	212.00±22.20	6.89±1.40	262.17±35.66	186.22±23.04	181.05±23.29	—	0.86±0.03	—
		HT	1.89±0.33	12.48±3.89	—	—	12.03±2.33	1.82±0.43	217.77±34.30	7.42±0.87	257.49±41.60	189.54±35.57	187.28±40.38	—	0.85±0.06	—
		HH	1.82±0.35	16.22±1.19	—	—	16.31±2.85	2.10±0.30	198.47±4.36	8.42±1.06	288.35±7.41	162.02±3.58	161.21±3.21	—	0.81±0.01	—
		HG	1.87±0.42	11.34±2.01	—	—	13.16±2.31	1.92±0.26	251.80±6.14	7.81±1.05	284.46±15.66	224.75±5.00	211.51±11.69	—	0.88±0.02	—
沙棘	SZ	SH	1.72±0.29	14.06±1.09	—	83.49±12.25	13.68±1.33		230.64±6.50	13.08±1.06	424.69±8.48	201.18±6.55	108.15±9.33	1.33±0.30	0.47±0.05	0.36±0.05
		HT	1.93±0.61	14.04±2.67	—	81.43±6.53	9.77±2.06		205.54±20.46	11.15±2.72	410.54±48.75	179.61±19.52	93.22±19.62	1.15±0.27	0.43±0.05	0.40±0.05
		HH	2.81±1.59	15.18±3.73	—	108.72±31.6	10.95±2.38		279.09±63.44	13.25±2.02	597.03±56.11	250.00±59.23	127.18±30.57	1.23±0.34	0.47±0.06	0.39±0.06
河朔荛花	SZ	SG	2.13±1.11	26.46±4.08	—	132.77±29.7	21.42±4.59	1.52±0.36	290.61±43.10	6.66±1.20	376.34±54.75	238.75±40.47	77.30±19.07	0.59±0.12	0.30±0.02	0.47±0.05
		SH	3.93±1.22	24.48±4.66	—	133.27±15.9	20.58±3.64	1.89±0.39	277.52±29.88	8.07±1.37	435.74±3.79	234.19±32.51	82.75±22.29	0.63±0.21	0.30±0.06	0.48±0.06
		HT	1.74±0.41	22.12±3.64	—	124.51±31.5	14.56±3.80	1.79±0.40	244.05±36.04	6.69±1.05	420.97±7.78	205.95±37.45	61.99±7.05	0.52±0.11	0.26±0.03	0.50±0.06
		HH	2.57±0.60	26.37±9.11	—	124.84±14.9	27.27±5.80	1.93±0.42	281.51±38.60	7.03±1.47	414.37±97.38	227.61±35.89	90.64±27.78	0.72±0.20	0.32±0.06	0.45±0.04
		HG	3.39±0.58	27.76±3.87	—	140.60±24.6	21.65±4.16	1.51±0.30	292.95±12.99	9.54±2.56	482.98±86.84	239.97±16.07	89.74±13.66	0.67±0.19	0.30±0.05	0.49±0.07

注：FZ 为森林带；FSZ 为森林草原带；SZ 为草原带。SG 为阳沟坡；SH 为阴沟坡；HT 为梁峁顶；HH 为阴梁峁坡；HG 为阴沟坡。

木本植物多见于森林草原带和森林带，在草原带亦有少量分布。在北部草原带，分布于梁峁顶的河朔荛花和沙棘叶片的上表皮厚度、总栅栏组织厚度、海绵组织厚度、下表皮厚度、叶片厚度、导管直径和叶肉组织厚度均较小。在中部森林草原带，分布于阳梁峁坡的木本植物叶片的解剖结构指标较大。其中，灌木铁线莲叶片的上角质层厚度、总栅栏组织厚度、海绵组织厚度、下角质层厚度、叶片厚度、叶肉组织厚度、叶疏松度和叶紧密度较大；柠条锦鸡儿叶片的上角质层厚度、总栅栏组织厚度、下表皮厚度、下角质层厚度、叶片厚度、叶肉组织厚度和叶紧密度较大；互叶醉鱼草叶片的上表皮厚度、总栅栏组织厚度、海绵组织厚度、下表皮厚度、叶片厚度、中脉直径、叶肉组织厚度和叶疏松度较大。在南部森林带，分布于梁峁顶和阳梁峁坡的杠柳和黄刺玫叶片的解剖结构相对较大；梁峁顶的紫丁香叶片具有较大的总栅栏组织厚度、叶片厚度、导管直径、中脉直径和叶肉组织厚度，阴沟坡的各指标相对较小。

2) 单子叶植物

从图9-2可以看出，各单子叶植物叶片的叶片厚度、导管直径、维管束直径和叶肉组

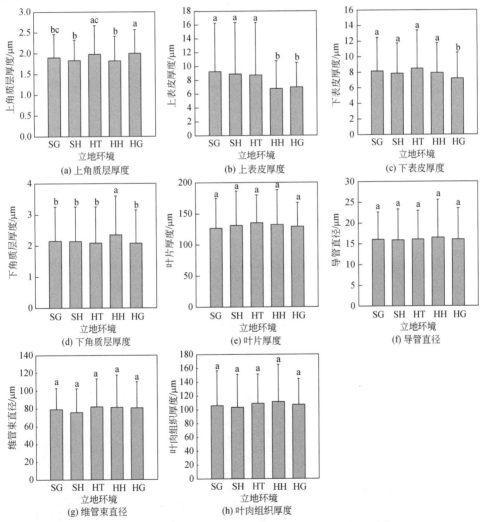

图9-2 坡沟不同立地环境单子叶植物叶片解剖指标平均值

SG 为阳沟坡；SH 为阳梁峁坡；HT 为梁峁顶；HH 为阴梁峁坡；HG 为阴沟坡。字母表示差异显著性（$P<0.05$）

织厚度在不同立地环境间差异均不显著。总体上，在阴坡其上角质层厚度、下角质层厚度、叶片厚度、导管直径、维管束直径和叶肉组织厚度等各指标的平均值均大于在阳坡的相同指标的平均值；而上表皮厚度和下表皮厚度为在阳坡的大于在阴坡的。5 种立地环境中，梁峁顶植物叶片具有最大的下表皮厚度、叶片厚度和维管束直径；阴梁峁坡植物叶片的下角质层厚度、导管直径和叶肉组织厚度最大，而上角质层厚度和上表皮厚度最小；阳梁峁坡植物叶片的导管直径、维管束直径和叶肉组织厚度最小；阳沟坡植物叶片的上表皮厚度最大，叶片厚度最小；阴沟坡植物叶片的下表皮厚度和下角质层厚度最小，上表皮厚度和叶片厚度也较小。

　　白羊草仅分布于梁峁顶和阳坡，其叶片的各解剖指标（叶肉组织厚度除外）均为梁峁顶大于阳梁峁坡和阳沟坡，上角质层厚度、上表皮厚度、导管直径和维管束直径在 3 种立地环境间差异不显著。大披针薹草在 5 种立地环境中均有分布，其叶片的各解剖指标为在梁峁顶的最大，上表皮厚度、导管直径和维管束直径在 5 种立地环境间差异不显著。长芒草叶片厚度在阳梁峁坡的最大，其次为在梁峁顶的；叶片的上表皮厚度、下角质层厚度、导管直径和维管束直径在 5 种立地环境间差异不显著（表 9-14）。

表 9-14　三种单子叶植物在坡沟不同立地环境间叶片解剖结构指标平均值　　（单位：μm）

物种	立地环境	上角质层厚度	上表皮厚度	下表皮厚度	下角质层厚度	叶片厚度	导管直径	维管束直径	叶肉组织厚度
白羊草	阳沟坡	1.59 ±0.45a	22.62 ±6.70a	12.34 ±2.60b	0.91 ±0.22a	83.62 ±10.23b	18.70 ±1.85a	77.11 ±3.91a	45.96 ±8.78b
	阳梁峁坡	1.42 ±0.33a	23.33 ±7.82a	14.53 ±2.74a	1.22 ±0.25b	100.79 ±6.84a	20.17 ±5.32a	82.51 ±22.20a	61.96 ±18.09a
	梁峁顶	1.61 ±0.35a	25.20 ±8.52a	14.60 ±3.38a	1.24 ±0.31b	105.88 ±8.36a	20.83 ±2.74a	95.86 ±16.31a	59.55 ±12.79a
大披针薹草	阳沟坡	1.87 ±0.81c	13.61 ±1.72b	8.20 ±1.85b	1.85 ±0.44b	114.65 ±15.01c	13.74 ±2.36a	79.73 ±16.42a	105.68 ±9.00b
	阳梁峁坡	2.18 ±0.32b	14.61 ±2.23a	9.34 ±1.09a	1.70 ±0.20bc	139.65 ±7.98b	14.32 ±0.87a	86.08 ±16.77a	112.02 ±9.82b
	梁峁顶	3.49 ±0.53a	14.75 ±1.90a	9.97 ±1.20a	2.16 ±0.42a	171.33 ±22.93a	15.32 ±2.36a	94.61 ±7.07a	139.86 ±19.23a
	阴梁峁坡	2.01 ±0.42b	13.15 ±1.97a	9.64 ±1.97a	1.11 ±0.52d	138.86 ±13.44b	14.28 ±1.61a	84.64 ±9.92a	113.38 ±13.42b
	阴沟坡	2.54 ±0.50b	13.93 ±3.76a	8.98 ±1.61ab	1.42 ±0.34c	134.68 ±17.31b	14.47 ±1.61a	83.85 ±25.66a	108.07 ±18.25b
长芒草	阳沟坡	2.17 ±0.57ab	6.14 ±1.41a	8.33 ±2.29bc	3.52 ±1.18a	167.38 ±35.21a	13.21 ±2.91a	81.61 ±13.47a	148.40 ±33.12b
	阳梁峁坡	2.20 ±0.52ab	6.08 ±1.14a	8.72 ±1.62b	3.48 ±1.08a	190.35 ±38.70b	13.65 ±2.12a	77.31 ±8.08a	163.95 ±35.38a
	梁峁顶	2.05 ±0.60b	6.44 ±1.17a	9.19 ±2.24ab	3.33 ±1.20a	174.44 ±16.79a	14.08 ±2.19a	79.12 ±11.43a	150.98 ±16.92b
	阴梁峁坡	2.06 ±0.59b	6.19 ±1.31a	8.22 ±1.77c	3.39 ±1.24a	165.75 ±38.03a	13.69 ±3.64a	75.58 ±18.04a	144.25 ±35.62b
	阴沟坡	2.29 ±0.59a	6.25 ±1.51a	9.60 ±2.13a	3.33 ±1.14a	163.70 ±20.58a	14.88 ±4.11a	79.14 ±12.23a	139.76 ±22.50b

　　注：同列字母表示差异显著性（$P<0.05$）。

9.2.3 基于叶解剖结构的植物环境适应性评价

1. 双子叶植物聚类分析及其环境适应性评价

采用 Q 型聚类分析,把 49 种双子叶植物分为 7 类(表 9-15)。

第一类为二色棘豆、糙叶黄耆、砂珍棘豆、柠条锦鸡儿、甘草、刺槐和铁杆蒿。这 7 种植物为全栅型,栅栏组织发达,没有海绵组织;叶紧密度较大,具有较强的光合能力和水分利用效率,适应干旱的能力很强。

第二类为小蓟。在所测的 49 个物种中,小蓟的叶片厚度和叶肉组织厚度明显大于其他物种,叶片趋向于肉质化,其保水能力及适应干旱环境的能力强。

第三类为紫丁香、白头翁和墓头回。这 3 种植物具有较厚的保护组织。较厚的角质层可以减少水分散失,并能反射强光,降低强光对叶片的伤害;较厚的表皮除具有较强的保护作用外还具有较强的贮水能力。

第四类为阿尔泰狗娃花和草木樨状黄耆。这 2 种植物为双栅型,上表皮和下表皮内侧都有栅栏组织,两层栅栏组织间有退化的海绵组织,栅海比很大,适应干旱环境的能力也较强。

第五类为灌木铁线莲、河朔荛花、白刺花、灰叶黄耆、杠柳、香青兰、抱茎小苦荬、沙棘、茜草、牛奶子、杜梨、野豌豆、水栒子、野菊、三角槭、柳叶鼠李、角蒿、百里香、互叶醉鱼草、达乌里胡枝子和地梢瓜。这 21 种植物中灌木居多,除角质层厚度较厚外,其他解剖结构比较均衡,具有一定的适应干旱环境的能力。

第六类为菊叶委陵菜、黄刺玫、黄柏刺、茭蒿、羽裂叶委陵菜、辽东栎、虎榛子、二裂委陵菜、蒙古蒿、小叶悬钩子、截叶铁扫帚、土庄绣线菊、火绒草和地锦草。这 14 种植物中蔷薇科植物居多,其叶片的厚度、导管直径、中脉直径、栅栏组织厚度和海绵组织厚度均较小,同时栅海比较小;植物适应干旱环境的能力较弱,常分布于森林带水分条件较好的区域。

第七类为猪毛蒿。其叶片无上下表皮之分,为环栅型;叶片四周均为栅栏组织,中央的海绵组织特化为贮水组织;细胞体积较大、排列紧密,具有较强的贮水能力。

通过计算隶属函数值,对 49 种双子叶植物进行综合分析,并进行了排序(表 9-15)。全栅型植物的环境适应性最强,7 种全栅型植物的综合排序均在前 11 名之内;双栅型植物阿尔泰狗娃花和草木樨状黄耆的适应性也较强,排名分别为第 10 和第 14。这些与通过对解剖结构的分析得出的结论一致,进一步证明了全栅型植物和双栅型植物对黄土丘陵沟壑区较强的环境适应性。值得注意的是,茭蒿虽然为双栅型植物,但其海绵组织和叶疏松度与阿尔泰狗娃花和草木樨状黄耆相比较大,而栅海比和叶紧密度明显小于后两者。因此,茭蒿的综合排名仅为第 33。小蓟排名第 5,在异面叶双子叶植物中排名最靠前;这主要得益于其较厚的叶片,叶片的肉质化使其具有较强的储水和保水能力。猪毛蒿仅排在第 35位;但通过对其解剖结构的观察可知,其线性化的叶片以及环形栅栏组织内部发达的贮水组织,使其可能具有较强的环境适应性。因此,基于解剖结构的植物环境适应性的评价,在考虑植物共有指标的同时,还应考虑植物解剖结构的特殊性(某些植物可通过特殊的结构

表9-15 双子叶植物叶解剖结构指标的隶属函数值和聚类分析

物种	上角质层厚度/μm	上表皮厚度/μm	海绵组织厚度/μm	下表皮厚度/μm	下角质层厚度/μm	叶片厚度/μm	导管直径/μm	中脉直径/μm	叶肉组织厚度/μm	总栅组织厚度/μm	栅海比	叶紧密度	叶疏松度	综合隶属函数数	排序	聚类分析
二色棘豆	0.605	0.563	1.000	1.000	0.674	0.417	0.000	0.144	0.342	0.825	—	0.789	1.000	0.630	1	1
糙叶黄耆	0.545	0.445	1.000	0.807	0.643	0.405	0.080	0.142	0.350	0.874	—	0.855	1.000	0.617	2	1
砂珍棘豆	0.819	0.483	1.000	0.981	0.890	0.315	0.074	0.110	0.236	0.627	—	0.730	1.000	0.607	3	1
柠条锦鸡儿	0.349	0.113	1.000	0.290	0.516	0.410	0.154	0.150	0.412	1.000	—	0.993	1.000	0.568	4	1
甘草	0.299	0.160	1.000	0.166	0.317	0.353	0.253	0.263	0.356	0.864	—	0.962	1.000	0.528	7	1
刺槐	0.249	0.140	1.000	0.306	0.149	0.272	0.664	0.241	0.267	0.663	—	0.883	1.000	0.500	8	1
铁杆蒿	0.869	0.206	1.000	0.059	0.313	0.206	0.143	0.358	0.197	0.541	—	0.864	1.000	0.484	11	1
小蓟	0.508	0.544	0.000	0.289	0.359	1.000	0.626	1.000	1.000	0.829	0.092	0.271	0.159	0.536	5	2
紫丁香	0.405	0.532	0.688	0.560	0.613	0.500	0.556	0.472	0.463	0.627	0.382	0.477	0.548	0.532	6	3
白头翁	0.969	0.666	0.303	0.760	0.773	0.614	0.857	0.309	0.578	0.392	0.058	0.156	0.161	0.499	9	3
墓头回	0.405	1.000	0.515	0.808	0.411	0.515	0.403	0.372	0.432	0.358	0.113	0.205	0.320	0.444	13	3
阿尔泰狗娃花	0.418	0.189	0.838	0.508	0.605	0.388	0.097	0.102	0.370	0.651	1.000	0.642	0.729	0.488	10	4
草木樨状黄耆	0.147	0.076	0.835	0.236	0.323	0.387	0.081	0.100	0.395	0.722	0.985	0.725	0.718	0.433	14	4
灌木铁线莲	0.828	0.478	0.528	0.692	0.881	0.509	0.342	0.240	0.466	0.410	0.134	0.239	0.342	0.464	12	5
河朔荛花	0.798	0.563	0.372	0.790	0.475	0.601	0.154	0.367	0.552	0.378	0.069	0.172	0.209	0.420	15	5
白刺花	1.002	0.220	0.659	0.353	0.850	0.358	0.121	0.134	0.341	0.307	0.173	0.274	0.400	0.393	16	5
灰叶黄耆	0.352	0.377	0.803	0.608	0.500	0.289	0.154	0.077	0.257	0.389	0.180	0.483	0.611	0.390	17	5
杠柳	0.636	0.344	0.516	0.346	0.732	0.383	0.620	0.426	0.361	0.247	0.063	0.166	0.193	0.377	18	5
香青兰	0.372	0.272	0.560	0.208	0.337	0.522	0.201	0.132	0.523	0.563	0.221	0.394	0.374	0.374	19	5
抱茎小苦荬	0.327	0.428	0.447	0.534	0.375	0.475	0.270	0.404	0.444	0.425	0.099	0.226	0.258	0.367	20	5
沙棘	0.522	0.225	0.586	0.206	0.000	0.452	0.374	0.365	0.453	0.499	0.206	0.386	0.364	0.367	21	5
茜草	0.820	0.493	0.418	0.354	0.667	0.384	0.224	0.248	0.358	0.315	0.045	0.253	0.125	0.358	22	5
牛奶子	0.676	0.158	0.548	0.069	0.191	0.404	0.522	0.528	0.409	0.387	0.134	0.305	0.238	0.354	23	5
杜梨	0.554	0.337	0.653	0.199	0.623	0.314	0.439	0.263	0.293	0.271	0.134	0.279	0.319	0.353	24	5
野豌豆	0.743	0.425	0.444	0.393	0.591	0.457	0.131	0.185	0.430	0.277	0.057	0.167	0.160	0.338	25	5
水枸子	0.719	0.171	0.585	0.128	0.688	0.339	0.282	0.226	0.336	0.284	0.111	0.243	0.317	0.337	26	5

续表

物种	上角质层厚度/μm	上表皮厚度/μm	海绵组织厚度/μm	下表皮厚度/μm	下角质层厚度/μm	叶片厚度/μm	导管直径/μm	中脉直径/μm	叶肉组织厚度/μm	总栅栏组织厚度/μm	栅海比	叶紧密度	叶疏松度	综合隶属函数	排序	聚类分析
野菊	0.661	0.293	0.434	0.494	1.001	0.427	0.067	0.207	0.405	0.189	0.027	0.094	0.097	0.327	29	5
三角藨	0.351	0.226	0.659	0.204	0.525	0.293	0.400	0.175	0.289	0.270	0.149	0.301	0.315	0.316	31	5
柳叶鼠李	0.389	0.116	0.504	0.195	0.312	0.448	0.182	0.291	0.454	0.401	0.129	0.302	0.244	0.312	32	5
角蒿	0.286	0.132	0.435	0.222	0.285	0.462	0.106	0.153	0.475	0.351	0.076	0.236	0.144	0.265	37	5
百里香	0.240	0.106	0.599	0.074	0.267	0.350	0.007	0.105	0.367	0.324	0.129	0.302	0.268	0.247	39	5
互叶醉鱼草	0.488	0.031	0.719	0.000	0.000	0.217	0.327	0.206	0.237	0.207	0.149	0.302	0.315	0.243	40	5
达乌里胡枝子	0.258	0.068	0.618	0.139	0.312	0.274	0.177	0.133	0.280	0.224	0.092	0.251	0.189	0.231	43	5
地稍瓜	0.273	0.204	0.575	0.169	0.263	0.295	0.143	0.124	0.292	0.181	0.057	0.173	0.151	0.220	44	5
菊叶委陵菜	0.485	0.426	0.817	0.263	0.393	0.191	0.180	0.175	0.161	0.192	0.278	0.310	0.539	0.329	27	6
黄刺玫	0.508	0.269	0.820	0.249	0.341	0.193	0.182	0.072	0.177	0.250	0.345	0.395	0.544	0.328	28	6
黄柏刺	0.842	0.144	0.328	0.332	0.490	0.477	0.350	—	0.475	0.261	0.023	0.137	0.006	0.317	30	6
茭蒿	0.372	0.063	0.818	0.091	0.274	0.204	0.098	0.134	0.211	0.300	0.384	0.470	0.544	0.293	33	6
羽裂叶委陵菜	0.309	0.253	0.875	0.064	0.000	0.125	0.162	0.147	0.115	0.198	0.420	0.429	0.632	0.280	34	6
辽东栎	0.107	0.121	0.773	0.049	0.000	0.132	1.000	0.423	0.136	0.132	0.142	0.295	0.314	0.268	36	6
虎榛子	0.251	0.100	0.756	0.074	0.452	0.156	0.467	0.367	0.154	0.126	0.118	0.218	0.323	0.263	38	6
二裂委陵菜	0.221	0.192	0.755	0.173	0.259	0.198	0.031	0.079	0.191	0.186	0.170	0.290	0.385	0.237	41	6
蒙古蒿	0.333	0.161	0.817	0.114	0.126	0.117	0.159	0.217	0.116	0.118	0.192	0.298	0.426	0.236	42	6
小叶悬钩子	0.107	0.128	0.903	0.027	0.000	0.000	0.488	0.274	0.000	0.000	0.222	0.227	0.522	0.207	45	6
截叶铁扫帚	0.000	0.000	0.727	0.097	0.222	0.183	0.163	0.076	0.197	0.202	0.160	0.343	0.291	0.205	46	6
土庄绣线菊	0.233	0.040	0.872	0.083	0.000	0.037	0.269	0.145	0.041	0.057	0.205	0.300	0.454	0.200	47	6
火绒草	0.143	0.237	0.682	0.193	0.118	0.185	0.033	0.236	0.172	0.065	0.038	0.094	0.168	0.174	48	6
地锦草	0.054	0.086	0.682	0.235	0.448	0.188	0.022	0.000	0.189	0.055	0.028	0.091	0.147	0.163	49	6
猪毛蒿	0.845	0.019	0.364	0.019	0.845	0.536	0.005	—	0.519	0.146	0.001	0.001	0.139	0.276	35	7

来适应环境），这样才能更全面地对植物的环境适应性进行评价。对三科主要双子叶植物的隶属函数进行综合分析，发现三科间环境适应性表现为豆科>菊科>蔷薇科。

2. 单子叶植物聚类分析及其环境适应性评价

采用 Q 型聚类分析，可把 10 种单子叶植物分为四类（表 9-16）。

表 9-16 单子叶植物叶解剖结构指标的隶属函数值和聚类分析

物种	上角质层厚度/μm	上表皮厚度/μm	下表皮厚度/μm	下角质层厚度/μm	叶片厚度/μm	导管直径/μm	维管束直径/μm	叶肉组织厚度/μm	综合隶属函数值	排序	聚类分析
赖草	0.38	0.27	0.42	0.66	1.00	1.00	1.00	0.97	0.71	1	1
大针茅	0.02	0.06	0.22	0.61	0.74	0.46	0.52	1.00	0.45	3	1
芦苇	0.30	0.15	0.12	0.29	0.59	0.64	0.58	0.79	0.43	5	1
长芒草	0.65	0.10	0.27	1.00	0.69	0.17	0.31	0.83	0.50	2	2
大披针薹草	1.00	0.51	0.30	0.18	0.44	0.20	0.39	0.54	0.45	4	2
狗尾草	0.12	1.00	1.00	0.18	0.24	0.42	0.13	0.07	0.39	6	3
白羊草	0.00	0.57	0.00	0.09	0.00	0.46	0.36	0.00	0.31	7	3
中华隐子草	0.19	0.06	0.04	0.07	0.16	0.00	0.00	0.30	0.10	8	4
北京隐子草	0.20	0.04	0.01	0.14	0.06	0.03	0.08	0.19	0.09	9	4
糙隐子草	0.37	0.00	0.00	0.14	0.00	0.00	0.04	0.15	0.09	10	4

第一类为赖草、芦苇和大针茅。其叶片厚度和叶肉组织厚度较大，利于贮藏水分；且导管直径和维管束直径较大，利于水分的运输。

第二类为大披针薹草和长芒草。其叶片角质层较厚，可以减少水分的散失。

第三类为狗尾草和白羊草。它们具有较厚的上表皮，可以贮存水分。上表皮具有体积较大的泡状细胞，当环境干旱时泡状细胞迅速失水使叶片卷曲，减少水分散失；当环境水分条件较好时，泡状细胞可以吸收并贮存较多水分。

第四类为中华隐子草、北京隐子草和糙隐子草。它们各个叶片解剖指标均较小，适应干旱环境的能力一般。

通过计算隶属函数对 10 种单子叶植物进行排序，其环境适应性为赖草>长芒草>大针茅>大披针薹草>芦苇>狗尾草>白羊草>中华隐子草>北京隐子草>糙隐子草。

3. 植物的环境适应性策略

根据聚类分析的结果并结合植物的解剖结构特征发现，植物通过多种不同的策略来适应黄土丘陵沟壑区多变的环境（表 9-17）。

表 9-17 植物的环境适应性策略

适应策略	作用机制	物种
叶肉质化	贮存水分	小蓟
叶线性化	减少水分散失	猪毛蒿
厚的保护组织	减少水分散失	紫丁香、白头翁
气孔窝	减少水分散失	长芒草、大针茅
发达的栅栏组织	提高光合能力及水分的利用效率	全栅型和双栅型植物
泡状细胞	贮存水分，介导叶片卷曲	白羊草、狗尾草
黏液细胞	吸水，保水	达乌里胡枝子、沙棘、甘草
气腔	增强气体交换	茭蒿、猪毛蒿、阿尔泰狗娃花、大披针薹草

注：全栅型植物包括柠条锦鸡儿、甘草、刺槐、糙叶黄耆、二色棘豆、砂珍棘豆和铁杆蒿；双栅型植物包括阿尔泰狗娃花和草木樨状黄耆。

双子叶植物的主要适应策略：①通过较厚的趋于肉质化的叶片贮存水分，如小蓟；②通过较厚的保护组织减少水分散失，如紫丁香和白头翁等；③通过发达的栅栏组织与退化的海绵组织提高光合能力及水分利用效率，如全栅型植物和双栅型植物；④通过叶片的线性化来减少水分散失，发达的贮水组织贮存大量水分，如猪毛蒿；⑤通过某些特殊结构（如达乌里胡枝子发达的黏液细胞）提高吸水和保水能力或提高气体交换能力（如茭蒿通过气腔）。

单子叶植物的主要适应策略：①通过下陷的气孔窝减少水分散失，如长芒草和大针茅；②通过发达的泡状细胞贮存水分及缺水时叶片卷曲减少水分散失，如白羊草和狗尾草；③通过发达的气腔增加气体交换来提高光合能力，如大披针薹草。

9.3 讨 论

9.3.1 植物叶片形态结构的环境适应功能

结构是功能的基础，植物结构的变化必然影响到其生理生态功能的改变。叶片是植物体营养器官中对环境变化最为敏感的器官，其形态结构特征被认为最能体现环境因子的影响或植物对环境的适应（王勋陵和王静，1989）。在植物与生境的相互关系中，环境的生态作用在塑造植物，植物也在适应环境。植物对环境的适应，既有形态结构上的，也有生理上的。作为植物对环境响应最敏感的器官，叶片的形态解剖结构因植物生境的异质性而发生变化，通过这种变化来适应环境，是植物在非进化基础上的缓冲机制（Nicotra et al.，2010）。黄土丘陵沟壑区气候干旱，土壤侵蚀严重，环境复杂多变；生活在该地区的植物进化出多种多样的结构，来适应这种特殊的生境。

发达的保护组织可以有效减少水分散失。在侵蚀强烈且强光照的环境下，供试植物叶片角质层和蜡质层厚度增加（杜华栋，2013）；这层增厚的"帐幕"具有"凉伞效应"，使得植物叶片不仅能有效防止水分过分蒸发，还可遮光防止叶肉细胞灼伤（刘穆，2010；

Lack and Evans，2001）。本研究中，植物叶片的上表皮和下表皮外大多有角质层的分布；这层角质层不仅可以减少水分蒸散和反射强光，并具有一定的机械支撑的作用，使植物在缺水时不会迅速萎蔫（李正理，1981）。在胁迫环境下，植物表皮细胞缩小；这种变化不仅有利于植物在过度失水时减小细胞破裂，又可以控制角质层水分蒸腾（Bosabalidis and Kofidis，2002）。

叶片面积的减小、卷曲和角度改变都能大大降低植物蒸腾作用，提高植物水分利用效率（Pang et al.，2011；周智彬和李培军，2002）。例如，白羊草和芦苇叶上表皮均有大的泡状细胞，它们不仅可以使植物遇到干旱或强光胁迫时叶片卷曲成筒以减小水分蒸发，而且还在植物遇到雨和露等水分时，能迅速地吸水，与外切面角质层配合迅速吸水并有效保水；主要分布在阳坡侵蚀环境下的白刺花，其一天中叶片角度可随着光照的变化做出调节，在光照较强时段叶片角度几乎与光线方向平行，通过减少叶片对光的吸收来减小胁迫（杜华栋，2013）。植物叶片表皮大都有表皮毛的存在，其可以减小叶表面空气流动速率从而减少叶表面蒸腾，也可防止太阳直射灼伤叶片（Bacelar et al.，2004；Larcher，2000）。在植物叶片保护组织中，尤以长芒草叶的结构最为特殊。其气孔分布在上表皮凹陷处，再加上表皮毛分布特征，构成了一个下陷的"气孔窝"的结构；而且其多层厚壁组织最大限度地覆盖在叶片上下表皮细胞以下，有效地保持水分的同时降低了外界环境干扰，维持叶内环境稳定，有效地减小了叶肉组织受到的伤害。长芒草和大针茅叶片下陷的气孔窝可以有效地降低叶片内外的蒸汽压差，使气孔的蒸腾作用减弱，同时两者叶片下表皮内侧较多的厚壁组织，可以对叶片起到很好的支撑作用，使叶片维持一定的形态。单子叶植物叶上表皮体积较大的泡状细胞具有介导叶片运动的作用，当外界环境干旱时，泡状细胞迅速失水使叶片卷曲，减少水分散失，并且可以在卷曲的空间内形成局部湿润的小环境；当外界水分条件较好时，泡状细胞还可以吸收并贮存较多水分（黄振英和吴鸿，1997）。

叶肉组织的特殊结构有利于提高光合能力。双子叶植物叶上表皮内侧的栅栏组织细胞一般排列紧密，有助于 CO_2 传导，利于充分利用光能、提高光合效率和水分利用效率（李全发等，2013）；栅栏组织细胞内含有很多叶绿体，且叶绿体紧贴细胞壁内侧分布，可以提高光合效能。栅栏组织越厚，栅栏组织细胞越小且排列越紧密，栅海比越大，植物利用光能的效率越高（李永华等，2012）。栅栏组织越发达则海绵组织越少，越有利于 CO_2 从气孔下室传导至光合作用场所，抵消因气孔关闭而导致的 CO_2 传导效率的降低，提高植物的水分利用效率（Chartzoulakis et al.，2002）。在本研究中，许多植物叶的栅栏组织发达。甘草、糙叶黄耆、砂珍棘豆、二色棘豆、柠条锦鸡儿、刺槐、灰叶黄耆和铁杆蒿等全栅型植物，以及草木樨状黄耆、阿尔泰狗娃花和茭蒿等双栅型植物叶的栅栏组织高度发达，使这些植物具有较强的适应干旱环境的能力。环栅型的猪毛蒿，其叶片四周均被栅栏组织包围，海绵组织退化，水分散失率较低；同时，其栅栏组织中央的细胞特化为贮水组织，细胞体积大且排列紧密，具有较强的贮水能力（杨超和梁宗锁，2008）。多数植物叶的海绵组织排列疏松，细胞间隙较大，可以有效发挥其气体交换的机能。达乌里胡枝子叶的海绵组织中有一层体积较大的染色较深的黏液细胞，其细胞液浓度较大，细胞的渗透势较低，利于吸水保水，并且为临近的细胞创造一个湿润的小环境（杜华栋，2010；黄振英和吴鸿，1997）。双子叶植物叶的栅海比平均值为1.38，其中有16种植物的大于1，加之有许多物种的为全栅型和环栅型，说明黄土丘陵沟壑区的植物叶片已经形成了适应性的栅海结构特征（李全发等，2013）。至于其他叶肉细胞结构，猪毛蒿、茭蒿和杠柳叶中具有裂生分泌腔，存储代谢过程形成的可溶性蛋白质和挥发油，可有效保持水分并减小蒸腾速率。达乌里胡枝子叶海绵组织中分布一层黏液细胞，其所含的多糖和蛋白质等物质使细胞具有很高的渗透势，有利于吸水和保水，同时也可为其周围细胞提供一个湿润的微环境以减小细胞内胁迫（黄振英等，1995）；其存储物也是植物耐受"饥饿"的一种机制。

维管组织是植物运输水分的主要部位。在长期的适应过程中，不同生活型的植物有着不同的策略来适应环境。双子叶植物中草本植物根系分布较浅，吸水能力弱，只能利用土壤浅层的水分；其叶片导管直径较小，主要通过厚的表皮和栅栏组织以及增大叶紧密度来减少水分蒸散。木本植物一般具有发达的根系，可以利用土壤深层的水分，吸水能力较强；且木本植物植株较高大，因此其叶片导管直径和中脉直径显著大于草本植物的，以满足其对较强输水能力的需求（马建静等，2012）。本研究中，草本植物叶片的厚度和叶肉组织厚度大于木本植物叶片的，这与马建静等（2012）在内蒙古高原和青藏高原草地的研究有所不同。可能原因：马建静等人的研究区域为草地，木本植物相对较少；研究区域环境条件的差异导致植物的适应策略有所不同；研究区尺度大小的不同也会导致研究结果有所差异。单子叶植物叶的导管直径明显大于双子叶植物叶的，且两者的维管束结构有很大的差异，这可能主要取决于两者遗传背景的不同。单子叶植物叶多为平行叶脉，导管直径大而数量少；双子叶植物叶多为网状叶脉，导管直径小而数量多。对于具体的物种而言，猪毛蒿叶的叶片贮水组织发达，肉质化程度比较高，其栅栏组织环绕的薄壁组织部分代替了木质部输水的功能，因此其维管组织发育不良，仅有小的维管束。白羊草叶在维管束鞘外围形成维管束帽结构，达乌里胡枝子叶维管束鞘的延伸，不但可以有效地增大其叶片的机械强度和水分运送能力，还可以减少其叶片在萎蔫时造成的物理损伤，保证其在逆境下正常地生长（Castro-Díez et al.，2000）。猪毛蒿、铁杆蒿、茭蒿、白羊草和白刺花叶的小维管束均被大的薄壁细胞包围，形成特殊的维管束鞘结构；这样的结构不仅有利于提高植物水分利用效率，而且还可以使植物的保水能力提高，增加植物利用有限水资源的能力，体现了其独特的水分利用适应策略（杜华栋，2013）。

另外，在胁迫条件下，植物细胞的增大、植物细胞壁的合成与细胞膨压的增大都会受到限制，最直接的影响就是使叶片生长速率降低和叶面积及比叶面积减小（Sadras and Milroy，1996）。在侵蚀严重的阳沟坡和阳梁峁坡环境下，土壤水分和养分的流失使得植物细胞扩大受阻，叶面积和比叶面积减小，植物生长速率降低但叶片干物质量的积累增加（杜华栋，2013）。植物叶片形态的这种变化可使植物能很好地适应贫瘠的环境，使植物的抗逆性增强（Cornelissen et al.，2003）。同时，植物叶面积这种功能性状的变化，虽然使叶片光捕捉能力减弱，但是厚而小的叶片其水分散失也相应降低，叶片在保持光合效率的同时降低蒸腾，使植物水分利用效率提高（Grime，2001；Bacelar et al.，2004），也有利于植物延迟水分胁迫的到来（Guerfel et al.，2009；Richardson and Berlyn，2002）。而在水分与养分条件较好的阴沟坡，植物叶片生长速率快，细胞膨压大，比叶面积增大，叶片捕光能力增加，使植物与外界物质与能量交换的界面变大，是植物对阴沟坡低 CO_2 浓度和低光照的适应（Thompson，1992）。例如，猪毛蒿叶片特化为针形，其单个叶片面积减小；引起比叶面积值减小，特化为针形的叶片有利于植物形态的调节和持水，增加植物环境适应能力（Gao et al.，2012），使其成为陕北黄土高原天然植被破坏后广泛分布的物种（邹厚远，2000）。

总之，在黄土丘陵沟壑区，不同植物的叶在保护组织、叶肉组织及输导组织等各方面具有多种多样的结构，以减少水分蒸散、提高光合能力及水分利用效率，来适应该区域特殊的环境条件。

9.3.2 植物叶片解剖结构对侵蚀环境的适应

植物叶片的解剖结构由环境因素、遗传因素及植株的生长发育状态等多种因素共同决定（Lake et al.，2001）。本研究中，植物叶片采集自生长发育状态相近的植株，以不同的科表征遗传因素，以不同植被带和坡沟立地环境表征环境因素。

1. 植物叶片解剖结构对不同植被带的适应

所研究的延河流域地处半湿润气候向半干旱气候过渡区，南部森林带位于森林分布的最北缘，而北部草原带位于草原分布的最南缘，两者与中部森林草原带的气候差异较小。根据100年来气候变化资料，黄土高原温度升高而降水减少，植被带南移，使得三个植被带之间气温和降水等条件的差异性减弱（周晓红和赵景波，2005）。此外，研究区内天然林遭受破坏，森林以人工林为主；由于人工林不合理的植被配置，使得人工林草强烈的蒸腾作用导致研究区内土壤干层现象严重（王志强等，2008）。虽然南部森林带的气候相对湿润，但由于人工林的存在，其土壤水分亦相对较低。因此，本研究的整个研究区域均处于相对干旱的条件下。

对于双子叶植物，在总物种尺度上三个植被带的植物具有不同的适应干旱的特征。其中，森林带植物叶片较厚的上下角质层可以减少水分散失，较大的导管直径可以提高运输水分的能力；森林草原带植物叶片较厚的上下表皮在减少水分蒸散的同时还具有一定贮水能力，特别是较厚的叶片使其具有较强的贮水能力；草原带植物叶具有较高的栅海比和叶紧密度，这说明草原带植物通过发达的栅栏组织和退化的海绵组织以达到一个较优的栅海比来提高植物的生态适应性（李全发等，2013）。在科水平上，菊科植物叶在森林草原带的解剖结构指标值较大。森林草原带作为过渡带，其环境异质性较高，而本研究中菊科植物叶的解剖结构亦具有多样性，如小蓟叶的肉质化、阿尔泰狗娃花叶的双栅型、铁杆蒿叶的全栅型及猪毛蒿叶的线性化等，叶片解剖结构的多样性可能使菊科植物更能适应森林草原带高异质性的环境。豆科植物叶在三个植被带中均表现出不同的适应干旱环境的特征，说明豆科植物可能具有较强的适应该区域环境的能力。蔷薇科植物以木本植物为主，而木本植物叶一般有较粗的叶脉和导管。森林带的木本植物分布较多，蔷薇科植物在森林带的叶片中脉直径和导管直径平均值明显大于森林草原带和草原带的。在种内之间，多数物种叶片在草原带具有较大的栅海比和叶紧密度，这是植物长期适应草原带干旱环境的结果。在分布较广泛的物种中，达乌里胡枝子、地梢瓜、二裂委陵菜、火绒草、茭蒿和菊叶委陵菜这6种异面叶植物和全栅型的猪毛蒿均表现出这样的特征。而全栅型的铁杆蒿和糙叶黄者的叶紧密度在三种植被带间差异较小；这可能是全栅型植物没有海绵组织的分化，上下表皮内全部为栅栏组织，表皮厚度占叶片厚度的比例较小，栅栏组织厚度占叶片厚度的比例（即叶紧密度）较大，使得叶紧密度在三种植被带间变异系数较小。

对于单子叶植物，其叶片结构与双子叶植物的相比较为简单，没有栅栏组织和海绵组织的分化，无法通过发达的栅栏组织以及增大栅海比和叶紧密度来适应环境。本研究中，在总物种尺度上，三植被带间，仅有上表皮厚度和导管直径这两种指标差异显著。这可能是因为本研究中的单子叶植物除大披针薹草外均属于禾本科，物种之间的遗传背景较为接近。从解剖结构来看，单子叶植物叶上表皮体积较大的泡状细胞，以及不同物种之间泡状细胞分化程度的不同，导致上表皮厚度差异较大。由于遗传因素的原因，单子叶植物叶片中导管的数量相对恒定，每个维管束中仅有 3~4 个呈 "V" 形排列的导管。因此，单子叶植物为了提高水分运输能力，可能主要通过增大叶片导管直径的途径。本研究中，植物叶片的导管直径从南到北逐渐增大也印证了这一点。而长芒草叶的导管直径和维管束直径在三植被带间差异不显著；这可能是由于长芒草的叶片较窄，维管束和导管的增大程度有限，可塑性较小。

2. 植物叶片解剖结构对坡沟不同立地环境的适应

作为黄土丘陵沟壑区小流域侵蚀产沙的基本单元，坡沟系统对环境中水、热及养分等的分布具有较大的影响。通常情况下，阴坡的水热条件好于阳坡，沟坡好于峁坡，梁峁顶的水热条件最差。在侵蚀严重的阳沟坡和阳梁峁坡环境下，土壤水分和养分的流失使得植物细胞扩大受阻，叶面积和比叶面积减小，植物生长速率降低，但叶片干物质量的积累增加；随着水分和养分梯度的增加，植物生长发育胁迫减小，植物主维管束面积、木质部面积和韧皮部面积都增加，植物运输水分和养分的能力都增强，植物生长速率提高；但是木质部韧皮部面积比随着水分和养分梯度的减小而增加，木质部所占维管束比例增加，这种结构有利于提高植物体内的水分的运送效率（杜华栋，2013）。在阳沟坡、阳梁峁坡和梁峁顶，物种叶片栅栏组织厚度都增加，海绵组织与细胞间隙减小，有利于植物减小水分散失，提高水分利用率和光合效率（Guerfel et al., 2009；Nautiyal et al., 1994；Nevo et al., 2000）；栅栏组织的增多和表皮角质层的增厚，限制了 CO_2 在叶肉细胞的扩散，使得光合作用受到抑制（Chartzoulakis et al., 2002），但植物在此环境下可通过气孔指数的增加来增加叶肉细胞与外界的气体交换（杜华栋，2010）。以上植物叶内栅栏组织与海绵组织的变化，说明不同的环境下植物在生长速率和植物抗逆性之间做出了权衡。例如，长芒草、白羊草和芦苇叶肉组织在低水分和高光强的阳沟坡和阳梁峁坡厚度增加，可使叶片在保持光合效率的同时降低蒸腾，提高植物水分利用效率（杜华栋，2013）。

本研究中，双子叶植物叶表皮总体上在阴坡的厚度大于在阳坡的，梁峁顶的最薄，阴沟坡的最厚。这可能是因为在遭受环境胁迫时，细胞壁的合成和细胞膨压的增大受阻，细胞的增大受到抑制（Sadras and Milroy, 1996）；而阴沟坡的水分条件较好，表皮细胞膨压较大，导致植物叶表皮较厚。梁峁顶植物较厚的叶片和较粗的叶片导管可以增大叶片的贮水和输水能力，使之得以适应梁峁顶较差的水分条件和较强的环境胁迫。就物种而言，糙叶黄耆、甘草和铁杆蒿等全栅型植物叶栅栏组织厚度和叶片厚度在梁峁顶的增大程度在森林草原带较为明显，这可能是因为森林草原带较强的环境异质性导致全栅型植物叶解剖结构差异较明显；而阿尔泰狗娃花和草木樨状黄耆这两种双栅型植物叶的上栅栏组织厚度和栅栏组织总厚度的变化，在草原带表现出与在森林带和森林草原带相反的特征；可能是因为草原带梁峁顶的水分状况很差，植物虽有分布，但其生长已经受到了限制，使栅栏组织增厚程度较小。对于草原带的优势种百里香，由于阴沟坡的水分条件较好，使其具有较厚的叶片海绵组织；而梁峁顶较差的水分条件导致其叶片角质层的增厚。木本植物的根系发达而耗水量大；由于受到草原带梁峁顶较差水分条件的限制，河朔尧花叶和沙棘叶等的表皮厚度和叶片厚度解剖结构值较小。在中部森林草原带，木本植物叶在阳梁峁坡的解剖结构指标值较大；这可能是因为森林草原带阳梁峁坡的胁迫水平适中，并未限制植物的生长，所研究的灌木较能适应这种环境，因而其适应环境胁迫的解剖结构指标值增大明显。而森林带的水分条件整体较好，梁峁顶的木本植物并未受到强烈的胁迫，生长未受限，因此森林带梁峁顶木本植物的解剖结构指标值较大。

对于单子叶植物叶片，在坡沟不同立地环境之间，总体上阳坡的上下表皮厚度均大于阴坡；可能是由于叶片表皮较厚的白羊草主要分布于阳坡的原因。而叶片厚度、导管直径、维管束直径和叶肉组织厚度在5种立地环境间差异均不显著。其可能原因：所研究的环境尺度较小，这几个指标反应不敏感；虽然亲缘物种之间的平均指标值更具有代表性，但平均化过程可能掩盖了解剖结构对环境的适应关系，而在较小的环境尺度下这种掩盖作用可能表现得更明显。在物种水平上，由于白羊草分布特征的限制，导致其叶片的上角质层厚度、上表皮厚度、导管直径和维管束直径在梁峁顶、阳梁峁坡和阳沟坡之间差异不显著。长芒草叶在5种立地环境的差异也较小，可见长芒草的可塑性较差；但由于其本身固有的较强的环境适应性，长芒草的分布范围较广泛，在所有样地中均有分布。

总之，不同植物叶的解剖结构指标在不同植被带及坡沟不同立地环境间的差异性有所不同，不同植物叶的可塑性也不同；这些主要是受到不同环境中具体环境条件差异的影响，而植物正是通过这些指标的变化来适应不同的环境。

9.3.3 植物适宜侵蚀环境的叶解剖结构策略

不同植物通过不同的组合或适应策略来适应环境。就某一物种而言，不一定是具有所有的环境适应性结构，而仅具有其中的一部分，这应从植物的投入及回报并结合叶经济性来综合分析。可能很少或没有这样的植物——既具有较厚的叶片且栅海比很大还有很高的叶紧密度。本研究中，小蓟和白头翁叶的叶片较厚，而栅海比和叶紧密度相对较小。

一般情况下，较厚的植物叶片主要通过大量的贮水组织来贮存水分，高度发达的栅栏组织显然是不利于水分贮存的。较厚的叶片还可能会减弱到达叶片内部叶绿体的光照强度，增大叶肉组织中 CO_2 的传导阻力，延长叶片内部 CO_2 和 O_2 的传导距离，不利于叶片内部光合作用的进行（董廷发等，2012）。此外，较厚的叶片意味着较多的氮素用于细胞壁的构造，使用于合成光合蛋白的氮素相对减少，也不利于光合作用的进行（Catoni and Gratani, 2013; Takashima et al., 2004）。较薄的叶片有助于光照的吸收和气体交换，叶片越薄光合能力越强（马成仓等，2011；于鸿莹等，2014）。在长期的环境适应性的建立过程中，植物通过平衡各种性状来优化资源配置，在不同的环境中形成不同的适应策略，最终适应复杂多变的环境。

植物根据环境资源状况，调节自身功能，达到生存、发展和繁殖 3 者之间的平衡（Navas et al.，2010；Whitman and Aarssen，2010）。一般来说，植物可利用的资源有限，对某一性状的投入增加，对其他性状的投资必然会减少，即植物将有限的资源在不同性状之间进行优化配置（Stearns，1992；张大勇，2004）。不同植物的生存策略有较大差异，一年生植物、草本植物及 C_4 植物倾向于叶片薄、寿命短及光合能力强的策略；而多年生植物、灌木及 C_3 植物倾向于叶片厚、寿命长及光合能力弱的策略（于鸿莹等，2014）。本研究中，木本植物叶片的平均厚度大于草本，单子叶植物中的 4 种 C_3 植物叶片平均厚度明显大于 6 种 C_4 植物。2004 年 Wright 等人提出了"叶经济谱"（leaf economics spectrum）的概念，数量化地表示了植物有规律变化的资源权衡策略，将植物的环境适应性研究带入了一个新的领域（Wright et al.，2004，2005）。

总之，植物的环境适应性是植物对环境长期适应的综合遗传特性，不仅与植物叶的解剖结构有关，还取决于植物的外部形态特征及内部的生理生化特性等方面，并且受到外界环境的影响；具体评价某种植物的环境适应性还应考虑多方面的因素（潘昕等，2015）。

9.4　小　　结

（1）在 49 种双子叶植物中，38 种为异面叶，11 种为等面叶。其中，柠条锦鸡儿、甘草、刺槐、糙叶黄耆、二色棘豆、砂珍棘豆和铁杆蒿为全栅型等面叶，阿尔泰狗娃花、草木樨状黄耆和茭蒿为双栅型等面叶，猪毛蒿为环栅型等面叶。等面叶植物具有较强的环境适应性。猪毛蒿、茭蒿和阿尔泰狗娃花叶片中较大维管束周围常具有气腔；达乌里胡枝子叶的维管组织中存在束鞘的延伸，海绵组织中分布有一层体积较大的黏液细胞；甘草、沙棘和刺槐叶中脉的维管组织中有黏液细胞的分布，其中刺槐叶的叶肉组织在临近下表皮处也分布有大量的黏液细胞。

（2）10 种单子叶植物中，白羊草、狗尾草、芦苇、北京隐子草、糙隐子草和中华隐子草为 C_4 植物，大披针薹草、赖草、大针茅和长芒草为 C_3 植物。这些植物叶上下表皮外侧均有不同程度的角质层分化。上表皮大多有泡状细胞的分化，泡状细胞的位置和大小在不同物种之间有所不同。单子叶植物叶较大的维管束中一般有 3～4 条明显粗大的导管，呈"V"形排列；而白羊草、赖草和大针茅叶"V"形导管下部常具有气道。大披针薹草叶的叶肉组织中分布有较大的气腔，气腔与上下表皮间仅隔 1～2 层叶肉细胞，且与维管组织相间排列。

（3）不同植物对环境的适应性有所差异。多数双子叶植物在草原带具有较大的叶片栅海比和叶紧密度；单子叶植物叶仅上表皮厚度和导管直径在三植被带间差异显著。双子叶植物叶总体上在梁峁顶具有较薄的表皮、较厚的叶片和较粗的导管；而糙叶黄耆、甘草和铁杆蒿等全栅型植物叶栅栏组织和叶片在梁峁顶的增厚程度在森林草原带较大；长芒草各指标在不同植被带的坡沟 5 种立地环境间的差异均较小。

（4）通过 Q 型聚类分析可将 49 种双子叶植物分为 7 类，10 种单子叶植物分为 4 类。

这些植物的主要环境适应策略：通过较厚的趋于肉质化的叶片贮存水分，如小蓟；通过较厚的保护组织减少水分散失，如紫丁香和白头翁等；通过发达的栅栏组织与退化的海绵组织提高光合能力及水分利用效率，如全栅型植物和双栅型植物；通过叶片的线性化来减少水分散失，并有发达的贮水组织贮存大量水分，如猪毛蒿；通过某些特殊结构，如达乌里胡枝子发达的黏液细胞；通过增大叶片厚度增加贮水，如赖草；通过下陷的气孔窝减少水分散失，如长芒草和大针茅；通过发达的泡状细胞贮存水分及缺水时叶片卷曲减少水分散失，如白羊草和狗尾草；通过发达的气腔增加气体交换来提高光合能力，如大披针臺草。

参 考 文 献

陈庆诚，孙仰文，张国樑.1961.疏勒河中、下游植物群落优势种生态-形态、解剖特性的初步研究.兰州大学学报，(3)：61-96.

陈莹婷，许振柱.2014.植物叶经济谱的研究进展.植物生态学报，38（10）：1135-1153.

邓蕾，王鸿喆，上官周平，等.2010.水蚀风蚀交错区柠条锦鸡儿叶片比叶面积和营养元素变化动态.生态学报，30（18）：4889-4897.

董廷发，冯玉龙，类延宝，等.2012.干旱和湿润生境中主要优势树种叶片功能性状的比较.生态学杂志，31（5）：1043-1049.

杜华栋.2010.陕北黄土高原优势物种叶片结构与生理特性不同立地环境的生态响应.杨凌：西北农林科技大学硕士学位论文.

杜华栋.2013.黄土丘陵沟壑区优势植物对不同侵蚀环境的适应研究.杨凌：中国科学院水土保持与生态环境研究中心博士学位论文.

龚时慧，温仲明，施宇.2011.延河流域植物群落功能性状对环境梯度的响应.生态学报，31（20）：6079-6088.

贺金生，王勋陵.1994.高山栎叶的形态结构及其与生态环境的关系.植物生态学报，18（3）：219-227.

黄振英，吴鸿.1997.30种新疆沙生植物的结构及其对沙漠环境的适应.植物生态学报，21（6）：521-530.

黄振英，吴鸿，胡正海.1995.新疆10种沙生植物旱生结构的解剖学研究.西北植物学报，15（6）：56-61.

李正理.1981.旱生植物的形态和结构.生物学通报，4（9）：9-12.

李芳兰，包维楷.2005.植物叶片形态解剖结构对环境变化的响应与适应.植物学通报，22（增刊）：118-127.

李全发，王宝娟，安丽华，等.2013.青藏高原草地植物叶解剖特征.生态学报，33（7）：2062-2070.

李永华，卢琦，吴波，等.2012.干旱区叶片形态特征与植物响应和适应的关系.植物生态学报，36（1）：88-98.

刘穆.2010.种子植物形态解剖学导论.北京：科学出版社.

马建静，吉成均，韩梅，等.2012.青藏高原高寒草地和内蒙古高原温带草地主要双子叶植物叶片解剖特征的比较研究.生命科学，42（2）：158-172.

马成仓，高玉葆，李清芳，等.2011.内蒙古高原锦鸡儿属植物的形态和生理生态适应性.生态学报，31（21）：6451-6459.

潘昕，邱权，李吉跃，等.2015.基于叶片解剖结构对青藏高原25种灌木的抗旱性评价.华南农业大学学报，36（2）：61-68.

宋玉霞，于卫平，王立英，等.1997.贺兰山10种不同植物的旱生结构研究.西北植物学报，（5）：

61-68.

孙彩霞, 沈秀瑛. 2002. 作物抗旱性鉴定指标及数量分析方法的研究进展. 中国农学通报, 18 (1):
49-51.

孙群, 胡景江. 2006. 植物生理学研究技术. 杨凌: 西北农林科技大学出版社.

汤章城. 1983. 植物对水分胁迫的反应和适应性-Ⅱ植物对干旱的反应和适应性. 植物生理学通讯, (4):
1-7.

王勋陵, 王静. 1989. 植物形态结构与环境. 兰州: 兰州大学出版社.

王延平, 邵明安, 张兴昌. 2008. 陕北黄土区陡坡地人工植被的土壤水分生态环境. 生态学报, 28 (8):
3769-3778.

王志强, 刘宝元, 张岩. 2008. 不同植被类型对厚层黄土剖面水分含量的影响. 地理学报, 63 (7):
703-713.

杨超, 梁宗锁. 2008. 陕北撂荒地上优势蒿类叶片解剖结构及其生态适应性. 生态学报, 28 (10):
4732-4738.

于鸿莹, 陈莹婷, 许振柱, 等. 2014. 内蒙古荒漠草原植物叶片功能性状关系及其经济谱分析. 植物生态
学报, 38 (10): 1029-1040.

张大勇. 2004. 植物生活史进化与繁殖生态学. 北京: 科学出版社.

张盼盼, 慕芳, 宋慧, 等. 2013. 糜子叶片解剖结构与其抗旱性关联研究. 农业机械学报, 44 (5):
119-126.

赵祥, 董宽虎, 张垚, 等. 2011. 达乌里胡枝子根解剖结构与其抗旱性的关系. 草地学报, 19 (1):
13-19.

周晓红, 赵景波. 2005. 黄土高原气候变化与植被恢复. 干旱区研究, 22 (1): 116-119.

周智彬, 李培军. 2002. 我国旱生植物的形态解剖学研究. 干旱区研究, 19 (2): 35-40.

庄丽, 陈亚宁, 陈明, 等. 2005. 模糊隶属法在塔里木河荒漠植物抗旱性评价中的应用. 干旱区地理,
28 (3): 367-372.

邹厚远. 2000. 陕北黄土高原植被区划及与林草建设的关系. 水土保持研究, 7 (2): 96-100.

Bacelar E A, Correia C M, Moutinho-pereira J M, et al. 2004. Sclerophylly and leaf anatomical traits of five field-
grown olive cultivars growing under drought conditions. Tree Physiology, 24: 233-239.

Bosabalidis A M, Kofidis G. 2002. Comparative effects of drought stress on leaf anatomy of two olive cultivars.
Plant Science, 163: 375-379.

Castro-Díez P, Puyravaud J P, Cornelissen J H C. 2000. Leaf structure and anatomy as related to leaf mass per
area variation in seedlings of wide range of woody plant species and types. Oecologia, 124: 476-486.

Catoni R, Gratani L. 2013. Morphological and physiological adaptive traits of Mediterranean narrow endemic
plants: the case of *Centaurea gymnocarpa* (Capraia Island, Italy). Flora-Morphology, Distribution, Functional
Ecology of Plants, 208 (3): 174-183.

Chartzoulakis K, Patakas A, Kofidis G, et al. 2002. Water stress affects leaf anatomy, gas exchange, water
relations and growth of two avocado cultivars. Scientia Horticulturae, 95 (1): 39-50.

Cornelissen J H C, Lavorel S, Garnier E, et al. 2003. A handbook of protocols for standardised and easy
measurement of plant functional traits. Australian Journal of Botany, 51: 335-380.

Fahn A. 1982. Plant Anatomy. Oxford: Pergamon Press.

Fahn A, Shchori Y. 1968. The organization of the secondary conducting tissues in some species of the
Chenopodiaceae. Phytomorphology, 17: 147-154.

Gao X, Ai Y F, Qiu B S. 2012. Drought adaptation of a terrestrial macroscopic cyanobacterium, Nostoc flagelliforme, in arid areas: a review. African Journal of Microbiology Research, 6: 5728-5735.

Grime J P. 2001. Plant Strategies, Vegetation Processes, and Ecosystem Properties. Chichester: John Wiley and Sons.

Guerfel M, Baccouri O, Boujnah D, et al. 2009. Impacts of water stress on gas exchange, water relations, chlorophyll content and leaf structure in the two main Tunisian olive (*Olea europaea* L.) cultivars. Scientia Horticulturae, 119 (3): 257-263.

Hacke U G, Jacobsen A L, Brandon Pratt R, et al. 2012. New research on plant-water relations examines the molecular, structural, and physiological mechanisms of plant responses to their environment. New Phytologist, 196 (2): 345-348.

Lack A J, Evans D E. 2001. Plant Biology. Oxford: BIOS Scientific Publishers Limited.

Lake J, Quick W, Beerling D, et al. 2001. Plant development. Signals from mature to new leaves. Nature, 411 (6834): 154.

Larcher W. 2000. Temperature stress and survival ability of Mediterranean sclerophyllous plants. Plant Biosystems, 134: 279-295.

Navas M L, Roumet C, Bellmann A, et al. 2010. Suites of plant traits in species from different stages of a Mediterranean secondary succession. Plant Biology, 12 (1): 183-196.

Nautiyal S, Badola H K, Pal M, et al. 1994. Plant responses to water stress: changes in growth, dry matter production, stomatal frequency and leaf anatomy. Biologia Plantarum, 36: 91-97.

Nevo E, Pavliek T, Beharav A, et al. 2000. Drought and light anatomical adaptive leaf strategies in three woody species caused by microclimatic selection at "evolution canyon", Israel. Israel Journal of Plant Sciences, 48: 33-46.

Nicotra A B, Atkin O K, Bonser S P, et al. 2010. Plant phenotypic plasticity in a changing climate. Trends in Plant Science, 15 (12): 684-692.

Nobel P S. 1999. Physicochemical and Environmental Plant Physiology. Los Angeles: Academic Press.

Pang J Y, Yang J Y, Ward P, et al. 2011. Contrasting responses to drought stress in herbaceous perennial legumes. Plant and Soil, 348: 299-314.

Richardson A D, Berlyn G P. 2002. Changes in foliar spectral reflectance and chlorophyll fluorescence of four temperate species following branch cutting. Tree Physiology, 22: 499-506.

Sadras V O, Milroy S P. 1996. Soil-water thresholds for the responses of leaf expansion and gas exchange: a review. Field Crops Research, 47: 253-266.

Stearns S C. 1992. The Evolution of Life Histories. Oxford: Oxford University Press.

Takashima T, Hikosaka K, Hirose T. 2004. Photosynthesis or persistence: nitrogen allocation in leaves of evergreen and deciduous *Quercus* species. Plant, Cell and Environment, 27 (8): 1047-1054.

Thompson W A. 1992. Photosynthetic response to light and nutrients in sun-tolerant and shade-tolerant rain forest trees growth, leaf my andmutrient content. Australian Journal of Plant Physiology, 65: 1-18.

Whitman T, Aarssen L W. 2010. The leaf size/number trade-off in herbaceous angiosperms. Journal of Plant Ecology, 3 (1): 49-58.

Wright I J, Reich P B, Cornelissen J H, et al. 2005. Assessing the generality of global leaf trait relationships. New Phytologist, 166 (2): 485-496.

Wright I J, Reich P B, Westoby M, et al. 2004. The worldwide leaf economics spectrum. Nature, 428 (6985): 821-827.

第10章 植物适应土壤侵蚀环境胁迫的生理生态特性

本章作者：胡　澍　焦菊英

　　土壤侵蚀是黄土丘陵沟壑区生态系统退化最主要的驱动力（邹厚远和焦菊英，2010），它的长期作用改变了地貌和土壤特性，往往使水分、养分、温度和光照等生态因子接近或达到植物的耐受限度，对该区植物构成胁迫或逆境，干扰植物的生长、发育及植被的组成结构与空间分布格局，进而影响植被恢复的进程与方向。也就是说，该区因土壤侵蚀导致丘陵起伏与沟壑纵横的侵蚀地貌和水土资源衰减与物质能量循环失调的退化生态系统，从而对该区的植物生长发育构成土壤侵蚀环境胁迫。而植物能通过改变体内许多生理代谢途径以免受胁迫造成的伤害，并经过胁迫锻炼，植物的抗性可大大提高（Taiz and Zeiger，2009）。因此，可以认为该区的植物对土壤侵蚀环境形成了一定程度的生态适应；选择抗逆性或适应性较强的物种对该区植被恢复具有重要意义。

　　植物适应环境的可塑性不仅表现在植物构型和解剖等表型可塑性上，而且还表现在植物生理功能的可塑性上（Silvertown，1998）。在正常生长条件下，植物在结构和生理上维持着体内水分平衡和活性氧自由基的产生与清除的动态平衡。但在胁迫环境下，植物的体内这种平衡一旦超过植物的内部调节能力，平衡即被打破，植物细胞会受到伤害，其顺序是水分代谢失衡——细胞代谢循环破坏——超氧化物歧化酶（SOD）和过氧化氢酶（CAT）等保护酶活性降低——超氧阴离子（$O_2^-\cdot$）等自由基含量增多——丙二醛（MDA）含量升高——质膜受损——植物细胞产生不可逆伤害。植物通过气孔、叶表皮和叶肉组织共同调节植物体内水分平衡（De Witt and Scheiner，2004）；通过无机离子和有机物（脯氨酸和可溶性糖等）来进行渗透调节（Markesteijn et al.，2011；Martinez et al.，2005）；通过植物体内存在酶促和非酶促两类活性氧清除系统，维持体内活性氧代谢平衡，减小环境胁迫对植物的伤害（Mittler，2002）。大量研究表明，干旱和低温等水分胁迫与其他胁迫如高温、强光和盐渍等都能引起植物体内活性氧的积累，从而诱发膜脂过氧化、碱基突变、DNA链断裂和蛋白质损伤等一系列毒害植物细胞的作用（Apel and Hirt，2004；王凤德等，2011）；而植物的抗氧化特性则体现在其在不同生态因子胁迫下维持体内正常氧代谢以减轻细胞受损的能力。在众多胁迫中，干旱是影响植物生理活动最主要的胁迫（Bai et al.，2006），其他胁迫也是首先通过干旱造成细胞膜系统发生改变而触发一系列水分伤害反应的；而植物能通过细胞的渗透调节作用缓解干旱，改善细胞水分状况，从而维持一定生长和光合能力。

　　目前，关于黄土丘陵沟壑区植物生理适应性的研究主要集中在室内模拟干旱研究（单长卷等，2012；王勇等，2010），而自然条件下植物受到的环境因素影响是多方面的。杜华栋（2013）对黄土丘陵沟壑区 9 种优势植物在延河流域三个植被带坡沟 5 种不同侵蚀环境下的水分指标、渗透调节物质积累、植物受伤害程度、酶促和非酶促两类活性氧清除系统及叶绿素等 21 个指标进行分析的基础上，筛选得出非酶抗氧化物质、细胞伤害程度、渗透调节物质与植物环境适应能力关系密切。因此，本章通过对延河流域 6 个典型流域沟坡不同立地条件下 18 科 38 种植物叶片主要抗氧化物、丙二醛和渗透调节物质含量的测定，研究该区植物的抗氧化特性和渗透调节作用，探讨土壤侵蚀环境对植物生理活动的影响和不同植物适应土壤侵蚀环境的生理机制及能力大小。

10.1　研　究　方　法

10.1.1　样品采集与测定

在延河流域森林带（南部）的毛堡则和尚合年小流域、森林草原带（中部）的三王沟和陈家坬小流域及草原带（西北部）石子湾和周家山小流域（图 4-1），于 2012 年 7 月 11 日至 8 月 21 日 12：00～15：00（光照最强且气温与土温最高）采集植物叶片。对于样地内的单子叶禾本科植物选取从顶叶向下第 3 或第 4 片叶，双子叶植物选取从顶枝向下第 4 枝枝中叶，要求叶片生长良好无损伤，且每个物种在其样地均有 3 个重复。用于测定丙二醛、抗氧化酶、非酶抗氧化物质、可溶性蛋白和可溶性糖的叶片，采集后立即用锡纸包好，装入棉布袋，速冻在液氮罐中，于室内 $-80℃$ 冰箱中保存；用于测定 Na^+、K^+、Cl^- 和脯氨酸的叶片，采集后立即装入密封袋，放入冰盒保存，于烘箱内 $105℃$ 杀青 1 小时，$80℃$ 烘至恒重。共采集 18 科 29 属 38 种植物的样品，其中以禾本科、豆科、菊科和蔷薇科植物最多。

超氧化物歧化酶（SOD）、过氧化物酶（POD）和过氧化氢酶（CAT）活性的测定分别采用氮蓝四唑法、愈创木酚显色法和紫外吸收法（孙群和胡景江，2006）；还原型谷胱甘肽（GSH）和类胡萝卜素（Car）含量的测定分别采用 DTNB 比色法和丙酮-乙醇混合液法（Riffith，1980；张宪政，1986）；丙二醛（MDA）和可溶性糖含量的测定均采用双组分分光光度法（张志良等，2009）；Na^+ 和 K^+ 的测定采用原子分光光度计法（於丙军等，2001）；Cl^- 的测定采用明胶-乙醇水溶液为胶体保护剂的分光光度法（周强等，2007）；可溶性蛋白的测定采用考马斯亮蓝 G-250 染色法（孙群和胡景江，2006）；脯氨酸的测定采用酸性茚三酮法（张蜀秋，2011）。

10.1.2　数据处理

（1）利用样地植被盖度和坡度，依据土壤侵蚀强度面蚀分级标准（中华人民共和国水利部，2008）将样地土壤侵蚀强度分级。

（2）依据不同标准将数值型土壤侵蚀环境因子进行分级。依据耕地坡度分级标准

（全国农业区划委员会，1984），将样地坡度分级：1 级小于 2°，2 级 2°～6°，3 级 6°～15°，4 级 15°～25°，5 级大于 25°。依据通常的土壤酸碱性分级标准（朱祖祥，1983），将样地土壤 pH 分级：极强酸性小于 4.5，强酸性 4.5～5.5，微酸性 5.5～6.5，中性 6.5～7.5，微碱性 7.5～8.5，强碱性大于 8.5。依据适宜旱作物生长的耕层土壤容重范围（朱祖祥，1983），将样地土壤容重分级：过松小于 1.1g/cm³，适宜 1.1～1.3g/cm³，过紧大于 1.3g/cm³。参考土壤干层量化标准（王力等，2000）将样地土壤水分分级：（存在）严重干层小于 6%，中度干层 6%～9%，轻度干层 9%～12%，正常大于 12%。依据全国第二次土壤普查养分分级标准（全国土壤普查办公室，1979）将样地土壤有机质、全氮、有效氮、全磷和速效磷分级（表 10-1）。

表 10-1　全国第二次土壤普查养分分级标准

等级	有机质/(g/kg)	全氮/(g/kg)	有效氮/(mg/kg)	全磷/(g/kg)	速效磷/(mg/kg)
极缺乏	<6	<0.50	<30	<0.2	<3
很缺乏	6～10	0.50～0.75	30～60	0.2～0.4	3～5
缺乏	10～20	0.75～1.00	60～90	0.4～0.6	5～10
中等	20～30	1.00～1.50	90～120	0.6～0.8	10～20
丰富	30～40	1.50～2.00	120～150	0.8～1.0	20～40
很丰富	>40	>2.00	>150	>1.0	>40

（3）运用 R 型聚类分析将可分级的土壤侵蚀环境因子（植被带、海拔、坡向、坡位、坡度、土壤容重、含水量、有机质、全氮、全磷、有效氮和速效磷）进行分类，然后计算每类中各因子的相关指数（谢季坚和刘承平，2000）。

$$R_i^2 = \sum r^2 / (n - 1)$$

式中，r 为同类中某一指标与其他指标之间的相关系数；n 为同类中指标的个数；i 为因子类别。并将每类中相关指数最大的因子作为其典型环境因子。

（4）通过计算供试植物膜脂过氧化和抗氧化及渗透调节各指标大小（Mean±SD）及其变异系数（SD/Mean，Mean 和 SD 分别为各指标测定值在所有科植物或各科植物或同科所有物种或同科各物种的平均值和标准差），以了解供试植物（科和种尺度上）的抗氧化特性和渗透调节作用。

（5）采用单变量多因素方差分析（GLM-Univariate），剖析供试植物的遗传背景（科的尺度上）与典型土壤侵蚀环境因子对其抗氧化特性和渗透调节作用的相对影响。

（6）在科的尺度上，采用 Q 型聚类分析对不同科植物的抗氧化机制和渗透调节机制进行分类，然后通过每类中各指标测定值的相关分析，进一步揭示不同抗氧化机制和渗透调节机制的内涵；在物种尺度上，通过同科不同物种之间主要抗氧化物和 MDA 含量或渗透调节物质含量的多重比较和相关分析，分析同科不同物种抗氧化机制和渗透调节机制的差异。

（7）运用模糊隶属函数法综合判定供试植物（科和种尺度上）的抗氧化能力（孙群

和胡景江，2006；刘学义，1986）。首先求出各抗氧化物指标及膜脂过氧化指标在各科植物和同科各物种的隶属函数值（X_u）：

$$X_u = (X - X_{min}) / (X_{max} - X_{min})$$

式中，X 为某一指标的测定值；X_{max} 和 X_{min} 分别为该指标在所有科植物中或同科所有物种中的最大值和最小值。抗氧化酶和非酶抗氧化物质测定值均适用于此公式，其隶属函数值大，表明其活性较高或其含量较大。若某一指标与抗氧化能力呈负相关，则由反隶属函数计算其隶属函数值（$1-X_u$），MDA 测定值适用于此公式；其隶属函数值大，表明其膜脂过氧化水平较低。然后求出各科植物及同科各物种所有指标的平均隶属函数值；平均隶属函数值大，表明抗氧化能力较强。在科的尺度上，结合抗氧化机制的分类结果，将 18 个科植物抗氧化能力大致分成强、中等和弱三个等级；在物种尺度上，通过比较同科不同物种之间的平均隶属函数值，判定同科不同物种抗氧化能力的差异。

（8）采用多元线性逐步回归或非线性回归分析（依据判定系数 R^2 的大小），探讨供试植物（科和种尺度上）抗氧化特性和渗透调节作用对典型土壤侵蚀环境因子的响应关系，并通过分析抗氧化物和 MDA 含量或渗透调节物质含量与典型土壤侵蚀环境因子的正负相关性，进一步挖掘植物抗氧化特性和渗透调节作用的环境限制因子。

（9）通过供试植物（科和种尺度上）抗氧化物和 MDA 含量与渗透调节物质含量之间的相关分析，探明供试植物抗氧化特性与渗透调节作用之间的相互关系。

10.2 结果与分析

10.2.1 植物的抗氧化特性

1. 不同植物的抗氧化特性

从表 10-2 可以看出，在供试的 18 个科植物中，SOD 活性及 GSH 和 Car 含量的变化范围不大，分别为 8.26 ~ 21.13U/（g·min）（瑞香科和豆科）及 627.37 ~ 1519.39μg/g（唇形科和鼠李科）和 201.08 ~ 605.04μg/g（柏科和壳斗科），科间和科内的 SOD 活性及 GSH 和 Car 含量变异系数均小于 1。POD 和 CAT 活性的变化范围较大，分别为 0.16 ~ 758.45U/（g·min）（鼠李科和禾本科）和 19.00 ~ 762.42U/（g·min）（柏科和禾本科）；科间变异系数分别为 2.20 和 1.00（均大于 1），科内变异系数分别为 0.09 ~ 2.97 和 0.02 ~ 1.60。其中柏科、萝藦科、马钱科、豆科和忍冬科植物的 POD 活性变异系数均大于 1，槭树科、莎草科和蔷薇科植物的 POD 活性变异系数还略大于 2.20，豆科植物的 CAT 活性变异系数也大于 1.00。MDA 含量的变化范围也较大，为 22.87 ~ 1059.61nmol/g（瑞香科和马钱科）；科间变异系数为 1.88（大于 1），科内变异系数为 0.01 ~ 1.11，其中菊科植物的 MDA 含量变异系数大于 1。

由表 10-3 可知，同科不同物种的抗氧化物和 MDA 含量也存在一定差异。例如，豆科

表 10-2 不同科植物的抗氧化酶活性、非酶抗氧化物质含量、MDA 含量及其变异系数

科别	SOD 平均值±标准差	SOD 变异系数	POD 平均值±标准差	POD 变异系数	CAT 平均值±标准差	CAT 变异系数	GSH 平均值±标准差	GSH 变异系数	Car 平均值±标准差	Car 变异系数	MDA 平均值±标准差	MDA 变异系数
柏科	15.20±7.36	0.48	3.59±4.72	1.32	19.00±0.42	0.02	656.32±45.13	0.07	201.08±89.48	0.45	30.61±0.22	0.01
败酱科	10.94±4.56	0.42	29.82±22.21	0.75	102.54±89.82	0.88	745.31±141.62	0.19	248.04±57.70	0.23	60.09±10.20	0.17
唇形科	20.35±0.01	0.00	1.59±0.14	0.09	41.00±32.97	0.80	627.37±52.27	0.08	248.97±45.88	0.18	24.05±2.21	0.09
胡颓子科	14.74±2.86	0.19	0.85±0.41	0.48	134.90±83.16	0.62	1115.73±229.83	0.21	377.82±41.79	0.11	34.00±5.46	0.16
桦木科	18.42±1.17	0.06	0.37±0.28	0.75	146.57±25.56	0.17	906.99±68.96	0.08	429.46±62.80	0.15	56.21±15.28	0.27
壳斗科	18.90±1.11	0.06	3.14±1.91	0.61	235.81±40.59	0.17	828.27±42.73	0.05	605.04±75.29	0.12	74.17±30.47	0.41
萝藦科	18.87±3.07	0.16	91.85±112.12	1.22	108.30±57.02	0.53	1463.23±361.51	0.25	297.27±39.70	0.14	70.74±39.73	0.56
马钱科	18.59±2.10	0.11	52.18±74.88	1.44	92.66±43.19	0.47	1257.70±244.14	0.19	381.22±53.12	0.14	1059.61±385.45	0.36
木犀科	18.84±2.36	0.13	67.63±53.97	0.80	110.90±55.58	0.50	1050.29±411.12	0.39	286.93±54.14	0.19	45.26±13.39	0.30
橄榄树科	19.55±0.79	0.04	0.56±1.29	2.30	368.30±153.97	0.42	1098.55±187.48	0.17	452.61±90.89	0.20	64.58±23.31	0.36
瑞香科	8.26±3.60	0.44	70.16±46.74	0.67	173.54±119.94	0.69	1067.02±324.42	0.30	300.83±29.31	0.10	22.87±10.71	0.47
莎草科	20.70±1.24	0.06	0.40±1.20	2.97	45.33±27.62	0.61	830.16±128.61	0.15	348.84±80.57	0.23	64.18±16.91	0.26
鼠李科	11.05±0.56	0.05	0.16±0.07	0.43	79.70±16.86	0.21	1519.39±387.45	0.26	302.56±90.76	0.30	188.39±84.60	0.45
豆科	21.13±1.94	0.09	578.91±940.73	1.63	318.41±510.73	1.60	1089.96±327.01	0.30	358.39±81.45	0.23	99.10±49.89	0.50
禾本科	16.56±4.82	0.29	758.45±742.74	0.98	762.42±757.46	0.99	1061.94±454.64	0.43	369.10±88.34	0.24	28.37±16.16	0.57
菊科	17.53±4.52	0.26	32.57±22.66	0.70	139.99±75.33	0.54	1377.65±705.76	0.51	297.12±49.41	0.17	105.92±117.99	1.11
蔷薇科	15.23±2.20	0.14	2.76±6.46	2.34	126.56±88.99	0.70	1003.78±206.76	0.21	446.48±114.11	0.26	84.67±45.60	0.54
忍冬科	14.18±2.75	0.19	41.60±58.05	1.40	101.17±75.98	0.75	690.28±102.48	0.15	427.73±33.93	0.08	152.89±56.75	0.37
18个科	16.61±3.67	0.22	96.48±212.44	2.20	172.62±172.66	1.00	1021.66±266.98	0.26	353.42±96.54	0.27	125.87±237.17	1.88

注:抗氧化酶活性单位为 U/($g \cdot min$),SOD 以 0.5 为 1U,POD 以 0.1 为 1U,CAT 以 0.01 为 1U;非酶抗氧化物质 GSH 和 Car 含量单位为 μg/g;MDA 含量单位为 nmol/g。

表10-3 同科不同物种的抗氧化酶活性、非酶抗氧化物质含量、MDA含量及其变异系数

科别	物种	SOD 平均值±标准差	SOD 变异系数	POD 平均值±标准差	POD 变异系数	CAT 平均值±标准差	CAT 变异系数	GSH 平均值±标准差	GSH 变异系数	Car 平均值±标准差	Car 变异系数	MDA 平均值±标准差	MDA 变异系数
豆科	糙叶黄耆	21.24±1.15	0.05	2318.79±1263.20	0.54	1277.96±729.84	0.57	909.01±200.22	0.22	233.50±45.90	0.20	71.21±33.54	0.47
	草木樨状黄耆	20.21±0.98	0.05	698.23±211.36	0.30	413.53±635.59	1.54	1118.68±343.08	0.31	404.88±80.72	0.20	29.94±8.97	0.30
	达乌里胡枝子	21.97±2.06	0.09	0.27±0.28	1.02	133.63±113.83	0.85	1291.86±353.16	0.27	402.11±43.06	0.11	148.36±23.88	0.16
	甘草	21.23±0.56	0.03	0.23±0.21	0.92	72.32±67.99	0.94	1030.71±222.34	0.22	343.00±89.28	0.26	90.95±24.26	0.27
	白刺花	20.09±2.25	0.11	1016.57±391.78	0.39	249.08±216.70	0.87	873.83±210.55	0.24	349.04±37.37	0.11	71.36±17.25	0.24
	5个物种	20.95±0.79	0.04	806.82±954.32	1.18	429.31±491.89	1.15	1044.82±169.09	0.16	346.51±69.44	0.20	82.37±43.08	0.52
禾本科	白羊草	19.91±3.07	0.15	118.12±65.48	0.55	107.47±138.07	1.28	1449.07±256.42	0.18	407.82±51.81	0.13	57.11±24.91	0.44
	糙隐子草	15.14±4.96	0.33	426.41±167.68	0.39	198.18±153.70	0.78	1121.49±336.49	0.30	421.58±118.29	0.28	23.54±4.36	0.19
	大针茅	11.88±4.70	0.40	624.99±205.80	0.33	876.18±449.23	0.51	710.86±179.76	0.25	314.75±32.45	0.10	18.18±1.95	0.11
	赖草	16.79±3.14	0.19	850.55±459.97	0.54	891.42±686.10	0.77	774.67±164.09	0.21	272.93±73.47	0.27	19.78±4.99	0.25
	芦苇	8.75±4.30	0.49	88.11±66.75	0.76	187.90±139.27	0.74	792.21±244.33	0.31	363.50±64.26	0.18	20.29±3.93	0.19
	长芒草	18.38±3.33	0.18	1538.72±783.67	0.51	1592.58±659.97	0.41	813.95±174.51	0.21	341.73±66.53	0.19	25.88±6.92	0.27
	中华隐子草	18.37±2.28	0.12	377.75±215.16	0.57	429.17±229.16	0.53	1751.29±526.24	0.30	445.31±48.41	0.11	28.73±14.96	0.52
	7个物种	15.60±4.01	0.26	574.95±502.32	0.87	611.84±539.83	0.88	1059.08±401.79	0.38	366.80±61.92	0.17	27.64±13.51	0.49
菊科	冷蒿	20.35	—	7.96	—	135.41	—	816.93	—	259.05	—	27.97	—
	阿尔泰狗娃花	19.65±2.51	0.13	34.31±25.13	0.73	172.73±96.00	0.56	1038.84±265.00	0.26	303.01±28.61	0.09	27.82±7.24	0.26
	茭蒿	14.39±6.45	0.45	47.95±15.08	0.31	177.39±50.14	0.28	2333.44±684.29	0.29	299.64±51.17	0.17	240.79±125.36	0.52
	铁杆蒿	18.05±3.18	0.18	22.69±10.90	0.48	97.64±55.39	0.57	1056.44±236.28	0.22	312.91±54.61	0.17	99.46±83.87	0.84
	野菊	20.27±2.99	0.15	65.33±32.00	0.49	155.45±98.50	0.63	837.25±193.70	0.23	234.10±44.45	0.19	23.90±6.07	0.25
	猪毛蒿	17.88±2.10	0.12	11.11±6.40	0.58	114.52±59.42	0.52	1110.55±340.91	0.31	276.87±28.58	0.10	16.52±3.46	0.21
	6个物种	18.43±2.25	0.12	31.56±22.23	0.70	142.19±32.07	0.23	1198.91±568.79	0.47	280.93±30.16	0.11	72.74±87.77	1.21

续表

科别	物种	SOD 平均值±标准差	SOD 变异系数	POD 平均值±标准差	POD 变异系数	CAT 平均值±标准差	CAT 变异系数	GSH 平均值±标准差	GSH 变异系数	Car 平均值±标准差	Car 变异系数	MDA 平均值±标准差	MDA 变异系数
蔷薇科	杜梨	14.77±0.55	0.04	3.37±2.40	0.71	105.61±33.41	0.32	1304.11±89.99	0.07	392.99±101.11	0.26	123.96±49.47	0.40
	黄刺枚	14.47±0.37	0.03	0.95±0.36	0.38	221.98±73.43	0.33	1002.44±147.51	0.15	477.70±115.71	0.24	45.87±13.48	0.29
	菊叶委陵菜	17.00±3.44	0.20	0.54±0.52	0.97	93.13±59.38	0.64	1045.60±201.96	0.19	383.21±39.63	0.10	110.06±21.73	0.20
	水栒子	13.77±1.35	0.10	10.33±14.18	1.37	59.82±26.35	0.44	859.26±202.75	0.24	449.56±145.42	0.32	46.79±11.79	0.25
	土庄绣线菊	15.53±0.24	0.02	2.12±0.55	0.26	57.08±44.13	0.77	916.60±232.76	0.25	526.50±137.66	0.26	148.90±25.35	0.17
	5个物种	15.11±1.23	0.08	3.46±4.00	1.15	107.52±67.33	0.63	1025.60±171.80	0.17	445.99±59.69	0.13	95.12±46.66	0.49
忍冬科	葱皮忍冬	15.29±0.38	0.02	17.52±1.56	0.09	96.59±96.67	1.00	735.49±95.72	0.13	438.01±26.60	0.06	179.28±50.83	0.28
	六道木	11.96±4.77	0.40	89.75±99.44	1.11	110.34±24.00	0.22	599.85±22.06	0.04	407.17±48.63	0.12	100.12±0.34	0.00
	2个物种	13.63±2.35	0.17	53.63±51.07	0.95	103.47±9.73	0.09	667.67±95.91	0.14	422.59±21.80	0.05	139.70±55.97	0.40

注：抗氧化酶活性单位为U/(g·min)，SOD以0.5为1U，POD以0.1为1U，CAT以0.1为1U，CAT以0.01为1U；非酶抗氧化物质GSH和Car含量单位为μg/g；MDA含量单位为nmol/g。由于菊科植物冷蒿的鲜样不够，无法计算其标准差和变异系数。

植物中，POD 和 CAT 活性的变化范围较大，分别为 0.23～2318.79U/（g·min）（甘草和糙叶黄耆）和 72.32～1277.96U/（g·min）（甘草和糙叶黄耆），变异系数分别为 1.18 和 1.15，均大于 1。蔷薇科植物中，POD 活性的变化范围较大，为 0.54～10.33U/（g·min）（菊叶委陵菜和水枸子），变异系数为 1.15，也大于 1。菊科植物中，MDA 含量的变化范围较大，为 16.52～240.79nmol/g（猪毛蒿和茭蒿）；变异系数为 1.21，也大于 1。禾本科和忍冬科植物中，各抗氧化物和 MDA 含量的变化范围均不大，变异系数大部分小于 1。同时，不同土壤侵蚀环境下，同一物种的抗氧化酶活性和 MDA 含量也有所不同。例如，豆科植物达乌里胡枝子、蔷薇科植物水枸子和忍冬科植物六道木的 POD 活性变异系数分别为 1.02、1.37 和 1.11，均大于 1；豆科植物草木樨状黄耆、禾本科植物白羊草和忍冬科植物葱皮忍冬的 CAT 活性的变异系数分别为 1.54、1.28 和 1.00，也均大于等于 1。

2. 植物抗氧化特性的主要影响因素

由上述分析可知，受遗传背景和土壤侵蚀环境胁迫的影响，不同植物具有不同的膜脂过氧化和抗氧化水平，各科植物和同科各物种也具有特殊的抗氧化变异特征，所以不同供试植物之间存在一定的抗氧化特性差异。在此基础上，需进一步探究影响供试植物抗氧化特性的主要因素。因此，考虑以典型土壤侵蚀环境因子即植被带、海拔、土壤水分和有机质分别代表水热条件、地形、土壤水分和养分条件，以及用科别代表遗传背景，对供试植物的膜脂过氧化和抗氧化指标测定值进行单变量多因素方差分析，结果见表 10-4，可以看出，饱和模型对抗氧化特性的可解释比例在 85.73% 左右，除对 GSH 外；遗传背景的解释比例明显大于典型土壤侵蚀环境因子，占模型可解释比例的比例最大（约 38.22%），表明遗传背景对供试物种抗氧化特性的影响大于土壤侵蚀环境，是主要的影响因素。

表 10-4 植物抗氧化特性的多因素方差分析

影响因素	自由度 df	MDA		SOD		POD		CAT		GSH		Car	
		F	SS/%	F	SS/%	F	SS/%	F	SS/%	F	SS/%	F	SS/%
科别	17	83.28	59.12***	6.13	25.45***	4.25	32.83***	2.63	27.45**	1.63	12.24	7.68	31.54***
水热条件	2	3.30	2.34*	0.96	0.47	0.00	0.00	0.49	5.07	3.95	29.73*	1.13	4.64
海拔	3	3.15	2.24*	0.07	0.05	0.48	3.74	0.06	0.65	1.40	10.53	0.30	1.25
土壤水分	3	8.13	5.77***	0.71	0.52	0.14	1.12	0.38	3.92	0.01	0.07	0.30	1.23
土壤有机质	5	0.28	0.20	0.68	0.83	0.27	2.09	0.11	1.17	0.41	3.06	1.67	6.87
科别×水热条件	7	8.95	6.36***	3.30	5.65**	0.24	1.89	0.30	3.08	0.41	3.09	1.00	4.10
科别×海拔	17	4.06	2.88***	0.67	2.76	0.33	2.58	0.12	1.30	0.25	1.88	1.12	4.60
科别×土壤水分	19	5.52	3.92***	0.74	3.45	0.07	0.55	0.40	4.21	0.14	1.05	0.64	2.62
水热条件×海拔	1	5.07	3.60*	0.47	0.11	0.02	0.15	0.00	0.00	0.22	1.64	0.19	0.78
土壤水分×有机质	1	6.11	4.34*	0.21	0.05	0.12	0.89	0.16	1.72	0.28	2.11	2.80	11.51

续表

影响因素	自由度 df	MDA		SOD		POD		CAT		GSH		Car	
		F	SS/%	F	SS/%	F	SS/%	F	SS/%	F	SS/%	F	SS/%
科别×水热条件×海拔	3	3.18	2.26*	0.30	0.22	0.17	1.35	0.08	0.80	0.03	0.21	0.89	3.63
科别×土壤水分×有机质	2	5.16	3.66**	0.28	0.14	2.02	15.62	0.07	0.76	0.83	6.22	1.72	7.07
模型可解释比例	—	—	99.29	—	44.30	—	92.27	—	89.57	—	92.47	—	95.89

注：F 为 F 检验中的 F 值；SS 为方差解释比例。表中仅列出达到显著水平的交互作用，SS 后的星号表示显著性水平，*** 为 $P<0.000$，** 为 $P<0.01$，* 为 $P<0.05$。

供试植物的 GSH 含量受遗传背景影响微弱，表现为科间差异不显著（表10-4），而仅对水热条件反应敏感；从南部到西北部，伴随着降水减少和气温降低，供试植物的 GSH 含量呈现出先升高后降低的显著趋势（图10-1）。而 3 种抗氧化酶活性、Car 和 MDA 含量明显受到遗传背景的影响，表现为科间差异极显著。例如，禾本科植物的 POD 活性最高，豆科次之，其他科植物较低（图10-2）；禾本科和槭树科植物的 CAT 活性最高，豆科、壳斗科、瑞香科、桦木科、菊科、胡颓子科和蔷薇科植物次之，其他科植物之间的 CAT 活性无显著差异且活性较低（图10-3）；壳斗科、槭树科、蔷薇科、桦木科、忍冬科、马钱科、胡颓子科、禾本科和豆科植物的 Car 含量远大于败酱科和柏科植物，其他科植物的 Car 含量中等（图10-4）。个别科植物如槭树科、莎草科、蔷薇科和豆科植物的抗氧化酶活性出现科内差异略大于科间差异的情况；这可能要考虑土壤侵蚀环境的影响，然而表10-4中的典型因子无从解释，还需探寻其他一些环境因子的影响。供试植物的 SOD 活性明显受到遗传背景及其与水热条件交互作用的影响。例如，从南部到西北部，伴随着降水减少和气温降低，禾本科和菊科植物的 SOD 活性也随之发生显著变化，分别表现为先升高后降低和先降低后升高（图10-5）。供试植物的 MDA 含量不仅受遗传背景、水热条件、海拔和土壤水分的单独作用，还明显受到遗传背景与典型因子之间的交互作用以及不同典型因子之间的部分交互作用，表明供试植物 MDA 含量的变异特征是遗传背景和土壤侵蚀环境综合作用的结果。

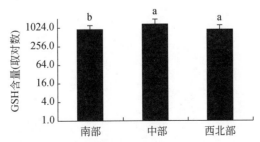

图 10-1　植物在不同水热条件下的 GSH 含量

不同小写字母表示差异显著（$P<0.05$）。图10-7、图10-9、图10-11、图10-15（b）（c）、图10-16同

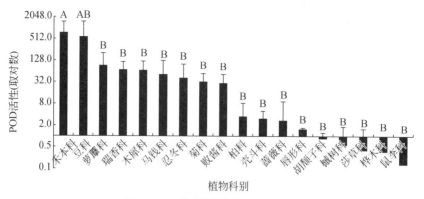

图 10-2　不同科植物的 POD 活性

不同大写字母表示差异极显著（P<0.01）。图 10-3、图 10-4、图 10-5、图 10-13、图 10-14、图 10-15（a）同

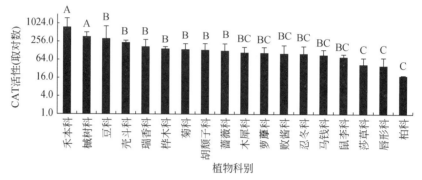

图 10-3　不同科植物的 CAT 活性

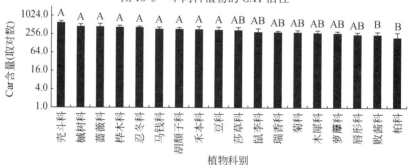

图 10-4　不同科植物的 Car 含量

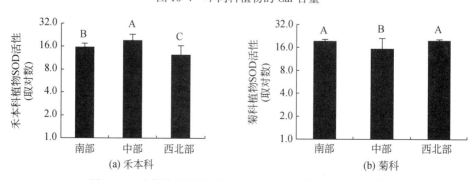

(a) 禾本科　　　(b) 菊科

图 10-5　禾本科和菊科植物在不同水热条件下的 SOD 活性

3. 不同植物的抗氧化机制与能力

根据上述分析结果，可判定供试植物的抗氧化机制与能力主要取决于遗传背景，而土壤侵蚀环境决定其能否适应及其进化方向。

1) 不同科植物的抗氧化机制与能力

受遗传背景和土壤侵蚀环境胁迫的影响，不同科植物的抗氧化机制有所差异，也可能存在一些共性。采用 Q 型聚类分析将具有相似抗氧化机制的供试植物归成一类，结果见表 10-5。可以看出，18 个科植物采用 7 种不同的抗氧化机制来清除活性氧，抑制膜脂过氧化作用，以减轻细胞膜损伤。不同抗氧化机制之间，各抗氧化物的含量水平、相互关系以及抑制膜脂过氧化作用大小都存在明显差异。

表 10-5　植物抗氧化物的隶属函数值和聚类分析

科别	SOD	POD	CAT	GSH	Car	MDA	平均隶属函数值	聚类分析结果
禾本科	0.645	1.000	1.000	0.487	0.416	0.995	0.757	1
豆科	1.000	0.763	0.403	0.519	0.389	0.926	0.667	2
鼠李科	0.217	0.000	0.082	1.000	0.251	0.840	0.398	3
瑞香科	0.000	0.092	0.208	0.493	0.247	1.000	0.340	3
槭树科	0.877	0.001	0.470	0.528	0.623	0.960	0.576	4
壳斗科	0.827	0.004	0.292	0.225	1.000	0.951	0.550	4
萝藦科	0.825	0.121	0.120	0.937	0.194	0.954	0.525	5
菊科	0.720	0.043	0.163	0.841	0.238	0.920	0.487	5
马钱科	0.803	0.069	0.099	0.707	0.446	0.000	0.354	5
桦木科	0.789	0.000	0.172	0.313	0.565	0.968	0.468	6
木犀科	0.822	0.089	0.124	0.474	0.213	0.978	0.450	6
蔷薇科	0.541	0.003	0.145	0.422	0.607	0.940	0.443	6
胡颓子科	0.503	0.001	0.156	0.547	0.438	0.989	0.439	6
莎草科	0.967	0.000	0.035	0.227	0.366	0.960	0.426	6
忍冬科	0.460	0.055	0.111	0.071	0.561	0.875	0.355	6
唇形科	0.940	0.002	0.030	0.000	0.119	0.999	0.348	6
败酱科	0.208	0.039	0.112	0.132	0.116	0.964	0.262	7
柏科	0.539	0.005	0.000	0.032	0.000	0.993	0.261	7

由表 10-5 和表 10-6 可知，禾本科和豆科植物都具有相对较高的抗氧化酶活性，前者的 POD 和 CAT 活性最高，且它们协同变化，维持较低的膜脂过氧化水平，尤以 POD 的作用显著；后者的 SOD 活性最高，但与 MDA 含量呈显著正相关，POD 活性仅低于前者，与 CAT 协同抑制膜脂过氧化作用。因而两者都采用以抗氧化酶为主的策略，表现出较强的抗氧化能力；但其调用的主要抗氧化酶不同，故区别成两类。

表 10-6　禾本科和豆科植物抗氧化物和 MDA 含量之间的相关性

科别	指标	SOD	POD	CAT	GSH	Car
禾本科	SOD	1				
	POD	—	1			
	CAT	**	**	1		
	GSH	**	— **	— *	1	
	Car	—	—	— *	**	1
	MDA	**	— *	—	**	*
豆科	SOD	1				
	POD	—	1			
	CAT		**	1		
	GSH	**	—	—	1	
	Car		— **	— **	*	1
	MDA	*	— **	— **	*	—

注：达到显著以上水平的相关关系记为星号，星号含义同表 10-4，星号前负号表示负相关，未达到显著水平的相关关系记为"—"，相关矩阵对角线以上的相关系数记为空白，表 10-7 至表 10-12 同。

由表 10-5 和表 10-7 可知，鼠李科和瑞香科植物的 3 种抗氧化酶活性均较低，其中前者的 POD 活性和后者的 SOD 活性最低；但鼠李科植物的 GSH 含量最高，瑞香科植物的也较高。因而相对于禾本科和豆科植物，它们采用的是以非酶抗氧化物质 GSH 为主的抗氧化策略；但其 GSH 对 MDA 积累并未产生抑制作用，在抗氧化能力上处于劣势。

表 10-7　鼠李科和瑞香科植物抗氧化物和 MDA 含量之间的相关性

科别	指标	SOD	POD	CAT	GSH	Car
鼠李科	SOD	1				
	POD	—	1			
	CAT	—	—	1		
	GSH	—	—	—	1	
	Car	—	—	—	—	1
	MDA	—	—	—	—	—
瑞香科	SOD	1				
	POD	—	1			
	CAT	—	—	1		
	GSH	—	—	—	1	
	Car	—	—	—	—	1
	MDA	—	—	—	**	—

由表 10-5 和表 10-8 可知，槭树科和壳斗科植物的 SOD 和 CAT 活性较高，POD 活性很低，仅靠 CAT 清除 H_2O_2 作用有限，但 Car 含量最高。萝藦科、菊科和马钱科植物的

SOD 活性较高，POD 和 CAT 活性都很低；虽然 GSH 含量仅次于鼠李科植物，但清除 H_2O_2 作用也不大，这一点与槭树科和壳斗科植物类似，但淬灭 $^1O_2$ 的能力远不如它们。桦木科、木犀科、蔷薇科、胡颓子科、莎草科、忍冬科和唇形科植物的 POD 和 CAT 活性也都很低，主要通过 SOD 和 Car 表现抗氧化能力。因而这些植物都采用抗氧化酶和非酶抗氧化物质共同抵御的策略；但其主要抗氧化物之间多呈不显著相关关系且抑制膜脂过氧化作用微弱。因其发挥主导作用的抗氧化酶和非酶抗氧化物质不同，将其抗氧化机制区分成三类。值得注意的是，虽然马钱科的 GSH 对 MDA 积累存在显著抑制作用，但膜脂过氧化水平相对于其他科植物最高。败酱科和柏科植物的平均隶属函数值最小，表明其抗氧化能力最低，这从其较低的抗氧化酶活性和非酶抗氧化物质含量也可说明。

表 10-8 其他科植物抗氧化物和 MDA 含量之间的相关性

科别	指标	SOD	POD	CAT	GSH	Car
槭树科	SOD	1				
	POD	$-$ *	1			
	CAT	—	—	1		
	GSH	—	—	—	1	
	Car	—	—	—	$-$ **	1
	MDA	—	—	—	—	—
壳斗科	SOD	1				
	POD	—	1			
	CAT	*	—	1		
	GSH	—	—	—	1	
	Car	—	—	—	—	1
	MDA	—	—	—	—	—
萝藦科	SOD	1				
	POD	—	1			
	CAT	—	—	1		
	GSH	—	*	—	1	
	Car	—	—	—	—	1
	MDA	—	—	—	—	—
菊科	SOD	1				
	POD	—	1			
	CAT	—	**	1		
	GSH	$-$ **	$-$ **	**	1	
	Car	—	—	—	—	1
	MDA	$-$ **	**	*	**	—

科别	指标	SOD	POD	CAT	GSH	Car
马钱科	SOD	1				
	POD	—	1			
	CAT	—	—	1		
	GSH	—	—	—	1	
	Car	—	*	—	—	1
	MDA	—	—	—	– *	—
桦木科	SOD	1				
	POD	—	1			
	CAT	—	—	1		
	GSH	—	—	—	1	
	Car	—	—	—	—	1
	MDA	—	—	—	—	—
木犀科	SOD	1				
	POD	—	1			
	CAT	—	—	1		
	GSH	—	—	—	1	
	Car	—	**	—	—	1
	MDA	—	—	—	*	—
蔷薇科	SOD	1				
	POD	—	1			
	CAT	—	—	1		
	GSH	—	—	—	1	
	Car	—	—	—	– **	1
	MDA	*		– **	—	—
胡颓子科	SOD	1				
	POD	—	1			
	CAT	—	—	1		
	GSH	—	—	—	1	
	Car	—	—	—	—	1
	MDA	—	—	*	—	—
莎草科	SOD	1				
	POD	—	1			
	CAT	—	—	1		
	GSH	– *		*	1	
	Car	—	—	—	– *	1
	MDA	—	—	**	—	—

续表

科别	指标	SOD	POD	CAT	GSH	Car
忍冬科	SOD	1				
	POD	－＊＊	1			
	CAT	—	—	1		
	GSH	—	—	—	1	
	Car	—	—	—	—	1
	MDA	—	—	—	—	—
败酱科	SOD	1				
	POD	—	1			
	CAT	—	—	1		
	GSH	＊＊	—	—	1	
	Car	—	—	—	－＊	1
	MDA	—	—	—	—	—

注：由于唇形科和柏科植物的鲜样不够，因而无法探明其抗氧化物和 MDA 含量之间的相关性。

依据表 10-5 中供试植物抗氧化物的平均隶属函数值大小和聚类分析结果，判定不同科植物的抗氧化能力大致为禾本科和豆科植物的抗氧化能力较强，槭树科和壳斗科植物次之，其他科植物较弱。

2）同科不同物种的抗氧化机制与能力

同科不同物种之间，亲缘关系相近而进化方向有所差异，因而其抗氧化机制与能力也存在一定差异。具体以主要抗氧化物的含量水平、相互关系及抑制膜脂过氧化作用的差异表现出来。禾本科植物中，各物种的 POD 和 CAT 活性及 MDA 含量差异均不大（表 10-3）。由表 10-9 可知，白羊草的 POD 与 CAT 活性显著协同变化，而其他物种的相关性不显著；长芒草的 POD 膜脂过氧化抑制作用显著，而其他物种的 POD 或 CAT 活性与 MDA 含量相关性不显著。

表 10-9　禾本科植物不同物种主要抗氧化物和 MDA 含量之间的相关性

物种	指标	POD	CAT
长芒草	POD	1	
	CAT	—	1
	MDA	－＊	—
中华隐子草	POD	1	
	CAT	—	1
	MDA	—	—
糙隐子草	POD	1	
	CAT	—	1
	MDA	—	—

续表

物种	指标	POD	CAT
赖草	POD	1	
	CAT	—	1
	MDA	—	—
白羊草	POD	1	
	CAT	**	1
	MDA	—	—
大针茅	POD	1	
	CAT	—	1
	MDA	—	—
芦苇	POD	1	
	CAT	—	1
	MDA	—	—

从图 10-6 可以看出，禾本科植物不同物种的抗氧化能力大致为长芒草和中华隐子草较强，糙隐子草、赖草、白羊草和大针茅次之，芦苇较弱。

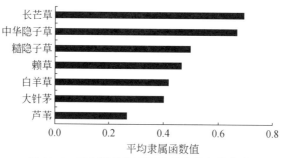

图 10-6　禾本科植物不同物种的抗氧化能力

豆科植物中，各物种的 SOD 和 MDA 含量差异不大（表 10-3），而由图 10-7 可知，糙叶黄耆的 POD 活性显著高于草木樨状黄耆、达乌里胡枝子和甘草，糙叶黄耆的 CAT 活性显著高于白刺花、达乌里胡枝子和甘草。

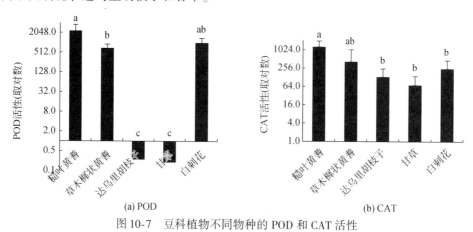

(a) POD　　　　　　　　　(b) CAT

图 10-7　豆科植物不同物种的 POD 和 CAT 活性

由表 10-10 可知,白刺花的 SOD 与 POD 活性和草木樨状黄耆的 POD 与 CAT 活性显著协同变化,而其他物种的主要抗氧化酶活性之间相关性不显著;糙叶黄耆的 CAT 抑制膜脂过氧化作用显著,而甘草的 POD 起反作用,其他物种的主要抗氧化酶活性与 MDA 含量相关性不显著。

表 10-10　豆科植物不同物种主要抗氧化物和 MDA 含量之间的相关性

物种	指标	SOD	POD	CAT
糙叶黄耆	SOD	1		
	POD	—	1	
	CAT	—	—	1
	MDA	—	—	-*
草木樨状黄耆	SOD	1		
	POD	—	1	
	CAT	—	**	1
	MDA	—	—	—
达乌里胡枝子	SOD	1		
	POD	—	1	
	CAT	—	—	1
	MDA	—	—	—
甘草	SOD	1		
	POD	—	1	
	CAT	—	—	1
	MDA	—	*	—
白刺花	SOD	1		
	POD	**	1	
	CAT	—	—	1
	MDA	—	—	—

从图 10-8 可以看出,糙叶黄耆、草木樨状黄耆和达乌里胡枝子的抗氧化能力明显强于甘草和白刺花。

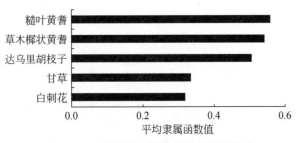

图 10-8　豆科植物不同物种的抗氧化能力

菊科植物中，SOD 活性和 GSH 含量的种间差异不大（表 10-3）。而由图 10-9 可知，茭蒿和铁杆蒿的 MDA 含量较大，冷蒿、阿尔泰狗娃花和野菊的次之，猪毛蒿的较小。

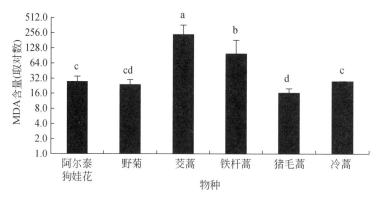

图 10-9　菊科植物不同物种的 MDA 含量

由表 10-11 可知，阿尔泰狗娃花、茭蒿、铁杆蒿和猪毛蒿 SOD 活性与 GSH 含量均呈显著负相关，而野菊的相关性不显著；茭蒿的 SOD 抑制膜脂过氧化作用显著，而茭蒿、铁杆蒿和野菊的 GSH 起反作用，其他物种的 SOD 活性或 GSH 含量与 MDA 含量相关性不显著。

表 10-11　菊科植物不同物种主要抗氧化物和 MDA 含量之间的相关性

物种	指标	SOD	GSH
阿尔泰狗娃花	SOD	1	
	GSH	- *	1
	MDA	—	—
野菊	SOD	1	
	GSH	—	1
	MDA	—	*
茭蒿	SOD	1	
	GSH	- **	1
	MDA	- **	**
铁杆蒿	SOD	1	
	GSH	- **	1
	MDA	—	**
猪毛蒿	SOD	1	
	GSH	- **	1
	MDA	—	—

注：由于菊科植物冷蒿的鲜样不够，因此无法计算其主要抗氧化物和 MDA 含量之间的相关性。

从图 10-10 可以看出，阿尔泰狗娃花的抗氧化能力最强，野菊和茭蒿的次之，铁杆蒿、猪毛蒿和冷蒿的最弱。

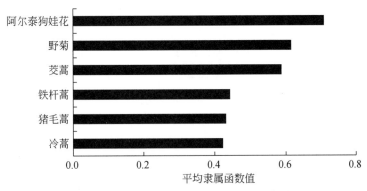

图 10-10 菊科植物不同物种的抗氧化能力

蔷薇科植物中，SOD 活性和 Car 含量及 MDA 含量的种间差异均不大（表 10-3）。而由图 10-11 可知，水枸子的 POD 活性显著高于土庄绣线菊、黄刺玫和菊叶委陵菜的。

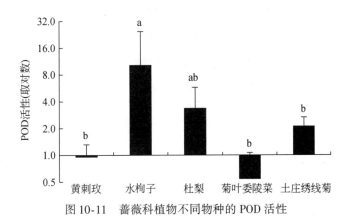

图 10-11 蔷薇科植物不同物种的 POD 活性

由表 10-12 可知，杜梨 SOD 活性和 Car 含量显著协同变化，而其他物种的相关性不显著；各物种的 SOD 和 Car 抑制膜脂过氧化作用均不显著。

表 10-12 蔷薇科植物不同物种主要抗氧化物和 MDA 含量之间的相关性

物种	指标	SOD	Car
黄刺玫	SOD	1	
	Car	—	1
	MDA	—	—
水枸子	SOD	1	
	Car	—	1
	MDA	—	—
杜梨	SOD	1	
	Car	*	1
	MDA	—	—

续表

物种	指标	SOD	Car
菊叶委陵菜	SOD	1	
	Car	—	1
	MDA	—	—
土庄绣线菊	SOD	1	
	Car	—	1
	MDA	—	—

从图 10-12 可以看出，黄刺玫的抗氧化能力明显强于水栒子、杜梨、菊叶委陵菜和土庄绣线菊。

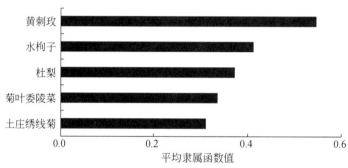

图 10-12　蔷薇科植物不同物种的抗氧化能力

4. 不同植物抗氧化特性对土壤侵蚀环境的响应

在排除遗传背景的主要影响后，探讨不同植物抗氧化特性对土壤侵蚀环境的响应关系，相比于直接跨物种分析，可消除分析结果的不确定性。因此，分别在科和种两个尺度上，利用多元线性逐步回归或非线性回归分析，建立典型土壤侵蚀环境因子［土壤容重（TVW）、海拔（A）、土壤水分（TWC）和有机质（TOM）］与抗氧化物和 MDA 含量之间的函数关系，结果见表 10-13 和表 10-14。需要强调的是，由于植被带不是数值型变量，也不能作为 0–1 型虚拟变量，因而不能用于本节的回归分析，而是选择与其相关指数相等的土壤容重作为典型因子来代表土壤侵蚀环境的土壤松紧度。

表 10-13　典型土壤侵蚀环境因子与不同科植物抗氧化物和 MDA 含量的回归分析

科别	指标		回归模型	自由度	判定系数 R^2
禾本科	SOD	二次	$y = -25.13 + 0.09A - 0.0000456A^2$	88	0.111
	POD	三次	$y = 389.91 + 80.45TOM - 4.46TOM^2 + 0.10TOM^3$	85	0.147
	GSH	指数	$y = 9719.40 - 0.002^A$	88	0.083
	Car	线性	$y = 1023.66 - 459.56TVW - 9.25TWC$	86	0.139

续表

科别	指标		回归模型	自由度	判定系数 R^2
豆科	SOD	三次	$y=19.77-0.02TWC^2+0.002TWC^3$	71	0.183
	GSH	指数	$y=578.22+0.05^{TWC}$	72	0.136
	Car	三次	$y=4759.88-5.02A+0.00000096A^3$	73	0.111
菊科	SOD	二次	$y=15.94+1.33TWC-0.11TWC^2$	105	0.178
	POD	线性	$y=328.29-0.15A-90.17TVW$	105	0.259
	CAT	指数	$y=3364.48-0.003^A$	105	0.066
	Car	三次	$y=288.94-1.99TOM+0.26TOM^2-0.004TOM^3$	106	0.208
蔷薇科	SOD	线性	$y=1.26+0.41TWC+8.44TVW$	35	0.267
	POD	三次	$y=-3.42+0.93TOM-0.05TOM^2+0.001TOM^3$	35	0.290
	GSH	三次	$y=887.98+34.81TOM-1.57TOM^2+0.02TOM^3$	35	0.229
	Car	三次	$y=414.48-7.44TOM+0.48TOM^2-0.01TOM^3$	35	0.394
木犀科	POD	二次	$y=369.32-75.06TWC+4.25TWC^2$	15	0.637
	GSH	三次	$y=2261.95-145.27TOM+4.71TOM^2-0.05TOM^3$	16	0.515
	MDA	三次	$y=82.86-4.24TOM+0.14TOM^2-0.002TOM^3$	15	0.578
败酱科	POD	二次	$y=5806.76-8.73A+0.003A^2$	13	0.602
	GSH	三次	$y=771.01+9.60TOM-0.77TOM^2+0.01TOM^3$	14	0.325
	Car	三次	$y=268.75-11.37TOM+0.63TOM^2-0.01TOM^3$	14	0.597
莎草科	CAT	指数	$y=0.12+5.27^{TVW}$	13	0.434
	GSH	三次	$y=6870.03-16648.20TVW^2+10529.10TVW^3$	13	0.785

注：由于采集的鼠李科、瑞香科、槭树科、壳斗科、萝藦科、马钱科、桦木科、忍冬科、胡颓子科、唇形科和柏科植物样品较少（$df<11$），因此没有实现回归模型的构建；对于其他科植物该表仅列出达到显著（$P<0.05$）以上水平的回归模型。

表 10-14　典型土壤侵蚀环境因子与同科不同物种抗氧化物和 MDA 含量的回归分析

科别	物种	指标		回归模型	自由度	判定系数 R^2
禾本科	长芒草	SOD	指数	$y=206.58-0.002^A$	26	0.420
		POD	三次	$y=1763.61-90.29TOM+5.84TOM^2-0.07TOM^3$	26	0.200
		Car	三次	$y=295.81+3.46TWC^2-0.27TWC^3$	26	0.334
	中华隐子草	CAT	三次	$y=-0.70+78.75TOM-0.08TOM^3$	11	0.593
		Car	二次	$y=488.57-14.87TOM+0.78TOM^2$	11	0.633
	糙隐子草	SOD	幂	$y=25.05+TVW^{-2.97}$	13	0.321
		CAT	指数	$y=411950.65-6.56^{TVW}$	13	0.406
		Car	三次	$y=10550.92-10.93A+0.00000186A^3$	12	0.384

科别	物种	指标		回归模型	自由度	判定系数 R^2
豆科	达乌里胡枝子	SOD	指数	$y=16.75+0.02^{TWC}$	25	0.306
	甘草	CAT	线性	$y=965.71-31.93TWC-0.40A$	14	0.710
	白刺花	SOD	二次	$y=27.45-2.29TWC+0.15TWC^2$	12	0.371
		GSH	幂	$y=1\,395.87+TOM^{-0.20}$	12	0.444
		Car	三次	$y=420.17-3.82TWC^2+0.30TWC^3$	12	0.567
		MDA	二次	$y=1\,424.99-2\,283.99TVW+957.09TVW^2$	13	0.619
菊科	阿尔泰狗娃花	SOD	三次	$y=21.45+0.04TWC^2-0.01TWC^3$	19	0.278
		POD	线性	$y=535-0.20A-152.80TVW-5.18TWC$	20	0.544
		CAT	指数	$y=32\,188.02-0.004^A$	20	0.218
	茭蒿	SOD	二次	$y=-4.40+6.20TWC-0.41TWC^2$	27	0.590
		POD	三次	$y=10.04+7.40TOM-0.32TOM^2+0.004TOM^3$	26	0.480
		GSH	二次	$y=3\,322.56-416.04TWC+29.80TWC^2$	27	0.417
		Car	三次	$y=258.40+2.73TOM+0.22TOM^2-0.01TOM^3$	27	0.391
		MDA	二次	$y=485.80-81.59TWC+5.38TWC^2$	27	0.279
	铁杆蒿	SOD	三次	$y=22.14-0.06TWC^2+0.002TWC^3$	35	0.170
		POD	线性	$y=131.84-0.09A+0.36TOM$	35	0.355
		GSH	线性	$y=3\,016.80-9.91TOM-1.72A+36.13TWC$	35	0.435
		Car	三次	$y=268.93+4.70TOM-0.12TOM^2+0.003TOM^3$	35	0.603
		MDA	指数	$y=0.82+3.82^{TVW}$	35	0.202
蔷薇科	黄刺玫	Car	指数	$y=348.89+0.01^{TOM}$	11	0.362
		MDA	二次	$y=446.96-633.79TVW+242.98TVW^2$	11	0.452

注：由于采集的禾本科大针茅、白羊草、赖草和芦苇，豆科草木樨状黄耆和糙叶黄耆，菊科猪毛蒿、冷蒿和野菊以及蔷薇科水枸子、杜梨和土庄绣线菊样品较少（$df<11$），因此没有实现回归模型的构建；对于其他物种该表仅列出达到显著（$P<0.05$）以上水平的回归模型。

1）不同科植物抗氧化特性对土壤侵蚀环境的响应

从表 10-13 可以看出，不同科植物抗氧化特性对土壤侵蚀环境的响应程度不同；其中，禾本科、豆科、菊科、蔷薇科、木犀科和败酱科植物的抗氧化物和 MDA 含量敏感响应，而莎草科植物中只有个别抗氧化物含量敏感响应。

影响不同科植物抗氧化特性的典型土壤侵蚀环境因子也有所差异。仅受一种因子显著影响的为莎草科植物。豆科和败酱科植物都受海拔影响，前者还对土壤水分而后者还对土壤有机质反应敏感；木犀科植物同时受土壤有机质和水分显著影响。禾本科、菊科和蔷薇科植物同时受 3 种及以上因子的综合影响，反映了其抗氧化特性与土壤侵蚀环境之间错综复杂的相互关系。

2）同科不同物种抗氧化特性对土壤侵蚀环境的响应

在前面分析中讲到，禾本科、菊科和蔷薇科植物的抗氧化特性对土壤侵蚀环境敏感响应，且同时受多种因子的影响；但是表 10-14 显示，禾本科植物中的赖草、白羊草和大针茅，菊科植物中的野菊和猪毛蒿，以及蔷薇科植物中的水枸子和杜梨对土壤侵蚀环境均不敏感。

此外，土壤松紧度在禾本科植物中仅对糙隐子草的 SOD 和 CAT 活性影响显著。因此，在科的尺度上探究影响植物抗氧化特性的典型土壤侵蚀环境因子，会出现因平均化过程而将一些环境因子作用强化的现象。

3）不同植物抗氧化特性的环境限制因子

在初步了解供试植物抗氧化特性对土壤侵蚀环境响应关系的基础上，还需进一步挖掘出供试植物抗氧化特性的重要环境限制因子，以突出其干扰程度；这对于该区植被恢复工作具有一定实践价值。具体以典型土壤侵蚀环境因子对供试植物主要抗氧化物和 MDA 含量的影响体现出来。

对于禾本科和豆科植物来说，它们主要以 3 种抗氧化酶来抵御土壤侵蚀环境胁迫。例如长芒草，3 种酶活性水平相对于其他禾本科植物都较高，其 SOD 活性与海拔呈显著负相关，POD 活性与土壤有机质呈显著正相关，而 CAT 活性与典型土壤侵蚀环境因子相关性均不显著；也就是说，海拔升高会显著降低其 SOD 活性，土壤养分缺乏会使其 POD 活性明显下降。中华隐子草、糙隐子草、达乌里胡枝子和甘草的 SOD 活性都相对较高；土壤紧实和土壤旱化分别会明显削弱糙隐子草和达乌里胡枝子的 SOD 活性，而中华隐子草和甘草的 SOD 活性与典型土壤侵蚀环境因子相关性均不显著。白刺花的 POD 活性相对于其他豆科植物较高，海拔升高会明显削弱其 POD 活性。白刺花的 MDA 含量与土壤容重呈显著负相关，也就是说土壤紧实可能有利于其维持较低的膜脂过氧化水平。其他禾本科和豆科物种的 MDA 含量与典型土壤侵蚀环境因子相关性均不显著。总体来讲，禾本科和豆科植物的抗氧化酶活性受限于地形、土壤松紧度及水分和养分条件多种环境因子。相比之下，鼠李科和瑞香科植物采取以非酶抗氧化物质 GSH 为主的抗氧化策略，但未能探明其环境限制因子。

其他科植物都采用抗氧化酶和非酶抗氧化物质共同防御的策略。其中，槭树科和壳斗科植物的策略属同类，但未能探明其环境限制因子。菊科、萝摩科和马钱科植物的策略属同类，菊科植物茭蒿和铁杆蒿的 GSH 含量受限于土壤水分条件以及铁杆蒿的膜脂过氧化水平会因土壤紧实而激化，但未能探明后两者和菊科猪毛蒿、冷蒿和野菊的环境限制因子。蔷薇科、木犀科、莎草科、唇形科、桦木科、忍冬科和胡颓子科植物的策略属同类。其中蔷薇科黄刺玫的 Car 含量和木犀科植物的膜脂过氧化水平受土壤养分条件制约，土壤紧实可能有利于蔷薇科植物黄刺玫维持较低的膜脂过氧化水平；莎草科植物的 SOD 活性及 Car 和 MDA 含量与典型土壤侵蚀环境因子相关性均不显著；但未能探明其他科植物和蔷薇科其他物种的环境限制因子。败酱科和柏科植物各抗氧化物的含量均不高，且败酱科植物明显受地形和土壤养分条件制约，但未能探明柏科植物的环境限制因子。

10.2.2 植物的渗透调节作用

1. 不同植物的渗透调节作用

从表 10-15 可以看出，在供试的 18 个科植物中，K^+、Cl^- 和可溶性蛋白含量的变化范围不大，分别为 0.20 ~ 5.74mg/g（桦木科和萝摩科）、8.83 ~ 33.71mg/g（禾本科和菊科）

表10-15 不同科植物的渗透调节物质含量及其变异系数

科别	Na+/(μg/g) 平均值±标准差	变异系数	K+/(mg/g) 平均值±标准差	变异系数	Cl-/(mg/g) 平均值±标准差	变异系数	脯氨酸/(μg/g) 平均值±标准差	变异系数	可溶性蛋白/(mg/g) 平均值±标准差	变异系数	可溶性糖/(mg/g) 平均值±标准差	变异系数
柏科	6.05±1.27	0.21	0.92±0.30	0.33	9.34±0.06	0.01	149.93±31.74	0.21	2.05±1.64	0.80	46.96±16.63	0.35
败酱科	17.20±4.35	0.25	4.01±0.58	0.15	18.02±3.50	0.19	89.70±18.30	0.20	2.72±3.04	1.12	92.55±20.39	0.22
唇形科	17.87±5.31	0.30	2.82±0.60	0.21	18.54±1.69	0.09	63.76±13.37	0.21	16.15±0.15	0.01	43.87±2.23	0.05
胡颓子科	230.52±52.98	0.23	2.84±0.96	0.34	31.79±5.61	0.18	549.49±472.34	0.86	37.37±21.11	0.57	70.58±19.85	0.28
桦木科	10.06±8.60	0.85	0.20±0.08	0.41	33.63±3.89	0.12	47.18±16.03	0.34	5.35±1.73	0.32	120.90±18.47	0.15
壳斗科	12.42±3.82	0.31	0.94±0.18	0.19	28.03±8.95	0.32	72.84±32.45	0.45	7.81±1.17	0.15	80.83±29.45	0.36
萝藦科	70.01±61.21	0.87	5.74±1.96	0.34	22.51±3.39	0.15	145.72±38.69	0.27	15.10±12.67	0.84	119.84±29.86	0.25
马钱科	6.51±5.73	0.88	0.56±0.22	0.39	27.10±7.36	0.27	170.24±43.66	0.26	19.46±15.29	0.79	775.87±248.29	0.32
木犀科	16.50±8.19	0.50	2.00±0.48	0.24	20.56±3.47	0.17	80.02±34.49	0.43	9.68±4.93	0.51	83.80±19.65	0.23
槭树科	3.55±2.36	0.67	3.66±1.18	0.32	32.89±6.42	0.20	90.88±36.39	0.40	11.54±1.88	0.16	73.03±18.00	0.25

续表

科别	Na⁺/(μg/g)		K⁺/(mg/g)		Cl⁻/(mg/g)		脯氨酸/(μg/g)		可溶性蛋白/(mg/g)		可溶性糖/(mg/g)	
	平均值±标准差	变异系数	平均值±标准差	变异系数	平均值±标准差	变异系数	平均值±标准差	变异系数	平均值±标准差	变异系数	平均值±标准差	变异系数
瑞香科	53.18±14.22	0.27	4.96±0.62	0.12	16.29±0.65	0.04	2180.45±788.64	0.36	3.24±2.53	0.78	56.94±23.67	0.42
莎草科	17.60±12.82	0.73	2.99±0.63	0.21	13.72±1.75	0.13	85.73±25.12	0.29	4.82±6.19	1.28	89.31±18.39	0.21
鼠李科	15.94±0.84	0.05	1.93±0.40	0.21	24.19±4.09	0.17	182.67±76.80	0.42	4.72±0.70	0.15	210.06±75.20	0.36
豆科	26.67±13.50	0.51	1.65±0.73	0.44	15.07±3.86	0.26	241.38±142.00	0.59	12.42±7.42	0.60	76.60±24.23	0.32
禾本科	31.07±22.71	0.73	2.38±1.51	0.63	8.83±3.06	0.35	140.48±63.77	0.45	12.21±11.46	0.94	66.50±19.85	0.30
菊科	20.68±13.02	0.63	5.31±2.66	0.50	33.71±10.97	0.33	196.18±122.19	0.62	33.21±10.28	0.31	107.97±101.83	0.94
蔷薇科	37.47±21.18	0.57	2.59±1.52	0.59	27.31±17.60	0.64	73.42±46.92	0.64	6.92±7.03	1.02	121.34±43.91	0.36
忍冬科	9.81±6.08	0.62	2.50±0.45	0.18	26.92±9.47	0.35	58.30±18.96	0.33	11.43±4.00	0.35	127.29±31.17	0.24
18 个科	33.51±52.05	1.55	2.67±1.60	0.60	22.69±8.08	0.36	256.58±493.75	1.92	12.01±9.81	0.82	131.35±165.42	1.26

和 2.05 ~ 37.37mg/g（柏科和胡颓子科）；科间变异系数均小于 1；除败酱科、莎草科和蔷薇科植物的可溶性蛋白含量变异系数大于 1 外，其他科植物内 K^+、Cl^- 和可溶性蛋白含量的变异系数均小于 1。

而 Na^+、脯氨酸和可溶性糖含量的变化范围较大，分别在 3.55 ~ 230.52μg/g（槭树科和胡颓子科）、47.18 ~ 2180.45μg/g（桦木科和瑞香科）和 43.87 ~ 775.87mg/g（唇形科和马钱科）；科间变异系数分别为 1.55、1.92 和 1.26，均大于 1；而科内 Na^+、可溶性糖和脯氨酸含量的变异系数均小于 1。

由表 10-16 可知，同科不同物种的渗透调节物质含量也存在一定差异。例如，菊科植物中，可溶性糖的变化范围为 34.12 ~ 256.24mg/g（猪毛蒿和茭蒿）；种间变异系数为 1.01，大于 1。同时，不同土壤侵蚀环境下，同一物种的渗透调节物质含量也有所不同。例如，禾本科植物糙隐子草的可溶性蛋白含量变异系数和蔷薇科植物水栒子的脯氨酸含量变异系数分别为 1.17 和 1.16，均大于 1。

2. 植物渗透调节作用的主要影响因素

由上述分析可知，受遗传背景和土壤侵蚀环境的影响，不同植物具有不同的渗透调节物质含量水平，各科植物和同科各物种也具有特殊的渗透调节变异特征，所以不同供试植物之间存在一定的渗透调节作用差异。在此基础上，需进一步探究影响供试植物渗透调节作用的主要因素。

因此，考虑以典型土壤侵蚀环境因子即植被带、海拔、土壤水分和有机质分别代表水热条件、地形、土壤水分和养分条件，以及用科别代表遗传背景，对供试植物的渗透调节物质测定值进行单变量多因素方差分析，结果见表 10-17。可以看出，饱和模型对渗透调节作用的可解释比例在 95.01% 左右；遗传背景的解释比例明显大于典型土壤侵蚀环境因子，占模型可解释比例的比重最大（约 63.06%）。表明遗传背景对供试物种渗透调节作用的影响大于土壤侵蚀环境，是主要的影响因素。

从表 10-17 还可以看出，6 种渗透调节物质含量明显受到遗传背景的影响，表现为科间差异极显著。例如，萝摩科、菊科、瑞香科、败酱科、槭树科和莎草科植物的 K^+ 含量远大于豆科、壳斗科、柏科、马钱科和桦木科植物的，胡颓子科、唇形科、蔷薇科、忍冬科、禾本科、木犀科和鼠李科植物的 K^+ 含量中等（图 10-13）；菊科植物的 Cl^- 含量最大，桦木科、槭树科、胡颓子科、壳斗科、蔷薇科、马钱科、忍冬科和鼠李科植物的较大，萝摩科、木犀科、唇形科、败酱科、瑞香科、豆科和莎草科植物的次之，柏科和禾本科植物的 Cl^- 含量最小（图 10-14）。

个别科植物出现科内差异略大于科间差异的情况，可能要考虑土壤侵蚀环境的影响。例如，从南部到中部，蔷薇科、莎草科和败酱科植物的可溶性蛋白存在明显积累现象；过渡到西北部，伴随着降水减少和气温降低，蔷薇科和败酱科植物的可溶性蛋白含量又显著下降（图 10-15）。

从南部到西北部的水热梯度变化对供试植物的无机渗透调节离子 Na^+ 含量和有机渗透调节物质可溶性蛋白含量都存在显著影响，遗传背景与水热条件的交互作用也显著影响供试植物的 Na^+ 和可溶性糖含量；可溶性糖含量还直接对土壤水分及其与遗传背景的交互作

表 10-16 同科不同物种的渗透调节物质含量及其变异系数

科别	物种	Na⁺ (μg/g) 平均值±标准差	变异系数	K⁺ (mg/g) 平均值±标准差	变异系数	Cl⁻ (mg/g) 平均值±标准差	变异系数	脯氨酸 (μg/g) 平均值±标准差	变异系数	可溶性蛋白 (mg/g) 平均值±标准差	变异系数	可溶性糖 (mg/g) 平均值±标准差	变异系数
豆科	糙叶黄耆	8.21 ±1.40	0.17	1.68 ±0.21	0.12	11.16 ±1.82	0.16	315.90 ±71.69	0.23	13.67 ±5.93	0.43	39.72 ±19.14	0.48
	草木樨状黄耆	47.49	—	1.46	—	17.82	—	126.72	—	12.06 ±5.19	0.43	54.59 ±11.09	0.20
	达乌里胡枝子	29.42 ±10.26	0.35	1.26 ±0.33	0.27	17.30 ±1.52	0.09	128.09 ±38.17	0.30	10.03 ±8.39	0.84	93.23 ±15.04	0.16
	甘草	30.44 ±17.36	0.57	2.46 ±1.02	0.42	17.24 ±1.76	0.10	301.08 ±110.25	0.37	13.66 ±8.13	0.60	85.64 ±14.15	0.17
	白刺花	21.56 ±11.67	0.54	1.73 ±0.50	0.29	9.45 ±2.43	0.26	405.65 ±126.90	0.31	14.69 ±6.59	0.45	75.34 ±17.06	0.23
	5 个物种	27.42 ±14.31	0.52	1.72 ±0.46	0.27	14.59 ±3.96	0.27	255.49 ±123.58	0.48	12.82 ±1.82	0.14	69.71 ±22.17	0.32
禾本科	白羊草	32.11 ±16.62	0.52	3.61 ±1.08	0.30	13.90 ±1.95	0.14	142.46 ±34.33	0.24	14.29 ±7.05	0.49	74.70 ±18.94	0.25
	糙隐子草	27.01 ±10.86	0.40	2.04 ±0.34	0.17	7.21 ±1.64	0.23	199.18 ±54.35	0.27	8.52 ±9.95	1.17	47.41 ±7.13	0.15
	大针茅	42.73 ±26.68	0.62	1.20 ±0.24	0.20	6.73 ±0.90	0.13	93.67 ±23.83	0.25	6.75 ±4.67	0.69	57.39 ±6.04	0.11
	赖草	34.55 ±24.54	0.71	4.84 ±2.10	0.43	11.00 ±2.11	0.19	215.72 ±84.69	0.39	10.93 ±7.45	0.68	71.95 ±15.57	0.22
	芦苇	47.93 ±20.71	0.43	3.94 ±1.55	0.39	13.20 ±1.89	0.14	148.12 ±25.47	0.17	2.47 ±1.49	0.60	74.39 ±17.80	0.24
	长芒草	21.15 ±17.65	0.83	1.37 ±0.34	0.25	6.64 ±0.98	0.15	99.42 ±47.96	0.48	18.02 ±14.82	0.82	76.25 ±19.15	0.25

续表

科别	物种	Na⁺/(μg/g)		K⁺/(mg/g)		Cl⁻/(mg/g)		脯氨酸/(μg/g)		可溶性蛋白/(mg/g)		可溶性糖/(mg/g)	
		平均值±标准差	变异系数	平均值±标准差	变异系数	平均值±标准差	变异系数	平均值±标准差	变异系数	平均值±标准差	变异系数	平均值±标准差	变异系数
禾本科	中华隐子草	38.28±34.52	0.90	2.33±0.72	0.31	9.53±1.71	0.18	141.15±27.20	0.19	10.76±9.28	0.86	50.36±15.53	0.31
	7个物种	34.82±9.14	0.26	2.76±1.39	0.50	9.74±3.06	0.31	148.53±45.81	0.31	10.25±0.49	0.49	64.64±12.50	0.19
菊科	阿尔泰狗娃花	32.68±14.06	0.43	7.28±0.80	0.11	29.20±3.70	0.13	140.75±80.03	0.57	29.70±8.35	0.28	41.87±11.57	0.28
	茭蒿	25.13±7.20	0.29	3.04±0.35	0.12	45.63±11.54	0.25	244.98±194.26	0.79	28.72±8.35	0.29	256.24±85.77	0.33
	铁杆蒿	7.97±5.67	0.71	4.93±0.69	0.14	28.02±5.11	0.18	171.74±61.16	0.36	38.56±6.23	0.16	69.84±25.18	0.36
	野菊	40.19±4.63	0.12	14.39±3.24	0.23	21.80±0.85	0.04	182.97±93.99	0.51	20.69±11.32	0.55	48.67±11.87	0.24
	猪毛蒿	27.92±5.13	0.18	6.10±0.39	0.06	33.48±5.29	0.16	241.35±57.81	0.24	41.91±9.87	0.24	34.12±7.88	0.23
	冷蒿	27.63±0.18	0.01	3.63±0.07	0.02	22.77±5.19	0.23	116.92±21.31	0.18	10.10		56.26	
	6个物种	26.92±10.71	0.40	6.56±4.14	0.63	30.15±8.72	0.29	183.12±52.01	0.28	28.28±11.68	0.41	84.50±85.02	1.01

续表

科别	物种	Na⁺/(μg/g) 平均值±标准差	Na⁺ 变异系数	K⁺/(mg/g) 平均值±标准差	K⁺ 变异系数	Cl⁻/(mg/g) 平均值±标准差	Cl⁻ 变异系数	脯氨酸/(μg/g) 平均值±标准差	脯氨酸 变异系数	可溶性蛋白/(mg/g) 平均值±标准差	可溶性蛋白 变异系数	可溶性糖/(mg/g) 平均值±标准差	可溶性糖 变异系数
蔷薇科	杜梨	16.82±1.93	0.11	1.36±0.70	0.52	17.35±3.21	0.18	32.29±6.93	0.21	3.17±0.65	0.20	205.32±50.90	0.25
	黄刺玫	50.14±8.80	0.18	2.44±0.80	0.33	48.65±10.11	0.21	82.53±16.42	0.20	5.19±2.04	0.39	120.32±19.14	0.16
	菊叶委陵菜	49.29±23.35	0.47	4.64±0.73	0.16	14.25±2.44	0.17	68.99±20.75	0.30	13.09±11.02	0.84	139.67±20.57	0.15
	水栒子	11.76±3.62	0.31	1.13±0.39	0.35	14.64±8.77	0.60	91.42±105.74	1.16	4.02±3.11	0.77	54.89±12.38	0.23
	土庄绣线菊	18.80±5.17	0.28	1.51±0.61	0.40	19.14±6.14	0.32	59.87±20.89	0.35	4.49±0.98	0.22	116.48±25.19	0.22
	5 个物种	29.36±18.76	0.64	2.22±1.45	0.65	22.81±14.58	0.64	67.02±22.90	0.34	5.99±4.03	0.67	127.34±53.97	0.42
忍冬科	葱皮忍冬	6.08±2.17	0.36	2.24±0.25	0.11	26.33±10.26	0.39	64.44±20.65	0.32	13.16±2.28	0.17	140.17±30.89	0.22
	六道木	17.29±1.67	0.10	3.02±0.04	0.01	28.08±11.33	0.40	46.01±8.04	0.17	7.97±5.35	0.67	101.53±1.78	0.02
	2 个物种	11.68±7.93	0.68	2.63±0.55	0.21	27.21±1.24	0.05	55.23±13.03	0.24	10.57±3.67	0.35	120.85±27.33	0.23

注：由于豆科植物草木樨状黄耆的干样不够，无法计算其无机离子和脯氨酸的标准差和变异系数。

表 10-17 植物渗透调节作用的多因素方差分析

影响因素	自由度 df	Na⁺ F	Na⁺ SS(%)	K⁺ F	K⁺ SS(%)	Cl⁻ F	Cl⁻ SS(%)	脯氨酸 F	脯氨酸 SS(%)	可溶性蛋白 F	可溶性蛋白 SS(%)	可溶性糖 F	可溶性糖 SS(%)
科别	17	51.80	66.93***	8.02	40.55***	13.36	62.91***	58.49	79.55***	18.05	38.17***	50.91	67.82***
水热条件	2	4.14	5.35*	2.14	10.82	0.31	1.47	0.22	0.04	13.62	28.81***	1.25	1.66
海拔	4	2.63	3.40*	0.28	1.43	0.28	1.33	0.87	0.28	1.01	2.13	2.60	3.47
土壤水分	3	0.68	0.88	0.94	4.77	0.40	1.90	0.38	0.09	1.49	3.15	4.93	6.57**
土壤有机质	5	0.47	0.61	0.42	2.11	0.54	2.55	0.20	0.08	1.18	2.49	0.32	0.43
科别×水热条件	7	6.47	8.37***	0.53	2.71	0.58	2.73	0.43	0.24	1.60	3.38	4.22	5.63***
科别×海拔	18	3.21	4.15***	0.36	1.80	0.23	1.06	0.71	1.02	0.86	1.81	2.36	3.14**
科别×土壤水分	21	0.92	1.19	0.68	3.42	0.55	2.59	0.40	0.68	1.14	2.42	2.69	3.58***
科别×海拔×土壤水分	6	1.10	1.43	1.06	5.37	0.13	0.63	2.61	1.04*	0.98	2.08	0.30	0.40
模型可解释比例	—	—	98.7	—	94.94	—	95.29	—	84.56	—	97.89	—	98.67

注:表中仅列出达到显著水平,星号表示显著性水平;**** 表示 P<0.000,** 表示 P<0.01,* 表示 P<0.05;F 为 F 检验中的 F 值,SS 表示方差解释比例。

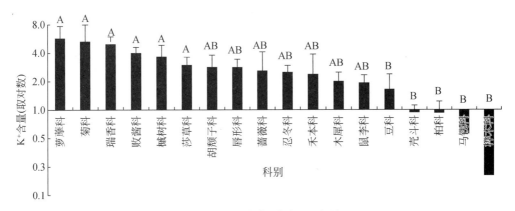

图 10-13 不同科植物的 K⁺ 含量

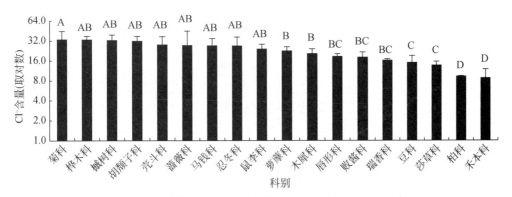

图 10-14 不同科植物的 Cl⁻ 含量

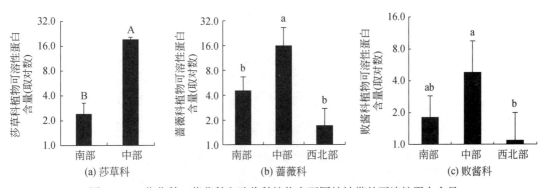

图 10-15 莎草科、蔷薇科和败酱科植物在不同植被带的可溶性蛋白含量

用响应显著；遗传背景与地形和土壤水分的交互作用对供试植物的脯氨酸含量影响显著；海拔与遗传背景的交互作用对 Na^+ 和可溶性糖含量显著影响，在一定程度上制约了它们对水分胁迫下渗透调节作用的贡献；典型土壤侵蚀环境因子及其与遗传背景的交互作用对 K^+ 和 Cl^- 含量均无显著影响，表明供试植物 K^+ 和 Cl^- 的渗透调节作用极大程度上受到了遗传背景的制约。

3. 不同植物的渗透调节机制

上述分析结果表明，供试物种的渗透调节机制主要取决于遗传背景，而水分和其他环境因子胁迫决定其能否适应环境及其进化方向。

1）不同科植物的渗透调节机制

受遗传背景和土壤侵蚀环境胁迫的影响，不同科植物的渗透调节机制有所差异，也可能存在一些共性。本节采用 Q 型聚类分析将具有相似渗透调节机制的供试植物归成一类，结果见表 10-18。可以看出，18 个科植物采用 7 种不同的渗透调节机制来维持水势梯度以利于水分流入，从而避免细胞发生严重脱水现象。由表 10-18 和表 10-19 可知，不同渗透调节机制之间，各渗透调节物质的含量水平和相互关系都存在明显差异。

表 10-18 植物渗透调节物质的隶属函数值和聚类分析

科别	Na^+	K^+	Cl^-	脯氨酸	可溶性蛋白	可溶性糖	聚类分析结果
胡颓子科	1.000	0.476	0.923	0.235	1.000	0.036	1
菊科	0.075	0.922	1.000	0.070	0.882	0.088	2
马钱科	0.013	0.064	0.734	0.058	0.493	1.000	3
瑞香科	0.219	0.859	0.300	1.000	0.034	0.018	4
萝藦科	0.293	1.000	0.550	0.046	0.370	0.104	5
槭树科	0.000	0.625	0.967	0.020	0.269	0.040	6
蔷薇科	0.149	0.432	0.743	0.012	0.138	0.106	6
忍冬科	0.028	0.415	0.727	0.005	0.266	0.114	6
鼠李科	0.055	0.312	0.618	0.064	0.076	0.227	6
桦木科	0.029	0.000	0.997	0.000	0.093	0.105	6
壳斗科	0.039	0.133	0.772	0.012	0.163	0.050	6
唇形科	0.063	0.474	0.390	0.008	0.399	0.000	7
败酱科	0.060	0.688	0.369	0.020	0.019	0.066	7
木犀科	0.057	0.326	0.472	0.015	0.216	0.055	7
豆科	0.102	0.262	0.251	0.091	0.294	0.045	7
莎草科	0.062	0.503	0.197	0.018	0.078	0.062	7
禾本科	0.121	0.393	0.000	0.044	0.288	0.031	7
柏科	0.011	0.131	0.021	0.048	0.000	0.004	7

表 10-19 不同科植物渗透调节物质含量之间的相关性

科别	指标	Na^+	K^+	Cl^-	可溶性蛋白	可溶性糖
胡颓子科	Na^+	1				
	K^+	—	1			
	Cl^-	—	—	1		
	可溶性蛋白	—	—	—	1	
	可溶性糖	—	—	—	—	1
	脯氨酸	—	—	—	—	—

续表

科别	指标	Na$^+$	K$^+$	Cl$^-$	可溶性蛋白	可溶性糖
菊科	Na$^+$	1				
	K$^+$	**	1			
	Cl$^-$	—	− **	1		
	可溶性蛋白	− **	—	—	1	
	可溶性糖	—	− **	**	—	1
	脯氨酸	*	—	—	—	—
马钱科	Na$^+$	1				
	K$^+$	—	1			
	Cl$^-$	—	—	1		
	可溶性蛋白	—	—	—	1	
	可溶性糖	—	—	—	− **	1
	脯氨酸	—	—	—	—	—
瑞香科	Na$^+$	1				
	K$^+$	. a	1			
	Cl$^-$	. a	. a	1		
	可溶性蛋白	. a	. a	. a	1	
	可溶性糖	. a	. a	. a	−0. 324	1
	脯氨酸	. a	. a	. a	. a	. a
萝藦科	Na$^+$	1				
	K$^+$	—	1			
	Cl$^-$	—	—	1		
	可溶性蛋白	—	—	—	1	
	可溶性糖	—	—	—	—	1
	脯氨酸	—	*	—	—	—
槭树科	Na$^+$	1				
	K$^+$	—	1			
	Cl$^-$	—	—	1		
	可溶性蛋白	—	—	—	1	
	可溶性糖	—	—	—	—	1
	脯氨酸	—	—	—	—	—
蔷薇科	Na$^+$	1				
	K$^+$	**	1			
	Cl$^-$	*	—	1		
	可溶性蛋白	—	**	—	1	
	可溶性糖	—	—	—	—	1
	脯氨酸	—	—	—	—	—

续表

科别	指标	Na⁺	K⁺	Cl⁻	可溶性蛋白	可溶性糖
忍冬科	Na⁺	1				
	K⁺	*	1			
	Cl⁻	—	—	1		
	可溶性蛋白	—	—	—	1	
	可溶性糖	—	—	—	—	1
	脯氨酸	—	—	—	—	—
鼠李科	Na⁺	1				
	K⁺	. a	1			
	Cl⁻	. a	. a	1		
	可溶性蛋白	. a	. a	. a	1	
	可溶性糖	. a	. a	. a	−0.723	1
	脯氨酸	. a	. a	. a	. a	. a
桦木科	Na⁺	1				
	K⁺	—	1			
	Cl⁻	—	—	1		
	可溶性蛋白	—	—	—	1	
	可溶性糖	—	—	—	—	1
	脯氨酸	—	—	—	—	—
壳斗科	Na⁺	1				
	K⁺	. a	1			
	Cl⁻	. a	. a	1		
	可溶性蛋白	. a	. a	. a	1	
	可溶性糖	. a	. a	. a	0.803	1
	脯氨酸	. a	. a	. a	. a	. a
唇形科	Na⁺	1				
	K⁺	—	1			
	Cl⁻	**	0.138	1		
	可溶性蛋白	. a	. a	. a	1	
	可溶性糖	. a	. a	. a	. a	1
	脯氨酸	. a	. a	. a	. a	. a
败酱科	Na⁺	1				
	K⁺	—	1			
	Cl⁻	—	− *	1		
	可溶性蛋白	—	—	*	1	
	可溶性糖	—	− **	**	—	1
	脯氨酸	—	—	—	—	—

续表

科别	指标	Na⁺	K⁺	Cl⁻	可溶性蛋白	可溶性糖
木犀科	Na⁺	1				
	K⁺	—	1			
	Cl⁻	—	− **	1		
	可溶性蛋白	—	—	—	1	
	可溶性糖	—	− **	*	—	1
	脯氨酸	—	—	—	—	—
豆科	Na⁺	1				
	K⁺	—	1			
	Cl⁻	—	—	1		
	可溶性蛋白	—	—	—	1	
	可溶性糖	—	—	**	—	1
	脯氨酸	—	**	− **	—	*
莎草科	Na⁺	1				
	K⁺	**	1			
	Cl⁻	—	—	1		
	可溶性蛋白	—	—	—	1	
	可溶性糖	—	—	—	—	1
	脯氨酸	—	—	—	—	—
禾本科	Na⁺	1				
	K⁺	*	1			
	Cl⁻	—	**	1		
	可溶性蛋白	− *	—	—	1	
	可溶性糖	—	—	—	—	1
	脯氨酸	—	*	*	—	—

注：由于采集的柏科植物样品较少，因此无法计算其渗透调节物质含量之间的相关性；由于采集的瑞香科、鼠李科和壳斗科植物干样以及唇形科植物鲜样较少，前三者仅能计算可溶性蛋白与可溶性糖而后者仅能计算无机离子之间的相关性；其他指标间的相关性无法计算，记为 . a。达到显著以上水平的相关关系记为星号，星号含义同表 10-4；星号前负号表示负相关；未达到显著水平的相关关系记为"—"；相关矩阵对角线以上的相关系数记为空白。

　　胡颓子科、菊科、瑞香科和马钱科植物都采用无机离子和有机溶质共同抵御的渗透调节机制，但发挥主导作用的无机离子和有机溶质不同，因而区别成四类，即聚类分析结果中的第 1、第 2、第 3 和第 4 类。第 1 类胡颓子科植物的 Na⁺ 和可溶性蛋白含量相对于其他科植物最高，脯氨酸含量仅低于瑞香科植物，Cl⁻ 含量也较高；但这些主要渗透调节物质之间相关性不显著，表现为非协同的渗透调节作用。第 2 类菊科植物的 Cl⁻ 含量相对最高，K⁺ 和可溶性蛋白含量也较高；其中 K⁺ 和 Cl⁻ 含量呈极显著负相关，表现为负协同的渗透调节作用。第 3 类马钱科植物的可溶性糖含量相对最高，Cl⁻ 和可溶性蛋白含量也较高；但可溶性糖与可溶性蛋白含量呈显著负相关，也表现为负协同的渗透调节作用。第 4 类瑞香科植物的脯氨酸含量相对最高；Na^+ 和 K^+ 含量也较高且呈显著正相关，表现为正协同的渗透调节作用。其他科植物都采用以无机离子为主的渗透调节机制，而发挥主导作用的无机离子不同，因而区别成三类，即聚类分析结果中的第 5、第 6 和第 7 类。第 5 类萝藦科植物的 K^+ 含量相对最高，Na^+ 含量仅低于胡颓子科植物；但 Na^+ 和 K^+ 含量相关性不显著，表现为非协同的渗透调节作用。第 6 类蔷薇科、忍冬科、鼠李科、桦木科、槭树科和壳斗科植物中含量较高的无机离子为 Cl^-。第 7 类禾本科、豆科、莎草科、败酱科、柏科、木犀科和唇形科植物中含量较高的无机离子为 K^+。相比于胡颓子科、菊科、马钱科和瑞香科植物的渗透调节机制，这三类单纯从土壤中吸收无机离子调节细胞渗透势的策略在渗透调节作用上处于劣势。

2）同科不同物种的渗透调节机制

同科不同物种之间，亲缘关系相近而进化方向有所不同，因而其渗透调节机制也存在一定差异，具体以主要渗透调节物质的含量水平和相互关系表现出来。

菊科植物中，主要渗透调节物质 K^+、Cl^- 和可溶性蛋白含量的种间差异不大（表 10-16）。而由图 10-16 可知，茵蒿和铁杆蒿的可溶性糖含量显著大于冷蒿、野菊、阿尔泰狗娃花和猪毛蒿。

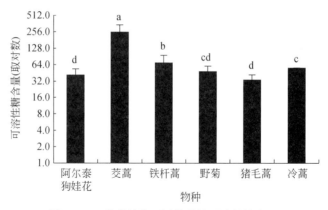

图 10-16　菊科植物不同物种的可溶性糖含量

由表 10-20 可知，猪毛蒿的 Cl^- 与可溶性蛋白呈极显著正相关，表现为正协同的渗透调节作用；而阿尔泰狗娃花的 K^+ 与可溶性蛋白呈显著负相关，表现为负协同的渗透调节作用；其他物种 K^+、Cl^- 和可溶性蛋白两两之间相关性不显著，表现为非协同的渗透调节作用。

表 10-20　菊科植物不同物种主要渗透调节物质含量之间的相关性

物种	指标	K^+	Cl^-
阿尔泰狗娃花	K^+	1	
	Cl^-	—	1
	可溶性蛋白	$-*$	—

续表

物种	指标	K⁺	Cl⁻
	K^+	1	
菱蒿	Cl^-	—	1
	可溶性蛋白	—	—
	K^+	1	
铁杆蒿	Cl^-	—	1
	可溶性蛋白	—	—
	K^+	1	
野菊	Cl^-	—	1
	可溶性蛋白	—	—
	K^+	1	
猪毛蒿	Cl^-	—	1
	可溶性蛋白	—	**

注：由于菊科植物冷蒿的样品不够，因此无法计算其主要渗透调节物质含量之间的相关性。

禾本科、豆科植物和蔷薇科植物分别以 K^+ 和 Cl^- 为主要渗透调节物质，而其主要渗透调节物质的种间差异均不大（表 10-16），因而这三个科植物的不同物种之间的渗透调节机制差异不明显。

4. 不同植物渗透调节作用对土壤侵蚀环境的响应

在排除遗传背景的主要影响后，探讨不同植物渗透调节作用对土壤侵蚀环境的响应关系，相比于直接跨物种分析，可消除分析结果的不确定性。因此，利用多元线性逐步回归或非线性回归分析，建立典型土壤侵蚀环境因子（土壤容重、海拔、土壤水分和有机质）与不同科植物和同科不同物种渗透调节物质含量之间的函数关系，结果见表 10-21 和表 10-22。

表 10-21　典型土壤侵蚀环境因子与不同科植物渗透调节物质含量的回归分析

科别	指标		回归模型	自由度	判定系数 R^2
	Na^+	三次	$y=88.91-6.98TOM+0.25TOM^2-0.003TOM^3$	30	0.298
蔷薇科	K^+	线性	$y=1.54-0.06TOM+0.22TWC$	32	0.342
	可溶性蛋白	线性	$y=89.27-0.06A-0.20TOM$	35	0.322
	可溶性糖	三次	$y=162.78-3.58TOM+0.08TOM^2-0.001TOM^3$	35	0.177
	K^+	三次	$y=4.06-0.08TOM+0.01TOM^2-0.0000579TOM^3$	12	0.691
败酱科	Cl^-	指数	$y=21.50-0.01^{TOM}$	12	0.734
	可溶性蛋白	二次	$y=943.80-1.44A+0.001A^2$	14	0.528
	可溶性糖	指数	$y=106.51-0.01^{TOM}$	14	0.386

科别	指标		回归模型	自由度	判定系数 R^2
豆科	Cl$^-$	幂	$y=25.94+\text{TOM}^{-0.30}$	55	0.341
	可溶性蛋白	二次	$y=25.29-3.85\text{TWC}+0.24\text{TWC}^2$	72	0.083
	脯氨酸	幂	$y=94.56+\text{TOM}^{0.39}$	55	0.165
菊科	Cl$^-$	二次	$y=40.18-0.04A+0.000\,025\,6A^2$	100	0.047
	可溶性蛋白	二次	$y=49.36-5.30\text{TWC}+0.34\text{TWC}^2$	107	0.138
	脯氨酸	三次	$y=2\,466.82-0.004A^2+0.000\,002\,04A^3$	100	0.156
莎草科	Cl$^-$	三次	$y=-57.81+93.44\text{TVW}-22.95\text{TVW}^3$	11	0.413
	可溶性蛋白	线性	$y=31.99+44.46\text{TVW}-0.06A$	13	0.596
	可溶性糖	三次	$y=111.99-1.72\text{TOM}+0.05\text{TOM}^2-0.001\text{TOM}^3$	13	0.366
木犀科	K$^+$	线性	$y=-1.33+0.01\text{TOM}+0.005A-2.32\text{TVW}$	14	0.848
	Cl$^-$	二次	$y=101.42-171.17\text{TVW}+87.73\text{TVW}^2$	15	0.471
	可溶性糖	三次	$y=131.24-4.92\text{TOM}+0.15\text{TOM}^2-0.002\text{TOM}^3$	16	0.659
禾本科	Na$^+$	指数	$y=33.77-0.06^{\text{TOM}}$	82	0.128
	可溶性蛋白	二次	$y=-260.66+0.49A-0.000\,211A^2$	89	0.104

注：由于采集的忍冬科、胡颓子科、马钱科、萝藦科、桦木科、瑞香科、鼠李科、槭树科、壳斗科、唇形科和柏科植物样品较少（$df<11$），因此没有实现回归模型的构建。对于其他科植物该表仅列出达到显著（$P<0.05$）以上水平的回归模型。

表 10-22　典型土壤侵蚀环境因子与同科不同物种渗透调节物质含量的回归分析

科别	物种	指标		回归模型	自由度	判定系数 R^2
豆科	达乌里胡枝子	Cl$^-$	三次	$y=19.22-0.000\,008\,29A^2+0.000\,000\,005\,42A^3$	25	0.191
		脯氨酸	三次	$y=59.44+22.29\text{TOM}-2.00\text{TOM}^2+0.05\text{TOM}^3$	25	0.234
	白刺花	Cl$^-$	三次	$y=8.23-0.05\text{TWC}^2+0.006\text{TWC}^3$	11	0.363
		可溶性糖	二次	$y=2\,437.33-3.61A+0.001A^2$	13	0.532
禾本科	长芒草	K$^+$	三次	$y=9.30-0.01A+0.000\,000\,001\,17A^3$	27	0.264
		可溶性蛋白	指数	$y=16\,142.31-0.01^A$	29	0.219
		可溶性糖	二次	$y=1\,416.30-2.21A+0.001A^2$	29	0.201
	中华隐子草	脯氨酸	三次	$y=169.46+0.30\text{TWC}^2-0.05\text{TWC}^3$	11	0.581
	糙隐子草	Na$^+$	幂	$y=11.61+\text{TVW}^{4.10}$	13	0.389
	白羊草	可溶性蛋白	二次	$y=-329.68+0.62A-0.000\,27A^2$	11	0.383
菊科	茵蒿	Na$^+$	指数	$y=40.11-0.05^{\text{TWC}}$	28	0.241
		K$^+$	三次	$y=2.82+0.03\text{TOM}-0.001\text{TOM}^2+0.000\,031\,7\text{TOM}^3$	28	0.500
		Cl$^-$	线性	$y=-41.25+0.07A-0.44\text{TOM}$	29	0.389
		可溶性蛋白	线性	$y=92.97-0.06A+1.39\text{TWC}$	28	0.312
		可溶性糖	二次	$y=348.34-38.79\text{TWC}+2.78\text{TWC}^2$	28	0.222
		脯氨酸	三次	$y=5\,831.62-0.01A^2+0.000\,005\,2A^3$	27	0.561

科别	物种	指标		回归模型	自由度	判定系数 R^2
菊科	铁杆蒿	Na$^+$	线性	$y=12.09+0.32\text{TOM}-0.75\text{TWC}$	37	0.407
		K$^+$	三次	$y=5.76-0.16\text{TOM}+0.01\text{TOM}^2-0.000\,093\,1\text{TOM}^3$	37	0.177
		Cl$^-$	二次	$y=158.90-0.22A+0.000\,092\,2A^2$	36	0.179
		可溶性糖	线性	$y=182.94-0.20A+3.82\text{TWC}+88.27\text{TVW}$	36	0.372
		脯氨酸	二次	$y=3\,065.69-4\,656.98\text{TVW}+1\,858.80\text{TVW}^2$	38	0.428
	阿尔泰狗娃花	Na$^+$	三次	$y=169.36-52.69\text{TOM}+6.33\text{TOM}^2-0.25\text{TOM}^3$	12	0.643
		K$^+$	三次	$y=9.25-1.38\text{TOM}+0.23\text{TOM}^2-0.01\text{TOM}^3$	13	0.380
		Cl$^-$	线性	$y=92.44-48.18\text{TVW}-0.76\text{TOM}$	13	0.756
		脯氨酸	三次	$y=3\,132.04-0.01A^2+0.000\,002\,66A^3$	13	0.834
	猪毛蒿	Cl$^-$	二次	$y=-0.09+4.04\text{TWC}-0.10\text{TWC}^2$	12	0.328
蔷薇科	黄刺玫	K$^+$	幂	$y=0.33+\text{TWC}^{0.86}$	10	0.476
		可溶性蛋白	指数	$y=163.12-3.22^{\text{TVW}}$	11	0.427

注：由于豆科植物草木樨状黄芪和糙叶黄芪，禾本科赖草、大针茅和芦苇，菊科野菊和冷蒿，以及蔷薇科水栒子、土庄绣线菊和杜梨的样品较少（$df<11$），没有实现回归模型的构建。对于其他物种该表仅列出达到显著以上水平（$P<0.05$）的回归模型。

1）不同科植物渗透调节作用对土壤侵蚀环境的响应

从表 10-21 可以看出，不同科植物渗透调节作用对土壤侵蚀环境的响应程度不同。其中，蔷薇科、败酱科、豆科、菊科、莎草科和木犀科植物的渗透调节物质敏感响应；禾本科植物中只有个别渗透调节物质敏感响应。

影响供试植物渗透调节作用的典型土壤侵蚀环境因子也有所差异。豆科和菊科植物不仅对土壤水分条件直接响应，还分别受土壤有机质和海拔的间接影响；蔷薇科、莎草科和木犀科植物同时受 3 种因子的综合影响，反映了其渗透调节作用与土壤侵蚀环境之间错综复杂的相互关系。总体来讲，土壤侵蚀环境对供试植物渗透调节作用的影响主要集中在土壤养分和地形条件。

2）同科不同物种渗透调节作用对土壤侵蚀环境的响应

在前面分析中讲到，菊科、豆科和蔷薇科植物的渗透调节作用对土壤侵蚀环境敏感响应，而禾本科植物不敏感。但从表 10-22 可以看出，豆科植物中的甘草，以及蔷薇科植物中的菊叶委陵菜对土壤侵蚀环境均不敏感。此外，土壤有机质在豆科植物中仅对达乌里胡枝子的脯氨酸含量影响显著。土壤有机质和海拔分别对禾本科和蔷薇科植物各物种影响不显著；而海拔对豆科植物达乌里胡枝子的 Cl$^-$ 含量和白刺花的可溶性糖含量以及土壤容重和有机质对菊科植物铁杆蒿的可溶性糖、脯氨酸、Na$^+$ 和 K$^+$ 含量以及阿尔泰狗娃花的 Na$^+$、Cl$^-$ 和 K$^+$ 含量均存在显著影响。所以，在科的尺度上探究影响植物渗透调节作用的典型土壤侵蚀环境因子，会因平均化过程而将一些因子的作用强化或抵消。

3）不同植物渗透调节作用的环境限制因子

上一节分析表明，土壤侵蚀环境对植物渗透调节作用的影响较为复杂。土壤干旱直接诱发供试物种渗透调节物质的积累，地形、土壤松紧度和养分则间接影响渗透调节物质的含量水平,从而对植物渗透调节起一定干扰或辅助作用。此外,这渗透调节物质还具有其他生理功能。由表 10-21 可知,败酱科植物的 K^+ 与土壤有机质呈显著正相关,木犀科植物的 K^+ 与土壤容重呈显著负相关,说明土壤紧实或养分缺乏,则其 K^+ 分配在渗透调节上的作用就会受到明显限制。因此,还需进一步挖掘出供试植物渗透调节作用的重要环境限制因子,以突出其干扰程度,这将对该区植被恢复工作具有实践意义,具体以典型土壤侵蚀环境因子对供试植物主要渗透调节物质的影响体现出来。

对于菊科植物来说,它主要以 K^+、Cl^- 和可溶性蛋白参与渗透调节。其中茭蒿的可溶性蛋白含量和猪毛蒿的 Cl^- 含量与土壤水分呈显著正相关,对土壤干层现象表现出消极反应;土壤紧实会明显削弱阿尔泰狗娃花 Cl^- 的渗透调节作用;土壤有机质和海拔对菊科各物种的主要渗透调节物质同时存在辅助和干扰作用:土壤养分缺乏有利于提高阿尔泰狗娃花和茭蒿的 Cl^- 及铁杆蒿 K^+ 的渗透调节作用而会限制阿尔泰狗娃花和茭蒿吸收 K^+ 以参与渗透调节作用;海拔升高有利于提高茭蒿和铁杆蒿 Cl^- 的渗透调节作用而会明显削弱茭蒿可溶性蛋白的渗透调节作用。胡颓子科、马钱科和瑞香科植物也采用无机离子和有机溶质共同抵御的渗透调节机制,萝藦科植物采用以 Na^+ 和 K^+ 为主的渗透调节机制,但均未能探明其环境限制因子。其他科植物采用以 Cl^- 或 K^+ 为主的渗透调节机制;其中败酱科植物受限于土壤养分条件,禾本科植物中的长芒草受限于地形条件,木犀科植物受限于土壤松紧度。

10.2.3 基于抗氧化和渗透调节的植物环境适应性

1. 不同植物渗透调节作用与抗氧化特性的关系

前面已基本阐明该区土壤侵蚀条件下供试植物的抗氧化特性和渗透调节作用。进一步了解这两种生理特性之间的相互关系,有利于揭示不同植物对土壤侵蚀环境总体适应性的异同。

1) 不同科植物渗透调节作用与抗氧化特性的关系

由表 10-23 可知,除柏科、瑞香科、鼠李科、壳斗科和唇形科植物外,其他科植物的抗氧化物和 MDA 含量与 Cl^-、可溶性蛋白和可溶性糖含量之间的相关性较大,而与 Na^+、K^+ 和脯氨酸含量之间的相关性较小。具体的相关性表现如下。

可溶性蛋白含量除在菊科和莎草科植物中与 SOD 活性以及在菊科和忍冬科植物中与 POD 活性呈显著负相关外,在其他一些植物中与 SOD、POD 及 CAT 活性和 GSH 含量均呈显著正相关,表现为协同变化,并与 MDA 含量呈显著负相关,即抑制膜脂过氧化作用显著。

Cl^- 和可溶性糖含量与抗氧化物和 MDA 含量的关系较为复杂。Cl^- 和可溶性糖含量在豆科植物中与 SOD 活性呈显著正相关而在菊科植物中呈显著负相关,在菊科植物中与 CAT 活性呈显著正相关而在豆科植物中呈显著负相关;可溶性糖含量在豆科、菊科、蔷薇科、莎草科、木犀科、萝藦科和槭树科植物中与 GSH 含量呈显著正相关,而在禾本科和马钱科植物中呈显著负相关;Cl^- 含量在豆科植物中与 Car 含量呈显著正相关而在木犀科植物中呈显著负相关,在蔷薇科植物中抑制膜脂过氧化作用显著,而在豆科、禾本科、菊科和木犀科植物中起反作用。

表 10-23　不同科植物抗氧化物和 MDA 含量与渗透调节物质含量的相关性

科别	指标	Na+	K+	Cl−	可溶性蛋白	可溶性糖	脯氨酸
豆科	SOD			*		*	− **
	POD	− *		− **		− **	**
	CAT	− *		− **		− **	
	GSH			**	**	**	− **
	Car			*		**	− *
	MDA		− **	**	− *	**	− **
禾本科	SOD	− *			**		
	POD		− **	− **		**	
	CAT		− *	− **	**		
	GSH			*	**	− **	
	MDA			**		**	
菊科	SOD		**	− **	− **	− **	
	POD	**			− *	**	
	CAT	*		**		**	
	GSH		− **	**		**	
	Car		− *				
	MDA		− **	**		**	
蔷薇科	SOD		**		**		
	POD	− *					
	CAT	*		**			
	GSH				**	**	
	MDA			− **		**	
木犀科	POD			− *			
	GSH		− *		**	**	
	Car			− *			
	MDA		− **	*		**	
莎草科	SOD				− **		
	POD				**		
	CAT			*		**	
	GSH				**	**	
	MDA					**	

续表

科别	指标	Na$^+$	K$^+$	Cl$^-$	可溶性蛋白	可溶性糖	脯氨酸
忍冬科	SOD	− *				*	
	POD	*				− *	
	GSH			*			
	MDA					**	
败酱科	SOD			**	**		
	POD				*		
	GSH			*	**		
	MDA		− *			**	
胡颓子科	SOD		*				
	CAT		− *				− **
	GSH	**			*		
	MDA		− *				
桦木科	POD						− *
	CAT						− *
	Car	− *					
萝藦科	CAT				*		
	GSH				*	*	
马钱科	GSH				**	− *	
	MDA				− **	**	
槭树科	GSH				*	*	

注：由于采集的柏科、瑞香科、鼠李科、壳斗科和唇形科植物样品较少，因此无法探明其抗氧化物和 MDA 含量与渗透调节物质含量的相关性。对于其他科植物该表仅列出达到显著水平的相关关系，并记为星号，星号含义同表 10-4；星号前面的负号表示负相关，未达到显著水平的相关关系记为空白。

K$^+$含量除在菊科、蔷薇科和胡颓子科植物中与 SOD 活性呈显著正相关以及在豆科、菊科、败酱科和木犀科植物中抑制膜脂过氧化作用显著外，在其他科植物中与 POD 和 CAT 活性及 GSH 和 Car 含量均呈显著负相关。与 K$^+$相似，脯氨酸含量除在豆科植物中与 POD 活性呈显著正相关及抑制膜脂过氧化作用显著外，在其他科植物中与各抗氧化物含量也均呈显著负相关。

Na$^+$含量与 MDA 含量之间无显著相关关系；在禾本科和忍冬科植物中与 SOD 活性以及在桦木科植物中与 Car 含量均呈显著负相关；在菊科植物中与 POD 和 CAT 活性呈显著正相关而在豆科植物中呈显著负相关。

从表 10-23 还可以看出，不同科植物中渗透调节作用与抗氧化特性的相互关系也存在差异。豆科、禾本科和菊科植物表现为关系十分密切，其次为蔷薇科、木犀科、莎草科、忍冬科、败酱科和胡颓子科植物；而在桦木科、萝藦科、马钱科和槭树科植物中，仅有个别渗透调节物质含量与抗氧化物或 MDA 含量存在显著相关关系。

豆科、菊科、木犀科、忍冬科和马钱科植物的渗透调节物质含量与抗氧化物和 MDA

含量的相关性较为复杂。例如，豆科植物中，SOD 活性及 GSH 和 Car 含量与 Cl⁻ 和可溶性糖含量均协同变化而与脯氨酸含量均呈显著负相关；POD 和 CAT 活性与 Na⁺、Cl⁻ 及可溶性糖含量均呈显著负相关，而 POD 活性与脯氨酸含量存在极显著协同变化；K⁺、可溶性蛋白和脯氨酸的积累有利于抑制膜脂过氧化作用，Cl⁻ 和可溶性糖的积累则起反作用。

渗透调节物质含量与抗氧化物和 MDA 含量在蔷薇科、莎草科、败酱科、胡颓子科、萝藦科和槭树科植物中多产生正效应，而在禾本科和桦木科植物中多产生负效应。例如，蔷薇科植物中只有 Na⁺ 含量与 POD 活性呈显著负相关及 Cl⁻ 与 MDA 含量呈显著负相关，其他显著关系均为正相关关系；而禾本科植物中，Na⁺ 含量与 SOD 活性、可溶性糖含量与 GSH 含量以及 K⁺ 和 Cl⁻ 含量与 POD 和 CAT 活性均呈显著负相关，Cl⁻ 和可溶性糖的积累也不利于抑制膜脂过氧化作用。

2）同科不同物种渗透调节作用与抗氧化特性的关系

豆科植物中，草木樨状黄耆的可溶性蛋白含量与 POD 和 CAT 活性及 GSH 含量均协同变化，抑制膜脂过氧化作用显著；而可溶性糖含量与抗氧化物含量无显著相关关系，并对抑制膜脂过氧化起反作用。除草木樨状黄耆外，渗透调节物质含量与抗氧化酶和 MDA 含量只有在糙叶黄耆中相互关系较为复杂，在达乌里胡枝子、甘草和白刺花中多存在显著协同变化（表 10-24）。

表 10-24 豆科植物不同物种抗氧化物和 MDA 含量与渗透调节物质含量的相关性

科别	物种	指标	Na⁺	K⁺	Cl⁻	可溶性蛋白	可溶性糖	脯氨酸
豆科	糙叶黄耆	SOD		**				
		POD	*	- **				
		CAT				**	- *	
		GSH				**	- *	
		MDA					**	
	草木樨状黄耆	SOD	—					—
		POD	—	—	—	*		—
		CAT	—	—	—	**		—
		GSH	—	—	—	**		—
		Car	—	—	—			—
		MDA				- *	**	—
	达乌里胡枝子	SOD				*		
		POD	*			**	**	
		CAT	- *					
		GSH				**		*
		MDA					**	
	甘草	POD			*		*	
		CAT					- *	
		GSH				**	*	
		MDA			*			

续表

科别	物种	指标	Na$^+$	K$^+$	Cl$^-$	可溶性蛋白	可溶性糖	脯氨酸
豆科	白刺花	SOD		**		**		
		POD				**	*	
		GSH		**		**		
		Car			*		*	

注：豆科植物草木樨状黄耆的干样不够，无法探明其抗氧化物和 MDA 含量与无机离子和脯氨酸含量的相关性（用"—"表示）。其他物种该表仅列出达到显著水平的相关关系，并记为星号，星号含义同表 10-4；星号前面的负号表示负相关，未达到显著水平的相关关系记为空白。表 10-25 至 10-27 同。

对于禾本科植物来说，渗透调节物质含量与抗氧化物和 MDA 含量在芦苇中相互关系并不密切，只有 K$^+$ 和 Cl$^-$ 含量与 SOD 活性及 GSH 含量呈显著负相关。大针茅中只有脯氨酸含量与 MDA 含量呈显著正相关，Cl$^-$ 和可溶性蛋白含量与 SOD 和 CAT 活性及 GSH 含量均产生显著正效应。长芒草、中华隐子草、糙隐子草、赖草和白羊草中，渗透调节物质与抗氧化物和 MDA 同时产生显著正效应和负效应（表 10-25）。

表 10-25　禾本科植物不同物种抗氧化物和 MDA 含量与渗透调节物质含量的相关性

科别	物种	指标	Na$^+$	K$^+$	Cl$^-$	可溶性蛋白	可溶性糖	脯氨酸
禾本科	长芒草	SOD				**	– **	
		POD				– *		
		CAT				**		
		GSH				**		
		Car						**
		MDA	– *				*	
	中华隐子草	SOD				*	– *	
		POD				– *		
		CAT			– *	*	– **	
		GSH				**		
	糙隐子草	SOD	– *			**		
		CAT	– *			**		
		GSH				**		
		Car				*		
		MDA			*		**	
	赖草	SOD				*	– *	
		POD					*	
		GSH		*				– **
		MDA					**	

科别	物种	指标	Na⁺	K⁺	Cl⁻	可溶性蛋白	可溶性糖	脯氨酸
禾本科	白羊草	SOD					*	
		GSH					**	
		Car	– *					
		MDA						**
	大针茅	SOD			**		**	
		CAT			*		*	
		GSH			*		*	
		MDA						*
	芦苇	SOD		– *	– **			
		GSH		– **	– *			

对于菊科植物来说，渗透调节物质含量与抗氧化物和 MDA 含量在阿尔泰狗娃花中相互关系并不密切且并不复杂；除可溶性蛋白含量与 SOD 活性呈显著负相关外，可溶性蛋白和糖含量与抗氧化物含量均存在显著协同变化（表10-26）。

表 10-26　菊科植物不同物种抗氧化物和 MDA 含量与渗透调节物质含量的相关性

科别	物种	指标	Na⁺	K⁺	Cl⁻	可溶性蛋白	可溶性糖	脯氨酸
菊科	阿尔泰狗娃花	SOD				– *		
		POD					*	
		CAT				**	*	
		GSH				**		
		MDA					**	
	野菊	GSH				*	*	
		Car		**			– **	
		MDA					**	
	茭蒿	SOD				– **	– **	
		GSH	– *			**	**	
		Car	**	*	– *		– **	
		MDA	– *			**	**	
	铁杆蒿	SOD					– *	
		CAT				*	*	
		GSH	– **			**	**	
		Car			– *			**
		MDA	– **			*	**	

续表

科别	物种	指标	Na+	K+	Cl-	可溶性蛋白	可溶性糖	脯氨酸
菊科	猪毛蒿	SOD						*
		POD				*		
		GSH			*	*		− *
		Car			− *			
		MDA				− *	**	

注：由于采集的菊科植物冷蒿样品不够，因此无法计算其抗氧化物和 MDA 含量与渗透调节物质含量的相关性。

蔷薇科植物中，渗透调节物质含量与抗氧化物含量只有在土庄绣线菊和菊叶委陵菜中多产生显著正效应；黄刺玫、水栒子和杜梨的 Cl-、可溶性蛋白和脯氨酸含量与抗氧化物含量多产生显著负效应，其可溶性糖的积累也明显对抑制膜脂过氧化起反作用（表 10-27）。

表 10-27　蔷薇科植物不同物种抗氧化物和 MDA 含量与渗透调节物质含量的相关性

科别	物种	指标	Na+	K+	Cl-	可溶性蛋白	可溶性糖	脯氨酸
蔷薇科	黄刺玫	POD			− *			
		Car		**	− *			
		MDA					*	
	水栒子	SOD						− **
		GSH			*			*
		Car			− *			− **
		MDA					*	
	杜梨	SOD				− *		
		GSH			− *			
		MDA					*	
	菊叶委陵菜	SOD		*				
		CAT						**
		GSH				**		
		Car			− *			
		MDA					**	
	土庄绣线菊	SOD	− *					
		POD		*				
		GSH					*	
		Car	**					

因此，豆科、禾本科、菊科和蔷薇科植物的不同物种之间，渗透调节物质含量与抗氧化物和 MDA 含量之间的相关性也有所差异。

2. 基于抗氧化和渗透调节的植物环境适应性

综合考虑上述供试植物的两种生理特性发现，菊科、胡颓子科、禾本科、槭树科、豆科和马钱科植物中，至少有一种在抵御土壤侵蚀环境胁迫上表现得较为突出。

菊科植物分别采用以 SOD 和 GSH 为主的抗氧化机制及以 K⁺、Cl⁻ 和可溶性蛋白为主的渗透调节机制，马钱科植物分别采用以 SOD 和 GSH 为主的抗氧化机制及以 Cl⁻、可溶性蛋白和可溶性糖为主的渗透调节机制，胡颓子科植物分别采用以 SOD 和 Car 为主的抗氧化机制及以 Na⁺、Cl⁻、可溶性蛋白和可溶性糖为主的渗透调节机制。它们都表现出较强的渗透调节作用，而在抗氧化能力上处于弱势。不同的是，菊科植物阿尔泰狗娃花、野菊、茭蒿、铁杆蒿和猪毛蒿的可溶性蛋白含量与 SOD 活性均存在显著协同变化，猪毛蒿可溶性蛋白的积累还显著抑制膜脂过氧化作用（表 10-26），即菊科植物的渗透调节机制对抗氧化机制起到一定补偿作用；而马钱科植物可溶性糖的积累对其抗氧化机制起一定反作用，有可能抵消其可溶性蛋白的补偿作用（表 10-23）；胡颓子科植物的主要渗透调节物质含量与主要抗氧化物和 MDA 含量之间不存在显著相关关系（表 10-23），即该科植物的渗透调节机制与抗氧化机制之间互不关联，彼此独立。此外，菊科植物中，阿尔泰狗娃花的抗氧化能力较强，野菊和茭蒿次之，铁杆蒿、猪毛蒿和冷蒿较弱（图 10-10）；茭蒿、猪毛蒿、野菊和阿尔泰狗娃花的渗透调节作用较强，而铁杆蒿和冷蒿较弱。

禾本科植物分别采用以 POD 和 CAT 为主的抗氧化机制及以 K⁺ 为主的渗透调节机制，豆科植物分别采用以 SOD 和 POD 为主的抗氧化机制及以 K⁺ 为主的渗透调节机制，槭树科植物分别采用以 SOD、CAT 和 Car 为主的抗氧化机制及以 Cl⁻ 为主的渗透调节机制。它们都表现出较强的抗氧化能力，而在渗透调节上处于弱势，而且两生理机制之间具有相对独立性（表 10-23 至表 10-25）。此外，禾本科植物中，长芒草和中华隐子草的抗氧化能力较强而糙隐子草、赖草、白羊草、大针茅和芦苇的较弱（图 10-6），赖草、白羊草和芦苇的渗透调节作用较强而中华隐子草、长芒草、糙隐子草和大针茅的较弱；豆科植物中，糙叶黄耆、草木樨状黄耆和达乌里胡枝子的抗氧化能力明显强于甘草和白刺花的（图 10-8），甘草的渗透调节作用明显强于白刺花、草木樨状黄耆、达乌里胡枝子和糙叶黄耆的。

而蔷薇科、萝藦科、桦木科、忍冬科、莎草科、木犀科和败酱科植物的抗氧化特性和渗透调节作用在抵御土壤侵蚀环境胁迫上均不占优势。其中只有后两者的主要渗透调节物质 K⁺ 的积累能显著抑制其膜脂过氧化作用，从而对其抗氧化机制起到一定补偿作用；而蔷薇科植物黄刺玫、水栒子和菊叶委陵菜的主要渗透调节物质 Cl⁻ 含量与 Car 含量呈显著负相关，对其抗氧化系统产生不利影响；其他科植物的两生理机制之间互不关联，彼此独立（表 10-23 和表 10-27）。此外，蔷薇科植物中，黄刺玫的抗氧化能力明显强于水栒子、杜梨、菊叶委陵菜和土庄绣线菊（图 10-12），菊叶委陵菜和黄刺玫的渗透调节作用明显强于土庄绣线菊、杜梨和水栒子。

从供试植物两种生理特性的角度分析表明，菊科、胡颓子科、禾本科、槭树科、豆科和马钱科植物对土壤侵蚀环境的适应性较强，蔷薇科、萝藦科、桦木科、忍冬科、莎草科、木犀科和败酱科植物的较弱；菊科植物中，茭蒿、野菊、阿尔泰狗娃花和猪毛蒿对土壤侵蚀环境的适应性较强，铁杆蒿和冷蒿的较弱；禾本科植物中，长芒草、中华隐子草、赖草、糙隐子草和白羊草对土壤侵蚀环境的适应性较强，大针茅和芦苇的较弱；豆科植物中，糙叶黄耆、草木樨状黄耆和达乌里胡枝子对土壤侵蚀环境的适应性较强，甘草和白刺花的较弱；蔷薇科植物中，黄刺玫、菊叶委陵菜和水栒子对土壤侵蚀环境的适应性较强，杜梨和土庄绣线菊的较弱。

10.3 讨 论

10.3.1 不同侵蚀环境下叶片抗氧化特性

当植物受到环境胁迫时，植物细胞内活性氧自由基的产生与清除的动态平衡被破坏，致使活性氧自由基 [单线态氧（$^1O_2$）、氢氧根负离子（OH^-）、羟基自由基（·OH）、过氧化氢（H_2O_2）和超氧物阴离子自由基（O_2^-·）等] 大量积累，对植物造成伤害；使膜脂发生过氧化作用或膜脂脱脂作用，形成丙二醛（MDA），破坏膜结构，使细胞膜透性增大，细胞内的水溶性物质不同程度地外渗，造成细胞伤害或死亡（Peltzer et al. 2002；Johnson et al. 2003；Nayyar and Gupta 2006）。也就是说，胁迫往往导致植物体内活性氧的积累，诱发或加快细胞膜脂过氧化作用，其终产物丙二醛（MDA）可与细胞膜上的蛋白质和酶等结合、交联并使其失去活性（陈少瑜等，2006），从而破坏细胞膜结构与功能。而植物在长期进化中已形成有效清除活性氧的抗氧化系统，包括抗氧化酶和非酶抗氧化物质（Papadakis and Roubelakis-Angelakis，2005）。其中，抗氧化酶包括超氧化物歧化酶（SOD）、过氧化物酶（POD）[主要包括谷胱甘肽过氧化物酶（GPX）和抗坏血酸过氧化物酶（APX）]、过氧化氢酶（CAT）、谷胱甘肽还原酶（GR）、脱氢抗坏血酸还原酶（DHAR）和单脱氢抗坏血酸还原酶（MDHAR）等；非酶抗氧化物质包括还原型谷胱甘肽（GSH）、类胡萝卜素（Car）、还原型抗坏血酸（AsA）、维生素 E（VE）和维生素 C（VC）等。在整个抗氧化系统中，SOD 具有极为重要的作用，它能歧化基态氧活化的第一个中间物即超氧阴离子（O_2^-·）生成 H_2O_2 和 O_2，组成植物细胞内的第一道抗氧化防线（Asada，2006），也是体现植株抗逆性的良好指标（王贺正等，2013）。H_2O_2 则被 POD 和 CAT 以及参与抗坏血酸–谷胱甘肽循环的 GR、APX、DHAR 和 MDHAR 所清除，但 POD 与 CAT 清除 H_2O_2 的方式与程度不同：CAT 将 H_2O_2 变成 H_2O，而 POD 通过氧化像酚类化合物或抗氧化物这些底物分解 H_2O_2（Blokhina et al.，2003）。POD 主要包括 GPX 和 APX，且两者对 H_2O_2 的亲和性很高，能通过 Halliwell-Asada 途径清除叶绿体内的 H_2O_2，是重要的叶绿体保护酶；而 CAT 对 H_2O_2 的亲和性较低，因而清除体内 H_2O_2 的作用有限，主要清除光呼吸中产生的 H_2O_2（吴志华等，2004）。GSH 和 AsA 主要通过 Halliwell-Asada 途径清除活性氧自由基，而 MDAR 和 GR 是由 AsA 的再生来清除 H_2O_2（Horemans et al.，2000）。叶绿体内的 Car 是最重要的单线态氧（$^1O_2$）淬灭剂，既可与三线态叶绿素（^3Chl）作用防止 $^1O_2$ 产生，也可将 $^1O_2$ 转变成基态氧（Jimenez et al.，1993），从而保护叶绿体免受光氧化损伤。MDA 是植物膜脂过氧化作用最主要的产物之一，其含量通常用于衡量膜脂过氧化水平和细胞受损程度（张志良等，2009；李州等，2013）。GPX 可直接通过清除膜脂过氧化产物来修复细胞膜损伤（单长卷等，2012）。因此，通过测定与分析主要的抗氧化酶 SOD、POD 和 CAT 的活性与非酶抗氧化物质 GSH 和 Car 的含量，以及膜脂过氧化指标 MDA 含量，可了解供试物种的抗氧化特性。

植物在逆境条件下的膜脂过氧化反应和抗氧化系统的变化已广泛应用于植物抗逆机理研究，并且具有重要的应用价值（单长卷等，2012；李朝周等，2013）。随着植物 SOD、CAT、APX 和 GR 等抗氧化物基因工程研究的深入（程华等，2008），阐明植物的抗氧化特性不仅考虑外界环境的胁迫程度，还可探究植物内部系统发育的影响程度；植物的抗氧化机制与能力可能主要取决于遗传背景。"科"是植物分类学中重要的中级单位（苏志尧等，1996），具有相近系统发育背景的同科植物，在进化过程中也应保持相似的抗氧化特性；而同科不同物种在进化过程中为了适应外界环境表现出一定的变异性与独立性，所以同科植物抗氧化特性在种间的差异也不容忽略。由于遗传背景对植物抗氧化特性的影响，直接研究环境与植物抗氧化特性的关系存在一定的不确定性。因此，研究供试植物抗氧化特性对土壤侵蚀环境的响应关系，前提是要明确遗传背景与土壤侵蚀环境影响的相对程度，并排除遗传背景的影响。多因素方差分析的结果表明，POD、CAT 和 Car 并不是对典型土壤侵蚀环境因子反应敏感的抗氧化物；而在排除遗传背景的主要影响后，它们对典型土壤侵蚀环境因子的响应程度就明显体现出来。值得注意的是，GSH 受遗传背景影响并不显著，表现为科间含量差异不明显。这可能与 GSH 本身的抗氧化作用有关，虽然它是普遍存在于植物细胞中具有特殊功能的多肽，但其主要作用是协助 APX、GPX 和 GR 清除 H_2O_2（吴志华等，2004）。

植物的抗氧化机制一方面由系统发育背景决定，另一方面也受环境的影响，是植物内因和外因综合作用的结果，从而表现为植物自身的进化和对土壤侵蚀环境的适应能力。同一种胁迫下，不同植物体内各抗氧化酶和非酶抗氧化物质发挥的作用不同，即其抗氧化机制有所差异。例如，在水分胁迫下，尖叶铁扫帚叶片的受损程度相对于斜茎黄耆和白花草木犀的较低，且能保持较高的 SOD 与 APX 活性和 Car 含量（秦文静，2010）；茭蒿的 SOD、CAT 与 POD 活性和 VC 含量呈均势发展，但 Car 含量很低，膜脂过氧化水平较高；而黄花蒿的 SOD 活性和 VC 含量很低，但 POD 活性和 Car 含量很高，膜脂过氧化水平较低（王勇，2010）。不同胁迫下，发挥主导作用的抗氧化物质和非酶抗氧化物质也不同。例如，高温胁迫下，POD 活性表现出先下降后升高的趋势，且耐热品种的 POD 活性较感热品种高；水分和强光胁迫下，Car 和 VE 均可将叶绿素光敏作用产生的 $^1O_2$ 直接淬灭，是光能未经反应中心电荷分离而就被直接耗散的一种重要光保护机制（赵福庚等，2004）。根据杜华栋（2013）在黄土丘陵沟壑区沟坡不同侵蚀环境下 9 种优势物种的研究，随着侵蚀强度的增加、样地水分和养分含量的降低及光照强度的增强，植物所受胁迫增大，细胞膜透性、MDA 含量、H_2O_2 含量和 $O_2^-\cdot$ 含量也随着增大，在阳沟坡都受到伤害程度最大；但所研究植物叶内 SOD、POD、CAT、APX 和 GR 活性均上升，表明其通过抗逆酶类活性增强来抵御植物体内活性氧的增加，消除活性氧对细胞的伤害，阻止膜的过氧化和被破坏。同时，所研究物种的三种非酶抗氧化物质 AsA、GSH 和 Car 含量都表现出随着侵蚀强度的增加而增加，但在侵蚀程度最大的阳沟坡都有不同程度的降低；说明植物都能通过 AsA、GSH 和 Car 等非酶抗氧化物质含量的上升清除体内的活性氧，但这种调节能力是有限度的，在重度胁迫环境下（如阳沟坡），清除活性氧消耗的非酶抗氧化物质量超出了植物合成能力，非酶抗氧化物质保护系统的防御能力降低（Mittler，2002）。本研究中，18个科植物的抗氧化机制大体上分为7类。第一类是禾本科植物采用的以POD和CAT为主的抗氧化机制。第二类是豆科植物采用的以SOD和POD为主的抗氧化机制。这两类都是以抗氧化酶发挥主要抵御作用，制约它们抗氧化酶的典型土壤侵蚀环境因子较多，但其活性水平相对最高，并协同抑制膜脂过氧化作用，它们的膜脂过氧化水平受土壤侵蚀环境影响也较弱。第三类是鼠李科和瑞香科植物采用的以GSH为主的抗氧化机制。第四类是槭树科和壳斗科植物采用的以SOD、CAT和Car为主的抗氧化机制。第五类是菊科、萝藦科和马钱科植物采用的以SOD和GSH为主的抗氧化机制，其中菊科茵蒿和铁杆蒿的SOD和GSH受限于土壤水分条件以及菊科铁杆蒿的膜脂过氧化水平受制于土壤松紧度；虽然马钱科的膜脂过氧化水平受GSH显著抑制，但相对于其他科植物最高。第六类是蔷薇科、忍冬科、莎草科、胡颓子科、木犀科、桦木科和唇形科植物采用的以SOD和Car为主的抗氧化机制。它们的主要抗氧化物抑制膜脂过氧化作用不明显，其中莎草科植物受土壤侵蚀环境制约较弱而蔷薇科黄刺玫和木犀科植物受制于土壤养分条件。第七类是败酱科和柏科植物采用的抗氧化机制，各抗氧化酶活性和非酶抗氧化物质含量水平均不高；败酱科植物同时受地形和土壤养分条件制约，抑制膜脂过氧化作用也较微弱。

抗逆性强的植物在胁迫条件下抗氧化酶活性或非酶抗氧化物质含量较高，能保持相对稳定或甚至有所升高，可对膜脂过氧化起到一定抑制作用，从而减轻活性氧的伤害（张继澍，2006），也就说明它们具有较强的抗氧化能力。灌木白刺花和杠柳的SOD、POD、CAT和APX的活性都较大，能从源头上清除O₂⁻·，防止活性氧的爆发，减小植物的细胞受伤害程度，从而使这两种灌木对不同的环境都有较强的适应性。茵蒿有较高的APX和GR及较低的SOD活性，推测其主要以AsA-GSH循环系统来清除体内的活性氧；茵蒿在阳坡环境广泛分布表明AsA-GSH循环系统同样能有效地降低植物体内活性氧伤害。猪毛蒿、铁杆蒿、长芒草和白刺花非酶抗氧化物质在阳沟坡侵蚀环境下下降较为迅速，表明这几种植物非酶抗氧化系统较为脆弱，但抗氧化酶活性较大；说明植物在抗逆过程中选择一种主要的方式降低植物伤害，避免抗逆过程中体内资源浪费（杜华栋，2013）。总之，生存于相同胁迫下的植物，由于物种或品种上的差异，其抗氧化机制存在差异，表现出不同的抗氧化能力；而生长于多重胁迫下的同一物种，各抗氧化酶和非酶抗氧化物质对不同胁迫的响应程度也不尽相同，也可以说，针对不同胁迫，发挥主导作用的抗氧化物质和非酶抗氧化物质不同。经过胁迫锻炼，不同植物进化出不同的抗氧化机制，形成对不同环境胁迫的生态适应性。

10.3.2　不同侵蚀环境下叶片渗透调节作用

植物抗逆的另一个的重要机制是渗透调节。既可通过调节无机离子的种类、数量和比例来维持细胞内外微环境的稳定，也可通过积累在渗透上有活性而对细胞无毒的有机物（脯氨酸和可溶性糖等）来进行渗透调节，通过这两种途径降低植物的致死水势而延缓失水（Markesteijn et al.，2011；Martinez et al.，2005）。也就是指细胞通过增加或减少胞液中溶质含量，调节细胞渗透势以达到与外界环境渗透势相平衡的作用（孙群和胡景江，2006）；即当细胞处于完全水合状态时，具有较高的膨压，细胞只有在较低水势下才会丧失膨压，因而能持续从低水势土壤中获取水分。

土壤水分是黄土丘陵沟壑区植物生长的主要限制因子（贾志清，2006），往往使植物受到不同程度的水分胁迫。植物的渗透调节作用是其抵御水分胁迫的重要方式。例如，植物受到水分胁迫时，积累具有较强水合力的脯氨酸有利于保持一定细胞膨压，并从低水势土壤中持续获取水分，从而维持气孔开放、细胞伸长和植株生长等原有代谢过程（张继澍，2006）。植物有机渗透物质主要有脯氨酸、可溶性蛋白和可溶性糖，其在植物体内不仅调节渗透平衡，而且还有着多重重要功能。脯氨酸在植物抗逆过程中的主要作用有两点：一是作为渗透调节物质保持原生质与环境的渗透平衡，有效吸水和防止水分散失；二是与蛋白质相互作用增加蛋白质的可溶性和减少可溶性蛋白的沉淀，从而保持细胞膜结构的完整性和使酶免受伤害（Pérez-Pérez et al., 2009；Turner and Kramer, 1980）。可溶性蛋白含量的变化可以反映细胞内蛋白质合成、变性及降解等信息，也可结合水分降低细胞的渗透势以维持细胞的膨压（Irigoyen et al., 1992）。可溶性糖含量增加可使原生质脱水后仍可保持其基本结构，同时增大细胞液浓度，提高对水分的吸收能力（Iannucci et al., 2002）。杜华栋（2013）通过对 9 种优势物种的分析表明，随着侵蚀程度的增加，植物受到的胁迫程度增加，植物体内积累的脯氨酸、可溶性蛋白和可溶性糖含量也增加，用以调节植物体内的水分平衡，同时减小环境对植物细胞的伤害；但在胁迫最严重的阳沟坡侵蚀环境下，脯氨酸和可溶性糖含量达到最大，而可溶性蛋白含量有不同程度的减小。究其原因，可能因为大分子蛋白质合成要求较大能量投入，同时胁迫环境也迫使蛋白质分解作用加强（Irigoyen et al., 1992），因此可溶性蛋白含量在阳沟坡含量下降；而植物在受到胁迫时，其体内淀粉等大分子碳水化合物水解大于合成，使叶内可溶性糖含量增多；脯氨酸分子量小，植物合成速度快，且其在植物抗逆中所起功能较大，因此植物合成较多的脯氨酸使其含量增加。Na^+ 和 K^+ 是植物叶片主要的无机渗透调节离子（Patakas et al., 2002；Shabala and Cuin, 2007）。在本研究区阳沟坡植物累积 Na^+ 和 K^+ 量较低，梁峁顶植物累积此两种离子量较大。推测可能是此两种离子都是土壤中易流失的离子，阳沟坡严重的土壤侵蚀引起了这两种离子的流失，因此相应植物吸收与累积这两种离子的量减少；而梁峁顶土壤养分流失量小但土壤水分条件较差，植物受到光照水分等胁迫使植物积累这两种离子进行渗透调节。通过灰色关联度分析表明，此两种离子与植物抗逆性关系都较大。综合分析 9 种供试植物两种离子的积累特征，Na^+ 离子比 K^+ 离子更能反映植物的抗逆性（杜华栋，2013），这与 Silva 等（2010）研究结果相反，可能与植物生长环境和遗传特性有关。

植物积累渗透调节物质的种类与含量水平受其遗传背景影响。例如，高粱和向日葵分别受禾本科和菊科的系统发育背景影响，其完全展开的叶片在中度干旱胁迫下积累的主要无机离子不同，前者为 K^+ 和 Mg^{2+}，而后者还积累 Ca^{2+} 和 NO_3^-（钱永生和王慧中，2006）。排除植物遗传背景对植物渗透调节作用的影响，有利于揭示供试植物通过渗透调节作用适应土壤侵蚀环境的机制和定量分析土壤侵蚀环境对植物渗透调节作用的影响程度。多因素方差分析表明，K^+ 和 Cl^- 并不是对典型土壤侵蚀环境因子反应敏感的渗透调节物质；而在排除遗传背景的主要影响后，它们对典型土壤侵蚀环境因子的响应程度就明显体现出来。

需要强调的是，在复杂多变的自然环境下研究植物的渗透调节作用，并不能单纯考虑干旱（气候和土壤）的影响；而且本研究中的 K$^+$、Cl$^-$ 和脯氨酸测定值是叶片内总含量，无法划分出单纯起渗透调节作用的部分，因而它们的变异来源还可能有光照、气温和土壤养分等。所以其他环境因子对供试植物的渗透调节作用也存在间接的影响。

供试植物的渗透调节机制是其内部遗传系统发育和外部土壤侵蚀环境综合作用的结果，从而表现出植物自身的进化及对土壤侵蚀环境的适应能力。本研究中的 18 个科植物的渗透调节机制大体上分为 7 类。第一类是胡颓子科植物采用的以 Na$^+$、Cl$^-$、可溶性蛋白和脯氨酸为主的渗透调节机制。第二类是菊科植物采用的以 K$^+$、Cl$^-$ 和可溶性蛋白为主的渗透调节机制。第三类是马钱科植物采用的以 Cl$^-$、可溶性蛋白和可溶性糖为主的渗透调节机制。第四类是瑞香科植物采用的以 Na$^+$、K$^+$ 和脯氨酸为主的渗透调节机制，这 4 类都是以无机离子和有机溶质共同参与渗透调节。其中，菊科植物受土壤侵蚀环境制约较强，但其主要渗透调节物质的含量水平相对较高，从而维持一定膨压，有效防止细胞脱水；瑞香科植物 Na$^+$ 和 K$^+$ 含量显著协同变化；而胡颓子科和马钱科植物的主要渗透调节物质分别发挥非协同和负协同的渗透调节作用，未能探明它们的环境限制因子。第五类是萝藦科植物采用的以 Na$^+$ 和 K$^+$ 为主的渗透调节机制。第六类是蔷薇科、忍冬科、鼠李科、桦木科、槭树科和壳斗科植物采用的以 Cl$^-$ 为主的渗透调节机制。第七类是禾本科、豆科、莎草科、败酱科、柏科、木犀科和唇形科植物采用以 K$^+$ 为主的渗透调节机制。这 3 类都是以无机离子发挥主要渗透调节作用。除未能探明萝藦科、忍冬科、鼠李科、桦木科、槭树科、壳斗科、柏科和唇形科植物的环境限制因子外，只有蔷薇科、禾本科、败酱科和木犀科植物受限于个别因子，总体上受土壤侵蚀环境制约较弱；但以一两种无机离子发挥的渗透调节作用毕竟是有限的。实际上，植物的渗透调节作用不是由单一的渗透调节物质来实现的，而且不同植物由其不同的渗透调节机制来控制不同渗透调节物质的积累与调节作用。像锦鸡儿属的旱生种和强旱生种，主要通过积累多种无机离子（Na$^+$、K$^+$、Ca$^+$、Mg^{2+}、Cu^{2+}、Zn^{2+}、Cl$^-$、NO$_2^-$ 和 NO$_3^-$）和有机渗透调节物质可溶性糖这种相对节能的方式来适应干旱和强干旱环境（马成仓等，2011）；而白刺花以增加 K$^+$、可溶性蛋白和脯氨酸含量来发挥渗透调节作用（王海珍等，2004）；杠柳则主要以有机溶质发挥渗透调节作用，其中可溶性糖和脯氨酸含量随着干旱持续胁迫一直保持上升趋势，而可溶性蛋白含量表现为先急剧升高后下降的趋势（安玉艳等，2011）。此外，高温胁迫通常引起植物蒸腾作用加剧，耐热品种积累的脯氨酸含量比感热品种多（耶兴元等，2004；刘应迪等，2001）。甜菜碱同脯氨酸一样也是理想的有机渗透调节物质，而且它在某些经受水分胁迫的禾本科植物中含量较高（蒋高明等，2004）。因此，还需增测该指标以进一步揭示供试物种渗透调节机制的异同。另外，还需进一步采用冰点降低法测定叶片水饱和渗透势（孙群和胡景江，2006），提高综合评价渗透调节能力的准确性。

总之，渗透胁迫会直接诱导植物的渗透调节作用；而且由于物种或品种上的差异，其渗透调节机制也存在差异，表现出不同的渗透调节能力，但同一物种中发挥主导作用的渗透调节物质不同。而其他胁迫如低温、高温和营养元素缺乏等往往与渗透胁迫并存，对植物构成多重胁迫。地形也会影响生态因子的再分配，从而间接影响植物的渗透调节作用。经过渗透胁迫及其他胁迫的锻炼，每种植物有其特殊的渗透调节机制，形成对环境胁迫的生态适应性。

10.3.3 植物生理生态适应性

许多研究表明,植物的抗氧化特性和渗透调节作用受其遗传背景的制约,并与植物的抗逆性密切相关,最终体现为对逆境的适应(李磊等,2010;王移等,2011;王艺和韦小丽,2010)。逆境条件下,植物不仅具有积累无机渗透调节离子和有机相容性溶质参与渗透调节的能力,还对其活性氧体系和抗氧化系统有所影响;因而植物的这两种生理特性之间也存在一定的相互关系。例如,参与渗透调节的 Ca^{2+}、脯氨酸和甘露醇对活性氧特别是 ·OH 的产生存在抑制作用,对已生成的 ·OH 也有清除作用;Ca^{2+} 和甜菜碱还可提高抗氧化酶 SOD、POD 和 CAT 的活性及非酶抗氧化物质 GSH 的含量(王娟和李德全,2001)。但也有研究发现,羊草在返青期的甜菜碱含量与 SOD 活性呈显著负相关(崔喜艳等,2012)。

植物不同生理特性之间既相互联系又相互制约,综合考虑植物的各种生理特性才能充分反映植物对逆境的适应能力。因此,在分别探明供试植物的抗氧化特性和渗透调节作用的基础上,还有必要了解这两种生理特性之间是否存在一定相互关系。已有研究表明,逆境条件下植物体内积累的主要渗透调节物质(Ca^{2+}、脯氨酸、甜菜碱和甘露醇等)对一些活性氧(·OH、$^1O_2$ 和 H_2O_2 等)的产生及清除均有一定的抑制作用,对抗氧化物(SOD、POD、CAT、AP、GR、GSH 和 AsA 等)含量的提高有积极作用(王娟和李德全,2001)。而本研究中,测定的每种渗透调节物质对抗氧化系统和抑制膜脂过氧化水平既产生积极作用,也存在不利影响;而且供试植物的脯氨酸与抗氧化物及 MDA 的关系较弱,反而是 Cl^-、可溶性蛋白和可溶性糖含量与抗氧化物和 MDA 含量之间的相关性较大。关于渗透调节物质对逆境条件下植物活性氧及其清除系统的作用机理,还有待进一步验证。

就植物抗氧化特性和渗透调节作用与逆境的响应关系来讲,任何环境因子都可能对植物的活性氧体系和抗氧化系统产生直接影响;而除与干旱或盐渍有关的环境因子能直接影响植物的渗透调节作用外,其他环境因子对其的影响是间接的,况且植物渗透调节的幅度是有限的,并不能完全维持整个生理过程(赵九洲和刘绍洪,2005)。因此,植物的抗氧化特性比渗透调节作用更能反映植物对逆境的适应能力。所以供试植物中的禾本科、豆科和椴树科植物应比菊科、马钱科和胡颓子科植物具有更强的环境适应性。此外,本章只涉及两种重要的植物抗逆生理特性研究;在今后的研究中,应较多考虑其他植物生理特性及其相互关系,以更加全面与准确地反映植物对土壤侵蚀环境的适应能力。例如,叶绿素含量的变化也可以指示植物对胁迫的敏感性,抗逆性强的植物叶绿素含量下降的速度比抗逆性弱的慢(邹春静等,2003);猪毛蒿、铁杆蒿、茭蒿和杠柳随着侵蚀程度增强,其叶绿素含量下降较快,其潜在光合速率因此也下降,植物生长受到限制(杜华栋,2013)。

供试植物的抗氧化酶 POD 和 CAT、非酶抗氧化物质 Car 及无机渗透调节物质 K^+ 和 Cl^- 极大程度上受其遗传背景影响而对土壤侵蚀环境响应程度较小;此外,非酶抗氧化物质 GSH 的科间差异较小,受其遗传背景影响微弱。因此,本研究认为,它们均不能充分体现不同植物抵御土壤侵蚀环境的生理机制与能力的差异。而抗氧化酶 SOD、膜脂过氧化指标 MDA、无机渗透调节物质 Na^+ 及有机渗透调节物质可溶性蛋白、可溶性糖和脯氨酸可作为指示抗侵蚀植物对土壤侵蚀环境适应能力的生理指标。

10.4 小　结

（1）供试植物的抗氧化机制与能力主要取决于遗传背景，而土壤侵蚀环境决定其能否适应及进化方向。禾本科和豆科植物采用以抗氧化酶为主的抗氧化机制，其抗氧化酶受土壤侵蚀环境制约较强，但其抗氧化能力也较强。而鼠李科和瑞香科植物采用以非酶抗氧化物质 GSH 为主的抗氧化机制，其他科植物采用抗氧化酶和非酶抗氧化物质共同抵御的抗氧化机制。其中，鼠李科、瑞香科、槭树科、壳斗科、蔷薇科、忍冬科、莎草科、胡颓子科、木犀科、桦木科和唇形科植物的主要抗氧化物和膜脂过氧化水平受土壤侵蚀环境制约较弱，但其主要抗氧化物抑制膜脂过氧化作用不强；菊科、萝藦科和马钱科植物的主要抗氧化物受土壤侵蚀环境制约较弱，但菊科和萝藦科植物的膜脂过氧化水平受制于土壤状况；败酱科和柏科植物的各抗氧化物含量水平均不高，并受地形和土壤的综合制约。对于禾本科、豆科、菊科和蔷薇科植物，各物种之间的抗氧化机制及其环境限制因子也存在一定差异。

（2）供试植物的抗氧化能力表现为禾本科和豆科植物较强，槭树科和壳斗科植物次之，萝藦科、菊科、桦木科、木犀科、蔷薇科、胡颓子科、莎草科、鼠李科、忍冬科、马钱科、唇形科、瑞香科、败酱科和柏科植物较弱；对于禾本科植物，长芒草和中华隐子草较强，糙隐子草、赖草、白羊草和大针茅次之，芦苇较弱；对于豆科植物，糙叶黄耆、草木樨状黄耆和达乌里胡枝子较强，甘草和白刺花较弱；对于菊科植物，阿尔泰狗娃花较强，野菊和茭蒿次之，铁杆蒿、猪毛蒿和冷蒿较弱；对于蔷薇科植物，黄刺玫较强，水枸子、杜梨、菊叶委陵菜和土庄绣线菊较弱。

（3）供试植物的渗透调节机制与作用也主要取决于遗传背景，而土壤干旱直接导致供试物种渗透调节物质的积累，地形、土壤松紧度和养分则对渗透调节起间接的干扰或辅助作用。胡颓子科、菊科、马钱科和瑞香科植物采用以无机离子和有机溶质共同维持膨压的渗透调节机制。其中菊科植物受土壤侵蚀环境制约较强，但渗透调节作用也较强；胡颓子科和马钱科植物受土壤侵蚀环境制约较弱，渗透调节作用也较为稳定；瑞香科植物的 Na^+ 和 K^+ 含量显著协同变化，但未能探明其环境限制因子；其他科植物均以无机离子发挥主要调控作用，总体上受土壤侵蚀环境制约较弱，但渗透调节作用也较强。菊科植物不同物种之间的渗透调节机制及其环境限制因子差异较大，而蔷薇科、豆科植物和禾本科植物的差异不明显。

（4）供试植物的渗透调节作用表现为胡颓子科、菊科、马钱科和瑞香科植物较强，萝藦科、槭树科、蔷薇科、忍冬科、鼠李科、唇形科、桦木科、败酱科、壳斗科、木犀科、豆科、莎草科、禾本科和柏科植物较弱；对于菊科植物，茭蒿、猪毛蒿、野菊和阿尔泰狗娃花较强，铁杆蒿和冷蒿较弱；对于蔷薇科植物，菊叶委陵菜和黄刺玫较强，土庄绣线菊、杜梨和水枸子较弱；对于豆科植物，甘草较强，白刺花、草木樨状黄耆、达乌里胡枝子和糙叶黄耆较弱；对于禾本科植物，赖草、白羊草和芦苇较强，中华隐子草、长芒草、糙隐子草和大针茅较弱。

（5）基于上述两种生理特性，供试植物对土壤侵蚀环境的适应性表现为禾本科、豆科和槭树科植物较强，菊科、马钱科和胡颓子科植物次之，蔷薇科、萝藦科、桦木科、忍冬科、莎草科、木犀科和败酱科植物较弱；禾本科植物中，长芒草、中华隐子草、赖草、糙隐子草和白羊草较强，大针茅和芦苇较弱；对于豆科植物，糙叶黄耆、草木樨状黄耆和达乌里胡枝子较强，甘草和白刺花较弱；对于菊科植物，茭蒿、野菊、阿尔泰狗娃花和猪毛蒿较强，铁杆蒿和冷蒿较弱；对于蔷薇科植物，黄刺玫、菊叶委陵菜和水栒子较强，杜梨和土庄绣线菊较弱。

参 考 文 献

安玉艳，梁宗锁，郝文芳．2011．杠柳幼苗对不同强度干旱胁迫的生长与生理响应．生态学报，31（3）：716-725．

陈少瑜，郎南军，贾利强，等．2006．干旱胁迫对坡柳等抗旱树种幼苗膜脂过氧化及保护酶活性的影响．植物研究，26（1）：89-93．

程华，李琳玲，常杰，等．2008．植物抗氧化酶的研究进展//中国园艺学会．中国园艺学会第八届青年学术讨论会暨现代园艺论坛论文集：766-773．

崔喜艳，刘忠野，胡勇军，等．2012．不同盐碱草地羊草叶片渗透调节物质含量和抗氧化酶活性的比较．中国草地学报，34（5）：40-46．

杜华栋．2013．黄土丘陵沟壑区优势植物对不同侵蚀环境的适应研究．杨凌：中国科学院水土保持与生态环境研究中心博士学位论文．

贾志清．2006．晋西北黄土丘陵沟壑区典型流域不同植被土壤蓄水能力研究．水土保持通报，26（3）：29-33．

蒋高明，常杰，高玉葆，等．2004．植物生理生态学．北京：高等教育出版社．

李磊，贾志清，朱雅娟，等．2010．我国干旱区植物抗旱机理研究进展．中国沙漠，30（5）：1053-1059．

李朝周，左丽萍，李毅，等．2013．两个海拔分布下红砂叶片对渗透胁迫的生理响应．草业学报，22（1）：176-182．

李州，彭燕，苏星源．2013．不同叶型白三叶抗氧化保护及渗透调节生理对干旱胁迫的响应．草业学报，22（2）：257-263．

刘学义．1986．大豆抗旱性评定方法探讨．中国油料作物学报，（4）：23-26．

刘应迪，李和平，肖冬林．2001．高温胁迫下藓类植物游离脯氨酸含量的变化．吉首大学学报（自然科学版），22（1）：1-3．

马成仓，高玉葆，李清芳，等．2011．内蒙古高原锦鸡儿属植物的形态和生理生态适应性．生态学报，31（21）：6451-6459．

全国农业区划委员会．1984．土地利用现状调查技术规程．北京：全国农业区划委员会．

全国土壤普查办公室．1979．全国第二次土壤普查暂行技术规程．北京：农业出版社．

钱永生，王慧中．2006．渗透调节物质在作物干旱逆境中的作用．杭州师范学院学报（自然科学版），5（6）：476-481．

秦文静．2010．黄土高原三种豆科牧草的耗水和抗旱特性研究．杨凌：西北农林科技大学硕士学位论文．

单长卷，韩蕊莲，梁宗锁．2012．干旱胁迫下黄土高原 4 种乡土禾草抗氧化特性．生态学报，32（4）：1174-1184．

苏志尧，刘蔚秋，廖文波，等．1996．广西被子植物科的区系地理成分分析．中山大学学报（自然科学版），35（S2）：70-75．

孙群，胡景江．2006．植物生理学研究技术．杨凌：西北农林科技大学出版社．

吴志华，曾富华，马生健，等．2004．水分胁迫下植物活性氧代谢研究进展（综述 I）．亚热带植物科学，33（2）：77-80.

王凤德，衣艳君，王海庆，等.2011. 豌豆过氧化氢酶在烟草叶绿体中的过量表达提高了植物的抗逆性. 生态学报，31（4）：1058-1063.

王海珍，梁宗锁，韩蕊莲，等.2004. 土壤干旱对黄土高原乡土树种水分代谢与渗透调节物质的影响. 西北植物学报，24（10）：1822-1827.

王贺正，张均，吴金芝，等.2013. 不同氮素水平对小麦旗叶生理特性和产量的影响. 草业学报，22（4）：69-75.

王娟，李德全.2001. 逆境条件下植物体内渗透调节物质的积累与活性氧代谢. 植物学通报，18（4）：459-465.

王力，邵明安，侯庆春.2000. 土壤干层量化指标初探. 水土保持学报，14（4）：87-90.

王移，卫伟，杨兴中，等.2011. 黄土丘陵沟壑区典型植物耐旱生理及抗旱性评价. 生态与农村环境学报，27（4）：56-61.

王艺，韦小丽.2010. 不同光照对植物生长、生理生化和形态结构影响的研究进展. 山地农业生物学报，29（4）：353-359，370.

王勇.2010. 黄土高原菊科蒿属四种植物的耗水规律及抗旱特性研究. 杨凌：西北农林科技大学硕士学位论文.

王勇，韩蕊莲，梁宗锁.2010. 水分胁迫对4种菊科蒿属植物抗氧化特性的影响. 西北农林科技大学学报（自然科学版），38（10）：178-186.

谢季坚，刘承平.2000. 模糊数学方法及其应用. 武汉：华中科技大学出版社.

耶兴元，马锋旺，王顺才，等.2004. 高温胁迫对猕猴桃幼苗叶片某些生理效应的影响. 西北农林科技大学学报（自然科学版），32（12）：33-37.

於丙军，罗庆云，曹爱忠，等.2001. 栽培大豆和野生大豆耐盐性及离子效应的比较. 植物资源与环境学报，10（1）：25-29.

张继澍.2006. 植物生理学. 北京：高等教育出版社.

张蜀秋.2011. 植物生理学实验技术教程. 北京：科学出版社.

张宪政.1986. 植物叶绿素含量测定——丙酮乙醇混合液法. 辽宁农业科学，（3）：26-28.

张志良，瞿伟菁，李小方.2009. 植物生理学实验指导. 北京：高等教育出版社.

赵福庚，何龙飞，罗庆云.2004. 植物逆境生理生态学. 北京：化学工业出版社.

赵九洲，刘绍洪.2005. 渗透调节机制与植物的抗旱性研究. 江西林业科技，（4）：27-30.

中华人民共和国水利部.2008. 中华人民共和国水利行业标准：土壤侵蚀分类分级标准. 北京：中国水利水电出版社.

周强，李萍，曹金花，等.2007. 测定植物体内氯离子含量的滴定法和分光光度法比较. 植物生理学通讯，43（6）：1163-1166.

朱祖祥.1983. 土壤学. 北京：农业出版社.

邹春静，韩士杰，徐文铎，等.2003. 沙地云杉生态型对干旱胁迫的生理生态响应. 应用生态学报，14（9）：1446-1450.

邹厚远，焦菊英.2010. 黄土丘陵沟壑区抗侵蚀植物的初步研究. 中国水土保持科学，8（1）：22-27.

Taiz L, Zeiger E. 2009. 植物生理学（第四版）. 宋纯鹏等译. 北京：科学出版社.

Apel K, Hirt H. 2004. Reactive oxygen species：metabolism, oxidative stress, and signal transduction. Annual Review of Plant Biology, 55：373-399.

Asada K. 2006. Production and scavenging of reactive oxygen species in chloroplasts and their function. Plant Physiology, 141：391-396.

Blokhina O, Virolainen E, Fagerstedt K V. 2003. Antioxidants, oxidative damage and oxygen deprivation stress: a review. Annals of Botany (London), 91 (2): 179-194.

Bai L P, Sui F G, Ge T D, et al. 2006. Effect of soil drought stress on leaf water status, membrane permeability and enzymatic antioxidant system of maize. Pedosphere, 16 (3): 326-332.

De Witt. T J, Scheiner S M. 2004. Phenotypic Plasticity: Functional and Conceptual Approaches. Oxford: Oxford University Press.

Horemans N, Foyer C H, Potters G, et al. 2000. Ascorbate function and associated transport systems in plants. Plant Physiology and Biochemistry, 38: 531-540.

Irigoyen J J, Einerich D W, Sánchez-Díaz M. 1992. Water stress induced changes in concentrations of proline and total soluble sugars in nodulated alfalfa (*Medicago sativd*) plants. Physiologia Plantarum, 84: 55-60.

Iannucci A, Russo M, Arena L, et al. 2002. Water deficit effects on osmotic adjustment and solute accumulation in leaves of annual clovers. European Journal of Agronomy, 16: 111-122.

Jiménez C, Pick U. 1993. Differential reactivity of β-carotene isomers from Dunaliella bardawl toward oxygen radicals. Plant Physiology, 101: 385-390.

Johnson S M, Doherty S J, Croy R R D. 2003. Biphasic superoxide generation in potato tubers: a self amplifying response to stress. Plant Physiology, 13: 1440-1449.

Markesteijn L, Poorter L, Paz H, et al. 2011. Ecological differentiation in xylem cavitation resistance is associated with stem and leaf structural traits. Plant, Cell and Environment, 34: 137-148.

Martínez J P, Kinet J M, Bajji M, et al. 2005. NaCl alleviates polyethylene glycolinduced water stress in the halophyte species *Atriplex halimus* L. Journal of Experimental Botany, 56 (419): 2421-2431.

Mittler R. 2002. Oxidative stress, antioxidants and stress tolerance. Trends in Plant Science, 7: 405-410.

Nayyar H, Gupta D. 2006. Differential sensitivity of C_3 and C_4 plants to water deficit stress: association with oxidative stress and antioxidants. Environmental and Experimental Botany, 58: 106-113.

Papadakis A K, Roubelakis-Angelakis K A. 2005. Polyamines inhibit NADPH oxidase-mediated superoxide generation and putrescine prevents programmed cell death induced by polyamine oxidase-generated hydrogen peroxide. Planta, 220 (6): 826-837.

Patakas A, Nikolaou N, Ziozioiu E, et al. 2002. The role of organic solute and ion accumulation in osmotic adjustment in drought-stressed grapevines. Plant Science, 163: 361-367.

Pérez-Pérez J G, Robles J M, Tovar J C, et al. 2009. Response to drought and salt stress of lemon 'Fino 49' under field conditions: water relations, osmotic adjustment and gas exchange. Scientia Horticulturae, 122: 83-90.

Peltzer D, Dreyer E, Polle A. 2002. Differential temperature dependencies of antioxidative enzymes in two contrasting species. Plant Physiology and Biochemistry, 40: 141-150.

Riffith O W. 1980. Determination of glutathione and glutathione disulfide using glutathione reductase and 2-vinylpyridine. Analytical Biochemistry, 106 (1): 207-212.

Silvertown J. 1998. Plant phenotypic plasticity and non-cognitive behaviour. Trends in Ecology and Evolution, 17: 255-256.

Silva E N, Ferreira-Silva S L, Viégas R A, et al. 2010. The role of organic and inorganic solutes in the osmotic adjustment of drought-stressed *Jatropha curcas* plants. Environmental and Experimental Botany, 69: 279-285.

Shabala S, Cuin T A. 2007. Potassium transport and plant salt tolerance. Plant Physiology, 133: 651-669.

Turner N C, Kramer P J. 1980. Adaptation of Plants to Water and High Temperature. New York: John Wiley and Sons.

第11章 植物抵抗土壤侵蚀力伤害的机械特性

本章作者：焦菊英　杜华栋　王巧利　寇　萌　于卫洁

植被可以减少径流及其对土壤的冲刷，增加土壤的入渗，减少斜坡上沉积物的运输。然而，只有在具有良好的结构、一定的盖度、一定数量的枯枝落叶层以及发达的根系和一定年龄的条件下，植被才能发挥良好的水土保持作用（吴钦孝和杨文治，1998）。植物的地上部分和地下部分在抵抗土壤侵蚀等方面发挥着不同的作用，其中植物根系在固持土壤和抵抗土壤侵蚀方面有重要的作用。植物地上部分在拦截枯落物和减少径流冲刷等方面有重要的作用。受物种根茎密度及力学指标等机械特性的影响，不同植物群落在抵抗径流冲刷和土壤侵蚀方面的能力不同。因此，植被抵抗土壤侵蚀的有效性与植物的机械特性有关（Morgan，2005；Bochet et al.，2006）。植物的结构特征如根茎的形态与直径、根茎的空间分布特征以及根茎的抗拉强度等在抵抗径流冲刷时具有重要的作用。近年来，在植物的机械特性方面特别是在植物根系方面有不少学者进行了研究，如对根系的生物学特性，包括根长、根干重、根密度和比根长等指标（刘国彬等，1996；李会科等，2001；苑淑娟等，2008；熊燕梅等，2007；Burylo et al.，2009；Stokes et al.，2009）。但在植物茎方面的研究主要集中在牧草（刘庆庭等，2007；赵春花等，2009；吕文坤等，2011）和农作物方面（梁莉和郭玉明，2008），而对自然植物茎方面的研究很少（Iwassa et al.，1996）。另外，对植物茎木质素和纤维素含量测定也有不少的相关研究（熊素敏等，2005；李靖和程舟，2006；郭新红等，2008；贺文明等，2010；李春光等，2010，2011；唐杰斌等，2011），但与植物根和茎的机械特性结合起来评价植物在抵抗土壤侵蚀和径流冲刷时的作用方面的研究甚少（Baets et al.，2009）。

本章以陕北黄土丘陵沟壑区不同侵蚀环境下的自然恢复植被为研究对象，通过野外调查和室内测定与分析，在研究根系参数（根系生物量、根长密度和比根长）的分布特征及根系抗拉能力、茎密度与茎力学特性（茎弹性模量、抗弯强度和抗弯刚度）、茎纤维素与木质素含量以及植物拦截枯落物及泥沙的能力等的基础上，研究不同侵蚀环境下植物地下部分和地上部分的机械特性，探明植物抵抗土壤侵蚀的机械特性及其抵抗径流冲刷的能力大小。

11.1　研　究　方　法

11.1.1　样地选择

本研究区也是在黄土丘陵沟壑区延河流域的三个植被带（森林带、森林草原带和草原带）的 9 个小流域（图 4-1）进行的。在每个流域内选取三对自然恢复断面的梁峁阴阳坡沟作为研究对象，每个断面按梁峁顶、阴/阳梁峁坡和阴/阳沟坡选择样地，每个样地（共 100 个样地；其中，森林带 25 个，森林草原带 43 个，草原带 32 个）3 个重复。

11.1.2　根系特征

1. 根系的取样与测定

细根是植物吸收水分和养分的主要途径，决定植物对土壤资源的利用效果及潜力（张宇清等，2005；刘晓丽等，2014）。目前大多数研究以直径≤2mm 作为细根的划分范围（黄建辉等，1999）；有研究指出，直径≤1mm 的根系在提高土壤水力学效应方面的贡献最大，能有效提高土壤水稳性团聚体数量，进而提高土壤抗蚀性能（吴彦等，1997；蒋定生等，1995）。所以，按照直径≤1mm 和 1~2mm（包括 2mm）进行根系参数的统计分析。同时，根系随土层深度衰减的规律表明根系发育有显著的表聚现象，一般集中分布在表层 0~20cm（Hendrick and Pregitzer，1996；张良德等，2011）；而聚集于表层的细根有利于植被对有限降水的有效利用（陈芙蓉等，2011），有效防止土壤侵蚀，强化土壤抗冲性等（刘定辉和李勇，2003；胡建忠等，2005）。因此，植物根系取样主要采集 0~20cm 土层。

在每个样地内按对角线方向布设 3 个代表性的 2m×0.1m 样线（共 308 个；其中，森林带 88 个，森林草原带 124 个，草原带 96 个）。在每个样线内采用土钻法取 2 钻样（共 616 钻）；即在每个样方内清除地上残存物，在取样点，用根系取样器（$\Phi=9$cm）采集 0~20cm 土层，每 10cm 为一层进行取样。将所得样品用 0.5mm 的铜筛洗净、晾干并拉直，用电子游标卡尺测量其长度，在 85℃下烘干至恒重，用精度为 0.0001g 的电子天平称量其干重。

2. 根系抗拉力取样

为了使取样具有代表性，在每个流域内，选取 10~15 个坡面作为样地进行取样。选取铁杆蒿、茭蒿、猪毛蒿、蒙古蒿、达乌里胡枝子和阿尔泰狗娃花作为研究对象，每个物种选取 10 株标准株；采用挖掘法，采集土层深度为 0~20cm，挖掘时应尽量避免破坏根的结构以免造成机械损伤以至影响根的抗拉力。挖出根后采集根中无病虫害且比较直的部分，长度为 2~10cm，标记好后放入冰盒中保存；带回实验室在 4℃冰箱中保存，并在 24 小时内对根系进行拉伸试验（Bischetti et al.，2005）。采用型号为 HG-500 的数显推拉力计，将其固定在 HM-1K 手动卧式拉力测试台上来进行根系抗拉力试验，测定根系拉断时的最大抗拉力。

11.1.3　茎特征

1. 茎密度调查

在每个样地内选择 3 个典型的 2m×0.1m 的样线，估算盖度，用电子游标卡尺测量不同植物的基径并依次记录物种。

2. 茎强度样品的获取与测定

茎的取样与根系取样同时进行。每个物种选取 5~15 株标准株，用枝剪剪取植物距其基部 0~20cm 的植物茎秆，装入密封袋并编号，然后放入冰盒中保存；带回实验室在 4℃ 冰箱中保存，并在 24 小时内对茎进行测试。由于取样量较大（每个物种共剪取的茎为 130~650 个），为了便于处理，根据直径的大小每隔 0.1mm 进行分级，每个茎级有 5~50 个重复。

利用植物茎秆强度仪（YYD-1），采用三点抗压的原理进行茎秆抗压强度测试。仪器有 2 个显示器，较大显示器用于记录茎秆的抗压力；较小显示器与游标卡尺相连用于记录弯曲挠度，即茎秆的横向位移，它是反映茎秆弯曲和倾斜现象的最直观和最容易的指标之一。为了便于后期对相关指标的计算，按照直径大小调节支架之间的跨度 L（即茎的测试长度，$L = 10 \times 2r$，其中 r 为茎半径）（Baets et al., 2009）。将茎放在仪器上，慢慢转动手柄使茎秆弯曲，直到茎秆出现断裂的瞬间，记录最大抗压力及其对应的弯曲挠度。

3. 茎木质素和纤维素样品的获取与测定

纤维素是细胞壁的主要成分，植物的细胞壁强大的纤丝网状结构为细胞组织以及整个植物体提供机械支撑作用。木质素是一种复杂的聚合物，具有使细胞相连的作用，填充于纤维素构架中从而增强植物茎秆的机械强度（苏工兵等，2007）。因此，建立纤维素和木质素与力学特征值的关系，为探索是否可以运用物种纤维素与木质素测定代替力学特征值的测量从而达到简化试验的目的提供依据。

与力学特性测试样品采集方法相同，用枝剪剪取植物距其基部 0~20cm 的植物茎秆，装入密封袋并编号。将采回的样品在 65℃ 下烘干至恒重，然后用微型粉样机（FZ102）粉碎，并将在同一小流域中采集的样品混合后作为一个重复，共有 6 个。采用 72% 浓硫酸水解法测定纤维素的含量，用浓硫酸法测定木质素的含量（熊素敏等，2005）。

11.1.4 植物拦截能力的野外调查

在样地内，观察植株基部有泥沙堆积的物种，每个物种选择 3~5 个有代表性的植株，调查其植物的冠幅和茎个数；然后剪掉地上部分，用卷尺测量土堆高，并用相机对土堆进行拍照。在室内用 Imagepro Plus 软件计算土堆的面积。

为了进一步研究植物枝系构型与坡度对泥沙拦截能力的影响，对四种典型枝系构型植物［聚丛型植物（铁杆蒿）、疏丛型植物（茭蒿）、簇丛型植物（白羊草）和主杆型植物（白刺花）］在 4 种坡度等级［缓坡（0°~15°）、陡坡（16°~25°）、极陡坡（26°~35°）和险坡（大于等于 36°）］下拦截泥沙而形成的土堆形态进行调查分析。对铁杆蒿、茭蒿和白羊草每种植物每个坡度等级选择 20 株重复；而对于白刺花，由于其被破坏后较难恢复，因此，在每个坡度等级仅选择 10 株重复。植株选取时，为避免大的草本植物对供试植物基部土堆形态及土壤理化性质的影响，要求其植冠外缘与其他植株距离至少 1.5m，以便研究单株植物个体形成植物土堆的能力。

对于选取的植株，首先测量其枝系参数，包括植株高（H_p）、植物基部顺坡直径（D_{bp}）、植物基部垂坡直径（D_{ba}）、植物冠幅顺坡直径（D_{cp}）、植物冠幅垂坡直径（D_{ca}）、植物基部茎数量（N）和植物基部茎横切面总面积（S_n）；植物枝系参数测量完成后将植物地上部分全部去除，显现出植物形成土堆的完整形态，用以测量土堆形态、面积与高度；后结合植物枝系参数和植物土堆形态参数进行逐步回归分析，建立土堆大小与坡度和枝系构型的统计模型。其中，植物土堆面积测量首先在土堆上放上标尺，然后相机镜头向下垂直于土堆采集照片，此照片用于在 Image pro-plus 软件下分析土堆面积。用自制"探针式糙度仪"（高 105cm，宽 100cm；49 条长 90cm 和直径 5mm 钢探针，探针间相距 2cm，其背景有线条指示探针高度）测量土堆形态和高度（图 11-1）。将"糙度仪"首先顺坡向垂直于坡面放在土堆中线上，对探针顶端所指示高度照相，在室内即可读出每个探针高度；然后依据此一系列点在 Sigmplot 12.0 下进行曲线拟合，即可显出土堆侧面形态［图 11-1（b）］。为了更好地对比土堆形态，每种植物每个坡度等级选择出一个较典型的土堆侧面形态图，用 Photoshop 将其合并在一张图片上。测量完土堆形态后，将"糙度仪"垂直坡向垂直于坡面放在土堆中线上，同样可得到一些列点值，将土堆最高点高度值减去土堆外坡面高度平均值即可得到土堆高度［图 11-1（c）］。

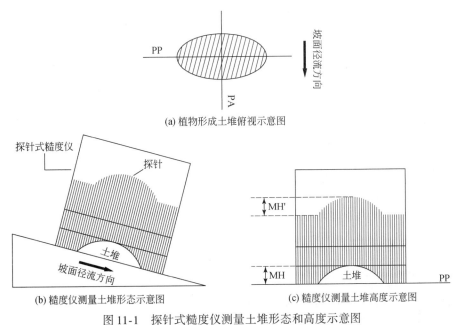

(a) 植物形成土堆俯视示意图

(b) 糙度仪测量土堆形态示意图　　(c) 糙度仪测量土堆高度示意图

图 11-1　探针式糙度仪测量土堆形态和高度示意图

(a) 中，直线 PA 为顺坡向，测量土堆形态糙度仪放置方式；直线 PP 为垂直坡向，测量土堆高度糙度仪放置方式。(c) 中，计算高度 MH'即为测量出的土堆高度

11.1.5　数据分析

（1）细根生物量（RB）：某一土层单位面积内实存生活的有机物质（干重）总量。其计算公式如下。

$$RB = \frac{W}{\pi \times (d/2)^2}$$

式中，RB 为细根生物量（g/m²）；W 为平均每根土芯不同径级细根干重（g）；d 为土芯直径（m）。

（2）根长密度（RLD）：某一土层单位面积内根系长度。其计算公式如下。

$$RLD = \frac{L}{\pi \times (d/2)^2}$$

式中，RLD 为根长密度（m/m²）；L 为不同径级细根总长度（m）；d 为土芯直径（m）。

（3）比根长（SRL）：某一土层单位面积内根长和根生物量的比值。其计算公式如下。

$$SRL = RLD/RB$$

式中，SRL 为比根长（m/g）；RLD 为根长密度（m/m²）；RB 为单位面积内不同径级细根生物量（g/m²）。

（4）抗拉强度（P）：根或茎在拉伸断裂前所能够承受的最大拉力。其计算公式如下。

$$P = 4F/\pi D^2$$

式中，P 为茎抗拉强度（MPa）；F 为最大抗拉力（N）；D 为断裂处茎直径（mm）。

（5）茎的抗弯刚度（EI）：是指受外力作用下茎抵抗变形的能力。EI 值越大，茎变形后的弯曲率越小。其计算公式如下。

$$EI = FL^3/48Y$$

式中，F 为载荷（N）；L 为跨度（mm）；Y 为弯曲挠度（mm）。

（6）抗弯强度（σ）：指茎弯曲直至被破坏时其所能承受的最大的弯曲正应力。其计算公式如下。

$$\sigma = M/W$$

$$M = FL/4$$

$$W = \pi D^3/32$$

式中，σ 为抗弯强度（MPa）；M 为最大弯矩（N·mm）；W 为茎秆抗弯截面系数（mm³）；D 为茎的直径（mm）。

（7）土堆体积（V）：将堆积的土堆理想化为一个椭球体来计算其体积。其计算公式如下。

$$V = 4/3\,\pi abh$$

式中，V 为土堆体积（mm³）；a 为垂直于径流方向的土堆半径（mm）；b 为平行于径流方向的土堆半径（mm）；h 为土堆高度（mm）。

采用单因素方差分析（one-way ANOVA）和最小显著差异法（LSD），来比较不同数据组间的差异，差异显著性水平设定为 $\alpha = 0.05$；结果用（平均值±标准偏差）表示。采用 SPSS 软件对根的直径与其力学特征值及茎秆纤维素和木质素与力学特性值进行相关分析。

11.2 结果与分析

11.2.1 植物群落的细根分布特征

1. 不同径级的细根分布特征

在三个植被带中，直径小于等于1mm的根系根长密度比例最大，占总细根的96%~98%，直径1~2mm的根系根长密度只占不足4%；直径小于等于1mm的根系生物量占总细根生物量的73%~87%，直径1~2mm的根系生物量占13%~27%；直径小于等于1mm根系的比根长为7.76~12.05m/g，直径1~2mm根系的比根长为0.73~1.72 m/g（图11-2）。

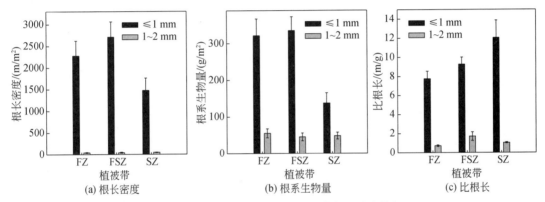

图11-2 不同植被带不同径级根系参数的分布特征

FZ为森林带；FSZ为森林草原带；SZ为草原带。下同

在不同群落类型中，不同径级根系参数的变化趋势一致，直径小于等于1mm的根系占最大比例。在森林带的8种群落和森林草原带的10种群落中，直径小于等于1mm根系的根长密度所占比例最大（96%以上），根系生物量占74.69%~94.81%，比根长为4.79~13.67m/g。在草原带的6种群落中，铁杆蒿+茭蒿+达乌里胡枝子群落直径小于等于1mm根系的根长密度和根系生物量所占比例最小，分别占细根的89.06%和52.53%；其他群落直径小于等于1mm根系的根长密度占94%以上，根系生物量在68%以上，直径小于等于1mm的根系生物量所占比例相对于森林带和森林草原带较小，比根长为7.14~18.15m/g（表11-1）。

2. 不同植物群落的细根分布特征

三个植被带不同根系参数表现出不同的变化趋势。根长密度的变化范围为1660.02~2543.89m/m²，在森林草原带最高，草原带最低，二者具有显著性差异（$P<0.05$）；根系生物量为198.33~383.00 g/m²，从森林带到草原带呈递减趋势，草原带显著低于其他植被带（$P<0.05$）；比根长为6.60~9.33m/g，从森林带到草原带呈递增趋势，森林带显著低于其他植被带（$P<0.05$）（图11-3）。

表 11-1　不同径级根系参数的分布特征

植被带	群落类型	根长密度/(m/m²)				根系生物量/(g/m²)				比根长/(m/g)	
		根径≤1mm	百分比/%	根径1~2mm	百分比/%	根径≤1mm	百分比/%	根径1~2mm	百分比/%	根径≤1mm	根径1~2mm
森林带（FZ）	S+H+D+P	3594.75±699.86	99.22	28.26±6.67	0.78	553.26±101.49	91.82	49.28±13.55	8.18	6.52±0.44	0.61±0.05
	C+L+P	3128.28±219.27	97.91	66.87±12.61	2.09	407.29±49.28	83.67	79.46±17.55	16.32	7.78±0.41	0.86±0.03
	L+T+P	1836.45±190.88	96.84	60.00±6.09	3.16	390.63±62.43	81.48	88.79±13.37	18.52	4.79±0.29	0.69±0.03
	H+H+P	3316.14±106.14	98.56	48.49±4.00	1.44	526.26±11.88	88.06	71.35±9.25	11.94	6.30±0.12	0.69±0.03
	GL	2306.27±601.88	98.00	46.97±19.64	2.00	246.92±54.18	84.48	45.37±11.35	15.52	9.14±0.46	0.93±0.22
	L+G+B	686.71±96.06	97.95	14.34±7.06	2.05	70.43±5.85	78.26	19.56±9.10	21.74	10.12±2.23	0.67±0.07
	DW	1963.18±681.05	99.36	12.71±2.05	0.64	198.55±46.2	87.52	28.31±9.51	12.48	9.26±1.38	0.57±0.18
	TG	1395.5±161.27	96.39	52.33±15.01	3.61	178.13±30.55	74.69	60.36±13.93	25.31	8.20±1.00	0.84±0.06
森林草原带（FSZ）	D+Z	6488.41±503.81	99.63	23.87±0.52	0.37	805.31±123.94	94.81	44.05±9.99	5.19	8.26±0.67	0.61±0.17
	L+G+B	2052.78±130.8	98.31	35.27±11.37	1.69	340.33±29.96	83.02	69.62±0.89	16.98	6.06±0.15	0.50±0.16
	S+T	1197.37±338.41	96.71	40.79±12.12	3.29	104.29±36.79	93.91	6.76±1.78	6.09	12.39±1.36	6.08±0.80
	ZH	2630.57±327.52	98.06	52.17±17.73	1.94	341.88±22.90	82.01	74.98±31.06	17.99	7.88±1.51	0.81±0.17
	T+J+D	4915.6±740.88	98.74	62.83±15.66	1.26	669.98±28.49	89.53	78.36±14.27	10.47	7.27±0.80	0.78±0.06
	T+C	2371.81±365.57	99.12	21.05±0.05	0.88	357.29±31.35	88.92	44.51±23.12	11.08	6.56±0.45	1.82±1.46
	TG	2156.63±308.46	98.17	40.30±5.38	1.83	298.85±55.56	84.76	53.75±10.6	15.24	7.82±0.45	1.21±0.37
	J+T	1389.53±81.81	97.41	36.98±14.7	2.59	133.44±3.05	78.09	37.44±5.60	21.91	10.4±0.38	0.91±0.26
	B+D	2291.78±546.39	97.74	53.10±16.11	2.26	179.9±33.45	88.36	23.71±6.00	11.64	12.42±0.77	2.07±0.25
	BY	1602.28±172.52	97.21	45.96±17.94	2.79	117.48±11.57	85.98	19.16±3.17	14.02	13.67±0.84	2.42±0.83
	S+T	1832.02±449.19	98.91	20.24±0.29	1.09	147.05±46.53	86.87	22.23±0.05	13.13	13.26±1.33	0.91±0.01
	BL	1543.17±208.45	97.66	37.04±11.76	2.34	84.46±2.60	72.32	32.33±9.84	27.68	18.15±1.91	1.13±0.02
草原带（SZ）	DW	2634.79±711.86	98.86	30.43±7.06	1.14	268.13±83.43	89.25	32.29±7.73	10.75	12.26±2.43	0.96±0.09
	TG	967.92±117.39	94.96	51.32±5.12	5.04	112.2±18.01	68.95	50.52±11.79	31.05	9.47±2.67	1.09±0.17
	T+J+D	874.87±156.77	89.06	107.47±9.82	10.94	124.82±5.30	52.53	112.78±13.36	47.47	7.14±1.56	0.96±0.03
	T+Y	1007.64±84.47	95.35	49.15±16.13	4.65	86.04±9.96	68.61	39.38±12.45	31.40	11.98±0.94	1.22±0.03

注：森林带 S+H+D+P 为三角槭+黄刺玫+紫丁香+大披针薹草群落；C+L+P 为侧柏+白刺花+大披针薹草群落；L+T+P 为辽东栎+土庄绣线菊+大披针薹草群落；H+H+P 为虎榛子+黄刺玫+大披针薹草群落；GL 为虎榛子+大披针薹草群落；L+G+B 为杠柳+白刺花+铁杆蒿群落；DW 为达乌里胡枝子群落。森林草原带 D+Z 为紫丁香+中华卷柏群落；L+G+B 为白刺花+杠柳+白羊草群落；S+T 为沙棘+铁杆蒿群落；B+D 为白羊草+达乌里胡枝子群落；BY 为白羊草群落；ZH 为中华卷柏群落；J+T 为茭蒿+铁杆蒿群落；T+C 为铁杆蒿+长芒草群落；S+T 为沙棘+铁杆蒿群落；BL 为白草群落；DW 为达乌里胡枝子群落。草原带 S+T 为铁杆蒿+茭蒿群落；T+Y 为铁杆蒿+野菊群落；TG 为铁杆蒿群落；T+J+D 为铁杆蒿+茭蒿+达乌里胡枝子群落；T+D 为铁杆蒿+达乌里胡枝子群落。下同。

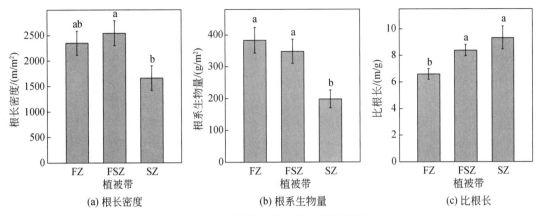

图 11-3　不同植被带的根系参数特征

不同小写字母表示差异显著（$P<0.05$）。下同

　　对不同植物群落而言，不同根系参数表现各异，但根长密度和根系生物量的变化趋势基本类似，比根长则表现为与之相反的趋势。在森林带，不同群落的根长密度变化范围为 $701.05 \sim 3623.01 m/m^2$，根系生物量为 $89.99 \sim 602.5 g/m^2$，比根长为 $3.96 \sim 8.66 m/g$。对于乔木和灌木群落，除白刺花+杠柳+白羊草群落和杠柳群落外，辽东栎+土庄绣线菊+大披针薹草群落的根长密度和比根长显著低于其他乔木和灌木群落（$P<0.05$），根系生物量与其他乔木和灌木群落无显著性差异。但整体上，乔木和灌木群落的根长密度和根系生物量显著高于草本群落（$P<0.05$）；比根长的变化趋势与根长密度和根系生物量刚好相反，草本群落高于乔木和灌木群落，达乌里胡枝子群落和铁杆蒿群落的根系参数无显著性差异（$P>0.05$）（图 11-4）。在森林草原带，不同群落的根长密度变化范围为 $1238.15 \sim 6512.27 m/m^2$，根系生物量为 $111.05 \sim 849.36 g/m^2$，比根长为 $5.10 \sim 12.07 m/g$。在灌木群落中，紫丁香+中华卷柏群落的根长密度和根系生物量显著高于其他群落（$P<0.05$）；白刺花+杠柳+白羊草群落的根长密度和根系生物量居中，但比根长显著低于其他群落（$P<0.05$）；沙棘+铁杆蒿群落的根长密度和根系生物量显著低于其他群落（$P<0.05$），比根长则显著高于其他群落（$P<0.05$）。在草本群落中，以白羊草为优势种的群落，根长密度和根系生物量较低，比根长显著高于其他群落（$P<0.05$）；以铁杆蒿为优势种的群落，各根系参数居中；以达乌里胡枝子为优势种的群落，根长密度和根系生物量较高，比根长则较低；铁杆蒿+茭蒿+达乌里胡枝子群落的根长密度和根系生物量显著高于其他群落（$P<0.05$），比根长显著低于以白羊草为优势种的群落（$P<0.05$）（图 11-5）。在草原带，不同群落的根长密度变化范围为 $982.34 \sim 2665.21 m/m^2$，根系生物量为 $116.78 \sim 300.41 g/m^2$，比根长为 $4.09 \sim 11.19 m/g$。沙棘+铁杆蒿群落各根系参数居中；达乌里胡枝子群落的根长密度和根系生物量最高，比根长居中；百里香群落的比根长最高，但根长密度和根系生物量较低；以铁杆蒿为优势种的群落，根长密度较低，群落中次优种为达乌里胡枝子时根系生物量较高而比根长最低（图 11-6）。

　　以上可以看出，乔木和灌木群落根长密度和根系生物量高于草本群落（$P<0.05$），比根长较低。以白刺花、杠柳、沙棘或白羊草为优势种的群落，其根长密度和根系生物量均

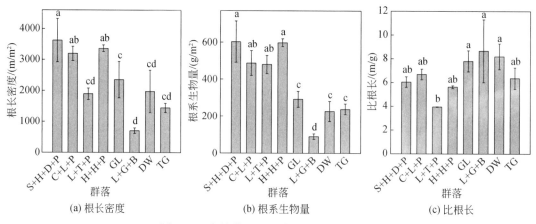

(a) 根长密度　　(b) 根系生物量　　(c) 比根长

图 11-4　森林带不同群落的根系参数特征

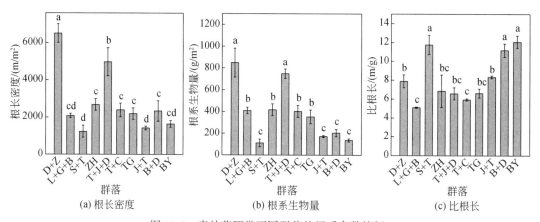

(a) 根长密度　　(b) 根系生物量　　(c) 比根长

图 11-5　森林草原带不同群落的根系参数特征

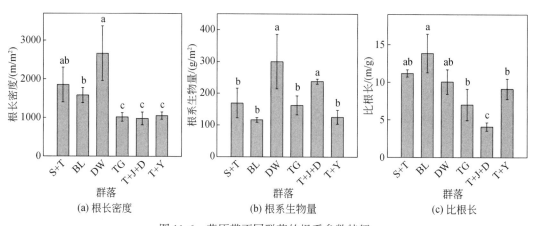

(a) 根长密度　　(b) 根系生物量　　(c) 比根长

图 11-6　草原带不同群落的根系参数特征

低于其他群落，比根长较高；以达乌里胡枝子为优势种的群落则表现出相反的趋势，根长密度和根系生物量均较高，比根长较低。在铁杆蒿群落中，当次优种为达乌里胡枝子时，根系生物量较高；次优种为白羊草时，比根长较高。

3. 同一优势物种群落的细根分布特征

由森林带的乔木、灌木和草群落到草原带的草本群落，环境条件发生改变的同时群落类型也随之而变；但群落物种随环境条件的更替是连续性的，因此，不同植被带会有相同的优势种的群落出现。同一优势种群落在不同的环境条件下，根系参数的变化趋势略有差异（表 11-2）。

表 11-2　同一优势物种群落在不同植被带的根系参数特征

群落类型	植被带	根长密度/(m/m²)	根系生物量/(g/m²)	比根长/(m/g)
TG	FZ	1447.83±146.69 ab	238.49±28.62 ab	6.36±0.9 a
	FSZ	2196.93±307.6 a	352.6±62.8 a	6.61±0.47 a
	SZ	1019.24±112.27 b	162.72±29.8 b	7.01±2.08 a
L+G+B	FZ	701.05±89.12 b	89.99±14.83 b	8.66±2.64 a
	FSZ	2088.05±119.42 a	409.95±29.07 a	5.1±0.07 a
DW	FZ	1975.89±682.47 a	226.87±54.87 a	8.19±1.09 a
	SZ	2665.21±707.74 a	300.41±85.87 a	10.05±1.64 a
T+J+D	FSZ	4978.43±756.55 a	748.34±42.76 a	6.58±0.64 a
	SZ	982.34±166.59 b	237.61±8.05 b	4.09±0.56 a
S+T	FSZ	1238.15±326.28 a	111.05±35.33 a	11.75±1.02 a
	SZ	1852.26±449.48 a	169.28±46.58 a	11.19±0.48 a

注：表中相关数据为（平均值±标准差），下表同。同列的不同小写字母表示差异显著（$P<0.05$）。

铁杆蒿群落在三个植被带均有分布，根长密度和根系生物量在森林草原带最高，草原带最低，且具有显著性差异（$P<0.05$）；白刺花+杠柳+白羊草群落在森林带和森林草原带有分布，根长密度和根系生物量表现为森林草原带>森林带（$P<0.05$）；铁杆蒿+茭蒿+达乌里胡枝子群落在森林草原带和草原带有分布，根长密度和根系生物量表现为森林草原带>草原带（$P<0.05$）；以上群落的根系比根长差异均不显著（$P>0.05$）。达乌里胡枝子群落在森林带和草原带有分布，沙棘+铁杆蒿群落在森林草原带和草原带有分布，群落根系参数均无显著性差异（$P>0.05$）。

以铁杆蒿为优势种的草本群落在三个植被带均有分布，在森林草原带的细根根长密度和根系生物量最高，但比根长无显著性差异；白刺花+杠柳+白羊草群落也表现出类似的趋势，在森林草原带根长密度和根系生物量最高，但比根长无显著性差异。由此，可以看出，在森林草原带分布的以白刺花、杠柳、铁杆蒿或白羊草为优势种的群落，其根系参数要显著高于其他植被带。

11.2.2 主要物种根茎力学特性

1. 根的力学特征

由表 11-3 可知，6 个物种的根的平均直径均小于 1mm，即 6 个物种的根系均以 1mm 以下为主；根系平均直径从大到小依次是茭蒿、铁杆蒿、阿尔泰狗娃花、达乌里胡枝子、蒙古蒿和猪毛蒿。达乌里胡枝子的抗拉力明显大于其他物种。受根系截面面积和抗拉力的影响，物种间的抗拉强度差异也较为明显，从大到小依次为达乌里胡枝子、猪毛蒿、阿尔泰狗娃花、蒙古蒿、铁杆蒿和茭蒿。

表 11-3 根的平均直径、抗拉力和抗拉强度

物种	样本数量	平均直径/mm	抗拉力/N	抗拉强度/MPa
铁杆蒿	186	0.71±0.32	7.74±4.10	19.63
茭蒿	176	0.72±0.33	6.29±3.82	15.61
蒙古蒿	68	0.52±0.34	6.44±4.38	29.83
猪毛蒿	187	0.44±0.22	5.74±3.24	38.48
阿尔泰狗娃花	147	0.54±0.24	7.04±4.97	30.30
达乌里胡枝子	228	0.53±0.30	11.95±9.09	54.29

由图 11-7 可知，根系直径与抗拉力呈显著的正相关关系，与抗拉强度呈显著的负相关关系。所有物种的根系直径和抗拉力和抗拉强度之间均可用幂函数进行拟合。由拟合曲线可知，随着根系直径的增加抗拉力的增长率不断增加，但抗拉强度却逐渐趋于稳定；即在直径较小时抗拉力主要受抗拉强度的影响，根系直径较大时抗拉力主要受根系直径的影响。

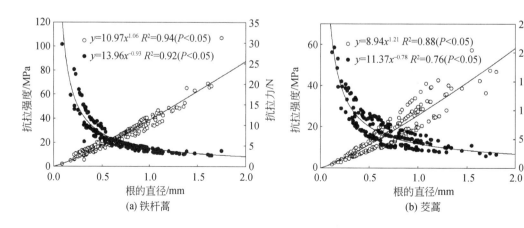

(a) 铁杆蒿   (b) 茭蒿

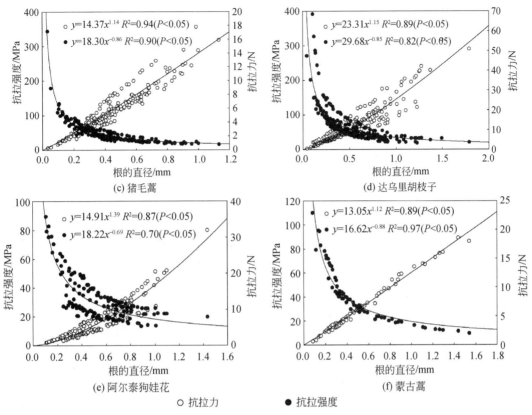

○ 抗拉力　　　● 抗拉强度

图 11-7　根系抗拉力和抗拉强度与根的直径之间的关系

2. 茎的力学特性

由表 11-4 可知，6 个物种茎的平均直径范围为 2.26～2.65mm，平均弯曲挠度为 4.00～5.01mm，平均最大抗压力为 9.96～18.53N。其中，猪毛蒿茎秆的平均直径、最大抗压力和抗弯刚度较其他物种大。根据抗弯强度和抗弯刚度的公式可知，抗弯强度的大小受到测试茎秆截面的影响。所以尽管达乌里胡枝子的抗弯刚度较小，抗弯强度却最大；在受到径流冲刷时，易发生变形却不易断裂。

表 11-4　茎的力学特性值

物种	样本数量	平均直径/mm	最大抗压力/N	弯曲挠度/mm	抗弯刚度/(N·m²)	抗弯强度/MPa
铁杆蒿	637	2.27±0.49	14.77±7.44	4.00±1.12	901.19	72.92
茭蒿	476	2.42±0.54	16.62±7.38	4.14±1.06	1 186.58	72.27
猪毛蒿	361	2.65±0.91	18.53±11.00	4.98±1.36	1 435.48	67.35
蒙古蒿	130	2.26±0.40	9.96±3.77	4.24±1.14	566.59	49.53
阿尔泰狗娃花	334	2.64±0.49	12.79±5.54	4.61±1.25	1 343.41	46.37
达乌里胡枝子	478	2.30±0.48	15.19±7.33	5.01±1.35	768.65	73.12

随着茎直径的增长，其抗弯刚度不断加强；猪毛蒿的抗弯刚度可超过 10 000N·m²。阿尔泰狗娃花的抗弯强度随着直径的增加有逐渐减小的趋势；铁杆蒿、茭蒿、猪毛蒿、达乌里胡枝子和蒙古蒿的茎抗弯强度随着直径的变化并无明显的增加或减小，而是在达到某一个值后处于相对稳定状态（图 11-8）。

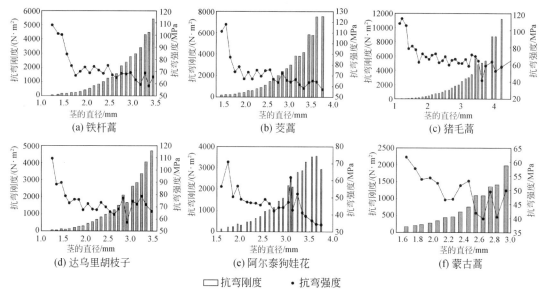

图 11-8　不同茎级的平均抗弯刚度和强度

3. 茎力学特性与其纤维素和木质素含量的关系

由表 11-5 可知，6 个物种的木质素和纤维素的含量分别为 14.33% ~ 16.69% 和 16.62% ~ 35.76%，纤维素/木质素的值为 1.16 ~ 2.14。各物种间木质素含量并无明显差异，阿尔泰狗娃花和蒙古蒿的纤维素含量差异较其他物种间的要大。抗弯刚度与木质素含量、纤维素含量及纤维素/木质素均无显著的相关关系，而抗弯强度与木质素含量、纤维素含量和纤维素/木质素均具有显著的相关关系。

表 11-5　茎的纤维素和木质素含量及其与力学特性值的关系

物种及项目	纤维素/%	木质素/%	纤维素/木质素
铁杆蒿	31.45±0.30	15.49±0.34	2.03
茭蒿	31.05±0.51	15.28±0.63	2.03
猪毛蒿	30.45±0.43	15.44±0.50	1.97
蒙古蒿	16.62±0.13	14.34±0.23	1.16
阿尔泰狗娃花	24.23±0.03	14.33±0.16	1.69
达乌里胡枝子	35.76±0.33	16.69±0.30	2.14
抗弯刚度	0.27	-0.13	0.4
抗弯强度	0.88*	0.84*	0.84*

* 表示差异显著（$P<0.05$）。以小流域为调查单元进行的纤维素和木质素的测量，测量物种的样本数为 6。

11.2.3　植物拦截泥沙的能力

1. 植物拦截泥沙的能力

不同物种由于其植株本身的特性，其在拦截泥沙方面表现也不同（表 11-6）。禾本科植物形成的土堆较其他科植物的高。在森林带为北京隐子草和大披针薹草形成的土堆最高［土堆平均高度分别为（18.4±1.3）mm 和（18.8±1.8）mm］；在森林草原带为大披针薹草形成的土堆最高［土堆平均高度分别为（21.3±1.5）mm］；在草原带，中华隐子草和白羊草形成的土堆最高［土堆平均高度分别为（19.1±1.5）mm 和（17.5±2.0）mm］。而铁杆蒿和茭蒿形成的土堆高度仅次于禾本科植物，但铁杆蒿和茭蒿形成的土堆高度无显著性差异。由于铁杆蒿和茭蒿均属于半灌木植物，其株丛较大，因此在三个植被带的各侵蚀环境下，其形成的土堆面积和体积的总体趋势较其他 6 种植物（北京隐子草、大披针薹草、长芒草、白羊草、中华隐子草和达乌里胡枝子）的大，而达乌里胡枝子堆积的土堆面积和土堆体积均较其他物种的小，白羊草、长芒草、大披针薹草、中华隐子草和北京隐子草的则介于铁杆蒿和茭蒿的与达乌里胡枝子的之间。可见，在拦截径流泥沙和减少土壤侵蚀方面，铁杆蒿和茭蒿发挥的作用较其他物种要大。禾本科植物和菊科植物的泥沙堆积高度与坡度具显著相关性（$P<0.05$），而达乌里胡枝子的泥沙堆积高度和坡度均未达到显著相关性。

表 11-6　不同物种拦截泥沙各指标的关系

植被带	物种	坡度/(°)	土堆高度/mm	土堆面积/mm²	土堆体积/mm³	相关系数		
						高度与坡度	高度与面积	高度与体积
森林带	北京隐子草	37.2±1.5	18.4±1.3	230.39±54.23	43428.29±5554.73	0.87**	-0.87*	0.03
	大披针薹草	49.8±3.7	18.8±1.8	246.45±78.55	38691.49±1120.22	0.96**	0.41	0.53
	长芒草	28.5±2.9	12.8±1.9	209.54±101.21	8961.33±912.17	0.50	0.44	0.08
	铁杆蒿	29.3±1.5	16.8±1.2	356.23±89.11	55196.66±6874.20	0.58**	0.54	0.54
	茭蒿	32.1±3.1	17.4±2.2	344.10±108.21	94219.21±2451.35	0.66	0.80*	0.26
	达乌里胡枝子	33.5±0.7	14.1±2.9	399.36±95.24	7108.44±895.14	0.52	0.71	0.52
森林草原带	北京隐子草	31.0±0.5	10.7±1.3	111.47±33.20	10654.92±1664.51	0.73	0.98**	0.47
	大披针薹草	22.0±0.2	21.3±1.5	87.12±27.21	11097.46±3015.20	0.91*	-0.05	0.57
	长芒草	32.8±2.5	15.0±1.8	124.27±44.32	8871.59±985.13	0.63*	0.65	0.54
	白羊草	32.3±2.2	12.8±1.6	148.15±32.57	17602.61±1568.55	0.89**	0.67	0.73
	铁杆蒿	36.8±3.3	16.6±1.8	266.70±83.21	48508.79±7059.88	0.70**	0.23	0.31
	茭蒿	37.6±2.4	16.1±1.2	324.37±112.08	45368.35±6128.58	0.50*	-0.07	0.54
	达乌里胡枝子	29.4±1.4	9.2±1.1	191.71±21.45	3855.65±884.96	0.29	-0.01	0.62

植被带	物种	坡度 /(°)	土堆高度 /mm	土堆面积 /mm²	土堆体积 /mm³	相关系数		
						高度与坡度	高度与面积	高度与体积
草原带	中华隐子草	36.1±2.4	19.1±1.5	119.31±56.17	19727.56±1120.41	0.74*	0.15	-0.24
	长芒草	33.0±2.7	14.8±1.6	107.83±35.41	8418.51±841.22	0.65**	0.47	-0.37
	白羊草	38.1±3.4	17.5±2.0	178.93±22.13	40830.34±5997.74	0.83**	0.52	-0.58
	铁杆蒿	36.9±1.2	15.9±0.1	199.56±59.88	31303.78±2438.58	0.61**	-0.07	-0.02
	茭蒿	36.6±1.4	14.9±0.1	199.68±78.52	35961.86±3378.22	0.56**	0.23	-0.05
	达乌里胡枝子	43.7±0.9	12.7±1.2	187.13±34.58	7975.60±1085.21	0.42	0.64	-0.29

* 显著性水平 $P<0.05$；** 显著性水平 $P<0.01$

2. 植物枝系构型对拦截泥沙能力的影响

由图 11-9 可以看出，四种不同构型植物铁杆蒿（聚丛型）、茭蒿（疏丛型）、白羊草（簇丛型）和白刺花（主杆型）形成的土堆侧面形态一般表现：随着坡度的增加从对称性

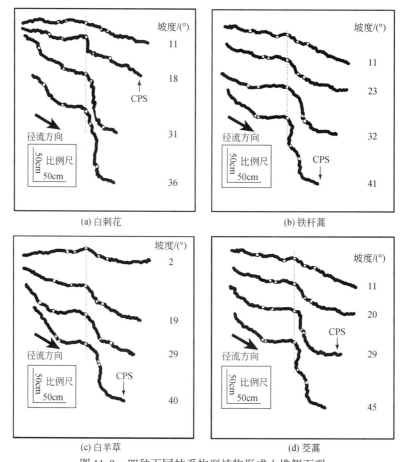

(a) 白刺花   (b) 铁杆蒿

(c) 白羊草   (d) 茭蒿

图 11-9　四种不同枝系构型植物形成土堆侧面观

图中侧面观为每种植物在每个坡度下选择一个典型形态。CPS 为土堆由对称的圆帽结构转变为不对称台阶结构的坡度等级。白色小圆点为植物基部中心点；白色三角为植物冠幅边缘；白色正方形为土堆边缘

圆帽结构转变为不对称的台阶型结构。但不同构型植物由对称结构转变为不对称结构的转变坡度不同：白刺花在陡坡（16°～25°）；铁杆蒿与白羊草在极陡坡（26°～35°）；茭蒿在险坡（≥36°）。土堆横切面面积随着坡度的增加而增加，茭蒿和白羊草形成土堆的横切面面积较其他两个物种大。由图 11-9 还可以看出，随着坡度的增加，土堆边缘与植物冠幅边缘不断靠近，但白刺花土堆边缘呈相反趋势。

由图 11-10 看出，随着坡度变陡，土堆高度总体上呈增加的趋势；几种不同构型植物在极陡坡和险坡的土堆平均高度大约是缓坡和陡坡的 2 倍。不同植物的土堆高度在缓坡差异不明显，但随着坡度增加，白刺花土堆高度较大而白羊草的土堆高度较低。图 11-11 显示不同坡度下几种不同构型植物在不同坡度的土堆面积。铁杆蒿的土堆面积在不同坡度下差异不显著（$P>0.05$）；而其余三种植物的土堆面积随着坡度增加而减小，其中白刺花随坡度增加土堆面积减小最大。供试植物在极陡坡和险坡的土堆平均面积大约是陡坡和极陡坡的 2 倍。

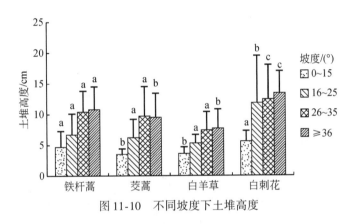

图 11-10　不同坡度下土堆高度

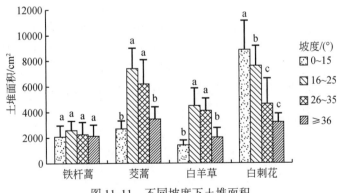

图 11-11　不同坡度下土堆面积

由表 11-7 统计结果知，铁杆蒿和白羊草土堆高度与坡度、植物基部顺坡直径和植物基部茎数量正相关；茭蒿土堆高度与坡度和植物基部顺坡直径正相关；白刺花土堆高度与坡度和植物冠幅顺坡长正关，与植物高负相关。铁杆蒿土堆面积与植物基部垂坡直径和植物基部茎直径总和正相关；茭蒿土堆面积与植物基部垂坡直径正相关；白羊草土堆面积与植物基部垂坡直径和植物基部茎数量正相关；白刺花土堆面积与植物高正相关，与坡度负相关。总体来说，土堆高度与坡度和植物基部顺坡直径相关性较大，而土堆面积与植物基部垂坡直径和植物基部茎直径总和相关性较大，仅白刺花的植物高与土堆高度和面积相关。可见，植物基部顺坡直径、植物基部垂坡直径和植物基部茎直径总和都与土堆高度和面积有较大的相关性，可作为植物拦截沉积物能力的指标。

表 11-7　土堆高度和土堆面积与植物枝系参数逐步回归统计模型

物种	土堆参数	统计模型	R^2	n	显著水平
铁杆蒿	土堆高度	$H_m = 0.083\alpha + 0.098D_{ba} + 0.12N - 1.065$	0.41	80	$P < 0.05$
	土堆面积	$S_m = 15.357D_{bp} + 19.295S_n + 1737.773$	0.107		$P < 0.05$
茭蒿	土堆高度	$H_m = 0.095\alpha + 0.076D_{ba} - 0.201$	0.424	80	$P < 0.05$
	土堆面积	$S_m = 95.444D_{ba} + 123.609S_n - 601.28$	0.447		$P < 0.05$
白羊草	土堆高度	$H_m = 0.042\alpha + 0.057D_{ba} + 0.069N + 6.192$	0.345	80	$P < 0.05$
	土堆面积	$S_m = 42.826D_{bp} + 3.596N + 727.427$	0.571		$P < 0.05$
白刺花	土堆高度	$H_m = 0.068\alpha + 0.071D_{cp} - 0.065H_p + 5.339$	0.430	40	$P < 0.05$
	土堆面积	$S_m = 36.424H_p - 37.637\alpha + 3584.25$	0.489		$P < 0.05$

注：α 为坡度（°）；D_{ba} 为植物基部顺坡直径（cm）；D_{bp} 为植物基部垂坡直径（cm）；D_{cp} 为植物冠幅顺坡长（cm）；H_m 为土堆高度；H_p 为植物高（cm）；N 为植物基部茎数量；S_m 为土堆面积（cm²）；S_n 为植物基部茎直径总和（cm²）；n 为采样个数。

可见，主杆型植物白刺花由于其冠幅较大，保护土壤表面的面积也较大，因此其在陡坡形成较大的土堆面积。但随着坡度的增加，其较高的冠幅在截留雨水方面能力减弱，而其主杆型结构对沉积物的拦截效果较差，因此形成的土堆面积随坡度的增大迅速减小；而其植冠未保护土壤侵蚀量增加，土壤面高度下降较多，白刺花的土堆高度较高。聚丛型植物铁杆蒿和簇丛型植物白羊草在不同坡度上冠幅变化较小；虽然其枝系可以有效地保护土壤和截留雨水，但小的冠幅使其形成的土堆面积较小。疏丛型植物茭蒿有发达的地下根茎，可以生长出数量发达的枝条，也可以将其枝系扩展至较大的区域，因此在保护土体和拦截沉积物方面能力较大，形成的土堆能力较强；泥沙和枯落物等沉积物来源量随着坡度增加而增多，茭蒿形成的土堆面积也随着坡度的增加不断增加，其在险坡土堆形态由对称结构转变为不对称结构。

11.3　讨　　论

11.3.1　根系的抗侵蚀特征

根系是植物与土壤的动态界面，不仅将植物固定于土壤中，并从土壤中吸收水分和养分供给地上部分生长；还具有特有的生物学特性及抵抗不良环境的能力。根系生物量反映了生态系统获得能量的能力，细根的根长密度和比根长决定着根系吸收养分和水分的能力；比根长也是表征根系生理功能的一个重要指标，反映植物对不同生境的适应特征（Pregitzer，2003；Fransen et al.，1998；刘晚苟等，2002）。根系吸收土壤养分和水分的表面积越大，同时也表明其抵抗土壤侵蚀的能力越强。将根系生物量、比根长和根长密度 3 个参数有效地结合起来，可更好地表征单位土体根系的质和量的状况。

在延河流域三个植被带不同群落类型中，直径小于等于 1mm 的根系根长密度和根系生物量分别占总细根的 90% 和 53% 以上。对黄土高原丘陵区刺槐林、落叶灌木、退耕草地和沙蒿群落 4 种植被类型不同径级细根参数分布特征的研究结果表明，直径小于等于 1mm 细根生物量占总细根的比例大于 62.0%（邓强等，2014），与本研究结果类似。直径小于等于 1mm 的根系不仅在植物的生长活动中贡献很大，可有效吸收土壤水分、养分及微量元素等，供给植物生长所需；而且是不同植物群落改善土壤结构稳定性、提高土壤入渗及增强土壤抗冲性的有效根系（李勇，1995）。也有研究指出，直径小于等于 1mm 的细根在提高土壤水力学效应方面的贡献最大，还能有效提高土壤水稳性团聚体数量（吴彦等，1997；蒋定生等，1995）。这说明直径小于等于 1mm 的根系在细根中占有重要地位，有较大比例直径小于等于 1mm 细根的植物群落在改善土壤结构方面发挥着重要作用。

本研究中，细根生物量从延河流域南部森林带到北部草原带呈递减趋势，与对黄土丘陵区从南到北四种植被类型的研究结果一致，即细根生物量从南到北随纬度升高呈显著减小趋势（邓强等，2014）。这是由于南部森林带多为乔木和灌木群落，根系生物量显著高于草本群落（$P<0.05$）；森林草原带水热条件相对较差，草本群落占优势，但也有少数灌木群落的分布；北部草原带水、热和肥等环境条件更加恶劣，基本为草本群落。本研究中草本群落细根生物量为 89.99~300.41 g/m^2，有其他研究发现黄土高原丘陵区不同植被类型的根系生物量为 64~292 g/m^2（邓强等，2014），与本研究结果相似。南部森林带和中部森林草原带的乔木和灌木群落根系生物量为 409.95~849.36 g/m^2，与暖温带落叶阔叶林细根生物量的平均值（737 g/m^2）（张小全和吴可红，2001）相近。根系生物量可以反映该植物在某一土层深度的生长能力，积累的根系生物量越多说明其在该土层中利用养分和水分的能力越强（周梦华等，2008）；旺盛的植物根系可提高土壤抗冲性，增加土壤孔隙度，改善土壤有益微生物活性，推进土壤有机质氧化分解速度（焦云祥和王应刚，2013）。乔木和灌木群落的根系生物量高于草本群落；以达乌里胡枝子为优势种的群落根系生物量较高；在铁杆蒿群落中，当次优种为达乌里胡枝子时，根系生物量也较高。表明乔木与灌木群落和以达乌里胡枝子为次优种或优势种的群落根系生长能力更强，根系发达。

根长密度反映着植物根系吸收水分和养分的潜力（Schlossberg et al.，2002）。一般根长密度越大，在养分吸收方面就越具备优势，就具有更强的活力和抵抗不良环境的能力；另外，根长密度越大，有利于减小土壤容重，增加土壤孔隙度，改良土壤结构，提高土壤抗剪强度，丰富土壤有机碳和全氮含量（黄林等，2012）。在本研究中，草原带的根长密度显著低于其他植被带的（$P<0.05$）；草本群落的根长密度为 982.34~2682.74 m/m^2，乔木和灌木群落的根长密度为 1238.15~6212.27 m/m^2。根长密度表现出与根系生物量一致的变化趋势，乔木和灌木群落高于草本群落；以达乌里胡枝子为次优种或优势种的群落根长密度较高。表明乔木与灌木群落和以达乌里胡枝子为次优种或优势种的群落的植物根系在吸收土壤水分和养分方面更具优势。

比根长是反映根系获利（养分获取）与代价（根系构造与维护）关系的参数，是代表植物地下竞争力的形态指标（Cornelissen et al.，2003）。通常具有较高比根长的植物被认为具有高的水分和养分潜在吸收率，以及相对更高的竞争力和生长速率（Bauhus et al.，2000）。在本研究中，从南部森林带到北部草原带比根长呈递增趋势；这是由于从南到北根长密度和根系生物量呈减小的趋势，但根系生物量减幅较大，因此，比根长表现出与根长密度和根系生物量相反的趋势。三个植被带不同植物群落比根长变化范围为 3.96 ~ 12.07 m/g。根长密度和根系生物量会随着环境条件和植物自身特性的不同而发生变化，具有较高的可塑性（胡建忠等，2005）；而比根长随根长密度和根系生物量的变化而变化，当后两者的变幅不一致时，比根长会表现出明显不同的变化趋势，比根长并没有表现出较高的可塑性。对黄土高原白羊草、沙棘和辽东栎细根比根长研究发现，0 ~ 10cm 土层细根比根长为沙棘 > 辽东栎 > 白羊草（韦兰英和上官周平，2006）。而在本研究中，比根长表现为草本群落显著高于乔木和灌木群落（P<0.05）；但以白刺花和杠柳为优势种的群落也具有较高的比根长，以白羊草为优势种的群落比根长也较高。这说明草本群落和以白刺花、杠柳与白羊草为优势种的群落，具有较高的水分和养分潜在吸收率和生长速率；从这一方面也可以说明这 3 种植物一般多见于阳坡，对阳坡干旱、强光及贫瘠的环境具有较强的适应性。也有研究从白刺花和杠柳的生长与生理生化特征方面阐明了这两种植物具有抗旱、耐瘠薄和适应性强的特点，且主要分布在阳坡环境中（卜崇峰等，2004；安玉艳等，2011）。白羊草属于 C₄ 植物，本身就更适应干旱和强光的环境，可高效利用土壤水分和养分及光照资源（尹秋龙，2015）。另外，白羊草为须根植物，根长密度较大，但细小的须根生物量很低，因此，白羊草具有较大的比根长；白羊草的这种细小的毛根可发挥其对土壤的网络固持作用，有效提高土壤抗蚀性。

不同植物群落由于优势种各异，植物种自身的生物学特性对群落根系参数的分布有很大影响。乔木和灌木群落由于其具有较大的冠幅和地上生物量，为了供给地上部分的生长，植物会向根系投入更多的资源以获取足够的水分和养分。由于细根是吸收水分和养分的主要途径，且土壤表层是提供植物所需水分、养分和热量的主要场所，因此，乔木和灌木群落的土壤表层具有较高的细根根长密度和根系生物量，可增强根系吸收能力，提高根系生长能力，以维持植物生长。但在本研究中，森林带以白刺花和杠柳为优势种的群落，其根系生物量和根长密度均较低，甚至低于某些草本群落，这可能是由于调查的白刺花和杠柳群落灌木层盖度不足 10%、草本层盖度不足 20% 及群落整体盖度不足 30%；较低的植被覆盖，会导致较低的根长密度和根系生物量。在草本群落中，达乌里胡枝子作为群落单优种或共优种时，群落具有较高的细根根长密度和根系生物量。这一方面与其较高的植被盖度（40%左右）有关；另一方面与其自身的根系构型有关。达乌里胡枝子根系生长快，主根分叉多且不十分明显，0 ~ 20cm 的浅层根系发达，其基部也会产生不定根（孙启忠等，2001）；这可能是达乌里胡枝子群落表层维持较高的根长密度和根系生物量的原因。达乌里胡枝子的这种特性也可能是其作为天然草地群落优势种且分布广泛的原因。

11.3.2　根茎的力学特征

不同植物根茎力学的差异性可能会导致其抵抗径流冲刷和拦截能力的不同，是植被抗侵蚀特性研究不可缺少的一部分。径流产生后，植被根茎可以有效地固定土壤和拦截径流携带的枯落物和泥沙，同时，根茎也承受着径流所施加的拉力。本研究中，测量物种根的抗拉力和茎的抗弯刚度均随着茎秆直径的增加而增大，由此可知，对于某一物种来说，随着植被的不断生长，根的固定和茎的拦截能力不断增强；进一步可推测，在植被生长初期，如幼苗阶段，植被根茎细而脆弱，严重的侵蚀可能会造成根茎的断裂从而使植被死亡，导致自然植被恢复过程缓慢。

尽管根据定居-竞争权益法则和演替生态位理论可知，演替早期物种主要依赖繁殖力高和繁殖体传播距离远而先定居生境；演替前期与后期物种同时出现，演替前期物种短期内要比演替后期物种表现好，究其原因为演替前期物种在资源相对丰富的条件下可迅速生长（杜峰等，2005，2006）。然而，在黄土高原，坡面退耕初期土壤侵蚀严重，猪毛蒿作为先锋物种在恶劣的环境中发展，其抵抗侵蚀的能力也可能是它成功建群的关键因素之一。在本研究中，草本植物猪毛蒿的根系抗拉强度仅次于木质化程度较高的半灌木达乌里胡枝子的，茎的平均最大抗压力和抗弯刚度比 5 个演替中后期物种（阿尔泰狗娃花、达乌里胡枝子、铁杆蒿、茭蒿、蒙古蒿）的要大，这也从其根茎力学特性方面说明了猪毛蒿具有较强的抗侵蚀能力。

由于具有操作方法简单及便于测量的特点，在以往的研究中，茎的弯曲挠度和抗弯刚度一般被作为农作物抗倒伏性能指标而进行测量；弯曲挠度越大和抗弯刚度越小作物的抗倒伏能力越差，将不利于农业生产（吴晓强和佘跃辉，2012）。然而作为植被抵抗侵蚀的指标，大的弯曲挠度和小的抗弯刚度表明茎秆具有较好的柔韧性，这可能是自然植被适应环境的特性。本研究中，弯曲挠度大和抗弯刚度小的典型物种为达乌里胡枝子；其植株高 30～80cm，茎直立、斜生或平卧（邢毅等，2008）。好的柔韧性不仅可以使其植株不易在径流的冲刷下折断，而且在斜生和平卧的情况下，植株也可通过增加地面的覆盖度来减轻侵蚀对坡面造成的损坏。此外，与其他 5 个物种相比，达乌里胡枝子的根系抗拉强度和茎的抗弯强度均最大，可承受更大的径流所产生的压强。因此，达乌里胡枝子作为黄土高原群落演替中的典型优势群落，它的根茎力学特性可能是促进该群落在侵蚀严重的坡面发展的主要抗侵蚀策略之一。

茎秆主要由纤维素、木质素和蛋白质等有机高分子物质组成（赵春花等，2010）。木质素在植物体内具有机械支持的功能，与纤维素共同形成植物体骨架。木质素与纤维素结合紧密，其配合比和排列结构如同"钢筋混凝土"的作用决定着茎秆的强度（Genet et al.，2005）。在黄土丘陵沟壑区，研究物种的抗弯强度与纤维素、木质素以及木质素与纤维素质量分数的比值呈显著相关关系。因此，说明运用物种纤维素与木质素测定代替力学特征值的测量而达到简化试验的目的是可行的。本研究基于大量的测量数据，建立了根系和茎秆直径与其力学特性值之间的关系模型，为简化调查根系和茎秆的力学特性提供了依据。除了根茎的力学特性，影响植被抗侵蚀特性的因素还有很多，如根的密度、根系生物量和茎的密度等（Burylo et al.，2009；刘窑军，2011），因此还需要进一步开展研究。

11.3.3　不同枝系构型植物的拦截能力

在干旱和半干旱易发生土壤侵蚀地区，植被、土壤侵蚀和沉积彼此相互作用，在植物基部常常形成小土堆（Bochet et al.，2000；Isselin-Nondedeu and Bédécarrats，2007）。黄土丘陵沟壑区，土壤侵蚀是该区地形地貌形成的主要动力（Shi and Shao，2000）；所研究植物形成的土堆形态一般表现为随着坡度的增加从对称性圆帽结构转变为不对称的台阶型结构，土堆横切面面积随着坡度的增加而增加。加上黄土高原极易被侵蚀的土壤条件，因此推测该区植物土堆的形成与其他易发生土壤侵蚀地区的土堆形成机理相似，是由土壤侵蚀、沉积拦截和溅蚀保护共同作用形成（Bochet et al.，2000；El-Bana et al.，2003；Parsons et al.，1992；Buis et al.，2010）。在缓坡和陡坡条件下，坡面溅蚀是主要的侵蚀方式（Fox and Bryan，2000），因此土堆的主要形成动力是由于植物冠幅内外不对称的溅蚀形成；植物冠幅外溅蚀强于冠幅覆盖土体，使得植物基部土壤得以保护，形成土堆。而在极陡坡与险坡条件下，坡面的主要侵蚀方式是细沟侵蚀（Fox and Bryan，2000），因此植物土堆的形成主要是由于植物冠幅外土壤表面径流侵蚀造成土壤表面下降，而植物冠幅下土壤得到保护，同时坡面上部所来泥沙和枯落物由于植物茎的拦截堆积在植物基部，综合作用形成土堆。简单来说，黄土高原植物形成土堆主要是由土壤侵蚀和径流沉积堆积两种过程共同作用形成。

植物冠幅可以保护土体和截留雨水，茎可以拦截泥沙和枯落物，因此植物枝系构型在植物土堆形成中起着介导的作用（Meyer et al.，1995；Bochet et al.，1998；Sanchez and Puigdefabregas，1994）。Isselin-Nondedeu 和 Bédécarrats（2007）研究发现，植物冠幅大小和基部枝条数量在植物土堆形成过程中起着重要的作用。本研究通过逐步回归发现，植物基部顺坡直径、植物基部垂坡直径和植物基部茎直径总和都与土堆高度和面积有较大的相关性。这从另一方面也印证了 De Baets 等（2009）在西班牙地区的研究，其将以上 3 种植物枝系参数作为植物拦截沉积物能力的指标。因此，植物基部对沉积物拦截是植物土堆形成的重要过程。植物冠幅作为植物枝系最直观的指标，可很好地保护其下部土体（Parsons et al.，1992），是形成土堆的另一个重要因素（Meyer et al.，1995）。主杆型植物白刺花由于其冠幅较大，保护土壤表面的面积也较大，因此其在陡坡形成较大的土堆面积。但随着坡度的增加，其较高的冠幅在截留雨水方面能力减弱，而其主杆型结构对沉积物的拦截效果较差，因此形成的土堆面积随坡度的增大迅速减小；而其植冠未保护土壤侵蚀量增加，土壤面高度下降较多，白刺花的土堆高度较高。聚丛型植物铁杆蒿和簇丛型植物白羊草在不同坡度上冠幅变化较小；虽然其枝系可以有效地保护土壤和截留雨水，但小的冠幅使其形成的土堆面积较小。疏丛型植物茵蒿有发达的地下根茎，可以生长出数量发达的枝条，也可以将其枝系扩展至较大的区域，因此在保护土体和拦截沉积物方面能力较大，形成土堆能力较强；泥沙和枯落物等沉积物来源量随着坡度增加而增多，茵蒿形成土堆面积随着坡度的增加不断增加，其在险坡土堆形态由对称结构转变为不对称结构。植物形成的土堆增高的另一个重要的原因是在土堆的形成过程中，由于植物根系的生长，其生物量增大，所占土壤空间体积增加，使土壤容重减少，植物基部土壤降起而使土堆高度增加（Bochet et al.，2000；Bhark and Small，2003）。考虑到陡坡条件下植被间侵蚀强度较小，植物拦截物相应较少，根系生长引起的土壤容重减小也许是缓坡土堆形成的主要因素。

由于植物冠幅对其下部土壤的保护，同时土堆在坡面上参与了坡面水文过程，对坡面径流和沉积物有阻碍作用，加上植物根系对植物基部周围土壤养分元素的吸收，因此造成植被间作为一个"源"将土壤养分和水分"汇"在植物基部的土堆上，形成一个微型的"资源岛"存在于贫瘠的裸地"海"上（El-Bana et al.，2003；Buis et al.，2010；Aguiar and Sala，1999；Offer and Goossens，2001；Shachak and Lovett，1998）。植物基部形成的土堆形成"资源岛"，这种植物成为"保育植物"使得其他物种在其创造的较为有利的微环境下生长（Carrillo-Garcia et al.，2000；Bashan et al.，2009；Callaway，1995；Callaway and Walker，1997）。因此，植物形成土堆在半干旱和易侵蚀的黄土丘陵沟壑区有重要的生态意义。

11.4 小　　结

（1）在延河流域的三个植被带，不同植物群落直径小于等于1mm的根系根长密度占总细根的90%以上，根系生物量占53%以上，在细根中占有重要地位；有较大比例的直径小于等于1mm的根系不仅在植物的生长活动中贡献很大，且在改善土壤结构方面发挥重要作用。植物群落细根（直径小于等于2mm）生物量从南部森林带到北部草原带呈递减趋势，比根长从南部森林带到北部草原带呈递增趋势，草原带的根长密度显著低于其他植被带（$P<0.05$）。根长密度与根系生物量变化趋势一致，乔木和灌木群落高于草本群落；但比根长表现为草本群落显著高于乔木和灌木群落（$P<0.05$）。乔木与灌木群落和以达乌里胡枝子为次优种或优势种的群落根长密度和根系生物量较高，植物根系生长能力强，根系发达；分别以白刺花、杠柳和白羊草为优势种的群落比根长较高，具有较高的水分和养分潜在吸收率和生长速率；分别以白刺花、杠柳、铁杆蒿和白羊草为优势种的群落，根系参数在森林草原带显著高于其他植被带（$P<0.05$），这些群落在森林草原带环境下，更能有效吸收土壤水分和养分，在提高土壤抗蚀性方面发挥重要作用。

（2）根系直径与抗拉力呈显著的正相关关系，与抗拉强度呈显著的负相关关系，且均可用幂函数进行拟合。随着茎的直径增长，抗弯刚度不断加强，抗弯强度趋于稳定。猪毛蒿茎平均直径、最大抗压力和抗弯刚度较其他物种的大；达乌里胡枝子的茎抗弯刚度较小，根系抗拉强度和茎抗弯强度却较大；抗弯强度与木质素含量、纤维素含量和纤维素/木质素比值均具有显著的相关关系。

（3）不同构型植物拦截坡面径流沉积物和保护植冠下土体而形成不同形态的土堆。随着坡度的增加，土堆由对称性圆帽结构转变为不对称的台阶型结构；其中主杆型植物白刺花的转折点在16°～25°的陡坡，聚丛型植物铁杆蒿和簇丛型植物白羊草的在26°～35°的极陡坡，疏丛型植物茭蒿的在大于等于36°的险坡。坡度和植丛顺坡基部直径影响着土堆的高度；而植丛垂直坡面的基部直径、植丛分枝数量及整个植丛的冠幅影响着土堆的面积。随着坡度的增加土堆高度总体上呈增加趋势而土堆面积趋势相反。茭蒿以其发达且扩张的枝系、白刺花以其较大的植冠在形成土堆和对坡面微环境改善的"营养岛"方面发挥的效应较大。

参 考 文 献

安玉艳，梁宗锁，郝文芳.2011.杠柳幼苗对不同强度干旱胁迫的生长与生理响应.生态学报，31（3）：

716-725.

卜崇峰, 刘国彬, 张文辉. 2004. 黄土丘陵沟壑区白刺花的生长特征研究. 西北植物学报, 24 (10): 1792-1797.

陈芙蓉, 程积民, 于鲁宁, 等. 2011. 封育和放牧对黄土高原典型草原生物量的影响. 草业科学, 28 (6): 1079-1084.

邓强, 李婷, 袁志友, 等. 2014. 黄土高原 4 种植被类型的细根生物量和年生产量. 应用生态学报, 25 (11): 3091-3098.

杜峰, 山仑, 陈小燕, 等. 2005. 陕北黄土丘陵区撂荒演替研究–撂荒演替序列. 草地学报, 13 (4): 328-333.

杜峰, 梁宗锁, 山仑, 等. 2006. 黄土丘陵区不同立地条件下猪毛蒿种内、种间竞争. 植物生态学报, 30 (4): 601-609.

郭新红, 喻达时, 王婕, 等. 2008. 6 种植物中木质纤维素含量的比较研. 湖南大学学报, 35 (9): 76-77.

黄建辉, 韩兴国, 陈灵芝. 1999. 森林生态系统根系生物量研究进展. 生态学报, 19 (2): 270-277.

黄林, 王峰, 周立江, 等. 2012. 不同森林类型根系分布与土壤性质的关系. 生态学报, 32 (19): 6110-6119.

胡建忠, 郑佳丽, 沈晶玉. 2005. 退耕地人工植物群落根系生态位及其分布特征. 生态学报, 25 (3): 481-490.

贺文明, 薛崇昀, 聂怡, 等. 2010. 近红外光谱法快速测定木材纤维素戊聚糖和木质素含量的研究. 中国造纸学报, 25 (3): 9-12.

蒋定生, 范兴科, 李新华, 等. 1995. 黄土高原水土流失严重地区土壤抗冲性的水平和垂直变化规律研究. 水土保持学报, 9 (2): 1-8.

焦云祥, 王应刚. 2013. 森林对土壤侵蚀的调控作用研究综述. 安徽农业科学, 41 (36): 13949-13952.

李春光, 董令叶, 吉洋洋, 等. 2010. 花生壳纤维素提取及半纤维素与木质素脱除工艺探讨. 中国农学通报, 26 (22): 350-354.

李春光, 王彦秋, 李宁, 等. 2011. 玉米秸秆纤维素提取及半纤维素与木质素脱除工艺探讨. 中国农学通报, 27 (1): 199-202.

李会科, 王忠林, 贺秀贤. 2001. 地埂花椒林根系分布及力学强度测定. 水土保持研究, 7 (1): 38-42.

李靖, 程舟. 2006. 紫外分光光度法测定微量人参木质素的含量. 中药材, 29 (3): 239-241.

李勇. 1995. 黄土高原植物根系与土壤抗冲性. 北京: 科学出版社.

梁莉, 郭玉明. 2008. 不同生长期小麦茎秆力学性质与形态特性的相关性. 农业工程学报, 24 (8): 131-134.

刘定辉, 李勇. 2003. 植物根系提高土壤抗侵蚀性机理研究. 水土保持学报, 17 (3): 34-37.

刘国彬, 蒋定生, 朱显谟. 1996. 黄土区草地根系生物力学特性研究. 土壤侵蚀与水土保持学报, 2 (3): 97-104.

刘庆庭, 区颖刚, 卿上乐. 2007. 农作物茎秆的力学特性研究进展. 农业机械学报, 38 (7): 172-176.

刘晚苟, 山仑, 邓西平. 2002. 不同土壤水分条件下土壤容重对玉米根系生长的影响. 西北植物学报, 22 (4): 831-838.

刘晓丽, 马理辉, 杨荣慧, 等. 2014. 黄土半干旱区枣林深层土壤水分消耗特征. 农业机械学报, 45 (12): 139-145.

刘窑军. 2011. 道路边坡不同生态防护措施侵蚀特征研究. 武汉: 华中农业大学硕士学位论文.

吕文坤, 沈静, 曹致中, 等. 2011. 2 个苜蓿品种 (系) 茎秆力学性能与纤维成分研究. 草原与草坪,

31（2）：69-73.

苏工兵，刘俭英，王树才，等 . 2007. 苎麻茎秆木质部力学性能试验 . 农业机械学报，38（5）：62-65.

孙启忠，韩建国，桂荣，等 . 2001. 科尔沁沙地达乌里胡枝子生物量研究 . 中国草地学报，23（4）：21-26.

唐杰斌，陈克复，徐峻，等 . 2011. 龙须草纤维素的分离与结构表征 . 化工学报，6（6）：1742-1748.

韦兰英，上官周平 . 2006. 黄土高原不同演替阶段草地植被细根垂直分布特征与土壤环境的关系 . 生态学报，26（11）：3740-3748.

吴钦孝，杨文治 . 1998. 黄土高原植被建设与持续发展 . 北京：科学出版社：113-114.

吴晓强，佘跃辉 . 2012. 作物茎秆抗倒性综合评价指标的力学分析 . 农机化研究，（2）：31-37.

吴彦，刘世全，付秀琴，等 . 1997. 植物根系提高土壤水稳性团粒含量的研究 . 水土保持学报，3（1）：45-49.

邢毅，赵祥，董宽虎，等 . 2008. 不同居群达乌里胡枝子形态变异研究 . 草业学报，17（4）：26-31.

熊素敏，左秀凤，朱永义 . 2005. 稻壳中纤维素、半纤维素和木质素的测定 . 粮食与饲料工业，1（8）：40-41.

熊燕梅，夏汉平，李志安，等 . 2007. 植物根系固坡抗蚀的效应与机理研究进展 . 应用生态学报，18（4）：895-904.

尹秋龙 . 2015. 黄土丘陵沟壑区主要植物叶解剖结构及其环境适应性研究 . 杨凌：西北农林科技大学硕士学位论文 .

苑淑娟，牛国权，邢会文，等 . 2008. 瞬时拉力下 2 个生长期 2 种植物单根抗拉力与抗拉强度的研究 . 内蒙古水利，12（6）：78-79.

张良德，徐学选，胡伟，等 . 2011. 黄土丘陵区燕沟流域人工刺槐林的细根空间分布特征 . 林业科学，47（11）：31-36.

张小全，吴可红 . 2001. 森林细根生产和周转研究 . 林业科学，37（3）：126-138.

张宇清，朱清科，齐实，等 . 2005. 梯田埂坎立地植物根系分布特征及其对土壤水分的影响 . 生态学报，25（3）：500-506.

赵春花，韩正晟，王芬娥，等 . 2010. 收割期牧草底部茎秆生物力学性能试验 . 农业机械学报，41（4）：85-89.

赵春花，张峰伟，曹致中 . 2009. 豆禾牧草茎秆力学特性试验 . 农业工程学报，25（9）：122-126.

周梦华，程积民，万惠娥，等 . 2008. 云雾山本氏针茅群落根系分布特征 . 草地学报，16（3）：267-271.

Aguiar M N, Sala O E. 1999. Patch structure, dynamics and implications for the functioning of arid ecosystems. Trends in Ecology and Evolution, 14: 273-277.

Baets S D, Poesen J, Reuben B, et al. 2009. Methodological framework to select plant species for controlling rill and gully erosion: application to a Mediterranean ecosystem. Earth Surface Processes and Landforms, 34: 1374-1392.

Bauhus J, Khanna P K, Menden N. 2000. Aboveground and belowground interactions in mixed plantations of *Eucalyptus globulus* and *Acacia mearnsii*. Canadian Journal of Forest Research, 30（12）：1886-1894.

Bashan Y, Salazar B, Puente M E, et al. 2009. Enhanced establishment and growth of giant cardon cactus in an eroded field in the Sonoran Desert using native legume trees as nurse plants aided by plant growth-promoting microorganisms and compost. Biology and Fertility of Soils, 45: 585-594.

Bhark E W, Small E E. 2003. Association between plant canopies and the spatial patterns of infiltration in shrubland and grassland of the Chihuahuan Desert, New Mexico. Ecosystems, 6: 185-196.

Bischetti G B, Chiaradia E A, Simonato T, et al. 2005. Root strength and root area ratio of forest species in

Lombardy（Northern Italy）. Plant and Soil, 278（1-2）：11-22.

Bochet E, Rubio J L, Poesen J. 1998. Relative efficiency of three representative matorral species in reducing water erosion at the microscale in a semi-arid climate（Valencia, Spain）. Geomorphology, 23：139-150.

Bochet E, Poesen J, Rubio J L. 2000. Mound development as an interaction of individual plants with soil, water erosion and sedimentation processes on slopes. Earth Surface Processes and Landforms, 25：847-867.

Bochet E, Poesen J, Rubio J L. 2006. Runoff and soil loss under individual plants of a semi-arid Mediterranean shrubland：influence of plant morphology and rainfall intensity. Earth Surface Processes and Landforms, 31：536-549.

Buis E, Temme A J A M, Veldkamp A, et al. 2010. Shrub mound formation and stability on semi-arid slopes in the Northern Negev Desert of Israel：a field and simulation study. Geoderma, 156：363-371.

Burylo M, Rey F, Roumet C, et al. 2009. Linking plant morphological traits to uprooting resistance in eroded marly lands. Plant and Soil, 324（1-2）：31-42.

Carrillo-Garcia A, Bashan Y, Bethlenfalvay G J. 2000. Resource-island soils and the survival of the giant cactus, cardon, of Baja California Sur. Plant and Soil, 218：207-214.

Callaway R M. 1995. Positive interactions among plants. Botanical Review, 61：306-349.

Callaway R M, Walker L R. 1997. Competition and facilitation：a synthetic approach to interactions in plant communities. Ecology, 78：1958-1965.

Cornelissen J H C, Lavorel S, Garnier E, et al. 2003. A handbook of protocols for standardised and easy measurement of plant functional traits worldwide. Australian Journal of Botany, 51（4）：335-380.

De Baets S, Poesen J, Reubens B, et al. 2009. Methodological framework to select plant species for controlling rill and gully erosion：application to a Mediterranean ecosystem. Earth Surface Processes and Landforms, 34：1374-1392.

El-Bana M I, Nijs I, Khedr A A. 2003. The importance of phytogenic mounds（nebkhas）for restoration of arid degraded rangelands in Northern Sinai. Restoration Ecology, 11：317-324.

Fox D M, Bryan R B. 2000. The relationship of soil loss by interrill erosion to slopegradient. Catena, 38：211-222.

Fransen B, Kroon H D, Berendse F. 1998. Root morphological plasticity and nutrient acquisition of perennial grass species from habitats of different nutrient availability. Oecologia, 115（3）：351-358.

Genet M, Stokes A, Salin F, et al. 2005. The influence of cellulose content on tensile strength in tree roots. Plant and Soil, 278（2）：1-9.

Hendrick R L, Pregitzer K S. 1996. Temporal and depth-related patterns of fine root dynamics in northern hardwood forests. Journal of Ecology, 84（2）：167-176.

Iwassa A D, Beachenmin K A, Buchanan J G, et al. 1996. A shearing technique measuring resistance properties of plant stems. Animal Feed Science and Technology, 57：225-237.

Isselin-Nondedeu F, Bédécarrats A. 2007. Influence of alpine plants growing on steep slopes on sediment trapping and transport by runoff. Catena, 71：330-339.

Meyer L D, Dabney S M, Harmon W C. 1995. Sediment-trapping effectiveness of stiff-grass hedges. Transactions of the American Society of Agricultural and Biological Engineers, 38：809-815.

Morgan R P C. 2005. Soil Erosion and Conservation（3rd edition）. Oxford：Blackwell Science.

Offer Z Y, Goossens D. 2001. Ten years of aeolian dust dynamics in a desert region（Negev Desert, Israel）：analysis of airborne dust concentration, dust accumulation and the high-magnitude dust events. Journal of Arid Environments, 47：211-249.

Parsons A J, Abrahams A D, Simanton J R. 1992. Microtopography and soil-surface material on semi-arid piedmont hillslope, southern Arizona. Journal of Arid Environments, 22: 107-115.

Pregitzer K S. 2003. Woody plants, carbon allocation and fine roots. New Phytologist, 158 (3): 421-424.

Sanchez G, Puigdefabregas J. 1994. Interactions of plant growth and sediment movement on slopes in a semi-arid environment. Geomorphology, 9: 243-260.

Schlossberg M J, Karnok K J, Landry G. 2002. Estimation of viable root-length density of heat-tolerant 'Crenshaw' and 'L93' creeping bentgrass by an accumulative degree-day model. Journal of the American Society for Horticultural Science, 127 (2): 224-229.

Shi H, Shao M A. 2000. Soil and water loss from the Loess Plateau in China. Journal of Arid Environments, 45: 9-20.

Shachak M, Lovett G M. 1998. Atmospheric deposition to a desert ecosystem and its implications for management. Ecological Applications, 8: 455-463.

Stokes A, Atger C, Bengough A G, et al. 2009. Desirable plant root traits for protecting natural and engineered slopes against land slides. Plant Soil, 324 (1-2): 1-30.

第12章　改善土壤侵蚀环境的群落生态学特性

　　群落生态学是研究生态环境对群落形成过程、结构特征和地理分布的影响，及群落对环境的改造作用，包含了一切关于生物与环境间相互关系的科学（宋永昌，2001）。近几年国外植物群落的研究多集中在群落动态和外界因素对群落的作用机制上（Chabrerie et al.，2003；Martin et al.，2004；Milne and Hartley，2001）；而国内植物群落的研究多集中于群落的组成结构、分类排序、物种多样性、群落动态演替与模型模拟（王坚娅等，2005；白文娟等，2005；周利民和邓岚，2004；尚文艳等，2005；郭正刚等，2003；郭艳萍等，2005；刘振国等，2005），以及改善土壤特性、截持降水、影响养分元素循环、地表径流与土壤侵蚀机理（高人和周广柱，2002；刘少冲等，2005；吴钦孝等，2001；张振明等，2005）等方面。群落的物种丰富度和多样性影响着群落的稳定性和生态功能（方精云等，2009）。植被覆盖可有效降低雨滴能量，增加土壤入渗，减少径流量与泥沙量（Zhou and Shangguan，2008）。生物量可直接反映植被的生长发育状况，是群落生产力大小的衡量标准之一（李萍等，2012）。在不同侵蚀环境下，由于光照和水分分布不均而形成不同生境的小气候，群落物种多样性、植被覆盖度和生物量也表现出不同的响应，在一定程度上能体现出其适应与抵抗土壤侵蚀环境的能力。枯落物是植物生长过程中新陈代谢的产物，枯落物层具有拦蓄降水、防止土壤溅蚀和减缓地表径流等作用，这些作用与枯落量及枯落物的持水能力有关（孙艳红等，2006；张雷燕等，2007）。枯落物以养分归还的形式向土壤及生态系统传递营养和能量，是植物把从土壤中得到的养分归还给土壤的重要途径（周东雄，2005）。

　　本章以黄土丘陵沟壑区为研究对象，通过对不同侵蚀环境下植物群落组成结构、物种多样性、植被盖度、地上生物量和枯落物状况的调查与分析，探讨群落生态学特性与土壤侵蚀环境间的相互关系，从而阐明植物改善土壤侵蚀环境的群落生态学特性，为植物的抗侵蚀特性研究及抗侵蚀植物的分类提供理论依据。

12.1　研　究　方　法

12.1.1　样地选择与调查

　　在陕北黄土丘陵沟壑区延河流域森林带、森林草原带和草原带各选取 3 个小流域（图 4-1）的 3 对阴阳坡沟系统，于 2011 年 7 月至 8 月和 2012 年 7 月至 9 月按照阳沟坡、阳梁峁坡、梁峁顶、阴梁峁坡和阴沟坡 5 种不同土壤侵蚀环境选取样地，按对角线布设样方。植被调查样方大小乔木的为 10m×10m、灌木的为 5m×5m 而草本的为 2m×2m，各 3 个重复；共调查样地 102 个，记录植被样方内物种多度、高度、盖度、冠幅，分析群落组成结构与物种多样性。枯落物调查样方大小为 50cm×50cm，3 个重复，调查枯落物层盖度、厚度，收集样方内未分解的枯落物，测定其现存量。

同时，在安塞的纸坊沟和宋家沟，选取 3 对阴阳坡沟作为研究对象，在梁峁顶、阴梁峁坡、阳梁峁坡、阳沟坡和阴沟坡 5 个取样部位选取样地（共调查样地 15 个），按对角线方向布设样方，在 8 月初进行植被调查；于 2011 年 11 月至 2012 年 11 月动态观测枯落物情况：在样地株丛周围裸露地，有浅沟和鱼鳞坑的地方布设固定样方（样方大小为 50cm×50cm，做 3 个重复），调查枯落物层盖度和厚度，收集样方内枯落物（每月调查一次），测定其蓄积量，研究枯落物持水与养分归还能力。

12.1.2　数据获取与分析

（1）地上生物量测定。采用全部收获法测定草木层地上生物量，标准枝法测定灌木层地上生物量。在上述调查植被的样方内采集地上生物量带回室内置于 85℃ 烘箱中烘干（24h）至恒重，称干重，计算地上生物量。

（2）枯落物现存量测定。记录样方内枯落物未分解层、半分解层和分解层的盖度和厚度，并采集样方内未分解的枯落物，带回室内烘干（85℃，24h）后称干重，以平均干物质重计算现存量。

（3）枯落物蓄积量及持水能力测定。在纸坊沟和宋家沟的样地中，调查记录样方内枯落物未分解层盖度和厚度，并收集样方内未分解层的枯落物，带回室内；分拣群落主要物种枯落物，按枯枝和落叶分装，称湿重，烘干（65℃，24h）后测干重，以平均干物质重计算蓄积量。

用室内浸泡法测定枯落物的持水量，将烘干的枯落物取部分放入已称重尼龙网袋中（共 11 袋样品），将其放入盛有清水的烧杯中，水面要略高于尼龙网袋上沿。将枯落物浸入水中后，样品在浸泡 5min、10min、15min、30min、1h、2h、4h、6h、8h、10h 和 12h 后依次取出一袋，称其湿重；待浸泡 24 小时后，称湿重计算枯落物的最大持水率（曹成有，1997；苏志尧等，2002）。计算公式：

$$自然含水率 = (W_1 - W_2) / W_2 \times 100\%$$
$$最大持水率 = (W_3 - W_2) / W_2 \times 100\%$$

式中，W_1 为自然状态下枯落物重量，W_2 为烘干后枯落物干重，W_3 为浸泡 24h 后枯落物重量。

（4）枯落物养分含量测定。将上述余下的枯落物再次烘干（65℃，24h）粉碎，称取 0.015g 左右样品（精确到 0.0001g），采用 KCr_2O_7–H_2SO_4 氧化法测定 C 含量；称取 0.4g 左右样品（精确到 0.0001g）用于 N 测定，测定方法为 H_2SO_4–H_2O_2 消煮（用凯氏氮法测定 N 含量）；称取 0.05~0.10g 样品，用 72% 浓硫酸水解法测定纤维素含量，用浓硫酸法测定木质素含量（熊素敏等，2005）。

（5）物种多样性分析。采用 Shannon-Wiener 指数、Margalef 指数和 Pielou 指数计算和分析不同侵蚀环境下群落物种多样性，采用重要值确定群落优势物种（杨允非和祝廷成，2011；马克平，1994a，1994b）。

（6）群落分类及成员型确定。采用双向指示种分析法 TWINSPAN（two-way indicator species analysis）划分群落类型。划分时以植被盖度作为样地的物种信息，将其分为 6 级即 0.1%～5%、5.1%～10%、10.1%～30%、30.1%～50%、50.1%～75% 和 75.1%～100%，各级分割水平的权重依次采用 1、1、2、2、3 和 3（焦菊英等，2005）。根据群落中物种的相对密度、相对高度、相对盖度和相对生物量来计算重要值，确定群落的优势种。

12.2 结果与分析

12.2.1 群落类型与分布特征

1. 植物群落的划分

依据在陕北黄土丘陵沟壑区延河流域森林带、森林草原带和草原带 9 个小流域共 102 个样地植被调查数据，对植物群落进行 TWINSPAN 分类，划分三个植被带坡沟 5 种不同侵蚀环境下的主要群落类型，共得出 27 个群落类型（图 12-1～图 12-3）。

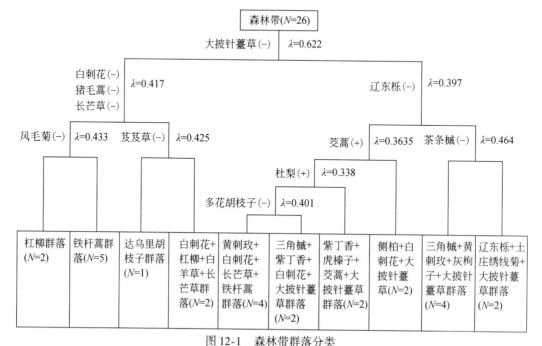

图 12-1 森林带群落分类

N 为样地数；λ 为特征值；（+）为正指示种；（-）为负指示种。下同

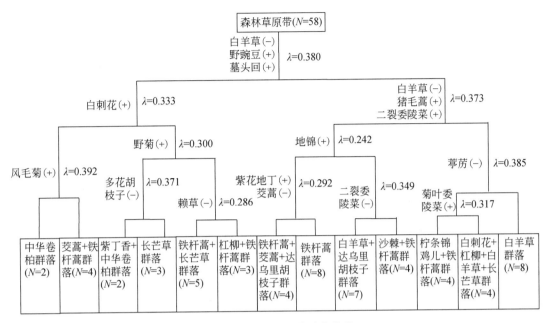

图 12-2　森林草原带群落分类

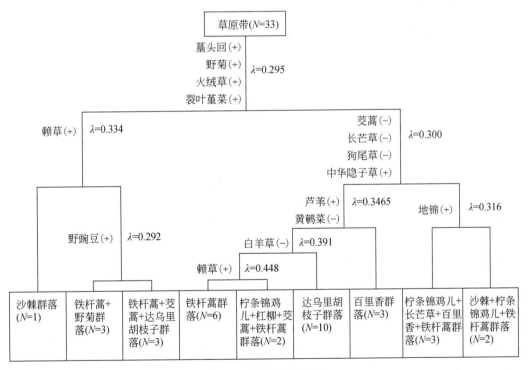

图 12-3　草原带群落分类

1）乔木群落

（1）辽东栎+土庄绣线菊+大披针薹草群落，分布于森林带阴坡的沟坡。乔木层盖度65%，其优势种辽东栎盖度45%（树高10～15m），伴生种有茶条槭等；灌木层盖度

25%，其优势种土庄绣线菊盖度3%（树高0.7～1.8m），伴生种有紫丁香、多花胡枝子和水栒子等；草本层盖度35%，其优势种大披针薹草盖度6%，伴生种有穿龙薯蓣、抱茎小苦荬和芨芨草等。

（2）三角槭+黄刺玫+灰栒子+大披针薹草群落，分布于森林带阴坡的梁峁坡和沟坡。乔木层盖度35%，其优势种三角槭盖度24%（树高3～15m）；灌木层盖度22%，其优势种黄刺玫盖度8.5%（树高0.6～2.4m），灰栒子盖度8%（树高0.6～2.7m），伴生种有葱皮忍冬、紫丁香、水栒子和土庄绣线菊等；草本层盖度15%，其优势种大披针薹草盖度7%，伴生种有墓头回、抱茎小苦荬、裂叶堇菜、野菊和芨芨草等。

（3）侧柏+白刺花+大披针薹草群落，分布于森林带阳坡的沟坡。乔木层盖度25%，其优势种侧柏盖度20%（树高3～10m）；灌木层盖度12%，其优势种白刺花盖度2.5%（树高0.6～3m），伴生种有紫丁香、虎榛子、黄刺玫和六道木等；草本层盖度45%，其优势种大披针薹草盖度16%，伴生种有铁杆蒿和芨芨草等。

（4）三角槭+紫丁香+白刺花+大披针薹草群落，分布于森林带阳坡的沟坡。乔木层盖度10%，其优势种三角槭盖度8.5%（树高3～12m），伴生种有栾树等；灌木层盖度55%，其优势种紫丁香盖度26%（树高1.4～3m），白刺花盖度12%（树高0.7～2.2m），伴生种有黄刺玫和水栒子等；草本层盖度20%，其优势种大披针薹草盖度5%，伴生种有茭蒿和铁杆蒿等。

2）灌木群落

（1）黄刺玫+白刺花+长芒草+铁杆蒿群落，分布于森林带梁峁顶及阳坡的梁峁坡和沟坡。灌木层盖度30%，其优势种黄刺玫盖度5%（树高0.8～2m），白刺花盖度20%（树高0.5～2.2m），伴生种有紫丁香和水栒子等；草本层盖度16%，其优势种长芒草盖度5%，铁杆蒿盖度4.5%，伴生种有达乌里胡枝子、茭蒿和大披针薹草等。

（2）白刺花+杠柳+白羊草+长芒草群落，在森林带分布于阳坡的梁峁坡，其灌木层盖度11%，优势种白刺花盖度5.5%（树高0.5～1.5m），杠柳盖度4%（树高0.5～1.5m）；草本层盖度13%，优势种白羊草盖度4%，长芒草盖度3.2%，伴生种有阿尔泰狗娃花、达乌里胡枝子、铁杆蒿和猪毛蒿等。在森林草原带分布于阳坡的梁峁坡和沟坡，其灌木层盖度5%，优势种杠柳盖度2%（树高0.5～1.8m），白刺花盖度1%（树高0.6～1.4m）；草本层盖度21%，优势种白羊草盖度4%，铁杆蒿盖度3%，伴生种有阿尔泰狗娃花、达乌里胡枝子、茭蒿、长芒草和中华隐子草等。

（3）杠柳群落，分布于森林带阴坡的梁峁坡和阳坡的梁峁坡。灌木层盖度30%，其优势种杠柳盖度22.5%（树高0.5～1.3m），伴生种有白刺花和互叶醉鱼草等；草本层盖度17.5%，伴生种有墓头回、达乌里胡枝子、茭蒿、长芒草和猪毛蒿等。

（4）紫丁香+虎榛子+茭蒿+大披针薹草群落，分布于森林带阴坡的梁峁坡。灌木层盖度40%，其优势种紫丁香盖度15%（树高0.6～1.7m），虎榛子盖度16%（树高0.5～1.3m），伴生种有黄刺玫等；草本层盖度17.5%，其优势种茭蒿盖度3.6%，大披针薹草盖度5%，伴生种有铁杆蒿和野菊等。

（5）杠柳+铁杆蒿群落，分布于森林草原带阳坡的梁峁坡和沟坡。灌木层盖度4%，其优势种杠柳盖度2.7%（树高0.6～1.2m）；草本层盖度27%，其优势种铁杆蒿盖度

4%，伴生种有阿尔泰狗娃花、白羊草、达乌里胡枝子、甘草、茭蒿、长芒草、中华隐子草和猪毛蒿等。

（6）紫丁香+中华卷柏群落，分布于森林草原带阴坡的沟坡。灌木层盖度12.5%，其优势种紫丁香盖度9%（树高0.6~2.3m），伴生种有柠条锦鸡儿和白刺花等；草本层盖度35%，其优势种中华卷柏盖度20%，伴生种有茭蒿、野菊、铁杆蒿和长芒草等。

（7）柠条锦鸡儿+铁杆蒿群落，分布于森林草原带阳坡的沟坡、阴坡的沟坡，灌木层盖度6%，优势种柠条锦鸡儿盖度5%，树高0.8~2.2m；草本层盖度37%，优势种铁杆蒿盖度9%，伴生种有达乌里胡枝子、茭蒿、蒙古蒿、野菊、长芒草、猪毛蒿、菊叶委陵菜等。

（8）沙棘+铁杆蒿群落，分布于森林草原带阴坡的梁峁坡、梁峁顶及阳坡的梁峁坡。灌木层盖度26%，其优势种沙棘盖度17%（树高0.6~3.2m）；草本层盖度30%，其优势种铁杆蒿盖度5%，伴生种有阿尔泰狗娃花、白羊草、糙隐子草、达乌里胡枝子、长芒草和猪毛蒿等。

（9）沙棘+柠条锦鸡儿+铁杆蒿群落，分布于草原带阴坡的梁峁坡。灌木层盖度30%，其优势种沙棘盖度14.5%（树高1~2.1m），柠条锦鸡儿盖度13%（树高1~1.9m），伴生种有小叶锦鸡儿等；草本层盖度45%，其优势种铁杆蒿盖度6%，伴生种有百里香、大针茅和赖草等。

（10）沙棘群落，分布于草原带阴坡的梁峁坡。灌木层盖度75%，其优势种沙棘盖度75%（树高0.7~2.2m）；草本层盖度72%，伴生种有百里香、达乌里胡枝子、大针茅、铁杆蒿和野菊等。

（11）柠条锦鸡儿+长芒草+百里香+铁杆蒿群落，分布于草原带阴坡的沟坡。灌木层盖度7.5%，其优势种柠条锦鸡儿盖度6%（树高1~2m），伴生种有河朔荛花等；草本层盖度40%，其优势种百里香盖度5%，长芒草和铁杆蒿盖度4%，伴生种有阿尔泰狗娃花、糙隐子草、达乌里胡枝子、大针茅、冷蒿和圆锥石头花等。

（12）柠条锦鸡儿+杠柳+茭蒿+铁杆蒿群落，分布于草原带阳坡的沟坡。灌木层盖度8%，其优势种柠条锦鸡儿盖度5%（树高0.65~2.3m），杠柳盖度3%（树高0.5~0.8m）；草本层盖度25%，其优势种茭蒿盖度3%，铁杆蒿盖度4%，伴生种有百里香、达乌里胡枝子、长芒草、中华隐子草、赖草和猪毛蒿等。

3）半灌木和草本群落

（1）达乌里胡枝子群落，在森林带分布于阳坡的梁峁坡，草本层盖度30%，其优势种达乌里胡枝子盖度10%，伴生种有阿尔泰狗娃花和长芒草等。在草原带分布于梁峁顶及阳坡的梁峁坡和沟坡，草本层盖度33.5%，其优势种达乌里胡枝子盖度3%，伴生种有阿尔泰狗娃花、百里香、茭蒿、赖草、芦苇、蒙古蒿、铁杆蒿、长芒草和猪毛蒿等。

（2）铁杆蒿群落，在森林带分布于梁峁顶及阴坡梁峁坡和沟坡，草本层盖度42%，其优势种铁杆蒿盖度12.4%，伴生种有阿尔泰狗娃花、达乌里胡枝子、茭蒿和长芒草等。在森林草原带分布于梁峁顶及阴坡的梁峁坡和沟坡，草本层盖度35%，其优势种铁杆蒿盖度9%，伴生种有阿尔泰狗娃花、糙隐子草、草木樨状黄耆、达乌里胡枝子、茭蒿和长芒草等。在草原带分布于阴坡的梁峁坡和沟坡，草本层盖度36.5%，其优势种铁杆蒿盖度5%，伴生种有阿尔泰狗娃花、百里香、糙隐子草、达乌里胡枝子、茭蒿和长芒草等。

（3）白羊草群落，分布于森林草原带梁峁顶及阳坡的梁峁坡和沟坡。草本层盖度31%，其优势种白羊草盖度15%，伴生种有铁杆蒿、达乌里胡枝子、茭蒿、中华隐子草和长芒草等。

（4）铁杆蒿+长芒草群落，分布于森林草原带梁峁顶和阴坡的梁峁坡。草本层盖度24%，其优势种铁杆蒿盖度7%，长芒草盖度3%，伴生种有阿尔泰狗娃花、草木樨状黄耆、甘草、达乌里胡枝子、茭蒿、赖草、长芒草、中华隐子草、猪毛蒿和獐芽菜等。

（5）白羊草+达乌里胡枝子群落，分布于森林草原带梁峁顶及阳坡的梁峁坡和沟坡。草本层盖度35%，其优势种白羊草盖度4%，达乌里胡枝子盖度3%，伴生种有阿尔泰狗娃花、糙隐子草、大针茅、二裂委陵菜、茭蒿、菊叶委陵菜、铁杆蒿和长芒草等。

（6）铁杆蒿+茭蒿+达乌里胡枝子群落，在森林草原带分布于阳坡的梁峁坡和沟坡，草本层盖度36%，其优势种铁杆蒿盖度6%，茭蒿盖度5%，达乌里胡枝子盖度4%，伴生种有阿尔泰狗娃花、白羊草、长芒草和中华隐子草等。在草原带分布于阳坡的梁峁坡，草本层盖度28%，其优势种铁杆蒿和茭蒿盖度4%，达乌里胡枝子盖度3%，伴生种有冷蒿、长芒草、中华隐子草和猪毛蒿等。

（7）长芒草群落，分布于森林草原带梁峁顶和阳坡的梁峁坡。草本层盖度33%，其优势种长芒草盖度10%，伴生种有阿尔泰狗娃花、白羊草、达乌里胡枝子、甘草、茭蒿、铁杆蒿、中华隐子草和猪毛蒿等。

（8）中华卷柏群落，分布于森林草原带阴坡的沟坡。草本层盖度53%，其优势种中华卷柏盖度22%，伴生种有百里香、北京隐子草、茭蒿、大披针薹草、铁杆蒿、野菊和长芒草等。

（9）茭蒿+铁杆蒿群落，分布于森林草原带阴坡的梁峁坡和沟坡。草本层盖度52%，其优势种茭蒿和铁杆蒿盖度4%，伴生种有百里香、北京隐子草、达乌里胡枝子、大针茅、火绒草、糙隐子草、菊叶委陵菜、大披针薹草、铁杆蒿、野菊、野豌豆和长芒草等。

（10）百里香群落，分布于草原带梁峁顶和阳坡的梁峁坡。草本层盖度50%，其优势种百里香盖度13%，伴生种有阿尔泰狗娃花、糙隐子草、草木樨状黄耆、达乌里胡枝子、大针茅、蒙古蒿、砂珍棘豆、长芒草和籽蒿等。

（11）铁杆蒿+野菊群落，分布于草原带阴坡的梁峁坡和沟坡。草本层盖度61%，其优势种铁杆蒿盖度4%，野菊盖度6%，伴生种有百里香、达乌里胡枝子、大针茅、火绒草、茭蒿和龙牙草等。

2. 不同群落的分布特征

乔木群落只出现在森林带，灌木群落和半灌木与草本群落则在三个植被带均有所分布。这与群落所处的气候条件及土壤水分亏缺有着密切的关系。对于林木生长而言，土壤水分制约程度为森林带<森林草原带<草原带。由于降水和蒸散的双重作用，不同侵蚀环境形成了土壤水分状况不同的小生境，而这些小生境之间在土壤湿度和水分亏缺程度方面的差异又表现为阴坡好于阳坡，同一坡面沟坡好于梁峁坡（易亮等，2009）；且沟坡受坡面来水来沙的影响，人为干扰较少，植被自然生长的时间较长（贾燕锋等，2008）。

在森林带，侧柏群落在灌丛土壤最干燥贫瘠地段侵入演替灌丛，一般分布于阳坡，且可生长在坡度在35°以上的陡坡立崖；白刺花群落适应干旱贫瘠土壤，多分布于阳坡。因此，阳坡可形成以侧柏和白刺花等为优势种的群落。辽东栎群落为该植被带的顶级群落，一般在土壤优越地段侵入先锋乔木林，演替到顶级群落，多分布于阴坡。因此，阴坡可形成以辽东栎等为优势种的群落。黄刺玫为喜暖中生灌木，生态幅较大，在不同侵蚀环境下均有分布，多年生蒿类和多年生禾草群落都可发展为黄刺玫灌丛，多分布于阳坡和梁峁顶。由于黄刺玫耐阴性略强，因而乔木进入该灌丛后，以黄刺玫为优势灌木层存在时间较长，是稀疏林下灌木层优势种，多分布于阴坡（朱志诚，1993）。在森林草原带，阴坡和阳坡可演替为灌木群落，阳坡可形成以白刺花和白羊草等为优势种的群落，阴坡可形成以紫丁香和铁杆蒿等为优势种的群落。在草原带，难以演替到乔木群落，但在沟坡位置有零散灌木分布，且多为人工恢复的柠条锦鸡儿和沙棘灌木群落；阴坡和阳坡植被分异不显著，可形成百里香群落、达乌里胡枝子群落和铁杆蒿群落等草本群落类型（焦菊英等，2008）。

达乌里胡枝子群落或是以达乌里胡枝子为亚优势种的群落及铁杆蒿群落或是以铁杆蒿为亚优势物种的群落在各植被带各侵蚀环境下均有所分布，这与物种本身的生物特性有关。达乌里胡枝子是豆科胡枝子属多年生半灌木，铁杆蒿是菊科蒿属多年生半灌木，它们的生态位较宽，在不同环境下均能较好生长；尤其是铁杆蒿在水分条件较好的阴坡分布更多，生长良好（周萍等，2009）。白羊草群落或是以白羊草为亚优势种的群落在森林带阳梁峁坡和森林草原带阳坡的梁峁坡及梁峁顶均有分布；这是因为白羊草为阳生性物种，自然状态下一般分布于阳坡。百里香是草原旱生物种，是由于植被被破坏而造成气候和基质旱化的结果（朱志诚和黄可，1993），多分布于草原带阴坡和梁峁顶（表 12-1）。

表 12-1　不同群落类型的分布

侵蚀环境	森林带	森林草原带	草原带
阳沟坡	侧柏+白刺花+大披针薹草群落 三角槭+紫丁香+白刺花+大披针薹草群落 黄刺玫+白刺花+长芒草+铁杆蒿群落	白刺花+杠柳+白羊草+长芒草群落 柠条锦鸡儿+铁杆蒿群落 杠柳+铁杆蒿群落 白羊草群落 白羊草+达乌里胡枝子群落 铁杆蒿+茭蒿+达乌里胡枝子群落	柠条锦鸡儿+杠柳+茭蒿+铁杆蒿群落 达乌里胡枝子群落
阳梁峁坡	黄刺玫+白刺花+长芒草+铁杆蒿群落 白刺花+杠柳+白羊草+长芒草群落 杠柳群落 达乌里胡枝子群落	白刺花+杠柳+白羊草+长芒草群落 沙棘+铁杆蒿群落 杠柳+铁杆蒿群落 白羊草群落 白羊草+达乌里胡枝子群落 铁杆蒿+茭蒿+达乌里胡枝子群落 长芒草群落	达乌里胡枝子群落 铁杆蒿+茭蒿+达乌里胡枝子群落 百里香群落
梁峁顶	黄刺玫+白刺花+长芒草+铁杆蒿群落 铁杆蒿群落	沙棘+铁杆蒿群落 铁杆蒿群落 白羊草群落 铁杆蒿+长芒草群落 白羊草+达乌里胡枝子群落 长芒草群落	达乌里胡枝子群落 百里香群落

侵蚀环境	森林带	森林草原带	草原带
阴梁峁坡	三角槭+黄刺玫+灰枸子+大披针薹草群落 杠柳群落 紫丁香+虎榛子+茭蒿+大披针薹草群落 铁杆蒿群落	沙棘+铁杆蒿群落 铁杆蒿群落 铁杆蒿+长芒草群落 茭蒿+铁杆蒿群落	沙棘+柠条锦鸡儿+铁杆蒿群落 沙棘群落 铁杆蒿群落 铁杆蒿+野菊群落
阴沟坡	三角槭+黄刺玫+黑枸子+大披针薹草群落 辽东栎+土庄绣线菊+大披针薹草群落 铁杆蒿群落	柠条锦鸡儿+铁杆蒿群落 铁杆蒿群落 茭蒿+铁杆蒿群落 紫丁香+中华卷柏群落 中华卷柏群落	铁杆蒿群落 铁杆蒿+野菊群落 柠条锦鸡儿+长芒草+百里香+铁杆蒿群落

随着由森林带到草原带的逐渐过渡，环境条件发生改变的同时群落类型也随之而变，由森林带以辽东栎、三角槭、侧柏、黄刺玫、紫丁香、虎榛子、白刺花、杠柳、铁杆蒿、茭蒿、达乌里胡枝子、白羊草、大披针薹草或长芒草为优势种的群落，到森林草原带以白刺花、紫丁香、杠柳、铁杆蒿、茭蒿、长芒草、达乌里胡枝子、白羊草或中华卷柏为优势种的群落，再到草原带以达乌里胡枝子、铁杆蒿、茭蒿、长芒草、百里香或野菊为优势种的群落。可以看出，由森林带的乔灌草群落过渡到森林草原带的灌草群落，再到草原带的草本群落，群落物种随环境条件的更替是连续性的，即群落边界具模糊性。

12.2.2 群落适应侵蚀环境的能力

1. 群落物种多样性

1) 不同侵蚀环境下群落物种多样性

如图 12-4 所示，物种数、Margalef 指数、Shannon-Wiener 指数和 Pielou 指数为草原带>森林草原带>森林带。森林带群落结构复杂，一般有乔木、灌木和草本三层，成层现象使得物种间对光照和水分等资源相互竞争，林下物种减少，乔灌层优势种明显，因此，群落物种丰富度、多样性和均匀度较低。均匀度指数在草原带最高，是因为草原带的气候干旱，群落只有草本层，各物种接受光照较均匀，物种数较多，但优势种并不明显。

如表 12-2 所示，森林带群落物种数表现为阴梁峁坡>阴沟坡>阳沟坡>梁峁顶>阳梁峁顶，各侵蚀环境差异不显著（$P>0.05$）；Margalef 指数表现为阴沟坡>阳沟坡>阴梁峁坡>梁峁坡>阳梁峁坡，阳梁峁坡与梁峁顶之外的其他侵蚀环境差异显著（$P<0.05$）；Shannon-Wiener 指数表现为阴梁峁坡>梁峁顶>阳梁峁顶>阳沟坡>阴沟坡，各侵蚀环境差异不显著（$P>0.05$）；Pielou 指数表现为梁峁顶=阴梁峁坡>阳梁峁坡>阳沟坡>阴沟坡，各侵蚀环境差异不显著（$P>0.05$）。可以看出，物种数和 Margalef 指数在坡向上表现出相同的趋势，而 Shannon-Wiener 指数与 Pielou 指数在坡向上表现出相反的趋势，在坡位上表现出相同的趋势。

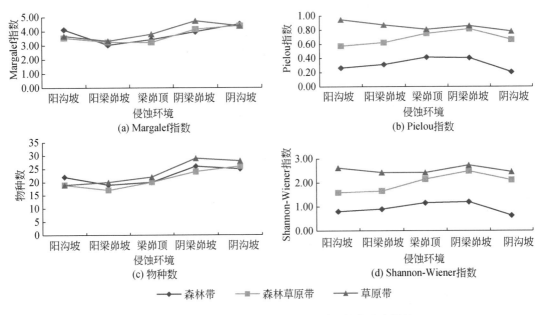

图 12-4 不同植被带坡沟 5 种侵蚀环境下的物种多样性

表 12-2 坡沟 5 种侵蚀环境的物种多样性

植被带	侵蚀环境	物种数	Margalef 指数	Shannon-Wiener 指数	Pielou 指数
森林带	阳沟坡	22±2.11	4.12±0.22a	0.80±0.05	0.26±0.02
	阳梁峁坡	19±2.46	3.03±0.32b	0.90±0.37	0.31±0.12
	梁峁顶	20±1.24	3.42±0.13ab	1.16±0.47	0.41±0.17
	阴梁峁坡	26±3.04	3.96±0.37a	1.20±0.28	0.41±0.10
	阴沟坡	25±4.25	4.50±0.50a	0.63±0.15	0.21±0.05
森林草原带	阳沟坡	19±1.77b	3.54±0.30ab	1.59±0.35b	0.58±0.13
	阳梁峁坡	17±1.64b	3.23±0.32b	1.66±0.32ab	0.62±0.12
	梁峁顶	20±0.34b	3.21±0.15b	2.15±0.27ab	0.75±0.10
	阴梁峁坡	24±1.83a	4.15±0.42a	2.48±0.17a	0.82±0.06
	阴沟坡	26±1.83a	4.40±0.15a	2.11±0.46ab	0.66±0.15
草原带	阳沟坡	19±1.82b	3.68±0.35ab	2.62±0.11	0.95±0.05
	阳梁峁坡	20±1.17b	3.32±0.31b	2.43±0.10	0.87±0.04
	梁峁顶	22±1.85ab	3.80±0.37ab	2.42±0.14	0.81±0.05
	阴梁峁坡	29±3.39a	4.73±0.43a	2.73±0.14	0.86±0.06
	阴沟坡	28±2.71a	4.37±0.29a	2.46±0.21	0.78±0.07

注：表中相关数据为（平均值±标准差）。小写字母表示不同立地条件的差异水平（$P<0.05$）。下同。

森林草原带物种数表现为阴坡>梁峁顶>阳坡和沟坡>梁峁坡，阴坡与梁峁顶和阳坡的差异显著（$P<0.05$）；Margalef 指数表现为阴坡>阳坡>梁峁顶和沟坡>梁峁坡，阴坡与梁峁顶和阳梁峁坡差异显著（$P<0.05$）；Shannon-Wiener 指数表现为阴梁峁坡>梁峁顶>阴沟坡>阳坡和沟坡,阳沟坡与阴梁峁坡差异显著($P<0.05$);Pielou 指数表现为阴梁峁坡>梁峁顶>阴沟坡>阳梁峁坡>阳沟坡,各侵蚀环境差异不显著($P>0.05$)。物种数、Margalef 指数、Shannon-Wiener 指数和 Pielou 指数在坡向上表现出相同的趋势;物种数、Margalef 指数和 Shannon-Wiener 指数在坡位上也表现出相同的趋势。

草原带物种数表现为阴坡>梁峁顶>阳坡,阴坡与阳坡差异显著($P<0.05$);Margalef 指数表现为阴坡>梁峁顶>阳坡,阳梁峁坡与梁峁顶和阴坡差异显著($P<0.05$);Shannon-Wiener 指数表现为阴梁峁坡>阳沟坡>阴沟坡>阳梁峁坡>梁峁顶,各侵蚀环境差异不显著($P>0.05$);Pielou 指数表现为阳沟坡>阳梁峁坡>阴梁峁坡>梁峁顶>阴沟坡,各侵蚀环境差异不显著($P>0.05$)。物种数和 Margalef 指数在坡向上表现出相同的趋势。

可见,对于各植被带坡沟不同侵蚀环境的群落,当测度其物种多样性时,丰富度指数、多样性指数及均匀度指数的变化趋势并不一致,影响因素有很多,如地形、土壤水分、群落类型、演替阶段和人为干扰等。不同侵蚀环境坡向不同,坡向通过改变光照、湿度和土壤等生态因子,对物种多样性产生影响(赵一鹤,2008)。阴坡接受日照时数短,相对于阳坡太阳辐射强度和温度较小,湿度较大,水分条件相对较好,地上乔木、灌木和草本植物生长旺盛(郭琳,2010),因而物种丰富。物种数和 Margalef 指数在阴坡较大,物种多样性高,表明阴坡群落的稳定性高。另外,由于不同侵蚀环境下的物种分布格局和群落类型不同,导致了不同侵蚀环境下群落物种多样性的差异。物种数多的群落 Margalef 指数相对较高;由于大部分群落的优势种多为 2~3 种,其地上生物量和盖度占总数的百分比很高,而其他植物的很低,由此计算得到群落的 Shannon-Wienner 多样性指数值较小。这说明各指数能反映植物群落种类组成结构等的差异(岳明,1998;郝文芳等,2012)。

2)不同群落物种多样性

如表 12-3 所示,森林带的不同群落物种数为 14~24,Margalef 指数为 2.28~4.71,Shannon-Wiener 指数为 0.50~2.34,Pielou 指数为 0.17~0.78。由于阴坡水分和光照等资源条件较好,分布于阴坡的群落物种种类较多,且植被分布均匀,有较多的伴生种和偶见种,物种丰富,物种多样性高,如辽东栎+土庄绣线菊+大披针薹草群落等。而阳坡相对于阴坡较干旱,分布于阳坡的耐旱物种较多,且物种优势度较大,群落物种数较少,丰富度、多样性和均匀度均较小,如黄刺玫+白刺花+长芒草+铁杆蒿群落等。

表 12-3 森林带不同群落物种多样性

群落	侵蚀环境	物种数	Margalef 指数	Shannon-Wiener 指数	Pielou 指数
达乌里胡枝子群落	2	14	2.28	1.87	0.71
三角槭+紫丁香+白刺花+大披针薹草群落	1	17	3.59	0.85	0.30
黄刺玫+白刺花+长芒草+铁杆蒿群落	1、2、3	20	3.75	0.50	0.17
杠柳群落	2、4	20	3.56	1.43	0.45
白刺花+杠柳+白羊草+长芒草群落	2	21	3.57	1.24	0.40

群落	侵蚀环境	物种数	Margalef 指数	Shannon-Wiener 指数	Pielou 指数
紫丁香+虎榛子+茭蒿+大披针薹草群落	4	21	4.47	0.75	0.25
铁杆蒿群落	3、4、5	21	3.76	2.34	0.78
侧柏+白刺花+大披针薹草群落	1	23	4.34	0.85	0.27
三角槭+黄刺玫+灰栒子+大披针薹草群落	4、5	24	3.26	1.52	0.55
辽东栎+土庄绣线菊+大披针薹草群落	5	24	4.71	0.78	0.25

注：侵蚀环境 1 为阳沟坡，2 为阳梁峁坡，3 为梁峁顶，4 为阴梁峁坡，5 为阴沟坡，下同。

如表 12-4 所示，森林草原带的不同群落物种数为 14 ~ 25，Margalef 指数为 2.71 ~ 4.38，Shannon-Wiener 指数为 1.11 ~ 2.82，Pielou 指数为 0.37 ~ 0.98。分布于阴坡的群落物种丰富，各指数值都比较高，如茭蒿+铁杆蒿群落和铁杆蒿+长芒草群落等。分布于阳坡的群落物种数相对较少，各指数值较低，如铁杆蒿+茭蒿+达乌里胡枝子群落和沙棘+铁杆蒿群落等。但分布于阳坡的白羊草群落各指数都较高，这是因为白羊草是喜暖植物，多分布于阳坡，生活能力极强，能迅速占据生存环境，形成群落优势种，故其在阳坡能形成群落；但群落物种种类不多，各指数值相对于阳坡其他群落较高。

表 12-4　森林草原带不同群落物种多样性

群落	侵蚀环境	物种数	Margalef 指数	Shannon-Wiener 指数	Pielou 指数
白刺花+杠柳+白羊草+铁杆蒿群落	1、2	16	3.33	1.42	0.54
柠条锦鸡儿+铁杆蒿群落	1、5	21	3.50	1.48	0.53
白羊草群落	1、2、3	17	3.81	2.30	0.82
白羊草+达乌里胡枝子群落	1、2、3	19	3.68	2.44	0.86
铁杆蒿+茭蒿+达乌里胡枝子群落	1、2	14	2.71	2.48	0.98
沙棘+铁杆蒿群落	2、3、4	21	3.40	1.11	0.37
杠柳+铁杆蒿群落	2	19	3.26	1.61	0.55
长芒草群落	2、3	15	3.01	2.37	0.91
铁杆蒿群落	3、4、5	21	4.06	2.74	0.93
铁杆蒿+长芒草群落	3、4	21	3.89	2.82	0.95
茭蒿+铁杆蒿群落	4、5	25	4.38	2.73	0.87
紫丁香+中华卷柏群落	5	24	4.27	1.73	0.55
中华卷柏群落	5	25	4.23	2.55	0.81

如表 12-5 所示，草原带的不同群落物种数为 17 ~ 37，Margalef 指数为 2.90 ~ 6.01，Shannon-Wiener 指数为 2.01 ~ 2.80，Pielou 指数为 0.56 ~ 0.97。分布于阴坡的沙棘群落和铁杆蒿+野菊群落丰富度指数最高，铁杆蒿群落和柠条锦鸡儿+长芒草+百里香+铁杆蒿群落多样性最高，沙棘+柠条锦鸡儿+铁杆蒿群落均匀度指数最高；铁杆蒿+野菊群落的多样性和均匀度指数最低。铁杆蒿和野菊在阴坡和沟坡水分适宜的环境中生长较好；

野菊成片分布，铁杆蒿成丛分布，优势种明显，由此计算的多样性和均匀度指数较小。分布于阳梁峁坡和梁峁顶的百里香群落物种丰富度最低；分布于阳沟坡的柠条锦鸡儿+杠柳+茭蒿+铁杆蒿群落均匀度指数最高。由于阳坡相对于阴坡为干旱缺水的环境，且光照较强，导致物种之间对于资源的竞争较大（适者生存）物种种类较少，丰富度较低，优势种不明显，因此群落物种丰富度低而均匀度高，如百里香群落和柠条锦鸡儿+杠柳+茭蒿+铁杆蒿群落均匀度较高。

表 12-5　草原带不同群落物种多样性

群落	侵蚀环境	物种数	Margalef 指数	Shannon-Wiener 指数	Pielou 指数
柠条锦鸡儿+杠柳+茭蒿+铁杆蒿群落	1	17	3.09	2.52	0.97
达乌里胡枝子群落	1、2、3	19	3.74	2.57	0.89
铁杆蒿+茭蒿+达乌里胡枝子群落	2	18	3.91	2.42	0.85
百里香群落	2、3	18	2.90	2.15	0.76
沙棘+柠条锦鸡儿+铁杆蒿群落	4	22	3.46	2.77	0.97
沙棘群落	4	36	6.01	2.47	0.70
铁杆蒿群落	4、5	24	4.28	2.80	0.90
铁杆蒿+野菊群落	4、5	37	5.69	2.01	0.56
柠条锦鸡儿+长芒草+百里香+铁杆蒿群落	5	26	4.35	2.80	0.89

2. 群落盖度及地上生物量

1）不同侵蚀环境下群落盖度及地上生物量

如图 12-5 所示，三个植被带的群落盖度变化幅度较大。森林带多乔灌群落，乔灌层植被盖度较大；草原带群落盖度较大的样地是因为群落优势种野菊和百里香成片分布，群落盖度较大；而森林草原带群落优势种铁杆蒿和白羊草等成丛分布，植被呈斑块状分布，有裸地出现，群落盖度相对较小。地上生物量表现为森林带>森林草原带>草原带。地上生物量由森林带到草原带递减，是由于森林带到草原带灌木群落越来越少，而灌木树种的地上生物量远远高于草本植物，由此导致森林带地上生物量最多，草原带地上生物量最少。

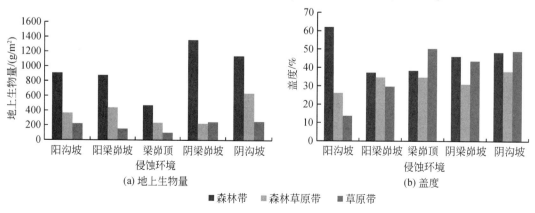

图 12-5　三个植被带坡沟 5 种侵蚀环境下的群落盖度和地上生物量

坡沟不同侵蚀环境下的群落盖度表现为森林带阳沟坡>阴沟坡>阴梁峁坡>梁峁顶>阳梁峁坡，森林草原带阳沟坡最低而阴沟坡最高，草原带梁峁顶>阴坡>阳坡；但同一植被带梁峁沟坡不同侵蚀环境下的群落盖度差异不显著（$P>0.05$）。群落类型不同，群落组成物种各有差异，盖度表现也不同。森林带沟坡和阴坡的梁峁坡多为乔灌群落，乔灌层植被盖度较大，因此沟坡和阴梁峁坡群落盖度较大；而阳梁峁坡和梁峁顶多为草本群落，植被盖度相对较小。森林草原带和草原带多为草本群落，群落物种冠幅和高度不同。例如，铁杆蒿为聚丛型半灌木，长芒草为密丛禾草，白羊草为疏丛型禾草，这些物种冠幅较大，盖度较大；达乌里胡枝子为单一或数个簇生的草本状半灌木，物种冠幅小，盖度较小；野菊和百里香成片分布，覆盖土壤表层，盖度较大。白羊草和百里香群落分布于阳坡和梁峁顶，野菊群落分布于阴坡，铁杆蒿、达乌里胡枝子和长芒草群落在不同侵蚀环境下均有分布。因此，不同侵蚀环境下群落盖度各异。

地上生物量在森林带和草原带不同侵蚀环境表现出相同的趋势，即阴坡>阳坡>梁峁顶，且阴坡表现为梁峁坡>沟坡而阳坡表现为沟坡>梁峁坡；在森林草原带表现为阴沟坡>阳梁峁坡>阳沟坡>梁峁坡>阴梁峁坡；但在同一植被带不同侵蚀环境下的差异不显著（$P>0.05$）。不同侵蚀环境的地上生物量分布不同，与不同侵蚀环境群落类型不同有关。群落结构复杂、物种丰富且多样性高，则群落的光合效率越高，第一性生产力越高，相应地地上生物量也高。另外，由于不同坡向和坡位的土壤养分和水分条件不同，也会影响地上生物量。阴坡的光照水平相对较低，且水分条件优于阳坡，所以阴坡的地上生物量大于阳坡；梁峁坡表层土壤养分随径流流入沟坡，使沟坡水分和养分条件优于梁峁坡，所以，沟坡的地上生物量大于梁峁坡（李萍等，2012）。但由于群落类型不同的关系，在森林带和草原带阴沟坡的地上生物量小于梁峁坡，森林草原带阳沟坡的生物量小于梁峁坡。

2）不同群落盖度及地上生物量

如表 12-6 所示，森林带的不同群落盖度为 20.0% ~ 85.0%，群落地上生物量为 73.4 ~ 35 467.3g/m²。分布于阴坡的三角槭+黄刺玫+灰栒子+大披针薹草群落盖度最大，分布于阳沟坡的三角槭+紫丁香+白刺花+大披针薹草群落生物量最高。阴坡和阳坡的沟坡水分和光照等资源相对较好，群落物种生长旺盛，群落盖度大；光合效率高，固定的有机物多，地上生物量高。分布于阳梁峁坡的白刺花+杠柳+白羊草+长芒草群落盖度最低，达乌里胡枝子群落地上生物量最低。阳梁峁坡光照强，水分资源相对较弱，植被生长较弱，群落盖度小；光合利用率低，地上生物量低。

表 12-6 森林带不同群落的盖度及地上生物量

群落	侵蚀环境	盖度/%	地上生物量/(g/m²)
达乌里胡枝子群落	2	30.0	73.4
三角槭+紫丁香+白刺花+大披针薹草群落	1	30.0	35 467.3
黄刺玫+白刺花+长芒草+铁杆蒿群落	1、2、3	61.7	1 519.1
杠柳群落	2、4	47.5	1 952.1
白刺花+杠柳+白羊草+长芒草群落	2	20.0	138.7
紫丁香+虎榛子+茭蒿+大披针薹草群落	4	70.0	552.4
铁杆蒿群落	3、4、5	36.1	125.5

群落	侵蚀环境	盖度/%	地上生物量/(g/m²)
侧柏+白刺花+大披针薹草群落	1	70.0	894.4
辽东栎+土庄绣线菊+大披针薹草群落	5	80.0	408.6
三角槭+黄刺玫+灰栒子+大披针薹草群落	4、5	85.0	3 551.1

如表 12-7 所示,森林草原带的不同群落盖度为 25.0% ~52.5% ,群落地上生物量为 75.3 ~3449.2g/m²。分布于阴坡的群落盖度和地上生物量大于阳坡,灌木群落的地上生物量大于草本群落。例如,中华卷柏群落和紫丁香+中华卷柏群落,中华卷柏成片分布,植被盖度较大;紫丁香+中华卷柏群落为灌木群落,地上生物量最高;分布于阳坡的白刺花+杠柳+白羊草+铁杆蒿群落盖度最小,白羊草群落的地上生物量最低。

表 12-7　森林草原带不同群落的盖度及地上生物量

群落	侵蚀环境	盖度/%	地上生物量/(g/m²)
白刺花+杠柳+白羊草+铁杆蒿群落	1、2	25.0	1 336.9
柠条锦鸡儿+铁杆蒿群落	1、5	35.0	277.5
白羊草群落	1、2、3	36.0	75.3
白羊草+达乌里胡枝子群落	1、2、3	33.6	139.5
铁杆蒿+茭蒿+达乌里胡枝子群落	1、2	34.8	335.9
沙棘+铁杆蒿群落	2、3、4	41.7	1 002.9
杠柳+铁杆蒿群落	2	30.0	386.5
长芒草群落	2、3	36.0	319.7
铁杆蒿群落	3、4、5	28.7	122.4
铁杆蒿+长芒草群落	3、4	28.1	412.1
茭蒿+铁杆蒿群落	4、5	44.3	337.7
紫丁香+中华卷柏群落	5	30.0	3 449.2
中华卷柏群落	5	52.5	2 752.8

如表 12-8 所示,草原带的不同群落盖度为 20.0% ~71.7% ,群落地上生物量为 80.2 ~ 1673.9g/m²。阳坡群落盖度小于阴坡,草本群落地上生物量小于灌木群落。分布于阴梁峁坡的人工林沙棘群落盖度最大,分布于阴沟坡的柠条锦鸡儿+长芒草+百里香+铁杆蒿群落地上生物量最高;分布于阳沟坡的柠条锦鸡儿+杠柳+茭蒿+铁杆蒿群落盖度最小,分布于阴梁峁坡的铁杆蒿+野菊群落地上生物量最低。

表 12-8　草原带不同群落的盖度及地上生物量

群落	侵蚀环境	盖度/%	地上生物量/(g/m²)
柠条锦鸡儿+杠柳+茭蒿+铁杆蒿群落	1	20.0	1 152.6
达乌里胡枝子群落	1、2、3	30.8	129.5

续表

群落	侵蚀环境	盖度/%	地上生物量/(g/m²)
铁杆蒿+茭蒿+达乌里胡枝子群落	2	28.3	149.4
百里香群落	2、3	54.4	111.1
沙棘+柠条锦鸡儿+铁杆蒿群落	4	50.0	1 537.2
沙棘群落	4	71.7	97.8
铁杆蒿群落	4、5	39.5	152.4
铁杆蒿+野菊群落	4、5	56.3	80.2
柠条锦鸡儿+长芒草+百里香+铁杆蒿群落	5	50.0	1 673.9

12.2.3 群落和主要物种枯落物改善侵蚀环境的能力

1. 枯落物储量

1）不同侵蚀环境下的枯落物现存量

森林带枯落物盖度为 6.46%～26.05%，总厚度为 0.77～2.42cm，在阳坡和阴坡的沟坡及阴梁峁坡分解层较厚（即枯落物有腐殖化），自然含水率为 0.19～0.57，干重为 133.54～458.55g/m²（表 12-9）。阴坡和阳沟坡枯落物盖度、含水率和干重大于梁峁顶和阳梁峁坡的。因为阴坡和阳沟坡的植物群落多为乔木和灌木群落，地表枯落物多是林木枯萎凋落的枝叶，形成了一定厚度和覆盖面积，是多年凋落的结果（张学权，2012）；上层为新枯落的枝叶，中间层为半分解层，下层为分解层（即腐殖质层），枯落物总厚度、盖度和干重相对于半灌木和草本群落较高。自然含水率为阴沟坡>阳沟坡>阴梁峁坡>梁峁顶>阳梁峁坡；阴坡由于接受光照时间较短，温度相对低，水分蒸发量小于阳坡，枯落物自然含水率较高。阳梁峁坡和梁峁顶多为半灌木和草本群落，枯落物基本无分解层。草本植物枯萎后，并不立即全部落到地面，枯落物层只包含部分当年死亡组织的脱落部分，大部分仍以立枯体的形式存在；这些立枯体需经过一段时间才能凋落（李学斌等，2011），所以枯落物厚度、盖度和干重相对于乔木群落较低。

表 12-9　三个植被带坡沟 5 种侵蚀环境下的群落枯落物现存量

植被带	侵蚀环境	枯落物盖度/%	枯落物总厚度/cm	分解层厚度/cm	未分解层厚度/cm	自然含水率	干重（现存量）/(g/m²)
森林带	阳沟坡	23.52±10.00	1.03±0.54	0.45±0.17	0.55±0.29a	0.42±0.09	355.30±52.40
	阳梁峁坡	6.46±1.82b	0.77±0.22b		0.77±0.22b	0.19±0.03	133.54±43.86b
	梁峁顶	14.85±5.48	1.06±0.37		1.06±0.37b	0.25±0.07	260.23±98.37
	阴梁峁坡	26.05±8.58a	1.97±0.30	0.61±0.22	1.33±0.22a	0.41±0.08	370.66±108.14
	阴沟坡	25.17±8.76	2.42±1.05a	0.99±0.42	1.43±0.68a	0.57±0.08	458.55±132.99a

续表

植被带	侵蚀环境	枯落物盖度/%	枯落物总厚度/cm	分解层厚度/cm	未分解层厚度/cm	自然含水率	干重（现存量）/(g/m²)
森林草原带	阳沟坡	3.59±0.82			0.53±0.22	0.33±0.06	94.36±13.52
	阳梁峁坡	2.81±0.44			0.46±0.20	0.38±0.07	70.58±7.03
	梁峁顶	3.58±0.69			0.38±0.18	0.49±0.09	62.76±10.58b
	阴梁峁坡	6.35±2.36			0.38±0.15	0.34±0.06	69.63±10.48
	阴沟坡	3.13±0.79			0.18±0.08	0.45±0.10	107.78±26.35a
草原带	阳沟坡	1.49±0.50			0.31±0.21	0.38±0.09	56.47±10.04
	阳梁峁坡	1.76±0.67			0.26±0.11	0.40±0.09	41.94±7.35
	梁峁顶	2.44±0.57			0.32±0.11	0.44±0.12	50.42±10.96
	阴梁峁坡	1.85±0.23			0.26±0.11	0.65±0.07	37.18±2.54
	阴沟坡	2.15±0.60			0.36±0.13	0.63±0.12	39.78±6.55

森林草原带枯落物盖度为 2.81% ~ 6.35%，未分解层厚度为 0.18 ~ 0.53cm，基本无分解层，自然含水率为 0.33 ~ 0.49，干重为 62.76 ~ 107.78g/m²。阳沟坡和阴沟坡枯落物干重高于其他侵蚀环境，枯落物盖度在阴梁峁坡最高。

草原带枯落物盖度为 1.49% ~ 2.44%，未分解层厚度为 0.26 ~ 0.36cm，基本无分解层，自然含水率为 0.38 ~ 0.65，干重为 37.18 ~ 56.47g/m²。阳沟坡枯落物盖度和自然含水率低于其他侵蚀环境，枯落物干重在阳沟坡最高。

枯落物现存量表现为森林带>森林草原带>草原带（图 12-6）。三个植被带不同侵蚀环境枯落物盖度、厚度和干重不同。这一方面与不同侵蚀环境群落类型不同有关。群落光合效率越高，固定的有机物就越多，相应形成的枯落物也越多。另一方面是因为局部微地形地貌可直接影响枯落物的流动和堆积，也可通过影响光照和土壤水分来影响地表植被的组成，进而影响到枯落物分布；同时，由于不同侵蚀环境下形成的径流对枯落物产生冲推作用不同，而影响着枯落物量的分布（刘中奇等，2010）。

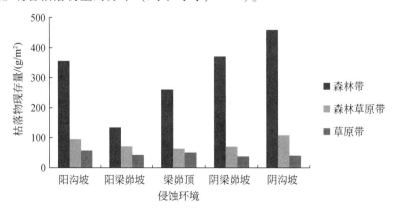

图 12-6 坡沟不同侵蚀环境下的枯落物现存量

2) 不同群落枯落物现存量

森林带的群落枯落物盖度为 1.50% ~39.50%，厚度为 0.10 ~2.55cm，现存量为 50.37 ~681.65g/m² （表 12-10）。不同群落枯落物盖度、厚度和现存量一方面与群落物种组成结构有关，乔灌群落的枯落物多于草本群落；另一方面与群落所处的侵蚀环境有关，阴坡梁峁坡和沟坡及阳沟坡的群落枯落物多于梁峁顶和阳梁峁坡。例如，阳梁峁坡的达乌里胡枝子为草本群落，枯落物盖度、厚度和现存量均最小；阴坡分布的群落枯落物盖度、厚度和现存量较高，如阴沟坡辽东栎+土庄绣线菊+大披针薹草群落枯落物盖度和厚度最大，阴坡三角槭+黄刺玫+灰枸子+大披针薹草群落枯落物现存量最大。

表 12-10　森林带不同群落枯落物现存量

群落	侵蚀环境	盖度/%	厚度/cm	干重/(g/m²)
侧柏+白刺花+大披针薹草群落	1	32.50	0.87	324.34
三角槭+紫丁香+白刺花+大披针薹草群落	1	12.33	0.67	369.97
黄刺玫+白刺花+长芒草+铁杆蒿群落	1、2、3	12.49	0.30	352.24
白刺花+杠柳+白羊草+长芒草群落	2	6.58	1.08	53.41
杠柳群落	2、4	7.34	0.99	141.24
达乌里胡枝子群落	2	1.50	0.10	50.37
紫丁香+虎榛子+茭蒿+大披针薹草群落	4	39.33	1.76	329.92
铁杆蒿群落	3、4、5	8.18	0.87	113.37
辽东栎+土庄绣线菊+大披针薹草群落	5	39.50	2.55	497.74
三角槭+黄刺玫+灰枸子+大披针薹草群落	4、5	25.81	0.83	681.65

森林草原带的群落枯落物盖度为 1.51% ~9.96%，厚度为 0.10 ~0.93cm，现存量为 48.39 ~158.35g/m² （表 12-11）。分布于阳坡的群落枯落物厚度小于阴坡。例如，阴坡的茭蒿+铁杆蒿群落枯落物厚度最大，阳坡的白刺花+杠柳+白羊草+铁杆蒿群落和杠柳+铁杆蒿群落枯落物厚度最小。枯落物盖度和现存量因群落而异。分布于梁峁坡和梁峁顶的沙棘+铁杆蒿群落枯落物盖度最大，分布于阳坡的白羊草+达乌里胡枝子群落枯落物盖度最小；分布于阴沟坡的紫丁香+中华卷柏群落枯落物现存量最多，分布于阳梁峁坡和梁峁顶的铁杆蒿+长芒草群落枯落物现存量最少。

表 12-11　森林草原带不同群落枯落物现存量

群落	侵蚀环境	盖度/%	厚度/cm	干重/(g/m²)
白刺花+杠柳+白羊草+铁杆蒿群落	1、2	2.91	0.10	67.19
柠条锦鸡儿+铁杆蒿群落	1、5	3.16	0.50	127.67
白羊草群落	1、2、3	5.71	0.39	82.94
白羊草+达乌里胡枝子群落	1、2、3	1.51	0.65	67.46
铁杆蒿+茭蒿+达乌里胡枝子群落	1、2	3.53	0.42	64.81
沙棘+铁杆蒿群落	2、3、4	9.96	0.51	63.71

群落	侵蚀环境	盖度/%	厚度/cm	干重/(g/m²)
杠柳+铁杆蒿群落	2	4.36	0.10	131.4
长芒草群落	2、3	4.46	0.69	49.42
铁杆蒿群落	3、4、5	2.79	0.25	79.12
铁杆蒿+长芒草群落	3、4	3.96	0.81	48.39
茭蒿+铁杆蒿群落	4、5	2.95	0.93	49.22
紫丁香+中华卷柏群落	5	5.58	0.80	158.35
中华卷柏群落	5	2.69	0.79	52.80

草原带的群落枯落物盖度为 1.19% ~ 2.97%，厚度为 0.10 ~ 0.83cm，现存量为 31.04 ~ 57.18g/m²（表 12-12）。分布于阴坡的铁杆蒿+野菊群落枯落物盖度最大，分布于阳沟坡的柠条锦鸡儿+杠柳+茭蒿+铁杆蒿群落枯落物盖度最小；分布于阴梁峁坡的沙棘群落枯落物厚度最大，分布于阳坡的达乌里胡枝子群落和百里香群落枯落物厚度最小；分布于阴沟坡的柠条锦鸡儿+长芒草+百里香+铁杆蒿群落枯落物现存量最多，分布于阴梁峁坡的沙棘群落枯落物现存量最少。

表 12-12　草原带不同群落枯落物现存量

群落	侵蚀环境	盖度/%	厚度/cm	干重/(g/m²)
柠条锦鸡儿+杠柳+茭蒿+铁杆蒿群落	1	1.19	0.31	43.31
达乌里胡枝子群落	1、2、3	1.81	0.10	48.00
铁杆蒿+茭蒿+达乌里胡枝子群落	2	2.59	0.48	44.16
百里香群落	2、3	1.82	0.10	43.10
沙棘+柠条锦鸡儿+铁杆蒿群落	4	1.86	0.20	39.03
沙棘群落	4	1.50	0.83	31.04
铁杆蒿群落	4、5	1.83	0.22	37.06
铁杆蒿+野菊群落	4、5	2.97	0.57	36.63
柠条锦鸡儿+长芒草+百里香+铁杆蒿群落	5	1.30	0.20	57.18

2. 群落及主要物种枯落物蓄积量

在延河流域森林草原带纸坊沟和宋家沟流域，进一步调查不同侵蚀环境下的群落枯落物蓄积量。在室内分拣群落主要物种，测定主要物种蓄积量。由于枯落物较难辨识，最终分拣出铁杆蒿（枝和叶）、达乌里胡枝子（枝和叶）、白羊草（茎和叶）及长芒草。

1) 群落及主要物种枯落物蓄积量的月变化

不同侵蚀环境下的群落及主要物种枯落量月变化趋势基本一致。群落及主要物种枯落物蓄积量具体表现如下。

群落在越冬后的 4 月枯落物现存量最高；后持续下降，到 6 月和 7 月，植被生长旺盛时期，枯落物总量最低；之后持续上升，在 10 月和 11 月，大多数植被枯萎时期，群落枯落物量又达到高峰期（图 12-7）。

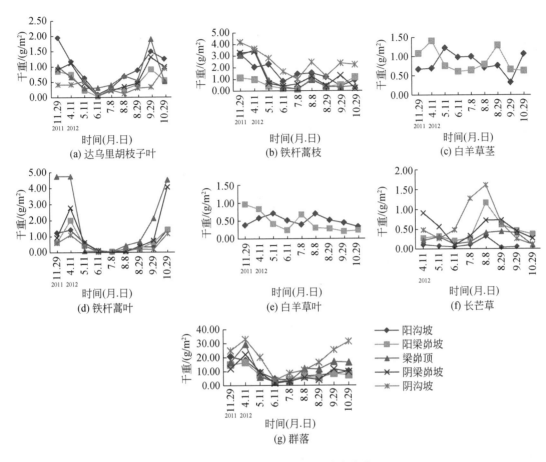

图 12-7　主要物种枯落物月动态变化

达乌里胡枝子叶在 2011 年 12 月枯落量最大；越冬后 4~6 月枯落量持续下降，在 6 月最低。达乌里胡枝子的花期在 6~8 月，果期在 9 月和 10 月，叶子在其开花后即慢慢枯萎凋落，在结种后叶子基本凋落；故从 6 月后达乌里胡枝子叶枯落量持续上升，在 10 月达到峰值。

铁杆蒿叶在越冬后 4 月枯落量最大；后持续下降，在 6 月最低；之后持续上升在 11 月达到高峰期。铁杆蒿枝在 2011 年 12 月枯落量最大；越冬后 4~7 月枯落量持续下降，在 6 月和 7 月最低。

白羊草为典型喜暖的中旱生植物，多分布在阳坡，其叶和茎枯落量在 6 月和 7 月最低，其他月份变化幅度较大。这与白羊草本身生物学特性有关。9 月停止生长后，其下层营养枝分蘖仍缓慢进行，再生力较强；冬季枯萎较晚，枯萎部分并不会当时凋落，会随风和降水的作用导致部分枯萎的叶和茎凋落。因此，白羊草叶和茎的枯落量并不随其自身生长节律变化。

长芒草在越冬后 4 月一直到 6 月枯落量持续下降，在 6 月最低。长芒草通常在 5 月和 6 月成熟结种，故其枯落物量在 7 月有所回升，峰值出现在 8 月；过了 8 月后一直到 12 月枯落量持续下降。

达乌里胡枝子叶和铁杆蒿叶枯落量随自身生长物候期变化，生长期枯落量很少，多为往年的落叶，最低量出现在生长旺盛时期；等开花结种后，落叶量迅速增加。达乌里胡枝子果期在10月，等结种期过后叶片基本已落光，11月枯叶量明显下降。铁杆蒿果期在11月，故其落叶高峰出现在11月。

铁杆蒿枝、白羊草和长芒草枯落量不随自身生长物候期变化，是因为铁杆蒿枝、白羊草和长芒草枯萎后，并不立即全部落到地面，枯落物层只包含有部分当年死亡组织部分，大部分仍以立枯体的形式存在；随风吹雨淋作用立枯体逐渐凋落伏倒在地面，因此每月都能收集到一定量的枯落物。

2）不同侵蚀环境下群落枯落物蓄积量

不同侵蚀环境下的群落枯落物蓄积量为阴坡>梁峁顶>阳坡且沟坡>梁峁坡。阴沟坡的野菊+中华卷柏群落枯落物蓄积量最大，为175.26g/m²，与其他侵蚀环境下的群落差异显著（$P<0.05$）（表12-13）。不同侵蚀环境微地形枯落物蓄积量差异显著（$P<0.05$），阳坡表现为株丛>浅沟>鱼鳞坑>裸地，阴坡为浅沟>鱼鳞坑>株丛>裸地，梁峁顶为株丛>裸地。不同侵蚀环境下的株丛拦蓄量差异显著（$P<0.05$）；鱼鳞坑和浅沟的拦蓄量都是阴坡>阳坡。株丛拦蓄枯落物的能力远大于裸地；在阳坡，浅沟和鱼鳞坑的拦蓄能力不及株丛；而在阴坡，浅沟和鱼鳞坑的拦蓄能力强于株丛（图12-8）。

表12-13　坡沟5种侵蚀环境下的群落枯落物蓄积量

群落	侵蚀环境	枯落物蓄积量/（g/m²）
白羊草+铁杆蒿群落	阳沟坡	89.11±12.24c
白羊草+达乌里胡枝子群落	阳梁峁坡	73.74±5.92c
长芒草+铁杆蒿+达乌里胡枝子群落	梁峁顶	115.54±13.31b
铁杆蒿+长芒草群落	阴梁峁坡	79.77±6.97c
野菊+中华卷柏群落	阴沟坡	175.26±14.88a

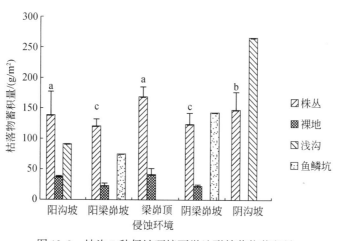

图12-8　坡沟5种侵蚀环境下微地形枯落物蓄积量

植被株丛对径流有一定的拦截作用。在株丛下随风吹走或被径流冲走的枯落物较少，大部分都会被株丛拦截下来，株丛下枯落物蓄积量较高。不同侵蚀环境株丛下的枯落物蓄积量不同，这与植被盖度有关。裸地由于没有植被拦截作用，周围也无遮挡物，枯落物易被风或径流带走，因此，裸地蓄积量很少。浅沟是侵蚀冲成的，沟断面呈弧形而无明显沟缘，深不超过 0.5m，形成一个相对狭窄的凹面；鱼鳞坑是在较陡的梁峁坡面挖掘的具有一定蓄水容量的土坑（规格为高 0.4m、长 0.8m 和宽 0.6m），因此，浅沟和鱼鳞坑内的枯落物不易被风或径流等外力作用带走。阴坡的浅沟和鱼鳞坑株丛较多，阳坡的浅沟和鱼鳞坑内基本没有株丛，故浅沟和鱼鳞坑内蓄积量在阴坡较大且大于株丛拦蓄量，在阳坡较小且小于株丛。

3) 不同侵蚀环境下主要物种枯落物蓄积量

不同侵蚀环境下的群落主要物种枯落物蓄积量差异显著（$P<0.05$）（表 12-14），这与所处群落类型有关。阳坡为白羊草+铁杆蒿群落和白羊草+达乌里胡枝子群落，白羊草、铁杆蒿和达乌里胡枝子枯落量较高，占总量的 42.43%；长芒草枯落量最低。梁峁顶为长芒草+铁杆蒿+达乌里胡枝子群落，铁杆蒿、长芒草和达乌里胡枝子枯落量较高，占总量的 31.73%；白羊草的含量最低。阴梁峁坡为铁杆蒿+长芒草群落，铁杆蒿和长芒草枯落量较高，占总量的 31.68%。阴沟坡为野菊群落；阴沟坡水分条件较好，铁杆蒿和长芒草虽不是群落优势种，但其优势度相对较大，相应的枯落量较多，其枯落量占总量的 20.50%。

表 12-14　坡沟 5 种侵蚀环境下的主要物种枯落物蓄积量　　（单位：g/m²）

主要物种	阳沟坡	阳梁峁坡	梁峁顶	阴梁峁坡	阴沟坡
达乌里胡枝子叶	8.40±1.32b	4.25±1.18b	6.32±2.41c	5.81±1.47b	3.32±0.95c
铁杆蒿叶	5.48±2.35c	5.50±3.08a	17.39±4.53a	9.67±4.26a	3.91±0.24c
铁杆蒿枝	13.85±3.21a	5.96±0.80a	10.11±1.67b	11.54±0.35a	25.00±4.73a
白羊草叶	4.56±2.31c	4.15±0.35b	0.51±0.13e		
白羊草茎	7.43±3.71b	7.88±1.01a	0.15±0.03e		
长芒草	0.76±0.18d	3.70±2.19b	2.20±0.30d	4.07±1.17b	7.03±0.19b

3. 主要物种枯落物持水能力

枯落物的持水能力多用烘干后枯落物干物质的最大持水率或最大持水量表示，其值大小与群落类型、枯落物的组成及枯落物累积状况等有关。最大持水量反映枯落物能够吸持的最大水量，而最大持水率则反映枯落物能够吸持的最大水量与自身干重的比值；相对最大持水量而言，最大持水率能够直观地反映枯落物的持水能力大小。一般枯落物最大持水率越大，表示枯落物的持水能力越强。由表 12-15 可以看出，各物种组分枯落物间的最大持水率差异极显著（$P<0.01$）。枯落物最大持水率在阳坡均表现出白羊草叶>铁杆蒿叶>白羊草茎>达乌里胡枝子叶>长芒草>达乌里胡枝子枝>铁杆蒿枝；在梁峁顶和阴坡均表现为铁杆蒿叶>达乌里胡枝子叶>长芒草>达乌里胡枝子枝>铁杆蒿枝。因此，枯落物持水能力表现为白羊草>铁杆蒿>达乌里胡枝子>长芒草，落叶的持水能力大于枯枝；这是由物种本身生物学特性差异较大引起的。枯落物最大持水量可达自身干重的 1.22 ~ 4.34 倍

（表 12-16）。其中，最小的是阳沟坡铁杆蒿枝，其最大持水量为自身干重的 1.22 倍；最大的是阴沟坡铁杆蒿叶，基最大持水量是自身干重的 4.34 倍。

表 12-15　坡沟 5 种侵蚀环境下的主要物种枯落物最大持水率

侵蚀环境	达乌里胡枝子叶	达乌里胡枝子枝	铁杆蒿叶	铁杆蒿枝	白羊草叶	白羊草茎	长芒草
阳沟坡	2.45±0.09C	1.25±0.07D	3.06±0.09B	1.21±0.03D	3.83±0.23A	2.89±0.12B	2.18±0.09C
阳梁峁坡	2.34±0.04C	1.87±0.04D	3.29±0.03B	1.61±0.08E	3.99±0.07A	2.98±0.14B	2.63±0.07C
梁峁顶	2.99±0.11B	1.59±0.03D	3.64±0.17A	1.45±0.00D			2.47±0.13C
阴梁峁坡	3.42±0.10B	1.74±0.09D	4.27±0.08A	2.11±0.19D			2.21±0.12C
阴沟坡	3.56±0.16B	1.90±0.12D	4.34±0.18A	1.84±0.04D			2.67±0.05C

注：同行不同大写字母表示差异极显著（$P<0.01$）。

表 12-16　坡沟 5 种侵蚀环境下的主要物种枯落物蓄积量和最大持水量

侵蚀环境	物种	蓄积量/（g/m²）	自然含水率	最大持水率	最大持水量/（g/m²）
阳沟坡	达乌里胡枝子叶	8.40±1.32a	0.16±0.02	2.45±0.09C	20.62±3.33
	达乌里胡枝子枝		0.11±0.01B	1.25±0.07D	
	铁杆蒿叶	5.48±2.35b	0.18±0.03A	3.06±0.09B	16.79±6.49
	铁杆蒿枝	13.85±3.21a	0.13±0.02	1.21±0.03D	16.88±3.94
	白羊草叶	4.56±2.31b	0.18±0.01A	3.83±0.23A	17.46±9.51
	白羊草茎	7.43±3.71b	0.14±0.01	2.89±0.12B	21.46±10.70
	长芒草	0.76±0.18b	0.14±0.03	2.18±0.09C	1.65±0.32
阳梁峁坡	达乌里胡枝子叶	4.25±1.18	0.14±0.03	2.34±0.04C	9.91±2.64
	达乌里胡枝子枝		0.11±0.01	1.87±0.04D	
	铁杆蒿叶	5.50±3.08	0.14±0.01	3.29±0.03B	18.13±9.60
	铁杆蒿枝	5.96±0.80	0.11±0.01	1.61±0.08E	9.57±1.63
	白羊草叶	4.15±0.35	0.15±0.02	3.99±0.07A	16.55±1.07
	白羊草茎	7.88±1.01	0.11±0.01	2.98±0.14B	23.48±2.06
	长芒草	3.70±2.19	0.11±0.01	2.63±0.07C	9.72±4.89
梁峁顶	达乌里胡枝子叶	6.32±2.41b	0.23±0.05A	2.99±0.11B	18.85±7.22
	达乌里胡枝子枝		0.14±0.02	1.59±0.03D	
	铁杆蒿叶	17.39±4.53a	0.15±0.01	3.64±0.17A	63.36±13.93
	铁杆蒿枝	10.11±1.67b	0.12±0.02B	1.45±0.00D	14.66±2.41
	长芒草	2.20±0.30c	0.12±0.04B	2.47±0.13C	5.42±0.48
阴梁峁坡	达乌里胡枝子叶	5.81±1.47b	0.18±0.02A	3.42±0.10B	19.88±5.51
	达乌里胡枝子枝		0.11±0.01	1.74±0.09D	
	铁杆蒿叶	9.67±4.26a	0.16±0.04	4.27±0.08A	41.28±18.50
	铁杆蒿枝	11.54±0.35	0.10±0.01B	2.11±0.19D	24.39±2.13
	长芒草	4.07±1.17b	0.11±0.02B	2.21±0.12C	9.02±2.55

续表

侵蚀环境	物种	蓄积量/(g/m²)	自然含水率	最大持水率	最大持水量/(g/m²)
阴沟坡	达乌里胡枝子叶	3.32±0.95b	0.22±0.03	3.56±0.16B	11.81±3.74
	达乌里胡枝子枝		0.16±0.03	1.90±0.12D	
	铁杆蒿叶	3.91±0.24b	0.25±0.08	4.34±0.18A	16.99±1.55
	铁杆蒿枝	25.00±4.73a	0.16±0.02	1.84±0.04D	45.92±9.29
	长芒草	7.03±0.19b	0.15±0.04	2.67±0.05C	18.76±0.30

注：字母表示不同侵蚀环境的差异水平；小写字母表示 $P<0.05$，大写字母表示 $P<0.01$，无字母表示不显著。下同。

4. 主要物种枯落物养分归还能力

1）枯落物养分含量

不同物种的 C 含量表现：达乌里胡枝子枝在阴坡 C 含量较高，其落叶 C 含量在不同侵蚀环境下差异显著（$P<0.05$）；铁杆蒿和长芒草 C 含量在梁峁顶最高，但在不同侵蚀环境下差异不显著（$P>0.05$）；白羊草叶 C 含量在阳沟坡较大，阳沟坡与阳梁峁坡差异显著（$P<0.05$）；白羊草茎 C 含量在阳梁峁坡较大，阳梁峁坡与阳沟坡差异显著（$P<0.05$）（图 12-9）。

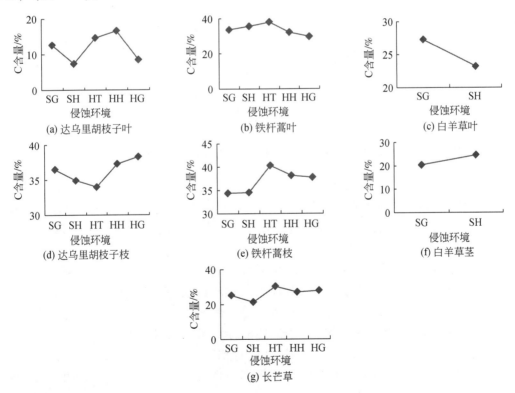

图 12-9 坡沟 5 种侵蚀环境下主要物种枯落物 C 含量

SG 为阳沟坡；SH 为阳梁峁坡；HT 为梁峁顶；HH 为阴梁峁坡；HG 为阴沟坡。下同不同物种的 N 含量表现：达乌里胡枝子 N 含量表现为梁峁顶>阴坡>阳坡且沟坡>梁峁坡；长芒草 N 含量为阳坡>梁峁顶>阴坡且沟坡>梁峁坡；铁杆蒿 N 含量为阳坡>阴坡>梁峁顶且沟坡>梁峁坡；白羊草 N 含量为阳沟坡>阳梁峁坡。除达乌里胡枝子枝和白羊草茎外，其他物种组分在不同侵蚀环境条件下差异显著（$P<0.05$）（图 12-10）。

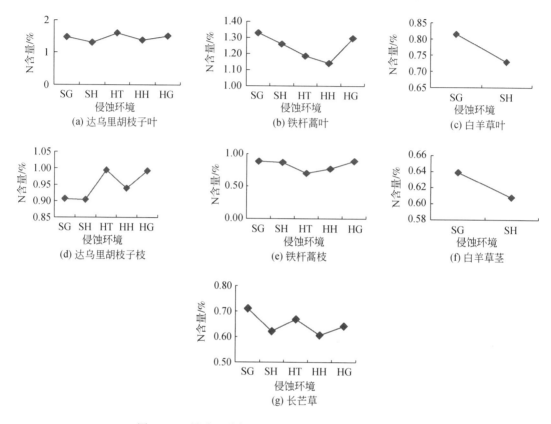

图 12-10   坡沟 5 种侵蚀环境下主要物种枯落物 N 含量

如表 12-17 所示，主要物种间 C 含量和 N 含量差异极显著（$P<0.01$）。铁杆蒿枝与叶和达乌里胡枝子枝的 C 含量较大，其次为白羊草和长芒草，达乌里胡枝子叶的 C 含量最小；N 含量则为达乌里胡枝子叶>铁杆蒿叶>达乌里胡枝子枝>铁杆蒿枝>白羊草和长芒草。

2）枯落物养分潜在归还量

通过 C 含量、N 含量与枯落物蓄积量的乘积可算出枯落物的年养分归还量；这个结果只是反映了枯落物潜在的年最大养分归还能力，不能反映其实际归还能力。结果显示，主要物种 C 归还量和 N 归还量最大值出现在阴沟坡，最小值出现在阳沟坡。养分归还量是养分含量与枯落物蓄积量的乘积，因此养分归还量的大小既与各物种组分养分含量有关，也与蓄积量有关；养分含量较大且蓄积量较大的物种组分，其归还量较大。C 归还量表现为铁杆蒿>白羊草>长芒草>达乌里胡枝子，N 归还量表现为铁杆蒿>白羊草>达乌里胡枝子>长芒草（表 12-17）。

表 12-17　坡沟 5 种侵蚀环境下的主要物种枯落物 C 和 N 含量及其归还量

侵蚀环境	物种	蓄积量/(g/m²)	C 含量/%	N 含量/%	C 归还量/(g/m²)	N 归还量/(g/m²)
阳沟坡	达乌里胡枝子叶	8.40±1.32a	12.59±2.16D	1.48±0.04A	1.06	0.12
	达乌里胡枝子枝		36.52±0.32A	0.91±0.04D		
	铁杆蒿叶	5.48±2.35b	33.67±2.55A	1.33±0.03B	1.85	0.07
	铁杆蒿枝	13.85±3.21a	34.40±0.85A	0.89±0.02DE	4.77	0.12
	白羊草叶	4.56±2.31b	27.28±1.74B	0.81±0.02E	1.24	0.04
	白羊草茎	7.43±3.71b	20.42±2.14C	0.64±0.03F	1.52	0.05
	长芒草	0.76±0.18b	25.24±2.96BC	0.71±0.03F	0.19	0.01
阳梁峁坡	达乌里胡枝子叶	4.25±1.18	7.35±2.15C	1.31±0.05A	0.31	0.06
	达乌里胡枝子枝		34.91±0.97A	0.90±0.03C		
	铁杆蒿叶	5.50±3.08	35.62±1.44A	1.26±0.01A	1.96	0.07
	铁杆蒿枝	5.96±0.80	34.55±1.70A	0.87±0.04B	2.06	0.05
	白羊草叶	4.15±0.35	23.20±0.66B	0.73±0.02C	0.96	0.03
	白羊草茎	7.88±1.01	24.63±0.69B	0.61±0.05D	1.94	0.05
	长芒草	3.70±2.19	21.38±1.34B	0.62±0.02D	0.79	0.02
梁峁顶	达乌里胡枝子叶	6.32±2.41b	14.62±1.77E	1.60±0.03A	0.91	0.10
	达乌里胡枝子枝		33.98±1.68B	0.99±0.02D		
	铁杆蒿叶	17.39±4.53a	37.97±2.88A	1.19±0.02C	6.60	0.21
	铁杆蒿枝	10.11±1.67b	40.33±1.15A	0.70±0.02E	4.08	0.07
	长芒草	2.20±0.30c	30.34±0.93C	0.67±0.02E	0.67	0.01
阴梁峁坡	达乌里胡枝子叶	5.81±1.47b	16.59±1.45C	1.38±0.02A	0.96	0.08
	达乌里胡枝子枝		37.31±1.72A	0.94±0.03D		
	铁杆蒿叶	9.67±4.26a	32.15±2.40A	1.14±0.02C	3.11	0.11
	铁杆蒿枝	11.54±0.35	36.37±1.86A	0.77±0.03E	4.20	0.09
	长芒草	4.07±1.17b	25.37±2.03B	0.61±0.02F	1.03	0.02
阴沟坡	达乌里胡枝子叶	3.32±0.95b	8.47±1.59C	1.51±0.03A	0.28	0.05
	达乌里胡枝子枝		38.33±1.88A	0.99±0.02CD		
	铁杆蒿叶	3.91±0.24b	29.73±4.31B	1.30±0.02B	1.16	0.05
	铁杆蒿枝	25.00±4.73a	36.61±1.46A	0.89±0.04D	9.15	0.22
	长芒草	7.03±0.19b	25.55±2.61B	0.64±0.01E	1.80	0.05

3）枯落物养分归还能力

枯落物养分只有通过分解途径将复杂的有机物分解为简单的化合物才能归还给土壤，其速度快慢受枯落物内在性质和外部环境共同作用。枯落物分解依赖于其组织的养分含量、组织结构及构成组织的易分解（如 N 元素）与难分解成分（木质素和纤维素）的组合情况。常用木质素含量、纤维素含量、C/N 值和木质素/N 值等来衡量枯落物的化学属性（即相对可分解性）。以下通过枯落物中的木质素含量、纤维素含量、C/N 值和木质素/N 值指标来阐明枯落物养分归还能力。

由表 12-18 可以看出，不同物种组分间各指标差异极显著（$P<0.01$），在不同侵蚀环境下指标大小各异。木质素含量、纤维素含量和木质素/N 值在不同侵蚀环境下差异显著（$P<0.05$），C/N 值在不同侵蚀环境下差异不显著（$P>0.05$）。同时，同一物种的各指标对其养分归还能力的影响不同。长芒草和白羊草的木质素含量和木质素/N 值高，说明其可能比达乌里胡枝子和铁杆蒿难分解；但白羊草茎的纤维素含量最低，又说明其相对易于分解。达乌里胡枝子叶的 C/N 值最低，说明较易分解；而达乌里胡枝子和铁杆蒿的落叶中纤维素含量高，表明落叶可能比其他物质组分难分解。因此，仅通过对影响枯落物分解的初始成分含量的测定，并不能推测其真实的分解状况，还应通过野外分解实验进行深入研究。不同物种限制分解的指标不同，一是因为物种本身特性的影响；二是由于枯落物中的养分含量、木质素和纤维素含量及各比值在分解初始和分解中后期不断发生变化，使得不同阶段的枯落物分解限制因子发生变化（王慧清，2009；武海涛等，2006）。另外，除了枯落物本身对分解的影响，环境条件的不同也会对枯落物分解产生影响，如温度、湿度和土壤等因子。本研究区不同侵蚀环境的温度、水分和土壤差异较大。沟坡除接受大气降水外，还有坡面径流的补给，水分条件较好，而且沟坡风速小而蒸发弱，有较高的温度和大气湿度，有利于枯落物的分解。而梁峁坡坡面日照强、风速大且蒸发强，加之没有水分补给，水分条件较差，温度高，大气湿度低，因此，梁峁坡枯落物不易分解。相较于阳坡，阴坡太阳辐射强度和温度较低，湿度较大，水分条件相对较好，有利于枯落物的分解（柴春山，2006；黄奕龙等，2004）。

表 12-18　枯落物在坡沟不同侵蚀环境的分解速率指标

侵蚀环境	物种	木质素含量/%	纤维素含量/%	C/N 值	木质素/N 值
阳沟坡	达乌里胡枝子叶	6.24±0.05E b	14.06±0.16E a	8.52±1.28F b	4.22±0.01D b
	达乌里胡枝子枝	4.90±0.23E b	9.50±0.13A a	40.30±2.75A	5.41±0.30C a
	铁杆蒿叶	3.56±0.05F b	13.19±0.36B a	25.33±2.04D	2.67±0.01E c
	铁杆蒿枝	2.80±0.36G a	12.92±0.31C	38.84±1.17B b	3.16±0.29E a
	白羊草叶	4.43±0.04E a	6.91±0.36F b	33.47±1.43D	8.47±0.48C
	白羊草茎	7.97±0.09B a	3.74±0.14G b	31.95±5.9E	12.48±0.11A a
	长芒草	8.20±0.09A a	11.56±0.04D a	35.52±4.82C	11.54±0.24B a
阳梁峁坡	达乌里胡枝子叶	7.02±0.05C a	13.78±0.03A bc	5.61±1.91E c	5.36±0.13B a
	达乌里胡枝子枝	3.78±0.03E b	3.16±0.13F d	38.63±2.19AB	4.19±0.07C b
	铁杆蒿叶	1.28±0.27G c	9.72±0.23C a	28.27±1.27D	1.02±0.13D d
	铁杆蒿枝	4.99±0.00H b	5.65±0.05E	39.77±2.61A b	5.74±0.22B a
	白羊草叶	3.95±0.18F b	9.15±0.18C a	31.84±1.19CD	5.42±0.20B
	白羊草茎	2.31±0.09B b	3.99±0.00G a	40.53±2.41A	3.80±0.20C b
	长芒草	6.02±0.09A b	8.64±0.09D c	34.42±2.27BC	9.69±1.06A a

侵蚀环境	物种	木质素含量/%	纤维素含量/%	C/N 值	木质素/N 值
梁峁顶	达乌里胡枝子叶	2.80±0.21D d	13.82±0.16A c	9.13±1.05D b	1.75±0.12F d
	达乌里胡枝子枝	4.80±0.21B b	7.03±0.08C c	34.19±1.87C	4.83±0.33C b
	铁杆蒿叶	4.51±0.18B a	10.30±0.13D c	32.03±2.12C	3.81±0.12D a
	铁杆蒿枝	5.39±0.27A a	10.56±0.05C	57.41±3.75A a	7.68±0.24B a
	长芒草	6.81±0.32A b	10.22±0.00D b	45.40±1.02B	10.19±0.25A a
阴梁峁坡	达乌里胡枝子叶	7.33±0.11A a	13.89±0.03A b	11.98±1.03C a	5.29±0.06C a
	达乌里胡枝子枝	3.98±0.03D b	7.89±0.03E b	39.76±3.00A	4.24±0.05D b
	铁杆蒿叶	3.78±0.05D b	12.51±0.18C b	28.18±2.38B	3.31±0.09E b
	铁杆蒿枝	5.96±0.13C a	7.75±0.09E	47.21±2.49A b	7.74±0.02B a
	长芒草	6.08±0.36B b	10.38±0.22B b	41.86±3.06A	10.04±0.44A a
阴沟坡	达乌里胡枝子叶	5.68±0.05A c	12.36±0.08A d	5.61±1.18C c	3.76±0.11C c
	达乌里胡枝子枝	5.28±0.27A b	3.39±0.27D d	38.65±1.92A	5.32±0.18A a
	铁杆蒿叶	1.00±0.14C b	12.74±0.13A b	22.93±3.61B	0.78±0.12F d
	铁杆蒿枝	1.09±0.41C b	10.34±0.05B	41.18±3.03A b	1.22±0.28E b
	长芒草	3.23±0.04B c	8.16±0.22C c	39.84±4.26A	5.04±0.16B b

注：大写字母表示不同物种之间的差异显著性（$P<0.01$），小写字母表示同一物种在不同侵蚀环境下的差异显著性（$P<0.05$），无字母表示差异不显著。

通过以上的分析与讨论，综合影响枯落物养分归还能力的内在因子和外部环境因子可知，不同侵蚀环境下铁杆蒿的枯落物 C 和 N 潜在的归还量较大。阴沟坡的铁杆蒿枯落物更易于分解，推测其潜在的养分归还能力最大，利于增加土壤养分。阳坡白羊草的枯落物 C 和 N 潜在的归还量次之；但枯落物的木质素含量、C/N 值和木质素/N 值较大，枯落物分解慢，且阳坡的环境不利于枯落物分解，推测其潜在的养分归还能力较小。不同侵蚀环境下达乌里胡枝子和长芒草的枯落物 C 和 N 潜在的归还量较小。在阴沟坡长芒草枯落物养分含量较大，但长芒草枯落物的木质素含量、C/N 值和木质素/N 值较大，相对于达乌里胡枝子难分解，其潜在的养分归还能力较小。

12.3 讨 论

12.3.1 群落适应侵蚀环境的能力

物种丰富度和多样性影响群落的稳定性和生态功能，是群落生态学的核心问题（方精云等，2009）。在不同侵蚀环境下，由于光照和水分分布不均而形成不同生境的小气候，群落物种多样性也表现出不同的响应，在一定程度上能体现出其适应与抵抗土壤侵蚀环境的能力。本研究中森林带分布于阴坡的辽东栎+土庄绣线菊+大披针薹草群落等的物种种类较多，植被分布均匀，物种多样性高；阳坡黄刺玫+白刺花+长芒草+铁杆蒿群落等的物种数较少，丰富度、多样性和均匀度均较小。森林草原带分布于阴坡的茭蒿+铁杆蒿群落和铁杆蒿+长芒草群落等的物种丰富，各指数值都比较高；分布于阳坡的铁杆蒿+茭蒿+达乌里胡枝子群落和沙棘+铁杆蒿群落等的物种数相对较少，各指数值较低。在草原带，分布于阴坡的沙棘群落、铁杆蒿+野菊群落、铁杆蒿群落和柠条锦鸡儿+长芒草+百里香+铁杆蒿群落的物种丰富而均匀度低；阳坡群落如百里香群落和柠条锦鸡儿+杠柳+茭蒿+铁杆蒿群等的物种丰富度低但均匀度较高。各指数值较高的群落，表明其适应土壤侵蚀环境的能力高。

生物量是衡量植被生长状况的一个重要指标，是群落生产力大小的衡量标准之一（李萍等，2012）。不同侵蚀环境下的群落地上生物量的分布规律可以用来评价植被对于土壤侵蚀环境的适应能力。较高地上生物量的植被可以控制土壤侵蚀，因为较高的地上生物量表明植物能适应环境而长势较好（王建国等，2011）。地上生物量的大小总体表现为森林带>森林草原带>草原带，阴坡>阳坡>梁峁顶，阴坡表现为梁峁坡>沟坡，阳坡表现为沟坡>梁峁坡。在森林带，生物量表现为三角械+紫丁香+白刺花+大披针薹草群落>三角械+黄刺玫+灰栒子+大披针薹草群落>杠柳群落>黄刺玫+白刺花+长芒草+铁杆蒿群落>侧柏+白刺花+大披针薹草群落>紫丁香+虎榛子+茭蒿+大披针薹草群落>辽东栎+土庄绣线菊+大披针薹草群落>白刺花+杠柳+白羊草+长芒草群落>铁杆蒿群落>达乌里胡枝子群落；即分布于阴坡和阳坡的沟坡的乔灌群落适应土壤侵蚀环境及抵抗土壤侵蚀的能力最强，其次为分布于阴坡和阳坡的梁峁坡的乔灌群落，分布于梁峁坡和梁峁顶的草本群落的能力最弱。在森林草原带，生物量表现为紫丁香+中华卷柏群落>中华卷柏群落>白刺花+杠柳+白羊草+铁杆蒿群落>沙棘+铁杆蒿群落>铁杆蒿+长芒草群落>杠柳+铁杆蒿群落>茭蒿+铁杆蒿群落>铁杆蒿+茭蒿+达乌里胡枝子群落>长芒草群落>柠条锦鸡儿+铁杆蒿群落>白羊草+达乌里胡枝子群落>铁杆蒿群落>白羊草群落；即分布于阴沟坡的紫丁香+中华卷柏群落和中华卷柏群落适应土壤侵蚀环境及抵抗土壤侵蚀的能力最强，分布于阳坡的灌木群落次之，不同侵蚀环境下的草本群落的能力最弱。在草原带，生物量表现为柠条锦鸡儿+长芒草+百里香+铁杆蒿群落>沙棘+柠条锦鸡儿+铁杆蒿群落>柠条锦鸡儿+杠柳+茭蒿+铁杆蒿群落>铁杆蒿群落>铁杆蒿+茭蒿+达乌里胡枝子群落>达乌里胡枝子群落>百里香群落>沙棘群落>铁杆蒿+野菊群落；即分布于阴坡和阳坡沟坡的灌木群落适应土壤侵蚀环境及抵抗土壤侵蚀的能力强于不同侵蚀环境下的草本群落。

12.3.2 群落抵抗土壤侵蚀的能力

植被盖度是黄土丘陵沟壑区重要的生态指标，植被盖度大小对土壤侵蚀具显著影响，可大幅减少坡面径流量和侵蚀量（王占礼和邵明安，2001；伍永秋等，2002；刘元宝等，1990；刘黎明和林培，1998；赵景波和朱显谟，1999）。事实证明，不论是森林还是灌丛草原，只要有一定的植被盖度，都基本能控制水土流失。关于植被减水减沙的有效盖度，由于研究对象不同，而有许多有效盖度（30%～70%）。土壤侵蚀大小是降水、地形和植被等因子共同作用的结果，要使土壤流失量小于某值，在不同的降水和地形条件下，要求的植被有效盖度是不一样的（焦菊英和王万忠，2001）。王秋生（1991）指出，乔木郁闭度达30%以上、灌木覆盖度达40%以上或草地盖度达60%以上，可以有效抵抗土壤侵蚀。本研究中，森林带阴沟坡的辽东栎+土庄绣线菊+大披针薹草群落、阴坡的三角槭+黄刺玫+灰枸子+大披针薹草群落和紫丁香+虎榛子+茭蒿+大披针薹草群落、阳坡和梁峁顶的黄刺玫+白刺花+长芒草+铁杆蒿群落及阳沟坡的侧柏+白刺花+大披针薹草群落的盖度为47.5% ~ 85.0%；森林草原带梁峁坡和梁峁顶的沙棘+铁杆蒿群落及阴坡的茭蒿+铁杆蒿群落及阴沟坡的中华卷柏群落的盖度为41.7% ~ 52.5%；草原带阴坡的铁杆蒿群落、沙棘+柠条锦鸡儿+铁杆蒿群落、柠条锦鸡儿+长芒草+百里香+铁杆蒿群落、铁杆蒿+野菊群落和沙棘群落的盖度为39.5% ~ 71.7%。以上这些群落有较明显的减蚀作用。

12.3.3 枯落物对侵蚀环境的改善作用

枯落物是植物生长过程中新陈代谢的产物。枯落物层具有拦蓄降水、防止土壤溅蚀及减缓地表径流等作用（薛立等，2005），这些作用与枯落量及枯落物的持水能力有关（孙艳红等，2006；张雷燕等，2007）。枯落物以养分归还的形式向土壤及生态系统传递营养和能量，是植物把从土壤中得到的养分归还给土壤的重要途径，并补给土壤有机质和养分（周东雄，2005）。总之，枯落物层就像一层海绵覆盖在地表，具有防止水滴击溅土壤、拦蓄渗透降水、减缓地表径流和补充土壤水分等作用，可改善土壤性质、影响土壤养分循环、影响生物种群类型及数量和植物水分供应等，在土壤–植被–大气连续体中起重要作用（Putuhena and Cordery，1996；高人和周广柱，2003；曹成有，1997；吴钦孝等，2001；孙立达和朱金兆，1995）。

枯落物能增加降水的入渗量，一是由于枯落物增加了地表的粗糙程度，延缓径流，增加入渗时间；二是枯落物可以改良土壤结构，增大土壤持水能力（施爽，2006）；三是枯落物本身的持水能力，枯落物可以缓冲降水对于土壤的直接破坏作用，并通过枯落物储水而缓慢地渗入土壤中，增加土壤入渗量。本研究区三个植被带枯落物现存量表现为森林带>森林草原带>草原带、阴坡>梁峁顶>阳坡且沟坡>梁峁坡，表明森林带坡面降水入渗量最大，土壤水分条件最好；阴坡坡面降水入渗量较大，也从另一方面反映了阴坡和沟坡土壤水分条件较好。森林带阴坡三角槭+黄刺玫+灰枸子+大披针薹草群落、森林草原带阴沟坡紫丁香+中华卷柏群落和草原带的柠条锦鸡儿+长芒草+百里香+铁杆蒿群的落枯落物现存量最多，表明这些群落的枯落物降水入渗量较大，有利于增加土壤入渗量。主要物种枯落物最大持水量可达自身干重的1.22 ~ 4.34倍，持水能力即通过枯落物储水而增加土壤入渗量的物种组分表现为白羊草叶>铁杆蒿叶>白羊草茎>达乌里胡枝子叶>长芒草>达乌里胡枝子枝>铁杆蒿枝。

降水并不完全被植被冠层截留，总是有部分透过植被冠层直接落到地表，引起土壤溅蚀；当地表有枯落物时，可大幅减少土壤溅蚀。研究表明，一般1cm厚枯落物可以减少溅蚀80% ~ 97%，2cm厚枯落物可基本消除土壤溅蚀（王佑民和翁俊华，2002）。本研究区森林带不同群落枯落物厚度为0.10 ~ 2.55cm，盖度为1.50% ~ 39.50%；阴坡枯落物较厚，盖度较大。分布于阴沟坡的辽东栎+土庄绣线菊+大披针薹草群落枯落物厚度和盖度分别是2.55cm和39.50%，阴梁峁坡的紫丁香+虎榛子+茭蒿+大披针薹草群落枯落物厚度和盖度分别是 1.76cm 和 39.33%，可推测这些群落基本能消除土壤侵蚀；阳坡三角槭+紫丁香+白刺花+大披针薹草群落和黄刺玫+白刺花+长芒草+铁杆蒿群落枯落物厚度为 0.10~0.30cm，盖度在 12.40% 左右，对土壤侵蚀有一定的减缓作用。森林草原带不同群落枯落物厚度和盖度分别为 0.10~0.93cm 和 1.51%~9.96%，阴坡茭蒿+铁杆蒿群落和中华卷柏群落枯落物厚度和盖度分别为 0.93~0.97cm 和 2.95%~5.58%；阳坡白刺花+杠柳+白羊草+铁杆蒿群落和杠柳+铁杆蒿群落枯落物厚度是 0.10cm，盖度为 2.36%~4.91%。草原带枯落物厚度和盖度分别为 0.10~0.93cm 和 1.19%~2.97%，阴坡铁杆蒿+野菊群落枯落物厚度和盖度分别是 0.57cm 和 2.97%，阳沟坡柠条锦鸡儿+杠柳+茭蒿+铁杆蒿群落枯落物厚度和盖度是 0.31cm 和 1.19%；相对于阳坡和梁峁坡的群落，阴坡和沟坡的群落减少土壤侵蚀的效果较好。

枯落物分解是土壤有机质的主要来源，也是维持土壤肥力的基础。枯落物在分解过程中，养分元素不断被释放归还到土壤中，被植物再利用，是维持植被生长所需营养物质的重要来源，同时也是植物体将营养物质归还的主要途径（Whittaker，1962；张建利等，2008）。枯落物归还养分的多少与枯落物量和枯落物中养分含量有关。群落结构从简单到复杂，生物量也逐渐增大，枯落物量呈上升趋势，枯落物养分归还量相应地呈上升趋势。另外，降水经过枯落物后的沥出液对土壤表层水分化学成分会产生影响（Knapp and Seastedt，1986），并因此改善土壤营养状况。本研究在纸坊沟流域不同侵蚀环境下选择的群落优势种的枯落物 C 归还量表现为铁杆蒿>白羊草>长芒草>达乌里胡枝子，N 归还量表现为铁杆蒿>白羊草>达乌里胡枝子>长芒草。综合考虑，影响枯落物养分归还能力的内在因子和外部环境因子得出，阴沟坡铁杆蒿的枯落物 C 和 N 潜在归还量最大，可有效改善土壤养分。阳坡白羊草的枯落物 C 和 N 潜在的归还量次之；但枯落物的木质素含量、C/N 值和木质素/N 值较大，枯落物分解慢，且阳坡的环境不利于枯落物分解，推测其潜在的养分归还能力较小，对于土壤养分的改善作用较小。达乌里胡枝子和长芒草的枯落物 C 和 N 潜在的归还量较小；但长芒草枯落物的木质素含量、C/N 值和木质素/N 值较大，相对于达乌里胡枝子难分解，达乌里胡枝子的对土壤养分的改善作用强于长芒草。

因此，在以植被措施治理水土流失时应考虑不同植被的环境效应，应选择既能治理水土流失又能显著改善土壤养分含量的植被，才能迅速改善土壤质量（傅伯杰等，1998）。

12.4 小　　结

（1）调查的植被群落共划分为 27 个类型，乔木群落只出现在森林带，且多分布于沟坡；灌木群落和半灌木与草本群落在三个植被带均有所分布，多分布于梁峁坡和沟坡；半灌木与草本群落在梁峁顶、梁峁坡和沟坡均有分布。随着森林带到草原带的逐渐过渡，环境条件发生改变的同时群落类型也随之而变；三个植被带植物群落随环境条件的更替是连续性的，即群落边界具模糊性。

（2）物种数、Margalef 指数、Shannon-Wiener 指数和 Pielou 指数为草原带>森林草原带>森林带；坡沟不同侵蚀环境下的群落物种丰富度指数、多样性指数及均匀度指数的变化趋势并不一致。植被盖度在各植被带坡沟不同侵蚀环境下差异不显著。地上生物量表现为森林带>森林草原带>草原带及阴坡>阳坡>梁峁顶,且阴坡表现为梁峁坡>沟坡而阳坡表现为沟坡>梁峁坡。

(3) 枯落物现存量表现为森林带>森林草原带>草原带。坡沟不同侵蚀环境枯落物盖度、厚度和干重不同;这与坡沟不同侵蚀环境下的群落类型、局部微地形地貌及形成的径流对枯落物冲推作用不同有关。枯落物蓄积量表现为阴坡>梁峁顶>阳坡;不同微地形枯落物蓄积量差异显著,在阳坡表现为株丛>浅沟>鱼鳞坑>裸地,在阴坡为浅沟>鱼鳞坑>株丛>裸地,在梁峁顶为株丛>裸地,阴坡鱼鳞坑和浅沟的大于阳坡鱼鳞坑和浅沟的。

(4) 枯落物最大持水量可达自身干重的 1.22~4.34 倍。不同物种枯落物的持水能力差异显著,表现为白羊草叶>铁杆蒿叶>白羊草茎>达乌里胡枝子叶>长芒草>达乌里胡枝子枝>铁杆蒿枝。通过枯落物储水而增加土壤入渗量的主要物种组分表现为白羊草叶>铁杆蒿叶>白羊草茎>达乌里胡枝子叶>长芒草>达乌里胡枝子枝>铁杆蒿枝。

(5) 不同侵蚀环境下枯落物养分含量差异不显著,但主要物种间 C 含量和 N 含量差异极显著。影响枯落物分解的各指标在不同物种间差异极显著;同一物种木质素含量、纤维素含量和木质素/N 值在不同侵蚀环境下差异显著,C/N 值在不同侵蚀环境下差异不显著。综合考虑影响枯落物养分归还能力的内在因子和环境因子得出,达乌里胡枝子枯落物对土壤养分的改善作用强于长芒草;阳坡白羊草潜在的养分归还能力较小,对土壤养分的改善作用较小;阴沟坡铁杆蒿的枯落物 C 和 N 潜在归还量最大,可有效改善土壤养分。

(6) 不同群落物种数为 14~37,Margalef 指数为 2.28~6.01,Shannon-Wiener 指数为 0.50~2.82,Pielou 指数为 0.17~0.98,植被盖度为 20.0%~85.0%,地上生物量为 73.40~35 467.34g/m²,枯落物盖度为 1.2%~39.5%,厚度为 0.10~2.55cm,现存量为 31.04~681.7g/m²。综合各指标评价群落的减蚀作用得出,森林带阴沟坡的辽东栎+土庄绣线菊+大披针薹草群落和阴梁峁坡的紫丁香+虎榛子+茭蒿+大披针薹草群落能消除土壤侵蚀,阳坡三角槭+紫丁香+白刺花+大披针薹草群落和黄刺玫+白刺花+长芒草+铁杆蒿群落可减缓土壤侵蚀;森林草原带的阴坡茭蒿+铁杆蒿群落和中华卷柏群落相对于阳坡白刺花+杠柳+白羊草+铁杆蒿群落和杠柳+铁杆蒿群落及草原带的阴坡铁杆蒿+野菊群落相对于阳沟坡柠条锦鸡儿+杠柳+茭蒿+铁杆蒿群落,减少土壤侵蚀的效果较好。

参 考 文 献

白文娟,焦菊英,马祥华,等.2005.黄土丘陵沟壑区退耕地自然恢复植物群落的分类与排序.西北植物学报,25 (7):1317-1322.

曹成有.1997.辽宁东部山区森林枯落物层的水文作用.沈阳农业大学学报,28 (1):44-46.

柴春山.2006.半干旱黄土丘陵沟壑区不同植被类型水土保持效应及土壤水分研究.兰州:兰州大学硕士学位论文.

方精云,王襄平,唐志尧.2009.局域和区域过程共同控制着群落的物种多样性:种库假说.生物多样性,17 (6):605-612.

傅伯杰,马克明,周华峰,等.1998.黄土丘陵区土地利用结构对土壤养分分布的影响.科学通报,43 (22):2444-2448.

高人,周广柱.2002.辽宁东部山区几种主要森林植被型枯落物层持水性能研究.沈阳农业大学学报,33 (2):115-118.

高人，周广柱.2003. 辽宁东部山区 5 种森林植被类型水文生态效益综合评判. 中国生态农业学报，11（2）：123-125.

郭琳.2010. 黄土高原刺槐人工林群落植物物种多样性研究. 杨凌：西北农林科技大学硕士学位论文.

郭艳萍，张金屯，刘秀珍.2005. 山西天龙山植物群落物种多样性研究. 山西大学学报（自然科学版），28（2）：205-208.

郭正刚，刘慧霞，孙学刚，等.2003. 白龙江上游地区森林植物群落物种多样性的研究. 植物生态学报，27（3）：388-395.

郝文芳，杜峰，陈小燕，等.2012. 黄土丘陵区天然群落的植物组成植物多样性及其与环境因子的关系. 草地学报，20（4）：609-615.

黄奕龙，陈利顶，傅伯杰，等.2004. 黄土丘陵小流域沟坡水热条件及其生态修复初探. 自然资源学报，19（2）：183-189.

贾燕锋，王宁，韩鲁艳，等.2008. 黄土丘陵沟壑区坡沟植被生态序列研究. 中国水土保持科学，6（6）：50-57.

焦菊英，王万忠.2001. 人工草地在黄土高原水土保持中的减水减沙效益与有效盖度. 草地学报，9（3）：176-182.

焦菊英，马祥华，白文娟，等.2005. 黄土丘陵沟壑区退耕地植物群落与土壤环境因子的对应分析. 土壤学报，42（5）：42-50.

焦菊英，张振国，贾燕锋，等.2008. 陕北丘陵沟壑区撂荒地自然恢复植被的组成结构与数量分类. 生态学报，28（7）：2981-2997.

李萍，朱清科，刘中奇，等.2012. 半干旱黄土区地上生物量对立地因子的响应. 中国水土保持科学，10（2）：50-54.

李学斌，马琳，杨新国，等.2011. 荒漠草原典型植物群落枯落物生态水文功能. 生态环境学报，20（5）：834-838.

刘黎明，林培.1998. 黄土高原持续土地利用研究. 资源科学，20（1）：54-61.

刘少冲，段文标，赵雨森.2005. 莲花湖库区几种主要林型枯落物层的持水性能. 中国水土保持科学，3（2）：81-86.

刘元保，唐克丽，查轩，等.1990. 坡耕地不同地面覆盖的水土流失试验研究. 水土保持学报，4（1）：25-29.

刘振国，李镇清，董鸣.2005. 植物群落动态的模型分析. 生物多样性，13（3）：269-277.

刘中奇，朱清科，邝高明，等.2010. 半干旱黄土丘陵沟壑区封禁流域植被枯落物分布规律研究. 草业科学，27（4）：20-24.

马克平.1994a. 生物群落多样性的测度方法−多样性的测度方法（上）. 生物多样性，2（3）：162-168.

马克平.1994b. 生物群落多样性的测度方法−多样性的测度方法（下）. 生物多样性，2（4）：231-239.

尚文艳，付晓，刘阳，等.2005. 辽西大黑山北坡植物群落组成及多样性研究. 生态学杂志，24（9）：994-998.

施爽.2006. 松嫩草原主要植物群落枯落物层水文生态功能. 长春：东北师范大学硕士学位论文.

宋永昌.2001. 植被生态学. 上海：华东师范大学出版社.

苏志尧，陈北光，古炎坤，等.2002. 广州白云山风景名胜区几种森林群落枯枝落叶层的持水能力. 华南农业大学学报（自然科学版），4（2）：91-92.

孙立达，朱金兆.1995. 水土保持林体系综合效益研究与评价. 北京：中国科学技术出版社.

孙艳红，张洪江，程金花，等.2006. 缙云山不同林地类型土壤特性及其水源涵养功能. 水土保持学报，20（4）：107-109.

王慧清.2009. 内蒙古典型草原与锡林河湿地植物群落枯落物分解的对比研究. 呼和浩特：内蒙古大学硕士学位论文.

王坚娅, 吴道圣, 张建斌, 等.2005. 松、杉、柏森林植物群落外貌、结构特征的研究. 浙江林业科技, 25 (3)：10-14.

王建国, 樊军, 王全九, 等.2011. 黄土高原水蚀风蚀交错区植被地上生物量及其影响因素. 应用生态学报, 22 (3)：556-564.

王秋生.1991. 植被控制土壤侵蚀的数学模型及其应用. 水土保持学报, 5 (4)：68-72.

王佑民, 翁俊华.2002. 林地枯落物的水土保持作用. 中国水土保持, 7 (18)：22.

王占礼, 邵明安.2001. 黄土高原典型地区土壤侵蚀共性与特点. 山地学报, 19 (1)：87-91.

吴钦孝, 赵鸿雁, 韩冰.2001. 黄土高原枯枝落叶层保持水土的有效性. 西北农林科技大学学报, 29 (5)：95-97.

伍永秋, 张清春, 张岩, 等.2002. 黄土高原小流域植被特征及其季节变化. 水土保持学报, 16 (1)：104-107.

武海涛, 吕宪国, 杨青, 等.2006. 土壤动物对三江平原典型毛果薹草湿地枯落物分解的影响. 生态与农村环境学报, 22 (3)：5-10.

熊素敏, 左秀凤, 朱永义.2005. 稻壳中纤维素、半纤维素和木质素的测定. 粮食与饲料工业, (8)：40-41.

薛立, 何跃君, 屈明, 等.2005. 华南典型人工林凋落物的持水特性. 植物生态学报, 29 (3)：415-421.

杨允非, 祝廷成.2011. 植物生态学. 北京：高等教育出版社.

易亮, 李凯荣, 张冠华, 等.2009. 黄土高原人工林地土壤水分亏缺研究. 西北林学院学报, 24 (5)：5-9.

岳明.1998. 秦岭及陕北黄土区辽东栎林群落物种多样性特征. 西北植物学报, 18 (1)：124-131.

张建利, 张文, 高玲苹, 等.2008. 云南马龙县山地风雨草地凋落物分解与氮释放的研究. 草业科学, 25 (7)：77-82.

张雷燕, 刘常富, 王彦辉, 等.2007. 宁夏六盘山南侧森林枯落物及土壤的水文生态功能研究. 林业科学研究, 20 (1)：15-20.

张学权.2012. 不同植被恢复类型枯落物储量及持水性分析. 安徽农业科学, 40 (1)：182-184.

张振明, 余新晓, 牛健植, 等.2005. 不同林分枯落物层的水文生态功能. 水土保持学报, 19 (3)：139-143.

赵景波, 朱显谟.1999. 黄土高原的演变与侵蚀历史. 土壤侵蚀与水土保持学报, 5 (2)：58-63.

赵一鹤.2008. 巨尾桉工业原料林群落结构与林下植物物种多样性研究. 北京：中国林业科学研究院博士学位论文.

周东雄.2005. 杉木乳源木莲混交林凋落物研究. 生态学杂志, 24 (6)：595-598.

周利民, 邓岚.2004. 水土保持生态修复林植物群落演替研究. 水土保持通报, 24 (4)：38-40.

周萍, 刘国彬, 侯喜禄.2009. 黄土丘陵区不同坡向及坡位草本群落生物量及多样性研究. 中国水土保持科学, 7 (1)：67-73.

朱志诚.1993. 陕北黄土高原森林区植被恢复演替. 西北林学院学报, 8 (1)：87-94.

朱志诚, 黄可.1993. 陕北黄土高原森林草原地带植被恢复演替初步研究. 山西大学学报（自端科学版）, 16 (1)：94-100.

Chabrerie O, Laval K, Puget P, et al. 2003. Relationship between plant and soil microbial communities along asuccessional gradient in a chalk grassland in north-western France. Applied Soil Ecology, 24 (1)：43-56.

Knapp A K, Seastedt T R. 1986. Detritus accumulation limits productivity of tallgrass steppe. BioScience,

36（10）：662-668.

Martin S，Jorn A，Stefan S，et al. 2004. Resource dynamics in an early- successional plant community are influenced by insect exclusion. Soil Biology and Biochemistry，36（11）：1817-1826.

Milne J A，Hartley S E. 2001. Upland plant communities-sensitivity to change. Catena，42（2-4）：333-343.

Putuhena W M，Cordery I. 1996. Estimation of interception capacity of the forests floor. Journal of Hydrology，180（1/4）：283-299.

Whittaker R H. 1962. Classification of natural communities. The Botanical Review，28：231-239.

Zhou Z C，Shangguan Z P. 2008. Effects of ryegrasses on soil runoffand sediment control. Pedosphere，18（1）：131-136.

第四篇

抗侵蚀植物/群落

第13章 潜在抗侵蚀植物的筛选

本章作者：寇 萌 焦菊英

土壤侵蚀对植物的胁迫与干扰是植被发育与恢复演替的重要限制因子（García-Fayos et al., 2000；Guerrero-Campo and Montserrat-Martí, 2004），严重影响植被的发育演替过程，始于种子形成发育，贯穿植物整个生长发育过程（Bochet et al., 2009；Jiao et al., 2009；Wang et al., 2011, 2014）。尽管土壤侵蚀限制植被的发育与演替，但是在土壤侵蚀非常严重的地段仍有植物生存（Guerrero-Campo and Montserrat-Martí, 2000）。这些植物具有特殊的品质，可通过采用不同的生存策略适应和抵抗土壤侵蚀造成的各种胁迫与干扰，并能发展为可抵抗土壤侵蚀的植物群落（邹厚远和焦菊英, 2010）。在有关土壤侵蚀与植被恢复的研究中，相继出现了"抗侵蚀植物（erosion-resistant species）"一词。例如，在芬兰北部沿海地区侵蚀沙地 *Carex rostrata* 和 *Salix phylicifolia* 的成活率较高（分别为30%和80%），被认为是该区的抗侵蚀植物（Hellsten et al., 1996）；在西班牙北部，*Erucastrum nasturtiifolium*、*Lithodora fruticosa* 和 *Santolinacham aecyparissus* 3 个物种在泥灰岩区的高侵蚀区域和黏土区的轻度侵蚀区域出现频率较高，因此在这 2 种区域均可作为抗侵蚀植物（Guerrero-Campo and Montserrat-Martí, 2004）。Albaladejo 等（1996）采用植物的萌发和建植能力、满足恢复目标的适合程度（如改善土壤稳定性和土壤肥力）以及对生态条件和景观美学的考虑，来选择适合侵蚀环境的物种；Quinton 等（2002）依据地中海撂荒地植被恢复可能相关的物种生态和生物工程特性，选择可有效控制土壤侵蚀的物种。也有研究认为，植物可以有效控制土壤侵蚀主要依靠其自身的植物构型和机械特性（Bochet et al., 2006）。De Baets 等（2009）建立了关于植物自身构型和机械特性的方法论体系，用于筛选西班牙东南部典型的半干旱退化区域的抗侵蚀植物。邹厚远和焦菊英（2010）在总结前人研究的基础上，给出了抗侵蚀植物的定义，即凡能适应土壤侵蚀环境而且能在土壤侵蚀条件下生存，并能保护改良土壤且具有防止土壤侵蚀作用，以及具有繁殖更新能力和可维持群落的稳定与可持续发展的植物，称为抗侵蚀植物。邹厚远和焦菊英（2009）分析了黄土丘陵沟壑区植被恢复过程中不同抗侵蚀植物的消长变化特征，但这仅是基于多年研究经验的定性描述。

本章以黄土丘陵沟壑区延河流域不同侵蚀环境下的植被恢复生态系统为研究对象，筛选该区潜在的抗侵蚀植物，分析不同侵蚀环境下抗侵蚀植物的分布特征，阐明植被恢复过程中不同抗侵蚀植物的生存、繁衍与更新能力及对侵蚀环境的改善能力，以期为该区植被自然修复与人工植被重建中物种的合理选择与配置提供科学的理论依据。

13.1 研究方法

本书收集整理了本课题组 2003～2014 年在延河流域的所有植被调查［共 720 个样地（图 13-1，见彩图），其中草地 473 个，灌丛 139 个，森林群落 108 个］数据，包括样地物种组成及其盖度和频度等，筛选抗侵蚀植物。植被调查样方大小视植被类型而定，乔木为 10m×10m，灌木为 5m×5m，草地为 2m×2m；灌木和草地样地至少有 3 个样方重复，记录植被样方内物种多度、高度、盖度和冠幅，并采集测定草木层和灌木层地上生物量。

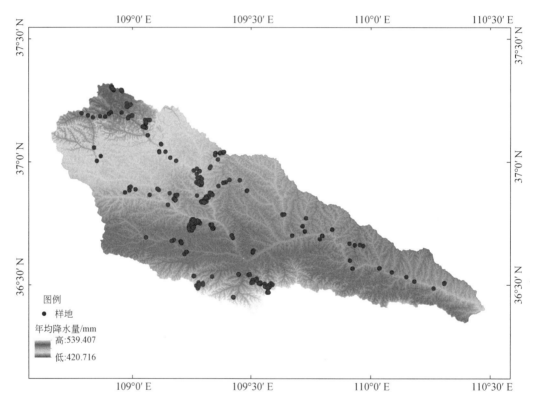

图 13-1　延河流域样地分布示意图

依据抗侵蚀植物的定义可知，植物在土壤侵蚀条件下必须具有一定的覆盖度，即说明植物只有生长发育状况良好且在群落中占有优势地位，才可维持群落的稳定与可持续发展。群落的优势种是由群落特征种和恒有伴生种组成的，因而，按照 Braun-Blanquet 的植物社会学法来确定群落的优势种［参照《植被生态学》（宋永昌，2001）与《植物社会学理论与方法》（金振洲，2009）］，以此来划分抗侵蚀植物。具体如下。

根据样地植被调查记录给各物种多盖度打分。多盖度分 6 个等级，其划分标准为

5——个体数量不限，盖度在 75% 以上；

4——个体数量不限，盖度在 50%～75% 者；

3——个体数量不限，盖度在 25%～50% 者；

2——盖度在 5%~25% 者，或数量很多而盖度在 5% 以下者；

1——数量中等或稍多，但盖度在 5% 以下者；

+——数量少，盖度很小。

根据各物种出现于样地记录的百分数确定物种的存在度等级。其划分标准为

Ⅰ级——存在度 1%~20%；

Ⅱ级——存在度 21%~40%；

Ⅲ级——存在度 41%~60%；

Ⅳ级——存在度 61%~80%；

Ⅴ级——存在度 81%~100%。

通过列表法划分群落类型，确定特征种和恒有伴生种：①将所有样地资料列在同一表中形成初表；②计算各物种存在度（某一物种出现于样地记录的百分数），形成存在度表；③剔除存在度特别大和特别小的物种（如超过 50% 的物种或出现在 3 个以下样地中），剩下的物种组成部分表，把具有相同区分种的样地集中在一起，归为若干区分种组，做出区分表；④根据区分表提供数据，统计各物种在所属样地中的存在度等级和数量特征，做出概括表；⑤把各概括表进行对比，编出综合群落表，得出种的确限度（表 13-1），找出各群落类型的特征种、伴生种。

表 13-1　确限度等级的划分标准

确限度等级	当前研究的群落中		在其他群落中	
	存在度等级	多盖度等级	存在度等级	多盖度等级
5	Ⅳ—Ⅴ	3—5	Ⅰ—Ⅱ	+—2（1）
	Ⅳ—Ⅴ	+—2	Ⅰ	+—2（1）
	Ⅰ—Ⅲ	+—5	几乎没有	
4	Ⅳ—Ⅴ	3—5	Ⅱ—Ⅲ（Ⅳ）	+—2（1）
	Ⅳ—Ⅴ	+—2	Ⅱ—Ⅲ	+—1（2）
	Ⅲ—Ⅳ	+—2	Ⅰ—Ⅱ	+—1（2）
	Ⅰ—Ⅲ	+—2	Ⅰ	+—1
3	Ⅰ—Ⅴ	3—5	Ⅰ—Ⅴ	+—2
	Ⅰ—Ⅴ	1—5	明显较少	生活力减弱
2	存在度、多盖度、生活力不高		在对比的群落中相同	
1	Ⅰ	+	较高或没有	

资料来源：金振洲，2009

确限度在 3 级以上（个体数量不限，盖度大于 25%）的物种为群落的特征种；确限度 2 级（盖度 5%~25%，或数量很多而盖度在 5% 以下）的物种为伴生种，如果伴生种的存在度大于 60% 则称之为恒有伴生种，这些物种为群落的优势种（金振洲，2009）。因此，统计所有样地中植物种的盖度和频度，凡物种出现的最大盖度大于 25% 或存在度大于 60% 的植物即可认为是潜在抗侵蚀植物。

13.2 结果与分析

13.2.1 潜在抗侵蚀植物的筛选

通过统计分析位于黄土丘陵沟壑区延河流域 720 个样地的植被调查资料，共筛选出 42 种潜在抗侵蚀植物（表 13-2）。所划分的 42 种植物分属于 18 科 33 属。其中，禾本科（9 种）、豆科（7 种）、菊科（7 种）和蔷薇科（5 种）物种较多，占总物种数的 66%；其他 14 科均为单属单种。分布较多的 4 科都属于世界广布的含有千种以上的大科，其中禾本科、菊科和蔷薇科以温带分布为主，豆科以温带和热带广布为主；这几科在研究区具有丰富的属和种，是退耕地植被恢复演替过程中主要的组成植物。

表 13-2 潜在抗侵蚀植物

物种	最大盖度/%	存在度/%	科	属	生长型	生活型	水分生态类型	地理分布
侧柏	40	1	柏科	侧柏属	T	PH	中生	8
辽东栎	75	1	壳斗科	栎属	T	PH	中生	9
三角槭	50	1	槭树科	槭属	T	PH	中生	8
刺槐	55	9	豆科	刺槐属	T	PH	中生	9
虎榛子	90	3	桦木科	虎榛子属	S	PH	中生	14
黄刺玫	60	5	蔷薇科	蔷薇属	S	PH	中生	8
土庄绣线菊	25	3	蔷薇科	绣线菊属	S	CH	旱中生	8
水栒子	70	3	蔷薇科	栒子属	S	PH	中生	8
酸枣	40	5	鼠李科	枣属	S	CH	旱生	15
白刺花	95	17	豆科	槐属	S	PH	旱生	9
紫丁香	55	7	木犀科	丁香属	SL	PH	中生	10
杠柳	35	20	萝藦科	杠柳属	S	PH	中旱生	6
河朔荛花	70	5	瑞香科	荛花属	S	CH	旱中生	14
柠条锦鸡儿	70	9	豆科	锦鸡儿属	S	PH	强旱生	11
沙棘	90	5	胡颓子科	沙棘属	S	PH	中生	10
茅莓	30	4	蔷薇科	茅莓属	SL	CH	中生	8
灌木铁线莲	25	18	毛茛科	铁线莲属	SL	CH	中旱生	1
多花胡枝子	29	4	豆科	胡枝子属	SL	CH	旱生	9
达乌里胡枝子	80	84	豆科	胡枝子属	SL	CH	旱生	9
尖叶铁扫帚	35	10	豆科	胡枝子属	SL	CH	旱生	9
茭蒿	97	50	菊科	蒿属	SS	CH	中旱生	8
铁杆蒿	90	81	菊科	蒿属	SS	CH	旱生	8
百里香	50	8	唇形科	百里香属	SS	H	旱生	10
冷蒿	40	4	菊科	蒿属	P	H	旱生	8
阿尔泰狗娃花	14	77	菊科	狗娃花属	P	G	旱生	14

续表

物种	最大盖度/%	存在度/%	科	属	生长型	生活型	水分生态类型	地理分布
白羊草	95	39	禾本科	孔颖草属	P	H	中旱生	2
北京隐子草	25	17	禾本科	隐子草属	P	H	旱生	1
糙隐子草	62	36	禾本科	隐子草属	P	H	旱生	10
中华隐子草	25	37	禾本科	隐子草属	P	H	旱生	10
长芒草	84	82	禾本科	针茅属	P	G	旱生	8
大针茅	68	19	禾本科	针茅属	P	CH	旱生	8
赖草	62	24	禾本科	赖草属	P	H	中旱生	8-5
芦苇	25	15	禾本科	芦苇属	P	HG	湿生	1
大披针薹草	62	11	莎草科	薹草属	P	H	湿生	1
菊叶委陵菜	39	37	蔷薇科	委陵菜属	P	H	中旱生	8
蒙古蒿	25	21	菊科	蒿属	P	CH	中生	8
野菊	36	14	菊科	菊属	P	G	中生	8
山野豌豆	43	21	豆科	野豌豆属	P	H	中生	8
墓头回	30	16	败酱科	败酱属	P	H	中旱生	14
狗尾草	30	27	禾本科	狗尾草属	A	TH	中生	2
猪毛菜	80	22	黎科	猪毛菜属	A	TH	旱生	1
猪毛蒿	70	51	菊科	蒿属	A	TH	旱生	8

注：SS 为半灌木；P 为多年生草本；S 为灌木；T 为乔木；SL 为小灌木；A 为一年生草本。PH 为高位芽植物；CH 为地上芽植物；H 为地面芽植物；HG 为地面–地下芽植物；G 为地下芽植物；TH 为一年生植物。地理分布 1 为世界分布；2 为泛热带分布；6 为热带亚洲至热带非洲分布；8 为北温带分布；8-5 为欧亚和南美洲温带间断分布；9 为东亚和北美间断分布；10 为旧世界温带分布；11 为温带亚洲分布；14 为东亚分布；15 为中国特有分布。

13.2.2　潜在抗侵蚀植物的生态学组成

按 Whittaker 的生长型系统将 42 种抗侵蚀植物分为乔木、灌木/小灌木、半灌木、多年生草本、一年生草本植物 5 类 [图 13-2（a）]。其中，灌木/小灌木（16 种）和多年生草本（16 种）植物最多，占总物种数的 76.2%；乔木有侧柏、辽东栎、三角槭和刺槐 4 种，半灌木有茭蒿、铁杆蒿和百里香 3 种，一年生草本植物有狗尾草、猪毛菜和猪毛蒿 3 种。

采用 Raunkiaer 的生活型分类系统"R 型"（以植物度过不利时期时复苏芽或繁殖器官所处的位置和保护的方式为依据建立的类型），可将 42 种抗侵蚀植物分为高位芽植物、地上芽植物、地面芽植物、一年生植物和地下芽植物 5 类 [图 13-2（b）]。其中，高位芽植物（12 种）、地上芽植物（11 种）和地面芽植物（13 种）最多，占总物种数的 85.7%。一年生草本植物有狗尾草、猪毛菜和猪毛蒿 3 种，地下芽植物有阿尔泰狗娃花、长芒草和野菊 3 种。乔木和灌木多为高位芽或地上芽植物，多年生草本多为地面芽植物。

水分条件是半干旱区影响植物生长的主导和限制因子，因而依据水分生态类型对 42 种抗侵蚀植物进行了分类。42 种植物水分生态类型以旱生（17 种）和中生（14 种）为主 [图 13-2（c）]，占总物种数的 73.8%；其中，旱生植物多为草本植物、半灌木和小灌木，中生植物多为乔木和灌木。另外，中旱生植物有 7 种，占总物种数的 16.7%；灌木土庄绣线菊和河朔荛花为旱中生植物，草本植物芦苇和大披针薹草为湿生植物。

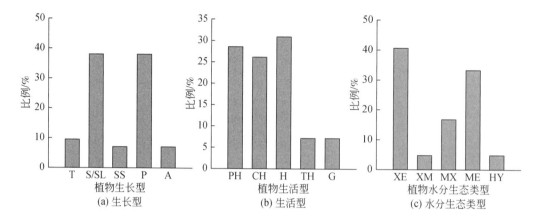

图 13-2　42 种潜在抗侵蚀植物的生长型、生活型及水分生态类型组成

T 表示乔木；S/SL 表示灌木/小灌木；SS 表示半灌木；P 表示多年生草本；A 表示一年生草本。PH 表示高位芽植物；CH 表示地上芽植物；H 表示地面芽植物；TH 表示一年生植物；G 表示地下芽植物。XE 表示旱生植物；XM 表示旱中生植物；MX 表示中旱生植物；ME 表示中生植物，HY 表示湿生植物

13.2.3　潜在抗侵蚀植物的分布特征

结合延河流域的气候条件（肖云丽，2009），可将 42 种植物分成 3 种类型：广幅种、中幅种和窄幅种（表 13-3）。

广幅种即为广布于延河流域（年均降水量在 420~540mm）的物种，包括沙棘、达乌里胡枝子、茭蒿、铁杆蒿、猪毛蒿、阿尔泰狗娃花、长芒草和芦苇，以及分布于阳坡的白刺花与白羊草和分布于阴坡的大针茅共 11 种植物。

中幅种占潜在抗侵蚀植物的 59%，按出现的区域分为 4 种：①分布于延河流域年均降水量为 470~540mm 的中南部区域，主要有刺槐、紫丁香、杠柳、水栒子和大披针薹草，以及分布于阴坡的虎榛子、黄刺玫、野菊和墓头回，共 9 种植物；此区域降水量较高，多为乔灌木，草本植物也多属于中生植物。②分布于延河流域年均降水量为 450~500mm 的区域，主要有旱生禾草糙隐子草、中华隐子草、北京隐子草与狗尾草和菊科蒙古蒿，共 5 种植物。③分布于延河流域年均降水量为 470~500mm 的区域，主要有酸枣以及分布于阳坡的菊叶委陵菜和分布于阴坡的尖叶铁扫帚、茅莓、多花胡枝子与山野豌豆，共 6 种植物。④分布于延河流域年均降水量为 420~500mm 的中北部区域，主要有灌木铁线莲、赖草和柠条锦鸡儿，以及分布于阳坡的猪毛菜，共 4 种植物。

窄幅种按出现的区域可分为 2 种。一种为分布于延河流域年均降水量大于 500mm 的南部区域的中生乔灌木，主要有分布于阳坡的侧柏和分布于阴坡的辽东栎、三角槭和土庄绣线菊，共 4 种植物。另一种分布于延河流域年均降水量小于 450mm 的北部区域，主要有分布于阳坡的河朔荛花与百里香和分布于阴坡的冷蒿，共 3 种植物。

表 13-3　潜在抗侵蚀植物的空间分布特征

分布类型	分布范围	坡向	坡度/(°)	物种
广幅种	广布于延河流域，年均降水量为 420~540mm	无限制	3~50	沙棘，达乌里胡枝子，茭蒿，铁杆蒿，长芒草，猪毛蒿，阿尔泰狗娃花，芦苇
		阳坡	5~50	白刺花，白羊草
		阴坡	5~37	大针茅
中幅种	分布于延河流域年均降水量为 470~540mm 的中南部区域	无限制	15~40	刺槐，紫丁香，杠柳，水枸子，大披针薹草
		阴坡	10~50	虎榛子，黄刺玫，野菊，墓头回
	分布于延河流域年均降水量为 420~500mm 的中北部区域	无限制	15~40	灌木铁线莲，赖草
			5~41	柠条锦鸡儿
		阳坡	20~30	猪毛菜
	分布于延河流域年均降水量为 450~500mm 区域	无限制	5~31	糙隐子草，中华隐子草，北京隐子草，狗尾草
			20~30	蒙古蒿
	分布于延河流域年均降水量为 470~500mm 的区域	无限制	5~31	酸枣
		阳坡	20~35	菊叶委陵菜
		阴坡	10~35	尖叶铁扫帚，茅莓
			25~45	多花胡枝子，山野豌豆
窄幅种	分布于延河流域年均降水量大于 500mm 的南部区域	阳坡	30~40	侧柏
		阴坡	20~50	辽东栎，三角槭，土庄绣线菊
	分布于延河流域年均降水量小于 450mm 的北部区域	阳坡	17~28	河朔荛花
			6~30	百里香
		阴坡	3~30	冷蒿

13.3　讨　　论

本研究筛选出的抗侵蚀植物主要是菊科、豆科、蔷薇科和禾本科 4 科，这 4 科植物是该区退耕地植被恢复演替过程中主要的组成植物（寇萌，2013）。据李登武（2009）统计，陕北黄土高原地区（面积约 9.3 万 km^2）共有野生植物 1350 种，隶属于 123 科 542 属，占黄土高原地区（面积 64 万 km^2）总物种数的 41.9%；其中菊科、禾本科、蔷薇科和豆科为大科，另外还有毛茛科、藜科、唇形科、莎草科、蓼科、百合科、十字花科、石竹科、虎耳草科、杨柳科、玄参科、伞形科、忍冬科、龙胆科、罂粟科、大戟科和紫草科的物种分布较多。延河流域面积 0.77 万 km^2；其区域物种库主要有 205 种植物，分属 58 科 155 属，占到上述陕北地区物种数的 15% 和属数的 28% 及科数的 47%。黄土高原地区菊科、禾本科、豆科和蔷薇科 4 大科在物种库内的物种组成中占很大比例（王宁，2013）。在本研究中，这 4 科的物种分布最广泛，因而导致筛选的潜在抗侵蚀植物也是这 4 科的物种所占比例较高。

潜在抗侵蚀植物中高位芽、地上芽和地面芽植物最多，这体现了该区暖温带半干旱区植被分布的地带性特征（刘江华等，2008）。由于地带性气候条件决定了植被类型，本研究区主要植被类型是疏林草原与灌木草原。本区自东南向西北气温和降水量逐渐降低，东南部以疏林草原占优势；西北部以灌木草原占优势；乔木种类较少（调查到的只有29种且全部来自森林区），草本植物（一年生和多年生植物共235种）分布最多，也有一定数量的灌木物种（包括半灌木/小灌木共57种）；灌木、半灌木和草本物种多以旱生种类为主，中生种类也占有一定比例（朱志诚，1982）。因此，该区气候的自然选择决定了植被生长型主要以灌草为主，植物水分生态类型以中生和旱生植物为主（杜华栋，2013）。

植物在空间的分布是植物对不同侵蚀环境响应的集中表现。在本研究区，地形地貌影响着水热分配及人类活动的历史过程，因而从较大的尺度决定了地带性物种和不同生态型物种的空间分布；退耕时间决定了群落恢复演替阶段，同时影响物种迁移到恢复地的概率，进而影响地上植被组成；残留斑块种源与恢复地的距离及物种扩散能力、繁殖能力、更新能力和寿命等影响这些物种扩散到退耕恢复地并形成种群或群落的速度（王宁，2013）。在不同生境中，演替过程中的一年生杂草猪毛蒿与多年生草本达乌里胡枝子、长芒草和阿尔泰狗娃花等以及半灌木铁杆蒿和茭蒿等，在全区均有分布，随演替时间的推进逐步出现，基本上不受地形条件的影响。随着演替的进行，植被类型逐渐出现生境分化，如分布于阳坡的侧柏、白刺花和白羊草与阴坡的辽东栎、黄刺玫、虎榛子、大披针薹草和野菊等（焦菊英等，2008）。一些地带性乔灌物种（辽东栎和三角槭等）多分布在局部陡峭的沟坡；但是，这些物种能在本研究区形成群落，而且历史资料也表明在植被遭受人为破坏之前，这些物种能够形成分布范围广且生长良好的群落（朱志诚，1983；王守春，1994）。百里香和冷蒿是荒漠草原特征植物，是草原旱生匍匐小半灌木，一般不进入森林草原地带；它们的出现是由于疏林草原与灌木草原植被破坏后，强烈的水蚀和风蚀及过度放牧造成了局地微气候和基质旱化的结果（朱志诚和黄可，1993）。

13.4　小　　　结

（1）筛选出潜在抗侵蚀植物42种，分属18科33属。禾本科、豆科、菊科和蔷薇科这4科物种占总物种数的66%，是退耕地植被恢复演替过程中的主要物种组成。

（2）42种植物中，85.7%的物种生活型为高位芽、地上芽和地面芽植物，76.2%的物种生长型为灌木/小灌木和多年生草本，73.8%的物种水分生态类型为旱生和中生。结合该流域的气候条件及42种植物的分布范围，可将其分成广幅种、中幅种和窄幅种3种类型。

（3）筛选出的42种潜在抗侵蚀植物虽然只占记录到的总物种数的13%，但这些植物相互组合，构成了该区主要群落类型。

参 考 文 献

杜华栋. 2013. 黄土丘陵沟壑区优势植物对不同侵蚀环境的适应研究. 杨凌：中国科学院水土保持与生态环境研究中心博士学位论文.

焦菊英, 张振国, 贾燕锋, 等.2008. 陕北丘陵沟壑区撂荒地自然恢复植被的组成结构与数量分类. 生态学报, 28 (7): 2981-2997.

金振洲.2009. 植物社会学理论与方法. 北京: 科学出版社.

寇萌.2013. 黄土丘陵沟壑区植物改善土壤侵蚀环境的群落生态学特性. 杨凌: 西北农林科技大学硕士学位论文.

李登武.2009. 陕北黄土高原植物区系地理研究. 杨凌: 西北农林科技大学出版社.

刘江华, 李登武, 刘国彬, 等.2008. 刺槐林下植被的水分生态型和生活型谱特征. 中国水土保持科学, 6 (2): 95-99.

宋永昌.2001. 植被生态学. 上海: 华东师范大学出版社.

王宁.2013. 黄土丘陵沟壑区植被自然更新的种源限制因素研究. 杨凌: 中国科学院水土保持与生态环境研究中心博士学位论文.

王守春.1994. 历史时期黄土高原的植被及其变迁. 人民黄河, (2): 9-12.

肖云丽.2009. 基于植物群落健康的景观格局配置研究. 杨凌: 西北农林科技大学硕士学位论文.

朱志诚.1982. 陕北森林草原区的植物群落类型—Ⅰ、疏林草原和灌木草原. 中国草地学报, (2): 1-8.

朱志诚.1983. 陕北黄土高原上森林草原的范围. 植物生态学与地植物学丛刊, 7 (2): 122-131.

朱志诚, 黄可.1993. 陕北黄土高原森林草原地带植被恢复演替初步研究. 山西大学学报 (自然科学版), 16 (1): 94-100.

邹厚远, 焦菊英.2009. 黄土丘陵区生态修复地不同抗侵蚀植物的消长变化过程. 水土保持通报, 29 (4): 235-240.

邹厚远, 焦菊英.2010. 黄土丘陵沟壑区抗侵蚀植物的初步研究. 中国水土保持科学, 8 (1): 22-27.

Albaladejo J, Castillo V, Roldan A. 1996. Rehabilitation of degraded soils by water erosion in semiarid environments // Rubio J L, Calvo A. Soil Degradation and Desertification in Mediterranean Environments. Logroño: Geoforma Ediciones: 265-278.

Bochet E, García-Fayos P, Poesen J. 2009. Topographic thresholds for plant colonization on semi-arid eroded slopes. Earth Surface Processes and Landforms, 34 (13): 1758-1771.

Bochet E, Poesen J, Rubio J L. 2006. Runoff and soil loss under individual plants of a semi-arid Mediterranean shrubland: influence of plant morphology and rainfall intensity. Earth Surface Processes and Landforms, 31 (5): 536-549.

Brandt C J, Geeson N A, Thornes J B. 2002. Mediterranean desertification: a mosaic of processes and responses//Quinton J N, Morgan R P C, Archer N A, et al. Bioengineering Principles and Desertification Mitigation. Chichester: John Wiley and Sons.

De Baets S, Poesen J, Reubens B, et al. 2009. Methodological framework to select plant species for controlling rill and gully erosion: application to a Mediterranean ecosystem. Earth Surface Processes and Landforms, 34 (10): 1374-1392.

García-Fayos P, García-Ventoso B, Cerdà A. 2000. Limitations to plant establishment on eroded slopes in southeastern Spain. Journal of Vegetation Science, 11 (1): 77-86.

Guerrero-Campo J, Montserrat-Martí G. 2000. Effects of soil erosion on the floristic composition of plant communities on marl in northeast Spain. Journal of Vegetation Science, 11 (3): 329-336.

Guerrero-Campo J, Montserrat-Martí G. 2004. Comparison of floristic changes on vegetation affected by different levels of soil erosion in Miocene clays and Eocene marls from Northeast Spain. Plant Ecology, 173 (1): 83-93.

Hellsten S, Riihimäki J, Alasaarela E, et al. 1996. Experimental revegetation of the regulated lake Ontojärvi in northern Finland. Hydrobiologia, 340（1-3）: 339-343.

Jiao J Y, Zou H Y, Jia Y F, et al. 2009. Research progress on the effects of soil erosion on vegetation. Acta Ecologica Sinica, 29（2）: 85-91.

Quinton J N, Morgan R P C, Archer N A L, et al. 2002. Bioengineering principles and desertification mitigation∥ Geeson N A, Brandt C J, Thornes J B. Mediterranean Desertification: A Mosaic of Processes and Responses. Chichester: John Wiley and Sons: 93-105.

Rubio J L, Calvo A. 1996. Soil degradation and desertification on Mediterranean environments∥Albaladejo J, Castillo V, Roldan A. Rehabilitation of Degraded Soils by Water Erosion in Semiarid Environments. Logroño: Geoforma Ediciones.

Wang N, Jiao J Y, Jia Y F, et al. 2011. Seed persistence in the soil on eroded slopes in the hilly-gullied Loess Plateau region, China. Seed Science Research, 21（4）: 295-304.

Wang N, Jiao J Y, Lei D, et al. 2014. Effect of rainfall erosion: seedling damage and establishment problems. Land Degradation and Development, 25（6）: 565-572.

第14章　抗侵蚀植物的适应能力与群落构建作用

本章作者：焦菊英　寇　萌　杜华栋　贾燕锋　王　宁

土壤侵蚀通过对环境的干扰直接或间接地影响着植物的生长和发育，植物也能通过自身生长改善土壤侵蚀环境。而植被改善土壤侵蚀环境的前提条件是植物首先可以适应土壤侵蚀环境，能在土壤侵蚀条件下生存和繁衍。植物维持自身生存和繁衍可通过有性生殖和营养繁殖两种方式。植物具有较高的覆盖度及生物量，表明植物能适应侵蚀环境（王建国等，2011）。植物可以单优种或共优种构成不同的植物群落，任何植物群落都是由包含着相互作用的生态位分化的不同植物种类组成；这些植物种类在对群落的空间、时间和资源的利用及相互作用方面趋于相互补充，反映了不同植物种类在群落中有着不同作用（Gause，1934）。生态位是表征植物和所处生境条件关系及其植物群落中种间关系的一个重要概念。生态位宽度是一个物种（种群）所利用的各种不同资源的总和。生态位宽度大，意味着这个物种可能在资源对象上很不挑剔，也可能是虽在对象上有所偏好但数量上要求不高；生态位宽度小，意味着该物种对资源的质和量的需求都较为严格或狭窄（宋永昌，2001）。不同物种在不同群落中有着一定的生态位宽度，反映出其在群落中发挥功能的大小（Tansley，2010）。

本章通过对抗侵蚀植物的生长特征（包括植物盖度、密度、高度、生物量、群集度和枝系构型）及繁殖体形态特征和繁殖能力（包括种子库、幼苗库和营养繁殖体特征）的分析，探讨抗侵蚀植物对侵蚀环境的适应能力；并基于本课题组在延河流域从南到北所选的9个小流域中坡沟系统不同侵蚀环境下（阳沟坡、阳梁峁坡、梁峁顶、阴梁峁坡和阴沟坡）的植被调查资料，通过生态位宽度分析不同抗侵蚀植物在群落构建中的作用。

14.1　研　究　方　法

14.1.1　数据获取

采用抗侵蚀植物的土壤种子库、植冠种子库、幼苗库和营养繁殖特征，分析其繁衍更新能力。采用抗侵蚀植物的盖度、密度、高度、生物量、群集度和枝系构型等反映植物生长发育状况的指标，分析其对侵蚀环境的适应性。

土壤种子库和幼苗库的采样和调查是在纸坊沟小流域的4个典型侵蚀单元（两个自然恢复和两个人工林坡面）上进行的；将每个单元划分为坡上、坡中和坡下3个样带，每个样带设置 3 个 5m×5m 的样方。在每个样方内采集 0~10cm 土层的土样 20 个混合后带回室内进行萌发实验，并进行土壤种子库物种的鉴定，以确定哪些抗侵蚀植物具有土壤种子库。幼苗库的调查是在采集土壤种子库的大样方内设置 3 个 1m×1m 的样方逐月（4~10月）进行定位观测（王宁，2013）。同时，对主要优势种包括猪毛蒿、铁杆蒿、茭蒿、阿尔泰狗娃花、达乌里胡枝子和长芒草，至少在 3 个以上样地跟踪调查（从 6 月开始到 10 月结束，每月调查其数量、高度和盖度，记录其群集度和物候期等，计算各月间高度和盖度的增量），分析物种的生长特性，以及生长在不同侵蚀环境中同一物种高度和盖度增长最快时期的差异性（贾燕锋，2008）。

植冠种子库的调查是在纸坊沟和宋家沟小流域，选择 3 座典型梁峁坡，对所见所有结实的抗侵蚀植物进行标记；翌年 3 月观察待测植株是否存留种子，有种子存留则确定其具有植冠种子库。同时，结合多年野外观察与文献查询，确定调查样地未出现的抗侵蚀植物是否具有植冠种子库（王东丽，2014）。

抗侵蚀植物的营养繁殖特征是通过野外观测并结合《中国植物志》《黄土高原植物志》等资料的查阅确定的；野外观测不同植物的根茎繁殖类型，可分为根出条型、匍匐茎型、根茎型、分蘖型（王宁，2013）。

抗侵蚀植物的盖度、密度、高度和生物量数据基于 720 个样地的植被调查资料的统计；群集度和枝系构型是在纸坊沟和宋家沟流域进行植被调查时，对所见抗侵蚀植物的群聚度及枝系构型进行观察所得（贾燕锋，2008；杜华栋，2013）。

14.1.2 植物侵蚀环境的适应性评价

通过在延河流域不同植被带 9 个小流域调查所涉及植物在三个植被带分布的广度、物种群落重要值及不同侵蚀环境的共有性，排除人工恢复植被，筛选出 9 种乡土物种作为地区优势物种，测定分析其在三个植被带坡沟系统不同侵蚀环境下个体繁殖特征、叶片组织解剖特征和生理特性，运用隶属函数法从植物繁殖特征、叶片解剖结构和叶片生理生态方面综合评价供试植物对不同侵蚀环境的适应策略和能力，并探讨植物环境适应能力对其种群分布的影响（杜华栋，2013）。

14.1.3 生态位计算

生态位宽度反映物种对环境资源利用状况的尺度，生态位宽度越大表明物种对环境的适应能力越强，对各种资源的利用较为充分，而且在群落中处于优势地位（Aarssen，1983；Donohue et al.，2010）。依据生态位宽度可将植物分为 3 类（杜华栋，2013）：一是生态位宽度在 0.15 以上的建群种，其在创建群落内部独特环境及决定植物群落内部组成方面起着重要的作用，有着较宽的生态位（Whittaker，1972；Ackerly，2003）；二是生态位宽度为 0.10~0.15，在群落中属于优势种但非建群种；其对环境资源的利用能力相对较弱，但在决定群落性质和稳定性方面有着重要的作用（Lundholm，2009）；三是生态位在 0.10 以下的偶见种或伴生种，或分布范围较窄而只在特定的环境下出现的物种，其对群落生态功能的发挥贡献有限（Bossuyt，2009）。依据在延河流域南部森林带、中部森林草原带和北部草原带 9 个小流域 5 种不同土壤侵蚀环境（阳沟坡、阳梁峁坡、梁峁顶、阴梁峁坡和阴沟坡）的植被调查资料，分别计算在坡沟系统不同侵蚀环境下抗侵蚀植物的生态位宽度，分析抗侵蚀植物在坡沟系统不同侵蚀环境下植物群落中的作用。

14.2　结果与分析

14.2.1　抗侵蚀植物对侵蚀环境的适应能力

1. 抗侵蚀植物的繁衍更新能力

依据在纸坊沟小流域的土壤种子库鉴定结果与文献查阅（袁宝妮等，2009；宋瑞生，2008）可知，除河朔荛花外其他 41 种植物均具有土壤种子库；具有持久土壤种子库和短暂土壤种子库的物种各有 13 种和 12 种（表 14-1）。大部分抗侵蚀植物的种子能在合适条件下迅速萌发。

通过野外观测与文献查阅（王东丽，2014；刘志民等，2010）发现，42 种潜在抗侵蚀植物中，25 种植物具有形成植冠种子库的潜力，包括乔木侧柏、辽东栎和刺槐，灌木黄刺玫、土庄绣线菊、水栒子、酸枣、白刺花、杠柳、沙棘、紫丁香，小灌木灌木铁线莲、达乌里胡枝子和尖叶铁扫帚，半灌木茭蒿和铁杆蒿，以及草本植物大针茅、赖草、芦苇、菊叶委陵菜、蒙古蒿、狗尾草、猪毛菜和猪毛蒿（表 14-1）。这些具有植冠种子库的物种可将种子推迟至合适时期传播，而且宿存的种子能维持较高的活力，发挥植冠种子库的生态功能（王东丽，2014）。

通过在纸坊沟小流域的幼苗调查与文献查阅（苏嫄，2013；贺少轩等，2009）发现，除河朔荛花和虎榛子 2 种植物外，其他 40 种植物均观测到幼苗（表 14-1）；表明这些物种能够通过种子库萌发和幼苗建植而实现植被的自然更新与演替。

根据野外调查及植物志查阅结果，在 42 种潜在抗侵蚀植物中，除一年生植物外，其他植物均可进行营养繁殖。其中，根出条型物种有 7 种，根茎型物种有 17 种，匍匐茎型物种 3 种，6 种禾本科植物为分蘖型（表 14-1）。在研究区较恶劣的环境中，克隆植物的后代由母体供养，更容易安全度过幼龄期，实现成功定居（王宁，2013）。因此，这些具营养繁殖的物种有利于提高个体的生存和竞争力，有利于种群迅速扩散和传播，在恶劣环境中较有性繁殖具有更强的适应性。

2. 抗侵蚀植物的生长特征

通过对 42 种抗侵蚀植物的盖度统计发现（表 14-1），物种平均盖度为 25% ~ 58%。其中，55% 的物种最大盖度超过 50%，作为群落建群种或单优种存在；部分物种如灌木铁线莲、茅莓、多花胡枝子、尖叶铁扫帚、阿尔泰狗娃花、北京隐子草、菊叶委陵菜、蒙古

表 14-1　抗侵蚀植物的适应能力

物种	盖度范围/%	密度范围/(株/m²)	高度范围/m	单株生物量范围/(g/m²)	种子传播方式	植冠种子库	土壤种子库	幼苗库	持久/短暂种子库	营养繁殖类型	枝系构型
侧柏	40~50	5~12*	3.7~6.1	—	Zo	√	√	√	—	V	主杆型
辽东栎	25~75	4~7*	10.3~12.3	—	Zo	√	√	√	—	Vrs	主杆型
三角槭	28~41	6~14*	4.0~9.3	—	An	—	√	√	—	Vrs	主杆型
刺槐	25~55	4~45*	0.5~14.3	—	Zo	√	√	√	T	Vrs	主杆型
柠条锦鸡儿	25~90	1~2	1.0~1.6	82.3~1452.1	Zo	—	√	√	—	Vr	聚丛型
沙棘	25~70	1~2	0.9~2.1	28.6~1884.9	Zo	√	√	√	—	Vr	主杆型
白刺花	25~70	1~4	0.4~1.7	4.9~931.4	Zo	√	√	√	T	V	主杆型
土庄绣线菊	25~40	0.6~1	1.0~1.6	41.7~404.3	An	√	√	√	—	V	主杆型
虎榛子	25~30	1~7	0.7~1.7	94.2~206.3	Zo	—	√	—	—	Vr	主杆型
黄刺玫	30~35	0.6~1	1.5~2.0	175.8~190.3	Zo	√	√	√	—	Vrs	主杆型
水栒子	25~95	0.6~1	1.0~1.7	35.4~457.8	Zo	√	√	√	—	V	主杆型
灌木铁线莲	25~31	1~2	0.3~0.8	41.2~196.6	An	√	√	√	P	V	聚丛型
酸枣	25~60	1~10	0.5~1.0	5.3~130.2	Zo	√	√	√	T	Vrs	聚丛型
杠柳	27~70	1~2	0.6~1.0	10.55~105.6	An	√	√	√	P	Vrs	主杆型
河朔荛花	30~90	1~5	0.4~0.5	16.7~88.8	Zo	—	—	—	—	V	主杆型
紫丁香	25~55	1~9	0.9~3.0	1.7~110.9	An	√	√	√	T	Vrs	主杆型
茅莓	25~30	2~6	0.6~1.5	7.6~19.4	Zo	√	—	√	—	Vs	枝条弓形
多花胡枝子	25~30	4~175	0.1~0.8	10.3~36.3	Au	—	√	√	T	Vr	聚丛型
尖叶铁扫帚	30~35	1~27	0.5~1.0	0.6~2.8	Au	√	√	√	T	Vr	疏丛型
达乌里胡枝子	25~80	1~2	0.3~1.0	0.1~14.2	Au	√	√	√	P	Vr	疏丛型
茭蒿	25~97	1~8	0.3~0.7	1.1~41.1	An	√	√	√	P	Vr	疏丛型
铁杆蒿	26~100	1~57	0.1~0.9	0.3~30.9	An	√	√	√	P	Vr	聚丛型

续表

物种	盖度范围/%	密度范围/(株/m²)	高度范围/m	单株生物量范围/(g/m²)	种子传播方式	植冠种子库	土壤种子库	幼苗库	持久/短暂种子库	营养繁殖类型	枝系构型
百里香	25~50	—	(贴地面)	0.6~17.0	An	—	√	√	—	Vs	匍匐茎
阿尔泰狗娃花	14~38	1~5	0.2~0.4	0.3~0.5	An	—	√	√	P	Vr	疏丛型
白羊草	25~85	1~25	0.1~0.8	0.1~16.9	An	—	√	√	P	Vt	簇丛型
北京隐子草	25~26	1~5	0.1~0.3	1.0~1.2	An	—	√	√	T	Vt	簇丛型
糙隐子草	25~62	6~31	0.1~0.6	1.0~1.5	An	—	√	√	T	Vt	簇丛型
长芒草	25~84	3~54	0.1~0.4	0.2~1.6	Zo	—	√	√	P	Vt	簇丛型
大针茅	25~68	2~12	0.1~1.2	0.1~6.2	Zo	√	√	√	T	Vt	簇丛型
菊叶委陵菜	25~39	1~21	0.2~0.2	0.5~2.5	Au	√	√	√	P	Vs	短茎
赖草	25~62	25~100	0.4~0.8	0.1~0.2	An	√	√	√	T	Vr	疏丛型
冷蒿	25~50	—	(贴地面)	5.0~6.0	An	—	√	√	—	Vr	匍匐茎
芦苇	25~30	2~6	0.3~0.7	1.1~4.9	An	√	√	√	T	Vr	单株直立
蒙古蒿	25~26	1~13	0.4~0.7	0.1~1.0	An	√	√	√	—	Vr	疏丛型
大披针薹草	25~62	3~38	0.1~0.5	0.1~3.1	An	—	√	√	P	Vr	簇丛型
野蒿	25~36	3~65	0.1~0.2	0.1~1.1	An	—	√	√	T	Vr	短茎
山野豌豆	25~43	1~7	0.4~0.5	1.2~5.1	Au	—	√	√	—	Vr	枝条弓形
漏芦头回	25~50	7~50	0.09~0.1	0.4~0.4	An	—	√	√	—	Vr	短茎
中华隐子草	25~26	1~10	0.1~0.4	2.6~3.3	An	—	√	√	—	Vt	簇丛型
狗尾草	25~50	9~25	0.6~0.6	0.1~0.5	Zo	√	√	√	P	—	疏丛型
猪毛菜	25~80	50~110	0.3~0.5	0.1~0.8	An	√	√	√	P	—	聚丛型
猪毛蒿	25~70	7~150	0.2~0.8	0.07~1.1	An	√	√	√	P	—	疏丛型

注: 乔木密度范围标 "*", 其密度单位是株×100m²。百里香和冷蒿多以根茎侧向蔓延而贴地面连片生长, 因此未统计株丛数。种子传播方式 An 表示风力扩散; Au 表示自重扩散; Zo 表示动物扩散。营养繁殖类型 V 表示根部不定芽萌生; Vr 表示根出条型; Vs 表示根出条型; Vt 表示分蘖型。植冠种子库、土壤种子库和幼苗库标出 "√"为本研究和研究区内其他有记载的物种。种子库持久性 P 表示持久性土壤种子库; T 表示具有短暂土壤种子库。

蒿、山野豌豆、野菊和中华隐子草最大盖度小于50%，多与其他物种成为群落共优种，构成不同组合的植物群落类型。当物种在群落中具有较高的盖度时，相应地其物种密度和地上生物量也较高，而较高的覆盖度及地上生物量则表明植物能适应所处环境而且长势较好（王建国等，2011）。因此，可以认为这42种植物适应研究区的侵蚀环境，且生长发育状况良好，具有较强的生存能力。

抗侵蚀植物的高度、密度和地上生物量在生长型上表现出明显的差异（表14-1）。乔木平均密度为5~16株/100m²，平均高度为4.82~11.35m。灌木平均密度为1~5株/m²，平均高度为0.50~1.82m，平均单株生物量为52.80~1452.01g/m²。小灌木和半灌木平均密度为1~31株/m²，平均高度为0.38~1.63m，平均单株生物量为1.30~88.14g/m²。草本植物平均密度为4~80株/m²，平均高度为0.10~0.63m，平均单株生物量为0.16~4.88g/m²。可以看出，植物密度差异很大，乔木密度最小，灌木及小灌木和半灌木的次之，草本植物密度最大；所测单株生物量中，灌木的最高，小灌木和半灌木的次之，草本植物生物量最小。乔木树枝高大，树干粗壮，高可达10m以上，占据群落上层，但密度最小；虽未测定乔木生物量，但其高大粗壮的树干足以说明乔木生物量最高。灌木在乔木群落中处于中间层，在灌木群落中处于上层；灌木密度较小，但由于灌木有明显木质化的主干，且分枝多有不同程度的木质化，因此除乔木外灌木单株生物量高；酸枣、杠柳、河朔荛花植株矮小，枝干木质化程度不高，生物量较低。小灌木和半灌木高度一般不超过1m，由于尖叶铁扫帚和达乌里胡枝子属单株生长且分枝较少，因此单位面积株丛数较多，但枝干木质化程度低，单株生物量很少；茅莓枝条弯曲生长，属藤本植物，单株生物量较低；灌木铁线莲、多花胡枝子、茭蒿和铁杆蒿植株分枝数多，木质化枝干使得这些植物单株生物量高于草本植物，但小于枝干粗壮的灌木。草本植物植株矮小，在乔灌群落中处于底层，多无明显枝干，只有不同形态和质地的叶片，因此草本植物生物量很小。总之，植物的生长状况与其生物学特性及所处的立地环境密切相关。

3. 抗侵蚀植物的群集类型与枝系构型

植物往往以一种群集类型为主，具有一个及以上伴生的群集类型。构成群落的不同抗侵蚀植物在空间上有不同的分布，多属于单株散生、成丛生长和呈小斑块分布3种群集度。以单株散生为主的植物多为乔灌木，包括侧柏、辽东栎、三角槭、刺槐、虎榛子、黄刺玫、土庄绣线菊、水枸子、白刺花、紫丁香、杠柳、河朔荛花、沙棘、酸枣、灌木铁线莲、多花胡枝子和茅莓；草本植物山野豌豆、菊叶委陵菜、猪毛菜和芦苇属单株生长。但其中茅莓和山野豌豆枝条常弓形弯曲而成片状分布。个体单株散生但在群落中呈片状分布的有蒙古蒿、野菊和墓头回；百里香和冷蒿具匍匐茎，贴地面生长呈片状分布。灌木柠条锦鸡儿成丛生长；以单株散生为主并伴有成丛生长的有猪毛蒿、狗尾草、尖叶铁扫帚、阿尔泰狗娃花、达乌里胡枝子和赖草；以成丛生长为主但新生个体呈单株散生的有长芒草、中华隐子草、白羊草、北京隐子草、糙隐子草、大针茅、大披针薹草、茭蒿和铁杆蒿。

植物的枝系构型可依植物冠幅及茎基部形态分为4种。①主杆型：单轴分枝的多年生落叶乔灌木，基部通常有一个或两个主杆茎，在杆茎中部处分枝。②疏丛型：多年生落叶草本，地下根茎发达，可产生芽并进行横向扩展，占领相对较大的区域。③聚丛型：合轴式分枝的多年生小灌木或草本，在基部形成新梢和向外扩张的密集分枝。④簇丛型：多年生禾草，基部有许多紧密排列的分蘖枝，在研究区通常形成环状草丛（Du et al., 2013）。植物不同的枝系构型可将坡面上部泥沙和枯落物拦截堆积在植物基部形成土堆，改变坡面微环境，减少环境对自身的胁迫伤害，进而影响着植物生态功能的发挥（杜华栋, 2013）。在42种抗侵蚀植物中，主杆型植物包括侧柏、辽东栎、三角槭、刺槐、虎榛子、黄刺玫、土庄绣线菊、水枸子、白刺花、紫丁香、杠柳、河朔荛花和沙棘；这些物种以其较大的冠幅保护基部土壤，但较高的冠幅在截留雨水方面能力较弱，其主杆型结构对沉积物的拦截效果也较差。簇丛型植物有大披针薹草，禾本科白羊草、北京隐子草、糙隐子草、中华隐子草、长芒草和大针茅。聚丛型植物有酸枣、柠条锦鸡儿、灌木铁线莲、多花胡枝子、铁杆蒿和猪毛菜；这些物种冠幅小但枝系密度大，使其在不同侵蚀环境下都能有效拦截沉积物。疏丛型植物包括阿尔泰狗娃花、赖草、狗尾草、蒙古蒿、猪毛蒿、茭蒿、尖叶铁扫帚和达乌里胡枝子；这些物种有发达的地下根茎，可产生数量发达的枝条，也可将其枝系扩展至较大区域，因此在保护土体和拦截沉积物方面能力较大（表14-1）。

进一步通过对主要优势种猪毛蒿、阿尔泰狗娃花、达乌里胡枝子和赖草的空间格局分布类型的分析发现，各物种个体虽然主要以单株散生形式存在，但种群整体在空间呈聚集分布（表14-2）。这与许多研究表明的在自然界大多数物种的分布格局为聚集分布是一致的。但是，种群格局在时间和空间尺度上都是变化的。在空间尺度上，在研究某种群的空间分布格局时人为地确定小范围样地进行调查，所得结果只能代表调查样地尺度上的格局强度。本研究设计两个样方尺度，在判别分布类型上是一致的，但聚集强度上是存在差异的（表14-2）。同一个参数，在1m×1m样方上的聚集强度较0.5m×0.5m的样方高，也就是说在较大尺度上其聚集程度更明显。达乌里胡枝子在0.5m×0.5m样方内呈随机分布，而在1m×1m样方内呈聚集分布；赖草虽在两种样方均表现为聚集分布，但也有随机分布的趋势和可能性。在时间尺度上，同一个种可以在同一群落中形成两种分布格局：在入侵之初，依种子的散布而形成随机分布；随后，则由无性繁殖而形成集群分布；最后由于竞争或其他原因而成随机分布。

表14-2　主要优势种空间分布格局

物种	样地号	取样面积 /m²	格局检验		聚集强度				分布类型
			分布系数	t值	负二项参数	平均拥挤度	丛生指标	聚块性指标	
阿尔泰狗娃花	S1	0.25	3.89	16.19	2.03	8.73	2.89	1.49	聚集
		1	7.15	16.83	3.80	29.52	6.15	1.26	聚集
达乌里胡枝子	S1	0.25	1.03	0.18	62.51	2.02	0.03	1.02	随机
		1	1.99	2.71	8.02	8.93	0.99	1.12	聚集
赖草	S2	0.25	1.28	1.58	35.26	10.19	0.28	1.03	聚集
		1	1.69	1.89	57.53	40.31	0.69	1.02	聚集

物种	样地号	取样面积 /m²	格局检验		聚集强度				分布类型
			分布系数	t 值	负二项参数	平均拥挤度	丛生指标	聚块性指标	
猪毛蒿	S3	0.25	1.65	3.66	5.92	4.51	0.65	1.17	聚集
		1	2.41	3.86	10.95	16.85	1.41	1.09	聚集
	S8	0.25	2.42	7.97	7.46	12.01	1.42	1.13	聚集
		1	4.70	10.13	11.45	46.08	3.70	1.09	聚集
	S9	0.25	3.40	13.45	4.79	13.87	2.40	1.21	聚集
		1	7.84	18.74	6.71	52.72	6.84	1.15	聚集
	S10	0.25	3.44	13.67	5.39	15.56	2.44	1.19	聚集
		1	8.49	20.50	7.01	59.99	7.49	1.14	聚集
	S12	0.25	2.87	10.51	9.07	18.86	1.87	1.11	聚集
		1	5.81	13.18	14.12	72.75	4.81	1.07	聚集

4. 主要抗侵蚀植物的生长速率

根据对 6 种主要优势物种生长动态的监测结果（图 14-1）显示，在不同侵蚀环境中，同一优势种的高度和盖度的差异性均未达到显著水平，更多地体现了物种的遗传特征。通过分析物种高度和盖度的生长幅度发现，物种高度的增长和盖度的增加大体分两种类型。一种类型是植物的高度和盖度一直较缓慢地提高，没有迅速生长期的存在，如长芒草。另一种类型是植物的高度和盖度在一个时期内集中迅速提高达到较高的高度和较大的盖度，如猪毛蒿、铁杆蒿、茭蒿、阿尔泰狗娃花和达乌里胡枝子。除猪毛蒿的高度迅速增长在 7 月和 8 月外，其他各优势种的高度增长主要集中在 6 月和 7 月。盖度的增加较高度增长有一定的滞后。盖度增长期与植物种类有关，尤其与枝形和花序的形态有关。例如，蒿类丛生生长且枝散，为复总状花序或穗状花序，开花压枝，则盖度增大。演替的后期物种如茭蒿和铁杆蒿能在雨季之前利用有限的水热条件迅速地生长达到较大的高度和盖度，从而具有较好的防蚀效益，植被状况较好，形成良性循环；而恢复初期的猪毛蒿的生长主要是在雨季，对于防蚀来说滞后，以猪毛蒿为主要优势种的群落侵蚀强度较大。

5. 主要抗侵蚀植物环境适应性

植物通过繁殖特性、形态解剖和生理特性的变化对环境做出响应，并在长期进化过程中不断地调节，对不同的环境表现出不同的适应能力和策略。综合植物繁殖特性、形态解剖特性和生理特性的 12 类指标（有性生殖指数、芽库、叶片形态指数、叶片解剖保护组织、叶片解剖叶肉组织、叶片解剖维管组织、生理水分指标、渗透调节物质、细胞伤害指数、抗逆酶活性、非酶抗氧化物质和总叶绿素含量）的隶属函数值（图 14-2），9 种主要抗侵蚀植物对侵蚀环境的适应性表现如下。

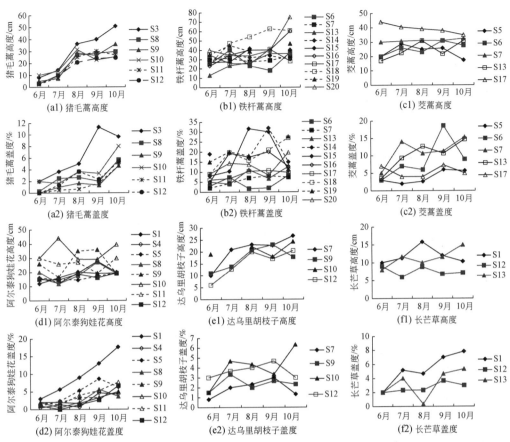

图 14-1　主要优势种高度与盖度的月生长动态

S1～S20 为调查样地

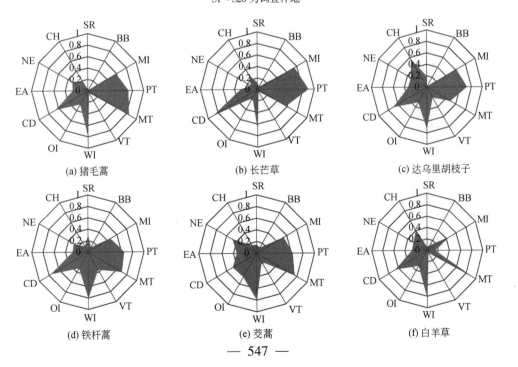

(a) 猪毛蒿　　　(b) 长芒草　　　(c) 达乌里胡枝子

(d) 铁杆蒿　　　(e) 茭蒿　　　(f) 白羊草

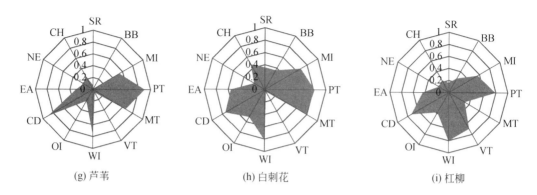

图 14-2　主要抗侵蚀植物的繁殖、解剖和生理特征指数的隶属函数值

SR 表示有性生殖指数；BB 表示芽库；MI 表示叶片形态指数；PT 表示叶片解剖保护组织；MT 表示叶片解剖叶肉组织；VT 表示叶片解剖维管组织；WI 表示生理水分指标；OI 表示渗透调节物质；CD 表示细胞伤害指数；EA 表示抗逆酶活性；NE 表示非酶抗氧化物质；CH 表示总叶绿素含量

猪毛蒿叶片形态解剖特征和水分状况的调节能力较大，其针形和肉质化的叶片有利于持水和保水；但其根系不发达，仅分布在土壤浅层。猪毛蒿产生大量且轻质的种子，可提高其生殖成功概率，也有利于其种群散布，使之分布广泛；随着演替的进行，表层土壤干化以后，猪毛蒿不适应环境而逐渐被较耐旱的铁杆蒿和茭蒿替代。

铁杆蒿在适应环境的过程中，其形态解剖特征和生理特征都表现出高的调控特征；而且其产生大量且轻质的种子有利于种群散布，使得其对环境的综合适应能力较强，在不同植被带坡沟系统各侵蚀环境下均有分布。

茭蒿在叶片解剖特征、水分特性和抗氧化活性方面调节能力较强，有发达的地下根茎；产生较大的种子库存量，从克隆繁殖上有利于植物个体的扩张。同时，其拦截坡面径流沉积物形成的土堆对坡面微环境的改善功能也较强，有利于坡面群落多样性和稳定性的维持。

白羊草为 C_4 植物，特殊的叶片结构和光合作用方式使其在胁迫环境下仍能有效地进行光合作用，避免光抑制；再加上白羊草上下表皮全为泡状细胞覆盖，与外切面角质层配合能迅速吸水并有效保水，使得白羊草对干旱和强光照的阳坡环境有很好的适应性。但白羊草 r 生殖策略的种子不利于在植物密度较大的阴坡环境下竞争，且其簇丛型枝系构型使植物个体扩张能力有限，因此在阴坡侵蚀环境下很少分布。

长芒草叶的保护组织结构特殊，其气孔分布在上表皮凹陷处，加上表皮毛分布特征，构成了一个下陷的"气孔窝"结构，而且其多层厚壁组织最大限度地覆盖在叶片上下表皮细胞以下，有效地保持水分的同时降低了外界环境干扰，有效地减小了叶肉组织伤害，维持叶内环境的稳定；因此其细胞受伤害程度较低，且其叶片形态可塑性较大。这使其分布广泛。

芦苇适应环境的策略与长芒草的类似。其强大的保护组织使得环境对植物叶内生理代谢影响较小；其芽库处于深层土壤，有效地逃避了环境的干扰，将黄土高原土壤侵蚀干扰对植物造成的影响降低，使得其在坡沟不同侵蚀环境下均有分布。但其有性生殖和芽库繁殖投入都较少，使其常为点状分布格局，较难形成稳定的群落。

达乌里胡枝子在形态解剖、生理代谢和维持叶绿素方面都有较高的调节特性，同时较大的有性生殖投入也有利于其种群的散布与扩大，因此使其占有较广阔的地理范围和更加多样化的生境，从而成为广幅种。

白刺花在形态解剖和水分状态调节方面有较高的能力，可随太阳入射角度迅速地调整叶片角度，有效减小了叶绿素的破坏；同时生殖投入也较大。这些特征使得白刺花对环境有较高的适应能力。

杠柳叶片形态调节、输水组织和水分状态调节能力都较高，对环境的适应能力较大；且其趋向于 r 生殖策略的生活史可以产生大量的种子，种子上的毛状附属物有利于种子传播。因此其在黄土丘陵沟壑区不同植被带坡沟系统各侵蚀环境下均有分布。

综合植物繁殖特性、形态解剖特性和生理特性，9 种抗侵蚀植物综合隶属函数值表现为白刺花>杠柳>铁杆蒿>达乌里胡枝子>长芒草>茭蒿>芦苇>猪毛蒿>白羊草（表 14-3）。两种灌木对环境的适应能力较强，其次为在延河流域均有分布的广布种铁杆蒿、达乌里胡枝子和长芒草；而对侵蚀环境具有一定选择性的茭蒿、芦苇、猪毛蒿和白羊草隶属函数值相对较小。物种重要值反映的是植物在群落中出现频率、数量和优势度的一个综合指标；重要值越大，说明该物种对生长环境的适应性较强，其对群落稳定贡献越大。物种综合隶属函数值反映的是其对繁殖、形态、生理的调节能力的大小。物种的综合隶属函数值与其在群落中的重要值呈正相关（图 14-3），Pearson 相关系数为 0.641（$P<0.0001$）。因此，植物在不同环境下自身可塑性调节越大，其对环境的适应能力相应也较强。

表 14-3　供试物种生理特性隶属函数值

项目	猪毛蒿	铁杆蒿	茭蒿	白羊草	长芒草	芦苇	达乌里胡枝子	杠柳	白刺花
综合隶属函数值	0.3189	0.4194	0.3851	0.2701	0.3879	0.3790	0.3962	0.4278	0.5172
排序	8	3	6	9	5	7	4	2	1

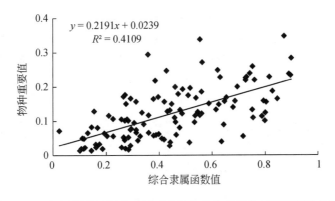

图 14-3　主要物种的综合隶属函数值与其在群落中的重要值的关系

14.2.2　抗侵蚀植物在群落构建中的作用

1. 抗侵蚀植物在不同群落中的角色

任何植物群落都是由各种不同性质的植物种类组成，不同的植物种类在群落中扮演着不同的角色，反映了物种在群落中的作用与地位。综合课题组 2003 ~ 2014 年在黄土丘陵沟壑区延河流域多年的植被调查资料，依据法瑞学派的植物社会学划分方法和原则，对 720 个样地的群落类型进行划分，其中以抗侵蚀植物为特征种的群落有 42 个。法瑞学派分析植物种类在群落中的角色时，将其分为特征种和伴生种。特征种是划分群落类型的植物种，即群落的建群种（群落主要层的优势种）和优势种；伴生种是群落中除特征种以外的常见种，存在度为 60% 以上的伴生种也可以成为某一群落特征种的组成成分。通过对不同恢复阶段的群落类型的特征种和伴生种的统计（表 14-4），42 种抗侵蚀植物在不同恢复阶段的群落中均可作为群落的特征种而存在。演替初期，一年生杂草猪毛蒿、猪毛菜、赖草和狗尾草是构建群落的建群种；阿尔泰狗娃花属于群落的恒有伴生种，在演替初期到演替后期的群落中均有出现。演替 5 ~ 8a 后，长芒草和达乌里胡枝子入侵演替早期群落，成为群落的优势种。演替 10 ~ 25a，多年生草本达乌里胡枝子、长芒草、糙隐子草、白羊草和大针茅及半灌木铁杆蒿和茭蒿是群落的建群种，这些物种常以 2 种或 3 种相互组合形成不同的多年生草本群落，这些植物通常能够存在很长时间；灌木杠柳、白刺花、灌木铁线莲、黄刺玫和水栒子作为群落的建群种开始出现；其他多年生草本菊叶委陵菜、中华隐子草、北京隐子草、墓头回和冷蒿等开始成为群落的优势种。在演替 30a 以后，长芒草和达乌里胡枝子是群落的特征种，但不再是构建群落的建群种；铁杆蒿和白羊草依然是群落的建群种；多年生草本大披针薹草和野菊及半灌木百里香，灌木虎榛子、酸枣、河朔荛花和紫丁香等作为群落的建群种开始出现；这一时期的其他优势种有山野豌豆、尖叶铁扫帚、多花胡枝子、土庄绣线菊和三角槭等。当灌木群落生长数年后，为乔木提供了良好的栖息环境；乔木侧柏和辽东栎作为构建群落的建群种开始出现，其他灌草则成为群落的优势种而存在。

另外，在刚退耕时种植了人工乔木刺槐及灌木柠条锦鸡儿和沙棘，则构建群落的建群种即为这些乔灌木，在演替初期的刺槐林下优势种有猪毛蒿、赖草、猪毛菜和狗尾草等一年生杂草；演替 10 ~ 30a，优势种为长芒草、达乌里胡枝子和阿尔泰狗娃花；30a 以后，长芒草和达乌里胡枝子依然是优势种，铁杆蒿、茭蒿和灌木铁线莲也逐渐成为优势种。在演替 10 ~ 30a 的柠条锦鸡儿和沙棘群落，林下优势种有长芒草、达乌里胡枝子、铁杆蒿和茭蒿。除了构建群落的建群种外，其他作为群落特征种的优势种可以补充建群种在生态空间的空白斑块和增加物种多样性。

2. 抗侵蚀植物在群落构建中的作用

对陕北黄土丘陵沟壑区延河流域三个植被带（森林带、森林草原带和草原带）坡沟 5 种不同侵蚀环境（阳沟坡、阳梁峁坡、梁峁顶、阴梁峁坡和阴沟坡）下抗侵蚀植物生态位的分析结果显示，各物种生态位变化为 0.027 ~ 0.359（表 14-5）。

表 14-4 抗侵蚀植物在不同恢复阶段群落中的角色

群落类型	退耕年限/a	坡度/(°)	坡向	建群种	群落特征种	
					优势种	伴生种数
刺槐+铁杆蒿群落	30~35	20~35	1、2、3、4	刺槐、铁杆蒿	长芒草、丛生隐子草、达乌里胡枝子、灌木铁线莲、茵蒿、赖草、大披针薹草	56
刺槐+白羊草群落	30~35	20~35	3、4	刺槐、白羊草	中华隐子草、铁杆蒿、茵蒿、达乌里胡枝子、长芒草	18
刺槐+达乌里胡枝子+长芒草群落	12~30	17~41	1、2、3、4	刺槐、达乌里胡枝子	茵蒿、阿尔泰狗娃花	26
刺槐+猪毛蒿+赖草群落	1~5	11~40	1、2、3、4	刺槐、猪毛蒿、赖草	猪毛菜、地锦草、狗尾草、香青兰、斜茎黄耆、达乌里胡枝子、中华隐子草	40
柠条锦鸡儿群落	27~28	5~40	1、2、3、4	柠条锦鸡儿	铁杆蒿、长芒草、达乌里胡枝子、茵蒿、杠柳、野菊	42
沙棘群落	12~35	12~37	1、2、3	沙棘	长芒草、达乌里胡枝子、铁杆蒿、茵蒿、硬质早熟禾	51
侧柏群落	(老荒坡)	5~40	4	侧柏	白刺花、紫丁香、黄刺玫、水枸子、银州柴胡、大披针薹草	37
辽东栎群落	60	5~40	1、2	辽东栎	紫柔厥、水枸子、土庄绣线菊、紫丁香、杜梨、虎榛子、黄刺玫、鸡爪椒、牛奶子、龙胆、山药	24
白刺花+铁杆蒿+白羊草群落	20~25、(老荒坡)	10~65	3、4	白刺花、铁杆蒿、白羊草	长芒草、灌木铁线莲、丛生隐子草、达乌里胡枝子、茵蒿、中华隐子草	47
白刺花+酸枣群落	>40	15~40	3、4	白刺花、酸枣	长芒草、丛生隐子草、达乌里胡枝子、茵蒿、铁杆蒿、互叶醉鱼草、白羊草、灌木铁线莲	16
白刺花+黄刺玫+水枸子群落	15~16、55~70	10~70	1、3、4	白刺花、黄刺玫、水枸子	紫丁香、柳叶鼠李、长芒草、茵蒿、铁杆蒿、达乌里胡枝子、大披针薹草、中华隐子草	40
紫丁香群落	>30、(老荒坡)	20~40	1、2、3	紫丁香	大披针薹草、野菊、银州柴胡、杠柳、虎榛子、黄刺玫、六道木、三角槭、土庄绣线菊、茵蒿、铁杆蒿	69

续表

群落类型	退耕年限/a	坡度/(°)	坡向	建群种	群落特征种（优势种）	伴生种数
黄刺玫群落	50~60,（老荒坡）	20~50	1、2	黄刺玫	葱皮忍冬、大披针薹草、紫丁香、水枸子、虎榛子、陕西荚蒾、六道木、三角槭、沙参、蛇葡萄、土庄绣线菊、铁杆蒿、茭蒿、远志	63
杠柳群落	10~13,（老荒坡）	10~45	1、2、3、4	杠柳	长芒草、茭蒿、铁杆蒿、白羊草、糙叶黄耆、达乌里胡枝子、硬质早熟禾、远志	58
虎榛子群落	40~50,（老荒坡）	30~40	1、2	虎榛子	杠柳、披针叶黄华、铁杆蒿、土庄绣线菊、山野豌豆、漏芦、白头翁、达乌里胡枝子、紫丁香、茭蒿、南草	43
酸枣群落	>40	5~31	2、3、4	酸枣	白羊草、长芒草、达乌里胡枝子、猪毛蒿、中华隐子草、草木樨状黄耆、丛生隐子草、铁杆蒿	22
河朔荛花群落	（老荒坡）	21~32	3、4	河朔荛花	铁杆蒿、丛生隐子草、长芒草、达乌里胡枝子、茭蒿、远志	32
铁杆蒿群落	16~20,（老荒坡）	5~60	1、2、3	铁杆蒿	漏芦、小红菊、硬质早熟禾、达乌里胡枝子、长芒草	58
铁杆蒿+野菊+大披针薹草群落	10~45	20~40	1、2	铁杆蒿、野菊、大披针薹草	北京隐子草、紫丁香、披针叶黄华、小红菊、漏芦、野燕麦	50
铁杆蒿+硬质早熟禾群落	15~25,（老荒坡）	5~48	1、2、3	铁杆蒿、硬质早熟禾	草木樨状黄耆、漏芦、抱茎小苦荬	57
铁杆蒿+灌木铁线莲群落	12~16, 50~60	20~40	2、3、4	铁杆蒿、灌木铁线莲	小叶锦鸡儿、糙叶黄耆、丛生隐子草	57
铁杆蒿+茭蒿群落	（老荒坡）	5~60	1、2、3、4	铁杆蒿、茭蒿	糙叶黄耆、草木樨状黄耆、小叶锦鸡儿、长芒草、达乌里胡枝子、大针茅、大披针薹草、野菊、硬质早熟禾、远志、中华隐子草	70

续表

群落类型	退耕年限/a	坡度/(°)	坡向	建群种	群落特征种	优势种	伴生种数
铁杆蒿+茭蒿+白羊草群落	30,(老荒坡)	5~40	3、4	铁杆蒿、茭蒿、白羊草	糙隐子草、长芒草、达乌里胡枝子、远志	多花胡枝子、远志	36
铁杆蒿+白羊草群落	18~30,(老荒坡)	25~45	3、4	铁杆蒿、白羊草	长芒草、达乌里胡枝子、茭蒿、远志、中华隐子草	中华隐子草	43
铁杆蒿+长芒草群落	10~22	4~37	1、2、3	铁杆蒿、长芒草	银州柴胡、达乌里胡枝子、茭蒿、远志、中华隐子草	猪毛	65
铁杆蒿+达乌里胡枝子群落	8~26,(老荒坡)	5~42	1、2、3、4	铁杆蒿、达乌里胡枝子	糙隐子草、长芒草、丛生隐子草、硬质早熟禾、中华隐子草	鹅观草、甘青针茅、茭蒿、菊叶委陵菜	65
铁杆蒿+达乌里胡枝子+长芒草群落	15~19	8~30	1、2、3、4	铁杆蒿、长芒草、达乌里胡枝子	北京隐子草、糙隐子草、大针茅、菊叶委陵菜、猪毛蒿	菊叶委陵菜、远志、中华隐子草、猪毛	42
茭蒿+达乌里胡枝子群落	17~18,(老荒坡)	5~45	3、4	茭蒿、达乌里胡枝子	长芒草、铁杆蒿、远志		44
白羊草群落	15~22	15~40	3、4	白羊草	长芒草、达乌里胡枝子、茭蒿、中华隐子草	铁杆蒿、中华隐子草	39
白羊草+达乌里胡枝子+长芒草群落	15~40	8~35	3、4	白羊草、达乌里胡枝子、长芒草	菊叶委陵菜、铁杆蒿、远志	茭蒿、铁杆蒿、远志	38
白羊草+丛生隐子草群落	10~30	23~40	3、4	白羊草、丛生隐子草	长芒草、达乌里胡枝子、茭蒿、中华隐子草	铁杆蒿、中华隐子草	25
白羊草+大针茅群落	18~20,(老荒坡)	9~40	3、4	白羊草、大针茅	长芒草、达乌里胡枝子、茭蒿、中华隐子草	铁杆蒿、中华隐子草	29
达乌里胡枝子群落	15~22	5~34	2、3、4	达乌里胡枝子	阿尔泰狗娃花、长芒草、菊叶委陵菜、猪毛蒿	猪毛蒿	52

续表

群落类型	退耕年限/a	坡度/(°)	坡向	群落特征种		伴生种数
				建群种	优势种	
达乌里胡枝子+长芒草群落	14~21	5~25	1、2、3、4	达乌里胡枝子、长芒草	阿尔泰狗娃花、糙叶黄耆、二裂委陵菜、菊叶委陵菜、铁杆蒿、远志、猪毛菜、猪毛蒿	39
达乌里胡枝子+长芒草+糙隐子草群落	14~17	<20	4、5	达乌里胡枝子、长芒草、糙隐子草	糙叶黄耆、二裂委陵菜、菊叶委陵菜、硬质早熟禾、猪毛蒿	23
达乌里胡枝子+猪毛蒿群落	10~22	5~20	1、2、3、4	达乌里胡枝子、猪毛蒿	糙隐子草、二裂委陵菜、猪毛菜	38
长芒草群落	14~19	3~30	1、2、3、4	长芒草	臭草、冷蒿、糙隐子草、达乌里胡枝子、二裂委陵菜、狗尾草、黄鹌菜、菊叶委陵菜、硬质早熟禾、猪毛蒿	57
百里香群落	30、（老荒坡）	5~35	1、2、3	百里香	糙叶黄耆、糙隐子草、草木樨状黄耆、长芒草、达乌里胡枝子、大针茅、二裂委陵菜、菊叶委陵菜、赖草、硬质早熟禾	43
野菊群落	（老荒坡）	20~50	1	野菊	中华卷柏、多花胡枝子、蛇葡萄、山野豌豆、百里香、抱茎小苦荬、银州柴胡、鹅观草、火绒草、大披针薹草、小红菊、硬质早熟禾	66
大针茅群落	12~45、（老荒坡）	5~40	1、2	大针茅	长芒草、百里香、北京隐子草、草木樨状黄耆、尖叶铁扫帚、冷蒿、圆锥石头花、硬质早熟禾	53
猪毛蒿群落	4~6、10~12	<25	1、2、3、4	猪毛蒿	野古草、狗尾草、阿尔泰狗娃花、长芒草、达乌里胡枝子、黄鹌菜、苦荬菜、小蓟、小苦荬、猪毛菜	52
赖草+猪毛蒿群落	3~8、11~12	3~32	1、2、3、4	赖草、猪毛蒿	阿尔泰狗娃花、长芒草、达乌里胡枝子、小蓟	29

注：坡向 1 表示阴坡；2 表示半阴坡；3 表示半阳坡；4 表示阳坡；5 表示梁峁顶。

表 14-5　不同侵蚀环境下植物的生态位宽度

物种	物种生态位宽度				
	SG	SH	HT	HH	HG
沙棘	—	0.253	0.067	0.151	0.139
达乌里胡枝子	0.187	0.257	0.205	0.131	0.095
茭蒿	0.156	0.126	0.111	0.081	0.074
铁杆蒿	0.118	0.113	0.089	0.127	0.087
长芒草	0.156	0.196	0.219	0.169	0.118
猪毛蒿	0.162	0.198	0.218	0.127	0.096
阿尔泰狗娃花	0.137	0.184	0.131	0.116	0.089
芦苇	0.082	0.177	0.107	0.074	0.054
白刺花	0.146	0.173	0.125		
白羊草	0.155	0.151	0.123	—	—
大针茅	0.109	0.086	0.082	0.164	0.107
刺槐	—	—	0.074		0.067
紫丁香	0.210	0.206	0.076	0.189	0.146
杠柳	0.176	0.173	0.121	0.297	0.082
水枸子	0.155	0.054	—	0.136	—
大披针薹草	0.250	0.177	0.167	0.187	0.211
虎榛子	0.129	0.209	—	0.118	0.098
黄刺玫	0.119	0.139	0.125	0.111	0.106
野菊	0.154	0.201	—	0.207	0.200
墓头回	0.083	—	0.114	0.188	0.175
灌木铁线莲	0.117	0.057	0.035	0.028	0.027
赖草	0.240	0.169	0.181	0.155	0.114
柠条锦鸡儿	0.227	—	0.231	0.081	0.062
猪毛菜	0.080	0.090	0.079	0.091	—
糙隐子草	0.125	0.102	0.160	0.106	0.077
中华隐子草	0.168	0.150	0.045	0.038	0.028
北京隐子草	0.188	0.097	0.108	0.151	0.063
狗尾草	0.129	0.101	0.152	0.127	0.040
蒙古蒿	0.153	0.246	0.157	0.136	0.135
菊叶委陵菜	0.099	0.127	0.121	0.083	0.068
尖叶铁扫帚	—	0.084	0.200	—	—
茅莓	0.035	—	—	0.047	0.089
多花胡枝子	0.155	0.105	0.029	0.068	0.118
山野豌豆	0.177	—	0.124	0.131	0.065
侧柏	0.286	—	—	—	—
辽东栎	—	—	—	0.099	0.071
三角械	0.036	0.114	0.064	0.146	0.114
土庄绣线菊	—	0.146	—	—	0.296

物种	物种生态位宽度				
	SG	SH	HT	HH	HG
河朔荛花	0.169	0.099	—	—	—
百里香	0.273	0.359	0.262	0.161	0.144
冷蒿	0.061	—	0.086	0.132	—

注：SG 表示阳沟坡；SH 表示阳梁峁坡；HT 表示梁峁顶；HH 表示阴梁峁坡；HG 表示阴沟坡。"—"表示该侵蚀环境下未调查到此物种。

广布于延河流域的 11 个广幅种，白刺花和白羊草多见于阳坡，在阳坡分布的群落中生态位宽度为 0.146 ~ 0.173，说明其在阳坡群落中可作为优势种或伴生种。达乌里胡枝子、长芒草、猪毛蒿和阿尔泰狗娃花在不同侵蚀环境下生态位宽度均较大，为 0.089 ~ 0.257，是不同侵蚀环境下各群落的优势种或伴生种；但在阴沟坡的生态位宽度相对较小，为 0.089 ~ 0.118。沙棘在梁峁顶的生态位宽度为 0.067，是群落中的偶见种；在其他侵蚀环境下（在阳沟坡未调查到）可作为群落的优势种或伴生种。茭蒿和铁杆蒿均在阳坡有较高的生态位宽度，为 0.113 ~ 0.156。铁杆蒿在阴梁峁坡的生态位宽度为 0.127，是群落伴生种；在阴沟坡和梁峁顶生态位宽度小于 0.10，是群落偶见种。芦苇在阳梁峁坡的生态位宽度是 0.177，可作为群落优势种；而在其他侵蚀环境下为 0.054 ~ 0.107，是群落偶见种。大针茅在阳梁峁坡和梁峁顶生态位宽度分别为 0.086 和 0.082，是群落偶见种；在其他侵蚀环境下是群落的优势种或伴生种。

分布于延河流域中部森林草原带的乔木物种刺槐在梁峁顶和阴沟坡的生态位宽度分别为 0.074 和 0.067；刺槐一般是群落的优势种，但由于本研究调查的刺槐样地较少，导致其生态位宽度较低。灌木物种，只有黄刺玫在不同侵蚀环境下生态位宽度较大，为 0.106 ~ 0.139，是不同侵蚀环境下各群落的优势种或伴生种。紫丁香在梁峁顶的生态位宽度是 0.076，杠柳和虎榛子在阴沟坡分别为 0.082 和 0.098，柠条锦鸡儿在阴坡生态位宽度为 0.062 ~ 0.081；这几种植物除了在某一侵蚀环境下生态位宽度较小，是群落偶见种外，在其他侵蚀环境下生态位宽度为 0.118 ~ 0.297，是群落的优势种或伴生种。灌木铁线莲在阳沟坡生态位宽度为 0.117，是群落伴生种，在其他侵蚀环境下小于 0.10。茅莓在出现的侵蚀环境中，生态位宽度小于 0.10，是群落的偶见种。尖叶铁扫帚在梁峁顶的生态位宽度为 0.200，是群落的优势种；但在阳梁峁坡的生态位宽度为 0.084，是群落的偶见种。多花胡枝子在梁峁顶和阴梁峁坡生态位宽度分别为 0.029 和 0.068，是群落偶见种；在其他侵蚀环境下则是群落的优势种或伴生种。

草本植物中，大披针薹草在不同侵蚀环境下生态位宽度为 0.167 ~ 0.250，是群落草本层或是草本群落的优势种。野菊、赖草和蒙古蒿在不同侵蚀环境下生态位宽度为 0.114 ~ 0.246，是群落的优势种。墓头回在阳沟坡生态位宽度是 0.083，是群落偶见种；其他侵蚀环境下是群落的优势种。猪毛菜在不同侵蚀环境下生态位宽度为 0.079 ~ 0.091，是群落的偶见种。糙隐子草和山野豌豆在阴沟坡的生态位宽度较低，但在其他侵蚀环境下是群落的建群种或优势种。北京隐子草在阳沟坡和阴梁峁坡的生态位宽度大于 0.15，是群落优势种；但其他侵蚀环境中生态位宽度较低，是群落伴生种或偶见种。狗尾草在阳梁峁坡和阴沟坡的生态位宽度较低，是群落伴生种或偶见种；而其他侵蚀环境中生态位宽度为 0.10 ～ 0.15，是群落优势种。中华隐子草在阳坡是群落优势种；在梁峁顶和阴坡是群落偶见种。菊叶委陵菜在阳梁峁坡和梁峁顶生态位宽度分别为 0.127 和 0.121，是群落伴生种；其他侵蚀环境下是群落偶见种。

分布于延河流域南部森林带的侧柏在阳沟坡的生态位宽度为 0.286，是该生境下群落的优势种。土庄绣线菊在阳梁峁坡和阴沟坡的生态位宽度分别为 0.146 和 0.296，是其生境下的优势种。三角槭在阴坡和阳梁峁坡环境中生态位宽度较大，为 0.114 ～ 0.146，是其侵蚀环境下各群落的优势种或伴生种；在阳沟坡和梁峁顶生态位宽度小于 0.10，是群落的偶见种。辽东栎生态位宽度较低，主要是其分布范围较窄，只在极少样地中出现。

分布于延河流域北部草原带的百里香在不同侵蚀环境下生态位宽度均较大，是不同侵蚀环境下各群落的优势种。河朔荛花在阳坡出现，其生态位宽度为 0.099 ～ 0.169，是该侵蚀环境下群落的优势种或伴生种。冷蒿在阳沟坡、梁峁顶和阴梁峁坡的生态位宽度为 0.061 ～ 0.132，可作为群落优势种或伴生种；其较低的生态位宽度与其分布范围有关，它只在极少样地中出现。

不同抗侵蚀植物在其各自适宜的侵蚀环境中，生态位宽度较大，是群落的优势种或伴生种；但在其他侵蚀环境中是群落的偶见种。有些物种本身分布范围较窄，或是受调查样地所限，其生态位宽度较小，但这些物种一般也是群落的优势种，如刺槐、辽东栎和冷蒿。另外，在阴沟坡环境下，不同抗侵蚀植物的生态位宽度要小于其他侵蚀环境。

以植被不同恢复演替阶段的 5 种典型抗侵蚀植物群落（猪毛蒿群落、赖草群落、达乌里胡枝子+长芒草群落、铁杆蒿群落和白羊草群落）为对象，依据群落中抗侵蚀植物生态位宽度和生态位重叠，探讨自然恢复过程中各演替阶段群落中抗侵蚀植物的作用及对其他植物的影响。可以看出，退耕早期先锋物种猪毛蒿和赖草生态位宽度分别为 0.995 和 0.894，它们这一时期的生态位最宽，说明它们非常适应退耕初期的土壤条件，分别形成以猪毛蒿和赖草为建群种的群落。随着退耕年限的增加和群落演替的进行，这 2 种先锋物种生态位宽度逐渐降低，在退耕后 15a 左右衰退为伴生种，退耕 20a 后基本上不再出现在群落中。退耕 15a 左右群落演替进入以达乌里胡枝子和长芒草为建群种的阶段，这一时期这 2 个物种的生态位达到最大，分别为 0.993 和 0.948，成为这一时期有绝对优势的建群种。退耕 20a 后演替进入铁杆蒿群落，铁杆蒿的生态位宽度达到 0.988；到调查时演替最高阶段到了白羊草群落，白羊草的生态位宽度为 0.997（表 14-6）。可见，达乌里胡枝子、阿尔泰狗娃花和长芒草出现在所有的演替阶段；这说明它们具有广泛的资源适应能力，能在各个演替时期的资源条件下生存。而且达乌里胡枝子和长芒草在特定的演替时期能够得到最适宜的环境条件而占有大量的资源空间成为建群种。

表 14-6 不同群落中主要物种的生态位宽度

物种	群落				
	1	2	3	4	5
阿尔泰狗娃花	0.693	0.469	0.760	0.938	0.479
白羊草	—	—	0.450	—	0.997

物种	群落				
	1	2	3	4	5
糙叶黄耆	0.545	0.625	0.609	0.513	—
糙隐子草	0.481	0.000	0.789	0.684	0.000
长芒草	0.274	0.387	0.948	0.822	0.466
达乌里胡枝子	0.872	0.797	0.993	0.831	0.779
大针茅	—	—	0.000	0.000	0.472
二裂委陵菜	0.729	0.373	0.640	0.568	—
狗尾草	0.730	0.335	—	—	—
茵蒿	—	—	0.217	—	0.469
赖草	—	0.894	0.649	—	—
铁杆蒿	—	—	0.456	0.988	0.767
苦荬菜	0.446	—	—	—	—
小蓟	0.702	—	—	—	—
菊叶委陵菜	0.000	—	0.668	0.235	—
硬质早熟禾	0.333	—	0.285	0.430	—
猪毛菜	0.547	0.000	0.281	—	—
猪毛蒿	0.995	0.847	0.546	0.423	—

注: "—" 表示群落中没有出现的物种。1~5 分别代表猪毛蒿群落、赖草群落、达乌里胡枝子+长芒草群落、铁杆蒿群落和白羊草群落。

在植被恢复演替系列上, 每一种植物都分布在一定的时空范围内; 但这些时间和空间并不是间断的, 而是相互交错重叠的。生态位重叠反映种群之间对资源利用的相似程度和竞争关系, 较高的生态位重叠意味着种群之间对环境资源具有相似的生态学要求, 可能存在激烈的竞争, 必然造成物种的更替。在猪毛蒿群落中, 演替早期物种猪毛蒿、二裂委陵菜和狗尾草相互间生态位重叠较高 (0.629 ~ 0.862); 猪毛蒿和阿尔泰狗娃花与演替中期物种达乌里胡枝子、长芒草、糙叶黄耆和糙隐子草相互间生态位重叠较高 (0.616 ~ 0.927); 伴生种菊叶委陵菜与二裂委陵菜、苦荬菜、糙隐子草和硬质早熟禾生态位重叠为0.000, 硬质早熟禾与长芒草和糙隐子草与小蓟的生态位重叠为 0.000。在赖草群落中, 赖草与其他物种均具有较大的生态位重叠 (>0.500); 优势种猪毛蒿、糙叶黄耆、达乌里胡枝子和阿尔泰狗娃花之间的生态位重叠也较高, 分布在 0.796 ~ 0.895; 伴生种长芒草与铁杆蒿、二裂委陵菜和猪毛菜的生态位重叠为 0.000。在达乌里胡枝子+长芒草群落中, 建群种达乌里胡枝子和长芒草与优势种的生态位重叠均较大 (>0.500), 但与铁杆蒿的生态位重叠分别为 0.287 和 0.345, 与硬质早熟禾和大针茅的生态位重叠较小; 优势种糙隐子草、二裂委陵菜、赖草、茵陈蒿和铁杆蒿相互间的生态位重叠在 0.510 ~ 0.635; 茵蒿与大针茅具有最高的生态位重叠 (0.965); 铁杆蒿与所有伴生种的生态位重叠为 0.000。在铁杆蒿群落中, 铁杆蒿与其他物种的生态位重叠普遍偏高 (>0.500); 优势种长芒草、达乌里胡枝子和二裂委陵菜相互间的生态位重叠为 0.635 ~ 0.804, 其他优势种相互间的生态位重叠相对较小；伴生种糙叶黄耆、糙隐子草、阿尔泰狗娃花、猪毛蒿和硬质早熟禾相互间有相当大的生态位重叠。在白羊草群落中，白羊草与优势种铁杆蒿、达乌里胡枝子、茭蒿和长芒草的生态位重叠分别为0.862、0.952、0.670和0.657，但与大针茅重叠值为0.000；白羊草与伴生种糙隐子草、菊叶委陵菜和阿尔泰狗娃花的生态位重叠处于中等水平，与阿尔泰狗娃花的重叠达到0.743；优势种相互间的生态位重叠为0.668~0.990；伴生种相互间几乎没有生态位重叠。可见，建群种与优势种和伴生种间生态位重叠普遍较大，优势种相互间也存在相当大的生态位重叠；优势种与伴生种间部分生态位重叠较大，有些较小甚至几乎没有重叠；伴生种相互间生态位重叠较小或几乎没有重叠。也就是说演替各阶段群落建群种的生态位是最宽的，在资源占有和利用方面具有很大的优势；能成为群落优势种的植物，它们也占有较宽的生态位；建群种和优势种在资源利用方面具有较大的相似性，竞争也相对剧烈。伴生种的生态位宽度较低，说明不适应当时的环境条件，资源利用能力有限，不存在剧烈的竞争或是与建群种和优势种在资源利用方面有大的差异，表现为生态位重叠较小。

根据不同时期的物种生态位特征、生态型、群落演替规律及野外观测结果，既考虑优势物种在盖度、高度和生物量等方面的生态学意义，同时也考虑贴地植物对剩余空间的补充更加有利于水土保持功能和生态系统的物种多样性，选择出了各个时期的物种组合。退耕初期物种组合为猪毛蒿、赖草、糙隐子草和糙叶黄耆。其中，猪毛蒿（旱生一年生草本）具有强的种子繁殖能力，赖草（多年生中旱生草本）具有很强的根茎繁殖能力，两者能够在退耕初期土壤贫瘠、土层疏松及水土流失严重的时候迅速繁殖扩张占据空间；糙隐子草和糙叶黄耆均为旱生多年生草本植物，植株矮小贴近地面，能够较好地占据剩余空间，有效减少土壤侵蚀。随着土壤条件的改善，长芒草和二裂委陵菜出现，与达乌里胡枝子、糙叶黄耆和糙隐子草形成组合，形成达乌里胡枝子与长芒草群落。长芒草属于旱生多年生草本，能够成丛生长，对地表有较高的覆盖度；二裂委陵菜为中旱生多年生草本，也属于贴地植物，有效地补充占有剩余空间。下一阶段为以铁杆蒿为优势物种，伴生达乌里胡枝子、菊叶委陵菜、二裂委陵菜、糙隐子草和长芒草的组合。铁杆蒿为旱生半灌木，成丛生长，能够形成大的盖度和生物量；菊叶委陵菜为中旱生多年生草本，植株矮下；所以达乌里胡枝子、菊叶委陵菜、二裂委陵菜、糙隐子草和长芒草能够补充到铁杆蒿丛间的空间。最后演替到以白羊草为优势物种，伴生达乌里胡枝子、茭蒿和长芒草的组合。这一时期土壤水分比较稳定，而白羊草和茭蒿均为中旱生物种，而且均成丛生长，能够很好地覆盖地面。这些组合中各物种的生态位较宽，生态位重叠较高，对资源利用能力强，对资源需求相似性高，在资源充足时能够充分利用资源；在资源不足时能够通过种间的竞争优胜劣汰促进群落向高一级演替。

14.3 讨 论

14.3.1 抗侵蚀植物的繁衍更新能力

1. 有性繁殖更新能力

植物对侵蚀环境的适应性表现在生长发育的各个阶段，始于种子，贯穿植物的整个生活周期。植物种子的适应策略是植物适应侵蚀环境的生活史中最初始和最基本的策略。

种子生产为植物生态过程的各个阶段提供了种源，也是种子维持一定规模土壤种子库的重要保障。抗侵蚀植物中一年生植物猪毛蒿、猪毛菜和狗尾草及多年生植物墓头回、白羊草、尖叶铁扫帚、菊叶委陵菜和茭蒿趋于以量取胜（即为 r 策略），产生大量的小种子，一方面通过大数量分摊威胁；另一方面小种子的拓殖能力强，能增加占领适宜生境的概率和范围（王东丽，2014）。黄刺玫和酸枣则通过产生少量的大种子来占领生境；大种子所含的营养物质丰富，更利于适应严酷的环境；幼苗建立阶段，在侵蚀坡面面临干旱、营养缺乏和机械损害等威胁时更具有优势（Wang et al.，2014；Jurado and Westoby，1992）；此为采取以质制胜的策略，即 K 策略。其他抗侵蚀植物采取种子繁殖与营养繁殖两种方式相互协调的 r–K 连续体繁殖策略完成植物的繁殖与更新（王东丽，2014）。

有 25 种植物具有植冠种子库，可将种子储存在植冠中推迟脱落；这既能使繁殖体避免被捕食及不可预测干扰等带来的威胁，也能补充土壤种子库，为土壤种子库提供持续供给（王东丽，2014；Van Oudtshoorn and Van Rooyen，1999）。在黄土丘陵沟壑区撂荒坡面，种子雨的物种组成与土壤种子库的相似性为 0.59（陈宇，2012）。而植冠种子库宿存的种子是种子雨的主要来源之一，可见植冠种子库宿存的种子对该区土壤种子库具有补充的作用。另外，植物所处生境经常会发生无法预料的干扰，影响着种子萌发到幼苗建植的过程（Lamont and Enright，2000）。植冠种子库可以直接补充种子萌发出苗，而且通过调节脱落动态与萌发特性来应对干旱胁迫；冠层宿存的种子多在冬季和春季散落，利于随风长距离传播及在春季萌发（王东丽，2014）。

42 种抗侵蚀植物几乎都具有土壤种子库，这与植物种子的形态特征及其采取的不同生产策略有关。抗侵蚀植物包括草本植物和部分灌木（土庄绣线菊、杠柳、灌木铁线莲、紫丁香、沙棘和水栒子）以小种子为主（王东丽等，2013），种子重量小有利于其在风力等外力作用下的趋远散布，且更容易进入土壤种子库中，具有形成持久种子库的潜力（Leishman et al.，1992）。种子趋于圆球形为该区植物提高适应性的形态策略之一；抗侵蚀植物中除禾本科植物、土庄绣线菊、杠柳、灌木铁线莲和紫丁香外，其他植物种子以近似圆球形为主（王东丽等，2013）。近似圆球形的种子更易形成持久土壤种子库（Funes et al.，1999），例如，猪毛蒿、狗尾草、铁杆蒿和菊叶委陵菜等植物种子在土壤种子库中出现的频度较大（王宁等，2009）。种子非圆球形的禾本科植物种子具芒（王东丽等，2013）。芒不仅可以促使种子增大散布距离，而且具有吸湿运动性；其对土壤的锚住作用有利于种子实现自我埋藏，既可避免虫食和流失等损失，还可增加对水分的吸收，提高种子萌发成活率（青秀玲等，2007）。阿尔泰狗娃花和野菊种子具冠毛，紫丁香和墓头回种子具翅，杠柳种子具绢毛（王东丽等，2013），种子具有这些附属物有利于被风远距离传播；而且毛与翅还可将种子固结在土壤表面，增加萌发概率及成功定居的概率（Burrows，1973；李儒海和强胜，2007）。有些抗侵蚀植物的种子（如猪毛蒿、茭蒿、铁杆蒿和蒙古蒿）具有吸水、分泌黏液的特性（王东丽等，2013），这有利于种子较长时间地维持湿润状态，更好地与土壤表面接触，一方面有利于抵抗侵蚀作用，另一方面有利于萌发（Wang et al.，2013）；这也是植物适应该区侵蚀环境的一种有利策略。

另外，有 26 种植物的种子进入土壤后具有持久性或短暂性。具有持久性种子库的物种部分种子可以深入土壤深处，不仅可避免微生物感染的威胁，而且埋藏较深不利于种子萌发损失，可以维持一定规模的持久种子库，能够抵消由于生境不稳定造成的幼苗死亡和更新失败，为植被的更新提供更多的保障和机会（王宁，2013）。具有短暂性土壤种子库的物种，在雨季到来时，种子可以通过及时抓住有利条件多且快地完成萌发；而且其种子较大，具备一定的营养物质供幼苗生长。不同物种的土壤种子库特征体现了植株在生境中占领一定生态位的权衡作用，以避免种内种间竞争的威胁，实现群落的最优结构与资源的最优配置（王东丽，2014）。

除了具有土壤种子库和植冠种子库以保证其有足够的种源外，种子的萌发与休眠特性也是保证物种能够成功繁殖的重要特征。不同抗侵蚀植物具有不同的萌发休眠策略以适应研究区的恶劣环境。抗侵蚀植物中种子萌发早且快的物种有猪毛蒿、铁杆蒿、茭蒿、白羊草、芦苇、糙隐子草、中华隐子草、灌木铁线莲、杠柳、土庄绣线菊和沙棘 11 种，这些物种种子能及时有效地利用资源，迅速定居并扩展。有些物种具有相近的萌发与休眠能力，在不同的环境条件下，萌发与休眠之间可以相互权衡。例如，紫丁香有部分种子会在条件适宜时快速萌发，但同时会有一部分种子休眠，可避免萌发后遭遇长时间干旱而全部死亡的危险；阿尔泰狗娃花、菊叶委陵菜、大针茅和墓头回则会选择将部分种子在时间序列上缓慢解除休眠，以分摊萌发失败风险；豆科植物由于种皮的高度致密性，种子具有高度的生理休眠，萌发率较低，在条件适宜时小部分解除休眠的种子会迅速完成萌发。黄刺玫、水枸子、酸枣和虎榛子等灌木的种子具硬壳，使其具有完全的原生休眠，需要外界的长期作用破除休眠，一旦解除休眠就会表现出较强的种子活力；而且这类种子通常较大，萌发后成活的概率很大（王东丽，2014）。

2. 营养繁殖更新能力

营养繁殖在自然生态系统中普遍存在，尤其是在激烈竞争和胁迫的生境中，更占有重要地位（Price and Marshall，1999）。由于环境生态承载力或干扰限制，在以多年生草本植物为主的生态系统中，植被的恢复能力主要依赖于营养繁殖体芽库（Vesk and Westoby，2004）。在本研究区，多年生植物拥有永久性芽库，其数量可观的芽库能够有力地支持植株扩展，形成大量的地上分枝；芽库在植被繁殖更新时比种子萌发形成新个体要求的环境宽松（Guerrero-Campo et al.，2008），使得植物对环境的忍耐力较高，以适应半干旱的气候和土壤侵蚀造成的干扰（杜华栋，2013）。

抗侵蚀植物中除一年生草本植物外均具有不同的营养繁殖体芽库。不同生活型植物拥有的芽库数量和种类差异较大。一般多年生乔木和灌木产生较大量的永久性芽库用以供植物生长，而其产生的季节性芽库主要用来完成枝条更新；多年生草本植物可产生较大的芽库存量（杜华栋等，2013）。具有营养繁殖能力的物种更能适应土壤侵蚀环境，在群落中具有重要作用。随着坡度的增加，营养繁殖物种在群落中的重要值都显著地增加；而依靠种子繁殖的物种重要值逐渐降低。同时，在大多数群落中，营养繁殖物种在群落中的重要值大于种子繁殖物种的重要值（王宁，2013）。

植物的群集类型多与其营养繁殖类型有关。例如，在以成丛生长为主的植物中，长芒草、中华隐子草和白羊草均为密生型多年禾草，主要以分蘖方式进行繁殖，而茭蒿和铁杆蒿的根茎繁殖是其主要繁殖方式之一；这两类都属于根源性克隆植物，之所以成丛生长或呈小斑块分布，取决于克隆植物本身的性质；克隆植物以母株为依托，通过根茎或分蘖在母株周围扩散以扩大种群的分布范围，增加种群密度。在植物各个分株之间，营养物质通过连接的根和茎能够互相转移，可扩大植株对资源的占有空间；同时，衰老分株向营养分株养分的转移，能够提高养分的利用效率（石兆勇等，2007）。因此，以营养繁殖形成聚集的群体有利于提高个体的生存和竞争力，有利于种群的迅速扩散和传播，在恶劣环境中较有性繁殖具有更强的适应性。

14.3.2　抗侵蚀植物的适应能力

抗侵蚀植物在研究区分布广泛，且是构成研究区主要群落类型的优势种，具有较高的盖度和地上生物量，表明这些植物能适应该区侵蚀环境。而植物对环境的适应性是通过自身形态和生长来不断调整的。植物在长期的进化中为了生存，不仅在植物形态解剖等表型上表现出可塑性，而且还调节着自身体内生理平衡（Silvertown，1998）。

1. 植物叶的解剖结构适应性

植物叶片是对环境最敏感的器官；在植物适应环境的过程中，叶片的形态解剖结构因植物生境的异质性而发生变化，以更好地适应环境（Nicotra et al.，2010）。不同抗侵蚀植物叶片具有多种多样的解剖结构，不同植物通过不同结构相互组合的适应策略适应侵蚀环境。

42种抗侵蚀植物叶的上表皮和下表皮外侧均有不同程度的角质层分化（尹秋龙，2015）；在侵蚀环境下，植物叶片角质层厚度增加。这层增厚的"帐幕"具有"凉伞效应"，使得植物叶片不仅有效防止水分过分蒸发，还可遮光防止叶肉细胞被灼伤（Lack and Evans，2001）；并具有一定的机械支撑作用，使植物在缺水时不会迅速萎蔫（李正理，1981）。植物叶的表皮也都有表皮毛的存在（尹秋龙，2015），可以减小叶表面空气流动速率从而减少叶表面蒸腾，也可防止太阳直射灼伤叶片（Larcher，2000）。

抗侵蚀植物中9种禾本科植物和莎草科植物大披针薹草属单子叶植物，其中白羊草、狗尾草、芦苇、北京隐子草、糙隐子草和中华隐子草6种植物为C₄植物。C₄植物为高光效的植物，对研究区的环境有较强的适应性（尹秋龙，2015）。单子叶植物叶上表皮有泡状细胞的分化。长芒草和大针茅叶的上表皮在两相邻维管束之间形成下陷的气孔窝，窝内分布有气孔，窝底部有泡状细胞；白羊草和狗尾草叶的上表皮分布有大量的体积较大的泡状细胞；芦苇、赖草、北京隐子草、糙隐子草和中华隐子叶在两个相邻的维管束间有泡状细胞；大披针薹草叶仅在中脉上方分布有少量泡状细胞（尹秋龙，2015）。上表皮体积较大的泡状细胞具有介导叶片运动的作用。当外界环境干旱时，泡状细胞迅速失水使叶片卷曲，减少水分散失，并且可以在卷曲的空间内形成局部湿润的小环境；当外界水分条件较好时，泡状细胞还可以吸收并贮存较多水分（黄振英等，1997）。长芒草和大针茅叶下陷的气孔窝可以有效降低叶片内外的蒸汽压差，使气孔的蒸腾作用减弱；同时两者下表皮内侧较多的厚壁组织，可以对叶片起到很好的支撑作用，使叶片维持一定的形态。白羊草、赖草和大针茅叶的"V"形导管的下部常具有气道，大披针薹草的叶肉组织中分布有较大的气腔，它们可以通过气道或发达的气腔增加气体交换来提高光合能力（尹秋龙，2015）。除具有特殊结构外，赖草、芦苇和大针茅较大的叶片厚度和叶肉组织厚度利于贮藏水分，且其较大的导管直径和维管束直径，利于水分的运输；大披针薹草和长芒草叶片角质层较厚，可以减少水分的散失；狗尾草和白羊草叶较厚的上表皮，可以贮存水分（尹秋龙，2015）。

其他抗侵蚀植物为双子叶植物；双子叶植物多为异面叶。紫丁香和墓头回叶具有较厚的保护组织，较厚的角质层可以减少水分散失且降低强光对叶片的伤害，较厚的表皮除具有较强的保护作用外还具有较强的贮水能力。辽东栎、虎榛子、黄刺玫、土庄绣线菊、茅莓、尖叶铁扫帚、菊叶委陵菜、茭蒿和蒙古蒿9种植物叶的叶片厚度、导管直径、中脉直径、栅栏组织厚度和海绵组织厚度均较小，同时栅海比较小，植物适应侵蚀环境的能力较弱，在该区常分布于水分条件较好的区域。灌木铁线莲、河朔荛花、白刺花、杠柳、沙棘、水枸子、三角槭、达乌里胡枝子、山野豌豆、野菊和百里香11种植物叶除角质层较厚外，其他解剖结构比较均衡，具有适应侵蚀环境的能力（尹秋龙，2015）。少数双子叶植物为等面叶。例如，柠条锦鸡儿、刺槐和铁杆蒿叶的栅栏组织非常发达，没有海绵组织的分化（其中铁杆蒿叶的栅栏组织在靠近上表皮的位置较发达，靠近下表皮的栅栏组织相对不发达，为过渡型），为全栅型等面叶；阿尔泰狗娃花和茭蒿叶的上表皮和下表皮内侧均有栅栏组织的分化，两层栅栏组织间有较薄的海绵组织，为双栅型等面叶（尹秋龙，2015）。全栅型和双栅型植物叶栅栏组织发达且栅栏组织细胞排列紧密，有助于 CO_2 传导，利于充分利用光能提高植物的光合效率和水分利用效率（Chartzoulakis et al.，2002；李永华等，2012；李全发等，2013）。猪毛蒿叶片高度线性化，叶片四周均为栅栏组织而中央的海绵组织特化为贮水组织，细胞体积大且排列紧密，为环栅型等面叶；其通过叶片的线性化来减少水分散失，发达的贮水组织贮存大量水分（Gao et al.，2012）。

猪毛蒿、茭蒿和阿尔泰狗娃花叶片中较大维管束周围常具有气腔（尹秋龙，2015）；气腔有助于保证叶片内部的气体交换，保证 CO_2 的正常代谢，维持正常的光合作用（Zhou et al.，2006）。猪毛蒿、茭蒿和杠柳叶中具有裂生分泌腔，可存储代谢过程形成的可溶性蛋白质和挥发油，可有效保持水分和减小蒸腾速率（杜华栋，2013）。达乌里胡枝子叶的维管组织中存在的束鞘延伸（尹秋龙，2015），不但可以有效地增大叶片的机械强度和水分运送能力，还可以减少叶片在萎蔫时造成的物理损伤，保证植物在逆境下正常地生长（Castro-Díez et al.，2000）。达乌里胡枝子叶海绵组织中分布有一层体积较大的黏液细胞，沙棘和刺槐叶中脉的维管组织中有黏液细胞的分布，刺槐的叶肉组织在临近下表皮处分布有大量的黏液细胞。黏液细胞所含的多糖和蛋白质等物质使细胞具有很高的渗透势，有利于吸水和保水；同时也可为其周围细胞提供一个湿润的微环境，减小细胞内胁迫；其存储物也是植物耐受"饥饿"的一种机制（杜华栋等，2010；黄振英等，1997；尹秋龙，2015）。

2. 植物的生理生态适应性

植物适应环境的可塑性不仅表现在植物解剖表型可塑性上，而且还表现在植物生理功能的可塑性上（Silvertown，1998）。在侵蚀环境下，植物体内的水分平衡和活性氧自由基产生与清除动态平衡一旦超过植物内部调节能力，细胞内活性氧自由基代谢即失调，引发膜脂过氧化，使植物细胞膜结构破坏，细胞功能失调（Johnson et al.，2003；Nayyar and Gupta，2006；Peltzer et al.，2002）。植物体内抗氧化酶（超氧化物歧化酶 SOD、过氧化物酶 POD 和过氧化氢酶 CAT）和非酶抗氧化物质（还原型谷胱甘肽 GSH 和类胡萝卜素 Car）的协同作用，可确保在活性氧升高时减小其对细胞造成伤害，维持植物正常生长代谢（Mittler，2002）；同时，植物可通过调节无机离子（Na^+、K^+ 和 Cl^-）的种类、数量和比例来维持细胞内外微环境的稳定，也可通过积累在渗透上有活性而对细胞无毒的有机物（脯氨酸、可溶性糖和可溶性蛋白）来进行渗透调节，减小环境胁迫对植物的伤害，增强植物的适应性（Markesteijn et al.，2011；Martínez and Lutts，2005）。

42 种抗侵蚀植物中，菊科植物采用以 SOD 和 GSH 为主的抗氧化机制和以 K^+、Cl^- 和可溶性蛋白为主的渗透调节机制，沙棘采用以 SOD 和 Car 为主的抗氧化机制和以 Na^+、Cl^-、可溶性蛋白和可溶性糖为主的渗透调节机制；它们都表现出较强的渗透调节作用，而在抗氧化能力上处于弱势。其中，菊科植物的渗透调节作用对抗氧化机制起到一定的补偿作用，而沙棘的渗透调节机制与抗氧化机制彼此独立。禾本科植物采用以 POD 和 CAT 为主的抗氧化机制和以 K^+ 为主的渗透调节机制，豆科植物采用以 SOD 和 POD 为主的抗氧化机制和以 K^+ 为主的渗透调节机制，三角槭采用以 SOD、CAT 和 Car 为主的抗氧化机制和以 Cl^- 为主的渗透调节机制；它们都表现出较强的抗氧化能力，而在渗透调节上处于弱势，且两生理机制之间具有相对独立性。以上植物或通过抗氧化机制或通过渗透调节作用对侵蚀环境有较强的适应性。蔷薇科植物、杠柳、虎榛子和大披针薹草的抗氧化机制和渗透调节作用在适应土壤侵蚀胁迫上没有表现出明显的优势。其中，蔷薇科植物的主要渗透调节物质 Cl^- 含量与 Car 含量呈显著负相关，对其抗氧化系统产生不利影响；杠柳、虎榛子和大披针薹草的两生理机制彼此独立；紫丁香和墓头回的主要渗透调节物质 K^+ 的积累能显著抑制其膜脂过氧化作用，从而对其抗氧化机制起到一定补偿作用（胡澍，2014）。

菊科植物、禾本科植物、豆科植物、沙棘和三角槭不仅在形态结构上或通过特殊结构或通过厚的保护组织或通过发达的栅栏组织来适应侵蚀环境，而且在生理上或通过抗氧化机制或是渗透调节作用提高其对侵蚀环境的适应性。但蔷薇科植物、杠柳和虎榛子在形态结构和生理上均未表现出较强的适应性，这些植物通常分布于水分条件较好的区域。大披针薹草虽然在生理上未表现出较强的适应性，但其较厚的叶片和叶片中少量泡状细胞能够减少水分散失，叶肉组织中分布的气腔可以增加气体交换来提高光合能力，提高其适应能力。

通过群落调查得出的物种重要值和植物适应环境的繁殖、形态与生理特性的综合隶属函数值呈正相关关系。物种综合隶属函数值反映的是其在繁殖、形态和生理特性方面适应能力的大小；植物在不同环境下自身可塑性越大，其对环境的适应能力越强。植物通过繁殖、形态和生理特性的变化对环境做出响应，并在长期进化过程中不断调整，对侵蚀环境表现出不同的适应能力和策略（杜华栋，2013）。

14.3.3　抗侵蚀植物的群落构建作用

不同抗侵蚀植物在不同侵蚀环境下的群落中地位和作用不同，既可在适宜生境中作为群落优势种，也可在其他生境条件下作为群落伴生种而存在。作为群落的优势种，在提高植被覆盖度和减少土壤侵蚀的同时，丰富了退耕地的物种多样性，改良了植被生存环境，为退耕地恢复演替发挥着一定的作用；其他作为群落伴生种的植物可以补充优势种在生态空间的空白斑块和增加物种多样性（王宁等，2007）。

生态位宽度反映了物种对环境资源利用状况的尺度；生态位宽度越大表明物种对各种资源的利用较为充分，一般在群落中处于优势地位（Donohue et al.，2010；Aarssen，1983）。在本研究中，绝大多数抗侵蚀植物在某一适宜生境下，生态位宽度均在 0.15 以上（如阳沟坡的侧柏，阳坡的白刺花和白羊草，以及阴坡的三角槭、土庄绣线菊和大针茅等），它们在群落中相对多度和个体生物量较大，生活力较强，对环境有很好的适应性和耐受力；阿尔泰狗娃花、芦苇、灌木铁线莲、糙隐子草和菊叶委陵菜等物种生态位宽度为0.10~0.15，在群落中也属于优势种（但非建群种），对群落生物多样性和生态功能的发挥有着重要作用；野豌豆和冷蒿等物种生态位宽度在 0.10 以下，其与优势种伴生存在或作为演替中的残遗种，在群落中出现的频率较低，对群落生态功能的发挥贡献也有限，但可作为某种生态类型的指示物种存在（Bossuyt et al.，2009）。对于植物生存的不同侵蚀环境来说，阴沟坡虽然是对植物生长有利的侵蚀环境（其水分承载力较大），但由于物种数量和密度的增多，使得该环境下物种间竞争作用增强，引起不同物种对资源利用的分化而导致生态位变窄（Silvertown et al.，1999；刘加珍等，2004），因此阴沟坡侵蚀环境下各物种的生态位减小。

另外，物种生态位宽度在两种情况下也会较大。一是分布范围较窄只在特定的环境下出现有物种（作为群落的优势种其对植物群落的构建有着重要的作用），如仅出现在延河流域南部森林带阳沟坡的侧柏和在北部草原带广泛分布的百里香。二是分布范围较广（在延河流域从南部到北部不同侵蚀环境都有分布）并且能形成群落的物种亦有着较大的生态位宽度，如长芒草、达乌里胡枝子和铁杆蒿等。从植物生长型分类来看，乔木普遍有着较高的生态位；灌木植物除建群种外，生态位宽度普遍居中（如黄刺玫等，虽然分布范围较窄，但在群落构建中有着重要的作用，因此生态位宽度居中）。伴生物种的生态位宽度在不同的群落中有不同的波动；虽然不能成为某一演替时期的优势物种，但是它们具有一定宽度的生态位，在一定时间和空间对环境资源有较高的利用能力。例如，糙隐子草、二裂委陵菜、菊叶委陵菜、糙叶黄耆和茭蒿等伴生物种的生长提高了资源利用率，提高了植被覆盖度，减少了土壤侵蚀，同时丰富了退耕地的物种多样性，改良了植被生存环境，为退耕地恢复演替发挥着一定的作用（王宁等，2007）。

在植被的演替过程中，各演替阶段优势物种生态位变化规律明显，其生态位宽度变化随演替的进行呈单峰曲线，与其侵入—扩张—优势—衰退的种群动态相一致，经历了由小变大再由大到小的渐变过程。同时，由于演替过程中物种数量与组成都发生着变化，各群落内的物种之间的生态位重叠也发生着变化。建群物种与主要伴生物种和非主要伴生物种之间生态位重叠普遍较大；主要伴生物种之间也存在相当大的生态位重叠；主要伴生物种与非主要伴生物种之间的生态位重叠有些较大，而有些较小甚至几乎没有重叠。造成这一现象的原因是建群物种在各时期生态位最宽，在资源占有和利用方面具有很大的优势，同时主要伴生物种也在各时期占有较宽的生态位，所以它们之间在资源利用方面具有较大的相似性，竞争也相对剧烈。非主要伴生物种在各时期生态位较低或为 0，说明其不适应当时的环境条件，其对资源的利用能力有限而不存在剧烈的竞争或是在资源利用方面有大的差异，最终表现为生态位重叠较小。阿尔泰狗娃花虽然在达乌里胡枝子群落、铁杆蒿群落和白羊草群落中没有成为主要物种但是却一直具有较高的生态位并与建群物种和部分主要物种构成较高的生态位重叠，说明阿尔泰狗娃花资源利用能力强，适应性高，虽然不能大量生长，但是作为伴生种对主要物种产生激烈的资源竞争。此外，茭蒿与大针茅在一起时具有很大的生态位重叠，说明其对资源的要求极为相似，竞争激烈（王宁等，2007）。

同时，重要值表示一个物种的优势程度，是反映该种群在群落中的相对重要性和对所处群落的适应程度的一个综合指标（Sasaki and Lauenroth，2011）。本研究发现，阴沟坡物种数量和密度增大，各物种的生态位变窄；各物种在阴沟坡重要值较阳沟坡有趋于平均趋势，群落中物种的绝对优势地位趋于不明显（Whittaker，1965）。不同水分生态型植物在其适应性的环境有较高的生态位宽度，如阳坡的白刺花和阴坡的大披针薹草等。在不同环境下，一些广布种虽然在不同立地条件下均有分布，但是在不同群落中的功能和作用却不同，有可能发生优势种转为伴生种的变化（Baer et al.，2004）。例如，铁杆蒿在不同的侵蚀环境下均有较高的重要值；而达乌里胡枝子在阴坡环境下其重要值大大降低，从优势种变为伴生种存在。

14.4　小　　结

（1）42 种抗侵蚀植物具有土壤种子库和幼苗库，60% 的物种具有植冠种子库，这可以保证物种有足够的种源，并通过不同的萌发休眠策略适应侵蚀环境。其中的多年生植物以营养繁殖为主，更能适应土壤侵蚀环境。抗侵蚀植物可以通过种子和营养繁殖维持自身的生存繁衍。42 种植物中有 13 种为主杆型植物，其较大的冠幅能够保护基部土壤；8 种疏丛型植物具较强的保护土体和拦截沉积物能力；6 种聚丛型植物和 7 种簇丛型植物能有效拦截沉积物。

（2）在 42 种抗侵蚀植物中，有 55% 的物种最大盖度超过 50%，可成为群落的建群种或单优种；其他最大盖度小于 50% 的物种多成为群落的共优种。42 种植物均具有较高的盖度和地上生物量，表明其能适应该区侵蚀环境且长势较好。

（3）抗侵蚀植物通过叶片形态结构上的特殊结构、厚的保护组织和发达的栅栏组织，以及生理上的抗氧化机制和渗透调节作用中的一种或是几种机制来适应侵蚀环境，如猪毛蒿、茭蒿和白羊草主要通过叶肉组织加强和水分状况的调节，铁杆蒿通过叶片水分状态的调节和减少细胞的伤害，长芒草、芦苇和达乌里胡枝子都能通过水分状态的调节、保护组织的加强和减小细胞的伤害（长芒草还能通过叶片形态的调节），白刺花是通过叶片形态解剖变化、细胞和叶绿素破坏程度的减小，杠柳通过水分状态的调节和保护组织的加强。侵蚀环境适应能力表现为白刺花和杠柳>铁杆蒿、达乌里胡枝子和长芒草>白羊草、茭蒿和芦苇>猪毛蒿。

（4）抗侵蚀植物在不同侵蚀环境下的群落中具有不同的生态位宽度（0.023 ~ 0.359），在其适宜的侵蚀环境中，生态位宽度较大，是群落的优势种或伴生种；但在其他侵蚀环境中是群落偶见种。有些物种如刺槐、辽东栎和冷蒿等受调查样地所限，其生态位宽度值较小，但这些物种一般也是群落的优势种。

（5）退耕地植被自然演替过程中，各演替阶段优势物种生态位变化规律明显，其生态位宽度变化随演替的进行呈单峰曲线，与其侵入—扩张—优势—衰退的种群动态相一致，经历了由小变大再由大到小的渐变过程。各演替时期的优势物种与主要伴生物种有较大的生态位重叠，说明它们对特定的演替阶段的环境资源有相似的要求；在资源充足时它们能够充分利用环境资源，在资源有限时它们之间又存在激烈竞争；这反映出演替序列中群落的过渡性质和不稳定性，意味着其存在着向更高一级群落演替的内在条件。

参 考 文 献

陈宇.2012.黄土丘陵沟壑区撂荒地种子输入与输出动态变化特征.杨凌：西北农林科技大学硕士学位论文.

杜华栋.2013.黄土丘陵沟壑区优势植物对不同侵蚀环境的适应研究.杨凌：中国科学院水土保持与生态环境研究中心博士学位论文.

杜华栋，徐翠红，刘萍，等.2010.陕北黄土高原优势植物叶片解剖结构的生态适应性.西北植物学报，30（2）：293-300.

杜华栋，焦菊英，寇萌，等.2013.黄土丘陵沟壑区土壤侵蚀环境下芽库的季节动态及垂直分布.应用生态学报，24（5）：1269-1276.

贺少轩，梁宗锁，蔚丽珍，等.2009.土壤干旱对2个种源野生酸枣幼苗生长和生理特性的影响.西北植物学报，29（7）：1387-1393.

胡澍.2014.黄土丘陵沟壑区植物抗氧化特性和渗透调节作用研究.杨凌：西北农林科技大学硕士学位论文.

黄振英，吴鸿，胡正海.1997.30种新疆沙生植物的结构及其对沙漠环境的适应.植物生态学报，21（6）：521-530.

贾燕锋.2008.黄土丘陵沟壑区植被特征对坡沟侵蚀环境的响应.杨凌：中国科学院水土保持与生态环境研究中心硕士学位论文.

李全发，王宝娟，安丽华，等.2013.青藏高原草地植物叶解剖特征.生态学报，33（7）：2062-2070.

李儒海，强胜.2007.杂草种子传播研究进展.生态学报，27（12）：5361-5370.

李永华，卢琦，吴波，等.2012.干旱区叶片形态特征与植物响应和适应的关系.植物生态学报，36（1）：88-98.

李正理.1981.旱生植物的形态和结构.生物学通报，4（9）：9-12.

刘加珍，陈亚宁，张元明.2004.塔里木河中游植物种群在四种环境梯度上的生态位特征.应用生态学报，15（4）：549-555.

刘志民，闫巧玲，马君玲，等.2010.科尔沁沙地植物繁殖对策.北京：气象出版社.

青秀玲，白永飞，韩兴国.2007.植物锥形繁殖体结构及其适应.生态学报，27（6）：2547-2553.

石兆勇，王发园，魏艳丽.2007.荒漠植物的适应策略.安徽农业科学，35（17）：5222-5224.

宋瑞生.2008.片断化常绿阔叶林的土壤种子库及天然更新.金华：浙江师范大学硕士学位论文.

宋永昌. 2001. 植被生态学. 上海：华东师范大学出版社.

苏嫄. 2013. 黄土丘陵沟壑区不同侵蚀环境下幼苗库及幼苗存活特征研究. 杨凌：西北农林科技大学硕士学位论文.

王东丽. 2014. 黄土丘陵沟壑区植物种子生活史策略及种子补播恢复研究. 杨凌：西北农林科技大学博士学位论文.

王东丽，张小彦，焦菊英，等. 2013. 黄土丘陵沟壑区 80 种植物繁殖体形态特征及其物种分布. 生态学报，33（22）：7230-7242.

王建国，樊军，王全九，等. 2011. 黄土高原水蚀风蚀交错区植被地上生物量及其影响因素. 应用生态学报，22（3）：556-564.

王宁. 2013. 黄土丘陵沟壑区植被自然更新的种源限制因素研究. 杨凌：中国科学院水土保持与生态环境研究中心硕士学位论文.

王宁，贾燕锋，李靖，等. 2007. 黄土丘陵沟壑区退耕地自然恢复植被主要物种生态位特征. 水土保持通报，27（6）：34-40.

王宁，贾燕锋，白文娟，等. 2009. 黄土丘陵沟壑区退耕地土壤种子库特征与季节动态. 草业学报，18（3）：43-52.

尹秋龙. 2015. 黄土丘陵沟壑区主要植物叶解剖结构及其环境适应性研究. 杨凌：西北农林科技大学硕士学位论文.

袁宝妮，李登武，李景侠，等. 2009. 黄土丘陵沟壑区植被自然恢复过程中土壤种子库特征. 干旱地区农业研究，27（6）：215-222.

周守林，罗琦，李金华，等. 2006. 石蒜属 12 种植物叶片比较解剖学研究. 云南植物研究，28（5）：473-480.

Aarssen L W. 1983. Ecological combining ability and competitive combining ability in plants：toward a general evolutionary theory of coexistence in systems of competition. The American Naturalist，122（6）：707-731.

Ackerly D D. 2003. Community assembly, niche conservatism, and adaptive evolution in changing environments. International Journal of Plant Sciences，164（S3）：S165-S184.

Baer S G，Blair J M，Collins S L，et al. 2004. Plant community responses to resource availability and heterogeneity during restoration. Oecologia，139（4）：617-629.

Bossuyt B，Honnay O，Hermy M. 2009. Scale-dependent frequency distributions of plant species in dune slacks：dispersal and niche limitation. Journal of Vegetation Science，15（3）：323-330.

Burrows M. 1973. Physiological and morphological properties of the metathoracic common inhibitory neuron of locust. Journal of Comparative Physiology，82（1）：59-78.

Castro-Díez P，Puyravaud J P，Cornelissen J H C. 2000. Leaf structure and anatomy as related to leaf mass per area variation in seedlings of a wide range of woody plant species and types. Oecologia，124（4）：476-486.

Chartzoulakis K，Patakas A，Kofidis G，et al. 2002. Water stress affects leaf anatomy, gas exchange, water relations and growth of two avocado cultivars. Scientia Horticulturae，95（1）：39-50.

Donohue K，de Casas R R，Burghardt L，et al. 2010. Germination, postgermination adaptation, and species ecological ranges. Annual Review of Ecology, Evolution, and Systematics，41（1）：293-319.

Du H D，Jiao J Y，Jia Y F，et al. 2013. Phytogenic mounds of four typical shoot architecture species at different slope gradients on the Loess Plateau of China. Geomorphology，193（4）：57-64.

Funes G，Basconcelo S，Díaz S，et al. 1999. Seed size and shape are good predictors of seed persistence in soil in temperate mountain grasslands of Argentina. Seed Science Research，9（4）：341-345.

Gao X，Ai Y F，Qiu B S. 2012. Drought adaptation of a terrestrial macroscopic cyanobacterium，*Nostoc flagelliforme*, in arid areas: a review. African Journal of Microbiology Research, 6 (28): 5728-5735.

Gause G F. 1934. The Struggle for Existence. Baltimore: Wiliams and Wilkins.

Guerrero-Campo J, Palacio S, Montserrat-Martí G. 2008. Plant traits enabling survival in Mediterranean badlands in northeastern Spain suffering from soil erosion. Journal of Vegetation Science, 19 (4): 457-464.

Johnson S M, Doherty S J, Croy R R D. 2003. Biphasic superoxide generation in potato tubers. A self-amplifying response to stress. Plant Physiology, 131 (3): 1440-1449.

Jurado E, Westoby M. 1992. Seedling growth in relation to seed size among species of arid Australia. Journal of Ecology, 80 (3): 407-416.

Lack A J, Evans D E. 2001. Plant Biology. Oxford: BIOS Scientific Publishers Limited.

Lamont B B, Enright N J. 2000. Adaptive advantages of aerial seed banks. Plant Species Biology, 15 (2): 157-166.

Larcher W. 2000. Temperature stress and survival ability of Mediterranean sclerophyllous plants. Plant Biosystems, 134 (2): 279-295.

Leishman M R, Wright I J, Moles A T, et al. 1992. The evolutionary ecology of seed size//Fenner M. Seeds: The Ecology of Regeneration in Plant Communities. Wallingford: CABI.

Lundholm J T. 2009. Plant species diversity and environmental heterogeneity: spatial scale and competing hypotheses. Journal of Vegetation Science, 20 (3): 377-391.

Markesteijn L, Poorter L, Paz H, et al. 2011. Ecological differentiation in xylem cavitation resistance is associated with stem and leaf structural traits. Plant Cell & Environment, 34 (1): 137-148.

Martínez J P, Lutts S. 2005. NaCl alleviates polyethylene glycol-induced water stress in the halophyte species *Atriplex halimus* L. Journal of Experimental Botany, 56 (419): 2421-2431.

Mittler R. 2002. Oxidative stress, antioxidants and stress tolerance. Trends in Plant Science, 7 (9): 405-410.

Nayyar H, Gupta D. 2006. Differential sensitivity of C_3 and C_4 plants to water deficit stress: association with oxidative stress and antioxidants. Environmental and Experimental Botany, 58 (1-3): 106-113.

Nicotra A B, Atkin O K, Bonser S P, et al. 2010. Plant phenotypic plasticity in a changing climate. Trends Plant Trends in Plant Science, 15 (12): 684-692.

Peltzer D, Dreyer E, Polle A. 2002. Differential temperature dependencies of antioxidative enzymes in two contrasting species: *Fagus sylvatica* and *Coleus blumei*. Plant Physiology and Biochemistry, 40 (2): 141-150.

Price E A C, Marshall C. 1999. Clonal plants and environmental heterogeneity-an introduction to the proceedings. Plant Ecology, 141 (1-2): 3-7.

Sasaki T, Lauenroth W K. 2011. Dominant species, rather than diversity, regulates temporal stability of plant communities. Oecologia, 166 (3): 761-768.

Silvertown J. 1998. Plant phenotypic plasticity and non-cognitive behaviour. Trends in Ecology & Evolution, 13 (7): 255-266.

Silvertown J, Dodd M E, Gowing D J G, et al. 1999. Hydrologically defined niches reveal a basis for species richness in plant communities. Nature International Weekly Journal of Science, 400 (6739): 61-63.

Tansley A G. 2010. An Introduction to Plant Ecology. London: Discovery Publishing House.

Van Oudtshoorn K V R, Van Rooyen M W. 1999. Dispersal Biology of Desert Plants. Berlin: Springer.

Vesk P A, Westoby M. 2004. Funding the bud bank: a review of the costs of buds. Oikos, 106 (1): 200-208.

Wang D L, Jiao J Y, Lei D, et al. 2013. Effects of seed morphology on seed removal and plant distribution in the Chinese hill-gully Loess Plateau region. Catena, 104 (5): 144-152.

Wang N, Jiao J Y, Lei D, et al. 2014. Effect of rainfall erosion: seedling damage and establishment problems. Land Degradation & Development，25（6）：565-572.

Whittaker R H. 1965. Dominance and diversity in land plant communities：numerical relations of species express the importance of competition in community function and evolution. Science，147（3655）：250-260.

Whittaker R H. 1972. Evolution and measurement of species diversity. Taxon，21（2/3）：213-251.

第15章 抗侵蚀植物/群落改善土壤侵蚀环境的能力

本章作者：焦菊英 杜华栋 寇 萌

土壤侵蚀通过对环境因子的干扰直接或间接地影响了植物的生长和发育；而植物也通过自身生长代谢影响着立地微环境，减少环境对自身的胁迫伤害。在半干旱和易侵蚀区，低的环境生态承载力使得植物个体呈点状散布的分布格局。由于植冠对其下土壤的保护和植物基部茎对沉积物的拦截，在植物基部往往形成土堆（Bochet et al.，2000；Breshears et al.，2003；Ludwig et al.，2005）；这种微地形在坡面能将"植被间地"侵蚀掉的养分和水分拦截汇聚，起到"汇"的作用，因此植物形成土堆可以聚集养分、增加土壤生物活性、改善土壤物理性质及增加土壤渗透性（Aguiar and Sala，1999；Bhark and Small，2003；Nash et al.，2004；Schlesinger and Pilmanis，1998）。同时植物枝系可作为物理障碍拦截坡面径流和空气传播的种子，使得土堆上有较大的种子库存量；植冠也可有效地截留雨水和抵挡强辐射，使土堆上种子萌发率与幼苗存活率提高，从而增加了土堆上物种丰富度和多样性。因此，单个植物形成的土堆可以改善土壤侵蚀环境，具有重要的生态意义（Biederman and Whisenant，2011；Rango et al.，2006）。在一定区域内，各种植物个体通过互惠和竞争等相互作用而形成具有一定种类组成和结构的植被群落，是其适应共同生存环境的结果，也共同影响其生存环境。植被和土壤是一个相互作用的整体，地上生态系统和地下生态系统紧密相连。不同地区的大量研究表明，植被的恢复通过增加地表枯落物和地下有机物（根系分泌物）的输入，可以有效降低土壤容重，增强团聚体稳定性，改善土壤入渗能力和持水能力，从而综合改善土壤的理化性质，促进退化土壤的恢复（李裕元等，2010）。在黄土丘陵沟壑区，土壤侵蚀剧烈，水土流失严重；而植被的恢复可以有效减少土壤侵蚀和土壤养分的流失，是推动土壤养分循环的关键因子，同时还影响着土壤结构（胡婵娟等，2012）。土壤的抗侵蚀能力主要取决于土壤的有机质含量、水稳性团聚体和空隙状况等指标，而这些指标很大程度上取决于植被状况（王库，2001）。合适的植被配置有助于提高植被盖度、生物量和枯落物量，改善土壤质量，有效遏制土壤侵蚀。抗侵蚀植物可以单优或共优种构成不同的植物群落；不同群落的特征不同，其对土壤的改善能力也存在差异。

因此，本章将从抗侵蚀植物和抗侵蚀群落两个方面进行分析。一是通过对黄土高原4种典型抗侵蚀植物（聚丛型植物铁杆蒿、疏丛型植物茭蒿、簇丛型植物白羊草和主杆型植物白刺花）在4种坡度等级（缓坡0°~15°、陡坡16°~25°、极陡坡26°~35°和险坡大于等于36°）下土堆的土壤理化性质和土堆上物种的调查研究，探讨抗侵蚀植物在不同坡度等级下对侵蚀微环境的改善能力。二是基于课题组在延河流域9个小流域的植被调查资料和土壤分析资料，选择了以不同抗侵蚀植物为优势种的27个植物群落；通过对这些群落的物种多样性、盖度、地上/地下生物量、枯落物量及土壤理化特性等指标的分析，探讨抗侵蚀植物群落改善土壤侵蚀环境的能力。

15.1 研 究 方 法

15.1.1 抗侵蚀植物调查

对4种典型抗侵蚀植物（铁杆蒿、茭蒿、白羊草和白刺花）单株对土壤侵蚀环境的改善能力的分析是基于对形成的土堆形态与高度的测量进行的（具体见第11章11.1.4节）。每种植物每个坡度等级选择5个比较典型的土堆，测量土堆土壤理化性质变化；同时为了更细致地研究植物形成土堆对坡面微环境的影响，将土堆分为上部、中部和下部3位点分别采集土壤样品（图15-1），且对植被间每种坡度等级采10个土壤样品。其中，各位点土壤水分含量采集0~5cm、5~10cm、10~20cm、20~30cm、30~40cm和40~50cm共6个土壤层次；土壤容重采集0~5cm土层；土壤养分采集0~20cm土层，测定指标包括有机质（OM）、全氮（TN）、有效氮（AN）、有效磷（AP）和有效钾（AK）。

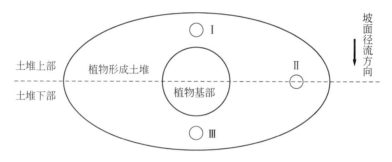

图15-1　植物土堆俯视图

Ⅰ为土堆上部采样点；Ⅱ为土堆中部采样点；Ⅲ为土堆下部采样点

植物土堆上植物构成变化较大，因此土堆上植被构成的调查包括所有进行过土堆形态测量的供试土堆。由于调查时较难界定植物形成土堆中部的范围，因此土堆上物种的调查仅分为土堆上部和土堆下部（图15-1），来分析土堆不同部位物种构成特征；计算土堆上物种的丰富度和多样性指数，并按照高位芽植物、地上芽植物、半隐芽植物、隐芽植物和一年生植物等将土堆上植物进行生活型归类，结合土堆形态调查时相对应的土堆面积，计算土堆不同部位不同生活型植物密度。

15.1.2 抗侵蚀植物群落调查

基于课题组对延河流域南部森林带、中部森林草原带和北部草原带小流域（分别选择3个）的以不同抗侵蚀植物为优势种的27个植物群落（表15-1）的植被调查、地上生物量测定、枯落物调查、根系样品采集以及土壤样品测试，分析抗侵蚀植物群落对土壤侵蚀环境的改善能力。

表 15-1 抗侵蚀植物群落的基本信息

分布区域	群落类型	群落缩写	侵蚀环境	样本数
延河流域南部森林带（FZ）	侧柏+白刺花+大披针薹草群落	C+B+D	SG	3
	辽东栎+土庄绣线菊+大披针薹草群落	L+T+D	HG	3
	三角槭+黄刺玫+水枸子+大披针薹草群落	S+H+S	HG, HH	4
	三角槭+紫丁香+白刺花+大披针薹草群落	S+Z+B	HT, SG	3
	黄刺玫+白刺花+长芒草+铁杆蒿群落	H+B+C	HT, SG, SH	4
	白刺花+杠柳+白羊草群落	B+G+B	SH	3
	紫丁香+虎榛子+茭蒿+大披针薹草群落	Z+H+J	HH	3
	杠柳群落	GL	HH, SH	3
	铁杆蒿群落	TG	HG, HH, HT	5
延河流域中部森林草原带（FSZ）	白刺花+杠柳+白羊草群落	B+G+B	SG, SH	4
	紫丁香+中华卷柏群落	Z+Z	HG	3
	杠柳+铁杆蒿群落	G+T	SH	3
	柠条锦鸡儿+铁杆蒿群落	N+T	HG, SG	5
	沙棘+铁杆蒿群落	S+T	HH, HT, SH	4
	铁杆蒿+长芒草群落	T+C	HH	3
	铁杆蒿群落	TG	HG, HH, HT	8
	铁杆蒿+茭蒿+达乌里胡枝子群落	T+J+D	SH	3
	白羊草+达乌里胡枝子群落	B+D	HT, SG, SH	5
	白羊草群落	BY	HT, SG, SH	7
延河流域北部草原带（SZ）	柠条锦鸡儿+杠柳+茭蒿+铁杆蒿群落	N+G+J	SG	3
	柠条锦鸡儿+长芒草+百里香+铁杆蒿群落	N+C+B	HG	3
	沙棘+铁杆蒿群落	S+T	HH	3
	百里香群落	BL	HT, SH	3
	达乌里胡枝子群落	DW	HT, SG, SH	10
	铁杆蒿+茭蒿+达乌里胡枝子群落	T+J+D	SH	3
	铁杆蒿+野菊群落	T+Y	HG, HH	3
	铁杆蒿群落	TG	HG, HH	6

注：SG 为阳沟坡；SH 为阳梁峁坡；HT 为梁峁顶；HH 为阴梁峁坡；HG 为阴沟坡。下同。

（1）植被调查。样方大小为乔木的 10m×10m、灌木的 5m×5m 和草本的 2m×2m（3 个植被带×3 对坡沟×5 种侵蚀环境×3 重复）。记录样方内物种组成及物种的高度、盖度和密度等，并采集植物地上生物量；分析不同侵蚀环境下植物群落的组成、结构与数量特征。

（2）地上生物量测定。采用全部收获法测定草木层地上生物量，标准枝法测定灌木层地上生物量。在调查植被的样方内采集地上生物量带回室内置于 85℃烘箱中烘干（24h）至恒重，称干重，计算地上生物量。

（3）枯落物调查。样方大小为50cm×50cm（3个植被带×3对坡沟×5种侵蚀环境×3重复）。调查枯落物层盖度；收集样方内未分解的枯落物，测定其现存量。

（4）根系样品采集。用直径9cm根钻取0~20cm土层的土样（3个植被带×3对坡沟×5种侵蚀环境×3重复）；用洗根法和烘干法，统计与测量细根（≤2mm）生物量和根长；计算根长密度及比根长。

（5）土壤样品采集与分析。在每个样地用土钻法采集0~20cm土层的土壤样品（3个植被带×3对坡沟×5种侵蚀环境×3重复），用实验室常规化学分析法测定土样有机质、全氮、有效氮、全磷和速效磷。采集0~500cm土层（间隔20cm采样）土样，采集的土样置于铝盒中带回实验室，采用烘干法（105℃，10h）测定土样含水量。采集0~20cm土层的原状土样，用26cm×11cm×8cm铝盒盛装，带回实验室后自然风干，采用Le Bissonais的慢速湿润法（SW）测定土壤团聚体；土样过套筛（2mm，1mm，0.5mm，0.2mm，0.1mm，0.05mm），称重，获各级粒径团聚体的质量分数（刘雷，2013）。

采用单因素方差分析（one-way ANOVA）和最小差异显著法（LSD）比较不同群落间盖度、Shannon-Wiener多样性、生物量、土壤理化指标、土壤团聚体和可蚀性K值等指标的差异显著性（$\alpha = 0.05$）。其中，土壤团聚体组成和稳定性指标以团聚体平均重量直径（MWD，mm）和可蚀性因子K值指标表示，具体计算公式（Bavel，1950；Shirazi and Boersma，1984）如下。

团聚体平均重量直径：$\mathrm{MWD} = \sum_{i}^{n} \bar{x}_i w_i$

土壤可蚀性因子：$K = 7.954 \times \left\{ 0.0017 + 0.0494 \times \exp\left[-0.5 \times \left(\dfrac{\log \mathrm{GMD} + 1.675}{0.6986} \right)^2 \right] \right\}$，其中

$$\mathrm{GMD} = \exp\left(\dfrac{\sum_{i}^{n} w_i \log \bar{x}_i}{\sum_{i}^{n} w_i} \right)$$

式中，w_i为每一粒级团聚体的重量百分含量（%）；$\bar{x}_i$为i粒级团聚体的平均直径（mm）；GMD为几何平均直径（mm）。

15.2　结果与分析

15.2.1　典型抗侵蚀植物改善土壤侵蚀环境的能力

1. 土壤含水量与容重

由图15-2可知，险坡坡度等级上供试植物铁杆蒿、茭蒿和白羊草形成的土堆的土壤含水量较植被间的减小，但在缓坡、陡坡和极陡坡坡度等级上述植物形成的土堆土壤含水量较植被间的增加。而供试物种白刺花则呈相反的趋势，其植物形成土堆在缓坡条件下土壤含水量较植被间的高；随着坡度变陡，白刺花土堆土壤水分含量降低，在险坡环境下甚

至低于植被间土壤含水量。各植物形成土堆的土壤含水量平均为 9.6%，较植被间提高 6.6%，并达到显著性差异（$P<0.05$）。而在土堆的不同部位，土堆上部水分含量为 10.1%，较土堆中部和土堆下部提高 3.5% 和 13.5%；土堆上部与中部水分差异不显著（$P>0.05$）但与土堆下部差异达到显著水平（$P<0.05$）。土堆土壤 0~5cm、5~10cm 和 10~20cm 土层水分增加量较其他土壤层大。对不同植物，白刺花形成土堆土壤水分在缓坡较大，而茭蒿土堆在极陡坡和险坡土壤含水量较大。

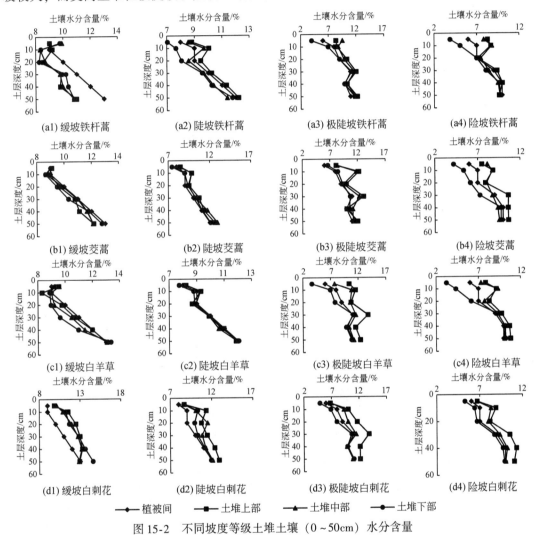

图 15-2 不同坡度等级土堆土壤（0~50cm）水分含量

由表 15-2 可以看出，研究物种土堆的土壤容重一般较植被间的小；但在陡坡土堆下部，土堆土壤容重高于植被间的。在不同的坡度等级上，缓坡土堆土壤容重最小（0.94g/cm³），较陡坡、极陡坡和险坡分别下降了 12.9%、13.4% 和 16.0%，且均达到显著水平（$P<0.05$）。比较不同坡度等级上不同物种形成的土堆的不同部位，土堆上部和中部的土壤容重在白刺花形成的土堆上最小（1.00g/cm³）；而土堆下部的土壤容重在茭蒿形成的土堆上最小（1.11g/cm³）。

表 15-2 植物形成土堆的土壤理化性质

土壤性质	物种	缓坡 (0°~15°)			陡坡 (16°~25°)			极陡坡 (26°~35°)			险坡 (≥36°)		
		I	II	III	I	II	III	I	II	III	I	II	III
OM /(g/kg)	Agm	9.20±1.34a	7.52±1.23b	6.34±1.43b	7.18±1.43a	8.09±0.93b	7.75±0.82ab	8.54±0.97b	6.80±0.12b	4.75±0.56b	10.60±1.95a	5.49±0.47b	3.43±0.47b
	Bi	7.16±1.05a	7.34±1.11b	5.93±0.86b	6.32±1.12ab	8.58±0.86b	8.08±0.77a	6.93±0.84c	6.21±0.87b	5.58±0.67b	6.64±0.86b	5.70±0.54b	4.73±0.79a
	Agi	5.98±0.91b	9.45±1.78a	8.98±1.57a	5.79±0.91b	9.37±1.33a	7.46±0.89b	10.10±0.99a	8.43±0.79a	7.32±0.96a	10.13±0.18a	7.43±0.69a	2.94±0.21c
	Sd	9.16±1.06a	10.00±2.02a	8.76±1.13a	6.63±1.10ab	8.13±0.89b	7.24±1.11b	6.73±0.78c	4.45±0.43c	3.24±0.57c	7.48±0.97b	1.33±0.26d	0.23±0.06d
	IS	6.78±0.98 (b, c, b)			5.39±0.88 (b, c, c)			4.24±0.32 (d, c, c)			3.31±0.41 (c, c, b)		
TN /(g/kg)	Agm	0.63±0.08a	0.64±0.07a	0.60±0.06a	0.67±0.06a	0.56±0.06a	0.57±0.04a	0.62±0.06b	0.54±0.05a	0.45±0.04b	0.59±0.06b	0.41±0.04ab	0.33±0.03a
	Bi	0.54±0.05b	0.55±0.09b	0.52±0.07b	0.51±0.06b	0.50±0.06a	0.48±0.06b	0.43±0.03c	0.40±0.04b	0.38±0.03c	0.39±0.06c	0.36±0.06b	0.31±0.06a
	Agi	0.65±0.06a	0.64±0.08a	0.63±0.08a	0.60±0.05ab	0.53±0.08a	0.51±0.05ab	0.71±0.06a	0.53±0.05a	0.53±0.05a	0.65±0.07a	0.47±0.07a	0.32±0.06a
	Sd	0.65±0.08a	0.66±0.08a	0.66±0.09a	0.60±0.07ab	0.53±0.07a	0.51±0.05ab	0.45±0.04c	0.36±0.03b	0.34±0.03c	0.44±0.06c	0.32±0.03b	0.24±0.03b
	IS	0.51±0.10 (b, b, b)			0.45±0.04 (c, b, b)			0.38±0.02 (c, b, c)			0.33±0.06 (d, b, a)		
AN /(g/kg)	Agm	36.53±5.36b	35.20±6.26c	34.74±5.11b	36.06±7.25d	39.94±5.51b	43.90±4.22b	35.00±6.68b	29.93±4.12b	29.30±4.87b	35.35±7.12b	24.66±3.23b	19.00±3.54b
	Bi	41.36±7.23b	46.64±6.89b	33.89±4.86b	47.32±5.35c	48.94±4.99b	49.33±6.56b	38.35±7.21b	40.74±7.69a	39.15±6.36a	34.43±6.25b	24.77±5.60b	23.26±4.55a
	Agi	36.81±4.58b	35.58±7.23c	36.03±9.38b	54.04±9.76b	49.26±6.72b	60.91±8.98a	38.60±4.57b	38.15±5.27a	36.49±7.27a	36.52±7.82b	28.55±3.08a	25.54±4.69a
	Sd	67.29±9.66a	68.56±9.25a	61.03±10.45a	61.51±9.96a	57.76±7.77a	49.91±2.11b	54.93±8.82a	27.10±3.76a	19.69±3.11c	47.85±5.97a	13.80±1.77c	12.24±2.13c
	IS	32.35±6.32 (b, c, b)			30.54±3.12 (d, c, c)			24.44±4.43 (c, b, bc)			20.96±2.66 (c, b, b)		
AP /(g/kg)	Agm	2.87±0.52b	2.95±0.54b	2.80±0.33b	2.10±0.32b	2.53±3.75b	2.06±0.34c	2.18±0.32c	2.75±0.33c	0.46±0.52d	3.34±0.41b	1.84±0.19b	0.98±0.08b
	Bi	2.60±0.39b	2.02±0.36b	2.70±0.67b	3.66±0.45b	2.71±3.22b	3.53±0.73b	4.12±0.44a	4.09±0.68a	1.56±0.21a	4.25±0.75a	1.77±0.25b	1.07±0.09a
	Agi	5.03±0.74a	6.83±0.87a	6.64±0.92a	4.28±0.52ab	3.62±0.56ab	4.31±0.67b	3.29±0.21b	3.54±0.46b	1.80±0.11a	4.85±0.48a	2.68±0.38a	1.16±0.14a
	Sd	6.41±1.56a	6.97±0.99a	6.71±1.04a	6.31±1.67a	5.75±0.41a	5.08±0.51a	1.91±0.24c	1.09±0.12c	1.19±0.09c	2.62±0.23c	0.90±0.06c	0.74±0.08b
	IS	1.78±0.02 (c, c, c)			1.13±0.03 (c, c, c)			0.96±0.03 (d, d, c)			0.85±0.04 (d, c, b)		

续表

土壤性质	物种	缓坡（0°~15°）			陡坡（16°~25°）			极陡坡（26°~35°）			险坡（≥36°）		
		I	II	III	I	II	III	I	II	III	I	II	III
AK /(g/kg)	Agm	118.31±16.77b	101.35±14.31b	106.77±9.98a	130.24±19.54a	157.73±19.21a	103.47±24.33b	133.30±14.23a	94.44±9.12b	82.57±9.14b	130.74±14.58b	73.66±9.14a	46.82±5.69b
	Bi	87.01±10.35c	85.45±7.08c	85.38±10.42b	86.13±11.05c	87.01±12.13c	105.99±9.88b	74.18±9.01b	73.44±9.84c	70.38±6.94c	73.44±9.73c	69.30±8.46a	54.63±4.56a
	Agi	117.87±18.34b	110.67±16.79b	112.57±15.26a	101.73±16.32b	111.51±14.14b	132.87±18.01a	131.50±18.15a	130.86±14.61a	107.81±11.21a	110.77±10.28a	79.36±8.19a	51.03±6.86a
	Sd	127.89±17.26a	125.79±12.88a	120.16±14.01a	121.24±18.46b	103.47±9.41b	88.79±7.66c	134.08±16.24c	100.48±9.83b	53.52±8.10d	144.07±167.38a	28.67±4.11c	22.38±1.97c
	IS	80.68±5.37 (c, c, b)			77.26±6.30 (c, c, c)			65.32±6.41 (b, c, c)			60.61±7.12 (c, b, a)		
BD /(g/cm³)	Agm	1.01±0.14b	1.01±0.11b	1.00±0.09a	1.12±0.08a	0.98±0.11c	1.14±0.15a	1.05±0.14b	1.06±0.23c	1.13±0.16a	0.97±0.08b	1.10±0.09b	1.14±0.21b
	Bi	0.89±0.09c	0.88±0.09d	1.05±0.17a	1.14±0.15a	1.20±0.09a	1.16±0.12b	1.10±0.17a	1.10±0.09b	1.15±0.08a	0.96±0.09c	1.04±0.11c	1.12±0.13b
	Agi	0.99±0.12b	0.92±0.12c	1.00±0.11a	1.12±0.21a	1.09±0.12b	1.14±0.16c	1.04±0.13b	1.05±0.17a	1.10±0.25a	0.97±0.09b	1.10±0.13b	1.12±0.11b
	Sd	0.86±0.08c	0.78±0.08e	0.89±0.09b	1.09±0.18a	1.03±0.18a	1.19±0.23a	1.06±0.11b	1.07±0.12a	1.12±0.10a	0.98±0.08b	1.18±0.07a	1.25±0.15a
	IS	1.09±0.09 (a, a, a)			1.13±0.07 (a, a, c)			1.16±0.06 (a, a, a)			1.23±0.02 (a, a, a)		

注：结果以（平均值±标准差）表示。不同的小写字母表示不同植物土堆在同一坡度同一土堆部位的土壤性质差异显著（$P<0.05$）；为了简化，植被间结果后面的三组字母依次对应土堆上部、中部和下部。I 为土堆上部；II 为土堆中部；III 为土堆下部。Agm 为铁杆蒿；Bi 为白羊草；Agi 为白刺花；Sd 为白刺。AN 为土壤（0~20cm）有效氮；AP 为土壤（0~20cm）有效磷；AK 为土壤（0~20cm）有效钾；BD 为土壤（0~5cm）容重。TN 为土壤（0~20cm）全氮；OM 为土壤（0~20cm）有机质；IS 为植被盖度。

2. 土壤养分

由表15-2看出，土堆土壤有机质（OM）、全氮（TN）、有效氮（AN）、有效磷（AP）和有效钾（AK）相对于植被间分别提高了40.1%、22.4%、45.1%、173.1%和38.0%；其中，OM、TN和AP在缓坡土堆土壤含量较高，AN和AK在陡坡土堆含量较高。土堆上部土壤养分较土堆中部和下部高。在险坡坡度等级上，由于坡面径流在土堆下部形成涡流，造成土堆该部位严重的土壤侵蚀，土壤养分流失严重，因此险坡土堆下部土壤养分较植被间降低。

对于不同枝系植物，茭蒿形成土堆土壤的OM、TN、AP和AK较高，而AN在白刺花形成土堆上含量较高。铁杆蒿、白羊草和白刺花的土堆土壤养分随着坡度的增加而增加，但在极陡坡的土堆下部土壤养分含量下降。疏丛型植物茭蒿形成的土堆土壤养分即便在极陡坡也呈增加的趋势。

3. 土堆上的植物组成

由表15-3知，土堆上物种丰富度和多样性都显著高于植被间，比较不同坡度供试物种土堆群落数值，土堆上Patrick物种丰富度指数（Pa）和Shannon-Wiene指数（H）分别较植被间提高了86.8%和104.9%，且达到显著性差异（$P<0.05$）。其中，土堆上Pa和H最高出现在陡坡，土堆上部Pa和H较土堆下部高。不同植物形成的土堆上，以白刺花土堆上Pa和H较大，但其随着坡度的增加迅速减小。

表 15-3 土堆上植物群落多样性

项目		缓坡（0°~15°）		陡坡（16°~25°）		极陡坡（26°~35°）		险坡（≥36°）	
		土堆上部	土堆下部	土堆上部	土堆下部	土堆上部	土堆下部	土堆上部	土堆下部
Pa	Agm	4.41±0.56b	3.65±0.58b	5.05±0.46b	4.26±0.39b	5.15±0.67b	2.20±0.19b	5.00±0.67b	1.85±0.24b
	Bi	4.73±0.69b	3.42±0.44b	6.25±0.77ab	4.65±0.41b	5.76±0.59b	2.65±0.34a	5.83±0.74b	2.78±0.44a
	Agi	3.97±0.60c	2.71±0.36c	5.30±0.51b	3.95±0.38c	4.64±0.55c	2.94±0.47a	5.55±0.79b	2.65±0.15a
	Sd	6.75±0.71a	4.9±0.39a	7.66±0.96a	5.83±0.79a	6.75±0.97a	1.53±0.13c	6.25±0.45a	1.44±0.11b
	IS	3.80±0.47（c，b）		2.65±0.29（c，d）		1.85±0.24（d，c）		1.10±0.09（c，b）	
H	Agm	0.42±0.06b	0.18±0.02b	0.57±0.09b	0.37±0.04c	0.56±0.09b	0.18±0.02c	0.54±0.10b	0.08±0.01c
	Bi	0.44±0.05b	0.23±0.05b	0.62±0.09b	0.47±0.09b	0.66±0.14a	0.29±0.03a	0.69±0.11a	0.17±0.03a
	Agi	0.31±0.06c	0.08±0.02c	0.57±0.06b	0.30±0.03c	0.49±0.09c	0.24±0.05b	0.51±0.06b	0.18±0.05a
	Sd	0.63±0.08a	0.57±0.03a	0.76±0.08a	0.66±0.13a	0.65±0.06a	0.21±0.04b	0.64±0.08a	0.17±0.03a
	IS	0.16±0.01（d，b）		0.28±0.02（c，c）		0.23±0.01（d，b）		0.15±0.01（c，b）	

注：结果以（平均值±标准差）表示。不同的小写字母表示不同植物土堆在同一坡度同土堆部位的物种多样性差异显著；为了简化，植被间结果后面的两组字母依次对应土堆上部和下部。Pa为Patrick物种丰富度指数；H为Shannon-Wiener指数。Agm为铁杆蒿；Agi为茭蒿；Bi为白羊草；Sd为白刺花；IS为植被间。

图15-3显示土堆及植被间不同生活型植物密度在不同坡度上的变化，调查发现有高位芽植物、地上芽植物、隐芽植物、半隐芽植物和一年生植物5种不同生活型植物出现在土堆上。白羊草形成土堆上生长的植物密度最高。土堆植物密度较植被间提高了137.2%。无论植被间还是土堆上，半隐芽植物密度都较高。隐芽植物和地上芽植物在不同植物形成

的土堆上数量较为稳定。半隐芽植物密度在茭蒿和白刺花形成的土堆上部随着坡度的增加而增加，而在白羊草土堆上则相反。高位芽植物密度在白刺花形成的土堆上较大。

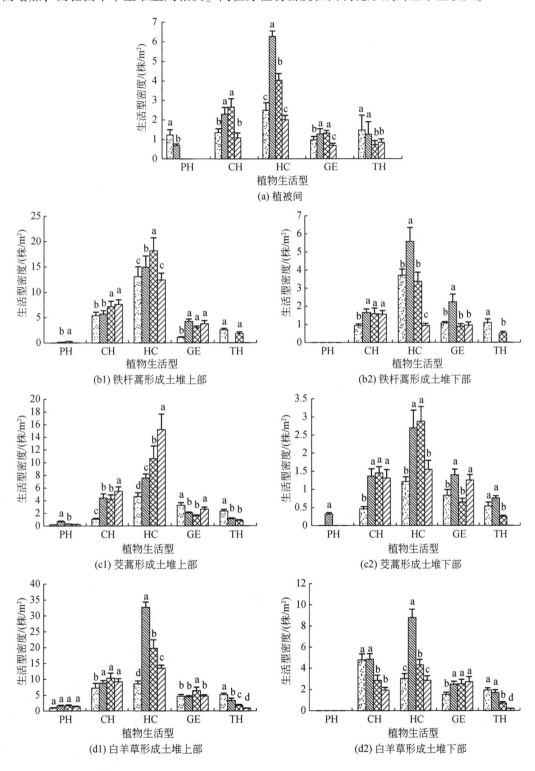

(a) 植被间

(b1) 铁杆蒿形成土堆上部

(b2) 铁杆蒿形成土堆下部

(c1) 茭蒿形成土堆上部

(c2) 茭蒿形成土堆下部

(d1) 白羊草形成土堆上部

(d2) 白羊草形成土堆下部

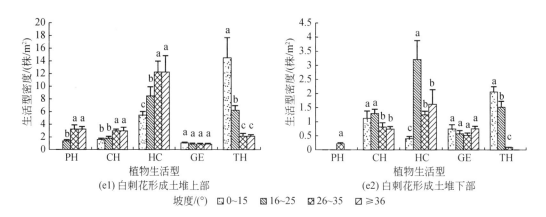

图 15-3　土堆及植被间不同生活型植物密度

PH 为高位芽植物；CH 为地上芽植物；HC 为半隐芽植物；CE 为隐芽植物；TH 为一年生植物

15.2.2　抗侵蚀植物群落改善土壤侵蚀环境的能力

1. 植物结构特征

对不同植物群落而言，南部森林带不同群落 Shannon-Wiener 指数为 1.41~2.37，表现为草本群落>灌木群落>乔木群落。中部森林草原带的群落多样性指数为 1.73~2.87，人工柠条锦鸡儿林和沙棘林的 Shannon-Wiener 指数显著低于其他灌木和草本群落（$P<0.05$）；这与人工林种植单一，且覆盖度较大，对林下植被的生长产生消极作用有关。北部草原带的群落多样性指数为 1.98~2.80。中部和北部草原带灌木群落与草本群落的 Shannon-Wiener 指数并未表现出明显的差异；这也许是因为灌木群落盖度不足以影响林下植被的生长，甚至会为林下植被的生长创造良好的环境，因此有些灌木群落的 Shannon-Wiener 指数甚至高于草本群落（表 15-4）。

表 15-4　不同抗侵蚀植物群落特征

分布区域	群落类型	群落总盖度/%	Shannon-Wiener 指数	地上生物量/(g/m²)	枯落物盖度/%	枯落物干重/(g/m²)
FZ	C+B+D	81.7±13.6b	1.62±0.12b	894.4±446.2c	32.5±12.0ab	324.3±69.0c
	L+T+D	98.0±3.5a	1.42±0.01c	408.6±174.9c	39.5±3.0a	497.7±59.9b
	S+H+S	77.0±14.5b	1.41±0.06c	3 970.9±1387.9b	30.9±12.3ab	660.9±71.0a
	S+Z+B	85.7±14.2b	1.61±0.16b	35 467.3±7020.3a	22.2±5.7b	456.8±50.1b
	H+B+C	44.8±10.2cd	1.95±0.17b	1 652.5±385.8b	11.4±2.1c	318.3±70.4c
	B+G+B	23.7±8.4d	1.68±0.31b	111.1±15.5cd	6.6±3.3cd	53.4±10.4e
	Z+H+J	57.7±13.0c	1.73±0.08b	518.8±97.9c	29.6±9.9ab	242.3±72.8c
	GL	47.7±18.8cd	1.43±0.70c	237.3±66.8cd	7.3±0.4cd	141.2±40.2d
	TG	30.0±6.5d	2.37±0.12a	139.6±34.3cd	8.9±3.5cd	110.7±23.6d

分布区域	群落类型	群落总盖度/%	Shannon-Wiener 指数	地上生物量/(g/m²)	枯落物盖度/%	枯落物干重/(g/m²)
FSZ	B+G+B	25.5±2.5c	2.20±0.19b	1 010.8±124.0ab	1.3±0.4c	64.7±6.1c
	Z+Z	47.7±7.2a	2.87±0.01a	1 855.7±1016.5a	5.4±0.5b	158.4±40.0a
	G+T	35.0±5.8bc	2.23±0.38b	428.9±24.4b	2.8±0.5bc	86.2±5.5bc
	N+T	37.0±5.9bc	2.17±0.23b	526.0±72.0b	3.5±0.9bc	121.5±18.6ab
	S+T	46.3±6.4a	1.73±0.11c	1 718.4±345.8a	8.4±5.6a	63.2±0.9c
	T+C	22.7±4.1c	2.66±0.21a	110.9±21.2c	5.1±0.1b	59.6±12.3c
	TG	25.3±5.3c	2.65±0.17a	135.6±35.2c	3.0±0.4bc	68.3±15.7bc
	T+J+D	41.7±2.0ab	2.29±0.07b	210.5±17.6c	4.3±0.1bc	92.1±11.0b
	B+D	33.4±4.3bc	2.40±0.13b	110.9±19.7c	3.1±0.9bc	69.8±15.6bc
	BY	28.0±6.9bc	2.33±0.11b	84.0±9.2d	4.9±0.8b	77.9±12.7bc
SZ	N+G+J	16.7±0.9c	2.52±0.05b	1 152.6±408.3a	1.3±0.0	43.3±11.4
	N+C+B	48.3±16.4b	2.79±0.27a	1 484.9±497.7a	1.4±0.3	46.2±13.5
	S+T	74.0±25.0a	2.67±0.14a	1 537.2±225.5a	1.7±0.3	36.4±5.8
	BL	49.3±10.4b	2.13±0.06b	97.0±30.6b	2.0±1.4	32.3±23.2
	DW	33.3±7.4bc	2.56±0.11b	132.9±15.1b	1.9±0.4	57.0±6.5
	T+J+D	28.3±6.7c	2.42±0.04b	149.4±19.7b	2.6±1.5	44.2±8.9
	T+Y	61.0±6.5b	1.98±0.31c	84.8±20.3b	3.1±0.9	37.1±1.9
	TG	36.5±5.8bc	2.80±0.11a	121.5±20.9b	1.8±0.5	37.1±4.4

注：FZ 表示森林带；FSZ 表示森林草原带；SZ 表示草原带。不同小写字母表示差异显著（$P<0.05$）；无字母即差异不显著。群落类型见表 15-1。下同。

　　群落总盖度与物种多样性表现出相反的趋势。南部森林带的群落总盖度为 23.7%～98.0%；随群落类型不同，群落总盖度差异显著（乔木群落>灌木群落>草本群落），但以白刺花和杠柳为优势种的群落总盖度显著低于其他灌木群落（$P<0.05$）。中部森林草原带的群落总盖度为 22.7%～47.7%；其中，灌木群落总盖度显著高于草本群落（$P<0.05$），而以白刺花和杠柳为优势种的群落总盖度也显著低于其他灌木群落（$P<0.05$），草本群落中以铁杆蒿为优势种的群落总盖度显著低于其他群落（$P<0.05$）。北部草原带的群落总盖度为 16.7%～74.0%；其中，灌木群落总盖度显著高于草本群落（$P<0.05$），以铁杆蒿为优势种的草本群落总盖度显著低于其他群落（$P<0.05$）；而以野菊为次优种的群落总盖度较高，这与野菊的空间分布特征有关，野菊虽然是单株散生但在群落中贴地面呈片状分布，大幅提高了群落总盖度（表 15-4）。

　　群落的地上生物量与群落总盖度的变化趋势基本一致（表 15-4）。南部森林带不同群落的地上生物量为 111.1～35 467.3g/m²；乔木和灌木群落的显著高于草本群落的（$P<0.05$），以白刺花和杠柳为优势种的群落地上生物量显著低于其他群落的（$P<0.05$）。中部森林草原带不同群落的地上生物量为 84.0～1855.7g/m²；乔木和灌木群落的显著高于草本群落的（$P<0.05$），以白羊草为优势种的群落显著低于其他草本群落的（$P<0.05$）。北

部草原带的群落地上生物量为 84.8 ~ 1537.2g/m²；乔木和灌木群落的显著高于草本群落的（$P<0.05$），以野菊为次优种的铁杆蒿群落的最低。

枯落物盖度和干重与群落总盖度和地上生物量的变化趋势基本一致（表 15-4）。南部森林带枯落物盖度为 6.6% ~ 39.5%，干重为 53.4 ~ 660.9g/m²，表现为乔木群落>灌木群落>草本群落；以白刺花和杠柳为优势种的群落枯落物盖度和干重显著低于其他灌木群落的（$P<0.05$）。中部森林草原带枯落物盖度为 1.3% ~ 8.4%，干重为 59.6 ~ 158.4g/m²；以白刺花和杠柳为优势种的群落枯落物盖度和干重显著低于其他群落的（$P<0.05$）。北部草原带枯落物盖度为 1.3% ~ 3.1%，干重为 32.3 ~ 57.0g/m²。中部森林草原带和北部草原带灌木群落与草本群落的枯落物盖度和干重并未表现出明显的差异。

由南部的乔木、灌木和草本群落到北部的草本群落，环境条件发生改变的同时群落类型也随之而变；但群落物种随环境条件的更替是连续性的，不同区域会有相同优势种的群落出现。同一优势种群落在不同的环境条件下，其群落特征并没有表现出很明显的差异（表 15-5）。白刺花+杠柳+白羊草群落的各指标中部区域比南部区域较高，除地上生物量外其他差异不显著；沙棘+铁杆蒿群落 Shannon-Wiener 指数在北部区域显著高于中部区域，枯落物干重则中部区域显著高于北部区域（$P<0.05$）；铁杆蒿群落在全流域均有分布，但各指标并没有显著性差异。

表 15-5　同一优势种群落在不同分布区域的群落特征

群落类型	分布区域	群落总盖度/%	Shannon-Wiener 指数	地上生物量/(g/m²)	枯落物盖度/%	枯落物干重/(g/m²)
B+G+B	FZ	23.7±8.4	1.68±0.31	111.1±15.5b	6.6±3.3	53.4±10.4
	FSZ	25.5±2.5	2.21±0.19	1010.8±124a	1.3±0.3	64.7±6.1
S+T	FSZ	46.3±6.4	1.73±0.11b	1718.4±0.00	8.4±5.6	63.2±0.9a
	SZ	74.0±25.0	2.67±0.14a	1537.2±225.5	1.7±0.3	36.4±5.8b
T+J+D	FSZ	41.5±3.5	2.29±0.12	210.5±30.5	4.3±0.0	92.1±19.1
	SZ	28.3±6.7	2.42±0.04	149.4±19.7	2.6±1.5	44.2±8.9
TG	FZ	30.0±6.5	2.4±0.1	139.6±34.3	8.8±3.5	110.7±23.6
	FSZ	25.3±5.3	2.6±0.2	135.6±35.2	3.0±0.4	68.3±15.7
	SZ	36.5±5.8	2.8±0.1	121.5±20.9	1.8±0.5	37.1±4.4

2. 土壤水分特征

分布于南部森林带群落 0 ~ 500cm 土层的土壤含水量为 5.65% ~ 21.12%（图 15-4）；不同群落在土壤表层 0 ~ 20cm 水分含量表现为乔木和灌木>草本，但以白刺花和杠柳为优势种的群落水分含量最低（6% ~ 8%）。乔木和灌木群落在 20 ~ 80cm 土层水分含量急剧下降，从大于 12% 降到 6% ~ 8%，并在 80cm 以下的土层一直在 6% ~ 8% 波动；草本群落在 20 ~ 500cm 土层水分含量为 12% ~ 14%。但以白刺花和杠柳为优势种的群落在 80 ~ 400cm 土层的水分含量（10% ~ 12%）高于其他乔木和灌木群落的，400cm 以下土层的水分含量（14% ~ 18%）甚至高于草本群落。

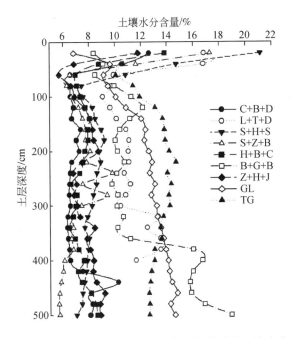

图 15-4　延河流域南部森林带不同抗侵蚀植物群落土壤水分变化

中部森林草原带群落 0~500cm 土层的土壤含水量为 6.39%~19.38%（图 15-5），不同群落在土壤表层 0~20cm 水分含量为 10%~14%，但白刺花+杠柳+白羊草群落的水分含量只有 6.39%。以白羊草为优势种的群落水分含量在 20~100cm 土层有明显的递减过程；100cm 以下土层开始增加，最终在 10%~12% 波动。柠条锦鸡儿+铁杆蒿群落和紫丁

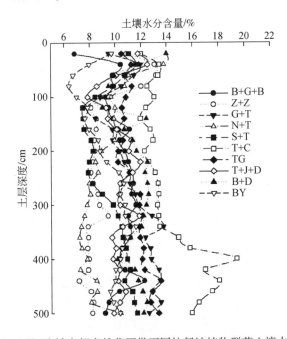

图 15-5　延河流域中部森林草原带不同抗侵蚀植物群落土壤水分变化

香+中华卷柏群落在 20～80cm 土层水分含量较高（基本维持在 10%～12%），100～300cm 土层水分含量为 8%～10%，300cm 以下土层水分含量为 6%～8%。铁杆蒿+长芒草群落的土壤水分含量一直很高（12%～14%），直到 360cm 土层以下，土壤水分还有明显的增幅；在 400cm 时达到了 19.38%，到 500cm 时减小到 15.91%。沙棘+铁杆蒿群落在 120～260cm 土层水分含量小于 8%，在其他土层基本为 8%～10%。白刺花+杠柳+白羊草群落、铁杆蒿群落、杠柳+铁杆蒿群落和铁杆蒿+茭蒿+达乌里胡枝子群落在 20cm 以下土层水分含量一直为 10%～12%。

北部草原带群落 0～500cm 土层的土壤含水量为 3.89%～11.59%（图 15-6），多数群落的土壤含水量在 0～500cm 土层一直为 8%～10%。柠条锦鸡儿+杠柳+茭蒿+铁杆蒿群落土壤含水量在 0～420cm 土层为 4%～6%，在 420cm 土层以下有明显的增幅，在 500cm 土层时维持在 8% 左右。柠条锦鸡儿+长芒草+百里香+铁杆蒿群落的土壤水分含量在 0～120cm 土层为 8%～10%；从 120cm 土层往下，减少到 6%，并一直维持在 6% 左右到 500cm 土层。铁杆蒿+茭蒿+达乌里胡枝子群落土壤水分含量从表层到 120cm 土层一直减小；从 120cm 土层往下，水分含量一直增加，在 500cm 土层时维持在 10% 左右。

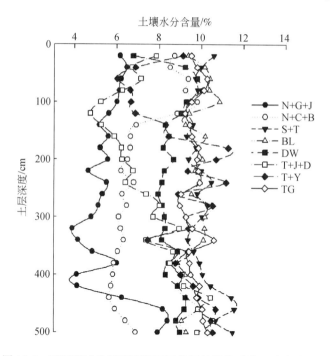

图 15-6　延河流域北部草原带不同抗侵蚀植物群落土壤水分变化

同一优势种群落在不同的环境条件下，土壤水分含量略有差异（图 15-7）。白刺花+杠柳+白羊草群落在 0～360cm 土层水分含量为 8%～12%；在 360cm 以下土层，南部森林带的土壤含水量增幅明显（16%～18%），中部森林草原带的土壤含水量有减小的趋势（8%～10%）。沙棘+铁杆蒿群落土壤水分含量在中部森林草原带与北部草原带之间没有显著性差异，0～500cm 土层水分含量为 8%～12%。中部森林草原带和北部草原带分布的铁杆蒿+茭蒿+达乌里胡枝子群落土壤水分含量在 0～340cm 土层有显著性差异（$P<0.05$），中部森林草原带的（10%～12%）显著高于北部草原带的（6%～8%）；340cm 土层以下，

土壤水分含量均维持在 8%~10%。在全流域均有分布的铁杆蒿群落从南到北表现出递减的趋势，在 0~100cm 土层，土壤水分为 9%~12%；在 100cm 土层以下，南部森林带的土壤水分呈递增趋势，直到 400cm 以下略有减少，水分含量为 12%~14%；在 100cm 土层以下，中部森林草原带土壤水分含量为 10%~12%，北部草原带土壤水分含量在 10% 左右。

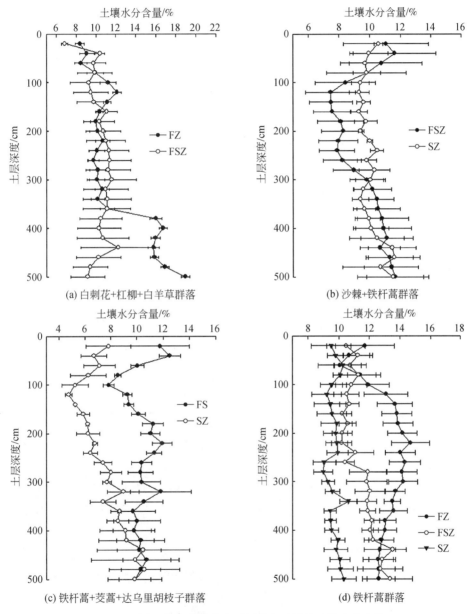

图 15-7 同一优势种群落在不同分布区域的土壤水分变化

3. 土壤养分特征

南部森林带不同群落的土壤有机质含量为 9.77~43.77g/kg，全氮含量为 0.52~

2. 57g/kg，有效氮含量为 7. 24 ~ 36. 56mg/kg，全磷含量在 0. 61 ~ 0. 73g/kg，有效磷含量为 6. 59 ~ 23. 07mg/kg。不同群落表现出乔木群落显著高于灌木和草本群落（$P<0.05$）。侧柏+白刺花+大披针薹草群落的养分含量显著低于其他乔木群落（$P<0.05$）。以白刺花和杠柳为优势种的群落土壤养分含量则显著低于其他乔木和灌木群落（$P<0.05$），与草本群落无显著性差异。黄刺玫+白刺花+长芒草+铁杆蒿群落和紫丁香+虎榛子+茭蒿+大披针薹草群落土壤养分含量显著低于乔木群落（$P<0.05$），但高于草本群落（表15-6）。

表 15-6　延河流域不同抗侵蚀植物群落土壤养分变化

分布区域	群落类型	有机质/(g/kg)	全氮/(g/kg)	有效氮/(mg/kg)	全磷/(g/kg)	有效磷/(mg/kg)
FZ	C+B+D	32. 25±5. 98a	1. 86±0. 12c	18. 03±0. 14b	0. 67±0. 01b	12. 00±2. 23c
	L+T+D	43. 77±5. 87a	2. 57±0. 01a	36. 56±2. 48a	0. 72±0. 01a	12. 39±2. 40c
	S+H+S	38. 42±6. 00a	2. 06±0. 10c	30. 41±5. 19a	0. 73±0. 05a	19. 65±3. 83b
	S+Z+B	31. 42±4. 73b	2. 21±0. 07b	30. 22±7. 01a	0. 64±0. 02bc	23. 07±1. 37a
	H+B+C	21. 60±4. 23c	1. 59±0. 19d	16. 01±2. 33b	0. 66±0. 04b	13. 26±1. 90c
	B+G+B	9. 77±0. 00d	0. 52±0. 00f	7. 24±0. 00d	0. 61±0. 00c	8. 48±0. 00d
	Z+H+J	18. 21±3. 76cd	1. 10±0. 03e	10. 01±0. 17c	0. 67±0. 01b	6. 59±0. 04d
	GL	10. 27±1. 42d	0. 82±0. 06f	9. 30±0. 10c	0. 62±0. 01c	7. 78±0. 04d
	TG	10. 72±1. 49d	0. 76±0. 05f	10. 69±0. 77c	0. 64±0. 01bc	8. 53±1. 89d
FSZ	B+G+B	4. 45±0. 55c	0. 45±0. 05	5. 84±0. 66d	0. 52±0. 03	11. 82±1. 61b
	Z+Z	7. 56±1. 53b	0. 57±0. 05	15. 13±5. 20a	0. 57±0. 03	12. 29±1. 61b
	G+T	5. 61±0. 48bc	0. 43±0. 02	9. 51±1. 77b	0. 48±0. 02	15. 34±0. 25b
	N+T	9. 99±1. 65a	0. 65±0. 11	10. 98±1. 17b	0. 66±0. 13	18. 70±1. 26a
	S+T	7. 03±1. 45b	0. 53±0. 08	8. 91±2. 22b	0. 55±0. 04	11. 38±3. 26b
	T+C	6. 11±0. 42b	0. 50±0. 01	14. 90±3. 24a	0. 51±0. 01	14. 10±0. 92b
	TG	6. 01±0. 68b	0. 48±0. 05	7. 47±1. 14c	0. 59±0. 01	8. 08±1. 41c
	T+J+D	5. 14±0. 53c	0. 51±0. 06	11. 09±2. 05b	0. 52±0. 00	10. 75±0. 92b
	B+D	6. 78±0. 98b	0. 48±0. 07	10. 97±1. 33b	0. 68±0. 09	12. 55±3. 29b
	BY	7. 77±1. 22b	0. 45±0. 07	4. 93±0. 85d	0. 55±0. 01	7. 79±2. 10c
SZ	N+G+J	7. 31±0. 29b	0. 42±0. 01b	8. 15±0. 33b	0. 81±0. 07	20. 36±1. 60a
	N+C+B	5. 63±0. 82b	0. 41±0. 01b	7. 82±0. 27b	0. 78±0. 14	17. 54±6. 41b
	S+T	6. 39±0. 83b	0. 44±0. 01b	8. 74±0. 95b	0. 84±0. 12	13. 49±3. 64b
	BL	6. 60±0. 53b	0. 44±0. 01b	6. 85±0. 84b	0. 83±0. 16	15. 71±4. 62b
	DW	5. 63±0. 85b	0. 40±0. 04b	5. 89±0. 65b	0. 60±0. 05	15. 64±2. 32b
	T+J+D	5. 17±0. 24b	0. 38±0. 02b	8. 79±1. 87b	0. 56±0. 02	6. 55±0. 91c
	T+Y	11. 45±0. 69a	0. 66±0. 08a	10. 08±1. 4a	0. 59±0. 03	7. 07±0. 16c
	TG	5. 81±1. 05b	0. 40±0. 06b	6. 04±0. 80b	0. 61±0. 07	14. 26±2. 56b

中部森林草原带不同群落的土壤有机质含量为 4. 45 ~ 9. 99g/kg，全氮含量为 0. 43 ~

0.65g/kg，有效氮含量为 4.93～15.13mg/kg，全磷含量为 0.48～0.68g/kg，速效磷含量为 7.79～18.70mg/kg。不同群落之间土壤全氮和全磷含量无显著性差异。柠条锦鸡儿+铁杆蒿群落的有机质和速效磷含量最高，有效氮含量则是紫丁香+中华卷柏群落和铁杆蒿+长芒草群落最高（$P<0.05$）。白刺花+杠柳+铁杆蒿群落和铁杆蒿+茭蒿+达乌里胡枝子群落的有机质含量最低，铁杆蒿群落的有效氮含量最低，铁杆蒿和白羊草群落速效磷含量最低（$P<0.05$）。其他群落土壤有机质、有效氮和速效磷含量没有显著性差异（表 15-6）。

北部草原带不同群落的土壤有机质含量为 5.17～11.45g/kg，全氮含量为 0.38～0.66g/kg，有效氮含量为 5.89～10.08mg/kg，全磷含量为 0.56～0.84g/kg，速效磷含量为 6.55～20.36mg/kg。不同群落土壤全磷含量之间无显著性差异。铁杆蒿+野菊群落的有机质、全氮和有效氮含量显著高于其他群落的（$P<0.05$）。有效磷含量则是柠条锦鸡儿+杠柳+茭蒿+铁杆蒿群落的最高，铁杆蒿+茭蒿+达乌里胡枝子群落和铁杆蒿+野菊群落的最低（$P<0.05$）。其他群落土壤有机质、全氮、有效氮和速效磷含量没有显著性差异（表 15-6）。

白刺花+杠柳+白羊草群落土壤有机质含量在南部森林带显著高于中部森林草原带（$P<0.05$），其他养分含量在南部森林带略高于中部森林草原带；只有速效磷含量表现出相反的趋势，在中部森林草原带略高于南部森林带。沙棘+铁杆蒿群落土壤有机质、全氮和有效氮含量在中部森林草原带略高于北部草原带，全磷及速效磷含量则是北部草原带略高于中部森林草原带；铁杆蒿+茭蒿+达乌里胡枝子群落的土壤养分含量表现为在中部森林草原带略高于北部草原带；但这两个群落的土壤养分含量在各植被带均没有显著性差异。铁杆蒿群落的土壤有机质、全氮和有效氮含量在南部森林带显著高于中部森林草原带和北部草原带（$P<0.05$），速效磷含量则是在北部草原带显著高于南部森林带和中部森林草原带（$P<0.05$）（表 15-7）。

表 15-7　同一优势种群落在不同分布区域的土壤养分变化

群落类型	分布区域	有机质/(g/kg)	全氮/(g/kg)	有效氮/(mg/kg)	全磷/(g/kg)	有效磷/(mg/kg)
B+G+B	FZ	9.77±0.03a	0.52±0.00	7.24±0.03	0.61±0.00	8.48±0.02
	FSZ	4.45±0.55b	0.45±0.05	5.84±0.66	0.52±0.03	11.82±1.61
S+T	FSZ	7.03±1.45	0.53±0.08	8.91±2.22	0.55±0.04	11.38±3.26
	SZ	6.39±0.83	0.44±0.01	8.74±0.95	0.84±0.12	13.49±3.64
T+J+D	FSZ	5.14±0.53	0.51±0.06	11.09±2.05	0.52±0.00	10.75±0.92
	SZ	5.17±0.24	0.38±0.02	8.79±1.87	0.56±0.02	6.55±0.91
TG	FZ	10.72±1.49a	0.76±0.05a	10.69±0.77a	0.64±0.01	8.53±1.89b
	FSZ	6.01±0.68b	0.48±0.05b	7.47±1.14b	0.59±0.01	8.08±1.41b
	SZ	5.81±1.05b	0.40±0.06b	6.04±0.80b	0.61±0.07	14.26±2.56a

4. 土壤团聚体及抗蚀性特征

不同群落 0～20cm 土层大于 2mm 的团聚体占绝对优势。延河流域从南部到北部三个植被带不同群落的土壤粒径大于 2mm 的团聚体质量百分数变化范围分别为 68.0%～91.0%、83.6%～93.3% 和 71.4%～83.3%；1～2mm 土壤团聚体含量次之，其质量百分数的变化范围分别为4.3%～10.6%、2.1%～8.5%和3.9%～11.8%；其他各粒级土壤团聚体总质量百分数分别为4.6%～21.5%、4.0%～9.7%和8.7%～24.7%（图15-8）。

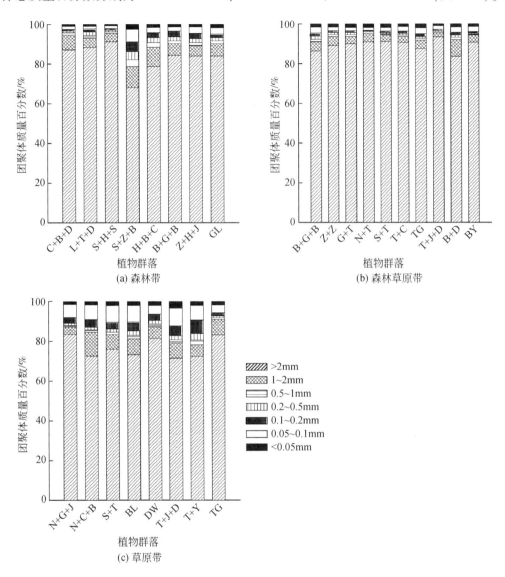

图 15-8　延河流域不同抗侵蚀植物群落土壤团聚体粒径分布

不同群落之间各粒级土壤团聚体含量没有显著差异；但从南部到北部不同群落大于2mm 的团聚体质量百分数有降低的趋势，即南部森林带乔木群落略高于灌木和草本群落的；但三角槭+紫丁香+白刺花+大披针薹草群落和黄刺玫+白刺花+长芒草+铁杆蒿群落大于2mm 土壤团聚体的质量百分数低于其他群落的。中部森林草原带的人工柠条锦鸡儿林、沙棘林和以铁杆蒿为共优种的自然草本群落的大于2mm 土壤团聚体的质量百分数略高于其他群落的。北部草原带的柠条锦鸡儿+杠柳+菱蒿+铁杆蒿、达乌里胡枝子和铁杆蒿群落的大于2mm 土壤团聚体的质量百分数略高于其他群落的。

对分布于不同区域的不同群落而言，MWD 和土壤可蚀性因子 K 值无显著性的差异（图 15-9）。在南部森林带，不同群落 MWD 为 2.83～3.39，土壤可蚀性因子 K 值为 0.017～0.020；以三角槭为优势种的乔木群落的 MWD 最低，侧柏+白刺花+大披针薹草群落、辽东栎+土庄绣线菊+大披针薹草群落和白刺花+杠柳+白羊草群落的 MWD 略高于其他群落的；土壤可蚀性因子 K 值则刚好表现出与 MWD 相反的趋势，土壤 MWD 较低的群落土壤可蚀性因子 K 值较高。在中部森林草原带，不同群落 MWD 为 2.96～3.21，土壤可蚀性因子 K 值为 0.017～0.019；灌木群落的 MWD 略高于草本群落的；而土壤可蚀性因子 K 值刚好相反，草本群落的高于灌木群落的。在北部草原带，不同群落土壤 MWD 为 2.65～3.12，土壤可蚀性因子 K 值为 0.019～0.022；柠条锦鸡儿+杠柳+茭蒿+铁杆蒿群落、沙棘+铁杆蒿群落、达乌里胡枝子群落和铁杆蒿群落 MWD 略高于其他群落的；但灌木群落，百里香群落和达乌里胡枝子群落的土壤可蚀性因子 K 值略高于其他群落的。

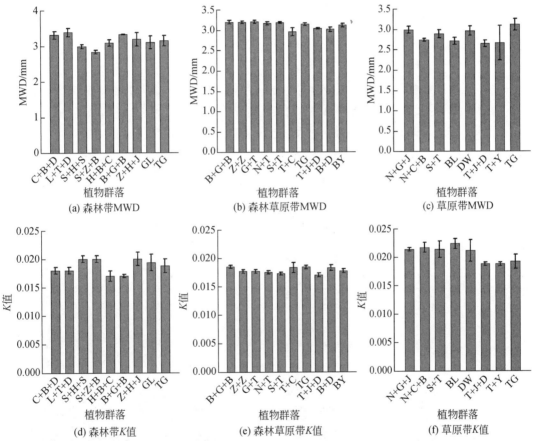

图 15-9　延河流域不同抗侵蚀植物群落土壤团聚体平均重量直径（MWD）及可蚀性因子 K 值

MWD 可以很好地反映团聚体的稳定性，MWD 越大表明土壤结构越好，土壤团聚体稳定性越强；土壤可蚀性因子 K 值的大小表示土壤被侵蚀的难易程度（K 值越小，抗蚀能力越强），反映土壤对侵蚀外营力侵蚀的敏感性和易损性。延河流域不同抗侵蚀植物群落的土壤 MWD 和土壤可蚀性因子 K 值具有明显的负相关关系（表 15-8），群落具有较高的 MWD 和较低的土壤可蚀性因子 K 值，表明群落土壤结构稳定，可有效防止土壤侵蚀。

表 15-8 延河流域不同抗侵蚀植物群落土壤各指标之间相关性

项目	土壤水分	容重	有机质	全氮	有效氮	全磷	有效磷	MWD	可蚀性因子 K 值
土壤水分	1.00								
容重	0.01	1.00							
有机质	−0.16	−0.883 **	1.00						
全氮	−0.15	−0.845 **	0.984 **	1.00					
有效氮	−0.02	−0.764 **	0.908 **	0.920 **	1.00				
全磷	−0.37	−0.25	0.28	0.23	0.18	1.00			
有效磷	−0.36	0.06	0.25	0.26	0.38	0.404 *	1.00		
MWD	0.32	−0.30	0.26	0.25	0.16	−0.26	−0.19	1.00	
可蚀性因子 K 值	−0.424 *	0.068	−0.068	−0.101	−0.108	0.652 **	0.415 *	−0.598 **	1.000

＊表示显著性水平为 $P<0.05$；＊＊表示显著性水平为 $P<0.01$。下同。

白刺花+杠柳+铁杆蒿群落的 MWD 在南部森林带显著高于中部森林草原带，土壤可蚀性因子 K 值则在森林带显著低于森林草原带（$P<0.05$）。沙棘+铁杆蒿群落的 MWD 在中部森林草原带显著高于北部草原带，土壤可蚀性因子 K 值则在森林草原带显著低于草原带（$P<0.05$）；铁杆蒿+茭蒿+达乌里胡枝子群落表现出与沙棘+铁杆蒿群落一致的趋势，但其差异不显著。铁杆蒿群落从南部森林带到北部草原带 MWD 呈递减趋势，土壤可蚀性因子 K 值递增，但无显著性差异（图 15-10）。

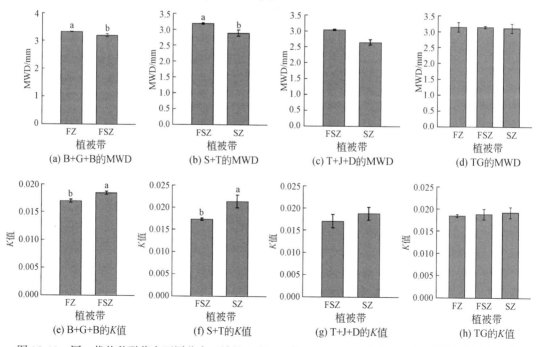

图 15-10 同一优势种群落在不同分布区域的土壤团聚体平均重量直径（MWD）及可蚀性因子 K 值

延河流域不同抗侵蚀植物群落的土壤可蚀性因子 K 值与 MWD 呈极显著负相关关系（$r=-0.598$，$P<0.01$），说明较大的团聚体有助于降低土壤的可蚀性。此外，土壤可蚀性因子 K 值与土壤水分和土壤全磷与有效磷也呈显著、极显著负相关关系（$r=-0.424$，$P<0.05$；$r=0.652$，$P<0.01$；$r=0.415$，$P<0.05$）（表 15-8）。土壤可蚀性因子 K 值与大于 2mm 的团聚体呈极显著负相关关系（$r=-0.715$，$P<0.01$），与小于 1mm 的团聚体呈极显著正相关（$r=0.354\sim0.784$，$P<0.01$）（表 15-9），这进一步说明直径较大的团聚体在提高土壤抗蚀性方面的重要作用。

表 15-9　土壤不同粒径团聚体含量与土壤理化性质的关系

粒径/mm	土壤水分	有机质	全氮	有效氮	全磷	有效磷	可蚀性因子 K 值
>2	−0.082	0.085	0.003	0.003	−0.450**	−0.113	−0.715**
1~2	−0.106	−0.027	0.113	0.000	0.099	0.051	0.234*
0.5~1	−0.050	0.071	0.247*	0.049	0.129	−0.086	0.581**
0.2~0.5	−0.035	0.082	0.209*	0.056	0.151	−0.104	0.625**
0.1~0.2	−0.176	−0.014	0.021	−0.049	0.280**	−0.083	0.784**
0.05~0.1	−0.258*	−0.148	−0.130	−0.155	0.375**	−0.033	0.737**
<0.05	−0.119	−0.260*	−0.223*	−0.181	−0.005	0.024	0.354**

15.3　讨　　论

15.3.1　植物形成土堆的营养岛效应

由于植物冠幅对其下部土壤的保护，同时土堆在坡面上参与了坡面水文过程而对坡面径流和沉积物有阻碍作用，加上植物根系对植物基部周围土壤养分元素的吸收，造成植被间作为一个"源"将土壤养分和水分"汇"在植物基部的土堆上，形成一个微型的"资源岛"存在于贫瘠的裸地"海"上（El-Bana et al., 2003；Buis et al., 2010；Aguiar and Sala, 1999；Offer and Goossens, 2001；Shachak and Lovett, 1998）。从土堆的形成机理上看，极陡坡以下坡面植物土堆形成主要是由于植物枝系对径流沉积物积累和根系生长，而险坡坡面主要是植被间土壤侵蚀引起植物基部土壤升高。这就造成了植物土堆土壤在缓坡、陡坡和极陡坡土壤养分增加，土壤容重减小；而在险坡土壤养分与裸地相比改善幅度不大，甚至险坡土堆下部土壤较植被间理化性质恶化。极陡坡条件下，土堆上部堆积而下部侵蚀形成不对称的结构使得养分也呈不对称分布；土堆上部作为坡上水流沉积物的最先"接纳者"，养分和水分含量要高于土堆中部和下部。在陡坡条件，土堆下部由于水力过程在此形成涡流（Bochet et al., 1999），有利于水分在此渗透，因此该部位的土壤养分含量较高；但随着坡度的增加，涡流强度的增大造成该部位严重的土壤侵蚀，土堆下部的土壤水分和养分含量反而较植被间下降。植物冠幅截留雨水使其动能减小从而对土壤表面的冲击减小，也使得水分渗透能力增加，其与土堆土壤容重的减小配合，使土堆土壤水分含量升高。

不同植物形成土堆能力不同而造成了土壤养分改善效果的差异。茭蒿以其大而广的枝系量有较强的土堆形成能力，其土堆土壤养分也较其他物种土堆的高。而主秆型枝系构型植物白刺花以其大的冠幅在陡坡条件下有效地保护了基部土壤，其土堆养分在缓坡和陡坡条件下最大；但其枝系构型不利于极陡坡上对沉积物的截留，这使得白刺花极陡坡土堆土壤养分和水分含量大大下降。聚丛型植物铁杆蒿和簇丛型植物白羊草冠幅小但枝系密度大，使得其在不同侵蚀环境下都能有效地拦截沉积物，因而随坡度增加坡上部沉积物来源增多，其土堆养分含量也增加。土壤有机质、有效氮和有效磷的增加有利黄土丘陵沟壑区植被恢复（马祥华等，2005），土壤水分的增加有利于种子萌发和幼苗生长（Fenner，1992），土壤容重的减小有利于植物根系扩张和坡面径流入渗（Blackburn，1975；Eavis，1972；Zimmerman and Karods，1961），同时土堆作为物理障碍降低了坡面径流速率从而降低了坡面侵蚀强度，这些都表明植物形成土堆有利于坡面植被群落的恢复。

植物基部形成的土堆形成"资源岛"，这种植物成为"保育植物"使得其他物种在其创造的较为有利的微环境下生长（Carrillo-Garcia et al.，2000；Bashan et al.，2009；Callaway，1995；Callaway and Walker，1997）。植物枝系作为物理障碍拦截坡面径流和空气传播的种子，使其沉积在植物基部，故土堆上有较大的种子库存量（Giladi et al.，2013），同时植物冠幅有效截留雨水和抵挡强辐射，加上土堆上较高的土壤养分和水分，使土堆上种子萌发率与幼苗存活率提高，土堆上物种丰富度和多样性提高。但在险坡条件下，土堆下部土壤侵蚀强度增加，土壤水分和养分含量降低，加上该部位种子拦截量较小，因此该部位物种多样性指数反倒下降。不同构型植物形成的土堆生态功能也有差异。白刺花在陡坡土堆微环境最好，加上其根系分布较深而植物冠幅较高，对土堆上植物造成胁迫较小，因此物种丰富度、多样性和密度都较高；但随着坡度增加其形成土堆能力急剧降低，其作为"保育植物"的生态功能降低。在极陡坡和险坡土堆形成能力较大的茭蒿，其在这两种极陡坡坡面上仍能维持较高的土壤水分和理化性质，对幼苗的保护能力也较大，显示出较强"保育植物"的生态功能。

土堆不但维持了坡面植物的丰富度和多样性，而且还增加了坡面植被抗逆性，有利于植物正向演替。由调查结果看出，隐芽植物和半隐芽植物在土堆上的密度增加；而这两种植物大部分具有根系出芽和克隆植物的特性，对黄土高原干旱和半干旱的气候和侵蚀干扰有很好的适应能力，能减小干旱和土壤侵蚀对植物群落的胁迫，增强了植物群落的抗逆性。土堆不但保护了一年生物种和隐芽植物，而且有利于高位芽植物恢复（Bochet et al.，2009；García-Fayos et al.，2000；Guàrdia et al.，2000），特别是在白羊草形成的土堆上高位芽植物密度较高。而这两种生活型植物的保育对坡面群落的正向演替有着积极的意义（Debussche et al.，1996），同时也使植物群落抗逆能力提高（Giladi et al.，2013）。所有的研究都表明，植物形成土堆不仅有效地保护了种子传播植物的幼苗，而且发展了克隆繁殖植物，因此，植物形成土堆在半干旱的易侵蚀的黄土丘陵沟壑区有重要的生态意义。

15.3.2 抗侵蚀植物群落的土壤水分特征

土壤水分是影响植被生长的关键因子，反过来，植被状况对水分的蒸散和入渗也具有重要的影响。这一点在降水较少、水土流失严重及土壤侵蚀剧烈的黄土丘陵沟壑区可能更为重要（尹秋龙等，2015）。保持一定的土壤水分是植被自身生长的基础，也是植被发挥抵抗土壤侵蚀功能的重要前提。

在本研究中，研究区南部森林带降水相对较多；随土层深度的增加，多数乔木和灌木群落的土壤含水量迅速降低，最后稳定在一个较低的水平。这主要是由于乔木和灌木群落植物的根系分布较深，其大量利用土壤下层的水分，可能使之已经形成了干层（尹秋龙等，2015）。然而，以白刺花和杠柳为优势种群落的土壤含水量随深度的增加表现为增大的趋势，与草本群落相似。这可能是由于所研究的白刺花和杠柳群落处于幼年，植株较小，群落盖度、生物量和多样性等指标均较小，主要利用上层土壤水分，对深层土壤水分的消耗较少。以铁杆蒿为优势种的群落，其土壤含水量始终维持在一个较高的水平，具有较好地改善土壤水分的作用。这主要是由于与乔木和灌木相比，铁杆蒿对土壤水分的消耗较少；并且铁杆蒿较多的分蘖有助于改善表层的土壤结构，利于水分入渗（蔡马等，2012）。

在中部森林草原带，白羊草群落的土壤含水量在上层（20～100cm）逐渐降低，下层逐渐升高，最终维持在一个适当的水平。这可能是因为白羊草多分布于阳坡，上层土壤受到太阳辐射的强烈作用，水分含量逐渐降低；而下层水分逐渐增大，可能是由于白羊草细根较多、细根密度较大，对土壤的改善能力较强，利于土壤入渗（尹秋龙等，2015）。此外，考虑到白羊草具有较深的用水深度（王国梁等，2002），深层土壤水分含量维持在一定水平，不仅有利于其自身生长，还有助于改善土壤环境。铁杆蒿+长芒草群落的土壤含水量始终维持在较高水平，具有较强的改善土壤环境的作用；除了铁杆蒿的作用之外，还由于长芒草为须根系，有助于改善土壤和增加入渗；有研究发现长芒草为低耗水草本（郭颖等，2010），这也有助于降低土壤水分的消耗。

受到降水的影响，北部草原带的土壤含水量总体偏低。其中，以柠条锦鸡儿为主的群落土壤含水量明显低于其他群落；这可能主要是因为柠条锦鸡儿根系发达，可以利用深层的土壤水分，并且容易形成土壤干层（尹秋龙等，2015）。柠条锦鸡儿群落的这种特征会严重阻碍土壤水分的改善。而其他草本群落的土壤水分条件相对较好，未形成土壤干层，未影响土壤水分的恢复。

15.3.3 抗侵蚀植物群落的土壤养分特征

植被和土壤间具有互作效应；土壤为植物的生长提供矿质营养，同时植被在恢复过程中影响着土壤养分的积累和分布。随着植被恢复，土壤有机质含量增加，土壤肥力提高（张婷等，2011）。不同类型的植被由于其生物量形成、积累以及分解的速率不同，根系吸收土壤元素的能力也不同，导致不同植被对土壤养分的影响也有所不同（胡婵娟等，2012；杜峰等，2007）。枯枝落叶的分解是土壤养分的主要来源，而枯落物的分解需要适宜的水分条件，因此土壤含水量也会影响着土壤养分。在研究区域内，由南向北降水量逐渐减少，加之枯落物蓄积量也表现为由南向北逐渐减少的趋势（栾莉莉等，2015），这些原因导致了研究区内土壤养分总体上由南向北逐渐减少。

本研究中，在南部森林带，以白刺花和杠柳为优势种的群落，其地上生物量和枯落物干重显著低于其他群落的，加之该群落表层（0~20cm）土壤含水量较低，导致土壤养分显著低于其他群落的。有研究发现白刺花具有较强的适应贫瘠的能力，具有豆科植物的固氮作用，可有效改善土壤养分（张文辉等，2004；戴全厚等，2008）。但本研究中的白刺花群落处于幼年阶段，尚未形成一定的盖度，没有发挥出应有的作用，导致研究结果有所不同。此外，有研究还发现，杠柳是群落恢复演替过程中最早出现的木本植物，以小灌丛形式稀疏出现，盖度不大，对土壤的改善作用有限；但其在群落中优势度较高，具有较宽的生态位，耐阴性较强（戴全厚等，2008）。

在中部森林草原带，铁杆蒿群落的有效氮和有效磷含量最低，铁杆蒿+茭蒿+达乌里胡枝子群落的有机质含量最低，这可能是由于中部以铁杆蒿为优势种的群落盖度较低的原因。有人对撂荒早期群落研究发现，较低的盖度有助于土壤养分的淋移，导致土壤养分流失增加（杜峰等，2007）。而柠条锦鸡儿+铁杆蒿群落的有机质、全氮和有效磷含量最高，这主要与柠条锦鸡儿的生长特性有关。研究表明，柠条锦鸡儿根系分泌的有机酸可以降低根系土壤 pH，活化土壤中的难溶性养分，提高养分有效性；柠条锦鸡儿大量的根瘤菌可以有效固定空气中游离态氮，加之其枝叶茂盛而枯落物多，可以有效增加土壤中有机质和全氮含量而培肥地力（安韶山和黄懿梅，2006）。

北部草原带的铁杆蒿+野菊群落的有机质、全氮和有效氮含量显著高于其他群落；该群落中铁杆蒿的盖度同样较低，但由于野菊贴地生长的特性，使该群落的整体盖度较大，减少了养分的淋移；这种群落的层次结构可能是导致土壤养分较好的原因。

15.3.4 抗侵蚀植物群落的土壤抗蚀性

土壤抗蚀性是土壤抵抗水的悬浮和分散的能力，其强弱与土壤物理和化学性质紧密相关，其大小主要取决于土粒间的胶结力以及土粒和水之间的亲和力（朱冰冰等，2009）。土壤团聚体是影响土壤抗蚀性的重要因子，团聚体含量的增加可以有效增强土壤抗蚀性。研究发现，在黄土丘陵沟壑区，随退耕地的恢复演替，土壤团聚度逐步升高（张振国等，2008）。土壤团聚体的平均重量直径（MWD）可以很好地反映团聚体的稳定性；MWD 越大表明土壤结构越好，团聚体稳定性越强。有研究表明，无论是弃耕地还是人工草地，随着植被的恢复其 MWD 都有不同程度的增加，团聚体稳定性增强（李裕元等，2010）。

国际上通常采用土壤可蚀性因子 K 值来衡量土壤的抗侵蚀能力。K 值的大小表示土壤被侵蚀的难易程度（K 值越小，抗蚀能力越强），反映土壤对侵蚀外营力侵蚀的敏感性和易损性（朱冰冰等，2009）。本研究中，土壤可蚀性因子 K 值与 MWD 呈极显著负相关关系，说明较大的团聚体有助于降低土壤的可蚀性。已有研究表明，在黄土丘陵区，随群落的演替土壤团聚体由小粒径向大粒径转变，土壤结构趋于稳定（刘雷，2013）。在黄土丘陵沟壑区，许多学者将大于2mm粒径水稳性团聚体的含量作为衡量土壤抗侵蚀能力的重要指标（曾全超等，2014）。本研究也发现，土壤可蚀性因子 K 值与大于2mm的团聚体呈显著负相关关系，与小于1mm的团聚体呈极显著正相关；这进一步说明直径较大的团聚体在提高土壤抗蚀性方面的重要作用。

从南部到北部不同群落大于 2mm 的团聚体质量百分数有降低的趋势，这与不同区域的植被特征密切相关。南部森林带乔木、灌木和草本群落共存，形成良好的群落结构，地表枯枝落叶较多，根系系统发达，枯落物及根系对土壤的养分归还能力较强，土壤有机质的胶结作用和根系的固定作用增强了土壤的抗蚀性。而在中部森林草原带和北部草原带的土壤有机质含量明显低于南部森林带的，其土壤有机质含量的最大值相当于南部森林带土壤有机质的最小值；有机质对土壤团聚体的影响作用有限，细根含量可能是影响土壤团聚体和抗蚀性的关键因素。有研究发现草本群落根系在提高土壤的抗冲刷过程中起主导作用（刘定辉和李勇，2003）。植物小于等于 1mm 的细根的含量可以显著提高大粒级团聚体的含量和总量；这是因为细根一方面可以对土壤颗粒起到固结作用，另一方面根系自身代谢产生的斥水性有机物对于胶结土壤颗粒、降低土壤颗粒的浸润速率及增强土壤抗分散的能力具有重要作用（李裕元等，2010）。北部草原带达乌里胡枝子群落大于 2mm 的土壤团聚体的质量百分数较高，可能正是由于达乌里胡枝子根长密度较高和细根生物量较大的原因。

综上所述，植被对于改善土壤环境及减少土壤侵蚀具有重要作用。然而，对于某一植物群落而言，其改善能力可能并不是多方面的，有时可能只在某一方面具有较强的改善作用（中部的人工柠条锦鸡儿林土壤水分较低，但养分含量和大于 2mm 土壤团聚体的质量百分数较高）。因此，评价群落土壤侵蚀环境的改善能力，应综合考虑多方面的因素。此外，单一群落的改善作用是非常有限的；较多物种所形成的适宜的群落结构显得尤为重要，不同物种形成的地上和地下的复杂的层次结构才能起到有效的改善作用。在具体的实践中，抗侵蚀植物群落土壤侵蚀环境的改善能力与群落所处的生境是密切相关的。因此，在植被建设过程中应因地制宜，在水分条件较好的区域，发展适当的乔木，使乔木、灌木和草本形成一定的群落结构，最大化地发挥群落的整体功能；在水分条件较差，乔木不易生长的区域，通过提高枯落物量来增加土壤有机质可能较难实现，应注重发挥植物细根的作用。

15.4　小　　结

（1）植物形成的土堆在坡面上形成了微型"营养岛"，土堆上土壤的水分和养分含量（有机质、全氮、有效氮、有效磷和有效钾）相对于植被间土壤的显著增加（$P<0.05$），土壤容重减小；但在险坡环境下，植物形成的土堆下部土壤水分和养分含量下降。四种典型抗侵蚀植物中，疏丛型植物茭蒿对其植冠下部的土壤保护能力最强，因此其形成的土堆土壤养分在险坡最高（$P<0.05$）；茭蒿以其发达且扩张的枝系和白刺花以其较大的植冠在形成土堆和对坡面微环境的改善方面能力较强。

（2）土堆上物种密度、丰富度和多样性都显著高于植被间的（$P<0.05$）。白羊草形成土堆上生长的植物密度最高。调查发现有高位芽植物、地上芽植物、隐芽植物、半隐芽植物和一年生植物 5 种不同生活型植物出现在土堆上。隐芽植物和地上芽植物在不同植物形成的土堆上密度较为稳定；半隐芽植物密度在土堆上随着坡度的增加而增加；高位芽植物密度在白刺花土堆上较大。

（3）不同群落物种 Shannon-Wiener 指数、总盖度、地上生物量、枯落物盖度和干重分别为 1.41 ~ 2.87、16.7% ~ 98.0%、84.0 ~ 35 467.3 g/m²、1.3% ~ 39.5% 和 32.3 ~ 660.9 g/m²；物种多样性（Shannon-Wiener 指数）表现为草本 > 灌木 > 乔木群落，群落盖度表现为乔木 > 灌木 > 草本群落；乔木和灌木群落地上生物量显著高于草本群落，乔木群落枯落物盖度和干重显著高于灌木和草本群落。

（4）不同群落土壤水分含量为 3.89% ~ 21.12%。人工林和乔木与灌木群落的土壤水分含量在 6% ~ 8% 波动，北部草原带的人工林土壤水分含量甚至在 6% 以下；草本群落的土壤水分含量大于 10%。土壤有机质、全氮、有效氮、全磷和速效磷含量分别为 4.45 ~ 43.77g/kg、0.38 ~ 2.57g/kg、4.93 ~ 30.41mg/kg、0.48 ~ 0.73g/kg 和 6.55 ~ 23.07mg/kg，乔木群落的土壤养分含量显著高于灌木和草本群落，不同灌木和草本群落之间无显著性差异。

（5）不同群落土壤团聚体粒级以大于 2mm 的团聚体占绝对优势；不同群落之间各粒级土壤团聚体含量没有显著差异。土壤 MWD 为 2.65 ~ 3.39，土壤可蚀性因子 K 值为 0.017 ~ 0.022；MWD 和土壤可蚀性因子 K 值在不同群落之间无显著性的差异。

（6）不同抗侵蚀植物群落中，乔木和灌木等深根系植物群落，尤其是人工乔木和灌木群落（如柠条锦鸡儿林）消耗大量土壤水分，不利于土壤水分的恢复；草本群落（如浅根系铁杆蒿群落和须根系植物白羊草群落）有利于土壤水分的恢复。自然乔木群落及具有适当的盖度（如铁杆蒿+野菊群落）和一定枯落物量（柠条锦鸡儿林）的灌木和草本群落能有效改善土壤养分。不同抗侵蚀植物群落具有直径较大的土壤团聚体（>2mm）含量则可有效提高土壤抗蚀性。

参 考 文 献

安韶山，黄懿梅.2006. 黄土丘陵区柠条锦鸡儿林改良土壤作用的研究. 林业科学，42（1）：70-74.

蔡马，韩蕊莲，靳淑静，等.2012. 土壤干旱对黄土高原 2 种半灌木植物生长与耗水规律的影响. 西北林学院学报，27（6）：26-32.

戴全厚，刘国彬，张健，等.2008. 黄土丘陵区植被次生演替灌木种群的土壤养分效应. 西北农林科技大学学报（自然科学版），36（8）：125-131.

杜峰，梁宗锁，徐学选，等.2007. 陕北黄土丘陵区撂荒草地群落生物量及植被土壤养分效应. 生态学报，27（5）：1673-1683.

郭颖，韩蕊莲，梁宗锁.2010. 土壤干旱对黄土高原 4 个乡土禾草生长及水分利用特性的影响. 草业学报，19（2）：21-30.

胡婵娟，刘国华，陈利顶，等.2012. 黄土丘陵区坡面尺度上不同植被格局下植物群落和土壤性质研究. 干旱区地理，35（5）：787-794.

李裕元，邵明安，陈洪松，等.2010. 水蚀风蚀交错带植被恢复对土壤物理性质的影响. 生态学报，30（16）：4306-4316.

刘定辉，李勇.2003. 植物根系提高土壤抗侵蚀性机理研究. 水土保持学报，17（3）：34-37.

刘雷.2013. 黄土丘陵区不同植被类型土壤团聚体稳定性及有机碳官能团评价. 杨凌：西北农林科技大学硕士学位论文.

栾莉莉，张光辉，孙龙，等.2015. 黄土高原区典型植被枯落物蓄积量空间变化特征. 中国水土保持科学，13（6）：48-53.

马祥华, 焦菊英, 白文娟, 等. 2005. 黄土丘陵沟壑区退耕土地土壤养分因子对植被恢复的贡献. 西北植物学报, 25 (2): 328-335.

王国梁, 刘国彬, 常欣, 等. 2002. 黄土丘陵区小流域植被建设的土壤水文效应. 自然资源学报, 17 (3): 339-344.

王库. 2001. 植物根系对土壤抗侵蚀能力的影响. 土壤与环境, 10 (3): 250-252.

尹秋龙, 焦菊英, 寇萌. 2015. 极端强降雨条件下黄土丘陵沟壑区不同植被类型土壤水分特征. 自然资源学报, 30 (3): 459-469.

曾全超, 李娅芸, 刘雷, 等. 2014. 黄土高原草地植被土壤团聚体特征与可蚀性分析. 草地学报, 22 (4): 743-749.

张婷, 陈云明, 武春华. 2011. 黄土丘陵区铁杆蒿群落和长芒草群落地上生物量及土壤养分效应. 中国水土保持科学, 9 (5): 91-97.

张文辉, 郭连金, 徐学华, 等. 2004. 黄土丘陵区白刺花种群恢复及群落土壤水分养分效应. 水土保持学报, 18 (6): 49-53.

张振国, 黄建成, 焦菊英, 等. 2008. 安塞黄土丘陵沟壑区退耕地植物群落土壤抗蚀性分析. 水土保持研究, 15 (1): 28-31.

朱冰冰, 李占斌, 李鹏, 等. 2009. 土地退化/恢复中土壤可蚀性动态变化. 农业工程学报, 25 (2): 56-61.

Aguiar M N, Sala O E. 1999. Patch structure, dynamics and implications for the functioning of arid ecosystems. Trends in Ecology and Evolution, 14 (7): 273-277.

Bashan Y, Salazar B, PuenteMa E, et al. 2009. Enhanced establishment and growth of giant cardon cactus in an eroded field in the Sonoran Desert using native legume trees as nurse plants aided by plant growth-promoting microorganisms and compost. Biology and Fertility of Soils, 45 (6): 585-594.

Bavel C H M V. 1950. Mean weight-diameter of soil aggregates as a statistical index of aggregation. Soil Science Society of America Journal, 14 (C): 20-23.

Bhark E W, Small E E. 2003. Association between plant canopies and the spatial patterns of infiltration in shrubland and grassland of the Chihuahuan Desert, New Mexico. Ecosystems, 6 (2): 185-196.

Biederman L A, Whisenant S G. 2011. Using mounds to create microtopography alters plant community development early in restoration. Restoration Ecology, 19 (101): 53-61.

Blackburn W H. 1975. Factors influencing infiltration and sediment production of semiarid rangelands in Nevada. Water Resources Research, 11 (6): 929-937.

Bochet E, Rubio J L, Poesen J. 1999. Modified topsoil islands within patchy Mediterranean vegetation in SE Spain. Catena, 38 (1): 23-44.

Bochet E, Poesen J, Rubio J L. 2000. Mound development as an interaction of individual plants with soil, water erosion and sedimentation processes on slopes. Earth Surface Processes and Landforms, 25 (8): 847-867.

Bochet E, García-Fayos P, Poesen J. 2009. Topographic thresholds for plant colonization on semi-arid eroded slopes. Earth Surface Processes and Landforms, 34 (13): 1758-1771.

Breshears D D, Whicker J J, Johansen M P, et al. 2003. Wind and water erosion and transport in semi-arid shrubland, grassland and forest ecosystems: quantifying dominance of horizontal wind-driven transport. Earth Surface Processes and Landforms, 28 (11): 1189-1209.

Buis E, Temme A J A M, Veldkamp A, et al. 2010. Shrub mound formation and stability on semi-arid slopes in the Northern Negev Desert of Israel: a field and simulation study. Geoderma, 156 (3-4): 363-371.

Callaway R M. 1995. Positive interactions among plants. Botanical Review, 61 (4): 306-349.

Callaway R M, Walker L R. 1997. Competition and facilitation: a synthetic approach to interactions in plant communities. Ecology, 78 (7): 1958-1965.

Carrillo-Garcia A, Bashan Y, Bethlenfalvay G J. 2000. Resource-island soils and the survival of the giant cactus, cardon, of Baja California Sur. Plant and Soil, 218 (1-2): 207-214.

Debussche M, Escarré J, Lepart J, et al. 1996. Changes in Mediterranean plant succession: old-fields revisited. Journal of Vegetation Science, 7 (4): 519-526.

Eavis B W. 1972. Soil physical conditions affecting seedling root growt. Plant and Soil, 36 (1-3): 613-622.

El-Bana M I, Nijs I, Khedr A A. 2003. The importance of phytogenic mounds (nebkhas) for restoration of arid degraded rangelands in Northern Sinai. Restoration Ecology, 11 (3): 317-324.

Fenner M. 1992. Seeds: the Ecology of Regeneration in Plant Communities. Wallingford: CAB International.

García-Fayos P, García-Ventoso B, Cerdà A. 2000. Limitations to plant establishment on eroded slopes in southeastern Spain. Journal of Vegetation Science, 11 (1): 77-86.

Giladi I, Segoli M, Ungar E D. 2013. Shrubs and herbaceous seed flow in a semi-arid landscape: dual functioning of shrubs as trap and barrier. Journal of Ecology, 101 (3): 97-106.

Guàrdia R, Gallart F, Ninot J M. 2000. Soil seed bank and seedling dynamics in badlands of the Upper Llobregat Basin (Pyrenees). Catena, 40 (2): 189-202.

Ludwig J A, Wilcox B P, Breshears D D, et al. 2005. Vegetation patches and runoff-erosion as interacting eco-hydrological processes in semiarid landscapes. Ecology, 86 (2): 288-297.

Nash M S, Jackson E, Whitford W G. 2004. Effects of intense, short-duration grazing on microtopography in a Chihuahuan Desert grassland. Journal of Arid Environments, 56 (3): 383-393.

Offer Z Y, Goossens D. 2001. Ten years of aeolian dust dynamics in a desert region (Negev Desert, Israel): analysis of airborne dust concentration, dust accumulation and the high-magnitude dust events. Journal of Arid Environments, 47 (2): 211-249.

Rango A, Tartowski S L, Laliberte A, et al. 2006. Islands of hydrologically enhanced biotic productivity in natural and managed arid ecosystems. Journal of Arid Environments, 65 (2): 235-252.

Schlesinger W H, Pilmanis A M. 1998. Plant-soil interactions in deserts. Biogeochemistry, 42 (1-2): 169-187.

Shachak M, Lovett G M. 1998. Atmospheric deposition to a desert ecosystem and its implications for management. Ecological Applications, 8 (2): 455-463.

Shirazi M A, Boersma L. 1984. A unifying quantitative-analysis of soil texture. Soilence Society of America Journal, 48 (1): 142-147.

Zimmerman R P, Karods L T. 1961. Effect of bulk density on root growth. Soil Science, 91 (4): 280-288.

第16章　植被抵抗土壤侵蚀的群落结构特征

本章作者：焦菊英　寇　萌　王志杰　曹斌挺　李玉进

植被恢复是改善生态环境和控制土壤侵蚀的重要措施。由于植被恢复过程中不同植物群落特征存在差异，不同植物群落土壤侵蚀状况也可能存在差异，因此不同的植被表现出不同的抗蚀能力。植物群落结构在垂直方向上由不同的植被层次组成，不同的植被层次具有不同的水土保持作用。例如，植被的林冠层和灌层能够截留降水，改变降雨动能，起到缓冲作用；近地面的草被对于雨滴的拦截作用可以有效减缓雨滴速度，减少雨滴动能和溅蚀量，保护地表土壤免受侵害（焦菊英等，2000）；贴地面的枯枝落叶层和结皮层直接覆盖地表，可避免雨滴直接作用于土层，减少土壤溅蚀（郑粉莉等，2005；赵鸿雁等，2003；高丽倩等，2012）。因此，植被要产生良好的水土保持作用，就必须具备一定的条件，即具有一定的植被覆盖度与良好的结构，这是植被保持水土的关键（吴钦孝和杨文治，1998）。但目前对植被水土保持作用的评估，主要以单纯的植被投影盖度表示，难以反映植物群落结构差异对水土流失的影响。

本章在对不同植物群落土壤侵蚀进行监测与分析的基础上，拟采用 Wen 等（2010）依据植物群落的垂直结构特征提出的结构化植被因子指数（C_s），分析抵抗土壤侵蚀的群落结构特征。

16.1　研　究　方　法

16.1.1　土壤侵蚀针监测

从 2012～2016 年在安塞县境内的三王沟小流域、陈家坬小流域、张家河小流域、石子湾小流域、高家沟小流域和坊塌小流域选择样地，依据本课题组及其他研究人员多年在黄土丘陵沟壑区对不同植被恢复方式下植物群落的调查与研究结果，以及小流域植物群落分布的实际情况，在梁峁坡，选择一年生草本群落阶段的猪毛蒿群落，多年生蒿禾类草本群落的长芒草群落、白羊草群落、铁杆蒿群落和茭蒿群落，演替后期阶段的白刺花群落，以及人工植被恢复的柠条锦鸡儿群落、沙棘群落、刺槐群落和小叶杨群落，每种植物群落选择 3～6 个样地，采用陆地生物群落典型方法对样方进行调查；调查记录植被样方坡度和坡向等地形信息，植物群落盖度、枯落物盖度和结皮盖度等，样地基本信息如表 16-1 所示。

表 16-1　样地基本信息

年份	退耕方式	植物群落	坡向	坡度/(°)	乔木层盖度/%	灌木层盖度/%	草本层盖度/%	总盖度/%	枯落物盖度/%	结皮盖度/%
2012	自然恢复	铁杆蒿	SW	26±3	—	—	38±18	38±18	21±8	30±8
		茭蒿	SW	23±7	—	—	56±17	56±17	14±6	24±6
		白刺花	SW	18±2	—	51±6	23±12	56±10	25±7	11±6
	人工恢复	柠条锦鸡儿	NW	26±6	—	41±16	25±9	50±15	29±8	32±15
		沙棘	SW	25±5	—	41±13	37±17	45±17	24±9	19±9
		小叶杨	NW	23±5	35±13	—	19±9	42±12	25±9	23±8
		刺槐1	NW	23±8	8±3	—	18±6	26±7	21±11	22±10
		刺槐2	NW	29±3	21±7	—	25±10	46±12	31±16	23±13
2013、2014	自然恢复	猪毛蒿	SW	26±6	—	—	26±11	26±11	19±12	40±16
		长芒草	SW	27±5	—	—	16±7	16±7	16±8	43±15
		铁杆蒿	SW	28±8	—	—	29±11	29±11	17±7	30±11
		茭蒿	SW	26±6	—	—	39±4	39±4	25±4	50±9
		白羊草	SW	24±9	—	—	51±7	51±7	19±8	22±10
		白刺花	SW	28±3	—	52±5	22±1	55±7	30±11	10±3
	人工恢复	柠条锦鸡儿	NW	24±4	—	52±10	33±5	51±9	22±4	32±15
		沙棘	SW	28±1	—	35±12	22±8	45±9	30±5	19±9
		小叶杨	NW	27±1	34±19	—	17±8	51±14	20±8	6±2
		刺槐1	NW	26±2	9±5	—	18±6	27±7	21±11	22±10
		刺槐2	NW	25±3	28±8	—	25±10	53±12	31±16	23±13
2015、2016	自然恢复	猪毛蒿	SW	28±4	—	—	25±18	25±18	20±15	48±34
		长芒草	SW	23±4	—	—	23±5	23±5	30±12	44±16
		铁杆蒿	SW	25±3	—	—	42±13	42±13	24±10	34±14
		茭蒿	SW	30±4	—	—	36±13	36±13	25±14	54±13
		白羊草	SW	28±4	—	—	20±5	20±5	56±15	41±34
		白刺花	SW	26±3	—	63±16	28±11	75±17	14±5	9±7
	人工恢复	柠条锦鸡儿	NW	27±4	—	32±19	29±18	52±16	23±3	32±15
		沙棘	SW	27±1	—	55±7	23±4	65±7	55±11	9±4
		小叶杨	NW	27±8	34±19	—	17±8	51±14	20±8	6±2
		刺槐1	NW	24±1	25±7	—	14±6	39±8	50±12	8±4
		刺槐2	NW	22±3	46±14	—	27±13	58±15	79±16	14±9

注：表中数据为平均值±标准差。"—"表示无此层。

根据上述选择的样地大小，按照上下和左右顺序依次布设 2m×2m 监测小区 3~9 个；每个小区按 50cm×50cm 的网格布设 9 根侵蚀针，并在每根侵蚀针右侧 5cm 范围内用红色标签标记位置。侵蚀针选用钢尺（长度 15cm、厚度 0.5mm），沿坡面径流方向布设并垂直于坡面嵌入土中，以钢尺刻度 5cm 处与坡面平行为准；每根钢尺依据布设顺序进行编号。布设时尽可能减少监测小区内土壤表层的扰动。雨季结束后，对每支侵蚀针进行量测；钢尺刻度 5cm 处露出地表或被覆盖，分别代表被测定点在研究期间为侵蚀或沉积，数值越大表示侵蚀量或淤积量越大。为保证测定数据的准确性和可靠性，测量侵蚀针时应与其保持一定距离并禁止对小区干扰与破坏。其中，2012 年共有 26 个样地，2013 年有 60 个样地，2014 年样地同 2013 年，2015 年有 45 个样地，2016 年样地同 2015 年，并分别于当年 11 月对侵蚀针进行量测。

同时，采用环刀法测定侵蚀针小区的土壤容重，每个监测小区取 3 个环刀作为重复。其计算公式为

$$\rho_s = \frac{g \cdot 100}{(100+W)\,V}$$

式中，ρ_s 为土壤容重（g/cm³）；g 为环刀内湿样重（g）；V 为环刀容积（cm³）；W 为样品含水量（%）。

采用黄炎和等（1998）提出的侵蚀针法计算土壤侵蚀量的方法，计算不同监测小区的土壤侵蚀强度。其计算公式如下。

$$A = d \cdot \rho_s \cdot 10^3$$

式中，A 为土壤侵蚀强度 [t/(km² · a)]；d 为土壤侵蚀深（mm）；ρ_s 为土壤容重（g/cm³）。

16.1.2 数据分析

安塞县 2012 ~ 2016 年日降水数据来源于陕西省水利厅网站的每日雨情简报和中国科学院安塞水土保持试验站的山地和川地两个气象监测点。依据国家气象局颁布的《降水量等级》（GB/T 28592—2012）（24h 降雨量 0.1 ~ 9.9mm 为小雨，10.0 ~ 24.9mm 为中雨，25.0 ~ 49.9mm 为大雨，大于等于 50mm 为暴雨及以上），统计和分析安塞县在本研究期间（2012 ~ 2015 年）5 ~ 10 月的降雨特征和安塞县多年（1971 ~ 2015 年）5 ~ 10 月的降雨特征。同时，采用国内较常用的降水年型划分标准（陶林威等，2000）划分降水年型，具体为

丰水年：

$$P_i > \bar{P} + 0.33\delta$$

枯水年：

$$P_i < \bar{P} - 0.33\delta$$

式中，P_i 为当年降水量（mm）；$\bar{P}$ 为多年平均降水量（mm）；δ 为多年降水量的均方差（mm）。

运用单因素方差分析（one-way ANOVA）比较不同年份和不同植物群落之间年土壤侵蚀强度的差异；采用 Pearson 相关性分析年土壤侵蚀强度与不同降雨特征之间的相关性，差异显著性水平设定为 $\alpha = 0.05$；使用不同回归模型分别拟合年土壤侵蚀强度与植被盖度和坡度的数学关系，并对拟合结果运用决定系数和 F 检验进行检验。

采用 Wen 等（2010）依据植物群落的垂直结构特征提出的结构化植被因子指数 C_s，分析抵抗土壤侵蚀的群落结构特征。该指数的基本模型为

$$C_s = \sum_{i=1}^{i} a_i C_i$$

式中，a_i 为不同植被层的水土保持作用系数；C_i 为各植被层的实际盖度；i 代表乔木冠层、灌木层、草被层和枯枝落叶层。考虑到地表结皮对土壤侵蚀的影响，本研究在原有模型的基础上，增加了地表结皮层。

各覆盖层次空间分布及控制水土流失机理的差异导致每个层次在群落控制水土流失效益中的作用有所差别。本研究通过对前人大量径流小区的观测资料的分析，分别确定乔木冠层、灌木层、草被层、枯枝落叶层和结皮层的水土保持作用系数，建立结构化植被因子指数 C_s 模型。搜集陕北黄土高原的径流小区资料，主要包括不同植被类型及枯枝落叶层和结皮层相对于开垦裸地的减蚀率（表 16-2）。

表 16-2　主要植被类型侵蚀模数

项目		研究者	相对于开垦裸地的减蚀率/%	观测年份	观测地点
植被类型	草本群落	侯喜禄和曹清玉（1990）	62.2	1980~1988	安塞县南沟
		王青杵等（2012）	50.6	2005~2009	阳高县
		余新晓等（2006）	67.3	2001~2003	吉县
		吴钦孝和杨文治（1998）	75.6	—	安塞、准旗
		平均	63.9		
	灌木群落	申震洲等（2006）	97.7	2003	延安燕沟
		赵护兵等（2006）	99.4	2003	安塞站
		侯喜禄和曹清玉（1990）	99.8	1980~1988	安塞县南沟
		陈云明等（2000）	99.6	1999	安塞站
		王青杵等（2012）	97.6	2005~2009	阳高县
		侯喜禄等（1996）	97.5	1987~1994	安塞站
		余新晓等（2006）	94.4	2001~2003	吉县
		吴钦孝和杨文治（1998）	99.6	—	安塞、河曲
		黄志霖等（2004）	96.0	1986~1999	甘肃定西
		平均	98.0		
	乔木群落	徐佳等（2012）	96.3	2003~2008	延安燕沟
		赵护兵等（2006）	99.6	2003	安塞站
		侯喜禄和曹清玉（1990）	98.9	1980~1988	安塞县南沟
		侯喜禄等（1996）	99.7	1987~1994	安塞站
		余新晓等（2006）	94.8	2001~2003	吉县
		于国强等（2010）	99.2	—	天水罗玉沟
		吴钦孝和杨文治（1998）	97.2	—	安塞、长武
		平均	97.9		

项目	研究者	相对于开垦裸地的减蚀率/%	观测年份	观测地点
枯枝落叶层	郑粉莉等（2005）	44.6	—	子午岭
	侯喜禄等（1996）	52.0	1987～1994	安塞站
	吴钦孝等（1998）	47.1	—	
	平均	47.9		
地表结皮层	肖波等（2008）	26.0	2006	神木六道沟
	吴发启和范文波（2005）	28.0	2003	淳化县泥河沟
	马波等（2015）	27.7	2010	室内模拟
	平均	27.2		

注："—"表示文献中无具体年份。

在高强度降雨条件下，才能有效体现植物群落抵抗土壤侵蚀的能力。2013 年延河流域遭遇"百年一遇"的暴雨侵袭，出现了全流域性有气象记录（1945 年）以来范围最广、强度最大、持续时间长及月雨量最多的强降雨过程。根据陕西省水利厅网站的数据，安塞站 5～10 月总降雨量达 1071.8mm，侵蚀性降雨量（≥12mm 的降雨，下同）836.3mm；宝塔站 5～10 月总降雨量达 1406.8mm，侵蚀性降雨量 1220.4mm。2014 年降水量仍然远高于延河流域多年平均降水量，根据陕西省水利厅网站的数据，安塞站 5～10 月总降雨量达 942.5mm，侵蚀性降雨量 752.9mm；宝塔站 5～10 月总降雨量达 1119.6mm，侵蚀性降雨量 894.8mm。因此，采用 2013 年和 2014 年不同群落类型的土壤侵蚀量，通过不同群落类型各结构层的盖度计算其结构化植被因子指数 C_s，并结合其土壤侵蚀量数据分析抵抗土壤侵蚀的群落结构特征。

16.2 结果与分析

16.2.1 降雨特征

安塞县 2012～2016 年降水量和年侵蚀性降雨量变化范围分别为 310～880mm 和 107～708mm，年均降水量和侵蚀性降雨量分别为 561mm 和 392mm；年际间变异系数别分为 39% 和 58%，均呈现出较高的年际变异性。其中，2013 年是极端降雨年，降水量和侵蚀性降雨量分别是 2012 年、2014 年、2015 年及 2016 年的 1.8 倍、1.9 倍、1.3 倍及 1.4 倍和 2.8 倍、6.5 倍、1.9 倍及 2.6 倍。安塞县 1971～2016 年多年平均降水量和侵蚀性降雨量分别为 459mm 和 327mm；除 2015 年降水量和侵蚀性降雨量均较低外，2012～2016 年中其他年份降水量均高于安塞县多年平均降水量。2015 年和 2016 年的侵蚀性降雨量较低，2012 年、2013 年和 2014 年侵蚀性降雨量均高于安塞县多年平均降水量（图 16-1）。

安塞县 2012～2016 年降雨日数和侵蚀性降雨日数变化范围分别为 63～114d 和 7～22d，年均降雨日数和侵蚀性降雨日数分别为 87d 和 16d；年际间变异系数分别为 21% 和 37%，侵蚀性降雨日数的年际变化更大。降雨日数最大值出现在 2014 年，其次是 2013

年和 2016 年（均为 93d），2012 年最小。侵蚀性降雨日数最大值出现在 2013 年，其次为 2014 年（21d），2015 年最小。除 2015 年降雨日数和侵蚀性降雨日数均低于安塞县多年平均值外，2012 ~ 2016 年中其他年份的均较高（图 16-1）。

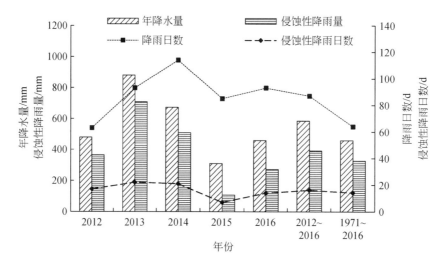

图 16-1　安塞县年降水特征

安塞县 2012 ~ 2016 年月侵蚀性降雨量最大值出现在 7 月或 8 月，与安塞县多年月平均侵蚀性降雨量的分布规律基本一致。2012 ~ 2016 年 5 ~ 10 月侵蚀性降雨量变异系数为 15% ~ 168%，2013 年月侵蚀性降雨量变异系数最大，其次为 2014 年（56%），2015 年最小；年际间 5 ~ 10 月侵蚀性降雨量年际变异系数为 48% ~ 137%，10 月侵蚀性降雨量年际变异系数最大，其次为 5 月（67%），8 月最小（图 16-2）。

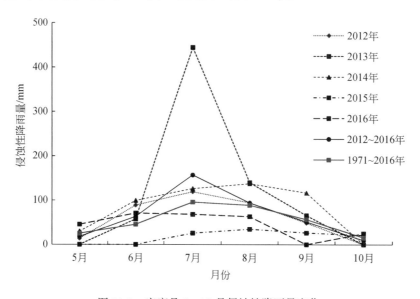

图 16-2　安塞县 5 ~ 10 月侵蚀性降雨量变化

　　安塞县 2012～2016 年月平均侵蚀性降雨日数变化规律与安塞县多年月平均分布状况基本一致，呈单峰型变化趋势。2012～2016 年 5～10 月侵蚀性降雨日数变异系数为 59%～123%，2013 年变异性最大，2016 年最小（11%）；5～10 月侵蚀性降雨日数年际间变异系数为 31%～149%，10 月变异性最大，其次为 5 月，8 月最小（图 16-3）。

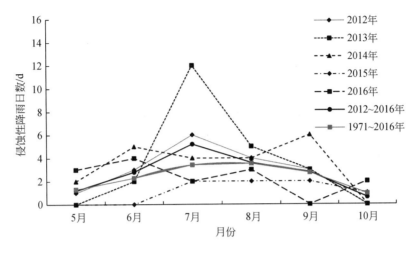

图 16-3　安塞县 5～10 月侵蚀性降雨日数变化

16.2.2　不同植物群落土壤侵蚀特征

　　2012 年，8 种植物群落土壤流失量变化范围为 938～3702t/（km²·a）。铁杆蒿、茭蒿和白刺花 3 种自然恢复群落土壤流失量变化范围为 938～1442t/（km²·a），无显著性差异。人工柠条锦鸡儿和沙棘群落下土壤流失量分别为 1801t/（km²·a）和 1833t/（km²·a），无显著差异；人工乔木林群落土壤流失量变化范围为 1819～3702t/（km²·a），刺槐群落（15a）抵抗土壤侵蚀的能力最强，而 6～8a 刺槐群落抵抗土壤侵蚀的能力最弱 ［图 16-4（a）］。

　　2013 年和 2014 年，11 种植物群落土壤流失量变化范围分别为 1287～5067t/（km²·a）和 852～3774t/（km²·a）；6 种自然恢复群落土壤流失量变化范围分别为 1287～4408t/（km²·a）和 852～3556t/（km²·a），其中猪毛蒿群落（3～7a）土壤流失量均高于或显著高于其他植物群落（$P<0.05$）（其抵抗土壤侵蚀的能力最弱）。同时，土壤流失量随植被恢复整体上均呈下降趋势。人工柠条锦鸡儿和沙棘群落土壤流失量分别为 2171t/（km²·a）和 1803t/（km²·a），2464t/（km²·a）和 1470t/（km²·a），无显著差异。人工乔木林群落土壤流失量变化范围分别为 1397～5067t/（km²·a）和 1505～3774t/（km²·a）；小叶杨群落（15a）土壤流失量低于或显著低于刺槐群落（$P<0.05$），其抵抗土壤侵蚀的能力均最强，而 6～8a 刺槐群落抵抗土壤侵蚀的能力均最弱 ［图 16-4（b）和图 16-4（c）］。

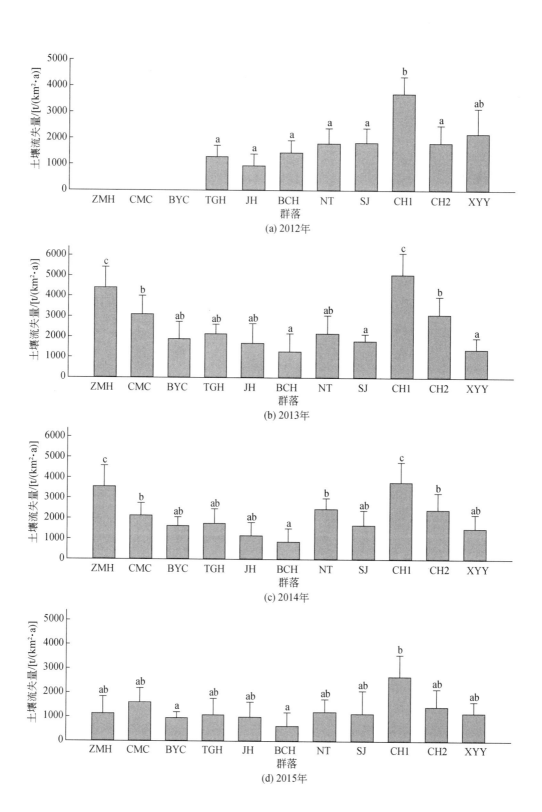

(a) 2012年

(b) 2013年

(c) 2014年

(d) 2015年

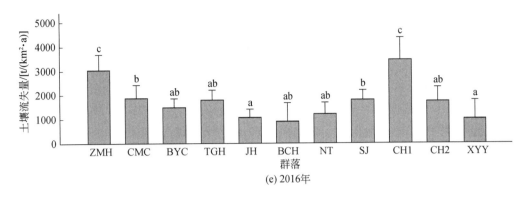

(e) 2016年

图 16-4　不同植物群落下土壤流失量

ZMH 为猪毛蒿群落（3～7a）；CMC 为长芒草群落（6～10a）；BYC 为白羊草群落（20～25a）；TGH 为铁杆蒿
群落（20～40a）；JH 为茭蒿群落（30a）；BCH 为白刺花群落（40a）；NT 为柠条锦鸡儿群落（25a）；SJ 为沙
棘群落（30a）；CH1 为刺槐群落（6～8a）；CH2 为刺槐群落（15a）；XYY 为小叶杨群落（15a）。小写字母
表示不同植物群落间土壤流失量在 0.05 水平上的差异显著性

2015 年，11 种植物群落土壤流失量变化范围为 622～2673t/（km²·a）。6 种自然恢复群落土壤流失量变化范围为 955～1606t/（km²·a），无显著性差异，且土壤流失量随植被恢复整体上呈先增加后下降趋势；其中，长芒草群落（6～10a）抵抗土壤侵蚀的能力最弱。人工柠条锦鸡儿和沙棘群落土壤流失量分别为 1202t/（km²·a）和 1133t/（km²·a），无显著差异。人工乔木林群落土壤流失量变化范围为 1160～2673t/（km²·a）；其中，小叶杨群落（15a）抵抗土壤侵蚀的能力最强，而 6～8a 刺槐群落抵抗土壤侵蚀的能力最弱 [图 16-4（d）]。

2016 年，11 种植物群落土壤流失量变化范围为 905～3448t/（km²·a）。6 种自然恢复群落土壤流失量变化范围为 905～3038t/（km²·a），其中猪毛蒿群落（3～7a）土壤流失量均显著高于其他植物群落（$P<0.05$）。土壤流失量随植被恢复整体上呈下降趋势，茭蒿群落（30a）抵抗土壤侵蚀的能力最强。人工柠条锦鸡儿群落和沙棘群落土壤流失量分别为 1214t/（km²·a）和 1796t/（km²·a），无显著差异。人工乔木林群落土壤流失量变化范围为 1010～3448t/（km²·a）；其中小叶杨群落（15a）抵抗土壤侵蚀的能力最强，而 6～8a 刺槐群落抵抗土壤侵蚀的能力最弱 [图 16-4（e）]。

自然恢复方式下，6 种植物群落 2012～2016 年年均土壤流失量变化范围为 917～3034t/（km²·a），变异系数为 25%～46%；年均土壤流失量随植被恢复整体上呈减小趋势，说明不同植物群落下土壤抵抗水力侵蚀的能力随植被恢复逐渐增强。猪毛蒿群落（3～7a）平均年土壤流失量显著高于其他自然恢复群落（$P<0.05$），其他群落间无显著差异；演替后期的白刺花群落表现出最强的抗侵蚀能力。除猪毛蒿群落（3～7a）在 2013 年极端降雨年土壤流失量高于或显著高于其他年份外（$P<0.05$），其他群落不同年份间土壤流失量无显著性差异。同时，除白刺花群落外，5 种自然草本群落的土壤流失量与降雨量的年际变化规律基本一致，反映出较好的降雨敏感性（图 16-5）。

人工恢复方式下，2012～2016 年 5 种人工恢复群落年均土壤流失量变化范围为 1268～3740t/（km²·a）。其中，6～8a 人工刺槐林群落年均土壤流失量极显著高于其他植物群落

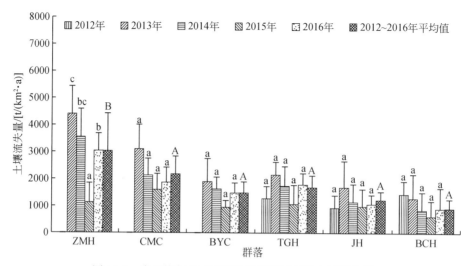

图 16-5　自然恢复方式下植物群落不同年份土壤流失量

ZMH 为猪毛蒿群落（3～7a）；CMC 为长芒草群落（6～10a）；BYC 为白羊草群落（20～25a）；
TGH 为铁杆蒿群落（20～40a）；JH 为茭蒿群落（30a）；BCH 为白刺花群落（40a）。大写及小写字
母分别表示不同植物群落年平均及同一群落不同年份间土壤流失量在 0.01 水平和 0.05 水平上的差异显著性

（$P<0.01$），属中度侵蚀，其他植物群落土壤侵蚀强度表现为轻度侵蚀；抵抗土壤侵蚀的能力相对增强。除刺槐群落在 2013 年极端降雨年土壤流失量高于或显著高于其他年份外（$P<0.05$），其他 3 种人工恢复群落土壤流失量不同年份间均无显著性差异。同时，仅 6～8a 和 15a 刺槐群落的土壤流失量与降雨量的年际变化规律基本一致，反映出较好的降雨敏感性（图 16-6）。

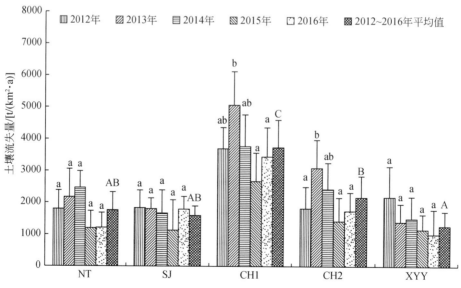

图 16-6　人工恢复方式下植物群落不同年份土壤流失量

NT 为柠条锦鸡儿群落（25a）；SJ 为沙棘群落（30a）；CH1 为刺槐群落（6～8a）；CH2 为刺槐群落
（15a）；XYY 为小叶杨群落（15a）。大写及小写字母分别表示不同植物群落年平均及同一群落不同
年份间土壤流失量在 0.01 水平和 0.05 水平上的差异显著性

16.2.3 土壤侵蚀与结构化植被因子指数的关系

植物群落各覆盖层水土保持作用系数的确定，是建立结构化植被因子指数的关键。各覆盖层次的空间分布及控制水土流失机理的差异导致每个层次在群落控制水土流失效益中的作用有所差别。本研究以文献资料（表 16-2）中对主要植被类型数年的径流小区（以开垦地为对照）监测资料为依据，确定乔木、灌木和草本各层的作用系数。根据表 16-2 中的数据，草本群落的平均减蚀率为 63.9%，枯枝落叶层平均减蚀率为 47.9%，地表结皮层平均减蚀率为 27.2%。灌木林的平均减蚀率为 98.0%；灌木林由灌木层和草本层构成，灌木层减蚀率用灌木林减蚀率减去草本层减蚀率，为 34.1%。乔木林的平均减蚀率为 97.9%。乔木林小区一般为刺槐林小区，由乔木层、草本层和枯枝落叶层组成，但林下草本一般较为稀疏。本研究以草本层盖度占 50% 计算林下草本层减蚀率，得草本层减蚀率为 32.0%；林下枯枝落叶层覆盖度和厚度均较大，本研究以覆盖度 100% 计算林下枯枝落叶层减蚀率，得枯枝落叶层减蚀率为 47.9%；因此，可得乔木冠层减蚀率为 18.0%。乔木冠层、灌木层、草被层、枯枝落叶层和地表结皮层的减蚀比例为 18.0 : 34.1 : 63.9 : 47.9 : 27.2，以此分别确定出各层的水土保持作用系数，得到不同植被类型的结构化植被因子指数模型（表 16-3）。

表 16-3   不同植被类型的结构化植被因子指数模型

植被类型	模型
乔+灌+草	$C_s = 0.0945C_1 + 0.1779C_2 + 0.3345C_3 + 0.2506C_4 + 0.1424C_5$
乔+草	$C_s = 0.1150C_1 + 0.4069C_3 + 0.3048C_4 + 0.1732C_5$
灌+草	$C_s = 0.1965C_2 + 0.3694C_3 + 0.2768C_4 + 0.1573C_5$
草	$C_s = 0.4598C_3 + 0.3445C_4 + 0.1957C_5$

注：C_1 乔木冠层实际盖度；C_2 灌木层实际盖度；C_3 草被层实际盖度；C_4 枯枝落叶层实际盖度；C_5 结皮层实际盖度。

通过 2013 年和 2014 年两年的调查发现，所有群落类型都呈现出随着 C_s 增大，侵蚀强度减小的趋势（图 16-7）。在 2013 年，自然演替早期群落及人工乔木和灌木群落的土壤侵蚀强度都不同程度地大于黄土高原地区的允许土壤流失量 $1000\text{t}/(\text{km}^2 \cdot \text{a})$；自然演替中期和后期群落及自然乔木和灌木群落随着 C_s 增大，土壤侵蚀强度小于 $1000\text{t}/(\text{km}^2 \cdot \text{a})$。2014 年监测的不同群落土壤侵蚀强度小于 2013 年的，但演替早期的猪毛蒿+狗尾草群落和人工乔木和灌木群落的侵蚀强度依然大于 $1000\text{t}/(\text{km}^2 \cdot \text{a})$；自然演替中期和后期群落及自然乔木和灌木群落表现出与 2013 年一致的规律，但土壤侵蚀强度小于 $1000\text{t}/(\text{km}^2 \cdot \text{a})$ 的群落 C_s 值低于 2013 年的。

演替早期的草本群落猪毛蒿+狗尾草群落在 2013 年和 2014 年土壤侵蚀模数均较大，分别为 $1148.6 \sim 10\,846.6\text{t}/(\text{km}^2 \cdot \text{a})$ 和 $1004.4 \sim 6818.6\text{t}/(\text{km}^2 \cdot \text{a})$，群落 C_s 值为 1.9% ~ 35.1%；当 C_s 分别大于 23.8% 和 22.1% 时，土壤侵蚀模数小于 $2500\text{t}/(\text{km}^2 \cdot \text{a})$，但并没有小于黄土高原地区的允许土壤流失量 $1000\text{t}/(\text{km}^2 \cdot \text{a})$。

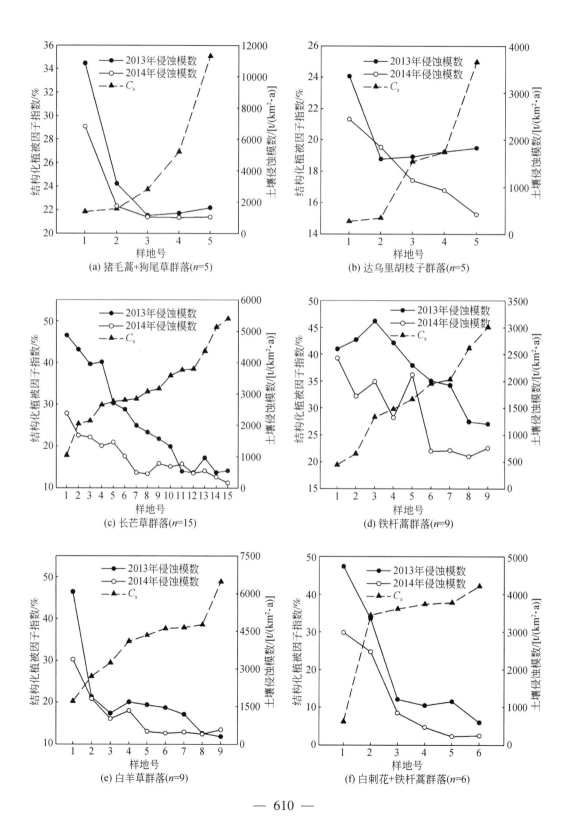

(a) 猪毛蒿+狗尾草群落(*n*=5)

(b) 达乌里胡枝子群落(*n*=5)

(c) 长芒草群落(*n*=15)

(d) 铁杆蒿群落(*n*=9)

(e) 白羊草群落(*n*=9)

(f) 白刺花+铁杆蒿群落(*n*=6)

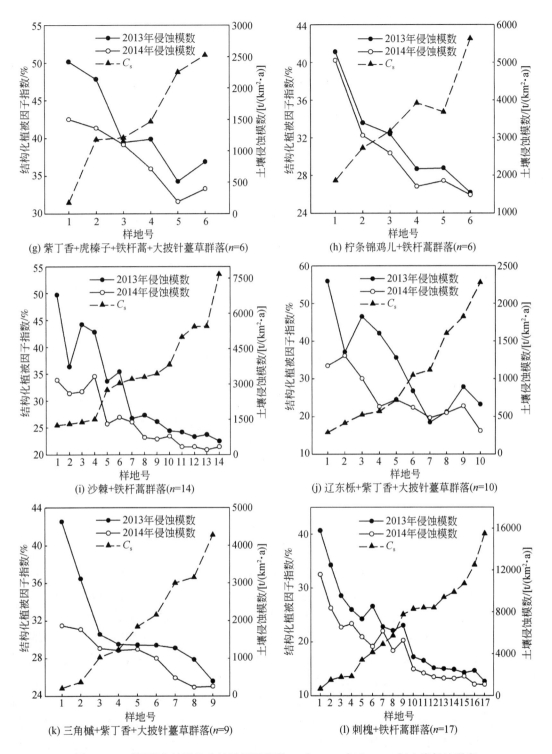

图 16-7　不同群落的结构化植被因子指数 C_s 与 2013 年和 2014 年土壤侵蚀强度

n 为样地数

演替中期的达乌里胡枝子群落 2013 年土壤侵蚀模数为 1644.3 ~ 3357.2t/（km² · a）；当 C_s >15.0% 时，土壤侵蚀模数小于 2500t/（km² · a）。其 2014 年土壤侵蚀模数小于 2500t/（km² · a）；当 C_s >19.2% 时，土壤侵蚀模数小于 1000t/（km² · a）。长芒草群落则表现为当 C_s 在 2013 年和 2014 年分别大于 31.4% 和 17.9% 时，土壤侵蚀模数小于 2500t/（km² · a）；当 C_s 分别大于 38.3% 和 31.4% 时，土壤侵蚀模数小于 1000t/（km² · a）。

演替后期的铁杆蒿群落 2013 年土壤侵蚀模数为 1204.3 ~ 2598.2t/（km² · a）；当 C_s >31.7% 时，土壤侵蚀模数小于 2500t/（km² · a）。其 2014 年土壤侵蚀模数小于 2500t/（km² · a）；当 C_s >34.6% 时，土壤侵蚀模数小于 1000t/（km² · a）。白羊草群落 C_s 为 20.2% ~ 48.9%，2013 年和 2014 年土壤侵蚀模数分别为 303.7 ~ 6073.6t/（km² · a）和 578.9 ~ 3374.2t/（km² · a）；当 C_s >26.2% 时，土壤侵蚀模数小于 2500t/（km² · a）；当 C_s 分别大于 38.6% 和 36.1% 时，土壤侵蚀模数小于 1000t/（km² · a）。

自然灌丛白刺花+铁杆蒿群落 C_s 为 20.2% ~ 48.9%，2013 年和 2014 年土壤侵蚀强度分别为 599.1 ~ 4736.0t/（km² · a）和 248.1 ~ 2986.0t/（km² · a）；当 C_s 分别大于 36.1% 和 34.4% 时，土壤侵蚀模数小于 2500t/（km² · a）；当 C_s 分别大于 42.2% 和 36.1% 时，土壤侵蚀模数小于 1000t/（km² · a）。紫丁香+虎榛子+铁杆蒿+大披针薹草群落 2013 年和 2014 年土壤侵蚀模数均小于 2500t/（km² · a）；当 C_s 分别大于 48.8% 和 42.2% 时，土壤侵蚀模数小于 1000t/（km² · a）。

人工灌木林柠条锦鸡儿+铁杆蒿群落 C_s 为 27.5% ~ 42.5%，2013 年和 2014 年土壤侵蚀模数分别为 1545.8 ~ 5285.1t/（km² · a）和 1483.3 ~ 5055.3t/（km² · a）；当 C_s >35.7% 时，土壤侵蚀模数小于 2500t/（km² · a）。沙棘+铁杆蒿群落 C_s 为 19.1% ~ 42.7%，2013 年和 2014 年土壤侵蚀模数分别为 573.2 ~ 6795.6t/（km² · a）和 334.0 ~ 3169.3t/（km² · a）；当 C_s 分别大于 34.1% 和 32.1% 时，土壤侵蚀模数小于 2500t/（km² · a）；当 C_s 分别大于 41.9% 和 34.4% 时，土壤侵蚀模数小于 1000t/（km² · a）。

自然乔木林辽东栎+紫丁香+大披针薹草群落 2013 年和 2014 年土壤侵蚀模数均小于 2500t/（km² · a）；当 C_s 分别大于 31.0% 和 21.4% 时，土壤侵蚀模数小于 1000t/（km² · a）。三角槭+紫丁香+大披针薹草群落 2013 年土壤侵蚀模数为 395.0 ~ 4629.9t/（km² · a）；当 C_s >28.1 时，土壤侵蚀模数小于 2500t/（km² · a）；2014 年土壤侵蚀模数小于 2500t/（km² · a）；当 2013 年和 2014 年群落 C_s 分别大于 36.6% 和 36.0% 时，土壤侵蚀模数小于 1000t/（km² · a）。

人工乔木林刺槐+铁杆蒿群落 C_s 为 11.3% ~ 40.1%，2013 年和 2014 年土壤侵蚀模数分别为 1369.2 ~ 15 796.2t/（km² · a）和 1074.8 ~ 11 592.5t/（km² · a）；当 C_s 分别大于 30.8% 和 26.4% 时，土壤侵蚀模数小于 2500t/（km² · a）。

C_s 与土壤侵蚀之间有极显著的负相关关系（$P<0.0001$），2013 年和 2014 年 Pearson 相关系数分别为 -0.651 和 -0.633。对 2013 年和 2014 年调查的不同群落的 C_s 值与土壤侵蚀模数的关系进行拟合，发现两者之间有明显的指数关系、对数关系和二次多项式关系（表 16-4）；其中指数函数的拟合程度最高。图 16-8 显示了 C_s 与土壤侵蚀强度的指数关系。

表 16-4 土壤侵蚀模数（y）与结构化植被因子指数（x）的拟合方程

拟合曲线	方程式	R^2	P
指数函数	$y = 11\,489e^{-0.06x}$	0.515	<0.0001
对数函数	$y = -4\,087\ln x + 16\,049$	0.417	<0.0001
二次多项式	$y = 3.972x^2 - 394.5x + 10\,285$	0.433	<0.0001

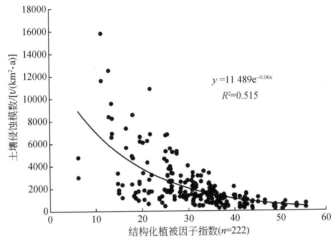

图 16-8　土壤侵蚀模数与群落的结构化植被因子指数的关系

16.2.4　抗侵蚀植物群落结构特征的确定

通过以上对 12 个不同抗侵蚀植物群落 C_s 值的分析，并结合 2013 年和 2014 年不同群落土壤侵蚀模数数据（表 16-5），有如下发现。

表 16-5　不同抗侵蚀植物群落各垂直层盖度及其土壤侵蚀模数

群落类型	样地号	乔木盖度/%	灌木盖度/%	草本盖度/%	枯落物盖度/%	结皮盖度/%	土壤侵蚀模数/[t/(km²·a)]	
							2013 年	2014 年
辽东栎+紫丁香+大披针薹草群落	1	79.0	—	—	12.0	38.0	2 299.8	1 172.5
	2	10.0	5.0	15.0	30.0	30.0	1 356.0	1 308.4
	3	70.0	—	—	25.0	55.0	1 827.0	1 003.3
	4	—	12.0	6.0	35.0	60.0	1 605.6	630.3
	5	4.0	25.0	3.0	75.0	3.0	1 283.0	723.0
	6	2.0	55.0	3.0	62.0	30.0	838.5	619.9
	7	10.0	70.0	3.0	30.0	65.0	425.1	484.4
	8	60.0	70.0	12.0	80.0	—	562.8	550.9
	9	7.0	35.0	60.0	56.0	42.0	893.0	639.1
	10	60.0	47.0	72.0	50.0	37.0	662.5	313.0

续表

群落类型	样地号	乔木盖度/%	灌木盖度/%	草本盖度/%	枯落物盖度/%	结皮盖度/%	土壤侵蚀模数/[t/(km²·a)]	
							2013 年	2014 年
三角槭+紫丁香+大披针薹草群落	1	26.0	35.0	12.0	45.0	7.0	4 629.9	1 870.4
	2	17.0	10.0	45.0	10.0	33.0	3 110.6	1 771.9
	3	24.0	18.0	3.0	64.0	43.0	1 637.9	1 260.0
	4	36.0	38.0	12.0	52.0	13.0	1 376.1	1 209.0
	5	25.0	19.0	2.0	58.0	75.0	1 355.6	1 239.0
	6	40.0	18.0	10.0	91.0	5.0	1 346.4	1 001.0
	7	5.0	75.0	15.0	65.0	4.0	1 273.6	481.0
	8	10.0	10.0	95.0	8.0	5.0	968.0	232.5
	9	10.0	60.0	5.0	95.0	30.0	395.0	260.0
刺槐+铁杆蒿群落	1	7.0	—	15.0	10.0	8.0	15 796.0	11 592.5
	2	13.0	—	8.0	11.0	27.0	12 502.1	8 386.1
	3	50.0	—	20.0	10.0		9 553.8	6 562.9
	4	18.0	—	30.0	15.0		8 230.8	6 889.3
	5	35.0	15.0	12.0	16.0		7 350.0	5 628.9
	6	26.0	—	10.0	3.0	55.0	8 549.3	4 693.6
	7	36.0	5.0	30.0	25.0		6 596.9	6 175.2
	8	22.0	—	26.0	18.0	15.0	6 235.3	4 307.1
	9	15.0	21.0	28.0	36.0		6 719.1	5 285.0
	10	10.0	—	30.0	36.0	12.0	3 710.7	2 550.0
	11	7.0	27.0	34.0	25.0		3 361.4	2 168.7
	12	52.0	—	10.0	43.0	20.0	2 663.1	1 797.0
	13	30.0	39.0	21.0	15.0		2 578.1	1 669.5
	14	30.0	—	28.0	24.0	40.0	2 500.2	1 652.9
	15	27.0	28.0	33.0	36.0		2 205.3	1 847.0
	16	35.0	—	33.0	50.0	12.0	2 394.2	1 091.0
	17	20.0	—	42.0	65.0	9.0	1 369.2	1 074.8
紫丁香+虎榛子+铁杆蒿+大披针薹草群落	1	—	70.0	19.0	35.0	2.0	2 422.2	1 502.3
	2	—	56.0	30.0	60.0	8.0	2 142.9	1 365.0
	3	—	65.0	18.0	50.0	40.0	1 138.1	1 101.9
	4	—	75.0	22.0	60.0	15.0	1 188.4	712.5
	5	—	83.0	21.0	60.0	47.0	513.2	192.5
	6	—	80.0	55.0	25.0	45.0	826.2	397.0

续表

群落类型	样地号	乔木盖度/%	灌木盖度/%	草本盖度/%	枯落物盖度/%	结皮盖度/%	土壤侵蚀模数/[t/(km²·a)]	
							2013 年	2014 年
白刺花+铁杆蒿群落	1	—	13.0	2.0	4.0	10.0	4 736.0	2 986.0
	2	—	78.0	18.0	31.0	18.0	3 356.9	2 473.3
	3	—	52.0	36.0	30.0	25.0	1 210.0	848.2
	4	—	50.0	32.0	39.0	30.0	1 049.1	469.4
	5	—	40.0	25.0	43.0	55.0	1 151.8	229.0
	6	—	25.0	60.0	35.0	37.0	599.1	248.1
柠条锦鸡儿+铁杆蒿群落	1	—	40.0	43.0	5.0	12.0	5 285.1	5 055.3
	2	—	51.0	28.0	15.0	36.0	3 399.3	3 065.0
	3	—	62.0	25.0	30.0	15.0	3 102.2	2 598.3
	4	—	48.0	43.0	25.0	20.0	2 170.6	1 708.1
	5	—	67.0	27.0	34.0	10.0	2 195.4	1 859.0
	6	—	42.0	58.0	28.0	32.0	1 545.8	1 483.3
沙棘+铁杆蒿群落	1	—	58.0	16.0	18.0	15.0	6 795.6	3 169.3
	2	—	23.0	28.0	19.0	35.0	3 735.9	2 605.9
	3	—	36.0	18.0	29.0	26.0	5 539.0	2 682.0
	4	—	28.0	30.0	24.0	21.0	5 213.2	3 325.7
	5	—	56.0	25.0	18.0	38.0	3 123.3	1 306.6
	6	—	68.0	27.0	25.0	14.0	3 521.0	1 588.9
	7	—	31.0	36.0	39.0	26.0	1 544.6	1 392.2
	8	—	26.0	50.0	32.0	15.0	1 680.9	728.0
	9	—	38.0	12.0	46.0	65.0	1 411.3	657.0
	10	—	38.0	35.0	36.0	40.0	1 010.7	781.7
	11	—	65.0	32.0	28.0	55.0	955.5	333.5
	12	—	50.0	55.0	38.0	20.0	760.7	333.5
	13	—	50.0	60.0	25.0	30.0	846.7	208.1
	14	—	52.0	78.0	15.0	63.0	573.2	334.0
白羊草群落	1	—	—	13.0	11.0	51.0	6 073.6	3 374.2
	2	—	—	31.0	16.0	32.0	1 881.3	1 806.7
	3	—	—	21.0	19.0	65.0	1 231.5	1 013.0
	4	—	—	36.0	23.0	50.0	1 675.2	1 335.8
	5	—	—	28.0	21.0	78.0	1 564.7	507.7
	6	—	—	39.0	28.0	50.0	1 451.9	436.4
	7	—	—	39.0	40.0	32.0	1 190.4	484.0
	8	—	—	39.0	17.0	72.0	436.4	402.3
	9	—	—	58.0	26.0	65.0	303.7	578.9

续表

群落类型	样地号	乔木盖度/%	灌木盖度/%	草本盖度/%	枯落物盖度/%	结皮盖度/%	土壤侵蚀模数/[t/(km²·a)] 2013 年	2014 年
铁杆蒿群落	1	—	—	18.0	18.0	25.0	2 598.2	2 426.5
	2	—	—	15.0	16.0	45.0	2 770.3	1 723.7
	3	—	—	26.0	18.0	50.0	3 118.5	1 991.2
	4	—	—	27.0	16.0	58.0	2 712.2	1 321.3
	5	—	—	30.0	15.0	62.0	2 294.5	2 120.0
	6	—	—	26.0	33.0	56.0	2 006.0	700.5
	7	—	—	39.0	16.0	58.0	1 927.1	713.0
	8	—	—	52.0	28.0	38.0	1 245.9	599.9
	9	—	—	50.0	32.0	55.0	1 204.3	758.3
长芒草群落	1	—	—	15.0	18.0	24.0	4 868.6	2 373.5
	2	—	—	30.0	16.0	30.0	4 416.2	1 680.0
	3	—	—	21.0	25.0	39.0	3 950.7	1 619.3
	4	—	—	36.0	15.0	40.0	4 016.4	1 346.6
	5	—	—	35.0	20.0	38.0	2 700.0	1 459.6
	6	—	—	32.0	26.0	37.0	2 509.0	1 015.8
	7	—	—	36.0	22.0	36.0	1 995.0	493.5
	8	—	—	52.0	15.0	20.0	1 780.3	454.0
	9	—	—	36.0	30.0	35.0	1 572.0	782.4
	10	—	—	55.0	16.0	30.0	1 330.4	688.0
	11	—	—	60.0	10.0	35.0	537.4	769.5
	12	—	—	38.0	32.0	50.0	498.2	475.1
	13	—	—	65.0	26.0	20.0	969.4	545.0
	14	—	—	50.0	33.0	70.0	503.9	348.8
	15	—	—	70.0	50.0	8.0	557.9	170.6
达乌里胡枝子群落	1	—	—	8.0	11.0	36.0	3 357.2	2 442.8
	2	—	—	7.0	3.0	52.0	1 594.0	1 845.0
	3	—	—	6.0	4.0	70.0	1 644.3	1 140.1
	4	—	—	12.0	15.0	42.0	1748.1	931.5
	5	—	—	25.0	18.0	36.0	1 828.8	416.7
猪毛蒿+狗尾草群落	1	—	—	10.0	5.0	75.0	10 846.6	6 818.6
	2	—	—	28.0	12.0	25.0	3 176.0	1 728.2
	3	—	—	12.0	8.0	75.0	1 148.6	1 039.3
	4	—	—	15.0	4.0	90.0	1 288.5	1 004.4
	5	—	—	36.0	32.0	38.0	1 630.8	1 041.6

在 2013 年特大暴雨年份，猪毛蒿+狗尾草群落、达乌里胡枝子群落、铁杆蒿群落、人工柠条锦鸡儿林和人工刺槐林的减蚀能力较弱；就算群落结构趋于复杂，C_s 值增大，土壤侵蚀强度依然高于黄土高原地区的允许土壤流失量 1000t/（km²·a）；但当这些群落的 C_s 分别大于 23.8%、15.0%、31.7%、35.7% 和 30.8% 且草本层或枯落层的盖度也高时，土壤侵蚀模数小于 2500t/（km²·a）。人工沙棘林、长芒草群落和白羊草群落的减蚀能力强于其他草本群落，当 C_s 分别大于 34.1%、31.4% 和 26.2% 时，土壤侵蚀模数小于 2500t/（km²·a）；当 C_s 分别大于 41.9%、38.3% 和 38.6%，且草本层和枯落物盖度较大时，土壤侵蚀模数小于 1000t/（km²·a）。自然乔木和灌木群落的减蚀能力最强，辽东栎+紫丁香+大披针薹草群落和紫丁香+虎榛子+铁杆蒿+大披针薹草群落的土壤侵蚀模数小于 2500t/（km²·a）；当 C_s 分别大于 31.0% 和 48.8%，且灌木层和草本层盖度较大时，土壤侵蚀模数小于 1000t/（km²·a）。三角械+紫丁香+大披针薹草群落和白刺花+铁杆蒿群落 C_s 分别大于 38.3% 和 38.6% 时，土壤侵蚀模数小于 2500t/（km²·a）；当 C_s 分别大于 36.6% 和 42.2%，且灌木层盖度较大时，土壤侵蚀模数小于 1000t/（km²·a）。

在 2014 年丰水年份，猪毛蒿+狗尾草群落、人工柠条锦鸡儿林和人工刺槐林的减蚀能力依然较弱，土壤侵蚀模数高于 1000t/（km²·a）；只有当这些群落的 C_s 分别大于 22.1%、35.7% 和 26.4%，且草本层和枯落物盖度较大时，土壤侵蚀模数小于 2500t/（km²·a）。人工沙棘林减蚀能力强于其他人工林和早期群落，当 C_s>32.1% 时，土壤侵蚀模数小于 2500t/（km²·a）；C_s>34.4%，且草本层或枯落物盖度较大时，土壤侵蚀模数小于 1000t/（km²·a）。演替中期和后期群落及自然乔木和灌木群落的减蚀能力较强，土壤侵蚀模数均小于 2500t/（km²·a），当达乌里胡枝子群落、长芒草群落、铁杆蒿群落、白羊草群落、白刺花+铁杆蒿群落、紫丁香+虎榛子+铁杆蒿+大披针薹草群落、辽东栎+紫丁香+大披针薹草群落和三角械+紫丁香+大披针薹草群落 C_s 分别大于 19.2%、31.4%、34.6%、36.6%、36.1%、42.2%、21.4% 和 36.0%，且灌木层或草本层盖度较大时，土壤侵蚀群落小于 1000t/（km²·a）。

以上可以看出，演替早期群落及人工林并未表现出较强的减蚀能力；演替中期和后期群落及自然乔木和灌木群落可有效减少土壤侵蚀；尤其在暴雨年份禾本科植物群落及自然乔木和灌木群落能有效控制土壤侵蚀，土壤侵蚀强度小于黄土高原地区的允许土壤流失量。不同群落类型也有各自能有效减少土壤侵蚀强度的适宜 C_s 值。当群落 C_s 值较高时，群落的土壤侵蚀模数小于 2500t/（km²·a）；同时，不同群落类型其垂直结构完整，而且近地面的灌木和草本层及贴地面的枯枝落叶层中至少有一层盖度较大时，土壤侵蚀模数小于 1000t/（km²·a）。降雨强度及降水量大的年份，植物群落要能有效减少土壤侵蚀，需有较高的 C_s 值。

16.3 讨 论

16.3.1 不同植被类型的土壤侵蚀特征

植被是防止地面水土流失的积极因素，因为它可以保护土壤使之免受降水直接打击，并可阻缓或消减地面径流的发生和发展，同时又可防治和消灭土壤侵蚀的发生和发展，并使它们的危害作用消减甚至完全消失（朱显谟，1982）。但不同植被类型保护土壤和防止土壤侵蚀的能力不同。例如，在南水北调中线水源区，经济果林产流和产沙量最大，其他依次为坡耕地、荒草地、马尾松林和矮林（李亚龙等，2010）；在内蒙古大青山，6 种植被恢复类型在不考虑林冠层作用的条件下，产沙量大小为油松林>未封育荒草坡地>落叶松林>虎榛子林>已封育荒草坡地>白桦山杨林（魏强等，2008）；黄土坡面不同植被类型（耕地、草地、灌木地和林地）与坡耕地相比，各小区的减流和减沙效益为林地>灌木地>草地（徐佳等，2012）。本研究中土壤侵蚀整体表现为灌木群落<草本群落<人工乔木群落，表明灌木群落减少土壤侵蚀的作用最强；这是由于白刺花、沙棘和柠条锦鸡儿等灌木在黄土丘陵沟壑区的适应性强，生长茂盛，能迅速郁闭覆盖地面，灌木盖度和草本盖度都高，表层土壤有腐殖质层，土壤结构良好，不仅植被削弱降雨较多，而且土壤的入渗也较快，因此土壤侵蚀量较少（赵护兵等，2004；张文辉等，2004）。本研究中草本植物群落随演替阶段的不同表现出不同的减蚀能力；随退耕年限的增加和自然演替阶段的发展，草本群落的年土壤侵蚀强度呈逐渐减小的趋势。当演替发展至中后期时，草本群落得到一定恢复，群落盖度较大，可以有效拦截降雨而减少雨滴的数量和击溅能量；同时裸露地面面积减小，减少了降雨过程中雨滴对裸露地面的溅蚀作用，从而减少了径流可携带的泥沙（韩学坤等，2010）。草本植物紧贴地面，在消减径流能量和分散径流的同时，还增加了地表糙率，延缓了地表径流的流速和产流时间，提高了土壤的抗冲性（唐克丽，1989；马三宝等，2002）。同时经过较长时间的植被恢复，土壤有机质和其他养分含量增加（彭文英等，2005），土壤微生物生物量明显提高，酶活性增加（李林海等，2012），水稳性团聚体的数量和质量得到提高（于寒青等，2012），土壤结构得到改善，促进了土壤腐殖化和黏化过程，土壤的抗冲性和抗剪强度得到强化（赵新泉和马艳娥，1999），表层土壤容重降低，土壤孔隙度增加（Jiao et al.，2011），提高了降雨的入渗，大大减少了土壤侵蚀的发生。本研究中，人工林的年平均土壤侵蚀强度仍处在中度侵蚀水平，特别是人工刺槐林。这一方面，是由于黄土丘陵沟壑区半干旱大陆性气候干旱少雨的特点使根际区土壤含水量很低，人工刺槐林为维持其正常生长需极大地消耗土壤的深层储水导致即使在 2013 年极端强降雨的条件下深层土壤水分的恢复仍十分困难（尹秋龙等，2015）；而深层储水减少形成的持续性干化层，使土壤水库调节作用大大削弱，加剧了土壤含水量的短缺，更加恶化了林木生长的水分生态条件（王力等，2004），限制了刺槐和林下灌草植物的生长，使林下植被稀疏、覆盖度差及缺乏枯枝落叶层而不能有效防止土壤侵蚀。另一方面，调查中的刺槐多离居民居住区较近，刺槐林是村民的主要用柴林，村民对刺槐林乔木特别是林下植被的破坏减弱了植被保护土壤的作用，并且破坏了表层土壤完整的土壤结构，导致土壤疏松，致使径流对土壤的冲刷加强而加剧了土壤侵蚀的发生。

因此，黄土丘陵沟壑区继续推行退耕还林还草虽可有效地控制土壤侵蚀，但是由于黄土丘陵沟壑区特殊的自然和地理环境，在进行人工植被恢复的时候，应优先种草种灌，选择合适的乔木适地（沟谷）进行植被恢复；尽早促使乔木林郁闭及枯枝物的发育并保护林下灌草层和枯枝物层，并且加大对已退耕还林还草地的保护，减少人为侵蚀。

16.3.2 抵抗土壤侵蚀的群落结构特征

群落结构化植被因子指数 C_s 是根据植被的不同垂直层在水土保持作用方面的差异提出的概念，更多地考虑了群落结构差异对土壤侵蚀的影响（雷婉宁，2009）。当群落结构趋于复杂时，群落的减蚀能力就愈明显。在本研究建立的 C_s 模型中，林冠层的水土保持作用系数最小，草本层和枯枝落叶层最高，其次为灌木层，这与温仲明和雷婉宁（Wen et al.，2010；雷婉宁，2009）建立的 C_s 模型中不同垂直层次的水土保持作用系数变化趋势一致。在黄土高原，土壤侵蚀主要发生在暴雨期，林冠层的防蚀贡献较小，森林的防蚀能力主要取决于林地枯枝落叶层的数量和质量（王晗生和刘国彬，2000）。乔木层盖度再高，但要是林下结构不完整将会导致乔木群落的水土保持功能急剧下降；"远看绿油油，近看黄水流"的现象正是植被盖度较高而水土流失依然严重的表现，如本研究中的人工刺槐林（减蚀能力较弱）。植被的垂直分层结构对于减轻土壤侵蚀有重要作用；当植物群落的垂直层次结构越完备，其减少土壤侵蚀的作用将更加明显（Casermeiro et al.，2004），只有结构完整的植物群落才具有最好的水土保持作用。结构化植被因子指数正是综合考虑了群落的垂直结构组成和各层次盖度，才更能准确地表达植被的水土保持作用。

不同群落类型减少土壤侵蚀的能力不同。有研究发现演替中期和后期草本群落的土壤抗蚀性优于人工林（韩鲁艳等，2009）。对于自然植被恢复而言，随植被恢复的推进，植被对地表的防护功能、土壤的持水性能和渗透性能不断加强（Cerdà，2009）。本研究中，演替不同阶段的草本群落、人工林，自然恢复的乔木和灌木群落有各自有效减少土壤侵蚀强度的适宜 C_s 值。演替早期群落及人工林群落垂直结构简单，不能有效减少土壤侵蚀。这是由于演替早期群落物种组成简单，本身植被覆盖较低，同时也不能有效改善土壤结构；而人工林则是由于缺乏林下植被层，特别是贴近地面层（李勉等，2005；赵护兵等，2004；Kou et al.，2016），因此这些群落减蚀能力较差。

演替中期和后期的达乌里胡枝子群落和铁杆蒿群落随着 C_s 增大，能有效减少土壤侵蚀，但在暴雨年份土壤侵蚀强度高于黄土高原地区的允许土壤流失量；而禾本科植物长芒草群落和白羊草群落能有效控制土壤侵蚀，随着 C_s 增大，在暴雨年份土壤侵蚀强度也小于黄土高原地区的允许土壤流失量（这与禾本科植物根系有密切联系；禾本科植物属须根系植物，须根系多分布在土壤浅层，大量细小的毛根交织形成的网对根周土体具有加筋作用，可发挥其对土壤的网络固持作用，有效提高土壤抗蚀性）（刘定辉和李勇，2003；寇萌等，2016）。演替中期和后期的草本群落物种组成复杂，不同植物在群落中占有各自适宜的空间资源，群落具有垂直结构层；而且由于贴近地表，可以有效拦截雨滴，减少雨滴溅蚀量；另外，经过长时间的植被恢复，土壤表层结构得到改善，对降雨的入渗和通透能力显著提高（李勉等，2005；赵护兵等，2004）。

自然乔木和灌木群落垂直结构复杂，C_s 值也较高，能有效控制土壤侵蚀。这主要是因为天然林发育时间长，已经形成了比较完整且相对稳定的群落结构，群落各垂直层次可分别起到截留、蓄积滞留降水及促进入渗的作用；而且乔木和灌木群落根系发达，在土壤团聚体形成过程中根系的影响极为突出，根系的作用使土壤团聚体的整体性增强，提高了土壤的抗侵蚀性（Gyssels and Poesen，2003）。

拟合土壤侵蚀强度与 C_s 的关系发现，两者有明显的指数关系，同时对数函数和二次多项式的拟合也很显著。这与许多学者的研究结果一致，如土壤流失量与植被盖度之间存在明显的指数关系，随着群落盖度的增大土壤侵蚀量呈指数下降（金争平等，1991；王秋生，1991）；林地侵蚀量和林地覆盖度之间存在二次多项式关系（侯喜禄等，1996）。但也有研究发现，侵蚀量与林草地覆盖度之间呈倒数关系（罗伟祥等，1990）；在小流域尺度上土壤侵蚀量与森林植被覆盖度之间存在幂函数关系（余新晓等，1997）；而土壤侵蚀量与植被覆盖度之间的指数关系似乎更为多数学者（石生新和蒋定生，1994；张光辉和梁一民，1995；张岩等，2002）认可。

16.4 小　结

（1）2012～2016 年，同一年份不同植物群落土壤流失量均以 6～8a 的刺槐群落最大，2013 年极端降雨年表现为强度侵蚀，其他年份均表现为中度侵蚀；2013 年、2014 年及 2016 年的猪毛蒿群落及 2013 年的长芒草群落和刺槐群落（15a）也表现为中度侵蚀；而同一年份其他植物群落表现为轻度或微度侵蚀。除猪毛蒿群落（3～7a）和刺槐群落在 2013 年极端降雨年的土壤流失量均高于或显著高于其他年份外（$P<0.05$），其他群落在不同年份间土壤流失量均无显著性差异。5 种自然草本群落及 6～8a 和 15a 刺槐群落的土壤流失量与降水量的年际变化规律基本一致，反映出较好的降雨敏感性。

（2）不同植物群落下，年平均土壤流失量为 917～3740t/（km²·a）。自然恢复条件下，年平均土壤侵蚀强度由退耕初期的猪毛蒿群落（3～7a）的中度侵蚀向中后期植物群落的轻度侵蚀变化，说明随着退耕地植被恢复和演替阶段的发展草本群落抵抗土壤侵蚀的能力逐渐增强；演替后期的白刺花群落的土壤流失低于或显著低于其他自然植被群落（$P<0.05$）。人工恢复条件下，6～8a 人工刺槐林群落年平均土壤侵蚀强度表现为中度侵蚀，其他中期和后期人工乔木和灌木群落土壤侵蚀强度均表现为轻度侵蚀。

（3）通过已有的关于植被防止水土流失方面的研究结果，推算出植物群落各覆盖层水土保持作用系数，建立了不同植被类型的结构化植被因子指数 C_s 模型。在建立的模型中，乔木冠层的水土保持作用系数最小，贴近地面的草本层和枯枝落叶层水土保持作用系数最大。通过该模型计算出不同群落的 C_s 值。分析不同群落 C_s 值及土壤侵蚀强度数据发现，土壤侵蚀强度与 C_s 之间存在极显著的负相关关系；对两者进行拟合，发现两者之间有明显的指数、对数和二次多项式关系。

（4）在特大暴雨年份，草本群落和人工林 C_s 分别大于 15.0%～31.7% 和 30.8%～35.7%，且草本层或枯落物的盖度也高时，土壤侵蚀强度小于 2500t/（km²·a）。长芒草群落和白羊草群落 $C_s>38.3\%$，且草本层和枯落物盖度较大时，土壤侵蚀强度小于 1000t/（km²·a）。自然乔木和灌木群落 C_s 分别大于 31.0%～36.6% 和 42.2%～48.8%，且灌木层和草本层盖度较大时，土壤侵蚀强度小于 1000t/（km²·a）。在丰水年份，演替早期草本群落和人工林 C_s 分别大于 22.1% 和 26.4%～35.7%，且草本层和枯落物盖度较大时，土壤侵蚀强度小于 2500t/（km²·a）。当草本群落及自然乔木和灌木群落 C_s 分别大于 19.2%～36.6% 及

36.14% ~42.2%和21.4% ~36.0%，且灌木层或草本层盖度较大时，土壤侵蚀强度小于1000t/（km² · a）。

（5）演替早期群落及人工林并未表现出较强的减蚀能力。演替中期和后期群落及自然乔木和灌木群落可有效减少土壤侵蚀；尤其在暴雨年份禾本科植物群落及自然乔木和灌木群落能有效控制土壤侵蚀，土壤侵蚀强度小于黄土高原地区的允许土壤流失量。不同群落类型有各自能有效减少土壤侵蚀强度的适宜 C_s 值。当群落 C_s 值较高时，群落的土壤侵蚀强度小于2500t/（km² · a）；不同群落类型其垂直结构完整，而且近地面的灌木和草本层及贴地面的枯落物中至少有一层盖度较大时，土壤侵蚀强度小于1000t/（km² · a）。

参 考 文 献

陈云明，侯喜禄，刘文兆 .2000. 黄土丘陵半干旱区不同类型植被水保生态效益研究 . 水土保持学报，
    14（3）：57-61.

高丽倩，赵允格，秦宁强，等 .2012. 黄土丘陵区生物结皮对土壤物理属性的影响 . 自然资源学报，
    27（8）：105-112.

韩鲁艳，郝乾坤，焦菊英 .2009. 黄土丘陵沟壑区人工林地的土壤抗蚀性评价 . 水土保持通报，29（3）：
    159-164.

韩学坤，吴伯志，安瞳昕，等 .2010. 溅蚀研究进展 . 水土保持研究，17（4）：46-51.

侯喜禄，曹清玉 .1990. 陕北黄土丘陵沟壑区植被减沙效益研究 . 水土保持通报，10（2）：33-40.

侯喜禄，白岗栓，曹清玉 .1996. 黄土丘陵区森林保持水土效益及其机理的研究 . 水土保持研究，3（2）：
    98-103.

黄炎和，陈明华，黄鑫全 .1998. 土壤侵蚀量的标签定位测定法初探 . 亚热带水土保持，（2）：51-53.

黄志霖，傅伯杰，陈利顶，等 .2004. 黄土丘陵沟壑区不同退耕类型径流、侵蚀效应及其时间变化特征 .
    水土保持学报，18（4）：37-41.

焦菊英，王万中，李靖 .2000. 黄土高原林草水土保持有效盖度分析 . 植物生态学报，24（5）：608-612.

金争平，赵焕勋，和泰，等 .1991. 皇甫川区小流域土壤侵蚀量预报方程研究 . 水土保持学报，5（1）：
    8-18.

寇萌，焦菊英，王巧利，等 .2016. 黄土丘陵沟壑区不同植被带植物群落的细根分布特征 . 农业机械学
    报，47（2）：161-171.

雷婉宁 .2009. 陕北黄土区结构化植被因子指数研究 . 杨凌：中国科学院水土保持与生态环境研究中心硕
    士学位论文 .

李林海，邱莉萍，梦梦 .2012. 黄土高原沟壑区土壤酶活性对植被恢复的响应 . 应用生态学报，23（12）：
    3355-3360.

李勉，姚文艺，李占斌 .2005. 黄土高原草本植被水土保持作用研究进展 . 地球科学进展，20（1）：
    74-80.

李亚龙，赵健，丁文峰 .2010. 南水北调中线水源区植被恢复的产流产沙效应初步研究 . 长江科学院院
    报，27（11）：53-57.

刘定辉，李勇 .2003. 植物根系提高土壤抗侵蚀性机理研究 . 水土保持学报，17（3）：34-37.

罗伟祥，白立强，宋西德，等 .1990. 不同覆盖度林地和草地的径流量与冲刷量 . 水土保持学报，4（1）：
    30-35.

马波，由政，吴发启，等 .2015. 种植大豆条件下土壤结皮对坡耕地径流和侵蚀产沙的影响 . 中国水土保
    持科学，13（3）：16-23.

马三保, 郑妍, 马彦喜.2002. 黄土丘陵区水土流失特征与还林还草措施研究. 水土保持研究, 9 (3):
　55-57.

彭文英, 张科利, 陈瑶, 等.2005. 黄土坡耕地退耕还林后土壤性质变化研究. 自然资源学报, 20 (2):
　272-278.

申震洲, 刘普灵, 谢永生, 等.2006. 不同下垫面径流小区土壤水蚀特征试验研究. 水土保持通报,
　26 (3): 6-9.

石生新, 蒋定生.1994. 几种水土保持措施对强化降水入渗和减沙的影响试验研究. 水土保持研究,
　1 (1): 82-88.

唐克丽, 郑粉莉, 史德明.1989. 土壤侵蚀研究回顾与展望. 土壤学报, 26 (3): 226-233.

陶林威, 马洪, 葛芬莉.2000. 陕西省降水特性分析. 陕西气象, (5): 6-9.

王晗生, 刘国彬.2000. 试论防蚀有效植被的基本特征——贴地面覆盖. 中国水土保持, (3): 28-31.

王力, 邵明安, 李裕元.2004. 陕北黄土高原人工刺槐林生长与土壤干化的关系研究. 林业科学,
　40 (1): 84-91.

王青杵, 王改玲, 石生新, 等.2012. 晋北黄土丘陵区不同人工植被对水土流失和土壤水分含量的影响.
　水土保持学报, 26 (2): 71-74.

王秋生.1991. 植被控制土壤侵蚀的数学模型及其应用. 水土保持学报, 5 (4): 68-72.

魏强, 张秋良, 代海燕, 等.2008. 大青山不同植被下的地表径流和土壤侵蚀. 北京林业大学学报,
　30 (5): 111-117.

吴发启, 范文波.2005. 土壤结皮对降雨入渗和产流产沙的影响. 中国水土保持科学, 3 (2): 97-101.

吴钦孝, 杨文治.1998. 黄土高原植被建设与持续发展. 北京: 科学出版社.

吴钦孝, 赵鸿雁, 刘向东, 等.1998. 森林枯枝落叶层涵养水源保持水土的作用评价. 水土保持学报,
　4 (2): 23-28.

肖波, 赵允格, 邵明安.2008. 黄土高原侵蚀区生物结皮的人工培育及其水土保持效应. 草地学报,
　16 (1): 28-33.

徐佳, 刘普灵, 邓瑞芬, 等.2012. 黄土坡面不同植被恢复阶段的减流减沙效益研究. 地理科学,
　32 (11): 1391-1396.

尹秋龙, 焦菊英, 寇萌.2015. 极端强降雨条件下黄土丘陵沟壑区不同植被类型土壤水分特征. 自然资源
　学报, 30 (3): 459-469.

于国强, 李占斌, 李鹏, 等.2010. 不同植被类型的坡面径流侵蚀产沙试验研究. 水科学进展, 21 (5):
　593-599.

于寒青, 李勇, 金发会, 等.2012. 黄土高原植被恢复提高大于 0.25mm 粒级水稳性团聚体在土壤增碳中
　的作用. 植物营养与肥料学报, 20 (4): 876-883.

余新晓, 毕华兴, 朱金兆, 等.1997. 黄土地区森林植被水土保持作用研究. 植物生态学报, 21 (5):
　433-440.

余新晓, 张晓明, 武思宏, 等.2006. 黄土区林草植被与降水对坡面径流和侵蚀产沙的影响. 山地学报,
　24 (1): 19-26.

张光辉, 梁一民.1995. 黄土丘陵区人工草地盖度季动态及其水保效益. 水土保持通报, 15 (2): 38-43.

张文辉, 郭连金, 徐学华, 等.2004. 黄土丘陵区白刺花种群恢复及群落土壤水分养分效应. 水土保持学
　报, 18 (6): 49-53.

张岩, 袁建平, 刘宝元.2002. 土壤侵蚀预报模型中的植被覆盖与管理因子研究进展. 应用生态学报,
　13 (8): 1033-1036.

赵鸿雁, 吴钦孝, 刘国彬.2003. 黄土高原人工油松林枯枝落叶层的水土保持功能研究. 林业科学,

39（1）：168-172.

赵护兵，刘国彬，曹清玉 . 2004. 黄土丘陵区不同植被类型对水土流失的影响 . 水土保持研究，11（2）：153-155.

赵护兵，刘国彬，曹清玉，等 . 2006. 黄土丘陵区不同土地利用方式水土流失及养分保蓄效应研究 . 水土保持学报，20（1）：20-24.

赵新泉，马艳娥 . 1999. 退耕还林的生态作用及实施措施 . 林业资源管理，（3）：37-40.

郑粉莉，白红英，安韶山 . 2005. 草被地上和地下部分拦蓄径流和减少泥沙的效益分析 . 水土保持研究，12（5）：86-87.

朱显谟 . 1982. 黄土高原水蚀的主要类型及其有关因素 . 水土保持通报，（3）：40-44.

Casermeiro M A，Molina J A，Caravaca M T D L C，et al. 2004. Influence of scrubs on runoff and sediment loss in soils of Mediterranean climate. Catena，57（1）：91-107.

Cerdà A. 2009. Soil erosion after land abandonment in a semiarid environment of southeastern Spain. Arid Soil Research & Rehabilitation，11（2）：163-176.

Gyssels G，Poesen J. 2003. The importance of plant root characteristics in controlling concentrated flow erosion rates. Earth Surface Processes and Landforms，28（4）：371-384.

Jiao F，Wen Z M，An S S. 2011. Changes in soil properties across achronosequence of vegetation restoration on the Loess Plateau of China. Catena，86（2）：110-116.

Kou M，Jiao J Y，Yin Q L，et al. 2016. Successional trajectory over 10 years of vegetation restoration of abandoned slope croplands in the hill-gully region of the Loess Plateau. Land Degradation & Development，27（4）：919-932.

Wen Z M，Brian G L，Jiao F，et al. 2010. Stratified vegetation cover index：a new way to assess vegetation impact on soil erosion. Catena，83（1）：87-93.

第 17 章　植被与土壤侵蚀的相互作用机理

本章作者：焦菊英

在土壤侵蚀非常严峻的环境下，植被的生长发育与恢复演替有着其特殊性，严重受土壤侵蚀程度的制约，使得植被发育与土壤侵蚀之间的关系更为密切。由于土壤侵蚀直接或间接地影响着植物生命周期的全过程，即径流直接对种子、枯落物或整个植株的冲刷输移，或间接地对与种子萌发和幼苗建植有关的土壤特性的影响，致使植物盖度与物种多样性降低，植被恢复进程缓慢。然而，植被也可通过采用不同的繁殖策略、形态与生理补偿等来克服与适应土壤侵蚀对植物所造成的干扰压力，改善土壤侵蚀环境，抵抗土壤侵蚀的发生。可见，土壤侵蚀不只是植被演替的负干扰或灾害，也是植被进化与适应的动力。因此，在土壤侵蚀与植被的关系中，不仅要把土壤侵蚀当作一种自然灾害研究适宜的植被手段来控制它，而且还应把土壤侵蚀当作推动植被变化发展的驱动力，研究它对植被的干扰压力与植物的抗侵蚀特性，应用土壤侵蚀、土壤、植被生态、植物生态和种子生态等学科的理论与方法，深入揭示植被在土壤侵蚀的作用下不断向前演替的生态过程、运行规律与控制机理，形成一套完整的理论体系与技术手段，以便更有力地指导植被恢复实践来有效控制土壤侵蚀的发生。

本章将通过分别对繁殖更新、植物及群落和植被空间分布与土壤侵蚀的相互作用关系的分析与讨论，揭示植被与土壤侵蚀的相互作用机理。

17.1　植物繁殖更新与土壤侵蚀的相互作用机理

17.1.1　种子生产与营养繁殖

在沟坡不同侵蚀环境下，主要物种的种子百粒重、单株植株生殖枝数、单株植株/单位生殖枝的花序数/果实数及单位花序/单位果实的种子数等产量因子存在差异性（图 3-2 和表 3-4），说明植物种子生产不仅与土壤侵蚀造成的立地环境条件有关，也受植物繁殖策略的影响。强烈的土壤侵蚀会造成土壤退化，降低土壤养分、恶化土壤结构，致使土壤更加干燥，从而限制着植物的生长发育；也会对种子的正常发育产生影响，使其不能形成受精胚芽而失去活性，致使种子产量与活性降低。植物在不利的环境条件下会减小有性生殖投入，其枝系开花率、生殖枝长度、花序重量、有性生殖构件生物量比和生殖输出都降低；相反，植物在光照充足营养丰富的立地条件下，会将更多资源分配到有性生殖器官的发育与生长过程中。植物以不同种子生产策略来响应严重土壤侵蚀环境：或采取减少各生产构件投入和生产少量小种子的策略（如白羊草、长芒草和中华隐子草等）；或采取加大各生产构件投入和生产大量大种子的策略（如阿尔泰狗娃花和达乌里胡枝子等）；或采取加大各生产构件投入和生产大量小种子的策略（如铁杆蒿、茭蒿和菊叶委陵菜等）。

大多数多年生植物通过有性和无性繁殖两种方式来完成个体更新，植物在无性与有性繁殖间存在着权衡关系。在干旱、贫瘠且强光照的阳坡侵蚀环境下，长期的进化过程使植物主动调整生物量分配模式（减小有性生殖投入，增加克隆芽库繁殖），最大效率地利用资源，提高生存适合度和与其他植物竞争的能力。一般多年生灌木产生较大量的永久性芽库用以植物生长，而其产生的季节性芽库主要用来完成枝条更新；多年生草本植物可产生较大的芽库存量，如铁杆蒿、茭蒿、白羊草和长芒草等；而达乌里胡枝子和一年生植物猪毛蒿芽库数量较少，主要以种子完成植被更新（图 8-13）。这种芽库数量和生殖器官的比例协调，体现了植物在有性生殖与克隆繁殖之间的权衡。在典型侵蚀坡面上，主要营养繁殖物种具有较强的营养繁殖能力，其营养繁殖体芽库密度与分枝数远远大于相应物种的土壤种库和幼苗密度（表 8-13）。具有营养繁殖能力的物种更能适应土壤侵蚀环境；随着土壤侵蚀程度的增加营养繁殖物种在群落中的重要值都显著增加，而依靠种子繁殖的物种重要值逐渐降低（图 8-15）。坡沟不同侵蚀环境下主要物种有性繁殖构件生物量比例和无性繁殖构件生物量的比例分别为 6.8% ~ 20.7% 和 79.3% ~ 93.2%（图 8-18 至图 8-21）。

17.1.2　种子传播

种子的扩散一般分为两个阶段：第一阶段称种子雨，主要靠种子或果实自身的重力和外界力量散布到地表的过程；第二阶段则是指外界因素（如风、降雨及人类和动物活动等）对地表种子搬运和掩埋的二次迁移过程。就与土壤侵蚀相关而言，表现在降雨径流对种子的二次传播的影响。

种子来源于地上植被，种子雨的物种组成很大程度依赖于植被的物种组成。与土壤侵蚀相关联的一系列的生态因子如土壤颗粒、有机质、养分和水分等，对植物的发育过程起关键作用，因而降雨及降雨引起的土壤侵蚀程度的差异可能是影响种子产量进而影响种子雨密度的重要因素。同时，由于土壤侵蚀形成不同规模的侵蚀沟对坡面的分割作用，使黄土丘陵沟壑区撂荒坡面形成大量变化多端的微地形如浅沟、缓台、陡坎和鱼鳞坑等，微地形内植物物种组成、数量特征及其多样性存在明显差异，从而使撂荒坡面植被在更新演替过程中表现出不同的演替速率，形成了多个处于不同演替阶段的植物群落，致使植被分布呈现不均匀性。在植被分布不均匀的条件下，种子雨密度呈不均匀分布。种子散布的空间格局形成了一个潜在的空间模板，反映了种群扩展生态位空间的潜在趋势，对未来种群甚至整个群落都产生重要的影响。但种子以种子雨的形式输入后，还会受各种因素的影响，其输出形式也多种多样，如动物捕食、种子迁移与流失、种子生理死亡和种子萌发等。

土壤侵蚀可引起种子在坡面上的流失与再分布；而不同的物种表现有所差异，种子流失与再分布的程度是由种子的形态特征及影响土壤侵蚀的因素共同决定的（表 3-7 至表 3-10，表 8-1，图 8-1）。不同物种的种子对于降雨及产流和产沙过程的反应不同，表现出不同的抗侵蚀特性。重量非常大、形状狭长、具附属物（除具翅外）、分泌黏液及独特的形态组合的植物种子可抵抗降雨与地表径流的侵蚀与输移。例如，猪毛蒿、铁杆蒿、香青兰和茭蒿的种子在受潮吸水后可形成黏液层，与土壤表面黏附在一起可起到固定的作用，从而削弱了降雨侵蚀对种子的影响；长芒草种子的附属物芒具有吸湿运动性，对土壤的锚住作用更有利于实现自我的埋藏而达到抗侵蚀的目的。同时，影响土壤侵蚀过程的因素如植被、微地形、坡度和坡长等也将影响种子流失与迁移。例如，坡面上的草丛可以通过拦截径流和降低流速等拦截或保留部分种子；鱼鳞坑在坡面上构成一个相对凹下的微地形，可以蓄积径流，并保存随径流和泥沙迁移的种子。因此，在自然坡面由于受到各种因素的综合影响，种子流失量占土壤种子库和种子雨的比例很低，仅分别不到2%和1%，就单个物种来说也不超过10%（表3-11和表3-12）。另外，大部分物种的种子散落期主要集中在雨季以后，因而降雨未造成种子的大量迁移。而且，虽然坡面自分水岭到沟沿线土壤侵蚀程度逐渐加强，但处于相同演替阶段坡面不同侵蚀部位的土壤种子库密度与物种组成并没有显著差异（图3-3，图3-4），说明土壤侵蚀并没有造成坡面土壤种子库的大量流失。植物的种子流失程度与其分布不具有一致性，有些种子流失严重的物种可以成功定居在土壤侵蚀严重的坡面，而一些种子流失小的物种却更适宜生活在缓坡上，种子流失率高的物种因具有土壤种子库或具有无性繁殖能力而分布广泛，而种子流失率低的物种也会是稀少分布。可见，土壤侵蚀引起的种子流失并不决定着该区的物种分布与植被格局。但在长期的土壤侵蚀作用下，出现种子在植被下、鱼鳞坑和淤泥中聚集的现象。坡面5~10cm土层淤积地形与沟道淤泥中的种子库密度和物种数要显著高于坡面植被间裸露处（表3-13和表3-14），说明有较多的种子随泥沙迁移到淤积区而保存在较深的土层中，证明了侵蚀过程中部分种子随径流泥沙而发生了迁移从而影响土壤种子库的二次分布。但是，种子在坡面被拦截和淤积有利于土壤种子库的保持和植被斑块的维护，对干旱和半干旱地区植被斑块生态系统的植被建植具有重要的意义。也就是说流水作用引起的种子流失可能也有利于种子的二次分布，增加其到达更有利于种子萌发与幼苗建植的微环境，在一定程度上有利于区域种群更新和群落发展。

17.1.3 土壤种子库与幼苗更新

散布至土壤表面的部分种子由于土壤侵蚀作用发生流失或掩埋，储存在草丛中、枯落层、结皮或土壤中，经过不同条件的储藏后，表现出萌发异质性。种子休眠是植物在长期系统发育过程中形成的抵抗不良环境条件的适应性，是调节种子萌发最佳时间和空间分布的有效办法，能有效降低种子萌发后幼苗由于持续干旱而导致大量死亡的危险，有利于种群的繁衍和发展。黄土丘陵沟壑区景观破碎，空间异质性大，土壤侵蚀环境多样，立地条件差异很大，因而植物种子休眠程度不同。例如，白羊草、中华隐子草和茭蒿种子萌发性在土壤水分条件差的阳沟坡较土壤水分条件好的梁峁顶和阳梁峁坡弱，而休眠性反而较强，通过增强种子休眠性来响应干旱条件；白羊草、中华隐子草、铁杆蒿和茭蒿种子在土壤疏松和养分条件越好的环境中，种子萌发率越高，体现了其种子萌发对良好条件的快速响应，更有利于种子在有利条件下完成萌发及更新（图8-2，图8-3和图8-4）。

演替早期的物种如猪毛蒿，主要是靠种子繁殖，在种子库和幼苗库中均大量存在，为其在早期裸露坡面恶劣条件下更新提供了保障。随着演替的进行，多年生物种侵入，如达乌里胡枝子和长芒草，在立地环境有所改善但依然是植被稀疏且侵蚀强烈的条件下，能够产生较多种子进入种子库和幼苗库中，为地上植被的更新和扩展提供了保障；而一些物种如铁杆蒿、茭蒿和白羊草虽然在种子库中和幼苗库中较少，但是其具有营养繁殖能力，少量的幼苗建植成功就会为其在地上的植被扩张提供保障。此外，研究区域特殊的地形和复杂的土地利用类型，为物种的保存和扩散提供了有利的景观条件，丰富的乡土物种可以通过种子扩散进入种子库再由种子库进入幼苗库进而形成新的植被群落。同时，通过综合分析土壤种子库、幼苗库和地上植被可发现，黄土丘陵沟壑区不同演替阶段的主要优势物种如演替早期的猪毛蒿及中后期的达乌里胡枝子、长芒草、阿尔泰狗娃花、白羊草、中华隐子草、硬质早熟禾、茭蒿、铁杆蒿、灌木白刺花、灌木铁线莲和互叶醉鱼草等在土壤种子库、幼苗库和地上植被中均占有较高的比例（焦菊英等，2015）。可见，虽然坡面侵蚀较强烈，但土壤种子库能够保存一定量的物种种子资源；而且以种子更新的物种具有大量的土壤种子库和幼苗库；而具有营养繁殖能力的物种，虽然土壤种子库和幼苗库密度相对较低，但其少量幼苗成功建植会通过营养繁殖而不断拓展。总之，土壤种子库和幼苗库能够为地上植被的更新、扩展及群落演替提供种源支持和保障。

降雨侵蚀过程对幼苗会造成连根拔起、打倒和冲走等伤害，这些伤害在不同物种上表现不同；随着种子重量的增加，其幼苗具有更高的对抗外界不利条件伤害的能力，更能保障幼苗的存活率（图 4-2、图 4-5 和图 4-6，表 4-2）。而对于坡面不同侵蚀带而言，在植被恢复进程相近的坡面，不同侵蚀带样地间幼苗的物种数量和密度均没有显著的差异（图 4-9 和图 4-10，表 4-5），说明侵蚀没有造成幼苗物种数量和密度的大幅度减少。在自然恢复坡面幼苗呈聚集分布，坡面的坑洼和草丛能够增加幼苗成活率（图 4-7 和表 4-3）。此外，细沟内具有较高的幼苗物种丰富度和密度（图 4-8 和表 4-4），且能为演替后期物种提供萌发存活生境，一些物种在细沟内能成功建植；这与坡面上坑洼、草丛和细沟等利于保持水分有关。由于季节间降雨量不同而强烈影响着表层土壤水分，致使幼苗数量季节间具有显著甚至极显著的差异（表 4-7 和图 4-13）。可见，表层土壤水分含量是直接影响种子萌发和幼苗存活的关键因子。总之，该区的土壤种子库和幼苗库可以保障植被更新与群落演替，但成功建植与否取决于立地环境的优劣程度；而幼苗的成功建植是限制植被生长发育的关键因素。因此，强烈的土壤侵蚀造成土壤退化，降低了土壤养分且恶化了土壤结构，使土壤更加干燥，从而限制着种子萌发及幼苗的存活和建植，致使该区的植被恢复非常缓慢。同时，先锋物种猪毛蒿在种子库和幼苗库中具有绝对优势，而演替中后期的物种的土壤种子库密度小，由于物种间竞争的存在，猪毛蒿的绝对优势会延缓植被演替速度。

17.2 植物与土壤侵蚀的相互作用

土壤侵蚀通过对立地环境因子的干扰直接或间接地影响植物的生长和发育，致使构成群落的物种在空间上呈现不同的分布，如单株散生、成丛生长和呈小斑块分布。而植物也通过自身生长代谢影响着立地微环境，减少环境对自身的胁迫伤害，同时也促进了其他物种的生长。侵蚀环境下生长的植物，在生活史、生殖方式、形态、解剖和生理上都表现出不同的抗侵蚀特性；随着生长环境的改变，在植物群落组成、生殖策略、形态结构和生理特性上不断地调整以适应相应的环境。

17.2.1 物种水平上的相互作用

在干旱和半干旱易发生土壤侵蚀地区，由于植被、土壤侵蚀和泥沙沉淀的相互作用，在植物基部往往形成土堆。依据对4种不同构型植物的调查与分析（图11-9），所形成的土堆形态一般表现为随着坡度的增加从对称性圆帽结构转变为不对称的台阶型结构，土堆横切面面积随着坡度的增加而增加。在缓坡和陡坡条件下，坡面溅蚀是主要的侵蚀方式，因此土堆的主要形成动力是由于植物冠幅内外不对称的溅蚀形成；植物冠幅外溅蚀强于冠幅覆盖土体，使得植物基部土壤得以保护，形成土堆。而在极陡坡与险坡条件下，坡面的主要侵蚀方式是细沟侵蚀，因此植物土堆的形成主要是由于植物冠幅外土壤表面径流侵蚀造成土壤表面下降而植物冠幅下土壤得到保护，同时坡面上部所来泥沙和枯落物由于植物茎的拦截堆积在植物基部，两者综合作用形成土堆。可见，黄土丘陵沟壑区植物形成土堆主要是由土壤侵蚀和泥沙沉淀堆积两种过程共同作用形成。由于植物冠幅可以保护土体和截留雨水，茎可以拦截泥沙和枯落物，因此植物枝系构型在植物土堆形成中起着主导作用。通过逐步回归发现，植物基部顺坡直径、植物基部垂坡直径和植物基部茎直径总和都与土堆高度和面积有较大的相关性（表11-7）。可见，植物冠幅大小和基部枝条数量在植物土堆形成过程中起着重要的作用。植物形成土堆增高的另一个重要的原因是，在土堆的形成过程中，由于植物根系的生长，其生物量增大，所占土壤空间体积增加，使土壤容重减少，植物基部土壤隆起而使土堆高度增加。

同时，以茵陈蒿为对象进行的室内模拟降雨控制试验也证明了坡面侵蚀具有明显的空间分布高度不均的特点（张冠华，2012）：植被斑块部分以沉积为主，裸露斑块部分以侵蚀为主；若剪除地上部分后，侵蚀斑块面积增加，斑块间连续性增强。地上部分的剪除使坡面流流速增大，和对照小区相比保留冠层能使平均流速降低14%~60%。植物在坡面分布格局不同，其减流和减沙效益也不同，即带状格局较高，小斑块格局次之，大斑块格局较低（表17-1）。根长密度和植株数是影响坡面产流速率的主要因素，根表面积密度和根生物量密度是影响侵蚀率的主要因素（表17-2）。

表 17-1　不同植被分布格局小区产流率、含沙量、产沙率及植被减流和减沙效益

雨强 /(mm/h)	分布格局	产流率 /(mm/min)	含沙量 /(kg/m³)	产沙率 /[g/(m²·min)]	减流和减沙效益/%		
					产流率	含沙量	产沙率
60	CK	0.92Ad	4.58Aa	4.22Ac	—	—	—
	SP1	0.74Bc	1.29Ba	0.95Bc	20.0	71.7	77.4
	BP	0.69Bd	0.69Ca	0.47Cc	25.5	85.0	88.8
	LP	0.74Bd	1.20Bc	0.89Bc	19.6	73.8	79.0
	SP2	0.75Bd	0.85Ca	0.63BCd	18.7	81.5	85.0

续表

雨强/(mm/h)	分布格局	产流率/(mm/min)	含沙量/(kg/m³)	产沙率/[g/(m²·min)]	减流和减沙效益/%		
					产流率	含沙量	产沙率
90	CK	1.24Ac	4.51Aa	5.61Ab	—	—	—
	SP1	1.08Cb	0.92Cb	1.00Cb	13.1	79.6	82.2
	BP	0.98Dc	0.46Db	0.45Dc	20.9	89.8	92.0
	LP	1.15Bc	2.13Bb	2.46Bb	7.4	52.7	56.2
	SP2	1.07Cc	0.73Cb	0.78CDc	14.3	83.7	86.0
120	CK	1.67Ab	3.36Ac	5.62Ab	—	—	—
	SP1	1.25Cb	0.85Cb	1.06Ca	25.3	74.6	81.1
	BP	1.26Cb	0.66Da	0.83Cb	24.3	80.5	85.2
	LP	1.42Bb	2.00Bc	2.83Bb	15.3	40.6	49.7
	SP2	1.37Bb	0.67Dc	0.91Cb	17.8	80.3	83.8
150	CK	2.35Aa	4.12Ab	9.70Aa	—	—	—
	SP1	1.87Ca	0.54Cc	1.00Db	20.6	87.0	89.7
	BP	1.81Ca	0.51Cb	0.92Da	23.1	87.6	90.5
	LP	2.18Ba	2.24Ba	4.89Ba	7.2	45.7	49.6
	SP2	2.12Ba	0.61Cd	1.30Ca	10.1	85.1	86.6

注：CK 表示裸地对照；SP1 表示小斑块格局棋盘状分布；BP 表示带状分布格局；LP 表示长条状分布格局；SP2 表示小斑块格局 "X" 状分布。表中同一列数据标有不同大写字母表示每个雨强下不同植被格局各指标间的差异显著 ($P<0.05$)；表中同一列数据标有不同小写字母表示每一格局不同雨强下各个指标间的差异显著 ($P<0.05$)。

资料来源：张冠华，2012

表 17-2　植被参数对土壤侵蚀速率影响的通径分析

因子	直接作用	间接作用								总的作用	决策系数
		$\to x_1$	$\to x_2$	$\to x_3$	$\to x_4$	$\to x_5$	$\to x_6$	$\to x_7$	$\to x_8$		
x_1	−0.144		0.158	0.099	0.094	−0.036	−0.355	3.358	−3.594	−0.420	0.100
x_2	0.678	−0.034		−0.394	0.094	−0.832	−0.339	3.731	−3.213	−0.308	−0.878
x_3	−0.774	0.018	0.345		−0.027	0.659	0.188	−0.591	0.309	0.128	−0.797
x_4	0.312	−0.043	0.208	0.066		0.168	−0.987	8.493	−9.080	−0.864	−0.639
x_5	3.356	0.002	−0.168	−0.152	0.016		0.091	−1.504	−1.764	−0.124	−12.090
x_6	−1.118	−0.046	0.205	0.130	0.275	−0.274		7.360	−7.410	−0.877	0.711
x_7	9.056	−0.053	0.279	0.051	0.293	−0.557	−0.909		−8.976	−0.817	−96.812
x_8	−9.591	−0.054	0.227	0.025	0.295	0.617	−0.864	8.476		−0.868	−75.325
ε	0.161									0.161	0.026

注：x_1 表示植株高度；x_2 表示株数；x_3 表示地上生物量；x_4 表示根量密度；x_5 表示根直径；x_6 表示根表面积密度；x_7 表示根长密度；x_8 表示根面积比。

资料来源：张冠华，2012

由于植物冠幅对其下部土壤的保护，形成的土堆在坡面上参与了坡面水文过程，形成一个微型的"资源岛";不同构型植物形成土堆能力不同,造成土壤养分改善效果有差异。土堆"资源岛"的存在,可为其他物种创造较为有利的生长微环境(图 15-2 和表 15-2)。植物枝系作为物理障碍拦截坡面径流和风力传播的种子,使其沉积在植物基部,使得土堆上有较大的种子库存量。同时,植物冠幅有效截留雨水和抵挡强辐射,加上土堆上较高的土壤养分和水分,使土堆上种子萌发率与幼苗存活率提高,从而增加了土堆上物种丰富度和多样性(图 15-3 和表 15-3),显示出较强"保育植物"的功能,有利于植物在坡面的拓展及正向演替,改善了土壤侵蚀环境。

17.2.2 群落水平上的相互作用

植物群落结构在垂直方向上由不同的植被层次组成,不同的植被层次具有不同减蚀作用。植被的林冠层和灌层能够截留降水,改变降雨动能;草被则能保护地表土壤免受侵害,减少雨滴动能和溅蚀量;贴地面的枯枝落叶层和结皮层直接覆盖地表,能降低径流速度,增加土壤入渗,减少土壤溅蚀。因此,植被要产生良好的减蚀效果,就必须具备一定的植被覆盖度和良好的结构。

通过对包含乔木冠层、灌木层、草被层、枯枝落叶层和地表结皮层的结构化植被因子指数(C_s)与延河流域 2013 年大暴雨和 2014 年丰水年条件下不同植物群落土壤侵蚀监测数据的分析,所有群落类型都呈现出随着 C_s 增大,土壤侵蚀模数减小的趋势;但由于不同的群落植被结构不同,土壤侵蚀存在着明显的差异,不同群落类型也有各自能有效减少土壤侵蚀强度的适宜 C_s 值(图 16-7 和图 16-8)。植物群落垂直结构完整,而且近地面的灌木和草本层及贴地面的枯枝落叶层中至少有一层盖度较大时,土壤侵蚀模数小于 1000t/($km^2 \cdot a$),为微度侵蚀。植物群落要有效减少土壤侵蚀,不仅群落的结构化植被因子指数要大,同时群落分层中至少有 1 层盖度也要大;尤其是较大的草本层盖度很重要,有较大盖度的贴地面层(枯枝落叶层和地表结皮层)也非常重要。

当然,在不同降雨年型下同一群落的土壤侵蚀强度会存在差异(图 16-4,图 16-5 和图 16-6)。即使在丰水年份,由于降雨类型的不同,所造成的土壤侵蚀也有差异。例如,2014 年(安塞站 5~10 月总降雨量为 919.4mm,宝塔站 5~10 月总降雨量为 1120.4mm)不同植被类型的土壤侵蚀模数为 502.8~3624.1t/($km^2 \cdot a$),而在 2013 年特大暴雨年份不同植被类型的土壤侵蚀模数为 550.9~5141.5t/($km^2 \cdot a$)。可见,在特大暴雨影响下不同植被类型的土壤侵蚀模数显著增大,但不同植物群落之间土壤侵蚀强度的大小在不同年份表现出一致的规律。同时,当植被结构达到一定程度时,降雨对土壤侵蚀的影响会减弱。例如,紫丁香+水枸子+大披针薹草群落、三角槭+紫丁香+大披针薹草群落和辽东栎+紫丁香+大披针薹草群落的植被总盖度分别为 40%~116%、75%~90% 和 104%~142%,枯落物盖度分别为 40%~65%、50%~90% 和 80%~95%,在 2013 年和 2014 年这 3 个群落的土壤侵蚀量分别为 917.8t/($km^2 \cdot a$)和 756.0t/($km^2 \cdot a$)、860.7t/($km^2 \cdot a$)和 750.5t/($km^2 \cdot a$)及 550.9t/($km^2 \cdot a$)和 502.8t/($km^2 \cdot a$);较高的植被与枯落物盖度使得这 3 个群落在两个不同降雨年份之间的土壤侵蚀的差异不明显。

17.3 植被空间分布与土壤侵蚀的相互作用

17.3.1 流域植被覆盖与土壤侵蚀的关系

以延河流域 9 个典型小流域 1:10 000 地形图为基础,在分辨率为 0.54m 的 Geoeye 遥感影像的基础上,实地考察并勾绘土地利用图;结合气候和 DEM 因子,根据水利部《土壤侵蚀分类分级标准》(SL 190—2007) 确定图斑的侵蚀强度和流域内沟蚀与重力侵蚀的强度,评价 9 个典型小流域土壤侵蚀特征 (图 17-1)。结果表明,森林带的小流域在 2000年微度侵蚀的面积比例占 40% ~60%,到了 2010 年已经占到 60% ~80%;强烈侵蚀以上的面积比例非常小,在 3% 以下。而森林草原带和草原带的小流域在 2000 年中度和强烈侵蚀的面积所占比例大,分别为 45% ~55% 和 22% ~30%;到了 2010 年微度和轻度侵蚀面积明显增加,由 12% ~18% 增加到 25% ~30%,强烈以上面积的比例由 30% ~42% 减少到 13% ~17%,小流域以中度侵蚀为主 (50% ~60%)。这与各典型小流域植被状况密切相关。依据 2011 年和 2012 年在延河流域的调查,草原带的 3 个小流域植被盖度以 30% ~60% 为主 (占流域总面积的 80% 以上),其中 45% ~60% 盖度等级分布最为广泛 (占流域面积的 50% ~60%);森林草原带的 3 个小流域植被盖度以 45% ~75% 为主 (占流域总面积的 80% 以上),其中以 45% ~60% 盖度等级分布最为广泛 (占流域面积的 45% ~60%),且 60% ~75% 盖度等级的面积比例约 20% ~30%;森林带的 3 个小流域植被盖度主要分布在大于 75% 的盖度等级,约占流域面积的 60% 以上 (表 6-4)。研究表明在黄土高原地区,当林草盖度大于 60% 时就能有效地控制土壤侵蚀 (侯喜禄等,1996)。草原带、森林草原带和森林带的典型小流域植被盖度大于 60% 的面积分别占各流域面积的7% ~20% 、25% ~40% 和 80% 以上。可见,只有植被覆盖达到一定程度以上的时候,对水土流失才会有非常明显的遏制作用。

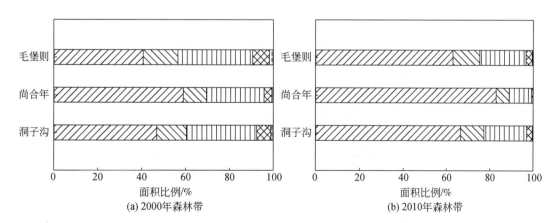

(a) 2000年森林带   (b) 2010年森林带

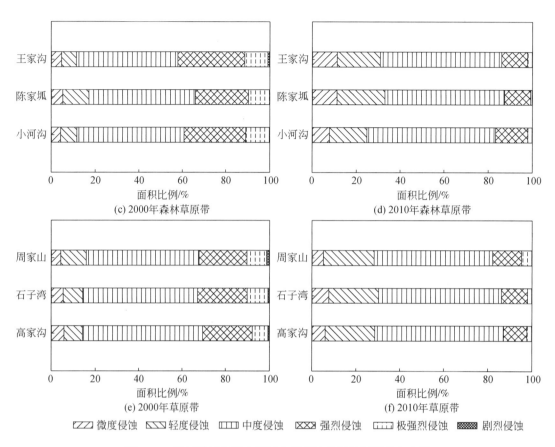

图 17-1 延河流域典型小流域土壤侵蚀分级的面积分布比例

17.3.2 植被类型及其分布对土壤侵蚀的影响

依据 2011 年和 2012 年在延河流域的调查（图 6-1 至图 6-5, 表 6-1 至表 6-4），南部森林带植被类型以自然乔木和灌木植物群系分布最广，主要为辽东栎、侧柏、三角槭、紫丁香和白刺花等群系。其中，以辽东栎群系分布最为广泛，占各小流域植被面积的 60% 以上；自然乔木植物群系盖度均以 75% 以上为主，灌木植物群系盖度在 45% 以上；自然演替中后期的铁杆蒿、白羊草和茭蒿等草本植物群系盖度以 60% ~75% 为主，而演替中前期的猪毛蒿和达乌里胡枝子等草本植物群系的盖度以 45% ~60% 为主。中部森林草原带植被类型以人工刺槐群系和铁杆蒿群系为主（二者占各流域植被面积的 50% 以上），其次白羊草、长芒草和猪毛蒿等草本植物群系以及沙棘、柠条锦鸡儿和白刺花等灌木植物群系在各小流域也分布较广；所有草本植物群系和灌木植物群系盖度以 45% ~60% 为主，人工刺槐群系的盖度以 45% ~75% 为主。北部草原带以铁杆蒿群系为主，其次还广泛分布着刺槐、沙棘、白羊草、茭蒿、长芒草和猪毛蒿等群系；各小流域植物群系盖度以 45% ~60% 为主，但各植物群系在 30% ~45% 盖度等级的分布比例比中部森林草原带的略高。可见，经过 10 余年的退耕还林（草）工程的实施及植被自然修复，植被恢复效果明显，植被盖度显著提高；即使在 2013 年的极端暴雨年份，坡面上也没有明显的沟蚀发生，已能有效地抵御坡面土壤侵蚀的发生。

依据不同植被类型在小流域的分布及侵蚀针法结果推算，2013 年的延河流域 9 个小流域坡面平均土壤侵蚀模数基本小于 2500t/（km²·a）。其中，南部森林带尚和年、洞子沟和毛堡则小流域土壤侵蚀模数分别为 1312.9t/（km²·a）、1036.6t/（km²·a）和 956.5t/（km²·a），平均为 1102.1t/（km²·a）；中部森林草原带三王沟、陈家硙和张家河小流域坡沟土壤侵蚀模数分别为 2848.7t/（km²·a）、2109.5t/（km²·a）和 1746.8t/（km²·a），平均为 2235.1t/（km²·a）；北部草原带周家山、石子湾和高家沟小流域土壤侵蚀模数分别为 1086.7t/（km²·a）、1457.5t/（km²·a）和 1362.3t/（km²·a），平均为 1302.2t/（km²·a）。9 个典型小流域坡面侵蚀量具有明显差异，这与上述各小流域的植被类型密切相关。南部各小流域以辽东栎植物群系等天然次生林为主，森林覆盖率高，林下植物茂密，枯枝落叶层厚，不仅能够截持降雨，增加土壤入渗性能，还能显著提高地表糙率，起到延阻和拦蓄径流泥沙的作用。而中部各小流域人工植被分布广泛，虽然覆盖率较高，但林下地表草本植物少，地表糙率较低，且林内光照充足，枯枝落叶层分解快，对地表径流泥沙的拦蓄作用并不显著；同时，林相单一，缺乏复合层次结构，对雨滴击溅地表土壤的保护作用小，不能有效地保护土壤，减轻土壤侵蚀。例如，在坡度大于 25°坡面上的 6~8a 人工刺槐林侵蚀产沙强度很大。另外，在坡度大于 25°坡面上自然演替中前期草本植被（主要是猪毛蒿和达乌里胡枝子群系等）也是小流域内侵蚀产沙强度较大的区域，这与该演替阶段的植被恢复时间短、植被盖度相对较低及植被对土壤表层结构的改善有限有关。而对于水分条件不适宜林木生长的延河流域北部区域，流域内植被以自然演替中后期的铁杆蒿、茭蒿和白羊草等植物群系为主，平均土壤侵蚀强度表现出显著小于延河流域中部小流域且与南部小流域基本持平的特征。这可能是由于北部小流域离 2013 年暴雨中心较远，降雨量和降雨强度相比南部和中部较小，导致土壤侵蚀相对较小。

然而，在黄土丘陵区梁峁坡耕地退耕后，耕作土逐渐密实，恢复年限长的坡面径流系数高，致使流入沟谷的径流量加大，沟谷和沟坡重力侵蚀更加突出。植被一方面具有抑制重力侵蚀的作用，另一方面又具有促进重力侵蚀发生的作用。植被抑制重力侵蚀的作用主要表现在植被的发育增加了坡面土壤的渗透性和坡面的糙率，增加了雨水下渗量，显著地减少了坡面径流；同时，植被在坡面上覆盖了一层富含枯枝落叶的松软土层，加之植物根系能够增加土壤抗剪力，有减轻土壤层蠕动的作用，大大减轻了小型重力侵蚀集中发生的沟坡微地形转折处的地表裂隙产生。而植被促进重力侵蚀的作用则表现为根系的根劈作用及根系能够增强土体的透水性，促进了重力侵蚀的发生；同时，植被能够加速坡面风化层的形成，从而增加重力侵蚀的发生频率。在延河流域南部森林带的 2 个小流域内，坡面植被类型多以天然乔木林为主，植被乔灌草结构完整，且植被盖度较高，但滑坡侵蚀严重；而延河流域北部小流域内发生滑坡的坡面植被多为草本植被，植被盖度相对较低，滑坡侵蚀较小（表 1-15）。可见，2013 年特大暴雨情况下，延河流域滑坡侵蚀表现出随着距暴雨中心距离的增大而减小，但并未显示出植被对滑坡侵蚀具有明显的减少作用。

综合各小流域坡面侵蚀、滑坡侵蚀量及小流域沟道泥沙淤积量，北部的石子湾和高家沟小流域的侵蚀产沙强度分别为2326.7t/（km²·a）和2763.6t/（km²·a）；中部的张家河和陈家圪小流域分别为5108.7t/（km²·a）和5407.9t/（km²·a）；而南部的毛堡则和尚合年小流域分别达到7656.5t/（km²·a）和7774.5t/（km²·a）（表17-3）。依据延河流域以6个典型小流域立地环境聚类的各类小流域坡面土壤侵蚀和滑坡侵蚀强度推算，延河流域总侵蚀产沙量约0.27亿t，平均侵蚀产沙强度为4474.3t/（km²·a），整体属于中度侵蚀。但由于2013年暴雨条件下滑坡侵蚀严重，导致延河流域一些区域土壤侵蚀较为严重；侵蚀产沙强度大于5000t/（km²·a）的强烈及以上侵蚀面积约3513.2（km²·a），占延河流域总面积的59.3%，主要分布在距离暴雨中心较近的西川河流域、南川河流域和蟠龙川流域的部分地区以及杏子河和延河的上游区域（图17-2，见彩图）。

表17-3 典型小流域侵蚀产沙特征

小流域	流域面积/km²	坡面侵蚀强度/[t/(km²·a)]	滑坡侵蚀强度/[t/(km²·a)]	总侵蚀量/t	淤积深/cm	沟道面积/km²	淤积量/t	侵蚀产沙量/t	侵蚀产沙强度/[t/(km²·a)]
高家沟	24.7	1 362.3	1 964.1	81 999.6	0.4	2.6	13 875.0	68 124.6	2 763.6
石子湾	10.7	1 457.5	1 391.9	30 377.2	0.4	1.2	5 573.6	24 803.6	2 326.7
张家河	10.6	1 746.8	3 712.8	57 752.1	0.3	1.1	3 715.7	54 036.4	5 108.3
陈家圪	11.3	2 109.5	3 701.1	65 615.8	0.3	1.1	4 547.6	61 068.2	5 407.8
毛堡则	9.3	956.5	7 424.9	78 005.8	0.5	1.0	6 747.8	71 257.9	7 656.5
尚合年	7.9	1 312.9	7 290.3	67 740.3	0.6	0.8	6 527.0	61 213.3	7 774.4

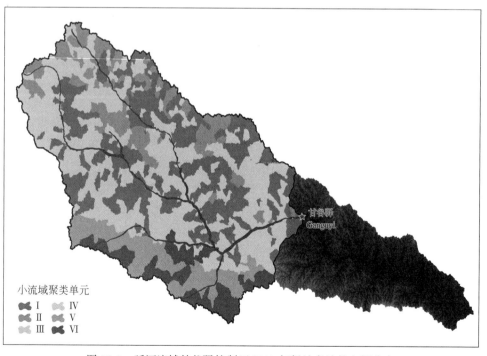

图17-2 延河流域甘谷驿控制区2013年侵蚀产沙的空间分布

聚类单元参考小流域：Ⅰ为石子湾；Ⅱ为高家沟；Ⅲ为张家河；Ⅳ为陈家圪；Ⅴ为毛堡则；Ⅵ为尚合年

总体而言，在2013年暴雨条件下，自然演替中前期的草本植被和人工林植被覆盖的坡面土壤侵蚀量相对较大；坡面良好的植被覆盖已能有效抵御暴雨侵蚀，各小流域坡面土壤侵蚀强度均小于2500t/（km²·a）；但滑坡重力侵蚀占主导地位，特别是距暴雨中心较近的区域侵蚀强度可达7300t/（km²·a）左右。因此，注重坡面径流下沟的影响，加强沟间地雨水蓄排措施，防止沟坡重力侵蚀，控制沟蚀发展，是目前土壤侵蚀研究与防治中值得重视的问题。

17.4 小　结

（1）植物种子生产不仅与土壤侵蚀造成的立地环境条件有关，也受植物繁殖策略的影响。强烈的土壤侵蚀会造成土壤退化，从而限制着植物的生长发育，会对种子的正常发育产生影响，使之不能形成受精胚芽而失去活性，致使种子产量与活性降低。而大多数多年生植物通过有性和无性繁殖两种方式来完成个体更新。植物在无性与有性繁殖间存在着权衡关系，具有营养繁殖能力的物种更能适应土壤侵蚀环境；随着土壤侵蚀程度的增加营养繁殖物种在群落中的重要值显著地增加，而依靠种子繁殖的物种重要值逐渐降低。

（2）对于种子的传播，降雨侵蚀引起微地形及生态因子的差异，致使植被分布呈现不均匀性及种子产量，进而影响种子雨密度；当种子以种子雨的形式输入坡面后，土壤侵蚀可引起种子在坡面上的流失与再分布，而不同的物种在不同坡面上的表现有所差异。水蚀引起的种子流失与迁移可能会增加其到达更有利于种子萌发与幼苗建植的微环境，有利于区域种群更新和群落发展。

（3）黄土丘陵沟壑区不同演替阶段的主要优势物种在土壤种子库、幼苗库和地上植被中均占有较高的比例。但强烈的土壤侵蚀降低了土壤养分、恶化了土壤结构，加剧土壤干燥化，限制着种子萌发及幼苗的存活和建植，致使该区的植被恢复非常缓慢；同时，先锋物种猪毛蒿在种子库和幼苗库中具有绝对优势，而演替中后期的物种的土壤种子库非常小，由于物种间竞争的存在，猪毛蒿的绝对优势会延缓植被演替速度。

（4）在干旱和半干旱易发生土壤侵蚀地区，植物冠幅外土壤表面径流侵蚀造成土壤表面下降而植物冠幅下土壤得到保护，同时坡面上部所来泥沙和枯落物由于植物茎的拦截堆积在植物基部，以上综合作用形成的土堆参与了坡面生态水文过程，形成一个微型的"资源岛"，可为其他物种创造较为有利的生长微环境，使土堆上种子萌发率与幼苗存活率提高，有利于植物在坡面的拓展及正向演替，改善了土壤侵蚀环境。

（5）植物群落结构在垂直方向上由不同的植被层次组成，不同的植被层次具有不同减蚀作用。植物群落垂直结构完整，而且近地面的草本层及贴地面的枯落层中至少有一层盖度较大时，降雨对土壤侵蚀的影响会减弱，侵蚀强度微度。目前黄土丘陵区退耕坡面植被盖度显著提高；即使在2013年的极端暴雨年份，坡面上也没有明显的沟蚀发生，已能有效地抵御坡面土壤侵蚀的发生。

（6）在黄土丘陵区梁峁坡耕地退耕后，耕作土逐渐密实，恢复年限长的坡面径流系数高，致使流入沟谷的径流量加大，沟谷和沟坡重力侵蚀更加突出。例如，在2013年7月特大暴雨条件下滑坡重力侵蚀占主导地位，特别是距暴雨中心较近的区域土壤侵蚀模数可

达 $7300t/(km^2 \cdot a)$ 左右。因此，注重坡面径流下沟的影响，加强沟间地雨水蓄排措施，防止沟坡重力侵蚀，控制沟蚀发展，是目前土壤侵蚀研究与防治中值得重视的问题。

参 考 文 献

侯喜禄，白岗栓，曹玉清.1996.黄土丘陵区森林保持水土效益及其机理的研究.水土保持研究，3（2）：98-103.

焦菊英，等.2015.黄土丘陵沟壑区种子库研究.北京：科学出版社.

张冠华.2012.茵陈蒿群落分布格局对坡面侵蚀及坡面流水动力学特性的影响.杨凌：西北农林科技大学博士学位论文.

附表　物种基本信息

物种	拉丁名	科	属	生长型
阿尔泰狗娃花	*Heteropappus altaicus*	菊科	狗娃花属	多年生草本
艾蒿	*Artemisia argyi*	菊科	蒿属	多年生草本
暗绿蒿	*Artemisia atrovirens*	菊科	蒿属	多年生草本
八宝	*Hylotelephium erythrostictum*	景天科	八宝属	多年生草本
白草	*Pennisetum flaccidum*	禾本科	狼尾草属	多年生禾草
白刺花	*Sophora davidii*	豆科	槐属	灌木
白花草木犀	*Melilotus albus*	豆科	草木犀属	一、二年生草本
白桦	*Betula platyphylla*	桦木科	桦木属	乔木
白头翁	*Pulsatilla chinensis*	毛茛科	白头翁属	多年生草本
白羊草	*Bothriochloa ischaemum*	禾本科	孔颖草属	多年生禾草
白颖薹草	*Carex duriuscula* subsp. *rigescens*	莎草科	薹草属	多年生草本
百里香	*Thymus mongolicus*	唇形科	百里香属	半灌木
百蕊草	*Thesium chinense*	檀香科	百蕊草属	多年生草本
斑种草	*Bothriospermum chinense*	紫草科	斑种草属	一年生草本
抱茎小苦荬	*Ixeridium sonchifolium*	菊科	小苦荬属	多年生草本
北点地梅	*Androsace septentrionalis*	报春花科	点地梅属	一年生草本
北京隐子草	*Cleistogenes hancei*	禾本科	隐子草属	多年生禾草
扁核木	*Prinsepia utilis*	蔷薇科	扁核木属	灌木
冰草	*Agropyron cristatum*	禾本科	冰草属	多年生禾草
并头黄芩	*Scutellaria scordifolia*	唇形科	黄芩属	多年生草本
糙叶黄耆	*Astragalus scaberrimus*	豆科	黄耆属	多年生草本
糙隐子草	*Cleistogenes squarrosa*	禾本科	隐子草属	多年生禾草
草木犀	*Melilotus officinalis*	豆科	草木犀属	二年生草本
草木樨状黄耆	*Astragalus melilotoides*	豆科	黄耆属	多年生草本
侧柏	*Platycladus orientalis*	柏科	侧柏属	乔木
茶条槭	*Acer tataricum* subsp. *ginnala*	槭树科	槭属	灌木
长芒草	*Stipa bungeana*	禾本科	针茅属	多年生禾草
车前	*Plantago asiatica*	车前科	车前属	二年生草本/多年生草本

物种	拉丁名	科	属	生长型
臭草	*Melica scabrosa*	禾本科	臭草属	多年生禾草
臭椿	*Ailanthus altissima*	苦木科	臭椿属	乔木
臭蒿	*Artemisia hedinii*	菊科	蒿属	一年生草本
穿龙薯蓣	*Dioscorea nipponica*	薯蓣科	薯蓣属	多年生缠绕草质藤本
刺槐	*Robinia pseudoacacia*	豆科	刺槐属	乔木
葱皮忍冬	*Lonicera ferdinandi*	忍冬科	忍冬属	灌木
丛生隐子草	*Cleistogenes caespitosa*	禾本科	隐子草属	多年生禾草
翠雀	*Delphinium grandiflorum*	毛茛科	翠雀属	多年生草本
达乌里胡枝子	*Lespedeza davurica*	豆科	胡枝子属	小灌木
打碗花	*Calystegia hederacea*	旋花科	打碗花属	一年生草本
大丁草	*Leibnitzia anandria*	菊科	大丁草属	多年生草本
大豆	*Glycine max*	豆科	大豆属	一年生草本
大果榆	*Ulmus macrocarpa*	榆科	榆属	乔木
大蓟	*Cirsium japonicum*	菊科	蓟属	多年生草本
大披针薹草	*Carex lanceolata*	莎草科	薹草属	多年生草本
大油芒	*Spodiopogon sibiricus*	禾本科	大油芒属	多年生禾草
大针茅	*Stipa grandis*	禾本科	针茅属	多年生禾草
倒提壶	*Cynoglossum amabile*	紫草科	琉璃草属	多年生草本
地肤	*Kochia scoparia*	藜科	地肤属	一年生草本
地构叶	*Speranskia tuberculata*	大戟科	地构叶属	多年生草本
地黄	*Rehmannia glutinosa*	玄参科	地黄属	多年生草本
地角儿苗	*Oxytropis bicolor*	豆科	棘豆属	多年生草本
地锦草	*Euphorbia humifusa*	大戟科	大戟属	一年生草本
地梢瓜	*Cynanchum thesioides*	萝藦科	鹅绒藤属	半灌木
杜梨	*Pyrus betulifolia*	蔷薇科	梨属	乔木
杜松	*Juniperus rigida*	柏科	刺柏属	灌木或小乔木
杜松	*Juniperus rigida*	柏科	刺柏属	灌木或小乔木
多花胡枝子	*Lespedeza floribunda*	豆科	胡枝子属	小灌木
多裂委陵菜	*Potentilla multifida*	蔷薇科	委陵菜属	多年生草本
鹅观草	*Roegneria kamoji*	禾本科	鹅观草属	多年生草本
鹅绒藤	*Cynanchum chinense*	萝藦科	鹅绒藤属	多年生禾草
二裂委陵菜	*Potentilla bifurca*	蔷薇科	委陵菜属	多年生草本
番薯	*Ipomoea batatas*	旋花科	番薯属	一年生草本
翻白草	*Potentilla discolor*	蔷薇科	委陵菜属	多年生草本
飞燕草	*Consolida ajacis*	毛茛科	飞燕草属	多年生草本

物种	拉丁名	科	属	生长型
风轮菜	*Clinopodium chinense*	唇形科	风轮菜属	多年生草本
风毛菊	*Saussurea japonica*	菊科	风毛菊属	二年生草本
拂子茅	*Calamagrostis epigeios*	禾本科	拂子茅属	多年生草本
附地菜	*Trigonotis peduncularis*	紫草科	附地菜属	一二年生草本
甘草	*Glycyrrhiza uralensis*	豆科	甘草属	多年生草本
甘青针茅	*Stipa przewalskyi*	禾本科	针茅属	多年生禾草
杠柳	*Periploca sepium*	萝藦科	杠柳属	蔓性灌木
高粱	*Sorghum bicolor*	禾本科	高粱属	一年生禾草
狗尾草	*Setaria viridis*	禾本科	狗尾草属	一年生禾草
枸杞	*Lycium chinense*	茄科	枸杞属	灌木
谷子	*Setaria italica*	禾本科	狗尾草属	一年生禾草
拐轴鸦葱	*Scorzonera divaricata*	菊科	鸦葱属	多年生草本
灌木铁线莲	*Clematis fruticosa*	毛茛科	铁线莲属	小灌木
广序臭草	*Melica onoei*	禾本科	臭草属	多年生禾草
鬼针草	*Bidens pilosa*	菊科	鬼针草属	一年生草本
旱柳	*Salix matsudana*	杨柳科	柳属	乔木
河北杨	*Populus hopeiensis*	杨柳科	杨属	乔木
河朔荛花	*Wikstroemia chamaedaphne*	瑞香科	荛花属	灌木
鹤虱	*Lappula myosotis*	紫草科	鹤虱属	一、二年生草本
黑沙蒿	*Artemisia ordosica*	菊科	蒿属	小灌木
虎耳草	*Saxifraga stolonifera*	虎耳草科	虎耳草属	多年生草本
虎尾草	*Lysimachia barystachys*	报春花科	珍珠菜属	多年生草本
虎榛子	*Ostryopsis davidiana*	桦木科	虎榛子属	灌木
互叶醉鱼草	*Buddleja alternifolia*	马钱科	醉鱼草属	灌木
华北米蒿	*Artemisia giraldii*	菊科	蒿属	半灌木状草本
画眉草	*Eragrostis pilosa*	禾本科	画眉草属	一年生禾草
黄鹌菜	*Youngia japonica*	菊科	黄鹌菜属	一年生草本
黄背草	*Themeda japonica*	禾本科	菅属	多年生禾草
黄刺玫	*Rosa xanthina*	蔷薇科	蔷薇属	灌木
黄花蒿	*Artemisia annua*	菊科	蒿属	一年生草本
灰栒子	*Cotoneaster acutifolius*	蔷薇科	栒子属	灌木
灰叶黄耆	*Astragalus discolor*	豆科	黄耆属	多年生草本
灰叶铁线莲	*Clematis tomentella*	毛茛科	铁线莲属	小灌木
火炬树	*Rhus typhina*	漆树科	盐肤木属	乔木
火绒草	*Leontopodium leontopodioides*	菊科	火绒草属	多年生草本

续表

物种	拉丁名	科	属	生长型
芨芨草	*Achnatherum splendens*	禾本科	芨芨草属	多年生禾草
鸡爪槭	*Acer palmatum*	槭树科	槭属	小乔木
戟叶堇菜	*Viola betonicifolia*	堇菜科	堇菜属	多年生草本
稷	*Panicum miliaceum*	禾本科	黍属	一年生禾草
尖叶铁扫帚	*Lespedeza juncea*	豆科	胡枝子属	小灌木
角蒿	*Incarvillea sinensis*	紫葳科	角蒿属	一年生草本
角盘兰	*Herminium monorchis*	兰科	角盘兰属	多年生草本
节节草	*Equisetum ramosissimum*	木贼科	木贼属	中小型植物
截叶铁扫帚	*Lespedeza cuneata*	豆科	胡枝子属	小灌木
堇菜	*Viola verecunda*	堇菜科	堇菜属	多年生草本
荆条	*Vitex negundo*	马鞭草科	牡荆属	灌木
菊叶委陵菜	*Potentilla tanacetifolia*	蔷薇科	委陵菜属	多年生草本
菊芋	*Helianthus tuberosus*	菊科	向日葵属	多年生草本
苣荬菜	*Sonchus arvensis*	菊科	苦苣菜属	一、二年生草本
苦苣菜	*Sonchus oleraceus*	菊科	苦苣菜属	一年生或二年生草本
苦楝	*Melia azedarach*	楝科	楝属	乔木
苦马豆	*Sphaerophysa salsula*	豆科	苦马豆属	半灌木或多年生草本
苦荬菜	*Ixeris polycephala*	菊科	苦荬菜属	一年生草本
魁蓟	*Cirsium leo*	菊科	蓟属	多年生草本
拉拉藤	*Galium aparine*	茜草科	拉拉藤属	多年生多枝、蔓生或攀缘状草本
赖草	*Leymus secalinus*	禾本科	赖草属	多年生禾草
蓝刺头	*Echinops sphaerocephalus*	菊科	蓝刺头属	多年生草本
狼尾草	*Pennisetum alopecuroides*	禾本科	狼尾草属	多年生禾草
老鹳草	*Geranium wilfordii*	牻牛儿苗科	老鹳草属	多年生草本
冷蒿	*Artemisia frigida*	菊科	蒿属	多年生草本
连翘	*Forsythia suspensa*	木犀科	连翘属	灌木
辽东栎	*Quercus wutaishanica*	壳斗科	栎属	乔木
裂叶堇菜	*Viola dissecta*	堇菜科	堇菜属	多年生草本
柳叶鼠李	*Rhamnus erythroxylum*	鼠李科	鼠李属	灌木
六道木	*Zabelia biflora*	忍冬科	六道木属	灌木
龙胆	*Gentiana scabra*	龙胆科	龙胆属	多年生草本
龙葵	*Solanum nigrum*	茄科	茄属	一年生草本
龙芽草	*Agrimonia pilosa*	蔷薇科	龙芽草属	多年生草本
漏芦	*Rhaponticum uniflorum*	菊科	漏芦属	多年生草本
芦苇	*Phragmites australis*	禾本科	芦苇属	多年生禾草

物种	拉丁名	科	属	生长型
驴食草	*Onobrychis viciifolia*	豆科	驴食草属	多年生草本
绿豆	*Vigna radiata*	豆科	豇豆属	一年生草本
栾树	*Koelreuteria paniculata*	无患子科	栾树属	乔木
落叶松	*Larix gmelinii*	松科	落叶松属	乔木
麻花头	*Klasea centauroides*	菊科	麻花头属	多年生草本
牻牛儿苗	*Erodium stephanianum*	牻牛儿苗科	牻牛儿苗属	多年生草本
毛臭椿	*Ailanthus giraldii*	苦木科	臭椿属	乔木
毛三裂蛇葡萄	*Ampelopsis delavayana* var. *setulosa*	葡萄科	蛇葡萄属	藤本
毛樱桃	*Cerasus tomentosa*	蔷薇科	樱属	灌木
茅莓	*Rubus parvifolius*	蔷薇科	悬钩子属	灌木
蒙古蒿	*Artemisia mongolica*	菊科	蒿属	多年生草本
牡蒿	*Artemisia japonica*	菊科	蒿属	多年生草本
墓头回	*Patrinia heterophylla*	败酱科	败酱属	多年生草本
泥胡菜	*Hemistepta lyrata*	菊科	泥胡菜属	一年生草本
柠檬草	*Cymbopogon citratus*	禾本科	香茅属	多年生禾草
柠条锦鸡儿	*Caragana korshinskii*	豆科	锦鸡儿属	灌木
牛奶子	*Elaeagnus umbellata*	胡秃子科	胡颓子属	灌木
牛皮消	*Cynanchum auriculatum*	萝藦科	鹅绒藤属	蔓性半灌木
泡沙参	*Adenophora potaninii*	桔梗科	沙参属	多年生草本
披针叶野决明	*Thermopsis lanceolata*	豆科	野决明属	多年生草本
平车前	*Plantago depressa*	车前科	车前属	一、二年生草本
苹果	*Malus pumila*	蔷薇科	苹果属	乔木
匍匐委陵菜	*Potentilla reptans*	蔷薇科	委陵菜属	多年生草本
蒲公英	*Taraxacum mongolicum*	菊科	蒲公英属	多年生草本
洽草	*Koeleria cristata*	禾本科	洽草属	多年生禾草
茜草	*Rubia cordifolia*	茜草科	茜草属	草质攀援藤木
荞麦	*Fagopyrum esculentum*	蓼科	荞麦属	一年生草本
芹叶铁线莲	*Clematis aethusifolia*	毛茛科	铁线莲属	多年生草质藤本
秦晋锦鸡儿	*Caragana purdomii*	豆科	锦鸡儿属	灌木
青杞	*Solanum septemlobum*	茄科	茄属	多年生草本或灌木状草本
秋子梨	*Pyrus ussuriensis*	蔷薇科	梨属	乔木
忍冬	*Lonicera japonica*	忍冬科	忍冬属	灌木
三角槭	*Acer buergerianum*	槭树科	槭属	乔木
桑	*Morus alba*	桑科	桑属	乔木
桑叶葡萄	*Vitis heyneana* subsp. *ficifolia*	葡萄科	葡萄属	灌木

物种	拉丁名	科	属	生长型
沙参	*Adenophora stricta*	桔梗科	沙参属	多年生草本
沙蒿	*Artemisia desertorum*	菊科	蒿属	多年生草本
沙棘	*Hippophae rhamnoides*	胡颓子科	沙棘属	灌木
砂珍棘豆	*Oxytropis racemosa*	豆科	棘豆属	多年生草本
山丹	*Lilium pumilum*	百合科	百合属	多年生草本
山桃	*Amygdalus davidiana*	蔷薇科	桃属	灌木
山杏	*Armeniaca sibirica*	蔷薇科	杏属	灌木
山杨	*Populus davidiana*	杨柳科	杨属	乔木
山野豌豆	*Vicia amoena*	豆科	野豌豆属	多年生草本
陕西荚蒾	*Viburnum schensianum*	忍冬科	荚蒾属	灌木
陕西山楂	*Crataegus shensiensis*	蔷薇科	山楂属	乔木
陕西绣线菊	*Spiraea wilsonii*	蔷薇科	绣线菊属	灌木
少花米口袋	*Gueldenstaedtia verna*	豆科	米口袋属	多年生草本
蛇莓	*Duchesnea indica*	蔷薇科	蛇莓属	多年生草本
蛇葡萄	*Ampelopsis glandulosa*	葡萄科	蛇葡萄属	藤本
绳虫实	*Corispermum declinatum*	藜科	虫实属	一年生草本
鼠李	*Rhamnus davurica*	鼠李科	鼠李属	灌木或小乔木
水枸子	*Cotoneaster multiflorus*	蔷薇科	枸子属	灌木
酸枣	*Ziziphus jujuba* var. *spinosa*	鼠李科	枣属	灌木
碎米荠	*Cardamine hirsuta*	十字花科	碎米荠属	一年生小草本
唐松草	*Thalictrum aquilegifolium*	毛茛科	唐松草属	多年生草本
桃叶鸦葱	*Scorzonera sinensis*	菊科	鸦葱属	多年生草本
天门冬	*Asparagus cochinchinensis*	百合科	天门冬属	多年生草本
田旋花	*Convolvulus arvensis*	旋花科	旋花属	多年生草本
铁杆蒿①	*Artemisia sacrorum*	菊科	蒿属	半灌木状草本
葶苈	*Draba nemorosa*	十字花科	葶苈属	一、二年生草本
透骨草	*Phryma leptostachya*	透骨草科	透骨草属	多年生草本
土庄绣线菊	*Spiraea pubescens*	蔷薇科	绣线菊属	灌木
委陵菜	*Potentilla chinensis*	蔷薇科	委陵菜属	多年生草本
无芒雀麦	*Bromus inermis*	禾本科	雀麦属	多年生禾草
细弱隐子草	*Cleistogenes gracilis*	禾本科	隐子草属	多年生禾草
细叶臭草	*Melica radula*	禾本科	臭草属	多年生禾草
细叶鸢尾	*Iris tenuifolia*	鸢尾科	鸢尾属	多年生草本

① ＊正名为白莲蒿，拉丁名已修订为 *Artemisia stechmanniana*。但鉴于在研究区更广为人知的名字为铁杆蒿，故本书仍沿用铁杆蒿。

物种	拉丁名	科	属	生长型
狭叶米口袋	*Gueldenstaedtia stenophylla*	豆科	米口袋属	多年生草本
纤毛鹅观草	*Roegneria ciliaris*	禾本科	鹅观草属	多年生禾草
香青兰	*Dracocephalum moldavica*	唇形科	青兰属	一年生草本
向日葵	*Helianthus annuus*	菊科	向日葵属	一年生草本
小红菊	*Dendranthema chanetii*	菊科	菊属	多年生草本
小蓟	*Cirsium setosum*	菊科	蓟属	多年生草本
小藜	*Chenopodium serotinum*	藜科	藜属	一年生草本
小叶锦鸡儿	*Caragana microphylla*	豆科	锦鸡儿属	灌木
小叶悬钩子	*Rubus taiwanicola*	蔷薇科	悬钩子属	半灌木
小叶杨	*Populus simonii*	杨柳科	杨属	乔木
斜茎黄耆	*Astragalus adsurgens*	豆科	黄耆属	多年生草本
星毛委陵菜	*Potentilla acaulis*	蔷薇科	委陵菜属	多年生草本
杏	*Armeniaca vulgaris*	蔷薇科	杏属	乔木
旋覆花	*Inula japonica*	菊科	旋覆花属	多年生草本
旋花	*Calystegia sepium*	旋花科	打碗花属	多年生草本
延安小檗	*Berberis purdomii*	小檗科	小檗属	灌木
羊草	*Leymus chinensis*	禾本科	赖草属	多年生禾草
阳芋	*Solanum tuberosum*	茄科	茄属	一年生草本
野草莓	*Fragaria vesca*	蔷薇科	草莓属	多年生草本
野葱	*Allium chrysanthum*	百合科	葱属	多年生草本
野古草	*Arundinella anomala*	禾本科	野古草属	多年生禾草
野胡萝卜	*Daucus carota*	伞形科	胡萝卜属	二年生草本
野韭	*Allium ramosum*	百合科	葱属	多年生草本
野菊	*Dendranthema indicum*	菊科	菊属	多年生草本
野棉花	*Anemone vitifolia*	毛茛科	银莲花属	多年生草本
野豌豆	*Vicia sepium*	豆科	野豌豆属	多年生草本
野西瓜苗	*Hibiscus trionum*	锦葵科	木槿属	一年生草本
野亚麻	*Linum stelleroides*	亚麻科	亚麻属	一、二年生草本
野燕麦	*Avena fatua*	禾本科	燕麦属	一年生禾草
异燕麦	*Helictotrichon schellianum*	禾本科	异燕麦属	多年生禾草
益母草	*Leonurus artemisia*	唇形科	益母草属	一、二年生草本
阴行草	*Siphonostegia chinensis*	玄参科	阴行草属	一年生草本
茵陈蒿	*Artemisia capillaris*	菊科	蒿属	半灌木状草本
银州柴胡	*Bupleurum yinchowense*	伞形科	柴胡属	多年生草本
蚓果芥	*Torularia humilis*	十字花科	念珠芥属	多年生草本

续表

物种	拉丁名	科	属	生长型
硬质早熟禾	*Poa sphondylodes*	禾本科	早熟禾属	多年生禾草
油松	*Pinus tabuliformis*	松科	松属	乔木
榆树	*Ulmus pumila*	榆科	榆属	乔木
玉米	*Zea mays*	禾本科	玉蜀黍属	一年生禾草
圆头蒿	*Artemisia sphaerocephala*	菊科	蒿属	小灌木
圆锥石头花	*Gypsophila paniculata*	石竹科	石头花属	多年生草本
远志	*Polygala tenuifolia*	远志科	远志属	多年生草本
早熟禾	*Poa annua*	禾本科	早熟禾属	一年生禾草
獐牙菜	*Swertia bimaculata*	龙胆科	獐牙菜属	一年生草本
中华卷柏	*Selaginella sanguinolenta*	卷柏科	卷柏属	多年生草本
中华小苦荬	*Ixeridium chinense*	菊科	小苦荬属	多年生草本
中华隐子草	*Cleistogenes chinensis*	禾本科	隐子草属	多年生禾草
帚状鸦葱	*Scorzonera pseudodivaricata*	菊科	鸦葱属	多年生草本
猪毛菜	*Salsola collina*	黎科	猪毛菜属	一年生草本
猪毛蒿	*Artemisia scoparia*	菊科	蒿属	多年生草本或近一、二年生草本
梓	*Catalpa ovata*	紫葳科	梓属	乔木
紫丁香	*Syringa oblata*	木犀科	丁香属	灌木
紫花地丁	*Viola philippica*	堇菜科	堇菜属	多年生草本
紫苜蓿	*Medicago sativa*	豆科	苜蓿属	多年生草本
紫穗槐	*Amorpha fruticosa*	豆科	紫穗槐属	灌木
紫筒草	*Stenosolenium saxatile*	紫草科	紫筒草属	多年生草本
紫菀	*Aster tataricus*	菊科	紫菀属	多年生草本

附录 植物叶典型解剖结构

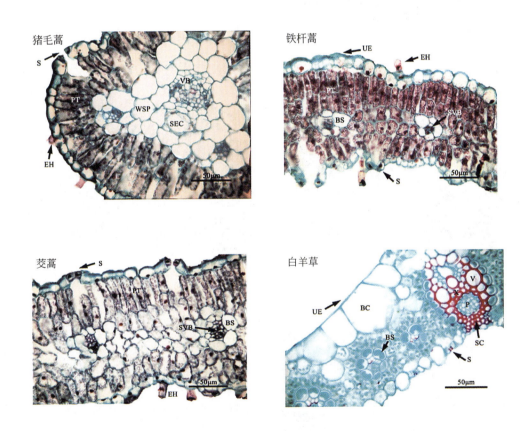

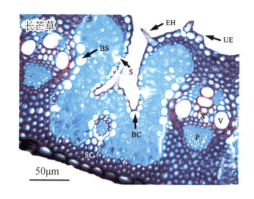

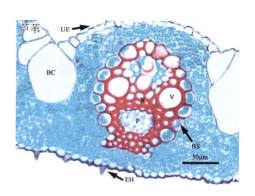

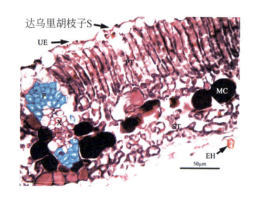

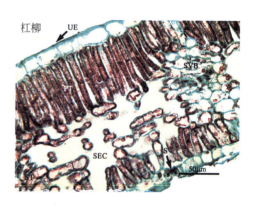

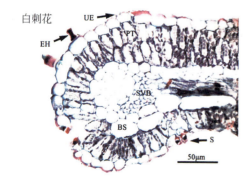

图版说明：

各图片放大倍数均为400倍。

BC为泡状细胞；BS为维管束鞘；EH为表皮毛；

MC为黏液细胞；P为韧皮部；PT为栅栏组织；

S为气孔；SC为厚壁细胞；SEC为分泌腔；

SVB为小维管束；ST为海绵组织；

VB为维管束；UE为上表皮；V为导管；

WSP为贮水组织；X为木质部

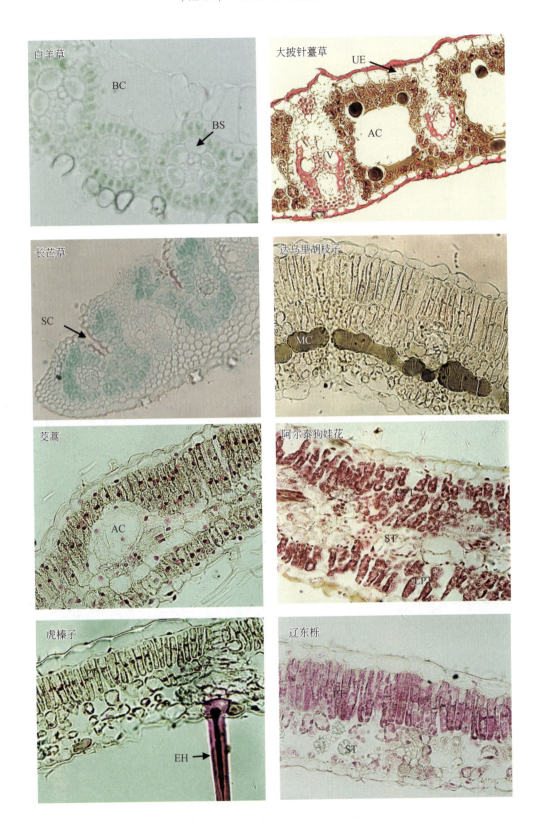

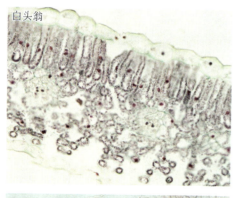

白头翁

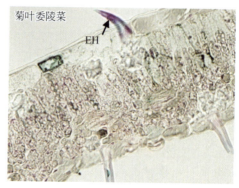

菊叶委陵菜

EH

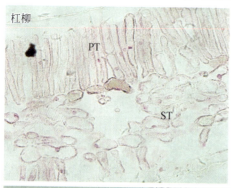

杠柳

PT

ST

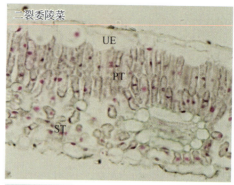

二裂委陵菜

UE

PT

ST

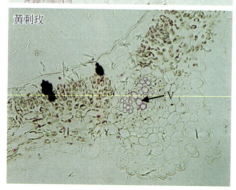

黄刺玫

V

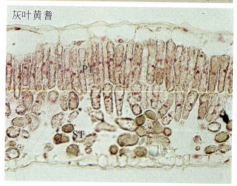

灰叶黄耆

PT

ST

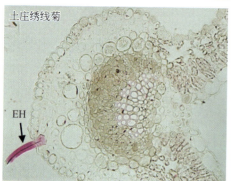

土庄绣线菊

EH

图版说明：

各图片放大倍数均为400倍。

BC为泡状细胞；BS为维管束鞘；EH为表皮毛；

MC为黏液细胞；PT为栅栏组织；ST为海绵组织；

UPT为上栅栏组织；LPT为下栅栏组织；AC为气腔；

UE为上表皮；V为导管；SC为气孔窝

彩　图

图 1-1　清水沟流域沟底坡脚发育的小切沟和细沟（焦菊英摄于 2017 年 8 月 3 日、4 日）

图 1-2　子洲马家沟流域新修"之"字形梯田的田面和路面侵蚀（焦菊英摄于 2017 年 8 月 4 日）

图 1-3　子洲蛇家沟流域老式梯田的田壁冲蚀和汇水处梯田垮塌（焦菊英摄于 2017 年 8 月 6 日）

图 1-4　子洲马家沟流域沟坡退耕地发育的小切沟（焦菊英摄于 2017 年 8 月 5 日）

图 1-5　子洲马家沟流域刺槐林坡面及汇流痕迹（焦菊英摄于 2017 年 8 月 4 日和 6 日）

图 1-6　子洲马家沟与蛇家沟流域经济林坡面的沟蚀（焦菊英摄于 2017 年 8 月 4 日和 6 日）

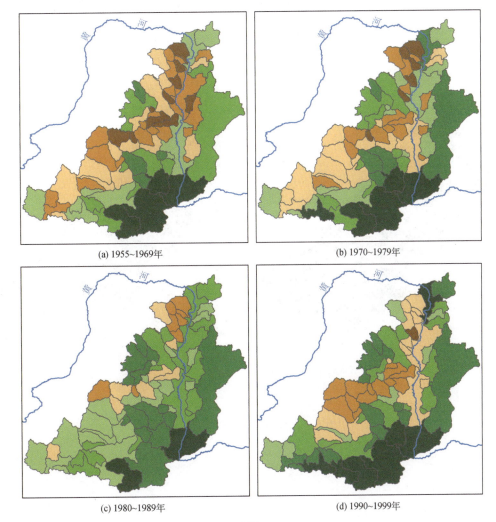

(a) 1955~1969年

(b) 1970~1979年

(c) 1980~1989年

(d) 1990~1999年

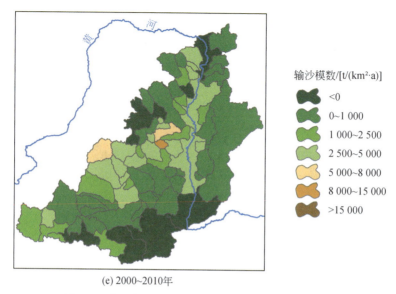

(e) 2000~2010年

图 1-8　黄河中游头道拐至潼关区间输沙模数时空变化

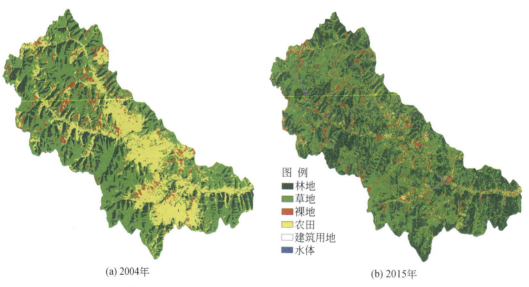

(a) 2004年   (b) 2015年

图 2-42　2004～2015 年马家沟小流域林草地时空变化

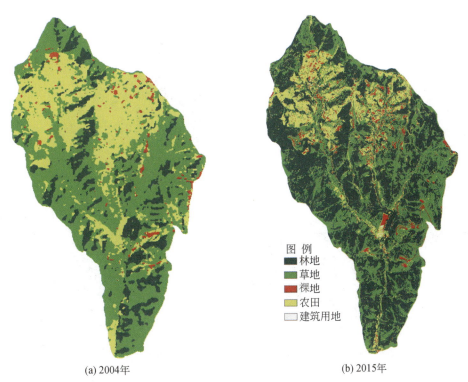

图 例
■ 林地
■ 草地
■ 裸地
■ 农田
□ 建筑用地

(a) 2004年   (b) 2015年

图 2-43　2004～2015 年坊塌小流域林草地时空变化

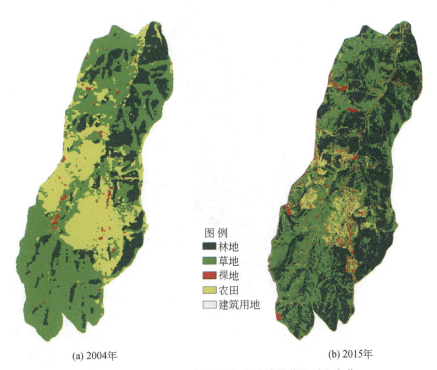

图 例
■ 林地
■ 草地
■ 裸地
■ 农田
□ 建筑用地

(a) 2004年   (b) 2015年

图 2-44　2004～2015 年纸坊沟小流域林草地时空变化

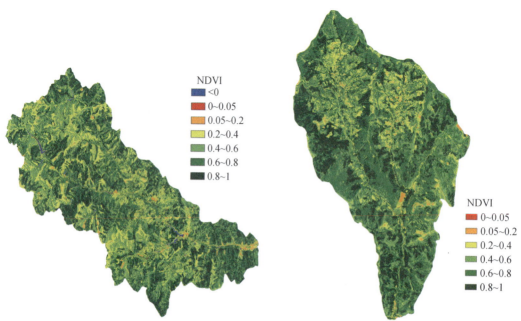

图 2-47　马家沟小流域 2015 年 NDVI 空间分布　　　　图 2-48　坊塌小流域 2015 年 NDVI 空间分布

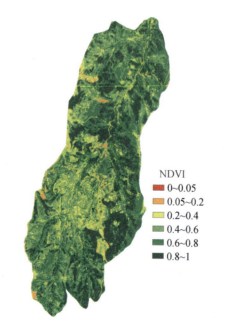

图 2-49　纸坊沟小流域 2015 年 NDVI 空间分布

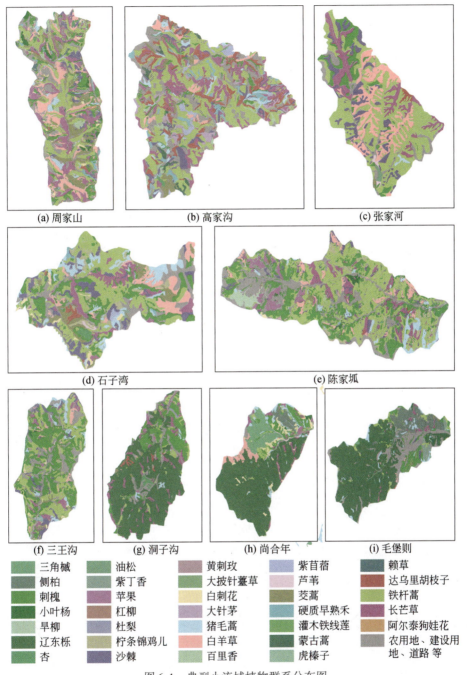

(a) 周家山　　　　　　(b) 高家沟　　　　　　(c) 张家河

(d) 石子湾　　　　　　　　　(e) 陈家圪

(f) 三王沟　　　(g) 洞子沟　　　(h) 尚合年　　　(i) 毛堡则

三角槭	油松	黄刺玫	紫苜蓿	赖草
侧柏	紫丁香	大披针薹草	芦苇	达乌里胡枝子
刺槐	苹果	白刺花	茭蒿	铁杆蒿
小叶杨	杠柳	大针茅	硬质早熟禾	长芒草
旱柳	杜梨	猪毛蒿	灌木铁线莲	阿尔泰狗娃花
辽东栎	柠条锦鸡儿	白羊草	蒙古蒿	农用地、建设用地、道路 等
杏	沙棘	百里香	虎榛子	

图 6-1　典型小流域植物群系分布图

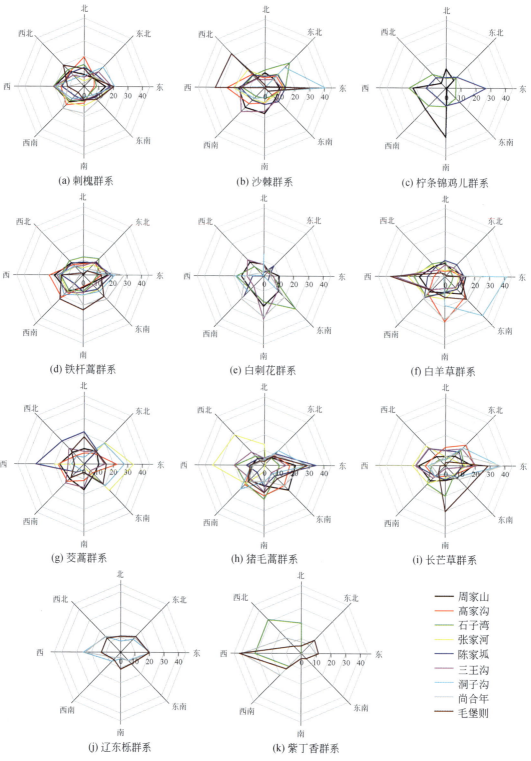

图6-6　主要植物群系在不同坡向上的分布特征

各图中轴线上数字单位为%

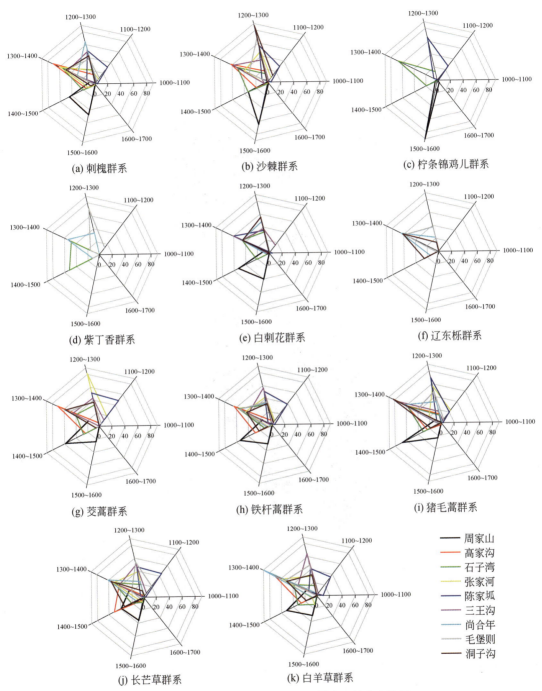

图 6-8　主要植物群系在不同海拔梯度上的分布特征

各图中轴线上数字单位为%；轴线顶数字为海拔范围，单位为 m

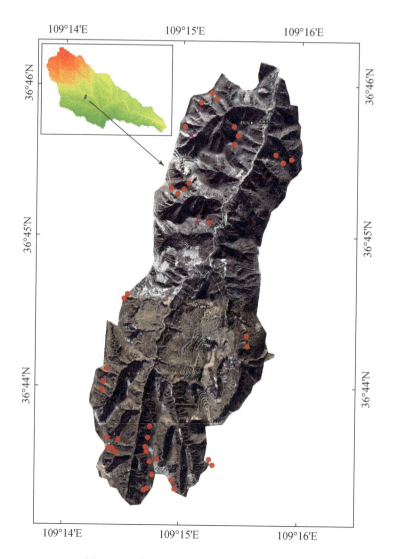

图 7-1 纸坊沟小流域植被调查样地示意图

星号为四个固定坡面；圆点为 40 个固定样地

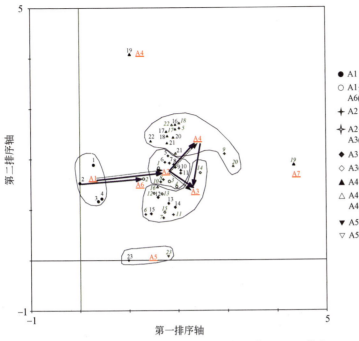

图 7-6　自然恢复群落的 DCA 排序

第一和第二排序轴的特征值分别是 0.667 和 0.416。实心点代表第一次调查，空心点和斜体字代表第二次调查，数字为样地编号。虚线箭头指用空间代时间的方法得到的群落演替轨迹，实线箭头指从第一次调查到第二次调查群落的演替轨迹。A1～A7 的含义同图 7-4

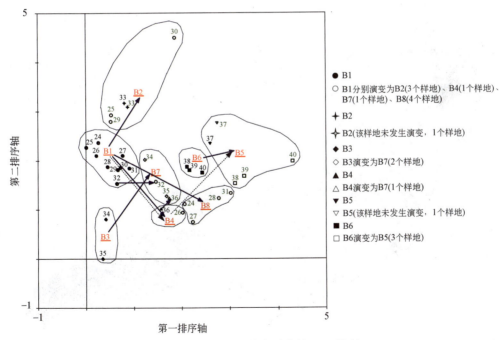

图 7-7　人工林下草本群落的 DCA 排序

第一和第二排序轴的特征值分别是 0.625 和 0.476。实心点代表第一次调查，空心点和斜体字代表第二次调查，数字为样地编号。虚线箭头指用空间代时间的方法得到的群落演替轨迹，实线箭头指从第一次调查到第二次调查群落的演替轨迹。B1～B7 的含义同图 7-5

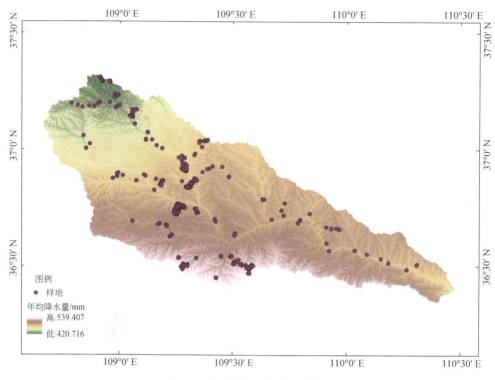

图 13-1 延河流域样地分布示意图

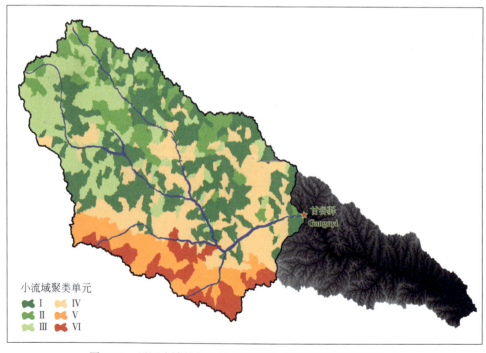

图 17-2 延河流域甘谷驿控制区 2013 年侵蚀产沙的空间分布

聚类单元参考小流域：Ⅰ为石子湾；Ⅱ为高家沟；Ⅲ为张家河；Ⅳ为陈家坬；Ⅴ为毛堡则；Ⅵ为尚合年